U0901140

YEARBOOK OF CHINA NONFERROUS MINING

中国有色矿业年鉴

2011

凤凰出版传媒集团
江苏人民出版社
凤凰空间
IFENGSPACE

图书在版编目（CIP）数据

2011中国有色矿业年鉴/中国有色矿业年鉴编委会　编
—南京：　江苏人民出版社，2011.9
ISBN 978-7-214-07242-9

Ⅰ.中… Ⅱ.中… Ⅲ.有色矿业—中国—2011—年鉴 Ⅳ.TU986.2

中国版本图书馆CIP数据核字（2011）第103302号

出　　版：凤凰出版传媒集团江苏人民出版社
发　　行：北京亚世天图信息咨询有限公司
录　　排：北京亚世天图信息咨询有限公司
版面设计：冀家琪　郝　兰
印　　刷：北京兰星球彩色印刷有限公司
开　　本：215mm×285mm
印　　张：28
字　　数：1820千字
印　　次：2011年9月第1版
书　　号：ISBN 978-7-214-07242-9 / TU986.2
定　　价：RMB 380元

销售电话：+86-10-88115082
网　　址：http//:www.cnmcc.com.cn
（本书如有印装质量问题，请向发行部调换）

主　　管：中国有色工程有限公司
主　　办：中国有色工程有限公司期刊杂志部
编　　辑：中国有色矿业年鉴编委会
　　　　　北京亚世天图信息咨询有限公司
总　　编：郝言正
执行主编：马　俊
统　　筹：陈　梅
编辑部主任：杨　晨
编　　辑：王　燕　陆志远　周　皓
　　　　　吴岩松　傅　刚　付佳琳
编辑部地址：北京市海淀区复兴路12号
邮　　编：100038
电　　话：+86-10-88115082
传　　真：+86-10-88115343
网　　址：www.cnmcc.com.cn
E-mail：yskynj@126.com

编辑委员会（按姓氏首字母排序）

Yearbook of

卷首语

《中国有色矿业年鉴》2011版（以下简称《年鉴》）全面总结记载了中国有色矿业的最新发展历程，适时宣传中国有色矿业的深刻变化，以及发展方针、政策、改革创新经验、未来发展趋势及新的发展思路。是行业发展不可或缺的大型工具书籍。2011版《年鉴》的编辑出版工作正值“十二五”的开端之年，在《年鉴》的编辑工作中得到了广大业内同仁以及相关部门、单位的大力支持和帮助，在此谨向为年鉴编辑出版工作给予帮助和支持的单位及同仁表示衷心的感谢！在编辑工作中不免会出现疏漏及错误，敬请指正，指导。

有色金属工业是以开发利用矿产资源为主的基础性行业。改革开放以来，按照走新型工业化道路要求，中国有色矿业不断深化改革，调整结构，取得了举世瞩目的成就。中国已经成为有色金属生产大国，行业综合实力明显增强，国际影响力显著提高。

中国有色矿业成就的取得，一靠改革开放环境，二靠科技进步支撑。技术进步和自主创新作为发展的不竭动力，越来越显示出其对经济的强劲推动力。经过广大同仁的不懈奋斗，有色金属工业的发展令人鼓舞，自主创新能力提高，成效显著。中国有色金属工业虽然已经有了很大的发展，但是受到资源、能源和环境的强烈制约。因此，要保证中国有色金属工业健康可持续发展，还需广大同仁共同努力，在做好资源高效利用的同时提高环境保护意识、提高相关技术、产品开发水平，为行业现代化、科学化发展献计献策！

中国有色矿业年鉴编辑委员会

2011年8月

有色矿业

2011《中国有色矿业年鉴》

2011 "Yearbook of China Nonferrous Metal Mining"

特邀编委

王方汉

王方汉，男，汉族，山东褚城人，1955 年 5 月出生，教授级高工。1982 年毕业于江西冶金学院采矿工程专业，现任南京银茂铅锌矿业有限公司董事长兼总经理、江苏省有色金属采选工程技术研究中心主任、中国有色金属采矿学术委员会委员。

王方汉同志一直在矿山生产一线工作。多年来，围绕矿山充填采矿、环境保护、资源综合利用等生产实际与技术团队一起开展了多项科研攻关项目。参加过两项“十一·五”科技支撑计划，多项国家创新战略联盟合作攻关项目课题研究，先后获中国有色金属工业科技进步一等奖多项、江苏省科技进步奖二、三等奖多项。同时，先后发表论文 30 余篇，被国家专利局授予发明专利多项。2001 年被江苏省政府授予“江苏省有突出贡献的中青年专家”称号，2007 年被国务院授予享受政府特殊津贴专家。

朱小友

朱小友，男，1965 年 7 月 15 日生，湖北省武穴市人。1987 年 7 月毕业于上海同济大学岩土工程专业，获工学士学位，同年分配到中冶集团武汉勘察研究院有限公司（原冶金工业部武汉勘察研究院）。2004 年获取中国地质大学（武汉）地质工程专业工程硕士学位。

朱小友同志从基层做起，历任技术负责人，设计室副主任、主任，专业副总工，副处长、副院长、副总经理，中冶成勘党委书记、总经理等职，现任中冶武勘董事长、总经理及中冶成勘执行董事。2006 年被评聘为教授级高级工程师。是中国工程建设标准化协会常务理事，中国工程建设标准化协会工程勘测委员会主任委员，中国勘察设计协会理事，中国冶金建设协会副会长，湖北省勘察设计协会副理事长，湖北省土木学会土工基础委员会委员、湖北省深基坑专家委员会委员、武汉勘察设计协会副理事长、武汉市勘察设计协会专家委员会委员。2007 年，朱小友同志被武汉市总工会光荣地授予武汉市五一劳动奖章。2009 年，荣获全国工程勘察与岩土行业国庆 60 周年“十佳现代管理企业家奖”。2009 年被中国冶金建设协会评为全国冶金建设行业高级管理专家。2010 年被评为中国工程建设优秀高级职业经理人。

特邀编委

Yearbook of China Nonferrous Metal Mining

中国有色矿业年鉴—特邀编委

吕　智

吕智，男，四川自贡人，博士，教授级高级工程师、编审。

1982 年中南矿冶学院冶金物理化学专业毕业，2006 年华侨大学博士研究生毕业，获工学博士学位。1982 年 2 月分配到桂林矿产地质研究院，历任院超硬材料研究所所长及试验厂长、矿产地质研究院副院长，现任桂林矿产地质研究院院长、国家特种矿物材料工程技术研究中心主任。兼任中国有色金属工业协会常务理事、中国有色金属学会常务理事、中国材料研究会超硬材料及制品专业委员会主任委员、中国高压物理专业委员会委员、广西有色金属学会会长、国内外公开发行刊物《超硬材料工程》编委会主任、国家级核心刊物《高压物理学报》编委，四川大学、中南大学兼职教授，桂林理工大学硕士研究生导师。

吕智同志具有较高的学术造诣和社会知名度，1995 年评为“桂林市第二批专业技术拔尖人才”，1997 年被批准为中国有色金属工业总公司跨世纪学术和技术带头人；1997 年晋升为教授级高级工程师；2000 年荣获享受国务院政府特殊津贴；2006 年获广西壮族自治区优秀专家。

雷　毅

雷毅，云南锡业集团(控股)有限责任公司党委书记、董事长

硕士研究生，高级工程师，先后当选“第六届有色金属行业有影响力人物”、“中国十大教导型企业家”、“云南省第十一届优秀企业家”，荣获“云南省第二十届劳动模范”等殊荣。

特邀编委

高文翔

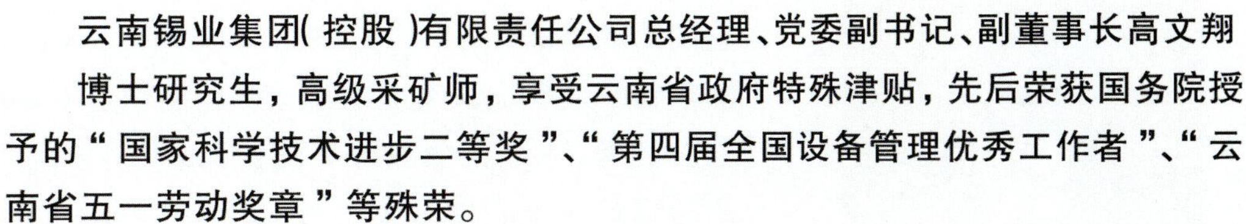

云南锡业集团(控股)有限责任公司总经理、党委副书记、副董事长高文翔

博士研究生，高级采矿师，享受云南省政府特殊津贴，先后荣获国务院授予的“国家科学技术进步二等奖”、“第四届全国设备管理优秀工作者”、“云南省五一劳动奖章”等殊荣。

郭庆白

郭庆白，男，汉族，1962 年 9 月出生，现年 49 岁，1983 年 7 月参加工作，1993 年 6 月加入中国共产党。1983 年 6 月毕业于西北工业大学流体动力控制专业，1997 年 6 月毕业于河北科技大学管理工程专业，双学士学位，高级经济师，高级职业经理人。历任石家庄市经贸委企业处副处长、生产总调度室副总调度长；石家庄水泵厂党委副书记、副厂长；石家庄泵业集团有限责任公司董事长、党委书记；现任石家庄强大泵业集团有限责任公司董事长、党委书记。

郭庆白同志担任企业领导以来，在企业中创新性推行了“目标责任考核体系”管理，深化了管理层面；根据市场需求及时调整了产品结构，进行相应的技术改造，保持和提高了企业的产品优势和竞争力；确立了“国内市场保生存，发展空间在国外”的生存发展观和“内抓外贸，外抓代理”的出口长远发展战略。开创了企业“新集团、新体制、新机制、新管理、新技术、新装备”的六新企业模式。

在新的世纪里，石家庄强大泵业集团有限责任公司秉承服务社会、服务用户的理念，致力于把集团建设成为集科研、设计、制造于一体的渣浆泵、潜水泵、污水泵、清水泵、化工泵等泵产品生产基地，发挥集团优势，扩大机械密封、联轴器、电控柜、搅拌机、阀门和特种电机等配套产品的开发和研制能力，实现企业产品向大型化、高速化、机电一体化、通用化和节能、高效的方向发展，把“强大”泵业打造成一个与国际接轨、技术一流、装备领先的国际级泵业集团。

特邀编委

熊维平

熊维平，男，汉族，1956 年生，现任中国铝业公司总经理、党组书记、中国铝业股份有限公司董事长兼首席执行官。中南大学矿物工程专业博士学位，教授，北京大学光华管理学院博士后，博士生导师。历任共青团湖南省委副书记，全国青联常委、湖南省青联主席。中南大学常务副校长、工商管理学院院长。中国铜铝锌集团公司党组成员、副总经理。中国铝业公司筹备组成员、党组成员、副总经理、中国铝业股份有限公司总裁，中国铝业公司党组副书记、副总经理、中国铝业股份有限公司总裁。香港中旅（集团）有限公司副董事长、总经理、党委副书记。享受国务院政府特殊津贴的专家，被国家人事部批准为“国家有突出贡献的中青年专家”。

赵迎州

赵迎州，男，汉族，生于 1957 年。大学学历，中共党员，地质高级工程师，现为金川集团有限公司矿山工程公司党委书记、经理。

赵迎州同志从事矿山工作 29 年，他实践经验丰富，专业功底扎实，理论水平较高，具备较强的矿山地质和矿山工程管理能力。

他参加“中瑞联合设计”，完成金川集团二矿区机械化盘区工程地质的调查测试工作、岩石力学的研究工作；参与金川集团二矿区东部机械化盘区底柱回采方案的实施，参加高效采矿（VCR）法的实验；对金川集团公司二矿区东部特富矿的探查与回采进行研究，他组织探矿设计、实施探矿工程、圈定特富矿的形态和储量，为几年来提供足量的硫化剂做出了贡献；他参与对金川公司主斜坡道工程地质的调查和支护形式的研究；在钻探施工中，大胆推广使用具有国内先进水平的绳索取芯的工艺，使岩芯采取率由原来的 80% 左右提高到了 95% 以上。

特邀编委

Yearbook of China Nonferrous Metal Mining

中国有色矿业年鉴—特邀编委

路东尚

路东尚，47岁，现任招金矿业股份有限公司董事长兼执行董事、公司党委书记、招金集团董事长、党委书记、中国黄金协会副会长及上海黄金交易所理事。于黄金生产业拥有26年专业经验，并对中国采矿业发展有卓越的贡献。曾于招远多个金矿担任高级职位，招金集团的总经理、董事长及党委书记、公司首届董事会董事长兼执行董事。获得多个省级及国家级奖项，如国家科学技术进步奖二等奖、山东省劳动模范、山东省有突出贡献的中青年专家、中国黄金行业优秀企业家金质奖章，并获授国务院特殊津贴荣誉。毕业于沈阳黄金学院采矿工程系，于长江商学院毕业并获颁发行政工商管理硕士学位。自二零零四年四月起担任公司董事长兼执行董事。

李秀臣

李秀臣，现任招金矿业股份有限公司副总裁。曾先后担任罗山金矿生产办公室技术员、大秦家金矿生产科副科长、调度室主任及第一副矿长等职务、北截金矿、中矿金业之副矿长、副总经理、欣源黄金科技发展有限公司副总经理、董事长兼总经理及公司副总经理。毕业于昆明理工学院采矿工程系及沈阳黄金学院采矿工程专业，拥有高级工程师资格。李秀臣自二零零七年二月起担任招金矿业股份有限公司副总裁。

李秀臣同志一向重视科技创新，积极推广应用新技术、新成果，参与完成的科研技术改造项目达百余项，创造价值2000多万元，其中有10项科技成果获省级以上科技进步奖特别是他主持完成的《分区连续回采向上水平分层尾砂充填采矿法》，获山东省科技进步二等奖，另外以他为主完成的《盘区连续回采隔墙尾砂充填采矿法》，获山东省黄金科技进步一等奖。先后在省级以上专业刊物发表论文10余篇，先后被授予招远市科技新星、先进工作者、山东省黄金采矿技术管理先进个人、冶金工业部黄金管理局授于“八五”期间黄金工业科技进步做出贡献的先进个人、烟台市学科技术带头人等荣誉称号。

Editorial Board

特邀编委

Yearbook of China Nonferrous Metal Mining

中国有色矿业年鉴—特邀编委

李四德

李四德，男，1954 年 6 月出生，陕西蒲城人，中共党员，大学本科，现任紫金矿业集团股份有限公司总裁助理，教授级高级管理工程师、高级采矿工程师、国家黄金高级投资分析师、国家注册安全

工程师、中国高级职业经理人。1976 年大学毕业后先后在黄金设计研究院、黄金矿山企业、国家黄金管理部门、大型矿业集团公司(中国黄金集团公司、紫金矿业集团股份有限公司)主要从事矿山工程设计、基本建设管理、生产技术经营管理、安全生产管理、信息、体系及企业管理等方面工作，在企业担任过车间主任、科长、改扩建工程副总指挥、矿副总工程师等职；在国家黄金管理部门担任过副主任、主任、处长、副总工程师、学会副会长等职；在企业集团担任过副总工程师、总工程师、矿业公司总经理、集团董事长助理兼董办主任、总裁助理等职。在采矿、项目管理、工程概预算等方面有较深造诣，发表过专业、科技、管理等数十篇技术论文。

史谊峰

史谊峰，男，1963 年 7 月 11 日出生，研究生学历，教授级冶炼高级工程师。史谊峰同志 1986 年 7 月 12 日参加工作，1995 年 9 月加入中国共产党，历任原云南冶炼厂硫酸分厂厂长助理、粗炼分厂副厂长、生产处副处长、厂长助理、副总工程师。现任云南铜业股份有限公司副总经理、冶炼加工总厂厂长、党委副书记。

特邀编委

Yearbook of China Nonferrous Metal Mining

中国有色矿业年鉴—特邀编委

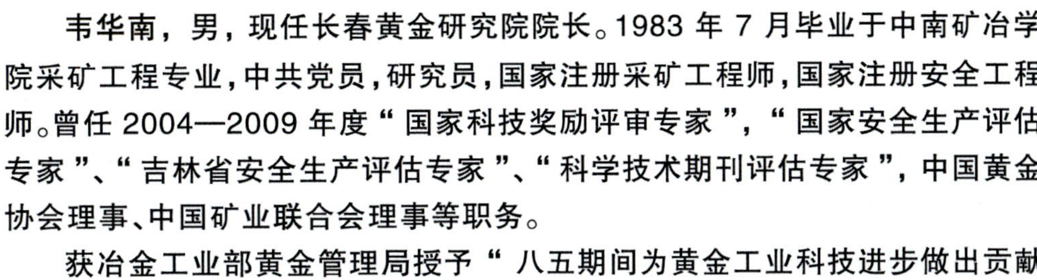

韦华南

韦华南，男，现任长春黄金研究院院长。1983 年 7 月毕业于中南矿冶学院采矿工程专业，中共党员，研究员，国家注册采矿工程师，国家注册安全工程师。曾任 2004—2009 年度“国家科技奖励评审专家”，“国家安全生产评估专家”、“吉林省安全生产评估专家”、“科学技术期刊评估专家”，中国黄金协会理事、中国矿业联合会理事等职务。

获冶金工业部黄金管理局授予“八五期间为黄金工业科技进步做出贡献的先进个人”称号；被科技部、财政部、国家发改委和国家经贸委授予“九五国家重点科技攻关计划先进个人”称号；被人事部、科技部、教育部、财政部、发展改革委、自然科学基金会、中国科协确定为 2006 年新世纪百千万人才工程国家级人选；获“十五”全国黄金行业科技标兵称号；当选吉林省第九次党代会代表，并多次获长春市优秀共产党员等光荣称号。

参加了“辽宁五龙金矿锚杆——带状矿柱联合护顶壁式全面法试验研究”、“辽宁五龙金矿尾砂水力充填试验”、“分条回采分层崩落采矿方法试验研究”、“残矿回收及空区处理技术研究”、“原矿焙烧提金新工艺研究与工程化”等项目的研究工作，国家“九五”重点科技攻关项目——“新城金矿复杂条件矿床采矿方法研究”课题、国家“九五”重点科技攻关项目——“湖南湘西金矿深井开采综合技术研究”的子专题——“深井通风系统优化及降温技术研究”课题的研究工作。

赵广山

赵广山，1985 年毕业于河北理工大学采矿工程专业，从事工程设计和设计管理工作 20 余年，历任高级工程师、教授级高级工程师、工程项目总设计师、高级项目管理师、院副总工程师、经营处处长、项目经理部主任、院长助理、公司副总经理（主持工作）现任中冶京诚（秦皇岛）设计院有限公司。

多年来，先后完成和主持完成了数十项矿山工程设计，其中大型和特大型矿山项目有唐钢滦县司家营铁矿一期采选工程（规模 700 万 t/a）、包钢白云鄂博铁矿西矿露天开采工程（规模 600 万 t/a）、首钢马兰庄铁矿露天开采扩建工程（规模 240 万 t/a）、首钢水厂铁矿露天开采矿建工程（规模 1100 万 t/a）、唐钢石人沟铁矿地下开采三期工程（规模 200 万 t/a）、建龙双鸭山铁矿地下开采与选矿工程（规模 300 万 t/a）及安徽矿业公司李楼铁矿地下开采工程（规模 500 万 t/a，为国内规模最大的地下矿）等。所负责的首钢大石河尾矿库加高工程设计和首钢电气化铁路改造工程设计，获 2003 年冶金行业部级优秀工程设计三等奖。

在 2001 年至 2002 年间，组织完成了首钢水厂选矿尾矿库堵管工程、鞍钢齐大山选矿厂尾矿库排渗工程等 5 项工程建设总承包项目。

1992 年以来，在《金属矿山》、《矿冶》、《有色金属》等矿山杂志上发表过多篇论文。

特邀编委

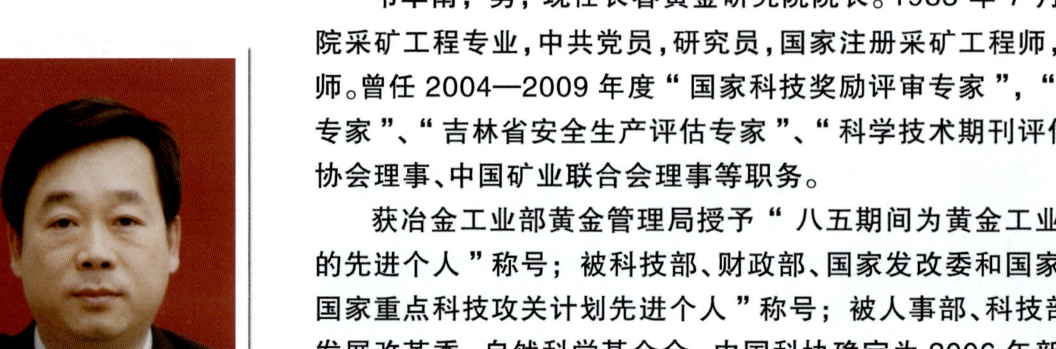

韦华南

韦华南，男，现任长春黄金研究院院长。1983 年 7 月毕业于中南矿冶学院采矿工程专业，中共党员，研究员，国家注册采矿工程师，国家注册安全工程师。曾任 2004—2009 年度“国家科技奖励评审专家”，“国家安全生产评估专家”、“吉林省安全生产评估专家”、“科学技术期刊评估专家”，中国黄金协会理事、中国矿业联合会理事等职务。

获冶金工业部黄金管理局授予“八五期间为黄金工业科技进步做出贡献的先进个人”称号；被科技部、财政部、国家发改委和国家经贸委授予“九五国家重点科技攻关计划先进个人”称号；被人事部、科技部、教育部、财政部、发展改革委、自然科学基金会、中国科协确定为 2006 年新世纪百千万人才工程国家级人选；获“十五”全国黄金行业科技标兵称号；当选吉林省第九次党代会代表，并多次获长春市优秀共产党员等光荣称号。

参加了“辽宁五龙金矿锚杆——带状矿柱联合护顶壁式全面法试验研究”、“辽宁五龙金矿尾砂水力充填试验”、“分条回采分层崩落采矿方法试验研究”、“残矿回收及空区处理技术研究”、“原矿焙烧提金新工艺研究与工程化”等项目的研究工作，国家“九五”重点科技攻关项目——“新城金矿复杂条件矿床采矿方法研究”课题、国家“九五”重点科技攻关项目——“湖南湘西金矿深井开采综合技术研究”的子专题——“深井通风系统优化及降温技术研究”课题的研究工作。

赵广山

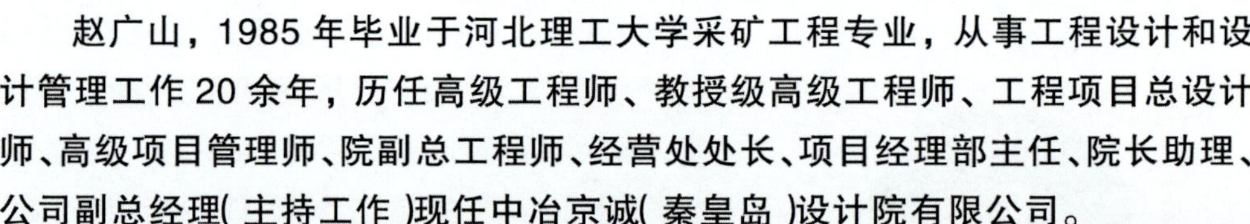

赵广山，1985 年毕业于河北理工大学采矿工程专业，从事工程设计和设计管理工作 20 余年，历任高级工程师、教授级高级工程师、工程项目总设计师、高级项目管理师、院副总工程师、经营处处长、项目经理部主任、院长助理、公司副总经理（主持工作）现任中冶京诚（秦皇岛）设计院有限公司。

多年来，先后完成和主持完成了数十项矿山工程设计，其中大型和特大型矿山项目有唐钢滦县司家营铁矿一期采选工程（规模 700 万 t/a）、包钢白云鄂博铁矿西矿露天开采工程（规模 600 万 t/a）、首钢马兰庄铁矿露天开采扩建工程（规模 240 万 t/a）、首钢水厂铁矿露天开采矿建工程（规模 1100 万 t/a）、唐钢石人沟铁矿地下开采三期工程（规模 200 万 t/a）、建龙双鸭山铁矿地下开采与选矿工程（规模 300 万 t/a）及安徽矿业公司李楼铁矿地下开采工程（规模 500 万 t/a，为国内规模最大的地下矿）等。所负责的首钢大石河尾矿库加高工程设计和首钢电气化铁路改造工程设计，获 2003 年冶金行业部级优秀工程设计三等奖。

在 2001 年至 2002 年间，组织完成了首钢水厂选矿尾矿库堵管工程、鞍钢齐大山选矿厂尾矿库排渗工程等 5 项工程建设总承包项目。

1992 年以来，在《金属矿山》、《矿冶》、《有色金属》等矿山杂志上发表过多篇论文。

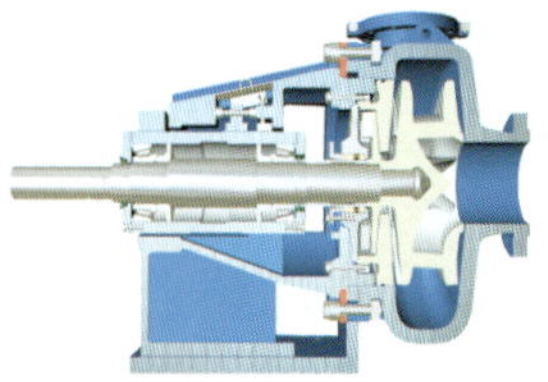

高新技术企业
国家火炬计划产品
I、II类压力容器制造企业

超细粉末过滤、洗涤、压干机

五大选用理由：

1 产品回收率高达99.99%：
0.3μm颗粒一次完全截滤，不穿滤。

2 节约洗涤水近2/3：
采用静止薄层式或动态打浆的洗涤技术，能高效地洗去粉体中的可溶杂质。

3 降低干燥耗能：
排出粉体干度高达15%~20%（视粉体而定）。

4 无需繁重体力操作：
整个操作过程只需启闭几个阀门，彻底解放劳动力，还可实行全自动操作。

5 密闭过滤、改善操作环境、过滤介质使用寿命2~6年、动力消耗省、运行费用低。

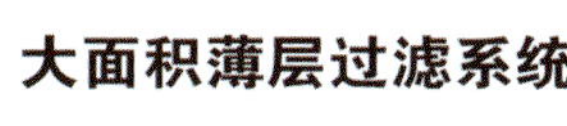

大面积薄层过滤系统

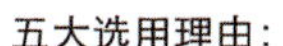

五大选用理由：

1 过滤精度高：
滤液清澈透明，一般浊度小于1NTU。

2 处理量大：
采用智能控制的方式，处理量0.3~1m³/m²•h（视物料而定）。

3 占地面积小：
如直径1.8m的过滤机过滤面积可达150m²。

4 过滤管使用寿命长：
过滤介质使用寿命2~6年以上。

5 能耗省、运行费用低。

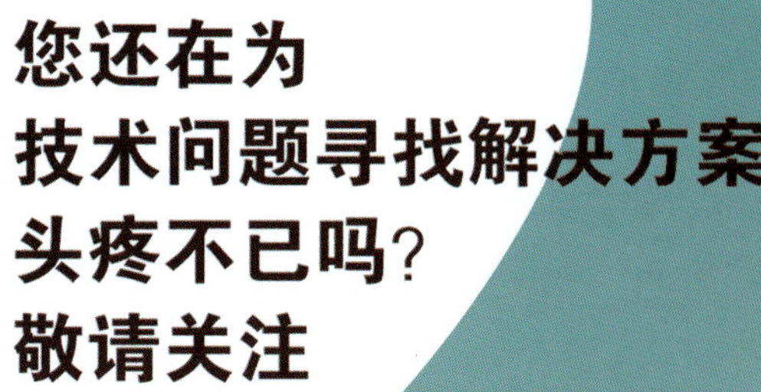

您还在为
技术问题寻找解决方案
头疼不已吗？
敬请关注

温州市东瓯微孔过滤有限公司

浙江省温州市
杨府山涂工业区南首
邮编：325003

电话：0577-
88130119 88130813
88130738 88132368

传真：0577-88138523

www.chinadongou.com
E-mail:
chinadongou@sina.com

上海市东瓯微孔过滤技术研究所

上海市常德路1258弄
32号7楼
邮编：200060

电话：
021-62778862 52520537

传真：021-52520537

www.chinadongou.com
E-mail:
xianhong@public4.sta.net.cn

成都利君实业股份有限公司

企业简介

成都利君实业股份有限公司是一家专业的高压辊磨机设备制造商，以经验丰富、敬业务实的高素质员工为依托，以精良的加工检测和试验设备为基础，致力于开发设计高效、节能、环保的粉磨设备，产品广泛应用于冶金、矿山和水泥建材等行业。公司生产的LEEJUN牌系列高压辊磨机被国家质检总局授予“中国名牌产品”称号，研制的粉磨系统被国家发改委纳入第一批国家重点节能技术推广项目。公司现已有17项核心技术获得国家专利，其中3项获得国家发明专利。公司现有ф1700以上大型高压辊磨机300多台（套）在国内外各行业投入运营，在冶金矿山，已有二十多台高压辊磨机正在运行或调试中。

产品介绍

高压辊磨机简介

高压辊磨机是基于料床粉碎原理设计的一种新型矿岩粉碎设备，其特点是高压、慢速、满料。如图，两个辊子做慢速的相对运动，其中一个辊子固定，另一个辊子可作水平方向的滑动。物料由上部连续喂入并通过辊间的间隙，用液压给活动辊施压，物料受压而粉碎，并被压成料饼下落至机外。

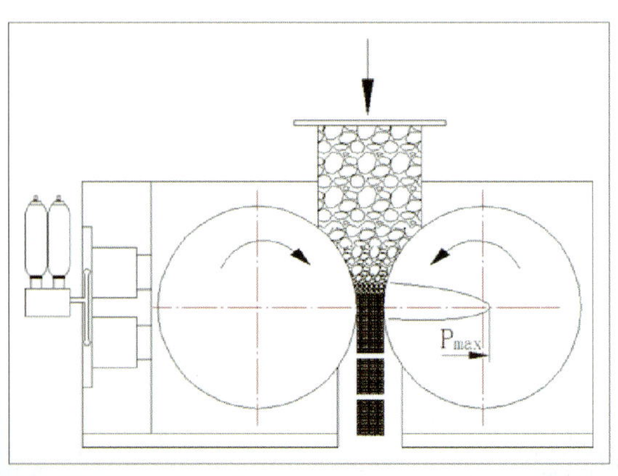

LEEJUN高压辊磨机组成介绍

(1) 机架
(2) 辊子和轴承系统
(3) 液压系统
(4) 进料装置
(5) 驱动装置
(6) 控制系统

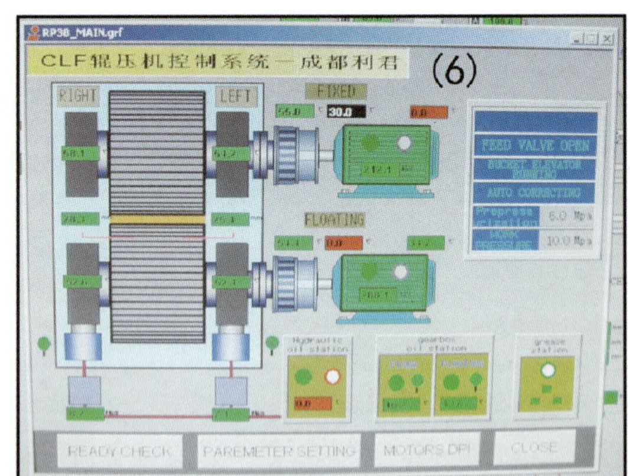

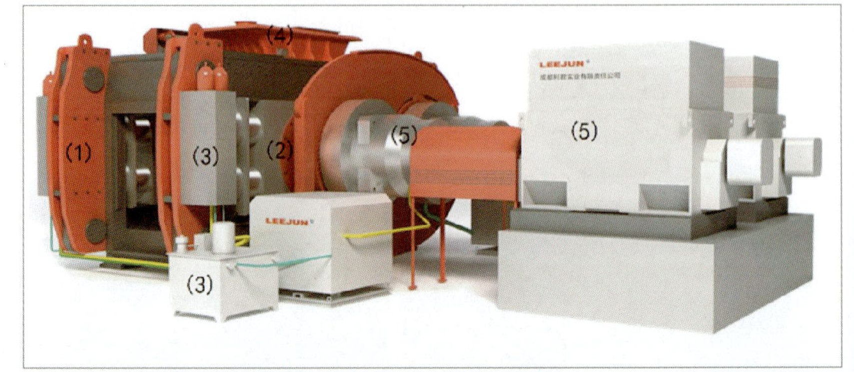

LEEJUN CLM系列高压辊磨机部分规格

进料

出料

辊面-整体

用于矿石细碎

规格型号									
规格型号	辊子直径	mm	ф1400	ф1700	ф1800	ф2000	ф2400	ф2600	ф3000
	辊子宽度	mm	300/400/500	400/600/800/1000	600/800/1000/1200	600/800/1000/1200/1400/1600	800/1000/1200/1400/1600/1800	1000/1200/1400/1600/1800/2000	1000/1200/1400/1600/1800/2000/2400/2600
入料粒度		mm	35~0	40~0	50~0	60~0	70~0	80~0	90~0
物料通过量		m3/h	40~95	80~285	140~385	190~835	360~1205	520~1545	690~2680
最大配套电机功率		Kw	800	2000	2800	5000	7200	9000	16000
入料水分		%	≤8						
产品粒度		mm	-5mm≥80% -3mm≥65% -0.074mm≥15%						

用于铁精粉润磨

规格型号			CLM120-40	CLM140-40	CLM140-65	CLM140-80	CLM170-80	CLM170-100	CLM170-120	CLM180-120	CLM20 -120
辊子直径/宽度		mm	1200/400	1400/400	1400/650	1400/800	1700/800	1700/1000	1700/1200	1800/1200	2000/12
铁精粉	物料通过量	t/h	105~183	155~247	251~401	309~494	376~733	470~916	564~1099	718~1234	840~152
	一次通过产品细度		比表面积增加350~750cm2/g								
入料水份		%	≤8								
配套电机功率(max)		Kw	680	800	1300	1580	2170	2720	3250	3380	3970

注：以上所列为CLM系列高压辊磨机部分型号，仅供选型时使用，详情请与公司联系。

高压辊磨机现场图

试验机2

试验机1

截止2011年5月公司已有的部分冶金矿山客户

客户公司	应用规格型号	应用情况
攀枝花市乾维矿业有限责任公司	CLM140/30	投产使用中
攀枝花立宇矿业有限公司	CLM200/80	投产使用中
山西原平市白石联营铁矿	CLM200/100	投产使用中
河北宣化县富安球团厂	CLM52/25	投产使用中
攀枝花德胜青杠坪铁矿	CLM200/140	投产使用中
山西建新集团五台山钼矿	CLM200/160	生产制造中

攀枝花市乾维矿业有限责任公司 2009年7月10日开始运转

设备名称	CLM140/30高压辊磨机	应用情况	说明
用途	用于钒钛磁铁矿石细碎		球磨机处理量提高了100%。
规格	直径（mm）	1400	
	宽度（mm）	300	
工艺	开路破碎		
性能参数	给矿粒度（mm）	60-0	
	处理量（t/h）	150-165	
	电机功率（kw）	220x2	

攀枝花市立宇矿业有限责任公司 2009年7月10日开始运转

设备名称	CLM200/80高压辊磨机	应用情况	说明
用途	用于钒钛磁铁矿石细碎		球磨机处理量提高了80%。
规格	直径（mm）	2000	
	宽度（mm）	800	
工艺	开路破碎		
性能参数	给矿粒度（mm）	60-0	
	处理量（t/h）	750~850	
	电机功率（kw）	1000x2	

河北宣化县富安球团厂

设备名称	CLM 52/25高压辊磨机	应用情况	说明
用途	用于铁矿石球团前润磨		一次开路比表面积增加350-500 cm2/g
规格	直径（mm）	520	
	宽度（mm）	250	
工艺	开路磨矿		
性能参数	设计处理量（t/h）	30-50	
	电机功率（kw）	55x2	

Goldsoft 山东金软科技有限公司 Shandong Goldsoft Technology Ltd.

山东金软科技有限公司

山东金软科技有限公司成立于2001年，是一家集数字矿山、矿山自动化、矿山安全生产与经营管理息化等研发与应用服务于一体的股份制高科技服务企业，公司现有科研和工程技术人员100余人，采矿字化技术部、安全数字化技术部、软件部、电子部、系统集成部、工程部等机构专业突出、技术力量厚、工程经验丰富，旗下的矿业科技研究所与中国安科院、山东科技大学、德国贝克公司等常年作，并拥有一批具有多年矿山现场经验的咨询专家，专业为矿山企业提供采矿数字化、安全数字化和营管理信息化整体解决方案。

公司于2002年被认定为软件企业和高新技术企业，先后承担过国家火炬计划、科技创新基金、信息业专项资金等国家及省级以上科研项目数十项，其中，《基于MAPGIS的黄金矿山地测多媒体管理信息统》2004年获得中国黄金协会科学技术奖三等奖；《基于GIS技术的矿产资源综合预测与评估系统》2005被列为国家火炬计划项目；《基于GIS技术的矿井生产管理系统》2006年获得国家科技部科技型中小企业新基金支持；《基于GIS技术的非煤矿山安全管理信息系统》2007年获得山东省技术创新优秀成果一奖、中国黄金协会科学技术一等奖和国家安监总局科技三等奖；《矿山安全监测预警与决策支持系统2009年被列入国家安全生产重大事故防治关键技术重点科技项目；2009年与山东蓝光软件等6家单位起，共同承担国家863计划重点项目——《采矿数字化关键技术研究与软件研发》；《基于无线传感网络井下监测监控系统》2010年获国家科技部科技型中小企业创新基金支持……目前，公司形成以勘探、测、采矿辅助优化设计，储量动态管理，生产计划编制仿真模拟与生产优化调度的采矿数字化系统件、矿山领导查询决策系统、矿冶ERP、安全管理、能耗管理等生产经营管理系统软件，以及矿井工业太环网、人机定位与移动通信一体化系统、远程视频监控系统、井下环境与设备在线监测监控系统、矿库监测预警系统、井下应急网络广播报警系统等矿山安全数字化产品系列，为矿山专业提供数字矿建设、调度中心等数字化、自动化工程服务。

软件企业

高新技术企业

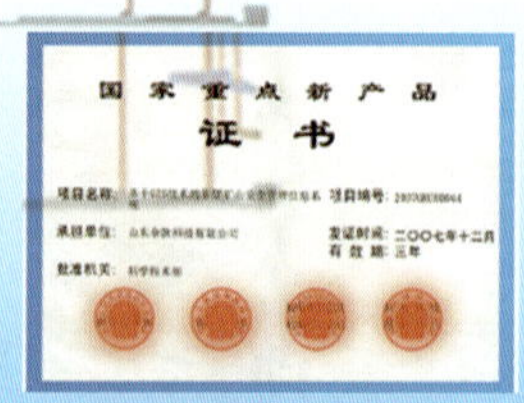

国家重点新产品

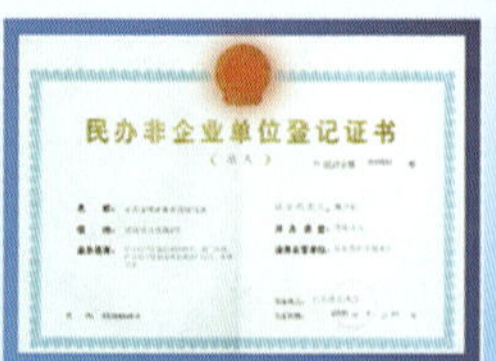

矿业科技研究所

科技型中小企业创新基金

安全生产科技成果奖

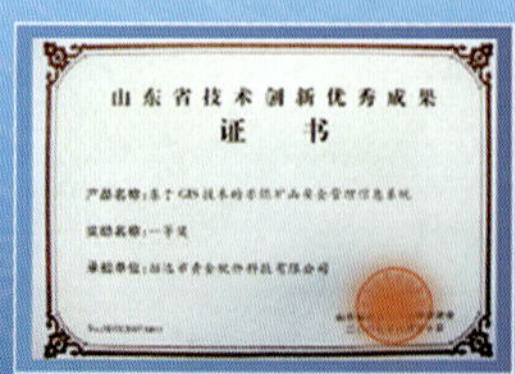

山东省技术创新优秀成果

国家火炬计划项目

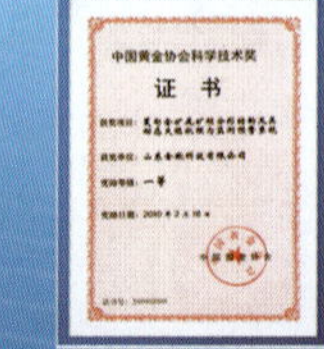
中国黄金协会科技技术

数字矿山整体解决方案

矿山系统是一个复杂的、动态的、开放的系统，生产、安全、经营管理各部分之间互相影响、互相制约，要想快速、准确地了解各个系统的运行情况，并使各系统配套、一致，只有通过建设数字矿山，为矿山运行管理提供一个透明可视的矿山，合理优化矿产资源勘探，可持续开采矿产资源，实现本质安全。优化矿山企业组织结构，实现生产管理精细化，降低管理成本，提高企业快速反应能力，使矿山企业在生产、经营、管理、决策方面的效率和水平得以较大增长，增强企业的创新能力和国际竞争力，从而使矿山企业在现代企业竞争中取胜，并逐步走向可持续发展之路。

如图所示，数字矿山建设主要包括三维建模与仿真模拟等三维可视化集成平台，三维地测辅助设计与分析决策、经济矿体评价、采矿智能协同设计、生产计划编制与仿真模拟、生产计划优化与调度等采矿数字化软件系统，井下工业以太环网、人机定位与移动通讯综合一体化系统、在线监测监控系统、自动化控制系统等安全数字化系统，矿山生产经营管理决策等矿山ERP系统。

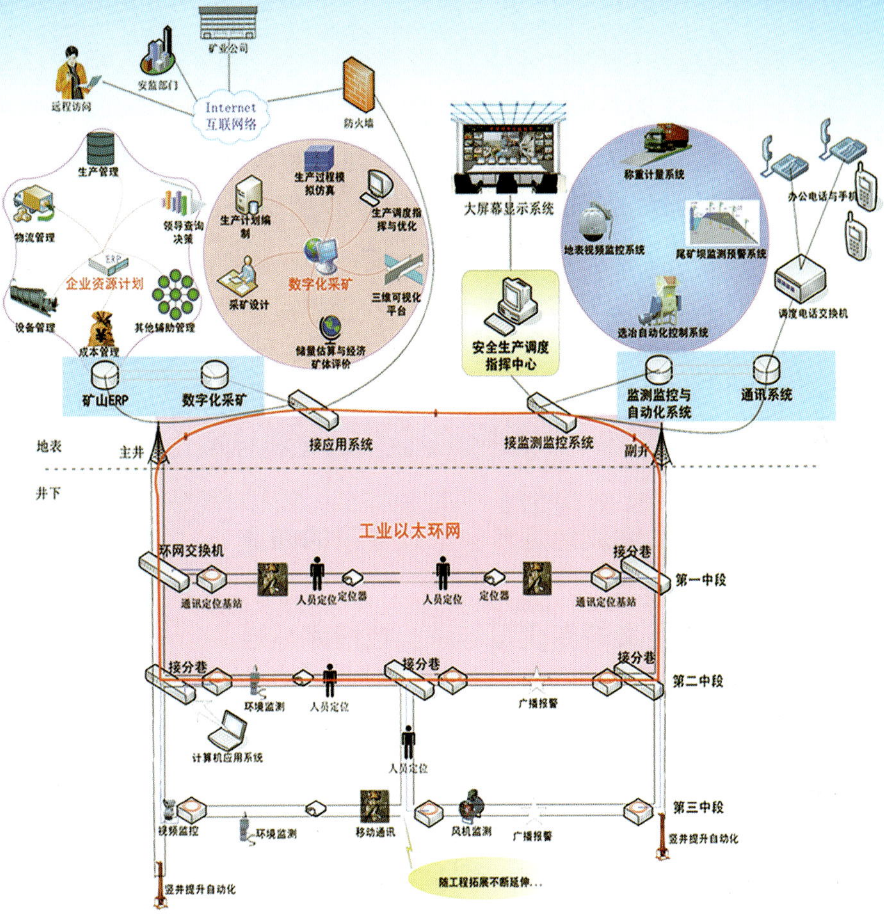

数字矿山架构

金软科技将数字化采矿软件、安全数字化、生产过程自动化、矿山生产经营管理信息化等系统有效集成，整合工业环网、视频监控以及自动化控制等工程服务，形成了专业的数字矿山建设整体解决方案，具体产品框架图如右图所示。

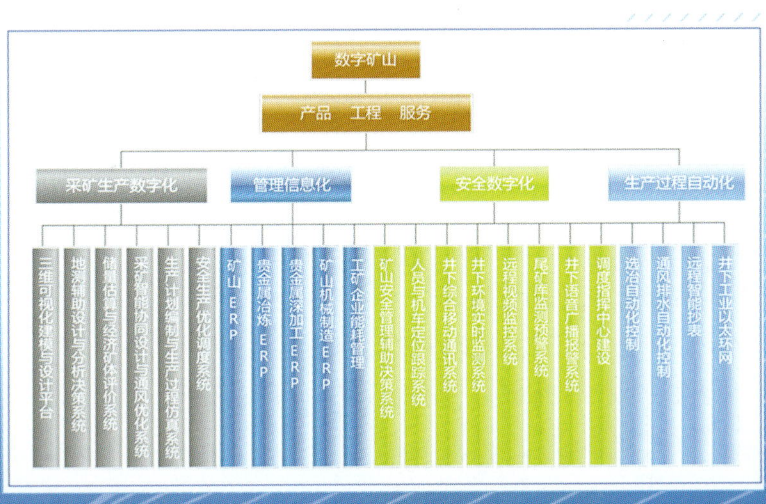

公司产品目录

Goldsoft 山东金软科技有限公司
Shandong Goldsoft Technology Ltd.

采矿数字化——国家863计划重点项目

公司承担的国家“863计划”资源环境领域重点项目——“数字化采矿关键技术与软件开发”，通三维建模和虚拟仿真技术，重现采掘生产环境，仿真矿山生产系统，集矿山地质勘探、储量估算、采生产辅助设计、计划、生产与调度于一体，进行矿体预测、经济矿体评价、地测采辅助设计、生产协设计、生产计划编制与模拟、安全生产调度优化等智能化管理，实现采掘生产与安全管理的可视化、字化与智能化，为提高我国矿产资源监管水平、采掘生产数字化水平、安全管理数字化水平、矿山企技术经济指标和全面提升我国矿山企业的综合竞争力提供高技术支撑。

三维地测辅助设计与分析决策系统

用于地质与测量专业采集数据处理、辅助设计、自动成图与三维建模，提升地测辅助设计与分析的动化、数字化水平，规范地测专业信息化和标准化行为。主要特点为：

▲ 系统自动完成地测专业繁琐复杂的内业计算，并自动成图；

▲ 系统自定义的专业符号库、线性库、岩性库更适合矿山专业生产辅助设计，制图方便快捷，打印图形色彩、图案可以与制图软件相媲美；

▲ 现场实测数据以数据库方式存储与管理，便于日常管理、分析和其它应用，尤其是钻孔资料、样品资料、测量资料的管理和图形绘制；

▲ 任意剖面切制方便生成地质采矿生产用图；

▲ 与MAPGIS、AUTOCAD等制图软件的格式互相转换，实现图形共享和规范数据统计上报；

▲ 采场轮廓三维模拟，方便采场验收、分层开采和动态储量管理；

▲ 矿井生产三维模型动态浏览与属性查询，便于整体掌握矿井生产现状、实现可视化设计和矿体预测。

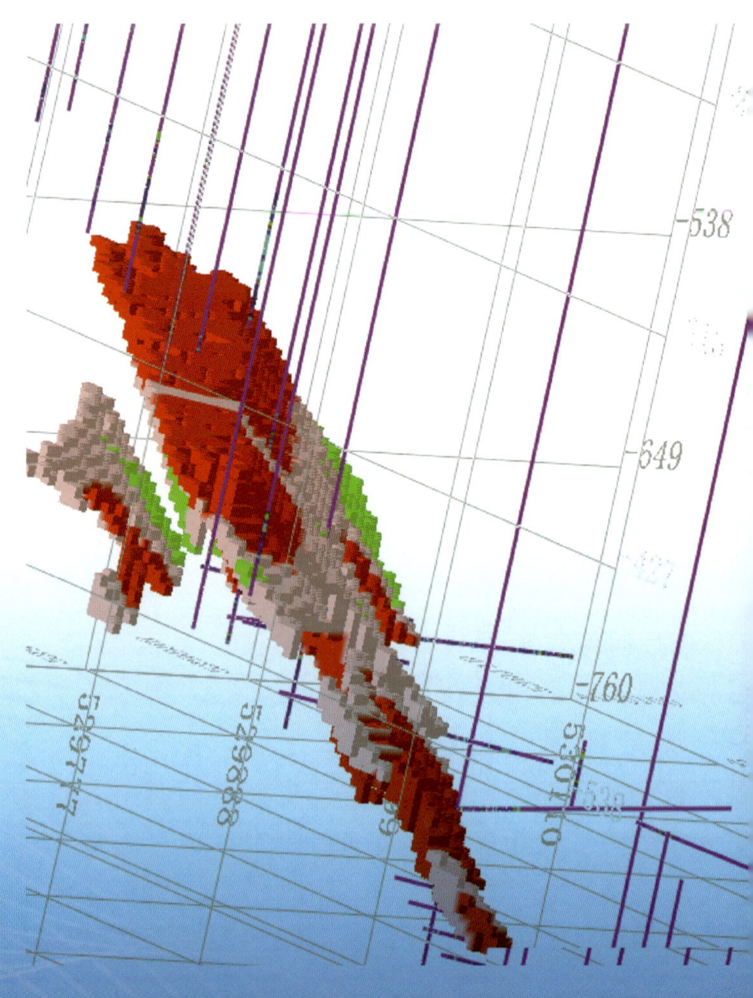

资源储量动态管理

地下矿山安全避险六大系统数字化解决方案

矿山安全数字化，不仅通过物联网在线监测监控生产环境、设备和作业人员，全面、实时地感知矿山，进行事前预警，还要在发生突发事件后能通过三维模拟仿真和系统分析，科学高效地进行应急救援与调度指挥，将事故危害降到最低。

金软矿山安全数字化系统主要包括：在断电、断纤等特殊情况下网络能正常工作的井下工业以太环网；集井下人员跟踪定位、下井考勤、灾后急救、日常管理为一体的井下人员定位系统；提供最有效、高可靠生产调度与应急指挥的无线通讯系统；对有害气体进行监测的在线监测系统；对重点部位和设备进行远程视频监控的工业视频系统；对坝体渗压和弱面位移、内部变形、库区水位、降雨量、干滩高度等关键指标进行实时监测与分析处理的尾矿库监测预警系统；发生突发事件后能声光报警的井下应急网络广播报警系统；可集成矿山安全在线监测监控系统、自动化控制系统等，实现系统联动、整体分析决策的三维可视化集成平台。

系统基于zigbee技术，实现了数据语音通讯的结合，为下步物联网在矿山的应用奠定基础。由于一体化地解决了地下矿山监测监控、人员定位和通讯网络等安全避险系统建设需求，与其它单系统分别建设相比，系统建设更加简便，投入更省，应用可靠，维护方便。

三维可视化集成平台

通过三维建模和仿真虚拟，模拟采掘生产活动，建立与系统设备无关、数据共享的通用三维可视化分析决策系统平台，进行系统集成、智能分析和综合调度。通过该三维可视化平台，将各安全生产子系统有效集成，统一进行数据处理、综合分析和集中显示，便于整体决策与调度指挥。

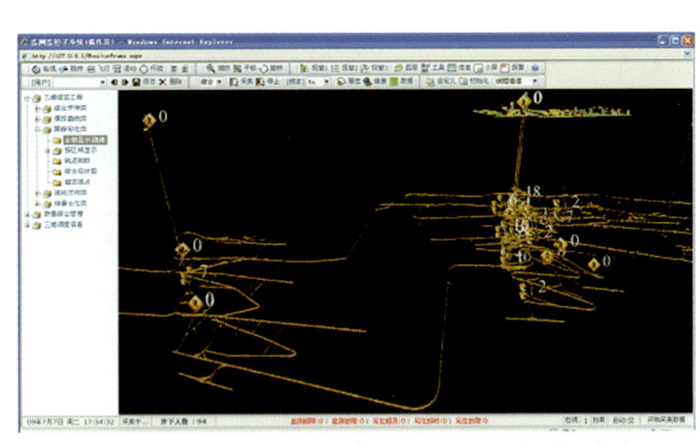

三维可视化平台集成显示井下定位系统

井下人机定位与无线通信一体化系统

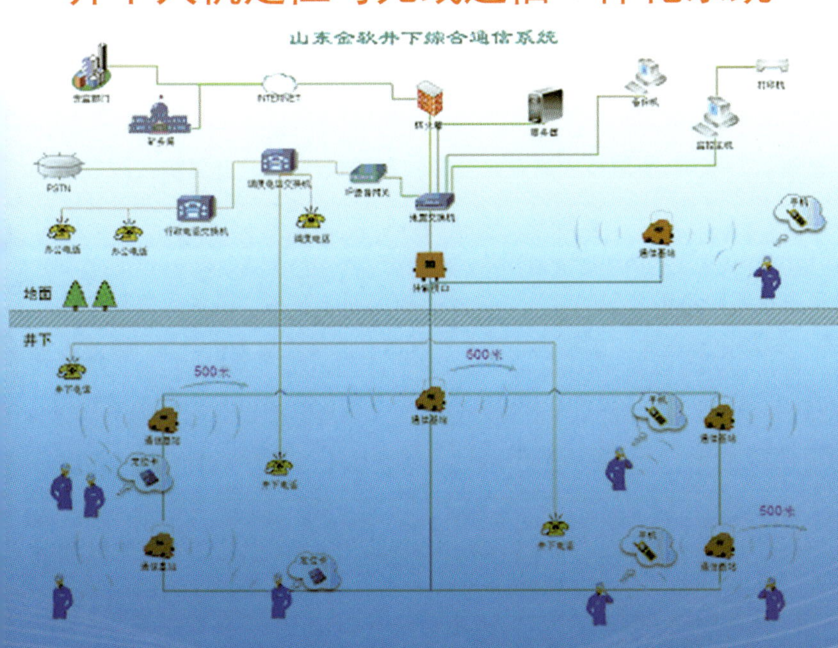

在一套系统上实现人机定位、语音通讯共网传输，定位卡实现双向通讯，井下手机之间、井下手机和固话之间可实现无线通话、通话监控及查询，同时也可传输井下作业环境在线监测、视频监控数据和信号，可扩展应用于井下温度、湿度、风量、有害气体、粉尘等工作环境监测，实现四网合一。与单独的定位或通讯系统相比，该系统通过一套系统就可实现井下作业人员看得见、联系得上，方便调度指挥，投资省，定位精度高、通话音质好，不怕断电、断缆，可靠性高，施工和维护简单。

株洲天桥起重机股份有限公司

ZHUZHOU TIANQIAO CRANE CO., LTD

简 介

株洲天桥起重机股份有限公司是我国起重设备制造行业内的中型骨干企业，是我国南方地区最大的桥、门式起重设备制造基地，中国重型机械工业协会常务理事单位、起重机协会副理事长单位、物料搬运机械工作委员会副理事长单位、国家起重机A类制造企业。公司于2010年12月挂牌上市，股票代码002523。

公司地处湖南省株洲市田心高新工业园区，毗邻京珠、沪瑞高速公路和南方铁路枢纽株洲北站，交通极为便利。

公司注册资本1.2亿元人民币，占地面积18.1万m2，主要工艺设备500余台（套）。现有职工900余人，其中各类管理、技术专业人员200余人。

主要产品有：铝冶炼专用（电解、焙烧、堆垛）起重机；5～200t通用桥式起重机；5～125t单双梁门式起重机；港口起重机；冶金起重机；集装箱专用门式起重机；水电站门式起重机；450t+450t提梁机；900t架桥机；900t运梁小车等，年生产能力30000t。

公司注重引进、吸收国内外先进技术，加强与国内科研院所和跨国公司的合作，技术不断创新，产品广泛进入国际市场。近年来，先后开发出双阳极铝电解多功能天车、加料天车、阳极焙烧天车、阳极堆垛天车、200t双梁桥式起重机、180t铸造起重机、75t板坯夹钳起重机、32tC型门式起重机、40t（全幅）港口门座式起重机以及450t提梁机等。

株洲天桥起重机股份有限公司一贯奉行“以人为本，诚信立业”的经营理念，坚持“顾客至上、诚信为本、规范管理、精心运作、持续改进、开拓创新”的质量方针，秉承“诚信、敬业、自强、卓越”的企业精神，其优质的产品和出色的服务赢得了广大顾客以及社会各界的青睐与尊重，获得了众多的资格和荣誉：

ISO9001：2000质量管理体系认证；

国家二级安全质量标准化企业；

2000年起，连年荣获省、市级“重合同、守信用”单位

2001年起被国家认定为高新技术企业

2008年度湖南省安全生产监督管理　“安全质量标准化机械制造企业”

2008年度“湖南省质量信用A级企业”　“株洲名牌产品”

2008年度湖南省机械行业“先进集体”、“先进个人”

2009年度“中国机械工业科学技术奖”

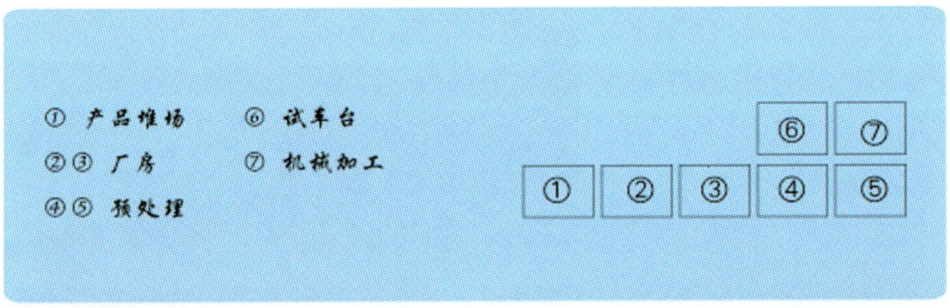

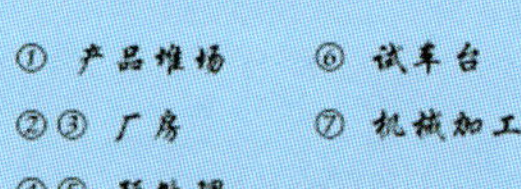

① PTM机组

②③④ 三梁电解铝多功能机组

铝电解多功能机组

铝电解多功能机组是大型预焙阳极电解厂房内的关键设备之一，它能完成预焙阳极电解槽的各项工艺操作。机组主要由大车（包括大车运行机构、箱形双梁桥架结构和绝缘电葫芦机构）、工具小车（包括工具小车运行机构、打壳机构、更换阳极装置、捞渣装置、下料装置、液压系统及气动系统等）、出铝小车、电气控制系统（包括PLC控制系统、变频系统、遥控系统、电子控制装置）等四部分组成。

铝电解多功能机组，采用多项新型的结构型式和高新技术。如：

⑴ 模块化的结构和机构设计，提高了检修和维护的工效；

⑵ 新型的下料管升降导向结构及下料阀门补偿结构，更符合环境需求；

⑶ 全功能遥控的操作方式，使机组操作更直观，提高操作准确性；

⑷ 采用PLC编程控制及远程通讯控制方式、绝缘适时检测及漏电保护、变频调速系统、新式空调调温系统等各项先进的控制技术，有效提高机组的安全性。

近年来，我公司开发了多种机型，能满足电解工艺的技术发展同时对多功能机组在功能扩大化、智能化、提高可靠性、安全性和运转率上进行了50余项技术改进，拥有多项技术专利，铝电解多功能机组技术水平达到了国际先进水平。

阳极焙烧多功能机组

阳极炭素焙烧机组

阳极焙烧多功能天车是阳极焙烧炉的专用操作设备，可实现焙烧炉与编、解组站之间的阳极炭块的运送，用阳极夹具将阳极装入焙烧炉坑，用填料管将填充料加入炉坑，用气力输送设备的吸料管将高温填充料从炉坑中吸出，用阳极夹具将阳极从焙烧炉坑中取出等主要功能。设备通过采用具有创新理念的高效吸料嘴，吸料效率可比常规提高15%以上。采用PLC控制技术，简化硬件接线和电子控制设备，联锁可靠，便于施工、维修，调试方便，故障率低，充分保证天车的作业效率。实现了在操纵室内集中操纵，并通过彩色触摸屏实时显示各电器元件及系统的使用状态，显示故障报警部位及原因。采用无线信号交换装置对地面设备进行控制。

堆垛天车

堆垛天车用于阳极炭块仓库中抓运生、熟阳极炭块，以及碳块库内零星吊运。堆垛天车自带的夹具每次抓取19～21块纵向排列的阳极块，可堆积6～9层。夹具升降的导向形式采用剪刀折叠式，夹具形式为自重式夹具，电力或磁力松开。大车纵向往复于仓库中，不仅可在地面上抓运和堆垛，还可由仓库中板式输送机上抓取炭块，走到链式输送机上放下运出。

铅、锌、铜电解天车

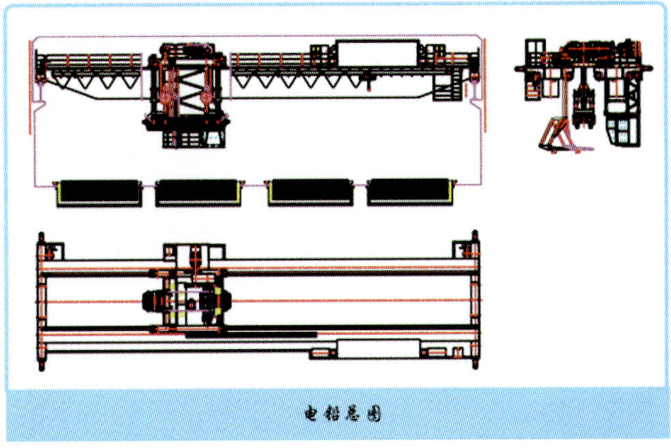
电铅总图

有色金属（铅、锌、铜）电解成套设备主要包括电解铅、铜、锌专用起重机及洗涤、剥离生产线，是有色金属（铅、锌、铜）冶炼、电解新工艺（环保型）配套的机械专用设备，技术先进，自动化程度高。目前公司已完成铅、铜电解专用起重机，其主要用途为高效准确地完成铅、铜电解阴阳极出、装槽作业，采用PLC及自动定位系统，电解极板的装槽、出槽，等的过程都遵?指定程序来完成相应工艺过程。可自动完成预设的工作计划，运行中与生产系统及地面设备信息对接。在此工作过程中，若出现零时需处理的紧急任务，司机也可中断自动工作程序，手动处理当前任务，完毕后可继续执行自动运行程序。公司自行设计的设备采用反钩挂钩或支撑方式脱开阴极梁与阳极梁，省去了以前所采用的动力下放机构，起到了节省成本与减少能源消耗的双重效果。

地　址：湖南省株洲市田心北门　电　话：0731-28432961　E-mail：sales@tqcc.cn
邮政编码：412001　传　真：0731-28435573　http//www.tqcc.cn

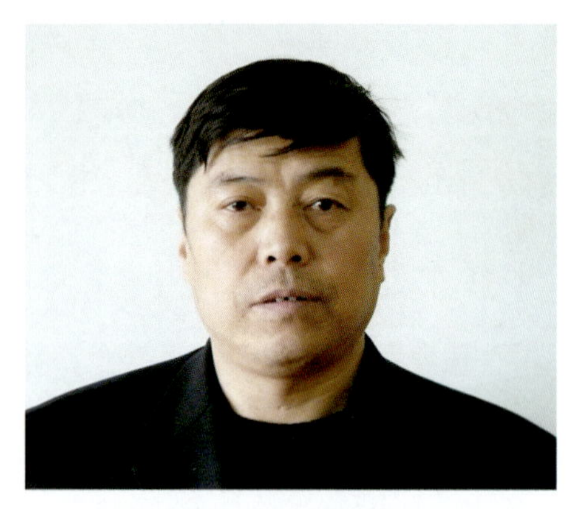

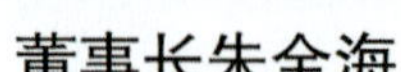

董事长朱金海

上海盾牌公司

我公司原名上海前哨矿筛厂,建立于1973年,原系国有企业,1998年改制为股份合作制企业,现发展为下列三个公司,分别制造不同的产品.上海盾牌矿筛有限公司以生产耐磨性能好,强度高的重型矿用编织筛网,各种筛板,非金属筛网和橡胶弹簧.橡胶垫条等振动筛机配件为主.上海盾牌筛网滤器合作公司以生产不锈钢条缝筛板,筛篮,各类非标过滤器为主.上海上盾筛分设备有限公司以生产旋振筛,各类筛分机械为主.

公司生产的各类筛网,畅销国内二十多个省市,自治区,广泛用于冶金,矿山,化工,石料,筑路等行业的物料分级和过滤,大量替代出口产品,深得用户好评.使用周期符合用户要求,大部分产品达到国内先进水平,曾获上海市优秀新产品奖.

公司的产品从1985年开始,进入全国重点钢铁企业,全面替代了从日本,德国引进设备的配套筛网,满足了现代化生产要求.

公司生产的高强度不锈钢无磁焊接筛板.弧形筛板,离心机筛篮等由于其质量可靠,性能稳定,得到广泛应用

公司还承接国内外各种筛分设备的维修和测试.

公司有严格的从销售.设计.制造,检测到售后服务等全过程的质量监控体系,力求达到产品质量无缺陷,完美的售后服务使客户无后顾之忧.公司热情为客户测绘,设计,试制各种新产品.

发展壮大为一个专业门类齐全、技术装备先进、人员结构合

冶金

矿山

化工

筑路

圆震动筛

矿物筛选设备

激振力强、筛分效率高、振动噪音小、坚固耐用、维修方便、使用安全等特点

特种钢分级筛网的规格及尺寸

筛孔名义	轻型(I)		中型(II)		重型(III)	
尺寸/mm	丝径/mm	开孔率/%	丝径/mm		丝径/mm	开孔率/%
125			10.0	125		
112			10.0	112		
100			10.0	100		
90			10.0	90		
80			10.0	80		
71			10.0	71		
63	8.0	79	10.0	63	8.0	79
56	8.0	77	10.0	56	8.0	77
50	6.3	79	8.0	50	6.3	79
45	6.3	77	8.0	45	6.3	77
40	6.3	75	8.0	40	6.3	75
36	5.0	77	6.3	36	5.0	77
32	5.0	75	6.3	32	5.0	75
28	5.0	72	6.3	67	8.0	60
25	5.0	69	6.3	64	5.0	57
22	4.0	72	5.0	66	6.3	60
20	4.0	69	5.0	64	6.3	58
18	4.0	67	5.0	61	6.3	55
16	3.15	70	4.0	64	5.0	58
14	3.15	67	4.0	61	5.0	54
13	3.15	64	4.0	57	5.0	51
11.4	2.5	67	3.15	61	4.0	54
11.4	2.5	64	3.15	58	4.0	51
9	2.5	61	3.15	55	4.0	48
8	2.0	64	2.5	58	4.0	52
7.1	2.0	61	2.5	55	3.15	48
6	2.0	58	2.5	51	3.15	45
5.6	2.0	54	2.5	48	3.15	41
5	2.0	51	2.5	45	3.15	38
4.5	1.8	51	2.24	45	2.5	41
4.0	1.6	51	2.0	45	2.24	41
3	1.4	48	1.6	44	2	37

电话:86-21-63540769 86-21-63786231

E-mail:dunpai@yahoo.cn

赣州金环浇铸设备有限公司

【公司简介】

赣州金环浇铸设备有限公司是专门从事浇铸技术研究和产品开发的高技术企业。公司提供浇铸设备的设计、制造、安装、调试等业务。我们拥有一支高素质的工程技术队伍，多年从事浇铸机有关的技术工作。赣州金环浇铸设备有限公司制造的浇铸机已在国内各大型铜冶炼企业得到成功应用。应用实践说明我公司提供的全自动定量浇铸机具有先进、实用、安全、可靠、操作便捷、性能优良而价格低廉的特点，给用户带来最大限度的经济效益和社会效益，同时我们优良的服务质量和雄厚的技术、经济实力及精良的装备、制造水平也被用户首肯，从而获得了广泛的好评。

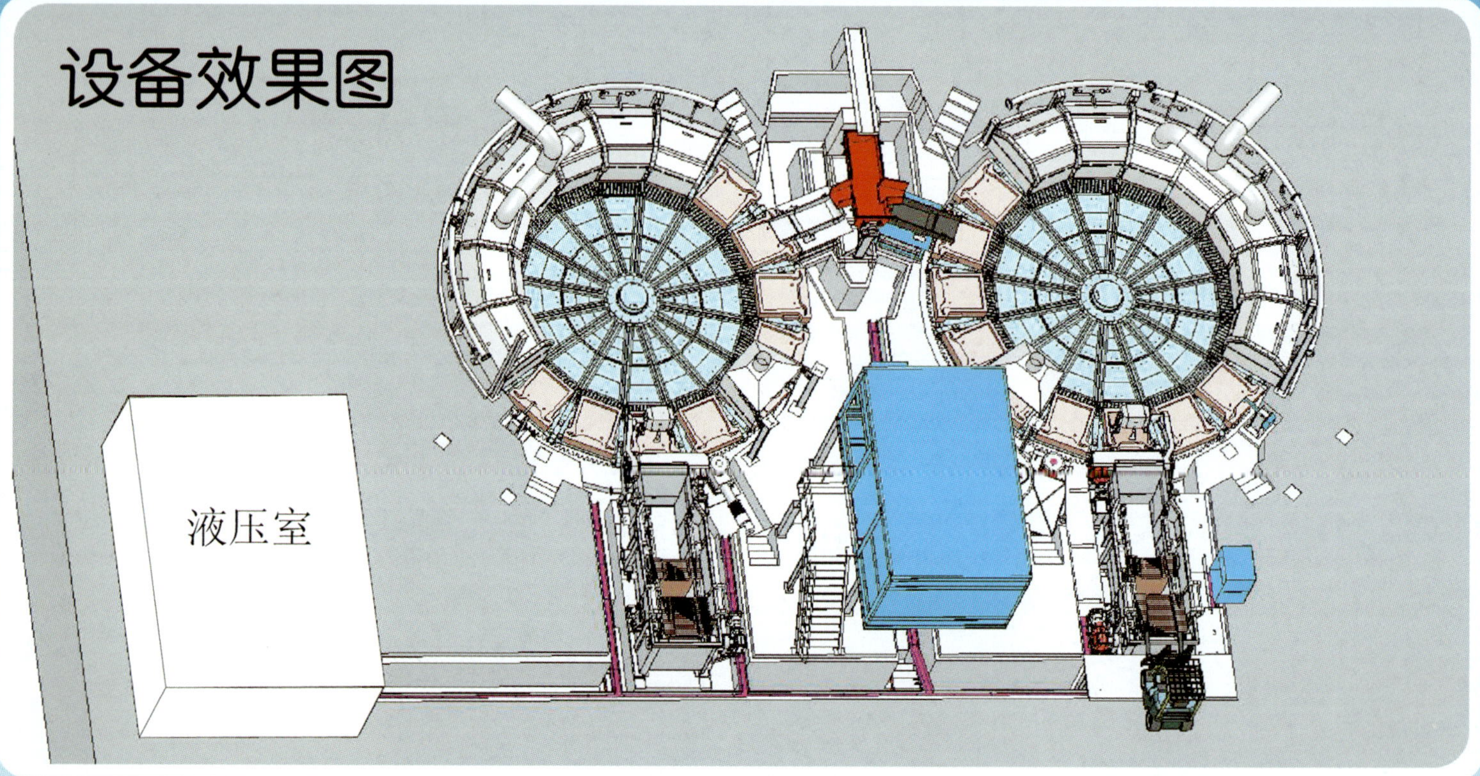

设备效果图

液压室

【浇铸机介绍】

浇铸机最基本的功能是将经冶炼后的熔融状态的金属浇铸成具有特定形状规格和重量要求的固态金属。由于用户对这些要求和浇铸能力的要求差别很大，故应用于各种用户和场合的浇铸机其功能、结构、性能、价格差别也很大。全自动圆盘定量浇铸机除了具有一般浇铸机的功能外，还具有下列功能：

- 全自动

铜水从阳极炉流出经溜槽、中间包、浇铸包、浇铸模、喷淋冷却系统、预顶起装置、顶起装置、提板、入水槽冷却、输送到水槽尾部及喷涂等全部过程都是自动完成的；

- 定量浇铸

可以根据用户对阳极板的重量要求由操作者自选设定，所浇铸出来的阳极板重量完全能够满足要求。

【浇铸机组成介绍】

全自动定量浇铸机是一台集机械、电气、液压、气动、自动控制等技术和设备于一体的大型生产设备。该设备由若干个子系统组成，其中包括：浇铸和称重子系统、圆盘及其驱动子系统、喷淋冷却子系统、喷涂子系统、提取机和冷却水槽子系统、液压子系统、PLC控制子系统、人机界面控制子系统。

【赣州金环浇铸设备有限公司浇铸机特点】

- 采用时分控制技术和模糊控制技术，确保定量浇铸的精度。
- 独有的模状态设定功能，包括坏模、废阳极板、空模的设定。如出现坏模、粘模、废阳极板等现象时，只需设定坏模、废板标志，即可跳过对它们的浇铸，不影响对其它模子的浇铸；一旦坏模已被更换为好模、粘模被清除、废阳极板被清除，可恢复这些模为空模（好模），继续使用这些模子浇铸，以免降低浇铸能力。
- 采用时分控制技术和闭环控制技术，使得圆盘本体被精确驱动，加减速度平稳，避免产生飞边，确保阳极板的物理规格。
- 全中文操作界面，正版 INTOUCH 软件支持，运行稳定，操作直观。
- 冷却水槽的输送链条可以反转，方便处理掉板。
- 阳极板的堆垛数量可以设定，方便叉车调度。
- 冷却水由在线检测的模温控制，延长模具的使用寿命。
- 液压站的断电保护功能，使浇铸包在突然断电后能复位。
- 阳极板的重量可以方便地被调整。
- 只需做适当的局部的调整，浇铸机便能适合各种规格的阳极板浇铸。

【赣州金环浇铸设备有限公司浇铸机技术规格】

16模双圆盘全自动定量浇铸机技术规格

项目		参数
实际能力（阳极板重量380~450kg）		85~100 吨/小时
阳极板重量		380~450kg
担保的阳极板的重量精度		98%的阳极板的重量误差在±1%
控制系统		仪表控制、微电脑和PLC
液压		14MPa
重量	总重量	约130,000kg
	最重的装置	约12,000 kg
最大的外形尺寸		尺寸最大　圆盘直径为9,600mm

18模双圆盘全自动定量浇铸机技术规格

项目		参数
实际能力（阳极板重量380~450kg）		85~110 吨/小时
阳极板重量		380~450kg
担保的阳极板的重量精度		98%的阳极板的重量误差在±1%
控制系统		仪表控制、微电脑和PLC
液压		14MPa
重量	总重量	约130,000kg
	最重的装置	约12,000 kg
最大的外形尺寸		尺寸最大　圆盘直径为10090mm

【公司已有客户】

截止2011年5月公司已有的部分客户　：

客户公司	应用设备	应用情况
大冶有色金生铜业有限公司	16模双圆盘全自动定量浇铸机	投产使用中
白银有色集团铜业公司	16模单圆盘全自动定量浇铸机	投产使用中
广东清远云铜有限公司	16模双圆盘全自动定量浇铸机	调试完成　投产使用中
金川集团有限公司	18模双圆盘全自动定量浇铸机	调试完成　投产使用中
新疆五鑫铜业有限责任公司	16模双圆盘全自动定量浇铸机	制造中　即将交付

大冶有色金生铜业有限公司
2007年2月投入生产

主要参数名称	M16双圆盘型	M16单圆盘型	说明
圆盘直径(mm)	2×Φ9600	Φ9600	1、双圆盘使用：一个浇铸175千克/块，另一个浇铸360千克/块或354千克/块； 2、阳极板重量精度随板重增加而提高。
浇铸能力（吨/小时）	85-100(每块板重380kg)	45-50(每块板重380kg)	
阳极板重量（千克/块）	175/360/354		
担保阳极板重量精度	98%的阳极板重量在±1%		
阳极板合格率	98%		

白银有色集团铜业有限公司
2009年6月投入生产

主要参数名称	M16单圆盘型	说明
圆盘直径(mm)	Φ9600	本设备投入使用后，该公司原有的三台设备皆停止使用。
浇铸能力（吨/小时）	45-50(每块板重380kg)	
阳极板重量（千克/块）	320	
担保阳极板重量精度	98%的阳极板重量在320±1%	
阳极板合格率	98%	

广东清远云铜有限公司

主要参数名称	M16双圆盘型	说明
圆盘直径(mm)	Φ9600	截止2011年5月，该设备调试完成，投产使用。
浇铸能力（吨/小时）	60（每块板重260kg）	
阳极板重量（千克/块）	260	
担保阳极板重量精度	98%的阳极板的重量误差在±1%	
阳极板合格率	98%	

金川集团有限公司

主要参数名称	M18双圆盘型		说明
圆盘直径(mm)	Φ10090		两个圆盘分别浇铸大阳极板和小阳极板。金川阳极铜的镍含量较高，是标准阳极铜镍含量的10倍以上，粘度高，易粘模，熔点特别高。
浇铸能力（吨/小时）	60~65		
阳极板重量（千克/块）	大板:320	小板:205	
担保阳极板重量精度	98%的阳极板的重量误差在±1%		
阳极板合格率	98%		

内蒙古兴安铜锌冶炼有限公司

内蒙古兴安铜锌冶炼有限公司由内蒙古地质勘查有限责任公司、锡林郭勒盟白音华煤电有限责任公司、内蒙古玉龙矿业股份有限公司合资组建，注册资金4.47亿元。项目总体设计规模为年产20万吨锌，10万吨铜，占地面积1700亩。共分三期投资建设，第一期为年产10万吨锌冶炼项目，于2007年9月10日开工建设，委托中国有色工程设计研究总院设计，由中国恩菲工程技术有限公司、中国第二冶金建设集团公司、中国第八冶金建设集团公司承建，历时24个月，完成固定资产投资13.6亿元。一期工程建设已完成，于2009年8月投产，现已达产达标。一期项目具备年产电锌10万吨、硫酸19万吨的能力，安置就业1500人。项目的建成投产，将充分发挥和利用矿产、煤、电等资源优势，提高产品附加值，扩大地区工业经济总量，促进当地经济协调发展。

我公司生产的主产品有“百灵牌”锌锭，副产品有硫酸、铜渣、镉锭，并已在东北、华北、华东占稳市场。锌锭全部为Zn99.995%品牌，纯度高达Zn99.997%以上，硫酸产品均为优等以上产品。

中通建设
ZHONG TONG BUILDING

河南中通矿建工程有限公司

公司简介

河南中通矿建工程有限公司（以下简称中通公司），位于河南省西部、黄河中游南岸，北临嵯峨逶迤的邙岭，南对亘古耸黛的嵩山。古时称水之北为阳，洛阳地处洛水之北，故称洛阳。洛阳是中国著名的历史文化名城和重点旅游城市。洛阳是我国七大古都之一，国务院首批颁布的历史文化名城，居“天下之中”，素有“九州腹地”之称。城市的兴起距今有4千多年的历史。洛阳是中华文明的重要发祥地，有着深厚的古文化底蕴，成为海外炎黄子孙寻根问祖的热点地区。

董事长：吴飞云

中通公司是具有独立法人资格的矿山工程施工企业，随着企业的不断发展、公司规模不断扩大，在矿山工程市场占有份额不断提升的基础上，逐步实现了精、严、细的军事化管理，成长为河南省唯一一家以矿山建设工程施工为主的龙头企业。

中华民族五千年的灿烂历史，留下了许多令世人叹为观止的杰出矿山建筑业工程，巍峨壮观的万里长城，气势宏伟的皇宫禁院，人们往往可以记住许多著名的建筑名称，却从不在意它的建设者，这正是作为建设者的无私与伟大之处——创造历史、记录历史却从不索求历史！“敬业、拼搏、乐群、超越”的企业精神理念，为业主提供全方位的高效、优质服务，为创建一流水平的矿山工程施工总承包而努力。

总工程师：朱庆站

中通公司始创于二十世纪初，是一家集路桥遂道工程、矿山井巷工程、市政公用工程，园林古建筑工程，高速公路工程、水利水电工程、土石方工程、钢结构工程、机电设备安装工程等为一体的股份制施工企业。

2009年9月山西高平科兴游仙山煤矿由河南中通矿建公司承建

中通公司是一家具有矿山工程施工总承包资质企业。公司注册资本暂住2000.00万元。企业可承担注册资本金以下矿山工程施工；6000m及以下巷道工程；60万吨／年及以下铁矿采选工程；60万吨／年及以下有色砂矿和30万吨／年及以下有色脉矿采选工程；45万吨／年及以下煤矿和150万吨／年及以下洗煤工程；30万吨／年以下磷矿；硫铁矿；10万吨／年以下石膏矿；石英矿和40万吨／年及以下石灰石矿等建材矿山工程；60万立方米及以下剥离量的露天矿工程；单项合同金额1500.00万元内的矿山主体工程；生产经营范围矿山建设及采掘工程施工等。公司下设综合管理部、工程管理部、经营管理部、安全监察部、财务管理部五个部室以及现有26个施工项目部。公司员工1460人，各类工程经济专业技术人员178人，其中具有高级职称67人，中级职称53人，初级职称68人。二级以上持证项目经理26人，安全员、质检员、工程造价管理员177人。特殊工种作业人员工种齐全且均持证上岗。

公司现有各类施工机械800余台套。主要设备有1.2～3.0m绞车24台；Ⅱ～Ⅴ凿井井架21座；1.5～3.0m^3吊桶56个；2JZ-10/800型稳车21台、2JZ-10/600型稳车14台、JZ-10/600型稳车19台、55型5吨稳车20台；10～40m^3的空压机16台；混凝土搅拌站11套；掘进机S150T型的8台、S120T型的8台；8～20吨的自卸式汽车及挖掘设备18台。设备配套齐全，满足矿建施工要求。目前公司主要承建各类大中型矿山建设工程，市场遍布河南、河北、山东、山西、陕西、贵州、安徽、江苏、湖北、内蒙、新疆等省、区。涉及冶金、黄金、煤炭、建材、化工、水利等领域。施工最深井筒605m，最大直径Φ7.5m，最长贯通巷道3549m。

公司建立了现代化的科学管理机制，先后获得“河南省首批公众满意诚信单位”、“民营经济研究基地”、“AAA级信用单位”、“洛阳市创建诚信企业先进单位”、“建筑业信誉单位”、“建筑业优秀企业”、“信用建设先进单位”、“重合同守信用单位”、“建筑业优秀企业”和“全国质量管理小组活动优秀企业”等多项荣誉称号。所施工的多项工程被业主评为“优质工程”、“　　各省局优质工程”等并颁发了《荣誉证书》，多个项目部被业主誉为“快速开拓队”、“矿红旗班组”、“安全文明生产单位”、“质量信得过单位”等荣誉称号并颁发了证书。

在新的历史进程中，公司将始终弘扬追求卓越、开拓进取、注重科技、勇争第一的精神，坚持诚信为本、安全高效、质量第一、用户至上的宗旨，把企业做大、做强、做精、做久，为国内外业主提供优质的工程。

顾客是永恒的朋友　　质量是企业的生命

诚信是发展的基石　　双赢是我们的目标

公司地址：河南省洛阳市廛河区新街288—289号
邮政编码：471002
公司网址：www.ztjs888.com
电子邮件：hjsjgjm@163.com
电话号码：0379-63975967
传　　真：0379-63973887

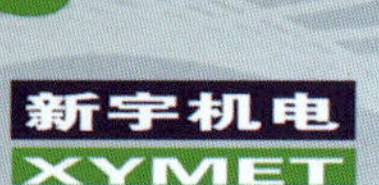

钟祥市新宇机电制造有限公司

湖北省钟祥市新宇机电制造有限公司创建于1968年，主要生产各类振动电机、振动机械、输送机械。是中国电器工业协会中小型电机分会理事单位、中国重型机械工业协会洗选设备专业委员会理事单位。

公司已发展成为集振动电机、振动设备生产基地，铸造基地和电器设备基地三位一体的，以振动电机、振动机械为主导，以铸铁、铸钢产品、电器、电控产品为支撑的，全国最大的振动电机制造企业和振动机械骨干企业。

企业产品

1、振动电机： VB系列振动电机、VBE系列高效节能振动电机、VBH系列频繁起动振动电机、VBL立式振动电机、VBB系列隔爆振动电机、VLB系列户外隔爆振动电机、VBCB侧板式振动电机、VLBL铝壳长杆振动电机。

2、振动机械：平动椭圆振动筛、直线振动筛、圆振筛、振动给料机、振动料斗、振动输送机、振动放矿机、带式输送机。

企业优势

1、市场优势：公司产品畅销全国各地，进入国际市场，根据《中国电器工业年鉴》统计，“钟祥市新宇机电制造有限公司振动电机占国内振动电机市场份额的20%以上。”市场占有份额国内第一。公司被中国重型机械工业行业洗选设备专业委员会评为“重点配套企业”。

2、技术优势：公司作为主要起草单位编制和修定了国家行业标准《三相异步振动电机技术条件》（JB/T5330—2007），为全国振动电机的设计和生产提供了指导性技术文件。开发的VBE系列高效节能振动电机是国内振动电机更新换代产品，具有高效节能、体型小、重量轻、售价低，综合性能远远优于国内现有产品的优势。公司技术中心是湖北省省级企业技术中心，具有强大的产品研制和开发能力，现有38名工程技术人员从事产品研发，其中教授级高级工程师2人，享受国家政府津贴专家2人。

3、品牌优势：生产的“宇兴”牌振动电机在国内振动电机行业和广大客户中公认为品牌产品，是“湖北名牌产品”。研发的高新技术振动电机新产品，技术性能国内领先、部分产品替代进口，列入“国家火炬计划”，获“国家重点新产品证书”、“国家知识产权专利”。研发的使用于煤炭、有色矿山等行业的平动椭圆振动筛属国内首创。研制的振动筛、振动料斗、振动给料机在煤炭、钢铁、矿山、港口建立了良好的信誉。研发的新产品获“湖北省重大科学技术成果奖”、“湖北省星火科技成果二等奖”、“湖北省科技进步三等奖”。

4、基础优势：公司质量管理体系获得ISO9001：2008质量管理体系认证；产品获CQC认证、CCC认证和CE认证；享有“外贸进出口自营权”。公司内部局域网、公司网站、CAD设计系统、互联网已构筑起企业计算机信息管理系统；产品实现了计算机优化设计。

企业荣誉　　公司是湖北省高新技术企业，获湖北省科技中小企业重点培育企业、湖北省重点培育的100家有发展潜力的中小型企业、湖北省优秀民营科技企业、湖北省著名企业、湖北省科技型中小企业创新奖等荣誉和称号，列入湖北省创新型企业建成试点单位。

产品展示

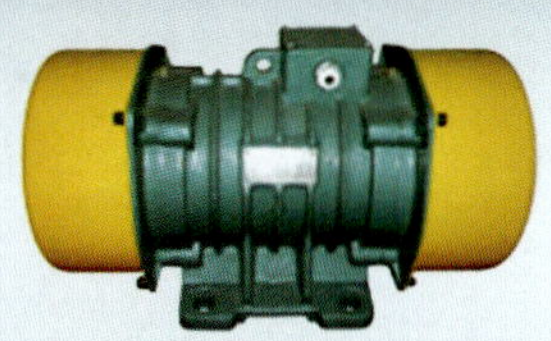
VB系列三相异步振动电机

VBB系列隔爆振动电机

VBCB系列三相异步振动电机

VLB、VLBL系列户外隔爆振动电机

VBH系列频繁起动振动电机

VBL系列立式振动电机

VL系列振动电机

VBE系列高效节能三相异步振动电机

VLBL系列法兰式隔爆振动电机

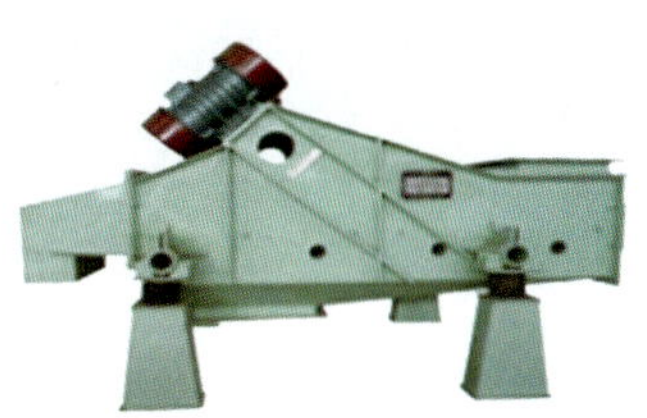
ZZS系列直线振动筛

YSC系列圆振筛

TYS系列矿用平动椭圆筛

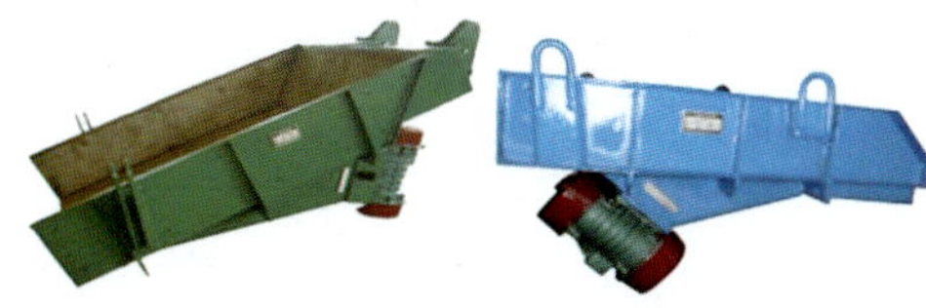
港口码头卸料专用系列给料机

GZT系列棒条给料机

VBA系列振动料斗

SZC系列槽式振动输送机

FZC系列振动出矿机

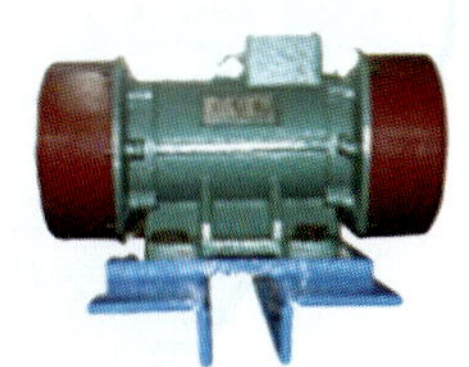
CZQ系列仓壁振动器

董事长：游学峰

地　址：湖北省钟祥市经济开发区西环二路8号　　邮政编码：431900

电　话：0724-4230914、4230924　　传　真：0724-4222928、4224273

网　址：www.hbxyjd . com　　邮　箱：wuyun2098@163.com

目 录

重要文献

政策法规

地方政策法规

中国有色矿业大事记

改革发展与科技创新

国际贸易

节能环保与安全

拟在建项目汇编

中国有色矿业企业、事业单位通讯录

统计资料

中国有色金属矿资源概况

科技成果展示

Directory

Local policies and regulations

in 2010 world non-ferrous metal ten big events

Reform and development and technological innovation

International trade

Energy Conservation, Environmental Protection and Security

Collection of Proposed Project

Directory of Nonferrous Companies and Public Services in China

statistics

Achievements of scientific research

重要文献

中共中央政治局常委、国务院副总理李克强在 2010中国国际矿业大会上讲话 “充分利用两个市场两种资源 增强保障能力实现互利共赢”

中国将按照坚持科学发展、加快转变经济发展方式的要求，把立足国内开发与加强国际合作结合起来，充分利用国内外两个市场两种资源，不断增强经济社会发展的能源资源保障能力。

当前世界经济和国际矿业正处在一个调整恢复时期，矿产资源贸易日渐活跃，但一些矿产品价格攀升过快，贸易保护有所抬头。矿产资源全球分布的不均衡，决定了世界上没有任何一个国家可以完全依靠本国的资源满足发展需要，加强国际合作是必由之路。经济与矿业相辅相成，矿业是经济的支撑，经济发展是矿业繁荣的前提。国际社会应当以理性和长远的眼光，承担起推动各国共同发展、促进世界经济持续增长、维护矿业市场稳定运行的责任，深化务实合作，保持资源价格合理稳定，建立和维护有利于矿业持续繁荣的市场秩序，积极发展绿色矿业，增加资源有效供给。

中国正处于工业化、城镇化加快推进的时期，资源环境的制约日益突出。促进经济长期平稳较快发展与社会和谐进步，必须加快建设资源节约型、环境友好型社会。中国将加大资源节约力度，通过产业结构优化、企业技术改造、绿色消费行为等促进资源节约，大力发展循环经济，全面推动节能节材节矿，努力实现可持续发展。

中国作为一个发展中大国，增强资源保障能力，必须立足国内。我国地质找矿潜力大，要加强规划和政策引导，推进体制机制和科技创新，突出重点矿种和重点成矿区带，强化地质调查和资源勘探，加快形成能源和矿产资源战略接续区，高水平开发利用资源，夯实国内保障基础。

矿产资源市场是中国最早开放的领域之一。我们将进一步改善投资环境，继续鼓励外商投资矿业，更好地引进先进技术和管理经验。同时，支持国内有实力、有信誉的企业到境外开展矿业合作，实现互利共赢。

加快结构调整，转变发展方式实现 有色金属工业平稳较快发展

—— 在中国有色金属工业协会二届五次理事会议上的报告（摘要）

中国有色金属工业协会会长　　康　义

2010年3月18日

一、2009年有色金属工业运行情况

2009年是新世纪以来有色金属工业最为困难的一年。全年运行总体态势是一季度见底企稳，二季度稳步回升，三季度持续向好，四季度基本上恢复到正常水平。

—工业生产企稳向好。2009年，有色金属工业增加值按可比价格计算，同比增长14.1%，增幅比全国规模以上企业高3.1个百分点。十种有色金属产量2605万吨，同比增长4.0%（国家统计局公报数为2650万吨，同比增长5.2%），其中，精炼铜411万吨，铅371万吨，锌436万吨，同比分别增长8.7%、15.6%和11.3%；原铝1285万吨，同比下降2.5%。规模以上企业六种精矿金属含量566万吨，同比增长3.9%。

—企业盈利能力逐步恢复。2009年1-11月，规模以上有色金属工业企业（不包括独立黄金企业）实现主营业务收入19096亿元，同比下降3.0%。实现利润618亿元，比上年同期下降27.7%（全国规模以上企业实现利润同比增长7.8%）。预计2009年规模以上有色金属工业企业实现主营业务收入2.1万亿元左右，基本与2008年持平；预计实现利润约750－800亿元。

—进出口额降幅收窄。2009年，有色金属进出口贸易总额为832亿美元，同比下降11.3%。其中，进口额为659亿美元，同比增长0.4%；出口额173亿美元，同比下降38.6%。2009年，净进口未锻轧铜316万吨，比上年增长1.24倍；净进口未锻轧铝143万吨， 而上年则是净出口58万吨；净进口未锻轧铅18万吨，同比增长12倍；净进口未锻轧锌77万吨，比上年增长1.98倍。

—完成固定资产投资增幅回落，但新开工项目投资偏大。2009年，有色金属工业（不包括独立黄金企业）完成固定资产投资2717亿元，比上年增长16.5%，比全国城镇固定资产投资增幅低14个百分点。有色金属工业新开工项目投资额为2860.3亿元，增幅比上年增加19.4个百分点。

—企业节能降耗取得新成效。2009年，全国铝锭综合交流电耗为14171千瓦时／吨，同比下降152千瓦时／吨，全年节电20亿千瓦时；氧化铝综合能耗为659千克标煤／吨，同比下降19.3%；铜冶炼综合能耗为366千克标煤／吨，同比下降7.2%；铅冶炼综合能耗降到459千克标煤／吨，同比下降2.8%；电锌综合能耗为922千克标煤／吨，同比下降3.2%。2009年有色金属工业（包括独立黄金企业）能源消耗量为8314万吨标准煤，同比下降3%；万元工业增加值能耗同比下降15%。

—科技进步成果显著。由协会牵头组建的产业技术创新战略联盟取得了阶段性效果；列入《国务院关于发挥科技支撑作用，促进经济平稳较快发展的意见》中的三项有色金属产业重点先进技术均取得积极进展，其中新型阴极结构等铝电解技术使直流电耗有了大幅度降低，开始在部分铝厂推广应用；自主研发的氧气底吹熔炼多金属捕集技术，已建成处理多金属矿原料50万吨／年生产线，运行达到预期效果。中金岭南丹霞冶炼厂10万吨锌氧压浸出工程和株洲冶炼厂常压富氧浸出技改项目成功投产，标志着我国锌冶炼技术水平跃上了一个新台阶。时速350公里高铁用铝材，已实现了国产化。

—企业兼并重组取得新进展。中国五矿集团公司与湖南有色金属控股公司2009年底正式签署战略合作协议，由中国五矿集团控股湖南有色控股公司；中国有色矿业集团收购了山东奥博特铜铝业有限公司；云南冶金集团收购美铝持有的美铝（上海）公司100%股权。青铜峡能源铝业集团公司成功回购加宁铝业外方股权。

—有色金属境外资源开发取得新突破。中国五矿集团公司以13.8亿美元收购了澳大利亚第三大矿业公司（OZMineral公司）的主要资产。中国有色矿业集团成功收购赞比亚卢安夏铜业公司、澳大利亚特拉明矿业公司和吉尔吉斯斯坦恰拉特金矿；该集团在赞比亚谦比希的15万吨铜冶炼项目建成投产。中金岭南公司收购澳大利亚PEM公司50.1%的股权。华东有色地勘局在伦敦交易所收购了WTI50.1%的股份，控股该上市公司。吉林吉恩镍业公司分别收购加拿大3个镍矿项目和澳大利亚1家公司的镍钴项目。

—有色金属资本市场出现可喜的变化。2009年在境内外新上市的有色金属企业4家，在香港股票市场融资105亿港元，在深圳股市融资19.8亿元人民币。资本市场有色金属板块涨幅明显超过沪深两市大盘涨幅，有色金属板块总市值从2008年末的0.43万亿元，涨到2009年末的1.03万亿元，涨幅140%，比大盘涨幅高40%。

2009年，有色金属工业在国际金融危机严重冲击的大背景下，取得显著成绩极为不易。这是在以胡锦涛为总书记的党中央正确领导下，全行业280万职工团结奋斗、共克时艰的结果。在这里，我代表中国有色金属工业协会，向全行业干部职工同志们，向关心、支持有色金属行业发展的政府各有关部门和各位朋友们，表示诚挚的感谢！

一年来，我们认真贯彻科学发展观，积极应对国际金融危机，做好各项工作，有以下几点体会：

一是有色金属工业在较短时间内实现企稳回升、逐步向好的态势，主要是中央应对国际金融危机实施一揽子计划和宏观调控政策综合措施的结果，是贯彻落实《有色金属产业调整和振兴规划》的积极作用，也是各企业、单位学习实践科学发展观的重要成果。

二是化危机为机遇，变挑战为动力。各企业苦练内功，降本增效，深化内部改革，大力压缩机构和精简人员，实现管理创新、机制创新，增强了企业发展内在动力和活力，提高了抗御风险能力和市场竞争力。

三是市场“倒逼”机制激发了企业调整结构和技术改造的积极性，增强了自主创新能力，发挥了科技创新的引领和支撑作用，促进了节能减排，提升了产业水平。

四是充分利用金融危机初期矿产品价格暴跌，国外矿业公司生产经营出现困难的有利时机，有实力的有色企业，果断收购了境外矿业公司，为加快境外矿产资源开发提供了良好的平台，为全面实施“走出去”战略，提高国际化经营水平奠定了坚实基础。

二、有色金属工业发展面临的形势及需要关注的几个问题

2010年是继续应对国际金融危机、加快转变发展方式、保持有色金属工业平稳较快发展的关键一年，是全面实现“十一五”规划目标、为“十二五”发展打好基础的重要一年。今年发展环境虽然可能好于去年，但是面临的形势极为复杂。

从国际看，世界经济有望恢复性增长，国际金融市场渐趋稳定，经济全球化深入发展的大趋势没有改变，世界经济格局大变革、大调整孕育着新的发展机遇，根据国际货币基金组织预测，2010年世界经济将增长3.1%。预计今年有色金属工业发展的国际环境将有所改善。但是，世界经济复苏将是一个缓慢的过程，金融危机的影响远未消除，各国刺激政策退出抉择艰难，国际大宗商品价格和主要货币汇率可能波动，贸易保护明显加剧，围绕全球治理、能源资源、气候变化等国际博弈和竞争更加复杂，外部环境不稳定、不确定因素依然很多。

从国内看，我国仍处在重要战略机遇期。经济回升向好的基础进一步巩固，中央扩大内需和改善民生的政策效应继续显现，企业适应市场变化的能力和竞争力明显提高。但是，面临的经济形势依然十分复杂，经济社会发展中仍然存在一些突出矛盾和问题。目前有色金属工业发展中面临的矛盾和问题很多：一是部分有色金属产品产能过剩，产业结构调整、淘汰落后产能任务艰巨，行业内部竞争激烈，长期影响市场走向；二是资源、能源和环境对有色金属产业发展制约因素突出，发展循环经济、绿色经济、低碳经济任务紧迫；三是外需不振可能在较长时间内存在，各种形式的贸易保护主义抬头，“绿色”壁垒增加，贸易摩擦加剧；有色金属出口难度加大；四是各国出台的经济刺激政策释放的大量流动性，造成有色金属价格震荡加剧；五是国际市场有色金属供大于求，对进一步扩大有色金属需求压力加大；六是通货膨胀的预期加大，积极的财政政策和适度宽松的货币政策以及支持有色金属产业发展的政策可能进行微调。因此，我们必须全面、正确判断形势，决不能把经济回升向好的趋势等同于经济运行根本好转。要增强忧患意识，周密地做好应对各种风险和挑战的准备，始终把握工作主动权。

有色金属工业发展中需要关注的几个问题

一要准确把握行业运行态势，促进平稳较快发展。目前有色金属工业增长主要是依靠国家宏观政策的支撑，行业和企业发展的内生动力和活力不足；企业盈利仍未恢复到危机前水平，进出口形势依然严峻，尤其是出口额大幅度下降等。我们必须按照中央保增长、扩内需的要求，密切关注行业生产运行态势，特别要关注国家宏观经济政策微调可能对有色金属产业带来的影响，对于出现的问题和困难要及时向政府有关部门汇报反映，引导行业平稳较快发展。

二要加快产业结构调整，转变发展方式。胡锦涛总书记在讲话中指出：“要把加快经济发展方式转变作为贯彻科学发展观的重要目标和战略举措”，“调整经济结构，对加快经济发展方式转变具有决定性意义，也是提升国民经济整体素质，在后国际金融危机时期赢得国际经济竞争主动权的根本途径”。近几年来，有色金属工业依靠科技进步，进行大规模技术改造，取得了显著成效。但是，行业内深层次结构性矛盾仍然突出，地质勘探投入不足，矿山基础薄弱，矿产资源短缺矛盾突出；部分产能过剩凸显，淘汰落后产能任务艰巨；产业集中度不高，布局不尽合理等。因此，加快产业结构调整、转变发展方式已刻不容缓。要下大力气，高起点、高标准地推进产业结构调整。要把调结构、上水平和转变发展方式有机统一起来，在发展中促结构调整，在调结构中促发展。通过结构调整实现结构优化，进一步增强企业竞争力。当前，要认真贯彻国务院关于加快淘汰落后产能的通知精神，下决心在在今明两年内完成文件规定的淘汰落后产能任务。

三要增强自主创新能力，实现产业升级。科技创新是应对国际金融危机、实现科学发展的强大动力，是支撑结构调整、转变发展方式的有效途径。历史经验表明，经济危机往往伴随着新的技术革命和产业革命。世界正在进入空前的创新密集时代，抢占战略制高点的竞争更加激烈。各国纷纷调整发展思路，把科技创新和新兴产业作为突破口，积极实施新的科技和人才战略，力求在未来的竞争中占据更加有利地位。我们必须高度关注世界有色金属科技发展新趋势，抓住机遇，努力提高自主创新能力，着力突破制约行业发展的共性、关键技术，着力推进技术创新战略联盟在产业结构调整中的支撑作用，造就一批拥有核心技术和自主品牌、具有国际竞争力的企业，促进科技支撑与产业振兴、企业创新相结合，加快产业共性技术研发推广应用。要加快创新型科技人才队伍建设，大力培养高层次创新人才和领军人才，要重视企业一线创新人才培养，积极推动各类高技能人才培养，建设高素质科技人才队伍，在新科技革命中有所作为，在国际竞争中赢得主动。

四要大力推进海外矿产资源开发，提高短缺矿产资源的保障能力。近几年来，随着有色金属产量的不断增长，矿产资源对外依存度日益上升，资源短缺状况难以从根本上改变。从实施“走出去”战略以来，特别是国际金融危机以来，有色金属境外矿产资源开发和收购海外企业取得了积极进展，并积累了一些成功经验。但总体上看，占有海外资源少，企业规模小，在当地影响力不大，与国外跨国公司相比，差距甚远。随着经济全球化的深入发展，全球资源与市场的争夺不断加剧，加快境外矿产资源开发势在必行。通过地质勘探、并购重组等多种方式运作矿权，获取有效资源，形成长期稳定的矿产资源基地，提高资源保障能力。

三、2009 年协会工作回顾

2009 年中国有色金属工业协会全面贯彻落实科学发展观，按照中央“保增长、扩内需、调结构”的宏观调控政策要求，积极配合国家有关部门全面落实《有色金属产业调整和振兴规划》，努力克服国际金融危机对我国有色金属行业的影响；着力推进产业结构调整和发展方式转变；成功举办了庆祝新中国有色金属工业 60 周年系列活动，组织开展了全国有色金属行业先进集体、劳动模范和先进工作者的评选表彰；认真学习贯彻党的十七届四中全会和中央经济工作会议精神，强化自身建设，不断提升服务水平，各项工作取得新进展。

（一）积极应对国际金融危机的严重冲击，多方面争取国家政策的支持，促进全行业平稳较快发展。

2009 年，协会坚持把积极应对国际金融危机，贯彻落实《有色金属产业调整和振兴规划》作为协会的中心任务，及时向国家有关部门反映汇报行业发展情况，提出政策建议。

一是年初深入重点地区和企业开展了以国际金融危机对行业影响及应对措施为主要内容的调查研究，多次召开了电解铝、铜、铅锌、有色金属加工等企业座谈会，建立并完善了定期进出口工作联席会议和季度行业运行形势分析制度。

二是积极配合国家有关部门实施铝、铜、锌、钛、铟等有色金属产品的收储工作。配合工信部等遴选并确定了首批 15 家电解铝直购电试点企业，积极向电监会等有关部门反映落实直购电过程中存在的问题。

三是积极落实国务院《关于抑制部分行业产能过剩和重复建设，引导产业健康发展的若干意见》，着力推动全行业淘汰落后产能工作。全年铝行业淘汰落后小预焙槽生产能力 30 万吨左右，铜行业淘汰落后产能 20 万吨，铅锌行业淘汰落后也取得较好进展。开展了国内多晶硅产业发展现状及政策调研，多次召开企业座谈会，与工信部、四川省人民政府共同举办了 2009 中国国际硅业大会暨光伏产业发展论坛。

四是积极配合国家有关部门做好进出口贸易协调和完善有色金属产品进出口税收政策。结合行业发展和企业诉求向有关部委提出的提高出口退税率、降低出口关税、进口贴息和恢复加工贸易等多项政策建议得到采纳，其中铜材、铝材、钛材等 78 个税号的有色金属深加工产品提高了出口退税率；钨、钼、铟三大类产品中共 17 个税号产品的出口关税分别从 15% 和 10% 降到 5%；增列了铅、钴精矿和多项技术、设备享受国家贴息政策，2009 年国家财政下达的贴息资金中有色金属企业占 32%；铜精矿、镍精矿、铝型材、氧化锑等 30 种有色金属产品恢复了加工贸易。

同时，协会加强与国家有关部门、地方政府的沟通与联系，主动走访有关部门就行业发展及协会工作进行专题汇报，注重发挥地方协会作用，共同促进有色金属行业健康发展。

（二）积极参与制定《有色金属产业调整和振兴规划》，配合国家有关部门做好各项政策的实施。

根据国务院第 37 次总理办公会议精神和工作部署，协会组织专门人员积极配合和参与国家发改委、工信部等编制《有色金属产业调整和振兴规划》，承担相关工作。去年 3 月份国务院印发《关于印发＜有色金属产业调整和振兴规划＞的通知》（国发［2009］14 号）以后，协会及时组织召开了解读《有色金属产业调整和振兴规划》高层座谈会，邀请国家发改委、工信部等有关领导出席与企业交流沟通。为深入进行《规划》的解读工作，协会主要领导参加了中央电视台经济频道《对话》栏目举办的关于解读《有色金属产业调整和振兴规划》专题节目，收到较好效果。

2009 年，为配合《规划》的贯彻实施，完成了符合《铅锌行业准入条件》的铅锌达标企业的审核，向国家发改委、证监会等部门上报了《建议将铅精矿列入鼓励进口技术和产品目录的报告》、《关于恢复铅锌精矿加工贸易的报告》、《关于恢复进口铅锌精矿、出口白银加工贸易的请示》和《关于建议推出铅期货的报告》，国家有关部门已将铅锌冶炼工艺和关键设备等列入了《鼓励进口的技术和产品目录》；完成了国土资源部委托将钼列入国家保护性开采矿种的论证，制定了钼行业准入标准，开展了将钼金属列入我国稀有稀土金属指令性生产计划的研究。

受工信部、国土资源部、环境保护部等委托，完成了《有色金属行业发展现状、主要问题及政策建议研究》、《有色金属工业兼并重组政策研究》、《高载能行业产业结构调整和能源供应消费协调发展》、《铅锌行业现有产业模式对我国利用海外资源发展铅锌产业的影响分析与对策研究》、《我国铅冶炼工艺中铅、镉回收、排放现状与对策研究》和《我国锑矿开采总量控制指标测算研究报告》等；承担了《稀有金属生产经营管理条例研究》、《有色金属行业技术性贸易措施技术预警系统建设方案研究》和有色金属行业中央企业加入政府采购及有色化工产品加工贸易单耗研究工作。发布了《2008年中国有色金属工业发展报告》。

（三）以深化有色金属工业重点用能企业能效对标活动为抓手，推动有色金属行业节能减排工作。

在全行业特别是铜、铝、铅锌行业深入开展了以节能减排为主体的降本增效活动；制定了《有色金属工业重点用能企业能效对标试点办法》，完成了《有色金属工业重点用能企业能效对标系统》的实施和铜、铝、铅、锌等金属品种对标指南的制定；制定了镁冶炼（皮江法）能效对标工作方案、指标体系，成立了对标工作专家组；召开了全国铝工业新技术推广应用暨节能减排经验交流会，方圆氧气底吹熔炼多金属捕集技术现场交流会，第三届铅锌行业新技术、新设备暨湿法炼锌技术交流会等。

向国家发改委报送了《关于推荐2009年有色金属行业重大节能示范项目的报告》；推荐了第二批《国家重点节能技术》；向工信部上报了《有色金属工业"两化"融合促进节能减排的情况》报告；组织推荐的"200KA、240KA新型阴极结构铝电解重大节电示范工程"、"澜沧6万吨/年旋涡柱铅闪速熔炼节能示范工程"等节能示范项目已获国家发改委批复。

编制上报了有色金属工业节能技术《推广专项规划》和《推广目录》，进行了国家科技支撑计划《有色金属行业节能减排技术评估与筛选》的研究；协会组织的阳极效应计算机自动熄灭国际合作项目和《氟化物排放管理指南（FEMG）》编制工作取得了新进展。

（四）以促进产业技术创新战略联盟建设为重点，大力推动行业科技进步与企业技术创新。

着力推动全行业产业技术创新战略联盟建设，2009年"有色重金属短流程节能冶金"、"海外资源开发利用"、"金属矿产资源综合与循环利用"、"金属矿采矿工程及装备"、"铅锌"和"有色金属工业环境保护"等6个联盟正式成立，目前协会推动组建的产业技术创新战略联盟已成立8个。其中，"高效节能铝电解"和"有色金属钨及硬质合金"产业技术创新战略联盟被科技部列入试点项目。

组织申报的《先进铝加工技术研究开发》等3个项目已列入国家"十一五"科技支撑计划；《低温低电压铝电解新技术》、《吹氧造锍多金属捕集技术》和《大宗矿产基地技术升级》等项目列入《国务院关于发挥科技支撑作用，促进经济平稳较快发展的意见》（国发[2009]9号）文件；由协会牵头组织科研单位、企业与国外机构合作进行的《中美加镁合金国际合作与交流项目》取得新进展；协会负责组织的"十一五"国家科技支撑计划《镁及镁合金关键技术开发与应用》重点项目已经通过科技部验收。

积极协助有色金属企业、科研院所开展国家认定企业技术中心、国家重点（工程）实验室的立项申报和有关国家工程研究中心的评价工作，锡矿山闪星锑业公司等4个企业技术中心获国家认定批准，江西铜业集团等联合申报的铜冶金与加工国家工程技术研究中心通过科技部批准，铜陵集团公司等17家企业获国家创新型企业称号。

组织申报的有色金属行业7项科技成果获2009年国家科技奖，其中获国家技术发明二等奖4项，国家科技进步二等奖3项；完成了2009年度中国有色金属工业科学技术奖评审工作，其中一等奖37项。

（五）开展有色金属工业"十二五"发展规划的前期调查研究工作。

承担了国家有关部委组织或委托的《有色金属工业"十二五"发展思路研究》、《"十二五"有色金属（含稀有金属）行业发展和结构调整思路、目标、重点及对策研究》、《"十二五"期间有色金属工业发展重大问题》、《有色金属工业"十二五"节能规划前期研究》及《"十二五" 铅锌专项规划》等专项课题研究工作。

组织征集了有色金属工业重大技术研发和推广项目；编制了有色金属行业新技术推广应用指南；开展了2009～2015年再生铜、再生铝、再生铅3个产业和进口再生资源加工园区及国内废物回收交易市场专项规划的制定；组织编写了有色金属工业材料和资源环境领域"十二五"科技发展战略研究报告。

（六）坚持服务宗旨，努力为政府、行业、企业做好各项服务工作。

在商务部等有关部门的大力支持下，积极维护企业利益、及时化解贸易争端。针对加拿大、美国、印度、澳大利亚、欧盟等相继对我国有色金属产品实施反倾销调查，及时召开了加工企业贸易座谈会、对印度出口铝板带箔企业座谈分析会、应对澳大利亚铝挤压材反倾销反补贴协调会等，组织相关企业参加听证会；根据企业要求组织召开硫酸进口形势座谈会，并接受企业委托向商务部提请对日、韩进口硫酸发起反倾销调查申请；建立了有色金属产业损害预警机制，确定了电解铜、氧化铝、镍、锑四种产品作为第一批监测产品，建立了监测指标体系，并与商务部联合召开了有色金属产业损害预警机制启动大会。

加强质量工作，开展了有色金属行业"质量和安全年"活动，组织了国家计量认证和实验室资质认定及工业计量技术情况调查。完成了2009年度全国有色金属行业企业信用等级评价工作。

开展了有色金属工业企业管理现代化成果、优秀论文征集和有色金属工业优秀质量管理小组、质量信得过班组的评选及2009年度有色金属产品实物质量认定工作；完成了《铝合金建筑型材生产许可证实施细则》和《钛及钛合金加工产品生产许可证实施细则》的修订。向国家标准委和有关部门报批有色金属产品标准262项，已批准发布国家标准132项；受国土资源部委托，组织了有色金属行业十大矿权人座谈会，完成了新疆阿舍勒铜矿等八个矿产资源开发利用方案的评审。

按照国家发改委、环保部要求完成了对有色金属工业国家清洁生产专家库的审核和《2008年度中国有色金属工业污染防治报告》的编写；发布了2008年度有色金属工业环境统计年报。

认真履行业统计职能，建立了部分有色金属重点企业旬报统计制度，制定了《有色金属行业统计工作管理办法》，配合国家统计局完成了第二次经济普查资料有色金属部分的审核工作，发布了2008年度有色金属企业销售额排序情况。

积极搭建国际同业合作特别是国内大型企业与国际跨国公司的交流平台，继续加强与国际铝业协会、联合国铜、铅锌研究组及加拿大、澳大利亚、俄罗斯等有色金属跨国集团在统计、信息、环保等方面的合作，成功主办了中国国际有色金属矿业论坛等十个国际会议，加强对外联络，为企业引进技术、装备和人才，开展交流合作提供服务。

近年来，协助当地政府做好产业发展规划研究和政策咨询工作，先后为江西鹰潭、广东韶关、湖南郴州、山东聊城等地区科学发展有色金属工业提出行业意见和建议。

积极推动全行业人力资源开发和人才队伍建设工作，组织开展了有色金属行业职称评审、特有工种职业技能鉴定、高级技师和技师考评工作，开展了行业技术能手、技能大奖获得者评选和职业技能竞赛，组织了应届高校毕业生供需见面会。

（七）组织开展全国有色金属行业先进集体、劳动模范和先进工作者评选表彰；成功举办庆祝新中国有色金属工业60周年系列活动。

在人力资源和社会保障部大力支持下，开展了评选全国有色金属行业先进集体、劳动模范和先进工作者，在北京隆重召开了表彰大会，有108个先进集体、235名劳动模范和先进工作者受到表彰，得到有关部门和全行业的一致好评。编纂出版了《全国有色金属行业先进集体、劳动模范和先进工作者风采录》。

成功举办庆祝新中国有色金属工业60周年系列活动，召开新中国有色金属工业60周年庆祝大会和行业发展报告会，编辑出版了《新中国有色金属工业60年》一书；组织了有色金属行业“祖国在我心中”歌唱比赛和庆祝新中国有色金属工业60周年文艺晚会。积极组织17家有色金属企业参加了新中国60周年成就展，受到工信部表彰。

（八）继续强化协会自身建设。

去年以来，协会认真学习贯彻党的十七届四中全会和中央经济工作会议精神，进一步加强和改进党的建设，扎实推进学习实践科学发展观整改落实阶段的各项工作，使协会各项工作取得新成绩。

坚持并不断完善行业运行定期分析会制度，每季度召开一次行业运行形势分析会，并将分析成果和政策建议报国家有关部门，得到充分肯定。坚持集体学习制度，开展多种形式的学习培训。

2009年，协会认真落实国务院国资委对社团领导人选考察推荐工作的有关规定，进一步规范代管协会、专业分会领导成员的推荐、考察和管理工作，经民政部批准，钽铌分会、铟业分会已于下半年正式成立并开展工作。全年发展会员73家，截止年底共有会员单位1119家。

近年来，协会在促进有色金属工业持续稳定发展中发挥了重要作用，受到国家有关部门的高度肯定和广大会员单位的一致拥护。去年6月23日，民政部在人民大会堂隆重召开“全国性行业协会商会评估授牌大会”，协会被授予5A级全国行业协会(社团组织)。并先后在民政部、工信部、国资委等召开的会议上介绍了加强协会建设，促进行业发展的经验。协会连续9年被评为“中央国家机关文明单位”。

四、2010年协会工作的主要任务

2010年协会工作的指导思想是：全面贯彻党的十七届三中、四中全会精神和中央经济工作会议部署，深入贯彻落实科学发展观，以推动《有色金属产业调整和振兴规划》及实施细则的全面贯彻落实为主线，以加快转变发展方式、调整产业结构为重点，提高有色金属工业增长质量与效益，着力推进自主创新和技术进步，着力推进节能减排，认真做好全行业各项工作的协调与服务，全面加强协会自身建设，提升综合服务能力与工作科学化水平，为有色金属工业的平稳较快发展做出新贡献。

（一）以科学发展观为指导，按照中央“保增长、扩内需、调结构”宏观调控政策要求，促进有色金属工业可持续发展能力不断增强。

要以促进有色金属工业平稳较快发展为目标，深入开展行业调查研究，积极配合国家有关部门做好产业政策、法律法规、市场准入、税制改革、进出口政策等的调整和制修订工作，提出政策建议，为企业持续健康发展争取较好的政策环境。

继续做好国家宏观调控政策和国家发改委发布的《铜冶炼行业准入条件》、《铝工业准入条件》、《铅锌行业准入条件》等落实工作；加快推动《皮江法炼镁企业准入条件》、《再生金属行业准入标准》的出台和《钨、锡、锑行业准入标准》、《稀有金属生产经营管理条例》修订以及钼金属列入国家保护性开采特定矿种的有关工作；加强多晶硅产业发展政策研究和稀有金属管理的研究工作。

继续推进有色金属工业科技进步与技术改造，围绕节能降耗、提高质量与装备水平、加强环保与安全生产等环节，推动企业加快采用高新技术、先进适用技术；积极推进全行业新技术、新工艺、新设备的推广应用，淘汰落后产能，抑制产能过剩；落实国务院《关于进一步促进中小企业发展的若干意见》，加强对中小企业的指导与服务。

全面加强有色金属行业质量和品牌建设，积极组织和引导企业强化管理、提高素质，做好质量调研，推广先进质量管理方法经验和成果。

坚持和完善季度行业运行分析会、市场分析会制度，召开产业论坛、国际会议等，提高交流层次、加大研究深度。加强行业专家队伍建设和前瞻性研究工作。

（二）着力推动《有色金属产业调整和振兴规划》的全面贯彻落实，配合有关部门做好《规划》配套政策措施制定与完善工作。

要按照国务院要求，积极配合国家有关部门做好《有色金属产业调整和振兴规划》相关政策措施的贯彻实施，对《规划》细则制定和实施过程中出现的问题提出建议。

继续紧密跟踪行业运行和《规划》的实施，积极引导企业落实产业政策，加快技术进步、提升发展质量；积极支持企业强化节能减排、加强质量管理、增强可持续发展能力。

继续开展《规划》要求的促进产品出口、争取税收优惠、推进直供电、加快技改淘汰落后、助推企业“走出去”、加强信息交流等工作。

（三）深入开展有色金属工业“十二五”发展规划的前期调查研究工作，积极参与“十二五”各专项、品种的规划制定。

认真总结有色金属行业“十一五”发展经验，完成好国家有关部门委托的“十二五”规划综合与专项课题的研究工作。紧紧围绕中央关于“十二五”规划建议，切实抓好国家安排与行业发展需要的有色金属工业“十二五”发展规划以及分金属品种的单项规划研究与制定工作。

要深入开展行业发展专题调研，高质量完成《有色金属工业“十二五”发展思路研究》、《中央有色金属企业“十二五”发展规划研究》、《“十二五”铝产业发展专项规划》、《镁行业“十二五”规划》、《重点稀有金属品种“十二五”规划》的研究、编制和完善工作；进一步完善《有色金属行业科技发展规划》；配合国家有关部门做好2009年—2015年再生金属领域四个专项规划的制定。

（四）全面贯彻服务宗旨，为政府、企业、行业提供优质、高效服务。

继续加强重点用能企业的节能减排工作，配合国家有关部门做好单位GDP能耗和主要污染物总量减排统计、监测、考核的实施，推进镁冶炼对标启动工作。

加强重金属污染防治工作，积极配合国家有关部门制定和落实《重金属污染防治综合治理方案》；完成有色金属产品国家标准和行业标准的制修订任务；继续推动铅期货上市；加强企业信用等级评价工作，促进企业自觉履行社会责任。

积极推进产业技术创新战略联盟建设，抓好协会负责组织实施的国家重大科技攻关专项，做好国家科技项目的申请立项和已批复项目的组织实施；协助开展国家级企业技术中心、国家重点实验室、国家工程实验室和国家工程研究中心的立项审批工作。

继续做好出口供货企业和出口企业资质年审，开展有色金属工业产业损害预警工作，开展有色金属化工产品加工贸易单耗管理研究，推进对日、韩等国硫酸反倾销工作进展。

认真做好统计工作，进一步提高统计分析报告及信息质量；加强与国际同业组织与企业的信息交流与合作；进一步做好重点企业旬报和产销存月报工作。

注重全行业人力资源的开发与建设，继续组织开展技术职称、高级技师和技师评审、职业技能鉴定及全行业职业技能竞赛工作；举办各种形式的高校毕业生供需洽谈会。

加强国际交流与合作，为企业走出去提供服务，按计划开好协会主办的国际会议，执行亚太七国APP中国铝工作组项下的“氟化碳排放管理”国际合作项目。

（五）全面加强自身建设，提升整体服务水平。

张德江副总理在全国工业和信息化工作会议上指出：“要充分发挥工业行业协会的重要作用，通过购买服务、委托服务等方式，支持协会承接制修订行业规划、产业政策的前期研究和效果评估、行业准入管理、行业统计调查和资料分析等行业基础工作。行业协会也要努力适应新形势、新任务的要求，进一步加强自身建设，创新体制机制，创新服务方式，严格自律，加强管理，增强服务企业的能力，做好政府行业管理的助手”。我们一定要按照张德江副总理的要求，切实加强协会自身建设。

在思想建设方面要坚持用中国特色社会主义理论体系武装头脑，坚定正确的理想信念。要继续坚持深入学习实践科学发展观，健全和完善学习检查制度和考核机制；进一步增强党的意识、宗旨意识、大局意识和责任意识，在协会内部营造良好的自觉学习氛围，把协会打造成学习型社团组织。

在组织建设方面要积极探索协会干部人事制度改革和创新。要改善协会工作人员的知识和专业结构，努力建立一支德才兼备、专业知识配套、高素质职业化协会工作者队伍，为协会的可持续发展提供人才保障；要加强党的基层组织建设，充分发挥党组织的战斗堡垒和党员的先锋模范作用。

在作风建设方面要健全调查研究制度，深入企业，了解实情，掌握行业最新发展动态，提出战略性、前瞻性和综合性的调研报告。要强化责任意识、服务意识，创造性完成任务。要认真落实廉洁从业的各项规定，切实抓好各级领导干部的廉政建设。

在制度建设方面要建立健全协会各项规章制度，严格执行各项规定，进一步规范工作秩序和办事程序，提高工作效率；要健全各级领导班子的决策机制和责任追究制度，提高科学决策、民主决策水平。

在能力建设方面要按照建设学习型协会的要求，加强学习培训，提高知识水平，增强促进有色金属行业科学发展的能力。要进一步提升协会整体服务水平，不断增强协会的影响力和凝聚力，真正做到让政府满意、企业欢迎、社会认可。

同志们，2010 年我国经济社会发展的大政方针已定，有色金属工业调结构、上水平、促发展的任务艰巨，工作繁重，责任重大。我们一定要坚定信心、扎实工作，为有色金属工业可持续发展做出新的贡献。

实现地质找矿大突破 推进地质行业大发展
——“2010 年全面推进地质找矿新机制座谈会”典型发言摘登

国土资源部正在大力推进地质找矿新机制工作，目的就是要搭建一个相互联动、多元投资、多方合作、协调有序、快速推进的制度平台，并通过政策措施推动，形成在社会主义市场经济条件下生机勃勃、顺畅有序、各方利益协调平衡、具有自我发展动力、高速有效运转的地质找矿工作体系，为相关利益主体大力推进地质找矿重大突破提供制度保障。

推进地质找矿新机制的总体思路

推进地质找矿新机制的总体思路可以概括为：多元投资平台，合理分工定位；鼓励社会投资，资本技术结合；统筹工作部署，兼顾各方利益；引入市场机制，加快勘查开发；因地制宜调整，及时总结完善。

构建地质找矿新机制的主要做法

归纳起来，构建地质找矿新机制的主要做法是：利用财政资金提高地质工作程度，为矿产勘查活动提供所需的地质信息资料；利用地质勘查基金分担市场部分不愿意承担的找矿风险；创新矿业权管理模式，改进传统的工作方法和工作模式，结合成矿地质条件与地质工作程度部署整装勘查工作；充分运用市场机制引导社会资金大力投入矿产勘查，在实现找矿快速突破的同时，通过合理分配矿产资源收益，充分调动投资主体、勘查主体和找矿有功人员的积极性。

地质找矿新机制打破了“政府出资勘查—招拍挂出让矿业权—收取价款”的“先收益、后开发”矿产资源管理模式，形成“政府出资提供找矿基础地质信息—社会出资加强矿产勘查并享受矿业权转让或矿产开发收益—政府收取矿产资源开发税费”的“先开发、后收益”矿产资源管理模式。

中国地质找矿行动计划三大特点

目前，国土资源部地质勘查司正会同有关部门，依据全国地质勘查规划和全国矿产资源潜力评价的最新成果，组织编制并实施全国地质找矿行动计划，用地质找矿新机制推进整装勘查、快速突破。该计划有三个特点：

——突出重点、明确目标。在矿种上确定了以铀、铁、铜、铝、钾盐、铅锌和金等国家急缺和支柱性大宗矿产为重点，选区上重点放在１９个重要成矿带内，围绕工作程度相对较高、近期有望取得重大突破的４５个重点勘查区，部署开展调查和勘查工作，着力推进实现“三年有重大进展，五年有重大突破，八年重塑矿产勘查开发格局”的目标。

——多元投资、有效衔接。推进该计划的实施将按照“公益先行，基金衔接，商业跟进，整装勘查，快速突破”的原则，公益性地质工作打好找矿基础，摸清资源潜力，积极引入商业性矿产勘查，发挥地勘基金政策调控和降低勘查风险的作用，促进地勘单位专业技术优势和矿业企业资金管理优势的联合，协调推进，加快勘查进程。

——整装勘查，管理试点。充分利用已有地质矿产工作基础、发挥政府主导作用，协调重点勘查区各方，构建资本和技术相结合的找矿联盟或勘查企业，协调有序地开展整装勘查。开展矿业权管理制度改革试点，对已有矿业权加强整合，对空白区科学编制探矿权出让方案和出让计划，作好紧缺矿种和优势矿种宏观调控。

国土资源部地质勘查司下一步将着力推进全国地质找矿行动计划的实施，同时编制全国“358”地质找矿方案，并将开展地质勘查质量检查，推进注册地质师制度和诚信体系建设，继续推进全国矿产资源潜力评价和加强信息通报制度建设和形势分析。

政策法规篇

财政部关于中央下放政策性关闭破产有色金属矿山企业尾矿库闭库治理安全工程项目概算审核有关问题的通知

有关省、自治区、直辖市、计划单列市财政厅（局）：

根据《财政部 国家安全监管总局关于印发〈中央下放地方政策性关闭破产有色金属矿山企业尾矿库闭库治理安全工程项目和补助资金管理暂行办法〉的通知》（财企[2009]120号）精神，为规范编制关闭破产有色金属矿山企业尾矿库闭库治理安全工程项目的投资概算，明确省级财政部门的审核职责，提高审核工作效率，确保尾矿库闭库治理工程项目顺利实施，现将有关事项通知如下：

一、关于申报尾矿库闭库治理中央财政专项资金的资格

申请中央财政补助资金的尾矿库闭库治理项目须同时满足以下条件：

（一）尾矿库原隶属于中央下放地方政策性关闭破产有色金属矿山企业；

（二）尾矿库现已废弃或停止使用；

（三）尾矿库未移交给重组企业或其他生产企业使用；

（四）经鉴定属危库、险库或病库；

（五）尾矿库实施闭库治理。

二、关于尾矿库闭库治理安全工程投资概算的编制要求

（一）编制依据。

委托具有相应资质的单位根据安全生产监管部门审批同意的尾矿库闭库治理工程设计方案，编制尾矿库闭库治理工程投资概算。投资概算中工程各项费用测算应依据中国有色金属工业协会发布的《有色金属工业建设工程预算定额》（中色协综字[2008] 010号）有关规定，并参考近期当地市场主要材料、设备价格等因素计算。

（二）尾矿库闭库治理安全工程项目的要求。

闭库治理工程概算中的安全工程是指涉及尾矿库坝体、滩面治理的直接施工项目，主要包括尾矿坝体整治、排洪（排水）系统整治、取砂回填、库区滩面整治（含尾矿库监测设施）等四大类。中央财政对闭库治理安全工程项目所需费用给予补助。闭库治理项目概算中涉及的安全工程项目，须列出具体明细项目以及概算额测算的主要依据（参数、数据等）。

三、财政部门审核尾矿库闭库治理工程项目方案的主要内容

省级财政部门须对企业或县级政府申报的尾矿库闭库治理工程项目进行合规性审核。对符合条件的闭库治理工程项目，省级财政部门负责审核闭库治理工程项目设计方案和资金概算，同时编制尾矿库闭库治理安全工程项目资金概算审核报告上报。

（一）合规性审核的主要内容。

1. 符合闭库治理条件的证明文件。其中包括，该尾矿库原隶属的中央下放政策性关闭破产有色金属破产企业名称、现接收的单位或企业名称、目前是否在用或无主、危险等级等内容。

2. 所在地县级人民政府出具的尾矿库闭库治理责任单位授权文件。

3. 企业上级集团公司或县级地方财政部门出具的尾矿库闭库治理资金兜底函，其中需说明企业或地方承担治理资金的比例和落实情况。

4. 地处特别困难地区或国家贫困县的尾矿库，需出具地方政府证明文件。

5. 尾矿库治理项目安全现状评价报告及省级安全监管部门出具的安全现状评价报告备案文件。

6. 闭库设计及省级安全监管部门出具的闭库设计（安全专篇）批准文件。

7. 环境评价报告及省级环境保护部门出具的审核环境影响评价报告审批文件。

8. 省级安全生产监管部门对尾矿库闭库治理设计方案的批复。

9. 工程施工总体规划和工期进度安排计划。

（二）编制尾矿库闭库治理安全工程项目概算审核报告。

省级财政部门对尾矿库治理工程项目概算审核

后，需编制《尾矿库闭库治理安全工程项目概算审核报告》，其主要内容应包括：

1. 尾矿库闭库治理工程情况概述；

2.《尾矿库闭库治理安全工程项目概算申报表》及各项资金的计算说明；

3. 财政部门审核意见；

4. 合规性审核中涉及的有关文件、材料。

（三）申请中央财政补助资金需报送的有关材料。

对完成上述工作的项目，省级财政部门可向财政部报送申请尾矿库闭库治理安全工程项目补助经费的请示，并附以下材料：

1.《尾矿库闭库治理工程设计方案》；

2.《尾矿库闭库治理安全工程项目概算审核报告》。

四、下达中央财政补助资金的程序和有关要求

各有关省、自治区、直辖市、计划单列市安全监管部门、财政部门按照财企［2009］120号文件报送的尾矿库闭库治理工程项目，须经国家安全监管总局组织的技术专家评审。对经国家安全监管总局批复同意的项目，财政部将依据有关政策规定核定尾矿库闭库治理安全工程项目补助资金，并及时下达批复文件。省级财政部门对中央财政专项补助资金，应制定严格管理办法，专款专用，并监督落实闭库治理工程项目的其他配套资金，保证工程建设经费足额到位，严格按计划完成尾矿库闭库治理工程项目。

财政部、国土资源部关于印发《矿产资源节约与综合利用专项资金管理办法》

中央有关部门，有关中央管理企业，各省、自治区、直辖市，计划单列市财政厅（局）、国土资源厅（局）：

为了提高矿产资源开发水平，加强矿产资源综合利用，促进矿产资源领域循环经济发展，中央财政从分成的矿产资源补偿费及探矿权采矿权使用费和价款中安排专项资金，用于支持矿产资源节约与综合利用。为了加强资金管理，提高资金使用效益，我们制定了《矿产资源节约与综合利用专项资金管理办法》，现印发给你们，请遵照执行。

附件：矿产资源节约与综合利用专项资金管理办法

财政部

国土资源部

二〇一〇年六月十七日

矿产资源节约与综合利用专项资金管理办法

第一章　总则

第一条　为加强和规范矿产资源节约与综合利用专项资金（以下简称“专项资金”）管理，提高资金使用效益，根据国家有关法律法规的规定，制定本办法。

第二条　专项资金由中央财政通过分成的矿产资源补偿费及探矿权采矿权使用费和价款收入安排，包括奖励资金和循环经济发展示范工程资金（以下简称示范工程资金）两部分。

奖励资金采取“以奖代补”方式，对节约与综合利用矿产资源取得显著成绩的矿山企业给予奖励，支持矿山企业提高矿产资源开采回采率、选矿回收率和综合利用率（以下简称“三率”）。

示范工程资金主要用于实施以矿山企业为主体的矿产资源领域循环经济发展示范工程，推进油页岩、煤矸石、难选冶黑色金属、共伴生有色多金属、矿山固体废弃物和多金属尾矿资源等综合开发利用。

第三条　专项资金专款专用，任何单位和个人不得截留、挤占和挪用。

第二章　安排原则及条件

第四条　专项资金安排坚持以下原则：

（一）围绕国民经济和社会发展需要，促进矿产资源节约与综合利用，提高矿产资源对经济社会可持续发展的保障能力。

（二）以绩论奖，推进科技进步，提高管理水平，激励矿山企业采用先进技术、先进工艺，完善管理制度，不断提高矿产资源开发利用水平。

（三）示范引导，推广先进适用技术，促进矿产资源领域循环经济发展。

（四）公平、公正、公开，接受社会监督。

第五条 申请专项资金的矿山企业必须具备以下基本条件：

（一）法定证照齐全、有效；

（二）依法履行采矿权人的法定义务，已按时、足额缴纳国家有关税费；

（三）管理机构健全，有专门的矿山地质、采矿、选矿管理机构和技术人员；

（四）矿产资源节约与综合利用水平达到设计或国土资源行政主管部门核定的标准；

（五）近三年矿产资源开发利用年度检查合格，无违法违规记录；

（六）近三年无重大生产安全事故和环境污染事故；

（七）列入矿产资源开发整合方案的，已完成资源整合，并实现规模化、集约化开发利用。

第六条 申请奖励资金的矿山企业应当建立矿山储量动态监测机制，各类资源储量资料齐全，动用、采出、损失量和“三率”管理资料台账清楚、规范，并且符合以下条件之一：

（一）开采回采率高于设计标准或国土资源行政主管部门核定的标准，并在中国同类矿山企业中处于先进水平；

（二）选矿回收率高于设计标准或国土资源行政主管部门核定的标准，并在中国同类矿山企业中处于先进水平；

（三）共、伴生矿产综合利用水平高于设计标准或国土资源行政主管部门核定的标准，并在中国同类矿山企业中处于先进水平；

（四）矿山生产中尾矿得到充分利用并取得显著成效；

（五）充分利用低品位矿并取得显著成效；

（六）利用废石（煤矸石）、矿山废水等废弃物取得显著成效；

（七）近三年矿山企业已自筹资金完成技术改造项目，矿产资源节约与综合利用取得显著成效。

第七条 申请示范工程资金应符合矿产资源规划及以下条件：

（一）技术方法先进，具有规模效应，示范效果显著，可大幅度提高资源利用水平。

（二）有关工作已纳入矿山企业发展规划，确保资源综合利用工作得到及时有效开展。具有较强的资金筹措能力，可以落实配套资金。

（三）矿山企业在相关领域和专业具有较强的技术优势和创新能力，具备必备的人才条件、技术装备和组织管理能力。

第三章 支持方式及使用

第八条 财政部会同国土资源部根据中国矿山企业矿产资源节约与综合利用和矿山企业地区分布情况，并结合当年预算安排，确定当年各省（自治区、直辖市、计划单列市）、中央矿山企业申请奖励资金支持的奖励名额及示范工程资金支持的项目数量。

第九条 奖励资金划分为四个类别：一类1000万元，二类800万元，三类500万元，四类200万元。对矿产资源节约与综合利用成效特别突出的，给予2000万元特殊奖励。

第十条 奖励等级根据综合评价指标排序确定。

综合评价指标指：矿山企业前三年度因“三率”高于规定标准而增加的矿产品销售收入和用于矿产资源节约与综合利用直接投资金额两项指标综合计算结果。

计算公式为：

$$P=(\Delta F+I)\times\lambda$$

P—综合评价指标（单位：万元）；

⊿F—矿山企业前三年度因“三率”指标高于规定标准而增加的矿产品销售收入（单位：万元）；

I—矿山企业前三年度完成的用于提高“三率”、并取得显著成效的项目直接投资额（单位：万元）；

λ—专家评判系数。

财政部、国土资源部根据矿产资源急缺程度，可适时对不同矿种根据上述公式计算结果进行调整。

第十一条 示范工程资金支持额度原则上不超过项目总投资的50%。具体支持额度根据资源综合利用水平、规模效应和技术进步等因素确定。

第十二条 矿山企业获得的奖励资金专项用于进一步提高“三率”的技术改造和研究开发，不得用于职工个人奖励或工资、福利性支出；示范工程资金专项用于实施循环经济发展示范工程项目。

第十三条 当年获得奖励资金的矿山企业次年不能再次申报，但获得奖励资金后在矿产资源节约与综合利用方面有突出成效的除外。

第四章 申报程序及预算管理

第十四条 财政部会同国土资源部发布专项资金申报指南。

申请专项资金的矿山企业，按照申报指南要求编制申报材料。

第十五条 归口中央有关部门和中央企业管理的矿山企业申报材料，须经矿山所在地省级国土资源行政主管部门出具审查意见，并由归口主管部门（企业）审核汇总后报送财政部、国土资源部。

非中央所属的矿山企业申报材料，按属地管理原则，由省级财政部门、国土资源部门审核汇总后报送财政部、国土资源部。

除特殊情况或另有规定外，专项资金申报材料应于每年 4 月 30 日前报送财政部、国土资源部。

第十六条 财政部、国土资源部组织专家对申报材料进行审核论证。

第十七条 财政部商国土资源部根据审核论证结果确定资金预算，并按照预算管理程序一般于每年 6 月 30 日前下达预算。

第十八条 专项资金拨付按照财政国库管理制度的有关规定执行。

第十九条 专项资金预算一经下达，原则上不作调整；如确需调整，须按照规定程序报财政部和国土资源部批复。

第五章 监督管理

第二十条 财政部会同国土资源部负责组织对专项资金使用情况进行监督检查，建立绩效评价制度。

第二十一条 中央有关部门和中央企业、省级财政部门和国土资源部门应加强专项资金监督管理，建立专项资金使用约束机制，认真审查矿山企业申报材料的真实性、可靠性。重大事项及时向财政部和国土资源部报告。

第二十二条 矿山企业应严格遵守国家有关法律法规和财务制度，并积极配合有关部门开展监督检查。

第二十三条 违反本办法规定，截留、挤占、挪用专项资金或造成专项资金损失的，依照《财政违法行为处罚处分条例》的规定处理。涉嫌犯罪的，移送司法机关处理。

第六章 附则

第二十四条 本办法所称矿山企业，指依法登记的采矿权人或大型矿业集团公司所属的独立矿山。

第二十五条 本办法由财政部会同国土资源部负责解释。

第二十六条 本办法自 2010 年 6 月 1 日起施行。

关于印发铅锌冶炼企业准入公告管理暂行办法的通知

2010 年 8 月 5 日，工业和信息化部以工信部原 [2010] 350 号文件发出了《关于印发铅锌冶炼企业准入公告管理暂行办法的通知》，全文如下：

铅锌冶炼企业准入公告管理暂行办法

第一章 总则

第一条 为加强铅锌冶炼行业的准入管理工作，发挥先进企业的示范和引导作用，推进铅锌行业结构调整，依据《铅锌行业准入条件》（以下简称《准入条件》），制定本办法。

第二条 本办法适用于中华人民共和国境内（香港、澳门、台湾地区除外）所有类型的铅锌冶炼企业。

第三条 工业和信息化部、各省级工业主管部门对符合《准入条件》的铅锌冶炼企业实行有进有出的动态管理，各级行业协会负责协助做好公告管理的相关工作。

第二章 申请与核实

第四条 申请公告的铅锌冶炼企业，应当具备以下条件：

（一）具有独立法人资格；

（二）符合国家产业政策和行业发展规划的要求；

（三）符合《准入条件》中有关规定的要求；

（四）企业铅锌冶炼建设项目立项申请、土地使用权取得、环境影响评价、安全生产“三同时”等手续符合建设项目管理程序要求；

（五）企业不得存有《产业结构调整目录》和《有色金属产业调整和振兴规划》中规定应淘汰的落后工艺、技术、装备及产品；

（六）安全生产条件符合有关标准、规定，依法履行各项安全生产行政许可手续。

第五条 符合本办法第四条所列条件的现有铅锌

冶炼企业可向本地区省级工业主管部门提出公告申请，如实填报《铅锌冶炼企业准入公告申请书》及相关报表（见附件）。公告申请书应对本企业是否符合《准入条件》中企业布局及规模、外部条件、工艺装备、能源消耗、资源综合利用、环境保护、安全生产与职业危害等方面的要求做出详细说明。

第六条 各省、自治区、直辖市工业主管部门会同省级环保、国土、安全监管等部门依照《准入条件》和环境保护等法律法规要求，对申请公告企业的相关情况进行核实，严格审查并提出具体意见，将核实意见和企业申请材料按规定时限报送工业和信息化部。

第三章 复核与公告

第七条 工业和信息化部收到申请材料后，于3个月内组织有关方面对各地报送的企业材料及核实意见进行复审或现场核实。征得环境保护部等有关部门同意后，确定符合《准入条件》的企业名单，并向社会进行公示后，将以工业和信息化部公告方式予以公布。

第四章 监督管理

第八条 进入公告名单的企业要严格按照《准入条件》的要求组织生产经营活动。各省、自治区、直辖市工业主管部门会同省级有关部门，对公告企业保持《准入条件》情况进行定期监督检查，并将监督检查结果报工业和信息化部。

第九条 欢迎和鼓励社会监督。任何单位或个人发现正在申请公告的企业或已公告企业有不符合本办法有关规定的，可向工业主管部门投诉或举报。

第十条 有下列情况之一的，各省级工业主管部门要责令其限期整改，拒不整改或者整改不合格的，报请工业和信息化部撤销已公告企业的公告资格：

（一）不能保持《准入条件》的；

（二）填报相关资料有弄虚作假行为的；

（三）拒绝接受监督检查的；

（四）发生较大以上生产安全和环境污染事故，或有重大环境违法行为的。

被撤销公告资格的企业，经整改合格2年后方可重新提出公告申请。

第五章 附则

第十一条 本办法由工业和信息化部负责解释。

第十二条 本办法自印发之日起施行。

关于印发铜冶炼企业准入公告管理暂行办法的通知

2010年8月5日，工业和信息化部以工信部原[2010]351号文件发出了《关于印发铜冶炼企业准入公告管理暂行办法的通知》，全文如下：

铜冶炼企业准入公告管理暂行办法

第一条 根据《铜冶炼行业准入条件》（以下简称《准入条件》）的有关规定，制定本办法。

第二条 各省、自治区、直辖市工业主管部门负责本地区铜冶炼企业的公告申请受理和核实管理工作，并监督检查《准入条件》执行情况。

工业和信息化部负责组织有关方面专家对各地上报的铜冶炼企业申请材料进行复核、现场抽检验收和公示、公告。

第三条 申请企业应当具备以下基本条件：

（一） 具有独立法人资格；

（二） 符合国家有关法律法规，符合国家产业政策和规划要求，符合土地利用总体规划、土地供应政策和土地使用标准的规定；

（三）符合《准入条件》中有关规定的要求；

（四）铜冶炼建设项目立项申请（备案）、土地使用权取得、环境影响评价、安全生产“三同时”等建设程序需符合国家有关审批（核准）或备案程序要求，并通过环保竣工验收；

（五）企业不得存有《产业结构调整目录》和《有色金属产业调整和振兴规划》中规定应淘汰的落后工艺、技术、装备及产品；

（六）安全生产条件符合有关标准、规定，依法履行各项安全生产行政许可手续。

第四条 具备以上条件的铜冶炼企业，可按照程序向本地区工业主管部门提出企业公告申请，并按照要求报送《铜冶炼企业准入公告申请书》等有关材料和报表（见附件）。

第五条 各省、自治区、直辖市工业主管部门会同省级环保、国土、安全监管等部门依照《准入条件》和环境保护等法律法规要求，对申请公告企业的相关情况进行核实，严格审查并提出具体意见，将核实意见和企业申请材料按规定时限报送工业和信息化部。

第六条 工业和信息化部收到申请材料后，于 3 个月内组织有关方面对各地报送的企业材料及核实意见进行复审或现场核实。征得环境保护部等有关部门同意后，确定符合《准入条件》的企业名单，并向社会进行公示后，将以工业和信息化部公告方式予以公布。

第七条 进入公告名单的企业要严格按照《准入条件》的要求组织生产经营活动。各省、自治区、直辖市工业主管部门会同省级有关部门，对公告企业保持《准入条件》情况进行定期监督检查，并将监督检查结果报工业和信息化部。

第八条 欢迎和鼓励社会监督。任何单位或个人发现正在申请公告的企业或已公告企业有不符合本办法有关规定的，可向工业主管部门投诉或举报。

第九条 进入公告名单的企业有下列情况，各省、自治区、直辖市工业主管部门责令其限期整改，整改不合格的，报请工业和信息化部撤销其公告资格。

（一） 不能保持《准入条件》；

（二） 报送的相关材料有弄虚作假行为；

（三） 拒不接受监督检查；

（四）发生较大以上生产安全和环境污染事故，或有重大环境违法行为的。

被撤销公告资格的企业，经整改合格 2 年后方可重新提出公告申请。

第十条 本办法适用于中华人民共和国境内（港澳台地区除外）所有类型的铜冶炼企业。

第十一条 本办法自印发之日起施行。

中央关于有色金属尾矿库相关问题的通知

关于中央下放政策性关闭破产有色金属矿山企业尾矿库闭库治理安全工程项目概算审核有关问题的通知 财企〔2010〕2号

有关省、自治区、直辖市、计划单列市财政厅（局）：

根据《财政部国家安全监管总局关于印发〈中央下放地方政策性关闭破产有色金属矿山企业尾矿库闭库治理安全工程项目和补助资金管理暂行办法〉的通知》（财企〔2009〕120 号）精神，为规范编制关闭破产有色金属矿山企业尾矿库闭库治理安全工程项目的投资概算，明确省级财政部门的审核职责，提高审核工作效率，确保尾矿库闭库治理工程项目顺利实施，现将有关事项通知如下：

一、关于申报尾矿库闭库治理中央财政专项资金的资格

申请中央财政补助资金的尾矿库闭库治理项目须同时满足以下条件：

（一）尾矿库原隶属于中央下放地方政策性关闭破产有色金属矿山企业；

（二）尾矿库现已废弃或停止使用；

（三）尾矿库未移交给重组企业或其他生产企业使用；

（四）经鉴定属危库、险库或病库；

（五）尾矿库实施闭库治理。

二、关于尾矿库闭库治理安全工程投资概算的编制要求

（一）编制依据。

委托具有相应资质的单位根据安全生产监管部门审批同意的尾矿库闭库治理工程设计方案，编制尾矿库闭库治理工程投资概算。投资概算中工程各项费用测算应依据中国有色金属工业协会发布的《有色金属工业建设工程预算定额》（中色协综字〔2008〕010 号）有关规定，并参考近期当地市场主要材料、设备价格等因素计算。

（二）尾矿库闭库治理安全工程项目的要求。

闭库治理工程概算中的安全工程是指涉及尾矿库坝体、滩面治理的直接施工项目，主要包括尾矿坝体整治、排洪（排水）系统整治、取砂回填、库区滩面整治（含尾矿库监测设施）等四大类。中央财政对闭库治理安全工程项目所需费用给予补助。闭库治理项目概算中涉及的安全工程项目，须列出具体明细项目以及概算额测算的主要依据（参数、数据等）。

三、财政部门审核尾矿库闭库治理工程项目方案的主要内容

省级财政部门须对企业或县级政府申报的尾矿库闭库治理工程项目进行合规性审核。对符合条件的闭库治理工程项目，省级财政部门负责审核闭库治理工程项目设计方案和资金概算，同时编制尾矿库闭库治理安全工程项目资金概算审核报告上报。

（一）合规性审核的主要内容。

1. 符合闭库治理条件的证明文件。其中包括，该尾矿库原隶属的中央下放政策性关闭破产有色金属破产企业名称、现接收的单位或企业名称、目前是否在用或无主、危险等级等内容。

2. 所在地县级人民政府出具的尾矿库闭库治理责任单位授权文件。

3. 企业上级集团公司或县级地方财政部门出具的尾矿库闭库治理资金兜底函，其中需说明企业或地方承担治理资金的比例和落实情况。

4. 地处特别困难地区或国家贫困县的尾矿库，需出具地方政府证明文件。

5. 尾矿库治理项目安全现状评价报告及省级安全监管部门出具的安全现状评价报告备案文件。

6. 闭库设计及省级安全监管部门出具的闭库设计（安全专篇）批准文件。

7. 环境评价报告及省级环境保护部门出具的审核环境影响评价报告审批文件。

8. 省级安全生产监管部门对尾矿库闭库治理设计方案的批复。

9. 工程施工总体规划和工期进度安排计划。

（二）编制尾矿库闭库治理安全工程项目概算审核报告。

省级财政部门对尾矿库治理工程项目概算审核后，需编制《尾矿库闭库治理安全工程项目概算审核报告》，其主要内容应包括：

1. 尾矿库闭库治理工程情况概述；

2.《尾矿库闭库治理安全工程项目概算申报表》及各项资金的计算说明；

3. 财政部门审核意见；

4. 合规性审核中涉及的有关文件、材料。

（三）申请中央财政补助资金需报送的有关材料。

对完成上述工作的项目，省级财政部门可向财政部报送申请尾矿库闭库治理安全工程项目补助经费的请示，并附以下材料：

1.《尾矿库闭库治理工程设计方案》；

2.《尾矿库闭库治理安全工程项目概算审核报告》。

四、下达中央财政补助资金的程序和有关要求

各有关省、自治区、直辖市、计划单列市安全监管部门、财政部门按照财企〔2009〕120号文件报送的尾矿库闭库治理工程项目，须经国家安全监管总局组织的技术专家评审。对经国家安全监管总局批复同意的项目，财政部将依据有关政策规定核定尾矿库闭库治理安全工程项目补助资金，并及时下达批复文件。省级财政部门对中央财政专项补助资金，应制定严格管理办法，专款专用，并监督落实闭库治理工程项目的其他配套资金，保证工程建设经费足额到位，严格按计划完成尾矿库闭库治理工程项目。

附件：1. 尾矿库闭库治理安全工程项目概算审核报告（封面）

2. 尾矿库闭库治理安全工程项目概算申报表

财政部

二〇一〇年一月十二日

国家安全监管总局关于进一步推进金属非金属矿山资源整合和整顿关闭工作的通知

安监总管一〔2010〕31号

各省、自治区、直辖市及新疆生产建设兵团安全生产监督管理局：

为认真贯彻落实中国安全生产电视电话会议、《国务院办公厅关于继续深入开展“安全生产年”活动的通知》（国办发〔2010〕15号）以及中国安全生产工作会议精神，着力做好金属非金属矿山安全生产超前预防工作，有效防范重特大事故发生，减少事故总量，结合国土资源部、国家安全监管总局等12部门《关于进一步推进矿产资源开发整合工作的通知》（国土资发〔2009〕141号）要求，现就进一步推进金属非金属矿山资源整合和整顿关闭工作通知如下：

一、提高认识，高度重视资源整合工作

做好矿产资源整合工作是促进金属非金属矿山集约化生产，提高本质安全程度，实现安全生产形势持续稳定好转的重要途径。各级安全监管部门要进一步统一思想，提高认识，积极配合有关部门，扎实推进矿产资源整合工作，促进金属非金属矿山安全生产隐患的源头治理。要高度重视，把资源整合工作摆上重要议事日程，认真研究制定工作方案，经常深入重点地区检查指导，推动落实工作措施。要加强宣传，营造推进矿产资源开发整合工作的社会舆论氛围。

二、积极配合，努力推动矿产资源整合工作

各级安全监管部门要积极主动推动矿产资源整合工作。要根据本地区金属非金属矿山安全生产特点，提出整合工作建议和意见，推动将小矿密集区、事故多发区、探矿点密集区和长期未履行安全设施“三同时”审批程序的矿山建设项目等列为重点整合范围。对于已列入整合范围的重点矿区和矿山，各级安全监管部门要主动参与整合方案的编制和开发利用方案的审查，积极引导安全管理基础好、注重安全投入的优势企业参与整合。要坚持“一个矿体原则上只能有一个开采主体”的原则，促使整合后的金属非金属矿山达到提高集约化水平和安全保障条件的目的。对于决定实施整合的矿山，要严格程序，按照“先关闭、后整合”的原则，依法注销其非煤矿矿山企业安全生产许可证；对于整合后的矿山，要督促其重新履行安全设施“三同时”手续，依法取得安全生产许可证后，方可投入生产。

三、抓住契机，进一步推进金属非金属矿山整顿关闭工作

要加大对逃避整合、借整合之名非法开采、整合后未履行安全设施“三同时”审批手续擅自生产行为的打击力度，依法予以严惩。要按照《国务院安委会办公室关于进一步做好金属非金属矿山整顿关闭工作的意见》（安委办〔2009〕13号），通过整顿、整合、取缔、关闭，推动矿山安全条件的改善，从源头上解决金属非金属矿山“小、散、乱、差”的状况，促进金属非金属矿山整体安全生产条件的提升。

四、加强统筹，推进各项重点工作有序开展

要将资源整合工作和安全生产执法行动有机结合起来，重点查处和打击无证无照、证照不全、关闭取缔后又死灰复燃、拒不执行停产整顿指令擅自生产的金属非金属矿山企业。要将资源整合与推广先进适用技术和装备相结合，按照《国家安全监管总局关于在非煤矿山推广使用安全生产先进适用技术和装备的指导意见》（安监总管一〔2009〕177号），引导企业进一步加大安全投入，逐步淘汰落后和不安全的生产工艺、技术和装备，不断推广应用安全生产先进适用技术和装备。有条件的地区可以积极探索，将中深孔爆破、机械铲装、液压锤二次破碎和尾矿库在线监测等工艺、技术和装备作为整合后矿山的安全准入条件。

各级安全监管部门要充分发挥安委会办公室的综合协调作用，在资源整合和整顿关闭工作中，加强与国土资源、发展改革、公安、电力等部门的协作，完善信息通报、沟通协商和联合执法等工作机制，密切配合，形成合力，促进各项工作全面开展，逐项落实。

国家安全生产监督管理总局

二〇一〇年二月二十六日

国土资源部《关于贯彻落实中国矿产资源规划发展绿色矿业建设绿色矿山工作的指导意见》

各省、自治区、直辖市国土资源厅（国土环境资源厅、国土资源局、国土资源和房屋管理局、规划和国土资源管理局），部机关各司局、各有关单位：

《中国矿产资源规划（2008~2015年）》提出了发展绿色矿业的明确要求，并确定了2020年基本建立绿色矿山格局的战略目标，为全面落实规划目标任务，现就发展绿色矿业、建设绿色矿山提出以下指导意见。

一、发展绿色矿业建设绿色矿山的重要意义

（一）是贯彻落实科学发展观，推动经济发展方式转变的必然选择。当前中国正处于工业化城镇化加快发展的关键阶段，资源需求刚性上升，资源环境压力日益增大。促进资源开发与经济社会全面协调可持续发展，必须将资源开发与保护放到经济社会发展的战略高度，按照国家转变经济发展方式的战略要求，通过开源节流、高效利用、创新体制机制，改变矿业发展方式，推动矿业经济发展向主要依靠提高资源利用效率带动转变。发展绿色矿业、建设绿色矿山，既是立足中国提高能源资源保障能力的现实选择，也是转变发展方式、建设〞两型〞社会的必然要求，对我国经济社会发展全局具有十分重要的现实意义和深远的战略意义。

（二）是加快转变矿业发展方式的现实途径。发展绿色矿业、建设绿色矿山，以资源合理利用、节能减排、保护生态环境和促进矿地和谐为主要目标，以开采方式科学化、资源利用高效化、企业管理规范化、生产工艺环保化、矿山环境生态化为基本要求，将绿色矿业理念贯穿于矿产资源开发利用全过程，推行循环经济发展模式，实现资源开发的经济效益、生态效益和社会效益协调统一，为转变单纯以消耗资源、破坏生态为代价的开发利用方式提供了现实途径。

（三）是落实企业责任加强行业自律，保证矿业健康发展的重要手段。发展绿色矿业、建设绿色矿山，关键在于充分调动矿山企业的积极性，加强行业自律，促进矿山企业依法办矿，规范管理，加强科技创新，建设企业文化，使矿山企业将高效利用资源、保护环境、促进矿地和谐的外在要求转化为企业发展的内在动力，自觉承担起节约集约利用资源、节能减排、环境重建、土地复垦、带动地方经济社会发展的企业责任。建设绿色矿山，是矿山企业经营管理方式的一次变革，对于完善矿产资源管理共同责任机制，全面规范矿产资源开发秩序，加快构建保障和促进科学发展新机制具有重要意义。

二、推进绿色矿山建设的思路、原则与目标

（四）总体思路。深入贯彻落实科学发展观，按照国家转变经济增长方式的战略要求，将发展绿色矿业、建设绿色矿山作为保障矿业健康可持续发展的重要抓手，认真落实中国矿产资源规划提出的目标任务和部署要求，坚持规划统筹、政策配套，试点先行、整体推进，通过绿色矿山建设促进矿业发展方式的转变，努力构建规范矿产资源开发利用秩序的长效机制。

（五）基本原则。一是坚持政府引导。强化政策激励，积极引导，组织做好试点示范，建立健全绿色矿山建设标准体系，有序推进。二是落实企业责任。鼓励矿山企业树立科学发展理念、严格规范管理、推进科技创新、加强文化建设，落实节约资源、节能减排、保护环境、促进矿区和谐等社会责任。三是加强行业自律。充分发挥行业协会桥梁和纽带作用，密切联系矿山企业，加强宣传，扩大共识，加强行业自律。四是搞好政策配套。充分运用经济、行政等多种手段，制定有利于促进资源合理利用、环境保护等方面的政策措施，建立完善制度，推动绿色矿山建设。

（六）建设目标。力争1~3年完成一批示范试点矿山建设工作，建立完善的绿色矿山标准体系和管理制度，研究形成配套绿色矿山建设的激励政策。到2020年，中国绿色矿山格局基本形成，大中型矿山基本达到绿色矿山标准，小型矿山企业按照绿色矿山条件严格规范管理。资源集约节约利用水平显著提高，矿山环境得到有效保护，矿区土地复垦水平全面提升，矿山企业与地方和谐发展。

三、统筹规划绿色矿山建设工作

（七）认真落实矿产资源规划的目标任务和部署要求。各级国土资源管理部门要加大矿产资源规划实施力度，将各级规划提出的绿色矿山建设的目标任务和具体要求予以落实，结合规划确定的矿山结构布局优化调整、资源高效利用和矿山地质环境治理恢复等要求，切实统筹好新建和生产矿山、大中小型矿山，以及各行业绿色矿山建设，采取有效措施，有序推进绿色矿山建设工作。各地可结合实际情况，制定专项规划和具体措施，加快推进绿色矿山建设工作。

（八）指导矿山企业制定绿色矿山建设的发展规划。指导矿山企业按照绿色矿山建设要求和条件，结合自身发展目标和进程，因地制宜编制绿色矿山建设发展规划，从提高资源利用水平、节能减排、保护耕地和矿山地质环境、创建和谐社区等角度出发，明确具体工作任务、安排、进度和措施等，按照规划积极推进各项工作，实现绿色矿山建设目标。

四、开展国家级绿色矿山建设试点示范

（九）试点工作坚持政府指导支持、协会支撑、矿山主体的原则。以大中型矿山企业为主体，兼顾不同地区、不同行业及小型矿山企业，按照矿山企业自愿、协会推荐组织、试点矿山制定规划和开展建设，通过评估考核、达标公布的步骤进行，探索绿色矿山建设的有效途径。

（十）中国矿业联合会要切实做好组织和有关业务支撑工作。加快研究完善绿色矿山建设具体标准和办法，会同有关行业协会组织做好国家级试点矿山的推荐和评估工作，加强政府和企业之间的沟通配合，积极搭建绿色矿山建设交流与合作平台，为试点矿山提供经验交流和技术咨询等服务，切实承担起全面推进绿色矿山建设的业务支撑工作。

（十一）各级国土资源管理部门要做好绿色矿山建设试点示范的指导工作。各级国土资源部门要切实发挥职能作用，结合地方实际情况和矿业发展特点，通过加强对绿色矿山建设工作的指导，落实鼓励和支持政策，引导企业按照绿色矿山发展模式建设和经营矿山，协调解决试点过程中遇到的问题，通过不断完善管理制度和加强监督，促进试点矿山达到建设要求，努力使企业的发展和地方经济发展协调一致。

（十二）试点矿山要按照规划积极开展建设工作。具备条件的矿山，要按照绿色矿山建设的基本要求编制建设规划，明确建设目标、具体内容和发展模式，有效推进绿色矿山建设各项工作，力争尽快达到绿色矿山条件和标准，主动地为保护资源、保护环境、促进地方经济发展和维护群众利益做出贡献。

五、稳步推进中国绿色矿山建设

（十三）加强试点经验总结和推广。全面总结推广不同类型绿色矿山建设的经验与模式，逐步完善分地域、分规模、分类型的绿色矿山建设标准和相关管理办法，研究探索有利于资源合理利用、节能减排、环境保护的政策措施和管理制度，为全面推进绿色矿山建设奠定基础。通过试点示范企业树立先进样板，发挥试点示范作用，带动更多矿山企业开展绿色矿山建设活动，积极履行绿色矿山建设的各项责任和义务，促进绿色矿业的全面发展。

（十四）依据绿色矿山建设标准和条件严格矿山准入管理。各级国土资源管理部门要把发展绿色矿业、建设绿色矿山的要求贯彻于矿产资源管理的始终，用绿色矿山建设标准规范矿产资源勘查、开发利用与保护的各项活动，加强对新建矿山开发利用、环境保护、土地复垦等方案的审查，严禁采用国家限制和淘汰的采选技术、工艺和设备，确保新建矿山实现合理开发、资源节约、环境保护、安全生产和社区和谐。全面落实矿产资源规划确定的最低开采规模制度和准入条件，优化资源勘查开发布局和矿业结构，逐步构建集约、高效、协调的矿山开发格局。

（十五）加强对生产矿山监督管理。用绿色矿山建设标准规范矿产资源勘查、开发利用与保护的各项活动，督促矿山企业自觉按照绿色矿山建设标准不断改进开发利用方式，提高开发利用水平，促进节能减排，落实企业社会责任，实现合理开发、节约资源、保护环境、安全生产和社区和谐，为绿色矿山建设工作营造良好环境。

六、营造良好的政策环境

（十六）加大财政专项资金的支持力度。加大危机矿山接替资源勘查、矿山地质环境恢复治理、矿产资源节约与综合利用等财政专项资金向绿色矿山企业的倾斜和支持力度，鼓励和支持矿山企业开展做好资源合理利用、环境保护等相关工作，不断提高发展水平。

（十七）研究制定有利于绿色矿山建设的资源配置制度。在资源配置和矿业用地等方面向达到绿色矿山条件的企业实行政策倾斜，依法优先配置资源和提供用地，鼓励企业做大做强，积极为繁荣地方经济做出贡献，建设和谐矿区。

（十八）逐步完善税费等经济政策。全面落实资源综合利用、矿山环境保护、节能减排等已有相关优惠政策，通过资源税费改革和税费减免，形成矿山企业资源消耗的自我约束机制。积极协调相关部门，建立和完善资源综合利用等税费减免制度，逐步形成与法律制度相衔接，向绿色矿山企业倾斜的经济政策体系。

（十九）加强技术政策引导。鼓励矿山企业加大科技投入和技术攻关，研究制定矿产资源节约与综合利用鼓励、限制、淘汰技术目录，通过技术改造采用先进技术、工艺和装备，逐步淘汰落后产能，提高资源开发利用、节能减排和环境保护的水平，满足绿色矿山建设的要求。

七、加强组织协调

（二十）各级国土资源管理部门要切实加强组织领导和监督检查。高度重视绿色矿山建设工作，作为一项重要任务纳入工作计划进行部署，加强领导，落实责任，精心部署，完善制度，抓好落实，认真做好绿色矿山建设工作的指导、协调和监督检查，加强对绿色矿山建设工作的总结、宣传和推广，有序推进绿色矿山建设工作。

（二十一）中国矿业联合会要全面推进行业自律。通过积极推进矿业领域循环经济发展和资源节约与综合利用，积极倡导和鼓励企业发展绿色矿业，提高依法办矿的意识，促使企业履行社会责任和规范化管理，不断加强行业自律和和社会监督。

（二十二）矿山企业要认真履行社会责任全面开展绿色矿山建设。矿山企业是绿色矿山建设主体，要积极加入并自觉遵守《绿色矿业公约》，按照绿色矿山建设的有关条件和循环经济的发展模式，不断加强规范管理，切实履行社会责任，加大投入，改进生产工艺、优化生产布局，加强环境保护，促进资源开发、环境保护与矿区和谐的协调发展。

附件：国家级绿色矿山基本条件

二〇一〇年八月十三日

附：国家级绿色矿山基本条件

为了贯彻实施科学发展观，规范矿山企业行为，加强行业自律，履行企业社会责任，推进绿色矿业发展，构建资源节约型、环境友好型和谐社会，实现《中国矿产资源规划》中确定的建立绿色矿山格局的目标，特制定绿色矿山基本条件。

一、依法办矿

（一）严格遵守《矿产资源法》等法律法规，合法经营，证照齐全，遵纪守法。

（二）矿产资源开发利用活动符合矿产资源规划的要求和规定，符合国家产业政策。

（三）认真执行《矿产资源开发利用方案》、《矿山地质环境保护与治理恢复方案》、《矿山土地复垦方案》等。

（四）三年内未受到相关的行政处罚，未发生严重违法事件。

二、规范管理

（一）积极加入并自觉遵守《绿色矿业公约》，制订有切实可行的绿色矿山建设规划，目标明确，措施得当，责任到位，成效显著。

（二）具有健全完善的矿产资源开发利用、环境保护、土地复垦、生态重建、安全生产等规章制度和保障措施。

（三）推行企业健康、安全、环保认证和产品质量体系认证，实现矿山管理的科学化、制度化和规范化。

三、综合利用

（一）按照矿产资源开发规划与设计，较好地完成了资源开发与综合利用指标，技术经济水平居中国同类矿山先进行列。

（二）资源利用率达到矿产资源规划要求，矿山开发利用工艺、技术和设备符合矿产资源节约与综合利用鼓励、限制、淘汰技术目录的要求，″三率″指标达到或超过国家规定标准。

（三）节约资源，保护资源，大力开展矿产资源综合利用，资源利用达中国同行业先进水平。

四、技术创新

（一）积极开展科技创新和技术革新，矿山企业每年用于科技创新的资金投入不低于矿山企业总产值的1%。

（二）不断改进和优化工艺流程，淘汰落后工艺与产能，生产技术居中国同类矿山先进水平。

（三）重视科技进步，发展循环经济，矿山企业的社会、经济和环境效益显著。

五、节能减排

（一）积极开展节能降耗、节能减排工作，节能降耗达国家规定指标。

（二）采用无废或少废工艺，成果突出。″三废″排放达标。矿山选矿废水重复利用率达到90%以上或实现零排放，矿山固体废弃物综合利用率达到中国同类矿山先进水平。

六、环境保护

（一）认真落实矿山环境恢复治理保证金制度，严格执行环境保护″三同时″制度，矿区及周边自然环境得到有效保护。

（二）制定矿山环境保护与治理恢复方案，目的明确，措施得当，矿山地质环境恢复治理水平明显高于矿产资源规划确定的本区域平均水平。重视矿山地质灾害防治工作，近三年内未发生重大地质灾害。

（三）矿区环境优美，绿化覆盖率达到可绿化区域面积的80%以上。

七、土地复垦

（一）矿山企业在矿产资源开发设计、开采各阶段中，有切实可行的矿山土地保护和土地复垦方案与措施，并严格实施。

（二）坚持″边开采，边复垦″，土地复垦技术先进，资金到位，对矿山压占、损毁而可复垦的土地应得到全面复垦利用，因地制宜，尽可能优先复垦为耕地或农用地。

八、社区和谐

（一）履行矿山企业社会责任，具有良好的企业形象。

（二）矿山在生产过程中，及时调整影响社区生活的生产作业，共同应对损害公共利益的重大事件。

（三）与当地社区建立磋商和协作机制，及时妥善解决各类矛盾，社区关系和谐。

九、企业文化

（一）企业文化是企业的灵魂。企业应创建有一套符合企业特点和推进实现企业发展战略目标的企业文化。

（二）拥有一个团结战斗、锐意进取、求真务实的企业领导班子和一支高素质的职工队伍。

（三）企业职工文明建设和职工技术培训体系健全，职工物质、体育、文化生活丰富。

国土资源部关于鼓励铁铜铝等国家紧缺矿产资源勘查开采有关问题的通知
国土资发〔2010〕144号

各省、自治区、直辖市国土资源厅（国土环境资源厅、国土资源局、国土资源和房屋管理局、规划和国土资源管理局），中国地质调查局、中央地质勘查基金管理中心：

为促进铁、铜、铝、镍、铬、锰、钾盐等国家紧缺矿产资源地质找矿和合理开发利用，提高资源保障能力，根据矿产资源法律法规和有关规定，现就有关问题通知如下：

一、加大紧缺矿产资源勘查力度

（一）国家和省级国土资源行政主管部门依据矿产资源规划，结合矿产资源潜力评价工作取得的阶段性成果，研究总结紧缺矿产资源成矿区带成矿规律，突出重点成矿区带，科学部署地质找矿工作。对重点调查评价区和重点勘查区，加大基础地质调查和前期地质矿产勘查，提高地质工作程度。

（二）省级国土资源行政主管部门要结合地质矿产保障工程、中国地质找矿行动计划等的组织实施，会同有关单位，抓紧提出紧缺矿产资源整装勘查区设置方案，按照构建地质找矿新机制的有关要求，整合各方资金，推进整装勘查；面上展开，点面结合，争取尽快实现点上突破。紧缺矿产资源整装勘查区设置方案报国土资源部批准后向社会公告。

（三）中国地质调查局会同中央地质勘查基金管理中心，做好紧缺矿产资源整装勘查的业务统筹部署和技术支撑。科学安排国家出资地质勘查项目，为在三到五年内实现地质找矿重大突破提供基础地质信息和后续靶区。

（四）对于找矿潜力大且社会资金不愿独立承担找矿风险的紧缺矿产资源勘查区和勘查项目，中央和省级地质勘查基金项目应重点给予支持。鼓励符合条件的民间资本参与紧缺矿产资源勘查开采。

二、完善紧缺矿产资源矿业权出让制度

（五）省级国土资源行政主管部门在制定矿业权设置方案和矿业权年度投放计划时，应优先编制紧缺矿产资源矿业权设置方案，保障紧缺矿产资源矿业权投放。

（六）登记管理机关开辟紧缺矿产资源矿业权审批、土地复垦方案审查、地质矿山环境治理方案审查的“快速通道”，优先安排紧缺矿产资源矿业权审批发证、矿产资源储量评审备案、矿业权价款评估备案等工作。

（七）调整部分铁矿探矿权出让方式，鼓励铁矿勘查。除沉积变质型和沉积型铁矿外，其他成因类型的铁矿由《关于进一步规范矿业权出让管理的通知》（国土资发〔2006〕12 号）文中规定的第二类矿产调整为第一类矿产，按照相关规定出让矿业权。

（八）鼓励矿山企业开展矿区范围深部及其毗邻区域紧缺矿产资源勘查开采工作，属于第二类矿产的，可以协议方式为其配置矿业权。矿业权登记管理机关受理新的矿业权申请时，要统筹考虑周围已有矿山企业对其矿区范围周边紧缺矿产资源的找矿工作。

（九）对于国家出资勘查形成的紧缺矿产资源的矿产地，按照规定应该以招标拍卖挂牌出让探矿权的，主要以招标方式出让，优选勘查方案。鼓励资金能力强、技术先进的勘查单位和大型矿业企业联合进行勘查开采，实现探采一体化。

（十）以紧缺矿种申请获得的探矿权如需变更勘查矿种，按照《关于进一步规范探矿权管理有关问题的通知》（国土资发〔2009〕200 号）中相关规定办理。

三、保障紧缺矿产资源勘查开采环境

（十一）加快推进紧缺矿产资源的勘查开采，严格执行勘查区块面积退出制度，规范紧缺矿产资源勘查秩序。加强紧缺矿产资源勘查实施方案审查，切实保障勘查质量。

（十二）对紧缺矿产资源勘查开采布局不合理的矿业权，加快推进资源开发整合，进一步提高紧缺矿产资源开发规模化、集约化程度和利用率。

（十三）加强对紧缺矿产资源矿业权人法定义务履行情况的监督检查。督促探矿权人加大勘查投入，提高勘查效率和质量，依法查处圈而不探、投入不足、以采代探等违法行为。监督采矿权人合理开发利用紧缺矿产资源，依法查处无证开采、越界开采等违法行为。对于违法违规勘查开采紧缺矿产资源的重大典型案件，公开通报或者挂牌督办。

（十四）健全完善紧缺矿产资源勘查开采监督管理和执法监察长效机制。各级国土资源行政主管部门按照《关于健全完善矿产资源勘查开采监督管理和执法监察长效机制的通知》（国土资发〔2009〕148 号）要求，着力做好巡查、完善案件查处机制、推进建立地方政府统筹协调、部门联动的执法监管制度、建立健全保障机制。

各级国土资源行政主管部门应高度重视紧缺矿产资源勘查开采管理，切实加强基础技术支撑队伍建设，提高监督管理质量，促进紧缺矿产资源勘查开发健康有序发展。

国土资源部

二○一○年九月十四日

国土资源部关于进一步规范探矿权管理有关问题的通知 国土资发〔2009〕200 号

各省、自治区、直辖市国土资源厅（国土环境资源厅、国土资源局、国土资源和房屋管理局、规划和国土资源管理局）：

为进一步完善探矿权管理，规范探矿权市场秩序，维护探矿权人的合法权益，促进矿产资源勘查健康有序发展，依据《中华人民共和国矿产资源法》、《矿产资源勘查区块登记管理办法》等相关法律法规的有关规定，现就进一步规范探矿权管理有关事直通知如下：

一、规范矿产资源勘查准入

（一）申请新立、延续、合并、分立探矿权，变更勘查矿种，编制勘查实施方案，必须符合矿产资源规划、地质勘查规划、探矿权设置方案，符合国家产业政策，以及矿产资源勘查开发整合工作的相关要求。

（二）探矿权申请人的资金能力必须与申请的勘查矿种、勘查面积和勘查工作阶段相适应，以提供的银行资金证明或石油企业的年度项目计划为依据，不得低于申请项目勘查实施方案安排的第一勘查年度资金投入额，同时不得低于申请项目勘查实施方案安排的总资金的 1 / 3。

探矿权人申请新立探矿权时，应将本次申请的、以往申请的和已经取得探矿权的全部勘查项目所需的资金累计计算，并提供相应的资金证明。

（三）探矿权申请人应是企业法人或事业单位法人。本通知下发之前，探矿权人不具备法人资格的，应当依法办理成为企业法人或事业单位法人后，方可再申请办理探矿权延续、保留和变更等手续。探矿权申请人不具备地质勘查资质的，应依法委托具有相应地质勘查资质的勘查单位编制勘查实施方案并开展地质勘查工作。探矿权人和勘查单位均不得对勘查项目进行转包。

（四）探矿权申请人提交的勘查实施方案，应符合地质勘查规程、规范和标准，勘查资金投入不得低于法定最低勘查投入标准。省级以上登记管理机关应组织专家对探矿权申请人提交的勘查实施方案进行审查。

登记管理机关可依法以行政合同方式与探矿权人就勘查工作法规规定及相关事宜作出约定，进一步明确双方的责任、权利与义务，对勘查实施方案的实施实行合同管理。探矿权人应按照勘查实施方案进行勘查施工，需要对勘查实施方案进行调整的，应及时向登记管理机关备案。调整工作量缩减 1 / 3 以上的，省级以上登记管理机关应组织专家进行审查并作出是否予以备案的决定。

勘查实施方案的编制、审查、合同文本及相关管理要求另行规定。

二、完善探矿权新立、延续（保留）审批管理

（五）探矿权申请人依法按“申请在先”方式申请探矿权的，登记管理机关应在受理申请时，同时将其申请的区块范围、勘查矿种等信息上网登记，依法保护申请人的“在先权”。申请未予批准的，“在先权”自行撤销。

（六）新立探矿权的勘查区块面积一般不得小于 1 个基本单位区块。申请勘查区域与他人采矿权区域之间应保持合理间距，无法根据地质条件确定间距的，应不少于 100 米。

（七）从事地质调查工作的，应向登记管理机关备案，领取地质调查证。跨省级行政区划开展地质调查的项目，向国土资源部备案，其它地质调查项目向项目所在地省级国土资源行政主管部门备案。地质调查项目不具有排他性。

国家出资从事区域性矿产地质调查的地区，由省级国土资源行政主管部门或承担国家地质工作的地质调查机构向国土资塬部提交备案申请，经国土资源部同意备案并向社会公告后。暂停受理新的探矿权申请。

（八）新立探矿权有效期为 3 年，每延续一次时间最长为 2 年，并应提高符合规范要求的地质勘查工作阶段。确需延长本勘查阶段时间的，省级以上登记管理机关应组织进行专家论证，　并进行审查，可再准予一次在本勘查阶段的延续，但应缩减勘查面积，每次缩减的勘查面积不得低于首次勘查许可证载明勘查面积的 25%。

本通知下发前已设立的探矿权，可允许在同一勘查阶段延续一次。

（九）探矿权人申请探矿权延续、保留或注销，应当在法律规定的期限内，依法提出申请。未按时提交申请或年度检查不合格的，登记管理机关不得批准其延续、保留申请。申请探矿权保留的，需提交经评审备案的地质报告。

因不可抗力或政府有关部门的原因，致使探矿权不能按期延续，或者需要继续延长保留期的，提供能够说明原因的相关证明文件后，准予延续、保留。

三、加强探矿权转让变更审批管理

（十）　以申请在先、招标、拍卖、挂牌方式取得的探矿权，探矿权人申请探矿权转让的，应持有探矿权满 2 年，或持有探矿权满 1 年且提交经评审备案的普查以上工作程度的地质报告，或经原登记管理机关组织审查并证实在勘查作业区内新发现可供进一步勘查或开采的矿产资源。

以协议方式取得探矿权的，5 年内不得转让。特殊情况确需转让的，按协议出让审批程序另行报批。

转让国家出资勘查形成矿产地探矿权的，按照财政部、国土资源部《关于深化探矿权采矿权有偿取得制度改革有关问题的通知》（财建 [2006]694 号）和财政部、国土资源部《关于探矿权采矿权有偿取得制度改革有关问题的补充通知》（财建 [2008] 22 号）等相关规定处置。

探矿权转让经批准后，探矿权受让人同时一并办理变更登记手续。

（十一）探矿权人申请扩大勘查范围的，比照新立探矿权程序进行审查。以招标、拍卖、挂牌和协议出让方式取得低风险类矿产勘查的探矿权人，不得申请扩大勘查范围。根据规划及矿业权设置方案需要调整扩大范围的，按照协议出让方式进行申请和审批。协议出让的探矿权价款不得低于类似条件下的市场价。

（十二）探矿权人申请变更勘查矿种，应提交勘查过程中新发现矿种的地质勘查报告。

由低风险类矿种变更为高风险类矿种的，或在低风险类矿种之间变更的，可以依法申请办理变更登记手续。

由高风险类矿种变更为低风险类矿种的，原则上不允许变更，确系勘查过程中新发现的，由省级以上登记管理机关组织的专家论证和社会公示后，可允许变更勘查矿种，但需评估补交探矿权价款。

变更勘查矿种若涉及国家限制或禁止勘查开采等其它规定的，依照其规定。

铀矿探矿权人原则上不得申请变更勘查矿种。勘查过程中发现其它矿种的，应进行综合勘查，并向登记管理机关提交相应的勘查报告，其探矿权按照国家有关规定处置。

（十三）探矿权人变更勘查单位的，应提交探矿权人与勘查单位签订的勘查合同，勘查单位必须符合规定的资质条件。

（十四）探矿权人申请探矿权分立的，勘查项目应达到普查以上工作程度，省级以上登记管理机关应组织专家对其分立方案进行论证，审查及论证通过的，经登记管理机关同意后，准予变更登记。

四、强化探矿权监督管理

（十五）国土资源部对中国审批登记颁发的勘查许可证实行统一配号，未按统一配号编号的，颁发的勘查许可证无效。但是，石油、天然气、煤层气勘查许可证单独编号。

（十六）地方各级国土资源行政主管部门应当加强对探矿权人勘查行为的监督管理，依法查处相关违法违规行为。加强对探矿权人勘查施工情况的监督检查，督促其按照批准的勘查施工方案进行施工，向勘查项目所在地的市、县级国土资源行政主管部门报告勘查开始施工、停工和结束工作情况；加强对探矿权人勘查活动的年度检查。对探矿权人自勘查许可证有效期起6个月内未提交开工报告的，视为未开工；逾期未提交年检资料的，视为年检不合格。对勘查活动的违法违规行为，依法予以查处。

（十七）对探矿权人不按规定办理变更或者注销登记手续的，国土资源行政主管部门应责令限期改正，逾期仍不改正的，按照《矿产资源勘查区块登记管理办法》相关规定，吊销其勘查许可证。被吊销勘查许可证的，自吊销之日起6个月内不得申请新的探矿权，且取消其参与探矿权招标、拍卖、挂牌活动的资格。

五、其他

（十八）探矿权人丢失勘查许可证，应在原登记管理机关指定的报刊上刊登遗失声明，30日后到原登记管理机关申请办理勘查许可证补领手续。

（十九）本通知中所称“高风险类”、“低风险类”矿种，分别是指《关于进一步规范矿业权出让管理的通知》（国土资发［2006]12号）中规定的“第一类”、“第二类”矿产。

进一步规范探矿权管理，对加快矿产资源勘查进程、推进矿业权市场建设具有十分重要的意义。各级国土资源行政主管部门要认真贯彻落实矿产资源勘查管理相关规定，进一步加强对矿产勘查的管理，不断提升探矿权管理水平，促进提高矿产资源保障能力。

国土资源部关于省级稀土等矿产资源开发整合重点挂牌督办矿区名单的公告
2010年 第20号

根据《国土资源部关于开展中国稀土等矿产开发秩序专项整治行动的通知》（国土资发〔2010〕68号）关于“挂牌督办所有稀土等矿产整合矿区的整合工作”的要求，国土资源部决定对符合要求的78个稀土等矿产资源开发整合矿区列为2010年省级重点挂牌督办矿区。

为了广泛接受社会各界监督，督促各地切实抓好稀土等矿产资源开发整合矿区挂牌督办工作，确保2010年底前完成整合工作任务，现将78个省级稀土等矿产资源开发整合重点挂牌督办矿区名单予以公告。

二〇一〇年十月八日

2010年省级稀土等矿产资源开发整合重点挂牌督办矿区名单

1. 内蒙古自治区巴彦淖尔市乌拉特后旗马尼图-查干花地区钼多金属矿勘查整合区

*2. 内蒙古自治区新巴尔虎右旗克尔伦萤石矿整合区

3. 吉林省延边州安图双山铜钼多金属矿探采整合区

4. 浙江省建德市乾潭镇周家坞-下涯镇大洲矿区金钼多金属矿勘查整合区

5. 浙江省仙居县皤滩乡万竹王矿区萤石勘查整合区

6. 安徽省广德县白茅岭萤石整合区

*7. 安徽省宣城市麻姑山铜钼矿整合区
*8. 安徽省绩溪县胡家－连坑萤石矿整合区
9. 福建省连城县太平山铜钼矿勘查整合区
10. 福建省上杭县湖洋钼矿勘查整合区
11. 福建省永定县山口外围铜钼矿勘查整合区
12. 福建省武夷山市上村钼多金属矿勘查整合区
13. 福建省武夷山市东坑－上西坑铜钼多金属矿勘查整合区
14. 福建省南靖县科岭矿区钼矿勘查整合区
15. 福建省南靖县尖尾山南坑矿区钼多金属矿勘查整合区
16. 福建省周宁县杉洋－福安界竹铜钼矿勘查整合区
17. 福建省周宁县咸村夏山钼多金属矿勘查整合区
18. 福建省古田县西溪地区钼矿勘查整合区
*19. 福建省明溪县半坑矿区萤石整合区
*20. 福建省古田县石步坑－闽清县杉村－前洋钼多金属矿勘查整合区
*21. 福建省连城县庙前铜坑外围铜钼矿勘查整合区
*22. 福建省平和县双峰铅锌矿－铜钟坑锡矿勘查整合区
*23. 福建省平和县福山矿区大科岽矿段－东富矿区锡多金属矿勘查整合区
*24. 福建省周宁县东山－芹太丘一带钼多金属矿勘查整合区
*25. 福建省松溪县大林坑－新厝钼多金属矿勘查整合区
*26. 福建省宁化县神坛坝－吾家湖锌矿及水口里锡多金属－铜坑里铜多金属矿勘查整合区
*27. 福建省宁化县下伊矿区锡矿勘查整合区
28. 江西省宁都县黄陂稀土矿整合区
29. 江西省兴国县江背萤石矿整合区
*30. 江西省安远县涂屋稀土矿整合区
*31. 江西省安福县浒坑钨矿整合区
*32. 江西省靖安县大雾塘钨矿整合区
33. 河南省栾川县南泥湖钼矿整合区
34. 河南省新县钼矿整合区
35. 河南省商城县汤家坪钼矿整合区
36. 河南省镇平县楸树湾钼矿外围及深部整装勘查区
*37. 河南省嵩县植街乡萤石矿整合区
*38. 河南省卢氏县五里川锑矿整合区
*39. 河南省镇平县老庄镇钼矿整合区
*40. 河南省信阳市平桥区萤石矿整合区
41. 湖北省随州市马家湾萤石矿整合区
42. 湖北省广水市晶鑫萤石矿整合区
*43. 湖北省通山县徐家山锑矿整合区
44. 湖南省新化县杨家山铜钨矿整合区
*45. 湖南省郴州市北湖区芙蓉锡矿整合区
*46. 广东省韶关市曲江区大宝山钼多金属矿整合区
*47. 广东省平远县黄畲－仁居稀土矿整合区
*48. 广西壮族自治区融水苗族自治县大利锡铜矿整合区
*49. 广西壮族自治区融水苗族自治县大坡岭－荣坪锌锡矿整合区
*50. 广西壮族自治区南丹县大厂锡多金属矿整合区
*51. 海南省乐东黎族自治县千家钼铅锌多金属矿整合区
52. 四川省牦牛坪稀土矿整合区（江西铜业）
53. 四川省冕宁矿业有限公司哈哈三岔河稀土矿整合区
*54. 四川省冕宁县南河乡木洛郑家梁子稀土矿整合区
*55. 四川省冕宁县南河乡木洛碉楼山稀土矿整合区
56. 重庆市万盛区大宝山萤石矿整合区
57. 贵州省三都县巫不乡高尧锑矿勘查整合区
58. 贵州省三都县都江镇党益锑矿勘查整合区
59. 贵州省三都县坝街乡姑下锑矿勘查整合区
60. 贵州省石阡县王家沟钒矿普查整合矿区
61. 贵州省岑巩县龙马钒矿整合区
*62. 贵州省榕江县觉细锑矿勘查整合区
*63. 贵州省遵义县松林钼镍多金属矿勘查整合区
*64. 贵州省余庆县构皮滩钼矿勘查整合区
65. 云南省临沧市永德县云岭锡矿整合区
66. 云南省个旧锡矿整合区
67. 云南省怒江州泸水外岩房锡矿整合区
68. 云南省迪庆州香格里拉县麻花坪钨矿整合区
69. 云南省迪庆州香格里拉县格咱乡钨锑矿整合区
*70. 云南省泸水县外岩房锡钨矿整合区
71. 西藏自治区拉萨市墨竹工卡县帮铺铜钼多金属矿勘查开发整合区
72. 陕西省洛南县三星矿业有限公司钼矿整合区
73. 陕西省陕西辰州矿产开发有限责任公司丹凤县蔡凹锑 矿整合区
74. 陕西省商洛市商州玉源萤石矿业有限责任公司萤石矿整合区
75. 陕西省商洛市鑫丰源矿业开发有限责任公司杨斜钨金矿整合区
76. 甘肃省肃南裕固族自治县小柳沟钨钼矿整合矿区

77. 甘肃省武山县温泉钼矿整合区

78. 青海省大通县大黑山钨钼矿整合区

注：带“*”号的矿区为国土资源部 2010 年第 14 号公告中已经公告的省级矿产开发整合重点挂牌督办矿区

工业和信息化部、科学技术部、国土资源部、国家安全生产监督管理总局关于印发《金属尾矿综合利用专项规划（2010 － 2015 年）》的通知

工信部联规〔2010〕174 号

各省、自治区、直辖市及计划单列市、新疆生产建设兵团工业和信息化主管部门、科技厅、国土资源厅、安全监管局，有关行业协会、中央企业：

为深入贯彻落实科学发展观，大力发展循环经济，提高资源综合利用率，解决金属尾矿大量堆存带来的资源、环境、土地等方面的影响和问题，工业和信息化部、科技部、国土资源部、国家安全监管总局等有关部门组织编制了《金属尾矿综合利用专项规划（2010 － 2015）》。现印发你们，请遵照执行。

工业和信息化部

科学技术部

国土资源部

国家安全生产监督管理总局

二〇一〇年四月十一日

金属尾矿综合利用专项规划（2010–2015 年）

一、前言

随着中国经济快速发展，传统粗放型的经济增长方式使得中国资源短缺的矛盾越来越突出，环境压力越来越大。走中国特色新型工业化道路、大力发展循环经济、提高资源利用率，是解决当前中国资源、环境对经济发展制约的必由之路。

金属尾矿综合利用难度大、牵涉面广，既关系企业和行业生存与发展，又影响环境与安全，是社会关注的热点。与粉煤灰、煤矸石等固体废弃物相比，尾矿的综合利用技术更复杂、难度更大。目前，中国工业固体废弃物综合利用率在 60% 左右，而金属尾矿的综合利用率平均不到 10%，相比之下，尾矿的综合利用大大滞后于其它大宗固体废弃物。尾矿已成为中国工业目前产出量最大、综合利用率最低的大宗固体废弃物。

做好尾矿的综合利用是落实科学发展观，统筹人与自然和谐发展，发展生态文明，建设资源节约型、环境友好型社会的具体表现。依据《中华人民共和国循环经济促进法》、《中华人民共和国国民经济和社会发展第十一个五年规划纲要》，研究制定金属尾矿综合利用专项规划，规划期为 2010-2015 年。　本规划中所涉及的尾矿系指金属矿山选矿过程中排出的固体废弃物。

二、中国尾矿基本现状及综合利用情况

（一）中国尾矿基本现状

中国现有尾矿库 12718 座，其中在建尾矿库为 1526 座，占总数的 12%，已经闭库的尾矿库 1024 座，占总数的 8%，截止 2007 年，中国尾矿堆积总量为 80.46 亿吨。仅 2007 年，中国尾矿排量近 10 亿吨。尾矿的大量堆存带来资源、环境、安全和土地等诸多问题：

1. 占用土地

尾矿堆存需要占用大量土地。截至 2005 年，中国尾矿堆放占用土地达 1，300 多万亩，随着老的尾矿库闭库，新的尾矿库不断增加，必将占用更多的土地。

2. 浪费资源

中国矿产资源 80% 为共伴生矿，由于中国矿业起步晚，技术发展不平衡，不同时期的选冶技术差距很大，大量有价值资源存留于尾矿之中。例如，中国铁矿尾矿的全铁品位平均为 8-12%，有的甚至高达 27%。以当前铁尾矿总堆存量 45 亿吨计算，尾矿中相当于存有铁 5 亿吨左右。中国黄金尾矿中含金一般在 0.2-0.6 克 / 吨，以当前总堆存量 5 亿吨计算，其中尚含有黄金 300 吨左右。尾矿中的非金属矿物不但存量巨大，而且有些已经具备高附加值应用的潜在特性。随着技术的进步其潜在价值将远远超过金属元素的价值。这

些尾矿资源如不能综合回收利用，将造成巨大浪费。

3. 环境污染

矿石选矿过程中有的需要加入药剂，这些药剂会残留在尾矿中。尾矿所含重金属离子，甚至砷、汞等污染物质，会随尾矿水流入附近河流或渗入地下，严重污染河流及地下水源。自然干涸后的尾砂，遇大风形成扬尘，吹到周边地区，对环境造成危害。

4. 安全隐患

很多尾矿库超期或超负荷使用，甚至违规操作，使尾矿库存在极大安全隐患，对周边地区人民财产和生命安全造成严重威胁。建国以来，中国多次发生过尾矿库溃坝事故，造成大量人员伤亡。2008 年“9·8”山西襄汾新塔矿业有限公司尾矿库溃坝，造成 270 多人死亡，更是一次血的教训。

尾矿综合利用不仅有利于提高资源综合利用率，减少占用土地，保护环境，也是消除尾矿库安全隐患的治本之策。

（二）中国尾矿综合利用情况

1. 尾矿再选

开展尾矿再选，从尾矿中回收有价成分，是提高资源利用率的重要措施。近几年由于中国外金属矿产品价格快速攀升，中国尾矿再选的规模发展非常迅速。一些特大型矿山企业在尾矿再选技术开发方面已经进行了很多探索，不仅提高了资源回收率，也给企业带来巨大的经济效益。但目前中国尾矿再选整体存在着规模小、技术落后、回收率低、能耗高、成本高等问题。由于缺乏统一的规划和管理，有的甚至造成严重的二次污染，或对尾矿库安全造成危害。

2. 尾矿生产建筑材料

尾矿的主要组分是富含 SiO2、Al203、CaC03 等资源的非金属矿物，可以通过现有的成熟工艺生产一种或若干种建筑材料。目前尾矿生产建筑材料已有一些成熟技术，但主要是借鉴建材行业已有的成熟工艺，原始创新性不足，产品附加值低，销售半径小，没有显示出生产成本、运输成本和产品质量的综合优势，难以大范围推广。一些尾矿高值利用技术，如尾矿制备微晶玻璃、超耐久性尾矿高强混凝土技术等，已经在关键技术和工艺方面取得了突破，有望成为将来大量利用尾矿的有效技术。

3. 尾矿用于制作肥料

有些尾矿中含有植物生长所需要的多种微量元素，经过适当处理可制成用于改良土壤的微量元素肥料。上世纪 90 年代马鞍山矿山研究院将磁化尾矿加入到化肥中制成磁化尾矿复合肥，并建成一座年产 1 万吨的磁化尾矿复合肥厂，起到了变废为宝的效果。但这些只是停留在对少量尾矿的利用上，还无法减少大宗尾矿的堆存。

4. 充填矿山采空区

矿山采空区回填是直接利用尾矿最行之有效的途径之一。尤其对于无处设置尾矿库的矿山企业，利用尾矿回填采空区就具有更大的环境和经济意义。胶结充填采矿法目前已属于成熟技术，可以使地下采矿回采率提高 20 － 50%，并使原来根本无法开采的位于水体下面、重要交通干线下面和居民区下的矿体能够被开采出来。理想的胶结充填采矿法可完全避免地表塌陷和基本避免破坏地下水平衡造成重大危害 .

5. 尾矿库复垦

尾矿库复垦是解决尾矿库表面沙化的重要措施。尾矿库复垦不仅防止扬沙，而且美化环境，减少污染，兼具经济效益、社会效益和环境效益。尾矿库复垦为中国矿山企业废弃尾矿库治理探索出了一条经济、可行的新路子。

（三）中国尾矿综合利用存在的问题

1. 尾矿利用率低

目前中国绝大多数尾矿尚未被综合利用，综合利用率不足 10%，尤其是铁尾矿和有色金属尾矿的利用率更低。随着中国矿产资源开采力度的不断加大，尾矿排出量会每年不断递增，加快尾矿的综合利用已迫在眉睫。

2. 基础工作薄弱，缺乏数据支撑

在中国经济发展统计体系中还没有关于资源综合利用的基础数据统计，更没有关于尾矿综合利用的数据统计。不利于提出科学的政策措施，更不利于根据实际情况对政策措施做出实时调整。尾矿污染防治技术标准体系不健全，阻碍了相关污染治理工作的有效开展。

3. 尾矿综合利用技术攻关投入不足

目前，企业缺少投资开发尾矿综合利用重大关键技术的动力和积极性。同时国家在尾矿综合利用的前瞻性技术开发方面投入不足，导致大多数尾矿综合利用工艺只停留在简单易行的技术上，缺乏能够使尾矿高效利用和大宗高值利用的原创性技术研发。

4. 现有政策支持力度不够

尽管与原矿采选相比，尾矿综合利用社会效益好，但资源品位低，利用成本高，经济效益差。现有资源综合利用政策缺乏针对性，支持力度不够，企业利用尾矿的积极性不高。

三、指导思想和发展目标

（一）指导思想

以邓小平理论和“三个代表”重要思想为指导，深入贯彻科学发展观，贯彻落实资源节约和保护环境基本国策，以提高尾矿利用率和效益为目标，以技术创新为动力，以企业为实施主体，以税收优惠政策为杠杆，政府资金引导为手段，加强法制建设，建立标准体系，完善政策措施。逐步建立政府大力推进、市场有效驱动、全社会积极参与的适合中国国情的尾矿综合利用管理体系和发展模式，促进循环经济发展，建设资源节约型、环境友好型社会。

（二）基本原则

1. 坚持技术创新的原则。鼓励技术创新，加大基础性、共性技术研发力度，开发一批具有针对性的自主知识产权技术，加强先进适用技术的推广应用。

2. 坚持减量化的原则。采取源头控制措施，降低中国尾矿排出总量增加速度，促使中国尾矿排放总量逐年减少，年综合利用量逐渐增加，最终实现年综合利用量超过排放量，堆存总量逐年减少。

3. 坚持安全清洁的原则。选择堆存量大、资源化潜力大的尾矿为重点，以坚持尾矿库安全为前提，鼓励掺入比例大、低耗能和无二次污染的技术和项目快速发展，实现经济效益、社会效益和环境效益的有机统一。

4. 坚持因地制宜的原则。充分考虑尾矿特性、排放条件、存储条件，考虑区域产业结构的合理性与市场需求，因地制宜，实施符合具体尾矿特征、适应当地条件的高效的尾矿综合利用方案。

5. 坚持政策激励原则。在现有资源综合利用的各项激励政策的基础上，对于目前尾矿整体、高效利用和大宗利用的项目和技术给予特殊优惠政策，调动市场主体开展尾矿综合利用的积极性。

6. 坚持市场导向原则。尾矿综合利用的激励政策应保证在现有的经济技术与社会条件下，企业在尾矿综合利用环节有一定经济效益。充分发挥市场配置资源的基础性作用，激发企业开展尾矿综合利用的内在源动力。

（三）发展目标到 2015 年中国尾矿综合利用率达到 20%，尾矿新增贮存量增幅逐年降低，已实现安全闭库的尾矿库 50% 完成复垦。攻克一批具有原创性、前瞻性和自主知识产权的尾矿综合利用重大共性关键技术，在尾矿综合利用各重点领域建成一批具有带动效应的示范项目。

四、尾矿综合利用的重点领域、重点技术与重点项目

（一）重点领域

1. 铁尾矿的综合利用

重点攻克铁尾矿伴生多金属的高效提取、富铁老尾矿低成本再选、传统尾矿建材的低成本高效率生产、低铁富硅尾矿高值整体利用、低成本充填、铁尾矿农用和用于生态环境治理等方面的共性关键技术难题，建成一批具有带动效应的示范项目。重点支持一批具有原始创新和集成创新特色的产品的产业化及其工程应用。初步建成 3 － 5 个具有鲜明循环经济特征和清洁生产特征的铁尾矿综合利用示范基地。

2. 有色金属尾矿的综合利用

重点攻克有色金属尾矿中残余有用组分和伴生有用组分高效分离提取、非金属矿物高值利用、低成本高效胶结充填、尾矿酸性废水减排和尾矿库高效复垦等共性关键技术难题，建成一批具有带动效应的示范工程。重点支持资源濒临枯竭的矿区以尾矿综合利用为突破口建成新的综合资源基地。形成 2 － 3 个具有无废矿山特色的循环经济产业基地。

3. 黄金尾矿的综合利用

重点攻克残留贵金属高效再选、氰化法替代技术、伴生有色金属综合回收、硫资源高效回收、非金属矿物高值利用、低成本高效胶结充填采矿、酸性污染物排放控制、尾矿库高效复垦等共性关键技术难题，建成一批具有带动效应的示范项目。重点支持 3 － 5 个以胶结法充填采矿技术为龙头，以高标准清洁生产工艺为基础的无废矿山的建设。

（二）重点技术

1. 多金属伴生铁矿尾矿有价元素综合利用技术

推广钒钛磁铁矿型尾矿中残余钒、钛、铁及其他有价金属元素高效分离回收的产业化技术；推广白云鄂博型铁尾矿中残余的铌、稀土及其他伴生金属元素的高效分离回收的产业化技术；开展尾矿中有价非金属矿物的高效分离提取实验室及中试关键技术研究，因地制宜推广部分成熟技术。

2. 有色多金属矿尾矿中有价元素综合利用技术

推广有色多金属尾矿中有价元素高效分离回收的产业化技术，攻克生物技术综合回收有色多金属矿尾矿中有价元素的共性关键技术。攻克多元素回收产业化过程中的污染源头减排技术、流程节能关键技术和有价组分梯级回收关键技术。

3. 铁尾矿老尾矿库中可选铁矿物的高效分选技术

推广大型尾矿库尾矿高效安全回采技术；尾矿的高效输送与磁选分离技术。攻克铁尾矿低能耗再磨再选工业试验技术；高铁难选铁尾矿高效联选和深度还原再选中试技术，闪速焙烧再选工业化技术。解决新药剂合成、矿物表面作用、硅酸铁还原与控制及物料与耐火材料粘连等技术基础问题。

4. 贵金属尾矿中多元素综合回收利用技术

推广贵金属尾矿中黄铁矿及其他单矿物高效分选与高值利用产业化技术。攻克尾矿中残余贵金属提取过程中氰化替代技术，特别是低污染生物选矿关键技术。攻克贵金属尾矿中伴生有价金属再选工业生产过程中的短流程技术、能源梯级利用技术和废水循环利用关键技术。

5. 赤泥综合利用技术

推广赤泥中回收铁技术，赤泥生产耐火材料技术，赤泥生产建筑材料和路基技术。研发赤泥脱碱关键技术、赤泥生产充填胶结剂技术、循环流化床锅炉赤泥脱硫技术和赤泥生产陶瓷材料、CBC 复合材料技术并产业化。

6. 富硅尾矿生产超耐久性尾矿高强混凝土技术

攻克“微磨球效应”优化技术；粗细尾矿高效分级技术；级配与活性双重协同优化技术。攻克超耐久性尾矿混凝土生产成套装备技术。攻克富硅尾矿制备超耐久性大跨度桥梁预制件、超高强铁路轨枕、地铁盾构管片、管桩和大孔洞率人工鱼礁关键技术。

7. 尾矿生产微晶玻璃技术

攻克尾矿微晶玻璃大规模生产过程中的熔料控制技术、结晶控制技术、着色控制技术。攻克尾矿微晶玻璃一次结晶连续生产和能源梯级利用技术。攻克尾矿微晶玻璃大规模生产成套装备技术，特别是自动控制技术。开发尾矿微晶玻璃在工业领域及尖端科技领域的应用技术及新产品检测技术。

8. 尾矿低成本生产建筑砌块技术

推广生产铺地砌块、建筑砌块过程中减少胶凝材料用量技术；免烧免蒸尾矿砌块大规模工业化生产过程中的快硬早强技术及耐久性改进技术。攻克大孔洞率、低成本和高强尾矿空心砌块大规模工业化生产技术。攻克尾矿透水砖的高透水率、高强度和抗冻融技术。攻克各种尾矿砌块生产的大规模成套设备及自动控制技术。

9. 尾矿高效回填采空区技术

推广尾矿干排技术。攻克尾矿高效回填采空区大规模工程化过程中尾矿低成本浓缩技术、尾矿高浓度大泵量井下输送技术、采空区快速充填关键技术和井下充填污染控制技术。攻克选矿尾矿不入库、连续回填采空区技术。攻克尾矿高效回填采空区成套装备及自动控制技术。研究尾矿回填采空区的低下含水层技术。

10. 尾矿胶结充填采矿技术

因地制宜推广现有全尾砂胶结充填采矿技术。攻克尾矿胶结充填用低成本高效新型胶凝材料大规模生产技术、似膏体胶结充填料高效制备技术、似膏体胶结充填料大泵量高效输送技术。攻克复杂采空区高效密闭技术。攻克尾矿胶结充填料在采空区快速充填、快速固化技术。攻克尾矿胶结充填采矿成套装备关键技术。

11. 尾矿农用技术

研究尾矿大规模农用过程中生态影响评价技术、尾矿农用过程中与其他植物营养组分协同作用关键技术。攻克尾矿农用成套装备关键技术。

12. 尾矿库闭库后的高效复垦技术

因地制宜推广现有尾矿库复垦生态相容性快速植被技术、干旱及半干旱地区复垦保水技术；生态相容性经济林复垦技术。研究开发复垦安全评价技术、复垦生态效应评价技术；尾矿库表层土壤增肥增效技术、污染物生物控制技术及生物水土保持技术。

（三）重点项目

1. 尾矿中有价金属及其它高值组分的回收

分别在铁尾矿、有色金属尾矿和黄金尾矿综合利用的项目中选择一批技术成熟或基本成熟，工艺装备先进、管理水平高、产品市场前景好、在区域可持续发展中具有带动作用并有大范围推广价值的尾矿再选有价金属及其它高值组分的项目。重点规划建设30-40个项目，总投资约100亿元。

2. 尾矿整体利用生产建筑材料

选择有较好技术基础、经济效益较好、实力强的特大型企业并与大型科研机构和高等院校建立产业联盟，解决整体利用尾矿生产建筑材料的共性关键技术问题并进行工程示范及推广应用。重点规划建设130-150个项目，总投资约180亿元。

3. 尾矿充填采空区及露天矿坑

选择具有较好技术基础的矿山分别在地下采空区非胶结充填、露天矿坑回填和胶结充填采矿三个方面进行工程示范，使充填成本不断下降，充填效率和质量不断提高。重点规划建设150-180个项目，总投资约150亿元。

4. 尾矿的农用

选择在尾矿农用方面已经有较好基础的实验室成果和大田试验成果，在逐步扩大试验面积的基础上对各种农作物生长数据，土壤性能数据和环境生态效应数据进行深入调研和系统总结。在此基础上进行各种因素相互作用和相互影响的机理研究，提出系统的理论，并进一步扩大范围，逐步推广。重点规划建设15-20个项目，总投资约10亿元。

5. 尾矿库复垦

分别在铁矿山、黄金矿山和有色金属矿山具有典型尾矿成份特征和区域特征的尾矿库中选择具有较好绿化复垦基础的尾矿库作为示范项目，进行系统的植物学、土壤学以及综合生态学研究，提出进一步改进绿化复垦的具体措施，逐步推广。重点规划建设200-300个项目，总投资约100亿元。本规划重点项目约500－700个，总投资约540亿元。

五、保障措施

（一）开展统计调查工作，加强尾矿综合利用统计与评价能力建设

1. 建立基础数据统计体系和报表制度。建立尾矿资源综合利用信息网络平台，逐步建立起尾矿的数据收集、整理和统计体系，建立尾矿排放、贮存及资源综合利用状况公报制度。重点掌握不同行业、不同特点的尾矿产生、贮存、排放情况和综合利用的重点领域、重点行业、重点企业及重点利用途径的基本情况和基础数据，为尾矿综合利用工作的长期开展和分阶段重点实施提供决策依据。开展金属尾矿环境污染现状调查工作，为开展尾矿污染治理工作提供决策依据。

2. 建立尾矿资源综合利用评价系统和评价机构。

针对尾矿信息的复杂性、海量性、异质性、不确定性和动态性特点，采用系统设计方法，通过过程控制、数据驱动、层次分析等技术手段，研究构建集尾矿库信息管理、综合利用安全评价、综合利用方法和方案选择于一体的尾矿综合利用评价决策支持系统，对尾矿的资源性、综合利用的经济性、合理性、安全性和环境生态友好进行综合评价。

（二）加强政府的政策引导和资金支持

1.加强中央和地方财政对尾矿综合利用支持力度，研究制定尾矿综合利用专项扶持政策；推动将符合标准的、与政府采购密切相关的尾矿综合利用产品纳入政府采购政策扶持范围，拉动尾矿综合利用产品的消费市场；进一步体现“生产者责任制”原则，建立矿山环境治理和生态恢复责任机制，矿山企业按照规定足额提取矿山环境治理恢复保证金，加强尾矿库治理及环境修复。

2．启动尾矿综合利用示范项目。分别选择若干个资源濒临枯竭的大型矿山、生态环境破坏严重的大型矿山集中区域、尾矿库安全闭库后复垦已经有较好基础的矿山作为示范项目，进行复垦级别及高附加值大宗利用技术应用试点，国家从财政现有资金渠道、投融资政策等方面给予支持。

3．对于尾矿综合利用效率高的企业或项目在资源配置和土地使用等方面给予适当的鼓励。加大尾矿综合利用技术改造支持力度。通过国债专项资金、世界银行贷款、外国政府贷款和其他政策性银行贷款等多渠道融资，促进尾矿综合利用先进技术和成套设备的产业化，促进适用成熟技术的推广，特别是扶持高新技术产品的原创性开发、试验和生产。

4．建立尾矿减排责任制体系。对于已经建成的矿山，其尾矿新增贮存量增幅要逐年降低；对于新建矿山企业，其尾矿的综合利用率应大于20%；有条件的地方，要逐步做到尾矿综合利用与矿山开采和生态恢复“三同时”。鼓励将尾矿减排的任务纳入对企业绩效的考核；对于尾矿产出集中区和生态环境脆弱地区，将尾矿减排管理纳入对各级政府工作的考核体系。

5．出台尾矿库闭库后的复垦强制性措施，研究出台对于新建尾矿库征用土地更严格的限制措施和对消纳尾矿后腾空土地及复垦后所增加土地资源的优惠使用政策。

（三）加强尾矿综合利用的前瞻性、基础性科学技术研究，建立尾矿综合利用产品标准体系

1．以源头控制为导向，将尾矿综合利用若干基础科学问题纳入国家科学技术理论研究和基础研究项目重点范畴。夯实尾矿综合利用中的理论基础与技术基础，加强中国在尾矿资源综合利用方面的自主创新能力和原始创新能力。

2．通过国家高科技发展计划、国家科技支撑计划等渠道，加大对制约中国尾矿综合利用技术进步的基础理论问题、原始创新问题和重大共性关键技术研发的支持力度，建立尾矿综合利用科技支撑体系。

3．以原始创新带动集成创新，开发尾矿综合利用成套技术与成套装备。加强适用先进技术的引进、消化和吸收，形成自主创新与引进、吸收相结合。大力推进尾矿综合利用成套技术与成套装备示范与推广应用。

4.大力推进尾矿综合利用产品标准体系建设工作，建立健全尾矿综合利用产品的质量监督检测体系和污染防治技术标准体系，积极推进尾矿综合利用产品的推广应用工作。

（四）实施有效的监督管理

加强立法，明确尾矿产生企业的责任、义务，落实“生产者责任制”，建立有效的政府监督管理机制。规范尾矿综合利用项目的审批制度，防止短期行为及其他不良后果。加大环境监督力度，防止二次污染。有关部门应相互协调、配合，推动规划的实施。地方主管部门应制定适合本地区情况的尾矿综合利用专项规划。对于限制开采矿种的尾矿中提取的金属量应纳入矿产资源规划确定的总规模进行统筹考虑，再确定开发利用方向。

建立尾矿综合利用后评估制度，不断总结经验，促进技术开发和先进适用技术的推广应用，提升尾矿综合利用水平，研究建立尾矿综合利用奖惩机制。

（五）加强宣传，提高尾矿综合利用意识

通过新闻媒体和社会舆论工具，广泛宣传有关尾矿综合利用的法律、行政法规及有关知识，转变企业生产观念，提高尾矿综合利用意识。对尾矿综合利用成绩突出的企业和项目大力宣传，发挥示范和带动效应。

（六）加大国内外交流力度

加强国内外交流与合作，引进和吸纳国外先进经验和适用技术，建立尾矿综合利用方面的技术和经验交流推广机制，促进尾矿综合利用产业良性循环，提升尾矿资源综合利用水平。

矿产资源节约与综合利用鼓励、限制和淘汰技术目录
国土资发〔2010〕146号

各省、自治区、直辖市国土资源厅（国土环境资源厅、国土资源局、国土资源和房屋管理局、规划和国土资源管理局），部机关各司局、各有关单位：

为加快推进资源节约与综合利用，转变矿业经济发展方式，提高资源合理利用水平，按照中国矿产资源规划的统一要求，特制定《矿产资源节约与综合利用鼓励、限制和淘汰技术目录》（以下简称《技术目录》），现予以印发，并将有关事项通知如下：

一、充分发挥《技术目录》的政策导向作用。各级国土资源行政管理部门要督促企业认真执行《技术目录》，自觉采用先进适用技术方法，提高矿产资源开发利用的效率和水平。

二、切实加强矿产资源开发利用的监督管理。各级国土资源行政管理部门应按要求加强矿产资源开发利用的准入管理，新建矿产资源开发项目不得采用限制类和淘汰类技术，已采用限制类技术的，应督促企业加大改造力度，逐步淘汰落后产能。

三、《技术目录》是享受国土资源相关优惠政策、安排落实矿产资源节约与综合利用示范工程等相关专项和指导绿色矿山建设的重要技术依据。

四、各级国土资源行政管理部门在制定规划、出台政策时应依据本目录，采用法律、经济、技术、行政等多种手段，有力推动，促进矿产资源开发利用水平的提高。

今后，将根据经济社会发展需求和国家产业政策调整，结合资源利用技术发展状况，适时对《技术目录》进行调整修订。

二〇一〇年九月九日

耐火粘土萤石的开采和生产进行控制的通知
国务院办公厅关于采取综合措施对耐火粘土萤石的开采和生产进行控制的通知
国办发〔2010〕1号

各省、自治区、直辖市人民政府，国务院各部委、各直属机构：

耐火粘土和萤石是可用尽且不可再生的宝贵资源。近年来，一些企业对耐火粘土、萤石过度开采和生产加工，导致资源保有储量快速下降，环境污染严重。为全面贯彻落实科学发展观，保护资源和环境，有必要从矿山开采、生产计划管理、税收、环保、产业准入、出口管理等方面采取综合措施，控制缩减耐火粘土、萤石的开采量和生产量。经国务院批准，现就有关事项通知如下：

一、实行开采和生产总量限制

对耐火粘土、萤石实行开采和生产双重总量控制，使开采量和生产量逐年有所减少。国土资源部下达耐火粘土（高铝粘土矿产）、萤石年度开采总量控制指标和分地区年度开采总量控制指标，各省（区、市）国土资源管理部门负责将相关开采总量控制指标分解下达到相应的矿山开采企业；国家发展改革委研究提出年度生产总量指令性计划，工业和信息化部下达分地区年度生产指令性计划，各省（区、市）工业和信息化主管部门负责将相关生产指令性计划下达到相应的生产企业。各有关部门要做好开采控制指标和生产指令性计划的衔接。各省（区、市）发展改革委、工业和信息化主管部门和国土资源管理部门分别将上一年度指令性计划和控制指标的执行结果上报国家发展改革委、工业和信息化部和国土资源部。

二、严格控制新增开采产能

自本通知印发之日起，国土资源管理部门原则上不再受理新的耐火粘土（高铝粘土矿产）和萤石的勘查、开采登记申请。要加强对耐火粘土（高铝粘土矿产）、萤石资源开采秩序的治理整顿，依法淘汰破坏

资源、污染环境、布局不合理和不符合安全生产条件、技术落后的开采企业，依法取缔无证开采。对不符合国家产业政策、市场准入条件的建设项目，国土、规划、建设、环保和安全生产监管部门不办理相关手续。

三、积极推进产业结构调整

各地区、各部门要制定具体措施，支持耐火粘土、萤石企业的环保、节能改造，推广高效率、低能耗、环保型新技术、新工艺，推进产业结构调整。工业和信息化部要会同有关部门制定出台耐火粘土、萤石行业的准入标准，严格规模、技术、节能降耗、环保等方面的要求，淘汰落后生产能力。各地区要严格按照准入条件加强准入管理，防止盲目投资，并按照规定期限淘汰工艺水平低、污染严重的落后生产能力。行业准入标准从2010年3月1日起发布执行。

四、有效实施出口措施

在缩减耐火粘土（高铝粘土矿产）、萤石开采量和生产量的同时，要继续运用现有出口措施，在兼顾国际市场合理需求的前提下，实现开采及生产限制措施与贸易环节管理措施的平衡。海关要加大打击走私力度，确保相关出口措施落到实处。

五、提高资源税税率

为有效缩减耐火粘土和萤石的开采量，合理引导市场需求，保护生态环境，提高耐火粘土和萤石的资源税税率。具体税额标准的调整由财政部商有关部门在现行资源税暂行条例的税额幅度内另行确定。

六、加强环保监督

各地环保部门要依法制定有关加强耐火粘土和萤石环保监督规范，将耐火粘土和萤石相关企业纳入重点监控企业名单，进一步加强执法力度，加大对耐火粘土和萤石开采、生产企业环保状况的监督检查和评估，加强对尾矿处理的监管，并将有关监督检查情况及时上报上级政府环保部门。对超过污染物排放标准或者造成严重环境污染的耐火粘土和萤石开采、生产企业依法责令限期治理；对经限期治理逾期未完成治理任务的单位，依法报经地方政府责令停业、关闭。

七、加强信息引导

工业和信息化部、国土资源部会同行业协会等单位，要加强对国内外耐火粘土和萤石市场变化的研究，及时、准确地发布市场信息，正确引导耐火粘土和萤石的投资、开采和生产，引导企业落实国家产业政策，推广运用先进适用技术，提高竞争力。

八、加强督促检查

各地区和有关部门要加强督促检查，确保上述政策措施落实到位。对开采、生产数量超过当年下达的总量控制指标或指令性计划的省（区、市），国家发展改革委、工业和信息化部和国土资源部分别予以通报批评，并加倍削减下一年度的总量控制指标或指令性计划。

国务院办公厅

二〇一〇年一月二日

中央下放政策性关闭破产有色矿企尾矿库闭库治理安全工程项目概算审核有关问题的通知

财企〔2010〕2号

有关省、自治区、直辖市、计划单列市财政厅（局）：

根据《财政部 国家安全监管总局关于印发〈中央下放地方政策性关闭破产有色金属矿山企业尾矿库闭库治理安全工程项目和补助资金管理暂行办法〉的通知》（财企[2009]120号）精神，为规范编制关闭破产有色金属矿山企业尾矿库闭库治理安全工程项目的投资概算，明确省级财政部门的审核职责，提高审核工作效率，确保尾矿库闭库治理工程项目顺利实施，现将有关事项通知如下：

一、关于申报尾矿库闭库治理中央财政专项资金的资格

申请中央财政补助资金的尾矿库闭库治理项目须同时满足以下条件：

（一）尾矿库原隶属于中央下放地方政策性关闭破产有色金属矿山企业；

（二）尾矿库现已废弃或停止使用；

（三）尾矿库未移交给重组企业或其他生产企业使用；

（四）经鉴定属危库、险库或病库；

（五）尾矿库实施闭库治理。

二、关于尾矿库闭库治理安全工程投资概算的编制要求

（一）编制依据。

委托具有相应资质的单位根据安全生产监管部门审批同意的尾矿库闭库治理工程设计方案，编制尾矿库闭库治理工程投资概算。投资概算中工程各项费用测算应依据中国有色金属工业协会发布的《有色金属工业建设工程预算定额》（中色协综字［2008］010号）有关规定，并参考近期当地市场主要材料、设备价格等因素计算。

（二）尾矿库闭库治理安全工程项目的要求。

闭库治理工程概算中的安全工程是指涉及尾矿库坝体、滩面治理的直接施工项目，主要包括尾矿坝体整治、排洪（排水）系统整治、取砂回填、库区滩面整治（含尾矿库监测设施）等四大类。中央财政对闭库治理安全工程项目所需费用给予补助。闭库治理项目概算中涉及的安全工程项目，须列出具体明细项目以及概算额测算的主要依据（参数、数据等）。

三、财政部门审核尾矿库闭库治理工程项目方案的主要内容

省级财政部门须对企业或县级政府申报的尾矿库闭库治理工程项目进行合规性审核。对符合条件的闭库治理工程项目，省级财政部门负责审核闭库治理工程项目设计方案和资金概算，同时编制尾矿库闭库治理安全工程项目资金概算审核报告上报。

（一）合规性审核的主要内容。

1. 符合闭库治理条件的证明文件。其中包括，该尾矿库原隶属的中央下放政策性关闭破产有色金属破产企业名称、现接收的单位或企业名称、目前是否在用或无主、危险等级等内容。

2. 所在地县级人民政府出具的尾矿库闭库治理责任单位授权文件。

3. 企业上级集团公司或县级地方财政部门出具的尾矿库闭库治理资金兜底函，其中需说明企业或地方承担治理资金的比例和落实情况。

4. 地处特别困难地区或国家贫困县的尾矿库，需出具地方政府证明文件。

5. 尾矿库治理项目安全现状评价报告及省级安全监管部门出具的安全现状评价报告备案文件。

6. 闭库设计及省级安全监管部门出具的闭库设计（安全专篇）批准文件。

7. 环境评价报告及省级环境保护部门出具的审核环境影响评价报告审批文件。

8. 省级安全生产监管部门对尾矿库闭库治理设计方案的批复。

9. 工程施工总体规划和工期进度安排计划。

（二）编制尾矿库闭库治理安全工程项目概算审核报告。

省级财政部门对尾矿库治理工程项目概算审核后，需编制《尾矿库闭库治理安全工程项目概算审核报告》，其主要内容应包括：

1. 尾矿库闭库治理工程情况概述；

2.《尾矿库闭库治理安全工程项目概算申报表》及各项资金的计算说明；

3. 财政部门审核意见；

4. 合规性审核中涉及的有关文件、材料。

（三）申请中央财政补助资金需报送的有关材料。

对完成上述工作的项目，省级财政部门可向财政部报送申请尾矿库闭库治理安全工程项目补助经费的请示，并附以下材料：

1.《尾矿库闭库治理工程设计方案》；

2.《尾矿库闭库治理安全工程项目概算审核报告》。

四、下达中央财政补助资金的程序和有关要求

各有关省、自治区、直辖市、计划单列市安全监管部门、财政部门按照财企［2009］120号文件报送的尾矿库闭库治理工程项目，须经国家安全监管总局组织的技术专家评审。对经国家安全监管总局批复同意的项目，财政部将依据有关政策规定核定尾矿库闭库治理安全工程项目补助资金，并及时下达批复文件。省级财政部门对中央财政专项补助资金，应制定严格管理办法，专款专用，并监督落实闭库治理工程项目的其他配套资金，保证工程建设经费足额到位，严格按计划完成尾矿库闭库治理工程项目。

财政部

二〇一〇年一月十二日

铜铝铅锌等8种金属工业污染物排放新规

环护部、国家质量监督检验检疫总局于9月27日首次联合发布了《国家环境保护标准》。

《标准》于今年10月1日起正式施行，原先《污水综合排放标准》(GB8978-1996)、《大气污染物综合排放标准》(GB16297-1996)和《工业炉窑大气污染物排放标准》(GB9078-1996)中的相关规定废止。

《标准》共涉及十二个工业污染物排放标准，其中包括铝、铅、锌、铜、镍、钴、镁、钛等八种有色金属工业。

《标准》规定了有色金属工业企业在生产过程中水污染物和大气污染物排放限值、监测和监控要求。但此《标准》并不适用再生金属企业及压延加工类企业。

铜、镍、钴工业污染物排放标准

1 适用范围

本标准规定了铜、镍、钴工业企业水污染物和大气污染物排放限值、监测和监控要求，以及标准的实施与监督等相关规定。

本标准适用于铜、镍、钴工业企业的水污染物和大气污染物排放管理，以及铜、镍、钴工业企业建设项目的环境影响评价、环境保护设施设计、竣工环境保护验收及其投产后的水污染物和大气污染物排放管理。

本标准不适用于铜、镍、钴再生及压延加工等工业的水污染物和大气污染物排放管理；也不适用于附属于铜、镍、钴工业的非特征生产工艺和装置产生的水污染物和大气污染物排放管理。

本标准适用于法律允许的污染物排放行为；新设立污染源的选址和特殊保护区域内现有污染源的管理，按照《中华人民共和国大气污染防治法》、《中华人民共和国水污染防治法》、《中华人民共和国海洋环境保护法》、 中华人民共和国固体废物污染环境防治法》、 中华人民共和国环境影响评价法》等法律、法规、规章的相关规定执行。

本标准规定的水污染物排放控制要求适用于企业直接或间接向其法定边界外排放水污染物的行为。

2 规范性引用文件

本标准内容引用了下列文件或其中的条款。

本标准内容引用了下列文件或其中的条款	
GB/T 6920-1986	水质 pH 值的测定 玻璃电极法
GB/T 7468-1987	水质 总汞的测定 冷原子吸收分光光度法
GB/T 7475-1987	水质 铜、锌、铅、镉的测定 原子吸收分光光度法
GB/T 7484-1987	水质 氟化物的测定 离子选择电极法
GB/T 7485-1987	水质 总砷的测定 二乙基二硫代氨基甲酸银分光光度法
GB/T 11893-1989	水质 总磷的测定 钼酸铵分光光度法
GB/T 11894-1989	水质 总氮的测定 碱性过硫酸钾消解紫外分光光度法
GB/T 11901-1989	水质 悬浮物的测定 重量法
GB/T 11912-1989	水质 镍的测定 火焰原子吸收分光光度法
GB/T 11914-1989	水质 化学需氧量的测定 重铬酸盐法
GB/T15432-1995	环境空气 总悬浮颗粒物的测定 重量法
GB/T16157-1996	固定污染源排气中颗粒物测定与气态污染物采样方法
GB/T 16488-1996	水质 石油类和动植物油的测定 红外光度法
GB/T 16489-1996	水质 硫化物的测定 亚甲基蓝分光光度法
HJ/T 27-1999	固定污染源排气中氯化氢的测定 硫氰酸汞分光光度法
HJ/T 30-1999	固定污染源排气中氯气的测定 甲基橙分光光度法
HJ/T 55-2000	大气污染物无组织排放监测技术导则
HJ/T 56-2000	固定污染源排气中二氧化硫的测定 碘量法
HJ/T 57-2000	固定污染源排气中二氧化硫的测定 定电位电解法
HJ/T 60-2000	水质 硫化物的测定 碘量法
HJ/T 63.1-2001	大气固定污染源 镍的测定 火焰原子吸收分光光度法
HJ/T 63.2-2001	大气固定污染源 镍的测定 石墨炉原子吸收分光光度法
HJ/T 67-2001	大气固定污染源 氟化物的测定 离子选择电极法
HJ/T 195-2005	水质 氨氮的测定 气相分子吸收光谱法
HJ/T 199-2005	水质 总氮的测定 气相分子吸收光谱法
HJ/T 399-2007	水质 化学需氧量的测定 快速消解分光光度法
HJ 480-2009	环境空气 氟化物的测定 滤膜采样氟离子选择电极法
HJ 481-2009	环境空气 氟化物的测定 石灰滤纸采样氟离子选择电极法
HJ 482-2009	环境空气 二氧化硫的测定 甲醛吸收-副玫瑰苯胺分光光度法
HJ 483-2009	环境空气 二氧化硫的测定 四氯汞盐吸收-副玫瑰苯胺分光光度法
HJ 487-2009	水质 氟化物的测定 茜素磺酸锆目视比色法

本标准内容引用了下列文件或其中的条款	
HJ 488-2009	水质　氟化物的测定　氟试剂分光光度法
HJ 535-2009	水质　氨氮的测定　纳氏试剂分光光度法
HJ 536-2009	水质　氨氮的测定　水杨酸分光光度法
HJ 537-2009	水质　氨氮的测定　蒸馏－中和滴定法
HJ 538-2009	固定污染源废气　铅的测定　火焰原子吸收分光光度法（暂行）
HJ 539-2009	环境空气　铅的测定　石墨炉原子吸收分光光度法（暂行）
HJ 540-2009	空气和废气　砷的测定　二乙基二硫代氨基甲酸银分光光度法（暂行）
HJ 542-2009	环境空气　汞的测定　巯基棉富集－冷原子荧光分光光度法（暂行）
HJ 543-2009	固定污染源废气　汞的测定　冷原子吸收分光光度法（暂行）
HJ 544-2009	固定污染源废气　硫酸雾的测定　离子色谱法（暂行）
HJ 547-2009	固定污染源废气　氯气的测定　碘量法（暂行）

《污染源自动监控管理办法》（国家环境保护总局令第 28 号）

《环境监测管理办法》（国家环境保护总局令第 39 号）

3 术语和定义

下列术语和定义适用于本标准。

3.1 铜、镍、钴工业 copper，nickel and cobalt industry

指生产铜、镍、钴金属的采矿、选矿、冶炼工业，不包括以废旧铜、镍、钴物料为原料的再生冶炼工业。

3.2 特征生产工艺和装置 typical processing and facility

指铜、镍、钴金属的采矿、选矿、冶炼的生产工艺及与这些工艺相关的装置。

3.3 现有企业 existing facility

指在本标准实施之日前已建成投产或环境影响评价文件通过审批的铜、镍、钴工业企业或生产设施。

3.4 新建企业 new facility

指本标准实施之日起环境影响评价文件通过审批的新建、改建和扩建的铜、镍、钴生产设施建设项目。

3.5 排水量 effluent volume

指生产设施或企业向企业法定边界以外排放的废水的量，包括与生产有直接或间接关系的各种外排废水（如厂区生活污水、冷却废水、厂区锅炉和电站排水等）。

3.6 单位产品基准排水量 benchmark effluent volume per unit product

指用于核定水污染物排放浓度而规定的生产单位铜、镍、钴产品的排水量上限值。

3.7 排气筒高度 stack height

指自排气筒（或其主体建筑构造）所在的地平面至排气筒出口计的高度。

3.8 标准状态 standard condition

指温度为 273.15K、压力为 101325Pa 时的状态。本标准规定的大气污染物排放浓度限值均以标准状态下的干气体为基准。

表 1　　现有企业水污染物排放浓度限值及单位产品基准排水量　单位：mg/L（pH 值除外）

序号	污染物项目	限值		污染物排放监控位置
		直接排放	间接排放	
1	pH 值	6 ~ 9	6 ~ 9	企业废水总排放口
2	悬浮物	100（采选）	200（采选）	
		70（其他）	140（其他）	
3	化学需氧量（CODCr）	120（湿法冶炼）	300（湿法冶炼）	
		100（其他）	200（其他）	
4	氟化物（以 F 计）	8	15	
5	总氮	20	40	
6	总磷	1.5	2.0	
7	氨氮	15	20	
8	总锌	2.0	4.0	
9	石油类	8	15	

续表 1

序号	污染物项目	限值		污染物排放监控位置
		直接排放	间接排放	
10	总铜	1.0（矿山及湿法冶炼）	2.0（矿山及湿法冶炼）	企业废水总排放口
		0.5（其他）	1.0（其他）	
11	硫化物	1.0	1.0	
12	总铅	1.0		生产车间或设施废水排放口
13	总镉	0.1		
14	总镍	1.0		
15	总砷	0.5		
16	总汞	0.05		
17	总钴	0.1		
单位产品基准排水量	选矿（m^3/t-原矿）	1.65		排水量计量位置与污染物排放监控位置一致
	铜冶炼（m^3/t-铜）	25		
	镍冶炼（m^3/t-镍）	35		
	钴冶炼（m^3/t-钴）	70		

4.1.2 自 2012 年 1 月 1 日起，现有企业执行表 2 规定的水污染物排放限值。

4.1.3 自 2010 年 10 月 1 日起，新建企业执行表 2 规定的水污染物排放限值。

表 2 新建企业水污染物排放浓度限值及单位产品基准排水量 单位：mg/L（pH 值除外）

序号	污染物项目	限值		污染物排放监控位置
		直接排放	间接排放	
1	pH 值	6～9	6～9	企业废水总排放口
2	悬浮物	80（采选）	200（采选）	
		30（其他）	140（其他）	
3	化学需氧量（CODCr）	100（湿法冶炼）	300（湿法冶炼）	
		60（其他）	200（其他）	
4	氟化物（以 F 计）	5	15	企业废水总排放口
5	总氮	15	40	
6	总磷	1.0	2.0	
7	氨氮	8	20	
8	总锌	1.5	4.0	
9	石油类	3.0	15	
10	总铜	0.5	1.0	
11	硫化物	1.0	1.0	
12	总铅	0.5		生产车间或设施废水排放口
13	总镉	0.1		
14	总镍	0.5		
15	总砷	0.5		
16	总汞	0.05		
17	总钴	1.0		
单位产品基准排水量	选矿（m^3/t-原矿）	1.0		排水量计量位置与污染物排放监控位置一致
	铜冶炼（m^3/t-铜）	10		
	镍冶炼（m^3/t-镍）	15		
	钴冶炼（m^3/t-钴）	30		

4.1.4 根据环境保护工作的要求，在国土开发密度已经较高、环境承载能力开始减弱，或环境容量较小、生态环境脆弱，容易发生严重环境污染等问题而需要采取特别保护措施的地区，应严格控制企业的污染物排放行为，在上述地区的企业执行表3规定的水污染物特别排放限值。

执行水污染物特别排放限值的地域范围、时间，由国务院环境保护行政主管部门或省级人民政府规定。

表3　　水污染物特别排放限值　单位：mg/L（pH 值除外）

序号	污染物项目	限值		污染物排放监控位置
		直接排放	间接排放	
1	pH值	6～9	6～9	企业废水总排放口
2	悬浮物	30（采选）	80（采选）	
		10（其他）	30（其他）	
3	化学需氧量(CODCr)	50	60	
4	氟化物（以F计）	2	5	
5	总氮	10	15	
6	总磷	0.5	1.0	
7	氨氮	5	8	
8	总锌	1.0	1.5	
9	石油类	1.0	3.0	
10	总铜	0.2	0.5	
11	硫化物	0.5	1.0	
12	总铅	0.2		生产车间或设施废水排放口
13	总镉	0.02		
14	总镍	0.5		
15	总砷	0.1		
16	总汞	0.01		
17	总钴	1.0		
单位产品基准排水量	选矿（m^3/t-原矿）	0.8		排水量计量位置与污染物排放监控位置相同
	铜冶炼（m^3/t-铜）	8		
	镍冶炼（m^3/t-镍）	12		
	钴冶炼（m^3/t-钴）	16		

4.1.5 水污染物排放浓度限值适用于单位产品实际排水量不高于单位产品基准排水量的情况。若单位产品实际排水量超过单位产品基准排水量，须按公式(1)将实测水污染物浓度换算为水污染物基准排水量排放浓度，并以水污染物基准排水量排放浓度作为判定排放是否达标的依据。产品产量和排水量统计周期为一个工作日。

在企业的生产设施同时生产两种以上产品、可适用不同排放控制要求或不同行业国家污染物排放标准，且生产设施产生的污水混合处理排放的情况下，应执行排放标准中规定的最严格的浓度限值，并按公式(1)换算水污染物基准排水量排放浓度。

$$〉_{基}=\frac{Q_{总}}{\sum Yi\,□\,Q_{i基}}□〉_{实}$$

式中：

〉基 ——水污染物基准排水量排放浓度，mg/L；

Q总 ——排水总量，m_3；

Yi ——第 i 种产品产量，t；

Qi基 ——第 i 种产品的单位产品基准排水量，m_3/t；

〉实 ——实测水污染物浓度，mg/L。

若 Q总 与∑ Y□Qi基 的比值小于 1，则以水污染物实测浓度作为判定排放是否达标的依据。

4.2 大气污染物排放控制要求

4.2.1 自2011年1月1日起至2011年12月31日止，现有企业执行表4规定的大气污染物排放限值。

表 4　　　　现有企业大气污染物排放浓度限值　单位：mg/m$_3$

序号	生产类别	工艺或工序	污染物名称及排放限值										污染
			二氧化硫	颗粒物	砷及其化合物	硫酸雾	氯气	氯化氢	镍及其化合物	铅及其化合物	氟化物	汞及其化合物	污染物排放监控位置
1	采选	破碎、筛分	–	150	–	–	–	–	–	–	–	–	污染物净化设施排放口
		其他	800	100		45	70	120					
2	铜冶炼	物料干燥	800	100	0.5	45	–	–	–	0.7	9.0	0.012	
		环境集烟	960										
		其他	900										
3	镍、钴冶炼	全部	960	100	0.5	45	70	120	4.3	0.7	9.0	0.012	
4	烟气制酸	一转一吸	960	50	0.5	45	–	–	–	0.7	9.0	0.012	
		两转两吸	860										
单位产品基准排气量			铜冶炼（m^3/t-铜）		24000								
			镍冶炼（m^3/t-镍）		40000								

4.2.2 自 2012 年 1 月 1 日起，现有企业执行表 5 规定的大气污染物排放限值。

4.2.3 自 2010 年 10 月 1 日起，新建企业执行表 5 规定的大气污染物排放限值。

表 5　　　　新建企业大气污染物排放浓度限值　单位：mg/m$_3$

序号	生产类别	工艺或工序	污染物名称及排放限值										污染物排放监控位置
			二氧化硫	颗粒物	砷及其化合物	硫酸雾	氯气	氯化氢	镍及其化合物	铅及其化合物	氟化物	汞及其化合物	
1	采选	破碎、筛分	–	100	–	–	–	–	–	–	–	–	污染物净化设施排放口
		其他	400	80		40	60	80					
2	铜冶炼	全部	400	80	0.4	40	–	–	–	0.7	3.0	0.012	
3	镍、钴冶炼	全部	400	80	0.4	40	60	80	4.3	0.7	3.0	0.012	
4	烟气制酸	全部	400	50	0.4	40	–	–	–	0.7	3.0	0.012	
单位产品基准排气量			铜冶炼（m$_3$/t-铜）		21000								
			镍冶炼（m$_3$/t-镍）		36000								

4.2.4 企业边界大气污染物任何 1 小时平均浓度执行表 6 规定的限值。

表 6　　现有和新建企业边界大气污染物浓度限值　单位：mg/m3

序号	污染物	限值
1	二氧化硫	0.5
2	总悬浮颗粒物	1.0
3	硫酸雾	0.3
4	氯气	0.02
5	氯化氢	0.15
6	砷及其化合物	0.01
7	镍及其化合物 1）	0.04
8	铅及其化合物	0.006
9	氟化物	0.02
10	汞及其化合物	0.0012
注：1）镍、钴冶炼企业监控。		

4.2.5 在现有企业生产、建设项目竣工环保验收后的生产过程中，负责监管的环境保护主管部门应对周围居住、教学、医疗等用途的敏感区域环境质量进行监测。建设项目的具体监控范围为环境影响评价确定的周围敏感区域；未进行过环境影响评价的现有企业，监控范围由负责监管的环境保护主管部门，根据企业排污的特点和规律及当地的自然、气象条件等因素，参照相关环境影响评价技术导则确定。地方政府应对本辖区环境质量负责，采取措施确保环境状况符合环境质量标准要求。

4.2.6 产生大气污染物的生产工艺和装置必须设立局部或整体气体收集系统和集中净化处理装置，净化后的气体由排气筒排放，所有排气筒高度应不低于15m（排放氯气的排气筒高度不得低于25m）。排气筒周围半径 200m 范围内有建筑物时，排气筒高度还应高出最高建筑物 3m 以上。

4.2.7 炉窑基准过量空气系数为 1.7，实测炉窑的大气污染物排放浓度，应换算为基准过量空气系数排放浓度。生产设施应采取合理的通风措施，不得故意稀释排放，若单位产品实际排气量超过单位产品基准排气量，须将实测大气污染物浓度换算为大气污染物基准排气量排放浓度，并以大气污染物基准气量排放浓度作为判定排放是否达标的依据。大气污染物基准排气量排放浓度的换算，可参照采用水污染物基准水量排放浓度的计算公式。在国家未规定其他生产设施单位产品基准排气量之前，暂以实测浓度作为判定是否达标的依据。

5 污染物监测要求

5.1 污染物监测的一般要求

5.1.1 对企业排放废水和废气的采样，应根据监测污染物的种类，在规定的污染物排放监控位置进行，有废水和废气处理设施的，应在处理设施后监控。在污染物排放监控位置须设置永久性排污口标志。

5.1.2 新建企业和现有企业安装污染物排放自动监控设备的要求，按有关法律和《污染源自动监控管理办法》的规定执行。

5.1.3 对企业污染物排放情况进行监测的频次、采样时间等要求，按国家有关污染源监测技术规范的规定执行。

5.1.4 企业产品产量的核定，以法定报表为依据。

5.1.5 企业须按照有关法律和《环境监测管理办法》的规定，对排污状况进行监测，并保存原始监测记录。

5.2 水污染物监测要求对企业排放水污染物浓度的测定采用表 7 所列的方法标准。

5.3 大气污染物监测要求

5.3.1 采样点的设置与采样方法按 GB/T16157-1996 执行。

5.3.2 在有敏感建筑物方位、必要的情况下进行监控，具体要求按 HJ/T55-2000 进行监测。

5.3.3 对企业排放大气污染物浓度的测定采用表 8 所列的方法标准。

6 实施与监督

6.1 本标准由县级以上人民政府环境保护行政主管部门负责监督实施。

6.2 在任何情况下，企业均应遵守本标准规定的污染物排放控制要求，采取必要措施保证污染防治设施正常运行。各级环保部门在对设施进行监督性检查时，可以现场即时采样或监测的结果，作为判定排污行为是否符合排放标准以及实施相关环境保护管理措施的依据。在发现设施耗水或排水量、排气量有异常变化的情况下，应核定企业的实际产品产量、排水量和排气量，按本标准的规定，换算水污染物基准排水量排放浓度和大气污染物基准排气量排放浓度。

表 7

水污染物浓度测定方法标准

序号	污染物项目	方法标准名称	标准编号
1	pH 值	水质 pH 值的测定 玻璃电极法	GB/T 6920-1986
2	化学需氧量	水质 化学需氧量的测定 重铬酸盐法	GB/T 11914-1989
		水质 化学需氧量的测定 快速消解分光光度法	HJ/T 399-2007
3	石油类	水质 石油类和动植物油的测定 红外光度法	GB/T 16488-1996
4	悬浮物	水质 悬浮物的测定 重量法	GB/T 11901-1989
5	氨氮	水质 氨氮的测定 气相分子吸收光谱法	HJ/T 195-2005
		水质 氨氮的测定 纳氏试剂分光光度法	HJ 535-2009
		水质 氨氮的测定 水杨酸分光光度法	HJ 536-2009
		水质 氨氮的测定 蒸馏－中和滴定法	HJ 537-2009
6	总氮	水质 总氮的测定 气相分子吸收光谱法	HJ/T 199-2005
		水质 总氮的测定 碱性过硫酸钾消解紫外分光光度法	GB/T 11894-1989
7	总磷	水质 总磷的测定 钼酸铵分光光度法	GB/T 11893-1989
8	硫化物	水质 硫化物的测定 碘量法	HJ/T 60-2000
		水质 硫化物的测定 亚甲基蓝分光光度法	GB/T 16489-1996
9	氟化物	水质 氟化物的测定 离子选择电极法	GB/T 7484-1987
		水质 氟化物的测定 茜素磺酸锆目视比色法	HJ 487-2009
		水质 氟化物的测定 氟试剂分光光度法	HJ 488-2009
10	总铜	水质 铜、锌、铅、镉的测定 原子吸收分光光度法	GB/T 7475-1987
11	总锌	水质 铜、锌、铅、镉的测定 原子吸收分光光度法	GB/T 7475-1987
12	总镍	水质 镍的测定 火焰原子吸收分光光度法	GB/T 11912-1989
13	总镉	水质 铜、锌、铅、镉的测定 原子吸收分光光度法	GB/T 7475-1987
14	总铅	水质 铜、锌、铅、镉的测定 原子吸收分光光度法	GB/T 7475-1987
15	总砷	水质 总砷的测定 二乙基二硫代氨基甲酸银分光光度法	GB/T 7485-1987
16	总汞	水质 总汞的测定 冷原子吸收分光光度法	GB/T 7468-1987
17	总钴	水质 总钴的测定 5-氯-2-(吡啶偶氮)-1，3-二氨基苯分光光度法（暂行）	HJ 550-2009

表 8

大气污染物浓度测定方法标准

序号	污染物项目	方法标准名称	标准编号
1	颗粒物	固定污染源排气中颗粒物测定与气态污染物采样方法	GB/T 16157-1996
		环境空气 总悬浮颗粒物的测定 重量法	GB/T15432-1995
2	二氧化硫	固定污染源排气中二氧化硫的测定 碘量法	HJ/T 56-2000
		固定污染源排气中二氧化硫的测定 定电位电解法	HJ/T 57-2000
		环境空气 二氧化硫的测定 甲醛吸收－副玫瑰苯胺分光光度法	HJ 482-2009
		环境空气 二氧化硫的测定 四氯汞盐吸收－副玫瑰苯胺分光光度法	HJ 483-2009
3	硫酸雾	固定污染源废气 硫酸雾的测定 离子色谱法（暂行）	HJ 544-2009
4	氯气	固定污染源排气中氯气的测定 甲基橙分光光度法	HJ/T 30-1999
		固定污染源废气 氯气的测定 碘量法（暂行）	HJ 547-2009
5	氯化氢	固定污染源排气中氯化氢的测定 硫氰酸汞分光光度法	HJ/T 27-1999
		固定污染源废气 氯化氢的测定 硝酸银容量法（暂行）	HJ 548-2009
		空气和废气 氯化氢的测定 离子色谱法（暂行）	HJ 549-2009
6	镍及其化合物	大气固定污染源 镍的测定火焰原子吸收分光光度法	HJ/T 63.1-2001
		大气固定污染源 镍的测定石墨炉原子吸收分光光度法	HJ/T 63.2-2001
7	砷及其化合物	空气和废气 砷的测定 二乙基二硫代氨基甲酸银分光光度法（暂行）	HJ 540-2009
8	氟化物	大气固定污染源 氟化物的测定 离子选择电极法	HJ/T 67-2001
		环境空气 氟化物的测定 滤膜采样氟离子选择电极法	HJ 480-2009
		环境空气 氟化物的测定 石灰滤纸采样氟离子选择电极法	HJ 481-2009
9	汞及其化合物	环境空气 汞的测定 巯基棉富集－冷原子荧光分光光度法（暂行）	HJ 542-2009
		固定污染源废气 汞的测定 冷原子吸收分光光度法（暂行）	HJ 543-2009
10	铅及其化合物	固定污染源废气 铅的测定 火焰原子吸收分光光度法（暂行）	HJ 538-2009
		环境空气 铅的测定 石墨炉原子吸收分光光度法（暂行）	HJ 539-2009

铝工业污染物排放标准

1 适用范围

本标准规定了铝工业企业水污染物和大气污染物排放限值、监测和监控要求，以及标准的实施与监督等相关规定。

本标准适用于铝工业企业的水污染物和大气污染物排放管理，以及对铝工业企业建设项目的环境影响评价、环境保护设施设计、竣工环境保护验收及其投产后的水污染物和大气污染物排放管理。

本标准不适用于再生铝和铝材压延加工企业（或生产系统）的水污染物和大气污染物排放管理；也不适用于附属于铝工业企业的非特征生产工艺和装置的水污染物和大气污染物排放管理。

本标准适用于法律允许的污染物排放行为；新设立污染源的选址和特殊保护区域内现有污染源的管理，按照《中华人民共和国大气污染防治法》、《中华人民共和国水污染防治法》、《中华人民共和国海洋环境保护法》、 中华人民共和国固体废物污染环境防治法》、 中华人民共和国环境影响评价法》等法律、法规、规章的相关规定执行。

本标准规定的水污染物排放控制要求适用于企业直接或间接向其法定边界外排放水污染物的行为。

2 规范性引用文件

本标准内容引用了下列文件或其中的条款。

本标准内容引用了下列文件或其中的条款	
GB/T 6920-1986	水质 pH 值的测定　玻璃电极法
GB/T 7484-1987	水质 氟化物的测定　离子选择电极法
GB/T 11893-1989	水质 总磷的测定　钼酸铵分光光度法
GB/T 11894-1989	水质 总氮的测定　碱性过硫酸钾消解紫外分光光度法
GB/T 11901-1989	水质 悬浮物的测定　重量法
GB/T 11914-1989	水质 化学需氧量的测定　重铬酸盐法
GB/T15432-1995	环境空气　总悬浮颗粒物的测定　重量法
GB/T 15439-1995	环境空气 苯并 [a] 芘测定　高效液相色谱法
GB/T 16157-1996	固定污染源排气中颗粒物测定与气态污染物采样方法
GB/T 16488-1996	水质 石油类和动植物油的测定　红外光度法
GB/T 16489-1996	水质 硫化物的测定　亚甲基蓝分光光度法
GB/T 17133-1997	水质 硫化物的测定　直接显色分光光度法
HJ/T 45-1999	固定污染源排气中沥青烟的测定　重量法
HJ/T 55-2000	大气污染物无组织排放监测技术导则
HJ/T 56-2000	固定污染源排气中二氧化硫的测定　碘量法
HJ/T 57-2000	固定污染源排气中二氧化硫的测定　定电位电解法
HJ/T 60-2000	水质　硫化物的测定　碘量法
HJ/T 67-2001	固定污染源排气　氟化物的测定　离子选择电极法
HJ/T 195-2005	水质 氨氮的测定　气相分子吸收光谱法
HJ/T 199-2005	水质 总氮的测定　气相分子吸收光谱法
HJ/T 399-2007	水质 化学需氧量的测定　快速消解分光光度法
HJ 480-2009	环境空气 氟化物的测定 滤膜采样氟离子选择电极法
HJ 481-2009	环境空气 氟化物的测定 石灰滤纸采样氟离子选择电极法
HJ 482-2009	环境空气 二氧化硫的测定 甲醛吸收－副玫瑰苯胺分光光度法
HJ 483-2009	环境空气 二氧化硫的测定 四氯汞盐吸收－副玫瑰苯胺分光光度法
HJ 484-2009	水质 氰化物的测定 容量法和分光光度法
HJ 487-2009	水质 氟化物的测定 茜素磺酸锆目视比色法
HJ 488-2009	水质 氟化物的测定 氟试剂分光光度法
HJ 502-2009	水质 挥发酚的测定 溴化容量法
HJ 503-2009	水质 挥发酚的测定 4- 氨基安替比林分光光度法
HJ 535-2009	水质 氨氮的测定　纳氏试剂分光光度法
HJ 536-2009	水质 氨氮的测定　水杨酸分光光度法
HJ 537-2009	水质 氨氮的测定　蒸馏－中和滴定法

《污染源自动监控管理办法》（国家环境保护总局令第 28 号）

《环境监测管理办法》（国家环境保护总局令第 39 号）

3 术语和定义

下列术语和定义适用于本标准。

3.1 铝工业 aluminum industry

指铝土矿山、氧化铝厂、电解铝厂和铝用炭素生产企业或生产设施。

3.2 现有企业 existing facility

指本标准实施之日前已建成投产或环境影响评价文件已通过审批的铝生产企业或生产设施。

3.3 新建企业 new facility

指本标准实施之日起环境影响评价文件通过审批的新建、改建和扩建的铝生产设施建设项目。

3.4 排水量 effluent volume

指生产设施或企业向企业法定边界以外排放的废水的量，包括与生产有直接或间接关系的各种外排废水（如厂区生活污水、冷却废水、厂区锅炉和电站排水等）。

3.5 单位产品基准排水量 benchmark exhaust volume per unit product

指用于核定水污染物排放浓度而规定的生产单位铝产品的废水排放量上限值。

3.6 排气筒高度 stack height

指自排气筒（或其主体建筑构造）所在的地平面至排气筒出口计的高度。

3.7 标准状态 standard condition

指温度为 273.15K、压力为 101325Pa 时的状态。本标准规定的大气污染物排放浓度限值均以标准状态下的干气体为基准。

3.8 企业边界 enterprise boundary

指铝工业企业的法定边界。若无法定边界，则指实际边界。

3.9 公共污水处理系统 public wastewater treatment system

指通过纳污管道等方式收集废水，为两家以上排污单位提供废水处理服务并且排水能够达到相关排放标准要求的企业或机构，包括各种规模和类型的城镇污水处理厂、区域（包括各类工业园区、开发区、工业聚集地等）废水处理厂等，其废水处理程度应达到二级或二级以上。

3.10 直接排放 direct discharge

指排污单位直接向环境排放水污染物的行为。

3.11 间接排放 indirect discharge

指排污单位向公共污水处理系统排放水污染物的行为。

4 污染物排放控制要求

4.1 水污染物排放控制要求

4.1.1 自 2011 年 1 月 1 日起至 2011 年 12 月 31 日止，现有企业执行表 1 规定的水污染物排放限值。

表 1　现有企业水污染物排放浓度限值及单位产品基准排水量　单位：mg/L（pH 值除外）

序号	污染物项目	限值		污染物排放监控位置
		直接排放	间接排放	
1	pH 值	6 ~ 9	6 ~ 9	企业废水总排放口
2	悬浮物	70	70	
3	化学需氧量 (CODCr)	100	200	
4	氟化物（以 F 计）	8	8	
5	氨氮	15	25	
6	总氮	20	30	
7	总磷	1.5	2.0	
8	石油类	8	8	
9	总氰化物 1)	0.5	0.5	
10	硫化物 1)	1.0	1.0	
11	挥发酚 1)	0.5	0.5	
单位产品基准排水量	选（洗）矿 (m_3/t- 合格矿)			排水量计量位置与污染物排放监控位置一致
	氧化铝厂 (m_3/t- 氧化铝)			
	电解铝厂 (m_3/t- 铝)			
	铝用炭素厂 (m_3/t- 炭块)			
注：1) 设有煤气生产系统企业增加的控制项目。				

4.1.2 自 2012 年 1 月 1 日起，现有企业执行表 2 规定的水污染物排放限值。

4.1.3 自 2010 年 10 月 1 日起，新建企业执行表 2 规定的水污染物排放限值。

表 2　　新建企业水污染物排放浓度限值及单位产品基准排水量　单位：mg/L（pH 值除外）

序号	污染物项目	限值		污染物排放监控位置
		直接排放	间接排放	
1	pH 值	6 ~ 9	6 ~ 9	企业废水总排放口
2	悬浮物	30	70	
3	化学需氧量（COD_{Cr}）	60	200	
4	氟化物（以 F 计）	5.0	5.0	
5	氨氮	8.0	25	
6	总氮	15	30	
7	总磷	1.0	2.0	
8	石油类	3.0	3.0	
9	总氰化物 1)	0.5	0.5	
10	硫化物 1)	1.0	1.0	
11	挥发酚 1)	0.5	0.5	
单位产品基准排水量	选（洗）矿（m_3/t- 合格矿）	0.2		排水量计量位置与污染物排放监控位置一致
	氧化铝厂（m_3/t- 氧化铝）	0.5		
	电解铝厂（m_3/t- 铝）	1.5		
	铝用炭素厂（m_3/t- 炭块）	2.0		
注：1）设有煤气生产系统企业增加的控制项目。				

4.1.4 根据环境保护工作的要求，在国土开发密度已经较高、环境承载能力开始减弱，或环境容量较小、生态环境脆弱，容易发生严重环境污染问题而需要采取特别保护措施的地区，应严格控制企业的污染物排放行为，在上述地区的企业执行表 3 规定的水污染物特别排放限值。

执行水污染物特别排放限值的地域范围、时间，由国务院环境保护行政主管部门或省级人民政府规定。

表 3　　水污染物特别排放限值　单位：mg/L（pH 值除外）

序号	污染物项目	限值		污染物排放监控位置
		直接排放	间接排放	
1	pH 值	6 ~ 9	6 ~ 9	企业废水总排放口
2	悬浮物	10	30	
3	化学需氧量（COD_{Cr}）	50	60	
4	氟化物（以 F 计）	5.0	5.0	
5	氨氮	2.0	2.0	
6	总氮	5.0	8.0	
7	总磷	0.5	1.0	
8	石油类	1.0	1.0	
9	总氰化物 1)	0.2	0.2	
10	硫化物 1)	0.5	0.5	
11	挥发酚 1)	0.3	0.3	
单位产品基准排水量	选（洗）矿（m_3/t- 合格矿）	0.1		排水量计量位置与污染物排放监控位置一致
	氧化铝厂（m_3/t- 氧化铝）	0.2		
	电解铝厂（m_3/t- 铝）	1.0		
	铝用炭素厂（m_3/t- 炭块）	1.2		
注：1）设有煤气生产系统企业增加的控制项目。				

4.1.5 水污染物排放浓度限值适用于单位产品实际排水量不高于单位产品基准排水量的情况。若单位产品实际排水量超过单位产品基准排水量，须按公式(1)将实测水污染物浓度换算为水污染物基准排水量排放浓度，并以水污染物基准排水量排放浓度作为判定排放是否达标的依据。产品产量和排水量统计周期为一个工作日。

在企业的生产设施同时生产两种以上产品、可适用不同排放控制要求或不同行业国家污染物排放标准，且生产设施产生的污水混合处理排放的情况下，应执行排放标准中规定的最严格的浓度限值，并按公式(1)换算水污染物基准排水量排放浓度。

$$〉_{基}=\frac{Q_{总}}{\sum Yi\square Q_{i基}}\square〉_{实}$$

式中：

〉基 ——水污染物基准排水量排放浓度，mg/L；

Q总 ——排水总量，m3；

Yi ——第 i 种产品产量，t；

Qi基 ——第 i 种产品的单位产品基准排水量，m3/t；

〉实 ——实测水污染物浓度，mg/L。

若 Q总 与∑ Y□Qi基 的比值小于 1，则以水污染物实测浓度作为判定排放是否达标的依据。

4.2 大气污染物排放控制要求

4.2.1 自 2011 年 1 月 1 日起至 2011 年 12 月 31 日止，现有企业执行表 4 规定的大气污染物排放限值。

表 4　　现有企业大气污染物排放浓度限值　单位：mg/m3

生产系统及设备		限值				污染物排放监控位置
		颗粒物	二氧化硫	氟化物（以 F 计）	沥青烟	
矿山	破碎、筛分、转运	120	—	—	—	污染物净化设施排放口
氧化铝厂	熟料烧成窑	200	850	—	—	
	氢氧化铝焙烧炉、石灰炉（窑）	100	850	—	—	
	原料加工、运输	120	—	—	—	
	氧化铝贮运	100	—	—	—	
	其他	120	850	—	—	
电解铝厂	电解槽烟气净化	30	200	4.0	—	
	氧化铝、氟化盐贮运	50	—	—	—	
	电解质破碎	100	—	—	—	
	其他	100	850	—	—	
铝用炭素厂	阳极焙烧炉	100	850	6.0	40	
	阴极焙烧炉	—	850	—	50	
	石油焦煅烧炉（窑）	200	850	—	—	
	沥青熔化	—	—	—	40	
	生阳极制造	120	—	—	40[1)]	
	阳极组装及残极破碎	120	—	—	—	
	其他	120	850	—	—	

注：1) 混捏成型系统加测项目

4.2.2 自 2012 年 1 月 1 日起，现有企业执行表 5 规定的大气污染物排放浓度限值。

4.2.3 自 2010 年 10 月 1 日起，新建企业执行表 5 规定的大气污染物排放浓度限值。

4.2.4 企业边界大气污染物任何 1 小时平均浓度执行表 6 规定的限值。

表 5　　新建企业大气污染物排放浓度限值　单位：mg/m3

生产系统及设备		限值				污染物排放监控位置
		颗粒物	二氧化硫	氟化物（以F计）	沥青烟	
矿山	破碎、筛分、转运	50	—	—	—	污染物净化设施排放口
氧化铝厂	熟料烧成窑	100	400	—	—	
	氢氧化铝焙烧炉、石灰炉（窑）	50	400	—	—	
	原料加工、运输	50	—	—	—	
	氧化铝贮运	30	—	—	—	
	其他	50	400	—	—	
电解铝厂	电解槽烟气净化	20	200	3.0	—	
	氧化铝、氟化盐贮运	30	—	—	—	
	电解质破碎	30	—	—	—	
	其他	50	400	—	—	
铝用炭素厂	阳极焙烧炉	30	400	3.0	20	
	阴极焙烧炉	—	400	—	30	
	石油焦煅烧炉（窑）	100	400	—	—	
	沥青熔化	—	—	—	30	
	生阳极制造	50	—	—	20[1)]	
	阳极组装及残极破碎	50	—	—	—	
	其他	50	400	—	—	
注：1）混捏成型系统加测项目						

表 6　　现有和新建企业边界大气污染物浓度限值　单位：mg/m3

序号	污染物项目	限值
1	二氧化硫	0.5
2	总悬浮颗粒物	1.0
3	氟化物	0.02
4	苯并（a）芘	0.00001

4.2.5 在现有企业生产、建设项目竣工环保验收后的生产过程中，负责监管的环境保护主管部门应对周围居住、教学、医疗等用途的敏感区域环境质量进行监测。建设项目的具体监控范围为环境影响评价确定的周围敏感区域；未进行过环境影响评价的现有企业，监控范围由负责监管的环境保护主管部门，根据企业排污的特点和规律及当地的自然、气象条件等因素，参照相关环境影响评价技术导则确定。地方政府应对本辖区环境质量负责，采取措施确保环境状况符合环境质量标准要求。

4.2.6 所有排气筒高度应不低于 15m。排气筒周围半径 200m 范围内有建筑物时，排气筒高度还应高出最高建筑物 3m 以上。

4.2.7 在国家未规定生产设施单位产品基准排气量之前，以实测浓度作为判定大气污染物排放是否达标的依据。

5 污染物监测要求

5.1 污染物监测的一般要求

5.1.1 对企业排放废水和废气的采样，应根据监测污染物的种类，在规定的污染物排放监控位置进行，有废水和废气处理设施的，应在处理设施后监控。在污染物排放监控位置须设置永久性排污口标志。

5.1.2 新建企业和现有企业安装污染物排放自动监控设备的要求，按有关法律和《污染源自动监控管理办法》的规定执行。

5.1.3 对企业污染物排放情况进行监测的频次、采样时间等要求，按国家有关污染源监测技术规范的规定执行。

5.1.4 企业产品产量的核定，以法定报表为依据。

5.1.5 企业须按照有关法律和《环境监测管理办法》的规定，对排污状况进行监测，并保存原始监测记录。

5.2 水污染物监测要求对企业排放水污染物浓度的测定采用表 7 所列的方法标准。

表 7　　水污染物浓度测定方法标准

序号	污染物项目	方法标准名称	标准编号
1	pH 值	水质　pH 值的测定　玻璃电极法	GB/T 6920-1986
2	化学需氧量	水质　化学需氧量的测定　重铬酸盐法	GB/T 11914-1989
		水质　化学需氧量的测定　快速消解分光光度法	HJ/T 399-2007
3	石油类	水质　石油类和动植物油的测定　红外光度法	GB/T 16488-1996
4	悬浮物	水质　悬浮物的测定　重量法	GB/T 11901-1989
5	氨氮	水质　氨氮的测定　气相分子吸收光谱法	HJ/T 195-2005
		水质　氨氮的测定　纳氏试剂分光光度法	HJ 535-2009
		水质　氨氮的测定　水杨酸分光光度法	HJ 536-2009
		水质　氨氮的测定　蒸馏－中和滴定法	HJ 537-2009
6	总氮	水质　总氮的测定　气相分子吸收光谱法	HJ/T 199-2005
		水质　总氮的测定　碱性过硫酸钾消解紫外分光光度法	GB/T 11894-1989
7	总磷	水质　总磷的测定　钼酸铵分光光度法	GB/T 11893-1989
8	硫化物	水质　硫化物的测定　直接显色分光光度法	GB/T 17133-1997
		水质　硫化物的测定　亚甲基蓝分光光度法	GB/T 16489-1996
		水质 硫化物的测定 碘量法	HJ/T 60-2000
9	氟化物	水质　氟化物的测定　离子选择电极法	GB/T 7484-1987
		水质　氟化物的测定　茜素磺酸锆目视比色法	HJ 487-2009
		水质　氟化物的测定　氟试剂分光光度法	HJ 488-2009
10	挥发酚	水质 挥发酚的测定 4-氨基安替比林分光光度法	HJ 503-2009
		水质 挥发酚的测定 溴化容量法	HJ 502-2009
11	总氰化物	水质 氰化物的测定 容量法和分光光度法	HJ 484-2009

5.3 大气污染物监测要求

5.3.1 采样点的设置与采样方法按 GB/T16157-1996 执行。

5.3.2 在有敏感建筑物方位、必要的情况下进行监控，具体要求按 HJ/T 55-2000 进行监测。

5.3.3 对企业排放大气污染物浓度的测定采用表 8 所列的方法标准。

表 8　　大气污染物浓度测定方法标准

序号	污染物项目	方法标准名称	方法标准编号
1	颗粒物	固定污染源排气中颗粒物测定与气态污染物采样方法	GB/T 16157-1996
		环境空气 总悬浮颗粒物的测定 重量法	GB/T15432-1995
2	沥青烟	固定污染源排气中沥青烟的测定 重量法	HJ/T 45-1999
3	二氧化硫	固定污染源排气中二氧化硫的测定 碘量法	HJ/T 56-2000
		固定污染源排气中二氧化硫的测定 定电位电解法	HJ/T 57-2000
		环境空气　二氧化硫的测定　甲醛吸收－副玫瑰苯胺分光光度法	HJ 482-2009
		环境空气　二氧化硫的测定　四氯汞盐吸收－副玫瑰苯胺分光光度法	HJ 483-2009
4	氟化物	固定污染源排气 氟化物的测定 离子选择电极法	HJ/T 67-2001
		环境空气 氟化物的测定 滤膜采样氟离子选择电极法	HJ 480-2009
		环境空气 氟化物的测定 石灰滤纸采样氟离子选择电极法	HJ 481-2009
5	苯并 [a] 芘	环境空气 苯并 [a] 芘测定 高效液相色谱法	GB/T 15439-1995

6 实施与监督

6.1 本标准由县级以上人民政府环境保护行政主管部门负责监督实施。

6.2 在任何情况下，企业均应遵守本标准规定的污染物排放控制要求，采取必要措施保证污染防治设施正常运行。各级环保部门在对设施进行监督性检查时，可以现场即时采样或监测的结果，作为判定排污行为是否符合排放标准以及实施相关环境保护管理措施的依据。在发现设施耗水或排水量有异常变化的情况下，应核定企业的实际产品产量和排水量，按本标准的规定，换算水污染物基准排水量排放浓度。

铅、锌工业污染物排放标准

1 适用范围

本标准规定了铅、锌工业企业水污染物和大气污染物排放限值、监测和监控要求，以及标准的实施与监督等相关规定。

本标准适用于铅、锌工业企业的水污染物和大气污染物排放管理，以及铅、锌工业企业建设项目的环境影响评价、环境保护设施设计、竣工环境保护验收及其投产后的水污染物和大气污染物排放管理。

本标准不适用于再生铅、锌及铅、锌材压延加工等工业的水污染物和大气污染物排放管理，也不适用于附属于铅、锌工业企业的非特征生产工艺和装置的水污染物和大气污染物排放管理。

本标准适用于法律允许的污染物排放行为；新设立存在的污染源的选址和和特殊保护区域内现有污染源的管理，除执行本标准外，还应符合《中华人民共和国大气污染防治法》、《中华人民共和国水污染防治法》、《中华人民共和国海洋环境保护法》、《中华人民共和国固体废物污染环境防治法》、《中华人民共和国环境影响评价法》等法律、法规、规章的相关规定。

本标准规定的水污染物排放控制要求适用于企业直接或间接向其法定边界外排放水污染物的行为。

2 规范性引用文件

本标准内容引用了下列文件或其中的条款。

本标准内容引用了下列文件或其中的条款	
GB/T 6920-1986	水质　pH 值的测定　玻璃电极法
GB/T 7466-1987	水质　总铬的测定
GB/T 7468-1987	水质　汞的测定　冷原子吸收分光光度法
GB/T 7475-1987	水质　铜、锌、铅、镉的测定　原子吸收分光光度法
GB/T 7484-1987	水质　氟化物的测定　离子选择电极法
GB/T 7485-1987	水质　总砷的测定　二乙基二硫代氨基甲酸银分光光度法
GB/T 11893-1989	水质　总磷的测定　钼酸铵分光光度法
GB/T 11894-1989	水质　总氮的测定　碱性过硫酸钾消解紫外分光光度法
GB/T 11901-1989	水质　悬浮物的测定　重量法
GB/T 11912-1989	水质　镍的测定　火焰原子吸收分光光度法
GB/T 11914-1989	水质　化学需氧量的测定　重铬酸盐法
GB/T15432-1995	环境空气　总悬浮颗粒物的测定　重量法
GB/T 16157-1996	固定污染源排气中颗粒物的测定与气态污染物采样方法
GB/T 16489-1996	水质　硫化物的测定　亚甲基蓝分光光度法
HJ/T 55-2000	大气污染物无组织排放监测技术导则
HJ/T 56-2000	固定污染源排气中二氧化硫的测定　碘量法
HJ/T 57-2000	固定污染源排气中二氧化硫的测定　定电位电解法
HJ/T 195-2005	水质　氨氮的测定　气相分子吸收光谱法
HJ/T 199-2005	水质　总氮的测定　气相分子吸收光谱法
HJ/T 399-2007	水质　化学需氧量的测定　快速消解分光光度法
HJ 482-2009	环境空气　二氧化硫的测定　甲醛吸收－副玫瑰苯胺分光光度法
HJ 483-2009	环境空气　二氧化硫的测定　四氯汞盐吸收－副玫瑰苯胺分光光度法
HJ 487-2009	水质　氟化物的测定　茜素磺酸锆目视比色法
HJ 488-2009	水质　氟化物的测定　氟试剂分光光度法
HJ 535-2009	水质　氨氮的测定　纳氏试剂分光光度法

HJ 536-2009	水质　氨氮的测定　水杨酸分光光度法
HJ 537-2009	水质　氨氮的测定　蒸馏－中和滴定法
HJ 538-2009	固定污染源废气 铅的测定 火焰原子吸收分光光度法（暂行）
HJ 539-2009	环境空气　铅的测定　石墨炉原子吸收分光光度法（暂行）
HJ 542-2009	环境空气 汞的测定 巯基棉富集－冷原子荧光分光光度法（暂行）
HJ 543-2009	固定污染源废气 汞的测定 冷原子吸收分光光度法（暂行）
HJ 544-2009	固定污染源废气 硫酸雾的测定 离子色谱法（暂行）
《污染源自动监控管理办法》（国家环境保护总局令第 28 号）	
《环境监测管理办法》（国家环境保护总局令第 39 号）	

3 术语和定义

下列术语和定义适用于本标准。

3.1 铅、锌工业 lead and zinc industry

指生产铅、锌金属矿产品和生产铅、锌金属产品（不包括生产再生铅、再生锌及铅、锌材压延加工产品）的工业。

3.2 特征生产工艺和装置 typical processing and facility

指为生产原铅、原锌金属而进行的采矿、选矿、冶炼的生产工艺及与这些工艺相关的装置。

3.3 现有企业 existing facility

指在本标准实施之日前已建成投产或环境影响评价文件通过审批的铅、锌工业企业或生产设施。

3.4 新建企业 new facility

指本标准实施之日起环境影响评价文件通过审批的新建、改建和扩建的铅、锌生产设施建设项目。

3.5 排水量 effluent volume

指生产设施或企业向企业法定边界以外排放的废水的量，包括与生产有直接或间接关系的各种

外排废水（如厂区生活污水、冷却废水、厂区锅炉和电站排水等）。

3.6 单位产品基准排水量 benchmark effluent volume per unit product

指用于核定水污染物排放浓度而规定的生产单位铅、锌产品的排水量上限值。

3.7 排气筒高度 stack height

指自排气筒（或其主体建筑构造）所在的地平面至排气筒出口计的高度。

3.8 标准状态 standard condition

指温度为 273.15K、压力为 101325Pa 时的状态。本标准规定的大气污染物排放浓度限值均以标准状态下的干气体为基准。

3.9 过量空气系数 excess air coefficien

指工业炉窑运行时实际空气量与理论空气需要量的比值。

3.10 企业边界 enterprise boundary

指铅、锌工业企业的法定边界。若无法定边界，则指实际边界。

3.11 公共污水处理系统 public wastewater treatment system

指通过纳污管道等方式收集废水，为两家以上排污单位提供废水处理服务并且排水能够达到相关排放标准要求的企业或机构，包括各种规模和类型的城镇污水处理厂、区域（包括各类工业园区、开发区、工业聚集地等）废水处理厂等，其废水处理程度应达到二级或二级以上。

3.12 直接排放 direct discharge

指排污单位直接向环境排放水污染物的行为。

3.13 间接排放 indirect discharge

指排污单位向公共污水处理系统排放水污染物的行为。

4 污染物排放控制要求

4.1 水污染物排放控制要求

4.1.1 自 2011 年 1 月 1 日起至 2011 年 12 月 31 日止，现有企业执行表 1 规定的水污染物排放限值。

4.1.2 自 2012 年 1 月 1 日起，现有企业执行表 2 规定的水污染物排放限值。

4.1.3 自 2010 年 10 月 1 日起，新建企业执行表 2 规定的水污染物排放限值。

表 1　现有企业水污染物排放浓度限值及单位产品基准排水量　单位：mg/L（pH 值除外）

序号	污染物项目	限值		污染物排放监控位置
		直接排放	间接排放	
1	pH 值	6-9	6-9	企业废水总排放口
2	化学需氧量（CODcr，mg/L）	100	200	
3	悬浮物（SS，mg/L）	70	70	
4	氨氮（以 N 计，mg/L）	15	25	
5	总磷（以 P 计，mg/L）	1.5	2.0	
6	总氮（以 N 计，mg/L）	20	320	
7	总锌（mg/L）	2.0	2.0	
8	总铜（mg/L）	0.5	0.5	
9	硫化物（mg/L）	1.0	1.0	
10	氟化物（mg/L）	10	10	
11	总铅（mg/L）	1.0		
12	总镉（mg/L）	0.1		车间或生产设施废水排放口
13	总汞（mg/L）	0.05		
14	总砷（mg/L）	0.5		
15	总镍（mg/L）	1.0		
16	总铬（mg/L）	1.5		
单位产品基准排水量	选矿（m^3/t 原矿）	3.5		排水量计量位置与污染物排放监控位置一致
	冶炼（m^3/t 产品）	15		

表 2　新建企业水污染物排放浓度限值及单位产品基准排水量　单位：mg/L（pH 值除外）

序号	污染物项目	限值		污染物排放监控位置
		直接排放	间接排放	
1	pH 值	6-9	6-9	企业废水总排放口
2	化学需氧量（CODcr，mg/L）	60	200	
3	悬浮物（SS，mg/L）	50	70	
4	氨氮（以 N 计，mg/L）	8	25	
5	总磷（以 P 计，mg/L）	1.0	2.0	
6	总氮（以 N 计，mg/L）	15	30	
7	总锌（mg/L）	1.5	1.5	
8	总铜（mg/L）	0.5	0.5	
9	硫化物（mg/L）	1.0	1.0	
10	氟化物（mg/L）	8	8	
11	总铅（mg/L）	0.5		
12	总镉（mg/L）	0.05		车间或生产设施废水排放口
13	总汞（mg/L）	0.03		
14	总砷（mg/L）	0.3		
15	总镍（mg/L）	0.5		
16	总铬（mg/L）	1.5		
单位产品基准排水量	选矿（m^3/t 原矿）	2.5		排水量计量位置与污染物排放监控位置一致
	冶炼（m^3/t 产品）	8		

4.1.4 根据环境保护工作的要求，在国土开发密度已经较高、环境承载能力开始减弱，或环境容量较小、生态环境脆弱，容易发生严重环境污染等问题而需要采取特别保护措施的地区，应严格控制企业的污染物排放行为，在上述地区的企业执行表 3 规定的水污染物特别排放限值。

执行水污染物特别排放限值的地域范围、时间，由国务院环境保护行政主管部门或省级人民政府规定。

表 3　　水污染物特别排放限值　单位：mg/L（pH 值除外）

序号	污染物项目	限值		污染物排放监控位置
		直接排放	间接排放	
1	pH 值	6-9	6-9	企业废水总排放口
2	化学需氧量（CODcr，mg/L）	50	60	
3	悬浮物（SS，mg/L）	10	50	
4	氨氮（以 N 计，mg/L）	5	8	
5	总磷（以 P 计，mg/L）	0.5	1.0	
6	总氮（以 N 计，mg/L）	10	15	
7	总锌（mg/L）	1.0	1.0	
8	总铜（mg/L）	0.2	0.2	
9	硫化物（mg/L）	1.0	1.0	
10	氟化物（mg/L）	5	5	
11	总铅（mg/L）	0.2		
12	总镉（mg/L）	0.02		车间或生产设施废水排放口
13	总汞（mg/L）	0.01		
14	总砷（mg/L）	0.1		
15	总镍（mg/L）	0.5		
16	总铬（mg/L）	1.5		
单位产品基准排水量	选矿（m3/t 原矿）	1.5		排水量计量位置与污染物排放监控位置一致
	冶炼（m3/t 产品）	4		

4.1.5 水污染物排放浓度限值适用于单位产品实际排水量不高于单位产品基准排水量的情况。若单位产品实际排水量超过单位产品基准排水量，须按公式（1）将实测水污染物浓度换算为水污染物基准排水量排放浓度，并以水污染物基准排水量排放浓度作为判定排放是否达标的依据。产品产量和排水量统计周期为一个工作日。

在企业的生产设施同时生产两种以上产品、可适用不同排放控制要求或不同行业国家污染物排放标准，且生产设施产生的污水混合处理排放的情况下，应执行排放标准中规定的最严格的浓度限值，并按公式（1）换算水污染物基准排水量排放浓度。

$$\rangle_{基} = \frac{Q_{总}}{\sum Yi \square Q_{i基}} \square \rangle_{实}$$

式中：

$\rangle_{基}$ ——水污染物基准排水量排放浓度，mg/L；

$Q_{总}$ ——排水总量，m_3；

Y_i ——第 i 种产品产量，t；

$Q_{i基}$ ——第 i 种产品的单位产品基准排水量，m_3/t；

$\rangle_{实}$ ——实测水污染物浓度，mg/L。

若 $Q_{总}$ 与∑ Y□$Q_{i基}$ 的比值小于 1，则以水污染物实测浓度作为判定排放是否达标的依据。

4.2 大气污染物排放控制要求

4.2.1 自 2011 年 1 月 1 日起至 2011 年 12 月 31 日止，现有企业执行表 4 规定的大气污染物排放限值。

4.2.2 自 2012 年 1 月 1 日起，现有企业执行表 5 规定的大气污染物排放限值。

4.2.3 自 2010 年 10 月 1 日起，新建企业执行表 5 规定的大气污染物排放限值。

表 4　　现有企业大气污染物排放浓度限值　单位：mg/m3

序号	污染物	适用范围	限 值	污染物排放监控位置
1	颗粒物	干燥	200	污染物净化设施排放口
2		其他	100	
3	二氧化硫	所有	960	
4	硫酸雾	制酸	35	
5	铅及其化合物	熔炼	10	
6	汞及其化合物	烧结、熔炼	1.0	

表 5　　新建企业大气污染物排放浓度限值　单位：mg/m3

序号	污染物	适用范围	限 值	污染物排放监控位置
1	颗粒物	所有	80	污染物净化设施排放口
2	二氧化硫	所有	400	
3	硫酸雾	制酸	20	
4	铅及其化合物	熔炼	8	
5	汞及其化合物	烧结、熔炼	0.05	

4.2.4 企业边界大气污染物任何 1 小时平均浓度执行表 6 规定的限值。

表 6　　现有和新建企业边界大气污染物浓度限值　单位：mg/m3

序号	污染物项目	限 值
1	二氧化硫	0.5
2	总悬浮颗粒物	1.0
3	硫酸雾	0.3
4	铅及其化合物	0.006
5	汞及其化合物	0.0003

4.2.5 在现有企业生产、建设项目竣工环保验收后的生产过程中，负责监管的环境保护主管部门应对周围居住、教学、医疗等用途的敏感区域环境质量进行监测。建设项目的具体监控范围为环境影响评价确定的周围敏感区域；未进行过环境影响评价的现有企业，监控范围由负责监管的环境保护主管部门，根据企业排污的特点和规律及当地的自然、气象条件等因素，参照相关环境影响评价技术导则确定。地方政府应对本辖区环境质量负责，采取措施确保环境状况符合环境质量标准要求。

4.2.6 产生大气污染物的生产工艺和装置必须设立局部或整体气体收集系统和集中净化处理装置。所有排气筒高度应不低于 15m。排气筒周围半径 200m 范围内有建筑物时，排气筒高度还应高出最高建筑物 3m 以上。

4.2.7 铅、锌冶炼炉窑规定过量空气系数为 1.7。实测的铅、锌冶炼炉窑的污染物排放浓度，应换算为基准过量空气系数排放浓度。生产设施应采取合理的通风措施，不得故意稀释排放。在国家未规定其他生产设施单位产品基准排气量之前，暂以实测浓度作为判定是否达标的依据。

5 污染物监测要求

5.1 污染物监测的一般要求

5.1.1 对企业排放废水和废气的采样，应根据监测污染物的种类，在规定的污染物排放监控位置进行，有废水和废气处理设施的，应在处理设施后监控。在污染物排放监控位置须设置永久性排污口标志。

5.1.2 新建企业和现有企业安装污染物排放自动监控设备的要求，按有关法律和《污染源自动监控管理办法》的规定执行。

5.1.3 对企业污染物排放情况进行监测的频次、采样时间等要求，按国家有关污染源监测技术规范的规定执行。

5.1.4 企业产品产量的核定，以法定报表为依据。

5.1.5 企业须按照有关法律和《环境监测管理办法》的规定，对排污状况进行监测，并保存原始监测记录。

5.2 水污染物监测要求

对企业排放水污染物浓度的测定采用表 7 所列的方法标准。

表 7　　水污染物浓度测定方法标准

序号	污染物项目	方法标准名称	标准编号
1	pH 值	水质 pH 值的测定 玻璃电极法	GB/T 6920-1986
2	化学需氧量	水质 化学需氧量的测定 重铬酸盐法	GB/T 11914-1989
		水质 化学需氧量的测定 快速消解分光光度法	HJ/T 399-2007
3	悬浮物	水质 悬浮物的测定 重量法	GB/T 11901-1989
4	氨氮	水质 氨氮的测定 气相分子吸收光谱法	HJ/T 195-2005
		水质 氨氮的测定 纳氏试剂分光光度法	HJ 535-2009
		水质 氨氮的测定 水杨酸分光光度法	HJ 536-2009
		水质 氨氮的测定 蒸馏-中和滴定法	HJ 537-2009
5	总磷	水质 总磷的测定 钼酸铵分光光度法	GB/T 11893-1989
6	总氮	水质 总氮的测定 气相分子吸收光谱法	HJ/T 199-2005
		水质 总氮的测定 碱性过硫酸钾消解紫外分光光度法	GB/T 11894-1989
7	硫化物	水质 硫化物的测定 亚甲基蓝分光光度法	GB/T 16489-1996
		水质 硫化物的测定 碘量法	HJ/T 60-2000
8	总铜	水质 铜、锌、铅、镉的测定 原子吸收分光光度法	GB/T 7475-1987
9	总镍	水质 镍的测定 火焰原子吸收分光光度法	GB/T 11912-1989
10	总锌	水质 铜、锌、铅、镉的测定 原子吸收分光光度法	GB/T 7475-1987
11	总镉	水质 铜、锌、铅、镉的测定 原子吸收分光光度法	GB/T 7475-1987
12	总铅	水质 铜、锌、铅、镉的测定 原子吸收分光光度法	GB/T 7475-1987
13	总砷	水质 总砷的测定 二乙基二硫代氨基甲酸银分光光度法	GB/T 7485-1987
14	总汞	水质 汞的测定 冷原子吸收分光光度法	GB/T 7468-1987
15	总铬	水质 总铬的测定	GB/T 7466-1987
16	氟化物	水质 氟化物的测定 离子选择电极法	GB/T 7484-1987
		水质 氟化物的测定 茜素磺酸锆目视比色法	HJ 487-2009
		水质 氟化物的测定 氟试剂分光光度法	HJ 488-2009

5.3 大气污染物监测要求

5.3.1 采样点的设置与采样方法按 GB/T 16157-1996 执行。

5.3.2 在有敏感建筑物方位、必要的情况下进行无组织排放监控，具体要求按 HJ/T 55-2000 进行监测。

5.3.3 对企业排放大气污染物浓度的测定采用表 8 所列的方法标准。

6 实施与监督

6.1 本标准由县级以上人民政府环境保护行政主管部门负责监督实施。

6.2 在任何情况下，企业均应遵守本标准规定的污染物排放控制要求，采取必要措施保证污染防治设施正常运行。各级环保部门在对设施进行监督性检查时，可以现场即时采样或监测的结果，作为判定排污行为是否符合排放标准以及实施相关环境保护管理措施的依据。在发现设施耗水或排水量有异常变化的情况下，应核定企业的实际产品产量和排水量，按本标准的规定，换算水污染物基准水量排放浓度。

表 8　　大气污染物浓度测定方法标准

序号	污染物项目	方法标准名称	标准编号
1	二氧化硫	固定污染源排气中二氧化硫的测定 碘量法	HJ/T 56-2000
		固定污染源排气中二氧化硫的测定 定电位电解法	HJ/T 57-2000
		环境空气 二氧化硫的测定 甲醛吸收－副玫瑰苯胺分光光度法	HJ 482-2009
		环境空气 二氧化硫的测定 四氯汞盐吸收－副玫瑰苯胺分光光度法	HJ 483-2009
2	颗粒物	固定污染源排气中颗粒物的测定与气态污染物采样方法	GB/T 16157-1996
		环境空气 总悬浮颗粒物的测定 重量法	GB/T15432-1995
3	硫酸雾	固定污染源废气 硫酸雾的测定 离子色谱法（暂行）	HJ 544-2009
		硫酸浓缩尾气 硫酸雾的测定 铬酸钡比色法	GB/T 4920-1985
4	铅及其化合物	固定污染源废气 铅的测定 火焰原子吸收分光光度法（暂行）	HJ 538-2009
		环境空气 铅的测定 石墨炉原子吸收分光光度法（暂行）	HJ 539-2009
5	汞及其化合物	环境空气 汞的测定 巯基棉富集－冷原子荧光分光光度法（暂行）	HJ 542-2009
		固定污染源废气 汞的测定 冷原子吸收分光光度法（暂行）	HJ 543-2009

镁、钛工业污染物排放标准

1 适用范围

本标准规定了镁、钛工业企业水污染物和大气污染物排放限值、监测和监控要求，以及标准的实施与监督等相关规定。

本标准适用于镁、钛工业企业的水污染物和大气污染物排放管理，以及镁、钛工业企业建设项目的环境影响评价、环境保护设施设计、竣工环境保护验收及其投产后的的水污染物和大气污染物排放管理。

本标准不适用于镁、钛再生及压延加工等工业的水污染物和大气污染物排放管理；也不适用于附属于镁、钛企业的非特征生产工艺和装置的水污染物和大气污染物排放管理。

本标准适用于法律允许的污染物排放行为；新设立污染源的选址和特殊保护区域内现有污染源的管理，按照《中华人民共和国大气污染防治法》、 中华人民共和国水污染防治法》、《中华人民共和国海洋环境保护法》、中华人民共和国固体废物污染环境防治法》、中华人民共和国环境影响评价法》等法律、法规、规章的相关规定执行。

本标准规定的水污染物排放控制要求适用于企业直接或间接向其法定边界外排放水污染物的行为。

2 规范性引用文件

本标准内容引用了下列文件或其中的条款。

《污染源自动监控管理办法》（国家环境保护总局令第 28 号）

《环境监测管理办法》（国家环境保护总局令第 39 号）

3 术语和定义

下列术语和定义适用于本标准。

3.1 镁、钛工业 magnesium and titanium industry

镁工业是指以白云石为原料生产金属镁的硅热法镁冶炼工业及其白云石矿山；钛工业是指以钛精矿或高钛渣或四氯化钛为原料生产海绵钛的工业及其矿山，包括以高钛渣、四氯化钛、海绵钛等为最终产品的工业。

3.2 特征生产工艺和装置 typical processing and facility

指镁、钛金属的采矿、选矿、冶炼的生产工艺及与这些工艺相关的装置。

3.3 现有企业 existing facility

指在本标准实施之日前已建成投产或环境影响评价文件通过审批的镁、钛工业企业或生产设施。

3.4 新建企业 new facility

指本标准实施之日起环境影响评价文件通过审批的新建、改建和扩建的镁、钛生产设施建设项目。

3.5 排水量 effluent volume

指生产设施或企业向企业法定边界以外排放的废水的量，包括与生产有直接或间接关系的各种外排废

本标准内容引用了下列文件或其中的条款	
GB/T 6920-1986	水质 pH 值的测定 玻璃电极法
GB/T 7466-1987	水质 总铬的测定
GB/T 7467-1987	水质 六价铬的测定 二苯碳酰二肼分光光度法
GB/T 7475-1987	水质 铜、锌、铅、镉的测定 原子吸收分光光度法
GB/T 11893-1989	水质 总磷的测定 钼酸铵分光光度法
GB/T 11894-1989	水质 总氮的测定 碱性过硫酸钾消解紫外分光光度法
GB/T 11901-1989	水质 悬浮物的测定 重量法
GB/T 11914-1989	水质 化学需氧量的测定 重铬酸盐法
GB/T15432-1995	环境空气 总悬浮颗粒物的测定 重量法
GB/T 16157-1996	固定污染源排气中颗粒物测定与气态污染物采样方法
GB/T 16488-1996	水质 石油类和动植物油的测定 红外光度法
HJ/T 27-1999	固定污染源排气中氯化氢的测定 硫氰酸汞分光光度法
HJ/T 30-1999	固定污染源排气中氯气的测定 甲基橙分光光度法
HJ/T 55-2000	大气污染物无组织排放监测技术导则
HJ/T 56-2000	固定污染源排气中二氧化硫的测定 碘量法
HJ/T 57-2000	固定污染源排气中二氧化硫的测定 定电位电解法
HJ/T 195-2005	水质 氨氮的测定 气相分子吸收光谱法
HJ/T 199-2005	水质 总氮的测定 气相分子吸收光谱法
HJ/T 399-2007	水质 化学需氧量的测定 快速消解分光光度法
HJ 482-2009	环境空气 二氧化硫的测定 甲醛吸收－副玫瑰苯胺分光光度
HJ 483-2009	环境空气 二氧化硫的测定 四氯汞盐吸收－副玫瑰苯胺分光光度法
HJ 535-2009	水质 氨氮的测定 纳氏试剂分光光度法
HJ 536-2009	水质 氨氮的测定 水杨酸分光光度法
HJ 537-2009	水质 氨氮的测定 蒸馏－中和滴定法
HJ 547-2009	固定污染源废气 氯气的测定 碘量法（暂行）
HJ 548-2009	固定污染源废气 氯化氢的测定 硝酸银容量法（暂行）
HJ 549-2009	空气和废气 氯化氢的测定 离子色谱法（暂行）

水（如厂区生活污水、冷却废水、厂区锅炉和电站排水等）。

3.6 单位产品基准排水量 benchmark effluent volume per unit product

指用于核定水污染物排放浓度而规定的生产单位镁、钛产品的排水量上限值。

3.7 排气筒高度 stack height

指自排气筒（或其主体建筑构造）所在的地平面至排气筒出口计的高度。

3.8 标准状态 standard condition

指温度为 273.15K、压力为 101325Pa 时的状态。本标准规定的大气污染物排放浓度限值均以标准状态下的干气体为基准。

3.9 过量空气系数 excess air coefficient

指工业炉窑运行时实际空气量与理论空气需要量的比值。

3.10 企业边界 enterprise boundary

指镁、钛工业企业的法定边界。若无法定边界，则指实际边界。

3.11 公共污水处理系统 public wastewater treatment system

指通过纳污管道等方式收集废水，为两家以上排污单位提供废水处理服务并且排水能够达到相关排放标准要求的企业或机构，包括各种规模和类型的城镇污水处理厂、区域（包括各类工业园区、开发区、工业聚集地等）废水处理厂等，其废水处理程度应达到二级或二级以上。

3.12 直接排放 direct discharge

指排污单位直接向环境排放水污染物的行为。

3.13 间接排放 indirect discharge

指排污单位向公共污水处理系统排放水污染物的行为。

4 污染物排放控制要求

4.1 水污染物排放控制要求

4.1.1 自 2011 年 1 月 1 日起至 2011 年 12 月 31 日止，现有企业执行表 1 规定的水污染物排放限值。

4.1.2 自 2012 年 1 月 1 日起，现有企业执行表 2 规定的水污染物排放限值。

4.1.3 自 2010 年 10 月 1 日起，新建企业执行表 2 规定的水污染物排放限值。

表 1　　现有企业水污染物排放浓度限值及单位产品基准排水量　单位：mg/L（pH 值除外）

序号	污染物项目	限值		污染物排放监控位置
		直接排放	间接排放	
1	pH 值	6 ～ 9	6 ～ 9	企业废水总排放口
2	悬浮物	70	70	
3	化学需氧量（COD_{Cr}）	100	180	
4	石油类	8	15	
5	总氮	20	40	
6	总磷	1.5	3.0	
7	氨氮	15	25	
8	总铜	0.5	1.0	
9	总铬	1.5		
10	六价铬	0.5		
单位产品基准排水量	镁冶炼企业（m^3/t-Mg）	1.5		排水量计量位置与污染物排放监控位置一致
	以钛精矿为原料生产海绵钛（m /t-Ti）	80		
	以精 $TiCl_4$ 为原料生产海绵钛（m^3/t-Ti）	10		
	以高钛渣为原料生产四氯化钛（m^3/t-$TiCl_4$）	17		
	以钛精矿为原料生产高钛渣（m^3/t- 高钛渣）	0.5		

表 2　　新建企业水污染物排放浓度限值及单位产品基准排水量　单位：mg/L（pH 值除外）

序号	污染物项目	限值		污染物排放监控位置
		直接排放	间接排放	
1	pH 值	6 ～ 9	6 ～ 9	企业废水总排放口
2	悬浮物	30	70	
3	化学需氧量（COD_{Cr}）	60	180	
4	石油类	3	15	
5	总氮	15	40	
6	总磷	1.0	3.0	
序号	污染物项目	限值		污染物排放监控位置
		直接排放	间接排放	
7	氨氮	8	25	企业废水总排放口
8	总铜	0.5	1.0	
9	总铬	1.5		车间或生产设施废水排放口
10	六价铬	0.5		
单位产品基准排水量	镁冶炼企业（m /t-Mg）	1.0		排水量计量位置与污染物排放监控位置一致
	以钛精矿为原料生产海绵钛（m^3/t-Ti）	55		
	以精 $TiCl_4$ 为原料生产海绵钛（m^3/t-Ti）	8		
	以高钛渣为原料生产四氯化钛（m^3/t-$TiCl_4$）	12		
	以钛精矿为原料生产高钛渣（m^3/t- 高钛渣）	0.2		

4.1.4 根据环境保护工作的要求，在国土开发密度已经较高、环境承载能力开始减弱，或环境容量较小、生态环境脆弱，容易发生严重环境污染等问题而需要采取特别保护措施的地区，应严格控制企业的污染物排放行为，在上述地区的企业执行表 3 规定的水污染物特别排放限值。

执行水污染物特别排放限值的地域范围、时间，由国务院环境保护行政主管部门或省级人民政府规定。

表 3　　水污染物特别排放限值　单位：mg/L（pH 值除外）

序号	污染物项目	限值		污染物排放监控位置
		直接排放	间接排放	
1	pH 值	6 ~ 9	6 ~ 9	企业废水总排放口
2	悬浮物	10	30	
3	化学需氧量（COD_{Cr}）	50	60	
4	石油类	1.0	3.0	
5	总氮	15	15	
6	总磷	0.5	1.0	
7	氨氮	5.0	8.0	
8	总铜	0.2	0.5	
9	总铬	1.0		车间或生产设施废水排放口
10	六价铬	0.2		
单位产品基准排水量	镁冶炼企业（m^3/t-Mg）	0.5		排水量计量位置与污染物排放监控位置一致
	以钛精矿为原料生产海绵钛（m /t-Ti）	35		
	以精 $TiCl_4$ 为原料生产海绵钛（m^3/t-Ti）	6		
	以高钛渣为原料生产四氯化钛（m^3/t-$TiCl_4$）	8		
	以钛精矿为原料生产高钛渣（m^3/t- 高钛渣）	0.1		

4.1.5 水污染物排放浓度限值适用于单位产品实际排水量不高于单位产品基准排水量的情况。若单位产品实际排水量超过单位产品基准排水量，须按公式（1）将实测水污染物浓度换算为水污染物基准排水量排放浓度，并以水污染物基准排水量排放浓度作为判定排放是否达标的依据。产品产量和排水量统计周期为一个工作日。

在企业的生产设施同时生产两种以上产品、可适用不同排放控制要求或不同行业国家污染物排放标准，且生产设施产生的污水混合处理排放的情况下，应执行排放标准中规定的最严格的浓度限值，并按公式（1）换算水污染物基准水量排放浓度。

$$\rangle_{基}=\frac{Q_{总}}{\sum Yi \square Q_{i基}}\square\rangle_{实}$$

式中：

$\rangle_{基}$ ——水污染物基准排水量排放浓度，mg/L；

$Q_{总}$ ——排水总量，m_3；

Y_i ——第 i 种产品产量，t；

$Q_{i基}$ ——第 i 种产品的单位产品基准排水量，m_3/t；

$\rangle_{实}$ ——实测水污染物浓度，mg/L。

若 $Q_{总}$ 与 $\sum Y \square Q_{i基}$ 的比值小于 1，则以水污染物实测浓度作为判定排放是否达标的依据。

4.2 大气污染物排放控制要求

4.2.1 自 2011 年 1 月 1 日起至 2011 年 12 月 31 日止，现有企业执行表 4 规定的大气污染物排放限值。

表 4　　现有企业大气污染物排放浓度限值　单位：mg/m3

生产系统及设备		排放浓度限值				污染物排放监控位置
		颗粒物	二氧化硫	氯气	氯化氢	
矿山	破碎、筛分、转运等	100	–	–	–	污染物净化设施排放口
镁冶炼	原料制备	100	–	–	–	
	煅烧炉	200	800	–	–	
	还原炉	100	800	–	–	
	精炼	100	800	–	–	
	其他	100	800	–	–	
钛冶炼	原料制备	100	–	–	–	
	高钛渣电炉	120	300	–	–	
	氯化系统	–	–	70	120	
	精制系统	–	–	70	120	
	镁电解槽	–	–	70	120	
	镁精炼	100	800	–	–	
	其他	100	800	70	120	

4.2.2 自 2012 年 1 月 1 日起，现有企业执行表 5 规定的大气污染物排放限值。

4.2.3 自 2010 年 10 月 1 日起，新建企业执行表 5 规定的大气污染物排放限值。

表 5　　新建企业大气污染物排放浓度限值　单位：mg/m3

生产系统及设备		排放浓度限值				污染物排放监控位置
		颗粒物	二氧化硫	氯气	氯化氢	
矿山	破碎、筛分、转运等	50	–	–	–	污染物净化设施排放口
镁冶炼	原料制备	50	–	–	–	
	煅烧炉	150	400	–	–	
	还原炉	50	400	–	–	
	精炼	50	400	–	–	
	其他	50	400	–	–	
生产系统及设备		排放浓度限值				污染物排放监控位置
		颗粒物	二氧化硫	氯气	氯化氢	
钛冶炼	原料制备	50	–	–	–	污染物净化设施排放口
	高钛渣电炉	70	400	–	–	
	氯化系统	–	–	60	80	
	精制系统	–	–	60	80	
	镁电解槽	–	–	60	80	
	镁精炼	50	400	–	–	
	其他	50	400	60	80	

表 6　　现有和新建企业边界大气污染物浓度限值　单位：单位：mg/m3

序号	污染物	浓度限值
1	二氧化硫	0.5
2	总悬浮颗粒物	1.0
3	氯气	0.02
4	氯化氢	0.15

4.2.4 企业边界大气污染物任何 1 小时平均浓度执行表 6 规定的限值。

4.2.5 在现有企业生产、建设项目竣工环保验收后的生产过程中，负责监管的环境保护主管部门应对周围居住、教学、医疗等用途的敏感区域环境质量进行监测。建设项目的具体监控范围为环境影响评价确定的周围敏感区域；未进行过环境影响评价的现有企业，监控范围由负责监管的环境保护主管部门，根据企业排污的特点和规律及当地的自然、气象条件等因素，参照相关环境影响评价技术导则确定。地方政府应对本辖区环境质量负责，采取措施确保环境状况符合环境质量标准要求。

4.2.6 产生大气污染物的生产工艺和装置必须设立局部或整体气体收集系统和集中净化处理装置，并通过符合要求的排气筒排放。所有排气筒高度应不低于 15m（排放氯气的排气筒高度不得低于 25m）。排气筒周围半径 200m 范围内有建筑物时，排气筒高度还应高出最高建筑物 3m 以上。

4.2.7 炉窑基准过量空气系数为 1.7，实测炉窑的大气污染物排放浓度，应换算为基准过量空气系数排放浓度。生产设施应采取合理的通风措施，不得故意稀释排放。在国家未规定其他生产设施单位产品基准排气量之前，暂以实测浓度作为判定是否达标的依据。

5 污染物监测要求

5.1 污染物监测的一般要求

5.1.1 对企业排放废水和废气的采样，应根据监测污染物的种类，在规定的污染物排放监控位置进行，有废水和废气处理设施的，应在处理设施后监控。在污染物排放监控位置须设置永久性排污口标志。

5.1.2 新建企业和现有企业安装污染物排放自动监控设备的要求，按有关法律和《污染源自动监控管理办法》的规定执行。

5.1.3 对企业污染物排放情况进行监测的频次、采样时间等要求，按国家有关污染源监测技术规范的规定执行。

5.1.4 企业产品产量的核定，以法定报表为依据。

5.1.5 企业须按照有关法律和《环境监测管理办法》的规定，对排污状况进行监测，并保存原始监测记录。

5.2 水污染物监测要求

对企业排放水污染物浓度的测定采用表 7 所列的方法标准。

表 7　　水污染物浓度测定方法标准

序号	污染物项目	方法标准名称	方法标准编号
1	pH 值	水质 pH 值的测定 玻璃电极法	GB/T 6920-1986
2	悬浮物	水质 悬浮物的测定 重量法	GB/T 11901-1989
3	化学需氧量	水质 化学需氧量的测定 重铬酸盐法	GB/T 11914-1989
		水质 化学需氧量的测定 快速消解分光光度法	HJ/T 399-2007
4	总铬	水质 总铬的测定	GB/T 7466-1987
5	六价铬	水质 六价铬的测定 二苯碳酰二肼分光光度法	GB/T 7467-1987
6	总铜	水质 铜、锌、铅、镉的测定 原子吸收分光光度法	GB/T 7475-1987
7	总磷	水质 总磷的测定 钼酸铵分光光度法	GB/T 11893-1989
8	总氮	水质 总氮的测定 碱性过硫酸钾消解紫外分光光度法	GB/T 11894-1989
		水质 总氮的测定 气相分子吸收光谱法	HJ/T 199-2005
9	氨氮	水质 氨氮的测定 纳氏试剂分光光度法	HJ 535-2009
		水质 氨氮的测定 水杨酸分光光度法	HJ 536-2009
		水质 氨氮的测定 蒸馏－中和滴定法	HJ 537-2009
		水质 氨氮的测定 气相分子吸收光谱法	HJ/T 195-2005
10	石油类	水质 石油类和动植物油的测定 红外光度法	GB/T 16488-1996

5.3 大气污染物监测要求

5.3.1 采样点的设置与采样方法按 GB/T16157-1996 执行。

5.3.2 在有敏感建筑物方位、必要的情况下进行监控，具体要求按 HJ/T 55-2000 进行监测。

5.3.3 对企业排放大气污染物浓度的测定采用表 8 所列的方法标准。

表 8　　大气污染物浓度测定方法标准

序号	污染物项目	方法标准名称	方法标准编号
1	二氧化硫	固定污染源排气中二氧化硫的测定　碘量法	HJ/T56-2000
		固定污染源排气中二氧化硫的测定　定电位电解法	HJ/T57-2000
		环境空气　二氧化硫的测定　甲醛吸收－副玫瑰苯胺分光光度法	HJ 482-2009
		环境空气　二氧化硫的测定　四氯汞盐吸收－副玫瑰苯胺分 HJ/T57-2000 光光度法	HJ 483-2009
2	颗粒物	固定污染源排气中颗粒物测定与气态污染物采样方法	GB/T16157-1996
		环境空气　总悬浮颗粒物的测定　重量法	GB/T15432-1995
3	氯气	固定污染源排气中氯气的测定　甲基橙分光光度法	HJ/T30-1999
		固定污染源废气　氯气的测定　碘量法（暂行）	HJ 547-2009
4	氯化氢	固定污染源排气中氯化氢的测定　硫氰酸汞分光光度法	HJ/T27-1999
		固定污染源废气　氯化氢的测定　硝酸银容量法（暂行）	HJ 548-2009
		空气和废气　氯化氢的测定　离子色谱法（暂行）	HJ 549-2009

6 实施与监督

6.1 本标准由县级以上人民政府环境保护行政主管部门负责监督实施。

6.2 在任何情况下，企业均应遵守本标准规定的污染物排放控制要求，采取必要措施保证污染防治设施正常运行。各级环保部门在对设施进行监督性检查时，可以现场即时采样或监测的结果，作为判定排污行为是否符合排放标准以及实施相关环境保护管理措施的依据。在发现设施耗水或排水量有异常变化的情况下，应核定企业的实际产品产量、排水量，按本标准的规定，换算水污染物基准排水量排放浓度。

国家安全监管总局办公厅关于做好尾矿库在线监测系统安装工作的通知 安监总厅管一〔2010〕219号

各省、自治区、直辖市及新疆生产建设兵团安全生产监督管理局，各有关中央企业：

按照《国务院安委会办公室关于贯彻落实〈国务院关于进一步加强企业安全生产工作的通知〉精神进一步加强非煤矿山安全生产工作的实施意见》（安委办〔2010〕17号）要求，为确保到2013年底三等以上尾矿库全部安装全过程在线安全监控系统目标的实现，进一步提升尾矿库本质安全水平，现就做好尾矿库在线监测系统安装工作有关事项通知如下：

一、加强组织领导。

各地区要结合本地区尾矿库现状，制定尾矿库在线监测系统安装工作方案，分步组织实施，确保2013年底前三等以上尾矿库全部建立在线监测系统。鼓励四等尾矿库安装在线监测系统。

二、严格落实标准。

《尾矿库安全监测技术规范》（AQ2030-2010，以下简称《规范》）已于2010年9月6日发布。各地区要督促指导尾矿库企业严格按照《规范》要求，做好尾矿库在线监测系统设计、安装工作，确保对位移、渗流、干滩、库水位、降水量等数据的有效监测。

三、及时更新改造。

对已建立安全监测系统，但不符合《规范》要求的尾矿库，要督促尾矿库企业予以补设或更新改造。

四、加强监督检查。

各地要加强对尾矿库在线监测系统安装工作的监督检查，跟踪工作进展，及时予以督促指导。对进展迟缓、故意拖延、不按标准设计、不及时更新改造的尾矿库企业，要依法采取责令停产、限期整改、暂扣安全生产许可证等措施，确保尾矿库在线监测系统安装工作的按期完成。

国家安全生产监督管理总局办公厅

二〇一〇年十二月二十一日

地方政策法规

“中国有色金属之乡”：赤峰合力发展铅锌矿

内蒙古赤峰市有色金属矿产日采选能力达 8.63 万吨，其中铅锌 4 万吨。远景储量（金属量）铅 700 万吨、锌 1300 万吨。

2010 年 2 月赤峰市被中国有色金属工业协会授予“中国有色金属之乡”称号，同时也是中国唯一获此殊荣的地级城市。

赤峰市地跨大兴安岭成矿带和华北地台北缘两大成矿带。境内从北到南又分为三条成矿带，分别是北部铁锡钨银铜铅锌成矿亚带、中部铅锌铜钼金钨成矿亚带、南部金铜铁成矿亚带。受中生代以来构造运动和岩浆岩活动的影响，形成了一系列由火山断陷盆地组成的北东向火山岩带。在这些特定的地质环境、复杂的地质事件和成矿作用下，形成了多种有色金属矿产。赤峰市现已发现矿产 70 余种，已探明储量的矿产有 43 种，矿产地 1200 余处，其中大型矿床 25 个。贵重金属、有色金属储量均居内蒙古自治区前列，国内外许多地质学家认为这里是中国重要的有色金属成矿区。

赤峰市现有矿山企业 1067 家，其中铅锌矿 62 家、铜矿 30 家、钼矿 6 家、金矿 75 家、银矿 8 家。较大的有色金属矿山有阿鲁科尔沁旗敖仑花铜钼矿、巴林左旗白音诺尔铅锌矿和红岭铅锌矿、林西县大井子铜矿、翁牛特旗梧桐花铅锌矿、松山区鸡冠山钼矿等多处。目前，赤峰有色金属矿产日采选能力达 8.63 万吨，其中铅锌 4 万吨、铜 2500 吨、锡 800 吨、钼 4.3 万吨。

赤峰市的有色金属冶金工业基础较好，已具备一定规模，赤峰市有色金属年冶炼能力已达 50 万吨，有色金属冶炼产品 16.6 万吨。冶金工业在赤峰整个工业经济比重占到了 55%，对财政的贡献率达到 60%，有色金属工业增加值达到 51.7 亿元，占全市规模以上工业增加值的 37.4%，有色金属产业是赤峰的支柱产业。

赤峰市地下资源富集，有色金属种类多、储量大、品位高、易开采。据中科院、地科院、内蒙古地勘局的地质专家预测，赤峰有色金属、贵金属矿产的远景储量（金属量）为：铜 160 万吨、铅 700 万吨、锌 1300 万吨、钨 20 万吨、锡 180 万吨、钼 180 万吨、金 150 吨、银 4 万吨。按现行市场价格计算，潜在价值达 15000 多亿元。

近几年，赤峰市每年都有 10 亿元资金投入于矿产勘查开发。为了解决基础地质资金不足问题，尽快实现基础地质工作突破，赤峰在中国率先引进社会资金，开展了商业性 1 ∶ 2.5 万航空综合物理探矿和 1 ∶ 5 万商业性矿产地质调查工作。其中，商业性航空物理探矿进行了 1.8 万平方公里，商业性矿产地质调查进行了 41 幅约 1.6 万平方公里。共提交了异常区 261 处，新发现有价值的矿点 70 余处。目前，自治区政府正在赤峰北部进行航空物探，赤峰 1 ∶ 5 万基础地质调查已达国土面积的 40%。

《江西省矿产资源总体规划》

《江西省矿产资源总体规划（2008－2015）》（以下简称《规划》）已经国土资源部批准，现印发给你们，请结合实际，认真组织实施。

一、充分认识《规划》实施的重要意义。

《规划》是依法保护、合理利用和科学管理矿产资源的重要依据，对加强地质工作，科学发展矿业经济，实现江西经济社会持续健康稳定发展具有十分重要的意义。各地各部门务必以科学发展观为指导，始终坚持“在保护中开发、在开发中保护”的方针，按照统筹规划、科学开发、合理利用、依法保护的原则，调整矿产资源开发利用结构和布局，加强矿山地质环境保护与恢复治理和矿区土地复垦，大力推进绿色矿山建设，促进矿产资源领域循环经济发展，推进资源利用方式和管理方式的根本转变，加快资源优势向经济优势转化，构建保障和促进科学发展的新机制，提高资源对经济社会发展的保障能力。

二、加强矿产资源调查评价和勘查。

开展重要成矿区带矿产资源远景调查，加强煤炭、铁、铜、钨等重要矿产资源勘查，加大大中型危机矿山深部和外围勘查力度，提高矿产资源保障程度。提高基础性、公益性地质调查工作程度，拓展和延伸地质勘查服务领域，为经济社会发展提供基础信息服务。严格监督管理，改善矿业投资环境，构建地质勘查新机制，鼓励和引导商业性矿产勘查，提高重要矿产供应能力。

三、加强矿产资源开发利用宏观调控。

加强铁、铜、铅、锌、岩金等矿产资源开发利用。有序开采煤炭资源。限制开采钼、萤石、河道砂矿。对钨、锡、锑、稀土等实行规划调控，限制开采。严格执行年度开采总量控制指标。禁止开采可耕地砖瓦用粘土，加大对露天采石取土限制力度。严格按照开采规划分区和准入条件，调整优化勘查开发利用布局。严格执行最低开采规模制度，提高集约化水平。持续推进科技进步，严格规范管理，提高矿产资源开采回采率、选矿回收率和综合利用率。

四、加强矿山地质环境保护与治理恢复。

按照“谁开发谁保护、谁污染谁治理、谁破坏谁恢复”的原则，进一步加强矿山地质环境保护，加强治理监督管理，督促采矿权人依法履行矿山地质环境保护义务。严格执行矿山环境治理和生态恢复保证金制度，积极实施矿山环境治理恢复和土地复垦工程，强化对矿山环境状况的监测预报，建立健全矿山地质灾害监测管理体系，有效防治地质灾害，减少矿业活动对环境的影响和破坏。

五、做好《规划》组织实施。

各地要在《规划》的指导下，抓紧组织编制市县两级矿产资源规划，并按规定报批。要认真落实《规划》提出的各项任务和措施，并将《规划》确定的目标和主要指标纳入国民经济和社会发展规划。要编制重要矿区矿产资源规划，明确勘查开采规模、数量、时序和空间布局。依据《规划》审批和监督管理矿产资源勘查和开发利用活动，对不符合规划的项目，不得批准立项，不得审批，不得颁发勘查许可证和采矿许可证，不得批准用地。要加大《规划》宣传力度，不断增强全社会珍惜和保护矿产资源的意识。各级国土资源部门要会同同级发改委、地矿、监察、公安、环保、安监等部门加强对矿产资源规划执行情况的监督检查，确保《规划》顺利实施。

《兰州市冶金有色金属产业调整和振兴规划实施方案》

为应对金融危机，加快推动兰州市有色冶金产业的发展，兰州市工信委组织编制的《兰州市冶金有色金属产业调整和振兴规划实施方案（2009—2011年）》，报市政府审定同意后正式出台

主要任务

构建四大产业基地

截止2009年兰州市有色冶金企业58户。《规划》的主要任务是以龙头企业为核心，构建并加快建设连海煤、电、冶、化循环经济产业基地；平安电解铝冶炼及加工基地；和平有色金属新材料研发及电池产业基地；金崖钢铁与装备制造循环经济产业基地。建立区域煤、电、铝、碳素制品，钢铁、铁合金、钢、铝、镍钴新材料下游延伸加工链，培育产业集聚，促进产业集约式发展，形成特色鲜明、优势突出的块状产业经济格局。

《规划》提出将投资230亿元，实施重点技术改造项目，打破产品结构单一化、低端化和同质化的格局，逐步实现冶金、有色金属五大产业产品由低端产品向高技术、高附加值产品转化，延伸主导产品产业链条，优化产品结构，促进产业升级。

产业规划

五大产业加快产业链延伸

镍钴新材料产业，将主要发展兰州金川科技园，充分利用国内外科技优势，由电池材料向电池终端产品延伸，新上电池生产线，一期投资7亿元，生产单体电池100万只/日，年实现销售收入17亿元。同时，二期动力电池同步进行，争取国家支持，建设兰州金川科技园国家新能源电池产业化基地；电解铝深加工，将重点实施中国铝业连城分公司25万吨高精度板带箔等项目，到2011年，铝加工材达到35万吨，年均增速138%；钢材深加工，将逐步将榆钢公司建成西部重要的钢材深加工基地；铁合金深加工，将重点发展特种铁合金、复合铁合金；碳素深加工，将投资11.1亿元，建设4000吨特种石墨和高炉炭转项目，填补中国大规格特种石墨及核石墨的空白。

规划目标

2011年实现总产值368亿元

《规划》指出，要充分利用国家级企业技术中心1个，省级企业技术中心4个，材料类实验室6个的优势，三年内投资48亿元，全面提高企业自主创新能力和科技创新能力，形成产业技术竞争优势。大力发展循环经济，要加大资金投入力度，三年投入10亿元，实施节能减排、循环经济重点项目，使冶金及主要有色金属产品节能减排达标、循环经济效益显著。

兰州市有色冶金产业调整和振兴规划目标是：到2011年，有色冶金实现总产值（现价）368亿元，年均增速19%；工业增加值66.2亿元，年均增速19%。主营业务收入367亿元，年均增长18%。使兰州成为中国重要的区域性有色冶金发展基地。

甘肃陇南地区铅锌产业的现状及发展规划

一、陇南市铅锌产业发展状况

陇南市铅锌矿主要集中在成县、西和县和徽县境内，东西长 85 千米，南北长 7-12 千米，面积为 1200 平方千米，金属储量约 2800 万吨，平均品位 4.5-12%，为中国第二大铅锌矿体。铅锌作为不可再生资源，开发利用水平越高，走向枯竭的速度越快。随着开发程度的加深，开发成本不断上升，比较优势和竞争力逐步丧失，将不可避免地影响到以资源为依托的陇南经济发展。按照目前开采状况，再经过十几年，将面临资源枯竭的境况。那么如何未雨绸缪，发展接替产业，从而实现产业转型和升级，是陇南市经济可持续发展战略的重大课题。

（一）支柱产业的作用明显. 截止 2008 年底，陇南市共有铅锌生产企业 98 家，其中：采选企业 86 家，冶炼企业 12 家。从陇南市的经济总体情况看，铅锌产业在陇南经济发展中占居十分重要的位置，已成为陇南经济的支柱产业。2007 年铅锌价格高位运行，陇南市以铅锌产业为主的工业增加值达 35.12 亿元，占陇南市当年 GDP 总量的 31.41%；铅锌企业上缴利税 9.67 亿元，占陇南市当年财政总收入的 59.99%。

（二）金融危机的冲击严重. 受国际金融危机的影响，陇南市以铅锌行业为主的工业经济遭受重创，在国家和甘肃省工业经济呈现恢复性增长的背景下，陇南市工业经济仍然保持低位运行，至 2009 年底，陇南市规模以上工业增加值只能与 2008 年持平。陇南市工业经济对铅锌行业的过度依赖造成陇南市工业经济巨幅波动，2008 年陇南市规模以上工业增加值完成 20.33 亿元，同比下降 13.8%，特别是以铅锌为支柱的成县、西和县、徽县分别下降 35.1%、13.7% 和 8.9%。

（三）短期内铅锌产业景气度不乐观。据国际权威铅锌监测小组预测，在国家刺激政策支持下以及下游行业出现一定复苏的影响下，2009 年前三季度，中国铅锌市场的数据出现了一些乐观的迹象，但在全球产能过剩的情况下，中国的铅锌市场仍然难以迅速回暖，复苏之路依然艰难。

（四）产业结构调整压力加大。陇南市铅锌工业的发展突出表现为企业数量的增加和生产规模的扩大，在产业结构、产品结构、技术水平、资源综合利用、环境保护等方面则进步很慢。资源消耗多，能耗高，污染严重，产业结构不合理等深层次问题是主要问题。从可持续发展的高度出发，国家加大产业结构调整的步伐加快，按照整合要求，陇南市铅锌企业不论在资源、环境、市场供给方面，均是无法承受的。

二、铅锌产业发展中存在的问题

产业升级、环境保护问题是目前中国经济发展面临的主要问题，如不及时彻底的解决，企业生存将会面临巨大的压力。陇南市铅锌企业也同样面临这样的巨大挑战 .

（一）产业重组问题。国务院常务会议通过的《有色金属产业调整振兴规划》，明确要以控制总量、淘汰落后、技术改造、企业重组为重点，目的在于帮助大型企业缓解经营压力，利用行业低迷时期实现低成本的跨越式扩张。《规划》将通过大规模推进行业兼并重组等措施提振有色金属市场，鼓励有实力的大型企业以多种方式重组，计划打造 3-5 个具有实力的综合性有色金属企业集团，使铜、铝、铅、锌骨干企业的产量占中国的比重分别由目前的 70%、55% 和 40%，提高到 2011 年的 90%、70% 和 60%，以提高中国企业在国际市场的话语权。而目前陇南市铅锌企业数量多、规模小，中国前十名铅锌冶炼企业中陇南没有一家企业，企业生产的保本点依旧高于同行业水平。铅锌冶炼企业 89 户，但是集约化经营程度不高，小企业数量过多，企业重组成为一种必然趋势。

（二）环保问题。陇南市经济增长对资源的严重依赖，使得这种增长会受到越来越严重的制约，支撑陇南市工业经济的铅锌等高耗能、高污染企业的发展，将会受到日益增多的限制。高投入，高污染、低产出、低效益的粗放型增长方式面临的市场压力日益严峻，难以支撑经济可持续发展。同时，作为国家的有形财富，政府对资源开采的宏观调控将会进一步加强，规模化开采、资源地的环保等问题将会面临更多限制。今年出台的《铅锌产业调整振兴规划》实施细则中已经提到了中国铅锌行业的产能淘汰目标。由于陇南铅锌企业的粗放型的生产方式和铅锌企业仍然是依靠资源的高消耗来推动增长，生产集中度底、资源消耗高、浪费大、污染重，环保压力很大。

（三）持续发展问题. 陇南市铅锌企业主要从事简单的冶炼，没有下游企业，产品科技含量低，产业链条短，铅锌产业抵御市场风险的能力十分脆弱，普遍面临着接续和替代产业发展滞后的问题，在陇南市表现的尤为突出，已经影响到陇南市经济的可持续发展。另外，伴随矿产资源的开采，现有矿山铅锌原料生产持续增长的势头已经明显减弱。以现有开采速度计算，探明铅锌资源储量仅够开采 10 年左右（未计远景储量）。原料的生产有可能满足不了冶炼的生产。铅锌工业发展仍以粗放经营为主，采用投资扩大冶炼能力、实现增量的发展模式。这种发展模式不顾资源的支撑能力和市场需求，受短期利益和局部利益的驱动带有很大的盲目性，难以取得持续性的投资效益。

三、铅锌产业转型与产业链延伸

根据陇南市铅锌情况，结合国家产业政策和经济结构调整要求，陇南市必须抓住机遇，实现产业调整、企业规模化经营，这是陇南市工业经济持续发展的必然选择，需要抓好以下几方面工作。

（一）积极推动产业整合．金融危机的爆发和低碳经济模式的推行并未根本改变铅锌工业发展的总体趋势，却为铅锌工业的战略重组提供了良好的机遇，必然推动产业重组、资源整合。按照《有色金属产业调整振兴规划》和《中国矿产资源规划（2008-2015年）》，国家将尽快推动铅锌企业整合，通过矿山、冶炼和加工企业之间相互参股等方式进行联合重组，组建具有竞力的企业集团，提高行业的集中度，促进有色业结构转型升级。同时将建立健全落后产能退出机制，进一步规范投资行为，制止盲目投资和落后生产能力的低水平重复建设，严格执行新开工项目投资管理的有关规定，规范投资行为，从严控新建高耗能项目。陇南要抓住这次机遇，加快产业结构调整，大力促进循环经济发展。

（二）实现企业集约化经营．按照产业整合的要求，针对陇南市铅锌行业〃小、散、粗〃的现状，适时进行结构战略性调整。通过兼并、重组、联合等形式，组建若干大型铅锌企业或集团公司，实现规模化生产。在矿产资源开发利用领域，成为结构调整和产业升级的主导力量，带动陇南市企业向产业化、大型化方向发展。市发改委、经委等部门要统筹考虑资源、环境、能源等条件，制定铅锌行业发展规划，指导陇南市铅锌行业发展。出台优惠政策，充分发挥成州、宝徽、洛坝等骨干企业的主导作用，整合重组审批手续，提高产业集中度，扩大产业集群规模和效益，提高产业集聚优势和竞争能力。

（三）延伸产业发展链条．利用铅锌企业积累的财富、技术、人才优势，按照引进来，走出去的发展思路，加强上下游配套协作，构建技术关联、协作紧密的产业链，走链条式的发展道路。一是引进、启动一批有着完整产业链的〃采－选－冶－深加工〃企业，拉长〃铅－铅合金〃生产链条，构筑资源型企业抵御市场风险的能力，提高企业核心竞争力。二是大力发展锌合金零部件，加快发展镀锌管材、板材、建材，积极培育〃铅锌－镀锌钢板－汽车工业〃产业链。三是加大铅锌产品市场应用领域的研究力度，不断开发铅锌新产品。

（四）加大淘汰落后产能力度．按照国家环保标准，建立市发改委、环境保护、国土、安全生产监督、工商、电业、税务、金融等部门建立联动机制，按照产业政策和行业规划要求，从布局和外部生产条件、工艺装备、能源节约、资源消耗、环境保护、安全生产等方面，加强检查，跟踪监督，综合运用行政、价格手段，对现有生产规模较小、不符合行业规划、环保不达标的企业，坚决予以关闭，促进铅锌行业快速健康发展。

（五）抓住产业转移机遇，降低陇南市工业经济对铅锌产业的依赖。目前，沿海发达地区正积极主动地运用经济、法律和行政手段，推动高耗能、高排放和劳动密集型产业向外转移，以腾出空间发展高新技术产业。国家也对沿海产业的这种梯度转移采取支持、鼓励政策。各有关部委积极落实国家关于〃西部大开发〃、〃促进中部地区崛起〃等战略部署，引导产业向中西部地区转移。计划在中西部地区认定一批加工贸易重点承接基地，会同国家开发银行出台了支持承接基地发展的政策，引导加工贸易向中西部地区转移，抓住沿海产业梯度转移这个难得的历史机遇，陇南市积极制定各项政策，高度重视主导产业的培育和支持，积极引进产业链条长、辐射效应大的工业项目，并列为支柱产业加以扶持。承接产业转移，有利于盘活现有资源、发展地方经济。我们必须开动脑筋、拓宽视野，在更大范围内谋求承接产业转移的途径，充分利用外部资源，充分掌握沿海产业转移的动向，积极做好沿海产业转移的对接工作，借此机会推动陇南的工业化进程，加快经济发展。

河南省提高重金属污染物相关行业准入条件

河南省环保厅、发改委、财政厅等 7 部门于 2010 年 3 月联合出台《河南省重金属污染防治工作实施方案》（以下简称《方案》），将提高排放重金属污染物相关行业的准入条件。

《方案》确定的重点防控行业包括：铅锌冶炼等重有色金属冶炼业、有色金属矿采选业、有色金属加工业、电镀、含铅蓄电池制造及回收加工、皮革及其制品业、印染、染（颜）料等化学原料及化学制品制造业等。根据《方案》，河南省将提高排放重金属污染物相关行业的准入条件，鼓励发展排污强度低、能耗少、清洁生产水平高的先进工艺，加大对重金属排放行业落后产能和工艺设备的淘汰力度。

河南省还将对重金属污染重点防控区域实行建设项目环评前置审批，未通过审批的，各级部门不予办理相关手续；未经审批或未经环保验收的建设项目，一律停止建设或生产。同时，河南省还将开展环境与健康风险评价，达不到要求的由当地政府予以关闭。

江西矿产资源总体规划

《江西省矿产资源总体规划（2008－2015）》（以下简称《规划》）

一、充分认识《规划》实施的重要意义。

《规划》是依法保护、合理利用和科学管理矿产资源的重要依据，对加强地质工作，科学发展矿业经济，实现江西经济社会持续健康稳定发展具有十分重要的意义。各地各部门务必以科学发展观为指导，始终坚持“在保护中开发、在开发中保护”的方针，按照统筹规划、科学开发、合理利用、依法保护的原则，调整矿产资源开发利用结构和布局，加强矿山地质环境保护与恢复治理和矿区土地复垦，大力推进绿色矿山建设，促进矿产资源领域循环经济发展，推进资源利用方式和管理方式的根本转变，加快资源优势向经济优势转化，构建保障和促进科学发展的新机制，提高资源对经济社会发展的保障能力。

二、加强矿产资源调查评价和勘查。

开展重要成矿区带矿产资源远景调查，加强煤炭、铁、铜、钨等重要矿产资源勘查，加大大中型危机矿山深部和外围勘查力度，提高矿产资源保障程度。提高基础性、公益性地质调查工作程度，拓展和延伸地质勘查服务领域，为经济社会发展提供基础信息服务。严格监督管理，改善矿业投资环境，构建地质勘查新机制，鼓励和引导商业性矿产勘查，提高重要矿产供应能力。

三、加强矿产资源开发利用宏观调控。

加强铁、铜、铅、锌、岩金等矿产资源开发利用。有序开采煤炭资源。限制开采钼、萤石、河道砂矿。对钨、锡、锑、稀土等实行规划调控，限制开采。严格执行年度开采总量控制指标。禁止开采可耕地砖瓦用粘土，加大对露天采石取土限制力度。严格按照开采规划分区和准入条件，调整优化勘查开发利用布局。严格执行最低开采规模制度，提高集约化水平。持续推进科技进步，严格规范管理，提高矿产资源开采回采率、选矿回收率和综合利用率。

四、加强矿山地质环境保护与治理恢复。

按照“谁开发谁保护、谁污染谁治理、谁破坏谁恢复”的原则，进一步加强矿山地质环境保护，加强治理监督管理，督促采矿权人依法履行矿山地质环境保护义务。严格执行矿山环境治理和生态恢复保证金制度，积极实施矿山环境治理恢复和土地复垦工程，强化对矿山环境状况的监测预报，建立健全矿山地质灾害监测管理体系，有效防治地质灾害，减少矿业活动对环境的影响和破坏。

五、做好《规划》组织实施。

各地要在《规划》的指导下，抓紧组织编制市县两级矿产资源规划，并按规定报批。要认真落实《规划》提出的各项任务和措施，并将《规划》确定的目标和主要指标纳入国民经济和社会发展规划。要编制重要矿区矿产资源规划，明确勘查开采规模、数量、时序和空间布局。依据《规划》审批和监督管理矿产资源勘查和开发利用活动，对不符合规划的项目，不得批准立项，不得审批，不得颁发勘查许可证和采矿许可证，不得批准用地。要加大《规划》宣传力度，不断增强全社会珍惜和保护矿产资源的意识。各级国土资源部门要会同同级发改委、地矿、监察、公安、环保、安监等部门加强对矿产资源规划执行情况的监督检查，确保《规划》顺利实施。

江西省赣县稀土产业现状与发展

稀土产业是赣县的四大产业集群之一，近年来，按照“整合资源、保护环境、科学规划、合理布局、深度加工、集群发展”的方针，以现有企业为平台，大力引进战略投资和技术合作，大力发展稀土深加工项目和产品，延长产业链条和提高产业竞争力，使稀土产业走规模化、集约化、效益化发展之路。稀土产业已成为该县的塔尖产业和工业经济的脊梁，它的发展，为富民兴赣做出了巨大贡献。

一、发展现状

1. 规模不断状大。赣县已有规模以上稀土企业 11 家，其中：年销售收入亿元以上的企业 10 家，纳税千万元的企业 3 家。稀土分离能力 5000 吨，稀土工业已实现了从稀土初级分离向深加工的方向转化，该县已成为江西省规模最大、工艺最先进加工中心。2009 年全县规模以上稀土加工业实现销售收入 23 亿元，占赣州市稀土产业的总量的 26.2%，占赣县规模工业总量的 22.3%。

2. 产品品种齐全。主要产品有：氧化镧、氧化镨、氧化钕、氧化铽、氧化镝、氧化钇、氧化铕、氧化钇铕系列共沉物等离子体彩电粉、液晶显示器粉、高清晰度背投粉、高性能钕铁硼永磁体等。

3. 贡献日益突出。2009 年规模以上稀土产业上缴税金 0.74 亿元，占赣县当年财政总收入的 12.3%，占规模以上工业总量的 23.5%，。2010 年前 3 季度稀土产业纳税0.7亿元，主要经济指标增幅名列全县之首。

二、发展优势

1. 具有独特的资源优势。该县稀土以中重稀土为主，稀土矿产资源分布相对集中，开采条件较好，经济价值较高，且矿床面型分布，放射性低、成本低。稀土富含钇、铕、铽、镝等元素，是生产稀土永磁材料和发光材料等功能性材料的理想资源，具有其它稀土资源不可比拟的优势。

2. 具有较好的产业发展基础。经过多年的发展，该县稀土分离企业规模已逐步扩大，产品种类越来越多，产品质量也越来越高，部分产品的质量已达到国际国内先进水平，在国内外市场上有较大的影响。

3. 科技创新能力得到初步培育。该县红金稀土有限公司是省高新技术企业，国家商务部出口的重点扶持企业，现已成为省规模最大、中国工艺最先进、品种规格最齐全的稀土分离厂家之一。该公司在技术上与北京大学、江西理工大学等共同开发新材料产品项目，建立长期的合作关系，实现人才、技术资源共享，为培育稀土产业科技创新能力打下基础。

三、发展特点

1. 发展基础好生产工艺先进。经过几年的发展，赣县稀土加工生产线逐步完善，如，赣县红金稀土有限公司全面采用当今中国最先进的北大优化串级萃取理论设计生产线，年处理离子型稀土矿达4000吨，其产品全部达到中国同类产品先进水水平。

2. 科技创新步伐快。以稀土为主的特色产业，省级高新技术企业有3家、省级民营科技企业1家、市级民营科技企业1家。高纯氧化钇、氧化铕、球状单晶稀土抛光粉等二十多种稀土分离产品被省科技厅认定为省级高新技术产品。赣县红金稀土有限公司入选商务部2007、2008、2009年稀土出口企业名单。新盛稀土生产的“高纯稀土红色荧光粉”通过省级重点新产品鉴定。

3. 特色产业靠大联强成效显著。近年来，稀土产业，通过靠大联强、技术创新，产业升级加快，现在，已形成一条较为完善的稀土深加工产业链，成为江西最大的稀土分离中心。比如，赣县红金稀土有限公司与日本昭和联合生产磁性材料，与韩国三星公司生产荧光粉，与中国五矿、定南大华公司合作组建新的五矿稀土（赣州）股份有限公司，致力于打造全球最大的稀土企业，赣州新盛稀土有限公司与中国知名企业浙江横店东磁联合，资金、技术、原料问题迎刃而解。

4. 集约型经济有新突破。该县大力整合资源，狠抓资源的集约利用，取得了明显成效，现在，该县列入规模工业统计的11家稀土加工企业，有6家利用稀土废料再加工，生产一定科技含量的产品，年吸纳浙江、广东等省市的稀土废料近1.5万吨。

四、存在问题

1. 产业集中度低，产品结构矛盾仍然突出。目前该县稀土企业普遍规模小，绝大多数为中小型企业，整体竞争力不强。上游产品占80%以上，应用产品几乎为零，且产品比较趋同，所属原料型产业，产业链延伸还不够，以产品和产业为纽带的协作配套体系尚未形成。

2. 配套产品发展滞后，阻碍产业向精深发展。该县稀土分离企业所需的化工原料大部分从外地购进。稀土磁材项目的后续稀土加工和电镀等方面不配套，资本市场、技术市场发展迟缓，阻碍了稀土的精深加工。

3. 企业技术创新能力不强，研发能力弱，员工总体技能水平偏低。该县稀土大都没有独立的研发机构，企业只重视生产不关注研发。生产采用成熟工艺，所有企业均无专利技术和专利产品。企业员工总体能力偏低，企业高学历、高技术研发人员比重少，员工研发创新的动力不足，积极性不高。

五、发展建议

1. 加大重大项目实施力度。一是积极引导、协调、支持现有企业加大技改投入，提高企业生产装备和工艺技术水平、扩大生产能力，提高生产效率和经济效率。选择投资额大、回报率高的重大技改项目进行重点扶持。二是实行集中扶持帮助龙头企业制订发展规划，协调解决生产经营中的具体问题，争取上级政策、资金扶持，大力支持其以市场为导向，引导产业资源向行业龙头企业集中，努力打造一批赣县工业经济“领头羊”。

2. 加强对稀土产业发展的宏观调控和引导。继续对稀土矿山、冶炼分离生产实施总量控制，科学规划，适度控制稀土精矿生产总量，以赣县红金稀土有限公司为龙头，加大稀土原料生产企业的重组和整合。对浪费资源、能耗高、污染严重、质量效益差的小型稀土企业进行治理整顿，坚决淘汰落后的生产能力。加大对现有稀土矿冶炼分离企业的技术改造，不再新批新上此类项目。

3. 充分发挥该县政策和区位优势，加大招商引资力度。鼓励企业通过市场运作，加强与国内外及地方强势应用企业在稀土深加工、新材料与应用方面的合作与重组。鼓励企业向工业园区集中建设，凡在该县通过合资、合作等多种方式建设符合国家稀土产业政策的项目，享受稀土原材料优先供应及有关税收的优惠。

4. 推进自主创新，增强稀土产业发展的技术支撑能力。一是积极组建稀土科研平台。采用股份事资、开放合作、市场运作的全新模式，依托县内稀土骨干企业，尽快建立离子型稀土开发应用企业技术中心，解决离子型稀土开发应用中的共性技术、关键技术，促进成果转化。二是推进产学研合作。以项目为纽带，面向国内外一流稀土科研院所和核心企业引进人才和科研成果，形成引领稀土产业未来发展潮流的核心企业。三是实现重点突破。通过自主创新，力争在稀土磁性材料、LED 荧光材料、新合金材料等领域有所突破和创新，研发拥有自主知识产权的新型稀土功能材料。四是发挥协会等中介机构的作用。充分发挥稀土行业协会等在促进科技成果转化等方面的桥梁纽带作用，推进稀土应用领域的国际技术交流与合作。

5. 加大特色工业园区建设力度。在现有的产业基础上，加大政策引导扶持力度。以红金工业区、储潭工业区为依托连成一片形成有特色的工业园，形成产业集聚效应。做精特色产业。以红金工业区现有的稀土产业为基础，重点发展稀土永磁材料、稀土发光材料、稀土储氢材料、中重稀土合金、稀土新材料等五条产业链，把该县建成中国性的稀土氧化物、稀土金属、稀土深加工产品研发生产基地。

6. 强化自主创新能力。着力提高以企业为主体的自主创新能力，是企业生存壮大的必由之路。吸纳一批国内外专家为该县产业发展出谋划策，转让技术，帮助指导企业开发新产品，提高产品质量，为该县的稀土产业的技术创新提供支撑。

7. 注重高技术人才的培养和引进。该县集群产业做大做强，高技术人才的引进和培养是关健的一环。依托中国著名院校建立专门的培训基地，聘请国内外有关专家、学者对该县集群产业现有技术、管理人员进行培训。对产业中的重大技术进步和突出科技人才予以“重奖”。在产业中推行名牌战略，选择有发展前景的企业和产品，培育成国家级和省级名牌产品。这样，工业脊梁才能实现腾飞。

江西宜春出台氧化锂资源管理办法

有效保护资源着力保障发展，宜春出台氧化锂资源管理办法

为加强对全市锂电新能源产业相关资源的有效控制和保护，为落户辖区内的锂电新能源企业提供资源保障，宜春市政府办于 2010 年 3 月出台了《宜春市推进氧化锂资源管理实施办法》。

《办法》规定，宜春市行政区域内氧化锂资源的开发利用按照“品位以上管住，品位以下放开”的原则，以氧化锂边界品位 0.4% 为标准，严格含锂矿区采矿权的新立、扩界和延续审批。凡矿产资源中氧化锂品位在 0.4% 以上的（含 0.4%），对新申请设立采矿权以及现有采矿权扩界的，暂不受理，待选矿试验后视情况再定；凡矿产资源中氧化锂品位在 0.4% 以下的，其采矿权的新设立以及现有采矿权扩界、延续的，按正常程序依法审批。在锂矿区采矿权设立和矿区扩界、矿权延续登记之前，由矿区所在地国土资源管理部门负责取样，送有资质的检测机构对矿物化学成分检测，提交具有法律效力的检测报告，确定矿区氧化锂资源品位，将重点抓好宜丰县同安、奉新县上富等瓷石矿的选矿试验。对经选矿实验确定氧化锂有选矿工业价值的矿区，委托具有固体矿产勘查法定资质的地质勘查单位开展地质勘查工作。在全面掌握矿区氧化锂资源品位、储量和可选性等有关情况的基础上，按照市锂电新能源产业发展领导小组的要求，组织相关部门和有资质的单位编制矿产资源整合规划并依法做好资源整合工作。在整合中，对现有的采矿权将依法收回，依法处置，并由相关部门对整合矿区依法办理采矿权审批手续，实现氧化锂资源的综合开发利用。

《办法》明确，建立健全相关职能部门共同参与的联合执法机制，不定期对全市氧化锂资源的勘查、选矿试验、选矿回收率、生产、保护以及资源整合等情况进行督查。对氧化锂原矿选矿回收率未达到设计要求的，将责令矿山企业加大投入，提高选矿技术水平，避免资源浪费；对氧化锂资源进行破坏性开采，造成严重后果的氧化锂资源矿山企业，依法从严查处。

内蒙古将强化防治重金属污染

内蒙古铁矿、有色金属和稀有金属矿产资源丰富，是中国重要的冶金工业基地，此外重化工产业也极为发达。为防范和消除重金属污染隐患，内蒙古规定各盟市必须将重金属污染综合防治工作作为今后受理新项目的前提条件。

在严格重金属污染物排放行业建设项目的用地、节能、环保等准入条件基础上，内蒙古还要求未通过环境评价审批的项目，一律不得开工。同时，不符合产业政策、危害居民健康的已建成项目也必须限期关停。

根据内蒙古新制订的规划，到２０１０年底，饮用水源一、二级保护区内的重金属污染物排放企业必须关闭并拆除。到２０１２年底，内蒙古计划完成历史堆存的铬渣无害化处理任务。

此外，凡是未按期完成落后产能淘汰任务的盟市或旗县，内蒙古将对其实施区域限批。凡是未依法处置重金属污染物的企业，相关企业责任人也将被依法查处。

青海“十二五”矿产开发总产值突破500亿

“十二五”期间，青海投入地质找矿的各类资金将超过100亿元，力争到2015年矿产资源开发总量达到1.5亿吨，总产值突破500亿元。

“十一五”期间，青海省安排地勘项目1230项，投入资金34.16亿元，完成1:5万地质矿产调查11万平方公里，圈定各类异常2500余处，发现矿（化）点及矿化线索300余处，新发现矿产地17处，新提交可供开发的矿产地20处，新增资源量包括煤炭9.8亿吨、铁矿石1.4亿吨、铜铅锌465万吨、金164吨、银1277吨，为经济社会发展提供了有力支撑。

青海建立国土资源信用约束机制企业信用差不予准入

2010年1月11日，青海省国土资源厅出台《青海省国土资源管理相对人不良行为登记暂行办法》，推行国土资源诚信档案制度，以后在青海开发矿产资源、审批项目建设用地都要看信用，有不良记录的单位、企业或个人将受到约束和制裁。

《办法》规定，凡在青海省区域内使用土地的公民、法人或者其他组织有下列行为之一的，予以登记：违反有关法律、法规、规章的；不主动办理或经督办仍不办理用地手续的；未经批准，以转让房屋（包括其他建筑物、构筑物）或者以土地与他人联建房屋分配实物、利润或者以土地入股、联营与他人共同实施经营活动或者以置换土地等形式，非法转让土地使用权的；未按照批准的用途、用地位置和范围使用土地等不良行为。

凡在青海省区域内从事矿产资源勘查、开发利用的公民、法人或者其他组织经查实有下列行为之一的，予以登记：违反有关法律、法规、规章的；未按规定备案、报告有关情况，拒绝接受监督检查的；擅自印制、冒用或者伪造勘查许可证、采矿许可证的；持已失效或假勘查许可证、采矿许可证从事招商、融资等活动的；破坏或者擅自移动矿区范围界桩或地面标志的；以承包名义变相转让采矿权等的不良行为。

对列入不良记录名单的公民、法人或者其他组织，在处罚、处理未到位或未自行改正前，暂停办理以下事项：勘查许可证、采矿许可证年检；暂不受理其矿业权延续、变更申请；暂不受理其新的矿业权申请，不得参与矿业权“招拍挂”活动；暂不受理其任何用地申请；不得参与土地开发整理和耕地占补平衡项目招投标活动，情节严重的，通过全省企业信用发布平台向社会发布信用信息，直至取消省内国土资源市场准入资格。

山西省太原市开采矿产资源将缴存保证金

山西太原市十二届人大常委会第二十四次会议初审《太原市矿山地质环境治理恢复保证金管理办法（草案）》。通过制定地方性法规，改变太原市以牺牲矿山地质环境为代价的资源开发模式，落实矿山企业履行矿山地质环境治理恢复义务。

太原市矿山地质环境脆弱，地面塌陷、沉降、地裂缝、崩塌、滑坡、泥石流等国家划分的48种地质灾害，太原多达26种。矿山企业开采矿产资源，不可避免地会破坏矿山地质环境。为了保护矿山地质环境，使采矿权人自觉承担矿山地质环境治理恢复责任，实施保证金制度是一条有效途径。目前，中国大部分省和部分地级市都相继出台了保证金的管理制度。

保证金实质是采矿权人为治理恢复自身采矿活动造成的地质环境破坏，全面履行治理恢复法定义务而预先缴存的具有抵押性质的矿山地质环境治理恢复保证金。采矿权人缴存保证金，不免除其矿山地质环境治理恢复义务。保证金的管理遵循企业所有、政府监管、专户储存、专款专用的原则。保证金及其利息属采矿权人所有，专门用于矿山地质环境治理恢复。

该《办法（草案）》还针对采矿权人不履行治理

恢复义务、不按期缴存保证金的情况，规定了相应的法律责任。市人大常委会组成人员认为，矿产资源在为太原市经济社会发展做出贡献的同时，也造成了大量的地质环境破坏，加之矿山企业地质环境保护和地质灾害防治意识淡薄，导致矿山地质环境状况逐年恶化，影响了当地群众的生产生活，甚至威胁到人民生命财产安全。

新疆 2009 年整顿关停 1 8 0 个金属与非金属矿山

2009 年，新疆维吾尔自治区通过清理整顿，共关停不符合安全生产条件的各类矿山 180 个，金属与非金属矿山事故和死亡人数大幅下降。

据新疆维吾尔自治区安全生产委员会介绍，2009 年，新疆安全生产监督管理部门依法对无证开采、私挖滥采、严重超层越界开采、安全生产条件不达标的金属与非金属矿山；未按要求治理或治理后仍不符合安全要求的病险尾矿库，以及未经审批擅自再利用尾矿的尾矿库进行了清理整顿，共注销了 242 家企业的安全生产许可证，对 180 个矿山实施了停产处理。2009 年，新疆共发生金属与非金属矿山事故 56 起，死亡 58 人，比 2008 年分别下降 17.65%和 22.67%。

2011 年新疆将积极推进金属与非金属矿山的安全标准化建设，依法取缔关闭无证开采和不具备安全生产条件的金属与非金属矿山，严厉打击一证多井开采等非法违法行为；对存在安全隐患的尾矿库进行重点整治，坚决关停未取得安全生产许可证擅自运行的尾矿库。

新疆矿产资源丰富、种类齐全，随着近年来矿产资源勘探开发不断升温，除煤炭资源外，铜、铁、金、铅锌、钾盐等金属非金属矿产也吸引了众多国内外矿产企业投资开发。截至 2008 年底，新疆共有包括地下、露天以及尾矿库在内的金属与非金属矿山 2488 个。

新疆投入 100 亿制定铅锌煤炭找矿计划

新疆地域辽阔、资源丰富，是中国重要的战略资源基地，新疆有其得天独厚的矿产资源赋存优势。

将矿产资源优势转化为推动经济社会发展的动力，充分发挥战略资源基地的作用，成为新疆国土资源厅致力的目标。2008 年启动的“358”项目，正在以大手笔的态势，迅速推动地质找矿实现重大突破，为自治区乃至中国经济社会发展提供有力的资源保障。

巨大的资源优势呼唤加大地质找矿投入，“358”项目应运而生

截至 2009 年底，全区已发现矿产 138 种，占中国已发现 171 种矿产的 80.7%。在探明资源储量中，有 41 种矿产保有资源储量居中国前十位，其中居首位有 8 种。矿产资源具有资源优势突出、矿产分布广、矿种齐全配套、资源潜力大的特点，已探明保有资源储量的矿产中，天然气、天然沥青、钠硝石、芒硝、铯、蛭石、铍、白云母居中国首位，石油、镍、钾盐、膨润土、钯居第二位，煤、铂、自然硫居第三位。但是，新疆在矿产资源勘查开发中，地质勘探程度和开发利用能力方面存在的问题也较为明显，主要是：基础地质工作还比较薄弱。有关资料显示，在新疆已经发现的近 300 个重点成矿区带，只有 30% 开展了系统的地质、物探、化探工作。

矿产勘查程度有待加强。统计显示，全区共发现矿产地（点）5000 余处，开展过勘查评价的矿产地只有 969 处，占已发现矿产地（点）的 19.4%。更为紧迫的是，新疆重要矿产保有资源储量占预测资源量的比例非常小，其中，铁 11.4%、铜 5.6%、镍 7.2%、铅 9.6、锌 9.3%、金 3%、钾盐 4.6%。而且，近年来地质工作资金投入严重不足。由于历史原因，国家对新疆每万平方公里的地质工作资金投入仅为中东部省区的十分之一。“‘十五’期间，国家对新疆的地质勘查工作共投入 6.33 亿元，远不能满足新疆地质勘查工作的需要。”

由此导致的后果就是地质勘查工作程度低，可供开发的储量少，保障程度低，致使延伸产业的矿业开发水平低、规模小、分布散，深加工能力差，大大影响了新疆作为矿产资源战略基地的保障能力。解决这一系列问题最首要的办法，就是要加大找矿投入，打造一个找矿必需的——技术、资金和管理等与实际相适应的平台。

瞄准重要成矿区带，整合资金与技术，“358”项目绘出找矿蓝图

2008 年 7 月 11 日，一直关注新疆地质找矿工作的国土资源部和迫切需要加强地质勘查工作的自治区

人民政府，签署了《关于加快开展新疆公益性地质调查和重要矿产勘查协议》。

双方决定从2008年到2015年，中央和地方财政投入40亿元，拉动商业性投入60亿元，在天山、阿尔泰山、昆仑——阿尔金山三大成矿区带展开地质找矿工作，重点勘查煤、铁、铜、镍、铅、铀等重要资源。时任中共中央政治局委员、新疆维吾尔自治区党委书记的王乐泉对这项工作寄予厚望，并提出“3年要有好的眉目，5年要出鼓舞人心的成果，8年要有令国人为之振奋的重大成效”。协议签署当天，国土资源部副部长汪民、新疆地矿局总工程师董连慧、中国地质调查局总工程师室主任严光生等人，一同商议以此作为项目名称，“358”项目自此诞生。

《协议》签署后，新疆维吾尔自治区人民政府和国土资源部迅速组织落实，组建起“358”项目领导小组和项目办公室，按照统一规划、统一选区、统一部署、统一实施的“四统一”原则，整体推进“358”项目。“358”项目要求，找矿目标确定在三大成矿区带，加强基础地质调查和远景矿产调查工作，发现新的矿集区，并以此拉动商业勘查工作。“358”项目对中央地勘基金、地质大调查资金、地方资金以及商业性资金等不同渠道的项目进行统筹部署，其中国家地方出资的公益性地质工作阶段以预查为主，商业性地质工作为普查及以上勘查阶段，在同一重要矿集区内二者联动、有序衔接、整装勘查，实现突破与开发并举。公益性地质勘查以寻找大——超大型矿床为目标，主要开展深部和外围找矿评价；商业性地质勘查工作以建设开发基地为目标开展主要矿体普查及首采地段详查和勘探工作，并通过省部联动加大地质勘查投入，拉动商业性地质勘查工作，促进并提高新疆勘查水平，实现地质找矿重大突破。

由此，地勘中央专项资金4000万/年、自治区区域地质矿产调查专项资金5000万元/年，再加上后来的自治区深部找矿专项资金5000万元/年等重要投入都一同纳入到“358”项目中来。集中央、地方财力，吸引企业、社会资金跟进，初步制定了找矿目标：煤3000亿吨，铁20亿吨，铅锌1000万吨，铜1000万吨，钾盐3000万吨，钠销石2亿吨，钨30万吨。8年后，形成5~8处矿业开发基地。

“358”项目运行两年成果喜人，煤炭、铁、铅锌等找矿均有重大突破

“358”项目启动后，各方力量调动起来，截至2009年，中央和新疆地方财政共投入10.35亿元，实施的385个项目，取得了重大进展。在煤炭勘查方面，配合西煤东运的吐哈煤田、准东煤田，以煤化工为主、煤变气制油的伊犁煤田，以煤焦化为主库拜煤田四大煤田勘查都有重大突破。其中，东疆地区煤炭资源调查，是“358”项目完成的第一个整装勘查项目。通过预查，在淖毛湖煤田、库木塔格——沙尔湖煤田、大南湖——野马泉煤田、伊拉湖——艾丁湖煤田等5个调查区圈定了赋煤区域4650平方千米，新增煤炭资源量1117亿吨以上(333资源量400亿吨，332资源量150亿吨)。这为中国“西煤东运”工程，提供了有力的资源支撑，也为今后整装勘查积累了宝贵经验。目前，准东煤田的333资源量已经达到500亿吨以上，伊犁煤田仍在勘探评价之中。

在铁矿勘查方面也有突破。在全疆钢铁产业迅速发展的情况下，预计到2015年铁矿石缺口将达到千万吨。“358”项目以西天山、西昆仑为突破口，专门成立物探快速反应小分队开展1：5万航磁，当年实施，当年发现矿产地。目前，已经查明西天山是最大的铁矿带，预计储量超过10亿吨，其中备战铁矿储量达2.26亿吨，查干诺尔铁矿2亿吨。东昆仑目前预测5亿吨以上，迪木那里克矿探明储量1亿吨。塔什库尔干铁矿找矿远景区预测铁矿资源量10亿吨以上。

在铜铅锌方面，通过开展工作，在吐拉——白干湖铜、铁、钨锡矿集区，预测铜矿资源量在千万吨左右，钨锡矿已探明储量20万吨，预测资源量在百万吨以上；在维宝——军正岭铁、铜、铅锌矿集区，预测铜资源量200万吨以上，铅锌资源量500万吨。鄯善县彩霞山铅锌矿、哈密市白山钼矿、若羌县喀腊达坂铅锌矿、伊吾县蒙西铜矿、哈密市土屋铜矿东矿区和延东矿区等重要矿床深部均见到隐伏矿体，且延深稳定，有望新增一批资源量。

罗布泊钾盐资源勘查预期提交新增钾盐资源量3000万吨，为目前世界最大的钾肥生产基地——国投新疆罗布泊钾盐基地提供了后备资源保障。

同时，随着“358”项目实施，新疆重点成矿区带地质调查程度明显提高，1：5万区调和矿调覆盖面积从2003年的12.6%提高到现在的15.6%。圈定了大批物化探异常，新发现了铜、铁、铅锌、钼、金等重要矿（化）点362处。以基础地质编图为基础，“358”项目还划分出8个II级成矿省，24个Ⅲ级成矿带及84个IV级矿带，圈定铜、铅、锌、金、钨、锑、钾盐等7个主要矿种重要成矿远景区105个。

与此同时，“358”项目还形成了一些对重要成矿区的新认识，提出赞坎——苏巴什铁矿成矿带受前寒武纪变质岩系和后期侵入岩双重控制，经1：5万航磁、异常查证在老并铁矿外围取得找矿重大进展；瓦吉尔塔格地区的负磁异常与基性——超基性岩密切相关，是新疆最重要的低品位钒钛磁铁矿富集区。

“358”项目创新找矿模式，引来社会资金追捧

“358”项目的组织实施是一种全新的整装勘查模式。它不管钱，不管人，只管统一部署，归口管理，分别实施，统一监理，避免多头部署和重复投入，统一成果集成。”新疆地矿局总工程师董连慧这样总结。

事实正是如此。“358”项目实施过程中不断形成新思路、新观点、新认识，特别是重要矿种找矿靶区的圈定，不仅有效指导研究工作的深入开展，也给出了“358”项目实施的经验与启示。

中央与地方合作，企业有序跟进，初步实现了新疆地质调查和重要矿产勘查工作“四统一”的宏观战略，部省合作机制初结硕果。“358”项目的实施，初步建立了中央与地方会商协调机制，强化沟通与协调；中国地质调查局与中央地勘基金中心密切合作，建立会商协调机制，分工协作，统一部署；还搭建了部、省/区、地方政府三方沟通交流的联动平台，在中国省部合作项目中起到示范作用，也显现了“358”项目办公室的重要桥梁作用。

通过东疆地区煤炭资源、祁漫塔格地区整装勘查的实施，探索和初步建立具有“358”项目特色的整装勘查模式，形成了以“勘查队伍整装、资金投入整装、方法技术整装、保障措施整装及勘查成果整装”为核心的整装勘查模式。

“358”项目实施以来，吸引了来自大企业、大集团等社会资金投入矿产勘查。2008年，新疆投入地质矿产勘查的资金18.54亿元，较2007年增长60.4%。其中，社会资金投入的15.56亿元比2007年的7.55亿元增加一倍多。2009年，“358”项目投入共计7.37亿元，是上年的2.6倍，拉动商业性勘查投入20多亿元。　而且，“358”项目还吸引了国家有色金属矿产地质调查中心、中国冶金地质总局、吉林地矿局、河南地矿局等30个省区市的地勘队伍，合力推进整装勘查，同时也吸引了紫金矿业集团、国家开发投资公司、神华集团、鲁能集团、新华联集团等大企业投入开发资金20亿元以上。远远超过“358”项目最初预计的8年引进社会资金60亿元的目标。

2010年是实施新疆“358”项目的第三年，也是落实地质找矿“3年要有好的眉目”的最后一年。“358”项目已经安排各类工作项目293个，中央与地方财政一共将投入11.94亿元。”新疆地勘基金中心王卫江告诉记者，目前已经有近200家地勘单位在新疆注册，加入到新疆矿产资源的大勘查中。”

2011年新疆将围绕前三年形成1～3处具有大型、超大型矿床潜力的勘查开发基地的目标任务，突出‘西煤东运’煤炭资源整装勘查、重要矿集区整装勘查工作。在‘十一五’末形成具有大型、超大型矿床潜力的勘查开发基地1～3处，提交资源量铁矿石5亿吨、铜100万吨、铅锌300万吨、钨(锡)10万吨、铀5000吨。此外，在重点矿种上实现找矿重大突破，产生5～10处具有大型、超大型矿床潜力的勘查基地，拉动商业性地质勘查；积极开展能源矿产地质调查评价，形成砂岩地浸型铀矿勘查开发基地1～2处，新增大型煤炭资源勘查开发基地5～10处。同时，围绕重要成矿带和找矿远景区找矿疑难问题，开展综合研究工作和科研攻关，总结重要成矿带的成矿规律，研究重要成矿类型的成矿地质条件和找矿潜力，指导矿产勘查部署与找矿勘查。在中亚晚古生代成矿地质认识上有重要突破，解决重要成矿类型的找矿方向问题，为找矿选区提供依据。

3年要有好的眉目，5年要出鼓舞人心的成果，8年要有令国人为之振奋的重大成效。“358”项目的顺利实施，新疆地质勘查正走在加速前进的路上。这也正是新疆矿产资源战略基地建设的必要保障。

豫桂黔晋成中国铝土矿新增储量主要区域

1999年国土资源部启动“新一轮国土资源大调查”工作以来，政府不断增加中国地质找矿勘查的投资额度。在中国领域和管辖海域范围内，对矿产资源开展基础性、公益性、战略性综合调查评价工作，实现了中国地质找矿的重大突破，发现了一大批新的大型和超大型矿床。

根据中国铝土矿成矿的地质条件，勘查增储的工作主要部署在河南、山西、广西和贵州的老矿区周边。近年来中国铝土矿的资源储量新增较多的主要省区为：河南3.22亿吨、广西1.61亿吨，贵州省1.13亿吨、山西0.53亿吨。其中广西、河南、山西新增资源储量开发条件较好，可作为后备生产资源基地。

中国铝土矿矿石质量不佳，导致了中国氧化铝生产成本高于国外产品的水平。从目前中国氧化铝生产能力占全球的份额看，完全可以抑制国际市场氧化铝价格的大幅波动。因此中国铝生产企业应加大对外合作的力度，尽量多利用周边国家的优质铝土矿资源生産氧化鋁，降低产品生产成本，提高企业经济效益，增强企业产品的国际竞争力。

中国矿产资源勘查投资的来源包括：中央财政拨款(含资源补偿费)、地方财政拨款(含资源补偿费)，企事业单位(含外资企业)。

2008年9种主要有色金属的勘查投资合计34.68亿元，它们占勘查投资合计的比例分别为：铜58.29%、铝土矿9.17%、铅锌1.8%、镍3.56%、钼16.92%、钨6.31%、锡3.09%、锑0.86%。。

从2004年开始9种主要有色金属矿产的勘查投资高速增长。2001至2008年的年均增长率，除铅锌外，都大大超过中国的GDP年均增长率。尽管2009年国际矿产勘查投资受金融危机影响下滑，但中国基础地质调查和固体矿产勘查投入仍高达 277 亿元，同比增长 17.5%。2010 年政府再度大幅度增加了中国矿产资源勘查投入。预计未来几年，中国矿产的查明资源储量将会不断增加，定会给未来工业原材料的生产提供新的基地。

浙江省发布有色金属工业转型升级规划

浙江省政府正式发布了《浙江省有色金属工业转型升级规划（2009—2012 年）》（以下简称《规划》），《规划》分析了浙江省有色金属工业现状和面临的问题，提出了指导思想、总体思路和目标，安排了重点领域和主要任务，实施规划的保障措施。

《规划》的主要目标是，有色金属工业增长速度高于全省工业平均增幅。先进装备产能及高附加值产品、名优特产品、高新技术产品比重提高 20 个百分点；力争形成 5 家左右国际竞争力强、有自主品牌、引领行业发展的销售规模超百亿元的大企业；建成中国先进的铜加工制造中心及中国重要的铝加工、有色金属新材料、再生金属生产基地。企业创新能力不断增强，建成 3 个以上国家级技术中心或研发机构。清洁生产及能耗、物耗、污染物排放指标总体达到中国行业的先进水平。

《规划》的重点一是要巩固提升铜加工制造业。进一步发挥铜加工产业优势，打造中国先进的铜加工制造基地；加快运用先进适用技术改造铜加工业，形成先进装备占主体的工艺装备结构；积极开发市场急需的高附加值铜加工产品及替代进口产品；优化产业组织结构，促进铜加工块状经济向现代产业集群转变，培育铜加工大集团及以专、精、特为特征的铜加工专业生产企业；加强铜加工创新体系建设，培育 3 家以上国家级技术中心或研发机构，形成技术、研发新优势；积极拓展国外市场，培育发展出口加工型企业及出口加工基地，加大高附加值产品出口；培育铜加工品牌，提高标准制定、项目设计、装备制造等综合能力；推进普通铜加工项目向省外、境外转移，省内发展深加工、精加工生产及以研发、营销、营运为主导的总部型经济。二是要加快发展轻有色金属加工业。积极实施大集团战略，培育 2-3 家年综合加工能力 20 万吨以上的行业龙头企业，引导有实力的铝加工企业向上游渗透、向下游延伸，实施一体化生产；切实提高技术装备水平，改造、优化熔炼工艺，改进铸造工艺，提高自动化水平，鼓励建设大型挤压生产装备，积极发展大型、高速短流程轧制工艺和高精度的冷轧装备；提高铝材表面处理、模具开发、设计及制造水平；大力发展高附加值深加工、精加工产品，积极介入中、高端领域产品；拓展轻有色金属加工新品种，积极发展钛合金、镁合金等有色金属品种加工材的生产。三是培育发展有色金属新材料，逐步形成有色金属工业发展新的增长点。培育发展一批掌握核心技术、拥有自主知识产权，有行业影响力的科技型中小企业；四是规范发展再生金属业。严格行业准入，形成产业集中、装备先进、环保得到有效治理的再生金属生产新格局；巩固提高传统铜、铝、银等品种的再生利用水平，积极拓展再生金属利用新领域；培育发展国家级循环经济示范基地。五是改造提升有色金属冶炼业。在满足布局、环保、节能降耗及行业准入等条件下，提升铝、铜、锌等有色金属冶炼业的发展水平。推进铝冶炼业与中铝公司合作的进一步深化；引导铜冶炼业拓展原料渠道，改进冶炼工艺，实现规模化生产；推动锌冶炼业适应城市发展的需要，采用新型环保的冶炼工艺适时实施改造，达到适度规模经营；实施节能减排、综合利用示范改造工程，进一步提高冶炼业节能减排及综合利用水平。

浙江制定矿产资源破坏价值鉴定规则
对破坏性采矿的七种行为作出具体界定和划分

《浙江省非法采矿、破坏性采矿造成矿产资源破坏价值鉴定工作规则》及说明，明确划分了露天、地下开采中的 7 种破坏性采矿行为，这项规则将成为打击盗采和破坏性开采的有力武器。

《规则》规定，浙江省国土资源厅建立非法采矿、破坏性采矿造成矿产资源破坏价值鉴定委员会，负责浙江省非法采矿、破坏性采矿造成矿产资源破坏价值的鉴定工作。鉴定委员会下设办公室和专家组。

《规则》规定了鉴定工作程序。鉴定委员会办公室自收到书面鉴定申请之日起 7 日内对申请材料进行审查，并作出是否受理决定；同意受理的，应及时将地质勘查报告送专家组审查，并在 30 日内将审查报告提交给鉴定委员会办公室，最长不得超过 60 日。鉴定委员会办公室自接到专家组审查报告之日起 7 日内，拟订鉴定结论初步意见，由鉴定委员会成员审查会签。如遇重、特大案件，由鉴定委员会办公室提议，召开鉴定委员会会议，对鉴定报告进行集体会审。

最高人民法院对非法采矿已有界定，为此，《规则》说明对破坏性采矿行为作出了具体的界定和划分。在露天开采中，主要有3种破坏性采矿行为：一是不按露天开采的开发利用方案或开采设计确定的自上而下分台阶开采，而采用高台段、掏底开采，引发事故隐患而无法采出的矿产资源；二是不遵循采剥并举，剥离先行的原则，只采不剥或少剥多采，剥离欠账过多，造成下一步开采因经济上不合理、安全上无保障而不能采出的矿产资源；三是对金属、非金属矿体，不按开采方案与设计的要求开采，采厚弃薄，采富弃贫，采易弃难，应当回采而不能回采的矿产资源。

而在地下开采中，主要有4种破坏性采矿行为：一是不按开采方案与设计的要求开采，采厚弃薄，采富弃贫，采易弃难，应当回采而不能回采的矿产资源；二是不按方案设计开采的顺序要求进行回采，引发事故隐患而不能回采的矿产资源；三是不按照设计的开拓、采准与采矿工程布置施工，造成工程压矿等问题，应当回采而不能回采的矿产资源；四是违反回采顺序，造成地压事故隐患，应当按设计可回收而不能回收的矿柱。

江西省确定17个重点整合矿区

江西省把矿产资源开发整合作为巩固矿产资源开发秩序成果，促进矿山安全生产和矿山生态环境改善，实现资源规模化、集约化开发的“重头戏”来抓。崇义县青山钨锡矿区等17个省级重点开发整合矿区的实施方案已经通过审查，并批准实施，整合后矿区矿业权数量将减少64%。

江西省这次批准实施方案的17个整合矿区涉及的矿种主要包括钨、金、锡、稀土、磷等，既有采矿权与采矿权之间实施整合的，又有采矿权与探矿权之间实施整合的。整合后，矿区矿业权数由原来的75个减少为27个，减少64%。目前，各整合矿区正按方案的实施步骤，有序开展划定矿区范围、储量核实报告评审备案、矿产资源开发利用方案的编制和审查、环境影响评价报告的编制和审查批准等相关工作。江西省国土部门将采取现场督导、挂牌督办、定期汇报进展情况、集中研究解决问题等措施推进整合，力争2010年11月底前基本完成整合工作任务。

焦作市重点矿区133个采矿权整合为94个

河南省焦作市将重点对全市22个非煤矿区进行整合。整合后，重点矿区内的133家采矿权将减少到94家。焦作市这次重点整合的矿区包括：影响大矿统一规划开采的小矿矿区，一矿多开、大矿小开的矿区，小矿集中矿区，矿区范围交叉重叠的矿区；位于地质环境及生态环境脆弱区范围内的矿区；位于自然保护区、世界地质公园保护区及铁路、高速公路、国道、省道、南水北调两侧、国家重点输气、输变电高压走廊及饮用水源地等矿产资源规划确定的禁采区、限采区范围内的矿山。根据矿区成矿规律、矿产优势和开发利用现状，结合经济结构转型特点，这次确定将水泥用灰岩、制灰用灰岩，建筑石料用灰岩、铁钒土及高岭土作为重点整合的矿种。

福建省开展矿产储量现状调查

2010年福建省全面开展矿产资源储量利用现状调查工作。福建省矿产资源储量利用现状调查共涉及18个矿种，包括煤、金、银、铜、铁、铝、铅、锌、钨、钼、锡、锰、镍、稀土和硫、磷、重晶石、萤石等。由于这项调查工作量大、情况复杂、技术要求高，2009年福建省在紫金山铜矿、武夷山上西坑钼矿、永安煤矿等矿区开展了调查试点工作，并完成了煤、铁、铜、铝4个矿种共7个大中型矿区的矿产资源储量利用现状调查工作，为2010年全面开展调查工作提供了经验。

福建省国土资源厅要求，实施矿产资源储量利用现状调查工作要做到“四个统一”，即统一组织、统一方案、统一标准、统一进度，以生产矿山为资源储量核查单元，以矿区为资源储量调查统计单元，组织开展调查工作。

大事记载篇

2011年中国有色矿业大事记载

一月

1月5日 甘肃省金川集团公司与湖南科力远新能源股份有限公司在镍氢二次电池、动力电池等产品开发上进行全面产学研合作，标志着中国最大的镍生产企业金川集团公司将与已形成系列能源材料及高能电池产品产业集群的科力远公司联手进军新能源领域，共同打造“镍氢电池王国”。

1月7日 中冶集团所属中冶海外工程有限公司与保利科技有限公司签署战略合作协议。中冶集团及中冶海外公司在勘察设计、矿山建设和基础设施建设等方面拥有优势；保利科技有限公司在军民品贸易方面拥有雄厚实力，积极在国内外投资开发资源产业，并投资国际工程承包业务。双方愿就全球矿产资源和基础设施建设等项目展开合作，实现强强联手，优势互补，合作共赢。

1月8日 上午铜化集团硫磷化工产业重点配套项目之一的新桥矿业公司日产5000吨选矿厂工程开工建设。铜陵市领导姚玉舟、李明、张岳峰、唐世定、王大军、李敬明，铜化集团董事长、总经理黄化锋等出席开工典礼。市委书记、市人大常委会主任姚玉舟宣布工程开工，市委副书记、市长李明致辞。

1月10日 中国钨业协会五届三次主席团会议在广州召开。会议由主席团执行主席黄国平主持，协会主席团主席周菊秋、孔昭庆、钟晓云、庄志刚、吴国根、张毅、刘澜明、高再荣、陈启丰和主席团主席代表张迎建、杨贵彬以及秘书长刘良先参加了会议。五届主席团第一任执行主席、五矿有色金属股份有限公司副总经理黄国平与第二任执行主席、江西稀有金属钨业控股集团有限公司董事长钟晓云交接。

1月11日 通辽市扎鲁特旗人民政府与上海蓝宝光电材料有限公司和内蒙古永丰伟业科工贸发展集团有限公司签署了开发利用“801”稀土稀有金属矿框架协议。上海蓝宝光电材料有限公司和内蒙古永丰伟业科工贸发展集团有限公司将投资10亿元开发扎鲁特旗“801”稀有金属矿。“801”稀土稀有金属矿山，是中国少有的特大型稀土稀有金属矿山。富含铌、玻、铪、锆等多种稀有金属，品位高，矿石总储量达2亿吨以上。开工建设的一期工程，投资1.5亿元，年处理矿石80万吨，可实现年销售收入4.64亿元，上缴税金1.02亿元。

1月12日 中华全国工商业联合会并购公会公布“2009年中国十大并购事件”，中国铝业公司和中投公司的并购活动均位列其中。该并购公会点评称，距中国铝业以超千亿元人民币收购力拓股权整一年后，2009年中国铝业又宣布以1326亿元人民币再次收购。虽然这次交易未能完成，但引起了全球产业和资本市场的密切关注。

1月14日 中国五矿集团公司总裁周中枢、总会计师沈翎会见了前来集团公司调研的财政部副部长丁学东一行。周中枢总裁首先对财政部长期以来给予集团公司的大力支持表示感谢，随后向丁学东副部长介绍了集团公司成立60年以来的改革发展情况以及进入新世纪之后的转型成果。

财政部副部长丁学东来集团公司调研的主要目的是了解五矿在国际金融危机中面临的经营环境及采取的应对措施，周总裁着重谈了五矿集团在2009年收购澳大利亚OZ矿业公司和重组湖南有色的相关情况，并对未来的发展思路进行了阐述。丁副部长表示，中国五矿60年来的发展成就十分辉煌，在国际金融危机冲击下的重组、并购展现出战略眼光，财政部将继续支持中国五矿的发展。他同时希望集团公司能够积极承担社会责任，为国民经济的发展、地方经济的发展以及全民福利的改善做出贡献。五矿集团公司财务总部总经理俞波，五矿发展总经理何建增，五矿有色副总经理焦健，五矿有色董秘邢艳，财政部企业司司长贾谌、副司长宋康乐参加了会见。

1月15日 经国家工程建设质量奖审定委员会审定公布，由中国瑞林工程技术公司设计的《金隆35万吨熔炼挖潜改造及20万吨电解工程》、《金川20万吨/年铜电解工程》荣获2009年度国家优质工程银质奖。

1月15日 金川集团镍钴研究设计院理化检测室经过不懈努力，攻克了在铜精矿、白烟灰和酸性废水中检测金属铼难题，完成的《铜精矿中铼的分析方法研究》、《白烟灰中铼的分析方法研究》和《酸性废水中铼的分析方法研究》均已通过公司科技部专家组的评定，并正式提交了结题申请。在铜精矿、白烟灰和酸性废水中检测金属铼方法的建立，填补了金川集团公司金属铼测定方法的空白。

1月19日 广东封开政府公布，该县境内已探明储量约100万吨，钼金属资源储量约25万吨的大铜钼矿属大型斑岩铜矿床，潜在经济价值超过5000亿元人民币，为中国罕见。

该项目被列入广东省有色金属产业调整和振兴规划重点项目，建设起止年限为2010-2013年。2009年12月26日，受国土资源部委托，中国有色金属协会在北京组织评审了由中国有色工程设计研究总院设计的封开县园珠顶铜钼矿资源利用方案。专家称，该方案由于总体设计合理、采用铜钼当量技术重新圈定矿体计算资源储量、充分利用低品位矿石等措施，得到专家的认可并一次评审通过。封开铜钼矿项目建成后，将成为中国第二大露天铜钼矿。

1月20日 国家工商总局门户网站发布通告，在国家工商总局商标局商标管理案件中认定的293件驰名商标中，铜陵有色控股公司“铜冠”牌第6类产品电解铜、铜带、黄铜被认定为“中国驰名商标”。

1月20日 金钼股份接到英国伦敦金属交易所(简称“LME”)正式通知，金钼股份和“JDC”品牌已顺利通过其注册审核，“JDC”品牌的氧化钼成为LME注册商品。

1月22日 中铝昆明铜业有限公司高精电工铜材项目经过五个多月的筹备，正式开工建设。中铝昆明铜业有限公司高精电工铜材项目是中国铝业公司与云南省战略合作协议的重要组成部分，是云南省2009年重点项目，项目总投资近20亿元，规划用地800多亩，主要产品包括电工用铜线坯、高速铁路接触线坯料、电工圆铜钱、铜扁线以及铜排等高精电工铜材，年生产规模22万吨。该项目全部建成达产后，将实现销售收入过百亿元，利税八千万元，为云南省、昆明市优化铜产业结构，促进当地经济发展、增加就业、产业结构升级起到积极作用。

1月22日上午 位于河池市城西路71号的广西华锡集团新办公楼前，彩旗飘飘，嘉宾云集。随着河池市市委书记蓝天立、市长谢志刚、广西有色集团董事长兼华锡集团董事长李阳通、华锡集团总经理苏家红冒雨将广西华锡集团股份有限公司牌匾上的红绸徐徐揭开，现场掌声热烈，鞭炮齐鸣，标志着广西华锡集团已由柳州正式迁回河池。

1月22日 以“开启中国式责任”为主题的第五届“中国企业社会责任国际论坛”暨“2009最具责任感企业”颁奖仪式在人民大会堂举行。中国五矿集团公司荣获“2009最具责任感企业”称号，集团公司总裁周中枢出席颁奖仪式，并作为唯一的企业家代表发表演讲。全国人大副委员长华建敏出席论坛并向获奖企业颁奖。

1月23日 防城港市港口区人民政府与广西盛瀛有色冶金有限公司举行了镍铁项目签约仪式，标志着年产20万吨的镍铁加工项目正式落户该市大西南临港工业园。这是该区今年签订的第一个重大工业项目，也是第一个落户防城港市的镍铁项目。据了解，该项目总投资60000万元，占地面积约643亩，项目建设将历时12个月，预计2011初可建成投入生产。

1月25日下午，正在陕西考察工作的中共中央总书记、国家主席、中央军委主席胡锦涛，在中央书记处书记、中央办公厅主任令计划，中央书记处书记、中央政策研究室主任王沪宁，陕西省省委书记赵乐际，陕西省省长袁纯清等的陪同下，考察西北有色金属研究院，参观了该院控股的西部超导材料科技有限公司超导线材车间。西北有色金属研究院院长奚正平，党委书记张平祥，名誉院长、西部超导公司董事长周廉院士等陪同考察。胡锦涛一行听取了奚正平关于西北有色金属研究院整体发展情况的汇报，饶有兴致地了解了该院在稀有金属材料领域科技创新和产业发展方面所取得的成绩，特别是转制以来各方面产生的巨大变化，以及在成果转化方面探索总结的经验体会，并详细参观了该院稀有金属材料样品展及超导线材生产流程的每一道工序。最后，胡锦涛勉励西北有色金属研究院干部职工始终坚持自主创新，奋力攻克技术难关，加快推进成果转化，为中国抢占新材料产业发展的制高点发挥积极作用。

1月25日 湖北黄石市黄金山工业新区铁山工业园内的首个工业项目——佳美铝型材加工出口项目正式竣工投产。该项目选址在黄金山工业新区铁山工业园，占地面积100亩，总投资2亿元。目前已完成投资1.2亿元，新上8条挤压、氧化生产线。投产后年产2万吨工业铝合金型材，预计年产值3亿元，提供就业岗位600人。

1月25日 兖矿集团与澳大利亚铝土矿资源公司合作项目，获得澳大利亚外国投资审查委员会批准。这标志着兖矿集团铝业产业链走向健全，也是兖矿集团资本运营方面近期取得的又一重大突破。

1月25日 五矿集团公司与波兰铜业集团公司在京签署了总价值为4亿美元的2010年度电解铜采购合同。五矿集团公司总裁周中枢、副总裁李福利，商务部副部长高虎城，波兰铜业集团公司董事长维特，波兰国有资产部副部长兼国务秘书咖富力克，波兰驻华大使霍米茨基等出席了签字仪式。周总裁、高虎城副部长、波兰国务秘书咖富力克、波铜董事长维特以及波兰驻华大使霍米茨基等在签字仪式上致辞。

1月26日 中铝华中铜业公司高精度铜板带一期工程，转为固定资产，这标志着工程项目投入正式生产。该公司是中国铝业公司与湖北省合作建设的高新技术企业。其高精度铜板带项目，规划总投资21亿元，一期工程已完成投资近15亿元。一期建设规模为6

万吨铜板带材和7.35万吨坯料，二期规划为10万吨成品，20万吨供坯的生产能力。主产品为中国市场急需的，且目前仍需进口的电子引线框架材料、通讯射频无氧铜电缆带等高精度铜板带材。

1月28日 锡盟阿巴嘎旗金地矿业一期日处理5000吨铜钼矿采选项目是自治区级工业重点项目，也是锡盟目前在建最大规模的有色金属采选项目。该项目各项工程已全部完工，即将试运行。项目投产后，年可产钼精矿2000吨，预计实现产值2.4亿元。同时，尾矿干排设备安装完成，干排技术的应用将使选厂吨矿石用水量从0.8-1吨减少到小于0.2吨，年可节约用水近百万吨。金地矿业二期日处理10000吨选厂建成后，最终将形成年处理矿石能力500万吨的采选联合企业，年产值预计可达7.2亿元，在中国同类矿山中位列第四。

1月29日 巴基斯坦的Baluchistan省政府议会将否决国际黄金巨头——巴瑞克黄金公司(Barrick)和智利铜业企业－Antofagasta公司投资30亿美元开发该国一铜金矿的申请。目前两公司合资成立了Tethyan Copper Co (TCC)公司，而TCC 公司拥有位于巴基斯坦Baluchistan 省西南部的Reko Diq矿山75%的股份，巴基斯坦Baluchistan 省政府拥有其余25%的股份。Reko Diq 矿山是一座大型铜金矿，金属铜储量为110亿磅（约合500万吨），黄金储量为900万盎司（约合280吨）。

1月31日 国土资源部与广东省人民政府在广州市隆重举行部省合作协议暨中国五矿集团公司、中国地质调查局、广东省国土资源厅等五方合作协议签约仪式。广东省政府省长黄华华、国土资源部副部长汪民、广东省政府副省长林木声、五矿集团公司副总裁李福利等领导出席了签约仪式。五矿勘查开发公司总经理王炯辉代表集团公司签署了五方合作协议。铜五方合作协议由五矿集团公司与中国地质调查局、广东省国土资源厅、广东省地质局、广东省广晟资产经营有限公司签署，是落实国土资源部与广东省政府部省合作协议的重要举措。此次签约，标志着集团公司在广东省重点成矿区带获取有色、贵金属、稀土等资源迈出重要步伐，具有重要战略意义。

二月

2月1日 位于徐州工业园区的徐州海通特钢有限公司一期工程试生产，将于2010年2月正式投产。该项目总投资10亿元，设计年产高镍合金钢50万吨，是国家鼓励项目，其3.3KVA矿热电炉是目前中国最大镍铁冶炼矿热电炉，热送工艺填补中国空白，科技含量中国领先。目前，一期工程完成投资6.72亿元，正式投产后可形成年产20万吨能力，实现销售收入40亿元，利税2亿元。

2月2日上午 连云港市政府、连云区政府和江苏环球铜业有限公司就总投资120亿元铜业科技园项目正式签约。项目选址于连云区板桥工业园，将建设80万吨铜冶炼及铜制品加工项目。其中一期投资68亿元，年产40万吨精铜和135万吨工业硫酸，计划2010年内开工，2011年底前完工，达产后年销售收入可达205亿元，利税10.5亿元。

2月2日 由中铝洛阳铜业有限公司投资22.17亿元备受业内关注的十万吨高精度电子铜板带项目在中铝洛铜已经基本建成。由32台装备组成的集世界高精尖之大成的生产线上，绝大部分设备已具备生产条件或正在优化调试。这标志着新生产线已经达到产业化要求，能够为市场提供规模化并具有世界先进水平的高精度铜板带材料。随着新装备产能的陆续释放，作为中国铜板带加工行业领头羊的中铝洛铜，将会如虎添翼，不仅巩固了中国领先地位，而且显着提高了参与国际市场竞争的实力。

2月3日 抚顺红透山铜矿，勘探人员新找到神秘的F8断层以东矿体，新增资源储量可以供红透山矿再开采20年；阜新八道壕煤矿，勘探人员在矿山深部及外围又发现了接替资源，它与阜新新发现的雷家区煤矿一起，将可稳定就业8000人。由辽宁省国土资源厅组织实施的危机矿山接替资源找矿项目，重新焕发了资源枯竭型城市的活力，更为广大矿工的生活燃起了希望。

2月4日 由四川金广集团投资的“年产60万吨镍合金项目”落户云南省曲靖市师宗县，预计投资15亿元，有望于2010年2月启动相关基建，建设周期15至18个月。项目包括100万吨焦化生产线、60万吨镍合金生产线，同时应具有不锈钢冶炼项目配套。

2月23日 巩义市在一天之内动工建设两个大型铝加工项目。河南明泰铝业铝深加工和河南万达铝业年产15万吨热轧深加工两个重点工业项目。河南明泰铝业铝深加工项目计划新上两套冷轧机列和两套箔轧机列，总投资12亿元，预计达产后年产值35亿元，利税6亿元。河南万达铝业年产15万吨热轧深加工项目总投资15亿元，预计达产后年产值40亿元，利税8亿元。

2月25日 中国国家主席胡锦涛在人民大会堂与到中国进行国事访问的赞比亚总统班达举行会谈，并在会谈后出席了中国有色集团投资建设的赞比亚中国经济贸易合作区卢萨卡分区建设合作备忘录等有关合作文件的签字仪式。中国有色集团总经理罗涛参加签字仪式并代表公司与赞比亚商工贸部部长姆塔提在赞比亚中国经济贸易合作区卢萨卡分区建设合作备忘录上签字。

会谈中，胡锦涛主席提出了把中赞友好合作关系提高到新水平的4个方面内容。其中，第二个方面内容“扩大和深化互利互惠的经贸合作”中，胡锦涛主席表示“中方愿与赞方一道，按照互利双赢、注重实效、共同发展的原则，共同搞好赞中经贸合作区建设，继续支持有实力、资信好的中国企业赴赞比亚投资，扩大双方在农业、矿业、基础设施建设等领域的合作。”对赞比亚中国经济贸易合作区及公司在赞比亚的矿业投资的重视可见一斑。

到海外去买矿。国际金融危机骤然点燃了中国企业海外淘金的热潮，一时间海外的各类矿藏成为大量中国资金追逐的对象。中国有色集团是国务院国资委直接管理的大型企业，是有色金属工业最早“走出去”、开展国际合作最成功的企业，业务遍布20多个国家和地区。中国有色集团投资的赞比亚谦比希铜矿是中国在海外投资建成的第一座也是迄今为止最大的一座有色金属矿山，被称为“中非合作的标志性项目”；投资建设的赞比亚中国经济贸易合作区是中国在非洲设立的第一个境外经贸合作区和赞比亚政府设立的第一个多功能经济区，是落实中非合作论坛北京峰会上胡锦涛主席提出的对非八项举措的重要项目，开创了中国企业集群式“走出去”的新模式。

2月28日 由中国铝业公司总承包的越南仁基65万吨氧化铝项目，在越南多农省举行隆重的开工仪式。越南政府总理阮晋勇出席仪式并发表讲话。越南政府工商部部长阮辉煌、资源与环保部部长范奎元、交通运输部部长胡义勇、国防部部长冯光青，建设方和投资方代表，中国铝业公司总经理熊维平、副总经理张程忠，越南煤炭矿产工业集团公司董事长黎阳光、总经理陈春和以及越南多农省、林同省、得乐省的党政负责人出席仪式。

三月

3月2日 广西国土资源厅、广西地勘局与中广核铀业公司三方在北京联合签署合作协议，共同推进铀资源勘查开发。该协议签订是对2009年10月中广核集团与广西政府签署的《能源合作框架协议》的进一步深化，对推进和深化广西铀资源勘查开发合作，保障广西经济发展对铀资源的需求具有重要意义。

广西国土资源厅厅长肖建刚、广西地勘局局长李水明、中广核铀业发展有限公司总经理余志平共同在协议书上签字。根据协议，本着优势互补、共同发展的宗旨，三方将充分发挥资金、资源、市场等优势，实现强强联合，在铀资源勘查开发领域建立广泛的长期战略合作伙伴关系，加快广西铀资源勘探和开发。

3月2日 湖南省人民政府通过了《湖南省矿产资源开发整合总体方案》（以下简称方案），并将方案以湘政办发〔2010〕10号文印发至各市州、县市区人民政府，省政府各厅委、各直属机构，督促各单位认真组织实施。

方案制订了矿产资源开发整合与产业结构调整相协调，矿产资源勘查与开发相衔接，资源效益与环境效益、安全生产相统一，政府引导与市场动作相结合等整合原则；提出了矿产资源勘查开发布局进一步优化，矿产资源勘查开发规模化、集约化程度进一步提高，矿山安全生产状况、生态环境进一步改善，矿产资源合理开发利用长效机制进一步完善等整合目标；列出了煤、铁、锰、铜、铅、锌、钼、金、钨、锡、锑、稀土、磷等重点整合矿种，以及整合的重点矿山、重点矿区和重点探矿项目；提出了科学编制方案、实行分级审批，合理确定整合主体、鼓励优势企业参与整合，严格整合要求、确保整合工作取得实效，简化证照办理程序、提高行政效率，实施适度优惠政策、调动参与整合的积极性等工作要求；制订了强化领导、建立共同责任机制，加大力度、扎实推进整合工作，加强督导、确保整合工作规范实施，加强宣传、发挥典型引导作用等四项保障措施来保证方案的实行。

方案分三个步骤实施，要求各市州于2010年11月底前在全面完成2006年《湖南省矿产资源整合总体方案》确定的56个省级重点整合矿区整合任务的基础上，进一步完成本次市州整合实施方案确定的重点整合矿区整合实施工作，全面完成整合工作任务。2010年12月底前完成检查验收。

3月2日 以“技术突破将如何触发下一代效率、安全和投资革命”为主题的2011世界地下矿山大会在北京永泰福朋喜来登国际酒店举行，来自中国、芬兰、加拿大、澳大利亚等国家近百名代表参加了论坛。

从世界经济周期而言，目前的经济萧条对全球矿产品需求和生产的影响并不像想象中那么大。然而本轮危机依旧将对世界采矿业留下值得注视的“遗产”：由于再也不会有便宜的午餐，矿山投资者们必须关注任何提高效率、降低成本和改善安全的技术——这正是呼啸而来的新一轮世界地下矿山技术创新浪潮的着眼点！

中国矿业联合会总工程师、专职副秘书长刘玉强演讲的题目：夯实矿山地质基础、发展绿色矿业受到与代表、专家的一致认同。

3月3日 超10亿元大项目“江苏永升镍材料项目”在江苏响水县成功签约，主要生产不锈钢制品原材料镍铁合金，年产镍铁14万吨，年产值15亿元左右，可实现税收5000万元。

3月5日 四川汉龙（集团）有限公司宣布与美国通用钼矿公司（GMO）正式签署投、融资及产品包销一揽子合作协议。根据协议汉龙集团将通过其美国子公司汉龙矿业投资公司（Hanlong 【USA】Mining

Investment Inc），分两次总计出资8000万美元认购GMO25%的普通股，成为GMO单一最大的股东，并负责安排GMO在厚普山（Mt Hope）钼矿开发建设所需的约6亿6500万美元银行贷款，并为之担保。在银行贷款到位前，为保障项目开发的进度，汉龙集团还承诺为GMO提供2000万美元的过桥贷款。作为整个合作的重要部分，汉龙集团与GMO同时达成包销协议，汉龙集团在GMO厚普山项目开发建成后的整个项目经营期（约44年矿山开发寿命）内将拥有相当其产能40%-55%的产品包销权，折合产品钼精矿约合每年1600万磅至2200万磅。

3月9日 工业和信息化部原材料工业司司长陈燕海会见了美铝公司副总裁丹尼尔克鲁斯。陈燕海介绍了中国2009年铝工业运行情况及有色金属行业相关政策。丹尼尔介绍了美铝公司全球业务发展及在华项目情况。双方就美铝公司在华业务发展、推动中国企业开发境外资源、加强交流合作交换了意见。

3月15日 内蒙乌拉特后旗巴音前达门苏木境内发现一大型钼矿。经地质部门初步探明，该矿钼金属储量至少30万吨，是中国目前已探明的最大钼矿。乌拉特后旗矿产资源富集，现已探明的矿产资源有8大类46个品种118处矿点，是内蒙古自治区重要的有色金属加工基地。

3月16日 中电投铝业国际贸易有限公司揭牌仪式在上海国际会议中心举行，中国电力投资集团公司党组书记、总经理陆启洲揭牌。

3月18日 由中国瑞林工程技术公司承担设计的铜陵有色铜冶炼工艺技术升级改造项目顺利开工。在隆重的开工典礼上，安徽省委书记王金山宣布工程开工，省长王三运致辞，安徽省、铜陵市有关领导出席了开工典礼。

该项目总投资55亿元，包括工艺技术升级和现有系统转型改造两项内容，其中工艺技术升级项目是采用“双闪（闪速熔炼、闪速吹炼）”工艺新建一座年产40万吨阴极铜的铜冶炼厂；转型改造项目采用以处理低品位杂铜为主的短流程再生铜生产工艺，对现有奥炉熔炼系统进行技术改造，由铜精矿冶炼转型为低品位、低硫二次杂铜冶炼，改造建设规模为年产20万吨阴极铜。该项目建设期为36个月，建成后将能大幅提升铜冶炼老企业的铜精矿冶炼工艺技术装备水平，实现节能减排和发展循环经济的目的。

3月19日 中国有色金属工业协会铅锌分会联合株洲冶炼、中金岭南、白银有色、中业葫芦岛、江苏春兴、春岭锌业、豫光金铅、豫北金铅等铅锌生产企业，邀请国家环保部重金属污染防治工作领导办公室主任张嘉陵等同志，就中国重金属污染防治政策展开了交流和讨论。讨论会提出了“有色金属可持续性发展准备基金制度”，这项相当于美国“超级基金”的“矿产医资源储备金”制度，引起了了参会代表们热烈的讨论。企业开发有色金属资源要缴纳一定费用，集中资源解决问题，获将导致有色金属价格上涨。

3月21日 第六届“亚洲矿业大会”在新加坡召开。在新加坡莱佛士城会议中心举行的第六届亚洲矿业大会已经发展成亚洲最大的采矿投资研讨会。涵盖10多个主要亚洲国家采矿业和新项目的最新信息，包括印度尼西亚、蒙古、中国、印度、越南、菲律宾、泰国、老挝、马来西亚和柬埔寨等国家的代表。会议致力于提供一个联系全球采矿地区的项目拥有者和亚洲投资社团的独特空间，它是一个针对中国采矿公司和投资者的获得全球勘探项目的高端社交和知识平台，覆盖亚洲、非洲、加拿大、澳大利亚、拉丁美洲、俄罗斯和独联体地区。

3月21日 中国有色矿业集团有限公司（简称中国有色集团）与太原钢铁（集团）有限公司（简称太钢集团）在京正式签署战略合作框架协议。

中国有色集团与太钢集团同属大型国有企业，都在积极利用国际、国内“两个市场、两种资源”，努力实现国内外业务的整体联动。2009年，在国际金融危机的大背景下，两家企业在海外都实现了重大突破，为中国积极参与全球资源配置、促进世界经济发展作出了最好的诠释：中国有色集团成功并购了赞比亚卢安夏铜业公司、澳大利亚特拉明矿业公司和英国恰拉特黄金公司，新增资源量含铜360万吨、铅锌430万吨，黄金130吨；太钢集团则通过并购，成为土耳其CVK公司的第一大股东，创造了山西省最大的海外并购项目，成为中国在土耳其最大的单笔投资。中国有色集团表示，双方的友好合作潜力巨大，前景广阔。一定在山西省委、省政府和太原市委、市政府的支持下，充分发挥自身优势，积极联合太钢集团在更多领域走出国门，促进太钢集团国内外业务的健康发展，实现互利双赢、共同发展。

3月21日 由香港东京投资（集团）投资建设的鑫鑫铝业年产6.5万吨铝型材精加工北海中环国际广场两个项目相继开工建设，项目的建设将为北海市经济腾飞注入力量。鑫鑫铝业年产6.5万吨铝型材精加工项目位于铁山港工业区内，占地面积300亩，总投资7.2亿元人民币，建设期为两年，拟于2011年中旬完成投产。

3月22日 中国钼业年会在洛阳市召开。钼业年会是全球钼行业业内最高规格的盛会。本届年会以“抓住机遇，迎接挑战，共谋发展”为主题，就全球钼行业发展走势等问题进行深入探讨和交流。年会邀请来自英国、加拿大、奥地利等国内外知名专家学者，国家西部开发办公室、中国有色金属协会、中国特钢协会及钼主产区、企业的代表等共600余人参加，规模之大、参会规格之高均为历届之最。

3 月 26 日 全新更名的亚铝集团有限公司（AAG）获得中国 12 家银行组团授予的总额高达 65 亿元贷款签约仪式在广州举行。此次签约，实际上标志着亚铝集团重组正式收官。

3 月 28 日 山东鲁丰铝箔有限公司铝板带箔科技园奠基仪式在博兴举行。此次开工建设的 80 万吨铝板带箔项目是黄河三角洲高效生态经济区建设确定的滨州市的代表项目。

3 月 29 日上午，吉恩镍业与中国银行吉林省分行、吉恩国际与加拿大中国银行多伦多分行战略合作协议签字仪式在长春中国银行吉林省分行多功能厅隆重举行。昊融集团董事长、党委书记徐广平，昊融集团总经理、吉恩镍业、吉恩国际董事长吴术，中国银行吉林省分行行长张平、加拿大中国银行多伦多分行总经理朱达书等出席签字仪式。

3 月 31 日 随着山东省副省长李兆前的宣布，山东阳谷祥光生态工业园暨年产 32 万吨铜深加工项目，在山东省阳谷县奠基破土动工。这意味着一个生态高效年产值千亿元人民币的现代化铜产业基地拉开了建设序幕。阳谷祥光生态工业园坐落在山东省阳谷县石佛镇境内，由国际知名咨询公司—德国罗兰贝格公司规划，并经过中国有色金属工业协会和中国瑞林公司的专家进行了充分论证。其战略发展定位是建设以生态高效、全产业链及循环经济为特色的中国北方最具影响力的铜产业基地。园区将创建成为一个具有国际领先水平的铜加工研发中心，开发矿山和再生铜相结合的“双重”资源，打造铜冶炼、同精深加工和再生铜资源利用三大基地。建设以铜冶炼废气，废渣和阳极泥为主要原料的三条循环经济链，努力实践经济效益和社会效益的双赢。该工业园的主要目标是：按照绿色规划、科学开发、生态环保的准则，持续加大对园区基础设施的投入，引进、建设一批高科技、高附加值的铜产业项目。预计 6 年内将形成年产 90 万吨精铜、60 万吨铜深加工产品、20 吨黄金、600 吨白银、1000 吨稀有金属、60 万吨铁合金、74 万吨硫酸钾、30 万吨 PVC、100 万吨环保建材的生产能力以及 35 万吨再生铜的拆解能力，年销售收入将超过千亿元人民币、利税过百亿人民币。

四月

4 月 1 日 为了积极落实《有色金属行业调整与振兴规划》，加快铝工业结构调整步伐，推动氧化铝产业链形成卓有成效的循环经济模式，由国家工业和信息化部节能与综合利用司、中国有色金属工业协会、中国资源综合利用协会、山东省经信委主办，中国铝业公司协办、中铝山东企业承办的全国氧化铝赤泥综合利用技术现场交流会于在山东淄博隆重召开。

4 月 10 日 在国家科技部、中国有色金属工业协会的指导下，由北京有色金属研究总院牵头，联合 27 家单位共同组建的先进稀土材料与清洁平衡利用产业技术创新战略联盟（简称“联盟”）在北京成立。联盟致力于稀土材料及清洁平衡利用技术的研发，构建产业技术创新平台，凝练专利和标准，培育创新人才，加速科技成果转化和产业技术升级，提升稀土产业的整体竞争力。联盟筹备会暨第一届理事会第一次会议于同日在北京召开。会议确定了联盟第一届理事会成员，选举产生了第一届理事会理事长、副理事长。北京有色金属研究总院张少明院长当选为理事长。

4 月 12 日 华堃矿业股份有限公司在贵州毕节举行揭牌仪式，标志着广西有色金属集团奋力打造钼镍产业集群的战略又有重大突破。按照打造千亿元有色金属产业的发展目标，广西有色金属集团确立了“锡锌铅锑铟、钨钛钽铌、稀有稀土、冶金、钼镍和再生资源”等 6 大产业集群共同发展的思路。其中，钼镍产业集群 2009 年正式启动 2009 年 4 月 7 日，广西有色金属集团在毕节织金县成立了贵州华桂钼镍股份有限公司，其“钼镍难选矿”项目被贵州省发改委列入 2009 年重点项目，项目总投资 20 亿元，建成后年可处理钼镍矿石近 10 万吨，生产钼酸铵等钼系列产品 5264 金属吨，年产值可达 10 亿元。

华堃矿业股份有限公司注册资本 5 亿元，按照合作协议，将对该地区钼镍矿资源进行整合、加工，争取 2 年内完成该区域核心区的钼镍矿资源勘探和开发，5 年内完成大部分或全部钼镍矿资源勘探和开发。

4 月 15 日，由于连日降雨，位于郴州市苏仙区白鹿洞镇观山洞村黄泥坳铅锌矿的尾砂坝突然垮塌，倾泻而下的上万方尾砂瞬间将矿厂职工宿舍掩埋，没有人员伤亡，但下游河道遭到严重污染。

4 月 19 日 伊拉克工业与矿产部副部长 Basil attalla mohammed 一行六人与北京捷航盛达商贸发展有限公司三人一起访问中铝郑州研究院，参观了中铝郑州研究院资源综合利用研究所、质检中心和广西铝矿综合利用基地，听取了中铝郑州研究院情况介绍及铝镁技术成果介绍，并就伊拉克某铝矾土矿的提高铝含量的实验室选矿试验研究及白云石矿的利用方案与资源综合利用研究所所长陈湘清、技术工程化所所长李长勇进行了深入交流和探讨，伊拉克代表团对中铝郑州研究院在铝镁技术领域取得的成就表示赞赏。

4 月 19 日 德兴市继 2005 年成功注册“铜都”商标后，近日通过国家工商总局评审又成功注册“铜娃”商标。由于注册“铜娃”商标需要公示期，该市从 2006 年就开始申报，22 个系列产品经公示注册成功累计用时达 4 年之久。在全部 45 类的系列产品中，德兴市成功注册了 22 类，核定使用商品 220 件。

4 月 20 日 晚八点《情系玉树 大爱无疆 -- 抗震救灾大型募捐活动特别节目》在中央电视台现场直播，据不完全统计，有色企业中国铝业公司捐款 1521 万元人民币、四川宏达集团捐款 1000 万元人民币、陕西有色金属集团捐款 500 万元人民币。

4 月 25 日 广源铜带股份有限公司与北京科技大学举行了 5000 吨高精电子压延铜箔工程技术合作签约仪式，国家科技部发展计划司副司长刘玉兰、北京科技大学副校长谢建新、市委常委、副市长李卫国出席了签约仪式。

双方签约主要内容：围绕年产 5000 吨高精电子压延铜箔工程的新产品、新技术、新工艺的研究开发及生产设备的国产化展开全面合作。联合组建高精电子压延铜箔工程技术研究中心，共同建设国家或省部级高精电子压延铜箔研发生产基地。联合组建高精电子压延铜箔工程技术创新团队，积极培养、培训工程建设和研发的专业人才。在合作创新的基础上，积极运作，联合申报国家、省部级重大科技计划，共同申报知识产权和科技成果奖励等。

4 月 29 日 位于中南大学校园内的中铝科技大楼正式启用，并举办了中国铝业联合实验室揭牌仪式。教育部直属高校工作司副司长牛燕冰，中国铝业公司党组成员、副总经理敖宏，中国工程院院士钟掘，中南大学校领导高文兵、黄伯云、黄健柏等出席了揭牌仪式。揭牌仪式由周科朝副校长主持。成立中国铝业联合实验室，主要用于中国铝材料和科技的科研以及培养更优秀的专业人才，校企联合为中国铝工业培育中坚力量，发展铝工业。

4 月 30 日 金钼股份获得国家海关总署授予的海关验证信用最高等级的 AA 类管理企业称号，成为中国钼行业第一家被评为 AA 类的企业。

五月

5 月 7 日 平陆县昌盛不锈钢炉料有限公司与江苏省尼可卡夫公司和上海浦之利冶金设备有限公司就不锈钢合作项目正式签约，标志着投资 1.3 亿元的 10 万吨不锈钢锭及 10 万吨镍铁生产线项目正式落户该县。该项目的落户，将对平陆县不锈钢加工产业发展起到巨大的推动作用，也为昌盛不锈钢炉料有限公司走集约化发展之路奠定了基础。

平陆昌盛不锈钢炉料有限公司的主要产品为铬铁，是生产不锈钢的主要原料。该项目之所以落户平陆，主要是看中了昌盛公司丰富的原料资源，既方便了生产，又能降低成本。该项目一期工程计划今年 6 月份开工，投资 5000 万元，填沟造地 80 余亩，新建两台 2.5 万 KVA 矿热炉，用于生产镍铁；二期工程计划今年 7 月份开工，投资 4500 万元，将昌盛公司的两台 8000KVA 矿热炉改造为 1.25 万 KVA 矿热炉，用于生产镍铁；三期工程今年 9 月份开工，投资 3500 万元，改造现有的 5000KVA 精炼炉，用于生产不锈钢锭。该项目计划明年 5 月份前陆续投入运行，全部建成后，可形成年产铬铁 10 万吨、镍铁 10 万吨、不锈钢锭 10 万吨的生产能力，年实现产值 20 亿元、销售收入 18 亿元、利税 1.3 亿元

5 月 9 日 新疆有色五鑫铜业有限责任公司 10 万吨铜冶炼项目，在阜康市重化工业园区正式开工。

五鑫铜业公司由新疆有色集团公司控股的新疆新鑫矿业股份有限公司与福建紫金矿业控股的新疆阿舍勒铜业股份有限公司共同出资设立。此次 10 万吨阴极铜冶炼项目，是新疆有色行业历史上投资最大的单项建设工程。这项总投资 22.29 亿元的项目立足有效整合新疆境内的铜资源，采用国际先进的富氧顶吹冶炼工艺，引进澳大利亚奥斯麦特冶炼技术，工艺流程先进、辅助设施完备、环保达标，各项经济技术指标领先;为延长产业链、突出顶精尖、提高附加值、综合利用、深度开发，建设高水平、高技术、高效益的现代一流工业园区创造了有利条件，它的开工建设也标志着新疆有色工业的发展迈上了一个新台阶。

新疆有色集团公司党委书记、董事长兼新鑫矿业股份有限公司董事长袁泽表示，五鑫铜业公司 10 万吨阴极铜项目的启动，是新疆有色集团实施新一轮大发展、大突破、大跨越的重要战略步骤，对于新疆有色集团形成“三大主业、三大板块、三大上市公司”的良性互动格局，完成“十二五”产值 500 亿元、利税 100 亿元的目标具有重要战略意义。该项目建成后可年产阴极铜 10 万吨，副产品硫酸 43.7 万吨、电金 432.2 公斤。项目建设期为 2 年，预计 2012 年 6 月建成投产。

5 月 11 日 蒙古国矿业投资政策法规论坛暨蒙古矿业合作项目推介会位于北京的中国有色大厦隆重举行。此次会议由中国国土资源部和蒙古国矿产能源部主办，中国有色集团出资企业中国有色金属建设股份有限公司和蒙古国中华总商会、隆安律师事务所联合承办。

大会分为蒙古矿业投资政策法规论坛和在蒙矿业投资项目推介两个部分。中蒙两国山水相邻，地质构造连续，矿产资源丰富，有很强的互补性，开展地球科学领域的合作研究和矿产资源合作具有得天独厚的优势。中国有色集团和中色股份始终以蒙古为重要的投资区域。中色股份投资的图木尔廷敖包锌矿是中蒙两国框架协议下合作建设开发的第一个固体矿山，是蒙古境内最大的中蒙合资矿山企业，被中蒙两国政府命名为“中蒙合作的典范工程”。此次论坛和信息发布会是落实“中蒙经贸联委员会”分委会第三次会议纪要精神的具体措施，旨在为中国企业在蒙古开展矿

业投资提供有效充分的信息交流和帮助，必将进一步促进和加深中蒙两国在矿业领域的友好合作。

5 月 12 日 国家发展改革委、国家电监会、国家能源局联合下发《关于清理对高耗能企业优惠电价等问题的通知》，限期取消对电解铝、铁合金、电石等高耗能企业用电价格优惠。此外，凡是各地自行对高耗能企业实行优惠电价，或未经批准以电力用户与发电企业直接交易、双边交易等名义变相对高耗能企业实行优惠电价的，要立即停止执行。根据《通知》，电解铝、铁合金、电石、烧碱、水泥、钢铁、黄磷、锌冶炼 8 个行业将继续实行差别电价政策，并自 2010 年 6 月 1 日起，将限制类企业执行的电价加价标准由现行每千瓦时 0.05 元提高到 0.10 元，淘汰类企业执行的电价加价标准由现行每千瓦时 0.20 元提高到 0.30 元。

5 月 14 日 垣曲冶炼厂电解车间 1# 系统首槽尝试艾萨法生产阴极铜顺利出槽，标志着垣曲冶炼厂电解车间利用艾萨法生产阴极铜初获成功。垣曲冶炼厂副厂长李永春，集团公司计量检验部质量管理科科长邓小峰现场观看了出铜情况。

采取艾萨法生产阴极铜，就是在电解槽阳极铜中间插入钛板或不锈钢板，使其两面吸附铜离子的方法，钛板或不锈钢模板将成为永久阴极可以重复循环利用。江铜集团是中国首次采用艾萨电解法生产高纯阴极铜的企业。

5 月 14 日 在贵州清镇市犁倭乡，由中国铝业公司投资建设总投资数亿元，年开采铝土矿 120 万吨，一期服务年限为 14 年的中国首座大型地下开采铝土矿—中铝贵州分公司猫场矿区 0—24 线地下开采工程第一个子项 1330 排水平巷，正式开工。中国铝土矿井下开采的优势逐步显现。正在是在这样的背景下，猫场矿区井下开采规模之大在中国尚属首次。该项目工程建设工期为 3 年，由云南十四冶建设集团承担工程建设施工，整个工程巷道开拓及采切工程全长 33.764 公里，总工程量达 37.5 万立方米。

5 月 18 日 中国五矿集团公司与湖南省郴州市政府在郴州举行战略合作框架协议签字仪式。根据协议，今后 5 年内，中国五矿在郴州境内的新增投资达到 45 亿元～ 55 亿元，钨、稀土、锡、铋等有色金属资源的开采、冶炼、精深加工新增产值有望达到 80 亿元，预计可为郴州新增税收近 10 亿元。中国五矿与郴州市的战略合作，拟由湖南有色集团作为具体实施主体。通过优势资源、人才、市场、文化等方面的整合，搭建更具创新能力和可持续发展的有色产业平台。以钨、稀土、铋、锡、铅、锌等有色金属的整合、开发、利用和稀土、铋精深加工为重点，大力推进郴州有色金属工业集约化、规模化、高效化及可持续发展和双方共赢为目标，在郴州打造锡、稀土、铋、萤石等产业基地，使湖南有色成为郴州有色金属资源整合的主导者，成为带动郴州有色金属产品精深加工发展的龙头企业。

5 月 18 日 中铝公司在秘鲁为其 Toromocho 铜矿项目举行了奠基仪式。该项目投资总额达 21.5 亿美元，是迄今中国在秘鲁最大的一笔投资。中铝于 2007 年斥资 8.6 亿美元收购了 Peru Copper Inc. (CUP) 及该公司 Toromocho 铜矿的开发权。

5 月 26 日 全球最大的矿业集团必和必拓公司一行来大冶有色访问，该公司经理，股份公司董事长、党委书记张麟接待了他们一行。全球最大的矿业集团必和必拓公司是以经营石油和矿产为主的著名跨国公司。BHP 于 1885 年在墨尔本成立，在澳大利亚、伦敦和纽约的股票交易所上市。该公司是全球第三大铁矿供应商，与中国已有百余年的业务关系，包括矿产品和钢材进出口，矿物和海陆石油勘探等。

为了扩大对中国的业务，了解中国企业的经营模式，发展空间巨大、合同执行效率高、在国际市场有着良好声誉的大冶有色成为必和必拓的首选之一。必和必拓公司销售总经理 John Gerby（江歌比）与必和必拓中国区市场部经理岳欣一行来到大冶有色，与张麟在铜花山庄就双方共同关心的问题举行了会谈。

5 月 28 金田铜业被评为全国首批〞城市矿产〞示范基地，本次获批的园区共 7 个。

金田铜业长期立足废杂铜的加工利用事业，凭借强烈的社会责任心和持续的环保投入，成为行业内发展循环经济、建设资源节约、环境友好型社会的标杆企业，得到各级政府的高度赞誉，金田铜业于 2008 年被评为国家循环经济试点企业。本次〞城市矿产〞示范基地的申报过程中，金田铜业依靠铜加工利用的规模优势，装备技术先进性优势，以及节能减排、发展低碳经济的经验优势等，成为所有申报企业当中唯一一家以独立企业身份获批的民营企业示范园区（其余都为地方政府型工业园区）。

5 月 31 日 哈密瑞伦矿业有限责任公司总投资 2.4 亿元，年处理 45 万吨的铜镍矿石采选项目，经过三年的发展和建设，现已实现顺利投产运行。项目投产后，年产镍金属 1000 吨，可实现产值 1.8 亿元，同时该矿区也是哈密铜镍资源高品位的矿区之一。

六月

6 月 2 日 一座规划占地 49.2 平方公里的菱镁基地，在辽宁省鞍山市全面启动建设，预计 3 至 5 年建成中国最大的以低碳、节能减排、循环经济、精深加工为特色的菱镁新材料产业基地。坐落于海城海西新城经济开发园区内的菱镁基地，分为菱镁新材料加工区、菱镁新材料研发集聚区、菱镁新材料物流区、生活服务区、五道河生态廊道五个功能区，定位为中国最大、世界著名的菱镁新材料特色产业基地，国家级菱镁产品研制中心。

6月2日 安徽省地质局313地质队专家正式宣布，已探明金寨县关庙乡沙坪沟钼矿储量50万吨以上，资源价值超过2000亿元，这是安徽省目前发现的唯一特大金属矿床，终结大别山安徽境内无大型金属矿的历史。金寨县地处大别山北麓，处于秦岭——大别山成矿带，是中国近年来探矿热门地区，陕西、河南等省先后在这一成矿带发现铅锌、金、钴、钼等大中型矿床。

6月5日 老挝国家能源部参观团一行10人，在广西华锡集团副总经理姚根华及广西有色集团相关部门人员的陪同下，莅临车河选矿厂参观考察，该厂厂长吴伯增、副厂长陈建明热情接待了来宾。

6月8日 由环境保护部科技标准司主办，中国环境科学研究院、国家环境保护技术管理与评估工程技术中心、北京矿冶研究总院、中国有色金属工业协会再生金属分会和国家环境保护有色金属污染防治工程技术中心共同承办的“2010年铅污染防治技术及政策研讨会”在京召开。环境保护部科技标准司副司长高吉喜出席会议并致辞，大会由科技标准司副处长张化天主持。

6月9日至11日 全球第二、亚洲规模最大、最有影响力的铝业盛会——2010年（第六届）中国国际铝工业展览会在上海成功举办。展会共计吸引了来自全球30个国家和地区的320家企业参展，展出面积达到2万平米，专业观众9,059人次，均创6年来最高纪录，展会也几乎涵盖了整条铝产业链。

6月22日 《国家税务总局关于取消部分商品出口退税通知》（以下称《通知》）发布。《通知》明确提出，自2010年7月15日起取消部分钢材、医药、化工产品、有色金属加工材等6类共406种商品的出口退税。《通知》取消出口退税的商品中涉及有色金属商品编码共57个，包括铜、铅、锌、镁、镍、钴、钨、钼、锡、铋等金属加工材。

中国政府自金融危机期间7次上调部分商品出口退税率后，首次取消出口退税。专家分析，这一政策直指节能减排。取消出口退税是推进节能减排、调整产业结构的好办法。实际上也是用经济手段增加高耗能企业的生产成本。这样做，一方面抑制生产，另一方面引导企业转向内销。竞争会导致产品价格下降，企业利润降低，一些相对实力较差的“两高一资”企业顺而被淘汰掉。通过这两方面可以达到节能减排、产业结构调整的目的。工业和信息化部原材料工业司陈燕海司长也曾在公开场合表示：限制“两高一资”产品出口，调整产业结构，淘汰落后产能，对做好节能减排具有积极的意义和作用。

6月22日 满载6万多吨铝土矿的“阳光航程”轮在龙口港卸货完毕，至此，龙口港铝土矿进口量已完成502.7万吨，同比增长139.4%，稳居山东口岸铝土矿进口量首位。同时，铝矾土也成为龙口港本年度继煤炭之后第二个半年吞吐量突破500万吨的支柱性货种。

6月24日 在内蒙古自治区满洲里市召开的有色金属工业建设工程质量安全监督工作会议上，金川集团富氧顶吹镍熔炼工程荣获中国有色金属工业协会“优质工程”奖，承担富氧顶吹镍熔炼工程的集团公司监理公司和施工单位工程建设公司荣获“优质工程证书”；金川监督站荣获2009年度有色金属工业“优秀工程质量监督机构”称号；工程质量管理部有关同志荣获有色金属工业“质量安全监督先进工作者”、“优秀质量监督工程师”和“优秀监理工程师”称号。

6月27日 以中科院院士过增元为首的专家组评审通过了太原市独创的“镁冶炼新工艺设备”。目前镁及镁合金产业产值已达到100多亿元，如果规划顺利实施，到2015年全市镁产业的销售收入将达到600亿元，成为拉动区域经济发展和结构优化的重要力量。太原市由以往的原料大市变成了产业强市。在建设“世界镁都”的过程中，太原已站在了世界之巅。

七月

7月1日 美国国际贸易委员会公布了对原产于中国的金属丝网托盘反补贴和反倾销调查的产业损害调查终裁结果，认定原产于中国的该产品未对美国产业造成实质性损害或实质性损害威胁。至此，该调查结束，美商务部不得对中国企业征收反倾销税和反补贴税，中方应诉取得完胜结果。

据美国统计，2008年我对美出口涉案产品约3.17亿美元。商务部组织协调各相关政府部门和应诉企业积极应对，在初裁税率较高的情况下继续全力抗辩。不仅使终裁税率大幅下降，而且通过损害抗辩获得无措施结案，使全行业受益，保住了中国企业对美出口的市场份额。

7月3日--6日 在中国质量协会有色金属分会举办的″2010年有色金属工业优秀质量管理小组评审会暨″铜冠杯″QC小组发表赛″上，参赛的33家企业经过激烈的角逐，中铝山西分公司检修分厂″设备卫士″QC小组参赛的课题《降低石灰窑电收尘故障停机率》从众多的QC成果中脱颖而出，以93.1分的最高成绩勇夺国优发表赛第一名，荣获″铜冠杯″大赛最高奖--优胜奖，″设备卫士″QC小组也被推荐为″全国优秀″QC小组称号。

7月8日 金川集团公司镍盐厂年产3万吨精制硫酸镍生产线建成并投入生产，使硫酸镍产品产能达到年产4.5万吨规模。至此，金川公司不仅成为目前中国最大的镍生产企业，而且也成为全球最大的镍盐生产基地。

7 月 9 日 唐山市河北冀东建设工程有限公司到赞比亚先期投资 500 万美元的铜金矿开发项目已经省商务厅批准。这是唐山市第一家赴非洲投资矿山资源开发的企业。

7 月 19 日 位于浙江省淳安县境内的一个铅锌矿场的污水处理池发生塌方性泄漏，部分污水流入千岛湖支流，千岛湖水质安全受到威胁。

7 月 19 日 中国黄金集团公司甲玛铜多金属矿项目在拉萨正式投产。该项目是中央及内地企业在西藏最大的矿业投资项目，将有力地促进西部地区资源优势向经济优势转化，推动少数民族地区社会、经济发展。甲玛铜多金属矿项目位于拉萨市墨竹工卡县，是西藏自治区的八大重点建设项目之一，由中国黄金集团西藏华泰龙公司于 2008 年开始建设。项目设计规模为日处理矿量 15000 吨，预计总投资 80 亿元。目前，一期工程规模为日处理矿量 6000 吨，现已建成投产。

7 月 27 日 在青藏铁路的起点、戈壁滩上的格尔木市，盐湖集团正在规划实施的全球最大的“金属镁一体化项目”， 举行了开工典礼，项目总投资约 600 亿元，可堪称为“巨无霸”项目。用盐湖集团自己的话讲，“盐化工整体开发产业的航空母舰即将由我们打造完成。”盐湖集团金属镁一体化项目是盐湖综合利用三期项目，是继钾肥百万吨项目、盐湖综合利用项目一、二期工程、一万吨碳酸锂项目、ADC 发泡剂一体化项目开工建设后，盐湖集团走循环经济和新型工业化道路的又一重大举措。金属镁一体化项目总规模为年产 40 万吨金属镁、200 万吨 PVC、200 万吨纯碱及配套热电项目等，总投资约 600 亿元。全部建成后，可实现年产值 400 多亿元。

7 月 29 日 华东冶金地质勘查局 812 地质队专家在安徽省南陵县姚家岭矿区现场宣布，历经 8 年艰苦卓绝的勘查与钻探，姚家岭矿区目前已探到大型锌、金矿和中型铅、铜、银矿， 姚家岭矿区已控制矿带长 1600 米、宽 500 至 800 米。其中，锌储量 117.41 万吨，平均品位 3.64%，规模达大型以上；金储量 32 吨，平均品位 5.02 克 / 吨，另有伴生金 19 吨，规模达大型；铅、铜、银规模均达中型。据测算，这些新发现的金属矿产资源，潜在经济价值将超过 400 亿元。

八月

8 月 1 日 北京有色金属研究总院高新技术产业化示范基地在江西耀升工贸发展有限公司举行隆重揭牌仪式，中共崇义县委书记黄志标、北京有色金属研究总院粉末冶金及特种材料研究所所长林晨光为高新技术产业化示范基地揭牌。标志着北京有色金属研究总院与江西耀升工贸发展有限公司在钨材料领域的产研合作正式启动。

8 月 5 日 中国恩菲首个 EPC 总承包的大型铜冶炼项目会理昆鹏 10 万吨阳极铜项目顺利浇铸出第一块阳极板，这标志着该项目工艺流程的全线胜利打通。预计项目投产后可年产阳极铜 10 万吨、硫酸 31 万吨。会理昆鹏 10 万吨阳极铜项目是中国恩菲首个 EPC 总承包的大型铜冶炼项目，该项目采用二次配料、艾萨熔炼、电炉贫化、PS 转炉吹炼、阳极炉精炼、双圆盘浇铸机浇铸，烟气制酸工艺流程，其中艾萨富氧顶吹工艺是中国引进、消化、吸收国外艾萨熔炼技术在总承包工程上的首次成功应用。

8 月 7 日 中国有色集团出资企业中色镍业（缅甸）有限公司与缅甸图汗第特（Htoo Han Thit） 矿业公司在内比都正式签署《煤炭买卖协议》。缅甸矿业部第三矿业公司总经理吴文腾出席签约仪式，中国有色集团总经理助理、中色镍业（缅甸）公司董事长兼总经理王小卫与图汗第特（Htoo Han Thit）矿业公司总经理丁灵觉代表双方在协议书上签字。

8 月 8 日 宁乡吉唯信金属粉体有限公司二期项目举行奠基典礼，投产后产值将达 4 亿元，税收贡献超过 3000 万元，将成为全球最大的微细球形铝粉生产基地。宁乡经开区通过调优产业结构，壮大产业集群，重点培育了以新材料、食品、机电和现代服务业为主导的“3+1”产业。新材料产业是国家大力支持的战略性新兴产业之一，是节约资源、统筹利用资源的“两型”产业。位于宁乡经开区的吉唯信公司凭借其雄厚的技术研发能力、出众的产品质量吸引了世界 500 强企业、世界铝银浆行业领导者日本东洋铝业株式会社的眼光，与日本东洋铝业达成全面收购协议。吉唯信二期项目总投资 1.5 亿元，建设年产 12000 吨的微细球形铝粉生产线。

8 月 10 日 由中国再生资源产业技术创新战略联盟办公室主办，北京矿冶研究总院承办的联盟废旧有色金属领域“十二五”产业技术路线图研讨会在北京顺利召开。来自北京矿冶研究总院、新兴铸管集团、白银有色金属集团、宁波金田铜业集团、河南豫光金铅集团、北京大学、清华大学等再生金属领域的企业、高校、科研院所近 60 位代表参加会议。

8 月 11 日 由中国有色金属工业协会组织的“中孚实业 400kA 级高能效铝电解槽技术开发及产业化”等科技成果鉴定会在巩义市宾馆召开。中国有色金属工业协会会长、教授级高工康义、中国有色金属工业学会副会长、教授级高工钮因健、中国工程院院士邱定蕃、张国成等 16 位专家组成的专家组，对中孚实业与东北大学设计院等合作单位共同完成的十三项科技成果进行了认真考查、审核，鉴定结果十三项科技成果获得一致通过，其中：“400kA 级高能效铝电解槽技术开发及产业化”等3个成果被鉴定为“国际领先水平”，“大型铝电解槽生产综合节能技术开发”等9个成果被鉴定为“国际先进水平”，“石油焦筛分及回转窑无风嘴煅烧技术”被鉴定为“中国领先水平”。

8月12日凌晨4时 白银公司厂坝铅锌矿所在地陇南市成县黄渚镇发生强降雨，暴雨造成流经黄渚镇的东河水位急剧上涨。白银公司厂坝铅锌矿遭受暴雨洪水泥石流袭击，导致矿区全面停产，生活区泥石流积水达2米以上，楼房二楼以下全部被淹。

8月16日上午8时 大冶有色公司总部大门前彩旗飘扬、锣鼓喧天、人头攒动，大冶有色金属集团控股有限公司在这里隆重揭牌。大冶有色金属集团控股有限公司是在湖北省委省政府和省国资委的领导下，由大冶有色金属公司改制成立的，标志着公司将实现从传统工厂制企业向现代公司制企业的跨越，具有里程碑的意义。

8月21日 黄石市国资委顺利与大冶有色股份有限公司签约稀贵金属工业园项目，这也标志着国资委“双迎”经贸招商任务圆满完成。此次签约的稀贵金属工业园项目总投资10亿元，项目投产后可实现年销售收入100亿元，利税3.8亿元。

8月25日 总投资3亿元的神东天隆集团新疆众邦矿业日处理4000吨铜选矿厂在尼勒克县开工奠基。选矿厂规划占地面积约70亩，明年5月建成后，可年产铜金粉2.4万吨，产值2亿元，解决当地就业近600多人。企业还计划在未来五年规划建设日处理4000-8000吨规模铜选矿厂。

8月27日 由中国有色金属工业协会副会长钮因健、中国工程院院士张国成、中铝国际贵阳铝镁设计研究院教授姚世焕等7名国内知名专家组成的鉴定委员会对公司的4项科技成果进行了鉴定。经鉴定委员会专家鉴定，公司“大型预焙槽内衬材料与结构优化研究”、“煅烧回转窑烟气综合治理研究”、“180KA铝电解槽氟化盐添加装置及小定容下料器的开发应用”3项科技成果达到国际先进水平，“污水自动提升控制装置研制”技术达到中国先进水平。

8月28日 中国资源综合利用协会在广州市组织召开了阳春市中诚铜业有限公司“湿法冶金在金属尾矿中的综合利用技术”项目科技成果鉴定会。会议由中国资源综合利用协会副秘书长于亚杰主持，广州有色金属研究院副院长陈少纯、广东省有色金属工业协会秘书长金忠玉及广东工业大学、中山大学、广东省综合利用协会、中国有色金属学会等科研院所的专家参加了鉴定会。

8月28日 中国有色集团控股的中国有色金属建设股份有限公司（简称中色股份）投资建设的蒙古国图木尔廷敖包锌矿举行庆典活动，隆重纪念被赞誉为“中蒙合作典范”的敖包锌矿投产5周年。出席庆典活动的有中国有色集团党委书记、中色股份副董事长张克利，中色股份总经理、鑫都矿业董事长王宏前，中色股份副总经理杜斌，鑫都矿业副董事长刚巴特，苏赫巴托省议长市吉尔巴特尔以及中国有色集团总部、中色股份总部、沈阳有色冶金设计研究院和蒙古有关政府官员等。

8月29日 中国中冶所属中国十九冶集团有限公司承建的四川会理昆鹏铜业年产10万吨阳极铜冶炼项目竣工，热负荷试车一次成功。该项目是四川省重点建设项目，生产工艺达到中国同行业先进水平。投产后可生产阳极铜10万吨／年、工业硫酸32万吨／年，年创产值60亿元以上，是目前四川省最大的铜冶炼项目。

8月30日 南川水江镇隆重举行水江铝工业园区基础设施BT项目（水江大桥）开工仪式。南川区人大常委会主任陈均、南川区委常委、水江镇党委书记、80项目指挥部副指挥长、水江铝工业园区管委会主任刘先畅、南川区人民政府副区长冯建、南川区政协副主席、80项目指挥部副指挥长杨远才等领导出席开工仪式并为该工程开工奠基。

8月31日 五矿集团公司与国家开发银行股份有限公司（下称“国开行”）在京签署了开发性金融全面规划合作协议，双方将从规划源头开展全面合作，建立长期、稳定和深度的战略伙伴关系，互惠互利、共同发展。

九月

9月3日 中国有色金属工业协会2009年度科技成果奖揭晓，《金川公司老尾矿库生态恢复工程可行性研究》项目荣膺科技进步二等奖。

9月4日“2010中国企业500强”在安徽合肥发布，中国石油化工集团公司、国家电网公司和中国石油天然气集团公司排名前三，西部矿业以173.14亿元的营业收入排在第337名。这已是西部矿业连续4年入围中国企业500强，2009年西部矿业以144.19亿元的营业收入排在第372名，2008年、2007年分别排在第344名和第315名。

9月5日 新疆有色集团、山西闻喜集团、陕西西华公司与新疆特克斯县在有色大厦联合签署了《关于新疆特克斯县金属镁项目合作开发的框架协议》。该项协议的签订，是落实中央新疆工作会议和自治区七届九次全委扩大会议的精神，加快实施自治区优势资源转化战略，充分开发利用特克斯矿产资源的具体部署。

9月6日 中铝公司所属华中铜业有限公司成功生产出用于3G通讯的8000余米超长高精度射频电缆无氧铜带。该公司采用大锭连续铸造及四辊二机架冷连轧、六辊可逆式精轧等技术，研制的高精度优质射频电缆铜带，含氧量远低于5PPM（1PPM为百万分之一），质量达到或优于国际先进水平。

9月6日至7日 “首届中国一东盟矿业合作论坛暨展示会”在南宁成功举办，此次论坛成为中国与东盟在矿业合作方面迈向深化的里程碑，并取得了实实在在的成果，中外企业共签订合作项目1 3个，合同金额6 5亿元人民币。

9月8日 东方希望集团投资包头市固阳县的10万吨镁合金及固体废物综合利用项目在包头市金山工业园区开工奠基。刘永行董事长与包头市委副书记、市长呼尔查、自治区工商联主席田震、副市长冀学斌等党政领导一起挥锹为项目开工奠基。

9月11日 国土资源部部长、党组书记、国家土地总督察徐绍史一行飞抵新疆维吾尔自治区喀什市，进行了为期四天的新疆考察调研。新疆维吾尔自治区党委常委努尔兰•阿不都满金，国土资源部党组成员、办公厅主任冀文林陪同调研。在克孜勒苏柯尔克孜州乌恰县乌拉根铅锌矿实地考察过程中，徐绍史部长指出，乌拉根铅锌矿区成矿条件极佳，前景很好，具有成为特大型铅锌矿的巨大潜力。新疆“358”项目前期进展效果很好，要进一步加大投入，加大矿业权整合力度，加快勘查评价进度，实现快速突破。

9月13日 国家质检总局组织的国家质检中心验收专家组对设在江西赣州的国家钨与稀土产品质量监督检验中心进行了现场验收。经专家组成员严格按照总局《国家质检中心能力建设与评估指南》等逐项指标考核评分，国检中心顺利通过了国家质检总局组织的现场验收，成为中国最具权威的钨、稀土产品质量监督检验机构之一。

9月13日 在山东东营举行的“富氧底吹高效铜熔炼新工艺”科技成果鉴定会上，由中国工程院院士邱定蕃、中国工程院院士张国成等多位权威专家组成的专家组认为，该工艺具有冶炼强度大、实现完全自热熔炼、原料适应性强以及烟尘率低等其他工艺所达不到的优势，是当今世界上最先进的铜冶炼技术。

9月14日-16日 素有“铝业奥林匹克”之称的德国国际铝工业展览会(ALUMINIUM GERMANY)在德国埃森隆重举行。本届ALUMINIUM2010是铝工业和其相关应用配套设备展览的首选之地，是铝工业及相关配套应用设备最重要的展示平台。全球铝生产商、加工商、精炼商以及科技和附加产品供应商，以及各种配套应用产品供应商汇聚德国埃森。

9月16日 在人民大会堂，中国恩菲氧气底吹熔炼技术开发和推广项目组，受到国务院国资委的授奖和表彰并荣获“中央企业红旗班组标杆”称号，成为中国冶金科工集团唯一一个获此殊荣的班组。中国恩菲氧气底吹熔炼技术开发和推广项目组在工艺创新、技术推广应用方面取得突出成绩，使得中国铜、铅冶炼技术迈入了国际先进水平。为解决中国有色金属冶炼工艺落后问题，项目组经过数年技术攻关，发明了氧气底吹熔炼技术和工业化装置。该发明在炼铅工艺上彻底解决了长期困扰冶炼生产的二氧化硫烟气和铅尘的污染问题，能耗较传统烧结流程降低50%。与此同时，该发明在炼铜工艺上第一次实现了真正意义的无碳熔炼。到目前为止，氧气底吹熔炼技术已在中国35家铜、铅冶炼厂应用，其中已建成投产16家。氧气底吹熔炼技术的研发成功和广泛的推广应用为中国有色金属冶炼行业完成“十一五”节能减排目标提供了坚实的技术保障。

9月26日 中国铝业公司与江西省国资委草签了《江西稀有金属钨业控股集团有限公司增资扩股协议》。根据协议，在经江西省政府批准之后，中铝将以增资扩股方式对江钨进行出资，成为其控股股东。这一事件标志着中铝深度涉足稀有稀土金属领域。

这又是一场中铝涉足其他资源领域的“跨界”演出。从将稀有稀土单独列为七大核心板块之一，到与江西省政府签署《战略合作框架协议》，再到控股江西稀有金属钨业控股集团有限公司，中铝只用了大半年时间。“跨界”到其他资源领域对于国企巨头中铝来说，已经不是新鲜事，但是在短短时间内从战略规划到具体实施，实属罕见。在此之前，中国五矿集团已在南方稀土打下一片天地。这意味着，炙手可热的中国稀土将成为国企巨头们的杀戮战场。

9月27日 环境保护部、国家质量监督检验检疫总局首次联合发布了《国家环境保护标准》。《标准》共涉及12个工业污染物排放标准，其中包括铝、铅、锌、铜、镍、钴、镁、钛等8种有色金属工业，规定了有色金属工业企业在生产过程中水污染物和大气污染物排放限值、监测和监控要求。

此外，拟在“十二五”开征的环境税征收方案已获得财政部、国家税务总局、环境保护部3部门的一致通过，目前已上报至国务院，相关政策方案最快将于2011年出台。

另外，铅酸蓄电池的环保许可证制度、《再生铅准入准则》、《稀土工业污染物排放标准》也在研究制定中。这些制度标准将对行业绿色生产产生重大影响。

作为“两高一资”行业的有色金属产业，一直与“污染”的标签形影不离。2010年更是有色金属行业污染环境事件多发的年份，屡屡发生的“血铅事件”、紫金矿业矿山污染和溃坝事件、中金岭南韶关冶炼厂铊超标事件，都给有色金属行业敲起了绿色、安全生产的警钟。环保对有色金属企业的影响越来越大，排放标准将越来越严格；重金属污染治理任重道远；固体废弃物如赤泥、尾矿等利用率难题仍未有大的突破。

未来，有色企业在环保上的成本支出将越来越重。

9月28日 山西铝厂、中国铝业山西分公司、山西华泽铝电有限公司、中色第十二冶金建设公司在晋铝宾馆召开了企地联谊会。山西铝厂、中国铝业山西分公司、华泽公司、十二冶四家企业领导，河津市委、市政府、市人大、市政协四大班子及有关部门领导，运城市工矿办、清涧火车站、河津火车站、煤运公司、阳光集团、河津发电厂等有关领导参加了联谊会。联谊会由山西铝厂党委书记郭顺喜主持。

十月

10月8日 国家工商行政管理总局商标局和商标评审委员会公布了新认定的中国驰名商标企业。其中在本次认定的217件驰名商标内，“广铝”商标名列其中。

10月12日 在湖南娄底中国五矿集团公司与娄底签订战略合作框架协议，今后将深度整合娄底锑等有色金属，在娄底打造“锑业航空母舰”，使娄底成为世界真正的锑都。中国五矿集团公司将以湖南有色金属集团作为具体实施主体，以娄底市的锑等有色金属的整合、开发、利用和精深加工为重点，对锡矿山地区的民采、选矿、锑冶炼进行整治、整合，规范生产经营，使该地区的锑资源开发做到统一管理、统一规划、统一探采、统一销售。同时，通过优势资源、人才、市场等方面的整合，大力推进娄底有色金属工业集约化、规模化、高效化及可持续发展。

10月14 中铝长沙有色冶金设计研究院承担的中国铝业科技计划项目《铝土矿矿山安全生产技术标准研究》，完成全部研究工作，并通过专家验收。这也标志着中国第一部《铝土矿矿山安全生产技术规程》正式形成。《铝土矿矿山安全生产技术规程》的发布将对铝土矿山安全生产技术工作的规范化、标准化和制度化，以及铝土矿开采的安全生产管理具有重大的指导意义。

10月14日 由中国有色金属工业协会，四川省经济和信息化委员会，阿坝州人民政府主办的2010年中国锂产业论坛大会在阿坝州汶川县水磨镇举行。会上，来自国内外锂行业的专家在论坛上进行了发言。此次论坛旨在探讨中国锂产业发展现状及发展前景，加强中国地区间、企业间的交流合作，把握锂产业面临的机遇与挑战，加速推进锂资源的开发和利用，形成新能源成熟产业链，抢占低碳经济制高点。

10月15日 由中国有色工业协会组织的豫光“液态高铅渣直接还原产业化研究与应用”成果鉴定会在河南成功举行。由工程院院士张国成、中国有色金属工业协会教授级高工纽因健、中国有色工程设计研究总院设计大师蒋继穆及中南大学、昆明理工大学等中国9位权威专家组成的鉴定委员会，通过现场查看、资料审阅、技术讨论等，最后一致认为“豫光炼铅法已经达到世界领先水平”，豫光炼铅法顺利通过国家级科技成果鉴定。

10月15日 由中国有色金属工业协会主办、中国有色金属工业协会再生金属分会承办的第十届再生金属国际论坛／展览交易会新闻发布会在北京召开。传承经典，创新发展，是本届论坛暨展览交易会的显著特点。第十届再生金属国际论坛暨展览交易会以“十年风雨铸就基业，创新发展再造辉煌”为主题，大力倡导科技创新、技术进步助推再生金属产业全面升级，特别设计推出政策法规、战略发展、技术进步、资本运营与投融资、国际贸易等板块，全面涵盖行业发展焦点问题，针对企业运营中遇到的各种问题，搭建答疑解惑的有效交流平台。

10月19日 爱励国际与鼎胜铝业正式签约，双方共同投资3亿美元，打造中国最大的建设交通运输用高强度大规格铝合金板带生产基地。该基地位于镇江市京口区工业园，所产铝合金板带，将填补中国在高速轨道交通、高档乘用车材料上的空白。项目设计年产铝合金板带15万吨，建成达产后可实现年销售收入超200亿元。

10月25日 中国规模最大的锂电池生产基地在江西吉安落成投产。此项目总投资4亿多元，日产锂电池50多万只，产品主要用于电动汽车、储备电源、便携式设备等领域，市场前景广阔。基地的建成将大大推动吉安绿色新能源产业的发展。

10月22日上午 国土资源部部长徐绍史在部会见了埃塞俄比亚矿产部部长辛克纳什·艾吉古，双方就加强地质矿产领域的合作交换了意见。2009年，中国的勘查投入同比增长了18.2%，2010还将进一步增加勘查投入，力保经济社会发展的需要。国土资源部与埃塞俄比亚矿产部已有较好的合作基础，中国地质调查局与埃塞俄比亚地质调查局合作开展的两个项目进展良好。2008年，国土资源部部与贵部签订了合作谅解备忘录，合作前景广阔。徐绍史表示，中国坚持对外开放、合作共赢的政策，希望双方今后能进一步拓宽合作领域，在人员培训、地质调查、矿产勘查和开发等领域开展更多的交流合作。欢迎埃塞俄比亚企业参与中国矿产资源勘查开发，也支持中国企业去埃塞俄比亚投资，进行矿产资源勘查开发，实现双方互利共赢。此外，欢迎参加中国举办的国际矿业大会，共同推进两国在矿产资源勘查开发方面的合作。埃塞俄比亚矿产部部长辛克纳什·艾吉古说，埃塞俄比亚矿产部与中国国土资源部有着良好的合作关系，签订了合作备忘录，已经启动的两个项目进展良好，希望在已有基础上继续加强合作与交流，也欢迎中国企业参与埃塞俄比亚矿产资源勘查开发。

10 月 26 日 美国国际贸易委员会（International Trade Commission）裁定，进口自中国和墨西哥的铜管对美国铜管行业构成威胁。这项裁决为美国商务部（Commerce Department）发布反倾销令铺平道路。2008 年，美国从中国和墨西哥进口的铜管总价值 7.28 亿美元。

10 月 29 日 凉山州在召开国家《“十二五”钒钛资源开发利用产业基地规划》编制工作座谈会，向来凉山州调研钒钛产业发展情况的国家发改委调研组，详细介绍了凉山州钒钛资源开发利用情况。国家发改委产业协调司副巡视员李忠娟，州委常委、常务副州长赵世勇出席座谈会。

10 月 29 日 中国首届铝用炭素行业资源综合利用现场交流会在召开山东德州。来自国家有关部委、中国资源综合利用协会、中国有色金属工业集团、德州市人民政府有关部门、中国铝用炭素行业的企业代表、有关科研院所的专家及学者等各界人士约 150 余人汇聚一堂，交流中国资源综合利用政策情况以及资源综合利用行业的发展趋势，共同深入探讨了铝用炭素行业可持续发展的思路与对策。此次会议由中国资源综合利用协会、中国有色金属工业集团主办，索通发展有限公司和中材节能发展有限公司承办。

十一月

11 月 3 日 据贵州省地矿局消息，贵州省地矿局探明的贵州务川县境内大竹园铝土矿探测工作经专家会评审通过，确认求获铝土矿资源量 6335.16 万吨。这是现今贵州发现的第二的大型铝土矿床。与此同时，求获稀散金属镓金属量 5448.25吨，稀有金属锂（Li2O）资源量 62337.97 吨，获得了地质找矿的重大突破。

11 月 10 日 从中国河南国际合作集团有限公司获悉，该公司已获得几内亚 558 平方公里铝土矿的开采权，预测该矿区铝土矿的资源总量在 100 亿吨以上，超过目前中国国内铝土矿保有资源储量的总和。河南国际也是在几内亚唯一一家拿到矿区开采权的中国公司。

11 月 12 日下午 北京有色金属研究总院名誉院长王淀佐院士、黄松涛副院长在会议中心接见了到访的世界著名生物冶金专家、美国工程院院士詹姆士．布瑞雷博士和美国工程院院士柯瑞丽．布瑞雷博士夫妇。双方就生物冶金技术开发进行了深入交流，詹姆士．布瑞雷院士作了题为“原生硫化铜矿生物堆浸技术的开发”的学术报告。会后，王淀佐名誉院长、黄松涛副院长陪同来宾参观了院展室、院务部、科技开发部、生物冶金国家工程实验室领导和有关人员参加了接待。

11 月 12 日 金川公司年产 6 万吨精密铜镍合金节能降耗技术改造项目竣工投产。该项目以铜合金管、棒线等铜加工产品为主导产品，产品执行美国 ASTM、日本 JIS 及欧盟 EN 等国际先进标准，面向国内外舰船制造、海洋工程及军工等高端领域。该项目的建成，至此，金川公司成为全球首家采用感应退火、卷式法工艺生产黄铜管的专业厂家。也成为目前中国最大的白铜管生产基地。

11 月 15 日至 19 日 全球 300 多位镍行业的领导人、专家和分析师齐聚新喀里多尼亚首都努美阿，出席第四届新喀里多尼亚国际镍业大会，中国恩菲总工程师尉克俭、高级顾问卢笠渔等一行五人应邀参加了本届会议。

11 月 16 日 智利总统塞巴斯蒂安皮涅拉访华，在北京香格里拉饭店举行早餐会。五矿集团公司总裁周中枢出席早餐会，并与智利总统皮涅拉亲切会谈。中国五矿与智利开展业务已达 30 年之久，双边经贸往来密切，合作日益扩大。中国有全球最大的市场，而智利是全球最大的铜生产国；中国五矿是中国最大的金属提供商和进口商，而智利国家铜公司是世界最大的铜生产商和出口商，合作互补性强，潜力巨大。

11 月 16 日至 18 日 亚洲最大的矿业盛会和全球四大矿业大会之一的“2010 中国国际矿业大会”在天津市召开。大会由国土资源部和天津市人民政府共同主办，大会主题是“合作、责任、发展”，大会的展览与大会同期举行。大会标准展位数为 573 个，展览面积超过了 1 万平方米。除标准展位外，展览还设有加拿大、澳大利亚等矿业大国进行展示推介的部分国家总体展，国内外大型矿业企业自主设计的特装搭建展及在室内外设立的矿业设备展等各类特别展区。42 个国家和地区的 2228 位代表报名参会参展，大会将举办主题论坛、国外矿业部长论坛、企业发展高层论坛等三大主论坛、以及涵盖了全球矿产勘查形势分析、矿业权管理政策解读、矿产资源储量管理，关于金、铜、铁、钾盐等矿产品专题等二十多场分论坛。

11 月 16 日 中国五矿集团公司总裁周中枢会见了智利矿业部长 Golborne 和智利国家铜公司董事长 Jofre 一行。周总裁首先对两位来宾随智利总统访华表示欢迎，特别对智利矿业部长 Golborne 在矿工救援中，始终坚守第一线，表示由衷钦佩。周总裁表示，中国五矿与智利伙伴的合作非常顺利，特别是与智利国家铜公司的合作已达 30 年之久，双边关系经历了各种考验，即使在 2009 年全球金融危机的背景下，中国五矿从智利进口电解铜数量较前一年仍有大幅增加，可以说双方建立的是全天候的合作关系。智利矿业部长 Golborne 表示非常高兴能与周总裁会面，他表示周总裁在早餐会上的发言非常精彩，并期望在周总裁访问智利期间，能与周总裁再次会面并深入交谈。智利国家铜公司董事长 Jofre 表示他非常重视与中国五矿的传统友谊，目前智利国家铜公司正在进行矿山扩建及国际化等运作，希望借此契机扩大与中国五矿的合作。

11月16日 中国五矿集团公司所属湖南黄沙坪矿业公司承担的国家危机矿山接替资源找矿项目实现重大突破，发现了特大型钨钼铋锡多金属矿床一座，目前已通过专家组的验收。经初步估算，该矿床的资源储量为：333铅锌金属量42.83万吨，铜4.82万吨，钨钼铋锡金属量44.85万吨。

11月17日 2010中国矿业国际合作奖在天津揭晓。国土资源部部长徐绍史，副部长贠小苏、汪民，天津市市长黄兴国等出席颁奖晚会并为获奖者颁奖。秘鲁第一副总统詹彼德里应邀出席颁奖仪式。出席颁奖仪式的还有天津市副市长崔津渡、熊建平。2010中国矿业国际合作奖共设最佳勘查奖、最佳开发奖、最佳环保奖、最佳技术创新奖和最佳服务奖五个奖项。山东省地矿工程勘察院／刚果（布）奎卢省布谷玛西地区钾盐勘查项目、河南省地质矿产勘查开发局第二地质队／中电投几内亚共和国3650号矿区铝土矿勘探、云南省有色地质局／印度尼西亚东南苏拉威西省北科纳威红土型镍矿勘查三个项目获得最佳勘查奖；湖南有色金属股份有限公司／加拿大水獭溪锑矿、天津华北地质勘查局／加拿大Merit上市公司的收购及矿业开发、山东黄金集团有限公司／蒙古国铁锌矿开发项目三个项目获最佳开发奖；河北华澳矿业开发有限公司／河北省张北县蔡家营铅锌矿、中国五矿集团公司／秘鲁El Galeno铜矿项目获得最佳环保奖；中国五矿（集团）公司长沙矿冶研究院／中信泰富澳大利亚铁矿选矿技术研究、大同煤矿集团／同煤国电同忻煤矿有限公司、中润华隆投资发展集团有限公司／赞比亚西北省矿区卫星遥感探矿项目获得最佳技术创新奖；黑龙江省国土资源厅、湖南省国土资源厅、山东省国土资源厅三个单位获得最佳服务奖。

11月17日 2010中国国际矿业大会期间，天津矿业权交易所正式揭牌。国土资源部副部长汪民、总工程师张洪涛、天津市副市长崔津渡出席揭牌仪式。汪民、崔津渡共同为天津矿业权交易所揭牌。按照国土资源部《关于建立健全矿业权有形市场的通知》要求，经天津市人民政府批准，由中国五矿勘查开发有限公司、天津华勘集团有限公司、中国华星氟化学投资集团有限公司、青海省投资集团有限公司、天津新金融投资有限公司共同出资，组建天津矿业权交易所股份有限公司，并在天津滨海新区正式注册成立。天津市国土资源房管局是交易所的监督管理部门，也是该局指定的矿业权交易机构。

11月24日－27日 主题为“绿色经济互利共赢”的“2010中国绿色产业和绿色经济高科技国际博览会”，，在北京展览馆举行。中共中央政治局常委李长春，中共中央政治局常委、国务院副总理李克强在有关部委领导的陪同下分别视察了中国铝业公司展台。

11月24日晚 李长春在中铝公司展台前，仔细观看所属企业生产流程模型、图片和产品实物，详细询问公司生产经营和节能减排工作的有关情况，深入了解中铝公司应对金融危机，大力推进结构调整和战略转型所取得的成绩，听取了中铝公司总经理熊维平的工作汇报。

11月25日至28日 由国际铝土矿、氧化铝及铝电解学术委员会（ICSOBA）和中国铝业公司主办，中国铝业郑州研究院承办的十八届国际铝土矿、氧化铝和电解铝工业学术年会在郑州研究院隆重召开。郑州市副市长王跃华，中国铝业公司总经理助理宋来宗，国际铝协副秘书长Chriss Baylis，ICSOBA主席Roelof Den Hond出席大会并在开幕式上致辞。

11月27日 中国有色矿业集团非洲矿业公司在赞比亚铜带省基特韦为其下属的一座百万吨产能铜矿举行正式投产仪式。据中色非洲矿业公司总经理王春来介绍，该铜矿——赞比亚谦比希铜矿西矿体已探明储量为4500万吨，铜品位2.25%，投产后年产铜矿石100万吨。

11月30日 北京有色金属研究总院牵头发起的生物冶金产业技术创新战略联盟成立，联盟成立大会在院会议中心召开。名誉院长王淀佐院士、张国成院士、张懿院士、中国有色金属工业协会高德柱副会长、科技部有关领导出席会议。联盟将致力于解决中国低品位、复杂有色金属矿产资源开发选冶关键共性技术问题，增强联盟成员的自主创新能力和核心竞争力，提高低品位、复杂有色金属矿产资源开发和循环利用水平。

十二月

12月1日 金川集团公司冶炼厂历时108天，斥资4.45亿元的铜熔炼节能降耗综合技术改造工程投产成功。多年来，金川公司始终致力于科技联合攻关，并不断将新成果、新技术应用于节能降耗领域，成功地提升生产工艺和装备水平，优化产品结构，降低能源消耗和生产成本。

12月1日“C919大型客机铝锂合金机身等直段部段”在中航工业洪都大飞机部装厂房顺利下线，这标志着中航工业洪都参与C919大型客机研制工作迈出了坚实的第一步。

12月6日 国家发改委下达“关于2010年节能技术改造财政奖励项目实施计划的通知”（发改环资[2010]2119号）文件，包头希铝实施的铝电解槽节能钢爪和阻流块节能技改项目，节电量5732.61万千瓦时／年，节约标煤2万吨／年，减少CO2气体排放量6.84万吨，减少SO2气体排放量0.04万吨，获得国家发改委、财政部 2010 年节能技术改造财政奖励资金 500 万元。此次内蒙共 5 家企业列入国家财政奖励资金项目，铝电解行业仅包头希铝 1 家。

12 月 6 日 河南永登铝业被评为“2010 年度国家引进国外智力示范单位”，这是中国有色金属行业唯一获此殊荣的企业。这次被评为引智示范单位的企业全国只有 20 家。永登铝业铝合金公司一贯重视引智工作，2003~2007 年公司投资 9000 万元，与乌克兰国家冶金科学院合作，建成了具有国际先进水平的原料制备、合金精炼系统和中国最大的 16.5MVA 铝硅合金矿热炉生产线，其技术和产品填补了两项国家空白，达到了世界先进水平，同时获得国家专利技术 12 项。

12 月 7 至 8 日 由英国励展博览集团 (Reed Exhibitions) 中国公司主办的“2011 年上海国际工业材料展览会 • 铜”系列活动之“空调制冷企业与铜管企业市场与技术交流会”在广东省中山市成功举办。来自上海交通大学、中山大学的制冷研究专家、北京安泰科信息开发有限公司的铜业分析师出席了本次会议，同时还有来自美的集团、开利公司、TCL 集团、浙江海亮、金龙集团、佛山华鸿等十余家国内外的知名空调制冷企业和铜管厂商的三十多位企业代表应邀出席会议。业内专家和企业代表们就当前的空调小管径的技术及应用和国际铜价走势等业内热门话题展开了热烈的讨论和交流。

12 月 9 日 从宁夏回族自治区科技厅了解到，西北稀有金属材料研究院在引进消化吸收国外先进技术的基础上研制的铍铝合金产品通过试验和认证，性能达到国外同类产品水平，并批量出口以色列市场。

12 月 11 日 安徽省国土资源厅、省地矿局专家评审组在池州宣布，黄山岭矿区目前已探到大型钼矿和中型锌、钨、磁铁矿，其中钼储量 15 万吨、平均品位 0.127%，多金属矿总价值超过 600 亿元。该矿是池州发现的第一个大型金属矿床，终结了安徽省江南过渡带乃至长江中下游成矿带上无大型钼矿历史。探明钼储量 15 万吨、平均品位 0.127%，规模达大型以上；锌储量 16.5 万吨、平均品位 0.78%；钨储量 4.4 万吨、平均品位 0.088%；磁铁储量 5445.9 万吨、平均品位 8.33%，规模均达中型，整个多金属矿潜在价值超过 600 亿元。

12 月 20 日 在大连港和尚岛码头，中国北方国际公司出口伊朗的首列铝合金地铁车完成装运。2007 年，北方国际公司同伊朗签订了总金额达 4.245 亿欧元的机车车辆供货合同，为德黑兰地铁提供 38 辆电力机车、160 辆双层客车及 65 列地铁车。本次发运的铝合金地铁车是该合同项下的重点产品，具备自主知识产权。

12 月 21 日 湖南永兴鑫裕环保镍业有限公司在洞口乡工业项目区投入 6000 万元，征地 50 亩，该项目是湖南省第一个大规模的镍业生产企业。该公司含镍污泥火、湿法处理项目被列入中国“十大重点节能工程、循环经济和资源节约重大示范项目及重点工业污染治理工程”2009 年第三批扩大内需中央预算内投资计划，获得中央投资 480 万元。项目现已投入生产，为社会提供了 200 个就业岗位，一年可处理工业金属污泥 30 万吨，产精镍 400 吨，总产值过亿元，可实现利税 1500 多万元。

12 月 21 日 由中国非洲人民友好协会和中国国际广播电台主办、《非洲》杂志社承办的“中非友好贡献奖 - 感动非洲的 10 大中国企业”颁奖典礼在人民大会堂隆重举行。来自中国政府有关部门、获奖企业、非洲驻华使馆、中外媒体等有关方面的代表 600 余人出席了颁奖典礼。全国政协副主席、中非友好协会会长阿不来提 • 阿不都热西提出席颁奖典礼并为获奖企业颁奖。中国有色集团凭借超强的实力和一个个感人的鲜活事例名列“感动非洲的 10 大中国企业”榜首，中国有色集团总经理罗涛、党委书记张克利、党委副书记许树森出席颁奖典礼。

12 月 23 日 云南铝业股份有限公司收到中国有色金属工业协会转发的国家科学技术部批复，公司“低温低电压铝电解新技术”项目正式被国家科技部列入十一五国家科技支撑计划，将在 200KA-300KA 铝电解系列升级改造中进行产业化应用，目前公司已经收到了由国家财政部拨付的国家科技支撑计划专项经费 1140 万元（财政补贴），不计入当期损益。

12 月 27 日 由湖南省经济和信息化委员会主办，湖南省新技术推广站承办，湖南纳菲尔新材料科技股份有限公司协办的 2010 年（长沙）钨合金环保电镀技术推介会在湖南大学举行，推介会的主题是推广环保电镀技术，升级机械工业产业。来自全国 130 多家知名企业的技术负责人和企业高管，包括华菱集团、中联重科、山河智能、三一重工等湖南知名企业，中石油系统七大装备集团中生产石油钢管的渤海装备集团、大庆石油装备集团和宝鸡钢管厂等企业均派出要员与会。

12 月 28 日 中铝河南分公司被中国计量测试学会授予 2010 年度计量诚信优秀单位。河南分公司已成为连续两年获得计量诚信优秀单位最高等级———三星级的单位之一。

12 月 28 日 由中国有色金属工业协会再生金属分会和中国电池协会主办，阜阳市政府和界首市政府承办的第三届中国再生铅产业发展高峰论坛在界首市举行。来自工业信息化部、环保部以及中国国内再生铅企业的有关专家，围绕加快培育新兴战略产业，启动再生铅行业准入制度，建立先进、完备的废铅酸电池回收体系，促进我国再生铅产业及铅酸蓄电池产业上下游的协调联动等进行了探讨、分析和交流。

12 月 30 日 苏州华美达铝业有限公司伦敦金属交

易所品牌注册信息发布会举行。根据合约，伦敦金交所将华美达铝业生产的“HMD”铝合金锭列入注册品牌，可在世界范围内进行交割，同时“HMD”铝合金锭获得全球通行的免检资格。华美达铝业成为中国铝合金行业内第三家、常熟第一家获此殊荣的企业。华美达铝业是尚湖镇重点企业，作为美国矿产金属有限公司在常熟的全资子公司，自2005年建办以来不断壮大，年销售超2亿元。

2010年世界有色金属十大事件

1、智利圣何塞铜矿大救援创造生命奇迹

2010年8月5日，智利阿塔卡马沙漠中的圣何塞（San Jose）铜矿发生塌方事故，33名矿工被困地下700米深处，为将矿工平安救出，救援方制定了A、B、C行动计划；8月7日，智利总统皮涅拉紧急中止对哥伦比亚的访问，于当晚抵达事故现场，慰问被困矿工家属，并亲自监督、指挥救援工作；8月22日，救援人员发现矿工位置；8月23日，矿工首次得到经输送管道送下的食物、水、汤、药品等给养；10月12日晚最后阶段的救援工作开始。2010年10月13日零时10分，首名矿工弗洛伦西奥·阿瓦洛斯随“凤凰2”号搭载舱，穿过长达622米的救生隧道，重见天日；10月13日21时55分（北京时间14日8时55分），圣何塞铜矿最后一名受困矿工路易斯·乌尔苏亚安全升井。这场历时两个多月的营救活动，最终以33名被困矿工全部脱险告终，智利举国一片欢腾，世界各地也为之感动。

2、匈牙利铝厂毒水泄漏事件

2010年10月4日，匈牙利铝生产贸易公司的有毒废水池突然决口，引发严重事故，大约100万立方米含有铅等重金属的有毒废水涌向附近的村镇和河流。该事件造成4人死亡和120人受伤。匈牙利政府将该事件定位生态灾难。

3、中国加强对稀土开采和出口的管理和调控

2010年12月15日，财政部发布了《国务院关税税则委员会关于2011年关税实施方案的通知》（以下简称《通知》），提高了部分稀土产品出口关税。《通知》提出，2011年稀土金属矿的出口暂定税率为15%；稀土金属钕的出口由15%提高至25%。此外，其它未相互混合或熔合的稀土金属、钪及钇的出口暂定税率为25%；已相互混合或熔合的稀土金属、钪及钇，电池级稀土金属为25%；其它氧化稀土的出口暂定税率为15%。商务部有关人士也表示，2011年中国稀土出口的政策原则将体现在三方面。首先是生产量未来将和出口量、储量走向匹配；其次是需要国际合作，加强稀土开采和环境保护；再次是稀土出口减少也要兼顾有效的市场供应，不能使产业受到过大影响。

4、澳大利亚推行高额“资源超额利润税”失败

2010年5月2日，澳大利亚资源、能源和旅游部长马丁 福格森对媒体表示，澳大利亚政府计划从2012年7月1日起，向资源企业征收“资源超额利润税”（RSPT），即所有开采不可再生资源的资源企业必须将所获利润的40%缴为税收。从此，澳洲各大矿商与政府的博弈序幕拉开，直到7月2日，澳大利亚资源税税改终于落下了大幕。

在此期间，澳大利亚前总理陆克文因为资源税的改革被迫离开，到新总理吉拉德上任后迅速与矿商达成协议，整整历时两个月。最后，澳洲政府表示：已就备受争议的资源税问题达成协议，向矿产商做出让步，对铁矿石和煤的征税率由原先拟定的40%下调为30%，且提高起征点；新矿产资源税协议也将于2012年7月1日起生效。整个事件最终以政府的让步，矿商的全面胜利结束。

5、铜镍锡被列入首批ETF交易品种

2010年12月7日，总部位于英国的ETF证券公司（ETF Securities）宣布，为了满足市场对投资工业金属的需求，将于12月10日发行以现货为基础的铜、镍和锡的ETF产品，铝、铅和锌的ETF产品将在新一年发行。该公司称，最初LME仓单将作为该产品的现货基础，持有金属ETFs的成本将包括管理费（0.69%）、存储费（铜是36美分/天）和保险费（0.12%）。这是发行的第一只基本金属ETF产品，迄今还没有明确的规模估计。

6、美国对中、墨产无缝精炼铜管材征收高额反倾销关税

美国时间2010年10月26日，美国国际贸易委员会（ITC）做出最终裁决：从中国和墨西哥进口的无缝精炼铜管对美国产业造成了实质性损害。

ITC四名委员投票支持“从中国和墨西哥进口的铜管对美国国内铜管生产商造成实质性损害”，而另外一位委员认为美国铜管业已遭重创。这次投票为美国商务部（DOC）正式对中国和墨西哥的铜管生产商及出口商分别征收11.25%~60.85%和24.89%~31.43%的反倾销关税铺平了道路。这一决定可以视为美国主要四家铜管生产商的胜利，四家公司一年前提出保护申请，抵制从中国和墨西哥进口的低价铜管。据统计，2009年美国从中国进口的铜管总价值为2.33亿美元，从墨西哥进口的铜管总价值为1.3亿美元。

7、世界炼铅技术站上历史新台阶

2010年3月底，道朗公司称已经研发出一种湿法铅冶炼工艺，该公司声称，这项专利技术将改变全球铅工业现状。新工艺类似铜电积法，是将精矿放入酸中，铅最终被富集到阴极板上，是一个湿法过程，对环境比较友好。道朗公司湿法炼铅工艺即将产业化，公司计划建设年产5万吨的示范工厂，2011年建成投产。

另外，中国具有自主知识产权的氧气底吹炼铅技术也在国内迅速推广并开始走出国门，到2010年为止，中国有15条生产线、120万吨以上产能投入使用，正在建设的生产线34条，共计240万吨以上的产能。自从氧气底吹炼铅技术产业化以来，技术还在不断完善和创新。河南济源金利熔融侧吹还原炼铅技术已经成功投产，河南安阳岷山集团正在建设的无焦炼铅项目2010年8月被国家发改委评定为有色行业低碳技术创新和产业化推广项目。目前，氧气底吹炼铅技术技术已经走出国门，在印度和澳大利亚建设示范工厂。

8、氧化铝定价指数化强化氧化铝供应商话语权

一直以来，国际市场上长期氧化铝协议都是按照LME铝价的一定百分比作为长期合同的价格。2010年8月11日，美国氧化铝巨头Alcoa公司及澳大利亚氧化铝公司（Alumina LTD）宣称，其正在联合奥拓、必和必拓在即将到来的新一轮氧化铝谈判中积极推进市场价定价机制。在氧化铝市场的历史上，生产商曾多次要求改变氧化铝的长期作价方式。一直以来，生产商都以长期合同价格不能有效地反映氧化铝市场的真实情况作为改变长期合同定价方式的理由。相比之前，生产商这次貌似具有更多的筹码。这主要是由于以中国、中东等地区的电解铝产能出现明显的增长。这使得定价方式转变的可能性正在逐步增加。

9、中国含镍生铁产量超过电解镍产量

近年来，中国含镍生铁产量稳步增加，其产量占比已经达到原生镍产量的50%，在最近的短短五年里提供的镍金属量高达15万吨。2010年中国原生镍产量的增量几乎全部来自于含镍生铁。未来随着一些主流镍企业进军镍铁行业，中国镍铁（含镍生铁）的产量还将稳步增加，相反，电镍的产量可能会保持相对平稳。

10、俄罗斯铝业在港交所成功上市

2010年1月27日，俄罗斯铝业在经历了2009年的三次挫折之后终于成功在香港上市。此次上市俄罗斯铝业以10.8港元/股的价格募集资金173.88亿港币。俄罗斯铝业公司在香港的上市使得其成为全球铝行业市值最大的上市公司，同时也成为在香港上市的第一家俄罗斯企业。作为年产440万吨原铝和1130万吨氧化铝的超级企业，俄罗斯铝业上市的成功将对全球铝行业具有一定的积极意义。

改革发展与科技创新

白银有色铜业公司改造创新求发展

白银有色集团股份有限公司铜业公司，前身为白银公司冶炼厂，始建于上世纪50年代，是中国“一五”时期的重点建设项目，也是白银公司“一次创业”时期的核心企业。近年来，随着中国环境污染治理力度的加大、有色行业振兴规划的出台、甘肃省“工业强省”战略的实施、白银市资源枯竭城市转型工作的推进和白银有色集团公司成功引进中信集团的战略投资，对铜冶炼进行全面技术改造。第一步：通过实施铜冶炼污染治理精炼工程、粗炼工程技术改造项目，于2009年实现阴极铜产能由年产8万吨增长到10万吨，产品规模由标准阴极铜升级为高纯阴极铜，基本实现低空污染治理目标。第二步：通过实施铜冶炼污染治理精炼二期工程、粗炼二期工程技术改造项目，于2010年实现年产20万吨阴极铜产能规模。第三步：通过实施铜冶炼技术提升改造工程和贵金属综合利用工程，于2011年实现年产阴极铜40万吨、黄金15吨、白银500吨的产能规模，铜冶炼回收率达到97.5%以上，铜冶炼工艺综合能耗降到每吨标煤0.55吨以下，水循环利用率达到95%以上，全厂废水废气排放全面达到国家排放标准，工艺技术装备水平达到国际、中国领先水平，实现企业与员工的共同发展。以解决铜冶炼“三废”污染，实现资源综合利用，发展循环经济，加速推进铜冶炼工艺技术和装备水平的全面提升，打造“中国一流、国际知名”企业为目标，翻开了铜业公司技术进步、创新发展的新篇章。

2005年8月15日，由中国人大督办的铜冶炼制酸系统污染治理项目，在国家和省、市以及集团公司等各级领导的关怀、支持、帮助下，正式开工建设，经过建设者们长达18个月的艰辛努力，于2007年4月12日全面投产。铜冶炼制酸系统污染治理项目的实施，使铜冶炼制酸技术达到了国际先进水平，二氧化硫回收利用率达到97.5%，每年排放量减少了6.5万吨，尾气、废水达到了国家排放标准，冶炼尾气制酸产量大幅度提高，创出了月产硫酸3万多吨的水平，超出设计能力，铜冶炼制酸系统污染治理项目达到了预期效果，实现了明显的社会效益和环境效益。

2008年3月和12月，铜冶炼系统污染治理技术改造建设项目、20万吨高纯阴极铜一期精炼工程和粗炼系统新建白银炉项目相继启动。铜业公司广大党员、干部和员工，弘扬“宁肯累弯腰，不让脸发烧”的冶炼人精神，全身心地投入到项目建设之中，昼夜奋战在施工现场。工程项目部严格执行项目经理负责制、招标投标制、建设项目监理制、建设合同管理制，按照科学、实用、经济、精良、优质的原则和“四化”建设、“五步”工作法的要求，强化预算管理，狠抓计划落实，严把工程质量，全过程、全方位地加强工程管理。同时，国家、省、市和集团公司领导，先后多次来到施工现场，对项目建设进行督促、检查和指导，协调解决项目建设中出现的问题，极大激发了铜业公司干部员工和各施工单位的工作干劲，确保了项目建设保质保量地向前推进，并按期顺利投产。

20万吨高纯阴极铜一期铜精炼工程，采用国际先进的大极板电解生产工艺，选用了国际一流企业生产的“奥图泰”18模双圆盘浇铸机、电解多功能专用吊具、阳极整形机组等关键核心设备，配备了回转式阳极炉和铜业公司与江西华正新技术有限公司共同研制开发的吊耳切割机组、始极片加工机组、导电棒储运机组、电铜洗涤打包机组、残极洗涤打包机组，实现了工艺技术升级、装备水平提升的预期目标。20万吨高纯阴极铜一期工程的建设投产，有效提高了铜电解的主要经济技术指标，阴极铜生产能力由8万吨提高到15万吨，铜电解回收率达到99.6%，电流效率和槽时利用率达到96%以上。同时，电解净液系统采用了先进的诱导法工艺净化流程脱除砷、碲、铋和电热浓缩法工艺生产硫酸镍，年可回收硫酸镍500吨，实现资源的综合利用。新型白银炉设计建造，是在原白银炉熔炼的基础上，针对炉体结构砌体裸露、装备水平仍延用传统模式的缺陷进行的升级改造。新型白银炉采用倾斜式炉墙、吊挂式炉拱、阴极铜水套、双锅炉配置、炉壳封闭结构、弹性炉体钢结构，还配置了自动化捅风眼机与PLC自动监控系统等。新型白银炉于2009年12月1日生产出第一炉铜水，使铜业公司的粗铜生产能力达到年产10万吨以上，粗铜综合能耗预计降到每吨0.5标煤以下，铜冶炼回收率达到97%以上，使这一具有中国自主知识产权的民族工艺“白银炼铜法”焕发了青春，进入了技术提升实质性阶段。20万吨高纯阴极铜一期精炼工程的顺利投产，是冶炼人奋进精神的见证；粗炼系统新型白银炉的成功改良，是铜业公司集体智慧的结晶，标志着铜业公司步入提升工艺技术、提高装备水平、消除环境污染、走可持续发展之路的良性循环快车道，翻开了铜业公司传承荣光、创新发展、技术进步、做大做强的崭新篇章。

进入2010年，铜业公司以坚忍不拔、奋勇向前的冶炼精神，全面实施着20万吨高纯阴极铜电解二期、粗炼东扩、贵金属综合利用和铜冶炼技术提升改造四大技改工程，为提升竞争实力、积蓄后发优势，打造中国一流企业奠定了坚实的基础。

包铝研发铝电解合金化技术填补中国空白

作为中国最大的合金铝生产基地，包铝多年来在发展低碳经济模式方面积极探索，研发的铝电解合金化技术有效地实现了节能减排，在该技术领域达到国际领先水平，填补了中国空白。

包头铝业多年来研发的铝电解合金化技术，包括电解法生产铝基合金、铝电解槽直接生产高级铝和电解原铝液直接熔铸铝合金材料及铝合金坯料等技术。该技术有效缩短了铝合金化流程，并可降低二次重熔对铝产生２％－３％的烧损，每吨铝可节省重熔的二次用电量６００—８００千瓦时，同时还可减少重熔形成的二次环境污染，为铝工业的节能减排起到示范作用，并产生了重大的经济效益、社会效益和环境效益。

这一技术不仅可以改善启动性能，减少对电网的冲击，增加可操作性和安全性，有效延长风机电机寿命，同时节能效果非常明显，通过对测试数据的统计分析，采用变频启动运行，每台引风机每年可节约用电量２８万千瓦时。这一技术推广应用后，该公司每年节约费用在百万元以上

宝鸡高新区有色金属三项目被列国家专项计划

由陕西省宝鸡高新区及园区内企业申报的３个高技术产业化项目成功列入国家关键产业领域自主创新及高技术产业化专项计划，国家发改委将安排１１００万元补助资金，用于项目产业化研发和工艺技术示范。

列入专项计划的３个项目分别为钛材料应用技术创新服务中心建设项目、低成本高性能钛铜复合棒爆炸—轧制项目以及高性能钛、锆、镍及其合金管材项目。其中，钛材料应用技术创新服务中心建设项目由宝鸡高新区高技术创业服务中心承担，主要将建设综合信息网络服务平台、钛材料检测测试中试综合实验室、综合培训服务平台以及创业投融资服务平台等四大公共技术服务平台，项目总投资１０１９０万元，国家安排补助资金５００万元；低成本高性能钛铜复合棒爆炸—轧制项目由宝鸡巨成钛业有限公司承担，项目总投资８０００万元，国家安排补助资金３００万元，项目建成后可形成３０００吨项目产品的生产能力；由宝鸡力兴钛业有限公司承担的高性能钛、锆、镍及其合金管材项目总投资１８０００万元，国家安排补助资金３００万元，项目将建成年产１０００吨的高性能钛、锆、镍及其合金管材生产线，项目投产后，力兴钛业可以获得１０％－１５％钛管材的中国市场占有率。

低品位铁锰矿开发获技术获突破

蓝山县与香港华夏基金投资公司经过近3年努力，在低品位铁锰矿开发利用技术上取得了突破性进展。如何科学规划铁锰矿产业发展，蓝山县政府与中南大学签订协议，在经济、科技、人才培养等方面建立全面战略合作关系， 并重点在矿业发展方面寻求人才和技术支持。

蓝山县是中国南方最大的铁锰矿储藏地，目前探明储量为1.5亿吨，远景储量达4至5亿吨。但由于品位低，开采利用成本高，矿藏发现几十年来，一直没有得到开发利用。县政府和香港华夏基金投资公司合作，开展技术攻关，发明了“低温固相还原法”，有效解决了低品位矿石开发利用的难题。经过加工，一直不受青睐的低品位铁锰矿，摇身一变成为身价倍增的高纯度精铁粉，是粉末冶金的重要基础材料，蓝山县今后每年精铁粉产量可望达到20万吨，占全球产量的四分之一。

蓝山县政府和中南大学开展全面战略合作的重点领域是铁锰矿开发，将充分利用中南大学的人才、技术等优势资源，科学进行铁锰矿资源开发利用，做好高水平的产业规划。县政府与中南大学机电学院还签订协议，以寻求对该县冶炼企业在生产过程中进行技术指导，协助企业进行科技创新，提高矿产开发的科技水平，帮助蓝山县走出一条科技含量高，经济效益好，资源消耗低，环境污染少，人力资源优势得到充分发挥的新型工业化道路。

广西有色破解锡冶炼中有价金属高效回收难题

2010年10月21日广西有色集团旗下广西冶金研究院破解了长期以来锡冶炼中有价金属未能高效回收的难题，不仅能回收锡、锑、铜等有价金属，增加收入，提高资源的综合利用水平，还满足了节能降耗、绿色环保、清洁生产的要求。

该项工艺现已通过小试和中试。试验表明，具有以下四个优点：一是能成功分离出锑、铜等其他有价金属；二是产品质量稳定，生产成本低，综合能耗小，可在常温下进行；三是工艺简单，基建投资低，只需一次电解；四是污染小，电解溶液循环利用，基本没有工业“三废”排放，产出高，经济效益和环保效益显著。

长期以来，中国锡冶炼企业都面临一个技术难题：

由于缺乏有效的工艺与设备，粗锡冶炼ＡＢ渣中的锡、锑、铜等有价金属一直未能高效回收，一般生产成高锑粗锡合金低价卖掉，或返回锡冶炼系统再重复冶炼，给生产成本和作业难度带来很大压力。

广西冶金研究院发明的“高锑粗锡合金电解制备的方法”，通过一次电解，可以生产出精锡，产品综合指标达到甚至超过国家高级锡ＧＢ／Ｔ 728——1998（Ｓｎ 99.99%）的质量标准，技术达中国领先水平。

中国是世界上第一大锡生产国。近年来，中国每年精锡金属量在 10 万吨左右。据中国有色金属工业协会统计，2009 年中国精锡产量为 13.45 万吨，这项技术如果能在中国推广，将产生较大的经济效益。

桂西铝土矿勘研达国际领先水平

桂西大地，物华天宝，蕴藏着丰富的铝土矿资源。这一宝库的展现，为世人所瞩目。“十一五”期间，广西地矿局新增矿源储量 5.7094 亿吨，为“把百色建设成为以铝工业为主的广西新工业基地、中国乃至亚洲重要的铝工业基地”提供了可靠的资源保障。

铝土矿勘研达国际领先水平

桂西铝土矿勘查与研究项目，是广西自治区“十一五”重点建设项目，勘查成果报告已应用于桂西铝工业基地工程项目的可行性研究和矿山设计，所提交的铝土矿资源储量已开始开发利用。在 2010 年 5 月在北京举行的桂西铝土矿勘查与研究项目成果鉴定会上，中国工程院院士及专家学者给予了“桂西铝土矿勘查与研究达到国际领先水平”的高度评价。

“十一五”期间，广西地矿人在靖西、德保、那坡、田阳、平果等县开展铝土矿勘探工作，详细查明矿区地质构造、第四纪地质与地貌特征。通过加密系统取样工程、系统取样工程及相应工作，详细查明了主要矿体的空间分布、形态、产状、规模，确定矿体的连续性和矿石结构构造、矿物组分和化学组分，划分矿石自然类型、工业类型、品级；查明伴生有用和有害组分的种类、含量及分布特征。初步评价矿石的加工选冶性能，查明矿区水文地质、工程地质、环境地质等开采技术条件，采用新技术完善集成了一套先进、高效的勘查技术方法体系，创新岩溶堆积型铝土矿的勘查技术方法。

理论与实践结合推进成矿理论研究

这些年来，广西地矿局及下属地质队完成多个勘查报告，阐明了沉积型和堆积型铝土矿矿体形态，初步探索了成矿条件、分布特征和富集规律。诸多研究者也对桂西堆积型铝土矿矿床地质特征、矿体形态与矿石结构等展开详细研究，形成有桂西铝土矿特点的理论，指导桂西铝土矿勘查实践，解决成矿和运用难题。

德保铝土矿属强黏性、难洗的矿石。2006 年广西地矿测试中心承担《广西德保铝土矿矿石洗矿试验研究》，经过试验自制了 GKD 型洗矿试验设备，确定“圆筒洗矿机 + 双螺旋擦洗机的二段洗矿”工艺流程，解决了洗矿难度大的问题，资源可利用率提高了 6.5%，可多回收利用净矿 360 多万吨，矿山增加数十亿元经济价值，为德保铝土矿的开发利用找到了一个技术可行、经济合理、环境许可的绿色洗矿工艺流程。该研究成果达到中国同类领先水平，研制的实验设备填补了同类中国中国空白。

桂西铝土矿勘查实行多学科、多专业、多单位联合，理论研究技术创新与勘查实践相结合，加大科技攻关力度，丰富和发展了铝土矿成矿理论，完善和创新了铝土矿勘查技术方法。如“精确查清矿物组成、阐释矿物成因、理清矿物和元素演化规律是查清成矿过程的必要前提”，“准确判识喀斯特型铝土矿物质来源是国内外铝土矿研究中的一个难点和热点”等专题，在中国处于领先地位。

资源优势转为经济优势

经过地质工作者的勘查，桂西铝土矿资源已成为广西的优势矿种。通过整装勘查，还科学地评价了桂西地区铝土矿资源潜力，圈定 38 个堆积型铝土矿预测区和 52 个沉积型铝土矿预测区，预测堆积型铝土矿资源量达 3.6148 亿吨、沉积型铝土矿资源量达 6.8475 亿吨，基本摸清了其潜力及空间分布。

依靠铝土矿资源优势发展铝工业，桂西这个“老少边山穷”的欠发达地区发生了日新月异的变化，从中国重点贫困地区变成初具规模的铝工业基地。百色市在铝工业的强劲带动下，工业快速发展，实现了从农业大市向工业强市的重大转变，“十一五”末实现铝产业产值 1000 亿元、财政收入 100 亿元。“十二五”期间，广西计地质部门计划将向崇左和桂中山川挺进，开展铝土矿普查－详查工作，预期可新增铝土矿资源储量 3 亿吨以上。

坚持科技兴矿冬瓜山铜矿构建中国一流生态矿山

铜陵有色冬瓜山铜矿埋藏在狮子山矿区千米之下，走向长 1810 米。铜金属储量 104.68 万吨，占安徽省的 40%。该矿自 1991 年来坚持推进科技进步，矿山在地压控制、通风降温、循环水利用、全尾充填、采选工艺、矿山管理等多个领域取得了显著的成效，建成了亚洲最大的深井坑采矿山。20 年来，冬瓜山铜矿已完成各类科技项目 100 项，承担国家级科技攻关项目和省、市重点科技项目 20 项。

多年来，冬瓜山铜矿动员全体科技工作者和广大干部职工，坚持科技兴矿战略，积极推进技术创新，努力提高自主创新能力。“八五”、“九五”期间进行的开采前期研究取得了 10 项省、部级科研成果；在中国率先开展千米深井特大型缓倾斜金属矿床采矿方法研究；提出并开发了立式砂仓流态化全尾砂高浓度连续充填新技术；建立了中国第一个较完整的深井地压岩爆监控系统；建立了由计算机集中控制的多级机站通风系统；首次在中国设计和采用 10m3 底侧卸式矿车和微机连锁的井下运输讯号系统；首次在中国千米深井提升系统采用钢丝绳柔性罐道和刚性罐道加柔性罐道混合配置的方式；首次在中国千米深井中采用一段直排式排水系统；首次在中国采用半自磨加球磨的碎磨工艺流程和 100m3 的大型浮选槽和陶瓷过滤机脱水设备；首次在中国全尾砂高浓度胶结充填系统中采用带有高浓度放砂装置的立式砂仓；首次在中国新建矿山的选矿系统采用具有国际先进水平的自动控制系统。“十五”期间，取得了1项国际领先、3项国际先进、3项中国领先水平的7项优秀成果等。

推进科技进步建设现代化生态矿山

20年来，冬瓜山铜矿以解决制约矿山生产经营的重大瓶颈技术和深井开采关键技术为重点，强化科技人才队伍建设，技术创新能力大幅提升，科技实力显著增强，为该矿又好又快发展提供强有力的技术支撑和可持续发展。在国家“九五”、“十五”发展中，该矿坚持科研攻关，主要生产装备及工艺技术达到国际先进水平。在1997~1999年期间，“狮子山矿特大空区矿柱回采综合技术”的成功实施，安全回采了永久性保安矿柱，实现了34.4万吨矿柱铜资源的同步回收，回收铜金属量4000多吨，创直接经济4600万元。采用先进的连续高效强化开采和半自磨加球磨的碎磨选矿工艺、技术和设备，同时坚持依靠先进技术和工艺，加强边、残、难矿体回采，综合回收铜、铁、硫、金、银等有价元素，充分将科技成果转化生产力，不断提高资源综合利用水平。

在矿山的采空区、陷落区、尾矿库等受损地貌生态恢复项目上，冬瓜山铜矿8年多的无土坝坡植被试验研究及护坡工程项目，取得了比较满意的结果。目前，植被长势良好，覆盖率高达80%以上，不仅基本控制了坝坡水土流失，保护了坝坡安全，而且有效地防止了坝坡严重的粉尘飞扬，对改善区域环境质量，保护生态环境，减少对土地资源的破坏等方面具有积极的环境效益和经济效益。“东、西山400万m3特大采空区全尾充填”课题研究，实现了东西山采空区全尾砂充填的成功实施。解决了采空区带来的安全隐患，同时又为深部矿床开采产生大量的尾砂寻找到了堆存场地，效益巨大，为矿山实现安全、高效、低成本开采并按时达标达产创造了条件，有效地保障了矿山可持续生产。

信息化建设与打造数字化矿山也是冬瓜山铜矿科技兴矿的重点发展项目，该矿结合冬瓜山矿床的采矿工艺特征及现有的信息化水平，从系统工程的角度出发，以资源与井下开采环境评价、生产设计与生产计划优化、生产过程控制及安全监控信息为主线，以数据库与可视化分析技术为平台，形成了一整套集矿山地质可视化建模、微震监测系统、通风远程监控系统、可视化环境下的生产计划编制及计划编制结果动态演示、回采方案的模拟、深井矿山开采信息集成技术与系统。

实现冬瓜山井下生产环境与生产过程可视化信息与资源环境可视化平台的无缝链接。还建成了集监控、监视、企业信息、通讯为一体，由矿山生产管理信息系统、办公自动化系统、指纹考勤系统、斜坡道交通信号系统、生产调度信息系统其他信息系统）、矿山综合通讯系统、工业自动化电视监控系统、关键生产工序管控系统等多项系统组成的监测监控系统，变单纯的生产调度中心为调度集控中心，实现了安全、生产、经营等各方面的信息资源共享，有效地提高了监测监控的信息化、数字化水平，为矿山正常生产阶段产能和安全保障体系的研究和建设奠定了坚实的基础。

增强自主创新超前规划科研技术领域

在“十二五”科技发展规划即将出台之际，冬瓜山铜矿未雨绸缪，已开始对重点攻关领域进行超前规划。该矿结合推行标准化管理，制定并完善《冬瓜山铜矿优秀成果奖励办法》等科技管理制度。加强科技项目立项、经费投入、过程指导、结题验收和知识产权管理，形成科技项目经费统筹与成果奖励相结合的科技管理工作新机制。继续加大科技投入，保证科技工作顺利进行。确保在每年科研预算费用安排到位，保证科技活动经费。为进一步加大技术创新支持力度，冬瓜山铜矿将加大科技创新奖励力度，鼓励全矿职工积极投入科技创新中来。为保持持续科技创新能力，加强产学研合作，提升自主创新能力。

近年来冬瓜山铜矿与北京矿冶研究总院、长沙矿山研究院、马鞍山矿山研究院、中南大学、江西理工大学等高校及研究院所共同合作，围绕冬瓜山铜矿的重点技术难题、整体技术发展战略等进行科研攻关，全面提升冬瓜山铜矿科技创新能力。该矿始终把人才队伍建设作为发展的首要任务，加强技术人才培养和使用，充分调动广大专业技术人员的积极性和创造性，为企业快速发展提供了有力保障。目前冬瓜山铜矿先后培养了1名在职博士、8名研究生和硕士生，专业技术人才继续教育覆盖面达到80%以上，形成了科技创新的整体合力，进一步加强信息、人才、设备、科技等资源整合，促进了矿山持续稳定健康发展。

江西铜业多项技术指标赶超世界先进水平

近年来，江西铜业集团贵溪冶炼厂通过完善创新机制，整合创新资源，搭建创新平台，有效推动了铜冶炼技术的进步和升级。目前，贵冶已有多项技术指标赶超世界先进水平。

2010年以来，贵冶尾矿含铜指标在去年领先世界同行的基础上再降0.02个百分点。贵冶闪速炉处理能力和作业率，转炉日吹炼炉次和电力单耗指标均优于国内外同类工厂，闪速炉作业率指标达到世界先进水平；银电解电流密度指标达到世界先进水平；电解残极率和电解电流效率指标居世界领先水平；阴极铜化学成分中18个杂质元素总含量只有国家标准要求的一半，处于世界先进水平；硫酸工序的二氧化硫转化率、硫酸电力单耗、总硫利用率等指标均达到了世界同类工厂的先进水平。

另外，贵冶能源消耗指标与中国同类企业相比大多属于领先水平，其中，铜冶炼综合能耗、铜工艺能源单耗、阳极铜熔炼工艺能源单耗、电解精炼工序能源单耗等四项产品能耗指标均符合国家行业标准中的特级企业指标。

贵冶通过走产、学、研相结合的道路，产生了大量科技含量高的技术成果，使江铜的铜冶炼技术水平始终保持世界领先水平。获得2009年江西省科技进步二等奖的《硫化砷滤饼加压氧化浸出工艺的研发和应用》项目由贵冶与北京矿冶研究总院联合攻关，该工艺攻克了加压氧化浸出硫化砷滤饼工程应用的一系列关键技术难题，在国际上填补了加压浸出硫化砷滤饼的空白。同获2009年江西省科技进步二等奖的《高纯阴极铜痕量分析关键技术与标准化》项目攻克了高纯阴极铜痕量分析关键技术，将杂质的检测下限降低至千万分之一，打破了国外的技术垄断。该研究成果目前已在中国同行业全面推广，每年可为国家新增利润4亿多元，并实现了技术出口。

金川集团化危为机：营业额658亿元 金属产量50万吨

2009年，国际有色金属价格“跳水”走势，严峻考验着中国冶金行业。在危机面前，金川集团围绕“扩内需、调结构、保增长”这条主线，依靠科技进步、项目支撑、节能降耗，大力发展循环经济，坚持走产业多元化、经营国际化道路，化“危”为机，交出了一份漂亮的成绩单。2009年全年有色金属产量突破50万吨大关，比2008年增长25%；实现营业收入658亿元，其中利税31亿元、利润21亿元，分别完成年计划的132%、103%和100%；实现进出口总额21亿美元，公司总资产达到500亿元。

分析这份来之不易的成绩单，项目支撑、循环经济成为金川集团应对危机的法宝。2009年金川集团投资近40亿元进行了183项技术改造，其中10万吨/年铜材深加工节能降耗技术改造、40万吨/年烧碱项目一期工程、金银硒扩能降耗技术改造等项目建成投产，精密铜镍合金节能降耗技术改造、铜熔炼系统扩能降耗改造等项目按进度推进。一批“高精尖”的节能降耗项目相继上马，不仅给企业带来经济效益，也带来循环经济的大发展，生产成本进一步降低，资源综合利用水平大幅提高，产业链逐步向纵深延伸，企业经济增长质量稳步提升。

创新是企业的生命。为提高企业核心竞争力、打造科技产业航母，金川集团狠抓科技攻关和自主创新，进军新材料、新能源领域，加速产业多元化发展，培育新的经济增长极，加快科技成果向生产力转化。2009年金川集团开展了112项科研攻关，取得重大成果19项，居中国领先水平。金川集团与兰州交通大学合作的太阳能真空镀膜项目，与湖南科力远能源股份有限公司合作开发二次镍氢电池项目，都为金川集团带来新的发展机遇。作为延伸产业链的重大举措，兰州科技园健康发展、金川三厂区初具规模。2009年公司新产业领域营业收入占到公司总营业收入的5%。

金川集团坚持生产经营和资本运营并举，立足金川实施国际化经营战略，构建新的全球化产业布局。目前，该公司初步形成了以金川为生产经营管理中心、以兰州为技术研发中心、以上海为产品贸易中心、以北京为资本运营中心的战略布局。并与全球18个国家开展了矿产资源方面的合作，初步形成了大澳区、美洲区、欧非区和中国及中亚区4个矿产资源开发区域，完善了全球化资源战略实施的布局。

金融危机下中国钼加工业发展的思考

钼因其特有的高熔点、良好的导电导热性及优越的抗蚀性和抗射线能力，作为舟皿、隔热屏、高温炉结构件、射线靶等，广泛应用于电子、医疗、玻璃、钢铁冶金、国防军工等行业中。随着科技水平的不断发展，其应用领域日益扩展，其技术瓶颈不断突破，给钼加工业的发展带来新的机遇，然而，在当前的金融危机中，钼加工业如何安全度过其冬天，如何实现蛰伏之后的蜕变，是中国所面临的一次深层次思考。

1 金融危机下中国钼加工业面临的挑战与机遇

1.1 中国钼加工业现状

中国钼加工业的发展经历了从无到有，从小到大，从少到多的艰苦创业过程。50多年的发展所建成的钼工业体系，加大了钼从资源优势向工业优势转化的力度。近20年来，由于国有企业加快扩建和技术改造步伐，引进技术装备，积极对进口设备消化、吸收、创新，钼加工设备国产化进程加快，新技术、新工艺的推广应用提高了产品质量，增加了产品品种。同时，中国涌现出大批机制灵活的乡镇企业和民营企业，使国产钼加工材的产量不断上升，产品的质量、品种、规格呈现新格局，企业由生产型向生产经营型转变。

目前，美国金融危机已影响到全球实体经济，中国钼加工业由此进入“无钱赚”时期，2008年中国钼出口量为38896.791 t钼，同比减少了30.34%，出口创汇金额为17.53亿美元，同比减少了21.25%，2009年1~8月共出口5466 t钼，同比大幅下降68%。其中钼铁出口量大幅下降86.9%，氧化钼出口量下降65.1%。从中国2010年上半年钼产品进出口情况来看，钼的深加工产品包括钼粉、钼条、钼杆、钼型材、钼异型材及钼丝等均以较低的价格出口，而以较高的价格进口。

总的来说，中国是钼的大国但不是强国，钼金属制品质量很难达到国际先进标准要求，出口量很小，高精尖产品仍需进口，因此，中国的钼深加工还需作出长远规划，苦练内功。

1.2 中国钼加工业面临的挑战

（1）企业成本压力转化为市场压力的挑战。目前，钼市场依然维持弱势运行，由于市场需求疲软，为了减小成本压力，停产减产情况时有发生，生产企业对市场失去信心，大都持观望态度。

（2）企业转型升级面临先进的管理、技术、人才，以及资金、发展空间等必备要素缺乏的挑战。由于中国钼企业有相当一部分是资源型企业，也有一部分“作坊”式加工企业，普遍存在着科技含量低、粗放型发展的特征，依靠资源、依靠初级产品来生存，在转型时期必将受到人、财、物等方面的制约。

1.3 中国钼加工业发展的机遇

（1）结构调整的机遇。金融危机虽然导致中国钼产品外部需求大量减少，但客观上也为中国钼加工业的结构调整提供了巨大的外部“倒逼”压力。与铝铜等大金属相比，钼属于小金属，其加工技术与水平也存在着一定的差距，其产业结构存在着头重脚轻的问题，利润空间主要在上游产业，因此，由低成本、低附加值、劳动密集型出口导向经济，转为低能耗、高技术、高附加值的技术创新型经济，使中国钼产业结构、经济增长方式进行转变、升级，已经在投资者、政府、职工之间形成共识，这也是中国钼加工业走向世界、做大做强的惟一理性选择。

(2) 科技创新的机遇。目前，由湖南有色控股集团有限公司牵头，联合中国 10 多家高校、科研院所和企业而组成的“钨及硬质合金技术创新战略联盟”已正式成立，其目标主要以钨及硬质合金行业共性、关键技术为重点，大力提高钨产业自主创新能力，解决行业在资源、能源、环境的瓶颈问题，开发钨资源高效利用，钨及硬质合金精深加工重大技术和若干项具有自主知识产权，对行业有重大影响的共性技术，保证钨产业持续健康跨越发展。同时，钼行业的技术创新也应通过产学研结合的方式来对钼业的进步起推动作用。

2 拓宽应用领域，突破加工瓶颈，促进产业升级

2.1 拓宽钼应用领域和发展钼新材料是钼加工业可持续发展的必由之路

2.1.1 UMo 钼合金

为了降低核扩散的危险，自 20 世纪 70 年代起，国外就致力于用低浓缩铀（<20%U235）替代核反应堆中所用的高浓缩铀（>85%U235），结合钼具有热中子捕获截面较小的特性，用纯度为 99.6%、平均粒度为 75 μm 的铀和纯度为 99.8%、平均粒度为 200 μm 的钼采用粉末冶金和熔铸的方法制成铀钼合金 (UMo)。铀钼合金用于分散燃料，其密度高于 18 g/cm³，室温时形成稳定的立方相，在溶质浓度相对较高时形成 γ 相。

2.1.2 CoCrMo 合金

CoCrMo 合金，除了具有一定的强度、韧性、耐磨性和较低的摩擦系数外，其弹性与人骨比较接近。同时，由于钼的添加，其强度、耐疲劳性、硬度和耐腐蚀性显著提高。主要用于人造关节肿股骨头、轴承状外环和股骨柄。每年全球所需人造关节数量约为 200 万个，需求量还在不断增长中。

2.1.3 纳米二硫化钼

主要应用于润滑和催化方面，其中润滑包括添加剂、涂层、薄膜、油脂、固体润滑剂、自润滑材料等一系列产品，而催化则包括载体和非载体 2 种，主要产品集中在 NiCoMo 系列。此外，还用作插层电池材料、高能电池用储氢材料、太阳能电池薄膜材料、扫描电子探针、高压吸波材料等。

2.1.4 二硅化钼

主要应用于高温发热和抗氧化方面，作为高温发热元件，其在空气中的工作温度可达到 1 900 ℃，同时，作为理想的抗氧化和耐腐蚀材料，可以用作航空燃气涡轮发动机的叶片气密材料、柴油机的电热塞、工业气体燃烧器、玻璃生产的电极等。

2.1.5 医药用钼

在顺势疗法中用钼可以治疗多种疾病，这种药物以糖丸的形式推向市场，在一定程度上可以提高胆识、感官的知觉和自我肯定能力。手性八面体钼钨配合物，在抗癌药物中具有很大的潜力。

2.1.6 钼基复合材料

钼基复合材料是以钼基体，复合铜、铝、镍、铁、陶瓷或高分子材料中一种或几种所构成的具有特殊性能的材料，有着很宽的应用领域和发展空间，其需求将随科技的发展而日益增长。

以上所涉及的应用和新材料只是钼领域一个很小的方面，其推广应用和新材料研发还需要一个很长的过程和很大的人力、物力投入，也需要我们在传统思维模式基础上进行大胆尝试和探索。

2.2 突破钼加工的技术瓶颈和管理瓶颈是促进钼加工业升级的保障

在很长一个时期，当谈起中国的钼加工业，甚至整个金属加工业时，往往习惯于从以下几方面来分析产业存在的问题：企业规模较小，产品结构不合理；制造过程自动化控制水平低；技术装备水平落后；产品研发力度不够，企业缺乏核心竞争力。

以上几点的确是影响中国钼加工业水平的原因，但从深层次分析，实际上只归结于两方面：技术瓶颈和管理瓶颈。

2.2.1 技术瓶颈

对于一些技术含量特高、规格特大、形状特异的精品仍部分依赖进口，如精度特高的钼窄带、超大规模集成电路亚微元件用的高纯和超高纯钼材，冶金用大型钼板、长钼丝和大型钼坩埚等。Plansee 公司生产的大型轧制钼环、TZM 合金坯尺寸达 1 300 mm/120 mm×150 mm，而中国还没有特宽钼板和特大钼环件，目前，中国最大钼制品的单重不超过 200 kg，而国外钼制品有的达到 5 t 多重。

2.2.2 管理瓶颈

在钼加工领域，经常会出现这样一种现象，今天能生产出合格甚至性能超高的产品，但明天就不能正常生产，即生产过程极不稳定，偶然性因素太多，主要缘于两方面：一方面是技术上没有弄清其原理，靠经验生产；另一方面是管理上没有精细化，其中后者更关键。

管理瓶颈是在企业的管理系统中制约、限制管理系统运行的关键环节，管是手段，理才是目标。由于钼生产流程长，从粉末冶金到压力加工，还原温度、氢气流量、推舟速度、装舟量、变形温度、变形速度和变形程度等工艺参数均会影响产品的性能，因此，必须实行精细化管理，一个工序一个工序地落实，一个环节一个环节地执行，同时，还必须改变原有轻管理重技术的思维，引进国外优秀的品质管理经验及模式，充分利用现代人工智能系统及在线控制检测系统，加强细节的管理和控制，才能达到目的。

2.3 加大新技术的开发、推广和应用是做大做强钼加工业的关键

近年来，钼加工业的技术进步有目共睹，金堆城钼业集团有限公司和洛钼高科钼钨材料有限公司采用“连轧开坯－长线拉伸”技术，可将直径 50 mm 的钼棒直接连轧成直径 5.8 mm 的线坯，线坯单重达 25 kg。该生产线技术性能稳定，可使产品成品率达到 97%，比采用传统工艺提高工效 60 倍，而能耗仅为传统工艺方法的 1/3。镧钼等热阴极材料及制备技术、

微波煅烧钼酸铵制取高纯三氧化钼新工艺、三氧化钼除钨新工艺等逐步应用于工业生产。

与此同时，粉末冶金与压力加工领域中的其他相关技术对推进钼加工业的技术进步也起到很大的作用。

(1) 选冶材一体化的高效短流程制备技术

在选冶方面，对于钼粉末的制备，主要是采用传统方法先制备高纯单质，后混合的方法，造成了能耗、污染增加，且制造过程存在非均匀、低效益的问题，如果针对钼冶炼中间产品，结合粉末粒度、结构、形貌控制技术，就能实现多元钼基制品高效短流程制备，达到节约资源和能源的目标。

(2) 粉末冶金近净成形技术

近 10 年来，粉末冶金领域涌现出了许多新技术，但在钼行业中并未得到普遍推广和应用，值得钼加工业去借鉴。

a. 温压技术

温压是使用金属粉末和特殊润滑剂在高于室温（约 130~150 ℃）下压制成形，获得高密度制品（压坯）的技术。随着铁基粉末冶金温压技术的日趋成熟，温压工艺正逐渐向非铁基材料领域渗透，温压工艺可以有效提高钼基合金等粉末压坯密度，此外，作为常规温压工艺的延伸和发展，流动温压工艺因具有成形复杂零件的能力，亦具有广阔的应用前景。

b. 注射成形技术

金属注射成形 (Metal Injection Molding，简称 MIM) 技术是将传统粉末冶金技术和塑料注射成形技术相结合的一种新的粉末冶金近净成形技术，在制备具有复杂几何形状、均匀组织结构和高性能的高精度近净形产品方面具有独特的优势。随着科技工业的发展，对异型、结构复杂的钼及其合金零部件的需求越来越大，普通压制、烧结工艺已不能满足社会对异型钼及其合金小零部件的需求。因此，注射成形将在钼及其合金制备方面拥有一席之地，中南大学、北京科技大学等高校和科研院所已开展了相关工作。

c. 粉末锻造技术

粉末锻造是将传统粉末冶金和精密锻造结合起来的一种新技术，是将粉末烧结的预成形坯经加热后，在闭式模中锻造成零件，可以制取密度接近材料理论密度的粉末锻件，克服了普通粉末冶金零件密度低的缺点，使粉末锻件的某些物理和力学性能达到甚至超过普通锻件的水平，同时，又保持了普通粉末冶金少屑、无屑工艺的优点。该技术在钼及钼合金的等温锻造方面得到应用。

(3) 粉末冶金烧结技术

a. 放电等离子快速烧结 (SPS) 技术

放电等离子快速烧结是在粉末颗粒间直接通入脉冲电流进行加热烧结的技术，由于它融等离子体活化、热压、电阻加热为一体，具有烧结时间短、温度控制准确、易自动化、烧结样品颗粒均匀、致密度高等优点，仅在几分钟之内就使烧结产品的相对理论密度接近 100%，而且能抑制样品颗粒的长大，提高材料的各种性能，因而在材料处理过程中充分显示了优越性，广泛应用于纳米材料、梯度功能材料、金属材料、磁性材料、复合材料、陶瓷等材料的制备。目前，北京工业大学、北京科技大学、中科院上海硅酸盐所已在钼、稀土钼等方面进行了应用。

b. 微波烧结 (Microwave Sintering) 技术

微波烧结是一种利用微波加热来对材料进行烧结的技术。其原理是利用材料吸收微波能转化为内部分子的动能和热能，使得材料整体均匀加热至一定温度而实现致密化烧结的一种方法，是快速制备高质量新材料和制备具有新性能的传统材料的重要技术手段。具有快速加热、烧结温度低、细化材料组织、改进材料性能、安全无污染以及高效节能等优点。

(4) 压力加工技术

a. 静液挤压技术

静液挤压是利用高压粘性介质对毛坯施加压力，使毛坯材料产生塑性变形，通过凹模型腔出口挤出的技术。由于高压粘性介质对毛坯材料的三向压力，提高了被挤材料的塑性。难熔金属钼因其变形抗力大、塑性差而难以加工，而且在 900~1 500 ℃高温下，这些金属材料不能暴露在空气中成形。采用静液挤压，以玻璃－石墨混合物为高压介质，可以较好地对钼及其合金进行成形。

b. 超声拉丝技术

超声拉丝是在常规拉丝过程中叠加超声振动处理的技术，超声拉丝技术除了可以降低钼及其合金的变形抗力，使变形更加均匀，更有利于发挥其塑性外，还可以降低拉拔力，改变组织结构，提高耐高温持久性，同时生产效率也明显提高。

3 中国钼加工业发展的几点建议

中国的钼加工业目前是一个发展的机遇期，对于每一个企业，每一个投资者，每一个科研工作者，应该不是观望和徘徊，而是应该在这个行业中给自己定好位，承担好自己应该承担的责任。同时，也应该朝以下几方面努力。

3.1 理念创新

未来的中国钼加工业应该突破传统的思维，以新的理念去迎接新的挑战。选冶材一体化理念、高效短流程理念、循环经济理念等将在钼加工业中得到实施，同时，在产品结构、精细化管理上进行调整，通过大思路、大工业、大平台、大产品来获取高效率、高回报，才有可能做大做强中国的钼加工业。

人才战略

目前中国钼专业人才奇缺，研究单位少，经费也不足，企业研究力量不强，自主创新明显低于国外，导致一方面缺乏精品而另一方面经常出现供过于求。20 世纪 90 年代后期，新产品的研发虽然显著加强，但仍然是难熔金属领域存在的问题之一。主要表现在基础性研究在不断削弱，许多单位不愿冒新技术研究可能出现的风险，对新的加工技术研究少，而对传统加工技术缺乏改进，致使许多精品仍依赖进口。

因此，无论是企业、研究院，还是高校，应该树立起一种人才战略，充分利用金融危机，加紧国外顶尖人才的引进，加大中国研究生、大学生等进行人才储备力度，加强现有人才的技术及管理培训，更新知识和思想，与高校结成战略同盟，建立完善的人才培养及智力支持体系，通过培养与引进相结合的办法，构筑起钼加工业发展的人才梯队。

3.3 他山之石

有色金属工业是借鉴钢铁工业发展起来的，其加工工艺和设备也与钢铁加工类似，钼由于熔点高，存在再结晶脆性和变形抗力大等问题，涉及粉末冶金和压力加工两大环节，与钢铁、铜、铝等大金属相比，总量偏小，其工艺和设备的进步程度也低得多，这就要求钼加工业更应虚心学习钢铁、铜、铝加工业的成功经验，包括管理创新、工艺改进和设备研发，在生产经营方面不应追求大金属（钢铁、铝、铜）的“大型”，而应追求其“精细”和“特质”，通过钼的“稀有”和“难熔”来创造更高的利润。

3.4 有序发展

中国的钼加工业总体起步较晚，很多是通过先拥有资源后延伸产业链而转化来的，没有一蹴而就的事情，应该加强钼战略资源的保护，避免无序竞争，遵循有序发展的原则，做到“研发一代、生产一代、储存一代”，使每一个企业拥有自己的气质，努力成为一个成熟的企业。

4 结语

钼加工业的冬天即将过去，在这冬去春来之际，中国每一个钼业人更应该携起手来，加强交流与合作，用理念创新、技术创新、管理创新的做法，用成熟的心态去迎接钼加工业真正春天的到来。

天津华北集团自主创新构建铜材精深加工产业高地

创新是一个国家兴旺发达的不竭动力，也是一个企业跻身于先进之列、立于不败之地的力量源泉。

天津华北集团董事长周文起，凭着一股自主创新、自强不息的闯劲和韧劲，经过短短几年的时间，就将企业建设成为总资产 20 亿元、销售收入连年超过 100 亿元的中国大型铜材加工基地之一。2010 年 1 至 11 月，华北集团各项主要经济指标再创历史新高，成为天津有色金属业界民营企业的领跑者。

改制重组：打造铜材加工完整产业链

周文起从部队转业后，便回到自己的家乡，接手了一家亏损的国有小企业。并多方筹集了 100 万元资金，干起了铜材加工企业。

首先，他大刀阔斧进行改革改制，创新体制机制。通过抓管理上轨道，抓质量上水平，迅速打开了市场通道，第二年就实现了扭亏为盈，并积累了一些资本。随后，充分发挥民营企业自主经营、吸引人才等方面的竞争优势，相继投资组建了华南线材、华西铜材、华运铜材、玉山铜业等 10 多家企业，使之一跃成为区县支柱企业，进一步增强了创业创新动力。

与此同时，向前向后延长产业链条，优化产业布局，使其从最初单一的铜杆铜线，快速形成上至紫铜、阴极铜原料，下到连铸连轧软态铜杆、上引法硬态铜杆和各种规格型号裸铜线、轴铜线、漆包线、镀锡铜丝的一条龙生产企业。产品各项性能指标全部达到国家标准，并通过了 ISO9001 国际质量认证，赢得国内外用户的一致好评。

结构调整：推进铜材线缆集群集约化

为全面提高铜材加工产品的附加值和“价值链”，华北集团抓住天津中心城区和区县经济联动发展的有利时机，又成功收购了本地线缆行业国有骨干企业———金山电线电缆公司 69% 的股权。并投资 2 亿元兴建占地 12 万平方米的新厂区，对其进行搬迁改造，引进国际先进设备，扩产特种、异型线缆。既而实现了强强联合、优势叠加，为企业搭建了上下游一体化经营平台，进一步提高了产业集中度和资源配置效率。

近年来，华北集团还通过大力实施集群化、集约化发展战略，先后盘活 1000 多亩土地，开发建成了天津华北电缆工业园、华北集团外资工业园等新兴产业园区，其中工业厂房建筑面积达 20 多万平方米。并吸引了美国、韩国、日本等一批国内外知名企业前来落户，年创产值 30 亿元人民币，呈现出铜材深度加工与园区经济同时并举、互利共赢的新局面。

转型升级：提升铜材制品核心竞争力

2011 年年初，由华北集团所属华北电缆厂申报的《年产 32 万吨精品铜材技术改造工程项目》被列为天津市重大工业项目，并获得科技创新专项资金支持，为加快推进产业转型和技术升级注入了新的活力。

为进一步适应国际中国市场的变化，增强持续竞争能力，华北集团加大技术改造投入，加快精品铜材开发，致力于构建世界级制造业基地。到目前，该项目已引进自动化程度高、效率高的生产线，可拉拔 0.02 至 0.05 毫米的超细铜丝，而能源消耗比中国现有设备降低 30% 左右。同时，还研制出抗拉性强、导电率高的银铜合金线材、精密铜带等，为高速铁路、城际铁路建设以及超高压供电变压器提供急需材料，并为生产控制电缆、通信电缆等高附加值产品和替代进口高端产品提供优质原料配套。进而为“十二五”开局之年“站在高起点，抢占制高点”打下了坚实基础，积蓄了巨大能量。

新疆有色集团实现 500 亿目标为“十二五”添彩

新疆有色集团公司在“十二五”期间将加快转变经济发展方式，主要采取以下举措：

一、加快两个有色基地的建设

一是加快有色金属工业高科技产业化基地的建设。经国家批准，科技部将乌鲁木齐国家有色金属新材料产业化基地列为国家七个科技产业基地之一，这为新疆有色金属新材料产业的发展，在争取国家政策、资金、项目和技术支持上奠定了基础。新疆有色集团公司以此为契机，迅速地在乌鲁木齐经济技术开发区购置土地近 500 亩，组建新疆有色集团有色金属工业高科技产业化基地。该基地主要包括集团管理中心、产品研发中心、金属深加工中心、设备制造中心和物流配送中心。该基地在“十二五”期间，将建成每年5万吨合金材料生产线、5000吨高纯锂粉体材料生产线等；打造一个新疆一流的专业机械设备制造企业；形成中国最有特色的铜镍钴铍镁深加工产业、中国最大的铷铯研发生产中心、中国最大的高纯多品种锂功能材料生产研发中心、中国最大的锂离子二次电池生产线和镍氢动力电池生产线。该基地已于4月29日破土动工。

二是加快北京顺义区金马工业园新疆有色金属研发基地的建设。按照“大规模、现代化、新技术、环保型”的发展思路和“精加工、深加工、大物流、大销售、大市场”的产业布局，拟将北京顺义区金马工业园新疆有色金属研发基地打造成新疆有色集团的信息情报中心、智力中心、高科技材料研发及产业化中心、人才培训中心、休闲疗养中心以及辐射华北、华中、华东，面向中国及至全球的营销、采购、仓储、物流、配送中心和售后服务中心，实施产业升级。

二、加快推进科技创新

要做大做强新疆有色集团公司，实现“十二五”发展目标，就必须实现由原材料型的生产经营向深加工、顶精尖、高附加值和高科技方向转变，实现由传统产品经济向知识经济、技术经济的转化，不断增强抵御市场风险的能力。使重点企业的生产技术、重点产品、重点装备接近或达到国际领先水平，重点发展有色金属、稀有和非金属新材料，重点突破铍铜材、铍镍合金、铍铝合金、铝锂合金、镍合金材料、镁合金材料、锂电池材料、陶瓷制品、云母制品等新产品的产业开发。

为此，“十二五”期间，新疆有色集团公司用于科技创新的投入将不少于销售收入的1%，并逐步达到3%的水平。

三、生态环保工业园建设

新项目建设坚持“大规模、现代化、新技术、环保型”的要求，争创优质工程、名牌工程，打造环境优美、技术先进、工艺优化、生态环保的一流工业园区，以园区统领项目，以项目做实园区，突出体现中国一流、世界领先。

四、加快建设高科技人才队伍

以两个基地的建设为创业平台，引进一批有色金属高科技人才，做到用好人才、留住人才，促进科研成果、高新技术的产业化进程。这是新疆有色集团公司具备核心竞争力的体现，是新疆有色集团公司实现“十二五”500亿企业集团发展目标、乃至打造百年企业集团的希望。

依靠科技进步实现良性发展———云铝公司在履行社会责任中实现可持续发展

云南铝业公司2009年可持续发展报告于2010年3月14日正式发布后，被中国最具权威评级机构润灵环球责任评为2010年A股上市公司“最佳社会责任报告”和“最具发展力社会责任报告”，在中国471家发布社会责任报告企业中排名第21，在金属非金属行业49家发布社会责任报告企业中排名第2，与2008年相比属于提升最快社会责任报告。云铝公司作为中国有色金属行业的一家上市公司，始终坚持在履行社会责任中实现可持续发展。

对标先进理念 构建责任体系

社会责任投资在国外证券市场稳步增长，在中国也受到越来越多的关注，社会责任报告是社会责任投资的主要依据之一，已成为政府、上市公司、投资机构、第三方和专业媒体共同探索和密切关注的内容。它是一种崭新的管理和业绩评估工具，从经济、环境和社会业绩3个方面（也称为“三重底线”）出发，介绍其在可持续发展方面的行动、业绩和未来的改进策略，展示其积极承担社会责任、参与社区发展的良好形象，从而赢得其可持续发展的基本条件。

从2009年底开始，云铝公司开始酝酿可持续发展报告的编写工作。借鉴国际知名公司的做法和理念，按照《中国企业社会指南》、《深圳证券交易所上市公司社会责任指引》及《可持续发展报告指南》GRI等要求，筛选出40多个关键控制指标，总结云铝近10年来关于在履行社会责任方面的成功做法和经验，最终形成了图文并茂、内容丰富、感观很强的可持续发展报告，并于2010年3月14日正式发布，这是公司面向社会正式发布的首份可持续发展报告。

规范公司运作 实现共赢合作

良好的公司治理是企业实现可持续发展的内在动力。云铝严格按照《公司法》等相关法律法规要求，建立完善了包括股东及股东大会、董事及董事会、监事及监事会、独立董事、内控等方面的制度，保证了利益相关方的权益。自1998年上市以来，已连续11年坚持实施高比例现金分红，累计派发现金红利达134,690.02万元，占公司上市以来累计实现净利润的75.77%，赢得了利益相关方的充分信赖，使公司能够顺利筹措资金进行投融资项目建设，为公司的长远发展提供了必要条件。公司先后获得首届中国诚信企业、中国最具发展潜力公司、信息披露优秀企业、中国200家重点授信企业和“AAA”银行信用等级企业。

云南铝业始终坚持共赢合作的理念，致力于加强与上下游产业的战略合作，发挥资源互补优势作用，努力构建具有可持续发展能力和竞争力的“水电铝”和“氧化铝、铝电解、铝加工为一体”的产业链和价值链，实现价值共创、成果共享。

履行社会责任 环境友好发展

“强企、报国、富民”是云铝公司建企的宗旨。云铝在不断发展壮大的同时，不忘感恩回报社会。积极参与社会助学、赈灾和捐赠等慈善公益活动，支援灾区、周围社区建设，切实履行社会责任。赞助“七彩云南”环境保护行动，积极为四川汶川地震灾区、云南抗旱捐款。恪守“诚信即品牌、产品即人品”的企业价值观，依法履行与合作方的合同义务，诚信经营。被人民日报、中国消费者报誉为“中国诚信单位光荣榜”上榜单位。

该公司坚持把贯彻落实国家环境保护政策、实现可持续发展作为衡量履行社会责任的重要标尺，提出了“树环保典范，建花园工厂，做文明员工，创一流企业”的发展方针，积极开展清洁生产、实施循环经济和环境治理，形成一套能够体现公司环境友好特点和内涵的生产经营管理模式，实现了经济和环境保护的协调发展，走在了中国同行业的前列，先后荣获首届和第二届“中国文明单位”、“国家环境友好企业”、第四届“中华宝钢环境优秀奖”等多项国家级荣誉称号。

保障员工权益 营造和谐关系

该公司始终坚持和谐企业共享共建，在努力创造良好业绩的同时，关注员工的价值体现和健康成长，关心爱护弱势群体，弘扬互助奉献精神。坚持“人才创造云铝、云铝造就人才”的人才观，为员工提供宽松、平等的人才成长环境，注重培养一批具有创新能力、适应企业发展需要的高素质人才队伍，激发员工智力和创造力，在企业可持续发展中共同体现自身的价值观、人生观，增强企业的核心竞争力。

足额为员工缴纳各项法定的社会保险与福利，认真做好员工职业健康安全保护和维权工作，搞好内部治安管理，积极开展文体娱乐活动，营造了一个和谐、安定的人文氛围。荣获“昆明市劳动关系和谐企业”称号。

恪守诚信营销　促进互利共赢

向社会和供应商传递环保、节能、绿色采购理念，增强社会的认同感，严格各项采购制度，做到计划、采购、验收三个权限的有效分离，供方选择、商务洽谈、价格确定等环节公开，实现阳光采购。注重诚信和长远合作，与必和必拓、中石化、中海油等多家国内外知名企业建立了良好的战略合作关系。

恪守“诚信为本 责任第一 互惠互利”的企业经营理念，成功找出了一条依靠诚信营销树立了云铝品牌、适应市场变化求发展的营销之路。云铝产品作为有形的载体将云铝文化及云铝价值观传播到顾客心中，为企业的可持续发展打下基础。在产品服务方面，坚持“用户满意度测评制度”和“顾客代表制度”，积极推进改进产品质量管理标准体系、卓越绩效评价准则和六西格玛模式，提升了信任度和产品市场竞争力。铸造铝合金锭、重熔用铝锭、电工圆铝杆、铝及铝合金轧制板带材荣获云南名牌产品和中国有色金属实物质量认定金杯奖。

依靠科技进步 实现良性发展

云铝以“依靠科技进步，定位世界一流”为发展思路，充分发挥科学技术是第一生产力的作用，围绕产业升级，加强科技创新，提高科技项目的实施成效。电解铝、碳素、加工生产等技术指标不断取得了重大突破，形成一批在同行业中具有较大影响力的自主创新科技成果。《低温低电压铝电解新技术》等国家科技项目取得积极进展，在完成曲面阴极改造的电解槽中，节能环保上取得实质性飞跃，吨铝直流电耗降低800kwh以上。

近年来，公司为谋求可持续发展，提升核心竞争能力，围绕打造“一体化”产业链，积极实施“走出去”、“低成本扩张”战略并取得初步成效。通过资本运作，成功实现了对文山等3个控股公司的控股经营，初步形成了“大生产、集约化”经营格局。

中国瑞林工程技术有限公司科技创新成效显著

中国瑞林工程技术有限公司是在南昌有色冶金设计研究院的基础上，通过引进战略合作伙伴组建的股权多元化的现代科技型企业。中国瑞林特别重视科技创新工作，提出了公司《五年科技发展战略与规划》，明确了建设技术驱动型创新企业的奋斗目标。科技创新成为公司快速发展的强大动力。

2009年中国瑞林工程技术有限公司共有6项科研成果荣获国家级和省部级科技进步奖，其中《尾矿坝灾变机理研究及综合防治技术》荣获国家科技进步二等奖。《铜冶炼生产全流程自动化关键技术及应用》、《金属非金属矿山细粘尾矿坝灾变机理、控制及综合防治技术》分别荣获中国有色金属工业科技进步一等奖和国家安全监管总局科技进步一等奖。获国家及省部级优秀工程设计、优秀工程咨询奖共38项，其中中国瑞林设计的《阳谷祥光铜业年产40万吨阴极铜（一期20万吨）工程》荣获国家优秀设计金奖、《金隆35万吨熔炼挖潜改造及20万吨电解工程》和《金川20万吨/年铜电解工程》获国家优质工程银质奖。在知识产权保护工作方面，2009年中国瑞林全年组织申报专利72项，已受理专利63项，其中发明专利33项、实用新型专利30项，已获得国家专利局授权专利26项。

2009年，中国瑞林在申报国家级和省部级科研项目或课题工作中也取得了新的成效，共签订科研合同1426万元，技术转让合同86万元，其中由张文海院士主持的《旋涡柱连续炼铅关键技术与装备研究》科研项目经国家科技部批准被列入国家高技术研究发展计划（863计划）课题。

为了进一步增强公司科技创新能力，中国瑞林依托多年来在有色重金属冶金产业积累的专有技术和优势技术，以铜、镍和铅闪速冶金创新为重点，于2009年4月发起并联合中国铜、镍、铅锌大企业、高等院校和科研单位共17家共同组建了《有色重金属短流程节能冶金产业技术创新战略联盟》。确定了包括《低品位复杂铜资源复合型冶炼新工艺与成套装置研发》、《铅锌闪速熔炼工艺与成套装置研发》等8个重大科技攻关课题。该联盟的组建对于公司在有色行业的市场开发、引领重有色金属冶金技术发展，加快实现有色冶金节能降耗关键技术的创新开发和产业化，使中国重有色金属冶金技术达到世界先进水平都具有重要意义。

中铝研发的“铝冶炼制造执行系统”填补中国空白

中铝公司企业研发的具有自主知识产权的“铝冶炼制造执行系统（AL-MES）”通过了国家科技部鉴定。该项目填补了中国铝冶炼制造执行的空白，并首次将AL-MES用于铝工业企业MES系统建设，整体技术达到了国际先进水平。

“铝冶炼制造执行系统（AL-MES）”是针对铝冶炼生产工艺和业务开发的业务集成系统，该系统根据现场工艺和工序开发相关PCS、PLC、视频监控、工艺数据采集接口实现与生产现场PCS无缝集成，通过建立动态物料平衡模型支持氧化铝、电解铝生产的优化调度，最终实现生产过程的检测、控制、优化、监控、调度、管理的一体化。该系统应用后，可提高综合生产效率7%。

国际贸易

2009 年全球 10 大锡业公司精锡产量下降 2.2%

国际锡协 ITRI 公布数据显示，2009 年全球十大锡业公司生产精锡 244722 吨，比 2008 年下降 2.2%。，2009 年全球十大生产者中有 6 家锡业公司产量下降，下降的原因主要是价格下跌和原料紧张。中国云南锡业公司尽管产量连续两年下降，但 2009 年仍连续 5 年保持了全球第一生产者的地位，2009 年生产精锡 55898 吨，比 2008 年下降 4.2%。

在统计的前 10 家公司中，增产有 4 家公司，分别是马来西亚冶炼公司（MSC）、中国云南乘风、玻利维亚 EM Vinto 和印尼科巴锡业公司（Koba Tin.）。云锡和 MSC 从印尼进口大量粗锡进行精炼从而保证了他们在行业的领先地位；Vinto 和科巴公司精矿供应得到了改善，主要是来自 Huanuni 矿的供应增加，科巴自有矿山产量也有所增加，Vinto 通过对旧炉子进行技术改造提高了效率。

根据 ITRI 的数据，MSC 是全球第三大锡生产商，2009 年生产精锡 36407 吨，比 2008 年增长了 15.1%；云南乘风位居世界第六，2009 年产精锡 14947 吨，增长 10.7%； EM Vinto 位居世界第七，2009 年生产精锡 11805 吨，增长 23.7%；科巴居世界第十位，生产精锡 7,455 吨，增长 4.9%；印尼天马（Timah）公司生产精锡 45800 吨，增长 6.6%，位居世界第二；秘鲁米苏尔（Minsur）生产精锡 33920 吨，增长 10.6%，位居世界第四；泰国 Thaisarco，世界第五，生产精锡 19,300 吨，下降 11.2%；中国柳州华锡生产精锡 10,500 吨，下降 12.8%；比利时 Metallo Chimique 公司，世界第九，生产精锡 8690 吨，下降 5.8%。

ITRI 统计的精锡产量有 22.9 万吨，除了 11 家会员企业以外，还包括了新成立的再生锡企业印尼 Fenix Metals 公司。澳大利亚 Talison 矿物公司 2009 年因为钽矿关闭没有生产锡，因为锡是该矿山的副产品。

ITRI 统计的数据显示，前 8 家公司生产的精锡占全球精锡总产量的 70%。玻利维亚的 OMSA 公司和巴西 Taboca/Paranapanema 不在前 10 家公司之列，前者 2009 年产精锡 2745 吨，增长 2.7%，后者生产精锡 2745 吨，下降 55.4%。另外，ITRI 列举了个别非会员单位的产量，中国个旧自立锡业 2009 年产精锡 5600 吨，下降 20%；Gold Bell Group 精锡产量上升 50%，为 4650 吨。

表 1　　ITRI 统计的世界主要公司 2009 年精锡产量

企业	2009 年精锡产量	比 2008 年增减 %
云南锡业	55898	-4.2
天马（Timah）	45800	6.6
MSC	36407	15.1
米苏尔（Minsur）	33920	10.6
Thaisarco	19300	-11.2
云南乘风	14947	10.7
EM Vinto	11805	23.7
柳州华锡	10500	-12.8
Metallo Chimique	8690	-5.8
科巴（Koba Tin）	7455	4.9
Gold Bell Group	4650	50
OMSA	2745	2.7

2010 年 1 月 1 日起乌兹别克提高铅锌矿的开采税

自 2010 年 1 月 1 日起，乌将铅、锌、钼矿的开采税从之前的 1.3% 提高到 4%，铜矿的开采税维持 8.1% 的水平不变。乌税务委员会官员解释说，提高上述税率的目的是增加资源税收在国家税收总额中所占的比例，同时也与罕迪扎（Хандиза）多金属矿的开发有关。

罕迪扎多金属矿位于乌南部的卡什卡达里亚州，乌“阿尔马雷克”矿山冶金联合企业于 2009 年底投资

1.47亿美元开始开发，包括建一座年处理矿石65万吨的选矿厂。项目投产后将年产铜精矿5000吨，铅精矿2万吨，锌精矿6万吨。

2010年1月1日钨系列出口税率

《2010年关税实施方案》已经国务院关税税则委员会第五次全体会议审议通过，并报国务院批准，自2010年1月1日起实施。

表1　　2010年1月1日钨系列出口税率

序号	EX(1)	税则号列	商品名称（简称）	出口税率(%)	2010年暂定税率(%)	2010年特别出口税率(%)
70		26209910	主要含钨的矿灰及残渣		10	
101		28259011	钨酸		5	
102		28259012	三氧化钨		5	
103		28259019	其他钨的氧化物和氢氧化物		5	
113		28418010	仲钨酸铵		5	
114		28418020	钨酸钠		5	
115		28418030	钨酸钙		5	
116		28418040	偏钨酸铵		5	
117		28418090	其他钨酸盐		5	
140		28499020	碳化钨		5	
202		72028010	钨铁		20	
203		72028020	硅钨铁		20	
313		81011000	钨粉		5	
314		81019400	未锻轧钨		5	
315		81019700	钨废碎料		15	

2010年江苏省昆山市金属材料出口突破万吨

昆山市检验检疫局统计，2010年江苏省昆山市共出口金属材料340批、总重量10005.4吨、金额1468.0万美元，与2009年同期相比分别增加了13.0%、9.3%、2.2%。其中有色金属出口1495吨、金额614.9万美元，同比重量增加9.2%、金额增加61.5%，涨幅明显。

2010年金属材料计重单价较2009年下降，从1568美元/吨降至1467美元/吨，降幅6.4%。从产品类别变化来看，有色金属锰、铜、型钢、铁线材增幅明显，金额同比增长分别达183.1%、63.8%、73.6%、84.5%；异形钢、其他钢铁制品、铝跌幅较大，金额同比跌幅达92.7%、67.3%、33.1%。

这主要是受国际、中国金属市场价格波动以及对锰等触媒材料需求的增加而导致。2010年初受澳洲铁矿石价格调整影响，中国不少投机商囤积了大量原材料，短期造成材料购买与出口价格上涨，在随后的几个月内，中国市场未出现预期的购买力，现货钢材因此而大幅度下跌且急于出手，原材料价格波动导致了成本不断变化。同时，由于中国于7月15日取消部分出口初级加工金属材料的退税，造成上、下半年钢材类金属材料出口不平衡，初级制品在下半年出口大幅下挫。此外，随着国际市场复苏带动基础材料需求，以锰为代表的触媒材料需求快速增长以及电子产业复苏带动的铜材出口增加，推动了2009年昆山市有色金属出口金额显著增加。

从2010年出口国家分布来看，美国是昆山出口金属材料最大市场，全年出口134批、789.7吨、257.8万美元，其余金额处于前十位的依次是加拿大、沙特、土耳其、日本、埃及、澳大利亚、埃塞俄比亚、菲律宾、韩国。值得关注的是两个非洲国家，埃及和埃塞俄比亚已经进入了出口金额前十位，表明在中非关系朝着好的方向不断发展的同时，随着对非洲部分国家装运前检验工作的开展，非洲国家对基础性建筑材料的需求已经浮现，市场成长机会明显。

2010 年钨品、锑品出口供货企业名单

根据《货物进出口管理条例》、《出口商品配额管理办法》及商务部 2009 年第 96 号公告（《2010 年钨品、锑品出口供货企业资格标准》）的相关规定，现公布《2010 年钨品、锑品出口供货企业名单》。

附件：《2010 年钨品、锑品出口供货企业名单》

中华人民共和国商务部

二〇〇九年十二月二十九日

附件

2010 年钨品、锑品出口供货企业名单

一、2010 年钨品出口供货企业（8 家）

厦门钨业股份有限公司

福建金鑫钨业股份有限公司

潮州翔鹭钨业有限公司

赣州市赣南钨业有限公司

南昌硬质合金有限责任公司

崇义章源钨业股份有限公司

江西稀有稀土金属钨业集团有限公司

自贡硬质合金有限责任公司

二、2010 年锑品出口供货企业（10 家）

锡矿山闪星锑业股份有限责任公司

湖南辰州矿业股份有限公司

常德辰州锑品有限责任公司

益阳市华昌锑业有限公司

广西华锡集团股份有限公司

广西日星金属化工有限公司

广西华锑化工有限公司

云南木利锑业公司

东莞市杰夫阻燃材料有限公司

贵州东峰企业集团有限公司

2010 年银川市金属镁等 19 种商品出口额超 1000 万美元

银川市商务局统计，银川市 2010 年实现进出口总额 9.98 亿美元，同比增 49.85%，占宁夏的 50.9%。其中，出口 6.75 亿美元，同比增长 43.62%，占宁夏的 57.7%；进口 3.23 亿美元，同比增长 64.80%，占宁夏的 40.8%。银川市非公有制企业出口总额 4.74 亿美元，占银川市进出口总额的 47.5%，成为银川市外贸出口的新亮点。

随着银川市工业化步伐的加快，出口商品品种 2010 年已达 791 种，其中出口 1000 万美元以上的商品有硅铁、羊绒及其制品、生物制药、碳化硅、赖氨酸及盐、增碳剂、金属镁等 19 种。

2010 年中国共出口金属镁 38.40 万吨

国家海关总署统计数，2010 年 1~12 月中国累计出口各类镁产品共 38.40 万吨，同比增长 64.43%，累计金额 10.62 亿美元，同比增长 64.44%。其中镁锭、镁合金、镁粉分别累计出口 19.02 万吨、8.59 万吨、8.50 万吨，同比增长 62.00%、34.94%、108.66%。

2010 年 12 月份中国镁产品出口 3.03 万吨，较 11 月的 3.45 万吨大幅回落。与 11 月份情况相反，12 月份镁锭和镁合金出口量都出现较大幅度缩减，而镁粉出现 2000 多吨的增量。

2010 年中国镁产品出口量 38.40 万吨

2010 年全年中国金属镁出口量达 38.40 万吨，比 09 年（23.35 万吨）增 64.43%。

其中，2010 年全年，中国镁锭出口量为 19.02 万吨，比 09 年（11.74 万吨）增 62.00%；镁合金出口量 8.59 万吨，比 09 年（6.36 万）增 34.94%；镁粉出口量 8.50 万吨，比 09 年（4.07 万吨）增 108.66%；镁制品出口量 1.49 万吨，比 09 年（0.87 万吨）增 72.44%；镁加工材出口量 7211.10 吨，比 09 年（2819.63 吨）增 155.75%。

2010 年全年中国各类金属镁产品出口量较 2009 年呈现稳步上升态势。金属镁三大类出口产品中镁粉出口量较 2009 年增幅明显，镁加工材出口量也在不断增多。

2010 年中国氧化钼进口量下降 50%

国家海关总署统计，2010 年中国焙烧钼精矿进口量下降 50% 至 24，010 吨，进口均价 18,188 美元 / 吨，较 09 年涨 37%。

2010 年 12 月份单月进口量为 1616 吨，较 2009 年同期下降 42%，进口均价 20,561 美元 / 吨，同比涨 30%。

2010 年中国从美国进口氧化钼数量同比下降 7% 至 9227 吨，均价 17,978 美元 / 吨，涨 21%，从智利进口量下降 63% 至 8715 吨，进口均价 18,451 美元 / 吨，涨 36%。

自墨西哥进口总量为 2228 吨，下降 48%，进口均价 21，020 美元 / 吨，上涨 67%，自比利时进口量下降 12% 至 1803 吨，进口均价 15,531 美元 / 吨，较 2009 年上涨 40%。

自韩国进口量为 878 吨，下降 6%，进口均价 20,282 美元 / 吨，涨 61%。

2010 年中国排名前位的进口商为：

天津国际物流园有限公司（4133 吨，涨 86%）

天津天保国际物流有限公司（4051 吨，下降 33%）

宇航物流（3182 吨，涨 449%）

上海金桥（集团）有限公司（3096 吨）

大连集装箱码头有限公司（2490 吨，涨 166%）

金堆城钼业（778 吨，降 13%）

葫芦岛百世利金属材料有限公司（714 吨，降 82%）

CMT 大连（677 吨，涨 292%）

2010 年中国有色金属进出口情况综述

2010 年中国有色金属进出口贸易总额达到 1203.42 亿美元，比 2009 年增长 43.72%。其中：进口额 920.83 亿美元，比 2009 年增长 38.52%；出口额 282.59 亿美元，比 2009 年增长 63.72%。2010 年进出口贸易逆差额为 638.24 亿美元，同比增长了 29.68%。2010 年 12 月份进出口贸易总额为 117.95 亿美元，环比增长了 2.5%。其中，进口额为 88.68 亿美元，环比增长了 3.61%；出口额为 29.27 亿美元，环比下降 0.75%。

1. 2010 年未锻轧铜进口量有小幅回落

2010 年进口未锻轧铜 298.25 万吨，比 2009 年下降 8.0%；其中 12 月份进口量 23.28 万吨，环比下降 1.5%。2010 年，进口铜精矿实物量 646.81 万吨，比 2009 年增长 5.54；进口粗铜 39.9 万吨，比 2009 年增长 75.31%；进口铜材 91.05 万吨，比 2009 年增长 10.92%；其中，12 月份铜材进口量 7.35 万吨，环比增长 2.51%。进口铜废碎料实物量 436.43 万吨，比 2009 年增长 9.16%。

2010 年出口未锻轧铜 3.9 万吨，比 2009 年下降 46.64%；出口铜材 50.86 万吨，比 2009 年增长 11.75%。其中，12 月份铜材出口量 4.4 万吨，环比增长 17.3%。2010 年中国净进口未锻轧铜 294.35 万吨，比 2009 年下降 7.1%；净进口铜材 40.19 万吨，比 2009 年增长 9.88%。

2. 2010 年未锻轧铝、铝材出口量有较大幅度增长

2010 年进口未锻轧铝 36.49 万吨，比 2009 年下降 79.02%；其中 12 月份进口量 3.02 万吨，环比增长 7.47%。2010 年进口铝材 59.06 万吨，比 2009 年增长 1.58%；进口铝土矿 3006.95 万吨，比 2009 年增长 53.1%；进口铝废碎料实物量 285.38 万吨，比 2009 年增长 8.67%；进口氧化铝 431.21 万吨，比 2009 年下降 16.12%，其中 12 月份进口量 40.86 万吨，环比增长 49.5%。

2010 年，出口未锻轧铝 75.43 万吨，比 2009 年增长 1.43 倍，其中 12 月份出口量 7.88 万吨，环比增长 6.92%；出口铝材 217.71 万吨，比 2009 年增长 56.2%，其中 12 月份出口铝材 19.32 万吨，环比下降 4.12%。2010 年中国净出口未锻轧铝 38.49 万吨，2009 年则净进口 142.89 万吨；净出口铝材 158.65 万吨，比 2009 年增长 95.28%。

3. 2010 年未锻轧铅进口量下降

2010 年中国进口未锻轧铅 6.24 万吨，比 2009 年下降 69.44%。2010 年进口铅精矿实物量 160.38 万吨，比 2009 年下降 0.1%；出口未锻轧铅 2.55 万吨，比 2009 年增长 2.7%。2010 年中国净进口未锻轧铅 3.69 万吨，比 2009 年下降 79.42%。

4. 2010 年未锻轧锌进口量下降

2010 年中国未锻轧锌进口量 47.78 万吨，比 2009 年下降 40.49%，其中 12 月份进口量 4.89 万吨，环比增长 37%。2010 年进口锌精矿实物量 324.05 万吨，比 2009 年下降 15.44%；出口未锻轧锌 4.34 万吨，比 2009 年增长 48.17%；出口立德粉 3.31 万吨，同比下降 1.8%；出口氧化锌 1.66 万吨，同比增长 0.96%。2010 年中国净进口未锻轧锌 43.44 万吨，比 2009 年下降 43.85%。

5. 镍矿实物量进口继续增加

2010 年中国进口镍矿实物量（主要是红土矿）2500.74 万吨，比 2009 年增长 52.2%；未锻轧镍进口量 18.29 万吨，比 2009 年下降 26.81%；出口未锻轧镍 5.52 万吨，比 2009 年增长 64.05%。2010 年中国净进口未锻轧镍 12.77 万吨，比 2009 年下降 40.96%。

6. 钨钼锡锑产品进出口情况

2010 年中国未锻轧锡进口量 1.85 万吨，比 2009 年下降 23.56%；出口未锻轧锡 714 吨，比 2009 年增长 3.59%；进口锡矿 1.98 万吨，比 2009 年增长 94.35%。2010 年中国出口未锻轧锑 0.52 万吨，比 2009 年增长 12.98%；出口氧化锑 5.21 万吨，比 2009 年增长 40.36%。2010 年中国出口钨材及制品 3587 吨，比 2009 年增长 17.38%；出口钨酸盐 6829 吨，比 2009 年增长 33.12%；出口氧化钨及氢氧化钨 1.15 万吨，

比2009年增长1.6倍。2010年中国出口钼材及制品4841吨，比2009年增长1.32倍；出口钼矿2.45万吨，比2009年增长1.75倍；进口钼矿2.97万吨，比2009年下降51.84%。

7. 未锻轧镁及镁材出口量大幅增加

2010年中国出口未锻轧镁27.61万吨，比2009年增长52.49%；出口镁粒（粉）8.5万吨，比2009年增长1.08倍；出口镁材及制品2.22万吨，比2009年增长92.89%。

8. 2010年中国有色金属进出口特点

(1) 2010年中国有色金属进出口贸易总额超过1200亿美元，创历史新高。

(2) 2010年主要金属品种未锻轧铜、铝、铅、锌等累计进口量下降，未锻轧铝、铅、锌出口量则呈增长态势；铜、铝材累计出口量增长；镍矿实物量（主要是红土矿）进口继续保持增长趋势。

(3) 部分小品种金属和金属制品(锑、钨、钼、镁等)出口量保持平稳增长。

2010年中国有色金属进出口总额1203.4亿美元

国家发改委公布数据，2010年中国有色金属进出口总额为1203.4亿美元，同比增长43.7%，比2008年增长37%，扭转了2009年进出口比2008年下降的形势，基本恢复到国际金融危机以前的正常增长水平。其中，进口额为920.8亿美元，增长38.5%；出口额282.6亿美元，增长63.7%。“十一五”期间中国有色金属进出口贸易总额年均增长20.8%。

2010年中国有色金属行业进出口情况

一、2010年中国有色金属行业进口情况

2010年，有色金属产品进口额为920.83亿美元，其中，铜进口额576.40亿美元，比2009年同期增长53.45%，占有色金属进口总额的62.60%；铝进口额达到110.65亿美元，比上年同期增长了9.28%，占有色金属进口额的12.02%。

表1　2010年中国主要有色金属产品进口金额统计

产品名称	进口额（亿美元）	占有色金属进口总额比例	同比增长
铜	576.40	62.60%	53.45%
铝	110.65	12.02%	9.28%
铅	25.10	2.73%	19.25%
锌	33.44	3.63%	-1.24%
锡	6.17	0.67%	27.61%
镍	77.17	8.38%	27.57%
锑	1.12	0.12%	186.89%
镁	0.05	0.01%	36.66%
钨	1.06	0.12%	-2.53%
钼	5.70	0.62%	-29.72%
钛	5.69	0.62%	21.33%
钴	15.27	1.66%	52.92%
锆	6.22	0.68%	41.70%
稀土	2.80	0.30%	51.78%

表 2　　2010 年中国铜进口数量统计（单位：千吨）

月份	精铜	铜材	铜精矿	废铜
2010 年 1 月	196.93	64.68	598.15	337.44
2010 年 2 月	220.53	62.88	566.52	276.63
2010 年 3 月	337.13	88.40	540.77	364.88
2010 年 4 月	309.77	86.06	606.09	371.71
2010 年 5 月	279.69	83.72	478.98	326.87
2010 年 6 月	211.96	82.52	550.48	353.47
2010 年 7 月	224.72	78.50	466.52	378.52
2010 年 8 月	267.15	76.32	474.50	398.15
2010 年 9 月	241.71	77.16	683.52	408.51
2010 年 10 月	169.90	66.76	472.15	314.71
2010 年 11 月	232.30	71.73	552.77	398.73
2010 年 12 月	228.61	73.49	485.06	434.75
合计	2,920.39	912.22	6,475.51	4,364.36

表 3　　2010 年中国铝进口数量统计（单位：千吨）

月份	原铝	铝材	氧化铝	铝土矿	废铝
2010 年 1 月	40.06	45.95	674.52	1,791.53	253.40
2010 年 2 月	19.17	35.27	410.68	1,938.06	173.92
2010 年 3 月	28.05	54.46	507.08	2,573.33	248.26
2010 年 4 月	28.99	51.24	153.95	2,455.76	253.03
2010 年 5 月	28.05	54.54	461.45	2,452.30	230.41
2010 年 6 月	11.71	52.28	142.67	2,952.00	224.18
2010 年 7 月	3.52	53.07	271.11	3,014.55	265.57
2010 年 8 月	9.61	50.35	248.22	2,514.41	262.13
2010 年 9 月	7.74	47.19	310.49	3,142.54	242.40
2010 年 10 月	15.68	45.18	450.19	1,781.91	193.04
2010 年 11 月	18.04	48.23	273.30	2,616.73	246.94
2010 年 12 月	19.26	52.68	408.64	3,126.92	260.24
合计	229.87	590.42	4,312.31	30,360.02	2,853.51

表 4　　2010 年中国铅、锌进口数量统计（单位：千吨）

月份	精铅	铅材	铅精矿	精锌	锌材	锌精矿
2010 年 1 月	1.56	0.00	108.21	28.97	2.04	339.93
2010 年 2 月	0.42	0.13	101.62	13.92	1.93	325.38
2010 年 3 月	1.08	0.07	102.00	18.07	2.20	191.72
2010 年 4 月	0.26	0.15	90.24	31.37	3.21	212.03
2010 年 5 月	3.14	0.13	82.02	30.61	2.68	223.99
2010 年 6 月	1.64	0.03	120.40	21.70	3.11	213.78
2010 年 7 月	2.75	0.01	121.73	32.97	3.38	195.19
2010 年 8 月	4.01	0.01	176.91	35.95	3.52	302.05
2010 年 9 月	3.11	0.03	219.83	29.27	3.08	414.83
2010 年 10 月	1.16	0.02	184.43	22.31	2.38	285.91
2010 年 11 月	1.64	0.12	171.33	22.99	2.84	282.33
2010 年 12 月	0.76	0.16	129.83	35.22	2.91	255.29
合计	21.53	0.85	1,608.55	323.35	33.29	3,242.41

表 5　　2010 年中国锡、镍进口数量统计（单位：千吨）

月份	精锡	锡材	锡矿	精镍	镍材	镍矿
2010 年 1 月	1.18	0.68	0.93	16.18	0.94	1,154.49
2010 年 2 月	1.88	0.77	0.57	12.23	0.98	949.95
2010 年 3 月	1.46	0.79	2.41	19.14	1.18	1,635.79
2010 年 4 月	2.20	0.95	1.01	16.63	1.18	1,847.44
2010 年 5 月	1.33	0.93	1.14	10.70	1.17	2,014.62
2010 年 6 月	1.15	0.89	1.30	12.59	1.23	2,246.46
2010 年 7 月	1.45	0.82	1.52	14.28	1.90	2,510.25
2010 年 8 月	1.56	0.82	1.77	18.19	1.30	2,030.08
2010 年 9 月	1.35	0.83	3.06	15.77	1.32	2,799.35
2010 年 10 月	0.66	0.78	1.16	19.02	1.17	2,489.76
2010 年 11 月	0.92	0.65	2.34	11.72	1.37	2,834.73
2010 年 12 月	0.83	0.83	2.57	14.87	1.76	2,565.61
合计	15.98	9.73	19.78	181.32	15.48	25,078.54

二、2010 年中国有色金属行业出口情况

2010 年，有色金属出口额 282.59 亿美元，同比增长 63.72%。主要有色金属品种出口额均大幅增长，其中铜出口额 41.94 亿美元，同比增长 32.41%，占出口总额的 14.84%；铝出口额 91.83 亿美元，同比增长 76.97%，占出口总额的 32.50%。

表 6　　2010 年中国锡、镍进口数量统计（单位：千吨）

产品名称	出口额（亿美元）	占有色金属出口总额比例	同比增长
铜	41.94	14.84%	32.41%
铝	91.83	32.50%	76.97%
铅	1.69	0.60%	41.05%
锌	1.79	0.63%	36.56%
锡	0.51	0.18%	83.82%
镍	12.47	4.41%	96.87%
锑	4.37	1.55%	128.01%
镁	10.62	3.76%	64.46%
钨	7.20	2.55%	102.38%
钼	7.67	2.71%	198.20%
钛	2.11	0.75%	48.77%
钴	3.00	1.06%	77.50%
稀土	14.12	5.00%	117.60%

表 7　　2010 年中国铜、铝出口数量统计（单位：千吨）

月份	精铜	铜材	原铝	铝合金	铝材
2010 年 1 月	2.98	37.96	9.13	36.37	164.18
2010 年 2 月	1.70	33.30	4.74	23.38	114.55
2010 年 3 月	1.74	47.96	2.21	39.93	193.06
2010 年 4 月	5.09	49.44	48.55	41.71	167.97
2010 年 5 月	4.68	47.49	25.27	48.63	194.16
2010 年 6 月	1.90	47.79	17.70	52.71	193.96
2010 年 7 月	1.80	48.96	15.93	52.86	195.88
2010 年 8 月	0.56	39.30	9.82	48.84	207.79
2010 年 9 月	2.99	40.04	6.13	48.98	168.75
2010 年 10 月	1.55	34.96	15.15	53.86	181.89

续表 7

月份	精铜	铜材	原铝	铝合金	铝材
2010 年 11 月	3.22	37.47	15.72	58.05	201.54
2010 年 12 月	10.52	43.97	23.21	55.61	193.21
合计	38.73	508.63	193.54	560.92	2,176.94

表 8　2010 年中国铅、锌、锡出口数量统计（单位：千吨）

月份	精铅	铅材	精锌	锌材	精锡	锡材
2010 年 1 月	2.87	4.68	9.73	0.80		0.18
2010 年 2 月	1.59	5.19	5.83	0.81	0.06	0.21
2010 年 3 月	3.75	3.24	5.37	0.89		0.10
2010 年 4 月	1.02	5.03	4.33	0.65		0.15
2010 年 5 月	1.34	6.13	4.25	1.05	0.00	0.20
2010 年 6 月	0.83	8.76	2.31	0.71		0.20
2010 年 7 月	1.27	8.58	2.29	0.84	0.00	0.20
2010 年 8 月	1.55	2.05	0.51	0.56	0.04	0.18
2010 年 9 月	1.84	1.36	1.06	0.59		0.16
2010 年 10 月	3.06	1.39	0.95	0.64	0.36	0.18
2010 年 11 月	1.25	1.73	3.26	0.76	0.04	0.23
2010 年 12 月	2.70	1.41	3.25	0.77	0.21	0.31
合计	23.07	49.55	43.14	9.04	0.71	2.30

表 9　2010 年中国镍、锑、镁出口数量统计（单位：千吨）

月份	精镍	镍材	锑	镁
2010 年 1 月	4.46	0.15	0.26	20.49
2010 年 2 月	2.83	0.14	0.21	12.95
2010 年 3 月	7.31	0.14	0.63	25.89
2010 年 4 月	7.74	0.15	0.12	15.60
2010 年 5 月	7.11	0.25	0.59	26.34
2010 年 6 月	3.95	0.27	0.62	27.51
2010 年 7 月	0.91	0.31	0.53	26.23
2010 年 8 月	3.13	0.14	0.38	25.13
2010 年 9 月	6.05	0.20	0.43	26.37
2010 年 10 月	4.59	0.22	0.33	20.65
2010 年 11 月	2.01	0.24	0.70	28.24
2010 年 12 月	2.89	0.27	0.36	20.69
合计	52.97	2.47	5.17	276.08

出口退税调整通知

各省、自治区、直辖市、计划单列市财政厅（局）、国家税务局、新疆生产建设兵团财务局：

经国务院批准，自 2010 年 7 月 15 日起取消下列商品的出口退税：

1. 部分钢材；
2. 部分有色金属加工材；
3. 银粉；
4. 酒精、玉米（资讯，行情）淀粉；
5. 部分农药、医药、化工产品；
6. 部分塑料及制品、橡胶及制品、玻璃及制品。

取消出口退税的具体商品名称和商品编码见附件。

具体执行时间，以“出口货物报关单（出口退税专用）”海关注明的出口日期为准。

取消出口退税的商品清单：

表 1　　取消出口退税的商品清单

序号	商品编码	商品名称
1	1108120000	玉米淀粉
2	2207100000	酒精浓度在 80% 及以上的未改性乙醇
3	2207200010	任何浓度的改性乙醇
4	2207200090	任何浓度的其他酒精
5	2812101000	氯化亚砜（亚硫酰氯，氧氯化硫）
6	2812102000	氧氯化磷〔即磷酰氯，三氯氧磷〕
7	2825101010	纯度 85% 及以上的水合肼
8	2825101090	纯度 85% 以下的水合肼
9	2827491000	锆的氯氧化物及氢氧基氯化物
10	2827499000	其他氯氧化物及氢氧基氯化物
11	2835100000	次磷酸盐及亚磷酸盐
12	2835220000	磷酸一钠及磷酸二钠
13	2835240000	钾的磷酸盐
14	2835259000	其他正磷酸氢钙（磷酸二钙）
15	2835260000	其他磷酸钙
16	2835291000	磷酸三钠
17	2835299000	其他磷酸盐
18	2835391900	其他六偏磷酸钠
19	2835399000	其他多磷酸盐
20	2839110000	偏硅酸钠
21	2840110000	无水四硼酸钠
22	29031500001	按 13% 征税的 1,2- 二氯乙烷 (ISO)
23	29031500002	按 17% 征税的 1,2- 二氯乙烷 (ISO)
24	29036990401	按 13% 征税的稗草烯
25	29036990402	按 17% 征税的稗草烯
26	29049030001	按 13% 征税的氯化苦
27	29049030002	按 17% 征税的氯化苦
28	29049090111	按 13% 征税的氯硝丙烷
29	29049090112	按 17% 征税的氯硝丙烷
30	29049090121	按 13% 征税的四氯硝基苯
31	29049090122	按 17% 征税的四氯硝基苯
32	29049090131	按 13% 征税的五氯硝基苯
33	29049090132	按 17% 征税的五氯硝基苯
34	29071990111	按 13% 征税的邻苯基苯酚及其盐
35	29071990112	按 17% 征税的邻苯基苯酚及其盐
36	29071990121	按 13% 征税的邻烯丙基苯酚及盐
37	29071990122	按 17% 征税的邻烯丙基苯酚及盐
38	29072990101	按 13% 征税的毒菌酚
39	29072990102	按 17% 征税的毒菌酚
40	29081990211	按 13% 征税的格螨酯
41	29081990212	按 17% 征税的格螨酯
42	29081990221	按 13% 征税的双氯酚
43	29081990222	按 17% 征税的双氯酚
44	29081990231	按 13% 征税的五氯酚钠
45	29081990232	按 17% 征税的五氯酚钠
46	29089910901	按 13% 征税的对硝基苯酚钠
47	29089910902	按 17% 征税的对硝基苯酚钠
48	29089990211	按 13% 征税的芬螨酯
49	29089990212	按 17% 征税的芬螨酯

续表 1-1

序号	商品编码	商品名称
50	29089990221	按 13% 征税的消螨酚
51	29089990222	按 17% 征税的消螨酚
52	29089990231	按 13% 征税的戊硝酚
53	29089990232	按 17% 征税的戊硝酚
54	29089990241	按 13% 征税的特乐酚
55	29089990242	按 17% 征税的特乐酚
56	29093000111	按 13% 征税的甲氧滴滴涕、除草醚
57	29093000112	按 17% 征税的甲氧滴滴涕、除草醚
58	29143990121	按 13% 征税的鼠完
59	29143990122	按 17% 征税的鼠完
60	29147000111	按 13% 征税的氯鼠酮
61	29147000112	按 17% 征税的氯鼠酮
62	29147000121	按 13% 征税的二氯萘醌
63	29147000122	按 17% 征税的二氯萘醌
64	29147000131	按 13% 征税的四氯对醌
65	29147000132	按 17% 征税的四氯对醌
66	29147000141	按 13% 征税的六氯丙酮
67	29147000142	按 17% 征税的六氯丙酮
68	29153900141	按 13% 征税的灭螨醌
69	29153900142	按 17% 征税的灭螨醌
70	2915400010	一氯醋酸钠
71	29159000111	按 13% 征税的茅草枯
72	29159000112	按 17% 征税的茅草枯
73	29159000121	按 13% 征税的抑草蓬
74	29159000122	按 17% 征税的抑草蓬
75	29163100201	按 13% 征税的 2-（乙酰氧基）苯甲酸
76	29163100202	按 17% 征税的 2-（乙酰氧基）苯甲酸
77	29163600001	按 13% 征税的乐杀螨 (ISO)
78	29163600002	按 17% 征税的乐杀螨 (ISO)
79	29163990131	按 13% 征税的 5- 硝基邻甲氧基苯酸钠
80	29163990132	按 17% 征税的 5- 硝基邻甲氧基苯酸钠
81	29163990151	按 13% 征税的三碘苯甲酸
82	29163990152	按 17% 征税的三碘苯甲酸
83	29171900101	按 13% 征税的驱虫特
84	29171900102	按 17% 征税的驱虫特
85	29172090101	按 13% 征税的驱蚊灵
86	29172090102	按 17% 征税的驱蚊灵
87	29173410101	按 13% 征税的驱蚊叮
88	29173410102	按 17% 征税的驱蚊叮
89	29181990411	按 13% 征税的丙酯杀螨醇
90	29181990412	按 17% 征税的丙酯杀螨醇
91	29199000331	按 13% 征税的巴毒磷、杀虫畏
92	29199000332	按 17% 征税的巴毒磷、杀虫畏
93	29199000341	按 13% 征税的毒虫畏、甲基毒虫畏
94	29199000342	按 17% 征税的毒虫畏、甲基毒虫畏
95	29199000351	按 13% 征税的庚烯磷、特普
96	29199000352	按 17% 征税的庚烯磷、特普
97	29199000371	按 13% 征税的氯瘟磷、伐草磷
98	29199000372	按 17% 征税的氯瘟磷、伐草磷
99	29201900121	按 13% 征税的氯氧磷、虫螨畏
100	29201900122	按 17% 征税的氯氧磷、虫螨畏

续表 1-2

序号	商品编码	商品名称
101	29201900171	按 13% 征税的碘硫磷、苯稻瘟净
102	29201900172	按 17% 征税的碘硫磷、苯稻瘟净
103	29209090111	按 13% 征税的硫丹
104	29209090112	按 17% 征税的硫丹
105	29209090121	按 13% 征税的治螟磷
106	29209090122	按 17% 征税的治螟磷
107	29209090131	按 13% 征税的消螨通
108	29209090132	按 17% 征税的消螨通
109	29209090151	按 13% 征税的浸种磷
110	29209090152	按 17% 征税的浸种磷
111	29209090161	按 13% 征税的赛松
112	29209090162	按 17% 征税的赛松
113	29211990311	按 13% 征税的 2- 氨基丁烷
114	29211990312	按 17% 征税的 2- 氨基丁烷
115	29211990321	按 13% 征税的二氯丙烯胺
116	29211990322	按 17% 征税的二氯丙烯胺
117	29214300311	按 13% 征税的溴鼠胺
118	29214300312	按 17% 征税的溴鼠胺
119	29224999131	按 13% 征税的兹克威、灭害威、除害威
120	29224999132	按 17% 征税的兹克威、灭害威、除害威
121	29241990121	按 13% 征税的百治磷
122	29241990122	按 17% 征税的百治磷
123	29241990131	按 13% 征税的溴乙酰胺
124	29241990132	按 17% 征税的溴乙酰胺
125	29241990151	按 13% 征税的叶枯炔
126	29241990152	按 17% 征税的叶枯炔
127	29310000411	按 13% 征税的草甘膦
128	29310000412	按 17% 征税的草甘膦
129	2932999021	紫杉醇
130	3601000010	模压的胶质推进剂
131	3601000020	含硝化粘接剂及铝粉 > 5% 的推进剂
132	3601000090	其他发射药
133	3602001010	符合特定标准的硝铵炸药〔硝胺类物质超过 2% ，或密度 > 1.8g/cm3. 爆速 > 8000m/s〕
134	3602001090	其他硝铵炸药，但发射药除外
135	3602009010	符合特定标准的其他配制炸药〔含六硝基芪 > 2%，或密度 > 1.8g/cm3. 爆速 > 8000m/s〕
136	3602009090	其他配制炸药，但发射药除外
137	3603000010	爆炸桥
138	3603000020	爆炸桥丝
139	3603000030	冲击片
140	3603000040	爆炸箔起爆器
141	3603000050	使用单个或多个雷管的装置〔由单一点火信号同时起爆，不包括仅使用起药的雷管〕
142	3603000060	炸药雷管点火装置〔用于引爆上述品目 3603 各子目列名的爆炸配件的雷管〕
143	3603000090	其他安全导火索导爆索等引爆器件〔包括火帽或雷管、引爆器、电雷管〕
144	3605000000	火柴，但品目 3604 的烟火制品除外
145	3606100000	打火机等用液体或液化气体燃料〔其包装容器的容积 ≤ 300 立方厘米〕
146	3606901100	已切成形可直接使用的铈铁〔包括其他引火合金〕

续表 1-3

序号	商品编码	商品名称
147	3606901900	未切成形不可直接使用的铈铁〔包括其他引火合金〕
148	3606909000	其他易燃材料制品〔本章注释二所述的〕
149	3801100010	核级石墨〔纯度高于百万分之五硼当量，密度大于1.50g/cm3〕
150	3801100020	人造细晶粒整体石墨〔20℃下的密度、拉伸断裂应变、热膨胀系数符合特殊要求〕
151	3801100090	其他人造石墨
152	3801200000	胶态或半胶态石墨
153	3801300000	电极用碳糊及炉衬用的类似糊
154	3801900000	其他以石墨或其他碳为基料的制品〔呈糊状、块状、板状的制品（包括半制品）〕
155	3803000000	妥尔油，不论是否精炼
156	3804000010	未经浓缩、脱糖或经过化学处理的木浆残余碱液〔妥尔油除外〕
160	3806300000	酯胶
161	3806900010	歧化松香及松香衍生物
162	3806900090	其他松香及树脂酸衍生物〔包括松香精及松香油；再熔胶〕
163	3807000000	木焦油木杂酚油粗木精植物沥青等〔包括以松香、树脂酸植物沥青为基料的啤酒桶沥青及类似〕
164	3809100000	以淀粉为基料的纺织等工业用制剂〔纺织、造纸、制革等工业用整理剂、固色剂及其他制剂〕
165	3809910000	纺织工业用其他未列名产品和制剂〔包括整理剂、染料加速着色或固色助剂及其他制剂〕
166	3809920000	造纸工业用其他未列名产品和制剂〔包括整理剂、染料加速着色或固色助剂及其他制剂〕
167	3809930000	制革工业用其他未列名产品和制剂〔包括整理剂、染料加速着色或固色助剂及其他制剂〕
168	3810900000	焊接用的焊剂及其他辅助剂等〔包括作焊条芯子或焊条涂料用的制品〕
169	3811110000	以铅化合物为基本成分的抗震剂
170	3811190000	其他抗震剂
171	3811210000	含有石油的润滑油添加剂〔包括含有从沥青矿物提取的油类的润滑油添加剂〕
172	3811290000	不含石油的润滑油添加剂
173	3811900000	其他矿物油用的配制添加剂〔抗氧剂、防胶剂、粘度改良剂、防腐剂及其他配制添加剂〕
174	3813001000	灭火器的装配药
175	3813002000	已装药的灭火弹
176	3814000000	有机复合溶剂及稀释剂，除漆剂〔指其他编号未列名的〕
177	3815110000	以镍为活性物的载体催化剂〔包括以镍化合物为活性物的〕
178	3815120010	载铂催化剂〔为了从重水中回收氚或为了生产重水而专门设计或制备，用于加速氢和水之间的氢同位素交换反应〕
179	3815120090	其他以贵金属为活性物的载体催化剂
180	3815190000	其他载体催化剂
181	3815900000	其他未列名的反应引发剂、促进剂〔包括反应催化剂〕
182	3816000000	耐火水泥、灰泥及类似耐火材料〔耐火混凝土及类似耐火混合制品，但品目 3801 的产品除外〕
183	3817000000	混合烷基苯和混合烷基萘〔品目 2707 及 2902 的货品除外〕

续表 1-4

序号	商品编码	商品名称
184	3819000000	闸用液压油及其他液压传动用液体〔按重量计石油或从矿物提取的油类含量低于 70%〕
185	3820000000	防冻剂及解冻剂
186	3821000000	制成的供微生物（包括病毒及类似品）生长或维持用培养基〔及制成的供植物、人体或动物细胞生长或维持用的培养基〕
187	3822001000	附于衬背上的诊断或实验用试剂〔包括不论是否附于衬背上的诊断或实验用配制试剂〕
188	3822009000	其他诊断或实验用配制试剂
189	3823120000	油酸
190	3823130000	妥尔油脂肪酸
191	3823190001	植物酸性油〔酸性油仅指精炼所得的〕
192	3823190090	其他工业用单羧脂肪酸、酸性油〔酸性油仅指精炼所得的〕
193	3823700000	工业用脂肪醇
194	3824409000	其他水泥、灰泥及混凝土用添加剂
195	3824500000	非耐火的灰泥及混凝土
196	3824600000	子目号 290544 以外的山梨醇
197	3824710011	二氯二氟甲烷和二氟乙烷的混合物〔R-500〕
198	3824710012	一氯二氟甲烷和二氯二氟甲烷的混合物〔R-501〕
199	3824710013	一氯二氟甲烷和一氯五氟乙烷的混合物〔R-502〕
200	3824710014	三氟甲烷和一氯三氟甲烷的混合物〔R-503〕
201	3824710015	二氟甲烷和一氯五氟乙烷的混合物〔R-504〕
202	3824710016	二氯二氟甲烷和一氟一氯甲烷的混合物〔R-505〕
203	3824710017	一氟一氯甲烷和二氯四氟乙烷的混合物〔R-506〕
204	3824710018	二氯二氟甲烷和二氯四氟乙烷的混合物〔R-400〕
205	3824710090	其他含甲烷、乙烷或丙烷的全氯氟烃 (CFCs) 混合物〔不论是否含甲烷、乙烷或丙烷的氢氯氟烃 (HCFCs)、全氟烃 (PFCs) 或氢氟烃 (HFCs)〕
206	3824720000	含溴氯二氟甲烷、溴三氟甲烷或二溴四氟乙烷的混合物
207	3824730000	含甲烷、乙烷或丙烷的氢溴氟烃 (HBFCs) 的混合物
208	3824740011	二氟一氯甲烷、二氟乙烷和一氯四氟乙烷的混合物〔R-401〕
209	3824740012	五氟乙烷、丙烷和二氟一氯甲烷的混合物〔R402〕
210	3824740013	丙烷、二氟一氯甲烷和八氟丙烷的混合物〔R403〕
211	3824740014	二氟一氯甲烷、二氟乙烷、一氯二氟乙烷和八氟环丁烷的混合物〔R405〕
212	3824740015	二氟一氯甲烷、2- 甲基丙烷（异丁烷）和一氯二氟乙烷的混合物〔R406〕
213	3824740016	五氟乙烷、三氟乙烷和二氟一氯甲烷的混合物〔R408〕
214	3824740017	二氟一氯甲烷、一氯四氟乙烷和一氯二氟乙烷的混合物〔R409〕
215	3824740018	丙烯、二氟一氯甲烷和二氟乙烷的混合物〔R411〕
216	3824740019	二氟一氯甲烷、八氟丙烷和一氯二氟乙烷的混合物〔R412〕
217	3824740021	二氟一氯甲烷、一氯四氟乙烷、一氯二氟乙烷和 2- 甲基丙烷的混合物〔R414〕
218	3824740022	二氟一氯甲烷和二氟乙烷的混合物〔R415〕
219	3824740023	四氟乙烷、一氯四氟乙烷和丁烷的混合物〔R416〕
220	3824740024	丙烷、二氟一氯甲烷和二氟乙烷的混合物〔R418〕
221	3824740025	二氟一氯甲烷和八氟丙烷的混合物〔R509〕

续表 1-5

序号	商品编码	商品名称
222	3824740026	二氟一氯甲烷和一氯二氟乙烷的混合物
223	3824740090	其他含甲烷、乙烷或丙烷的氢氯氟烃混合物〔不论是否含甲烷、乙烷或丙烷的全氟烃或氢氟烃，但不含全氯氟烃〕
224	3824750000	含四氯化碳的混合物
225	3824760000	含 1,1,1- 三氯乙烷（甲基氯仿）的混合物
226	3824770000	含溴化甲烷（甲基溴）或溴氯甲烷的混合物
227	3824790000	其他含甲烷、乙烷或丙烷的卤化衍生物的混合物
228	3824810000	含环氧乙烷（氧化乙烯）的混合物
229	3824820000	含多氯联苯 (PCBs)、多氯三联苯 (PCTs) 或多溴联苯 (PBBs) 的混合物
230	3824830000	含三 (2,3- 二溴丙基）磷酸酯的混合物
231	3824901000	杂醇油
232	3824902000	除墨剂、蜡纸改正液及类似品
233	3824903000	增炭剂
234	3824909901	高钛渣〔二氧化钛质量百分含量 >70% 的〕
235	3824909920	混胺〔二甲胺和三乙胺混合物的水溶液〕
236	3912110090	初级形状的未塑化醋酸纤维素〔未塑化二醋酸纤维素和未塑化三醋酸纤维素除外〕
237	3912120000	初级形状的已塑化醋酸纤维素
238	3912200000	初级形状的硝酸纤维素〔包括棉胶〕
239	3912310000	初级形状的羧甲基纤维素及其盐
240	3912390000	初级形状的其他纤维素醚
241	3912900000	初级形状的其他未列名的纤维素〔包括化学衍生物〕
242	3913100000	初级形状的藻酸及盐和酯
243	3915100000	乙烯聚合物的废碎料及下脚料
244	3915200000	苯乙烯聚合物的废碎料及下脚料
245	3915300000	氯乙烯聚合物的废碎料及下脚料
246	3915901000	聚对苯二甲酸乙二酯废碎料及下脚料
247	3915909000	其他塑料的废碎料及下脚料
248	4002199090	其他丁苯橡胶及羧基丁苯橡胶板，片，带〔4002199001 项下的除外〕
249	4002209000	丁二烯橡胶板、片、带
250	4002319000	异丁烯 - 异戊二烯橡胶板，片，带
251	4002399000	卤代丁基橡胶板、片、带
252	4002499000	氯丁二烯橡胶板、片、带
253	4002599000	丁腈橡胶板、片、带
254	4002609000	异戊二烯橡胶板、片、带
255	4002709000	乙丙非共轭二烯橡胶板、片、带
256	4002800000	天然橡胶与合成橡胶的混合物
257	4002910000	本税号其他未列名的胶乳
258	4002991900	其他合成橡胶板、片、带〔胶乳除外〕
259	4002999000	从油类提取的油膏
260	4004000010	废轮胎及其切块
261	4004000020	硫化橡胶废碎料、下脚料及其粉、粒〔硬质橡胶的除外〕
262	4004000090	未硫化橡胶废碎料、下脚料及其粉、粒
263	4005100000	与碳黑等混合的未硫化复合橡胶〔包括与硅石混合，初级形状或板，片带〕
264	4005200000	未硫化的复合橡胶溶液及分散体〔分散体指子目 400510 以外的〕
265	4005910000	其他未硫化的复合橡胶板、片、带
266	4005990000	其他未硫化的初级形状复合橡胶

续表 1-6

序号	商品编码	商品名称
267	4006100000	未硫化轮胎翻新用胎面补料胎条
268	4006901000	未硫化橡胶的杆，管，型材及异型材〔初级形状或板、片、带以外形状〕
269	4006902000	未硫化橡胶制品〔盘、环等〕
270	7001000010	废碎玻璃
271	7001000090	玻璃块料
272	7002100000	未加工的玻璃球〔品目 7018 的微型玻璃球除外〕
273	7002209000	其他未加工的玻璃棒
274	7002319000	熔凝石英或熔凝硅石制其他玻璃管
275	7003120000	铸、轧制着色的非夹丝玻璃板、片〔不透明，镶色或有吸收反射或非反射层的，未经其他加工〕
276	7003190090	铸、轧制的其他非夹丝玻璃板、片〔未着色，透明及不具吸收层的，未经其他加工〕
277	7003200000	铸、轧制的夹丝玻璃板、片〔未经其他加工〕
278	7003300000	铸、轧制的玻璃型材及异型材〔未经其他加工〕
279	7004200000	拉、吹制的着色玻璃板、片〔不透明，镶色或有吸收反射或非反射层的，未经其他加工〕
280	7004900001	光学平板玻璃，厚度 0.7mm 以下〔未着色，透明及不具吸收层的，未经其他加工〕
281	7004900090	拉、吹制的其他玻璃板、片〔未着色，透明及不具吸收层的，未经其他加工〕
282	7005100000	有吸收层非夹丝浮法或抛光玻璃板〔包括有反射或非反射层的玻璃板、片〕
283	7005210000	其他着色非夹丝浮法玻璃板、片〔整块着色，不透明，镶色或仅表面研磨的〕
284	7005290001	浮法玻璃〔气泡，杂质的大小 ≤ 30 微米〕
285	7005290090	其他非夹丝浮法玻璃板、片
286	7005300000	夹丝浮法玻璃板、片〔包括表面研磨或抛光的，不论是否有吸收或反射层〕
287	7011100000	电灯用未封口玻璃外壳及玻璃零件〔未装有配件〕
288	7011909000	其他类似品用未封口玻璃外壳零件〔未装有配件〕
289	7015901000	钟表玻璃〔未经光学加工的〕
290	7015909000	品目 7015 的其他未经光学加工玻璃
291	7020001200	绝缘子用玻璃伞盘
292	7020001901	半导体晶片生产用石英反应管及夹持器〔用于插入熔化和氧化炉内〕
293	7020001990	其他工业用玻璃制品
294	7020009901	石英玻璃，平整度小于等于 1 微米
295	7020009990	其他非工业用玻璃制品
296	7106101100	平均粒径 <3 微米非片状银粉
297	7106101900	平均粒径 ≥ 3 微米的非片状银粉
298	7106102100	平均粒径 < 10 微米片状银粉
299	7106102900	平均粒径 ≥ 10 微米的片状银粉
300	7208100000	轧有花纹的热轧卷材〔除热轧外未进一步加工的〕
301	7208250000	厚 ≥ 4.75mm 其他经酸洗的热轧卷材〔除热轧外未进一步加工，宽 ≥ 600mm，未包、镀、涂层〕
302	7208261000	4.75mm> 厚 ≥ 3mm 其他大强度热轧卷材〔经酸洗，宽 ≥ 600mm，屈服强度大于 355 牛顿 / 平方毫米〕
303	7208269000	其他 4.75mm> 厚 ≥ 3mm 热轧卷材〔经酸洗，宽 ≥ 600mm，屈服强度小于等于 355 牛顿 / 平方毫米〕
304	7208271000	厚度 <1.5mm 其他的热轧卷材〔经酸洗，宽 ≥ 600mm，未包、镀、涂层〕

续表 1-7

序号	商品编码	商品名称
305	7208279000	1.5mm ≤ 厚 <3mm 其他的热轧卷材〔经酸洗，宽≥ 600mm，未包、镀、涂层〕
306	7208360000	厚度 >10mm 的其他热轧卷材〔除热轧外未进一步加工，宽≥ 600mm，未包、镀、涂层〕
307	7208370000	10mm ≥厚≥ 4.75mm 的其他热轧卷材〔除热轧外未进一步加工，宽≥ 600mm，未包、镀、涂层〕
308	7208381000	4.75mm> 厚度≥ 3mm 的大强度卷材〔宽≥ 600mm，屈服强度大于 355 牛顿 / 平方毫米〕
309	7208389000	其他 4.75mm> 厚度≥ 3mm 的卷材〔宽≥ 600mm，屈服强度小于等于 355 牛顿 / 平方毫米〕
310	7208391000	厚度< 1.5mm 的其他热轧卷材〔除热轧外未进一步加工宽≥ 600mm，未包、镀、涂层〕
311	7208399000	1.5mm ≤厚< 3mm 的其他热轧卷材〔除热轧外未进一步加工宽≥ 600mm，未包、镀、涂层〕
312	7208400000	轧有花纹的热轧非卷材〔除热轧外未进一步加工，宽≥ 600mm，未包、镀、涂层〕
313	7208511000	厚度 >50mm 的其他热轧非卷材〔宽≥ 600mm，未包、镀，涂层〕
314	7208512000	20mm< 厚≤ 50mm 的其他热轧非卷材〔宽≥ 600mm，未包、镀，涂层〕
315	7208519000	10mm< 厚≤ 20mm 的其他热轧非卷材〔宽≥ 600mm，未包、镀，涂层〕
316	7208520000	10mm ≥厚度≥ 4.75mm 的热轧非卷材〔除热轧外未进一步加工，宽≥ 600mm，未包、镀，涂层〕
317	7208531000	4.75mm> 厚≥ 3mm 大强度热轧非卷材〔宽≥ 600mm，屈服强度大于 355 牛顿 / 平方毫米〕
318	7208539000	其他 4.75mm> 厚≥ 3mm 的热轧非卷材〔宽≥ 600mm，屈服强度小于等于 355 牛顿 / 平方毫米〕
319	7208541000	厚 <1.5mm 的热轧非卷材〔除热轧外未进一步加工，宽≥ 600mm，未包、镀，涂层〕
320	7208549000	1.5 ≤厚 <3mm 的热轧非卷材〔除热轧外未进一步加工，宽≥ 600mm，未包、镀，涂层〕
321	7208900000	其他热轧铁或非合金钢宽平板轧材〔除热轧外经进一步加工，宽≥ 600mm，未经包，渡，涂层〕
322	7209151000	厚度≥ 3mm 的大强度冷轧卷材〔宽≥ 600mm，屈服强度大于 355 牛顿 / 平方毫米〕
323	7211130000	未轧花纹的四面轧制的热轧非卷材〔150mm< 宽 <600mm，厚≥ 4mm，未包，镀，涂层〕
324	7211140000	厚度≥ 4.75mm 的其他热轧板材〔宽< 600mm，未包，镀，涂层〕
325	7211190000	其他热轧铁或非合金钢窄板材〔宽< 600mm，未包，镀，涂层〕
326	7211230000	含碳量低于 0.25% 的冷轧板材〔宽 <600mm，未包，镀，涂层〕
327	7211290000	其他冷轧铁或非合金钢窄板材〔宽< 600mm，未经包，镀，涂层，含碳量≥ 0.25%〕
328	7211900000	冷轧的铁或非合金钢其他窄板材〔宽度< 600mm，未经包，镀，涂层〕
329	7212100000	镀（涂）锡的铁或非合金钢窄板材〔宽< 600mm〕
330	7212200000	电镀锌的铁或非合金钢窄板材〔宽< 600mm〕
331	7212300000	其他镀或涂锌的铁窄板材〔包括非合金钢的，宽度< 600mm〕
332	7212400000	涂漆或涂塑的铁或非合金钢窄板材〔宽度< 600mm〕

续表 1-8

序号	商品编码	商品名称
333	7212500000	涂镀其他材料的铁或非合金钢窄板材〔宽度＜600mm〕
334	7212600000	经包覆的铁或非合金钢窄板材〔宽度＜600mm〕
335	7216310000	截面高度≥80mm 槽钢〔除热加工外未经进一步加工〕
336	7216321000	截面高度>200mm 工字钢〔除热加工外未经进一步加工〕
337	7216329000	80mm≤截面高度≤200mm 工字钢〔除热加工外未经进一步加工〕
338	7216331100	截面高度>800mmH 型钢〔除热加工外未经进一步加工〕
339	7216331900	200mm＜截面高度≤800mmH 型钢〔除热加工外未经进一步加工〕
340	7216339000	80mm≤截面高度≤200mmH 型钢〔除热加工外未经进一步加工〕
341	7216401000	截面高度≥80mm 角钢〔除热加工外未经进一步加工〕
342	7216402000	截面高度≥80mm 丁字钢〔除热加工外未经进一步加工〕
343	7216610000	平板轧材制的角材、型材及异型材〔除冷加工外未经进一步加工〕
344	7216690000	冷加工的角材、型材及异型材〔除冷加工外未经进一步加工〕
345	7216910000	其他平板轧材制角材、型材、异型材〔冷成型或冷加工制的〕
346	7228200000	其他硅锰钢的条、杆
347	7229200000	硅锰钢丝
348	7407100000	精炼铜条、杆、型材及异型材
349	7407210000	铜锌合金（黄铜）条、杆、型材及异型材
350	7407290000	其他铜合金条、杆、型材及异型材〔包括白铜或德银的条、杆、型材及异型材〕
351	7408110000	最大截面尺寸＞6mm 的精炼铜丝
352	7408190000	截面尺寸≤6mm 的精炼铜丝
353	7408210000	铜锌合金（黄铜）丝
354	7408220000	铜镍合金（白铜）丝或铜镍锌合金（德银）丝
355	7408290000	其他铜合金丝
356	7412100000	精炼铜管子附件
357	7412201000	铜镍合金或铜镍锌合金管子配件
358	7412209000	其他铜合金管子配件
359	7413000000	非绝缘的铜丝绞股线、缆、编带等
360	7415100000	铜钉，平头钉，图钉 U 型钉及类似品〔包括钢铁制带铜头的〕
361	7415210000	铜垫圈（包括弹簧垫圈）
362	7415290000	铜制其他无螺纹制品
363	7415331000	铜制木螺钉〔包括钢铁制带铜头的〕
364	7415339000	铜制其他螺钉螺栓螺母〔包括钢铁制带铜头的〕
365	7415390000	其他铜制螺纹制品
366	7419100000	铜链条及其零件
367	7419911000	工业用铸造，模压，冲压其他铜制品〔未进一步加工〕
368	7419999100	工业用其他铜制品
369	7501201000	镍湿法冶炼中间品
370	7506200000	镍合金板、片、带、箔
371	7507110000	纯镍管
372	7507200000	镍及镍合金管子附件
373	7508101000	镍丝制的布
374	7508108000	工业用镍丝制的网及格栅
375	7508109000	其他镍丝制的网及格栅
376	7508908000	其他工业用镍制品〔镍丝布、网及格栅除外〕

续表 1-9

序号	商品编码	商品名称
377	7508909000	其他非工业用镍制品〔镍丝布、网及格栅除外〕
378	7804190000	铅及铅合金板〔包括厚度 >0.2mm 的箔〕
379	7806001000	铅及铅合金条、杆、丝、型材、异型材
380	7806009000	其他铅制品
381	7904000000	锌及锌合金条、杆、型材、丝
382	7905000000	锌板、片、带、箔
383	7907002000	锌管及锌制管子附件〔例如：接头、肘管、管套〕
384	7907003000	电池壳体坯料（锌饼）
385	7907009000	其他锌制品
386	8003000000	锡及锡合金条、杆、型材、丝
387	8007002000	锡板、片及带，厚度超过 0.2 毫米
388	8007004000	锡管及管子附件〔例如，接头，肘管，管套〕
389	8007009000	其他锡制品
390	8101999000	其他钨制品
391	8102950000	锻轧钼条、杆、型材〔不包括简单烧结的条、杆〕
392	8102990000	钼制品
393	8103909010	钽坩埚〔容积在 50ml 至 2L 之间、钽纯度≥ 98%〕
394	8104901000	锻轧镁
395	8104902090	其他镁制品
396	8105900000	其他钴及制品
397	8106009090	其他铋及铋制品
398	8109900090	其他锻轧锆及锆制品
399	8110900000	其他锑及锑制品
400	8111009000	其他锰及制品
401	8112190000	其他铍及其制品
402	8112290000	其他铬及其制品
403	8112590000	其他铊及其制品
404	8112922001	未锻轧、废碎料或粉末状的钒氮合金
405	8112992001	其他钒氮合金
406	8112992090	其他钒及其制品

俄罗斯制定矿产勘查与矿物原料基地再生产规划

俄罗斯拥有世界上 30% 的天然气、10% 的石油、30% 的金刚石、27% 的镍、21% 的钯、16% 的煤、8% 的铜储量。俄罗斯丰富的矿产储量不仅能充分地满足中国需求，也使俄罗斯成为世界上最大的矿物原料出口国之一，向世界市场提供了 25% 的天然气和 10% 以上的石油。

尽管俄罗斯矿产资源非常丰富，但自从苏联解体后，俄罗斯的地勘投资大量缩减，导致储量增长的速度远远低于开采量的增长速度，后备资源严重不足。

为了确保俄罗斯经济的可持续发展，俄联邦自然资源与生态部很早就制定了到 2020 年俄罗斯矿产勘查与矿物原料基地再生产国家长远规划。实施调整后的规划不仅能确保完成矿产资源地质勘查的任务，而且能有效确保整个俄罗斯社会经济的发展速度，特别是为发展俄罗斯一些地区，如，东西伯利亚、北极乌拉尔地区、俄罗斯南部地区和远东地区注入了新的动力。

在国家矿产勘查长远规划中，俄罗斯国家投资并不是矿物原料基地再生产的唯一资金来源，而只是基础。它将拉动社会资金的大量投入，并发挥主要作用。据俄罗斯自然资源与生态部的专家估计，到 2020 年，投入到地勘工作的社会资金将达到 4 万亿元卢布以上（1430 亿美元）。

近年来，为了矿产勘查与开发领域的可持续发展，俄罗斯除了致力于完成地勘长远规划规定的任务外，还不断改善矿产勘查与开发的投资环境。一方面加强对矿产资源合理利用的国家监管，另一方面不断减少过于繁多的行政壁垒。此外，俄罗斯还完善了有关法律法规，如实施新的油气储量分类方法等。

非洲成为中国广东铝材第一大出口市场

受金融危机影响，广东铝材出口市场分布格局发生明显变化，非洲在2009年跃升为第一大出口市场。据海关统计，2009年，广东出口铝材37.6万吨，同比下降36.2%，价值11亿美元，同比下降42%。其中，对非洲出口铝材大幅增长，全年出口6.6万吨，增长52.8%；同期对欧盟、中东、东盟和香港4大市场均呈不同程度下降。分析显示，广东铝材产品结构也发生明显变化，受出口退税率上调影响，铝型材及铝箔逆势增长。2009年，铝型材、铝板、铝管和铝箔占铝材出口总量比重分别为62.9%、22.2%、9.4%和4.7%，而2008年其所占比重则分别为32.1%、31.7%、32.5%和2.7%。

菲律宾矿业法规

一、法规

（一）《菲律宾宪法》1987

《菲律宾宪法》规定，菲律宾所有自然资源归国家所有，任何勘探、开发和利用自然资源的活动都要受到国家的全面监督与控制。国家有权通过合作生产、合资和产品分享协议与菲律宾公民、菲方控股公司和社团（菲方至少占60%股份）共同开发矿产资源。宪法授权菲律宾总统可与外资公司签订融资和技术协定，勘探、开发和利用大型矿山、石油田和其他矿物油。只有菲律宾公民或菲方控股公司（菲方至少占60%股份）可以获得私有土地，外国人和外资公司可以通过租借协议租用私人土地，租期50年，每次可续延25年。

（二）《菲律宾矿业法》1995

《菲律宾矿业法》规定，菲律宾国家环境和自然资源部作为主管部门，负责管理、开发和合理利用矿产资源，以及发布相应的法规。环境和自然资源部部长可以代表政府签署矿山开采合同；国家环境和自然资源部下属的地质矿业局，直接负责矿区和矿产资源的管理、配置，进行地质、采矿的研究，以及矿山的地质勘探等工作。此外，还负责推荐矿山合同及承包商，以供部长批准，并监督承包商合同执行情况；地质矿业局设有地区办公室，负责授权事项的处理。

菲律宾矿山勘探和开采许可主要包括：勘探许可(PE)、矿产品分享协议(MPSA)、合作矿产品分享协议(CPA)、合资协议(JVA)、金融和技术援助（FTAA）、采石场许可（QP）、砂开采许可（SAG）、小型矿开采许可、矿产品加工许可、原矿运输许可。

1. 勘探许可(PE)

勘探许可由地质矿业局局长或地区办公室主任签发。允许任何有资质的菲律宾公民或菲方控股公司（菲方股份占60%以上）或外资公司（菲方股份少于50%）在规定区域内进行各种矿产的勘探活动，但是并不附带采矿的权力。承包商最低额定股本1000万比索，最低已缴股本250万比索。如经勘探发现矿藏具有矿业开发的经济和技术可行性，持有者可提出矿业项目可行性报告，经批准后，可申请将勘探许可升级为采矿协议和融资或技术援助协议。勘探许可期限为2年，每次延期为2年，整个期限不得超过6年（非金属矿）或8年（金属矿）。勘探许可面积：(1)陆地，在任何一个省，个人允许面积1620公顷、公司允许面积16200公顷；在全国范围内，个人允许面积3240公顷、公司允许面积32400公顷；(2)海洋，在海岸线500米以外，个人允许面积8100公顷、公司允许面积81000公顷。

2. 采矿协议（MA）

由环境和自然资源部部长签发。包括矿产品享有协议(MPSA)、合作生产协议(CPA)和合资协议(JVA)。允许任何有资质的菲律宾公民或菲方控股公司（菲方股份占60%以上）享有在合同区域内勘探、开发和开采矿产资源的独占权。承包商最低额定股本1000万比索，最低已缴股本250万比索。采矿许可面积：(1)陆地，在任何一个省，个人允许面积810公顷、公司允许面积8100公顷；在全国范围内，个人允许面积1620公顷、公司允许面积16200公顷；(2)海洋，个人允许面积4050公顷、公司允许面积40500公顷。

(1) 矿产品享有协议(MPSA)

要求承包商应提供必要的融资、技术、管理和人员以完成该协议，菲政府从采矿总产量中分享。所有MPSA必须向矿业局地区办公室提出申请，经矿业局局长或矿业局地区办公室领导批准可以转让。在申请等待环境和自然资源部部长签发期间，矿业局局长可签发临时勘探许可(TEP)，有效期1年。如MPSA申请批准，则从MPSA的勘探其中扣除；如未批准，则自动失效。MPSA期限不能超过25年，可以续延，延期不得超过25年。MPSA期满后，由政府或其委托承包商（公共竞标中的最高标价者）经营，MPSA原始承包商有权在偿还所有合理费用后以最高标价继续取得该MPSA。在勘探期间，承包商可以全部或部分放弃合同区域，勘探结束后，必须放弃可研报告以外的面积。最终MPSA区域为：金属矿5000公顷、非金属矿2000公顷。

(2) 合作生产协议(CPA)

由政府和承包商签订，政府提供采矿投入而不是矿产资源。

(3) 合资协议(JVA)

政府和承包商组建合资公司，政府按投入资产分享收益，同时从采矿总产量中分享。

3. 融资和技术援助合同（FTAA）

由菲律宾总统签发。允许任何有资质的菲律宾公民或菲方控股公司（菲方股份占60%以上）或外资公司（菲方股份少于50%）大规模勘探、开发和利用矿产资源。承包商最低投资额为5000万美元，最低额定股本400万美元。FTAA授予金、铜、镍、铬、铅和锌等矿，不授予水泥原材、大理石、沙石集料等。合同的条款以及政府股份可以协商，合同期限不能超过25年，可以继延，延期不得超过25年。采矿许可面积：（1）陆地81000公顷；（2）海洋324000公顷。

4. 矿产加工许可（MPP）

由环境和自然资源部部长签发。允许任何有资质的菲律宾公民或菲方控股公司（菲方股份占60%以上）以及外资公司（菲方股份少于50%）公司建立和运营矿产品加工厂。为期5年，每次可以延期5年，但总期限不超过25年。

（三）环境法规

环境与自然资源部是菲律宾环境保护和管理部门。其下属的环境管理局、地方政府和其他机构协助制定和执行环境政策。

1. 环境影响效果系统（EIS）

资源开发被列为环境危害项目，在项目开始前必须获得环境管理局颁发的环境遵守证书(ECC)。ECC表明所进行的项目不会对环境造成明显的负面影响；项目遵守EIS的全部要求，并执行批准的环境管理计划。ECC包括项目执行前和过程中应采取的特殊方法和条件，以及项目结束阶段减少环境影响的措施。

2. 生态固体废物管理法

3. 有毒、危险和核废物控制法

4. 清洁空气法

5. 清洁水法

6. 污染控制法

7. 水法

8. 国家环境使用者费（NEUF）

二、矿业投资担保及优惠政策

（一）根据矿业法，承包商在采矿协议下，享有以下投资担保：

1. 投资回收权

投资者有权将投资清算后的全部收益按投资币种，以回收日的汇率现金回收；

2. 汇出收益权

投资者有权将投资所得按投资币种，以汇出日的汇率汇出；

3. 外贷权

投资者有权按汇出时的汇率折成外币偿付国外贷款本金和利息，以及由融资或技术援助合同产生的外债；

4. 免于没收权

政府不得没收外国投资者和企业的财产，在由于公共用途、国家利益、国防而征用的情况下，外国投资者和企业有权按当日汇价，按投资币种汇出没收财产的等值补偿；

5. 免于征用权

政府不得征用外国投资和企业资产，在国家处于战争和紧急状态期间需征用的，政府将在征用时或战争和紧急状态结束后给予投资者公正补偿。外国投资者和企业有权根据当日汇价，按投资币种汇出征用财产的等值补偿；

6. 保密权

在项目期间，政府和环境与自然资源部对任何由承包商按照矿业法和其执行规定提供的保密信息保密。

（二）菲律宾矿业法规定的矿业活动一直被列为投资优先计划（IPP）中。根据《菲律宾矿业法》第90条，承包商在采矿协议和FTAA下可享有综合投资法（OIC）中规定的各项财政和非财政鼓励政策（勘探许可只享有财政优惠）。按投资法规定，获得优惠鼓励的矿业企业必须在投资署注册。只有菲律宾人或菲律宾企业（菲律宾人股份至少占60%，并由菲人拥有和掌管30年）可以享受优惠，100%出口企业不在此列。但如果企业产品出口达70%以上或是先锋项目（生产在菲律宾没进行过商业化生产的产品或提供未在菲律宾试用过技术、配方、加工和生产计划）可以享受优惠。

在投资署注册的企业，享有以下税收优惠：

1. 所得税免税期：自商业运行之日起，先锋公司6年免缴所得税，非先锋公司4年免缴所得税。具备以下条件之一者，所得税免税期分别可延长一年：

（1）按BOI规定的比例使用当地原料；

（2）符合BOI规定的资本设备与雇员比例；

（3）经营前3年，每年外汇收入不低于50万美元。

企业扩展经营规模，视其扩展规模，从新的经营之日起可再延长3年，但不享有额外的工资增加费用减免。无论何种情况，先锋企业免缴所得税不超过8年。

2. 使用保税仓库、出口产品达70%以上的企业，进口备件和消耗品免税；

3. 企业注册之日起5年内，如符合BOI规定的资本设备与年雇员比例，新增雇员（包括熟练工与非熟练工）工资所得税减免50%。但不能与所得税免税期同时使用（若企业位于经济欠发达区，减免75%）；

4. 生产出口产品及其配件所需的原材料、零配件和半成品可享受税收信贷；

5. 使用保税仓库的企业，进口寄存设备备件免税；

6. 自注册或商业运营之日起10年内，免码头税和各项出口税费；

7. 自注册之日起，先锋企业6年内，非先锋企业4年内免地方税；

8. 自注册或商业运营之日起10年内，进口繁殖和遗传材料免税。

享有以下非税收优惠：

1. 对进口设备、备件、原材料和消耗品，出口加工产品简化海关手续；

2. 不限制使用寄存设备，必须签订再出口合同；

3. 注册之日起5年内，可聘用外籍监理、技术人员或顾问，期限可适当延长。外资公司的董事长、总经理和总会计师不受年限限制；

4. 有权根据海关的规定，使用保税工厂和仓库。

经BOI登记注册、在菲经济欠发达区投资的外国企业，无论是新建企业还是现有企业追加投资或扩大经营规模，除上述优惠待遇外，还可享有：

（1）自注册之日起，6年免缴所得税（同先锋企业）；

（2）企业批准运营后，其基础设备建设100%免缴所得；

（3）新增雇员（包括熟练工和非熟练工）100%免缴所得；

(4) 投资优先领域可拥有 100% 股权。

三、税收与费用

矿业开发收益的 60% 用于菲律宾政府和人民。

(一) 应缴付中央政府的税费

1. 所得税：在 1987 年综合投资法规定的优惠期以外，承包商须根据菲律宾国内税收法交纳所得税，通常为 32%；

2. 矿产品税：

(1) 煤和焦炭 10 比索 / 吨；

(2) 所有非金属矿产品，依据矿产品实际总产值征收 2%；

(3) 所有金属矿产品，依据矿产品实际总产值征收 2%；

(4) 石油产品，国际市场价格的 3%，由买主支付。

3. 关税：在进口机器和资本物资时需要支付 3% 税率；

4. 增值税：进口除交纳关税外，还得交纳 10% 的增值税，出口产品可免收增值税；

5. 采矿特许税；

6. 印花税；

7. 资本增值税。

(二) 应缴付地方政府的税费

1. 营业税；

2. 不动产税；

3. 注册费；

4. 占用费

承包商占用土地缴纳土地占用费。矿产储备按每年每公顷 100 比索征收、勘探按每年每公顷 5 比索征收，采矿按每年每公顷 50 比索征收。环境和自然资源部可以根据情况提高该项费用。

5. 公共税；

6. 其他当地税 ；

(三) 扣缴税费

1. 薪水总额；

2. 银行利息收益；

3. 技术转让特许税；

4. 外债利息支付；

5. 外国股东股息；

6. 本金汇出。、

(四) 其他税费

1. FTAA 中政府分成；

2. 土地使用费；

3. 土著人费；

4. 社会发展计划费；

5. 环境保护费；

6. 矿业技术和地球科学研发费；

7. 矿业残渣和废弃物费：由环境和自然资源部确定，并可根据情况提高该项费用。

四、其他相关规定

(一) 《矿区发展和采矿科学与技术计划》

《菲律宾矿业法》要求承包商执行《矿区发展和采矿科学与技术计划》，每年支出直接采矿和矿产品加工成本的 1%，用于帮助矿区发展，提高当地居民福利，促进采矿科学与技术的提高。具体措施包括：

1. 通过修建社区学校、医院、教堂、道路、桥梁、供水供电系统、社区住房、培训设施等公共设施，增强矿区及临近社区的发展；

2. 通过为研究院校提供设备和资金；向菲律宾人推广矿业加工技术、环保措施和社区发展计划；出版科技刊物普及矿业知识等手段，促进当地采矿科学与技术的提高；

3. 优先雇佣菲律宾人参与采矿生产，并制定和实施有效的培训计划，鼓励菲律宾人参与采矿生产各环节的实习和管理；

4. 在质量相同的情况下，优先使用当地的产品、服务和技术；

5. 在合同终止前 1 年内，向地方政府移交基础设施和设备，保证矿业持续生产。

(二) 《安全与环保计划》

《菲律宾矿业法》规定了严格的安全制度，要求所有承包商遵照执行，主要包括：

1. 禁止 16 岁以下人员从事任何采矿作业，禁止 18 岁以下人员从事地下采矿作业；

2. 超过 50 名工人的矿至少要配备 1 名具有 5 年以上采矿工作经验的职业工程师和 1 名注册领班；

3. 地区办公室指导人员可以随时到现场监督检查采矿作业情况，要求承包商做出补救措施，消除危险隐患，并可暂停采矿作业，直到危险解除；

4. 出现重大伤亡事故须及时报告地区办公室。

《菲律宾矿业法》要求承包商在矿业合同或许可期内保护环境，并制定环保计划。在承包商或被准许人提交矿业合同或许可申请文件时，应包括环境保护准证，及环保计划。承包商被要求拿出相当于整个项目 10% 的资金用于与保护环境有关的费用。

(三) 采矿辅助权利

1. 伐木权

承包商在矿区内可以根据有关森林法规，按需要采伐树木，但采矿完毕后必须复植；

2. 用水权

承包商在矿区内可以根据有关水的法规取水供生产使用，但政府有权根据需要调整用水权利，重新分配水资源；

3. 附属设施建造权

承包商有权在矿区内建造道路、铁路、废物堆放场、破碎厂、仓库、储存区、港口设施、机场、跑道、变电站、电话线等基础设施，及水井、隧洞、渠道、新河床等工程

4. 拥有爆炸物权

承包商在政府有关部门许可下，有权在矿区内拥有和使用爆炸物；

5. 承包商在不损坏他人财产的前提下，有权进入私人领地或过渡区域。

关于发布部分进口固体废物分类规范申报有关规定

为规范废金属、废塑料、废纸的进口秩序和企业的进口申报方式，打击价格瞒骗，促进中国再生回收行业的健康发展，自2010年4月1日起，对部分进口废金属、废塑料和废纸分类目录和报关方法进行调整，收货人及其代理人应当按照本公告附件的规定要求向海关申报并填写报关单。对本公告规定以外的有关商品，仍应按照《中华人民共和国海关进出口商品规范申报目录》的有关规定进行申报。海关总署公告2003年第61号同时废止。

特此公告。

二〇一〇年三月九日

其中涉及铜废碎料的目录如下：

表1

商品编码	商品名称	商品描述	申报要素	报关单填报示例
7404000090	光亮铜	铜含量在99%以上的废紫铜	1. 品名；2. 材质；3. 成分含量（所含金属总含量和各种金属的名称及含量）。CNMn。	商品名称：光亮铜线 规格型号：废紫铜裸线；总99.9%铜99.9%
	1号废紫铜	铜含量在96%以上的紫铜线和紫铜板、管。CNMn。无镶嵌、焊接或者包覆痕迹，且无其他杂质。CNMn。		商品名称：1号废紫铜 规格型号：废铜管；总98%铜98%
	2号废紫铜	铜含量在94-96%的紫铜线和紫铜板、管。CNMn。有镶嵌、焊接或包覆痕迹，可能含有少量杂质。CNMn。		商品名称：2号废紫铜 规格型号：废铜管；总96%铜96%
	黄杂铜	材质为铜锌合金的黄铜板、管、线、棒、片等，包括废水龙头、废阀门、废铜屑、黄铜管、黄铜边角料等。CNMn。		商品名称：黄杂铜 规格型号：废黄铜管；总96%黄铜96%
	废黄铜水箱	由黄铜散热器组成		商品名称：废黄铜水箱 规格型号：废发动机水箱；总96%黄铜96%
7404000010	1号废铜线缆	包括未经拆解的带皮废铜电缆线，主要来源于灯线、空调电线等，铜含量70%及以上。CNMn。	1. 品名；2. 材质；3. 成分含量（所含金属总含量和各种金属的名称及含量）。CNMn。	商品名称：1号废铜线缆 规格型号：带橡胶皮废铜电缆；总70%铜70%
	2号废铜线缆	包括未经拆解的带皮废铜电缆线，铜含量50%及以上。CNMn。		商品名称：2号废铜线缆 规格型号：带橡胶皮废铜电缆；总50%铜50%

续表1

7404000010	其它废铜线缆	包括未经拆解的带皮和不带皮的废铜电缆线，铜含量25%及以上，包括含有钢丝的废钢绞线。CNMn。	1. 品名；2. 材质；3. 成分含量（所含金属总含量和各种金属的名称及含量）。CNMn。	商品名称：其它废铜线缆 规格型号：废钢绞线，总65%铜25%钢40%
	铜铝水箱	含有黄铜管、铝管、铁和其他杂质，由干净铝和铜水箱组成，		商品名称：铜铝水箱 规格型号：总100%铜45%铝55%
	废变压器	包括带壳的废变压器或变压器芯。CNMn。		商品名称：带壳废变压器 规格型号：箱式废变压器；总95%铜30%铁10%钢55%
	废电机	包括废的带壳和无壳电机。CNMn。		商品名称：带壳废电机 规格型号：总95%铁82%铜12%铝1%
	以回收铜为主的废五金	以回收废铜为主需拆解、分选的各种铜废料，废铜铝水箱，废带铁的黄铜水箱，含有铜，铝，锌，铁，不锈钢，铅及电线头等各种混合金属，为废铜、废铝，废不锈钢，废锌碎料。CNMn。报关时应注明主要金属含量。CNMn。		商品名称：以回收铜为主的废五金 规格型号：总70%铜20%铝15%铁35%

对部分税则税目进行调整

表1

出口商品税率表						
序号	EX(1)	税则号列	商品名称（简称）	出口税率(%)	2011年暂定税率(%)	2011年特别出口税率(%)
30	ex	25309099	其他氧化镁含量在70%（含70%）以上的矿产品		5	
331		81041100	按重量计含镁量≥99.8%的未锻轧镁		10	
332		81041900	其他未锻轧镁		10	
333		81042000	镁废碎料		10	
注(1)："ex"表示应税商品范围以"商品名称"描述为准，其余以税号为准。						
(2)：出口价格包括海关认可的货物货价、货物运至中华人民共和国境内输出地点装载前的运输及其相关费用、保险费。淡季当出口价格高于基准价格时，税率计算结果四舍五入保留3位小数。						

海关总署公告 2010 年第 16 号（规范废金属进口申报方式）

为规范废金属、废塑料、废纸的进口秩序和企业的进口申报方式，打击价格瞒骗，促进中国再生回收行业的健康发展，自 2010 年 4 月 1 日起，对部分进口废金属、废塑料和废纸分类目录和报关方法进行调整，收货人及其代理人应当按照本公告附件的规定要求向海关申报并填写报关单。对本公告规定以外的有关商品，仍应按照《中华人民共和国海关进出口商品规范申报目录》的有关规定进行申报。海关总署公告 2003 年第 61 号同时废止。

特此公告。

二〇一〇年三月九日

海关总署关于对重点固体废物实施分类装运管理

为加强对进口固体废物的管理，打击利用进口固体废物渠道进行的走私违法活动，维护固体废物进口的正常贸易秩序，根据《中华人民共和国海关法》、《中华人民共和国固体废物污染环境防治法》等法律法规，经商商务部、环境保护部、质检总局，决定对废金属、废塑料、废纸（以下简称“重点固体废物”）进口实施分类装运管理。现将有关事项公告如下：

一、重点固体废物不得与其它非重点固体废物及不属于固体废物的货物混合装运于同一集装箱内。

二、以集装箱装载的进口重点固体废物应按本公告附件《重点固体废物类别表》的分类要求，对 A-K 类重点固体废物分开装载，必须进行压扎、打捆、包装等简单装运前处理，并按规范申报的要求逐项申报。集装箱内夹杂其他类别重点固体废物的重量占该集装箱货物装载量 2% 及以下的，不视为混装。

三、进口普通货物的次品、等外品必须按普通货物申报，不允许申报为固体废物。对于经国家有关部门通过验收并具备海关监管条件的进口固体废物加工管理园区（以下简称园区），经园区所在地直属海关报总署批准后，可以允许区内企业在园区内对上述货物作破坏性处理后以固体废物形式，按规范申报的要求逐项申报。

四、因特殊原因，无法满足本公告附件《重点固体废物类别表》分类装运要求，且未在境外换装运输工具直接运抵境内的重点固体废物，进口企业应在境外启运地装运前向口岸直属海关提出申请，由直属海关报经海关总署批准后，上述进口重点固体废物须在具备监管条件的口岸现场或园区按类别进行分拣，并按分拣后的状态，按规范申报的要求逐项申报。

五、除集装箱装载以外散装进境的两种以上（含两种）不同类别的重点固体废物，进境后须在符合海关监管场所建设条件的口岸现场，在海关监管下按类别分拣，并按分拣后的状态，按规范申报的要求逐项申报。

六、经园区所在地直属海关报经海关总署批准，允许区内企业对进口不同类别的混装重点固体废物在园区内按类别进行分拣，并按分拣后的状态，按规范申报的要求逐项申报。

七、对未按上述规定进口的重点固体废物，如无走私或违反海关监管规定嫌疑，进口企业可申请办理直接退运手续。

八、本公告自 2010 年 6 月 1 日起实施。

特此公告。

二〇一〇年三月二十九日

铝产品国际贸易情况

一、2010 年铝产品国际贸易情况

2010 年世界电解铝进出口贸易显著回升。出口量为 1960 万吨，比 2009 年增长 7.8%；进口量为 1890 万吨，比 2009 年增长 9.3%。

加拿大、俄罗斯、澳大利亚、挪威等国家和地区凭借资源优势，成为目前世界上主要的电解铝出口国。其中俄罗斯依靠丰富而廉价的水电资源，成为世界上最大的电解铝出口国。2010 年俄罗斯电解铝出口量为 470 万吨，与 2009 年基本持平，约占 2010 年全球电解铝出口量的 24.0%。加拿大电解铝生产的竞争优势也比较突出，2010 年出口量为 250 万吨，约占 2010 年世界电解铝出口量的 12.8%。

美国、日本、德国、韩国等是世界主要电解铝进口国家和地区。特别由于电解铝属于高能耗产品，所以像日本、韩国等缺乏能源资源的国家基本不进行生产，几乎完全依靠进口。2010 年美国仍然是全球最大的电解铝产品进口国，进口量为 340 万吨，比 2009 年增长 8.7%，约占当年全球电解铝进口量的 18.0%。2010 年日本、德国的电解铝进口量均超过 200 万吨，分别占 2010 年全球电解铝进口量的 11.2% 和 10.6%；韩国合计进口量为 121 万吨，约占 2010 年全球电解铝进口量的 6.4%。

表1　2006-2010年世界主要国家电解铝出口量

（单位：万吨）

	2006	2007	2008	2009	2010
德国	207.3	223.1	197	164.9	201.2
日本	303.6	298.6	306.4	195.8	211.3
韩国	120.4	116.9	108.7	112.3	120.9
美国	346.1	295.1	293.2	312.9	340.2
世界	1923.3	1936.2	1768	1729.8	1890

表2　2007-2010年世界主要铝土矿出口国出口量

（单位：万吨）

	2007	2008	2009	2010
印度尼西亚	1166	1679	1472	1650
牙买加	1451	1472	737	1268
澳大利亚	715	886	637	832

表3　2007-2010年世界主要铝土矿进口国进口量

（单位：万吨）

	2007	2008	2009	2010
中国	2328	2593	1980	3007
美国	1179	1247	792	1056
乌克兰	362	392	390	401
西班牙	355	362	351	361
爱尔兰	413	301	279	311
加拿大	335	356	231	330
德国	314	300	207	298

表4　2007-2010年世界主要氧化铝出口国出口量

（单位：万吨）

	2007	2008	2009	2010
澳大利亚	1518	1589	1665	1601
巴西	387	461	554	550
牙买加	313	363	155	293
乌克兰	142	143	142	143
美国	126	118	102	101
爱尔兰	167	178	95	112

表5　2007-2010年世界主要氧化铝进口国进口量

（单位：万吨）

	2007	2008	2009	2010
中国	512	460	516	431
俄罗斯	474	537	481	522
加拿大	413	479	412	423
挪威	258	280	211	263
美国	253	260	192	252
阿联酋	175	172	189	193
南非	175	156	160	171
冰岛	81	162	156	161

二、中国铝产品进出口情况

2010年，中国铝产品进口发生结构性变化，进口额为110.6亿美元，比2009年增长9.3%。其中未锻轧铝36.5万吨，比2009年下降79.0%；进口铝材59.1万吨，比2009年增长1.6%；进口铝土矿3007.0万吨，比2009年增长53.1%；进口铝废料实物量285.4万吨，比2009年增长8.7%；进口氧化铝431.2万吨，比2009年下降16.1%。

2010年，中国铝产品出口保持强劲增长态势，出口额为91.83亿美元，比2009年增长76.97%。其中出口未锻轧铝75.4万吨，比2009年增长143.2%；出口铝材217.7万吨，比2009年增长56.2%。2010中国净出口未锻轧铝38.9万吨，2009年的则净进口142.9万吨；净出口铝材158.6万吨，比2009年增长95.3%。

表6　2010年中国铝产品进出口量情况（单位：万吨，%）

	进口量	同比增长	出口量	同比增长	净进口量
氧化铝	431.22	-16.12	5.7	-16.83	425.52
未锻轧铝	36.49	-79.02	75.44	143.16	-38.95
其中：非铝合金	22.99	-84.64	19.35	321.62	3.64
铝合金	13.5	-44.52	56.08	112.17	-42.58
铝材	59.06	1.58	217.71	56.2	-158.65
其中：铝条杆型材	7.76	0.02	61.59	33.23	-53.83
铝丝（线）	1.21	30.38	1.35	-11.24	-0.14
铝板带	42.61	-0.67	94.95	96.81	-52.34
铝箔	5.35	19.57	49.93	43.14	-44.58
铝管	1.75	6.85	7.95	9.23	-6.2
铝废碎料实物量	285.38	8.67	0.1	22.71	285.28
铝土矿实物量	3006.96	53.1	0.02	-	3006.94

2010年，中国氧化铝进口依然以澳大利亚为主，当年中国从澳大利亚进口氧化铝398.7万吨，比2009年减少13.4%，但仍占2010年中国氧化铝进口量的92.5%。铝土矿进口来源仍以印度尼西亚为主。2010年中国从印度尼西亚进口铝土矿2292.7万吨，比2009年增长60.29%，占中国铝土矿进口总量的76.2%。

表7　2010年中国氧化铝进口来源（单位：万吨，百万美元，%）

进口量	同比增长	进口额	同比增长	
澳大利亚	398.7	-13.43	1335.8	18.33
印度	26.7	-20.67	86.1	5.51
苏里南	1.6	-43.55	5.2	-17.11
日本	1.6	0.41	26.4	26.02
巴西	1	-83.69	3.3	-76.51
总值	431.2	-16.12	1498.6	14.93

表 8　2010 年中国铝土矿进口来源（单位：万吨，百万美元，%）

	进口量	同比增长	进口额	同比增长
印度尼西亚	2292.7	60.88	965.2	95.98
澳大利亚	658.7	28.88	326.5	63.91
印度	51	175.82	21.6	170.94
马来西亚	4.5	-69.17	1.8	-64.92
总值	3007	52.7	1315.7	86.63

表 9　2010 年中国铝金属产品进口价格情况

（单位：美元 / 吨，%）

产品	2009 年价格	2010 年价格	同比
非合金铝	1560.7	2214	41.86
铝废碎料（实物吨）	1047.9	1504.7	43.59
铝材	4477.1	5292.9	18.22

缅甸矿业法详述

第一章 名称与词语含义

第一条 本法称为《缅甸矿业法》。

第二条 本法词语含义如下：

1. 矿业：指采矿的地点、洞穴、场地，或与开矿地点、洞穴、场地连在一起的矿物加工场所或建筑物、地皮以及机器等，此外还包括工业原料矿物和石料的开采基地；

2. 矿物：指从地下开采的或用其他方法取得的宝石、金属、工业原料矿物和石料等；

3. 宝石：指还未加工的红宝石、蓝宝石、玉石、尖晶石、橄榄石、三色石（芙蓉石）、电气石、天青石、海蓝宝石、错石（石榴石）、黄玉、软玉、石榴石、月长石、劣等蓝宝石、碧玉、绿帘石、绿矾、透辉石、玻泊、莹石（氟石）、软玉等及能当饰物的石英类石，此外还包括矿业部经政府同意后适时颁布的通告中所规定的宝石；

4. 金属：指金、银、销、依、俄、钮、钌、佬、钮、钢、银、铀、牡、铁、铸、铜、鸽、镇、锐、铝、碑、锐、错、钻、健等，此外还包括矿业部经政府同意后适时颁布的通告中所规定的矿物；

5. 工业原料矿物：指煤、石灰石、石膏、重晶石、花岗石、二氧化锤、大理石、氟化物、耐火泥粘土、耐火粘土、自粘土、长石、高岭土、红土（精土）、黄土、滑石（皂石）、石蜡、石棉、碳化铮、白云母、红云母等，此外还包括矿业部经政府同意后适时颁布的通告中所规定的工业原料矿物；

6. 石：指品质较好的可以作装饰物的石灰石、石英、花岗石、大理石、伟晶石、片麻石等。此外还包括矿业部经政府同意后适时颁布的通告中所规定的可以作装饰物的品质较好的石。但不包括不能当饰物的铺路石；

7. 许可证：指按法对矿业进行勘查、测量或开采的企业颁布的许可证；

8. 勘查矿产：指寻找矿物和矿藏。此词语中包括勘探地下矿物质量的工作；

9. 矿藏的勘探：指探明矿藏的规模、形状、位置、质量和储量；

10. 矿产开采：指为获取矿物而进行的各种工序。此词语中包括开采、加工或全过程；

11. 大量生产：指投资多、费用高或需特别技术和方法开采的工程；

12. 小量生产：指投资少、费用低或不需特别技术和方法开采的工程；

13. 手工劳动生产：指用普通的手工工具进行矿业生产；

14. 矿石加工：提高矿物的质量和价值的工作。此词语中包括把矿石通过选择、冶炼、精炼等使它成为纯金属，把矿石切割、磨光使其成为成品的加工。但不包括矿业部经政府同意后适时而定的进行宝石加工的小型切割、磨光业务；

15. 部：指矿业部；

16. 局：指矿业部计划与工作检查局：

17. 局长：指矿业部计划与工作检查局的局长。

第二章 宗旨

第三条 本法的宗旨如下：

1. 实现政府矿产资源政策：

2. 增加矿产品，以满足中国的需要和增加对外出口；

3. 扩大对矿产资源的中国外投资；

4. 审查并批准个人或团体的勘探、测量或采矿的申请书，并进行监督管理；

5. 使矿产资源的保护、开采、利用和研究工作得以发展；

6. 避免因采矿而影响环保工作。

第三章 申请及颁发许可证

第四条 个人或团体如欲经营以下业务，应按规定向矿业部申请：

1、对宝石进行勘查、测量、大量或小量生产；

2. 对金属矿进行勘查、测量、大量或小量生产；

3. 大量生产工业原料矿物；

4. 大量开采石料。

第五条 个人或团体如欲经营以下业务，应按规定向局申请：

1. 对工业原料矿物的勘查、测量或小量生产；

2. 对石矿的勘查、测量或小量生产。

第六条 如愿经营由矿业部通告规定的宝石、金属、工业原料矿物或石料手工作坊业，不论个人或团体都应按规定向有关矿业公司或向矿业部授权之官员，申请许可证。

第七条 矿业部经政府同意后，可以为以下企业颁布许可证：

1. 有外国投资的宝石、金属、工业原料矿物或石矿的勘查、测量、大量或小量生产等；

2. 用国内资金从事的宝石之勘查、测量、大量或小量生产等；

3. 用国内资金从事的金属之勘查、测量、大量或小量生产等。

第八条 矿业部有权给下列企业颁布许可证：

1. 以国内资金从事工业原料矿物或石料的大量生产；

2. 以国内资金对工业矿物原料或石料的勘查、测量、大量或小量生产或三种业务兼之。

第九条 本局经矿业部同意后可为下列企业颁布许可证：

1. 以国内资金从事工业原料的勘查、测量或小量生产；

2. 以国内资金从事石料的勘查、测量或小量生产。

第十条 有关矿业公司或矿业部所授权的官员，有权向经营本部通告规定的宝石、金属、工业原料矿物或石料的手工劳动业颁布许可证。

第十一条 矿业部应按第二条 11.12.13 款的规定将企业分类为大量生产、小量生产或手工劳动生产。

第四章 取得许可证者的责任

第十二条 取得许可证者：

1. 应遵守此法规定和依此法颁布的条例、命令或指示；

2. 遵守饺可证中的规定；

3. 按条例规定的租率缴纳与许可证有关的地租税；

4. 按许可证分别缴纳地租税；

5. 缴纳保险金或预定金或两种都缴纳；

6. 按规定以缅币或外币或以两种货币交纳道当的金属税或其他税收。

第十三条 取得许可证者应依此法颁布的条例去进行以下事宜：

1. 规定矿业职员、矿工的委任、聘用、年龄、工资、月薪与其他费用；

2. 规定矿业地上地下的工作天数和时间；

3. 矿井的安全措施；

4. 制定关于矿井职工、矿工的福利、健康、卫生和纪律的计划并加以实行；

5. 应采取必要的措施使矿山企业不影响环保；

6. 要向上报告矿业的意外事件和因此造成的人员伤亡；

7. 接受总检查官和检查官的调查。

第五章 为生产金属而利用土地和使用水的权利

第十四条 取得许可证如要在政府划定的矿区和宝石区以外进行金属生产，就应与该地有种植权、拥有权、使用权、享受权、继承权、移交权的人士或团体进行协商，经过同意后，方可进行开采。

第十五条 矿业部在依法将可发展的土地予以收归时，应和有关部门进协商。

第十六条 取得开矿许可证者在开矿过程中如有必要使用公共用水，按规定应首先向本局报告。

第十七条 本局按第十六条款，审查取得许可证者是否确实需要使用公共用水，如属实就应按现行法律同有关政府部门或机构协商后给予安排。

第六章 税率

第十八条 取得开矿许可证者视开采后出售的金属价值，按以下税率向矿业部交纳税款：

1. 宝石税率为 5% 至 7.596;

2. 金、银、铂、钇、饿、钯、钌、锕、银、铀、钍以及本部经政府同意并适时颁布的通令中规定的价值高的矿产税率为 4% 至 5%;

3. 铁、铸、铜、铅、锡、镰、锦、铝、肺、锡、锅、锡、钴、锺以及经政府同意后规定的金属税率为 3% 至 4%;

4. 工业原料矿物或石料税率为 1% 至 3%。

第十九条 局机构根据第十八条确定所销售之金属价值时应以当时国际市场价格计算。

第二十条 矿业部

1. 应适时发布通令规定金属矿勘查、测量企业的金属税；

2. 为了金属开采业的发展，在规定的期限内可全部或部分免减取得采矿许可证者的金属税；

3. 为进行化验或其他检查工作，. 有关政府部门提取的矿物样品可允许免税；

4. 交纳金属税之时限可酌情延期；

5. 由于某种原因不能准确无误地征收金属税时，即可征收临时金属税。

第七章 划定金属区和宝石区

第二十一条 矿业部

1. 对金属产区，经政府机构同意后，颁布通令划定矿区范围；

2. 在划定为矿区前，按规定应先公布选定该区的原因；

3. 为了不使矿区人民的权益受损失，应授权以局长为首的专家组成委员会，进行调查，作测量、划定矿区范围并给予适当待遇；

4. 如果需把某一个政府部门或机构管理下的地区，根据 1 款要划定为矿区，须事先与有关政府部门、机构协商；

5. 根据 1 款，欲把个人或团体拥有种植权、拥有权、使用权、享受权、继承权或移交权的土地划定为矿区时，应按现行法律与有关部门协商该地收归的问题。

第二十二条 矿业部

1. 如果得知或发现其地成为宝石产地，经政府机构同意后，可颁布通令将该地区划定为宝石区；

2. 为使宝石区的人民权益不受损失，应授权以局长为首的专家组成委员会，进行调查，测量划定范围并给予适当的待遇。

第二十三条 矿业部经政府机构同意后，对金属矿区或宝石区的划定，有权作部分或全部的修改或取消。

第二十四条 根据现行法律，无论个人或团体在已拥有种植权、拥有权、使用权、享受权、继承权或移交权之土地的地表或地下或任何近海浅水区，自然发现的金属都应认定为国家所有。

第八章 总检察官的职责

第二十五条 局长为本法的总检察官。

第二十六条 总检察官的职责如下：

1. 检查取得许可证者是否遵守此法之条款，依此法颁布的条例、命令和指示以及许可证中的规定：

2. 视察矿井职员及矿工的健康、保安、安全措施、福利以及劳动纪律情况等；

3. 规定及监督检察官的职责：

4. 及时完成矿业部分配的任务。

第二十七条 总检察官：

1. 可从局中任命适当的官员为检察官；不可将自己的工作权限交给检察官。

第九章 行政处惩

第二十八条 取得许可证者或其代理人、或工人如果不遵守依此法颁布的命令或指示或许可证中的规定，颁布许可证者有权下达以下行政命令：

1. 全部或部分停止按许可证经营的企业；

2. 罚款后继续经营；

3. 吊销许可证；

4. 吊销许可证外连同保险金与预交金一并收归国有，若有必要还可处以罚款。

第十章 发布禁止令

第二十九条 矿业部经政府同意后，可发布对矿产品的购买、领取、囤积、拥有、运输、出售、转移等方面的禁止令。

第十一章 刑事处罚

第三十条 如发现任何人在未取得许可证，擅自经营下列企业，即应判七年徒刑或罚款至五万缅元。或两种一并处罚。

1. 勘查、测量或开采宝石；

2. 勘查、测量或开采金属矿石；

3. 勘查、测量或开采工业原料矿石；

4. 勘查、测量或开采石料。

第三十一条 任何人如被发现确实触犯第二十九条款，应判徒刑三年或罚款至 20000 缅元，或两种一并处罚。

第三十二条 取得许可证者如被发现确实触犯有关第十三条款中的任一条细则，应判一年徒刑或罚款至以削缅元，或两种一并处罚。

第三十三条 任何人如被发现未经许可而私自进入按此法所划定之矿区或宝石区内，应被处罚至六个月徒刑或罚款至 5000 缅元或两种一并处罚。

第三十四条 有关法庭如果发现因违犯第三十或第三十一条款而被控告之案件成立，除应执行原有的处惩之外，

尼日利亚矿产资源开发、管理与政策

尼日利亚位于西非东南部，东邻喀麦隆，东北隔乍得湖与乍得相望，西接贝宁，北界尼日尔，南濒大西洋几内亚湾。面积 923768 平方公里，边界线长约 4035 公里，海岸线长 800 公里 。尼日利亚是非洲第一人口大国，人口 1.44 亿（2007 年）。全国有 250 多个民族。官方语言为英语。

尼日利亚原为农业国。上世纪 70 年代起成为非洲最大的产油国。目前石油工业是国民经济的支柱。2005 年尼外汇收入的 98.5%、联邦政府财政收入的 86% 来源于油气行业。2006 年国内生产总值为 1189 亿美元，比 2005 年增长 5.6%，人均国内生产总值为 832 美元。

一、矿产资源储量及分布情况

1. 石油和天然气

尼的石油和天然气资源十分丰富，2006 年石油剩余探明储量 49.6 亿吨，按照目前的产量，大约可供连续开采 45 年；2006 年天然气探明储量达 5.15 万亿立方米，居世界第五位，非洲第一位，可供开采 90 年以上。尼石油的特点是轻而含硫量低，油质优良；油层离地面较浅，易于开采。尼 65% 以上的油气田分布在尼日尔三角州的沼泽地带，其余的分布在近海大陆架地带，少量分布在尼日尔三角州北部的阿南布拉（Anambra）盆地。

此外尼日利亚还有丰富的天然沥青，主要分布在翁多州。

2. 煤炭

尼日利亚是西非地区唯一的产煤国，煤炭具有低硫、低灰分、环保、富含沥青等特点，估计资源量约为 30 亿吨，主要分布在埃努古州（Enugu）、贝努埃州(Benue)、科济州(Koji)、纳萨拉瓦 州(Nassarawa)、埃邦伊州(Ebonyi)、十字河州(Cross River)、依莫州(Imo)、阿南布拉州、三角州(Delta)和埃多州(Edo)的 17 个地区。探明储量为 6 亿多吨。尼日尔河流域有大量褐煤，形成于第三系。

阿南布拉盆地是尼日利亚最大的煤炭产地，拥有尼最具经济开采效益、面积达 150 万公顷的煤炭沉积层。据报道，整个阿南布拉盆地煤炭储量可达 14.87 亿吨，煤层平均厚度为 2.2 米。科济州煤矿区预计储量 2.23 亿吨，煤层平均厚度 3.6 米 ，面积达 22.5 万公顷；贝努埃州煤矿区预计储量 1.24 亿吨，煤层平均厚度 3.1 米，面积达 17.5 万公顷 ；埃努古州煤矿区预计储量 4900 万吨，煤层平均厚度 2.2 米 ，面积达

27 万公顷。

3. 金

尼日利亚西部地区片岩带分布有冲积金矿和原生金矿。在尼日利亚西北部和西南部已发现适合于大规模商业化开采的原生金矿。据了解，这些原生金矿埋藏较浅，等级相对较高，每盎司金的生产成本估计为 50 美元。

4. 铁矿石

尼日利亚据称拥有 30 多亿吨的铁矿石资源，主要分布在科济、厄努古、尼日尔、赞法拉和卡杜纳等州。位于科济州 Itakpe 铁矿已经得到开发。

5. 其他金属矿产

尼日利亚其他金属矿产主要包括钽铁矿、铌铁矿、铅、锌、锡和锂等矿产。铅锌矿大约有 1000 万吨储量，主要分布在尼日利亚的 8 个州。钽铁矿主要分布在纳萨拉瓦、贡贝和科济等州，以及联邦首都区。锡储量约为 14 万吨，主要分布在尼日利亚高原州、包奇州、卡杜纳州、卡诺州、尼日尔州和贝努埃州等地区。铌铁矿储量约 2 万吨，主要分布尼日利亚北部诸州。锂主要分布于中部 Angwan Doka 地区以及西南部 Ijero 和 Egbe 地区。

6. 非金属矿产

尼日利亚非金属矿产主要包括石膏、滑石、岩盐、宝石、高岭土、重晶石等。盐泉主要分布在高原州的 Awe 地区、埃邦伊州的 Abakaliki 地区和依莫州的 Uburu 地区，岩盐则主要分布在贝努埃州。据统计，尼日利亚岩盐储量为 150 亿吨。滑石储量估计超过 1 亿吨，主要分布在尼日尔、奥雄、科济、夸拉、奥贡、塔拉巴和卡杜纳等州。石膏储量为 10 亿吨左右，在全国各地均有分布。优质高岭土储量约为 30 亿吨（其中 340 万吨高岭土纯度达 90% 以上），主要分布在翁多州和埃基提州等 12 个州。宝石主要分布在高原州、卡杜纳州和包奇等州。目前并没有明确的宝石储量报道，据该国有关官员介绍，储量可观。尼宝石主要包括蓝宝石、红宝石、海蓝宝石、祖母绿、电气石、黄宝石、石榴石和锆石等品种。

二、矿产资源开发现状

尼日利亚矿业在其国民经济发展中占有重要地位，矿业产值约占国内生产总值的三分之一。油气工业是尼日利亚矿业的支柱产业，是近年国家经济发展的主要驱动力。2005 年油气部门为其政府财政收入提供 356 亿美元，约占政府财政收入的 86%。2005 年油气出口约占国内出口总值的 98.5%，其中原油出口创汇 468 亿美元。

除油气生产外，其他矿产开发水平较低。主要生产矿产品包括，金、铅、铌、钽、锡、锌、铁、重晶石、煤、水泥、粘土、宝石、石膏、磷酸盐等。据尼日利亚联邦固体矿产开发部的资料，尼目前基本没有大规模的固体矿产开采活动，现存的主要是非正规开采和合法的小规模开采两种形式。其突出特点表现在缺乏资金、无勘探能力、缺乏地质数据资料、盲目开采、采矿安全措施不到位、开矿作业的随意性、技术水平和生产加工能力低下、收益率低、矿区环境恶化等。

1.　石油

尼日利亚是非洲最大、同时也是世界第十大原油生产国。2005 年尼日利亚原油产量 9.235 亿桶（约合 1.265 亿吨），2006 年产量有一定下降，大约为 8.03 亿桶。生产油田主要分布在尼日尔三角洲的沼泽地带，少部分分布在海上。尼日利亚油田的经营商主要是外国石油公司，主要包括埃克森美孚石油公司、壳牌公司、道达尔、雪佛龙、阿吉普和康菲等。最大的经营商是埃克森美孚石油公司，在尼日利亚生产的石油为 75 万桶 / 天，约占全国产量的 31.3%。该公司计划到 2011 年投资 110 亿美元，将石其油产量增加到 120 万桶 / 天。道达尔公司石油产量达到 12 万桶 / 天，2008 年投产的油田有 22.5 万桶 / 天的生产能力。雪佛龙和阿吉普公司在尼日利亚生产约 36.6 桶 / 天和 25.5 万桶 / 天的石油。

近年来尼日利亚海上石油勘探和开发取得较大进展。海上油田虽然开发成本较高，但易采出高品质原油。2005 年底，壳牌公司拥有 6 亿桶可采储量的深水油田项目开始投产，具备约 22.5 万桶 / 天的石油和 1.50 亿立方英尺 / 天的天然气的生产能力。随着海上石油产量大幅增加，而陆上石油相对海上石油在总产量中所占比例将有所下降。

近年来中国石油企业也积极参与了尼日利亚石油领域的开发活动，2004 年 12 月，中石化和尼日利亚国家石油公司签订了开发尼日尔三角洲两个区块的协议。2006 年 4 月，中石油获得尼日利亚 4 座油田的优先开采生产权，其中 2 座油田位于尼日尔河三角洲，另外 2 座油田位于乍德盆地。2006 年 1 月，中海油宣布出资 22.68 亿美元收购尼日利亚海上油气田 45% 的权益，其中 17.5 亿美元将作为支付给南大西洋石油公司的收购费用，其余 5.18 亿美元则用于支付该区块的先期营运费用。与此同时，中国方面承诺向尼日利亚投资 40 亿美元，投资项目包括炼油厂、化工厂、道路等基础设施建设工程。

尼日利亚炼油工业完全被国家垄断经营，主要是尼国家石油公司（NNPC）拥有的三座大型炼油厂：分别是哈科特港炼油厂（哈科特港第一和第二炼油厂于 1993 年合并）、卡杜纳炼油厂和瓦里炼油厂，总设计日加工能力为 44.5 万桶。哈科特港是非洲撒哈拉以南地区最大的炼油厂。

尼日利亚石油工业发展目前还面临着许多其他问题，近年来，日益增多的石油管线恶意破坏事件，严重影响了尼日利亚的石油生产。据估计，目前约 45.5 万桶 / 天的石油产能因此而被关闭。炼油厂供油管线也遭袭，导致其生产中断。在尼日尔三角洲地区工作的外籍石油雇员被绑架的事件也日益增多。此外，尼日利亚因石油产量超过其生产配额而经常与欧佩克发生争执，目前尼日利亚的欧佩克原油生产配额为 230 万桶 / 天。

2. 天然气

尼日利亚是非洲第二大天然气生产国，2005年天然气总产量为560亿立方米。

尼日利亚油井大多伴有天然气，由于缺乏生产伴生天然气的基础设施，其天然气总产量中的43%正被放空白白烧掉，是全球放空烧掉天然气最多的国家，约占全球所烧掉天然气总量的近20%。

尼日利亚生产的天然气很大一部分被加工成液化天然气（LNG），1999年9月，投资38亿美元的NLNG工厂建成，2006年初，第4套、第5套LNG装置也开始投产，使LNG产能增加到1700万吨/年。第6套LNG装置的建造计划已获批准，2007年投产将使LNG产能增加到2200万吨/年。

NLNG厂的天然气供应目前来自天然气气田，预计在几年内来自现有油田目前放空燃烧的伴生天然气将占一半。2005年初，埃克森美孚与国有石油公司签订谅解备忘录，拟建设第二座LNG工厂，产能为480万吨/年，计划2010年投产。

尼日利亚其他新建LNG设施计划也在开发中，2005年初，雪佛龙宣布将在尼日利亚西部建造一座LNG工厂，设计投资70亿美元，最大产能达到3300万吨/年。计划2006年开始建设，2009年建成投产。2005年底，康普、雪佛龙和阿吉普公司等称，将投资35亿美元建设LNG工厂，计划两套LNG装置将于2009年底前投产。

3. 铁矿

尼日利亚的铁矿资源开发程度较低，前几年铁矿石的年产量仅25000吨左右，2003年停产。目前已经恢复生产。正在开采的是位于科济州Itakpe铁矿山，主要供应给Ajaokuta大型钢厂，其经营者是印度global infrastructure Holding Co.(giHL) 公司。

2005年初印度Global Infrastructure Holding Ltd公司取得了尼日利亚国家铁矿石矿业公司的经营管理权（ajaybanko 和 itakpe2个矿床）。

按照尼联邦政府与这家印度公司的协议，印度公司负责该公司的重建、管理，使其恢复到正常的生产经营，尼政府收取一定的特许经营费。这一托管的目的在于加速国家铁矿石矿业公司的复产，为Ajaokuta钢铁厂提供稳定的原材料供应。该印度公司在2004年同时也获得了Ajaokuta钢铁公司（Ajaokuta钢铁厂）数十亿美元的特许经营权。

为保证该协议的履行，尼政府专门成立了一个包括尼钢铁电力部高级官员在内的监督小组，以确保该公司在2005年一季度结束时能够使尼国家铁矿石矿业公司的生产走上正轨。

据报道，Ajaokuta钢铁公司的两家轧钢厂在2006年1月至10月已经生产151167吨盘线钢和钢筋供应尼日利亚市场，仅在6月份就生产各种钢铁产品5754吨，比月度计划产量高出873吨。公司的高层乐观地表示，尼日利亚有望在未来几年内成为非洲轧钢工业的中心。

另据报道，2005年，印度global infrastructure Holding Co.(giHL) 公司还从尼公共事业局(BPe)取得了尼日利亚的Delta钢铁公司经营管理权。

目前中国也有一家企业在尼日利亚从事铁矿开发活动。2006年初，常州盘古对外经济技术合作有限公司投资尼日利亚矿山资源开采项目获中国商务部核准。这个项目由中方独立投资500万美元，将在尼日利亚科吉（KOGI）州境内开采露天铁矿石，并逐步发展为当地开采当地冶炼。科吉州的矿山占地约有20平方公里，常州盘古公司派专家赴尼进行了勘探和采样分析，对铁矿石开采和冶炼的可行性进行了较详细的调查研究。

三、矿业管理

（一）固体矿产管理

1. 管理机构

固体矿产的政府主管部门是固体矿产开发部。该部1985年成立，目前的主要职能包括：制定相关政策，为促进本行业投资提供信息和知识；管理和协调固体矿产部门中生产项目；为政府创造收入。该部下设5个主要的管理部门，其中矿业地籍办公室（MCO）负责各类矿权的审批和发放。

2. 矿业权管理

矿业管理的主要依据是1999年的《矿产和矿业法》。矿法规定一切矿产资源属于国家，属于代表全体公民的联邦政府。矿法规定，在尼日利亚进行矿产勘探、开发和销售等矿业活动必须得到政府发放的相关矿权。矿法对于矿权有如下规定：

(1) 踏勘许可证

是不具排他性的，不受面积限制的找矿许可证。尼矿业地籍办公室在收到申请和规定的费用后30天内颁发此证。许可证不可以转让。期限1年，每年可以更新。

(2) 勘探许可证

期限3年，可更新2次，每次2年。最大面积1000平方公里。持证者在规定的区域和时间内拥有矿产勘探排他权。尼矿业地籍办公室在收到申请后30天内颁发此证。

(3) 小矿采矿租约

针对在较小地域的小规模采矿（技术水平低，方法简单，花费低）而颁发的许可证。租约持有者在规定的区域和时间内拥有矿产开采排他权。对于砂矿和个体采矿，期限5年，可以延期，每次5年；对于其他小规模采矿，期限为10年，可以延期，每次10年，有最低工作量要求。尼矿业地籍办公室在收到申请后45天内颁发此租约。小矿开采租约的最大面积为3平方公里，如果经营范围超出规定的区域，租约持有人可以向地籍办公室申请采矿租约。

(4) 采矿租约

期限25年，可以延期，每次20年。最大面积50平方公里。尼矿业地籍办公室在收到申请后45天内颁发此证。持证者在规定的区域和时间内拥有矿产开采排他权。

(5) 采石租约

用于建筑材料矿产开采。租约持有者在规定的区域和时间内拥有矿产开采排他权。期限10年。通常可以更新，但必须在到期前3个月向主管部门提出申请。最大面积为5平方公里。尼矿业地籍办公室在收到申请后45天内颁发此证。固体矿产开发部部长有权在任何时间修改或终止该类租约，并要求租约持有者申请采矿租约。

(6) 用水许可证

该许可证给予持有者在规定区域内用水和输水占地的权力，是与采矿权相配合的许可证，期限可与采矿租约、小矿采矿租约和采石租约一致。

（二）油气矿产管理

尼日利亚油气管理的主要法律依据是1969年尼日利亚政府颁布的《石油法》，根据该法全部的石油资源属于联邦政府，尼日利亚油气资源的政府主管部门是尼日利亚石油资源部。该部最早成立于1970年，后来于1977年与当时的国家石油公司合并，组成了新的国家石油公司。1985年，又重新组建了石油资源部。石油资源部下设4个局，其中最重要的是石油资源局（见图(2)，它代表石油资源部负责受理所有石油勘探开发许可证及矿区租约的申请事宜，负责监督环保及安全等各项条例的执行，该局共设8个处，分别由8名副局长担任。石油资源部代表政府监督所有在尼日利亚的石油公司的业务活动情况。

在尼日利亚油气资源的开发和管理中，尼日利亚国家石油公司也是一个重要机构，该公司成立于1971年，后经过几次大的重组。目前是一个上、下游一体化的国家石油公司。虽然是一家国有企业，但它具有一定的管理职能。该公司代表联邦政府进行商业性经营活动，业务包括油气勘探与开发、炼油和石油化工产品生产等方面，国内原油及其衍生物的运输、销售以及天然气处理等。尼日利亚国家石油公司的最高决策机构是公司的董事会（总经理在董事长的领导下管理具体业务。董事会下设三个部门：事务部，负责公司的行政管理、财务和人事工作；业务部，负责石油生产与销售；石油投资管理部，负责对外合作经营活动及监督公司的油气销售业务。尼日利亚国家石油公司下设12个子公司。

尼国家石油公司于1988年专门成立了一家商业性的国家天然气有限公司，统筹负责尼天然气的投资、开发和供应工作。

四、促进矿业发展的重要政策和措施

1. 鼓励私企投资固体矿产开发业

与油气资源开发相比，尼日利亚固体矿产资源开发形成了明显的反差，基本没有大规模的固体矿产开采活动。由于长期以来缺少投入，现有的采矿活动规模小、技术水平和生产加工能力低下、收益率低。

上世纪90年代中期以后，尼联邦政府决心改变本国固体矿产资源开发的落后状况。为此，尼政府制定了一系列吸引本土和外国企业投资其固体矿产领域的优惠政策。这些优惠政策包括：

(1) 三年税收减免；

(2) 勘探费用尽可能资本化；

(3) 根据项目投资规模和进展情况延迟交纳特许经营费；

(4) 加强矿区公路、电力供应等基础设施建设；

(5) 允许外国投资者设立全额独资采矿企业；

(6) 免征采矿机械设备进口关税；

(7) 资本支出的加速摊销等。

另外，政府为实现2003－2007年尼经济发展中的资源战略的重要措施之一是，加强地质勘探工作，完成矿产资源普查，建立固体矿产资源分布和可采储量的综合资料库，为企业投资固体矿产开发提供服务，以促进尼固体矿产业的发展。

2. 加强中央政府对固体矿产的统一管理

尼日利亚固体矿产的联邦政府主管部门是尼日利亚固体矿产开发部。在各州政府也设有相应矿产开发管理机构。近些年来，在地方上存在不少越权管理的问题，现有的州政府的开发管理机构超越了法律赋予的权限，行使了本应属于联邦政府的管理权，造成固体矿产开发管理混乱。针对这一问题，2005年11月联邦政府与州政府协商，同意关闭全部州政府的矿产开发机构，由尼日利亚固体矿产开发部统一进行管理。

3. 加大政府投入，促进石油下游产业的发展

尼日利亚虽然是原油生产大国，但石油加工能力比较弱，其产量远远不能满足中国需要。现有的三家国有炼油厂多为80年代以前建造，由于管理维护不善，设备严重老化，事故频发，其开工率自90年代以来总体呈下滑趋势。为改变这一状况，1999年开始政府加大了对炼油工业的投资力度，加速恢复和提高石油炼化能力。1999年至2003年间，尼日利亚国家石油公司先后投资4亿美元用于炼油厂技术设备改造，投资2.544亿美元用于输油管道和油库建设，效果比较明显。现有的炼油厂经过整修后，生产能力有较大恢复。此外，尼日利亚国家石油公司（NNPC）定于2006年第一季度对卡杜纳炼油石化公司（KPRC）再次进行大规模维修。此次维修将由法国道达尔公司承担，合同金额2.14亿美元。

目前，尼国家石油公司正在兴建第四座炼油厂，主要生产汽油。该厂建成投产后，炼油能力将达到近700万吨。另外，尼联邦政府将在东南部的三角州Escravos地区新建一座日产汽油50000升 的小型炼油厂。

4. 加快矿业部门国有企业的私有化进程

进入新世纪以来，尼日利亚政府开始对一些国有石油公司实行私有化。特别是对国有的三大炼油厂，

尼日利亚联邦政府寄希望于外国或本国投资者(集团)购买这三大炼油厂 51% 的股份，从而尽快完成私有化进程。尼政府曾确定于 2001 年第二季度到第四季度间对瓦里炼油厂和卡杜纳炼油厂进行私有化，保留哈科特港炼油厂作为战略储备之用。但当时各跨国石油公司对尼三座国有炼油厂的私有化计划似乎兴趣不大，加上其它各种因素的影响，尼炼油厂私有化没有取得实质性进展。

2003 年在尼政府制定的《2003 － 2007 年尼日利亚加强和发展经济战略》中，再次将石油下游分公司的私有化列为基本目标。2005 年初，尼国家石油公司(NNPC)宣布，将于 2005 年第二季度对哈科特港（Port Harcourt）炼油厂进行私有化改革。之后，再度发布消息，保留其对瓦里炼油石化公司（WRPC）的全部所有权，并将于 2005 年底前对哈科特港炼油厂和卡杜纳炼油厂实现私有化。根据尼日利亚公有企业管理局（BPE）的安排，哈科特港炼油厂 51% 股权出让竞标将于 2005 年 12 月中旬进行。据报道，Oando（尼日利亚六大石油销售公司之一）股份有限公司、尼日利亚 Transnational 股份有限公司、Conoil 股份有限公司和在尼最大的跨国石油公司壳牌(担任技术合作伙伴)组成的联合体将竞买哈科特港炼油厂的控股权。

除石油公司外，国有固体矿产公司也已经开始私有化。据美国地质调查局资料，2005 年，作为尼日利亚政府私有化计划的一部分，印度 global infrastructure Holding Co.(giHL) 公司从尼公共事业局 (BPe) 取得了尼日利亚的 Delta 钢铁公司经营管理权。尼日利亚国家铁矿石矿业公司也正处在私有化的过程之中。

2005 年底尼日利亚固体矿产部宣称，尼政府将于 2006 年第一季度对尼国家煤炭公司(NCC)进行私有化。尼国家煤炭公司成立于 1950 年，全部产权由尼政府拥有。

欧洲最大铅锌生产国：“欧洲硅谷”爱尔兰

爱尔兰地理位置爱尔兰位于欧洲西部爱尔兰岛的中南部，西濒大西洋，东北与英国的北爱尔兰接壤，东隔爱尔兰海与英国相望，海岸线长 3169 公里，中部是丘陵和平原,沿海多为高地;最长的河流香侬河(Abhana Sionainne) 长约 370 公里，最大的湖泊为科里布湖 (Loch Coirib)。爱尔兰岛南北长 475 公里，东西宽 275 公里，全岛面积为 8.4 万平方公里，其中 5 / 6 的面积属于爱尔兰共和国。爱尔兰国土由中部平原和环列四周的滨海山构成,形似一个边缘陡峭的盆地，南北高中间低；中部平原占全国总面积的一半以上，海拔 30 ～ 120 米，间有海拔 200 ～ 300 米的低丘，这一地区被茂盛的森林覆盖，绿地遍野，是理想的草原牧场。东部和北部山脉海拔 700 ～ 900 米，南部山脉在海拔 700 ～ 1000 米之间；西南沿海悬崖陡峭、怪石嶙峋。山中多洞穴、暗流；滨海山地久经侵蚀，山体为宽谷分割，有利于内地与沿海之间的交通。爱尔兰的海岸线长达 3000 多公里，其东部海岸比较平直，缺乏天然良港;西部与南部的海岸线犬牙交错，绵延起伏、极富变化。

爱尔兰在欧洲的位置地理位置：欧洲西部，位于北大西洋爱尔兰岛上，英国岛西边。东北与英国的北爱尔兰相连，东隔爱尔兰海与圣乔治海峡和大不列颠岛相望，西临大西洋。

地理坐标：北纬 53 度 / 西经 8 度 (53° N，8° W)

总面积：70280 平方公里 (占爱尔兰岛的 84%)

土地分布面积：68890 平方公里

水分布面积：1390 平方公里

面积比较：比中国重庆市小一些，比宁夏回族自治区大一些。

国土边界线：总计 360 公里。接壤国家：英国，360 公里。

海岸线：1448 公里

海洋主权：领海，12 海里；专署捕鱼区，200 海里

气候：气候温和湿润，为典型温带海洋性气候，受北大西洋暖流影响。四季区别不明显。年平均气温在 0℃到 20℃之间。长年多雨，晴朗天气约占全年 1 / 5 时间。墨西哥湾暖流的影响以及大西洋盛行西南风的作用，爱尔兰气候平稳，全国气温基本一致。冬季 4 － ℃，夏季 14 － 16℃。降水量在 800 － 1000 毫米。

地理：爱尔兰为岛国，位于欧洲大陆的西北海岸。面积 70282 平方公里，绿荫遍布，河流纵横。

地形：全岛被小型丘陵环绕，中部相对较低，是河、湖纵横的低地。部亦多湖泊。河流以香农河最长，余皆短小。全岛被东西走向的利菲河 (an Life) 分割为南北两部分。西卡朗图厄尔山是中国最高点 (海拔 1041 米)。大西洋沿岸港湾曲折深切，多良港。东岸较平直。

极制点：最高点为神族镰刀山 (Corrán Tuathail)，1041 米；最低点为大西洋，0 米。

自然资源：天然气，泥煤，铜，铅，石墨，锌，银，重晶石，石膏，石灰石，白云石。

铅锌矿储量丰富，是欧洲最大的铅锌生产国。泥煤分布占全国面积的 13%。天然气储量估计为 382 亿立方米。所需能源的 70% 依靠进口。

土地应用比例：

耕地：16.82%

永久耕种土地：0.03%

其他：83.15%(2005 年)

水田：无

可再生水总量：46.8 立方公里

淡水抽取量 (家庭 / 工业 / 农业)：

总：1.18 立方公里 / 年 (23%/77%/0%)

每人：284 立方米 / 年 (1994)

自然风险：无

环境－现行问题：水污染，特别是湖泊，问题来

自农业废品

环境－国际协议：

加入《空气污染》、《空气污染－氮氧化物》、《空气污染－硫磺 94》、《生物多样性》、《气候变化》、《气候变化－京都议定书》、《沙漠化》、《濒于灭绝物种》、《环境变异》、《危险废物》、《海洋法》、《海洋倾废法》、《臭氧层保护法》、《船运污染》、《热带木材 83》、《热带木材 94》、《沼泽地》、《捕鲸》

已签定，但未批准：《空气污染－持久性有机污染物》《海洋生物保护法》

注释：是北美洲和北欧之间重要的海空战略枢纽。40% 的人口居住在都柏林的 100 公里之内。

青鑫炭素公司产品首开美国市场

2010 年 1 月 18 日，青鑫炭素公司出口美国铝业公司的首批 1000 块阴极炭块正式发运，其中包括石墨化炭块 420 块。该批产品的出口标志着公司产品已进入美国市场，为今后扩大出口奠定了坚实的基础。

石墨化项目自 2007 年 12 月 18 日投产以来，青鑫炭素公司以打造知名品牌为目标，以“高技术、高效益及建设中国一流阴极炭素企业”为发展方向，对内加大技术攻关力度，抓好生产管理，不断提高质量；对外积极拓宽市场，以优质产品赢得顾客，以欧美发达国家为目标用户。2009 年，青鑫炭素公司克服国际金融危机的影响，出口印度阴极炭素产品 5885 吨，创经济效益 4693 万元。

全球最大铝生产商 UC RUSAL（俄铝）布其对 2011 年全球铝业之展望

关于俄铝

俄铝现为全球最大的铝生产商，二零零九年分别占全球铝及氧化铝的产量约 10% 及 10%。公司旗下雇员逾 76,000 名，遍布在全球五大洲 19 个国家。俄铝产品主要销售往欧洲、日本、韩国、东南亚及北美市场。俄铝的普通股于香港联合交易所有限公司上市（股份编号 :486)，而代表俄铝普通股的全球预托股份则于巴黎 Euronext 专业版上市（RUSAL 根据 Reg S GDSs 上市，而 RUAL 则根据 GDSs 第 144A 条上市）。

全球铝消耗量

鉴于中国铝需求持续强劲，加上美国、欧洲和日本的实际需求复苏，全球铝需求预期将由 2010 年的水平增加约 8% 至 2011 年的 43,800,000 吨。重要的是，中国以外地区铝需求的增长预期将十分强劲，显示西方市场已从金融危机中复苏。

中国的在建施工面积按年计持续大幅增长，且由于不断推行城镇化，未来前景非常乐观。因此，中国于 2011 年的铝消耗量预计将增长 12% 达 18,500,000 吨。展望未来，俄铝预测中国将增加原铝进口，并于 2015 年达 3 至 4 百万吨。

由于中国电价、原材料成本及工资的上涨，预计超过 20% 的中国铝生产商按目前铝价均无法取得盈利。中国政府对过时设施的限制及人民币升值，亦将进一步压抑盈利能力。俄铝预计这情况会导致 2010 年的产量减少多达 2,000,000 吨，并于 2011 年进一步减产。

鉴于美国从金融危机的快速复苏及政府推出的财政激励政策，俄铝预期 2011 年美国的铝消耗量将强势反弹。预期汽车、运输及包装业将出现更强劲的增长，而建筑工程亦将稳步复苏。2011 年美国的铝消耗量预期将增加 4.5% 至 5,400,000 吨。

2011 年日本铝市场同样将持续增长，由于日元转弱将推动汽车出口，并带动汽车及运输业的需求，预期该市场于 2011 年的消耗量可望增长 4% 至 1,980,000 吨。

由于欧盟部分成员国近期出现财政问题，加上欧元区的失业率居高不下，故预期于 2011 年西欧的铝耗用量增长预期相对其他地区而言将较为温和。然而，2011 年欧元兑美元的汇率转弱将有利于欧洲的出口，尤其有助德国、法国及意大利的汽车生产商提升出口销售额，铝消耗量将因此上升。俄铝预期 2011 年欧盟的铝消耗量将增长 2% 至 6,200,000 吨。

俄罗斯铝消耗量

受机械、建筑及包装业强劲反弹的表现所带动，俄铝预计 2011 年俄罗斯及独联体市场的销量将增长约 22% 至 928,000 吨。展望未来，兴建道路、楼宇及交通设施的基建开支，加上 2014 年冬季奥运会及俄罗斯近期成功申办之 2018 年世界杯等大型项目的施工，预期于中长期将进一步推动铝需求增长。

公司预计于 2011 年至 2015 年期间，俄罗斯铝消耗量的累积复合年增长率将为 8%。

铝价及溢价

展望 2011 年，受惠于相关需求增加，俄铝预计铝价将保持在每吨 2,400 至 2,500 美元。美元持续疲弱将有利于投资者进行有形资产投资。

虽然远期铝价曲线目前情况波动，但注册仓单所列金属存在金融交易，俄铝预计实际铝存货于可见未来仍然紧缩。假设地区经济活动维持于同一水平，预期溢价在目前水平将获得支持。

俄铝预期，欧盟溢价的范围为每吨 180 至 195 美元，而日本及美国则分别为每吨118至120美元及每吨130至150美元。

铝存货

由于金融交易容许对铝的投资，预计2011年铝存货将保持稳定。现时伦敦金属交易所的大部分存货涉及金融交易，因此于2011年底前不可动用。

俄铝预计于2011年将有多个有实物支持的铝交易所买卖基金成立。倘若如此，预期该等基金将透过在数年内禁售2至3百万吨铝存货，对铝需求及平衡供应产生重大影响。俄铝仍致力透过金属供应以支持设立铝交易所买卖基金， 惟须视乎投资者的利益而定。

俄铝认为，生产商及消费者将继续大力控制存货及存货捆绑的资金。这将规限了未来的新合约结构。

氧化铝市场

因全球生产商试图将氧化铝价格与铝价脱钩，越来越多的第三方氧化铝销售追踪现货价格，因此俄铝预期2011年氧化铝价将大幅增长。

鉴于中国及其他地区需求强劲，氧化铝的现货市价将可能达到每吨400美元。

俄铝于八月开始自由出售氧化铝，价格按包括Metal Bulletin、CRU及Platts在内的多个指数所订定。俄铝认为，氧化铝合约价应与伦敦金属交易所之铝价脱钩，因其未能完全反映持续上升的生产成本及资本开支。将氧化铝价格与铝价脱钩将推动这一原材料的公平定价，创造新的投资机遇。

俄铝就消耗量增长之应对

俄铝已准备就绪以支持全球铝业向好的前景。公司的成本效益领导计划令俄铝跻身世界首百分之十最具成本效益的铝生产商之列。

由于汽车及运输业尤其支持铝压制品及铸造产品的生产，该行业的复苏将带动所有地区的需求，公司预期将因此受惠。欧洲的扁轧制品推动了俄铝在该行业合金业务的发展，且预计中期需求将保持强劲。

为满足增长需求，俄铝于2010年提高了现有低成本设施以及进行了现代化改造的Irkutsk冶炼厂之产能。

俄铝85%的铝产能均位于中国边境500公里范围内，这个理想的地理位置有利俄铝满足中国持续强劲的需求。

俄铝将继续进行其大型投资项目，包括BEMO及Taishet铝冶炼厂建设项目。这些项目竣工后，预期将按应占基础为公司增加1,000,000吨铝产能。

实施中国秘鲁自由贸易协定税率的通知（钨）

经国务院批准，自2010年3月1日起，对原产于秘鲁的钨实施中国－秘鲁自由贸易协定税（详见附件）。

附件：中国－秘鲁自由贸易协定税目税率表

表1　中国－秘鲁自由贸易协定税目税率

序号	税则号列	商品名称（简称）	最惠国税率（%）	协定税率（%）
4754	81019910	锻轧钨条、杆、型材；废碎料	5	0
4219	72028020	硅钨铁	2	0
1259	28259019	其他钨的氧化物及氢氧化物	5.5	0
1364	28418090	其他钨酸盐	5.5	0
4755	81019990	其他钨制品	8	0
1258	28259012	三氧化钨	5.5	0
1411	28499020	碳化钨， 不论是否已有化学定义	5.5	0
4751	81019400	未锻轧钨	3	0
4753	81019700	钨废碎料	3	0
4750	81011000	钨粉	6	0
4752	81019600	钨丝	8	0
4218	72028010	钨铁	2	0
1360	28418010	仲钨酸铵	5.5	0
1100	26209910	主要含钨的矿灰及残渣	4	0

委内瑞拉矿业基本情况

委内瑞拉位于南美洲北部，以丰富的石油资源享誉世界，是世界上石油探明储量最丰富的国家之一，其铁、铝、镍、金、金刚石、煤等矿产资源的蕴藏量也很丰富，此外还有铜、铅、锌、钒、钛、磷、石膏、长石、重晶石、石棉以及多种粘土和稀土矿物等矿产资源。石油和矿产品出口在委内瑞拉国家经济中占重要地位。

一、地形地貌和地质构造

委内瑞拉在地质构造上大致可分为四个地质区，即安第斯褶皱山系、瓜亚那地盾区、苏利亚－法肯盆地（又称马拉开波盆地）和中央盆地。瓜亚那地盾区面积 40 万平方公里占国土总面积的 45% ，长期处于较稳定的状态，属安第斯褶皱山系延伸的梅里达山和佩里哈山在中生代末、加勒比海岸山在中新世先后发生褶皱。这些褶皱山脉和瓜亚那地盾区将委内瑞拉分割成两大盆地即佩里哈山与梅里达山之间的苏利亚－法肯盆地和梅里达 -- 加勒比海岸山与瓜亚那地盾间的中央盆地。

二、矿产资源基本情况

1. 煤炭资源

委全国煤炭资源量约 90 亿吨，主要分布在苏利亚州的瓜萨雷盆地，塔奇拉州、法肯州等地区也有分布，其中苏利亚州资源量约 73 亿吨，塔奇拉州 15 亿吨，法肯州约 2 亿吨。

委煤炭资源的特点是储量大、煤质优（高热值、低硫、低灰）、运距短（属港口型煤田）、易开采（目前露大井采，剥采比小于 (7) 。

2. 铁矿石资源

委内瑞拉全国铁矿石储量及资源量为 146.78 亿吨，品位高、杂质少，其中探明（Proven）矿量 36.44 亿吨（铁品位 >55%）、控制（Probable）矿量 23.23 亿吨、推测（Possible）矿量 87.11 亿吨，铁金属储量列世界第八位。

委铁矿主要分布在伊马塔卡铁矿带中，矿床为中太古代受变质矿床，含铁矿物为赤铁矿和磁铁矿。主要矿床位于玻利瓦尔州的皮亚尔市和瓜亚那市一带，包括玻利瓦尔、圣伊西德罗、洛斯·巴兰科斯等。在皮亚尔市周边有 5 个生产矿山（玻利瓦尔、圣伊西德罗、洛斯·巴兰科斯、阿尔塔米拉、拉斯·帕伊拉斯），其探明矿量达 23.5 亿吨，占委全部探明矿量的 64%。

3. 铝土矿资源

委铝土矿储量及资源量合计约为 34.79 亿吨，其中储量 13.32 亿吨、资源量 21.47 亿吨。已探明铝土矿储量 3.2 亿吨，储量基础 3.5 亿吨，主要分布在玻利瓦尔州和亚马逊州两个主要地区。主要有洛斯·皮希瓜奥斯、拉塞瓦塔纳、乌帕塔、努里亚等矿床。玻利瓦尔州西部的塞德诺地区是委重要的铝土矿分布地区及铝工业生产基地。洛斯·皮希瓜奥斯矿床产于前寒武纪花岗岩基的风化面上，裸露地表，矿体平均厚 7.6 米，成矿于晚白垩－早第三纪，储量近 2 亿吨，远景资源量达 58 亿吨。乌帕塔矿床矿体呈囊状、平伏状，分布于粘土、砂、碎屑中，成矿于第三纪。努里亚矿床矿体呈平伏状、囊状、产于风化壳的粘土、砂和碎屑中，具有豆状、致密状结构，探明储量 2400 多万吨，远景资源 5 亿吨。所有这些铝土矿床均为风化红土型矿床，主要矿石矿物均为三水铝石，矿床中三氧化二铝的含量均高于 54%。

委铝土矿资源特点：(1) 铝土矿储量、资源量总体规模较大；(2) 分布相对集中，有利于规模化开发；(3) 勘探程度较低，已探明储量仅 3 亿吨左右。

4. 金矿资源

委现有可供开发利用的储量 792 吨，可能储量 / 待勘探核实的资源量 4353 吨，矿石储量大于 200 万吨（金平均品位 12 克 / 吨），世界排位第 13，美洲大陆排第 6 位。金矿资源主要分布在玻利瓦尔州，而又以与巴西和圭亚那接壤的东南部和东部地区最为集中，其中砂金矿分布广泛。岩金矿主要有卡亚俄金矿、拉斯·克里斯蒂娜斯金矿和位于伊玛塔卡森林保护区的布里萨斯铜金矿。卡亚俄金矿床为绿岩带中含金石英脉型金矿，容矿岩石主要为硅化玄武岩质凝灰岩，变质程度为绿片岩相。拉斯·克里斯蒂娜斯金矿储量达 1300 万盎司（约合 368.6 吨），被认为是目前世界上尚未开发的最大金矿之一。

5. 其他金属矿产资源

其它金属矿产还有镍、钒、钛、铜、锰、铬、铅和锌等，加勒比海岸山系中发现了由超镁铁质岩石风化而成的红土型镍矿床。在亚拉奎州北部的斜长岩和斜长辉石岩中发现了原生和次生的钛铁矿－磁铁矿矿床，钛储量为 3900 万吨，含氧化钛 6.55%。梅里达州的拜略多雷斯多金属硫化物矿床，矿石储量估计有 300 万吨，含锌 11%、铅 3% 和铜 1.5% ，在梅里达山脉的塞沃鲁科有与陆相三叠系地层伴生的沉积铜矿。

6. 金刚石矿资源

委内瑞拉是拉美国家中为数不多的出产金刚石的国家之一，其资源量在 4100 万克拉左右，预计储量为 2171 万克拉，地质储量约 696 万克拉，主要分布在瓜亚那高原地区玻利瓦尔州的瓜尼亚莫、拉帕拉瓜和圣埃伦娜·德乌爱伦三个地区，多为砂矿。特别是瓜尼亚莫地区于 20 世纪 60 年代晚期开始从冲积砾石层中生产金刚石。1982 年地质人员在科尔德罗区发现一金伯利岩体群，由 20 多个岩床状岩体组成，面积约 100 平方公里。金伯利岩富含金刚石，新鲜岩石 Rb-Sr 法测年结果为 7.1 亿年（过去风化样曾测得 17 亿年的结果）。金刚石中榴辉岩型矿物组合占绝对优势。据委基础工业与矿产部专业人士介绍，委出产的金刚石品位不高，工业金刚石占 60%，首饰钻占 40%。

7. 磷块岩资源

委内瑞拉磷块岩储量居南美前列，总资源量达 2.54 亿吨，主要分布在法肯、塔奇拉、苏利亚和梅里达等州，成矿时代为白垩纪和中新世，均为沉积型磷矿床。白垩纪矿床分布在梅里达州、苏利亚州和塔奇拉州，有两种含磷建造，总资源量达 2.09 亿吨，含五氧化二磷约 16% ，中新世矿床分布在法肯州东南，为滨海带含磷建造，集中分布于列西托和里扎多两大矿床，前者资源量 2500 万吨，含五氧化二磷 21.6%，后者储量 2000 万吨，含五氧化二磷 25.3%。

8. 重晶石矿资源

主要分布在玻利瓦尔州西部和苏利亚州东部，前者的形成与碳酸盐杂岩有关，后者则为热液型矿床，储量不详。

9. 其他非金属矿产资源

其他非金属矿产主要包括石棉、膨润土、石膏、石灰石、长石、各种粘土、硅砂和盐等。石棉分布在科赫德斯州北部地区，其形成与沿曼里魁大断裂处的超镁铁质岩有关。膨润土主要分布在塔奇拉州东南部及科赫德斯州北部，前者赋存在白垩系建造中，后者的形成与变质火成岩有关。

三、矿产资源总体特点

1. 矿产品种较为齐全、分布相对集中

委矿产资源丰富，主要矿种有铁、铝、金、煤炭等主要工业矿种，大部分铁矿、铝矿及金矿等资源分布在玻利瓦尔州的奥利诺科河的南岸及古利湖周边，分布较为集中。

2. 储量大、品位高、易开采

高品位铁矿比例大，大部分金矿品位高，煤矿品质也很好。铁矿及煤矿矿体一般出露地表，易于露天开采，且剥采比小。

3. 开发建设条件比较优越

委矿产资源主要集中在奥利诺科河和古利湖周围，紧邻劳尔·莱欧尼水电站，具有很好的供水及供电条件。矿区周边的公路条件也较好，且有航道运输条件。

4. 具备较好的找矿及勘探潜力

目前已勘探矿体的控制程度普遍较浅，一般深度不超过400米，矿体控制程度较差，深部及周边依然具有找矿潜力。此外，目前地质工作主要集中在玻利瓦尔等少数几个州，在委其他地区及玻利瓦尔州现有矿区之外，仍有很大的探矿潜力。

四、矿产资源开发现状

矿业在委内瑞拉经济中占有十分重要地位，2007至2009年的三年间能源及矿业分别占委国内生产总值的12.31%和6.53%、12.04%和5.97%以及11.55%和5.48%。虽然在委经济中所占的比例有所下降，但作为委支柱产业的石油业仍是委国民经济中的重中之重，除能源外的其他矿产业在委经济发展中也发挥着越来越重要的作用。

1. 煤炭产业

委内瑞拉是拉美地区的重要产煤国，每年煤炭产量在700-800万吨左右，2006年产煤745万吨，2007-2009年分别为686万吨、506.37万吨和327.71万吨。主要产于苏利亚州瓜萨雷含煤盆地的帕索·迪亚布洛煤矿、北方煤矿和卡其利煤矿。帕索·迪亚布洛是委最大煤矿，年生产能力为800万吨，由委苏利亚公司所属苏利亚煤炭公司（占股49 %）与Peabody能源公司（占25.5%）和英美煤炭公司（占25.5%）组成的合资企业一瓜萨雷煤炭有限公司经营。苏利亚煤炭公司下属的瓜希拉煤炭有限公司经营北方煤矿。

存在的问题：(1) 勘探程度低；(2) 建设规模小；(3) 铁路、电厂建设等不同步；(4) 综合利用程度低，原煤未洗选直销，煤层气和疏干水未得到充分利用。

2. 铝土矿、氧化铝和原铝开发与生产

委内瑞拉是世界上重要的铝土矿、氧化铝和原铝的生产国，产量分别占世界总量的3.4%、3%和1.9%，铝土矿、氧化铝和原铝生产能力分别为600万吨、200万吨和64万吨。

2008和2009年铝土矿产量分别为419.20万吨和361.08万吨；氧化铝产量分别为159.16万吨和136.55万吨；2008年原铝产量为61.70万吨。铝土矿主要产自玻利瓦尔州的洛斯·皮希瓜奥斯铝土矿山，该矿1987年投产，露天开采，年产能600万吨，目前由瓜亚那集团下属铝土铝业公司（C.V.G.Bauxilum C.A.）经营。该公司是1994年国际铝业公司和委铝土公司重组后成立的铝土和铝业公司，其铝土年开采能力为600万吨，其氧化铝生产厂出示设计年生产能力为130万吨，1992年扩大至200万吨。目前存在的问题一是氧化铝总回收率较低；二是铝矿虽为露天开采，但由于采用内河船运，枯水季节运输困难，影响氧化铝厂的供矿。

瓜亚那公司旗下有2家原铝生产企业：委内瑞拉铝业公司（Venalum），是委最大的原铝生产企业，年产能力为43万吨；另一家是卡洛尼铝业公司(Alcasa)，原铝年生产能力为20万吨。两家铝厂的设备比较老化，也存在电力供应不足问题。

2009年11月，委政府将全国铝业的生产、服务和出口企业重新优化、整合组建为国家铝业公司。委计划2010年开采铝土462万吨，氧化铝产量达到142万吨。

3. 镍矿业

委内瑞拉镍矿生产在世界上也占有一定地位，每年镍的矿山产量在2万吨左右，约占世界总量的1.3%。主要产自加拉加斯西南约80公里的Loma de Niquel矿山（地跨阿拉瓜和米兰达州），由Loma de Niquel C.A. 英美公司持有该公司91.4%股权经营。该矿2006年镍产量约为1.66万吨，比预计的产量减少20%，仅为生产能力的75.5%。2007年产量继续下降，为1.57万吨镍。

4. 铁矿业

目前委年产铁矿石2200万吨，球团矿1100万吨，热压铁块（HBI）1100万吨，钢520万吨。铁矿石主要产自玻利瓦尔州的塞罗·圣伊西德罗、洛斯·巴兰科斯和洛斯·帕伊拉斯三个露采铁矿山，铁矿石的总生能力为2500万吨。2009年委生产铁矿石1300万吨，球团矿1100万吨，热压铁块765.3万吨，预计2010年产量分别达到2000万吨、600万吨和688万吨。

委钢铁工业包括矿山和钢铁生产两部分，矿山生产由委内瑞拉瓜亚那集团下属的奥利诺科铁矿公司（CVG Ferrominera Orinoco C.A.）负责，钢铁企业主要有Sidor、Orinocosoon、Comsigua、Matesi、Venprecar等。

委铁矿特点是矿石储量大，品位较高，平均为55%；含硫、磷等杂质低，属高质量铁矿；矿体出露地表，剥采比低，易于开采。

5. 金矿

多年来，委金矿开发经营形成了以外国私人企业为主、国家经营为辅、国内小企业或私人经营者开发经营以及非法开采的格局。据委基础工业与矿业部统计，2008年和2009年委黄金产量分别为10.81吨和12.23吨，其中委国家矿业公司分别出产4.28吨和4.43吨。

委金矿生产集中在玻利瓦尔州的卡亚俄地区，主要矿山包括：Isladora 、La Camorra、Colombia、

Union、Choco-10.Sosa Mendoza、Brisz de Cuyuni、San Luis、Victoria 和 Tomi。

(1) 外国私人矿业企业

- 美国 Hecla 矿业公司的全资子公司 Minera Hecla Venezolana C.A. 在委经营 Isladora 和 La Camorra 金矿，年生产能力为 5 吨。

- 南非金田公司 (Gold Fields Ltd.) 也是委主要的金矿生产企业之一，其拥有 70% 股份的 Promotora Minera de Venezuela 公司（另 30% 的股份为奥利诺科铁矿公司所有）在卡亚俄地区经营，年生产能力为 2.5 吨。

- 加拿大卢索罗（Rusoro）矿业公司、黄金储量公司 (Gold Reserve Inc.) 和 Crystallex 国际公司均正在和计划参与委 Choco-10 金矿、布里萨斯铜金矿和拉斯 · 克里斯蒂娜地区金矿的勘探、开采和生产。

(2) 委国家矿业总公司

该公司隶属于委基础工业和矿业部的瓜亚那集团，瓜亚那集团占 93.52% 的股份，委铁矿公司占 6.48% 股份，地点在玻利瓦尔州卡亚俄市，管辖区域约 5.14 万公顷，下属 3 个企业。

该公司始建于 1970 年，当时为委私人企业与国外企业的合资企业，目前 100% 资产为国家所有。1997 年该公司开始以特许经营方式组织中小企业开采金矿，目前年产纯度为 700ppm 的黄砖超过 4 吨。

据委政府和业界披露，委每年申报的黄金产量只占其实际产量一半，另一半则是非法开采并逃避税收，销往国外或流失民间。

(3) 委黄金资源主要特点和产业存在的问题

委黄金资源主要有储量大、分布集中、易采、易选、有毒有害元素含量低等特点，但其产业存在着勘探程度低、企业生产规模小、管理粗放、技术设备落后、选冶总回收率低、采、选、冶不配套等问题。

6. 金刚石矿

委内瑞拉金刚石开采历史追溯到上世纪初，已有百年。到上世纪九十年代前期，委有记录的金刚石生产一度出现高潮，年产量最高曾达 58 万克拉。进入本世纪委金刚石产量逐年下降，近几年降幅更大，2008 年和 2009 年产量分别降至 9381 克拉和 7730 克拉。

目前，委金刚石生产主要集中在瓜尼亚莫地区，政府对该地区共发放了 75 个特许经营权，其中拉赛巴塔纳、托科、萨尔瓦松、圣安东尼奥和拉斯 · 阿里西亚斯的 65 个矿权已到期，纳塔尔 I 和 II、瓜伊玛及森特拉的 4 个矿权尚未投产，只有瓜尼亚拉的 6 个矿权在作业。

委金刚石产量下降的主要原因是劳尔 · 莱欧尼水电站的 4 座大坝位于玻利瓦尔州金刚石主产区，出于战略考虑，政府禁止在该区域开发和开采。另外，与金矿相同，该地区金刚石私人非法开采、走私猖獗，这部分产量未被列入委金刚石生产的官方统计中。

据介绍，委金刚石开采分为露天开采和地下开采，无论露天还是地下开采均非常落后，基本处于原始状态。其产业缺少必要设备和基础设施，对当地生态环境影响较大，开采是在无组织、无控制和无序状态下进行，几乎没有任何正规的开采、选、冶炼和加工。

委政府计划采取系列措施，通过合作方式组织中、小金刚石生产者到合法区域进行合法开采，政府与大生产企业合资，共同开发、开采，以恢复受影响地区生产，建设必要的基础设施，旨在提高钻石产量、品质和档次，使其生产符合国际金伯利钻石认证的标准和规定。同时有关部门和军队制定计划减少和禁止金刚石非法开采和走私，将委金刚石业纳入国家经济发展计划中加以发展。

五、矿业管理机构及相关立法

（一）管理机构

1. 委内瑞拉政府主管矿业的部门是基础工业和矿业部，部长为何塞 · 汗（Jose Khan），该部下设 3 个副部长办公室：基础工业副部、矿山副部和投资促进副部。

2. 委内瑞拉政府授权瓜亚那集团对委矿产业实施政策指导、协调和具体管理。

（二）矿业领域相关法规

委政府通过立法和颁布实施细则对委矿产业进行宏观指导和管理。

现行的《矿业法》为 1999 年 9 月 5 日颁布的 295 号法，涵盖了除碳氢化合物和一些还未发现的工业矿物之外的全部矿产。

该法规定一切矿产资源归国家所有，在委境内从事矿产勘探和开发必须得到政府主管部门颁发的矿业特许权，并对矿业特许权作了如下规定：申请人可申请勘探和生产一体的特许权，期限为 20 年并可延期 20 年，特许权中的勘探期限为 3 年可以延长 1 年，特许权的最大面积不能超过 12312 公顷。特许权的勘探期间，特许权持有者须向基础工业和矿业部提交相关环境、资金和技术的可行性研究报告。经基础工业和矿业部批准，特许权可以出租、转包和转让。

固体矿产税主要包括地表税和开采税。

(1) 地表税：有 3 年的免税期，从特许权发放的第 4 年开始征收。

黄金和金刚石矿按年限和面积征收地表税，年限分为 4-6 年、7-9 年、10-12 年、13-16 年、17-20 年五个等级，面积如不超过 513 公顷，每公顷分别征收 0.14.0.16.0.18.0.20、0.22 个纳税单位；面积每增加 513 公顷，则分别增收 0.01 个纳税单位 / 公顷。

其他矿种不论面积大小，统一按上述年限分别征收 0.14.0.16.0.18.0.20、0.22 个纳税单位 / 公顷。

(2) 开采税：不同矿种税率标准不一样，金、银和铂族金属为其精炼金属的加拉加斯市场商业价值的 3%，金刚石和其他宝石为其加拉加斯商业价值的 4%，其他矿产为矿山产品价值的 3%。由于经济条件的原因，经主管部门的批准，生产税可以减到 1%。

印度上调黄金和白银进口关税

全球最大的黄金消费国印度 2010 年 2 月 26 日宣布上调黄金、白银和铂金的进口关税，以反映全球贵金属价格的走高态势。

印度财政部长普拉纳布 • 慕克吉（Pranab

Mukherjee）在其财政预算案中表示，每10克黄金和铂金的关税将从200卢比上调至300卢比，每公斤白银关税将从1,000卢比升至1,500卢比。另外被用来抛光珠宝的金属铑的关税率已从10%削减至2%。

由于各国政府降低利率，并耗资数万亿美元以支持经济体，加上包括印度、中国和斯里兰卡等国提高了黄金储备，黄金价格09年攀升了24%，为连续第九年上涨。业内官员表示，在政府2009年7月份增加税收1倍之后，进口税的上调可能会抑制首饰需求。

孟买金银协会主席Suresh Hundia表示，政府已经连续2年上调黄金和白银税收，在这样高的价格下，将不会促进消费。2010年贵金属进口下降将因为关税增加而加剧。

Hundia预计，印度2010年的黄金进口可能从2009年的343吨下降至250吨至300吨，而白银进口可能从1,350吨下降至1,000吨。预计2月的黄金购买量介于28至32吨。

印度国内最大的珠宝生产和出口商Rajesh Exports Ltd.主席Rajesh Mehta表示，关税的“意外”增加可能会促使金价升高，税率将“对国内需求产生负面影响”。

根据世界黄金协会(World Gold Council)的数据，印度2009年黄金需求量较2008年下降了33%，至480吨。

越南矿产法

矿产是几乎不能再生的资源，是国家的重要财产，必须加以有效管理和保护，合理、节约和有效地开发和使用，以满足国家工业化和现代化需要，实现经济社会持续发展，捍卫国防与安全；为了加强国家管理的效力，有效地保护和利用国家的矿产资源；鼓励矿产开采工业和加工工业的发展；保护生态环境和生活环境，维护矿产活动中的劳动安全；

根据1992年宪法第17.29.84条制定本法；

本法是关于矿产资源的管理、保护、地质基本调查和矿产活动的规定。

第一章 一般规定

第1条 矿产资源的所有权

越南社会主义共和国陆地、海岛、内河、领海、专属经济区和大陆架范围内的矿产资源都属于全民所有，由国家统一管理。

第2条 调整范围和适用对象

1. 本法规定矿产资源的管理和保护，矿产资源的地质基本调查；对固体、气体、矿泉和天然温泉的矿产活动（包括考察、勘探、开发和加工）；石油天然气及其他天然水类受其他法律规范调整。

2. 本法适用于国家矿产管理机关，矿产地质基本调查机构，在越南从事矿产活动的国内外个人和组织、定居国外的越南人，与矿产的管理和保护有关联的其他组织和个人。

若越南参加的国际条约的规定与本法不一致，则适用国际条约的规定。

第3条 词语解释

本法中，下列词语的含义如下：

1. 矿产 是指地下、地表中自然生成的，呈固态、液态或气态，目前或以后可以开采利用的矿物质。以后可以再开发的矿区废料场的矿物质也是矿产。

2. 矿泉水 是指地下蕴藏、流出地面的天然水，水中含有一些矿物质，其生物活性之浓度达到越南标准，或达到越南同意使用的国外标准。

3. 天然温泉 是指地下蕴藏并涌出地面，其热度恒定达到越南标准，或达到越南同意使用的国外标准的天然热水。

4. 地质基本调查 是指从事对地球外表物质的结构、成分、发生和演变历史，以及有关成矿的条件和规律的调查和研究活动。

5. 矿产资源的地质基本调查 是指在地质基本调查的基础上，总体评估矿产资源的潜藏量，为制定矿产活动和矿产勘探计划提供科学依据。

6. 矿产考察 是指从事矿产资源之地质资料研究、实地考察的活动，以便为矿产勘探划定有效区域。

7. 矿产勘探 是指进行矿产资源的寻找、发现、确定储量、鉴定质量、确定开采技术条件的活动，包括取样、工艺模型试验、开采可行性研究。

8. 矿产开采 是指以获取矿产为目的，从事矿场基本建设、挖掘、生产及其他直接关联的活动。

9. 矿产加工 是指为了提高矿产品的价值，对矿产进行分类、提纯等活动。

第3a条 矿产活动的原则

矿产考察、勘探、开采、加工必须遵守以下各项原则：

1. 保护矿产资源，合理和有效利用、节约矿产资源，满足经济和社会长期稳定发展的需要。

2. 矿产的勘探、开采、加工和使用必须遵守国家主管机关制定的规划；保障劳动安全和卫生；保护周围自然环境、天然及文化历史景观和其他资源不受破坏；创造条件发展矿场所在地方的基础设施，稳定和改善当地人民的生活，保障国防、安宁、秩序和社会安全。

3. 矿产开采、加工的规模和工艺必须符合各类矿产的特点，以经济和社会效果作为决定投资的基本标准；应用适当先进的开采、加工技术，最大限度地提高主矿与副矿的采收系数和产品加工价值；提升矿产品的效果、质量和竞争力。

第3b条 矿产规划

1. 矿产规划按地域、矿产种类进行制订，包括：

(1) 矿产资源的地质基本调查规划；

(2) 矿产的勘探、开采、加工和使用规划。

2. 矿产规划的审批权规定如下：

(1) 资源环境部制订矿产资源的地质基本调查规划，呈送政府总理审批，并指导组织实施；

(2) 工业部制订矿产资源的勘探、开采、加工和使用规划（但用做建筑物料、水泥原料的矿产除外），呈送政府总理审批；

(3) 建设部制订用做建筑物料、水泥原料的矿产的勘探、开采、加工和使用规划，呈送政府总理审批；

(4) 省、直辖市人民委员会组织制订本法第 56 条第 1 款第 2 项规定的属于本级审批权限之矿产的勘探、开采、加工和使用规划，呈送同级人民议会审批。

3. 中央政府对矿产规划的制订和实施问题作出规定。

第 4 条　矿产资源的管理、保护和使用

国家制定政策，管理和保护矿产资源，保障合理、节约和有效地使用矿产资源，同时保护环境，保护相关联的其他资源，保障国防、安宁，保障矿产活动中的劳动安全和劳动卫生。

中央政府统一管理全国范围内的一切矿产资源和矿产活动，负责组织实施矿产法律。

各级人民议会、人民委员会在自身职责、权限范围内，采取各种措施管理和保护矿产资源；对本地方实施矿产法律的情况进行监督检查。

越南祖国阵线及其成员组织在自身职责、权限范围内，负责宣传、动员人民履行保护矿产资源、监督矿产法律实施的义务。

国家机关、经济组织、经济社会组织、社会组织、人民武装单位、全体公民有责任执行矿产法律，发现有违反矿产法律的行为时，有揭发、控告的权利和义务。

第 5 条　国家关于矿产的政策

1. 国家为了各个时期的经济社会发展计划、规划和战略需要，投资进行矿产资源的规划、地质基本调查；培养相关人才，进行科学研究，在矿产资源的地质基本调查活动中应用和发展相关技术。

2. 国家为组织和个人投资于矿产资源勘探、开采、加工创造有利条件。

3. 国家对在经济社会条件困难、特别困难的地区进行矿产开采，并就地加工的投资项目实行优待和鼓励的政策；对应用先进技术和工艺，保障环境，最大程度获得有益成份，获得各种金属、合金，或具有高价值、高效益的矿产品的投资项目实行优待和鼓励政策；对加工进口的矿产、满足国内需要和出口的投资项目实行优待和鼓励政策。

4. 限制初级矿产原料、精矿石的出口。中央政府制定矿产出口、限制出口的条件、标准和目录。

5. 国家投资进行一些重要矿产的勘探，为国家的经济社会发展计划服务；国家保障对矿产资源保护工作的财政投入。

6. 国家依法保护从事矿产活动的组织和个人的合法权利和利益；鼓励组织和个人经营对矿产勘探、开采和加工活动的保险业务。

第 6 条　可以从事矿产活动的组织、个人

具备本法及其他法律规定的条件的组织和个人可以从事矿产活动。

中央政府规定从事矿产活动的组织和个人应当具备的资本、工艺技术等条件。

第 7 条　矿产开采、加工所在地居民的权利

矿产开采、加工所在地居民的权利主要受以下政策的保护：

1. 根据矿产开采和加工活动的收入来源，国家每年划拨一定财政资金用于当地的经济和社会发展；对于不得不迁移的居民，则为其创造稳定的生产和生活条件。

2. 获准从事矿产活动的组织和个人，在进行矿产开采、加工过程中，有责任依照已获批准的可行性研究报告，在当地进行基础设施建设，保护和恢复当地环境和土地；优先雇佣当地人员。

第 8 条　严厉禁止的一些行为

国家严厉禁止如下一些行为：

1. 非法进行矿产资源地质基本调查，非法进行矿产考察、勘探、开采、加工、储藏、运输和买卖；

2. 违反矿产规划，违反禁止或暂时禁止矿产活动区域的规定；

3. 不履行本法第 23. 27. 33. 46. 52 条规定的各项义务；

4. 泄露属于国家机密的矿产资源信息；

5. 利用职务、权限违反矿产法律规定；

6. 矿产法律规定的其他严厉禁止的行为。

第二章　矿产资源保护，矿产资源地质基本调查

第 9 条　保护矿产资源的责任

1. 资源环境部核定已经过调查评估的有矿产资源的区域，向省、直辖市人民委员会通报，以便实施管理和保护。

2. 各级人民议会、人民委员会在自身权限和职责范围内，有责任采取各种措施保护本地矿产资源，包括尚未被资源环境部通报但发现有矿产的地区。

3. 组织和个人有保护矿产资源、保守矿产资源国家机密的权利和义务。

4. 获准从事矿产活动的组织和个人，在其活动区域有保护矿产资源之责任。

5. 组织和个人在已探明有矿藏的地区进行居民区、固定设施的建设规划时，在这些规划送交审批时，必须附送本法第 56 条第 1 款规定的国家矿产资源主管机关的书面意见。

中央政府制订关于在已探明有矿藏的地区进行国防、安宁工程建设规划的起草和审批的规则。

第 10 条　在矿产勘探、开采、加工活动中对矿产资源的保护

1. 获准从事矿产勘探的组织和个人，应当对所发现的矿藏进行综合评估，然后向矿产资源主管机关做全面的报告，应保证不造成矿产资源损失。

2. 获准从事矿产开采、加工的组织和个人，应当最大程度地收回被认定为有经济价值的各种矿产；采取各种措施保管已开采但未使用的矿产。

3. 在开采、加工矿产过程中，若发现有新的矿产，则获准从事矿产活动的组织和个人必须立即向矿产资源主管机关报告，以便进行审查、决定。

第 11 条　矿产资源的地质基本调查

国家在地质基本调查的基础上，投资并有效地组织实施矿产资源地质基本调查，运用各种科技手段制定国家矿产资源战略和政策，发展矿产开采和加工工业。

国家鼓励外国组织和个人与越南合作开展矿产资源的地质基本调查。

中央政府对矿产资源地质基本调查活动作出具体规定。

第12条　矿产资源的标本、数据、信息

1. 矿产资源的全部标本、数据、信息都必须依法保存、管理和使用。

2. 国家垄断收购具有特别科学价值或稀珍的矿产标本；严禁收藏、毁坏、使其质量降低或非法买卖此类矿产标本。中央政府制定国家垄断收购的矿产标本目录和规格。

3. 自矿产活动许可证有效期届满之日起，超过中央政府规定的期限后，国家有权机关可以将与该矿产活动许可证有关的矿产信息提供给其他组织和个人。

第三章　矿产活动区域，矿产活动中环境保护

第13条　矿产活动区域

1. 矿产活动区域包括：

(1) 限制区域是只能按照中央政府规定的限制条件进行矿产活动的区域；

(2) 投标区域是只能按照竞标结果进行矿产活动的区域；

(3) 一般区域是指本款第(1)、(2)项规定以外的区域。

2. 中央政府制定并公布限制区域、投标区域。

第14条　禁止或暂时禁止矿产活动的区域

1. 为了国防、安宁、保护历史文化古迹、景观，或为了其他公共利益，不得在禁止或暂时禁止区域从事矿产活动。

中央政府制定并公布禁止或暂时禁止矿产活动的区域。

2. 若正在合法进行矿产活动的区域被中央政府宣布为禁止或暂时禁止的区域，则对于从事矿产活动的组织或个人因此而受到的损失，中央政府予以适当补偿。

第15条　有毒矿产区域

国家矿产资源管理机关有责任划定有毒矿产区域，向地方政府、劳动及卫生部门通报，以便采取措施保护人民的身体健康，防止危害当地环境生态

第16条　矿产活动中环境保护

1. 获准从事矿产活动的组织和个人，必须依照环境保护法，采用规定的工艺、设备、材料及其他条件，最大程度地限制对环境的不良影响；各个阶段或全部矿产活动结束后，必须恢复环境、生态和土地。

2. 获准从事矿产活动的组织和个人必须承担用于保护和恢复环境、生态和土地的全部费用。在环境影响评估报告中，在矿产开采、加工可行性研究报告中，或在矿产勘探提案中，必须确定保护和恢复环境、生态和土地的费用支出。获准从事矿产活动的组织和个人必须在越南某家银行或在设立于越南的外国银行存入一笔专门用于保护和恢复环境、生态和土地的资金作为保证金。

第17条　矿产活动中的土地使用

1. 获准从事矿产活动的组织和个人，可以依照土地法并符合本法签订土地租用合同。

矿产开采、加工许可证失效时，则土地租用合同也随之终止；若开采土地的部分面积已经退还，则土地租用合同也随之调整。

2. 获准从事矿产考察、勘探的组织和个人，若考察、勘探活动不影响土地使用人的正常生产经营，则无须租用土地，但应当赔偿活动过程中给他人造成的损害。若考察、勘探活动需要经常使用土地，则应当依照中央政府的有关规定租用该片土地。开采地下矿藏时，对于不使用的地表土地无须租用，造成他人损害的应当赔偿。

3. 获准从事矿产活动的组织和个人，因使用土地从事矿产活动造成损害的，应当赔偿损害。

第18条　矿产活动中使用水源

1. 获准从事矿产活动的组织和个人，可以依照水法并符合本法规定，使用天然水源进行矿产活动。

2. 在勘探提案、开采加工可行性研究报告、矿井设计中，应当确定矿产活动的水源、用水量、用水方式；使用过的水必须按照卫生标准进行处理才能排放；造成损害的，应当赔偿损害。

第19条　矿产活动中使用基础设施

1. 获准从事矿产活动的组织和个人，可以依法使用交通、通讯、电力、自来水等当地基础设施。

2. 获准从事矿产活动的组织和个人，有责任投资改造、升级、修缮或新建与已获批准的勘探提案、开采加工可行性研究报告相关的各种基础设施。

第20条　对矿产活动的保险

获准从事矿产活动的组织和个人，必须依法购买各种工具和设施保险、环境保险、社会保险、劳动保险和其他保险。

第四章　矿产考察

第21条　矿产考察许可证

1. 对于无人正在合法进行矿产勘探或开采的区域，符合本法第5条第3款、第13.14条之规定的，可以颁发矿产考察许可证。

2. 矿产考察许可证的有效期限不超过12个月，可以依照中央政府的有关规定延长期限，但总延长期不得超过12个月。

3. 矿产考察许可证不得转让给其他组织或个人使用。

第22条　获准从事矿产考察的组织或个人的权利

获准从事矿产考察的组织或个人享有以下权利：

1. 依法使用与考察目的和考察区域有关的国家矿产资源数据、信息；

2. 按照许可证的规定从事考察活动；

3. 依照中央政府的有关规定，将矿产标本转移到考察区域以外，包括送到外国进行分析、化验，矿产标本的数量和种类应当符合考察活动的性质和要求；

4. 申请延期或交还考察许可证；

5. 依法对国家机关收回矿产考察许可证的决定或其他决定进行控告或起诉；

6. 依照本法应享有的其他权利。

第23条　获准从事矿产考察的组织或个人的义务

获准从事矿产考察的组织或个人负有以下义务：

1. 依法缴纳许可证例费、国家矿产资源数据信息

使用费；

2. 在矿产考察活动中，保护环境，保障劳动安全和劳动卫生；

3. 赔偿因矿产考察活动所造成的损害；

4. 在矿产考察许可证期满之前，向国家矿产资源管理机关报送考察结果报告；

5. 执行行政管理、社会治安的规定；

6. 执行本法规定的其他有关义务。

第24条　收回矿产考察许可证

发生如下情况之一时，矿产考察许可证被收回：

1. 违反本法第23条规定的义务之一，并且在国家矿产资源管理机关送达书面通报之后，不按规定的期限予以改正；

2. 获准考察的区域依照本法第14条第2款之规定被宣布为禁止或暂时禁止矿产活动的区域；

3. 获准从事矿产考察的个人死亡，组织解散或破产。

第五章　矿产勘探

第25条　矿产勘探许可证

1. 对于无人正在合法进行矿产勘探或开采的区域，符合本法第5条第3款、第13.14条之规定的，可以颁发矿产勘探许可证。

2. 许可勘探的区域面积由中央政府规定。

3. 矿产勘探许可证的有效期限不超过24个月，可以依照中央政府的有关规定延长期限，但总延长期不得超过24个月。必要时，可以对同一组织或个人再次颁发相同内容的矿产勘探许可证。

4. 中央政府规定对外国组织或个人颁发矿产勘探许可证之事项。

第26条　获准从事矿产勘探的组织、个人的权利

获准从事矿产勘探的组织、个人享有如下权利：

1. 依法使用与勘探目的和勘探区域有关的国家矿产资源数据、信息；

2. 按照许可证的规定从事勘探活动；

3. 依照中央政府的有关规定，将矿产标本转移到勘探区域以外，包括送到外国进行分析、化验，矿产标本的数量和种类应当符合勘探活动的性质和要求；

4. 按照本法第31条第1款的规定，优先获得在此勘探区域开采矿产的许可；

5. 依照中央政府的有关规定，申请延长勘探期限，交回勘探许可证，或逐片交回勘探所占用的土地；

6. 依照中央政府的有关规定，向其他组织或个人转让矿产勘探权；

7. 若勘探人为个人，则勘探权可以依法继承；

8. 依法对国家机关收回矿产勘探许可证的决定或其他决定进行控告或起诉；

9. 依照本法应享有的其他权利。

赞比亚矿产资源

赞比亚位于非洲中部，是一个纯粹的内陆国家。赞比亚的矿物资源非常丰富，有金、银、铜、钴、铅锌、铁、锰、镍等金属矿；磷、石墨、云母、重晶石、大理石等非金属矿和祖母绿、黄宝石、紫金石、海宝蓝、孔雀石、石榴石等宝石矿。其中铜、钴、铁、煤和宝石等储量尤其丰富。2006年，铜和钴的产量分别达54万t和86万t，居于世界第9位和第2位，被誉为“铜矿之国”。

一、资源开发现状

矿业在赞比亚国民经济中发挥重要作用，矿业的成败直接关系着国民经济的兴衰，是其外汇收入的主要来源，据国际货币基金组织2006年的报告，2005年赞比亚矿产品出口值已占该国出口总值的64%。赞比亚的采矿业已有80多年的历史，20世纪70年代，其采矿业曾一度步入低靡，但是2000年之后，随着对众多国营矿山私有化的完成，尤其是对赞比亚铜矿联营公司(ZCCM)经营管理下的铜矿企业实行了私有化改革，再加上国外资本的进入，使得赞比亚的矿业得到恢复发展。大部分勘探和开采的焦点都集中在“铜带”，以及赞比亚西北部“加丹加延伸带的铜金铀(pre Katangan Cu Au一(U))潜在(元占代岩区)资源区”。

1. 铜

赞比亚北部位于世界上最大的沉积型铜矿床赞一刚铜矿带上，这条铜带上铜的储量占世界总储量的25%。在赞比亚境内就形成了长220km、宽65kin的“铜带”。赞比亚铜矿资源储量丰富，品位较高，已探明铜储量19亿t，基础储量35亿t，平均品位为2.5%。在赞比亚“铜带”开展地质勘探和矿山开采的，主要是几家澳大利亚、美国、加拿大和英国的跨国公司

据世界金属统计局报告，赞比亚曾经是世界上最重要的铜生产国之一。20世纪60年代，赞比亚铜产量仅次于美国和苏联，与智利不相上下，为世界第四大铜生产国。但是，70年代以后产量逐渐下降，到20世纪90年代后半期，赞比业铜产量仅为年产30万t左右，在世界所占比例降至2%左右。2003年之后，由于中国和印度经济的迅猛发展，带动世界铜需求的上升和库存的减少，导致国际铜价市场的复苏，再加上外国投资者加大了对赞比亚铜矿业的投入，先进科技的吸引，使得赞比亚铜产量逐年提升。

2. 钴

钴是赞比亚另一重要的矿产资源，在世界上也占有重要地位。据美国地质调查局2007年报告显示，2006年赞比亚钴的储量为27万t，储量基础为68万t，钴与铜伴生，比较稳定。主要分布在“铜带”上，也有一部分分布在姆维尼隆加和靠近索卢韦齐的金马雷地区。大的钴矿主要集中分布在罗卡纳、奇步卢马矿区。奇步卢马矿区钴矿石探明储量约15万t，品位0.21%。巴卢巴矿区钴矿石探明储量约59万t，品位0.14%。

20世纪90年代，因赞比亚联合铜矿公司投资能力不足，赞比亚的钴产量波动较大；2000年以后，钴的产量有了大幅度的回升，尤其足2003年，创下历史新高，占当年全球产量的15.43%；2004年，因为铜矿

形势好长，各矿山企业集中精力开采铜，使得钴的产量受到影响。

3. 煤矿

赞比亚煤矿主要分布在南方省卡里巴湖北侧的格温贝(Gwenmbe)，卡布韦东南的卢阿诺谷(Luano)和卢安瓜(Luangwa)的河源处。主要矿区有马安巴煤矿(Maamba Collieries)和恩坎达布韦煤矿，其中马安巴煤矿是唯一在采的国有煤矿，最厚达10m，平均厚度5.5m，估计储量为7820万t，其中约3000万t是易开采煤，年产能力为60～80万t。近两年来，随着赞比亚经济的恢复性增长和采矿业、制造业的渐趋活跃，对煤炭的需求有所增加，从而吸引了采煤业的外来投资。

4. 其他矿产

主要包括：金、银、锌、铅、硒、锰、锡、磷、滑石等，但资源量并不多。金、银主要以铜一钴矿床的伴生矿物的形式分布于中北部的铜矿带中，另外，在东南边境地区有少量分布；铅、锌主要集中在卢萨卡以北110km处的卡布韦铅一锌矿床；锡主要产地是南方省的卢萨卡锡矿床；锰主要分布于东北部和中部地区，最大的矿床是位于班韦乌卢湖西面的曼萨矿床，赞比亚的锰矿资源有一定的潜力，但是需要进一步的勘探。

二、矿产品对外贸易状况

赞比亚属于南部非洲发展共同体(South African Development Community)和东南非共同市场(The Common Market for East and Southern African)，享有这两个区域组织的贸易优惠政策；是COMESA的九个成员国之一，享受成员国之间的零关税贸易；此外，赞比亚还是世界贸易组织的成员国(WTO)。每年在赞比亚都有固定的展销会，赞政府实行矿产品对外贸易开放政策，提倡贸易自由化，奖出限入。政府除对石油、化肥等少数商品的出口和危害国家安全、违背社会道德、宗教信仰物品的进E1实施管制外，对其他商品的进出口数量和数额不设限制。

赞比亚的主要贸易对象是欧盟成员国、 COMESA成员国以及南非。长期以来，矿产品出口一直是赞比亚国家获取外汇收入的主要来源，占出门总数的90%以上。其中，铜的出口占出口总“收入的84%，铜矿开采与冶炼占矿业总产值的90%，年贸易额20亿美元左右。2007年上半年，由于赞比亚矿业部门受到大量生产中断事件的影响，导致2007年上半年赞比亚铜和钴的产量，分别比2009年同期下滑了15%和9.2%，从而直接影响到其山口量。根据赞比亚央行公布的数据显示，2007年上半年铜的出口量为208，681t，比2006年同期下降了16.3%，6月份钴的出口量为430t，比2006年同期下降10.2%。据赞比亚矿业商会表示，赞比亚2007年铜产最预期达到600，000t，2009年为500，000t。

三、赞比亚的矿业投资环境。

1. 矿业管理体制

赞比亚政府为加强矿业活动的规范化管理，1994年向议会提交了新矿法草案，1995年9月通过《矿山和矿产法》，新的矿法覆盖了全部矿种，规定，凡是在赞比亚境内从事矿产勘探和开发工作，必须先得到矿山与矿产开发部所属的矿山开发局发放的有关许可证。对于勘查、采矿许可证的申请过程，严格地设置了一整套完善的规章制度，并且由矿山开发局在各采矿区设立专门的办公室，督察矿产勘查和开采的日常工作。

2. 与矿业活动有关的税费

赞比亚现行的矿业税费主要包括：所得税、进口税、出口税、增值税、权利金等各项税种的征税税率如下：所得税（矿业公司所得税25%;股票交易所得税30%)；增值税(17.5%)；权利金(2%)；关税（平均关税在20%～25%之间，并取消了进口清关费）。近年来，赞比亚实施开放的、自由的投资政策，允许国内外资本进入赞各个经济领域，同时为了鼓励和吸引投资，在税收方面出台了一些优惠政策，具体如下：

(1) 对矿山企业生产实施减税政策，所得税由35%减为25%，矿产权利金由占矿产总收入的2%下调到o.6%;

(2) 对采矿的绝大部分资本货物和机械设备免缴进n关税，其他部分关税为5%～15%;

(3) 所有部（含矿业部门）的电力消费税从10%减为7%;

(4) 对投资地质勘探活动的资金，可全部从其应纳税收入或利润中扣除；

(5) 矿业亏损结转期从过去的10年延长到20年；

(6) 支付给股东和相关机构的利息、红利、权利金、管理费免征预扣税；

(7) 投资矿业、制造业的资产，开始使用的第1年，折旧率为10%，以后每年固定折旧率为5%。

3. 宽松的外资政策

为了更好地吸引外国投资，近年来赞比亚政府专门修改了《投资法》，对外资的管理采取交宽松的态度，目前对来自境外的投资基本没有限制（但必须在赞比亚银行注册登记），并采取一系列投资优惠政策，主要表现在：

(1) 货币兑换和银行利率完全由市场调控，政府不十预；

(2) 取消外汇管制，外国企业资金进出赞比亚无限制，资金的流动和汇兑无控制，投资者的外汇和利润可自由汇出；

(3) 企业享有完全自主的决策权；

(4) 外国投资企业投产后前五年可以免税。

4. 赞比亚矿业投资发展前景

赞比亚是南部非洲第一个与中国建交的国家，从政治上来看，赞比亚在姆瓦纳瓦萨总统和MMD(多党民主运动）政府的领导下，是非洲少数在政局上一直保持和平稳定的国家之一；从金融税收环境上来看，新一届的政府制定一系列的优惠政策，鼓励外国和私人投资，以促进矿业和制造业的发展；并且赞比亚的自身的资源条件非常好，除了具有丰富的铜、钴资源，其他很多矿产都有很大的开采潜力，如其铁矿石的储量非常丰富，并且品位较高，平均品位在62.4%，但是赞比亚的铁矿资源至今还没有开采利用；宝石储量大、种类丰富，有祖母绿、黄宝石、紫金石、孔雀石、石榴石等，其中祖母绿产量占全球产量的1/4，但是由于缺乏资金、技术和专业人才，还没有大规模的开采；除此之外，赞比亚还探明有丰富储量的镍、锡、钽、金、铅、锌等矿产资源，但是都由于技术方面的原因，尚未开采或是还没有大规模的开采。从上述各种因素分析看，赞比亚的矿业投资具有良好的前景。

节能环保与安全

2010年1月1日起施行的环保法规、标准

表1

行政法规	
放射性物品运输安全管理条例（国务院令第562号）	为了加强对放射性物品运输的安全管理，保障人体健康，保护环境，促进核能、核技术的开发与和平利用，根据《中华人民共和国放射性污染防治法》，制定本条例。 放射性物品的运输和放射性物品运输容器的设计、制造等活动，适用本条例。 本条例所称放射性物品，是指含有放射性核素，并且其活度和比活度均高于国家规定的豁免值的物品。 国务院核安全监管部门对放射性物品运输的核与辐射安全实施监督管理。 国务院公安、交通运输、铁路、民航等有关主管部门依照本条例规定和各自的职责，负责放射性物品运输安全的有关监督管理工作。 县级以上地方人民政府环境保护主管部门和公安、交通运输等有关主管部门，依照本条例规定和各自的职责，负责本行政区域放射性物品运输安全的有关监督管理工作。 运输放射性物品，应当使用专用的放射性物品运输包装容器（以下简称运输容器）。 放射性物品运输容器的设计、制造单位应当建立健全责任制度，加强质量管理，并对所从事的放射性物品运输容器的设计、制造活动负责。 任何单位和个人对违反本条例规定的行为，有权向国务院核安全监管部门或者其他依法履行放射性物品运输安全监督管理职责的部门举报。
国家环境保护标准	
环境标志产品技术要求　皮革和合成革（HJ 507-2009）	为贯彻《中华人民共和国环境保护法》，减少皮革和合成革产品在生产和使用过程中对环境和人体健康的影响，制定本标准。 本标准对皮革和合成革产品中的pH值及其稀释差、游离甲醛、可萃取的重金属、含氯苯酚、邻苯基苯酚、可分解出致癌芳香胺的染料、气味等指标提出了限制要求，还对合成革产品中的挥发性有机化合物、有机锡化合物、氯化苯和氯化甲苯提出了限制要求，对生产用化学品中的有毒有害物质提出了禁用要求。 本标准适用于中国环境标志产品认证。 本标准规定了皮革和合成革环境标志产品的术语和定义、产品分类、基本要求、技术内容和检验方法。 本标准适用于皮革和聚氨酯合成革。
环境标志产品技术要求　采暖散热器（HJ 508-2009）	为贯彻《中华人民共和国环境保护法》，有效利用和节约资源，减少采暖散热器在生产、使用过程中对环境和人体健康的影响，制定本标准。 本标准对采暖散热器表面释放到空气中的污染物、金属热强度和密封垫材料等方面提出了要求。 本标准适用于中国环境标志产品认证。 本标准规定了采暖散热器环境标志产品的术语和定义、基本要求、技术内容及其检验方法。 本标准适用于工业、民用建筑中，以热水或蒸汽为热媒的采暖散热器，不适用于钢制闭式串片散热器。

续表 1

车用陶瓷催化转化器中铂、钯、铑的测定 电感耦合等离子体发射光谱法和电感耦合等离子体质谱法（HJ 509-2009）	为贯彻《中华人民共和国环境保护法》和《中华人民共和国大气污染防治法》，保护环境，保障人体健康，防治机动车排放污染，规范车用陶瓷催化转化器中铂（Pt）、钯（Pd）、铑（Rh）含量的测定方法，制定本标准。 本标准规定了机动车用陶瓷催化转化器中贵金属铂（Pt）、钯（Pd）、铑（Rh）含量的电感耦合等离子体发射光谱（ICP-OES）和电感耦合等离子体质谱（ICP-MS）的测定方法。 本标准适用于新制的和使用过的以堇青石蜂窝陶瓷为载体，并附载贵金属作活性组分的催化转化器中 Pt、Pd、Rh 含量的测定。 本标准为首次发布。
清洁生产标准 废铅酸蓄电池铅回收业（HJ 510-2009）	为贯彻《中华人民共和国环境保护法》、《中华人民共和国固体废物污染环境防治法》和《中华人民共和国清洁生产促进法》，保护环境，为废铅酸蓄电池铅回收业开展清洁生产提供技术支持和导向，制定本标准。 本标准规定了在达到国家和地方污染物排放标准的基础上，根据当前行业技术、装备水平和管理水平，废铅酸蓄电池铅回收业清洁生产的一般要求。 本标准分为三级，一级代表国际清洁生产先进水平，二级代表国内清洁生产先进水平，三级代表国内清洁生产基本水平。随着技术的不断发展和进步，本标准将不断修订。 本标准规定了废铅酸蓄电池铅回收业清洁生产的一般要求。本标准将废铅酸蓄电池铅回收业清洁生产指标分为六类，即生产工艺与装备指标、资源能源利用指标、产品指标、污染物产生指标（末端处理前）、废物回收利用指标和环境管理要求。 本标准适用于废铅酸蓄电池铅回收业企业的清洁生产审核和清洁生产潜力与机会的判断、清洁生产绩效评估和清洁生产绩效公告制度，也适用于环境影响评价和排污许可证等环境管理制度。 本标准为首次发布。
环境信息化标准指南（HJ 511-2009）	为贯彻《中华人民共和国环境保护法》，落实国务院《关于落实科学发展观加强环境保护工作的决定》，建立环境信息化的标准体系，促进环境信息化工作，制定本标准。 本标准规定了环境信息化标准体系的层次结构和环境信息化标准制修订原则。 本标准适用于指导环境信息化规划、建设、实施以及环境信息化标准的制修订工作。

2010 年 10 月 1 日起施行的铝、铅、锌、铜、镍、钴、镁、钛工业污染物排放标准

铅、锌工业污染物排放标准（GB 25466-2010）本标准规定了铝、铅、锌、铜、镍、钴、镁、钛工业企业生产过程中水污染物和大气污染物排放限值、监测和监控要求，如下表：

表 1

国家环境保护标准	
铝工业污染物排放标准（GB 25465-2010）	本标准规定了铝工业企业生产过程中水污染物和大气污染物排放限值、监测和监控要求。 本标准适用于铝工业企业的水污染物和大气污染物排放管理，以及对铝工业企业建设项目的环境影响评价、环境保护设施设计、竣工环境保护验收及其投产后的水污染物和大气污染物排放管理。 本标准不适用于再生铝和铝材压延加工企业（或生产系统）的水污染物和大气污染物排放管理；也不适用于附属于铝工业企业的非特征生产工艺和装置的水污染物和大气污染物排放管理。

续表 1-1

铝工业污染物排放标准（GB 25465-2010）	本标准规定的水污染物排放控制要求适用于企业直接或间接向其法定边界外排放水污染物的行为。 铝工业企业排放恶臭污染物、环境噪声适用相应的国家污染物排放标准，产生固体废物的鉴别、处理和处置适用国家固体废物污染控制标准。 本标准为首次发布。 自本标准实施之日起，铝工业企业水和大气污染物排放执行本标准，不再执行《污水综合排放标准》(GB8978-1996)、《大气污染物综合排放标准》(GB16297-1996)和《工业炉窑大气污染物排放标准》(GB9078-1996)中的相关规定。
铅、锌工业污染物排放标准（GB 25466-2010）	本标准规定了铅、锌工业企业生产过程中水污染物和大气污染物排放限值、监测和监控要求。 本标准适用于铅、锌工业企业的水污染物和大气污染物排放管理，以及铅、锌工业企业建设项目的环境影响评价、环境保护设施设计、竣工环境保护验收及其投产后的水污染物和大气污染物排放管理。 本标准不适用于再生铅、锌及铅、锌材压延加工等工业的水污染物和大气污染物排放管理，也不适用于附属于铅、锌工业企业的非特征生产工艺和装置的水污染物和大气污染物排放管理。 本标准规定的水污染物排放控制要求适用于企业直接或间接向其法定边界外排放水污染物的行为。 铅、锌工业企业排放恶臭污染物、环境噪声适用相应的国家污染物排放标准，产生固体废物的鉴别、处理和处置适用国家固体废物污染控制标准。 本标准为首次发布。 自本标准实施之日起，铅、锌工业企业水和大气污染物排放执行本标准，不再执行《污水综合排放标准》(GB8978-1996)、《大气污染物综合排放标准》(GB16297-1996)和《工业炉窑大气污染物排放标准》(GB9078-1996)中的相关规定。
铜、镍、钴工业污染物排放标准（GB 25467-2010）	本标准规定了铜、镍、钴工业企业生产过程中水污染物和大气污染物排放限值、监测和监控要求。 本标准适用于铜、镍、钴工业企业的水污染物和大气污染物排放管理，以及铜、镍、钴工业企业建设项目的环境影响评价、环境保护设施设计、竣工环境保护验收及其投产后的水污染物和大气污染物排放管理。 本标准不适用于铜、镍、钴再生及压延加工等工业的水污染物和大气污染物排放管理；也不适用于附属于铜、镍、钴工业的非特征生产工艺和装置产生的水污染物和大气污染物排放管理。 本标准规定的水污染物排放控制要求适用于企业直接或间接向其法定边界外排放水污染物的行为。 铜、镍、钴工业企业排放恶臭污染物、环境噪声适用相应的国家污染物排放标准，产生固体废物的鉴别、处理和处置适用国家固体废物污染控制标准。 本标准为首次发布。 自本标准实施之日起，铜、镍、钴工业企业水和大气污染物排放执行本标准，不再执行《污水综合排放标准》(GB8978-1996)、《大气污染物综合排放标准》(GB16297-1996)和《工业炉窑大气污染物排放标准》(GB9078-1996)中的相关规定。
镁、钛工业污染物排放标准（GB 25468-2010）	本标准规定了镁、钛工业企业生产过程中水污染物和大气污染物排放限值、监测和监控要求。

续表 1-2

镁、钛工业污染物排放标准（GB 25468-2010）	本标准适用于镁、钛工业企业的水污染物和大气污染物排放管理，以及镁、钛工业企业建设项目的环境影响评价、环境保护设施设计、竣工环境保护验收及其投产后的的水污染物和大气污染物排放管理。 本标准不适用于镁、钛再生及压延加工等工业的水污染物和大气污染物排放管理；也不适用于附属于镁、钛企业的非特征生产工艺和装置的水污染物和大气污染物排放管理。 本标准规定的水污染物排放控制要求适用于企业直接或间接向其法定边界外排放水污染物的行为。 镁、钛工业企业排放恶臭污染物、环境噪声适用相应的国家污染物排放标准，产生固体废物的鉴别、处理和处置适用国家固体废物污染控制标准。 本标准为首次发布。 自本标准实施之日起，镁、钛工业企业水和大气污染物排放执行本标准，不再执行《污水综合排放标准》（GB8978-1996）、《大气污染物综合排放标准》（GB16297-1996）和《工业炉窑大气污染物排放标准》（GB9078-1996）中的相关规定。

柴达木有色金属等六大循环产业框架初形成

柴达木循环经济试验区全力推进项目建设，截至2010年，循环经济主导产业框架初步形成。

2005年10月，柴达木循环经济试验区被列入首批13个国家级循环经济试验区；2010年3月，国务院批复实施试验区《总体规划》，将柴达木发展循环经济由地方发展战略上升为国家战略。

四年多来，海西州举全州之力，集中力量，坚持不懈地打好试验区攻坚战，试验区建设与特色优势产业培育取得初步成效。围绕优势资源，发展循环经济，培育特色产业，沿着这一思路，柴达木循环经济试验区以盆地内现有的石油天然气化工、盐湖化工、有色金属、煤炭等工业为基础，已初步搭建起了油气 、盐化工 、煤、焦 、盐化工 、煤化工、盐化工、建材、有色金属、天然气、盐化工、铁矿、焦炭、钢铁以及新能源六大循环产业链基本架构。

盐湖化工方面，建成盐湖集团综合利用一期、青海锂业和中信国安东西台盐湖碳酸锂及硫酸钾镁肥、青海碱业一期、德令哈纯碱蒸氨废液利用12万吨氯化钙、大盐滩30万吨氯化钾等产业项目，基本建成青海盐湖科技1万吨碳酸锂、三元钾肥10万吨硫化碱等产业项目。

油气化工方面，建成青海油田30万吨甲醇、150万吨炼油厂扩建升级改造、中浩天然气化工公司60万吨甲醇、格尔木30万千瓦燃气电站项目。

煤化工方面，建成鱼卡和大煤沟两个90万吨、高泉45万吨、木里聚乎更90万吨煤炭开发及乌兰300万吨洗精煤、100万吨焦化、鱼卡6000万块煤矸石烧结砖项目等。

金属冶金方面，建成滩间山15万盎司黄金扩建、肯德可克250万吨铁矿开发、西豫有色金属矿业10万吨铅冶炼、都兰黄龙沟红旗沟岩金开发项目。

特色生物产业方面，建成22 .3万亩枸杞、1万亩高原青稞繁种基地、格尔木市工厂化蔬菜育苗基地、德令哈万头仔猪繁育基地、8000吨沙棘浓缩汁、2000吨枸杞干果加工生产线项目。

新能源开发方面，19个太阳能光伏（热）电站项目通过发改部门核准开展前期工作，其中10个项目开工建设。同时，建成格尔木玉珠峰一期500万箱矿泉水、德令哈一期100万吨废渣干法水泥、乌兰5万吨有机肥项目。

经过四年多的发展，试验区主要产品产能及产量大幅上升，开发培育出了氯化钙、焦炭、氧化镁等一批新的工业产品和经济增长点，为发挥区域比较优势和资源组合优势，实现产业集群发展、资源集约利用夯实了基础，提供了强有力的支撑。

大力发展底吹炼铜技术——中国恩菲的低碳环保之路

中国恩菲的信誉源于不断开拓创新和持之以恒为用户着想的理念所收获的成果回报。其中，底吹炼铜，有色金属冶炼领域的一朵奇葩，打破了中国同行业长期依赖引进国外技术的局面，是世界炼铜史上革命性的创新，使有色金属行业走上一条低碳经济的循环可持续发展之路。

高瞻远瞩 未雨绸缪

中国生产和应用铜的历史非常悠久，可以追溯到几千年前，但进入近现代后，中国炼铜工业开始处于落后地位，1949 年以前，中国只有沈阳冶炼厂和几个小的再生冶炼厂。新中国成立后，中国的工业水平迅速提高，从 20 世纪 50 年代后期开始建立新型炼铜厂。50 年代到 80 年代，中国炼铜工艺主要以鼓风炉、反射炉、电炉等方法为主。80 年代开始，国外先进铜冶炼工艺先后进入中国，如闪速熔炼、诺兰达熔炼、澳斯麦特熔炼、艾萨熔炼等。

多项国外冶炼技术的引入，大大提高了中国有色金属生产企业的产能，在一定程度上满足了中国发展国民经济对有色金属的需求，但引进这些技术往往需要支付数百万美元的技术许可和更高的关键设备引进费用。且中国部分有色矿产资源具有贫矿多、共伴生矿床多、卡林型难处理金矿多等特点，引进技术不能全面适应中国资源特性，如有价元素的综合回收、剧毒氰化物排放等问题难以有效解决。

中国恩菲的业内专家在消化吸收引进技术的同时，从未停止开发中国自主知识产权的冶炼工艺及装备的步伐。

1990~1993 年，中国恩菲（原北京有色冶金设计研究总院）、水口山有色集团（原水口山矿务局）、有关研究机构和高等院校等，在氧气底吹炼铅试验装置上，合作开展了 3000t/a 粗铜的半工业化试验，先后处理了多种复杂精矿。试验结果表明，氧气底吹熔炼技术处理铜精矿具有独到的优势，主要表现在生产效率高、对原料适应性强、能耗低、卫生和环保条件好、有害元素砷的挥发率高，有价元素，尤其是锍对贵金属的捕集率非常高，据此利用康湾矿分选的含金黄铁矿和铜精矿混合，进行了造锍捕金实验，同样取得了理想的结果。为经济有效处理多金属伴生铜和卡林型难处理金矿提供了关键技术。

试验取得的预期效果通过了国家发展改革委、科技部组织的技术鉴定，技术鉴定意见指出：半工业化试验验证了该技术应用于铜冶炼的可行性，为开展工业化试验乃至工业化应用提供了重要设计参数和进一步研究基础，建议尽快开展工业化实验。

在试验取得可喜成果的基础上，恩菲工作者再接再厉，于 1994~1995 年联合中科院化工冶金研究所、中条山有色金属公司开展了氧气底吹炼铜模型实验研究，就氧气底吹熔炼炉由日处理量 50 吨的工业实验炉放大到日处理量 671 吨后的流体力学、喷枪布置、氧气流量及压力等操作参数进行冷态模型研究，为炉体大型设计提供了科学依据。

有胆有识 敢为人先

2001 年，中国恩菲与越南生权铜联合企业签订了规模为 1 万吨 /a 的设计合同，考虑到鼓风炉法属能耗和污染较高、濒于淘汰的落后技术，而 1 万吨 /a 的规模不宜采用闪速熔炼、艾萨熔炼等引进技术，恩菲专家经认真研讨，决定勇于做第一个吃螃蟹者：在此工程率先采用氧气底吹铜熔炼技术。

从 3000 吨 /a 到越南的 1 万吨 /a，面临的技术风险较大，中国恩菲充分吸取半工业化试验所取得的经验和参数，进行了多项研究开发工作，着重对炉型及规格、氧枪规格及数量、烟罩型式、炉渣后处理工艺等方面进行研讨，解决了诸多技术问题。该工程顺利投产标志着氧气底吹铜熔炼工艺，这颗闪亮的钻石，正式走上了有色冶炼历史的舞台。

从 2000 年开始，氧气底吹铅冶炼工艺获得大规模的推广应用。与此相对照的是，氧气底吹铜熔炼工艺的应用却进展缓慢，主要原因在于从半工业化试验 3000t/a 的规模直接扩大到工业化应用规模，技术跨度较大，很长时间内，没有中国企业愿意承担这样高风险项目。

同时，随着“十五”以来国民经济的飞速发展，中国有色金属消费量激增，对国外原料的依赖程度越来越大，其中，铜产品是有色金属中贸易逆差最大的一种。矿产资源供需矛盾的日益突出、经济发展的需要、节能减排和环保要求的不断提高，使得中国炼铜技术发展及应用亟待取得新的突破。

2005 年，中国恩菲的业内专家与东营方圆有色金属有限公司的技术人员进行了深入沟通，对氧气底吹铜熔炼工艺的节能环保、经济效益、运行管理等方面的优势进行详细论证。充分了解了此工艺的各种优点，方圆公司董事长崔志祥以远见卓识的眼光决定采用氧气底吹熔炼技术进行年处理 38 万吨多金属复杂矿工业生产线建设。中国恩菲资深专家蒋继穆设计大师也展示了舍我其谁的魄力和“为业主负责”的超强责任心，向方圆公司保证，“项目不成功，就改造成诺兰达工艺，改造费用由恩菲承担”！

从越南 1 万 t/a 的规模到方圆公司 5~10 万吨 /a 的规模，面临的技术风险仍然很大。结合越南工程设计过程中获取的经验和数据，恩菲公司开展了一系列研究工作。

2008 年 12 月，项目顺利投产，该项目采用底吹炉熔炼 +PS 转炉吹炼主工艺。这个中国首个底吹炼铜项目的成功堪称世界铜冶炼史上里程碑式的事件。经近两年时间的稳定生产，各技术指标不断优化：铜回收率达 98.5%，金银等贵金属回收率也超过 98%；配煤率从 2% 逐步降至 1%、0.5%，直至完全不配煤；生产每吨阳极铜标煤消耗量降至 220Kg 以下。

2009 年 10 月，中国有色金属工业协会组织有关专家，代表科技部对氧气底吹铜熔炼技术应用取得的成果进行了中期评审。评审意见指出：实践证明该工艺具有原料适应性广泛、工艺流程短、投资省、基本实现无碳冶炼、环境友好、氧枪及炉衬消耗少等优点，具有重大推广应用价值。

国务院【2009】9 号文件《关于发挥科技支撑作用，促进经济平稳较快发展的意见》将该技术列入“十一五”国家科技支撑计划重点督导实施。国家《有色金属产业调整和振兴规划》将该技术作为“促进有色金属产业升级和振兴的重点关键技术”进行重点推广，为中国落后产能的升级改造的首选工艺。

锲而不舍 再盼辉煌

继越南生权与东营方圆工程相继投产后，采用氧气底吹铜熔炼技术的山东恒邦复杂金精矿回收技术改造工程于 2010 年 4 月投产。较原有“沸腾焙烧 + 氰化”处理工艺，新技术的应用使得各金属的总回收率大幅提高：铜由 83% 提高至 96%，金由 92% 提高至 96%，银由 50% 提升至 95%，获得优越经济效益的同时彻底杜绝了有毒氰化物排放等难题，该技术应用呈现出了良好的发展势头。

成就面前，恩菲工作者没有止步不前。

在应用底吹炉成功实现完全自热熔炼后，他们把工作重点放在了开发先进、难度更大的连续吹炼技术上，以解决 PS 转炉吹炼所存在的 S02 烟气低空污染严重、浓度波动较大、环保条件较差、制酸系统控制困难世界性难题。

多台底吹熔炼炉稳定运行所积累的技术资料和优良的经济技术指标，为开发底吹吹炼技术，并形成氧气底吹连续炼铜技术创造了条件。

从提出设想，到方案研讨，再到实际工程设计，恩菲工作者进行了大量攻关。针对潜在客户的不同矿源条件、不同操作水平等特点，开发出热铜锍连续吹炼技术和冷铜锍连续吹炼以及部分热铜锍与部分冷铜锍混合三种连续吹炼技术路线。

采用热铜锍连续吹炼的“氧气底吹清洁生产工艺关键技术及装备研究”课题已获取“863”计划支持。这一中国自主知识产权的技术通过熔体完全自流方式，实现从底吹熔炼到底吹吹炼的真正连续炼铜过程，打破了连续炼铜领域三菱法“一家独大”的局面。2010 年，恩菲工作者正应用此技术进行东营二期 100 万吨多金属矿项目的设计和建设。

以 20 万吨 /a 的规模计算，底吹连续吹炼工艺较 PS 转炉吹炼工艺，S 捕集率由 96% 提高到 99% 以上，烟气 S02 浓度由 7%~8% 提高到 15% 以上，经济效益与环保效益更加卓越。

当前，第一代底吹炼铜工艺——底吹熔炼 +PS 转炉吹炼技术的应用方兴未艾，第二代底吹炼铜工艺——底吹熔炼 + 底吹吹炼技术有待破茧而出。中国恩菲工作者用行动响应中国政府的号召，走低碳环保科学发展之路，用作品感动世人，恩菲在有色冶炼这块阵地上，继续前行，继续铸就新的辉煌。

大冶有色公司丰山铜矿“四小”模式促安全

湖北大冶有色金属公司丰山铜矿从细微处着手，坚持不懈开展安全宣传教育活动，在各基层单位形成了具有特色的“营造小环境、创办小课堂、用好小载体、抓住小问题”“四小”安全模式，为企业生产营造了良好的安全氛围。

——营造小环境。丰山铜矿坚持向员工灌输“生产必须安全、安全保障生产、安全就是效益”的安全核心理念，在生产现场设置安全文化橱窗，在矿区交通要道上安装安全寄语灯箱，让员工在温馨和谐的气氛中接受启示和教育，使员工自觉筑牢安全思想防线。

——创办小课堂。丰山铜矿通过开展“班前会”、“班组安全会”等活动，对员工进行日常安全技术培训。还定期组织专业技术人员开办讲座，并进行现场技术指导，取得了很好的效果。

——用好小载体。丰山铜矿利用黑板报、矿广播站等宣传载体，定期组织开展形式多样的安全教育活动，如“安全问答”、“安全月专栏”等，使员工在活动中受到教育。

——抓住小问题。丰山铜矿认真组织了季检和季节性、专业性、节假日的安全检查，各单位始终坚持车间月检、工区（段）周检、班组日检的安全检查制度，查找隐患，填写隐患单，并落实整改制度，最终把事故隐患消灭在萌芽状态。

广西有色集团全面完成 2010 年节能减排任务

2010 年，广西有色集团全面完成自治区 2010 年节能减排任务。2010 年广西有色集团认真贯彻落实广西壮族自治区人民政府切实加强节能减排工作，重点抓好有色金属、冶金等八大重点耗能行业节能降耗工作的要求，把“调整经济结构、转变发展方式”作为集团公司科学发展的重要内容，集中力量开展科技攻关，鼓励开发使用节能降耗、保护环境的新技术、新工艺、新设备，加快淘汰落后产能，着力发展循环经济，不断提高资源的利用率，实现绿色生产、安全生产，取得了较好的成效。2010 年广西有色集团总节能量 2.45 万吨标煤，超额完成了广西自治区国资委下达的 1.29 万吨标煤节能指标。

河南省依托有色、再生资源打造循环产业链

单位生产总值能耗降 26.8%

根据部署，河南省将着力培育五大循环产业链，大力发展循环经济新兴产业，促进发展方式由粗放型向集约型转变，由高碳型向减碳低碳型转变，努力把河南省建设成中国循环经济发展示范省。

河南省政府提出，争取到 2012 年实现河南省主要矿产资源产出率比 2005 年提高 22.6%，能源产出率提高 37.5%，单位生产总值能耗下降 26.8%，单位生产总值取水量下降 44.5%。

打造五大循环产业链

河南省政府提出了要打造五大循环产业链。即依托有色、煤炭、非金属矿、农业和再生资源等河南省优势资源，以提高资源利用效率为核心，重点打造“铝土矿开采—氧化铝—电解铝（合金）—铝材（深加工）—赤泥、尾矿等资源化利用”循环产业链、“煤炭开采—煤化工（火电）—综合利用”循环产业链、“非金属矿产开发—加工—综合利用”循环产业链、“种植（养殖）—食品加工—废弃物利用”循环产业链和“社

会消费——再生资源回收——再制造（再生）产品”循环产业链等五大循环产业链。

金川集团公司上榜“中国节能减排 20 佳企业”

2009 年 12 月 26 日，由人民日报《中国经济周刊》和哈尔滨市人民政府共同主办，获得联合国开发计划署等机构支持的第九届中国经济论坛隆重召开，金川集团公司凭借多年来坚持发展循环经济、重视节能减排的卓越业绩，入选“中国节能减排 20 佳企业”。会议同时对节能减排20佳城市和20佳市长进行了表彰。

中国在节能减排工作方面，产生了一批自己的“明星”。“明星效应”可以影响并带动各地政府和企业，在未来采取更加积极有效的措施，为实现“单位 GDP 二氧化碳排放比 2005 年下降 40% ～ 45%”这一宏伟目标做出自己的努力。

金属与非金属矿产资源地质勘探安全生产监督管理暂行规定

国家安全生产监督管理总局令 第 35 号

《金属与非金属矿产资源地质勘探安全生产监督管理暂行规定》已经 2010 年 11 月 15 日国家安全生产监督管理总局局长办公会议审议通过，现予公布，自 2011 年 1 月 1 日起施行。

局长 骆琳

二〇一〇年十二月三日

金属与非金属矿产资源地质勘探安全生产监督管理暂行规定

第一章总则

第一条为加强金属与非金属矿产资源地质勘探作业安全的监督管理，预防和减少生产安全事故，根据安全生产法等有关法律、行政法规，制定本规定。

第二条从事金属与非金属矿产资源地质勘探作业的安全生产及其监督管理，适用本规定。

生产矿山企业的探矿活动不适用本规定。

第三条本规定所称地质勘探作业，是指在依法批准的勘查作业区范围内从事金属与非金属矿产资源地质勘探的活动。

本规定所称地质勘探单位，是指依法取得地质勘查资质并从事金属与非金属矿产资源地质勘探活动的企事业单位。

第四条地质勘探单位对本单位地质勘探作业安全生产负主体责任，其主要负责人对本单位的安全生产工作全面负责。

国务院有关部门和省、自治区、直辖市人民政府所属从事矿产地质勘探及管理的企事业法人组织（以下统称地质勘探主管单位），负责对其所属地质勘探单位的安全生产工作进行监督和管理。

第五条国家安全生产监督管理总局对全国地质勘探作业的安全生产工作实施监督管理。

县级以上地方各级人民政府安全生产监督管理部门对本行政区域内地质勘探作业的安全生产工作实施监督管理。

第二章安全生产职责

第六条地质勘探单位应当遵守有关安全生产法律、法规、规章、国家标准以及行业标准的规定，加强安全生产管理，排查治理事故隐患，确保安全生产。

第七条从事钻探工程、坑探工程施工的地质勘探单位应当取得安全生产许可证。

第八条地质勘探单位从事地质勘探活动，应当持本单位地质勘查资质证书和地质勘探项目任务批准文件或者合同书，向工作区域所在地县级安全生产监督管理部门备案，并接受其监督检查。

第九条地质勘探单位应当建立健全下列安全生产制度和规程：

（一）主要负责人、分管负责人、安全生产管理人员和职能部门、岗位的安全生产责任制度；

（二）岗位作业安全规程和工种操作规程；

（三）现场安全生产检查制度；

（四）安全生产教育培训制度；

（五）重大危险源检测监控制度；

（六）安全投入保障制度；

（七）事故隐患排查治理制度；

（八）事故信息报告、应急预案管理和演练制度；

（九）劳动防护用品、野外救生用品和野外特殊生活用品配备使用制度；

（十）安全生产考核和奖惩制度；

（十一）其他必须建立的安全生产制度。

第十条地质勘探单位及其主管单位应当按照下列规定设置安全生产管理机构或者配备专职安全生产管理人员：

（一）地质勘探单位从业人员超过300人的，应当设置安全生产管理机构，并按不低于从业人员1%的比例配备专职安全生产管理人员；从业人员在300人以下的，应当配备不少于2名的专职安全生产管理人员；

（二）所属地质勘探单位从业人员总数在3000人以上的地质勘探主管单位，应当设置安全生产管理机构，并按不低于从业人员总数1‰的比例配备专职安全生产管理人员；从业人员总数在3000人以下的，应当设置安全生产管理机构或者配备不少于1名的专职安全生产管理人员。

专职安全生产管理人员中应当按照规定配备注册安全工程师。

第十一条地质勘探单位的主要负责人和安全生产管理人员应当具备与本单位所从事地质勘探活动相适应的安全生产知识和管理能力，并经安全生产监督管理部门考核合格后方可任职。

地质勘探单位的特种作业人员必须经专门的安全技术培训并考核合格，取得特种作业操作证后，方可上岗作业。

第十二条地质勘探单位从事坑探工程作业的人员，首次上岗作业前应当接受不少于72小时的安全生产教育和培训，以后每年应当接受不少于20小时的安全生产再培训。

第十三条地质勘探单位应当按照国家有关规定提取和使用安全生产费用。安全生产费用列入生产成本，并实行专户存储、规范使用。

第十四条地质勘探工程的设计、施工和安全管理应当符合《地质勘探安全规程》(AQ2004-2005)的规定。

第十五条坑探工程的设计方案中应当设有安全专篇。安全专篇应当经所在地安全生产监督管理部门审查同意；未经审查同意的，有关单位不得施工。

坑探工程安全专篇的具体审查办法由省、自治区、直辖市人民政府安全生产监督管理部门制定。

第十六条地质勘探单位不得将其承担的地质勘探工程项目转包给不具备安全生产条件或者相应地质勘查资质的地质勘探单位，不得允许其他单位以本单位的名义从事地质勘探活动。

第十七条地质勘探单位不得以探矿名义从事非法采矿活动。

第十八条地质勘探单位应当为从业人员配备必要的劳动防护用品、野外救生用品和野外特殊生活用品。

第十九条地质勘探单位应当根据本单位实际情况制定野外作业突发事件等安全生产应急预案，建立健全应急救援组织或者与邻近的应急救援组织签订救护协议，配备必要的应急救援器材和设备，按照有关规定组织开展应急演练。

应急预案应当按照有关规定报安全生产监督管理部门和地质勘探主管单位备案。

第二十条地质勘探主管单位应当按照国家有关规定，定期检查所属地质勘探单位落实安全生产责任制和安全生产费用提取使用、安全生产教育培训、事故隐患排查治理等情况，并组织实施安全生产绩效考核。

第二十一条地质勘探单位发生生产安全事故后，应当按照有关规定向事故发生地县级以上安全生产监督管理部门和地质勘探主管单位报告。

第三章监督管理

第二十二条安全生产监督管理部门应当加强对地质勘探单位安全生产的监督检查，对检查中发现的事故隐患和安全生产违法违规行为，依法作出现场处理或者实施行政处罚。

第二十三条安全生产监督管理部门应当建立完善地质勘探单位备案制度，及时掌握本行政区域内地质勘探单位的作业情况。

第二十四条安全生产监督管理部门应当按照本规定的要求开展对坑探工程安全专篇的审查，建立安全专篇审查档案。

第四章法律责任

第二十五条地质勘探单位有下列情形之一的，责令限期改正；逾期未改正的，责令停产停业整顿，可以并处2万元以下的罚款：

（一）未按照本规定设立安全生产管理机构或者配备专职安全生产管理人员的；

（二）特种作业人员未持证上岗作业的；

（三）从事坑探工程作业的人员未按照规定进行安全生产教育和培训的。

第二十六条地质勘探单位有下列情形之一的，给予警告，并处3万元以下的罚款：

（一）未按照本规定建立有关安全生产制度和规程的；

（二）未按照规定提取和使用安全生产费用的；

（三）坑探工程安全专篇未经安全生产监督管理部门审查同意擅自施工的。

第二十七条地质勘探单位未按照规定向工作区域所在地县级安全生产监督管理部门备案的，给予警告，并处2万元以下的罚款。

四部门发布支持循环经济发展的投融资政策措施

为促进循环经济形成较大规模，建设资源节约型和环境友好型社会，2010年4月国家发展改革委、中国人民银行、银监会和证监会联合发布了《关于支持循环经济发展的投融资政策措施意见的通知》（以下简称通知）。通知是《循环经济促进法》实施以来国家出台的促进循环经济发展的第一个宏观政策指导文件，提出了规划、投资、产业、价格、信贷、债权融资产品、股权投资基金、创业投资、上市融资、利用国外资金等方面支持循环经济发展的具体措施。

为解决循环经济发展投入不足的问题，通知提出要充分发挥政府规划、投资、产业和价格政策对社会资金投向循环经济领域的引导作用。各地要编制“十二五”循环经济发展规划，确定发展循环经济的重点领域、重点工程和重大项目。各级政府要采用直接投资或资金补助、贷款贴息等方式加大对循环经济的重大项目和技术示范产业化项目的支持力度。国家研究完善促进循环经济发展的产业政策、相关价格和收费政策，引导消费者使用节能、节水、节材和资源循环利用产品。

针对发展循环经济面临的融资难问题，通知提出了促进循环经济发展的信贷支持措施。银行业金融机构对国家、省级循环经济示范试点园区（示范基地）、企业，要积极给予包括信用贷款在内的多元化信贷支持。要积极支持循环经济示范试点市、县、园区（示范基地）的循环经济基础设施、相关公共技术服务平台、公共网络信息服务平台的建设和运营。要积极开发与循环经济有关的信贷创新产品，拓宽抵押担保范围，创新担保方式，研究推动应收账款、收费权质押以及包括专有知识技术、许可专利及版权在内的无形资产质押等贷款业务。

为提高银行业金融机构支持循环经济发展的可操作性，通知明确了信贷支持的重点循环经济项目。包括节能、节水、节材和综合利用、清洁生产、海水淡化和“零”排放等减量化项目，废旧汽车零部件、工程机械、机床等产品的再制造和轮胎翻新等再利用项目，以及废旧物资、大宗产业废弃物、建筑废弃物、农林废弃物、城市典型废弃物、废水、污泥等资源化利用项目。

通知还提出要多渠道拓展促进循环经济发展的直接融资途径。支持国家、省级循环经济示范试点园区、企业发行企业（公司）债券、可转换债券和短期融资券、中期票据等直接融资工具。引导社会资金设立主要投资于资源循环利用企业和项目的创业投资企业。探索循环经济示范试点园区内的中小企业发行集合债券。鼓励、支持符合条件的资源循环利用企业申请境内外上市和再融资，鼓励企业将通过股市募集的资金投向循环经济项目。积极支持符合条件的循环经济项目申请使用国际金融组织贷款和外国政府贷款。

据国家发展改革委相关负责人介绍，循环经济是指在生产、流通和消费过程中进行的减量化、再利用、资源化活动的总称，是最大限度地节约资源和保护环境的经济发展模式，是实施可持续发展发展的重要内容。当前，发展循环经济已成为我国经济社会发展的一项重大战略，国家将进一步加大扶持力度，促进循环经济尽快形成较大规模。

中国新一代锰电解槽结出硕果

2010 年 1 月由杭州三耐环保科技有限公司自主研发的乙烯基树脂整体浇铸成型的锰电解槽技术填补了中国空白，并在贵州遵义亿方锰业成功应用。此次，亿方锰业年产 5000 吨锰的设备改造工程，率先在中国锰行业起用了由化工新材料乙烯基树脂整体浇铸成型的电解槽，替代由木料构造的传统电解槽。

新一代电解槽在节能、环保、产品收率、维护以及优化工艺流程等方面，与传统电解槽相关指标对比，都表现出绝对的优越性。数据显示，在原矿有效含量相当的情况下，乙烯基树脂整体浇铸电解槽比木质电解槽节电性能尤其突出，并在残留清除等工艺环节上大大提高了效率。除此以外，因其更具抗变形、耐腐蚀、极好的绝缘性能和占地节约，极大地提高了企业投资的综合收益。

杭州三耐环保自主研发生产的乙烯基树脂整体浇铸电解槽应用在锰行业虽尚属首次，但在铜锌行业已逐步推开，先后在多家企业得到成功应用，并得到用户普遍好评。专家认为，乙烯基树脂整体浇铸电解槽以其明显的性能优势，必将推动铜锌行业的水泥忖玻璃钢电解槽、锰行业的木质电解槽进行一次产业革命性的创新，乙烯基树脂整体浇铸电解槽将在有色、冶炼，甚至化工、医药行业全面开花结果。

新疆有色集团哈图金矿完成“十一五”节能目标

新疆有色集团哈图金矿采取多项措施，使该矿节能工作取得阶段性成果。截至 2010 年，已累计节约能源 3193.5 吨标准煤，全面完成了新疆自治区和集团公司下达的“十一五”期间节能 2506.84 吨标准煤的目标，其中万元产值综合能耗、单位工业产值与同期相比都有较大幅度的下降。

哈图金矿矿于 2007 年年初成立了由公司总经理担任组长的节能工作领导小组，设立了专兼职能源统计人员 24 名，将所有节能项目进行了全面梳理，并将节能的责任目标直接落实到矿区各单位部门，规定了完成时限，确定了考核奖惩办法，用经济杠杆和能源管理制度确保了节能工作的落实到位。

在电能利用方面大力开发、引进、吸收节能降耗技术。哈图金矿原供电线路老化，经常出现供电系统线路故障，为缓解供电压力，该矿 2009 年投入 800 多万元架设了一条全长 55.27 公里的 35 千伏高压输电线路，此条供电线路与原来的铁厂沟至哈图金矿 35 千伏高压线路互为热备供电，使矿区形成了双网双电的供电格局，减少了生产停车和电量损失；对矿区 4 个耗电大户的变压器进行了单独电容补偿，使其电压质量趋于稳定，电能损耗减少，提高了设备利用率；采用先进、节能的选矿工艺和设备，对两个选矿厂及冶炼厂进行了技术改造，不仅扩大了生产规模，增加了经济效益，而且降低了综合能耗；投入 50 万元，在矿区装上了 72 盏环保节能的太阳能路灯，经测算，此项举措每年可节约 6.6 吨标准煤。

从供热系统的改造来推进节能企业的建设。哈图金矿以前是按生产区和生活区分片供暖，由于 4 台蒸发量为 4 吨 / 小时的锅炉已使用多年，供暖设备和管网都已非常陈旧，导致厂区供暖不足且能源消耗很大。2009 年公司投入 800 多万元，新建了 2 台蒸发量为 15 吨 / 小时的蒸汽锅炉，开始向生产区和生活区集中供暖。经测算，集中供暖后，可使生产区和生活区供暖温度比过去提高 3~5 度，每年供暖期可节约 600~800 吨标准煤，既取得良好的节能效果，也有效的减少了排放；对现有设施进行维护，提高能源利用率，投入 14 万元为生活区楼房迎风面墙面增加了保温层，减少了热量损失，仅此一项，每年就可节约 200 多吨标准煤；同时，公司严把煤炭采购关，对煤的存储采取集中堆放和管理，并采取多种措施减少因风灾和自燃带来的煤炭损失。

哈图金矿还制定了“节约资源持续发展，能减排你我共同行动”的节能宣传宗旨，并充分利用企业内刊、办公平台、宣传橱窗等舆论宣传工具，在全公司深入开展“五个一”节约活动和“节能、降耗、减污，增效”为主题的合理化建议活动，有力的推动了节能工作的深入开展。

中国贵金属回收利用产业政策分析

金、银、铂、钯、钌、铑、锇和铱共 8 种贵金属元素在有色金属中占据着重要地位。贵金属之所以“贵”，除了价格因素以外，良好的化学稳定性以及其他独特的（甚至不可替代的）性质是其可“贵”之处。贵金属在工业上的广泛应用及其独特的性质使其在现代工业中扮演着越来越重要的角色，成为电子、化工、医药和国防等工业不可替代的重要材料。包括贵金属在内的有色金属资源已经成为世界各国仅次于石油的重要战略资源。

贵金属自然资源主要指地球上的矿产资源。尽管贵金属矿产资源分布很广，但目前值得开采的矿产资源并不很多，品位很低。但是，人类在几千年的历史活动中已经开采出来的贵金属的数量极大，铂族金属约为 0.4 万吨，金约 10 万吨，银约 110 万吨，全球已经产出的金、银数量早已超过已知的地质储量（金约为 2.4 倍，银约为 3.2 倍），其中大部分都是本世纪内生产的。除了少量作为金融储备、文物和工艺品以外，大部分均在工业行业循环使用。其存在形态主要为工业原料（主要指含贵金属的各类材料和化合物）、工业产品（包括电子信息产品、化工产品、医药产品等）、工业废弃物（如各类报废电子产品、报废催化剂等）。因此，贵金属资源的循环利用，实际上指的是贵金属废弃物—贵金属工业材料—含贵金属的工业产品—贵金属废弃物的闭合循环过程。

需要说明的是，这里所说的贵金属回收利用主要指的是工业废弃物中贵金属的回收利用，不包括首饰行业中贵金属的翻新利用。

贵金属二次资源的来源和特点

贵金属废弃物相对于贵金属矿产资源而言可称之为贵金属二次资源，主要产生于贵金属的生产过程、深加工过程、使用过程和淘汰过程，主要形态为贵金属生产过程产生的尾矿、深加工和使用过程产生的废液和废渣、报废或淘汰的工业和民用电子产品等。除了贵金属生产过程产生的尾矿以外，其他形态存在的贵金属废弃物的贵金属含量一般均高于原矿，再生利用过程中单位质量的贵金属的能源消耗及其他成本均大大低于原矿开采，同时产生的三废排放量远远少于原矿开采过程。因此，在贵金属矿产资源日益枯竭、贵金属采选冶过程的污染量居高不下、采选冶成本日益增加的情况下，加大对贵金属废弃物的再生利用力度，具有经济和环境双重意义。绝大多数国家已经把贵金属废弃物的再生利用放在与矿生资源的开发同等重要（甚至比后者更重要）的位置。

贵金属尾矿以外的废弃物的特点可归纳为品种多、来源广和价值高。由于贵金属使用面很广，化工、电子、医药、电镀和首饰等不同行业都在使用和废弃，因而贵金属废料的种类、形状、性质和品位差异很大，给贵金属废弃物的分类和再生利用带来了复杂性。通常根据贵金属废弃物的来源，将贵金属废料分为三大类型。

在贵金属深加工和贵金属材料使用过程产生的废弃物。如贵金属深加工过程中产生的废屑、边角料及使用过程中次生、派生的含贵金属的物料。这些废弃物大多数由产生废弃物的单位收集后自行处理，或交给有关企业进行深加工，流落到废料市场的部分极少。

性能变差或外形损坏，需要重新加工的贵金属化合物或含有贵金属的材料和产品。如含贵金属的失活催化剂，用坏的坩埚、器皿用具，性能变坏的电气、电子、测温材料等。这类废弃物是目前从事贵金属再生利用的企业或个人收集和回收的主要对象，原因是这类废弃物一般为贵金属材料使用企业所有，相对集中，并且废料中贵金属的含量容易确定，是目前贵金属废料市场的主体。

分散在众多的消费者手中的、已丧失使用价值的含贵金属制品。如贵金属用具、饰品、家用电器及耐用消费品（如汽车）上的贵金属零件等。这类废料的品种最为繁杂，单件含贵金属不多，但总的数量极大。通常因这些"废物"分布分散、单个器件含贵金属量偏低而不再回收或难以回收其中的贵金属。随着各类家电更新换代速度的加快，在这方面废弃的贵金属数量相当可观。近年来贵金属制品趋向小型化、节约化，材料中贵金属含量不断下降，复合材料增多，在不少产品往往只在关键零部件上使用少量的贵金属，因而本身价值不高，收集和分类费时费力，常常被消费者忽视而难以回收。随着企业产生的贵金属废弃物市场的竞争日趋激烈，这类贵金属废弃物已经逐步成为贵金属废料市场的重要组成部分，但是由于其中的贵金属含量难以精确测定，以议价形式或对贵金属不计价方式进行交易较多。

从贵金属的种类看，含金废料主要来源于电子工业的各种废器件、废合金和各种废镀金液等。含银废料的来源与含金废料相似，但因银是最廉价的贵金属，银在工业上的用途比金广得多，相应的含银废料的来源也比含金废料要多。含银废料主要来源于电子工业的触点材料、钎料、涂镀层、银电极、导体和有关复合材料等，石油化工行业的含银催化剂和各类银化合物使用后的废弃物，照相工业的各种废胶片、相纸和洗相用液，首饰及装饰品的各类含银首饰、表壳和有关艺术品等。铂族金属因包含 6 种金属，相应的废料种类比含金银的废料多。铂族金属废料的主要存在形式为废铂族合金、废铂族金属催化剂、废铂族金属电子浆料、废热电偶、废铂族金属电镀液以及废首饰等。各类废料所含铂族金属总量和各铂族金属元素的量差异很大。

中国贵金属回收利用产业政策

1983 年 6 月 15 日国务院发布了《中华人民共和国金银管理条例》，其中第二条规定了含金银等贵金属废弃物的收集、处理处置等详细内容，该条例所称金银，包括：矿藏生产金银和冶炼副产金银；金银条、块、锭、粉；金银铸币；金银制品和金基、银基合金制品；化工产品中含的金银；金银边角余料及废渣、废液、废料中含的金银。铂（即白金），按照国家有关规定管理。属于金银质地的文物，按照《中华人民共和国文物法》的规定管理。

在 2000 年以前，由于黄金和白银的生产、深加工、使用和报废均实行国家管制，由中国人民银行依据《金银管理条例》进行管理，因此，贵金属废弃物的收集工作主要由分布在各个省份的中国人民银行的定点企业完成，收集对象较为单一，主要为中国人民银行允许使用贵金属的企业中产生的贵金属废料。2000 年和 2002 年，国家逐步放开了对白银和黄金的国家管制，贵金属的使用和交易不再由中国人民银行管理，中国贵金属废弃物的收集体系随之发生了很大变化。

一是完成废弃物收集的主体，从所谓的人民银行定点企业变化为所有愿意收集和加工废弃物的企业和个人。

二是废弃物的对象，逐步从使用贵金属的企业产生的废弃物逐步转向了贵金属生产、使用贵金属的企业和个人报废的各类产品。含贵金属的废弃物的复杂性大大增加，贵金属往往成为其它废弃物中有价值回收物质的一部分。

三是收集和回收逐步做到了有分有合。2000 年以前的贵金属废弃物收集者一般为处理者，即收集到的废弃物一般由收集者直接回收其中的贵金属。2000 年以后则出现了收集贵金属废弃物者与回收处理贵金属者的分工合作，以贵金属废弃物作为主要交易物的废料市场逐步建立起来，出现了像湖南永兴县和浙江仙居县等把贵金属废料再生利用和交易作为支柱产业之一的贵金属大县。湖南永兴县每年从贵金属废弃物中再生银达到了 1500 吨，成为中国第一产银大县，被授予"中国银都"称号。

废旧家电及电子产品是贵金属废料的主要来源之一，也是污染问题最为严重的废弃物处理处置和再生利用领域之一。为此，中国国家相关部委高度重视。2004 年 9 月，国家发改委出台了《废旧家电及电子产品回收处理管理条例》（征求意见稿）；2005 年 11 月，中国科学院、中国工程院和国家自然科学基金委在江苏常州召开了"有色金属资源循环科学前沿与关键问题"的"双清论坛"，与会院士和专家一致认为应该加大对电子废弃物再生利用的科学和技术的研究力度。自 2006 年起，国家自科基金开始设立废弃物科技研究类项目；2005 年 12 月，国家发改委在河南焦作召开了推进循环经济现场交流会，明确指出必需加大对电子废弃物无害化处置的技术研究力度；2006 年 5 月，商务部公布了《再生资源回收管理办法》自 2007 年 5 月 1 日起施行；2008 年 8 月，《中华人民共和国循环经济促进法》出台；2009 年 2 月，《废弃电器电子产品回收处理管理条例》正式公布，自 2011 年 1 月 1 日起施行。

中国贵金属回收利用存在的问题

应该说，中国对于包括贵金属废料在内的废弃物资源综合利用的法律法规基本上已经建立完善了。金银管理条例放开以后，中国贵金属（有色金属）再生利用逐步从地下走到了地上，也出现了一些亟待解决的问题：

环保问题

环保问题已经成为目前中国贵金属二次资源循环利用过程中最为严重和引起关注的问题。主要表现在：

在拆解和分类过程中，人们过于关注贵金属的经济效益，将贵金属以及其他明显含有金属的部件拆解后，往往并不对使用或回收价值比较低的废塑料、橡胶和玻璃等进行无害化处置，随意丢弃、简单焚烧等现象严重；

预处理及随后进行的回收操作中，对废气缺乏有效的处置，对焚烧产生的烟尘和酸溶产生的废气的处置过于简单，废气排放的达标率较低；

湿法回收工艺中，二次废水的处理和回用率较低。没有对二次废水进行有效的分类处理，往往是酸性废水、重金属废水和氰化废水同时流入一个废水池中，容易产生新的有害废气和大量污泥沉淀；

缺乏有效的二次废渣处置方法和手段，往往在回收贵金属和其他金属的同时，产生了数量或体积更大的二次废渣。

大量个体回收者，在收集贵金属废弃物（如废定影液中的银）时，对贵金属废弃物采取简单的“就地预处理”方式，带走了富集的贵金属废料，随意抛弃了大量的其他废料，造成了更为严重的环境污染。

资源利用率问题

由于认识问题和价格相对较低，许多从事贵金属二次资源循环利用的企业把贵金属二次资源称为废料，在再生利用过程中，设备投入偏少，技术研发和工艺革新投入更少，随之带来了贵金属回收率低和环境污染严重的问题，给社会带来了体积或数量更大的低含量的贵金属废弃物。从贵金属资源的回收利用成本分析，贵金属含量越低，回收单位质量的同一品种贵金属的成本越高，如果对经过一次回收后的贵金属废料进行再次回收，单位质量的同一品种贵金属的回收成本将是一次回收的几倍到几十倍。因此，改进工艺和技术，提高贵金属废料的一次回收率，对保护贵金属资源和减少社会回收总支出是非常有利的。

认识和法律问题

对于贵金属资源的重要性、从事贵金属循环利用的紧迫性和意义，人们还存在着许多认识误区。误区之一是仅仅将贵金属资源循环利用与经济效益结合在一起，认为这一行业的主要目的是为了获得经济效益；误区之二是把废弃物的再生利用与产生大量二次污染必然地联系起来，认为废弃物再生利用总是与脏乱差的工作环境和废水横流、废气乱排放的现象结合在一起的。全民对于废弃物的资源意识和环保意识有待进一步加强。废弃物的分类收集、分类管理、分类处置难以落到实处。

行业管理问题

一是中国贵金属再生利用产业的行业管理难，相关政策难以落到实处。贵金属废弃物资源再生利用，一般与其他废弃物再生利用混为一体，很难分出一个新兴行业。以至于出现了各行业协会都在搞贵金属（有色金属）资源再生利用类的专业委员会，都在举办一些研讨会、展示会、国际交流会，导致政出多门、说法不一，贵金属处理处置企业的国家鼓励和优惠政策难以落实和操作；二是缺乏贵金属废料的公认权威分析检测机构，贵金属废料的计价随意性较大。贵金属废料收集过程无序混乱，相互竞争废料来源几乎到了白热化程度，贵金属废料交易的专业网络平台尚未真正建立起来，贵金属废料的交易仍然主要依靠交易双方的直接联系来解决；三是绿色清洁的贵金属再生利用技术的研发和推广应用难度大。

国家高度重视相关技术的开发和产学研结合工作，2009 年 10 月，由科技部牵头组织了中国第一个产业技术创新战略联盟———中国再生资源产业技术创新战略联盟，并设立了一些国家科技支撑计划项目，专门从事绿色清洁的废弃物资源再生利用技术开发和产学研结合工作。2003 年，由中国有色金属工业协会再生金属分会成立了贵金属深加工及其应用专业委员会，2005 年，由中国物资再生协会成立了贵金属再生专业委员会，江苏省成立了贵金属深加工技术及其应用重点实验室和电子废弃物资源循环工程中心。这些科研机构开发了大量的贵金属深加工和回收利用新技术，但是，在转化科技成果过程中举步维艰。

解决问题的途径和对策

提高全社会对包括贵金属二次资源在内的废弃物资源重要性的认识，解决好无害化处置和资源化利用之间的矛盾，加强技术开发力度，加强国际交流和合作，对废弃物资源的循环利用进行立法，是解决上述各种问题的关键。

解决好无害化和资源化的关系

贵金属二次资源的无害化处置主要解决处置过程中的环境污染问题，其核心是处置过程不能造成新的二次污染，它涉及技术因素和经济因素。贵金属二次资源的资源化目的是为了使贵金属二次资源中的贵金属和其它有价值材料重新创造出新的经济效益。从一定意义上讲，使用无害化处置技术来处置贵金属二次资源与提高经济效益（尤其是眼前利益）是矛盾的。因此，贵金属二次资源循环利用企业必须提高认识，处理好眼前利益和长远利益的关系，在无害化的前提下进行资源化。从长远看，不仅符合国家和环境利益，同时也是企业长久生存的前提。

加强科技开发力度和国际合作

贵金属二次资源的无害化和资源化处置涉及的科学和技术问题，需要多学科联合攻关，加大技术开发力度，才有可能真正实现无害化前提下的资源化。废弃物问题已经成为一个世界性难题，各国都在废弃着、处置着。加强国际间在废弃物处置技术和政策方面的交流和合作，优势互补，是解决这一难题的重要手段。中国人口众多，劳动力相对便宜，在拆解和分类等需要大量劳动力的废弃物处置工序上占有优势，同时包括铜铝铅锌和贵金属在内的有色金属资源是中国紧缺资源，废弃物处置后的产品可以在中国得到就地消化。因此，中国应该积极开展废弃物无害化和资源化的基础理论、应用开发和产业化研究，积极吸收国外先进处置工艺和技术，开展全方位的国际交流和合作，做大做强中国的资源循环业，努力使之成为世界重要的资源循环业大国。

法律先行

对包括贵金属二次资源在内的各种废弃物资源的循环利用进行立法，是提高人们对资源循环的认识水平、解决无害化和资源化矛盾、加大技术开发力度的法律保证。尽管中国已经出台了《中华人民共和国循环经济促进法》和《废弃电器电子产品回收处理管理条例》等一系列涉及包括贵金属二次资源在内的法律法规，但是，保护在贵金属（有色金属）矿产资源方面做得还不够，建议对中国有色金属和贵金属矿产资源限制开采或禁止开采进行立法，并同步建立国家收储有色金属和贵金属矿产金属的体制。

中国大规模的贵金属二次资源循环利用工作还刚刚开始，涉及的问题还很多。但是，资源短缺的严重性、人与环境的协调发展的紧迫性和构建资源节约型社会的重要性，已经使我们不得不认真审视中国贵金属回收利用产业政策存在的问题，认真分析和考虑实现中国贵金属资源循环的有效途径和方法。随着对资源环境与人的协调发展的认识水平的提高，贵金属二次资源循环利用这个新兴产业必将得到快速发展。

中国黄金集团节能减排打造绿色企业

中国黄金集团公司是中国最大的黄金企业也是中国黄金行业中唯一的中央企业。作为一家以矿产资源开发为主业的国有大型企业，节能减排、构建绿色企业始终是中国黄金孜孜以求的目标。

多年来，中国黄金一直坚持从保护环境中求发展，在发展中解决环境问题，坚持“安全发展、清洁发展、节约发展、和谐发展”的发展战略，全方位加强环境保护工作，努力创建资源节约型和环境友好型企业集团。据统计，2009 年，中国黄金的工业废水中C O D排放量为 2215 吨，比 2005 年的 2536 吨减少了 321 吨，削减 12.6%；工业废气中二氧化硫的排放量为 531 万吨，比 2005 年的 600 吨减少了 69 吨，削减 11.5%，超额完成了国资委下达的节能减排目标。

规范管理 环境保护多措并举

在 2010 年中国黄金工作会议上，中国黄金总经理、党委书记孙兆学郑重提出：“要高度关注环境保护工作，重点加强尾矿库、含氰物质的治理和监控，严格推行达标排放；要进一步减少C O D和二氧化硫排放量，应对‘低碳’经济的要求。”

结合公司发展规划，中国黄金提出了节能减排指导性意见，制订了节能减排工作实施方案。一方面，建立重点企业节能减排工作统计报告制度，按月调度下属企业工作进展情况，按季度分析企业能耗状况并按时报告国资委；另一方面，对企业主要工序的能耗、物耗指标进行了分解，总结工作经验并及时发现企业在节能减排工作中所存在的不足，研究应对措施。

在节能环保工作中，中国黄金坚持贯彻国家环保法律法规要求，加大污染物排放总量控制和考核力度。在严格贯彻《中华人民共和国环境影响评价法》的同时，中国黄金还严格执行建设项目环境影响评价及“三同时”管理制度，并颁布了《中国黄金集团公司环境保护管理暂行规定》等配套制度规范。为了保证环保责任落到实处，中国黄金总经理与所属企业主要负责人都分别签订了安全环保责任书，明确了责任对象、责任目标、事故控制指标和问责惩罚等内容。

强化环境风险控制，是中国黄金保护环境的另一重要举措。针对可能发生的污染物超标排放、化学品泄漏、有毒气体扩散、危险废物管理等环境敏感问题，中国黄金要求各企业层层落实隐患治理、监控以及应急措施。2009 年，中国黄金各所属企业组织安全环保检查 228 次，落实安全环保整改措施 332 条。不仅如此，中国黄金把推行清洁生产作为一项长期技术政策，优化生产全过程环境保护管理，持续提高生产现场清洁生产水平；对尾矿及废渣进行科学治理，大力推广尾矿干排、含氰尾液循环利用技术，对尾矿进行综合利用。

为更好地提高员工的环保意识、规范员工的行为，中国黄金把推行环境管理体系认证作为环境管理模式转变的切入点和环保工作转变思路的重要方向。中原黄金冶炼厂等多家企业通过进行环境管理体系认证，同时积极做好持续改进工作，投入较大资金对厂（矿）区现有环保设施进行了优化和完善，提高了整体的环境管理水平。

创新科技金色产业构建绿色企业

中国黄金设有长春黄金研究院环境保护研究所和中国黄金环境监测中心两家环保科研机构，拥有 1 2 项专利技术。“十一五”期间，中国黄金承担了《液膜—膜电解提金技术及配套设备研究》、《含氰废水综合治理技术及配套设备研究》等 4 项国家科技部科技支撑计划课题，在氰化物深度处理等领域已经达到了国际领先水平。

近年来，中国黄金不断加大对节能减排循环经济项目的科研投入力度，大力推广具有经济效益、社会效益和环境效益的项目。2009 年，集团公司向财政部择优申报了 13 个节能减排循环经济项目，总额超过 3 亿元。

在开展节能降耗工作中，中国黄金适时地将新技术、新方法推广到集团所有企业。例如，中国黄金一直积极向其所属企业推广节能灯的使用，据不完全统计，目前已有 80%以上的集团企业井下更换了节能灯，更换约 20000 多个，年节约电费 600 万元以上。

科技成果的推广应用还体现在减排方面，OOT 法深度处理低浓度含氰废水（矿浆）技术已经在中国黄金集团夹皮沟公司得到了成功的应用。对每个批次废液外排前的化验分析结果显示，经过该技术处理后的外排水污染物含量平稳，总氰含量低于 0.2mg/L，COD 含量低于 50mg/L，均低于国家的相关排放标准。

在做好生产过程环境保护的同时，中国黄金还高度重视生态环境保护工作，积极改善区域生态环境，边开采边复垦，恢复植被，防止水土流失，以促进企业与环境、社会的和谐，如乌努格土山铜钼矿项目地处内蒙草原，植被脆弱，生态和环境保护意义重大。项目建设指挥部坚持把“资源节约、环境友好、生态和谐”作为项目建设的标准，加大生态和环保投入，尝试在建设中绿化、在剥离中复垦的新路，取得了很好的效果。

不断突破构建一流环境友好型企业

“十二五”期间，中国黄金将以科学发展观统领环境保护工作，追求“零事故、零伤害、零污染”，杜绝较大及以上环境污染事故，很大程度上减少一般环境污染事故。到 2015 年，中国黄金的环境保护形势根本好转，主要环境保护技术经济指标达到中国同行业先进水平。其主要措施包括：

首先，认真落实环境保护目标责任制，重点抓好环境考核奖惩体系建设，全面实施落实好环境管理考核奖惩制度；其次，进一步加强建设项目环境管理，做好源头控制，把环境影响评价作为项目投资建设评价的首要因素，实行环境保护一票否决制；第三，加强清洁生产推广工作，通过采取改进设计、使用清洁的能源、材料和原料，采用先进的工艺技术与装备，改进管理、综合利用等措施，从源头削减污染，提高资源利用效率；第四，鼓励企业根据清洁生产水平和发展需要，贯彻环境管理系列标准，积极开展环境管理体系认证或产品环境标志认证；第五，进一步加强环境保护科研工作，通过技术更新、改造，全面提升企业环境保护技术水平；第六，持续开展环境保护宣传教育和培训工作，制订并实施年度环保宣传培训计划，普及环境保护知识，加强环保宣传，倡导企业环保文化。在未来的发展中，中国黄金集团将进一步提高环保意识、切实加强环保工作，认真履行好中央企业的社会责任，继续推进中国黄金集团实现更好更快发展，把中国黄金集团建成世界一流的矿业公司和环境友好型企业。

中铝洛铜高纯无氧铜铸锭创国际一流水平

中铝洛铜高精度电子铜板带项目部坚持用装备创新来带动技术创新和产品升级，不断加快向高端产品领域挺进的步伐。高纯无氧铜炉自投产以来，生产的7000多吨高纯无氧铜铸锭，全部为优质铸锭，标志着生产的高纯无氧铜铸锭品质达到国际一流水平。

国际标准含氧量的高纯无氧铜，生产设备要求高，熔铸工艺难度极大。目前世界上仅有少数几个国家可以少量生产，大批量生产的制约条件极为苛刻。

中铝洛铜高精度电子铜板带项目建设按照“中国领先、世界一流”的标准定位，在总结自己多年生产无氧铜历史的基础上，吸取了世界上最着名的无氧铜生产厂家的经验，取各家之长，优化配置。这条生产线采用了美国的高纯无氧铜炉组、德国立式全连续铸造机组为主要工艺设备，加料、预热、熔化、精炼、保温、铸造、锯切等工序全部实现自动化。

在引进先进装备的同时，中铝洛铜还充分利用自己丰富的人力资源优势，选拔出最优秀的高级工程师、高级技工和管理人员充实到新的生产线。为了确保引进设备安装精度，他们充分利用自身的宝贵经验，边调试边改进，使得这条生产线的实际水平高于原设计要求，令国外专家不断竖起大拇指。2009年9月设备全线调试完成，所有设备均一次起熔成功。经过5个多月的工艺设备技术研究、改进和完善，成功的完成了高纯无氧铜铸锭生产的研发工作。目前，生产线主要生产C10200无氧铜铸锭规格为230×620×8000 mm，单重为10吨。高品质无氧铜制品含氧量低于5ppm，其中有相当数量含氧量在3ppm以下，并已形成了稳定的生产能力，为国内外电子高端产业的后续生产提供可靠的材料保证。

中铝山东分公司科研成果破解世界环保难题

中铝山东分公司自主创新的中国首项利用赤泥制备新型燃煤脱硫剂科技成果，经过6个月的投用生产试验，具备了年产30万吨新型燃煤脱硫剂的生产能力，将从“金字塔”里源源不断地提炼出“化害为利、变废为宝、以废治污”的“白金”，大大提升该公司低碳环保生产水平。

这项已申请为中国国家专利的科技成果，不仅可以置换出815亩土地，还可以消化掉一个重大危险源，保护2000万吨的矿产资源，减少二氧化碳排放近900万吨，仅供电厂锅炉烟气脱硫，潜在的市场需求可达100—150万吨/年的规模，用20—30年左右的时间，可完全消化掉赤泥量2400万吨的第一堆场赤泥，成为该企业以废治废又一项重大成果，为中国发展循环低碳环保经济做出了突出贡献。

为破解赤泥综合利用这一世界性难题，早在2007年，中铝山东分公司研究院的科研人员就提出对赤泥作为脱硫剂用于烟气净化的技术试验研究，并在各级领导的大力支持下，开展了大量的实验室研究工作，2008年在实验室研究取得成功的基础上进行了扩大试验，2009年立项为中国铝业科技计划项目，经过两年多的研究与试验，成功研发了赤泥制备新型燃煤脱硫剂新技术。

担负着该项新技术项目转化生产的氧化铝厂，为了确保技改项目尽快投用生产，成立了技改小组，利用人才和信息优势，集思广益，自行设计，就地取材，自筹备件，自行施工，短短几个月的时间，顺利完成了年产30万吨新型燃煤脱硫剂的安装调试，标志着已经堆存了56年的赤泥将实现变废为宝。新项目所使用的立磨生产设备原是氧化铝厂的一台闲置设备，每月背负着200多万元的停产损失，该项目的成功实施，不仅开辟了一条综合利用赤泥的新途径，还盘活了该厂闲置的设备资产，创造了可观的经济效益和社会效益。

子牙循环经济区将打造中国北方最大再生资源加工站

子牙循环经济区每年可向市场提供原材料铜 40 万吨、铝 15 万吨、铁 20 万吨、橡塑材料 20 万吨、其他材料 5 万吨，成为中国北方地区最大的再生资源加工利用的专业化产业区，年拆解加工能力为 150 万到 200 万吨。2010 年，园区规划面积将达到 4.87 平方公里，年处理各种固体废物 500 吨。园区未来的建设目标是成为中国北方循环产业经济带的龙头，可以称为“北方的矿山”。

天津市 2010 年将加快子牙循环经济产业园的建设，全年投资 25 亿元用于园区开发，做好基础设施建设，将子牙园区建成循环、生态、便捷和宜居的国家级循环经济示范区。

天津子牙循环经济区位于静海子牙镇，立足于固体废物拆解加工、报废汽车及进口汽车压件拆解加工、废旧塑料拆解加工和废旧电子信息产品拆解加工四大产业，预计 2010 年年处理各种固体废物将达到 500 吨。这片土地各项产业实施到位后，将变成中国“变废为宝”的一块宝地。

现场探秘

废弃电线眨眼大变身

园区不同厂房分工不同。一间厂房内，几名身着制服的工人正将堆积如山的废弃电线进行拆解，手法相当麻利。拆解后的废弃电线被分为了两部分——电线外皮和金属丝。另一间厂房里，一座庞大的机器正在运转，工人把电线拆解后的金属丝放入机器入口，机器末端就产生出金属粉末，新鲜而光亮。

“放心，不光是金属丝，旧电线外皮也有用，不会扔掉的。”据工作人员介绍，电线里的金属丝经过技术处理就能变废为宝，生产出金属原材料。剥下来的电线外皮也会进行粉碎处理，通过加工制成橡塑材料。而在不规范的回收体系当中，这些可再利用资源大多都会被丢弃。

发展困境

6 万“拾荒大军”造成浪费

“目前天津大约有 6 万的‘拾荒大军’，这些人将收来的破烂进行简单分类，有用的留着，没用的就一把火烧掉，造成了大量资源浪费。”据介绍，子牙园区筹建之初，社会上的废旧电子拆解行业很不规范，一些企业或个体经营者为了牟取经济利益，在没有先进的技术设备和完善的管理体系情况下，对废旧电子产品进行处理，造成了严重的环境污染和资源浪费。建立子牙园区的初衷，就是杜绝污染、规范市场。

“随着人口增多和工业发展，中国矿产资源日趋紧张。在发达国家，资源再生利用率达到 80%，而中国的资源再生利用率只有 20%。也就是说，中国有数亿万吨的资源亟待再利用。”有关负责人表示。

“垃圾”难回收只能靠进口

“世界上没有垃圾，只有放错地方的资源。”有关负责人表示，子牙园区每年从国外进口的废旧机电产品约为 100 万吨，都可以进行再利用，这也说明这项产业的前景。据了解，目前子牙园区的再利用废旧机电原料主要来自进口，由于中国回收体系不完善，居民和企业的废旧机电产品很难被收集到产业园区。据了解，子牙园区的发展目前面临三个问题：社会需要建立一个良好的回收体系，国家应出台相关法律法规给予支持，公民的意识也亟待提高。

“即使拥有先进的废弃机电处理技术，投巨资建设厂房，而没有废弃机电来源的话，也不能进行资源再生产。目前中国还没有建立资源回收的相关法律，而国外的资源回收法律法规很健全，比如在日本，回收一个旧灯泡都有相关的法规。另外，中国企业对旧机电进行再利用的费用需要自己出，回收时要出一部分钱，处理时又要自己出钱，这使得很多进行再生资源加工的中小企业举步维艰。”

产业前景

2010 年处理固体废物 500 吨

京津冀地区矿产资源稀少。园区实现了天津市进口废五金电器、废电线电缆和废电机定点加工利用单位从零星分散布局向整合集中布局的重大调整，同时采取有效措施，遏制区外违规分散拆解进口废物的现象，凸显了进口废物“圈区管理”的示范效应，已被列入《天津市“十一五”发展规划纲要》。

未来打造循环经济产业基地

子牙循环经济区总体规划包括空间布局规划和产业发展规划。规划本着生态环保、统筹建设的原则，将建设成为高度生态环保、产业链条衔接、沟通国内外市场、具有重要示范和推广价值的循环经济产业基地。子牙循环经济区起步区规划 30 平方公里，远期 50 平方公里，远景控制在 130 平方公里。区内初步规划建设生产加工区、行政办公区、科技研发区、生活居住区、商贸物流区、展示交易区、专业培训区等功能区。

目前，作为中国北方最大的再生资源专业化园区，区内建有大型公用工程岛，统一建设集污水处理、中水回用、雨水收集、废弃物处理等为一体的综合节能环保系统，水资源循环利用率、废弃物无害化处理率、绿色建筑普及率等均达到 100%，使这些环保设施发挥最大的功效。同时，还将拓宽招商渠道，创新招商方式，重点引进废弃机电产品的精深加工与再制造项目、废旧电子信息拆解处理项目、报废汽车拆解处理项目、橡塑拆解处理项目、新能源和节能环保项目，形成产业链，促进产业聚集和规模发展，提升园区规模和效益。

拟在建项目汇编

湖北安陆市建设8万吨/年镍铁项目

地区分类：湖北
进度分类：环评
专题分类：金属冶金项目

有色金属镍属于国家战略资源，目前中国镍金属自给率在50%左右，市场需求潜力大；国家发改委的发改办技（2008）301号文《国家发展改革委员会办公厅关于组织实施2008年度重大产业技术开发专项的通知》中，强调大力推广低品位红土镍矿高效利用关键技术。

湖北长江镍业高科技股份有限公司根据目前市场需求及国家相关政策要求，拟从乌克兰进口红土镍矿，采用技术工艺成熟的氧化镍矿火法冶金技术，在湖北安陆市建设年产8万吨的镍铁项目，产品符合ISO6501标准20#镍铁。项目分两期建设，一期建设规模为年产4万吨镍铁，二期建成后规模达到8万吨。

建设单位：湖北长江镍业高科技股份有限公司
地　址：湖北安陆市碧涢路
联系人：杨云奇
电　话：13488701979
电子邮箱：huahaitech@163.com
环评机构：湖北省环境科学研究院
地　址：湖北省武汉市武昌区八一路338号
联系人：李军
电　话：027-87865610
传　真：027-87211953
电子邮箱：loujou@sina.com

栾川县润华矿产品购销有限公司多金属回收生产线建设项目

地区分类：河南
进度分类：备案核准
专题分类：金属冶金项目
投资金额：1800万元

栾川县润华矿产品购销有限公司多金属回收生产线建设项目为河南省企业投资项目，建设规模：栾川县润华矿产品购销有限公司利用自有1000吨/日选厂产生的尾矿配套建设1000吨/日尾矿多金属回收生产线，对尾渣中的铁、硫、铜、钨进行综合回收。工艺技术主要采用高频射流螺旋法回收硫精矿，磁选法回收铁精矿，射流加温脱药法回收钨精矿，并对尾矿中残留的其他金属作为附产品予以回收。配套新建尾矿库一座，由三门峡黄金设计院设计有效库容180万立方米，服务年限6年，需占用宜林荒坡45亩。主要设备有浮选机、磁选机、螺旋器、再磨机、防腐搅拌糟等。目前硫、铁等市场趋好，尾矿综合回收利用项目节约资源，降低成本，效益好。

备案批文号：豫洛栾县源[2009]00126　。总投资1800万元。其中企业自筹1800万元，银行贷款0万元，国外资金0万元，其他资金0万元。

建设单位：栾川县润华矿产品购销有限公司
地　址：栾川乡七里坪村
邮　编：471500
电　话：0379 -6884730

栾川县田丰矿业3000吨/日多金属综合回收项目

地区分类：河南
进度分类：备案核准
专题分类：金属冶金项目
投资金额：5000万元

3000吨/日多金属综合回收项目为河南省企业投资项目，建设规模：栾川县田丰矿业有限公司拟利用该公司秋水沟矿区多金属矿藏和现存低品位矿渣，新建3000吨/日多金属综合回收项目。主要回收硫、铁、铅、锌、银等。其中，硫含量为6%、铁含量为14%、铅含量为8%。该公司采用成熟技术，工艺流程为：原矿→破碎→球磨→浮选→磁选。主要设备包括球磨机、浮选机、磁选机等。目前铅、铁、硫市场看好，资源综合利用，成本低，效益好。

备案批文号：豫洛栾县源[2009]00127　。总投资5000万元，均为企业自筹。

建设单位：栾川县田丰矿业有限公司
地　址：栾川县赤土店镇清和堂村
邮　编：471500
电　话：0379-66830430

湖南绥宁县年产40000t硅锰合金建设项目

地区分类：湖南
进度分类：环评
专题分类：金属冶金项目
建设地点：绥宁县关峡镇现绥宁县园艺场。

建设规模和内容：新建1条16000KVA的硅锰合金电炉生产线及其辅助生产设施，厂区占地面积40000，总建筑面积，9240m2，其中电炉冶炼主厂房1600m2，仓库2000m2，办公楼、生活楼等共3000m2。

建设单位：绥宁县金瑞锰业发展有限公司
联系人：邱先生
电　话：0739-4269187
评价单位：长沙市环境科学研究所
地　址：长沙市解放西路136号蓝色地标1123室
邮　编：410000
联系人：杨先生

电　话：0731-85315578

重庆綦江铝加工产业园项目

地区分类：重庆
进度分类：环评
专题分类：金属冶金项目
投资金额：1800000万元
建设地点：位于綦江县北渡场河坝村，园区位于清溪河与綦江河交汇处。
建设性质：新建
规划用地：规划区用地总面积为863.5公顷
总 投 资：总投资180亿元，实现销售收入260亿元，完成利税共26亿元。其中，一期项目投资130亿元，实现销售收入200亿元，完成利税20亿元。
功能定位及产品发展目标：贯彻科学发展观和循环经济发展的要求，做强做大铝产业，充分利用本区域各种优势资源，依托重庆旗能电铝有限公司电解铝的生产，全力发展铝产业链，集工业、旅游为一体的观光型铝工业园区。
建设单位：綦江县经济和信息化委员会委员会
联系人：龚光宏
电　话：023-48605552
环评单位：中冶赛迪工程技术股份有限公司
联系人：刘霞
电　话：023－63548327
电子邮件：xia.liu@cisdi.com

鹤山市远东五金型材有限公司建设项目

地区分类：河南
进度分类：环评
专题分类：金属冶金项目
投资金额：2000万元
鹤山市远东五金型材有限公司拟建于鹤山市桃源镇建桃工业区，主要生产铜、铝型材和铸件等，年产铜、铝型材20000t/a，铸件5000 t/a。使用的原材料主要是铜、锌、铝、硅。项目占地7562.78平方米，计划总投资2000万元。项目从业人数90人左右，每天生产时间为一班制8小时，预计年工作日为300天。
建设单位：鹤山市远东五金型材有限公司
地　址： 鹤山市桃源镇建桃工业区
邮　编：529737
联系人：吴先生
电　话：0750-8739638
评价单位：广州市环境保护工程设计院有限公司
地　址：广州市回龙路增沙街20号
邮　编：510160
联系人：王娟
电　话：13352858527
传　真：020-83377209
E-mail： kelly800522l@yahoo.com.cn

5000吨/日多金属综合回收项目

地区分类：河南
进度分类：备案核准
专题分类：金属冶金项目
投资金额：8000万元
5000吨/日多金属综合回收项目为河南省企业投资项目，建设规模：利用本企业选矿尾渣配套建设多金属回收生产线，生产规模为日处理尾渣5000吨，年可回收硫18.2万吨，钛铁54.6万吨，铅11.4万吨，工艺技术为：尾渣-球磨-浮选-硫精矿，剩余尾渣-磁选-精选-钛铁精粉，剩余尾渣-球磨-浮选-铅精粉。主要设备包括球磨机、高频射选机、磁选机、射流螺旋柱等。目前硫、铁、铅市场看好，尾渣再利用节约资源，成本低，效益良好。
备案批号：豫洛栾县源[2009]00129 。
建设单位：栾川县君企选矿有限公司
地　址：栾川县赤土店镇竹园村
电　话：0379－66839156
传　真：0379－66839188

湖北长阳扩建20000t/a电解金属锰生产线项目

地区分类：湖北
进度分类：环评
专题分类：金属冶金项目
投资金额：17000万元
基本情况：新建两条10000t/a电解锰生产线、一座电解锰渣堆场（2#渣场）和配套公辅设施，项目建成后年产电解金属锰2万吨。总投资1.7亿元，其中环保投资1410.6万元。
金属冶金项目常用材料设备包括：
建设单位：长阳铠榕电解锰有限公司
地　址：湖北长阳土家族自治县高家堰镇
电　话：0717-8790018
传　真：0717-5487548

2×450m3高炉及2×25000kVA矿热炉项目

地区分类：广西
进度分类：环评
专题分类：金属冶金项目
投资金额：74760.98万元
崇左市锰铝科技产业园内建设2×450m3高炉及2×25000kVA矿热炉项目。该项目于2009年8月经崇左市江州区发展和改革委员局批准立项，登记备案证号：江发改备案字[2009]09号。本项目总投资74760.98万元，其中环保投资3710万元，占总投资的4.96%。
本项目占地面积294800m2，约442.2亩。选址位于崇左市江州区新和镇崇左市华侨经济管理区锰铝科技产业园西南部的三类工业用地区内，在新和镇东南面约5km处，西面2km处为崇左至新和公路。项目选址符合《崇左市新和镇暨崇左华侨经济管理区产业园区总体规划》和《崇左华侨经济管理区锰铝科技产业园区控制性详细规划》规划要求，用地条件好，交通运输便利。项目主要污染物经采取有效环保措施治理后达标排放，可满足项目所在区域空气、声环境质量要求。本项目的建设不影响邻近地表水环境功能区划，对地表水质及水生生物资源影响不大。因此，从环保角度分析，本项目选址可行。项目总平面布置能够满足生产要求，工艺流程合理，布局紧凑，交通运输顺直、畅通，符合消防、卫生防护等要求，总平面布置合理。

建设单位：广西崇左丰源矿业有限公司
联系人：陈跃飞
电　话：18907769999
评价机构：北京矿冶研究总院
联系人：张静
电　话：0773-5839548
传　真：0773-5839747
电子信箱：kdy_tws@163.com

广西年产3000吨稀土金属材料技改项目

地区分类：广西
进度分类：环评
专题分类：金属冶金项目
投资金额：8000万元

随着国内外对新功能材料的需求不断增加，为了更好地适应市场需求和企业的持续发展，进一步提高企业竞争能力，充分利用各方优势和贺州市金源稀土功能材料有限公司已占有的市场份额，进一步开拓稀土深加工产品，广西贺州市金源稀土功能材料有限公司决定在贺州市旺高工业区内设立贺州市金广稀土新材料有限公司，进行技改项目投资建设，生产稀土合金材料，提高企业核心产品的竞争能力，使贺州的稀土企业处于国内稀土企业的领先地位。本项目投资总额8000万元，其中：建设投资4300 万元，流动资金3700万元，项目新增用地约85亩。采用目前国际上比较成熟的氟盐体系电解制备稀土金属技术工艺，规模为年产3000吨稀土金属。

建设单位：广西贺州金广稀土新材料有限公司
联系人：李庆文
电　话：0774-8813001
环评单位：贺州市环境保护科学研究所
联系人：吴鸿华
电　话：0774-5220062

洛钼集团三道庄钼矿30000t/d露采配套二期工程

地区分类：河南
进度分类：备案核准
专题分类：采矿项目
投资金额：26969.25万元

洛钼集团三道庄钼矿30000t/d露采配套二期工程为河南省企业投资项目，建设规模：30000t/d露采配套一期工程已于2009年7月备案（项目编号：豫洛栾县工[2009]00070 ），现需进行二期工程，主要建设内容包括破碎站道路硬化、汽修车间迁建、加油站、4#破碎站等工程，二期需新征山坡地64.2公顷。该项目建成后可保证30000t/d的采矿系统正常运行，公司经济效益可保持相对稳定。

备案批号：豫洛市域工[2009]00747
建设单位：郏县恒祥矿产品有限公司
地　址：栾川县城君山西路374号
邮　编：471500
电　话：0379-66819701
传　真：0379-66824500

福建省尤溪县溪坪矿区铜（金）矿开采项目

地区分类：福建
进度分类：环评
专题分类：采矿项目

福建省尤溪县溪坪矿区铜（金）矿开采项目位于尤溪县中仙乡善邻村，建设单位尤溪县景鑫矿业有限公司于2004年12月取得尤溪县中仙乡溪坪铜（金）矿区采矿许可证，采矿许可证由福建省国土资源厅颁发，证号：3500000410037，有效期2004年12月～2008年12月，矿区范围面积为0.25平方公里，开采深度为+500 m –+300m。目前采矿证已到期，拟对其申办延续采矿许可证，扩大开采深度，拟由高程+500m～+300m扩大至+535m～+200m，开采面积仍为0.25平方公里，开采方式仍为地下开采，采用斜井开拓，开采规模为铜（金）矿石6万吨/年，服务年限4年(基建1年,生产2年,扫尾1年)，设计采矿回采率80%、采矿贫化率10%、采准切割万吨采掘比150米，设计可开采利用资源量为14.77万吨、服务年限4年(含基建、扫尾各1年)。项目总投资1000万元。

建设单位：尤溪县景鑫矿业有限公司
联系人：饶晦晖
电　话：18859206083
环评单位：三明市环境保护科学研究所
地　址：福建省三明市梅列绿岩新村74幢
邮　编：365000
联系人：林新尧
电　话：0598-8245468
传　真：0598-8242568

大冶市大垴山金矿3万吨/年金矿采矿项目

地区分类：湖北
进度分类：环评
专题分类：采矿项目
投资金额：1309.9万元

湖北大冶市大箕铺镇大垴山金矿设计开采的千家湾铜矿区位于大冶市东南4km，行政区划隶属于大冶市大箕铺镇管辖。设计生产规模为3万吨/年，矿区面积为0.4634 km2，项目总投资1309.9万元。项目采用地下开采，竖井开拓，侧翼风井回风，主要产品是矿山精矿，其中Cu品位21%；回收率85%。铜精矿中含金，Au随同Cu精矿一道回收，回收率70% 。矿区经整合后，三家采矿权人分别是：联营铜矿、中友铜矿及大垴山金矿。矿山原有多个井口（竖井、斜井）通达地表，经整合后为三条竖井（主井、付井及风井），本次方案设计均加以利用。

根据工程初步分析，拟建项目的主要污染源是采矿区产生的粉尘污染和水污染以及噪声影响等；项目产生的非污染生态影响主要是采矿造成的植被破坏、土地占用以及水土流失等。项目设计中拟对粉尘、废水、噪声采取控制和污染削减措施，使各项污染物做到达标排放；采取工程和生物措施减少植被破坏和控制水土流失，减轻对生态环境的影响。

建设单位：大冶市大垴山金矿
地　址：大冶市大箕铺镇
联系人：　曹中波
电　话：13545527888
环评单位：武汉工程大学
地　址：武汉市雄楚大街693号
联系人：陈立钦
电　话：13627249026
传　真：027-87446427
电子信箱：lqchen8254@163.com

中家山年产15万吨铅锌（金银）矿采选项目

地区分类：安徽
进度分类：环评
专题分类：采矿项目
建设地点：安徽省凤阳县小溪河镇石马行政村中家山

项目概要：中家山铅锌（金银）矿采矿项目新建年产铅锌矿石15×104t，本项目采用竖井—斜井开拓方案，选择电耙留矿采矿法。选矿厂所采用的工艺为：破碎→ 筛分→ 磨矿→ 分级→ 浮选→脱水。前期由竖井进风，斜井出风，正式运行后确定为中央分区对角式通风系统。项目生产时，井上矿石临时堆放，但很快运入选矿厂，矿井与选矿厂之间运输线路短捷、顺畅。采矿分为凿井、井巷开拓、爆破、装载运输等环节。

建设单位：凤阳县金鹏矿业有限公司
电　话：0550－6025336
环评单位：宿州市环境保护科学研究所
联系人：高勇
电　话：0557-3920476

安徽省庐江县矾山镇杨山铁矿采选建设项目

地区分类：安徽
进度分类：环评
专题分类：采矿项目

庐江县矾山镇杨山铁矿位于矿区位于庐江县城东南约25km处与庐江县矾山明矾石矿区毗邻。矿区中心地理座标为：东径117° 24′ 00″，北纬31° 15′ 00″，隶属矾山镇管辖。该矿现已开采多年，采矿证书号：3400000420234，根据矿山的开展进度和发展规划，现建设单位拟投资1.3应当说亿元人民币，对庐江县矾山镇杨山铁矿进行开采利用，杨山铁矿包括Ⅰ号矿带、Ⅱ号矿带、Ⅲ号矿带和Ⅳ号矿带，其中Ⅰ号矿带已开采结束，首先开采Ⅲ号矿带，待Ⅲ号矿带开采结束后，安排Ⅱ号矿带露天开采、待Ⅱ号矿带露天开采结束后，进行Ⅱ号矿带地下开采和Ⅳ号矿带地下开采。其中，矿山设计开采矿石量年生产规模Ⅲ号露采设计规模15万t/a，Ⅱ号露采设计规模15万t/a，Ⅳ号地采设计规模15万t/a，开采深度标高+75m至-214.5m米。杨山选矿厂位于Ⅱ号采场与Ⅳ号采场之间，杨山脚下。选矿厂年处理能力达20万t。矿山建设可增加地方财政收入，带动地方经济，同时解决部分人的劳动就业。到目前为止，已重新进行了储量核实，编制开发利用方案、水土保持方案、矿山地质环境保护与综合治理方案等，并对排土场、尾矿库进行了工程地质勘探。

建设单位：庐江县矾山矿业有限公司
地　址：庐江县矾山镇
邮　编：231553
联系人：侯东来
电　话：0565-7614998
传　真：0565-7614998
环评单位：广东核力工程勘察院安徽分院
地　址：合肥市和平广场配套用房112室
邮　编：230011
联系人：文南生
电　话：0551-4469650
传　真：0551-4487271
电子邮箱：416686049@qq.com

埃塞肯提查钽铌矿开发项目

地区分类：国外
进度分类：在建
专题分类：采矿项目
投资金额：100500万元

埃塞肯提查钽铌矿开发项目为宁夏回族自治区2009年重点建设项目，项目性质：项目，建设规模为：日处理日采选4800吨风化矿建设及改造、日1200吨尾矿综合利用、年处理400吨精矿钽铌氧化物生产线及配套设施。

计划建设内容为：日处理日采选4800吨风化矿建设及改造、日1200吨尾矿综合利用、年处理400吨精矿钽铌氧化物。

建设单位：中色(宁夏)东方集团有限公司
电　话：0952-2098055

四川平武县双凤铅锌选矿厂项目

地区分类：四川
进度分类：环评
专题分类：采矿项目

建设规模：日生产铅锌原矿1000吨；年产原矿25万吨；铅精矿7500金属吨；锌精矿12500金属吨。

建设内容：修建选厂车间、厂房、生活区，配套规模的尾矿库以及配套设施和环保设施等。工程建设占地面积总计8.75hm2，其中厂区永久占地面积0.38hm2、弃渣场占地面积7.92hm2。

建设单位：平武县双凤选矿有限公司

地　址：平武县响岩镇双凤村
邮　编：621000
联系人：邓天友
电　话：13980123132
环评单位：四川冶金研究设计院有限公司
绵阳市环境科学研究所
邮　编：621000
联系人：黄英
电　话：0816－2242704

30万吨/年氧化亚锰矿建项目

地区分类：宁夏
进度分类：在建
专题分类：采矿项目
投资金额：10000万元

30万吨/年氧化亚锰矿建项目为宁夏回族自治区2009年重点建设项目，项目性质：扩建，建设规模为：年生产氧化亚锰30万吨。

2009年计划建设内容为：原料车间、还原车间、冷却车间、矿石破碎系统、粉煤系统、成品库、环保设施、动力设备和电气设备、办公楼、职工宿舍等。

建设单位：宁夏华夏特钢有限公司
地　址：中宁石空工业园
电　话：0955-5619056 15809678998

唐山马城铁矿综合开发项目

地区分类：河北
进度分类：可研
专题分类：采矿项目
投资金额：800000万元

马城铁矿综合开发项目为唐山重点建设续建项目。

建设单位：滦南县国土资源局
电　话：0315-2682781
邮　箱：sunwx@sunwx.com

海省茫崖镇虎头崖多金属矿采选工程

地区分类：青海
进度分类：在建
专题分类：采矿项目

虎头崖多金属矿采选工程由采矿、选矿工业场地、水源地及生活设施与辅助生产设施组成。采选规模为日处理矿石量1333.3t，服务年限15年。

采矿方案：地下开采方式，全矿分为东西两个采区，采矿方法采用浅孔留矿法和分段空场法。 选矿工艺：三段一闭路破碎；两段闭路磨矿；先铜后铅再锌的优先浮选流程。产出的铜、铅、锌精矿采用浓密、过滤两段脱水流程。

尾矿输送方案：采用尾矿低浓度直接输送、坝下回水方案。

建设单位：格尔木金涌矿业开发有限责任公司
地　址：昆仑经济开发区
邮　编：816000
电　话：0979-8415818

青海省都兰县洪水河年产20万t铁精粉采选项目

地区分类：青海
进度分类：在建
专题分类：采矿项目
投资金额：30817万元

青海省都兰县洪水河铁矿年产20万t铁精粉采选项目，建设地点位于青海省都兰县洪水河铁矿矿区，为新建项目。

都兰县洪水河铁矿总资源量为1211万吨，矿区面积约2.9835km2。矿山建设规模为：露采30×104t/a，服务年限2.9年，井下开采50×104t/a，服务年限18年，矿山服务年限总计约21年；选冶规模为50×104t/a原矿，产品铁精矿年产量20×104t，品位55.00%。建设内容主要包括采矿工程、选矿工程、尾矿库、辅助生产工程、公用工程、行政福利及生活设施。

建设单位：青海西钢矿业开发有限责任公司
联系人：王军
电　话：0971－5299512

云南锡业集团购买澳大利亚Metal X公司塔斯马尼亚岛锡资产项目

地区分类：国外
进度分类：备案核准
专题分类：采矿项目

澳大利亚外商投资审核委员会正式批准云南锡业集团购买澳大利亚Metal X公司的塔斯马尼亚岛锡资产。根据双方协议，云锡集团以5000万澳元的价格购买Metal X公司塔斯马尼亚业务50%的股份，并有权根据这部分业务的运行情况再增购10%的股份。增购价格取决于未来一年这部分业务的锡精矿产量能否达到6000吨以及运行成本是否能够降低。交易涉及的资产包括Renison锡矿及选矿厂、MtBischoff锡矿、Rentails尾矿处理项目。

投资单位：云南锡业集团
地　址：云南省个旧市金湖东路121号
邮　编：661000
电　话：0873－3116262
传　真：0873－2125416

青海省海西州都兰县胜利铁矿采矿工程项目

地区分类：青海
进度分类：水土保持方案评审
专题分类：采矿项目
投资金额：235.86万元

青海省海西州都兰县胜利铁矿采矿工程项目为2009年11月水利部和省级水行政主管部门审批开发建设项目。建设地点：都兰县。防治责任范围18.11公顷，水土保持方案编制单位：青海省水利水电勘测设计研究院。

审批文号及时间为：青水水保[2009]825号2009.12.1

建设单位：青海西钢矿业开发有限责任公司

地 址：西宁柴达木西路52号

电 话：0971-5292008

传 真：0971-5292008

霍邱张庄铁矿采选工程项目

地区分类：安徽

进度分类：水土保持方案评审

专题分类：采矿项目

霍邱张庄铁矿采选工程项目为2009年6月水利部和省级水行政主管部门审批开发建设项目。防治责任范围445公顷，水土保持方案编制单位：安徽省水利水电勘测设计院。

审批文号及时间为：水保函[2009]409号2009.12.17

建设单位：马钢（集团）控股有限公司

地 址：安徽省马鞍山市九华西路8号

邮 编：243003

电 话：0555-2882114

广东封开县园珠顶铜钼矿采选工程项目

地区分类：广东

进度分类：水土保持方案评审

专题分类：采矿项目

广东封开县园珠顶铜钼矿采选工程项目为2009年6月水利部和省级水行政主管部门审批开发建设项目。水土保持方案总投资2144.3万元。防治责任范围1123.7公顷，水土保持方案编制单位：中水珠江规划勘测设计有限公司。

审批文号及时间为：水保函[2009]411号2009.12.18

建设单位：肇庆市升华物业发展有限公司

邮 编：526040

电 话：0758-2737128

小狐狸山矿区铅锌钼矿2000吨/天采选工程项目

地区分类：内蒙

进度分类：水土保持方案评审

专题分类：采矿项目

小狐狸山矿区铅锌钼矿2000吨/天采选工程项目为2009年10月水利部和省级水行政主管部门审批开发建设项目。建设地点：阿拉善盟。

水土保持方案总投资208.6万元。防治责任范围18.012公顷，水土保持方案编制单位：内蒙古水文总局。

审批文号及时间为：内水保[2009]201号2009.12.16

建设单位：内蒙古天成矿业有限公司

地 址：内蒙古额济纳旗赛汉陶来经济开发区

电 话：0483-6971688

传 真：0483-6971688

东升庙矿区三贵口330万t/a铅锌矿南矿段采选工程项目

地区分类：内蒙

进度分类：水土保持方案评审

专题分类：采矿项目

乌拉特后旗紫金矿业有限公司东升庙矿区三贵口330万t/a铅锌矿南矿段采选工程项目为2009年7月水利部和省级水行政主管部门审批开发建设项目。建设地点：乌拉特后旗。

水土保持方案总投资1151.35万元。防治责任范围94.81公顷，水土保持方案编制单位为：巴彦淖尔市水土保持工作站。

审批文号及时间为：内水保[2009]190号200912.3

建设单位：乌拉特后旗紫金矿业有限公司

电 话：0478-4668855 4668810

传 真：0478-4668855

中国铝业股份有限公司三门峡市芒花岭铝土矿项目

地区分类：河南

进度分类：水土保持方案评审

专题分类：采矿项目

中国铝业股份有限公司三门峡市芒花岭铝土矿项目为2009年5月水利部和省级水行政主管部门审批开发建设项目。建设地点：渑池县。

水土保持方案总投资199.84万元。防治责任范围33.24公顷，水土保持方案编制单位：郑州市绿荫水利水保技术服务有限公司。

审批文号及时间为：豫水行许字[2009]209号2009.12.3

建设单位：中国铝业股份有限公司

地 址：郑州市上街区登封路35号

邮 编：450041

电 话：0371-68937797

传 真：0371-68937797

南丹县南星锑业有限责任公司茶山矿项目

地区分类：广西

进度分类：水土保持方案评审

专题分类：采矿项目

南丹县南星锑业有限责任公司茶山矿项目为2009年11月水利部和省级水行政主管部门审批开发建设项目。建设地点：河池市南丹县。

水土保持方案总投资83.29万元。防治责任范围2.54公顷，水土保持方案编制单位：南宁中桂水土保持科技有限公司。

审批文号及时间为：桂水水保函［2009］127号2009.12.9

建设单位：南丹县南星锑业有限责任公司

地 址：河池城关镇民行大道中路

邮　编：547200
电　话：0778-7235728 7235738
传　真：0778-7235728 7280829

沂源县下沟矿区铁矿石采选项目

地区分类：山东
进度分类：开工准备
专题分类：采矿项目
下沟矿区铁矿石采选项目为山东省2010年企业重点技术改造导向计划项目，建设地点：沂源县，年新增生产能力为100万吨。
总投资46000万元，其中其中固定资产投资32200万元，其中申请贷款30000万元，其中项目资本金16000万元。
建设单位：山东华联矿业股份有限公司
地　址：山东省淄博市沂源县东里镇
邮　编：256119
电　话：0533-3380047
传　真：0533-3380065

青海省贵南县克鲁沟铜矿工程项目

地区分类：青海
进度分类：水土保持方案评审
专题分类：采矿项目
青海省贵南县克鲁沟铜矿工程项目为2009年11月水利部和省级水行政主管部门审批开发建设项目，设地点：贵南县。
水土保持方案总投资29.39万元，防治责任范围5.87公顷，水土保持方案编制单位：青海省江源水土保持科技开发有限公司。
审批文号及时间为：青水水保[2009]838号2009.12.4
建设单位：青海省西宁兆庆园林工程有限公司
地　址：西宁市西关大街19号
电　话：0971-3987386

大宝山多金属矿矿产资源开发利用项目

地区分类：广东
进度分类：水土保持方案评审
专题分类：采矿项目
广东省大宝山矿业有限公司大宝山多金属矿矿产资源开发利用项目为2009年7月水利部和省级水行政主管部门审批开发建设项目。建设地点：韶关市曲江区、翁源县。
水土保持方案总投资8607.72万元。防治责任范围942.27公顷，水土保持方案编制单位：中水珠江规划勘测设计有限公司。
审批文号及时间为：粤水保[2009]237号2009.11.11
建设单位：广东省大宝山矿业有限公司
地　址：韶关市曲江区沙溪镇
邮　编：512128
电　话：0751-6618321 6617147
传　真：0751-6618216

广西华锡集团股份有限责任公司铜坑矿区采矿工程项目

地区分类：广西
进度分类：水土保持方案评审
专题分类：采矿项目
广西华锡集团股份有限责任公司铜坑矿区采矿工程项目为2009年9月水利部和省级水行政主管部门审批开发建设项目。建设地点：河池市南丹县。
水土保持方案总投资129.73万元。防治责任范围98.32公顷，水土保持方案编制单位名称为：广西交通规划勘察设计研究院。
审批文号及时间为：桂水水保函[2009]110号2009.11.2
建设单位：广西华锡集团股份有限责任公司
地　址：广西柳州桂中大道华锡大厦
邮　编：545006
电　话：0772-2622629

云锡老厂羊坝底硫化矿选矿技改工程项目

地区分类：云南
进度分类：水土保持方案评审
专题分类：采矿项目
云锡老厂羊坝底硫化矿选矿技改工程项目为2009年9月水利部和省级水行政主管部门审批开发建设项目，建设地点：个旧市。
水土保持方案总投资361.86万元。防治责任范围6.95公顷，水土保持方案编制单位：西南有色昆明勘测设计（院）股份有限公司。
审批文号及时间为：云水保[2009]283号2009.11.23
建设单位：云南锡业股份有限公司
电　话：0871-6287203

曲松县香卡山铬铁矿区Ⅷ、Ⅸ、Ⅹ矿群地下开采工程项目

地区分类：西藏
进度分类：水土保持方案评审
专题分类：采矿项目
西藏自治区曲松县香卡山铬铁矿区Ⅷ、Ⅸ、Ⅹ矿群地下开采工程项目为2009年10月水利部和省级水行政主管部门审批开发建设项目，建设地点：山南地区曲松县。
水土保持方案总投资197.35万元。防治责任范围17.12公顷，水土保持方案编制单位：西藏自治区水利技术服务总站。
审批文号及时间为：藏水农[2009]57号2009.11.4
建设单位：西藏山南江南矿业有限责任公司
地　址：西藏山南乃东县泽当镇贡布路42号
邮　编：856000
电　话：0893-7826153

传 真：0893-7833035

墨竹工卡县甲玛铜多金属矿区牛马塘矿段采矿工程（3000t/d）项目

地区分类：西藏
进度分类：水土保持方案评审
专题分类：采矿项目

西藏墨竹工卡县甲玛铜多金属矿区牛马塘矿段采矿工程（3000t/d）项目为2009年10月水利部和省级水行政主管部门审批开发建设项目。建设地点：拉萨市墨竹工卡县。

水土保持方案总投资1410.38万元。防治责任范围80.352公顷，水土保持方案编制单位：中科院•水利部成都山地灾害与环境研究所。

审批文号及时间为：藏水函[2009]47号2009.11.4
建设单位：西藏华泰龙矿业开发有限公司
地 址：西藏拉萨市金珠中路34号
电 话：0891-7684289

年产5万吨硫锌矿改扩建项目

地区分类：安徽
进度分类：环评
专题分类：采矿项目

原铜陵县桐兴硫锌矿和原铜陵朱村兴化硫锌矿均进行深部开采，两矿矿权平面最近距离约25m，且开采规模较小，互相影响较大。为实现规模生产，提高整体开发水平，拟对原铜陵县桐兴硫锌矿和原铜陵朱村兴化硫锌矿进行资源整合，整合后的矿名称为铜陵县桐兴硫锌矿，开采规模为5万吨/年，开拓方案采用竖井开拓方式，采矿工艺为浅孔留矿采矿法。铜陵县桐兴硫锌矿位于铜陵市南东150°，平距6km，行政隶属铜陵县天门镇。矿区有土石公路与原朱村镇沥青公路相连，在狮子山与沿江快速通道及芜湖-铜陵铁路相连，交通方便。

建设单位：铜陵县桐兴硫锌矿
地 址：铜陵县天门镇
联系人：方矿长
电 话：13955917287
环境影响报告书编制单位：广东核力工程勘察院
地 址：广州市花都区滨湖路1号大厦4号楼
邮 编：510800
联系人：王云东
电 话：13645600851

新建年处理10万吨银矿石选矿厂及配套尾矿库项目

地区分类：福建
进度分类：环评
专题分类：采矿项目

2008年2月25日取得英山矿区的探矿权，2009年7月福建省冶金工业研究所编制了《柘荣县磊鑫矿业有限公司英山矿区西矿段新建年采10万t银矿石项目环境影响报告书》，8月该报告书获得了福建省环保厅的批准。目前柘荣县磊鑫矿业有限公司拟建设与采矿能力相配套的选矿厂和尾矿库。

建设地点位于福安市范坑乡领先村。选矿厂生产规模为10万t/a，生产工艺为浮选。配套的尾矿库位于选矿厂下方山沟，设计有效库容67.38万m3。服务期限10年。

建设单位：柘荣县磊鑫矿业有限公司
地 址：福安市范坑乡上坪村
联系人：胡文武
电 话：15859856888
评价单位：福建省冶金工业研究所
证书编号：环评证乙字第2212号
地 址：福州市珠宝路8号
邮 编：350011
联系人：赵于杰
电 话：0591-83542992
电子信箱：zyjffnn@126.com

冯家寮矿区年产6万吨铁多金属矿改建工程

地区分类：福建
进度分类：环评
专题分类：采矿项目

冯家寮矿区位于邵武市张厝乡祝岭村，直距邵武市区约31km，矿区已开采多年，根据现有的采矿许可证（证号为3507810410001），矿区面积共计0.21km2，开采标高700-500m，矿区范围内尚保有矿石资源储量（含磁铁矿和褐铁矿）（122b+333）42.97万吨。项目目前已完成储量核查和开发利用方案设计工作，设计开采储量37.450万吨，采用电耙留矿法方式进行硐采，生产能力6万t/a，服务年限6年。

建设单位：邵武市多金属选矿厂
地 址：邵武市张厝乡祝岭村
邮 编：354000
联系人：王全江
电 话：15859900007
评价单位：环境保护部南京环境科学研究所
证书编号：国环评证甲字第1901号
地 址：南京市玄武区蒋王庙街8号
邮 编：210018
联系人：张小姐
电 话：13799380064

周至县安家岐金银矿开发利用项目采矿区

地区分类：陕西
进度分类：环评
专题分类：采矿项目

项目建设总投资1584万元，矿区范围西起安家岐金矿床9号勘探线，东至28号勘探线，矿区范围地理位置坐标为东经108° 05′ 50″ ～108° 06′ 27″；北纬33° 52′ 28″ ～33° 52′ 42″ 。周至县人民政府在《周至县矿产资源规划》（周政发[2005]32号文）中安家岐金矿被列为重点勘查和开发项目，西安市人民政府在《西安市人民政府关于同意实施周至县矿产资源规划的批复》（市政发[2005]87号文）中，周至县安家岐金矿被西安市列为“十二五”重点开发项目。

建设地点：周至县安家岐乡

建设单位：西安丰林商贸有限公司

地　址：西安市东大街345号（710000）

联系人：李宏

电　话：13488328226

评价机构：陕西省环境科学设计院

地　址：西安市（710002）

联系人：张海斌

电　话：029-85429164

电子邮箱：xiaotao_chang@163.com

周至县安家岐金银矿开发利用项目选矿厂

地区分类：陕西

进度分类：环评

专题分类：采矿项目

周至县安家岐金矿选矿厂始建于1998年，原日处理矿石能力25吨/日，采用单一浮选法生产工艺。2003年，企业关停了原有25吨/日生产线，并在原厂区另新建了一个生产车间及配套矿石堆场，采用单一浮选法生产工艺，处理矿石能力达到100吨/日。项目建成后陆续有过小规模的生产，主要处理安家岐金矿探矿过程中产生的矿石，随着安家岐探矿工程的结束，选矿厂也于2007年停产至今。

由于选矿厂生产规模的制约环节主要为球磨系统，企业通过采用两段破碎，并控制破碎后矿石粒径的工艺，使进入球磨系统的矿石粒径减小，大大的提高了球磨系统的生产能力。通过实践试运行，现有工程设备完全可以达到日处理矿石200吨的生产规模，有能力处理采矿工程日开采的矿石量。因此本次选矿区不再新增设备，仅对原有设备进行维修、保养。

建设地点：本项目选矿厂位于西安市周至县二曲镇下孟村东南。

建设单位：西安市丰林商贸有限公司

地　址：西安市东大街345号

联系人：李宏

电　话：13488328226

评价机构：陕西省环境科学研究设计院

地　址：西影路112号

联系人：张海斌

电　话：029-85429164

电子邮箱：xiaotao_chang@163.com

宏辉铁矿（祁东铁矿鲤鱼山—三面山矿段邵东段）30万吨/年采选工程

地区分类：湖南

进度分类：环评

专题分类：采矿项目

拟投资8640万元，建设宏辉铁矿30万吨/年采选工程。拟开采的宏辉铁矿位于邵东、祁东及衡阳等三县交界处的邵东县境内，矿区面积1.4628平方公里，设计可采储量756.38万吨。该项目开采对象为磁铁矿体，开采标高为＋600米～＋300米，采用地下开采方式、平硐留井开拓方案，采矿方法为留矿法和房柱法，设计矿山开采服务年限为28年。选矿采用破碎—磨矿—弱磁选—强磁选的生产工艺，规模与采矿规模配套，建成达产后年产品位64%的铁精矿9.9万吨。尾矿库位于大岭村石狮塘（选厂以西约100米处），有效库容为78.20万方，尾矿库服务年限约为5年，湖南省水工环地质工程勘察院编制的尾矿库工程地质勘察报告结论为区域场地基本稳定，基本适用于建设。

建设单位：邵东县金众矿业开发有限公司

地　址：湖南省-邵阳市-邵东县大岭村

邮　编：422829

电　话：0739-2881888

南郑县楠木树铅锌矿开发项目

地区分类：陕西

进度分类：在建

专题分类：采矿项目

南郑县楠木树铅锌矿开发项目为汉中市2010年重点建设项目，建设地点：南郑县，建设规模和内容为：日处理矿石1000吨,年产锌金矿2.5万吨。

总投资12725万元。其中银行贷款6362万元，自筹6363万元。主要建设内容为：日处理矿石1000吨选矿厂，矿石生产线、尾矿库建设，生产、办公、生活用房建设；道路等配套基础设施建设。

建设单位：汉中市天鸿基矿业有限公司

电　话：0916-5376110

邮　编：723102

地　址：汉中市大河坎

陕西煎茶岭镍业公司镍金矿开发工程项目

地区分类：陕西

进度分类：在建

专题分类：采矿项目

陕西煎茶岭镍业公司镍金矿开发工程项目为汉中市2010年重点建设项目，建设地点：略阳县，建设规模和内容为：建设生产规模2000吨/日、66万吨/年的镍矿采选工程，1万吨/年高冰镍冶炼工程，有效库容为781.53万立方的后沟尾矿库建设工程。

总投资126464万元。其中银行贷款91464万元，自筹35000万元。主要建设内容为：2000吨/日镍矿采选工程建设；完成有效库容为781.53万立方的后沟尾矿库建设前期准备工作；开始1万吨/年高冰镍冶炼工程的前期准备工作。

建设单位：陕西煎茶岭镍业有限公司

地址一：陕西省西安市北关正街9号鸿海大厦10层西渠沟村

电　话：029-86230702

传　真：029-8624893

邮　编：710015

地址二：陕西省略阳县何家岩镇

电　话：0916-4972005

传　真：0916-4972018
邮　编：724308

陕西略阳钢铁有限责任公司矿山开发项目

地区分类：陕西
进度分类：在建
专题分类：采矿项目

陕西略阳钢铁有限责任公司矿山开发项目为汉中市2010年重点建设项目，建设地点：略阳县，建设规模和内容为：年处理原矿140万吨。

总投资66000万元。其中银行贷款36000万元，自筹30000万元。主要建设内容为：矿山、隧洞及主、副井工程建设。

建设单位：陕西略阳钢铁有限责任公司
地　址：陕西省汉中市略阳县大沟口
电　话：0916-4864000
传　真：0916-4822743
邮　编：724301

洋县钒钛磁铁矿扩建工程项目

地区分类：陕西
进度分类：在建
专题分类：采矿项目

洋县钒钛磁铁矿扩建工程项目为汉中市2010年重点建设项目，建设地点：洋县，建设规模和内容为：建设年产60万吨铁精粉生产线。

总投资40000万元。其中银行贷款30000万元，自筹10000万元。

建设单位：洋县钒钛磁铁矿有限公司
地　址：汉中市洋州镇卫生街３２号
电　话：0916-8212065
邮　编：723300

尼日尔共和国阿泽里克矿业项目

地区分类：国外
进度分类：工程承包商确定
专题分类：采矿项目

阿泽里克铀矿位于尼日尔，估计矿山使用年期为17年，，预期于今年下半年投产，全面营运后，估计年生产能力可达700吨左右。按边际品位0.05%估算，阿泽里克铀矿含有11227吨左右的铀矿资源。

阿泽里克矿业股份公司由中国国核海外铀资源开发公司（SINO U）、中兴金源科贸有限公司（ZXJOY INVEST）、千辉控股有限公司（TRENDFIEND HOLNDING）和尼日尔政府于2007年6月在尼日尔共同组建。

施工单位：中国水利水电第十工程局有限公司
地　址：成都市青羊区十二桥路7号
邮　编：610072
联系人：雷季新
电　话：028-87760179
传　真：028-87716129

澳大利亚塔斯马尼亚州西北部的雷尼森锡矿项目

地区分类：国外
进度分类：备案核准
专题分类：采矿项目

该项目锡金属资源量为20.47万吨，品位为0.79%，储量为10.71万吨，品位为0.53%，是目前澳最大的在产锡矿，属世界级特大锡矿之一，拥有完整的勘探、采矿、选矿生产体系，预计年产含8000吨锡金属的精矿。

雷尼森锡矿原属澳大利亚X金属公司下属的蓝石矿山塔斯马尼亚有限公司拥有。云锡集团与香港柏淞资源环回有限公司在香港成立云锡集团香港投资控股有限公司，专门用于该项目投资运作，其中，香港柏淞公司持55%的股份，主要负责出资；云锡集团持45%的股份，负责矿山管理和产品销售。该合资的云锡香港公司将出资6000万澳元，购买蓝石公司60%的资产。参股后，云锡香港公司与蓝石公司共同成立管委会和蓝石合资公司，用于管理该项目。云锡香港公司最终在管委会5名董事席位中将获得3席，并担任管委会主席；在负责项目日常经营管理的蓝石合资公司5名董事席位中也将获得3席。云锡集团与香港柏淞公司将获得与投资比例一致的精矿产品份额，并有权优先购买属于蓝石公司的精矿产品份额。

云锡集团与蓝石公司于2009年4月签订合作框架协议，5月完成了技术、财务和法律尽职调查，7月获云南省国资委批准，12月获澳大利亚外国投资审查委员会（FIRB）批准，2010年1月双方签署正式合作协议，将于2月26日履行资产交割手续，预计3月1日新公司正式运行。

投资单位：云南锡业集团有限责任公司
地　址：云南省个旧市金湖东路121号
邮　编：661000
电　话：0873－3116262
传　真：0873－2125416

吉林吉恩镍业收购加拿大皇家矿业项目

地区分类：国外
进度分类：备案核准
专题分类：采矿项目

2009年11月，国家发展改革委核准了吉林吉恩镍业要约收购加拿大皇家矿业公司100%股权项目。吉恩镍业公司投资不超过2亿加元，其中7618万加元用于收购皇家矿业100%股权，1.1亿加元用于收购该公司面值为1.37亿加元的可转换债券，其余资金用于支付中介机构费用和其他前期费用。

投资单位：吉林吉恩镍业股份有限公司
地　址：吉林省磐石市红旗岭镇
电　话：0432-65610580 65610628

铜官山铜矿床深部资源开采项目

地区分类：安徽

进度分类：环评
专题分类：采矿项目
铜官山铜矿位于安徽省铜陵市东南1.8公里，地处铜官山区境内。铜官山铜矿床为原铜陵有色铜官山铜矿开采，九十年代中后期，因资源枯竭等因素于1998年3月8日停产，2003年按国家政策关闭破产。该矿床采矿权证现拟转给铜陵有色股份金口岭矿业公司。随着经济的复苏，铜价攀升，为了充分利用铜官山铜矿床深部矿体剩余资源，并解决关闭破产企业人员就业压力,铜陵有色股份金口岭矿业有限公司拟对铜官山铜矿床深部资源进行开采，设计开采规模为年产铜矿石14.85万t，服务年限为18年。
建设单位：铜陵有色股份金口岭矿业有限公司
联系人：徐先生
电　话：13866519750
评价单位：中钢集团马鞍山矿山研究院有限公司
联系人：沈先生
电　话：0555-2404635
E- mail：cshengang@yahoo.com.cn

旺建矿区年产10万吨银多金属矿项目

地区分类：福建
进度分类：环评
专题分类：采矿项目
旺建矿区位于大田县城北东直距约13km处，属大田县湖美乡旺建村、前进村及前坪乡黎明村管辖，矿区已完成普查地质工作，银定坂矿段属于该普查区中已完成地质详查的矿段，该矿段详查报告已由福建省国土资源评估中心完成储量评审，拟进行开采，目前已完成项目开发利用方案设计，拟开采矿区总面积0.512km2，开采标高600～918m，设计利用资源量102.08万t，设计开采规模为年产银多金属矿10万t，设计矿山服务年限14年（含基建期），采用平硐+斜坡道开拓，浅孔留矿法采矿。
建设单位：大田宝生矿业有限公司
地址：大田县前坪乡黎明村
邮　编：354000
联系人：张勇生
电　话：13905079287
评价单位：环境保护部南京环境科学研究所
证书编号：国环评证甲字第1901号
地　址：南京市玄武区蒋王庙街8号
邮　编：210018
联系人：张小姐
电　话：13799380064

长汀县中坊矿区稀土矿开发工程

地区分类：福建
进度分类：环评
专题分类：采矿项目
稀土矿山位于福建省长汀县河田镇中坊村和根溪村境内。中坊稀土矿区矿石资源储量224.47万t。建设规模为开采稀土矿原矿20万t/a，最终产品为碳酸稀土，年产量为673.305t，品位为92%。矿山采用“原地浸取”开采工艺，矿体地表挖掘注液井，用硫酸铵溶液进行原地浸取，收液主巷及叉巷收取稀土母液，送至工业场地用碳酸氢铵溶液进行除杂、沉淀，经压滤脱水后获得碳酸稀土产品。矿山服务10年，其中基建1年，稳产7年，减产及扫尾各1年，项目建设投资500万元。
建设单位：厦门钨业股份有限公司
地　址：龙岩市新罗区西坡龙腾中路291号恒亿大厦六楼
邮　编：364000
联系人：刘遂晟
电　话：0597-2892290
传　真：0597-2892290
电子邮箱：18950808928@189.cn
环评单位：北京矿冶研究总院（国环评证　甲　字第1014号）
地　址：北京市西直门外文兴街一号
邮　编：100044
联系人：周连碧、祝怡斌
电　话：010-88399242/88299248
传　真：010-68324912
电子邮箱：yibinzhumas@163.com
协作单位：福建省环境科学研究院（国环评证　甲字第2202号）
地　址：福州市北环中路茶园小区环北三村10号楼
邮　编：350013
联系人：郑大增
电　话：0591-87716024
传　真：0591-87739252
电子邮箱：pjs_gzcy@126.com

陈家湾铜钼矿6万吨/年采选矿技改工程

地区分类：湖北
进度分类：环评
专题分类：采矿项目
项目概况：按照湖北省国土资源厅的要求，将鄂州市陈家湾金矿和鄂州市鸿福实业有限责任公司两个采矿权人整合为鄂州市鸿福实业有限责任公司一个采矿权人，整合后陈家湾铜钼矿床年开采量为6万吨/年，开采方式为地下开采，建设有4个主副竖井，选矿方法为一段闭路破碎＋一段闭路磨矿+浮选提铜。选矿工艺用水抽取矿井地下涌水，循环使用。我研究所受鄂州市鸿福实业有限责任公司的委托，开展该项目的环境影响评价工作。项目建设规模：年采选铜钼矿6万吨/年，整合后矿区范围0.1526平方公里，服务年限7年。开采方式为留矿全面法开采。
建设单位：鄂州市鸿福实业有限责任公司
地　址：鄂州市汀祖镇吴垴村
环评单位：鄂州市环境保护研究所
地　址：鄂州市滨湖南路环保大楼
联系人：刘工
电　话：0711-3281801
传　真：0711-3281801

E- mail：liuyaya119@163.com

小南山铁矿（整合）90万t/a露天开采工程

地区分类：安徽
进度分类：环评
专题分类：采矿项目
投资金额：7236.8万元
建设内容：拟建项目总投资7236.8万元，拟建项目环保投资600万元。项目建设内容主要包括主体工程（穿孔、爆破、采装）、辅助工程（开拓运输、采场防排水）、储运工程（剥离岩石、矿石运输）、公用工程（供电、供水、供气）、环保工程（粉尘治理、噪声控制、固体废物处理与处置、生态保护及水土保持）等。
建设单位：马鞍山市小南山矿业有限公司
联系人：傅小姐
电　话：0555-3122481 15555597790
传　真：0555-3122481

梁林铁矿采矿建设工程项目

地区分类：山东
进度分类：备案核准
专题分类：采矿项目
主要建设内容：建设井建工程、井下开采工程、地表厂区基建工程、尾矿库工程和设备安装工程。
批准文号：鲁发改工业[2009]270号
建设单位：东平县建龙矿业有限公司
联系人：刘经理
电　话：0538-2366689
地　址：东平县老湖镇梁林村东平县建龙矿业有限公司
邮　编：271505

年产5万吨硫锌矿改扩建项目

地区分类：安徽
进度分类：环评
专题分类：采矿项目
在不影响矿山正常生产的条件下，将原铜陵县桐兴硫锌矿和铜陵县朱村兴化硫锌矿进行资源整合形成铜陵县桐兴硫锌矿，整合后的矿山生产能力为5万t/a。项目总投资约400万元。开拓方案及采矿方法：铜陵县桐兴硫锌矿采用竖井开拓方式，采矿方法为浅孔留矿法。
建设单位：铜陵县桐兴硫锌矿
地　址：铜陵县天门镇
联系人：方矿长
电　话：13955917287
环境影响报告书编制单位：广东核力工程勘察院
地　址：广州市花都区滨湖路1号大厦4号楼
邮　编：510800
联系人：王云东
电　话：13645600851

平武县双凤铅锌选矿厂项目

地区分类：四川
进度分类：环评
专题分类：采矿项目
建设规模：日生产铅锌原矿1000吨；年产原矿25万吨；铅精矿7500金属吨；锌精矿12500金属吨。建设内容：修建选厂车间、厂房、生活区，配套规模的尾矿库以及配套设施和环保设施等。工程建设占地面积总计8.75hm2，其中厂区永久占地面积0.38hm2、弃渣场占地面积7.92hm2。
建设地址：四川省平武县响岩镇双凤村
环评单位：四川冶金研究设计院有限公司
绵阳市环境科学研究所
建设单位：平武县双凤选矿有限公司
地　址：平武县响岩镇双凤村
邮　编：621000
联系人：邓天友
电　话：13980123132
联系人：黄英
电　话：0816－2242704

增资建设年采黄金3万吨项目

地区分类：山东
进度分类：备案核准
专题分类：采矿项目
主要建设内容：主要建设采矿厂、选矿厂、尾矿库等，采用二段磨矿、二次粗选、一次精选和一次扫选的选矿方案，购置采矿和选矿设备等。
批准文号：鲁发改外资[2009]620号
建设单位：招远市骏灵矿业有限责任公司
地　址：招远市蚕庄镇隋家村南
电　话：0535-8020586

蒙古国乌兰巴托市投资铅锑多金属开采项目

地区分类：国外
进度分类：备案核准
专题分类：采矿项目
主要建设内容：赴蒙古国乌兰巴托市彦高勒区建设露天采场、排土场、废石场、选矿工业区、尾矿区等设施。
批准文号：鲁发改外资[2009]632号
建设单位：临沂天喜食品有限责任公司
地　址： 半程镇枣林庄村
邮　编：276036
电　话： 0539-5867788

山东张家毛坦铁矿采选工程

地区分类：山东
进度分类：备案核准
专题分类：采矿项目

主要建设内容：核定矿山建设规模：年生产铁矿石原矿60万吨,产品方案为品位TFe 63%的铁精况粉,矿山服务年限43年。
批准文号：鲁发改重点[2009]930号
建设单位：山东胜宏矿业有限公司
地　址：山东济宁汶上
联系人：李先生
电　话：0537-7211179

山东莲花山铁矿采矿项目

地区分类：山东
进度分类：备案核准
专题分类：采矿项目
主要建设内容：建设莲花山副井工业场地、莲花山前期副井工业场地、回风井、充填井和临时废石场等。
批准文号：鲁发改工业[2009]907号
建设单位：山东黄金集团昌邑矿业有限公司
地　址：山东省昌邑市围子镇
联系人：焦亚军
电　话：0536-7829878

山东东辛铁矿采选项目

地区分类：山东
进度分类：备案核准
专题分类：采矿项目
主要建设内容：建设竖井开拓系统，主要包括井口车场、提升机房、原矿场等采矿工程和选矿场等选矿工程及配套公用工程。
批准文号：鲁发改工业[2009]908号
建设单位：山东黄金集团昌邑矿业有限公司
地　址：山东省昌邑市围子镇
联系人：焦亚军
电　话：0536-7829878

蒙古国额尔德尼查干苏木钼矿勘探开发项目

地区分类：山东
进度分类：备案核准
专题分类：采矿项目
主要建设内容：采用电磁法在2.2万公顷的普查区内钻孔勘探。
批准文号：鲁发改外资[2009]1398号
建设单位：山东三川集团有限公司
电 话：0538-3560368/3560009
传 真：0538-3561009

莒县肖家沟钛铁矿项目

地区分类：山东
进度分类：备案核准
专题分类：采矿项目
主要建设内容：建设矿石开采、运输以及环保工程，购置穿孔钻机、电铲、装载机、挖掘机、运输车辆以及配电、照明、测量设备和爆破设备等国产设备28台（套）。
批准文号：鲁发改工业[2009]1509号
建设单位：莒县肖家沟钛铁矿项目
地　址：山东莒县棋山镇天宝矿区
邮　编：276512
电　话：0633-6532888
传　真：0633-6888889

莱新铁矿二期工程项目

地区分类：山东
进度分类：备案核准
专题分类：采矿项目
主要建设内容：建设地下开采、选矿厂扩建等主体工程，通风、供电改造、坑木加工改造等储运工程，废水处理设施扩建、废气处理系统等环保工程。
批准文号：鲁发改工业[2010]44号
建设单位：莱芜莱新铁矿有限责任公司
电　话：0634-6722428
地　址：山东省莱芜市莱城区车牛泉

蒙古国铅锑多金属矿开采项目

地区分类：山东
进度分类：备案核准
专题分类：采矿项目
主要建设内容：年加工矿石能力由15万吨增至30万吨。
批准文号：鲁发改外资[2010]72号
建设单位：临沂天喜食品有限责任公司
地　址：半程镇枣林庄村
邮　编：276036
联系人：韩涛
电　话：0539-5867788

1200吨/日金精矿综合回收利用工程项目

地区分类：山东
进度分类：备案核准
专题分类：采矿项目
主要建设内容：建设生产车间及辅助生产设施，购置立磨机、尼尔森重选设备、气力搅拌浸出槽、立式压滤机等国内外生产设备，形成年处理金属精矿42万吨的能力。
批准文号：登记备案号1000000014
建设单位：山东黄金矿业股份有限公司
电　话：0531-8562834/8561869
传　真：0531-88561938

华东有色地勘局收购巴西朱皮特（Jupiter）大型铁矿项目

地区分类：国外
进度分类：工程承包商确定

专题分类：采矿项目，中标公示

华东有色地勘局以12.2亿美元收购伯迈资产管理公司旗下位于巴西朱皮特（Jupiter）的大型铁矿100%产权。该矿山远景储量为13.9亿吨，属于露天矿藏，经简单采选后即可达到65%的精矿出口标准。

朱皮特铁矿项目地处巴西米纳斯州，该州是巴西铁矿分布最多的州，被称为世界著名的“铁四边形”区域，淡水河谷的大部分铁矿均集中于此。就在华东有色签订协议的前一天即3月24日，淡水河谷公司正式提出2010年铁矿石涨价114%。这使得华东有色地勘局成功收购朱皮特铁矿具有特别重大的意义。

朱皮特铁矿最大的特点是矿山生产条件成熟，该矿山目前正在生产，年产350万吨铁精矿。据初步测算，仅需少量投资即可达到年产500万吨精铁矿，如果收购成功，华东有色地勘局将进一步加大投资，预计到2012年可实现2000万吨的年产量，仅次于淡水河谷在巴西的铁矿石年产量，而位居巴西铁矿石产量第二。

投资单位：江苏省有色金属华东地质勘查局

地　址：南京市大光路26号

邮　编：210007

电　话：025-84688112 84688868

西非几内亚西芒杜铁矿项目

地区分类：国外

进度分类：工程承包商确定

专题分类：采矿项目，中标公示

中铝公司与力拓按47%：53%股权比例成立合资公司，持有西芒杜项目95%股权（剩余5%项目股权由国际金融公司持有）。 中铝公司将向合资公司注资13.5亿美元资本金获得上述股权。

中铝公司将视需要引入铁路、港口、钢铁企业和金融机构等中方联合体成员，共同参与项目的建设和开发。中铝公司与力拓预计西芒杜项目首期达产后铁矿石产能将不低于7000万吨/年，双方将成立一家合资销售公司将项目的铁矿石产品定向销往中国市场。

西芒杜铁矿项目位于西非几内亚，为世界级的大型优质露天赤铁矿。根据力拓公布的数据，目前已控制和推断的铁矿石储量超过22.5亿吨，项目总资源量可能高达50亿吨。已勘探的矿石品位介于66-67%。建成后项目公司将成为全球领先铁矿石生产商，因此该项目的成功开发对于全球铁矿行业发展具有重大意义。

投资单位：中国铝业股份有限公司

地　址：北京市海淀区西直门北大街62号

邮　编：100082

董事会秘书：刘强

电　话：010-82298103

传　真：010-82298158

电子信箱：IR_FAQ@chalco.com.cn

铜陵县顺安萧山硫铁矿技改扩建采矿工程项目

地区分类：安徽

进度分类：环评

专题分类：采矿项目

投资金额：809.19万元

建设地点：铜陵县顺安萧山硫铁矿位于安徽省铜陵县顺安镇西南约2.5km处，行政区划隶属铜陵县顺安镇管辖，占地面积：0.1337平方千米。

建设单位：铜陵县顺安萧山硫铁矿

联系人：何先生

电　话：13905629697

环评单位：丹东轻化工研究院有限责任公司

联系人：张先生

电　话：13866109088

传　真：0551-2835358

E- mail：jingyuCBD@163.com

安徽张家夏楼铁矿采选项目

地区分类：安徽

进度分类：环评

专题分类：采矿项目

项目建设位于安徽省六安市霍邱县冯井乡与范桥乡交界部位，其中选矿厂、井口工业场地和拟建的尾矿库坐落在冯井乡桃园村和范桥乡周庄村。建设规模及产品方案：矿山年产原矿99万t，采出品位TFe=25.35%，矿石粒度240～0mm。矿石经选矿厂选别处理后预计年产铁精矿31.21万t，精矿品位TFe66%以上。张家夏楼铁矿矿石总资源储量（332+333类）3053.82万t，TFe平均品位27.89%，其中332类矿石量1112.77万t，TFe平均品位28.15%，333类矿石量1941.05万t，TFe平均品位26.23%。矿山采用地下开采，开采方法采用嗣后充填阶段采矿法，初期开采-400m以上矿体。选厂破碎采用三段一闭路工艺流程，磨矿采用二段闭路磨矿工艺流程，选别采用二次弱磁选工艺流程。选矿厂投产1～2年内，井下未形成充填条件前，尾矿全部由总砂泵站直接向尾矿库排放。尾矿库拟建在拟建选矿厂东南侧，拟建尾矿库占地面积约26.7万m2(400.5亩)。矿山总用地面积34.96万m2，建设期2年，服务年限为24年，项目建设投资30781.50万元。

建设单位：霍邱县庆发矿业有限责任公司

地　址：霍邱县冯井镇霍邱县庆发矿业有限责任公司

邮　编：237474

联系人：程总

电　话：0564-6348116

传　真：0564-6348116

电子邮箱：ahqfky@126.com

环评机构：铜陵市环境科学研究所

证书等级及编号：国环评乙字第2118号

地　址：铜陵市长江东路601号

邮　编：244000

联系人：关工、谢工

电　话：13865914996

电子邮箱：guan9987@126.com

凉山彝族自治州通安镇铁矿改扩建项目

地区分类：四川
进度分类：环评
专题分类：采矿项目
建设地点：四川省凉山彝族自治州会理县通安镇通宝村
建设性质：改扩建
设计规模：年开采铁矿7万t/a
矿区范围：0.1514km2
服务年限：12年
总 投 资：建设总投资350万元
建设单位：会理县通安铁矿
地　址：凉山彝族自治州会理县通安镇通保村
负责人：岳喜荣
手　机：13708145843
传　真：0834-5871143
环评机构：西昌蓝天环保科技咨询有限责任公司
地　点：四川省西昌市三岔口东路土城巷75
联系人： 王勇
电　话：0834-2164018
传　真：0834-2164018
电子邮件：xclthb@163.com号

陕西五洲矿业钒系列开发工程项目

地区分类： 陕西
进度分类： 在建
专题分类： 采矿项目

陕西五洲矿业钒系列开发工程项目为陕西省2010年重大项目（续建），建设内容及规模为：兼并中天等三个钒矿，形成五氧化二钒1万吨、硫酸50万吨、钒触媒3000吨、钒电池10万组产能。

建设地点：商洛
起止年限：2007-2012
总投资：170000万元

2010年投资25000万元，主要形象进度为：兼并新兴钒矿，建成20万吨硫酸生产线。

建设单位：陕西五洲矿业公司
电　话：029-83313031
传　真：029-83313031

冯家寮矿区年产6万吨铁多金属矿改扩建工程（第二次公示）

地区分类：福建
进度分类：环评
专题分类：采矿项目

福建省邵武市冯家寮铁多金属矿区位于邵武市西南方向，直距约31km，隶属邵武市张厝乡祝岭村管辖。该矿采矿权目前隶属于邵武市多金属选矿厂，采矿许可证号：3500000630048，有效期为2006年4月至2010年4月，采矿区面积0.21km2，开采规模为硐采3万吨/年，矿种为铁铜多金属矿。该矿于2002年8月由福建省南平市环境保护科学技术研究所编制完成该项目环境影响报告表且由邵武市环保局进行批复，并于2003年11月通过项目环保验收。

2009年11月邵武市盛鑫矿业有限公司通过招拍挂形式购得冯家寮铁多金属矿区采矿权，由于该矿采矿证即将到期，但矿区内矿石资源仍有储量，因此该公司将在保持矿区开采面积和采高不变的情况下，对其采矿证进行延续，以便对矿石资源进行利用，并进行技改扩建，开采规模扩大至6万吨/年。在续证申请矿区范围内设计开采的矿体为Ⅴ、Ⅹ号矿体，赋存标高+550～+602m，保有资源储量（含磁铁矿和褐铁矿）（332b+333）为42.97万t，Cu金属量20.63t，平均品位：TFe 24.07%、Cu 0.83%，其中332类型(均为磁铁矿)资源储量25.79万t，平均品位TFe 23.44%；333类型资源量17.18万t，Cu金属量20.63t，平均品位：TFe 25.18%、Cu 0.83%；其中褐铁矿333类型资源量2.25万t，平均品位TFe 38.34%。设计开采储量为37.450万t ，其中332 资源量为25.79万t，333资源量为11.660万t。总服务年限为7a，其中基建期为1a。项目矿石全部外售给邵武市多金属选矿厂（10万t/a，环保手续齐全）。

建设单位：邵武市盛鑫矿业有限公司
地　址：邵武市张厝乡祝岭村
邮　编：354000
联系人：王全江
电　话：15859900007
评价单位：环境保护部南京环境科学研究所
证书编号：国环评证甲字第1901号
地　址：南京市玄武区蒋王庙街8号
邮　编：210018
联系人：张小姐
电　话：13799380064
E- mail：njhks@sina.com

攀枝花尖山采场露天转地下开采工程

地区分类： 四川
进度分类： 环评
专题分类： 采矿项目
投资金额： 92890.60万元
建设地址：攀枝花市东区兰尖铁矿尖山采场内
建设性质：技改

主要内容及规模：开采范围：矿区长0.9km，宽0.7km，面积0.63 km2。开采（1）1300m以上露天境界外挂帮矿体；（2）1020m～1300m标高范围的下部矿体的开采。项目为露天转地下开采，采矿规模为200万t/a(首先开采挂帮矿体，第1年为100万t/a ，第2年为150万t/a，第3年挂帮矿体为150万t/a、下部矿体为50万t/a，第4年挂帮矿体81.99万t/a、下部矿体118.01万t/a，第5年开始挂帮矿体开采完毕，下部矿体进入稳产期为200万t/a)，矿石运至密地选矿厂。

环评单位：四川省工业环境监测研究院（证书编号：国环评证乙字第3211号）
建设单位：攀钢集团矿业有限公司
电　话：0812-6682018

日处理150吨铜硫原矿选矿厂整体搬迁项目

地区分类：广东

进度分类：环评

专题分类：采矿项目

建设单位为配合曲江区的发展规划和梅花河的污染整治，拟投资约500万元，将位于曲江区马坝大道北万牛场的铜矿选厂搬迁至曲江区乌石镇坑口村。在原韶关市公共汽车公司坑口精选厂旧厂址搬迁建设日处理150吨铜原矿选矿厂，设计采用药剂浮选工艺，主要产品为铜精矿和硫精矿，年产铜金属量212.4吨（铜精矿平均品位为25%），硫精矿量。年产硫4320吨（硫精矿平均品位为35%）。

根据国家有关法律法规，本项目必须执行环境影响评价制度，编制环境影响报告书。本项目委托有资质的环评单位广东核力工程勘察院（国环评乙字第2852号）进行环境影响报告书的编制。

建设单位：韶关市曲江区盛兆矿业有限公司

地　址：韶关市曲江区

联系人：卢兆平

电　话：13380730661

环评单位：广东核力工程勘察院

地　址：广州市花都区滨湖路一号广核大厦四楼

联系人：罗媛媛

电　话：13380731466

传　真：020-36828619

电子邮箱：lrh12@163.com

广东省韶关市曲江区爬峰铅锌矿建设项目

地区分类：广东

进度分类：环评

专题分类：采矿项目

投资金额：1857.75万元

项目背景：公司于2007年6月申办了广东省曲江区爬峰铅锌矿的探矿权，并经广东省国土资源厅审查合格，颁发了探矿权证（证号T4412008090213815），有效期限自2008年9月2日至2010年8月20日。公司委托广东省核工业地质局二九三大队于2008年1月开始对爬峰铅锌矿进行了勘探详查，并编制了《广东省韶关市曲江区爬峰矿区铅锌矿矿详查报告》，该报告经广东省矿产资源储量评审中心评审通过，并已在广东省国土资源厅备案（粤国土资储备字[2008]81号）。目前曲江区林日发展有限公司正在对曲江区爬峰矿区申请办理采矿许可证，拟对爬峰矿区铅锌矿进行开采，开采规模为6万 t /a,开采出来的矿石外卖给当地正规选厂提供原料。

建设地点：矿区位于广东省曲江枫湾镇

建设性质：新建

项目规模：年采矿铅、锌原矿石量6万吨，设计矿石出矿平均品位Pb1.41%、Zn为2.24%、WO30.07%。

工作制度及劳动定员：工作制度实行一天三班制，每班8个小时，一年300个工作日。劳动定员为98人，其中采矿72人，维修及其它10人，管理人员16人。

建设单位：曲江区林日发展有限公司

地　址：广东省韶关曲江区枫湾枫中路83号

联系人：刘主任

电　话：0751-6581688 6582633

传　真：0751-6581001

环评单位：长沙有色冶金设计研究院

地　址：长沙市解放中路199号　　410011

联系人：李秀兰　（高工）

电　话：0731-84397146

传　真：0731-82562158

E- mail：0731-2562158@163.com

罗城满洞铜镍选矿厂建设项目

地区分类：广西

进度分类：环评

专题分类：采矿项目

由于资源紧张、铜镍精矿产量有限，未来全球市场铜镍精矿供应紧张的局面将持续，近年全球铜镍市场依然存在供应缺口，再加上近两年中国有色金属冶炼新增产能较多，有色金属原料争夺变得更加激烈，国内冶炼企业铜镍精矿供应保证显得尤为重要，近期中国铜镍主要消费领域还是保持比较旺盛的势头，随着中国经济建设的高速发展，未来国内对铜镍等有色金属的需求量将逐渐增大。为此广西华泰矿业有限公司拟在广西罗城县黄金镇友洞村长朝屯兴建罗城满洞铜镍选矿厂。

罗城满洞铜镍选矿厂设计生产规模为9万t/a，符合国家产业政策。本项目将具有较好的社会效益和经济效益，可为国家和地方增加税收收入，这对于稳定社会，带动地方经济，促进国民经济的发展都将起到积极作用。

建设单位：广西华泰矿业有限公司

联系人：张显华

电　话：07788385133

环评机构：北京矿冶研究总院

联系人：梁文寿

电　话：0773-5839354

传　真：0773-5839747

电子信箱：KDY_TWS@163.COM

池州市鸡头山钼矿年产3万吨钼矿采选项目

地区分类：安徽

进度分类：环评

专题分类：采矿项目

项目性质：改扩建

产品方案：矿山采选30000t/a（100t/d）

建设地点：棠溪镇石门村

项目简述：为延续开采，扩大开采规模，积极响应市政府采矿许可要求，矿区开采规模将由原来的年产2万吨扩大到年产3万吨，2007年2月取得安徽省国土资源厅颁发的采矿许可证，证号为3400000730031。

该项目施工期排放的污染物主要有施工生产废水、生活污水和施工扬尘等。营运期产生的水污染物包括矿石淋溶水和矿坑涌水；大气污染物主要包括粉尘、NOx和CO；固废包括废石和生活垃圾等。拟通过采取相应的环保治理措施，使外排各项污染物均做到达标排放。

建设单位名称：池州市鸡头山钼矿

联系人：戴曾

电话：0566-4636635

评价机构：中晟环保科技开发投资有限公司

联系人：叶海水

电　话：010-52086615

六斗构家河金矿采选及尾矿水项目

地区分类：湖北

进度分类：环评

专题分类：采矿项目

投资金额：1500万元

项目概况：金矿位于郧西县香口乡仓房村管辖范围内构家河附近，矿区距郧西县城关约50公里。郧西兴强金矿有限公司决定投资1500万元，新建2万吨/a金矿采选项目。项目总投资1500万元，其中环保投资166万元，占总投资的11.07%。

本工程内容：采矿场、尾矿库、废石堆场、矿石转运系统、选矿厂、表土堆存场等。公用设施主要有供电、给排水、通讯、通风等。包括生产区、库房、办公室、宿舍及公共辅助设施等。

建设单位：郧西兴强金矿有限公司

建设地点：郧西县香口乡仓房村

联系人：陈兴国

电　话：18609272188、

环评单位：十堰市环境科学研究所

联系人：张杨

电　话：0719－8114343

年产150万吨白云岩矿山工程项目

地区分类：安徽

进度分类：环评

专题分类：采矿项目

投资金额：8805.33万元

为配合居巢区招商引资镁合金生产项目的顺利实施，居巢区夏阁镇大力支持，在夏阁镇境内整合了青苔山原有的五个小采矿权作为其将来的原料供应矿山。2008年11月华东冶金地质勘查局815地质队在居巢区青苔山一带开展了冶镁白云岩矿地质详查工作，并于2009年8月提交了《安徽省巢湖市青苔山镁矿（冶镁白云岩）暨冶金用白云岩矿详查地质报告》，提交冶镁白云岩矿保有资源储量（332+333）4915.31万吨，冶金用白云岩矿石保有资源量（333）396.78万吨。

年产150万吨白云岩矿山工程项目由巢湖云海镁业有限公司拟投资8805.33万元开发建设的，选址位于巢湖市居巢区夏阁镇青苔山白云岩矿区内，项目主要建设内容包括：新建厂房、办公用房，采购矿山开采潜孔钻机、破碎机、挖掘机、装载机及运输设备等。本项目已于2010年2月14日由巢湖市居巢区发展和改革委员会以居发改工字【2010】26号文件备案。

建设单位：巢湖云海镁业有限公司

地　址：巢湖市居巢区华巢大道1号

联系人：梅小明

电　话：15156551768

环评机构：中蓝连海设计研究院

地　址：合肥市宣城路103号省政务服务中心15楼1509室

联系人：陈主任

电　话：（0551）2873812

传　真：（0551）2864489

电子邮件：weiqing100@126.com

100万t/a铁矿地下采矿系统及地表工业场地建设

地区分类：辽宁

进度分类：在建

专题分类：采矿项目

工程地点：本工程拟建于灯塔市鸡冠山乡詹家村北沟

工程内容：主体工程为100万t/a铁矿地下采矿系统及地表工业场地建设，其中新建采矿系统包括 主井、副井、采掘、井下运输、井下破碎、井下除尘、压气站、矿仓除尘、井下通风等系统；新建辅助系统包括辅助生产系统、公用系统、运输系统等。

建设单位：西钢集团灯塔矿业有限公司

联系人：徐玉明先生（综合科 销售经理）

手　机：13470398835

电　话：0419-6650078

传　真：0419-6650308

日处理矿石2000吨选矿厂及井下系统改造工程

地区分类：山东

进度分类：在建

专题分类：采矿项目

投资金额：13200万元

建设地点：铜石镇

日处理矿石2000吨选矿厂及井下系统改造工程项目为平邑县2010年经济和社会事业重点建设项目，建设性质：技改

建设生产车间及附属工程，设计及设备购置；建设-150米中段排水工程、-150米至-70米中段80米管缆井延伸、提升系统主井改造、基建及采矿设备购置

项目进度：设计完成，正在选址，井下改造工程已开工

建设单位：山东黄金归来庄矿业有限公司

联系人：王立君 尹国光

电　话：0539-7936009

哈蛙沟金矿地下开采5000t/a建设项目

地区分类：山西

进度分类：环评

专题分类：采矿项目

投资金额：800万元

建设地点：侯马市曲沃县北董乡山底村，

东经111° 27′ 00″ ～111° 28′ 00″，北纬35° 34′ 15″ ～35° 34′ 45″

项目概况：侯马市斯特林矿山设备有限公司哈蛙沟金矿共发现4条金矿化脉，Ⅰ号和Ⅲ号脉较具规模，金品位较高，可圈出工业矿体； Ⅱ号、Ⅳ号矿化脉较小，仅有金矿化显示，未圈出矿体。生产能力为5000t/a，服务年限为3.0a。开拓方式为阶段平硐开拓，工程内容主要包括矿井及相关场地、公用及辅助工程和环保工程的建设。

建设单位：侯马市斯特林矿山设备有限公司

地　址：侯马市曲沃县北董乡山底村

联系人：高河江

电　话：13753718716

环评单位：北京万澈环境科学与工程技术有限责任公司

地　址：太原市迎泽区桃园南路31号鸿富商务403室

联系人：李水运

电　话：010-64893196 0351-4156933

手　机：13703511139

许昌铁矿年采200万吨原矿石项目

地区分类：河南

进度分类：在建

专题分类：采矿项目

投资金额：70000万元

许昌铁矿项目为许昌市2010年重点项目，建设规模为：年采200万吨原矿石，年选矿石200万吨。

起止年限：2009.08-2011.11

建设单位：河南龙成集团有限公司

电　话：0377-60108673 15137717771

传　真：0377- 60108678

灵宝市金源矿业秦南矿区石家峪竖井建设项目

地区分类：河南

进度分类：备案核准

专题分类：采矿项目

灵宝市金源矿业有限责任公司关于秦南矿区石家峪竖井建设项目为河南省企业投资项目，建设规模：该项目是在金源二矿采矿权证范围内对原黄金矿石开采的运输（原系统）能力进行提升改造，而新建的矿石竖井运输通道工程。本项目采用多绳摩擦式、单层单车双罐笼提升工艺；主要设备有：井架、提升机、单车2#双罐笼等。项目工艺技术实用可行，安全可靠。项目建成后可使原系统年运输能力增加到23万吨，实现较为良好的经济效益。

总投资：1288万元。其中企业自筹：900万元，银行贷款：388万元

备案批文号：豫三灵市工[2010]00018

项目业主：灵宝市金源矿业有限责任公司

地　址：河南省灵宝市金城大道20号

邮　编：472500

电　话：0398-8869345

毛里塔尼亚努瓦迪布矿石新港工程

地区分类：国外

进度分类：工程承包商确定

专题分类：采矿项目

努瓦迪布矿石新港工程是毛里塔尼亚国家工矿业公司的重点建设项目。2010年2月4日，中国水电股份公司与毛里塔尼亚国家工矿业公司签订该项目的“设计－建造”合同，总工期30个月。项目建成后，港口可停靠5-25万吨级货轮，以保证未来码头的矿石输出能力。

施工单位：中国水利水电建设股份有限公司

地　址：北京市海淀区车公庄西路22号

邮　编：100048

电　话：010-58382888

传　真：010-58382888

赞比亚穆里亚希矿项目

地区分类：国外

进度分类：可研

专题分类：采矿项目,中标公示

穆里亚希矿开采寿命为15-25年。穆里亚希矿为露天矿，中色集团将投入3亿美元，完善基础设施建设，计划2012年正式投产，年产铜金属6万吨。中国有色集团已完成卢安夏矿区内穆里亚希矿体的开采可行性研究。

建设单位：中国有色矿业集团有限公司

地　址：北京朝阳区安定路10号中国有色大厦(北楼)

邮　编：100029

电　话：010-84426666（总机） 010-84426677

传　真：010-84426699

E- mail：cnmc@cnmc.com.cn

加拿大塞尔温铅锌矿项目

地区分类： 国外

进度分类： 投资商确定

专题分类：采矿项目

2010年2月，国家发展改革委核准了云南驰宏锌锗股份有限公司投资加拿大塞尔温铅锌矿项目。云南驰宏锌锗股份有限公司拟与加拿大塞尔温资源有限公司以塞尔温铅锌矿项目为基础，成立一个各占50%权益的合资公司，以此进行塞尔温铅锌矿项目开发，云南驰宏锌锗股份有限公司将向该合资公司一次性注资1亿加元。

塞尔温公司是在多伦多创业证券交易所上市(代码为SWN)，该公司主营业务为金属矿山勘探和开发。2005年5月，塞尔温公司与Placer Dome(CLA)有限公司(51%股份)和Cygnus矿业公司(49%股份)组成的“HP合资公司”达成协议，收购其在XY和Anniv矿区100%的权益。该公司在之后的2005年、2006年和2007年投资了更多的矿权，以扩展可能的锌铅矿化带有利层区。截

至2009年9月30日，塞尔温公司未经审计的资产总额为70,522,704加元，净资产64,058,298加元。

塞尔温铅锌矿项目是塞尔温公司目前运作的主要项目，整个项目由Howard Pass合资矿区组成，主要是XY和Anniv矿区。塞尔温铅锌矿项目始于1968年，至今主要以Howard Pass矿区的钻孔地质勘探为主，截至2009年10月，累计完成钻孔129253米/589孔。2005年至今塞尔温公司累计投入勘查费用约5059.81万加元，环境影响评价360万加元。项目前期致力于资源勘查，尚未做可研报告及开发初步设计。

投资单位：云南驰宏锌锗股份有限公司

电　话：0874-8966688

四川汉龙高新技术开发有限公司投资澳大利亚钼矿项目

地区分类：国外

进度分类：投资商确定

专题分类：采矿项目

2010年1月，国家发展改革委核准了四川汉龙高新技术开发有限公司投资控股澳大利亚钼矿有限公司项目。

投资单位：四川汉龙高新技术开发有限公司

地　址：四川省成都市锦里东路

电　话：028-86159991

印尼塔里阿布岛铁矿一期工程项目

地区分类：国外

进度分类：投资商确定

专题分类：采矿项目

2010年3月，国家发改委核准三林万业（上海）企业集团有限公司投资印尼塔里阿布岛铁矿一期工程项目。

投资单位：三林万业（上海）企业集团有限公司

地　址：上海浦东大道720号27层

邮　编：200120

电　话：021-5036-7878

传　真：021-5036-7911

E- mail：mail@salim.com.cn

灵宝市金源矿业秦南矿区石家峪竖井建设项目

地区分类：河南

进度分类：备案核准

专题分类：采矿项目

投资金额：1288万元

灵宝市金源矿业有限责任公司关于秦南矿区石家峪竖井建设项目为河南省企业投资项目，建设规模：计划建设起止年限:2010年5月至2011年12月

主要建设内容（生产性项目要列明采用的工艺技术、主要装备等）：

该项目是在金源二矿采矿权证范围内对原黄金矿石开采的运输（原系统）能力进行提升改造，而新建的矿石竖井运输通道工程。本项目采用多绳摩擦式、单层单车双罐笼提升工艺；主要设备有：井架、提升机、单车2#双罐笼等。项目工艺技术实用可行，安全可靠。项目建成后可使原系统年运输能力增加到23万吨，实现较为良好的经济效益。

总投资：1288万元。其中企业自筹：900万元，银行贷款：388万元

备案批文号：豫三灵市工[2010]00018

项目业主：灵宝市金源矿业有限责任公司

电　话：0398-8869345

日处理150吨原矿建设项目

地区分类：广东

进度分类：环评

专题分类：采矿项目

投资金额：600万元

项目地址：乐昌市白石镇

批复文号：韶环审[2010] 66号

建设单位：乐昌市长顺铜选矿厂

联 系 人：袁跃文

电　　话：15869820000

秦皇岛市昌黎县相公营铁矿开采项目

地区分类：河北

进度分类：备案核准

专题分类：采矿项目

投资金额：1450万元

秦皇岛市东凯矿业有限公司昌黎县相公营铁矿开采项目项目为河北省固定资产投资项目，建设地点为：昌黎县朱各庄镇指挥村

建设规模：10万吨/年铁矿石采矿能力

主要建设内容：铁矿地下开采方式开采，地下开采系统建设开拓运输、通风、排水及开采设施，主要包括主竖井、副竖井及提升系统，矿石运输平巷、溜井等主体及公用辅助设施，年产铁矿石10万吨。

建设单位：秦皇岛市东凯矿业有限公司

证　号：冀发改工冶核字[2009]212号

电　话：0335-7695528

秦皇岛市昌黎县前白石院铁矿开采项目

地区分类：河北

进度分类：备案核准

专题分类：采矿项目

投资金额：4349万元

秦皇岛市东凯矿业有限公司建设昌黎县前白石院铁矿开采项目项目为河北省固定资产投资项目，建设地点为：昌黎县朱各庄镇前白石院村

总投资：4349万元

建设规模：30万吨/年铁矿石采矿能力

主要建设内容：铁矿设立南北2个采区，均采用地下开采方式开采，地下开采系统建设开拓运输、通风、排水及开采设施，主要包括主竖井、副竖井及提升系统，矿石运输平巷、溜井等主体及公用辅助设施，年产铁矿石30万吨。

建设单位：秦皇岛市东凯矿业有限公司
证　号：冀发改工冶核字[2009]211号
电　话：0335-7695528

攀钢白马铁矿二期工程项目

地区分类：四川
进度分类：在建
专题分类：采矿项目

攀钢白马铁矿二期工程项目为四川省2010年续建重大项目，建设内容及规模为：采矿、运输、选矿工程及配套设施，年处理原矿 850万吨，新增铁精矿282万吨。

建设地址：攀枝花市米易县

总投资：324262万元，截止2009年底累计完成投资：70045万元，2010年计划投资：76800万元，2010年底达到的工程形象进度为：土建工程施工，主要设备订货。

建设单位：攀钢(集团)公司
地　址：四川省攀枝花市东区向阳村
电　话：0812-3394123
传　真：0812-3392222
邮　编：617067

西昌太和铁矿采选扩建工程项目

地区分类：四川
进度分类：在建
专题分类：采矿项目

西昌太和铁矿采选扩建工程项目为四川省2010年续建重大项目，建设内容及规模为：年采选矿300万吨综合生产能力；硫钴矿深加工配套设施建设，年新增铁精矿40万吨；安宁河堤防整治。

总投资：105889万元，截止2009年底累计完成投资：20000万元，2010年计划投资：28800万元，2010年底达到的工程形象进度为：选矿厂建设。

建设单位：重钢太和铁矿公司
建设地址：凉山州西昌市
电　话：0834-3652312

毛笼铜矿3万吨/年地下开采改扩建项目

地区分类：安徽
进度分类：环评
专题分类：采矿项目

毛笼铜矿现有生产能力为3万t/a，开采深度由62米至-100米标高，并设一选厂，年生产加工能力为3万t/a。该公司现有项目（3万吨/年采选项目）环境影响报告书已于2007年11月编制完成，并于2008年4月通过巢湖市环境保护局审批。

为了充分利用矿产资源，对矿山深部矿床进行开采，庐江县矾成铜业有限责任公司于2009年底委托马钢集团设计研究院有限责任公司对矿山开采重新进行设计，设计开采深度由62米至-260米标高，开采规模为年产铜矿石3万t，服务年限为9.68年。拟建项目为铜矿地下开采项目，建设性质为改扩建，设计开采能力为3万t/a，不属于《产业结构调整指导目录（2005年本）》中规定的鼓励类、限制类和淘汰类范畴，为允许类。同时，项目生产规模满足《安徽省铜铅锌矿采选行业准入条件》（皖经信办〔2009〕87号）中相关规定（2010年底前，铜矿年生产能力低于2万吨（含2万吨）应依法予以关闭）；项目建设符合《安徽省非煤矿山专项整顿治理工作方案》（皖政办〔2009〕90号）和《安徽省非煤矿山技术改造项目管理暂行规定》（皖经信办〔2009〕32号）中的相关要求，其技改方案已于2009年7月15日通过安徽省经济和信息化委员会批复通过（皖经信办函〔2009〕132号文）。因此，项目建设符合国家产业政策。

庐江县矾山镇毛笼铜矿区位于矾山镇西北方向约1.5km处，矿区中心地理坐标为东经117°24′21″，北纬31°06′36″。庐江——矾山——店桥公路紧临矿区东侧，且在庐江、店桥分别与合肥——铜陵省级公路、合铜黄高速、合界高速相连；矿区距合九铁路庐江站仅30km；矿区北侧3km处的龙桥镇有水运码头，可乘船沿水路到巢湖抵长江，交通较为便利。

建设单位：庐江县矾成铜业有限责任公司
联系人：张先生
电　话：18905656933
环评机构：中钢集团马鞍山矿山研究院有限公司
联系人：沈先生
电　话：0555-2404635
E- mail：cshengang@yahoo.com.cn

铜官山铜矿床深部资源开采项目

地区分类：安徽
进度分类：环评
专题分类：采矿项目

铜官山铜矿位于安徽省铜陵市东南1.8公里，地处铜官山区境内。铜官山铜矿床为原铜陵有色铜官山铜矿开采，九十年代中后期，因资源枯竭等因素于1998年3月8日停产，2003年按国家政策关闭破产。该矿床采矿权证现拟转给铜陵有色股份金口岭矿业公司近几年来，随着经济的复苏，铜价攀升，为了充分利用铜官山铜矿床深部矿体剩余资源，并解决关闭破产企业人员就业压力,铜陵有色股份金口岭矿业有限公司拟对铜官山铜矿床深部资源进行开采，设计开采规模为年产铜矿石14.85万t，服务年限为18年。

建设单位：铜陵有色股份金口岭矿业有限公司
联系人：徐先生
电　话：0562-5864926 13866519750
评价单位：中钢集团马鞍山矿山研究院有限公司
联系人：沈先生
电　话：0555-2404635
E- mail：cshengang@yahoo.com.cn

5万吨/年铜灶铜铁矿开采工程

地区分类：湖北
进度分类：环评
专题分类：采矿项目

投资金额：1400万元
建设地点：鄂州市汀祖镇汀祖村
项目概况：公司拟投资1400万元开采汀祖镇汀祖铁矿朝阳湾矿体，矿区面积约0.0812平方公里。年采量为5万吨/年，开采方式为地下开采，采用竖井-斜井联合开拓方案，建设有3个主副竖井，开采方法为浅孔留矿法。工程建设期预计为2010年12月至2011年12月。
地　址：鄂州市汀祖镇汀祖村
E- mail：315017918@qq.com
环评单位：鄂州市环境保护研究所
地　址：鄂州市滨湖南路环保大楼
联系人：刘工
电　话：0711-3281801
E- mail：liuyaya119@163.com

眉山洪雅汉王钾矿资源综合利用项目

地区分类：四川
进度分类：在建
专题分类：采矿项目
投资金额：175000万元
眉山洪雅汉王钾矿资源综合利用项目为四川省2010年续建重大项目，建设内容及规模为：年产氯化钾及伴生产品25万吨。
建设地址：洪雅县眉山市
总投资：175000万元，截止2009年底累计完成投资：20250万元。
建设单位：北京鸿丰投资股份有限公司
地　址：北京市建国路118号招商局大厦30层C2D1单元
电　话：010-65676171

程潮铁矿井下通风系统改造工程

地区分类：湖北
进度分类：备案核准
专题分类：采矿项目
程潮铁矿井下通风系统改造工程为湖北省企业投资项目，建设规模及内容为：新征地9.87亩。建井下通风系统改造工程。
项目总投资：5154万元，其中企事业自有资金：5154万元
项目编码：2010070009190033003
建设单位：武汉钢铁集团矿业有限公司
地　址：武汉市青山区建设六路107号
邮　编：430080
电　话：027-86802603

大冶有色金属有限公司铜山口铜矿深部开采工程项目

地区分类：湖北
进度分类：环评
专题分类：采矿项目
建设规模：项目拟将矿区原露天开采方式转为深部洞采，规模维持4000吨/日不变，主产品为铜精矿，副产品钼精矿，矿山服务年限22年。工程主要内容包括新建主井、副井、回风井、皮带廊、充填系统及新修340米废石运输道路。
建设单位：大冶有色金属有限公司
电　话：0714-5391114
传　真：0714-5396789
E- mail：office@dyys.com
地　址：中国湖北黄石市黄石市下陆区下陆大道
邮　编：435005

旺建矿区银定坂矿段年产10万吨银多金属矿项目

地区分类：福建
进度分类：环评
专题分类：采矿项目
旺建矿区位于大田县城北东直距约13km 处，矿区范围属大田县湖美乡旺建村、前进村及前坪乡黎明村管辖，方案设计涉及矿区范围0.512km2，开采标高600～918m，设计利用资源量102.08 万t，开采规模为年产银多金属矿10 万t，矿山服务年限11 年（含基建期），采用“平硐+斜坡道”开拓、浅孔留矿法采矿，估算项目总投资为800 万元，采出的矿石全部外售给大田县万源矿业有限公司多金属选矿厂。项目由主体工程、辅助工程、公用工程、环保工程和储运工程几个部分组成。
建设单位：大田宝生矿业有限公司
地　址：大田县前坪乡黎明村
邮　编：354000
联系人：张勇生
电　话：13905079287
评价单位：环境保护部南京环境科学研究所
证书编号：国环评证甲字第1901号
地　址：南京市玄武区蒋王庙街8号
邮　编：210018
联系人：张小姐
电　话：13799380064

斜山矿区草园仔、柒宝铁矿采矿区域整合项目

地区分类：福建
进度分类：环评
专题分类：采矿项目
草园仔、柒宝铁矿项目地处福建省国土厅规划的斜山矿区，该项目生产总规模为12万t/a铁矿石，产品方案为铁矿原矿，矿区面积0.2677Km2。该项目已通过竣工环境保护验收。
根据闽国土资函[2010]142号以及德化县国土局要求，斜山铁多金属矿探矿证与草园仔-柒宝铁矿整合，整合后的采矿证范围以草园仔-柒宝铁矿采矿证为主体，采矿区域扩大至面积1.714Km2。整合后地质储量为106.71万t，设计矿山服务年限10年，采用地下和露天两种开采方式。地下采矿回收率为80%，贫化率为10%，露天采矿回收率为95%，贫化率为5%。开发利用

方案由福建省冶金工业设计院设计。拟利用现有排土场进行采矿废土石堆存，矿硐涌水经沉砂池沉淀后达标排放；矿山按法规要求进行生态恢复治理；项目符合国家及福建省产业政策。开发利用方案由福建省冶金工业设计院设计。该项目的环境影响评价工作由福建省冶金工业研究所承担。

建设单位：德化县阳春矿业有限公司
地　址：德化县美湖乡阳山村
联系人：张工
电　话：13805935707
环评单位：福建省冶金工业研究所
地　址：福州市晋安区珠宝路8号
证书等级：乙级
证书编号：国环评证乙字第2212号
联系人：赵先生
电　话：0591-83542992
传　真：0591-83660044
邮　箱：zyjnfnf@126.com

广西大锰锰业收购新加坡彩虹矿业私部分股权并合资建设南非波斯特马斯堡比绍普锰矿项目

地区分类：国外
进度分类：备案核准
专题分类：采矿项目

2010年4月，国家发改委核准广西大锰锰业有限公司收购新加坡彩虹矿业私人有限公司部分股权并合资建设南非波斯特马斯堡比绍普锰矿项目。

2009 年12 月4 日，广西大锰锰业有限公司与新加坡彩虹公司南非锰矿项目合作签约，广西大锰公司收购新加坡彩虹矿业公司PMG 的60%股份。新加坡彩虹矿业公司系一家控股公司，签约时持有PMG70%的股份。完成签约后，广西大锰锰业拥有PMG42%的股权，拥有最大股权，成为控股方。南非共和国是非洲经济最发达的国家，矿产资源十分丰富，其中锰矿储量约占世界总量的80%。PMG 拥有南非六处矿区的锰矿、铁矿矿权。

投资单位：广西大锰锰业有限公司
地　址：广西南宁市淡村路14号
邮　编：530031
电　话：0771－4828298
传　真：0771－4828258
电子邮箱：gxdmbgs@163.com

赞比亚穆富利拉尾矿库项目

地区分类：国外
进度分类：投资商确定
专题分类：采矿项目

2010年4月12日赞比亚穆富利拉尾矿库合作开发协议正式签约。根据协议，中国有色集团出资企业谦比希湿法冶炼有限公司（简称湿法公司）将利用自身湿法冶炼的技术优势，首先计划用一年时间投资500万美元对尾矿库进行勘察，完成可行性研究报告，在技术经济可行的条件下与赞比亚铜业联合公司共同成立合资公司来进行尾矿库的开发。

建设单位：中国有色矿业集团有限公司
地　址：北京朝阳区安定路10号中国有色大厦（北楼）
邮　编：100029
电　话：010-84426666（总机）010-84426677
传　真：010-84426699
E-mail：cnmc@cnmc.com.cn

重庆钢铁集团收购澳大利亚铁矿项目

地区分类：国外
进度分类：投资商确定
专题分类：采矿项目

重庆钢铁集团收购澳大利亚铁矿的项目，得到国家发展改革委确认和澳大利亚政府无约束条件的批准，重庆钢铁集团将以较低成本获得每年600万吨以上的高品位铁精矿。

重庆重钢矿产开发投资有限公司）与宬隆投资有限公司及其全资子公司亚洲钢铁控股有限公司），签订控股权投资框架协议———重钢矿投将以不超过2.58亿美元（约17.5亿元）的对价投资亚洲钢铁，获得后者增发的60%的股权。

亚洲钢铁是一家在香港成立的控股公司，在澳大利亚拥有位于西澳大利亚的伊斯坦鑫山、库拉努卡南等地区的铁矿石资产，以及大片煤矿资源。其中，伊斯坦鑫山项目将是重钢矿投和亚洲钢铁合作开发的第一个项目。据称，伊斯坦鑫山磁铁矿项目推断资源总量达17.8亿吨，一期开发投入约20亿美元，计划最早在2012年开始投产，预计一期工程设计年产量为1000万吨铁含量约为68%的磁铁精矿，该项目目前已获得西澳大利亚以及澳大利亚政府的环境许可。

投资单位：重庆钢铁集团
地　址：重庆市大渡口区大堰三村1-1#
电　话：023-68843319

中国西部控股在澳洲收购铀矿项目

地区分类：国外
进度分类：投资商确定
专题分类：采矿项目

重庆首家在澳大利亚上市的公司中国西部国际控股公司公告，收购了北昆士兰的羽毛床铀矿项目。中国西部国际控股公司从开采勘探澳洲有限公司获得该项目。项目位于澳大利亚北昆士兰，项目所在区域已有很多铀矿藏，已知的铀矿在羽毛床矿南部附近生成。项目区域被认为具有极高的铀前景，中国西部国际控股公司将使用现代勘探技术检测该项目的铀潜力。2009年第三季度，中国西部国际控股被授予了澳大利亚昆士兰州RA321地块的四个区块勘探权，面积1180平方公里。

投资单位：中国西部国际控股公司
联系人：骆宝程
电　话：13883149828

马达加斯加苏拉拉铁矿矿权并开展风险勘探项目

地区分类：国外
进度分类：投资商确定
专题分类：采矿项目
2010年4月，国家发改委核准武汉钢铁（集团）公司、广东省广新外贸集团有限公司和锦兴国际控股有限公司联合收购马达加斯加苏拉拉铁矿矿权并开展风险勘探项目。2009年9月14日，香港武钢广新公司取得马达加斯加苏拉拉区之露天铁矿资源的勘探和开采权。在这家新的合资公司中，武钢持股42%、广新外贸持股38%，锦兴国际持股20%。该项目矿区为430多平方公里，已知其中约四分之一面积的可开发储量达8亿吨以上。合作开采的矿产品将全部供应给武钢使用。
投资单位：武汉钢铁（集团）公司
电　话：027－86898888

湘潭锰矿15万吨/年锰矿复采工程

地区分类：湖南
进度分类：环评
专题分类：采矿项目
公司于2007年6月接收湘潭锰业集团生产经营资产，现拟投资2000万元在原湘潭锰业集团采区范围内建设锰矿复采工程。项目设计规模为15万吨/年（其中：红旗采区7万吨/年，先锋采区8万吨/年），开拓方式采用矿体下盘斜井开拓，采矿方法为：在+30米及以上水平采场和0水平部分采场采用水砂充填法；0水平部分采场及0水平以下采场根据矿体倾角不同，分别采用水平分层上向人工废石充填采矿法和长臂式崩落采矿法，所产锰矿供应公司的电解二氧化锰生产线。
建设单位：湘潭电化集团有限公司
地　址：湖南省湘潭市滴水埠
邮　编：411131
电　话：0731-55544048
传　真：0731-55544101

安龙县戈塘镇二龙金矿（技改）5万t/a采选项目

地区分类：贵州
进度分类：环评
专题分类：采矿项目
建设地点：贵州省黔西南州安龙县戈塘镇大坝村
项目投资及资金来源：矿井建设项目总投资351万元。全部自筹。
建设规模：设计生产能力为5万t/a
施工期限：总工期为6个月。
工程简况：根据贵州省国土资源厅《关于印发的函》（黔国土资管函[2009]847号），黔西南州汇鑫矿业有限责任公司下属的原安龙县戈塘镇二龙金矿为技改金矿，生产能力由2万t/a技改为5万t/a。扩能后的金矿名称为安龙县戈塘镇二龙金矿（以下简称为二龙金矿或建设单位，相对应的项目名称简称为拟建项目，技改前2万t/a金矿简称为原二龙金矿）。拟建项目井田面积0.307km2，矿井设计可采储量17万t，设计服务年限3.8a。
拟建项目采矿系统采用平硐开拓方式，采用房柱式采矿法。设计配备以两个工作面回采，YT-27型凿岩机凿岩，硝铵铵油炸药打眼放炮落矿，电耙结合人工装矿，矿车运矿，主平硐均采用绞车提升。对角抽出式通风。拟建项目选矿系统为池浸氰化工艺。矿石大部分为氧化矿石，金矿类型为微细粒浸染型金矿。具有颗粒粒度细、分离性差等特性，则采用破碎、球磨、氰化（池浸）、活性碳吸附，“池浸氰化法”的生产工艺，拟建项目最终产品为载金炭，外送至其他单位进行解析回收产品。该矿井的生产建设，可使本地的资源优势转化为经济优势，带动地方经济发展，解决当地富余劳动力就业问题，具有良好的经济效益和社会效益。因此，拟建项目的建设是十分必要的。
建设单位：黔西南州汇鑫矿业有限责任公司
地　址：贵州省黔西南州安龙县戈塘镇大坝村二龙金矿
邮政编码：552400
企业法人：包淳浩
电　话： 13885622210
邮　箱：jin.xin0856@163.com
环评单位：中国地质科学院水文地质环境地质研究所
地　址：河北省正定县正定镇中山东路92号
邮　编：050061
联系人：王晓光
电　话：13908516421
邮　箱：342380588@qq.com

福建省阳山铁矿办公生活区及部份生产设施地灾搬迁重建项目

地区分类：福建
进度分类：环评
专题分类：采矿项目，
内容：福建省阳山铁矿办公生活区及部份生产设施地灾搬迁重建项目位于德化县城关北西直距约20km，行政区隶属于德化县美湖乡斜山村。
拟重建的选矿厂用磁选工艺选别磁铁矿，服务年限为10年，生产规模为25万t/a，排尾矿量约14.03万t/a，约折合为9.05万m3/a。配套的尾矿库为选矿厂北面阳山铁矿与德化鑫阳矿业有限公司合建的第二尾矿库，设计有效库容620万m3。
建设单位：福建省阳山铁矿
地　址：德化县西门街
联系人：欧先生
电　话：13808536628
环评机构：福建省冶金工业研究所
地　址：福州市晋安区珠宝路8号
联系人：赵先生；
电　话：0591-83542992
传　真：0591-83660044
E- mail：zyjffnn@126.com

12000吨/日钼选厂尾矿综合回收技术改造项目

地区分类：河南
进度分类：备案核准
专题分类：采矿项目
12000吨/日钼选厂尾矿综合回收技术改造项目为河南省企业投资项目，建设规模：计划建设起止年限:2010年6月至2011年5月
主要建设内容（生产性项目要列明采用的工艺技术、主要装备等）：
洛钼集团拟在赤土店镇，利用现有钼选厂，建设浮钼尾矿综合回收白钨精矿项目。该项目主要工艺流程为：钼选尾矿→脱硫浮选→白钨粗选→加温脱药→酸浸脱磷→白钨精矿。主要设备包括浮选柱、浮选机、渣浆泵等。项目建成后，不仅可以提高资源综合利用效率，而且可以有效提高白钨精矿的纯度，产生良好的环境效益、经济效益、社会效益。
总投资：26000万元。其中企业自筹：16000万元，银行贷款：10000万元
备案批文号：豫洛栾川工[2010]00031
项目法人：洛阳栾川钼业集团股份有限公司
地　址：河南省洛阳市栾川县城东新区画眉山路伊河以北
邮政编码：471500
电　话：0379-66819818/66819835/66819852
传　真：0379-66824500

走马岭矿区地下开采工程项目

地区分类：山东
进度分类：备案核准
专题分类：采矿项目
主要建设内容：建设开拓井、巷及采准工程、提升系统、井上下运输及生产、生活辅助设施等。
建设单位：济南钢铁集团石门铁矿
电　话：0539-5474669

湖北省嘉鱼蛇屋山金矿尾矿堆场改造项目

地区分类：湖北
进度分类：备案核准
专题分类：采矿项目
投资金额：969.58万元
湖北省嘉鱼蛇屋山金矿尾矿堆场改造项目为湖北省企业投资项目，建设规模及内容为：新建尾矿堆场基础设施。
总 投 资：969.58万元，其中企事业自有资金：969.58万元
项目编码：20101221092100250003
建设单位：湖北省嘉鱼蛇屋山金矿有限责任公司
地　址：湖北省嘉鱼县陆溪镇
邮　编：437222
联系人：刘先生
电　话：0715-6898049
传　真：0715-6898254

大泥河铁矿扩建采矿工程项目

地区分类：山东
进度分类：备案核准
专题分类：采矿项目
建设内容：拟新建主竖井和措施井各一座，新建卷扬机房、空压站、洗矿车间及相应的水、电、通讯等附属配套设施。
批准文号：鲁发改工业[2010]524号
建设单位：山东盛大矿业股份有限公司
联系人：冯占伟
邮　编：261439
电　话：0535—2819989　2819958

镁石矿业煅烧窑炉建设项目

地区分类：湖北
进度分类：备案核准
专题分类：采矿项目
宜昌镁石矿业有限责任公司煅烧窑炉建设项目为湖北省企业投资项目，建设规模及内容为：新建煅烧窑炉1座，购置40万吨设备生产线
总 投 资：2000万元，其中企事业自有资金：1000万元，银行贷款：1000万元
项目编码：20100506319900650003
建设单位：宜昌镁石矿业有限责任公司
地　址：宜昌市夷陵大道72号九州大厦A栋1628室
电　话：0717-6462188
传　真：0717-6463188

昌江光大矿业有限公司选矿厂技改扩建项目

地区分类：海南
进度分类：环评
专题分类：采矿项目
昌江光大矿业有限公司选矿厂技改扩建项目位于原昌江水泥厂内，项目投资8500万元，占地约400亩，生产规模为年加工原料贫矿60万吨，产品为铁精粉。昌江光大矿业公司成立于2002年4月，由私人出资新建。公司对原昌江县水泥厂现有设备进行改造，利用废矿石加工提炼铁精粉。矿石来源于海钢下属公司。该厂于2004年通过了环评验收。目前，由于矿石原料品质的改变，原有生产流程不能适应现在的贫矿加工生产，同时考虑到企业的长远发展，公司决定对现有工艺流程进行技术改造升级，使之能够适应现有贫矿的生产；其次增加尾矿处理设备—尾矿压滤机，对生产过程中产生的尾矿进行压榨干处理，压出的尾矿可直接装车销售，滤液循环使用，不外排废物。
建设单位：昌江光大矿业有限公司
地　址：昌江县石碌镇原县水泥厂内
联系人：周厂长
电　话：13976869422
环评单位：海南环境科技经济发展公司

地　址：海口市龙昆南路12号
联系人：刘女士
电　话：0898-66710452
E- mail：4304845@163.com

贫矿选矿厂二期扩建工程

地区分类：海南
进度分类：环评
专题分类：采矿项目
发布日期：2010-06-25
建设地点：位于海南省昌江县石碌镇华盛水泥厂北面约250m。
建设内容和投资：扩建规模200万t/a，主要处理北一采区地采贫矿石，服务期限30a，产品铁精矿品位≥63%，规模约为80万t/a。项目总投资42731万元人民币。
环评单位：环境保护部南京环境科学研究所海南省建设项目规划设计研究院
建设单位：海南矿业联合有限公司
地　址：海南省昌江县石碌镇
电　话：0898-26607114
邮　箱：hnmining@hnmining.com

姑田铜多金属矿开发建设采选工程

地区分类：福建
进度分类：环评
专题分类：采矿项目
投资金额：49864.08万元
姑田铜多金属矿地处福建省龙岩市连城县，属于岩浆期后中-低温热液细脉-细脉浸染型斑岩铜多金属矿床，具有资源储量大、品味低、埋藏深等特点，总设计利用储量8381.91万t，平均矿石品位Cu0.18%、Mo0.057%。矿山拟采用地下开采，胶带斜井与斜坡道联合开拓、无底柱分段崩落法采矿工艺开采原矿，粗碎—半自磨+球磨—硫化矿混合浮选—混合精矿再磨后铜钼浮选—铜钼分离选矿工艺获取铜、钼精矿。矿山设计采选规模8000t/d，年可产铜精矿1.71万t、钼精矿0.199万t。项目的主要环境问题是对生态环境的破坏。
根据《中华人民共和国环境保护法》、《中华人民共和国环境影响评价法》、《建设项目环境保护管理条例》和《福建省环境保护条例》规定，建设单位连城紫金矿业有限公司委托中国瑞林工程技术有限公司和福建省环境科学研究院共同承担姑田铜多金属矿开发建设采选工程的环境影响评价工作。接受委托后，评价单位组织有关技术人员查阅相关工程资料，踏勘现场，并按环境影响评价的有关技术规范编制了该项目的环境影响报告书，供建设单位上报审查。
建设规模及产品方案：
根据矿石资源储量及埋藏条件，由可研确定采用地下开采，采选规模8000t/d，年工作330d。产品方案为年产铜精矿1.71万t（20%），钼精矿0.199万t（45%）。
服务年限及工程投资：
开采范围为西自6#勘探线，东至9#勘探线，开采标高0m~580m，矿区面积3.497km2。矿区总设计利用储量8381.91万t，其中Cu金属量15.00万t，Mo金属量4.75万t，按8000t/d采选规模计算，考虑矿石的损失贫化，矿山服务年限约34年（含2.5a基建期）。
项目总投资49864.08万元，其中建设投资43307.34万元。
建设单位：连城紫金矿业有限公司
地　址：福建省连城县姑田镇新街41号
联系人：胡敏
电　话：0597-3120508
传　真：0597-8261809
环评单位：福建省环境科学研究院
地　址：福州茶园环北三村10号楼
邮　编：350013
联系人：张先生
电　话：13705022548
E- mail：239700737@qq.com

西色国际投资公司增资开发澳大利铅锌矿项目

地区分类：陕西
进度分类：备案核准
专题分类：采矿项目
投资金额：2150万澳元
该项目主要是对恢复开发Kapok 主矿区、新增开发Kapok West和 Cadjebut Splay 矿区的可行性进行研究，并购买年处理60万吨铅锌矿选矿厂设备。该项目拟投资2150万澳元，其中：雷纳德工程项目880万澳元，选矿厂设备购置1020万澳元，矿权维护及管理费用250万澳元，西色国际投资有限公司按照42.45%的持股比例出资912.67万澳元。其中30%由项目单位以自有资金解决，其余申请银行贷款，所需外汇需申请购汇解决。
政府审批文号为陕发改外资〔2010〕493号。
建设单位：陕西有色金属控股集团有限责任公司
地　址：西安市高新路51号高新大厦
邮　编：710075
电　话：029-88336901
传　真：029-88336902

漳平市北坑场矿区大盂岭钼铁矿年采150万吨钼原矿项目

地区分类：福建
进度分类：环评
专题分类：采矿项目
漳平市北坑场矿区大盂岭钼铁矿年采150万吨钼原矿项目地处漳平市区北东40°方位，行政区划隶属漳平市吾祠乡北坑场村和厚德村管辖。
该项目生产总规模为150万t/a钼原矿，产品方案为钼原矿。钼矿石地质储量为2851.03万t，设计矿山服务年限18年，采用露天开采方式，露天采矿回收率为88.55%。可行性研究报告由中国瑞林工程技术有限公司设计。采矿废土石堆存于废石场，设计容量为

4500万m3，满足废土石堆放要求；矿山按法规要求进行生态恢复治理；项目符合国家及福建省产业政策。

建设单位：漳平市德盛矿业有限公司

地　址：漳平市菁城街道福满路195号三楼

联系人：卢工

电　话：13600885514

环评单位：福建省冶金工业研究所

联系人：许先生

地　址：福州市晋安区珠宝路8号

电　话：0591-83542992

传　真：0591-83660044

邮　箱：fjyj_hp@163.com

大盂岭钼铁矿年处理150万吨钼原矿选矿厂及尾矿库项目

地区分类：福建

进度分类：环评

专题分类：采矿项目

漳平市北坑场矿区大盂岭钼铁矿年处理150万吨钼原矿选矿厂及尾矿库项目地处漳平市区北东40° 方位，行政区划隶属漳平市吾祠乡北坑场村和厚德村管辖。

选矿厂生产规模为150万t/a，生产工艺为浮选；配套的尾矿库位于选矿厂西侧羊子坑沟谷，设计有效库容1436.25万m3，服务期限12.8年。

建设单位：漳平市德盛矿业有限公司

地　址：漳平市菁城街道福满路195号三楼

联系人：卢工

电　话：13600885514

环评单位：福建省冶金工业研究所

联系人：许先生

地　址：福州市晋安区珠宝路8号

电　话：0591-83542992

传　真：0591-83660044

邮　箱：fjyj_hp@163.com

中铁物资入股非洲矿业项目

地区分类：国外

进度分类：投资商确定

专题分类：采矿项目

中国铁路物资总公司投资入股非洲矿业有限公司（英国伦敦证券交易所AIM上市企业，简称“非洲矿业”）项目正式完成了股权交割和清算，一跃成为非洲矿业第二大股东。

根据双方签署的入股协议，中铁物资出资2.47亿美元，持有非洲矿业增发后总股本的12.5%，同时每年将获得1500万至1800万吨有一定优惠条件的包销矿，并拥有今后项目铁路、港口和矿山建设所需物资设备供应的优先权。

非洲矿业在塞拉利昂的唐克里里铁矿石项目是全球已探明的符合JORC标准的资源量最大的磁铁矿。目前探明资源储量为105亿吨，平均品位30%左右；除上述磁铁矿资源外，根据现有的勘探数据分析，在矿体顶部还有可出产DSO产品的赤铁矿资源1亿至2亿吨，在赤铁矿层和磁铁矿层之间还有6亿至12亿吨的过渡层资源可以开发利用。非洲矿业同时还拥有项目未来开发所依靠的铁路与港口基础设施99年的特许经营权，包括现有的86公里窄轨铁路和Pepel港口的使用权。除此之外，非洲矿业还拥有澳大利亚上市的Cape Lambert Iron Owe Limited公司19.9%的股份和其他关联公司的权益，拥有在塞拉利昂其他资源的探矿权。

唐克里里项目将分期开发，中铁物资的投资将全部用于一期赤铁矿的建设，目前一期利用现有的铁路和港口的更新改造建设正在进行，预计2011年可以出矿。项目的磁铁矿开发将按照中国铁路标准修建一条240公里的重载准轨铁路和一个年吞吐量达亿吨的深水港口。项目全部建成后，产能高达5000万吨以上，产品主要销往中国市场。

投资单位：中国铁路物资总公司

地　址：北京市西城区华远街11号

邮　编：100032

电　话：010-51895188

澳大利亚卡拉拉铁矿石项目

地区分类：国外

进度分类：投资商确定

专题分类：采矿项目

6月21日，鞍钢投资的澳大利亚卡拉拉铁矿石项目12亿美元银团贷款协议在澳大利亚正式签署。

为响应国家“走出去”战略和鞍钢实现国际化经营，2007年，鞍钢与澳大利亚金达必金属公司合资成立了卡拉拉矿业公司，共同开发澳大利亚铁矿石资源。卡拉拉铁矿位于澳大利亚西澳州中西部地区，现已探明铁矿石可采储量20亿吨以上，项目建成后具备年产800万吨以上铁精矿的生产能力，项目总投资19.75亿澳元。除合资双方注入资本金外，卡拉拉铁矿石项目申请国家开发银行组建包括中国银行、中国工商银行和中国农业银行在内的国际银团项目贷款12亿美元解决。此前有关各方就银团贷款事宜做了大量工作。

投资单位：鞍山钢铁集团公司

地　址：辽宁鞍山铁西区环钢路1号

邮　编：114021

电　话：0412-6723090

传　真：0412-6723080

合资建设南非波斯特马斯堡比绍普锰矿项目

地区分类：广西

进度分类：备案核准

专题分类：采矿项目

广西大锰锰业有限公司收购新加坡彩虹矿业私人有限公司部分股权并合资建设南非波斯特马斯堡比绍普锰矿项目。

建设单位：广西大锰锰业有限公司

地　址：广西南宁市淡村路14号

邮　编：530031

电　话：0771－4828298

传　真：0771－4828258

日处理150吨铜硫原矿选矿厂整体搬迁建设项目

地区分类：广东
进度分类：环评
专题分类：采矿项目
建设地点：韶关市曲江区乌石镇坑口村原韶关市公共汽车公司坑口精选厂旧址

建设内容：韶关市曲江区盛兆矿业有限公司日处理150吨铜硫原矿选矿厂前身为位于曲江区马坝大道北万牛场内的“新利隆有色金属选矿厂”，成立于1991年，2005年更名为“韶关市岭南经济开发有限公司”，生产工艺采用“破碎-磨矿-浮选”，日处理铜硫原矿150t，产品为铜精矿856.8t（平均品位25%）、硫精矿12342.9t（平均品位35%）。

建设单位：韶关市曲江区盛兆矿业有限公司
联系人：卢兆平
电　话：13380730661

富矿系统选矿厂项目

地区分类：海南
进度分类：环评
专题分类：采矿项目
建设地点：位于海南省昌江黎族自治县石碌镇。

建设内容和投资：海南矿业联合有限公司富矿系统选矿厂对海南联合矿业有限公司所开采的富矿进行破碎筛分，成品外销，尾矿排入红旗尾矿库。选矿厂处理的原矿矿石品位高，主要的选矿方式就是破碎筛分，无磁选、浮选、浓缩等过程，选矿方式较为简单。主要处理品位55%~62%的富矿矿石，年处理规模337.42万吨。

建设单位：海南矿业联合有限公司
电　话：0898-26609109
传　真：0898-26622744
地　址：海南省昌江黎族自治县石碌镇
邮　编：572700

海南钴铜矿采选项目

地区分类：海南
进度分类：环评
专题分类：采矿项目
建设地点：位于海南省昌江黎族自治县石碌镇。

建设内容和投资：钴铜矿采用平峒斜井开拓方式、分段空场嗣后充填法和浅孔留矿（留矿全面法）嗣后充填法开采，开采中段有-150m、-200m、-250m三个中段。钴铜矿于2000年4月投产，规模为日产500t。该钴铜矿采选工程采矿规模16.5万t/a，原矿中部分品位较低的矿石作为废石直接送往第十排土场。选矿系统用于处理品位较高的（钴品位0.196%，铜品位1.05%）原矿，处理规模15万t/a，服务期限约20年。钴铜精矿产量为4.5万t/a，其中钴品位为0.274%，铜品位为1.498%。

建设单位：海南矿业联合有限公司
电　话：0898-26609109
传　真：0898-26622744
地　址：海南省昌江黎族自治县石碌镇
邮　编：572700

总投资6520万元铁矿技改扩能项目

地区分类：四川
进度分类：在建
专题分类：采矿项目
投资金额：6520万元

铁矿技改扩能项目为四川省2010年申请银行贷款项目，建设内容为：年采选35万吨铁矿生产线技改扩能。

建设地址：南江县沙坝乡

2009年累计完成投资：700万元，2010年计划投资：3000万元，2010年申请银贷款：3000万元。

项目进展情况及批复文号：完成工程量60%。

建设单位：南江县铁山冶金矿业有限公司
电　　话：0827-8224725

腾龙精矿技改扩能在建项目

地区分类：四川
进度分类：在建
专题分类：采矿项目
投资金额：9000万元

腾龙精矿技改扩能项目为四川省2010年申请银行贷款项目，建设内容为：铁精矿生产线及配套设施技改扩能建设。

建设地址：南江县上两乡

2009年累计完成投资：1000万元，2010年计划投资：5000万元，2010年申请银贷款：4500万元。

项目进展情况及批复文号：完成工程量65%。

建设单位：南江县汶川腾龙矿业有限公司
电　　话：0827-8222301

广西金海矿业有限公司年处理原矿40000吨矿产品加工项目

地区分类：广西
进度分类：环评
专题分类：采矿项目
投资金额：3500万元

本项目选址位于钦北区人民政府组织开发的皇马工业园一区，距离钦州城区约3公里，距离钦州港约20公里，区位优势明显，交通十分便利。目前国内外矿产品销售市场一片看好，作为钢铁厂生产的必备原料，各钢铁厂厂家在扩大生产规模、提高生产效率的同时对矿产品的需求量也与日俱增，现有矿生产能力远远不能满足市场需求，面对这一庞大需求市场，广西金海矿业有限公司经过多番实地考察取证，决定来钦州市投资矿产品加工行业，建设年处理原矿40000吨矿产品加工项目。该建设项目首先采购粗精矿晒干后经单盘磁场造机选排钛矿，后经螺旋选矿机、摇床选矿机粗造出粗锆英、粗金红、粗独居。并配套公用设施及办公区、生活区等。共征地30亩，项目总投资额为3500万元。

建设单位：广西金海矿业有限公司

联系人：卢志方

电　话：138 7774 0223

环评单位：中国新型建筑材料工业杭州设计研究院

广西办事处联系方式：

联系人：张雪萍

电　话：0771-5538973

传　真：0771-5538973

E- mail：82chunny@163.com

地　址：南宁市金浦路29号1栋2单元501室

邮　编：520022

海南联合矿业公司露天开采建设项目

地区分类：海南

进度分类：环评

专题分类：采矿项目

建设地点：位于海南省昌江黎族自治县石碌镇。

建设内容和投资：海南联合矿业有限公司的露采包括北一采场和南六采场，均为品位较高的富矿，其工程主要内容为铁矿石开采和运输系统。

建设单位：海南矿业联合有限公司

电　话：0898-26609109

传　真：0898-26622744

地　址：海南省昌江黎族自治县石碌镇

邮　编：572700

贫矿选矿厂二期扩建工程建设项目

地区分类：海南

进度分类：环评

专题分类：采矿项目

建设地点：位于海南省昌江县石碌镇华盛水泥厂北面约250m。

建设内容和投资：扩建规模200万t/a，主要处理北一采区地采贫矿石，服务期限30a，产品铁精矿品位≥63%，规模约为80万t/a。项目总投资42731万元人民币。

建设单位：海南矿业联合有限公司

电　话：0898-26609109

传　真：0898-26622744

地　址：海南省昌江黎族自治县石碌镇

邮　编：572700

政和县源鑫矿业有限公司东际金（银）矿区年采、选12万吨扩建项目

地区分类：福建

进度分类：环评

专题分类：采矿项目

项目位于政和县石屯镇际下村东际自然村与星溪乡地坪村交界处山场，于2005年8月正式投产，于2006年4月通过南平市环保局组织的建设项目竣工环境保护验收，采矿证有效期为2005年5月～2011年5月，目前矿区开采面积0.4266km2，开采标高585m～360m，年开采金（银）矿石6万吨，日处理原矿200吨，开采方式为平硐、斜坡道开拓方式，小型汽车运输；选矿工艺采用二段破碎、一段磨矿、一粗二扫二精的全闭路选矿工艺。根据政和县源鑫矿业有限公司东际金（银）矿区矿产资源开发利用方案（2010.4），项目拟申请延续并扩大采矿范围，扩大后的矿区范围调整为0.6554 km2，开采标高585～-100m，年开采矿石12万吨，日处理原矿400吨，开采方式及选矿工艺不变，设计矿山服务年限12年（其中基建1年，正常生产10年，减产期1年）。

建设单位：政和县源鑫矿业有限公司

地　址：福建省政和县城关源鑫矿业有限公司

联系人：高主任

电　话：13860007871

环评单位：福建省华厦建筑设计院

证书编号：国环评证乙字 第2215号

地　址：福州市五一中路124号

邮　编：350004

电　话：0591-83316235

传　真：0591-83355003

联系人：阳 工

长汀县中坊矿区稀土矿开发工程（二次公示）

地区分类：福建

进度分类：环评

专题分类：采矿项目

投资金额：1279万元

长汀县中坊矿区稀土矿开发工程位于福建省长汀县河田镇中坊村和根溪村境内。该矿区稀土矿产资源储量224.47万t，建设规模为开采稀土矿原矿20万t/a，最终产品为混合碳酸稀土，年产量为673.305t（折混合氧化稀土134.661t），品位为92%。总占地面积33.87hm2，总投资1279万元。矿山服务年限10年。

建设业主：厦门钨业股份有限公司

联系人：刘遂晟

电　话：0597-2892290

传　真：0597-2892290

邮　箱：18950808928@189.cn

地　址：龙岩市新罗区西坡龙腾中路291号恒亿大厦六楼（邮编364000）

环评单位：北京矿冶研究总院（国环评证 甲 字第1014号）

联系人：周连碧、祝怡斌

电　话：010-88399242/88299248

传　真：010-68324912

邮　箱：yibinzhumas@163.com

地　址：北京市西直门外文兴街一号（邮编100044）

昌江光大矿业选矿厂技改扩建项目（二次公示）

地区分类：海南
进度分类：环评
专题分类：采矿项目
项目性质：技改扩建项目。
项目概况：本项目在原有光大矿业有限公司选矿厂的基础上，新增设备82台，使选矿厂年处理矿石的能力由原来的20万t，增加到60万t。产品为铁精粉，原矿品位39.4%，铁精粉品位63.5%，精矿产率38.2%。总投资8500万元。
建设单位：昌江光大矿业有限公司
联系人：周先生
电　话：13976869422
环评机构：海南省环境科技经济发展公司
联系人：刘女士
电　话：0898-66706188
E- mail：4304845@163.com
地　址：海南省海口市龙昆南路12号
邮　编：570206

南溪县蕴炽矿业有限公司生产扩能技术改造项目

地区分类：四川
进度分类：在建
专题分类：采矿项目
南溪县蕴炽矿业有限公司生产扩能技术改造项目为四川省2010年申请银行贷款项目，建设内容为：对设备设施、井下巷道进行技术改造。技改后新增6万吨/年生产能力，达到生产能力15万吨/年。
建设地址：南溪县大观镇
总投资：2900万元，2009年累计完成投资：200万元，2010年计划投资：2700万元，2010年申请银贷款：1800万元。
建设单位：南溪县蕴炽矿业有限公司
电　话：13909094369
联系人：周朝忠

裕新多金属采选生产线项目

地区分类：湖南
进度分类：在建
专题分类：采矿项目
投资金额：2400万元
项目性质：续建
总 投 资：32400万元
建设单位：湖南瑶岗仙矿业有限责任公司
联 系 人：覃佐国
电　　话：15096163333

沙特AL-Masane铜锌矿地下采矿工程

地区分类：国外
进度分类：工程承包商确定
专题分类：采矿项目,中标公示
中国节能环保集团公司所属中地集团在沙特阿拉伯吉达与沙特AL-Masane A1-Kobra矿业公司签署“沙特AL-Masane铜锌矿地下采矿工程合同”，项目合同金额1.25亿美元，工期五年。该项目采取固定价与工程量计价相结合的计价方式，工程范围为15个月的采矿修复、基建工程和45个月的采矿生产工程。按照合同约定，中地集团享有3—10年矿山经营权，并合作开发沙特AL-Masane A1-Kobra矿业公司名下镍矿。
施工单位：中国地质工程集团公司
地　址：北京海淀区香山南路92号院2号楼
邮　编：100093
电　话：010-82408500
传　真：010-82408544

比里亚邦山脉铁矿项目

地区分类：国外
进度分类：工程承包商确定
专题分类：采矿项目,中标公示
该铁矿位于利比里亚中部邦州西南地区，属大型露天铁矿，已探明铁矿资源量13亿吨，预计矿区总资源量可达40亿吨。中冶武勘将承担矿山区域控制测量、1:2000和1:10000地形测绘，总面积达240平方公里。根据合同约定，中冶武勘后期还将积极参与该矿1:1000铁路带状测量、矿区1:500地形图测量、矿山建设施工测量以及工程地质勘察等任务。6月23日，中国中冶所属中冶集团武汉勘察研究院有限公司与中利联（香港）矿业有限公司签订利比里亚邦山脉铁矿测绘地质工程合同。
地质测绘：中冶集团武汉勘察研究院有限公司
地　址：湖北省武汉市青山区冶金大道177号
邮　编：430080
电　话：027-86861906
传　真：027-86861906

中铝收购加拿大Ivanhoe矿业股权项目

地区分类：国外
进度分类：投资商确定
专题分类：采矿项目
澳洲矿业龙头企业力拓在提交给美国证券交易委员会的材料中表示，中国铝业集团希望收购加拿大矿业公司 Ivanhoe 小部分股权，Ivanhoe 是蒙古铜金矿 Oyu Tolgoi 项目的主要开发商。
Oyu Tolgoi 铜金矿位于蒙古南戈壁省境内，距离中蒙边境仅200公里。目前的探明铜储量为3500万吨，黄金储量1087吨。根据计画，在2013年底之前，Oyu Tolgoi 将开始生产，预计前10年年均生产逾45万吨铜及14.18吨黄金，而整个投资规模高达45亿美元。
力拓提交给美国证券交易委员会的材料亦显示，为了给 Oyu Tolgoi 铜金矿的开发工作筹集到更多资金，该公司正在与 Ivanhoe 矿业、中国铝业、蒙古政府及欧洲复兴开发银行、世界银行国际金融公司等机构进行谈判。
投资单位：中国铝业公司
地　址：北京市海淀区西直门北大街62号。
电　话：010-82298080
传　真：010-82298081

武钢收购澳大利亚CXM公司铁矿权项目

地区分类：国外
进度分类：投资商确定
专题分类：采矿项目

2010年7月7日，武钢与澳大利亚CXM公司在澳大利亚南澳州顺利完成矿权交割。武钢支付了首笔矿权购买款5150万澳元和合资公司首笔勘探费5000万澳元，CXM公司向武钢澳洲资源公司转交了矿权证。本次交割的完成标志着武钢国际资源开发迈上一个新的台阶。

CXM公司是澳大利亚证券交易所上市的资源类公司，在南澳艾尔半岛东海岸拥有多处铁矿权。去年7月20日，武钢与CXM公司在汉签约，双方合作矿区位于南澳艾尔半岛中部和南部，项目涉及5个优质铁矿区的开采，预计铁矿石资源量达20亿吨以上。

本次完成的是矿权收购部分，矿权交割完成意味着武钢澳洲资源投资公司和CXM公司按60:40成立的合资公司正式运营，武钢将主导该项目的勘探、建设和运营。矿山建成后每年采选规模预计为原矿3300万吨，年产铁精矿1000万吨。

投资单位：武汉钢铁（集团）公司
电　话：027－86898888

舒兰福安堡钼矿10000t/a钼酸铵加工技改工程

地区分类：吉林
进度分类：环评
专题分类：采矿项目
投资金额：44840.31万元

建设规模：扩建改造工程建设地点位于吉林省舒兰市开原镇存粮堡，地理坐标：东经：127°15′～127°17′　北纬：44°23′～44°24′。工程总投资44840.31万元。扩建改造工程生产规模：采选规模为4000t/d，年加工处理原矿石量为132132万t/a，采用露天开采，服务年限20.5年。最终产品为钼酸铵，年产量10000t。工程年操作7920小时、330天，三班制运转；总定员510人；工程采矿面积0.4376km2，开采深度由0m标高至465m标高；工程新征土地206.18hm2，所征用的土地以林地、荒地、农田为主，但没有基本农田，工程实施后矿山总占地249.95hm2。

建设单位：舒兰吉辉矿业有限公司
电　话：0432-8712217
传　真：0432-8712006
地　址：吉林舒兰市开原镇

会理县矮郎乡车林村铁矿开发项目

地区分类：四川
进度分类：可研
专题分类：采矿项目
投资金额：5000万元
建设规模及内容为：铁矿开发。
建设单位：攀枝花盐边县二滩矿产品开发有限公司
地　址：四川攀枝花市安宁工业园区88号
电　话：0812-8750000
传　真：0812-8750133

年采50万吨钼原矿、年选钼矿150万吨技改扩建项目

地区分类：福建
进度分类：环评
专题分类：采矿项目
投资金额：34039万元

福安赤路钼矿矿区福位于福安、周宁两县市交界处,行政区划主要属福安市康厝乡界竹村管辖。该钼矿的原经营主体为闽东冶金集团公司，并在2003年3月至2005年8月期间进行断续的生产，2005年8月停产至今。2005年11月8日福安市人民政府决定福安钼矿资产划拨福安市城市建设投资有限公司，由城投公司负责管理。2009年经福安市政府批准，福安市城市建设投资有限公司将福安赤路钼矿采矿权转让给福建省地勘冶金发展有限公司的子公司——福建省福安鑫地钼业有限公司（国有企业）。

为充分利用福安赤路钼矿资源，福建省福安鑫地钼业有限公司拟投资34039万元，在原福安赤路钼矿的基础上，技改扩建年采50万吨钼原矿、年选钼矿150万吨项目。该项目钼矿石地质储量为2407.17万吨（332+333），前期开采方式为露天开采，年采50万吨钼原矿及100万吨低品位矿石，开采服务年限11年；露采后转入地下开采，地下开采服务年限20年。采矿废土石堆存于废石场，设计容量为2542万m3，满足废土石堆放要求；选矿厂生产规模为150万吨/年（含低品位矿石100万吨/年），生产工艺为浮选；配套的尾矿库位于选矿厂的西侧山沟内，设计有效库容1291.74万m3，服务期限12年，满足露采服务年限要求。矿山按法规要求进行生态恢复治理；项目符合国家及福建省产业政策。

建设单位：福建省福安鑫地钼业有限公司
地　址：福安市阳头街道鹤祥新城别墅C区4号
联系人：黄先生
电　话：0593-6351781
环评单位：福建省冶金工业研究所
证书等级：乙级
证书编号：国环评证乙字第2212号
联系人：许先生
地　址：福州市晋安区珠宝路8号
电　话：0591-83542992
传　真：0591-83660044
邮　箱：fjyj-hp@163.com

木里县梭罗沟金矿开采项目

地区分类：四川
进度分类：在建
专题分类：采矿项目
投资金额：15500 万元
建设规模及内容为：原生矿生产及建设。
截至2009年底累计完成投资：6500 万元，项目完

成进度为：电力建设，选厂建设等。

2010年计划投资：9000 万元，工作进度目标为：尾矿库等的建设。

建设单位：木里县容大矿业有限责任公司

地　址：四川省-凉山州-木里县新兴路99号

联系人：腾先生

电　话：13909016126

广西融安县吉照铁矿建设项目

地区分类：广西

进度分类：环评

专题分类：采矿项目

广西融安县吉照铁矿，位于融安县泗顶镇吉照村西南约1km处，项目总投资为150万元，项目性质为续采，矿山此前主要开采矿体中部，采场标高为+390～+355m，共采出矿石约8×104t。续采后矿区面积为0.6483 km2，开采方式仍采用露天开采、公路开拓、汽车运输、水洗选矿方式进行开发，开采标高：+500～+350m，年采选褐铁矿原矿5×104t，开采期1.5年，加上建设期，服务期共计2.0年，矿产品为褐铁矿。

建设单位：广西融安县吉照铁矿

地　址：广西融安县泗顶镇泗顶街218号

联系人：肖智童

邮　箱：xzt1964@163.com

电　话：13607785898

环评单位：中晟环保科技开发投资有限公司

地　址：南宁市思贤路51号3单元3楼

邮　编：530022

联系人：廖越

邮　箱：bananam2m@.com；

电　话：0771-5643710/13457998655。

会理县果元—白鸡铅锌矿综合开发项目

地区分类：四川

进度分类：可研

专题分类：采矿项目

投资金额：20000万元

建设规模及内容为：铅锌矿综合开发。

采矿项目常用设备包括：

采掘设备、通讯设备、监控设备、通风设备、除尘设备、破碎机、球磨机、浮选机、平巷人车、给煤机、电动机、调度绞车、皮带输送机、水泵、锅炉、变压器、开关柜、配电柜、电缆、光缆。

建设单位：云南冶金集团股份有限公司

地　址：云南省昆明市小康大道399号金水湾小区

电　话：0871-8891800、0871-8891901

传　真：0871-8891900

邮　编：650224

宁南县华弹赤铁矿开发项目

地区分类：四川

进度分类：在建

专题分类：采矿项目

投资金额：360000 万元

建设规模及内容为：华弹赤铁矿开发，华弹赤铁矿开发分三期进行，第一期采原矿20万吨；第二期年产铁精矿120万吨；第三期形成年产金属化球团120万吨，年产还原铁100万吨。

截至2009年底累计完成投资：25000 万元，项目完成进度为：道路、架线、矿洞等建设。2010年计划投资：5000 万元，工作进度目标为：采原矿20万吨，进行矿山、矿洞和小型洗选厂建设。

建设单位：点石矿业有限责任公司

电　　话：0834-4576779

盐源平川铁矿选厂、尾矿坝建设项目

地区分类：四川

进度分类：开工准备

专题分类：采矿项目

投资金额：17000 万元

建设规模及内容为：平川铁矿选厂：2×100万吨/年。平川铁矿尾矿坝：库容400万立方米。工作进度目标为：三通一平，基础开挖。

建设单位：盐源县平川铁矿

电　　话：0834-6352047

洞口华菱矿业江口铁矿采选项目

地区分类：湖南

进度分类：在建

专题分类：采矿项目

建设规模为：一期年产原矿60万吨、精矿10万吨，二期年产年产原矿150万吨及矿粉加工。概算投资：22000万元，到2009年底累计完成投资：6000万元。2010年计划：3000万元，资金来源为：自筹贷款。

主要工程形象为：完成矿区三通一平，建设好选矿厂房。

建设单位：湖南华菱洞口矿业有限公司

地　址：洞口县雪峰西路19号

联系人：刘新海

电　话：13907392337 0739-7221885

传　真：0739-7229596

邮　编：422000

镁矿采选、原料生产线技术改造工程

地区分类：山东

进度分类：在建

专题分类：采矿项目

投资金额：9369万元

建设地点：烟台市莱州市

社会效益：矿石资源得以合理利用，节能减排.

镁矿采选、原料生产线技术改造工程为山东省2010年节能降耗重点项目，项目内容为：镁矿采选、原料生产线技术改造工程.在人工采矿的基础上，通过合理改造矿山采矿工艺，提高矿石回收利用率；将原窑炉改造成自动化程度较高的CER燃油高温竖窑，降低能源消耗。

建设单位：山东镁矿

地　址：山东省烟台市芝罘区

邮　编：264000

电　话：0535-2468356

青海省格尔市野马泉铁锌矿采矿工程项目

地区分类：青海

进度分类：水土保持方案评审

专题分类：采矿项目

投资金额：214.93万元

青海省格尔市野马泉铁锌矿采矿工程项目为青海省省级水土保持方案项目

水土保持方案总投资：214.93万元

防治责任范围：226.6公顷

水土保持方案编制单位：青海省水利水电勘测设计研究院

审批文号及时间：青水农[2010]75号2010.2.25

建设单位：青海庆华矿冶煤化集团有限公司

销　售：0971-8812858

运输科：0971-8812855

供应科：0971-8812866

广东省阳春市锡山矿区锡钨矿项目

地区分类：广东

进度分类：水土保持方案评审

专题分类：采矿项目

投资金额：134.47万元

广东省阳春市锡山矿区锡钨矿项目为广东省省级水土保持方案项目

建设地点：阳江市 阳春市

水土保持方案总投资：134.47万元

防治责任范围：69.31公顷

水土保持方案编制单位：广东粤源水利水电工程咨询有限公司

审批文号及时间：2010.7.21 粤水水保[2010]125号

建设单位：阳春金同工贸有限责任公司

电　话：0662-7863286

传　真：0662-7863286

兴宁霞岚钒钛磁铁矿

地区分类：广东

进度分类：在建

专题分类：采矿项目

投资金额：100000万元

兴宁霞岚钒钛磁铁矿项目为梅州市2010年重点建设项目

建设规模为：采选原矿100万吨/年还原分离精矿15万吨/年

主要建设内容：土建、设备

建设单位：广东兴宁广晟矿业有限公司

地　址：兴宁市国土局

邮　编：514631

电　话：86-0753-3238291

张家湾铁矿采选项目

地区分类：湖北

进度分类：环评

专题分类：采矿项目

投资金额：2000万元

发布日期：2010-08-27

拟建地点：竹山县得胜镇张家湾

建设主要内容：2007年竹山县闽胜矿业有限责任公司在对张家湾进行地质探测的发现张家湾矿区铁矿石含量在19.8%左右，在此基础上公司投资2000万元于竹山县得胜镇张家湾建设张家湾铁矿采选项目。选矿厂占地面积15亩，项目计划年开采铁矿石50万吨，年产铁精粉5万吨。项目区域范围属于中低丘陵地貌，山体总体走向南北向，采场山坡自然坡向西。矿区和选厂内自行修建采矿简易公路与得胜镇村级公路相连，自行修建矿山简易公路共计约2km，其中采矿区至选矿区约0.5km，选矿厂至得胜镇村公路1.6km，得胜镇桶竹山县和十堰市均有二级公路相通，交通条件相对较便利，运输方式主要以汽车公路运输为主。项目采用露天开采，年处理矿石50万吨，服务年限4.8年。

建设单位：竹山县闽胜矿业有限责任公司

联系人：林泽胜

电　话：15871977414

审批机关：十堰市环境保护局

电　话：0719－8116852

环评单位：南京师范大学

联系人：冯威

电　话：13377825858

蒙城西贾庄–罗集铁矿开采项目

地区分类：安徽

进度分类：可研

专题分类：采矿项目

建设规模：建设矿山开采厂和选矿厂各一座,矿山开采一期拟年产铁矿石100万吨,二期拟年产铁矿石800万吨

建设地点：亳州蒙城县

总 投 资：19.88亿元

进展情况：勘查阶段

建设单位：蒙城县发改委

电　　话：0558-7636001

蒙城小涧铁矿开采项目

地区分类：安徽

进度分类：可研

专题分类：采矿项目

建设规模：建设矿山开采厂和选矿厂各1座,矿山开采年产铁矿石500万吨

建设地点：亳州蒙城县
总 投 资：15.00亿元
进展情况：勘查阶段
建设单位：蒙城县发改委
电　　话：0558-7636001

萧县盛达铁矿项目

地区分类：安徽
进度分类：在建
专题分类：采矿项目
建设规模：年开采90万吨铁矿石，年产铁精矿50.58万吨
建设地点：宿州萧县
总 投 资：5.3亿元
建设单位：安徽盛达公司
地　址：萧县大屯镇杨套楼村
邮　编：345242
电　话：0557-5750899
传　真：0557-5750999

广西融安县吉照铁矿项目（二次公示）

地区分类：广西
进度分类：环评
专题分类：采矿项目
投资金额：150万元
位于融安县泗顶镇吉照村西南约1km处，项目总投资为150万元，项目性质为续采，矿山此前主要开采矿体中部，采场标高为+390～+355m，共采出矿石约8×104t。续采后矿区面积为0.6483 km2，开采方式仍采用露天开采、公路开拓、汽车运输、水洗选矿方式进行开发，开采标高：+500～+350m，年采选褐铁矿原矿5×104t，开采期1.5年，加上建设期，服务期共计2.0年。矿产品为褐铁矿。
建设单位：广西融安县吉照铁矿
地　址：广西融安县泗顶镇泗顶街218号
联系人：肖智童；
邮　箱：xzt1964@163.com ；
电　话：13607785898。
评价机构：中晟环保科技开发投资有限公司
地　址：南宁市思贤路51号2单元3楼
邮　编：530022
联系人：郑炳娟
邮　箱：zsnn1006@126.com；
电　话：0771-5628678。

30000吨/日钼选尾矿综合利用二期工程建设项目

地区分类：河南
进度分类：备案核准
专题分类：采矿项目
30000吨/日钼选尾矿综合利用二期工程建设项目为河南省企业投资项目，建设规模：计划建设起止年限:2010年8月至2011年12月
洛钼集团30000吨/日钼选尾矿白钨回收项目于2006年经省发改委备案（项目编号：豫洛市工[2006]0099，豫洛市工[2006]0202），现拟配套建设30000吨/日钼选尾矿综合利用项目二期工程，项目建成后，年可生产钨钼磷复合矿 23000吨。工艺流程为：低品位钼钨磷复合矿→焙烧脱浮→高压浸出→磷产品分离→钨钼分离→蒸发结晶→仲钨酸铵、四钼酸铵、磷精矿。主要设备有回转窑、反应釜、离心萃取器等。项目建成后，可以有效提高白钨精矿的纯度和选钼尾矿资源综合利用效率，产生良好的环境效益、经济效益、社会效益。
总投资：14661万元。其中企业自筹：14661万元
备案批文号：豫洛栾川源[2010]00048
项目法人：洛阳栾川钼业集团股份有限公司
地　址：河南省洛阳市栾川县城东新区画眉山路伊河以北
邮　编：471500
电　话：0379-66819818/66819835/66819852
传　真：0379-66824500

马钢和尚桥铁矿项目

地区分类：安徽
进度分类：在建
专题分类：采矿项目
建设规模：年产原矿300万吨
建设地点：马鞍山雨山区
总 投 资：14.00亿元
建设单位：马钢集团公司
地　址：马鞍山市九华西路8号
电　话：0555-2882114 2883492 2888158
邮　编：243003

白象山铁矿项目

地区分类：安徽
进度分类：在建
专题分类：采矿项目
投资金额：78000万元
建设规模：年产原矿200万吨
建设地点：马鞍山当涂县
总投资：7.80亿元
项目进展情况：工业场地建设、主井和副井施工等
建设单位：马钢集团公司
地　址：马鞍山市九华西路8号
电　话：0555-2882114 2883492 2888158
邮　编：243003

马达加斯加苏拉拉铁矿工程

地区分类：国外
进度分类：设计
专题分类：采矿项目
项目介绍：马达加斯加苏拉拉铁矿区位于马达加

斯加岛西部的马哈赞加省苏拉拉镇西南约50公里处。矿区共分I、II两个区块，总面积为431.25平方公里，铁矿石储量达8亿吨。根据合同约定，中冶武勘将承担该区域的三等、四等GPS测量；三等、四等水准测量；1:2000和1:5000地形图测量等工作，测量工作将直接为业主铁矿资源普查、勘察以及矿山设计、建设等各方需求提供服务。近日，中国中冶所属武汉勘察研究院有限公司与香港武钢华新锦华投资有限公司就马达加斯加苏拉拉铁矿工程测绘项目举行了合同签约仪式。

测绘设计单位：中冶集团武汉勘察研究院有限公司

地　址：湖北省武汉市青山区冶金大道177号

邮　编：430080

电　话：027-86861906

传　真：027-86861906

邮　箱：mccz005@126.com

中赫集团收购蒙古国瑞驰资源发展有限公司部分股权项目

地区分类：国外

进度分类：投资商确定

专题分类：采矿项目

项目介绍：北京中赫集团有限公司收购蒙古国瑞驰资源发展有限公司部分股权项目。中赫矿业蒙古国分公司以勘探、开采和销售钼精矿粉为主要业务。2007年10月，中赫矿业蒙古国分公司矿山全面建成投产。矿山首期设计能力为年开采、处理原矿石百万吨，年产符合国际工业级标准（45%Mo）钼精矿粉千吨以上。

投资单位：中赫矿业蒙古国分部

地　址：MAX TOWER BARILGACHDIIN SQUARE CHINGELTEI DISTRICT, 4 KHOROO ULAANBAATAR CITY,MONGOLIA

电　话：+976 70111587

传　真：+976 70111586

安徽外经建设(集团)有限公司合资勘探开发津巴布韦金刚石项目

地区分类：国外

进度分类：投资商确定

专题分类：采矿项目

项目介绍：2010年7月，国家发改委核准安徽外经建设（集团）有限公司合资勘探开发津巴布韦金刚石项目。该集团向津巴布韦申请的金刚石矿开采权已获得批准，津巴布韦总统向其颁发了金刚石矿开采特许证，并于7月16日开始试开采。该集团承接了几十个国家多个大中型中国对外项目，包括肯尼亚大使馆、马达加斯加体育馆、毛里塔尼亚总统府办公楼等，在海内外受到普遍赞誉。按照该集团带动外贸的方针，同时也是为了中非经贸合作作出更大贡献，集团开始参与矿产类资源的开发利用，于今年2月4日获取津巴布韦开采矿石特许证书，该矿位于津巴布韦第三大城市莫塔雷南部，该矿品位属世界罕见，具有相当大的经济价值。

投资单位：安徽省外经建设（集团）有限公司

地　址：安徽省合肥市东流路28号

电　话：0551-3492558

传　真：0551-3492537

周家铁矿30万吨/年建设工程项目

地区分类：安徽

进度分类：可研

专题分类：采矿项目

建设规模：建设年产30万吨矿石生产能力

建设地点：马鞍山当涂县

总 投 资：3.00亿元

建设单位：马鞍山市银嘉矿业公司

地　　址：合肥市长江西路8号

电　　话：0551-2829914 2822745

邮政编码：230061

华鑫矿业有限公司尾矿工业废渣资源综合利用项目

地区分类：吉林

进度分类：环评

专题分类：采矿项目

吉林省汪清县华鑫矿业有限公司拟建氰化车间处理矿石矿渣100 t/d（3万t/a），尾矿浮选150000t/a（500t/d），建设项目位于吉林省汪清县百草沟镇闹枝村百草沟金矿老选厂旁，总投资5369.43万元。

环评单位：吉林东北煤炭工业环保研究有限公司

负责人：孟赫

电　话：0433-85659955

日处理150吨铜硫原矿选矿厂整体搬迁建设项目

地区分类：广东

进度分类：环评

专题分类：采矿项目

投资金额：500万元

项目地址：曲江区乌石镇坑口村原韶关市公共汽车公司坑口精选厂旧厂址

批复文号：韶环审[2010]257号

总量控制指标：COD：0.01512t/a；NH3-N：0.00216t/a

建设单位：韶关市曲江区盛兆矿业有限公司

联系人：卢兆平

电　话：13380730661

广东省仁化县灵溪寨背坑铅锌矿整合技改项目

地区分类：广东

进度分类：环评

专题分类：采矿项目

发布日期：2010-09-08

项目地址：仁化县周田镇
批复文号：韶环审[2010]309号
总量控制指标：COD：2t/a
建设单位：仁化县年兆矿业有限责任公司
联系人：高年中
电　话：13380732025

巢湖市马鞭山铁矿100万吨采选项目

地区分类：安徽
进度分类：在建
专题分类：采矿项目
建设规模：年采选铁矿100万吨
建设地点：巢湖庐江县
总 投 资：5.30亿元
项目进展情况：主井掘进260m;副井掘进339m,风井掘进251m,临时腰泵房施工完成,工作面注浆扫尾;措施井共完成钻进7364m,选矿厂、尾矿库征地结束,工业场地正在平整;试验小选厂正在土建;临时尾矿库已完成基建待验收;矿井提升、井下破碎及井架已完成招投标工作;35KV变电所已投入运行,二回路保安电源已验收送电;至永久性尾矿库道路正在基建
建设单位：安徽洪鑫源矿业有限公司
地　址：安徽省庐江县龙桥镇
电　话：0565-7601686
邮　编：231555

巢湖市庐江龙桥铁矿开发及系列加工项目

地区分类：安徽
进度分类：在建
专题分类：采矿项目
建设规模：年产250万吨原矿、150万吨铁精砂及球团、精细化工
建设地点：巢湖庐江县
总 投 资：10.00亿元
建设单位：庐江龙桥矿业有限公司
地　　址：巢湖市庐江县龙桥镇
电　　话：0565-7664040 7666156

和县雍镇磁铁矿开采项目

地区分类：安徽
进度分类：在建
专题分类：采矿项目
投资金额：100000万元
建设规模：年开采170万吨磁铁矿、加工80万吨氧化球团
建设地点：巢湖和县
总 投 资：10.00亿元
项目进展情况：和成矿业:征地拆迁正在进行;南风井已掘至-128米,措施井已掘至-130米,平巷428.7米,主井已掘至-248米,副井已掘至-190米,北风井已掘至-69米;2公里水泥道路、20公里矿区砂石路、3.5万伏变电所及双回线路工程已竣工。太平矿业:已完成环境评价、征地拆迁等工作,主副井及配套工程已基本完成,选矿厂正在建设
2010年工作目标：太平矿业全面开采,和城矿业试开采
建设单位：太平矿业有限公司
　　　　　和城矿业有限公司
电　　话：0561--7095072

总储量50万吨钼矿开采项目

地区分类：安徽
进度分类：在建
专题分类：采矿项目
投资金额：200000万元
发布日期：2010-09-10
钼矿开采项目为安徽省2010年“861”项目
建设规模：总储量50万吨的钼矿开采
建设地点：六安金寨县
进展情况：在进行矿体探测
建设单位：铜陵有色集团
联系电话：0562-5860078

矾山矿业扩建100万吨/年铁矿采选工程项目

地区分类：安徽
专题分类：采矿项目
进度分类：在建
投资金额：25000万元
建设规模：扩建杨山铁矿二、三矿体,建设40万吨选厂,尾矿库技改工程;新建阳山洼60万吨铁矿采选生产线
建设地点：巢湖庐江县
进展情况：正在开展前期工作
建设单位：矾山矿业有限公司
地　址：芜湖市繁昌县抵港镇杨山
电　话：0565-7096321 13856545677
传　真：0565-7095232
邮　编：241201

年采选规模330万吨沙溪铜矿开发项目

地区分类：安徽
专题分类：采矿项目
进度分类：开工准备
投资金额：150000万元
建设规模：年采选规模330万吨。主要工程内容：地质详查,矿山8大系统、选厂、充填系统、尾矿库、信息化建设等。
建设地点：巢湖庐江县
进展情况：完成地质详查31000米,可行性研究基本编制完成,副井工程孔开始施工。
建设单位：安徽铜冠(庐江)矿业有限公司
联系电话：0562-5860063，5860103

矾成铜业卢洼铜矿开采项目

地区分类：安徽
专题分类：采矿项目
进度分类：开工准备
投资金额：20000万元
建设规模：年产5万吨铜矿
建设地点：巢湖庐江县
进展情况：前期工作
建设单位：庐江县矾成铜业有限公司
联系电话：05657613088 0565-2625109
邮政编码：231500

雷纳德铅锌矿项目

批准文号：陕发改外资〔2010〕493号
地区分类：陕西
专题分类：采矿项目
进度分类：可研

该项目主要是对恢复开发Kapok 主矿区、新增开发Kapok West和 Cadjebut Splay 矿区的可行性进行研究，并购买年处理60万吨铅锌矿选矿厂设备。

该项目拟投资2150万澳元，其中：雷纳德工程项目880万澳元，选矿厂设备购置1020万澳元，矿权维护及管理费用250万澳元，西色国际投资有限公司按照42.45%的持股比例出资912.67万澳元。其中30%由项目单位以自有资金解决，其余申请银行贷款，所需外汇需申请购汇解决。

建设单位：陕西有色金属控股集团有限责任公司
联系电话： 029-88336901
值班传真： 029-88336902

罗河铁矿500万吨扩能项目

地区分类：安徽
专题分类：采矿项目
进度分类：可研
投资金额：210000万元
建设规模：采选500万吨铁矿
建设地点：巢湖庐江县
总投资：21.00亿元
进展情况：完成可研报告编制
建设单位：安徽马钢罗河矿业有限公司
地　　址：马鞍山市九华西路8号
联系电话：0555-2882114
邮政编码：243003

毕力赫金矿区Ⅱ号矿带开发建设工程

地区分类：内蒙
专题分类：采矿项目
进度分类：环评

建设地点：内蒙古自治区锡林郭勒盟苏尼特右旗朱日和镇白音宝勒嘎嘎查

建设内容：主要建设内容包括采矿工业区、选矿工业区、附属工业区、办公生活区、采矿工业场地、尾矿库、排土场、炸药库、输水管线及供水设施、输电线路、低品位矿石临时存放区、复垦用土临时存放区等。采、选黄金矿石规模为3000吨/日（约100万吨/年），最终产品为合质金，平均年产黄金3.117吨。矿山服务年限为5.2年。采用露天开采方式，开采深度为1130～1300米。新建选矿厂1座，选矿采用全泥氰化一炭吸附工艺，冶炼采用解吸电解-王水法工艺（湿法）。尾矿库位于选矿厂东北约1公里处，采用干排法，有效库容376.42万立方米。尾矿库内采用均匀铺设土工膜进行防渗。总投资为4.962亿元，其中环保投资1475万元，约占工程总投资的2.97%。

建设单位：苏尼特金曦黄金矿业有限责任公司
电　话：0479-7480346
传　真：0479-7480398
地　址：内蒙古自治区锡林郭勒盟苏尼特右旗朱日和镇巴彦敖包
邮　编：011200

靖宇县二道阳岔铁矿建设项目

地区分类：吉林
专题分类：采矿项目
进度分类：环评

靖宇县二道阳岔铁矿建设项目，开采方式为露天开采，项目总投资1961.24万元，采矿能力为250t/d（6万t/a），露天开采服务年限约为5.6年。

建设单位：靖宇县兴隆新型材料有限责任公司
环评单位：吉林省兴环环境技术服务有限公司
负 责 人：冷雄飞
电　　话：13664316677

冬瓜山60线以北开拓、探矿工程项目

地区分类：安徽
专题分类：采矿项目
进度分类：可研
投资金额：12200万元
发布日期：2010-09-21

冬瓜山60线以北开拓、探矿工程项目为安徽省2010年“861”项目

建设规模：冬瓜山铜矿北段-790m、-850m平面中段探矿、探水工程;南部-730m、-790m、-850m平面中段探矿工程

建设地点：铜陵狮子山区
进展情况：掘进工程量6882立方米
建设单位：铜陵有色金属集团控股有限公司
联系人：张保存
电　话：0562-5860111
传　真：0562-5861313
E- mail：ghzbc@tlys.cn

冬瓜山铜矿老区-580米以下(大团山、桦树坡)开拓探矿工程项目

地区分类：安徽
专题分类：采矿项目
进度分类：可研

投资金额：14300万元

冬瓜山铜矿老区-580米以下(大团山、桦树坡)开拓探矿工程项目为安徽省2010年“861”项目，建设后将形成日产2600吨接替能力,基建开拓工程量10万立方米。

建设地点：铜陵狮子山区

进展情况：掘进工程量21936

建设单位：铜陵有色金属集团控股有限公司

联系人：张保存

电　话：0562-5860111

传　真：0562-5861313

E -mail：ghzbc@tlys.cn

安庆铜矿深边部矿体开拓工程项目

地区分类：安徽

专题分类：采矿项目

进度分类：在建

投资金额：48300万元

发布日期：2010-09-21

建设规模：年产115.5万t铜(铁)矿石,年获22%铜精砂36364吨(含铜金属量8000吨)、60%铁精砂21.76万吨，安庆铜矿深边部矿体开拓工程项目为安徽省2010年“861”项目。、

建设地点：铜陵郊区

项目进展情况：马头山矿段:累计完成掘进工程量7.75万立方米,完成总掘进量的95.33%。东马鞍山矿段:累计完成掘进量9.9万立方米,完成总掘进量的33.93%

建设单位：铜陵有色金属集团控股有限公司

联系人：张保存

电　话：0562-5860111

传　真：0562-5861313

E -mail：ghzbc@tlys.cn

铜山矿深部矿体及岩山吴矿体开拓工程项目

地区分类：安徽

专题分类：采矿项目

进度分类：在建

投资金额：55000万元

建设规模：年采选矿石66万吨,预计铜金属储量20万吨,年产铜金属量5000吨，铜山矿深部矿体及岩山吴矿体开拓工程项目为安徽省2010年“861”项目。

建设地点：铜陵郊区

进展情况：主井、副井、西风井掘砌及选矿厂房建设等工作

建设单位：铜陵有色金属集团控股有限公司

联系人：张保存

电　话：0562-5860111

传　真：0562-5861313

E -mail：ghzbc@tlys.cn

铜陵有色金属集团资源开发项目

地区分类：安徽

专题分类：采矿项目

进度分类：在建

投资金额：500000万元

建设地点：铜陵铜陵县

进展情况：海外已收购加拿大阿其亚铅锌项目13%的股份,收购南美一矿业公司工作正在积极推进,内蒙古新收购一22.8平方公里的探矿权,省内收购黄狮涝金矿、新华山公司事宜正在进行中。

建设单位：铜陵有色金属集团控股有限公司

联系人：张保存

电　话：0562-5860111

传　真：0562-5861313

E -mail：ghzbc@tlys.cn

矿山开采及冶炼应用技术合作项目

地区分类：安徽

专题分类：采矿项目

进度分类：可研

投资金额：30000万元

建设规模：矿山开采及冶炼应用技术

建设地点：铜陵铜官山区

进展情况：与央企合作项目,签订意向协议

建设单位：北京矿冶研究总院

地　址：北京西直门外文兴街一号

电　话：（010）68333366

传　真：（010）68321362

200吨/日铜原矿选矿建设项目

地区分类：广东

专题分类：采矿项目

进度分类：环评

建设地点：韶关市武江区西河镇马屋村割藤坪

建设内容：拟投资500万元（其中环保投资80万元，占16%），选址韶关市武江区西河镇马屋村割藤坪，新建200吨/日铜原矿选矿建设项目，总占地面积51000m2。

项目工程内容：主体工程（原矿堆场、破碎车间、磨矿车间、浮选车间、脱水车间等）、辅助工程（仓库、办公生活设施等）、公用工程（给-排水、供电、运输系统等）、环保工程（尾矿堆场、废水循环池、污水处理站等）。

建设单位：韶关市武江深源发展有限公司

联系人：陈锡深

电　话：0751-8627023

地　址：广东省韶关市武江区新华南路

安徽鼎胜矿业钨钼开采及深加工项目

地区分类：安徽

专题分类：采矿项目

进度分类：在建

投资金额：100000万元

建设规模：一期年产500吨钨钼及钨钼深加工项

目，二期冶炼钼(钨)金属材料，三期建设钼(钨)合金钢及系列制品等高科技新材料，安徽鼎胜矿业钨钼开采及深加工项目为安徽省2010年“861”项目。

建设地点：池州青阳县

项目进展情况：建成办公、生活园区13.7亩和中试车间、实验室、化验室各一座，500T/D选矿厂完成90%，前期探矿工程完成，尾矿库筹建工作就绪，项目环评已经通过。

建设单位：安徽鼎胜矿业公司

地　址：安徽省青阳县酉华乡宋冲

邮　编：242800

电　话：0566-5280066

鑫兴锰铁矿有限公司3万吨/年铁矿石开采项目

地区分类：山西

专题分类：采矿项目

进度分类：环评

本项目厂址位于沁源县韩洪乡下务头村东北2.8km处，矿区面积为0.57km2，设计利用储量9.22万吨，矿山设计服务年限为3.07a。开拓方案为平硐、斜井开拓，采矿方法：房柱采矿法。

建设单位：沁源县鑫兴锰铁矿有限公司

联系人：张经理

电　话：13453597457

评价单位：太原理工大学

联系人：牛老师

电　话：0351-6010437

石门铜矿选厂芦柴岭铜矿年产3万吨铜矿石技术改造工程项目

地区分类：安徽

专题分类：采矿项目

进度分类：环评

投资金额：718万元

建设性质：技术改造；

建设地点：无为县昆山乡石门行政村；

占地面积：1.1133平方公里。

建设单位：安徽省无为县石门铜矿选厂

地　址：无为县昆山乡

联系人：苏义斌

电　话：13665657777

E -mail：ansyb@163.com

评价单位：丹东轻化工研究院有限责任公司

地　址：合肥庐阳区亳州路135号天庆大厦

邮　编：230001

联系人：杨女士

电　话：18956046753

E -mail：yangyq021@163.com

新建章山铁矿技改扩建为年产4万吨项目

地区分类：安徽

专题分类：采矿项目

进度分类：环评

投资金额：519万元

建设性质：技改

建设单位：铜陵市章山铁矿

电　话：13515625632

联系人：朱经理

评价机构：铜陵市环境保护科学研究所

电　话：0562-2615875

E- mail：tlzjq@163.com

地　址：铜陵市长江东路601号

邮　编：244000

联系人：张工、林工

祁门钨矿开发项目

地区分类：安徽

专题分类：采矿项目

进度分类：设计

投资金额：300000万元

建设规模：江家矿区和西源矿区，有钼矿和钨钼矿岩体1.14平方公里。建设探矿投资、矿区基础设施、采矿选矿设施及配套工程。

建设地点：黄山祁门县

进展情况：进行了矿区供水、供电设计，改善矿区勘查道路设施，确立了钨矿开发初步实施方案。

建设单位：祁门县国土局

地　址：安徽省祁门县祁山镇学前街23号

电　话：0559-4518434（办公室）

传　真：0559-4518434

蒙古国哈拉特乌拉铁锌矿项目

地区分类：国外

专题分类：采矿项目

进度分类：备案核准

项目介绍：2010年8月，国家发展改革委核准山东黄金集团有限公司投资建设蒙古国哈拉特乌拉铁锌矿项目。

建设单位：山东黄金集团有限公司

地　址：济南市舜华路2000号舜泰广场3号楼

邮　编：250100

电　话：0531-67710071

沙特AL-Masane铜锌矿采矿工程

地区分类：国外

专题分类：采矿项目，

进度分类：工程承包商确定

项目介绍：北京矿冶研究总院在沙特阿拉伯吉达同沙特AL—Masane铜—锌矿项目业主就地下采矿工程签订协议。项目工程范围为15个月的采矿修复、基建工程和45个月的采矿生产工程。

北京矿冶研究总院成功承担沙特AL—Masane铜—锌矿采选项目符合全院战略规划要求，对于继续扩大北京矿冶研究总院在沙特及其周边阿拉伯和非洲国家的矿业合作开发领域具有重要意义。特别是为在赞比亚、刚果、津巴布韦等具有相同地质环境和成矿背景的国家开拓地矿项目打下了良好的基础。

施工单位：北京矿冶研究总院

地　址：北京市南四环西路188号总部基地十八区23号楼

邮　编：100070

电　话：（010）63299888

传　真：（010）68321362

邮　箱：infonet@bgrimm.com

大西林选矿厂项目

地区分类：黑龙江

专题分类：采矿项目

进度分类：环评

投资金额：627.14万元

项目性质：新建

项目规模：年加工铁矿石60000吨，年产铁矿粉20000 吨。

建设地点：大西林选矿厂位于黑龙江省伊春市美溪区大西林贮木场西山选矿厂内，所在地东侧靠山，北侧隔乡路约700m处为居民住宅，西侧邻乡路、隔乡路1.2公里处为汤旺河一级支流——大西林河。

建设单位：伊春市华宇运输有限责任公司

联系人：李臣

电　话：13804852278

环评单位：鸡西市环境保护科学研究所

联系人：张金玉

电　话：13304819857

传　真：0451-87007397

邮　箱：fyhb@vip.163.com

王院铜矿年产12万吨铜矿石采矿技改扩建工程项目

地区分类：安徽

专题分类：采矿项目

进度分类：环评

投资金额：2468.6万元

建设地点：安徽省庐江县矾山镇境内

项目简况：王院铜矿采矿权矿面积2.59km2，开采深度由200m～0m标高，矿石资源储量88.14万吨，铜金属量11320.04吨，平均品位1.28%。现保有的资源储量矿石量47.78万吨，铜金属量7416.05吨，平均品位1.55%。设计矿井生产能力12万t/a；矿山生产服务年限为4.7a。工业场地总占地面积：6.71hm2（含风井场地）。工程估算总投资2468.6万元。

本项目设计分为一、二、三、四4个生产采区；设计为竖井开拓，采矿方法选用浅孔留矿法。主体工程有主、副井、风井，通风、压风系统等；辅助工程有变配电房、矿石临时堆场、高位水池；储运工程有矿石临时堆场和矿山公路等；公用工程有井口办公室、给水排水等设施。

建设单位：安徽省广泰矿业有限公司

联系人：蒋先生

电　话：0565-7651588 15955655337

E- mail：hswsclc shiyao@126.com

地　址：安徽省庐江县矾山镇石峡村

评价单位：煤炭工业合肥设计研究院

联系人：刘先生

电　话：0551－5602140

传　真：0551－5535145

E- mail：liuzhengyu1982@163.com

地　址：合肥市阜阳北路355号

3万吨/年铜矿采矿项目

地区分类：安徽

专题分类：采矿项目

进度分类：环评

投资金额：300万元

本项目位于庐江县矾山镇石桥村，属补办环评项目，项目总投资300万。项目产品为铜矿石（年产铜矿石：3万t/a）。项目主要由矿井采矿系统、废石场、矿区办公区等组成。

建设单位：庐江县石门庵津安铜业有限公司

建设地址：庐江县矾山镇石桥村

联系人：杨桂成

电　话：0565-7652360

评价单位：中钢集团马鞍山矿山研究院有限公司

证书等级：乙级

证书编号：国环评乙字第2112号

地　址：安徽省马鞍山市湖北路9号

联系人：王学东

电　话：0555-2404635

E- mail：wxd_222_sa@163.com

李思安铜矿3万吨/年地下开采项目

地区分类：安徽

专题分类：采矿项目

进度分类：环评

建设性质：新建（B0810铜矿采选）

建设规模：年产铜矿石3万t/a。

项目投资：总投资为1340万元，其中新增环保投资136.8万元。

建设内容：根据现场探勘，李思安铜矿属于新建项目，项目由主体工程、辅助工程、公用工程和环保工程等组成，项目建设内容详见表1。

建设单位：安徽省锦达矿业有限公司

联 系 人：何先生

联系电话：13739279746

环评单位：中钢集团马鞍山矿山研究院有限公司

联 系 人：沈刚

联系电话：0555-2404635

传　　真：0555-2404635

电子邮件：cshengang@yahoo.com.cn

盘马金矿选矿厂300t/d扩建工程

地区分类：山东

专题分类：采矿项目
进度分类：环评
投资金额：2339.51万元
建设地点：栖霞市亭口镇
栖霞市金兴矿业有限公司盘马金矿选矿厂建于1976年，该矿初期设计生产能力25t/d，经过多年的不断建设、完善，现已成为一座功能设施比较齐全的金矿石采选联合企业，目前采选能力达到了150t/d。考虑到盘马金矿选矿厂所在区域矿产资源充足，技术力量雄厚，具备扩建的实力，因此将对现有的150t/d的选矿厂进行扩建至300t/d；扩建工程将依托现有的尾矿库，不再新建尾矿库；供电、供水的均依托现有工程。本次环评主要是对现有的盘马金矿选矿厂进行扩建，不涉及盘马金矿采矿厂。
建设单位：栖霞市金兴矿业有限公司
联系人：孙玉衡
电　话：13793526448
环评单位：山东省环境保护科学研究设计院
地　址：济南市历山路50号
邮　编：250013
联系人：张娜
电　话：0531-66573329

瓦房店市华铜矿业有限公司采选系统改造工程

地区分类：辽宁
专题分类：采矿项目
进度分类：环评
项目性质：技改项目
采选内容：主要以开采金矿并在厂内加工成金精矿为主，同时加工少量铂精矿和铁精矿，矿井出矿生产能力和选矿处理能力皆为90 t/d，精金矿产量为2463 t/a。
建设地点：辽宁省瓦房店市李官镇华铜村
建设单位：瓦房店市华铜矿业有限公司
联系人：张志乾
电　话： 0411-85198218
环评单位：葫芦岛市环境保护科学研究所 大连海事大学
地　址：大连市凌海路1#
联系人：严志宇
电　话：0411-84724362
传　真：0411-84727670
E- mail：yanzy@dl.cn

湖北省随县吴山镇草屋庄钠长片麻岩（回收铁）矿采选项目

地区分类：湖北
专题分类：采矿项目
进度分类：环评
投资金额：500万元
发布日期：2010-10-21
随州市吴山镇草屋庄钠长片麻岩矿位于随州市曾都区吴山镇，距离吴山镇11km，矿区面积为0.28km2。根据《开发利用方案》中确定的矿山规模为开采钠长片麻岩4万t/a，得建筑用砂3万t/a，兼回收铁精矿4150t/a，设计矿区服务年限5.5年。
项目总投资500万元。该项目拟建3个采区，采用露天开采方式，依据“先主后次、先上后下、采剥并举、剥离先行”的原则，自上而下分级剥离、开采。分台阶、挖机挖掘、就地加工、汽车运输的作业方式。
建设单位：随州市宝远矿业有限公司
建设地点：随州市曾都区吴山镇草屋庄
联系人：张奎
电　话：13971793777
邮　箱：417193106@qq.com
评价机构：武汉工程大学
地　址：湖北省武汉市洪山区雄楚大街693号
联系人：梅明
电　话：13807147451
邮　箱：meimingcc@126.com

年综合利用10万吨钢厂烟灰、选金银尾矿项目

地区分类：安徽
专题分类：采矿项目
进度分类：环评
工程内容包括：
（1）主体工程（主要工序）
锌锭生产：流态化焙烧和收尘、含锌物料的挥发窑处理、氧化锌脱氟氯处理、氧化锌浸出（包括过滤）、锌电解及废电解液冷却、阴极锌熔铸；制酸：净化工段、干吸和成品工段、转化工段。
（2）辅助工程
主要包括：压缩空气站、锅炉、检化验系统、生活办公设施、机修间、储罐区。
（3）公用工程
① 给水
拟建项目选址位于固始县南大桥陆桥村，厂区附近地下水丰富，净化后可作生产和生活用水。项目拟利用地下水为工厂供水水源。
② 排水
项目采用雨污分流制，初期雨水进入公司雨水收集池，直接进入污水处理系统处理，后期雨水直接排入附近道路的雨水管网系统外排；生活污水及生产废水进企业自建的污水处理设施处理后排入急流涧河。
建设单位：固始县鹏鑫锌品有限责任公司
联系人： 毕正先
电　话：0376- 4021777
环评机构：安徽省环境科学研究院
联系人： 杨远盛
电　话：0551-2821249
传　真：0551-2826767
地　址：合肥市长江西路10号
邮　箱：yyshdj@126.com

甘洛县尔呷地吉铅锌采矿工程

地区分类：四川
专题分类：采矿项目
进度分类：环评
建设地址：四川省凉山州甘洛县沙岱乡
建设规模：矿山生产规模：30万t/a，
建设内容：新建地下采场、配套建设变电所、空压机房、卷扬机房、主扇房、炸药库、废石场、原料堆场等。

单　位：甘洛县尔呷地吉铅锌矿业有限公司
联系人：李宁波
电　话：13881589530
环评单位：四川省有色冶金研究院
环评证书：国环评证乙字第3212号
电　话：028-83183369
邮　箱：08fuhw@163.com
联系人：付红卫

霍邱县万庄铁矿120万吨/年采选工程

地区分类：安徽
专题分类：采矿项目
进度分类：环评

霍邱县万庄铁矿床位于霍邱县高塘镇西5.5km长山村范围内，矿区中心点座标：经度：115°58′07″纬度：32°21′03″，行政区划隶属霍邱县经济开发区长山村二提村。本项目总投资为51164.75万元。项目组成包括地下开采区、采矿工业场地、选矿厂区、废石场、尾矿库、总降压变电所以及办公室、行政后勤生活设施等。

万庄铁矿实际开采范围内铁矿石资源量为4363.80万t，平均品位为TFe32.37%。根据矿体赋存条件，主体矿体设计选用分段空场法嗣后充填，边缘局部矿体采用浅孔留矿法进行回收。设计矿山规模为年产原矿120万t。设计范围内利用资源量4363.80万t，开采回采率90%，废石混入率10%，计算矿山服务年限36.36年。

建设单位：六安索伊矿业有限公司
联系人：李先生
电　话：0564-6940199
评价单位：中钢集团马鞍山矿山研究院有限公司
联系人：沈先生
电　话：0555-2404635
传　真：0555-2404635
E－mail：cshengang@yahoo.com.cn

200t/d难处理金精矿多元素综合回收项目

地区分类：广西
专题分类：采矿项目
进度分类：环评

项目拟建厂址位于广西田阳县头塘镇二塘村合力屯附近，田阳县城西北方，二塘镇北侧1.0km、原百色地区皮肤病防治医院处。距离田阳县城10km，距百色市25km。

项目设计生产能力为日处理金精矿200t（另预留200t的工业场地），服务年限20a。项目总投资34008万元，其中建设投资26227万元，建设期利息1446万元，流动资金6334万元。劳动总定员430人，其中生产人员260人，辅助生产及管理人员170人。年生产天数330天，3班/d，8h/班。

项目原料主要来源于广西凤山县宏益矿业有限公司，广西龙山矿区，两金矿均属高砷、高硫难处理金矿，另外还需外购一部分含铜硫精矿。

建设单位：广西田阳中金金业有限公司
地　址：广西百色田阳县电力大厦9层
联系人：李先生 杨小姐
电　话：0776-3330999 15878669099
评价机构：北京矿冶研究总院
地　址：桂林市辅星路2号
邮　编：541004
联系人：张静
电　话：0773-5839747
传　真：0773-5839747
邮　箱：kdy_tws@163.com

会理县溢壕矿业开发有限公司30万吨铁精矿工程

地区分类：四川
专题分类：采矿项目
进度分类：环评

本项目总投资7900万元，主要建设中碎、细碎、筛分、磨矿、浮选、磁选生产线、配套的尾矿库工程及相应的辅助工程，破碎工艺流程采用二段一闭路破碎流程；选别流程采用阶磨阶选流程，浮选采用一次粗选、三次精选、一次扫选流程，浮选尾矿再磨后进行磁选选出铁精矿。尾矿输送采用自流输送。项目建成后年处理矿石119万吨，尾矿库总库容1488.2万m3，有效库容1259.1万m3，服务期限约为26年。厂区劳动定员148人；年工作300天，采用连续工作制，每天3班，每班8h。

建设单位：会理县溢壕矿业开发有限公司
联系人：高总
电　话：13508201995
环评单位：成都市生态环境研究所
证书编号：国环评证乙字第3224号
联系人：李工
电　话：13808195367
E－mail：sailingserver@yahoo.cn

50万t/a铁矿资源开采项目

地区分类：辽宁
专题分类：采矿项目
进度分类：环评

拟投资1972.8万元，在贺杖子乡碾房村铁矿矿区建设50万t/a铁矿资源开采项目。本工程共开采3个矿体。Fe1号矿体一期采用露天开采，二期采用地下开采。Fe2、Fe3号矿体均采用地下开采方式。矿区中心地理坐标为东经：119°39′30″；北纬：40°33′23″。

环评单位：锦州环境工程技术公司

地　点：锦州市凌河区云飞街三段2号
联系人：高智勇，
电　话：0416-7195059
E - mail：jinzhouhuanbao@163.com
建设单位：黑山县中医院
联系人：刑凯
电　话：15898219855

崇义县上左溪矿区铜锌多金属矿采选项目

地区分类：江西
专题分类：采矿项目
进度分类：备案核准
投资金额：1910.17万元

项建设规模及内容：建设地下的采矿工程和位于地表的采矿工业场地、选矿厂以及配套的供电、供水、尾矿库、废石场、行政办公、生活设施等。设计利用资源量28.3万吨;铜锌多金属矿地下开采，浅孔留矿法采矿，平硐一一溜井开拓，日开采矿石100吨，年采出矿石3万吨;铜锌多金属矿选矿，二段破碎，一段磨矿，浮一重联合选工艺；设计年产铜精矿2307吨、锌精矿1368吨、锡精矿（伴生）75吨。

建设地址：崇义县文英乡上左溪矿区，具体在按省国土资源厅赣采复字[2009]0005号划定的矿区范围执行。

批准文号：赣发改产业字[2010]1168号
建设单位：崇义县高坌长飞矿业有限公司
地　址：赣州市崇义县高坌村委会
电　话：0797-3833159
邮　编：341316

王院铜矿年产12万t铜矿石采矿工程项目

地区分类：安徽
专题分类：采矿项目
进度分类：环评

建设地点：王院铜矿位于安徽省庐江县矾山镇境内。

项目简况：王院铜矿距庐江县城约32km；矿区面积约2.59km2，铜矿石资源储量88.14万吨，铜金属量11320.04吨，平均品位1.28%。现保有资源储量矿石量47.78万吨，铜金属量7416.05吨，平均品位1.55%。设计矿井生产能力12万t/a，生产服务期4.7a。

工程项目设计划分为四个采区开采，采用立井开拓，采矿方法采用浅孔留矿法和分层崩落法。主体工程有主、副井、风井，压风、通风系统等；辅助工程有变配电房、临时矿石和临时废石堆场和高位水池等；储运工程有矿山运输公路。工程施工主要是立井井筒及巷道开拓等井巷工程，地面工程主要是竖井卷扬机房、风机房、配电房等建筑物的施工以及利用现有矿山运输公路修复工程施工。工程施工期约6个月。工程总投资约2468.6万元。

主要资源及能源消耗：矿区生活用水水源，取自山泉水，用水量约20m3/d；生产用水利用矿坑排水（2600m3/d），总用水量约152m3/d左右；全矿区总装机容量为1297kW，总用电负荷757.88kVA，年耗电量为326.04万kW•h，单位矿石耗电量为27.1kW•h/t；生活热源采用太阳能、电能和液化石油气。

建设单位：安徽省广泰矿业有限公司
联系人：蒋先生
电　话：0565-7651588 15955655337
E - mail：hswsclc shiyao@126.com
地　址：安徽省庐江县矾山镇石峡村
评价单位：煤炭工业合肥设计研究院
联系人：刘先生
电　话：0551－5602140
传　真：0551－5535145
E - mail：liuzhengyu1982@163.com
地　址：合肥市阜阳北路355号。

富蕴蒙库年产300万吨铁矿工程项目

地区分类：新疆
专题分类：采矿项目
进度分类：在建
投资金额：45000万元

项目内容：富蕴蒙库铁矿工程项目为新疆维吾尔自治区2010年工业领域重点建设项目

年产铁矿300万吨
建设单位：富蕴蒙库铁矿有限责任公司
电　话：0906-8723133
E- mail：xjfyzf@163.com

图拉尔根年处理矿量60万吨铜镍矿项目

地区分类：新疆
专题分类：采矿项目
进度分类：在建

图拉尔根铜镍矿项目为新疆维吾尔自治区2010年工业领域重点建设项目

项目内容为：图拉尔根铜镍矿一期建设计划投资5.64亿元，建设规模为采、选2000吨／日，年处理矿量为60万吨，年产镍3000吨、铜1800吨，计划 2009年8月建成。一期建设投产后，即进行二期扩建，建设采、选年处理60万吨的生产规模，最终形成采、选4000吨／日，年处理矿石量120万吨，年销售收入突破10亿元的中型有色金属矿山。

所 在 地：新疆哈密市
建设单位：哈密和鑫矿业有限公司
电　话：0902—2365888 13809909556
联系人：王峰
地　址：乌鲁木齐市友好北路8号有色大厦9楼
E—mail：hxky888@126.com

喀拉通克铜镍矿万吨镍技改扩建工程项目

地区分类：新疆
专题分类：采矿项目
进度分类：在建
投资金额：116553万元

喀拉通克铜镍矿万吨镍技改扩建工程项目为新疆维吾尔自治区2010年工业领域重点建设项目

项目内容为：采用具有国际领先水平的富氧侧吹工艺，达产后可年处理铜镍混合精矿及特富矿30万吨，年产水淬金属化高冰镍金属量1万吨、98%硫酸20万吨，可实现年销售收入17亿元。

所在地：富蕴县

建设单位：新疆新鑫矿业股份有限公司公司

地　址：中国新疆乌鲁木齐友好北路4号有色大厦

邮　编：830000

电　话：0991-485-2773

传　真：0991-485-3773

重庆重钢矿产开发投资有限公司投资入股亚洲钢铁控股有限公司项目

地区分类：国外

专题分类：采矿项目

进度分类：投资商确定

项目介绍：2010年7月，国家发展改革委核准了重庆重钢矿产开发投资有限公司投资入股亚洲钢铁控股有限公司项目。重钢矿投将以不超过2.58亿美元（约17.5亿元）的对价投资亚洲钢铁，获得后者增发的60%的股权。亚洲钢铁是一家在香港成立的控股公司，在澳大利亚拥有位于西澳大利亚的伊斯坦鑫山、库拉努卡南等地区的铁矿石资产，以及大片煤矿资源。其中，伊斯坦鑫山项目将是重钢矿投和亚洲钢铁合作开发的第一个项目。伊斯坦鑫山磁铁矿项目推断资源总量达17.8亿吨，一期开发投入约20亿美元，计划最早在2012年开始投产，预计一期工程设计年产量为1000万吨铁含量约为68%的磁铁精矿，该项目目前已获得西澳大利亚以及澳大利亚政府的环境许可。

投资单位：重庆重钢矿产开发投资有限公司

地　址：大渡口区重钢钢城大厦4楼

法人代表：刘加才

电　话：023-68846155

司家营铁矿二期采选工程（1500万t/a）项目

地区分类：河北

专题分类：采矿项目

进度分类：环评

建设地点：河北省唐山市滦县境内

项目内容：司家营矿区属于《钢铁产业调整和振兴规划》明确的应积极推进开发的大型铁矿资源赋存矿区。我部分别于2005年和2009年批复了现有一期和三期工程环境影响报告书。拟建二期工程位于北区一期工程的北侧，以北区Ⅰ采场为开采对象，采用露天开采方式，开采深度为42米至负562米之间，采坑将与一期工程Ⅱ采场的采坑贯通。二期工程设计采选能力为1500万吨/年，设计开采矿石量35204万吨，赤铁矿采出品位26.78%，磁铁矿采出品位26.83%，矿山服务年限为30年，年产品位66%的铁精粉485.59万吨。工程总投资为81.4亿元，其中环保投资7.4亿元，占总投资的9.09%。

建设单位：河北钢铁集团矿业有限公司

地　址：河北省唐山市建设北路81号

电　话：0315-2702409、2702013

传　真：0315-2793113

邮　编：063000

建设规模由1000吨/日选厂扩建至2000吨/日项目

地区分类：新疆

专题分类：采矿项目

进度分类：在建

投资金额：15000万元

建设规模由1000吨/日选厂扩建至2000吨/日项目为新疆维吾尔自治区2010年工业领域重点建设项目。

所在地：哈巴河县

建设单位：哈巴河县华泰黄金矿业公司

电　话：0906-6627821

黄山西30号矿建设120万吨/年铜镍矿采选生产线项目

地区分类：新疆

专题分类：采矿项目

进度分类：在建

黄山西30号矿建设120万吨/年铜镍矿采选生产线项目为新疆维吾尔自治区2010年工业领域重点建设项目。

项目内容为：黄山铜镍矿位于哈密市东南130公里处，是新疆有色金属储量最大的矿山。对其进行资源开发利用，是新疆有色集团实施东疆战略的重要举措之一。目前该矿区已查明铜镍矿石储量8400万吨、镍金属量38万吨、铜金属量22万吨、钴金属量3.2万吨，潜在经济价值500多亿元。黄山铜镍矿资源开发利用项目启动于2008年底，包括井建开拓、选矿设施建设、生产生活设施建设、工业区绿化、引水工程等。按照规划，一期4000吨/日选矿工程和生产生活区建设将于2011年9月底建成。

项目地址：哈密市

总投资：61000万元

建设单位：新疆亚克斯资源开发有限公司

电　话：0902-2365504

普兰店市日昌矿业开采有限公司铜矿建设项目

地区分类：辽宁

专题分类：采矿项目

进度分类：环评

铜矿位于普兰店市瓦窝镇陈店村，依据辽宁省国土资源厅划定的矿区范围批复（辽国土资矿划字[2009]0192号），确定矿区总面积为 0.09km2。矿山开采深度由330m至-245m标高。铜矿石可采储量5.791万t。矿区规划生产能力为1.5万t/a，服务年限5年。

环评单位：大连市环境保护有限公司

地　址：大连市沙河口区星海电子商场B座5楼

E - mail：dlhb@dhz.com.cn
电　　话：0411-84699197（84682437、84666554）—820
传　真：0411-84686336

10万吨锰铁选矿和10万吨锰铁精粉生产项目

地区分类：甘肃
专题分类：采矿项目
进度分类：在建
投资金额：5100万元

10万吨锰铁选矿和10万吨锰铁精粉生产项目为临泽县2010年重点建设项目，建设内容为：新建1座65立方米火法富集炉和1条10万吨锰铁精粉生产线。年产富锰渣5万吨、生铁2.5万吨，加工锰铁精粉10万吨。

2010年计划投资：5100万元，主要目标任务为：建成1座65立方米火法富集炉和1条10万吨锰铁精粉生产线。

建设单位：临泽县金龙华矿业有限责任公司
电　　话：0936-5529198

会宝岭铁矿采选工程项目

地区分类：山东
专题分类：采矿项目
进度分类：环评
建设地点：山东省临沂市苍山县尚岩镇

建设内容：铁矿石资源储量1.78亿吨。项目采用地下开采方式，年采选矿石300万吨，年产含铁66%的铁精矿74.5万吨。采选场、尾矿库、废石场以及供电、供水、供热等辅助设施。

建设单位：山东临沂矿业集团公司
地　址：山东临沂高新技术开发区
电　话：0535-8252529
传　真：0539-8252529

金鑫铜矿3万吨/年地下开采技改工程

地区分类：安徽
专题分类：采矿项目
进度分类：环评
建设性质：技改（B0911 铜矿采选）
建设规模：年产铜矿石3万t/a。
服务年限：3.4年，基建期0.5年。

项目投资：总投资为480万元，其中新增环保投资67万元。

建设内容 ：根据现场探勘，金鑫铜矿开采项目在原有矿山的基础上改建。

建设单位：南陵县金鑫矿业有限公司
联 系 人：朱先生
电　　话：18805531899
环评单位：中钢集团马鞍山矿山研究院有限公司
联 系 人： 沈刚
联系电话：0555-2404635
传　　真：0555-2404635
电子邮件：cshengang@yahoo.com.cn

铁矿石选矿年产量约12万吨项目

地区分类：山东
专题分类：采矿项目
进度分类：环评
建设地点：长乐镇
建设单位： 青岛慧通矿业有限公司
联 系 人： 杜相俊
联系电话： 0532-87303601
环评单位： 青岛大学
联 系 人： 张培玉
联系电话： 13864220611

年产8万吨钢管塔生产线项目

地区分类：江苏
进度分类：环评
专题分类：金属冶金项目
项目概况：本项目拟建年产钢管塔8万吨。
建设地点：江苏省常熟市尚湖镇冶塘

大气环境：本项目建成后，车间内仅有少量无组织排放的金属切割产生的粉尘和焊接过程中产生的烟尘，排放量不高于0.1 t/a，主要通过窗口排出。针对此问题，在生产车间设置排风通风设备、加强车间空气流通；同时加大对厂区的绿化建设。

水环境：本项目产生的废水主要是生活污水和地面冲洗水。项目实施后，废水经过沉淀池进行预处理，再接管到中创污水处理有限公司处理达标后排入锡北运河。中创污水处理有限公司处理能力为0.5万t/d。中创污水处理厂的总体工艺流程包括预处理工段、生物处理工段、深度处理工段段及污泥处理工段。其中主体工艺流程拟采用改良型奥贝尔氧化沟工艺作为主体的生物处理工艺。奥贝尔氧化沟具有较好的脱氮功能，发生“同时硝化反硝化”能获得较好的脱氮效果；同时通过化学除磷能够保证TP的去除达标排放。

噪声环境：本扩建项目只需在现有车间内增加部分生产设备，其中主要噪声源包括各种钻床、焊机、行车、起重机，以及废气和废气处理的各种水泵、风机等。此外在生产和运输过程中，工件互相撞击也会产生一定强度的噪声。建设单位尽量选用低噪声设备，采取隔声减振措施，通过设备减振、厂房隔声、建设隔声罩等措施能较好地降低噪声向外环境地辐射量，确保噪声的达标排放。

建设单：常熟风范电力设备股份有限公司（原常熟市铁塔有限公司）

地　址：江苏省常熟市冶塘
联系人：赵总
电　话：0512-52409898
传　真：0512-52401600
邮　箱：cstower@126.com
环价机构：江苏省环境科学研究院
地　址：江苏省南京市凤凰西街241号
邮　编：210036
联系人：黄工

邮　箱：hjiehui@163.com

8万吨/年镍铁项目

地区分类：湖北
进度分类：环评
专题分类：金属冶金项目

有色金属镍属于国家战略资源，目前中国镍金属自给率在50%左右，市场需求潜力大；国家发改委的发改办技（2008）301号文《国家发展改革委员会办公厅关于组织实施2008年度重大产业技术开发专项的通知》中，强调大力推广低品位红土镍矿高效利用关键技术。

湖北长江镍业高科技股份有限公司根据目前市场需求及国家相关政策要求，拟从乌克兰进口红土镍矿，采用技术工艺成熟的氧化镍矿火法冶金技术，在湖北安陆市建设年产8万吨的镍铁项目，产品符合IS06501标准20#镍铁。项目分两期建设，一期建设规模为年产4万吨镍铁，二期建成后规模达到8万吨。

建设单位：湖北长江镍业高科技股份有限公司
地　址：湖北安陆市碧涢路
联系人：杨云奇
电　话：13488701979
邮　箱：huahaitech@163.com
评价机构：湖北省环境科学研究院
地　址：湖北省武汉市武昌区八一路338号
联系人：李军
电　话：027-87865610
传　真：027-87211953
邮　箱：loujou@sina.com

栾川县多金属回收生产线建设项目

地区分类：河南
进度分类：备案核准
专题分类：金属冶金项目

栾川县润华矿产品购销有限公司多金属回收生产线建设项目为河南省企业投资项目，建设规模：栾川县润华矿产品购销有限公司利用自有1000吨/日选厂产生的尾矿配套建设1000吨/日尾矿多金属回收生产线，对尾渣中的铁、硫、铜、钨进行综合回收。工艺技术主要采用高频射流螺旋法回收硫精矿，磁选法回收铁精矿，射流加温脱药法回收钨精矿，并对尾矿中残留的其他金属作为附产品予以回收。配套新建尾矿库一座，由三门峡黄金设计院设计有效库容180万立方米，服务年限6年，需占用宜林荒坡45亩。主要设备有浮选机、磁选机、螺旋器、再磨机、防腐搅拌糟等。目前硫、铁等市场趋好，尾矿综合回收利用项目节约资源，降低成本，效益好。

备案批文号：豫洛栾县源[2009]00126　。总投资1800万元。其中企业自筹1800万元，银行贷款0万元，国外资金0万元，其他资金0万元。

建设单位：栾川县润华矿产品购销有限公司
地　址：栾川乡七里坪村
邮　编：471500
电　话：0379 -6884730

3000吨/日多金属综合回收项目

地区分类：河南
进度分类：备案核准
专题分类：金属冶金项目

3000吨/日多金属综合回收项目为河南省企业投资项目，建设规模：栾川县田丰矿业有限公司拟利用该公司秋水沟矿区多金属矿藏和现存低品位矿渣，新建3000吨/日多金属综合回收项目。主要回收硫、铁、铅、锌、银等。其中，硫含量为6%、铁含量为14%、铅含量为8%。该公司采用成熟技术，工艺流程为：原矿→破碎→球磨→浮选→磁选。主要设备包括球磨机、浮选机、磁选机等。目前铅、铁、硫市场看好，资源综合利用，成本低，效益好。

备案批文号：豫洛栾县源[2009]00127　。总投资5000万元。其中企业自筹5000万元，银行贷款0万元，国外资金0万元，其他资金0万元。

建设单位：栾川县田丰矿业有限公司
地　址：栾川县赤土店镇清和堂村
邮　编：471500
电　话：0379-66830430

年产40000t硅锰合金建设项目

地区分类：湖南
进度分类：环评
专题分类：金属冶金项目
建设地点：绥宁县关峡镇现绥宁县园艺场。

建设规模和内容：新建1条16000KVA的硅锰合金电炉生产线及其辅助生产设施，厂区占地面积40000，总建筑面积,9240m2，其中电炉冶炼主厂房1600m2，仓库2000m2，办公楼、生活楼等共3000m2。

建设单位：绥宁县金瑞锰业发展有限公司
联系人：邱先生
电　话：0739-4269187
评价单位：长沙市环境科学研究所
地　址：长沙市解放西路136号蓝色地标1123室
邮　编：410000
联系人：杨先生
电　话：0731-85315578

綦江铝加工产业园项目

地区分类：重庆
进度分类：环评
专题分类：金属冶金项目

建设地点：位于綦江县北渡场河坝村，园区位于清溪河与綦江河交汇处。

建设性质：新建
行业类别：区域开发
规划用地：规划区用地总面积为863.5公顷

总投资：总投资180亿元，实现销售收入260亿元，完成利税共26亿元。其中，一期项目投资130亿元，实现销售收入200亿元，完成利税20亿元。

功能定位及产品发展目标：贯彻科学发展观和循

环经济发展的要求，做强做大铝产业，充分利用本区域各种优势资源，依托重庆旗能电铝有限公司电解铝的生产，全力发展铝产业链，集工业、旅游为一体的观光型铝工业园区。

建设单位：綦江县经济和信息化委员会委员会

联系人：龚光宏

电　话：023-48605552

评价单位：中冶赛迪工程技术股份有限公司

联系人：刘霞

电　话：023－63548327

邮　箱：xia.liu@cisdi.com

鹤山市远东五金型材有限公司建设项目

地区分类：河南

进度分类：环评

专题分类：金属冶金项目

鹤山市远东五金型材有限公司拟建于鹤山市桃源镇建桃工业区，主要生产铜、铝型材和铸件等，年产铜、铝型材20000t/a，铸件5000 t/a。使用的原材料主要是铜、锌、铝、硅。项目占地7562.78平方米，计划总投资2000万元。项目从业人数90人左右，每天生产时间为一班制8小时，预计年工作日为300天。

建设单位：鹤山市远东五金型材有限公司

地　址：鹤山市桃源镇建桃工业区

邮　编：529737

联系人：吴先生

电　话：0750-8739638

评价单位：广州市环境保护工程设计院有限公司

地　址：广州市回龙路增沙街20号

邮　编：510160

联系人：王娟

电　话：13352858527

传　真：020-83377209

E - mail：kelly8005221@yahoo.com.cn

5000吨/日多金属综合回收项目

地区分类：河南

进度分类：备案核准

专题分类：金属冶金项目

5000吨/日多金属综合回收项目为河南省企业投资项目，建设规模：利用本企业选矿尾渣配套建设多金属回收生产线，生产规模为日处理尾渣5000吨，年可回收硫18.2万吨，钛铁54.6万吨，铅11.4万吨，工艺技术为：尾渣-球磨-浮选-硫精矿，剩余尾渣-磁选-精选-钛铁精粉，剩余尾渣-球磨-浮选-铅精粉。主要设备包括球磨机、高频射选机、磁选机、射流螺旋柱等。目前硫、铁、铅市场看好，尾渣再利用节约资源，成本低，效益良好。

备案批文号：豫洛栾县源[2009]00129 。总投资8000万元。其中企业自筹8000万元，银行贷款0万元，国外资金0万元，其他资金0万元。

建设单位：栾川县君企选矿有限公司

地　址：栾川县赤土店镇竹园村

电　话：0379－66839156

传　真：0379－66839188

含锌废渣回收利用项目

地区分类：河南

进度分类：备案核准

专题分类：金属冶金项目

含锌废渣回收利用项目为河南省企业投资项目，建设规模：年处理12万吨含锌废渣，回收生产氧化锌2万吨。利用公司生产硫酸锌、纳米氧化锌产生的废渣和济源钢厂产生的瓦斯泥，经过还原挥发回收氧化锌，主要工艺流程：含锌废渣加焦粉混合，进入回转窑加热，经余热锅炉和电收尘器回收氧化锌。主要设备：回转窑（3＊50米）、余热锅炉、电收尘器、煤气炉等。产品市场良好，而且将公司及附近企业的废物加以利用，具有良好的经济社会效益。

备案批文号：豫焦沁市源[2009]00138 。总投资1500万元。其中企业自筹1500万元，银行贷款0万元，国外资金0万元，其他资金0万元。

建设单位：沁阳市锌茂化工有限公司

地　址：河南沁阳市紫陵工业区

邮　编：454592

电　话：0391—5032171

传　真：0391—5031904

电解金属锰生产线项目二期扩建20000t/a

地区分类：湖北

进度分类：环评

专题分类：金属冶金项目

投资金额：17000万元

基本情况：新建两条10000t/a电解锰生产线、一座电解锰渣堆场（2#渣场）和配套公辅设施，项目建成后年产电解金属锰2万吨。总投资1.7亿元，其中环保投资1410.6万元。

金属冶金项目常用材料设备包括：

取样器、定氧探头、测温枪、快速热电偶、炼钢取样器、风机、阀门、耐火材料、保密材料、锅炉、消防设备、建筑装饰材料

建设单位：长阳铠榕电解锰有限公司

地　址：湖北长阳土家族自治县高家堰镇

电　话：0717-8790018

传　真：0717-5487548

2×450m3高炉及2×25000kVA矿热炉项目

地区分类：广西

进度分类：环评

专题分类：金属冶金项目

公司总部注册地位于广西南宁市，是一家专门经营矿产开发和冶炼加工的企业。公司在贵州、云南、广西等地都有矿山和冶炼企业，公司拟在崇左市锰铝科技产业园内建设2×450m3高炉及2×25000kVA矿热炉项目。该项目于2009年8月经崇左市江州区发展和改革委员局批准立项，登记备案证号：江发改备案字

[2009]09号。本项目总投资74760.98万元，其中环保投资3710万元，占总投资的4.96%。

公司选址位于崇左市江州区新和镇崇左市华侨经济管理区锰铝科技产业园内，周围1km范围内无需要特殊保护的地区、居民集中区等环境敏感点。本项目拟建2×450m3高炉及2×25000kVA矿热炉项目，矿热炉为12500KVA全封闭型，同时对配料、冶炼等工序配套相应的环保措施(干法袋式除尘设备、烟气在线监测装置等)。根据清洁生产水平分析结果，本项目在生产工艺与装备要求、资源能源利用、废物回收利用以及环境管理等方面，大部分指标可达到国内先进水平，满足铁合金行业准入条件的要求。因此，本项目建设符合国家相关产业政策。

本项目占地面积294800m2，约442.2亩。选址位于崇左市江州区新和镇崇左市华侨经济管理区锰铝科技产业园西南部的三类工业用地区内，在新和镇东南面约5km处，西面2km处为崇左至新和公路。项目选址符合《崇左市新和镇暨崇左华侨经济管理区产业园区总体规划》和《崇左华侨经济管理区锰铝科技产业园区控制性详细规划》规划要求，用地条件好，交通运输便利。项目主要污染物经采取有效环保措施治理后达标排放，可满足项目所在区域空气、声环境质量要求。本项目的建设不影响邻近地表水环境功能区划，对地表水质及水生生物资源影响不大。因此，从环保角度分析，本项目选址可行。项目总平面布置能够满足生产要求，工艺流程合理，布局紧凑，交通运输顺直、畅通，符合消防、卫生防护等要求，总平面布置合理。

建设单位：广西崇左丰源矿业有限公司
联系人：陈跃飞
电　话：18907769999
环评机构：北京矿冶研究总院
联系人：张静
电　话：0773-5839548
传　真：0773-5839747
E - mail：kdy_tws@163.com

年产3000吨稀土金属材料技改项目

地区分类：广西
进度分类：环评
专题分类：金属冶金项目

随着国内外对新功能材料的需求不断增加，为了更好地适应市场需求和企业的持续发展，进一步提高企业竞争能力，充分利用各方优势和贺州市金源稀土功能材料有限公司已占有的市场份额，进一步开拓稀土深加工产品，广西贺州市金源稀土功能材料有限公司决定在贺州市旺高工业区内设立贺州市金广稀土新材料有限公司，进行技改项目投资建设，生产稀土合金材料，提高企业核心产品的竞争能力，使贺州的稀土企业处于国内稀土企业的领先地位。本项目投资总额8000万元，其中：建设投资4300 万元，流动资金3700万元，项目新增用地约85亩。采用目前国际上比较成熟的氟盐体系电解制备稀土金属技术工艺，规模为年产3000吨稀土金属。

建设单位：广西贺州金广稀土新材料有限公司
联系人：李庆文
电　话：0774-8813001
环评单位：贺州市环境保护科学研究所
联系人：吴鸿华
电　话：0774-5220062

60万吨／年4A分子筛建设项目

地区分类：河南
进度分类：备案核准
专题分类：金属冶金项目

60万吨／年4A分子筛建设项目为河南省企业投资项目，建设规模：建设规模：年产4A分子筛60万吨。以公司氧化铝生产过程中的自有铝酸钠溶液和自产水玻璃为原料，采用水玻璃法生产工艺，经调配、胶化、晶化、过滤、洗涤、烘干等工序。主要设备：调配器、胶化混合器、晶化反应釜、过滤系统、洗涤系统、烘干系统、包装系统等 。实现了现有资源的深化利用，提高附加值，主要应用于日化、石化等行业，市场广阔，前景良好。

备案批文号：豫三渑县工[2009]00064 。总投资90000万元。其中企业自筹90000万元，银行贷款0万元，国外资金0万元，其他资金0万元。

建设单位：东方希望（三门峡）铝业有限公司
地　址：河南三门峡渑池县天坛工业区
邮　编：472400
电　话：0398-2557319
传　真：0398-2557319

年加工5万吨带钢项目

地区分类：河南
进度分类：备案核准
专题分类：金属冶金项目
投资金额：1000万元

年加工5万吨带钢项目为河南省企业投资项目，建设规模：年加工5万吨带钢，工艺流程：原厂带钢-酸洗-防锈处理-轧钢-退火-水冷却-标准带钢-镀锌-检测-产品。 主要设备：轧机、电退火炉、磨床、车床、分剪机、平整拉角机、行车、酸洗线、镀锌槽等。 随着国家经济的发展，市场对各种型号带钢的需求越来越大，该项目具有可观的经济效益和社会效益。

备案批文号：豫新新县工[2009]00160 。总投资1000万元。其中企业自筹1000万元，银行贷款0万元，国外资金0万元，其他资金0万元。

建设单位：新乡市万兴钢管厂
地　址：河南省新乡市新乡市新乡县大召营镇店后营村
邮　编：453700
电　话：0373-5468011

年加工12000吨精密镀铜钢带生产线项目

地区分类：河南
进度分类：备案核准
专题分类：金属冶金项目

年加工12000吨精密镀铜钢带生产线项目为河南省企业投资项目，建设规模：新建6条生产规模2000吨/年镀铜钢带生产线，生产工艺：原材料纵剪→钢带放卷→电解除油→（弱碱）→慢侵蚀（弱酸）→水洗→电解铜→出光→钝化→牵引→收卷→检验→分条→包装入库。与传统的氢化镀铜不同，本工艺采取的方法是低氢电镀加全封闭、零排放和环保处理的先进方法。建成后可实现年产镀铜钢带12000吨，实现销售收入1.03亿元，利润总额1300万元。

备案批文号：豫焦市域工[2009]00341 。总投资800万元。其中企业自筹800万元，银行贷款0万元，国外资金0万元，其他资金0万元。

建设单位：温县拓普精密带钢有限公司
地　址：温泉镇古温大街25号
邮　编：454850
电　话：0391-6126821

河南明泰铝业年产3万吨电子箔项目

地区分类：河南
进度分类：备案核准
专题分类：金属冶金项目

河南明泰铝业股份有限公司年产3万吨电子箔项目为河南省企业投资项目，建设规模：年产以电解电容器用高档3万吨电子箔阳极箔、负极箔。主要设备：熔炼炉1台、半连续铸造机1台、中频炉1台、冷轧机1台、箔轧机2台，双面铣床1套等。工艺：熔炼-铸造-铣面-热轧-冷轧-箔轧-分切-成品包装。项目实施有利于扩大产品种类，提升产品档次，增强产品市场竞争能力。

备案批文号：豫郑巩市工[2009]00218 。总投资12802万元。其中企业自筹11802万元，银行贷款1000万元，国外资金0万元，其他资金0万元。

建设单位：河南明泰铝业股份有限公司
地　址：河南省巩义市回郭镇开发区北部
电　话：0371-64234256
传　真：0371-64234256

年产3万吨超纯聚合氯化铝技改项目

地区分类：河南
进度分类：备案核准
专题分类：金属冶金项目

年产3万吨超纯聚合氯化铝技改项目为河南省企业投资项目，建设规模：在原产10万吨无机高分子脱色絮凝剂聚合氯化铝基础上，通过技术改造，将3万吨改造为超纯聚合氯化铝。工艺技术原材料全部为超纯级、温度、压力不变，能耗不变。工艺流程：氢氧化铝粉-盐酸-混合反应-过滤脱色-烘干。主要装备：50立方米反应釜、压滤机、离心喷雾干燥机。市场预测：主要用于电子行业、化妆品、高速纸机、铸造、海水淡化、纯净水等行业，市场潜力较大。

备案批文号：豫新新县工[2010]00001 。总投资1500万元。其中企业自筹1500万元，银行贷款0万元，国外资金0万元，其他资金0万元。

建设单位：河南省华星水务股份有限公司
地　址：河南新乡县新乡高新西区李台
邮　编：453700
电　话：0373-5652399/5650233
传　真：0373-5652399

年产5万吨铝板建设项目

地区分类：河南
进度分类：备案核准
专题分类：金属冶金项目
投资金额：3600万元

年产5万吨铝板建设项目为河南省企业投资项目，建设规模：利用原有厂房28000平方米，建铝板生产线3条。主要设备：铸轧机、熔炼炉、静止炉；生产工艺：熔炼-铸轧-冷轧-静止。

备案批文号：豫许葛市工[2010]00001 。总投资3600万元。其中企业自筹3200万元，银行贷款400万元，国外资金0万元，其他资金0万元。

建设单位：长葛市金隆铝业有限公司
地　址：长葛市大周镇丁夏路工业区
邮　编：461507
电　话：0374-6608888
传　真：0374-6608888

年产60000吨铝型材生产线项目

地区分类：河北
进度分类：开工准备
专题分类：金属冶金项目
投资金额：3.8亿元

年产60000吨铝型材生产线项目为石家庄市2009年重点前期项目，建设规模为：总建筑面积9.34万平方米，配套购置设备。

2008年底工作进度为：环评已批复，备案证已批复，2009年度项目前期工作计划为：办理征地及开工前准备工作。

审批情况：冀辛发改备字[2008]53号，辛环表[2008]107号

建设单位：辛集市泰宝金属有限公司
地　址：河北省石家庄市辛集市
电　话：0311-83202888
邮　编：050000

年产80万吨带钢深加工项目

地区分类：河北
进度分类：在建
专题分类：金属冶金项目
投资金额：3.5亿元

年产80万吨带钢深加工项目为石家庄市2009年重点新开建项目，建设规模为：年生产螺旋焊管50万吨，C型钢30万吨。

审批情况：冀辛发改投备字(2008)74号、辛环评(2009)5号、辛城规（2009）5号、辛国土发（2009）8号

建设单位：辛集市澳森钢铁有限公司
地　址：河北省辛集市新垒头镇工业开发区
电　话：0311-83965084
传　真：0311-83965084
邮　编：052360

锌冶炼系统铜镉渣、镍钴渣、酸浸渣综合回收利用项目

地区分类：甘肃
进度分类：环评
专题分类：金属冶金项目
投资金额：5956.57万元
评价单位：西北矿冶研究院
建设地点：陇南市徽县
建设单位：甘肃宝徽实业集团有限公司
地　址：甘肃徽县柳林镇
电　话：0939-7541608
传　真：0939-7541268
邮　编：742312

甘肃盛宝冶金有限责任公司电石炉改扩建项目

地区分类：甘肃
进度分类：环评
专题分类：金属冶金项目
投资金额：5825万元
评价单位：西北矿冶研究院
建设地点：兰州市 永登县
建设单位：甘肃盛宝冶金有限责任公司
电　　话：0931-6480328

甘肃宏达铝型材料有限公司年产5万吨铝材生产线项目

地区分类：甘肃
进度分类：环评
专题分类：金属冶金项目
投资金额：9986万元
评价单位：西北矿冶研究院
建设地点：白银市白银区
建设单位：甘肃宏达铝型材料有限公司
地　址：兰州市西固区康乐路74号
电　话：0931-7365900 7367881
传　真：0931-7365913

5000t/a湿法金属镍项目

地区分类：上海
进度分类：环评
专题分类：金属冶金项目

拟建项目采用具有完全自主知识产权的“常温常压法”，以红土镍矿为原料，生产金属镍。项目达产后的规模为年产5000t金属镍、960吨硫酸钴、20万吨七水硫酸镁和50万吨砌块砖。

本工艺为湿法冶金技术，无工艺废气产生，只是在酸浸过程中产生的少量SO2及硫酸雾，工艺废气经喷淋洗涤后排放；拟建项目废水实行系统内循环使用，工艺废水不外排，生活污水经污水处理装置处理后排放；项目产生的固体废物及矿渣全部回用，作为原料生产多孔砖，不外排。本项目产生的各类污染物均能做到妥善的处理处置，能够最大程度的减少项目建设对环境的影响。

建设单位：铜陵西恩科技有限公司
联系人：金国山
电　话：021-35080222
环评机构：安徽省环境科学研究院
联系人：张斌
电　话：0551-2837028
传　真：0551-2826767
E - Mail：bin5331@sina.com

生产加工及钨基系列非晶合金工艺项目

地区分类：山东
进度分类：环评
专题分类：金属冶金项目

拟建项目选址位于诸城市舜王工业新区，总占地面积132000m2，包括5个钨合金生产车间，对应8条抽油管生产线、4条螺杆钻具生产线；4个薄带车间对应40条生产线。拟建项目采用"纳菲尔" 钨合金电镀工艺，该工艺已得到了国家963计划的支持,并列入了"国家重点新产品计划"和"国家重点环保新产品A类型推广项目"。该工艺的特点：①环保产品,不含六价铬等ROHS指令禁止的元素,废水处理简单. ②电流效率高,物料利用高 ；②镀层具有优良的硬度,耐蚀性,耐磨性； ③镀液具有较好的分散能力和覆盖能力； ④镀液为弱碱性,对厂房和设备腐蚀性小。

建设单位：潍坊纳菲尔金属材料科技有限公司
邮　编：262214
联系人：王经理
电　话：0536-6489588
传　真：0536-6489566
环评单位：山东省环境保护科学研究设计院
地　址：山东省济南市历山路50号
邮　编：250013
联系人：江工
电　话：0531-85870057
传　真：0531-85870057
E - mail：jj_68@126.com

宁夏惠冶镁业有限公司高品质镁合金项目

地区分类：宁夏
进度分类：在建
专题分类：金属冶金项目
投资金额：4000万元

宁夏惠冶镁业有限公司高品质镁合金项目为宁夏回族自治区2009年重点建设项目，项目性质：续建，建设规模为：年产高品质镁合金5万吨。

建设单位：宁夏惠冶镁业有限公司
地　址：宁夏惠农县红果子镇
联系人：753600
电　话：0952-7682016
传　真：0952-7681397

宁夏太阳镁业有限公司30万吨镁及镁合金项目

地区分类：宁夏
进度分类：在建
专题分类：金属冶金项目
投资金额：450000万元
宁夏太阳镁业有限公司30万吨镁及镁合金项目为宁夏回族自治区2009年重点建设项目，项目性质：新建，建设规模为：30万吨镁合金。
建设单位：宁夏太阳镁业有限公司
地　址：宁夏吴忠市太阳山开发区
电　话：0952-7682016
传　真：0953-2032012

年产180吨铌及铌基材料研制技术产业化项目

地区分类：宁夏
进度分类：在建
专题分类：金属冶金项目
投资金额：11000万元
东方钽业股份有限公司年产180吨铌及铌基材料研制技术产业化项目为宁夏回族自治区2009年重点建设项目，项目性质：续建，建设规模为：年产180吨铌及铌基材料。
建设单位：中色(宁夏)东方集团有限公司
电　　话：0952-2098055

中色（宁夏）东方集团有限公司新材料项目

地区分类：宁夏
进度分类：在建
专题分类：金属冶金项目
投资金额：118253万元
中色（宁夏）东方集团有限公司新材料项目为宁夏回族自治区2009年重点建设项目，项目性质：项目，建设规模为：年产铍铜板带材9200吨、高强度微合金钢炉料16000吨、球形氢氧化镍3000吨。
建设单位：中色(宁夏)东方集团有限公司
电　　话：0952-2098055

东方钽业股份有限公司新材料项目

地区分类：宁夏
进度分类：在建
专题分类：金属冶金项目
投资金额：102428万元
东方钽业股份有限公司新材料项目为宁夏回族自治区2009年重点建设项目，项目性质：续建，建设规模为：年产钛及合金管棒线3000吨、碳化硅半导体材料专用切割刃料10000吨。
建设单位：东方钽业股份有限公司
地　址：宁夏回族自治区石嘴山市大武口区冶金路
电　话：0952-2098888
传　真：0952-2098889
邮　编：753000

西北稀有金属材料研究院铍材研制中心扩能项目

地区分类：宁夏
进度分类：在建
专题分类：金属冶金项目
投资金额：28860万元
西北稀有金属材料研究院铍材研制中心扩能项目为宁夏回族自治区2009年重点建设项目，项目性质：技改，建设规模为：土建及设备安装。
建设单位：西北稀有金属材料研究院
地　址：宁夏石嘴山市大武口区冶金路119号
电　话：0952-2012012
邮　编：753000

42万吨铝镁合金项目

地区分类：宁夏
进度分类：在建
专题分类：金属冶金项目
投资金额：581774万元
42万吨铝镁合金项目为宁夏回族自治区2009年重点建设项目，项目性质：新建，建设规模为：42万吨铝镁合金及型材。
2009年计划建设内容为：建设年产42万吨铝镁合金系统，配套建设40万吨/年电解铝及23.5万吨/年预焙阳极碳块生产系统及相关公用设施，并利用煅烧回转窑炉余热配套建设3000kw余热发电机组。
建设单位：中宁县锦宁铝镁新材料有限公司
地　址：宁夏回族自治区中宁县邮政速递转锦宁项目部
电　话：0955-5619902，15008675179
传　真：0955-5619866
邮　编：755100

年产2.4万吨金属镁及镁合金续建项目

地区分类：宁夏
进度分类：在建
专题分类：金属冶金项目
投资金额：15000万元
宁夏华源镁业有限公司年产2.4万吨金属镁及镁合金续建项目为宁夏回族自治区2009年重点建设项目，项目性质：续建，建设规模为：10万吨镁合金及技术研发中心(4个还原车间、8台还原炉。

建设单位：宁夏华源镁业有限公司
电　　话：0951-5063888

华盈镁合金项目

地区分类：宁夏
进度分类：在建
专题分类：金属冶金项目
投资金额：43000万元
华盈镁合金项目为宁夏回族自治区2009年重点建设项目，项目性质：续建，建设规模为：5万吨/年镁及镁合金。
建设单位：宁夏华盈集团
地　址：银川金凤区请安南路140号
电　话：0951-7861909

英力特年产10000吨海绵钛及钛合金项目

地区分类：宁夏
进度分类：在建
专题分类：金属冶金项目
投资金额：100000万元
英力特年产10000吨海绵钛及钛合金项目为宁夏回族自治区2009年重点建设项目，项目性质：新建，建设规模为：一期年产5000吨海绵钛，二期新增5000吨海绵钛。
建设单位：宁夏英力特化工
地　址：宁夏石嘴山市惠农区河滨工业园钢电路
电　话：0952-3689700
邮　编：753202
建设单位：东方钽业股份有限公司
地　址：宁夏回族自治区石嘴山市大武口区冶金路
电　话：0952-2098888
传　真：0952-2098889
邮　编：753000

年产1万吨无铅易切削黄铜棒线生产线项目

地区分类：浙江
进度分类：环评
专题分类：金属冶金项目
投资金额：18817万元
为了扩张品牌产品规模、提升公司核心竞争力和优化公司产品结构，宁波博威合金材料股份有限公司决定投资开展上市募集资金投向项目，其中包括年产1万吨无铅易切削黄铜棒线生产线项目。该项目总投资额18817万元，拟建地位于宁波市鄞州区滨海投资创业中心，项目投产后将形成电子电气用无铅易削黄铜棒线材2000吨，卫浴饮用水用无铅易切削黄铜棒线材4000吨，卫浴饮用水用无铅易切削黄铜铸拉型材4000吨。
建设单位：宁波博威合金材料股份有限公司
地　址：宁波市鄞州滨海投资创业中心
联系人：袁博云
电　话：0574-83004712
环评单位：浙江省环境保护科学设计研究院
地　址：杭州市天目山路109号
邮　编：310007
地　址：0571-87992438

年产2万吨高性能高精度铜合金板带生产线项目

地区分类：浙江
进度分类：环评
专题分类：金属冶金项目
为了扩张品牌产品规模、提升公司核心竞争力和优化公司产品结构，宁波博威合金材料股份有限公司决定投资开展上市募集资金投向项目，其中包括年产2万吨高性能高精度同合金板带生产线项目。该项目总投资额40793万元，拟建地位于宁波市鄞州区滨海投资创业中心，项目投产后将形成年产引线框架专用铜带4800吨，射频电缆专用无氧铜带3600吨，高精度黄铜带3600吨，高精度锡青铜带4000吨，高精度铜銘锆板带4000吨。
建设单位：宁波博威合金板带有限公司
地　址：宁波市鄞州滨海投资创业中心
联系人：袁博云
电　话：0574-83004712
环评单位：浙江省环境保护科学设计研究院
地　址：杭州市天目山路109号
邮　编：310007
电　话：0571-87992438

年产1.5万吨变形锌合金材料生产线项目

地区分类：浙江
进度分类：环评
专题分类：金属冶金项目
为了扩张品牌产品规模、提升公司核心竞争力和优化公司产品结构，宁波博威合金材料股份有限公司决定投资开展上市募集资金投向项目，其中包括年产1.5万吨变形锌合金材料生产线项目。该项目总投资额14531万元，拟建地位于宁波市鄞州区滨海投资创业中心，项目投产后将形成年产环保高性能变形锌合金棒、线、型材15000吨。
建设单位：宁波博威合金材料股份有限公司
地　址：宁波市鄞州滨海投资创业中心
联系人：袁博云
电　话：0574-83004712
环评单位：浙江省环境保护科学设计研究院
地　址：杭州市天目山路109号
邮　编：310007
电　话：0571-87992438

10万吨电镀锡板技改项目

地区分类：天津
进度分类：环评
专题分类：金属冶金项目

建设地点（四至情况）： 该项目位于天津市北辰区引河桥北，天津市天铁轧二制钢有限公司院内。西邻京津公路，东邻北辰经济开发区天津飞踏自行车有限公司，北邻天津浩天顺商贸有限公司，南邻双川道。

项目建设主要内容：淘汰原二小型分厂热轧螺纹钢生产线，在原车间建设10万吨电镀锡板生产线一条，配套建设脱脂、横切生产线各一条及水处理中心等辅助设施。

建设单位：天津市天铁轧二制钢有限公司
地　址：天津市北辰经济开发区
电　话：022－26972157　26985053
邮　箱：yaer@tiantiesteel.com

昊丰伟业电石炉炉气余热余压综合利用技改项目

地区分类：宁夏
进度分类：在建
专题分类：金属冶金项目
投资金额：8650万元

昊丰伟业电石炉炉气余热余压综合利用技改项目为宁夏回族自治区2009年重点建设项目，项目性质：技改，建设规模为：电石炉炉气余热余压综合利用。

建设单位：宁夏昊丰伟业钢铁有限责任公司
地　址：宁夏中卫市迎水镇
电　话：0955-7686388 7682777 0955-7686686

6000吨/年精炼铬镍合金项目

地区分类：江苏
进度分类：在建
专题分类：金属冶金项目
投资金额：3000万元
建设地点：东台市不锈钢产业园区周夏工业园区
主要产品：精炼铬镍合金
占地面积：10000m2
绿化面积：4000m2，绿化比例占用地的40%。
建设单位：东台市星宇合金制造有限公司
地　址：东台市不锈钢产业园区周夏工业园区
联系人：姜良宽
电　话：13770268008

80万吨/年电解铝项目

地区分类：宁夏
进度分类：在建
专题分类：金属冶金项目
投资金额：132亿元

80万吨/年电解铝项目为宁夏回族自治区2009年重点建设项目。

建设单位：中电投青铜峡迈科铝业有限公司
电　话：0953-3603999
传　真：0953-3603999
邮　编：751600

空立山铜洗选厂项目

地区分类：四川
进度分类：环评
专题分类：选矿项目

项目位于四川省盆源县巴折乡四村三组，新建铜选厂一座，占地7.6亩，年产铜 精砂200吨，建厂房及职工住房1100平方米，选池2个，围沙坝1座，新增破碎机 、球磨机等选矿设备。

项目总投资590万元。

建设单位：盐源县祥发矿业有限责任公司
地　址：四川省盐源县巴折乡
邮　编：615700
联系人：梁思华
电　话：15196170861
设计单位：四川省顺蓝天环保科技咨询有限公司（环评机构）
地　址：西昌市三岔口东路土城巷75号
邮　编：615000
联系人：范圣娇
电　话：0834一2164018
传　真：0834一2164018

铅锌采选3000t／d扩产改造项目

地区分类：广西
进度分类：备案
专题分类：采选项目

项目位于广西来宾市武宣县桐岭镇盘龙村～湾龙村一带，铅锌采选3000t／d扩产 改造项目，盘龙铅锌矿原有项目采矿和选矿设计规模均为600t／d，扩建后采、 选设计生产规模将达到3000t／d，内容包矿山基建、选矿厂扩建、完善生活区、 增加辅助生产设施以及环保措施，新建配套尾矿库等。

建设单位：广西中金岭南矿业有限责任公司
地　址：武宣县朝阳路325号
邮　编：545900
联系人：钟雨锋
电　话：13677821588

新疆土屋铜矿选矿厂尾矿库工程

地区分类：新疆
进度分类：备案
专题分类：尾矿项目

项目位于新疆哈密市以西南130km的罗哈公路南侧，为日处理5000吨选矿厂配套 的尾矿库工程，由一、初期坝；二、截洪沟；三、观测井等组成。

项目总投资：50000万元。

建设单位：哈密焱鑫铜业有限公司
地　址：新疆乌鲁木齐市西八家户路100号安邦保险大厦二楼
邮　编：830000
联系人：罗帅
电　话：0991-4862938、18299157061
传　真：0991-4862938

通讯录篇

行业管理单位部分

单位名称：北京国土资源和房屋管理局
地址：北京市东城区和平里北街 2 号
邮编：100013
电话：010-64409669
网址：www.bjgtj.gov.cn

单位名称：天津市国土资源和房屋管理局
地址：天津市和平区曲阜道 84 号
邮编：300042
电话：022-23316187
网址：www.tjfdc.gov.cn
E-mail：tjfdc@tjfdc.gov.cn

单位名称：上海市房屋土地资源管理局
地址：上海市北京西路 99 号
邮编：200003
电话：021-63193188
网址：www.shgtj.gov.cn
E-mail：webmaster@shfdz.gov.cn

单位名称：重庆市国土资源和房屋管理局
地址：重庆市渝中区人和街 99 号
邮编：400010
电话：023-63654053
网址：www.cqgtfw.gov.cn
E-mail：jbxx@cqgtfw.gov.cn

单位名称：河北国土资源厅
地址：石家庄红旗大街 80 号
邮编：050051
电话：0311-83035324
网址：www.hebgt.gov.cn
E-mail：hebgt@hebgt.gov.cn

单位名称：石家庄市国土资源局
地址：石家庄市建胜路 18 号
邮编：050021
电话：0311-86016150
网址：www.sjzland.com
E-mail：sjzland@sjzland.com

单位名称：秦皇岛市国土资源局
地址：秦皇岛市海港区迎宾路 85 号
邮编：066001
电话：0335-3069544
网址：www.hebqhdsgt.gov.cn
E-mail：bdhgt@163.com

单位名称：唐山市国土资源局
地址：唐山市北新西道 23 号
邮编：063021
电话：0315-2233694
网址：www.tshgt.gov.cn
E-mail：ly5266767@163.com

单位名称：保定市国土资源局
地址：河北省保定市朝阳北路 758 号
邮编：071000
电话：0312-5959831
网址：www.bdgt.gov.cn
E-mail：bdgt@vip.163.com

单位名称：廊坊市国土资源局
地址：河北省廊坊市广阳道 39 号国土资源大厦
邮编：065000
电话：0316-2232793

单位名称：沧州市国土资源局
地址：沧州市解放中路 11 号
邮编：061001
电话：0317-20244752024227
网址：www.digitalcangzhou.gov.cn
E-mail：webmaster@digitalcangzhou.gov.cn

单位名称：邢台市国土资源局
地址：河北省邢台市泉北西大街 769 号
邮编：054000
电话：0319-2589701
网址：www.hbxtgt.gov.cn
E-mail：hbxtgt@163.com

单位名称：承德市国土资源局
地址：河北省承德市东环路南环大桥东侧
邮编：067000
电话：0314-2259855
网址：www.cdgtzy.gov.cn
E-mail：gtzy1@163.com

单位名称：邯郸市国土资源局
地址：河北省邯郸市滏东北大街 140 号
邮编：056008
电话：0310-8090192
网址：hdgt.hd.gov.cn
E-mail：xxzx@hdgt.cn

单位名称：衡水市国土资源局
地址：衡水市胜利中路 102 号
邮编：05300
电话：0318-2683058

单位名称：张家口市国土资源局
邮编：075000
地址：张家口市高新区盛华西大街
电话：0351-3586590
网址：www.zjkgt.gov.cn
E-mail：zjkgtj@163.com

单位名称：山西国土资源厅
地址：太原市望景路 3 号
邮编：030024
电话：0351-6168422
网址：www.shanxilr.gov.cn
E-mail：admin@shanxilr.gov.cn

单位名称：太原市国土资源局
地址：山西省太原市金刚堰路 2 号
邮编：030009
电话：0351-3586590
网址：www.tylr.gov.cn
E-mail：web@tylr.gov.cn

单位名称：大同市国土资源局
地址：大同市迎宾东路 40 号
邮编：037008
电话：0352-5102957
网址：www.datonglr.gov.cn

单位名称：阳泉市国土资源局
地址：山西省阳泉市南山南路 11 号
邮编：045000
电话：0353-3301206
网址：www.yqgt.gov.cn
E-mail：yqgt@yq.gov.cn

单位名称：长治市国土资源局
地址：长治市延安中路 66 号
邮编：04600
电话：0355-2045791
网址：www.changzhilr.gov.cn

单位名称：晋城市国土资源局
地址：晋城市新市东街 1361 号
邮编：048026
电话：0356-2224415
网址：www.jcgtj.cn
E-mail：cqgtly@163.com

单位名称：朔州是国土资源局
地址：山西省朔州市平朔北路
邮编：036002
电话：0349-6680700
网址：www.shuozhoulr.gov.cn
E-mail：gpy9191@163.com

单位名称：晋中市国土资源局
地址：晋中市榆次区锦纶路 73 号
邮编：30600
电话：0354-3200669
网址：www.jinzhonglr.gov.cn
E-mail：admin@jinzhonglr.gov.cn

单位名称：运城市国土资源局
地址：山西省运城市河东东街
邮编：044000
电话：0359-2288331
网址：www.yunchenglr.gov.cn
E-mail：yunchenglr@126.com

单位名称：忻州市国土资源局
地址：山西省忻州市长征后街 4 号
邮编：044012
电话：0350-3032426

单位名称：临汾市国土资源局
地址：临汾市鼓楼南大街 161 号
邮编：041000
电话：0357-2515155 转 8304
网址：www.linfenlr.gov.cn
E-mail：webmaster@lfgt.gov.cn

单位名称：吕梁市国土资源局
地址：吕梁市离石区永宁中路 9 号
邮编：033000
电话：0358-8223839
网址：www.lvlianglr.gov.cn
E-mail：llgtxxzx@163.com

单位名称：内蒙古国土资源厅
地址：内蒙古区呼和浩特市赛罕区呼伦南路 147 号
邮编：014000
电话：0471-4215872
网址：www.nmggtt.gov.cn
E-mail：brl@nmggtt.gov.cn

单位名称：兴安盟国土资源局
地址：乌兰浩特市兴安北大路 108 号
邮编：137400
电话：0482-8214449
网址：www.xam.gov.cn

单位名称：包头市国土资源局
地址：包头市团结大街 129 号
邮编：014010
电话：0472-5180991
网址：www.btgtzy.gov.cn
E-mail：wubinsl@sina.com

单位名称：乌海市国土资源局
地址：乌海市国土资源局
邮编：016000
电话：0473-6992010
网址：www.whgtzy.gov.cn
E-mail：whgtzy@foxmail.com

单位名称：通辽市国土资源局
地址：内蒙古通辽市科尔沁区和平路 35 号
邮编：028000
电话：0475-8236074
网址：www.tlzy.gov.cn

单位名称：阿拉善盟国土资源局
地址：巴彦浩特镇和硕特路新浩特信用社
邮编：750306
电话：0483-8596333

单位名称：呼和浩特市国土资源局
地址：呼和浩特市大学东路 123 号
邮编：010020
电话：0471-4931091
E-mail：hhhtgtj@yahoo.cn

单位名称：呼伦贝尔市国土资源局
地址：内蒙古自治区呼伦贝尔市海拉尔区阿荣路 17 号
邮编：021008
电话：0470-8245143
网址：www.blr.hlbr.cn

单位名称：鄂尔多斯市国土资源局
地址：内蒙古鄂尔多斯市东胜区伊金霍洛西街
邮编：017000
电话：0477-8329966
网址：www.ordosgt.gov.cn

单位名称：锡林郭勒盟国土资源局
地址：内蒙古锡林郭勒盟锡林浩特市华油大街 3 号
邮编：026000
电话：0479-8224193
网址：www.nmggtt.gov.cn

单位名称：乌兰察布市国土资源局
地址：内蒙古乌兰察布市新区 35 号
邮编：012000
电话：0474-8321384
网址：www.wlcbgtj.gov.cn
E-mail：wlcbgtj@163.com

单位名称：巴彦淖尔市国土资源局
地址：内蒙古自治区巴彦淖尔市临河区解放东街
邮编：015000
电话：0478-8269650
网址：gtzyj.bynr.gov.cn
E-mail：bmgtzyj@sohu.com

单位名称：满洲里市国土资源局
邮编：026000
地址：满洲里市国土资源局
电话：0470-3988582
E-mail：：xinxi@nmggtt.gov.cn

单位名称：二连浩特市国土资源局
地址：二连浩特市锡林大街国土资源局
邮编：150781
电话：0479-7518536
网址：www.nmgzn.gov.cn

单位名称：辽宁国土资源厅
地址：辽宁省沈阳市北陵大街 29 号
邮编：110032
电话：024-86265590
网址：www.lgy.cn
E-mail：admin@wlcbgtj.gov.cn

单位名称：沈阳市国土资源局
地址：沈阳市和平区南四经街 149 号
邮编：110003
电话：024-23236914
网址：www.syghgt.gov.cn

单位名称：大连市国土资源局
地址：大连市中山区人民路 72 号
邮编：116100
电话：0411-82636463
网址：www.gtfwj.dl.gov.cn
E-mail：gtfwj_jianzh@dl.gov.cn

单位名称：鞍山市国土资源局
地址：鞍山市铁东区二一九路 18 号
邮编：114001
电话：0412-5534654
网址：www.asgtzy.cn

单位名称：抚顺市国土资源局
地址：抚顺市顺城区临江路东段 35 号
邮编：113006
电话：0413-7555888
E-mail：fsgtj@126.com

单位名称：本溪市国土资源局
地址：辽宁省本溪市东明路 14 号
邮编：117000
电话：0414-2854379
网址：www.12580520.com

单位名称：丹东市国土资源局
地址：丹东市振兴区兴七路三号
邮编：118000
电话：0415-2316009
网址：www.ddgt.gov.cn
E-mail：lnddg@163.com

单位名称：锦州市国土资源局
地址：锦州市市府路 88 号
邮编：121003
电话：0416-2910039
网址：jzsgt.gov.cn

单位名称：营口市国土资源局
地址：营口市站前区新兴大街东 10 号
邮编：115000
电话：0417-2661205
网址：www.ykgtj.gov.cn
E-mail：bgs@ykgtj.gov.cn

单位名称：阜新市国土资源局
地址：海州区人民大街 48 号
邮编：123000
电话：0418-2195153
网址：www.fx7777.com

单位名称：辽阳市国土资源局
地址：辽阳市新运大街 79-1 号
邮编：111000
电话：0419-2126383
网址：www.lygt.com
E-mail：lygt@lygt.com

单位名称：铁岭市国土资源局
地址：工人街南环路 16 号楼
邮编：112000
电话：0410-4847902
网址：www.tlgtj.gov.cn

单位名称：朝阳市国土资源局
地址：中山大街二段 8 号
邮编：122422
电话：0421-265950
网址：www.lncygt.gov.cn
E-mail：chaozai51@126.com

单位名称：盘锦市国土资源局
地址：盘锦市兴隆台区惠宾大街 109 号
邮编：124010
电话：0427-2837101
网址：gtj.panjin.gov.cn

单位名称：葫芦岛市国土资源局
地址：辽宁省葫芦岛市海月路 4 号
邮编：125000
电话：0429-3113221
网址：www.hldland.gov.cn
E-mail：lianyily6@sina.com

单位名称：吉林国土资源厅
地址：吉林省长春市长春大街 518 号
邮编：130042
电话：0431-88550110
网址：dlr.jl.gov.cn
E-mail：jlgtzyt@163.com

单位名称：长春市市国土资源局
地址：长春市绿园区普阳街 3177 号
邮编：116021
电话：0431-88779300 — 8092
网址：www.ccgt.gov.cn
E-mail：lianxi@ccgt.gov.cn

单位名称：吉林市市国土资源局
地址：吉林省吉林市重庆路 1800 号
邮编：132001
电话：0432-2469061
网址：www.landjl.gov.cn
E-mail：landjl@sohu.com

单位名称：四平市市国土资源局
地址：吉林省四平市北河西路咱统计局
邮编：136000
电话：0434-3226677
网址：www.youbian.com

单位名称：辽源市市国土资源局
地址：辽源市人民大街 369 号
邮编：037400
电话：0437-3226028
网址：www.0437.gov.cn
E-mail：webmaster@cccen.com

单位名称：通化市市国土资源局
地址：通化市东昌区
邮编：452370
电话：0435-3913457
网址：www.thgt.gov.cn
E-mail：admin@thgt.gov.cn

单位名称：白山市市国土资源局
地址：白山市白山大街
邮编：791130
电话：0439-3256673
传真：0439-3226960
网址：gtj.cbs.gov.cn
E-mail：bsgtzy@126.com

单位名称：松原市市国土资源局
地址：松原市国土资源局
邮编：162850
电话：0438-2286095
网址：www.sygt.gov.cn

单位名称：白城市市国土资源局
地址：白城市洮北区中兴西大路 40 号
邮编：109902
电话：0436-3342590
网址：www.zhd.pzhjs.com
E-mail：zhoubin1983@21nc.ocm

单位名称：延边州国土资源局
地址：吉林省延吉市长白山东路 219 号
邮编：133001
电话：0433-2908008
网址：www.ybgt.gov.cn
E-mail：webmaster@ybgt.gov.cn

单位名称：黑龙江国土资源厅
地址：黑龙江省哈尔滨市红旗大街 263 号
邮编：150090
电话：0451-55603688
网址：www.hljlr.gov.cn
E-mail：E-mail：bgs@hljlr.gov.cn

单位名称：哈尔滨市国土资源局
地址：哈尔滨市一曼街 173 号
邮编：150000
电话：0451-53643198
网址：www.hrbgtj.gov.cn
E-mail：hrbguj@163.com

单位名称：齐齐哈尔市国土资源局
地址：齐齐哈尔市建华区中华西路 147 号
邮编：161006
电话：0452-2719845

单位名称：牡丹江市国土资源局
地址：黑龙江省牡丹江市太平路 136-B
邮编：157000
电话：0453-6277138
E-mail：mdjsgtzyj@126.com

单位名称：佳木斯市国土资源局
地址：佳木斯市中山路 157 号
邮编：150100
电话：0454-8246321
网址：www.hljjmslr.gov.cn
E-mail：jmsgtj@vip.sina.com

单位名称：大庆市国土资源局
地址：大庆高新技术产业开发区创业园
邮编：163311
电话：0459-6295053
网址：dqlr.gov.cn
E-mail：dqgtzyj@163.com

单位名称：鸡西市国土资源局
地址：黑龙江省鸡西市鸡冠区西山路 1 号
邮编：871204
电话：0467-2621883
网址：www.hljjxlr.gov.cn
E-mail：jixigtj@163.com

单位名称：双鸭山市国土资源局
地址：双鸭山市尖山区黑渔泡路
邮编：155100
电话：0469-6105127
网址：www.shuangyashan.gov.cn

单位名称：伊春市国土资源局
地址：伊春市政府行政服务中心市国土资源局
邮编：155100
电话：0458-3906015
网址：www.hljyclr.gov.cn/
E-mail：ycgt_ghk@163.com

单位名称：七台河市国土资源局
地址：黑龙江省七台河市桃山区山湖路 2 号
邮编：154600
电话：0464-8297708
E-mail：qthgtj@163.com

单位名称：鹤岗市国土资源局
地址：黑龙江省鹤岗市北红旗路
邮编：154100
电话：0468-3358337
网址：www.hljhglr.gov.cn
E-mail：hggtzyj@126.com

单位名称：黑河市国土资源局
地址：黑河市东兴路
邮编：11185
电话：0456-82205914
网址：www.hljbalr.gov.cn

单位名称：绥化市国土资源局
地址：黑龙江省绥化市北四西路国土资源局
邮编：152054
电话：0455-8313907
E-mail：shgtbgs@163.com

单位名称：江苏国土资源厅
地址：南京市牌楼巷 47-1 号
邮编：210029
电话：025-86599616
网址：www.jsmlr.gov.cn
E-mail：xxzx@jsmlr.gov.cn

单位名称：南京市国土资源局
地址：南京市珠江路同仁西街 7 号
邮编：210008
电话：025-83363674
网址：www.njgt.gov.cn

单位名称：无锡市国土资源局
地址：南门向阳路妙光苑 7 号
邮编：214028
电话：0510-82731110

单位名称：徐州市国土资源局
地址：徐州市建国路 80 号
邮编：221006
电话：0516-85803816
网址：www.xzgtzy.gov.cn

单位名称：常州市国土资源局
地址：常州市晋陵中路 511 号
邮编：213003
电话：0519-86675160
网址：www.czlra.gov.cn

单位名称：苏州市国土资源局
地址：苏州市干将西路 1018 号
邮编：215004
电话：0512-65293875
网址：www.szgtj.gov.cn
E-mail：E-mail：szgtj@126.com

单位名称：南通市国土资源局
地址：南通市青年西路 39 号
邮编：226006
电话：0513-83534368
网址：www.ntgt.gov.cn
E-mail：ntgtzy@163.com

单位名称：连云港市国土资源局
地址：连云港市新浦区朝阳中路 21 号
邮编：222001
电话：0518-85521022
网址：www.lygmlr.gov.cn
E-mail：lyg_land@163.com

单位名称：淮安市国土资源局
地址：淮安市爱民路西首
邮编：223001
电话：0517-83916544
网址：gtj.huaian.gov.cn/

单位名称：盐城市国土资源局
地址：盐城市毓龙东路 59 号
邮编：224002
电话：0515-88334564
网址：www.ycgtj.gov.cn

单位名称：扬州市国土资源局
地址：江苏扬州市文昌路中路 565 号
邮编：225009
电话：0514-87339311
网址：www.yzgtj.gov.cn/

单位名称：镇江市国土资源局
地址：中国江苏镇江斜桥街 75 号
邮编：212001
电话：0511-85246721
网址：www.zjmlr.gov.cn
E-mail：wrz@zjmlr.gov.cn

单位名称：台州市国土资源局
地址：市府大楼西南侧国土楼
邮编：318000
电话：0576-88511320
网址：www.zjtzgtj.gov.cn

单位名称：宿迁市国土资源局
地址：宿迁市国土资源局
邮编：223800
电话：0527-84359716
网址：www.sqmlr.gov.cn
E-mail：sqgtinfo@suqian.gov.cn

单位名称：浙江国土资源厅
地址：浙江省杭州市西溪路 118 号
邮编：310006
电话：0571-88877706
网址：www.zjdlr.gov.cn/
E-mail：webmaster@zjdlr.gov.cn

单位名称：杭州市国土资源局
地址：杭州市文三路 359 号
邮编：310012
电话：0571-88227662
网址：www.hzgtj.gov.cn
E-mail：gtj@hz.gov.cn

单位名称：宁波市国土资源局
地址：宁波市三市路 1 号国土大厦
邮编：315012
电话：0574-87328888
网址：www.nblr.gov.cn
E-mail：nblic@nblr.gov.cn

单位名称：温州市国土资源局
地址：温州市学院西路 5 号
邮编：325027
电话：0577-88367172
网址：www.wzgt.gov.cn/Face.aspx
E-mail：webmaster@wzgt.gov.cn

单位名称：湖州市国土资源局
地址：湖州市国土资源局
邮编：313000
电话：0572-2667711
网址：www.huzgt.gov.cn
E-mail：huzgt@huzgt.gov.cn

单位名称：嘉兴市国土资源局
地址：浙江省嘉兴市洪兴路 253 号
邮编：314000
电话：0573-82131061
网址：www.jxgtzy.gov.cn

单位名称：绍兴市国土资源局
地址：浙江省绍兴市绍兴县柯桥鉴湖大院
邮编：312030
电话：0573-4126693
网址：td.sx.gov.cn

单位名称：金华市国土资源局
地址：浙江省金华市双龙南街 818 号
邮编：321007

电话：0579-82468190
网址：www.jhdlr.gov.cn

单位名称：衢州市国土资源局
地址：衢州市衢江南路 390 号
邮编：324000
电话：0570-3862412
网址：www.quzgt.gov.cn

单位名称：丽水市国土资源局
地址：莲都区北苑路 192 号
邮编：323000
电话：0578-2668045
网址：www.lsland.gov.cn
E-mail：lssgtzyj@126.com

单位名称：舟山市国土资源局
地址：浙江省舟山市新城海天大道 681 号 6 号
邮编：316000
电话：0580-2282887
网址：www.zsblr.gov.cn
E-mail：zsgtj@zhoushan.gov.cn

单位名称：安徽国土资源厅
地址：安徽省合肥市黄山路 619 号
邮编：230088
电话：0551-2321214
网址：www.ahgtt.gov.cn
E-mail：xxzx@mail.ahgtt.gov.cn

单位名称：合肥市国土资源局
地址：阜南路 1 号（逍遥津西门对面）
邮编：230001
电话：0551-2615662
网址：www.hfgt.gov.cn
E-mail：liuli @ hefei.gov.cn

单位名称：宿州市国土资源局
地址：宿州市大泽路与浍水路交叉口
邮编：236007
电话：0561-3684693
传真：0561-3684693
网址：guotu.ahsz.gov.cn/
E-mail：gtjzxx@yahoo.com.cn

单位名称：淮北市国土资源局
地址：淮北市相山区古城路 223 号
邮编：235000
电话：0561-3053659
网址：www.hbgt.gov.cn

单位名称：亳州市国土资源局
地址：亳州市国土资源局
邮编：233600
电话：0558-7220902

单位名称：阜阳市国土资源局
地址：安徽省阜阳市清河东路 322 号
邮编：236025
电话：0558-2172706
网址：www.gtj.fy.cn

单位名称：蚌埠市国土资源局
地址：蚌埠市胜利中路
邮编：226006
电话：0552-2074068
网址：www.bbsgtj.gov.cn
E-mail：lyq@163.com

单位名称：淮南市国土资源局
地址：淮南市朝阳东路 229 号
邮编：232007
电话：0554-2685211
网址：www.hngt.gov.cn
E-mail：gtj-clb@huainan.gov.cn

单位名称：滁州市国土资源局
地址：滁州市琅琊路 255 号
邮编：239000
电话：0550-3067289
网址：www.czgtfcj.gov.cn

单位名称：六安市国土资源局
地址：六安市政务中心邮政编码：
邮编：237005
电话：0564-3378828
网址：www.lagt.gov.cn
E-mail：webmaster@lagt.gov.cn

单位名称：马鞍山市国土资源局
地址：马鞍山市太白大道与印山路交叉口
邮编：100812
电话：0555-5211000
网址：www.masgt.gov.cn
E-mail：ahmasland@yahoo.com.cn

单位名称：巢湖市国土资源局
地址：安徽省巢湖市南门转盘附近
邮编：238000
电话：0565-2371967
网址：www.chgtj.gov.cn
E-mail：webmaster@chgtj.gov.cn

单位名称：安庆市国土资源局
地址：安庆市市府路 10 号
邮编：246002
电话：0556-5316113
网址：www.aqgtj.gov.cn

单位名称：芜湖市国土资源局
地址：芜湖市北京东路 36 号
邮编：241000
电话：0553-3115246
网址：www.wuhugt.gov.cn

单位名称：铜陵市国土资源局
地址：铜陵市北京西路 18 号
邮编：244000
电话：0563-2813650
网址：www.tlgt.gov.cn
E-mail：web@tlgt.gov.cn

单位名称：宣城市国土资源局
地址：安徽省宣城市鳌峰西路 78 号
邮编：242000
电话：0563-3035950
网址：www.ahxcgt.gov.cn
E-mail：malili20031978@163.com

单位名称：池州市国土资源局
地址：池州市清风西路 125 号
邮编：247000
电话：0566-2819106
网址：www.czgtj.gov.cn
E-mail：czsgtj@tom.com

单位名称：黄山市国土资源局
地址：黄山市屯溪区长干东路 203 号
邮编：245000
电话：0559-2355506
网址：www.hsland.gov.cn
E-mail：bgs@hsland.gov.cn

单位名称：福建国土资源厅
地址：福建省福州市金泉路 38 号
邮编：350001
电话：0591-87665600
网址：www.fjgtzy.gov.cn
E-mail：xxzx@fjgtzy.gov.cn

单位名称：福州市国土资源局
地址：福州市台江区广达路 89 号
邮编：350005
电话：0591-83327490
网址：www.fzgtzyj.gov.cn

单位名称：厦门市国土资源局
地址：厦门市吕岭路 213 号
邮编：361100
电话：0592-5108156
网址：www.xmtfj.gov.cn

单位名称：泉州市国土资源局
地址：泉州市区温陵北路 1 号玉屏大厦
邮编：362000
电话：0595-22769950
网址：www.qzgtj.gov.cn
E-mail：qzgtj@126.com

单位名称：莆田市国土资源局
地址：莆田市荔城中大道市政府机关大院 4 号楼
邮编：363000
电话：0594-2694107
网址：www.ptgt.gov.cn

单位名称：漳州市国土资源局
地址：地址：胜利西路 118 号 7 号楼
邮编：363000
电话：0594-2022913
网址：www.zhangzhou.gov.cn

单位名称：三明市国土资源局
地址：三明市东新四路
邮编：365001
电话：0598-8241661
网址：www.smgt.com.cn
E-mail：smgtjc@sina.com

单位名称：南平市国土资源局
地址：福建省南平市人民路 108 号
邮编：353000
电话：0599-8831546
网址：www.np.gov.cn
E-mail：npeic@163.com

单位名称：龙岩市国土资源局
地址：龙岩市莲花小区
邮编：364000
电话：0597-2235290
网址：gtzyj.longyan.gov.cn/
E-mail：longyangtxx@163.com

单位名称：宁德市国土资源局
地址：福建省宁德市坪塔路 2 号
邮编：352100
电话：0593-2952418
网址：www.ndgt.gov.cn

单位名称：江西国土资源厅
地址：南昌市丁公路 30 号
邮编：330002
电话：0791-6299413
网址：www.jxgtt.gov.cn
E-mail：jxgttxxzx@jxgtt.gov.cn

单位名称：南昌市国土资源局
地址：南昌市民德路 257
邮编：330038
电话：0791-3987330
网址：gtj.nc.gov.cn/
E-mail：liurunhua@nc.gov.cn

单位名称：九江市国土资源局
地址：九江市十里大道 1482
邮编：332000
电话：0792-8175088
网址：www.jjgtzy.gov.cn
E-mail：bgs@jjgtzy.gov.cn

单位名称：景德镇市国土资源局
地址：景德镇市瓷都大道
邮编：333000
电话：0798-8506016
网址：www.jdzgt.gov.cn
E-mail：tlj8455@163.com

单位名称：萍乡市国土资源局
地址：江西省萍乡市滨河西路 399 号
邮编：337000
电话：0799-6230658
网址：www.pxgt.gov.cn
E-mail：pxgtj@pingxiang.gov.cn

单位名称：新余市国土资源局
地址：新余市国土资源局
邮编：338000
电话：0790-6447045
网址：www.jxxygt.gov.cn
E-mail：admin@friendshow.com

单位名称：上饶市国土资源局
地址：上饶市带湖路 10
邮编：334000
电话：0793-8261374
网址：www.srgtj.gov.cn
E-mail：srbt@srbt.gov.cn

单位名称：鹰潭市国土资源局
地址：鹰潭市站江路 6 号
邮编：100034
电话：0701-6250148
网址：www.jxytgt.gov.cn

单位名称：吉安市国土资源局
地址：吉安市吉州区韶山东路 46 号
邮编：343000
电话：0796-8211559
网址：www.jagtzy.gov.cn
E-mail：gtzyja_jz@163.com

单位名称：赣州市国土资源局
地址：赣州市章江北大道
邮编：341000
电话：0797-8155059

单位名称：抚州市国土资源局
地址：抚州市南门路中段
邮编：331800
电话：0794-8286090
网址：www.fzgtzy.gov.cn

单位名称：宜春市国土资源局
地址：宜春市秀江西路 166 号
邮编：336000
电话：0795-3232955
网址：www.ycgtzy.gov.cn
E-mail：xxzx@ycgtzy.gov.cn

单位名称：赣州市矿产资源管理局
地址：江西省赣州市厚德路 51 号
邮编：341000
电话：0797-8117282
网址：www.gnkyw.com
E-mail：gnkyw@163.com

单位名称：山东国土资源厅
地址：济南市历城区二环东路 5948 号
邮编：250013
电话：0531-88583516
网址：www.sddlr.gov.cn
E-mail：webmaster@sddlr.gov.cn

单位名称：济南市国土资源局
地址：山东省济南市历下区
邮编：250001
电话：0531-66605003
网址：www.jndlr.gov.cn
E-mail：webmaster@jinan.gov.cn

单位名称：青岛市国土资源局
地址：青岛市巫峡路 6 号
邮编：266002
电话：0532-82679353
网址：www.fdzy.gov.cn

单位名称：淄博市国土资源局
地址：山东省淄博市淄博市市辖区
邮编：255033
电话：0533-2771603
网址：www.zbgtj.gov.cn

单位名称：枣庄市国土资源局
地址：枣庄市薛城区长青北路 26 号
邮编：277000
电话：0632-4484027
网址：www.xcland.gov.cn
E-mail：webmaster@xcland.gov.cn

单位名称：东营市国土资源局
地址：山东省东营市东营区府前大街 95 号
邮编：257000
电话：0546-3652113
网址：www.dylr.gov.cn
E-mail：dygtj@126.com

单位名称：烟台市国土资源局
地址：山东省烟台市莱山区新苑路 7 号
邮编：264003
电话：0535-6719001
网址：www.ytgt.gov.cn
E-mail：gtzyj@ytgt.yantai.gov.cn

单位名称：潍坊市国土资源局
地址：潍坊市奎文区新华路 26 号
邮编：261041
电话：0535-8521278
网址：www.wfdlr.gov.cn

单位名称：济宁市国土资源局
地址：山东省济宁市海关路 11 号
邮编：272017
电话：0537-2331402
网址：www.jngtj.gov.cn

单位名称：泰安市国土资源局
地址：东岳大街 110 号
邮编：271000
电话：0538-8297963

单位名称：威海市国土资源局
地址：威海市文化中路 99 号
邮编：264200
电话：0631-5227084
网址：www.weihaiguotu.gov.cn
E-mail：guotu@weihai.gov.cn

单位名称：日照市国土资源局
地址：山东省日照市泰安路 59 号
邮编：276826
电话：0633-8776901
网址：www.rzgt.gov.cn
E-mail：yuhuangzihua@163.com

单位名称：莱芜市国土资源局
地址：鲁中西大街 61 号
邮编：271100
电话：0634-6112743
网址：www.lwgtj.gov.cn
E-mail：lwgtzyj@laiwu.gov.cn

单位名称：临沂市国土资源局
地址：临沂市金雀山路 59 号
邮编：276001
电话：0539-8052701
网址：www.lygtzy.gov.cn

单位名称：德州市国土资源局
地址：德城区青龙桥街
邮编：253012
电话：0534-2188125
网址：www.dzgtj.gov.cn
E-mail：dzgtjxxzx@163.com

单位名称：滨州市国土资源局
地址：滨州市黄河四路 287 号
邮编：256600
电话：0543-3186938
网址：www.bzgtzy.cn
E-mail：bzgtzy@163.com

单位名称：聊城市国土资源局
地址：聊城市兴华东路 54 号
邮编：252000
电话：0635-8329776
网址：www.lcgtzy.gov.cn
E-mail：lcgtxf@lcgtzy.gov.cn

单位名称：菏泽市国土资源局
地址：菏泽市中华路 659 号
邮编：274000
电话：0530-5192219
网址：www.hzgt.gov.cn

单位名称：河南国土资源厅
地址：河南省郑州市金水东路 18 号
邮编：450016
电话：0371-68108266
网址：www.hnblr.gov.cn

单位名称：郑州市国土资源局
地址：郑州市淮河西路 11 号
邮编：450006
电话：0371-68981574
网址：www.zzland.gov.cn
E-mail：zzgtxxzx123@126.com

单位名称：开封市国土资源与房屋管理局
地址：开封市包公湖南岸 11 号
邮编：475000
电话：0378-3991054
网址：www.kfgtfcj.gov.cn

单位名称：洛阳市国土资源局
地址：洛阳市凯旋东路 26 号
邮编：471000
电话：0379-63300018
网址：www.lyblr.gov.cn

单位名称：平顶山市国土资源局
地址：平顶山市开源路 6 号
邮编：467000
电话：0375-2980580
网址：www.pdsgt.gov.cn

单位名称：安阳市国土资源局
地址：安阳市灯塔路 75 号
邮编：455000
电话：0372-2945725
网址：www.anyang.gov.cn
E-mail：shyong88@tom.com

单位名称：鹤壁市国土资源局
地址：鹤壁市之江大厦黎阳路
邮编：458030
电话：0392-3351277
网址：www.hebigt.gov.cn

单位名称：新乡市国土资源局
地址：新乡市健康路 128 号
邮编：453000
电话：0373-2047742
网址：www.xxblr.gov.cn

单位名称：焦作市国土资源局
地址：焦作市解放中路 228 号
邮编：454150
电话：0391-2930350
网址：www.jzgtzy.gov.cn
E-mail：webmaster@jzgtzy.gov.cn

单位名称：濮阳市国土资源局
地址：濮阳市金堤路 90 号
邮编：457000
电话：0393-4415649
网址：www.pyclr.gov.cn

单位名称：许昌市国土资源局
地址：许昌市前进路团结新村 58 号
邮编：461000
电话：0374-2334705
网址：www.xcsgt.gov.cn
E-mail：2334705@sina.com

单位名称：漯河市国土资源局
地址：漯河市泰山路 232 号
邮编：462000
电话：0395-3136035
网址：www.lhgtj.gov.cn
E-mail：3185992@lhgtj.gov.cn

单位名称：三门峡市国土资源局
地址：三门峡市文明路东段 6 号院
邮编：472000
电话：0398-2861732
网址：/www.smxgtzy.gov.cn
E-mail：smxgtzyjxxzx@163.com

单位名称：南阳市国土资源局
地址：南阳市兴隆路 8 号
邮编：473004
电话：0377-63108333

单位名称：商丘市国土资源局
地址：商丘市归德路 59 号
邮编：476000
电话：0370-2614480
网址：www.sqgt.gov.cn

单位名称：信阳市国土资源局
地址：信阳市中山北路 205 号
邮编：464000
电话：0376-6253150

单位名称：周口市国土资源局
地址：周口市七一路行署南楼六楼
邮编：466000
电话：0394-8273813
网址：www.zkgtzy.gov.cn
E-mail：zkgtzy@126.com

单位名称：驻马店市国土资源局
地址：驻马店市文明路北段
邮编：463000
电话：0396-2613001

单位名称：济源市国土资源局
地址：济源市沁园路
邮编：454650
电话：0391-6612552
网址：www.jygtzy.cn

单位名称：湖北国土资源厅
地址：湖北省武汉市武昌区紫阳东路 12 号
邮编：430070
电话：027-87275226
网址：www.hblr.gov.cn

单位名称：武汉市国土资源局
地址：汉口高雄路 166 号
邮编：430015
电话：027-87952626
网址：www.whgtfcj.gov.cn

单位名称：黄石市国土资源局
地址：黄石市亚光新村 9 号
邮编：435000
电话：0714-6282499
网址：www.hsgtj.gov.cn

单位名称：襄樊市国土资源局
地址：襄樊市襄城西街 13 号
邮编：100812
电话：0710-3534525
网址：www.xfgt.gov.cn
E-mail：infocent@xfgt.gov.cn

单位名称：荆州市国土资源局
地址：湖北省荆州市沙市区江津西路 228 号
邮编：434000
电话：0716-8271080
网址：www.jzgt.gov.cn

单位名称：宜昌市国土资源局
地址：宜昌市夷陵大道 22 号
邮编：443000
电话：0717-6737932
网址：www.yclr.gov.cn
E-mail：postmaster@yclr.gov.cn

单位名称：十堰市国土资源局
地址：十堰市北京路
邮编：442000
电话：0719-8102846
网址：gtzy.shiyan.gov.cn

单位名称：孝感市国土资源局
地址：孝感市文化东路
邮编：432000
电话：0712-2323812
网址：www.xggtzy.com
E-mail：xgsgtj@163.com

单位名称：荆门市国土资源局
地址：湖北省荆门市象山二路 9 号
邮编：448000
电话：0724-2333895
网址：www.jmlr.com
E-mail：jmlr@jmlr.com

单位名称：鄂州市国土资源局
地址：湖北省鄂州市滨湖西路 169 号
邮编：436000
电话：0724-3355303
网址：ezguotu.ezhou.gov.cn/
E-mail：ezgtzyj@163.com

单位名称：黄冈市国土资源局
地址：黄冈市黄州大道 27 号
邮编：438000
电话：0713-8811744
网址：www.hggtzy.gov.cn

单位名称：咸宁市国土资源局
地址：咸宁市温泉咸宁大道 23 号
邮编：437100
电话：0715-8136637
网址：www.hbxnlr.gov.cn

单位名称：随州市国土资源局
地址：湖北省随州市城南新区
邮编：441300
电话：0722-3596625
网址：www.szgtzy.gov.cn
E-mail：kongs1889@163.com

单位名称：恩施市国土资源局
地址：恩施市施州大道 222 号（黄泥坝三岔路口）
邮编：445000
电话：0718-8416408
网址：www.enshigt.com

单位名称：潜江市国土资源局
地址：湖北省潜江市横堤路 20 号
邮编：433100
电话：0728-6243040
网址：www.qjgt.gov.cn
E-mail：qjgt@163.com

单位名称：仙桃市国土资源局
地址：仙桃市汉江大道 135 号
邮编：433000
电话：0728-3323246
网址：www.xtgtzy.gov.cn
E-mail：super@xtgtzy.gov.cn

单位名称：天门市国土资源局
地址：湖北省天门市竟陵办事处陆羽大道 27 号
邮编：431700
电话：0728-5223396
网址：www.tmlr.gov.cn
E-mail：tmgtxx@sina.com

单位名称：神农架国土资源局
地址：湖北省（直辖）神农架林区松柏镇连峰街 8 号
邮编：442400
电话：0719-3332141

单位名称：湖南国土资源厅
地址：湖南省长沙市芙蓉中路二段 223 号
邮编：410007
电话：0731-89991215
网址：www.gtzy.hunan.gov.cn

单位名称：长沙市国土资源局
地址：晚报大道 150 号
邮编：410001
电话：0731-82181559
网址：www.cs-land.com
E-mail：fancy_fx_csu@163.com

单位名称：株州市国土资源局
地址：株洲市天元区长江北路 369 号
邮编：410007
电话：0731-28685006
网址：www.zzsgtj.gov.cn

单位名称：湘潭市国土资源局
地址：车站路 15 号
邮编：411100
电话：0732-2873880
网址：www.xtgt.gov.cn
E-mail：xtgt@xiangtan.gov.cn

单位名称：衡阳市国土资源局
地址：衡阳市华新开发区芙蓉路 1 号
邮编：421001
电话：0734-8850604
网址：www.hygt.gov.cn
E-mail：pelo@mail.hygt.gov.cn

单位名称：邵阳市国土资源局
地址：邵阳西湖路国土大厦
邮编：422000

电话：0739-5325924
网址：www.hnsygt.com

单位名称：岳阳市国土资源局
地址：岳阳市国土资源局
邮编：516005
电话：0730-85325924

单位名称：常德市国土资源局
地址：湖南省常德市朗州中路
邮编：430702
电话：0736-7261571
网址：www.cdgt.gov.cn
E-mail：cdgtxxzx@163.com

单位名称：益阳市国土资源局
地址：康富北路105号
邮编：413000
电话：0737-4203236
网址：www.yygtzy.gov.cn
E-mail：yygtxx@yahoo.com.cn

单位名称：郴州市国土资源局
地址：郴州市青年大道6号
邮编：423000
电话：0735-2279666
网址：www.czgtzy.gov.cn

单位名称：张家界市国土资源局
地址：张家界市南庄路
邮编：427022
电话：0744-8292731
网址：www.zjj.gov.cn

单位名称：娄底市国土资源局
地址：娄底市长青中街73号
邮编：417000
电话：0738-8380793
网址：www.ldgtzy.com

单位名称：怀化市国土资源局
地址：怀化市地产交易所
邮编：427022
电话：0745-2717363
网址：www.hhgtzy.gov.cn

单位名称：永州市国土资源局
地址：冷水滩区潇湘东路89号
邮编：425000
电话：0746-8322839
网址：yz.2118.com.cn

单位名称：湘西自治州国土资源局
地址：吉首市乾州新区世纪大道
邮编：416000
电话：0743-8515266
网址：www.xxgtzy.gov.cn

单位名称：广东国土资源厅
地址：广州市体育东路160号
邮编：510620
电话：020-38818625
网址：www.gdlr.gov.cn
E-mail：mail@gdlric.gov.cn

单位名称：广州市国土资源局
地址：广州市珠江新城华就路31号
邮编：510620
电话：020-37585314
网址：www.laho.gov.cn

单位名称：深圳市国土资源局
地址：深圳市福田区红荔路8009号规划大厦
邮编：518040
电话：0755-83949160
网址：www.szpl.gov.cn

单位名称：珠海市国土资源局
地址：珠海市九洲大道中2002号
邮编：519015
电话：0756-2212404
网址：www.gtjzh.gov.cn

单位名称：汕头市国土资源局
地址：汕头市长平路101号
邮编：515041
电话：0754-8465121
网址：www.stgtj.gov.cn
E-mail：xxzx@stgtj.gov.cn

单位名称：佛山市国土资源局
地址：佛山市禅城区玫瑰东路2号
邮编：528000
电话：0757-83217787
网址：www.fsgt.gov.cn
E-mail：jcs@fsgt.gov.cn

单位名称：韶关市国土资源局
地址：广东省韶关市武江区
邮编：512026
电话：0751-8629309
网址：www.sglr.gov.cn

单位名称：河源市国土资源局
地址：河源市益民街9号
邮编：100055
电话：0762-3388372
网址：gtj.heyuan.gov.cn/

单位名称：梅州市国土资源局
地址：广东省梅州市梅江区三角镇华南大道
邮编：514071
电话：0753-2191218
网址：www.mzgtzy.com

单位名称：惠州市国土资源局
地址：惠州市江北三新南路7号
邮编：516008
电话：0752-2896271
网址：land.huizhou.gov.cn
E-mail：hzgt@pub.huizhou.gd.cn

单位名称：汕尾市国土资源局
地址：广东汕尾城区汕尾市国土资源局
邮编：516600
电话：0660-3377629

单位名称：东莞市国土资源局
地址：东莞市东城大道268号测绘大厦
邮编：523768
电话：0769-22489188
网址：land.dg.gov.cn

单位名称：中山市国土资源局
地址：广东省中山市新中道2号
邮编：528403
电话：0760-8307661
网址：www.zsfdc.gov.cn

单位名称：江门市国土资源局
地址：江门市江海一路83号
邮编：529040
电话：0750-3552836
网址：gtj.jiangmen.gov.cn/
E-mail：jmjf055@pub.jiangmen.gd.cn

单位名称：阳江市国土资源局
地址：广东省阳江市江城区三环路40号
邮编：529500
电话：0662-3367390
网址：www.yjlr.gov.cn
E-mail：tom@tom.com

单位名称：湛江市国土资源局
地址：广东省湛江市霞山区
邮编：524002
电话：0759-3359823
网址：www.zjlr.gov.cn
E-mail：zyb2198@163.com

单位名称：茂名市国土资源局
地址：广东省茂名市迎宾四路163号
邮编：525000
电话：0668-2796702
网址：gtzyj.maoming.gov.cn
E-mail：mmlric@163.com

单位名称：肇庆市国土资源局
地址：肇庆市康乐北路7号
邮编：526040
电话：0758-2824890
网址：www.zqgtzy.gov.cn
E-mail：zqgtzy@163.com

单位名称：清远市国土资源局
地址：广东省清远市新城人民一路行政服务中心
邮编：511515
电话：0763-3379116
网址：www.qylr.gov.cn

单位名称：潮州市国土资源局
地址：潮州市潮州大道
邮编：521011
电话：0768-3811200

单位名称：揭阳市国土资源局
地址：揭阳市东山区莲花大道东临江路北
邮编：515300
电话：0663-8229960
网址：jygt.gd.cn/
E-mail：jygt@163.com

单位名称：云浮市国土资源局
地址：广东省云浮市云城区玉皇路78号
邮编：527300
电话：0766-8982883
网址：www.yunfu.gov.cn

单位名称：广西国土资源厅
地址：广西南宁市建政路1号
邮编：063000
电话：0771-5840068
网址：www.gxdlr.gov.cn
E-mail：wlzx@gxdlr.gov.cn

单位名称：南宁市国土资源局
地址：南宁市嘉宾路1号南宁市政府大院
邮编：530028
电话：0771-5530766
网址：www.nanning.gov.cn

单位名称：崇左市国土资源局
地址：崇左市江南路91号
邮编：532200
电话：0771-7836126
网址：www.czgt.gov.cn
E-mail：czgt2007@163.com

单位名称：柳州市国土资源局
地址：柳州市立新路49号
邮编：545001
电话：0772-2825199
网址：www.lzblr.gov.cn

单位名称：桂林市国土资源局
地址：广西省桂林市中山南路23-1号
邮编：541002
电话：0773-3812330

单位名称：来宾市国土资源局
地址：来宾市大桥路 144 号
邮编：545600
电话：0772-4282692
网址：gx.people.com.cn

单位名称：贵港市国土资源局
地址：贵港市和平路西汕塘
邮编：537100
电话：0775-4223888
网址：www.gggt.gov.cn

单位名称：玉林市国土资源局
地址：玉林市一环东路 62 号
邮编：537000
电话：0775-2828108
网址：www.yulin.gov.cn

单位名称：百色市国土资源局
地址：百色市中山二路金怡园 1 号
邮编：533000
电话：0776-2824931
网址：www.bsgt.gov.cn

单位名称：钦州市国土资源局
地址：广西壮族自治区钦州市钦南区
邮编：535000
电话：0777-2836602
网址：www.qzlr.gov.cn

单位名称：河池市国土资源局
地址：河池市颐园路 120 号
邮编：547000
电话：0778-2109502
网址：www.hcgt.cn
E-mail：hcgt-xxzx@163.com

单位名称：北海市国土资源局
地址：广西壮族自治区北海市北海市市辖区
邮编：536048
电话：0779-2022015
网址：www.beihai.gov.cn

单位名称：防城港市国土资源局
地址：防城港市云南路
邮编：536048
电话：0770-2833198
网址：www.fcgs.gov.cn

单位名称：贺州市国土资源局
地址：广西省贺州市建设中路 2 号
邮编：543000
电话：0774-5289552
网址：www.hzgtzyj.gov.cn

单位名称：凭祥市国土资源局
地址：广西壮族自治区．崇左市凭祥市北大路
邮编：532600
电话：0771-8520215

单位名称：海南国土环境资源厅
地址：海南省海口市美兰区美贤路 9 号
邮编：527931
电话：0898-65338010
网址：www.dloer.gov.cn

单位名称：海口市国土环境资源局
地址：海南省海口市国贸二横路国土大厦
邮编：570125
电话：0898-68540257
网址：www.hklorb.gov.cn

单位名称：琼海市国土环境资源局
地址：琼海市爱华路国土大厦
邮编：586600
电话：0898-62822440
网址：www.qhghz.com
E-mail：qhgt@qhgt.com

单位名称：文昌市国土环境资源局
地址：海南省海口市清澜开发区新政府楼
邮编：571300
电话：0898-63330100

单位名称：三亚市国土环境资源局
地址：三亚市河东路 182
邮编：572000
电话：0898-88266644
网址：www.sylr.gov.cn

单位名称：四川国土资源厅
地址：成都市百卉路 4 号
邮编：610213
电话：028-87039292
网址：www.scdlr.gov.cn
E-mail：ziliao116@gmail.com

单位名称：成都市国土资源局
地址：成都市青羊区百花西路二号
邮编：610072
电话：028-8705000
网址：www.cdlr.gov.cn

单位名称：自贡市国土资源局
地址：自贡市汇东新区丹桂大街
邮编：610017
电话：0813-8204101
网址：www.zglr.gov.cn

单位名称：攀枝花市国土资源局
地址：攀枝花市泰隆大厦东塔楼
邮编：617000
电话：0812-3343559
网址：www.pzhgt.gov.cn

单位名称：泸州市国土资源局
地址：四川省泸州市大山坪市政府 3 号楼
邮编：646300
电话：0830-3191713
网址：www.lzsgtj.cn
E-mail：lzsgtj@lzsgtj.cn

单位名称：德阳市国土资源局
地址：德阳市龙泉山北路
邮编：618000
电话：0838-2227267
网址：www.dygtj.cn

单位名称：绵阳市国土资源局
地址：阳市临园路东段 72 号新益大厦南四楼
邮编：621000
电话：0816-2316815
网址：gtj.my.gov.cn
E-mail：gtjweb@my.gov.cn

单位名称：广元市国土资源局
地址：广元市利州东路 739 号
邮编：628000
电话：0839-3267578

单位名称：遂宁市国土资源局
地址：嘉禾东路 6 号
邮编：629200
电话：0825-2310976
网址：gtzyj.scsn.gov.cn/gtzyj
E-mail：gtzyj@scsn.gov.cn

单位名称：内江市国土资源局
地址：四川省内江市翔龙路 92 号
邮编：641000
电话：0832-2038840
网址：www.scnjlr.gov.cn

单位名称：资阳市国土资源局
地址：资阳市娇子大道二环路口
邮编：641300
电话：0832-6111503
网址：www.sczylr.gov.cn
E-mail：ZYGTJ208@163.com

单位名称：乐山市国土资源局
地址：乐山市中心城区柏杨东路 199 号
邮编：614000
电话：0833-2448911
网址：www.leshan.gov.cn
E-mail：lssgtzyj@163.com
单位名称：眉山市国土资源局
地址：眉州大道东一段国土资源局综合楼
邮编：620020
电话：0833-8168900
网址：meishan.pojaa.com

单位名称：南充市国土资源局
地址：南充市政府新区
邮编：637000
电话：0817-2801859
网址：www.nclr.gov.cn

单位名称：宜宾市国土资源局
地址：宜宾市南岸长江大道
邮编：644000
电话：0831-2338628
网址：gtj.yb.gov.cn

单位名称：广安市国土资源局
地址：市政府 7 楼
邮编：638500
电话：0826-2332850

单位名称：达州市国土资源局
地址：达州市通川区北翎路 3 号
邮编：635000
电话：0818-2377534
网址：www.scdlr.gov.cn
E-mail：dzgtzyj@gmail.com

单位名称：巴中市国土资源局
地址：四川省巴中市江北大道中段 16 号
邮编：636000
电话：0827-5263229
网址：www.bzgt.gov.cn
E-mail：scbzdlr@163.com

单位名称：雅安市国土资源局
地址：雅安市雨城区建新路 152 号
邮编：625000
电话：0835-2243842
网址：www.yasgtzy.gov.cn

单位名称：阿坝州国土资源局
地址：阿坝州马尔康县马尔康镇团结街 107 号
邮编：624000
电话：0837-2822119
网址：www.scdlr.gov.cn

单位名称：甘孜州国土资源局
地址：甘孜州康定县沿河西路 25 号五楼
邮编：626000
电话：0836-2835319

单位名称：凉山州国土资源局
地址：四川省西昌市三岔口东路 120 号
邮编：615000
电话：0834-2175396
网址：gtj.lsz.gov.cn

单位名称：贵州国土资源厅
地址：贵阳市中华北路 242 号省府 5 号楼
邮编：100026

电话：0851-6810723
网址：www.gzgtzy.gov.cn
E-mail：tdjglc@163.com

单位名称：贵阳市国土资源局
地址：贵州省贵阳市瑞金北路126号
邮编：550025
电话：0851-6823142
网址：www.gygtzy.gov.cn
E-mail：zhouxd@gygtzy.gov.cn

单位名称：遵义市国土资源局
地址：贵阳市中华北路242号省府5号楼
邮编：161915
电话：0852-8221404
网址：www.gzgtzy.gov.cn
E-mail：admin@gzgtzy.gov.cn

单位名称：安顺市国土资源局
地址：安顺市东山路4号
邮编：561000
电话：0858-3226525
网址：www.gzgtzy.gov.cn

单位名称：六盘水市国土资源局
地址：六盘水区府东路2号附1号行政
邮编：553001
电话：0858-8680651

单位名称：黔东南州国土资源局
地址：黔东南州土地交易中心
邮编：556000
电话：0855-2110017

单位名称：黔南布依族苗族自治州国土资源局
地址：都匀市剑江南路
邮编：550000
电话：0854-2633968

单位名称：黔西南州国土资源局
地址：州省黔西南自治州兴义市遵义路11号
邮编：562400
电话：0859-3223435
网址：www.qxngtzyj.gov.cn

单位名称：毕节地区国土资源局
地址：毕节市洪山路61号
邮编：550000
电话：0857-8252656
网址：www.bjgtzy.gov.cn
E-mail：bdgtxx@163.com

单位名称：铜仁地区国土资源局
地址：贵州省铜仁行署综合楼
邮编：554300
电话：0856-5234999
网址：www.trgtzy.gov.cn

单位名称：云南国土资源厅
地址：昆明北京路延长线1018号
邮编：550000
电话：0871-5747292
网址：www.yndlr.gov.cn

单位名称：昆明市国土资源局
地址：昆明市盘龙区人民中路吹萧巷52号
邮编：550000
电话：0871-3184368
网址：kmland.km.gov.cn
E-mail：kmbgs007@163.com

单位名称：楚雄州国土资源局
地址：云南省楚雄市永安路320号
邮编：550000
电话：0878-3392578
网址：www.cxgtj.gov.cn

单位名称：玉溪市国土资源局
地址：玉溪市红塔区凤凰路88号
邮编：653100
电话：0877-2664461
网址：yxgt.yuxi.gov.cn

单位名称：昭通市国土资源局
地址：凤霞路214号
邮编：550000
电话：0870-2221057
网址：xxgk.yn.gov.cn

单位名称：保山市国土资源局
地址：保山市隆阳区永昌镇同仁街108号
邮编：652500
电话：0875-2122249
网址：www.bsgtzy.com

单位名称：德宏州国土资源局
地址：德宏州潞西市丙午路21号
邮编：678400
电话：0692-2121966
网址：www.dhgtj.yn.gov.cn

单位名称：丽江市国土资源局
地址：云南省丽江市象山东路
邮编：100034
电话：0888-5162146
网址：www.ljgt.gov.cn
E-mail：sgtj@lijiang.cn

单位名称：迪庆州国土资源局
地址：香格里拉县建塘镇环东路
邮编：674400
电话：0887-8225867
网址：www.dqgtj.gov.cn
E-mail：juzhang@dqgtj.gov.cn

单位名称：红河州国土资源局
地址：云南省蒙自县红河州行政中心
邮编：661100
电话：0873-3732228
网址：www.gt.hh.cn

单位名称：临沧市国土资源局
地址：临沧市临翔区南屏西路 16 号
邮编：677000
电话：0883-2123378
网址：lc.yndlr.gov.cn

单位名称：普洱市国土资源局
地址：普洱市翠云区振兴南路 167 号
邮编：665000
电话：0879-2306540
网址：pe.yndlr.gov.cn

单位名称：西双版纳州国土资源局
地址：西双版纳州景洪市勐海路 58 号
邮编：650224
电话：0691-2152099
网址：bn.yndlr.gov.cn

单位名称：曲靖市国土资源局
地址：曲靖市南宁东路
邮编：655700
电话：0874-3122382
网址：qj.yndlr.gov.cn

单位名称：大理州国土资源局
地址：大理州大理市龙山州行政办公区
邮编：671000
电话：0872-2316633
网址：dl.yndlr.gov.cn

单位名称：文山州国土资源局
地址：文山州文山县城下田坝心
邮编：663000
电话：0876-2182412
网址：ws.yndlr.gov.cn

单位名称：怒江州国土资源局
地址：怒江州泸水县六库镇振兴路 52 号
邮编：673100
电话：0886-3622510
网址：nj.yndlr.gov.cn

单位名称：陕西国土资源厅
地址：陕西省西安市劳动南路 180 号
邮编：710068
电话：029-84333046
网址：gtzyt.shaanxi.gov.cn

单位名称：西安市国土资源局
地址：西安市吉祥路 181 号
邮编：710065
电话：029-88249720
网址：www.xaland.gov.cn

单位名称：铜川市国土资源局
地址：铜川正阳路
邮编：200003
电话：0919-3183128
网址：www.tongchuan.gov.cn
E-mail：tcszfwz@163.com

单位名称：宝鸡市国土资源局
地址：宝鸡市宝虢路 125 号行政中心
邮编：721000
电话：0917-3260370
网址：www.bjgt.gov.cn
E-mail：xxzx@bjgt.gov.cn

单位名称：咸阳市国土资源局
地址：咸阳市玉泉路西段
邮编：712000
电话：029-33549450
网址：www.xygtzyj.gov.cn
E-mail：Webmaster@xygtzyj.gov.cn

单位名称：渭南市国土资源局
地址：渭南市胜利大街
邮编：714000
电话：0913-2109722
网址：www.weinan.gov.cn
E-mail：wn_webmaster@163.com

单位名称：汉中市国土资源局
地址：汉台区东塔北路
邮编：723000
电话：0916-2188460
网址：gtj.hanzhong.gov.cn
E-mail：gtj_hz@sina.com

单位名称：安康市国土资源局
地址：安康市政府办公大楼 1 楼 113 室
邮编：725000
电话：0915-3219990
网址：www.ankang.gov.cn
E-mail：webmaster@ankang.gov.cn

单位名称：商洛市国土资源局
地址：商洛工农路南段
邮编：725000
电话：0914-2313102
网址：www.slgtzy.com

单位名称：榆林市国土资源局
地址：榆林市西沙柳营路
邮编：719000
电话：0912-3898850
网址：ylgtj.bip.und.cn
E-mail：ggn@0912.und.cn

单位名称：延安市国土资源局
地址：延安师范路
邮编：716000
电话：0911-2387168

单位名称：杨凌市国土资源局
地址：陕西杨凌新桥北路政务大厦
邮编：712100
电话：029-87036900
网址：www.yangling.gov.cn

单位名称：甘肃国土资源厅
地址：兰州市508信箱甲38号
邮编：732850
电话：0937-6764191
网址：www.gsdlr.gov.cn

单位名称：兰州市国土资源局
地址：兰州市通渭路127号规划国土大厦
邮编：730030
电话：0931-8482935
网址：www.lzgtj.gov.cn

单位名称：天水市国土资源局
地址：天水市秦州区滨河东路10号
邮编：730030
电话：0938-8623382
网址：www.tslr.gov.cn

单位名称：嘉峪关市国土资源局
地址：嘉峪关建设西路十五号
邮编：735100
电话：0397-6227741
网址：www.jyglr.cn

单位名称：武威市国土资源局
地址：武威市政府统办楼七楼国土资源局
邮编：733000
电话：0935-2213652
网址：www.wwgt.gov.cn

单位名称：金昌市国土资源局
地址：金昌市新华东路82号市政府一楼
邮编：737100
电话：0935-8316025
网址：gtj.jc.gansu.gov.cn

单位名称：酒泉市国土资源局
地址：酒泉市国土资源局
邮编：730030
电话：0937-2617475
网址：www.jqsgtzyj.gov.cn
E-mail：jqgt@163.com

单位名称：张掖市国土资源局
地址：张掖市南环29号
邮编：734000
电话：0936-8296012
网址：www.jzygt.gov.cn

单位名称：庆阳市国土资源局
地址：庆阳市广场路
邮编：734000
电话：0934-8636193
网址：www.qygt.gov.cn

单位名称：平凉市国土资源局
地址：平凉市国土资源局交易大厅
邮编：730030
电话：0933-8215529
网址：www.pingliang.gov.cn

单位名称：白银市国土资源局
地址：白银市人民路
邮编：730035
电话：0943-8231318

单位名称：定西市国土资源局
邮编：730130
地址：定西县城关镇公园路12号
电话：0932-8213810
网址：www.zyj.bip.und.cn

单位名称：陇南市国土资源局
地址：陇南市武都区盘旋路陇南市国土资源局
邮编：746000
电话：0971-8260361

单位名称：临夏州国土资源局
地址：临夏市解放路43号
邮编：731100
电话：0971-6314749
网址：www.lxgtzyj.gov.cn
E-mail：lxzgtzyj@sina.com

单位名称：甘南州国土资源局
地址：人民政府统办楼
邮编：747000
电话：0971-8218816
网址：www.gndlr.gov.cn

单位名称：青海国土资源厅
地址：西宁市胜利路8号
邮编：810001
电话：0971-6107626
网址：www.qhlr.gov.cn
E-mail：qhgtzyt@public.xn.qh.cn

单位名称：西宁市国土资源局
地址：青海省西宁市黄河路23号
邮编：734030
电话：0971-6121792
网址：www.xining.gov.cn

单位名称：海南州国土资源局
地址：东风路 21 号
邮编：730830
电话：0973-8513620

单位名称：海北藏族自治州国土资源局
地址：海北藏族自治州青海省海北州西海镇
邮编：740030
电话：0970-8642650

单位名称：海西州国土资源局
地址：海西州德令哈市建国路 8 号
邮编：730830
电话：0973-8723201
网址：www.hxgt.gov.cn

单位名称：黄南州国土资源局
地址：夏琼中路 10 号
邮编：736530
电话：0973-8723201

单位名称：玉树州国土资源局
地址：青海玉树玉树县玉树州国土资源局
邮编：815000
电话：0976-823863

单位名称：宁夏国土资源厅
地址：银川市黄河东路 915 号
邮编：750000
电话：0951-5053283
网址：www.nxgtt.gov.cn

单位名称：银川市国土资源局
地址：银川市兴庆区解放东街
邮编：750004
电话：0951-6014931

单位名称：中卫市国土资源局
地址：中卫市二环路
邮编：751700
电话：0955-7016610

单位名称：吴忠市国土资源局
地址：吴忠市裕民西街
邮编：751100
电话：0953-2123124
网址：www.nxwzgt.gov.cn

单位名称：石嘴山市国土资源局
地址：大武口区游艺西街 168 号
邮编：753000
电话：0952-2012837
网址：www.szsgtj.gov.cn

单位名称：固原市国土资源局
地址：固原市原州区中山北街 295 号
邮编：756000
电话：0954-2034162
网址：www.nxgy.gov.cn

单位名称：新疆国土资源厅
地址：乌鲁木齐二道湾路 3 5 号
邮编：830002
电话：0991-2638959
网址：gtt.xinjiang.gov.cn
E-mail：xjlic@xjgtt.gov.cn

单位名称：乌鲁木齐市国土资源局
地址：青年路 26 号国土局大楼 804 室
邮编：830002
电话：0991-8858804

单位名称：巴州地区国土资源局
地址：新疆库尔勒市文化路 6 号
邮编：831402
电话：0996-2027905
网址：www.bzgtj.gov.cn
E-mail：qyhhappy@163.com

单位名称：西藏国土资源厅
地址：西藏拉萨市北京中路 21 号
邮编：850100
电话：0996-6322767
网址：www.xzgtt.gov.cn
E-mail：master@mail.xzgtt.gov.cn

单位名称：拉萨市国土资源局
地址：西藏自治区拉萨市朵森格路 36 号
邮编：850000
电话：0996-2824460
网址：info.tibet.cn
单位名称：阿里地区国土资源局
地址：西藏自治区阿里地区噶尔县狮泉河镇
邮编：859400
电话：0996-2824460

勘查、设计、施工单位部分

单位名称：中国有色工程有限公司
（中国恩菲工程技术有限公司）
地址：北京复兴路 12 号
邮编：100038
电话：010-63936881
传真：010-63963662

单位名称：中国瑞林工程技术有限公司
地址：南昌市八一大道 1 号
邮编：330002
电话：0791-6274236
传真：0791-6285175

单位名称：兰州有色冶金设计研究院有限公司
地址：甘肃兰州市天水南路 168 号
邮编：730000
电话：0931-8619718
传真：0931-8619477

单位名称：长沙有色冶金设计研究院
地址：湖南省长沙市解放中路 199 号
邮编：410011
电话：0731-4397032
传真：0731-2228112

单位名称：云南华昆工程技术股份公司
地址：中国云南省昆明市白塔路 208 号
邮编：650051
电话：0871-3163755
传真：0871-3132505

单位名称：中国十五冶金建设有限公司
地址：湖北黄石市沿湖路 375 号
邮编：435000
电话：0714-6217297
传真：0714-6217297

单位名称：十四冶建设集团有限公司
地址：昆明市西站十二号
邮编：650031
电话：0871-5311513
传真：0871-5311513

单位名称：中国有色金属建设股份有限公司
地址：北京朝阳区安定路 10 号中国有色大厦（南楼）
邮编：100029
电话：010-84427788
传真：010-84427777

单位名称：中冶建工有限公司
地址：重庆市九龙坡区石坪桥正街特 1 号
邮编：650031
电话：023-68671616
传真：023-68821333

单位名称：广东十六冶建设有限公司
地址：广州市天河区上元岗中成路 319 号二楼
邮编：510515
电话：020-87052716
传真：02087052717

单位名称：中十冶集团有限公司
地址：西安市碑林区火炬路 10 号企图时代
邮编：710043
电话：029-88130269
传真：029-88130266

单位名称：西安有色冶金设计研究院
地址：西安市南大街 10 号
邮编：710001
电话：029-87218894
传真：029-7219095

单位名称：陕西有色金属控股集团有限责任公司
地址：西安市高新路 51 号高新大厦
邮编：710075
电话：029-88336901
传真：029-88336902

单位名称：广西河池市矿山工程有限公司
地址：广西河池市河池市乾霄路 745 号
邮编：547000
电话：0778-2281593
传真：0778-2210568

单位名称：渝鄂矿山工程有限公司
地址：临汾市平阳南街 31 号腾亿科技广场 7 层
邮编：041000
电话：0357-2982373
传真：0357-2982373

单位名称：山东省第六地质矿产勘查院
地址：山东省招远市泉山路 166 号
邮编：110001
电话：0535-8240894
传真：0535-8240894

单位名称：江苏省地质矿产勘查局
地址：江苏省南京市龙蟠中路 118 号（珠江路 700 号）
邮编：679701
电话：025 — 84898915
传真：025 — 84898915

单位名称：福建省地质矿产勘查开发局
地址：福州市五四北路 285 号
邮编：110769
电话：0591-87720934
传真：0591-87720934
网站：www.fjdkj.gov.cn

单位名称：海南省地质矿产勘查开发局
地址：海南省海口市南沙路 88 号
邮编：110097
电话：0898-66823127
传真：0898-66823121
网站：geo.hainan.gov.cn

单位名称：湖南省地质矿产勘查开发局
地址：湖南省长沙市人民路 152 号
邮编：114301
电话：0731-5164196
传真：0731-5164196
网站：www.hndk.hunan.gov.cn

单位名称：河南省地质矿产勘查开发局
地址：郑州市金水路 28 号
邮编：677501
电话：0371-63895762
传真：0371-67975235
网站：hndkj.org.cn

单位名称：北京市地质矿产勘查开发局
地址：北京市海淀区西四环北路 123 号
邮编：110001
电话：010-51560123
传真：010-51560122
网站：www.bjdkj.gov.cn

单位名称：山西省地质勘查局
地址：山西省太原市并州北路 27 号
邮编：115544
电话：0351-4172349
传真：0351-4041401
网站：www.sxdkj.com

单位名称：宁夏回族自治区地质矿产勘查开发局
地址：宁夏银川市西夏区北京西路 199 号
邮编：110464
电话：0951-2021253
传真：0951-2021253
网站：www.nxdkj.net.cn

单位名称：青海省地质矿产勘查开发局
地址：西宁市胜利路 24 号
邮编：114235
电话：0971-6146103
传真：0971-6146103
网站：www.qhdk.com.cn

单位名称：陕西省地质矿产勘查开发局
地址：西安市雁塔北路 100 号
邮编：117718
电话：029-87851790
传真：029-87851172
网站：www.sxdkj.gov.cn

单位名称：甘肃省地矿局第一地质矿产勘查院
地址：甘肃省天水市麦积区马跑泉路 54 号
邮编：553622
电话：0938-2511515
传真：0938-2511917
网站：www.gsyky.com.cn

单位名称：四川省地质矿产勘查开发局区域地质调查队
地址：成都市双流县华阳镇通济桥下街 198 号
邮编：422536
电话：028-85642060
传真：028-85642076
网站：www.scqd.com

单位名称：贵州省地质矿产勘查开发局
地址：贵阳市云岩区中华北路 164 号五矿大厦
邮编：435501
电话：0851-6859743
传真：0851-6859743
网站：www.gzdk.com

单位名称：黑龙江省地质矿产勘查开发局
地址：黑龙江省哈尔滨市香坊区中山路 65 号
邮编：110435
电话：0451-55620325
传真：0451-55620777

单位名称：吉林省地质调查院
地址：长春市南昌路 2 号
邮编：110004
电话：0431-88522100
传真：0431-88522100

单位名称：辽宁省地质矿产勘查局
地址：沈阳市北陵大街 29 号
邮编：110423
电话：024-86866259
传真：024-86862688

单位名称：沈阳铝镁设计研究院
地址：辽宁省沈阳市和平北大街 184 号
邮编：110001
电话：024-23253041
传真：024-23253041

单位名称：西北有色金属研究院
地址：陕西省西安市未央路 96 号
邮编：710065
电话：029-86266574
传真：029-86266574

单位名称：西北有色地质勘查局
地址：西安市雁塔中路 78 号
邮编：710054
电话：029-85524196
传真：029-5528140
E-mail：xiaji@pub.xaoline.com

单位名称：内蒙古自治区有色地质勘查局
地址：内蒙古自治区呼和浩特市区赛罕区乌兰察布东路
邮编：015000
电话：0471-4664030
传真：0471-4664030

单位名称：沈阳有色金属研究院
地址：沈阳市于洪区七号路7甲6号
邮编：110141
电话：024-25378776
传真：024-25375511

单位名称：东北大学设计研究院（有限公司）
地址：辽宁省沈阳市和平区文化路三号巷11号
邮编：110004
电话：024-23906434
传真：024-23906434

单位名称：北京有色金属研究总院
地址：北京市海淀区新街口外大街3号
邮编：102400
电话：010-62014488
传真：010-62014488

单位名称：北京矿冶研究总院
地址：北京市西城区西直门外文兴街1号
邮编：100044
电话：010-68333366
传真：010-68333366

单位名称：有色金属矿产地质调查中心
地址：北京市朝阳区安外北苑五号院四区
邮编：100012
电话：010-84922233
传真：010-84922233

单位名称：天津华北地质勘查局
地址：津塘路99号
邮编：300181
电话：022-84236678
传真：022-84236678

单位名称：长沙矿山研究院
地址：麓山南路343号
邮编：410012
电话：0731-8670002
传真：0731-8670002

单位名称：桂林矿产地质研究院
地址：广西桂林市七星区辅星路2号
邮编：541004
电话：0773-5839309
传真：0773-5839309

单位名称：广州有色金属研究院
地址：广东省广州市天河区长兴路
邮编：510651
电话：020-37238526
传真：020-37238526

单位名称：江苏省有色金属华东地质勘查局
地址：江苏省南京市栖霞街134号
邮编：210033
电话：0516-83888863
传真：0516-83888863

单位名称：中国瑞林工程技术有限公司
地址：江西省南昌市八一大道1号
邮编：330002
电话：0791-8304440
传真：0791-8304440

单位名称：赣州有色冶金研究所
地址：江西省赣州市章贡区西津路68号
邮编：341000
电话：0797-8221677
传真：0797-8221677

单位名称：二十三冶建设集团有限公司
地址：湖南省长沙市劳动东路289号
邮编：410014
电话：0731-5170633
传真：0731-5170633

单位名称：湖南有色金属研究院
地址：湖南长沙市芙蓉南路281号
邮编：410015
电话：0731-85239393
传真：0731-85239393

单位名称：湖南稀土金属材料研究院
地址：长沙市芙蓉中路二段122号
邮编：410014
电话：0731-2315756
传真：0731-2315754

单位名称：湖南有色冶金劳动保护研究院
地址：湖南省长沙市雨花区树木岭路31号
邮编：410014
电话：0731-5312027
传真：0731-5312077

单位名称：湖南省有色地质勘查局
地址：长沙市天心区书院南路189号
邮编：410009
电话：0731-5420459
传真：0731-5420429

单位名称：广东省有色金属地质勘查局
地址：广州市东环路3号大院19号
邮编：510080
电话：0763-3111247
传真：0763-3111237

单位名称：十一冶建设有限责任公司
地址：广西壮族自治区柳州市河西路28号
邮编：545007
电话：0772-3710435
传真：0772-3719447

单位名称：海南省地质勘查局
地址：海南省海口市南沙路 49 号
邮编：57020
电话：0898-66756573
传真：0898-66756577

单位名称：四川省有色冶金研究院
地址：成都市人民北路一段 12 号
邮编：610081
电话：028-83183276
传真：028-83184140

单位名称：贵阳铝镁设计研究院
地址：贵州省贵阳市云岩区北京路 63 号
邮编：550004
电话：0851-6991237
传真：0851-6991097

单位名称：贵州省有色地质勘查局
地址：贵州省贵阳市宝山南路 564 号
邮编：550000
电话：0855-8600381
传真：0855-8600371

单位名称：中国有色金属工业昆明勘察设计研究院
地址：云南省昆明市东风东路东风巷 1 号
邮编：650051
电话：0871-3176056
传真：0871-3176053
E-mail：yntx_guiyang@163.com

单位名称：中国有色金属工业第十四冶金建设公司
地址：北京市丰台区大井东里 1 号院
邮编：650031
电话：010-63850981
传真：010-63860819
E-mail：realbjhouse@sohu.com

单位名称：中国有色金属工业西安勘察设计研究院
地址：西安市新城大院省政府大楼 9 楼
邮编：710004
电话：029-87294922
传真：029-85513451

单位名称：西安有色冶金设计研究院
地址：陕西省西安市南大街 10 号
邮编：710003
电话：029-87218894
传真：029-87219095

单位名称：八冶建设有限公司
地址：甘肃省金昌市北京路 5 1 号
邮编：737100
电话：0933-8719108
传真：0933-8719104

单位名称：兰州有色冶金设计研究院有限公司
地址：甘肃兰州市天水南路 168 号
邮编：730000
电话：0931-8565796
传真：0931-8565778

单位名称：西北矿冶研究院
地址：甘肃白银市甘肃白银市人民路 19 号
邮编：730900
电话：0943-8239707
传真：0943-8245509

单位名称：二十一冶建设有限公司
地址：甘肃省兰州市定西路 211 号
邮编：730000
电话：0931-8615437
传真：0931-8615436

单位名称：云南省有色地质局
地址：云南省昆明市人民东路 93 号
邮编：650051
电话：0871-3142080
传真：0871-3177670

单位名称：天津华北地质勘查局
地址：天津市河东区津塘公路
邮编：300181
电话：022-84236628
传真：022-84236679
E-mail：hbdkj@public.tpt.tj.cn

单位名称：北京矿产地质研究所
地址：北京安外北苑 4 号院
邮编：100012
电话：010-84931994
传真：010-84922384
网站：www.bigm.com.cn

单位名称：贵州省有色地质勘查局
地址：贵州省贵阳市宝山南路 564 号
邮编：550005
电话：0851-5528381
传真：0851-5512505
网站：www.gzysdkj.gov.cn

单位名称：辽宁省有色地质局
地址：沈阳市和平区柳州街 17 号
邮编：110002
电话：024-22827056
传真：024-22825511
E-mail：yslndk@mail.sy.ln.cn

单位名称：河南省有色金属地质矿产局
地址：河南省郑州市中原东路 107 号
邮编：450052
电话：0371-7437436
传真：0371-7448587
网站：www.ysdkj.henan.gov.cn

单位名称：青海省有色地质矿产勘查局
地址：青海省西宁市建国路 5 号
邮编：810007
电话：0971-8173890　8166076　8149696
传真：0971-8140771
E-mail：qhngeeb@public.xn.qh.cn

单位名称：江苏省有色金属华东地质勘查局
地址：南京市御道街 58-1 号华岩大厦
邮编：210007
电话：025-84593191
传真：025-84593191
E-mail：hdjb1962@sohu.com

单位名称：湖南省有色地质勘查局
地址：湖南省长沙市劳动西路 256 号
邮编：410007
电话：0731-5810181
传真：0731-5147325
网站：ysdk.hunan.gov.cn

单位名称：海南省地质勘查局
地址：海南省海口市龙华区金地路 1 号
邮编：570206
电话：0898—66828599
传真：0898—66819467
E-mail：hndzkcj@public.hk.hi.cn

单位名称：广西地质勘查总院
地址：广西壮族自治区南宁市建政路 1 号
邮编：530023
电话：0771-5626762
传真：0771-5626766

单位名称：江西铜业公司地质勘探工程公司
地址：江西省德兴市银城北路 74 号
邮编：334201
电话：0793-7503195
传真：0793-7501468
网站：www.jxcc.com

单位名称：桂林矿产地质研究院
地址：广西桂林市辅星路 2 号
邮编：541004
电话：0773-5839303
传真：0773-5839851
网站：www.rigm.ac.cn

单位名称：中国科学院地球化学研究所
地址：贵阳市观水路 73 号
邮编：550002
电话：0851-5891497
传真：0851-5895574
网站：www.gyig.ac.cn

单位名称：昆明理工大学国土资源工程学院
地址：云南昆明市一二．一大街文昌路 68 号
邮编：650093
电话：0871-5177163
传真：0871-5177163
网站：www.kmust.edu.cn

单位名称：中南大学地学与环境工程学院
地址：湖南省长沙市岳麓区
邮编：410083
电话：0731-8879330
传真：0731-8879330
网站：www.csu.edu.cn

单位名称：桂林工学院隐伏矿床预测研究所
地址：广西桂林市建干路 12 号
邮编：541004
电话：0773-5896346
传真：0773-5892796
网站：www.glite.edu.cn

单位名称：天津华北地质勘查局地质勘查院
地址：天津市河东区广宁路友爱东道平房 6 号
邮编：300181
电话：022-84236601
传真：022-84236679
网站：www.ncge.cn

单位名称：黑龙江省有色金属地质勘查研究总院
地址：黑龙江省哈尔滨市动力区大庆路 26 号
邮编：150046
电话：0451-2681795
传真：0451-82688331

单位名称：辽宁省有色地质勘查局勘查总院
地址：大连市金州区友谊街道 677 号
邮编：116100
电话：0411-87815109
传真：0411-87801164
E-mail：president@lndky.com

单位名称：内蒙古有色矿产勘查院
地址：内蒙古呼和浩特市呼伦南路 147 号
邮编：010010
电话：0471-4960280
传真：0471-6634129

单位名称：华东有色地质矿产勘查开发院
地址：江苏省南京市白下区御道 58-1 号华岩大厦
邮编：210007
电话：025-4584801
传真：025-84616015

单位名称：浙江有色地质矿产勘查院
地址：浙江省绍兴市越城区人民中路 160 号
邮编：312000
电话：0575-5122989-305
传真：0575-85122964

单位名称：江西有色地质矿产勘查开发院
地址：江西省南昌市青云谱区井冈山大道 361 号
邮编：330001
电话：0791-8452418
传真：0791-8444502

单位名称：河南省有色金属地质勘查总院
地址：河南省郑州市中原东路 107 号
邮编：450052
电话：0371-7437449
传真：0731-7437439

单位名称：贵州省有色地质矿产勘查院
地址：贵州省凯里市环城西路 137 号
邮编：556000
电话：0851-5528391
传真：0855-8600381
E-mail：dzldpgs@126.com

单位名称：云南省有色地质矿产勘查院
地址：云南省昆明市东风路东风巷 87 号
邮编：650011
电话：0871-3142233
传真：0871-3137202
E-mail：kcy@yndkkcy.cn

单位名称：西北有色地质勘查局地质勘查院
地址：陕西省西安市雁塔中路 78 号
邮编：710054
电话：029-5511743
传真：029-5536996

单位名称：甘肃省有色金属地质勘查局地质勘查院
地址：甘肃省兰州市城关区东岗西路 427 号
邮编：730000
电话：0931-8412942
传真：0931-8410811

单位名称：青海有色地质勘查局地质矿产勘查院
地址：青海省西宁市建国路勤奋巷 51 号
邮编：810007
电话：0971-8140777
传真：0971-8137219
E-mail：kkyqhysj@public.xn.qn.cn

单位名称：辽宁有色丹东地质勘查院
地址：辽宁省丹东市振兴区地质路 452 号
邮编：118008
电话：0415-6221883
传真：0415-61895152
网站：www.tianpu.org

单位名称：广东有色地质勘查研究院
地址：广州市东环路 4 号大院办公楼 4 楼
邮编：510080
电话：020-87312682
传真：020-87672169

单位名称：宁夏回族自治区有色金属地质勘查院
地址：宁夏贺兰县居安街
邮编：750200
电话：0951-8067407
传真：0951-8067407

单位名称：广西地质矿产勘查开发局
地址：广西南宁市建政路 1 号
邮编：530023
电话：0771-5654991
传真：0771-5620527
E-mail：jzxx@gxgeology.cn

单位名称：新疆维吾尔自治区有色地质矿产勘查院
地址：新疆乌鲁木齐市友好北路 14 号天一大厦 11 楼
邮编：830000
电话：0991-4820207
传真：0991-4820207
E-mail：xjjwkj@126.com

有色矿业企事业单位部分

单位名称：中国有色金属建设股份有限公司
地址：北京朝阳区安定路 10 号中国有色大厦（南楼）
邮编：100029
电话：010-84427788
传真：010-84427777

单位名称：中国铝业公司
地址：北京市海淀区西直门北大街 62 号
邮编：100082
电话：010-82298080
传真：010-82298081
E-mail：webmaster@chalco.com.cn

单位名称：中国五矿集团公司
地址：北京海淀区三里河路 5 号
邮编：100044
电话：010-68495888
传真：010-68335570
E-mail：support@minmetals.com

单位名称：中国有色矿业集团有限公司
地址：北京朝阳区安定路 10 号
邮编：100029
电话：010-84426666
传真：010-84426699
E-mail：cnmc@cnmc.com.cn

单位名称：中国冶金科工集团有限公司
地址：北京市朝阳区曙光西里 28 号
邮编：100081
电话：010-59869999
传真：010-59869988

单位名称：中国长城铝业公司
地址：河南省郑州市上街区厂前路 28 号
邮编：450041
电话：0371-68914308
传真：0371-68916558

单位名称：湖南有色金属控股集团有限公司
地址：湖南省长沙市劳动西路 342 号
邮编：412401
电话：0731-85385545
传真：0731-85385545

单位名称：深圳市中金岭南有色金属股份有限公司
地址：深圳市深南大道 6013 号中国有色大厦
邮编：518105
电话：0755-83474800
传真：0755-83474800

单位名称：云南冶金集团总公司
地址：云南省昆明市小康大道 399 号金水湾小区
邮编：650224
电话：0871-8891800
传真：0871-8891900

单位名称：陕西有色金属控股集团有限责任公司
地址：西安市高新路 51 号高新大厦
邮编：710006
电话：029-88336902
传真：029-88336902

单位名称：金川集团有限公司
地址：甘肃省金昌市金川区宁远堡镇油籽洼
邮编：737100
电话：0935-8827905
传真：0935-8827905

单位名称：西部矿业集团有限公司
地址：青海省西宁市区五四大街 56 号
邮编：810001
电话：0971-6123888
传真：0971-6123888

单位名称：铜陵有色金属集团控股有限公司
地址：安徽省铜陵市长江西路有色大院
邮编：244001
电话：0562-5860888
传真：0562-2834487

单位名称：江西铜业集团公司
地址：江西省贵溪市冶金路大道 15 号
邮编：335424
电话：0701-3379004
传真：0701-3379004

单位名称：五矿有色金属股份有限公司
地址：北京市海淀区三里河路 5 号中国五矿大厦 A 座
邮编：100044
电话：010-68495202
传真：010-68495215

单位名称：山西省有色金属工业总公司
地址：太原市迎泽大街 338 号
邮编：030001
电话：0351-4040214
传真：0351-4043380
E-mail：liqong_jiang@hotmail.com

单位名称：中条山有色金属集团有限公司
地址：垣曲县中条北大街
邮编：043700
电话：0359-6035507
传真：0359-6035507

单位名称：平果铝业公司
地址：广西壮族自治区百色市平果县新安镇新华
邮编：531400
电话：0776-5802114
传真：0776-5802827

单位名称：西南铝业（集团）有限责任公司
地址：重庆市九龙坡区西彭镇
邮编：410083
电话：023-65809490
传真：023-65208082

单位名称：柳州华锡集团有限责任公司
地址：广西柳州市桂中大道华锡大厦
邮编：545006
电话：0772-2622621
传真：0772-2612186

单位名称：湖南水口山有色金属集团有限公司
地址：湖南省常宁市松柏镇
邮编：421513
电话：0734-7582281
传真：0734-7582281

单位名称：大冶有色金属有限公司
地址：湖北黄石市黄石市下陆区下陆大道
邮编：435005
电话：0714-5392457
传真：0714-5392801

单位名称：江西钨业集团有限公司
地址：江西南昌市北京西路 88 号江信国际大厦 11 楼
邮编：330046
电话：0791-6257901
传真：0791-6286570

单位名称：江西稀有稀土金属钨业集团公司
地址：江西省南昌市西湖区北京西路 118 号
邮编：330046
电话：0797-6211004
传真：0797-6227210

单位名称：中冶葫芦岛有色金属集团有限公司
地址：辽宁省葫芦岛市龙港区锌厂路 24 号
邮编：125003
电话：0429-2102841
传真：0429-2096058

单位名称：宁波金田铜业（集团）股份有限公司
地址：宁波江北区慈城镇城西西路 1 号
邮编：200063
电话：0652-2828653
传真：0562-2832925

单位名称：湖南省有色金属工业总公司
地址：湖南省长沙市天心区劳动西路 175 号
邮编：410015
电话：0735-6395161
传真：0731-5798225

单位名称：锡矿山闪星锑业有限责任公司
地址：湖南冷水江市锡矿山
邮编：417502
电话：0738-5831588
传真：0738-5831066

单位名称：宁夏东方有色金属集团有限公司
地址：宁夏银川市公园街 6 号
邮编：753000
电话：0951-5066981
传真：0951-5017398

单位名称：新疆有色金属工业（集团）有限责任公司
地址：乌鲁木齐市友好北路 636 号
邮编：830000
电话：0991-4841560
传真：0991-4842362

单位名称：北京鑫恒铝业有限公司
地址：北京市西城区金融大街 27 号投资广场 A 901
邮编：100032
电话：010-66211549
传真：010-51232323

单位名称：华北铝业有限公司
地址：河北省涿州市华北铝业有限公司
邮编：072750
电话：0312-3663888
传真：0312-3663889
E-mail：Admin@chinanca.com

单位名称：宝钛集团有限公司
地址：陕西省宝鸡市钛城路 1 号
邮编：72014
电话：0917-3382112
传真：0917-3382000

单位名称：金堆城钼业集团有限公司
地址：陕西省华县金堆城
邮编：714102
电话：0913-4088077
传真：0913-4088269

单位名称：遵义钛业股份有限公司
地址：贵州省遵义市镇隆场 390 号
邮编：563000
电话：0852-8415710
传真：0852-8415308

单位名称：四川启明星铝业有限责任公司
地址：四川广元袁家坝工业园区
邮编：628001
电话：0839-3411387
传真：0839-3411333

单位名称：白银有色金属（集团）有限责任公司
地址：甘肃省白银市白银区友好路 96 号
邮编：730900
电话：0943-8812506
传真：0943-8263165
E-mail：bygs@bynmc.com

单位名称：甘肃稀土集团有限责任公司
地址：甘肃省白银市白银区稀土新村一号
邮编：730922
电话：0943-8821470
传真：0943-8822916
单位名称：兰州连城铝业有限责任公司
地址：甘肃省兰州市永登县河桥镇建设坪
邮编：730335
电话：0931-6433999
传真：0931-6433995

单位名称：江苏常铝铝业股份有限公司
地址：江苏常熟古里白茆镇西
邮编：215532
电话：0512-87668032
传真：0512-52359001

单位名称：吉林昊融有色金属集团有限公司
地址：吉林省磐石市红旗岭
邮编：132311
电话：0432-65610842
传真：0432-5610667
E-mail：NIC@JLNICKEL.COM.CN

单位名称：哈尔滨松江铜业（集团）有限公司
地址：黑龙江省哈尔滨市动力区进乡街 73-1 号
邮编：150064
电话：0451-82933284
传真：0451-55691057

单位名称：上海大昌铜业有限公司
地址：静安区南京西路 1515 号嘉里中心

邮编：201823
电话：021-62891189
传真：021-62793011

单位名称：上海鑫冶铜业有限公司
地址：上海市金山区张堰镇金张支路 18 号
邮编：201514
电话：021-65800258
传真：021-65800258

单位名称：浙江华东铝业股份有限公司
地址：浙江省兰溪市城郊西路 17 号
邮编：321100
电话：0579-88233136
传真：0579-88230916

单位名称：浙江宏磊铜业股份有限公司
地址：浙江省诸暨经济开发区迎宾路 2 号
邮编：311800
电话：0575-87387578
传真：0575-87027907
E-mail：jjx-008@163.com

单位名称：东南铝业有限公司
地址：杭州萧山经济技术开发区江东工业园区
邮编：311222
电话：0571-82985722
传真：0571-82697529

单位名称：芜湖恒鑫铜业集团有限公司
地址：安徽省芜湖市鸠江区褐山北路
邮编：241009
电话：0553-5810111
传真：0553-5801759

单位名称：厦门钨业股份有限公司
地址：厦门市湖滨南路 619 号
邮编：361004
电话：0592-5363856
传真：0592-5363857

单位名称：紫金矿业集团股份有限公司
地址：福建省龙岩市上杭县临江镇北环路 277 号
邮编：364200
电话：0597-3842282
传真：0597-3833170

单位名称：烟台鹏晖铜业有限公司
地址：烟台市芝罘区化工路 45 号
邮编：264002
电话：0535-6532324
传真：0535-6709610

单位名称：东营方圆有色金属有限公司
地址：东营东城开发区浏阳河路 99 号
邮编：257091
电话：0546-8302560
传真：0546-8301488

单位名称：山东黄金股份有限公司
地址：山东省济南市解放路 16 号黄金大厦
邮编：250014
电话：0531-88562800
传真：0531-88562801

单位名称：阳谷祥光铜业有限公司
地址：山东省阳谷县石佛镇祥光路 1 号
邮编：252327
电话：0635-6555055
传真：0635-6779261

单位名称：焦作万方铝业股份有限公司
地址：河南省焦作市塔南路 160 号
邮编：454003
电话：0391-32611004
传真：0391-3261100

单位名称：洛阳单晶硅有限责任公司
地址：河南省洛阳市九都路 77 号
邮编：471009
电话：0371-65969544
传真：0379-63390496

单位名称：三门峡天元铝业股份有限公司
地址：河南省三门峡市东风南路 10 号
邮编：472000
电话：0398-2916493
传真：0398-2916769

单位名称：洛阳栾川钼业集团股份有限公司
地址：栾川县城君山西路 374 号
邮编：471500
电话：0379-66819855
传真：0379-66824500

单位名称：河南豫光金铅集团有限责任公司
地址：河南济源市济源市济水大道西段 568 号
邮编：454650
电话：0391-6813163
传真：0391-6671858

单位名称：汉江丹江口铝业有限责任公司
地址：湖北省丹江口市肖家沟
邮编：442700
电话：0719-5373942
传真：0719-5379442

单位名称：湖北金洋冶金股份有限公司
地址：湖北省襄樊市谷城县石花镇武当路 87 号
邮编：441705
电话：0710-7615960
传真：0710-7615960

单位名称：湖南有色金属股份黄沙坪矿业分公司
地址：郴州市苏仙北路 42 号
邮编：424421
电话：0731-88119975
传真：0731-5521869

单位名称：株洲冶炼集团有限责任公司
地址：湖南省株洲市天元区滨江一村
邮编：410011
电话：0731-28260305
传真：0731-28260207

单位名称：株洲选矿药剂厂
地址：湖南省株洲市石峰区云峰阁
邮编：412005
电话：0733-8301672
传真：0733-8332139

单位名称：广西成源矿冶有限公司
地址：广西河池市东江镇龙江工业开发区
邮编：810008
电话：0778-2771000
传真：0778-2771061

单位名称：四川天齐锂业股份有限公司
地址：四川成都市人民南路四段成科西路 3 号 B 幢
邮编：610015
电话：028-85253286
传真：028-85179209

单位名称：湖南柿竹园有色金属有限责任公司
地址：湖南郴州市郴州市苏仙区白露塘柿竹园公司
邮编：423000
电话：0735-2889193
传真：0735-8490288

单位名称：广东兴发铝业有限公司
地址：佛山市三水区中心科技工业园乐平镇工业 D 区 5 号
邮编：528137
电话：0757-85332727
传真：0757-85336731

单位名称：广州有色金属集团有限公司
地址：广东广州市广州市天河区长兴路 363 号
邮编：510501
电话：020-87226381
传真：020-87649987

单位名称：重庆市博赛矿业（集团）有限公司
地址：重庆南川市渝中区
邮编：400015
电话：023-63622250
传真：023-63622250

单位名称：云南木利锑业有限公司
地址：云南广南县云南省广南县杨柳井乡木利
邮编：663300
电话：0876-5151858
传真：0876-663300

单位名称：陕西铅硐山矿业有限公司
地址：陕西凤县留凤关
邮编：721177
电话：0917-4752021
传真：0917-4752024

单位名称：宁夏惠冶镁业有限公司
地址：宁夏石嘴山市惠农区红果子
邮编：753000
电话：0952-7682016
传真：0952-2038320

单位名称：山西振兴集团有限公司
地址：山西省运城市河津市樊村镇干涧村
邮编：044000
电话：0359-5301001

单位名称：宁夏加宁铝业有限公司
地址：宁夏回族自治区吴忠市青铜峡市青铜峡镇铝厂
邮编：751100
电话：0953-3037274

单位名称：烟台有色金属集团有限公司
地址：山东省烟台市芝罘区化工路 45 号
邮编：264000
电话：0535-6530629

单位名称：山东齐星集团有限责任公司
地址：山东省滨州市邹平县黛中社区居委会
邮编：256603
电话：0543-4301168

单位名称：西昌锌业有限责任公司
地址：四川省凉山彝族自治州西昌市安宁镇东山
邮编：615000
电话：0834-2586029

单位名称：云南铝业股份有限公司
地址：云南省昆明市呈贡县七甸乡胡家庄
邮编：650011
电话：0871-7455668

单位名称：兰州铝业股份有限公司
地址：甘肃兰州市西固区兰州市西固区山丹街 981 号
邮编：730000
电话：0931-7549415

单位名称：东方希望包头稀土铝业有限责任公司
地址：内蒙古自治区包头市青山区高油坊
邮编：014000
电话：0472-2242189

单位名称：山西华铜铜业有限公司
地址：山西省临汾市候马市高村乡
邮编：041000
电话：0357-4065666

单位名称：四川省会东铅锌矿西昌冶炼厂
地址：四川省凉山彝族自治州西昌市西乡乡古城村
邮编：615000
电话：0834-2595403

单位名称：重庆天泰铝业有限公司
地址：重庆市市辖区九龙坡区陶家镇锣鼓村
邮编：404100
电话：023-89803009

单位名称：云南新立有色金属有限公司
地址：云南省昆明市西山区马街 48 号
邮编：650011
电话：0871-8181951

单位名称：临沂江泰铝业有限公司
地址：山东省临沂市罗庄区沈泉庄村
邮编：276000
电话：0539-7106416

单位名称：天津中迈投资（集团）有限公司
地址：天津南开区海泰大厦 1 8 层
邮编：300000
电话：022-83718511

单位名称：河南鑫旺集团有限公司
地址：河南省郑州市巩义市米河镇小里河
邮编：451150
电话：0371-64335648

单位名称：河南豫联能源集团有限责任公司
地址：河南省郑州市巩义市新华路 31#
邮编：451150
电话：0371-64381552

单位名称：芜湖恒昌铜精炼有限责任公司
地址：安徽省芜湖市鸠江区鸠江区四合山街道办事处四湾村
邮编：241100
电话：0553-5810111

单位名称：河北马头铝业集团有限公司
地址：河北省邯郸市邯山区马头镇铁西 4 号
邮编：056002
电话：0310-6298146

单位名称：陕西东岭锌业有限责任公司
地址：陕西省宝鸡市凤县双石铺镇涂家岩
邮编：721000
电话：0917-4805707

单位名称：祥云县飞龙实业有限责任公司
地址：云南省大理白族自治州祥云县祥城镇清红路西侧
邮编：671000
电话：0872-3120888

单位名称：阜康市天龙矿业股份有限公司
地址：新疆维吾尔自治区昌吉回族自治州阜康市甘河子镇阜康市甘河子镇
邮编：831500
电话：0994-3562014

单位名称：鹿泉市曲寨铝业有限公司
地址：河北省石家庄市鹿泉市大河镇曲寨
邮编：050200
电话：0311-82298370

单位名称：长沙锌业有限责任公司
地址：湖南省长沙市岳麓区银盆北路旁
邮编：410000
电话：0731-8624216

单位名称：甘肃宝徽实业集团有限公司
地址：甘肃陇南市徽县柳林镇徽县柳林镇文坪村
邮编：742500
电话：0939-7541282

单位名称：宁夏秦毅实业集团有限公司
地址：宁夏回族自治区中卫市中宁县石空镇
邮编：750000
电话：0953-5684654

单位名称：易门铜业有限公司
地址：云南省玉溪市易门县龙泉镇方屯村委会大椿树
邮编：653300
电话：0877-4862264

单位名称：山西晋阳煤焦（集团）有限公司
地址：山西省吕梁市交城县天宁镇天宁镇西街
邮编：030500
电话：0358-3532009

单位名称：湖南省花垣县太丰冶炼厂
地址：湖南湘西土家族苗族自治州花垣县
邮编：416400
电话：0743-7622292

单位名称：广西百色银海铝业有限公司
地址：广西百色市右江区那毕乡百色工业园
邮编：533000
电话：0776-2990007

单位名称：张家界圣帝集团铝业有限公司
地址：湖南省张家界市慈利县零阳镇西街 117 号
邮编：427200
电话：0744-3232288

单位名称：河南新乡中联总公司
地址：河南省新乡市新乡县小冀镇中街
邮编：453000
电话：0373-5591065

单位名称：黄南铝业公司
地址：青海省黄南州尖扎县坎布拉镇牛街
邮编：810200
电话：0973-8742448

单位名称：广西桂鑫有限金属公司
地址：广西百色市隆林各族自治县新州镇兴新
邮编：533000
电话：0776-8209200

单位名称：柳州市龙城化工总厂
地址：广西柳州市鱼峰区羊角山镇洛维园艺场内
邮编：545000
电话：0772-3350468

单位名称：合肥铝业有限责任公司
地址：安徽省合肥市庐阳区阜阳北路 648 号
邮编：230001
电话：0551-5653303

单位名称：四川康西铜业有限责任公司（甘孜）
地址：四川省甘孜康定县炉城镇炉城镇城南路 29 号
邮编：626701
电话：0836-2833654

单位名称：衡阳天原有色金属股份有限公司
地址：湖南省衡阳市石鼓区合江
邮编：421008
电话：0734-8516702

单位名称：甘肃锌宇集团公司
地址：甘肃省陇南市成县黄渚镇王庄村
邮编：742500
电话：0939-3716868

单位名称：凉山索玛（集团）有限责任公司
地址：四川省凉山彝族自治州越西县乃托镇白石
邮编：615000
电话：0834-7545079

单位名称：闻喜县白玉镁业有限公司
地址：山西省运城市闻喜县侯村西阳泉头村
邮编：044000
电话：0359-7302389

单位名称：石家庄铝业有限责任公司
地址：河北省石家庄市正定县正定镇西上泽
邮编：050000
电话：0311-88788590

单位名称：广西河池市矿业有限责任公司铜厂
地址：广西壮族自治区河池市金城江区东江镇百旺
邮编：535700
电话：0778-2587168

单位名称：广西德胜铝业有限责任公司
地址：广西壮族自治区河池市宜州市德胜镇德胜
邮编：535500
电话：0778-3822548

单位名称：滨州裕阳铝业有限公司
地址：山东省滨州市阳信县劳店乡
邮编：264003
电话：0543-8325999

单位名称：泰安市华邦铜业有限公司
地址：山东省泰安市岱岳区徂徕镇
邮编：166259
电话：0538-8652788

单位名称：四川省汉源昊业集团有限公司
地址：四川省雅安市汉源县桂贤乡银政村 2 组
邮编：625000
电话：0835-4226678

单位名称：桂林广银金属有限公司
地址：广西桂林市恭城县恭城镇燕新路 70 号
邮编：541001
电话：0773-8212888

单位名称：四川德宏矿业有限公司
地址：四川省雅安市汉源县青富乡新建村 2 组
邮编：625000
电话：0835-4229868
单位名称：四川省甘洛县有色金属有限责任公司
地址：四川省凉山彝族自治州甘洛县新市坝镇波波奎
邮编：615000
电话：0834-7812336

单位名称：重庆市益业锰业有限责任公司
地址：重庆市县秀山土家族苗族自治县官庄镇乜敖村
邮编：400800
电话：023-76633762

单位名称：界首市富友铅业有限公司
地址：安徽省阜阳市界首市田营镇陶庄湖工业区
邮编：236000
电话：0558-4737088

单位名称：西藏玉龙铜业股份有限公司
地址：西藏自治区昌都地区昌都县昌都镇
邮编：854000
电话：0895-4517099
传真：0895-4512982

设备制造企业单位

单位名称：淮北矿山机器制造有限公司
地址：马鞍山市国泰机械制造有限公司
邮编：235100
电话：0561-3030366
传真：0561-6065566

单位名称：湖南有色重型机器有限责任公司
地址：湖南省长沙市麓山南路 343 号科研楼
邮编：410012
电话：0731-8670877
传真：0731-2681659

单位名称：金川集团机械制造有限公司
地址：甘肃金昌市甘肃金昌市金川西路 41 号
邮编：737102
电话：0935-8812381
传真：0935-8811458

单位名称：上海杰弗朗机械设备有限公司
地址：嘉定区浏翔公路 4918 号
邮编：201809
电话：021-39979175
传真：021-39979660

单位名称：沃尔沃（中国）建筑机械有限公司
地址：上海市延安东路 222 号外滩中心 20 楼
邮编：400036
电话：021-89236080
传真：021-89236080

单位名称：古河凿岩机械（上海）有限公司
地址：上海奉贤区金汇镇迎金路 125 号
邮编：201404
电话：021-57486636
传真：021-57486638

单位名称：北京前锋科技有限公司
地址：北京市海淀区长春桥路 5 号新起点大厦 4 号楼
邮编：100084
电话：010-82562080
传真：010-82562084

单位名称：安徽铜冠机械股份有限公司
地址：安徽铜陵市经济技术开发区翠湖三路 998 号
邮编：243004
电话：0562-5861138
传真：0562-5861138

单位名称：三一矿机有限公司
地址：宣武区广安门外大街 178 号中设大厦 1101 室
邮编：100055
电话：010-63269087
传真：010-63269087

单位名称：北京高能垫衬工程有限公司
地址：北京市海淀区复兴路 83 号
邮编：100049
电话：010-88233108
传真：010-88233966

单位名称：中国有色（沈阳）冶金机械有限公司
地址：沈阳经济技术开发区沈辽路 2 号
邮编：110141
电话：024-25505555
传真：024-25810150
E-mail：smmc@smmc.cn

单位名称：赣州有色冶金机械有限公司
地址：江西省赣州市经济技术开发区迎宾大道北侧
邮编：567102
电话：0797-8166086
传真：0797-8166097

单位名称：衡阳伟业冶金矿山机械有限责任公司
地址：湖南衡阳市衡祁路 230 号
邮编：421101
电话：0734-8722172
传真：0734-8721576
E-mail：hywykj@hywykj.com

单位名称：山东莱州橡胶厂
地址：山东烟台市莱州市虎头崖工业园
邮编：261415
电话：0535-2828752
传真：0535-2777434

单位名称：山东鑫海矿山机械有限公司
地址：福山高新区鑫海街 188 号
邮编：265500
电话：0535-6302098
传真：0535-6303268

单位名称：贵州成智重工科技有限公司
地址：贵阳市高新技术产业园兴筑东路 23 号
邮编：500011
电话：0851-8331041
传真：0851-8331047

单位名称：海安县万力振动机械有限公司
地址：江苏海安县城永安北路 69 号
邮编：226600
电话：0513-8814780
传真：0513-88812579

单位名称：核工业烟台同兴实业有限公司
地址：山东省栖霞市经济开发区 C 区
邮编：265307
电话：0535-3375612
传真：0535-3375711
网址：www.hexingjixie.com.cn

单位名称：扬州高扬机电制造有限公司
地址：江苏省高邮凌波路东首
邮编：225600
电话：0514-84612371
传真：0514-4686806

单位名称：上海龙阳机械厂
地址：上海市浦东新区奚阳路 218 号
邮编：201201
电话：021-58973847
传真：021-38970007

单位名称：秦皇岛天业通联重工股份公司
地址：秦皇岛经济技术开发区西区天山北路
邮编：066000
电话：0335-3643270
传真：0335-4019910

单位名称：西安凯瑟鼓风机有限公司
地址：西安市太白南路 181 号 A 座 C 区 205
邮编：710065
电话：029-88238607
传真：029-88217599

单位名称：淮北市一环矿山机械有限公司
地址：淮北市南黎路西段
邮编：235000
电话：0561-3016358
传真：0561-3015222

单位名称：河南威猛振动设备股份有限公司
地址：河南省新乡市新乡县翟坡镇工业路 1 号
电话：0373-3334988
传真：0373-3063978

单位名称：奥图泰（上海）冶金设备技术有限公司
地址：上海浦东黄陂北路 227 号中央大厦 17B
邮编：200003
电话：021-62494009
传真：021-62493946

单位名称：上海世邦粉体机器制造有限公司
地址：上海浦东新区川沙建业路 416 号
邮编：200122
电话：021-58386855
传真：021-58386856

单位名称：唐山路凯科技有限公司
地址：南宁市唐山路 3 号
邮编：063020
电话：0315-3852865
传真：0315-3852866

单位名称：美卓矿机（天津）国际贸易有限公司
地址：天津市开发区渤海路 39 号
邮编：300113
电话：022-27213728
传真：021-58668383

单位名称：深圳市海洋王照明科技股份有限公司
地址：深圳市南山区南海大道海王大厦 A 座
邮编：518054
电话：0755-26492666
传真：0755-26406722

单位名称：沈阳维扬浆体输送有限公司
地址：濠江街 68 号嘉禾大厦 711 室
邮编：10042
电话：024-24356412
传真：024-88722042

单位名称：山特维克矿山机械贸易（上海）有限公司
地址：辽宁沈阳市沈阳市铁西区建设东路 72 号
邮编：110021
电话：021-54423866
传真：021-54424496

单位名称：惊天液压机械制造有限公司
地址：安徽省马鞍山市经济开发区红旗南路 5 号
邮编：243000
电话：0555-2109682
传真：0555-2109682

单位名称：蓬莱水城铸石管道阀门厂
地址：山东蓬莱市刘家沟振兴路 6 号
邮编：265600
电话：0535-5655288
传真：0535-5666528
单位名称：宝鸡航天动力泵业有限公司
地址：陕西宝鸡市人民路 3 号
邮编：721001
电话：0917-3529921
传真：0917-3529936

单位名称：海南司克嘉橡胶制品公司
地址：山东省临朐县经济开发区华特路
邮编：572700
电话：0536-3158866
传真：0536-3158866

单位名称：焦作华飞电子电器股份公司
地址：太行西路 63 号
邮编：454000
电话：0391-2903918
传真：0391-3516281

单位名称：泸州冶金矿山设备有限公司
地址：四川省泸州市江洋区茜草坝
邮编：646004
电话：0830-3588282
传真：0830-3582795

单位名称：丹东东方测控技术有限公司
地址：辽宁省丹东市沿江开发区滨江中路 136 号
邮编：110032
电话：0415-6183508
传真：0415-3860886

单位名称：河南沁阳市沁龙化学防腐有限公司
地址：河南沁阳市沁阳市西万工业区
邮编：454561
电话：0391-5083208
传真：0391-5083208

单位名称：溧阳市翔龙矿山设备有限公司
地址：江苏省溧阳市城北开发区金山路 8 号
邮编：213332
电话：0519-87688768
传真：0519-87569781

单位名称：内蒙古黄岗矿业有限责任公司
地址：内蒙古赤峰市克什克腾旗北部木希嘎乡
邮编：025350
电话：0476-5222816
传真：0476-5222816

单位名称：金诚信矿业建设有限公司
地址：北京海淀长春桥路 5 号新起点 12 号楼 15 层
邮编：100089
电话：010-82561332
传真：010-82561332

单位名称：福建省宁德市重力选矿设备制造厂
地址：福建省宁德市蕉城区金涵畲族乡罐头厂内
邮编：352105
电话：0593-2727808
传真：0593-2727808

单位名称：烟台市昆仑黄金设备有限公司
地址：山东省烟台市芝罘区幸福中路 190 号
邮编：264002
电话：0535-6807195
传真：0535-6837501

单位名称：郑州鸿源重型机械有限公司
地址：河南省郑州市郑上路石砦
邮编：450100
电话：0371-64601289
传真：0371-64602334

单位名称：湖南广义科技有限公司
地址：长沙市三湘中路 982 号天心丽城
邮编：410001
电话：0731-4744231
传真：0731-4684085

单位名称：沈阳大学浆体输送研究所
地址：沈阳望花南街 21 号
邮编：110044
电话：024-88111439
传真：024-62268642

单位名称：河南巩义市铭达管件厂
地址：郑州巩义市康店镇曹柏坡
邮编：451200
电话：0371-64361284
传真：0371-64361284

单位名称：中信重型机械公司实业总公司工程塑料厂
地址：河南省洛阳市涧西区建设路
邮编：471039
电话：0379-64086398
传真：0379-4088203

单位名称：河南太行振动机械股份有限公司
地址：郑州市北环路 40 号
邮编：453731
电话：0373-5592811
传真：0373-5589053

单位名称：山东蓬莱华安铸石管件有限公司
地址：南王工业园一号
邮编：265600
电话：0535-2709655
传真：0535-2709655

单位名称：沈阳重型机器有限责任公司
地址：辽宁省沈阳市铁西区兴华北街 8 号
邮编：110025
电话：024-25802530
网址：www.china-sz.com

单位名称：新疆广汇实业股份有限公司
地址：新疆乌鲁木齐市新市区开发区上海路 6 号
邮编：830026
电话：0991-3742733

单位名称：中信重型机械公司
地址：河南省洛阳市涧西区建设路 206 号
邮编：471403
电话：0379-64088903
网址：www.citichmc.com

单位名称：沈阳矿山机械（集团）有限责任公司
地址：辽宁省沈阳市大东区大东路 178 号
邮编：110042
电话：024-62164206
网址：www.symmc.com

单位名称：四川天力机械集团有限责任公司
地址：四川省雅安市雨城区西门南路 20 号
邮编：625000
电话：0835-2351256
网址：www.tianligroup.com

单位名称：沈阳重型机械集团冶金矿山机械有限公司
地址：辽宁省沈阳市于洪区 6 号路 13 甲 1 号
邮编：110027
电话：024-25374946

单位名称：焦作市矿山机器股份有限公司
地址：河南省焦作市山阳区焦东中路
邮编：454002
电话：0391-3976433

单位名称：沈阳重型机械集团有限责任公司
地址：辽宁省沈阳市铁西区兴华北街 8 号
邮编：110025
电话：024-25875435

单位名称：上海冶金矿山机械厂
地址：上海市市辖区闸北区闸北区汶水路 210 号
邮编：200072
电话：021-56650499

单位名称：河北金厂峪金矿
地址：河北省唐山市迁西县金厂峪镇金厂峪
邮编：064307
电话：0315-5944392

单位名称：湖北延华矿山机械股份有限公司
地址：湖北省荆州市松滋市新江口镇松滋市新江口镇飞利浦大道 6 号
邮编：434200
电话：0716-6236628

单位名称：南宁重型机器厂
地址：广西南宁市西乡塘区秀安社区秀安路 15 号
邮编：530001
电话：0771-3133717

单位名称：济南重工股份有限公司
地址：济南市历城区董家镇董家东郊机场路
邮编：250109
电话：0531-88790743

单位名称：上海远通路桥工程机械有限公司
地址：上海市市辖区浦东新区申江路 2825 号
邮编：201206
电话：021-50329696

单位名称：鞍山矿山机械股份有限公司
地址：辽宁省鞍山市立山区励工街 5 号
邮编：114032
电话：0412-6640718
网址：www.chmbnet.com/anruang

单位名称：福建省上杭县华辉矿建实业有限公司
地址：福建省龙岩市上杭县旧县乡临城镇紫金大厦
邮编：364214
电话：0597-3833638

单位名称：山西机器制造公司
地址：山西省太原市杏花岭区小东门街新开南巷 12 号
邮编：030013
电话：0351-2664501

单位名称：山东山矿机械有限公司
地址：山东省济宁市市中区济安桥北路 17 号
邮编：272041
电话：0537-2226931
网址：www.sdkj.com.cn

单位名称：美卓矿机（天津）有限公司
地址：天津塘沽区渤海路 11 号
邮编：300457
电话：022-25322285
网址：www.metso.com.cn

单位名称：灵丘县金方圆磁选有限责任公司
地址：山西省大同市灵丘县石家田乡石家田村
邮编：034400
电话：0352-8528690

单位名称：福建省上杭县鸿阳矿山工程有限公司
地址：龙岩市上杭县旧县乡上杭县旧县乡迳美村
邮编：364214
电话：0597-3563728

单位名称：北京英迈特矿山机械有限公司
地址：北京市顺义区秦武姚村西南侧
邮编：101300
电话：010-69400009

单位名称：洛阳市南华机械设备有限公司
地址：河南省洛阳市涧西区工农乡秦岭路南段
邮编：471039
电话：0379-64225960

单位名称：郑州梦达重型机械厂
地址：河南省郑州市巩义市巩义市孝义镇
邮编：451200
电话：0371-64351775

单位名称：宿州腾岭工贸有限责任公司
地址：安徽省宿州市埇桥区芦岭镇芦岭矿区
邮编：234113
电话：0561-4973776

单位名称：上海杰弗朗工程设备有限公司
地址：上海市闸北区彭浦镇闸北区永和路 572 号
邮编：200072
电话：021-66526349

单位名称：沈阳矿山机器厂磁选设备制造公司
地址：辽宁省沈阳市大东区大东路 178 号
邮编：110042
电话：024-62164349

单位名称：福建省上杭县金山建设工程公司
地址：福建省龙岩市上杭县临城镇城北村紫金路 1 号
邮编：364200
电话：0597-3563351

单位名称：衡水天力矿用设备有限公司
地址：河北省衡水市桃城区胜利西路 1818 号
邮编：053000
电话：0318-2329288

单位名称：湘潭市电机车厂
地址：湖南省湘潭市岳塘区霞城乡村委会霞城村
邮编：411101
电话：0732-8662033
网址：www.dinamjiche.net

单位名称：沈阳重型华扬机械有限公司
地址：辽宁省沈阳市铁西区兴华北街 8 号
邮编：110025
电话：024-25802841

单位名称：四川省乐山宇强电机车制造有限公司
地址：四川省乐山市峨眉山市符溪镇符泉村 97 号
邮编：614216
电话：0833-5380117

单位名称：大冶有色三友实业有限公司
地址：湖北省黄石市大冶市铜绿山
邮编：435101
电话：0714-3082624

单位名称：新疆探矿机械厂
地址：新疆乌鲁木齐市水磨沟区乌市七道湾路 63 号
邮编：830028
电话：0991-4694094

单位名称：天津市矿山机械制造有限公司
地址：天津宁河县芦台镇芦汉路 30 号
邮编：301500
电话：022-69592696

单位名称：枣庄市恒缘机电设备有限公司
地址：山东省枣庄市市中区君山西路
邮编：277100
电话：0632-694094

单位名称：中国矿业大学机械厂
地址：江苏省徐州市泉山区矿大院内
邮编：221008
电话：0516-83885328

单位名称：襄垣县矿山机械厂
地址：山西省长治市襄垣县古韩镇西关
邮编：046202
电话：0355-7223494

单位名称：鄂洲市杨叶镇山友矿山设备有限公司
地址：湖北省鄂州市鄂城区杨叶镇
邮编：436055
电话：0711-2731123

单位名称：浙江矿山机械有限公司
地址：浙江金华市义乌市义亭镇义亭镇姑糖工业小区
邮编：322005
电话：0579-5819537

单位名称：洛阳兴邦矿冶设备有限公司
地址：河南省洛阳市新安县磁涧镇南窑
邮编：471822
电话：0379-6608549

单位名称：四川省地质矿产勘查开发局一 0 二厂
地址：四川省凉山彝族自治州西昌市西郊乡长安
邮编：615000
电话：0834-2682542

单位名称：怀化辰州机械有限责任公司
地址：湖南省怀化市沅陵县官庄镇第一居
邮编：419607
电话：0745-4643501

单位名称：滕州市宏宇矿山机械设备有限公司
地址：山东省枣庄市滕州市鲍沟镇鲍沟镇前皇甫村
邮编：277522
电话：0632-2663521

单位名称：重庆工程矿山机械工业公司
地址：重庆市市辖区九龙坡区正街 13 号银都大厦
邮编：400041
电话：023-68887901

单位名称：邯郸市宇龙矿山配件有限公司
地址：河北省邯郸市复兴区卫生街 3 号
邮编：056003
电话：0310-4030530

单位名称：安徽省青阳县九华矿山机械制造有限公司
地址：安徽省池州市青阳县木镇
邮编：242803
电话：0566-5612558

单位名称：唐山天和科技开发有限公司
地址：河北省唐山市路北区西昌路东侧
邮编：063020
电话：0315-2226160

单位名称：沈阳奉矿矿山设备有限公司
地址：辽宁省沈阳市大东区二台子街 130 号
邮编：110044
电话：024-88126890

单位名称：沈阳重型华扬机械有限公司
地址：辽宁省沈阳市铁西区兴华北街 8 号
邮编：110025
电话：024-25802841

单位名称：大冶有色三友实业有限公司
地址：湖北省黄石市大冶市铜绿山
邮编：435101
电话：0714-3082624

单位名称：天津市矿山机械制造有限公司
地址：天津宁河县芦台镇芦汉路 30 号
邮编：301500
电话：022-69592696

单位名称：襄垣县矿山机械厂
地址：山西省长治市襄垣县古韩镇西关
邮编：046202
电话：0355-7223494

单位名称：鄂洲市杨叶镇山友矿山设备有限公司
地址：湖北省鄂州市鄂城区杨叶镇杨叶村
邮编：436055
电话：0711-2731123

单位名称：辽源市长城重型机器有限责任公司
地址：吉林省辽源市西安区仙城
邮编：136201
电话：0437-2659888

单位名称：滕州润泰矿山机械有限公司
地址：山东省枣庄市滕州市西岗镇西岗镇前寨居
邮编：277519
电话：0632-4055797

单位名称：朝阳北海机械有限公司
地址：辽宁省朝阳市龙城区长江路六段二号
邮编：122005
电话：0421-3817088

单位名称：沈阳山源矿山机械制造有限责任公司
地址：辽宁省沈阳市沈河区热闹路 80-1 号
邮编：110011
电话：024-5712298

单位名称：沈阳嘉泰重型机械制造商有限公司
地址：辽宁省沈阳市于洪区大堡
邮编：110141
电话：024-25200399

单位名称：抚顺鑫达矿山装备有限公司
地址：辽宁省抚顺市望花区抚顺经济开发区
邮编：113122
电话：0413-8838828

单位名称：朝阳重型矿山机械制造厂
地址：辽宁朝阳市龙城区他拉皋镇朝阳大街北段 57 号
邮编：122000
电话：0421-2201118

单位名称：肇东市北晨设备有限公司
地址：0455-8976768
邮编：151100
电话：0455-8976768

单位名称：上海矿筛厂
地址：上海市市辖区闸北区闸北区彭江路 200 号
邮编：200072
电话：021-56030631

单位名称：石城矿山摇床机械厂
地址：江西省赣州市石城县琴江镇古樟
邮编：342700
电话：0797-5712298

单位名称：巩义市鑫茂矿山设备厂
地址：河南省郑州市巩义市孝北
邮编：451200
电话：0371-64352563

单位名称：南昌矿冶机械厂
地址：江西省南昌市青云谱区沿江南路 83 号
邮编：330001
电话：0791-5214748

单位名称：孝义市金泰矿山设备厂
地址：山西吕梁市孝义市新庄村
邮编：032300
电话：0358-7622799

单位名称：遵化市禹铭机械厂
地址：河北省唐山市遵化市遵化镇
邮编：064200
电话：0315-6601180

单位名称：北票市琛都矿山设备机械厂
地址：辽宁省朝阳市北票市五间房镇五间房
邮编：122100
电话：0421-5831578

单位名称：山东新华红星机械制造有限公司
地址：山东省泰安市新泰市果都镇杜莫庄
邮编：271209
电话：0538-7427222

单位名称：新乡万民矿山振动设备厂
地址：河南省新乡市新乡县七里营镇七四
邮编：453731
电话：0373-5680284

单位名称：哈尔滨市前进矿山设备制造厂
地址：黑龙江省哈尔滨市动力区朝阳镇前进
邮编：150069
电话：0451-86661184

单位名称：娄底市娄星矿山设备厂
地址：湖南省娄底市娄星区万宝镇万宝
邮编：417007
电话：0738-8400426

单位名称：迁安市森达机械化采剥有限公司
地址：河北省唐山市迁安市迁安镇杨崖
邮编：064400
电话：0315-7631599

单位名称：烟台金诺矿山机械有限公司
地址：山东省烟台市福山区明炬街
邮编：265503
电话：0535-6302180

单位名称：岳池县恒立机械有限公司
地址：四川省广安市岳池县九龙镇
邮编：638300
电话：0826-5222752

单位名称：泉州鲤城锦田永胜矿山机械厂
地址：泉州市鲤城区泉州市鲤城区锦田工业区
邮编：362000
电话：0595-22450077

单位名称：海城北方环保矿山机械有限公司
地址：辽宁省鞍山市海城市黄河 154 号
邮编：114200
电话：0412-3601051

单位名称：宁乡县长宁机械制造有限公司
地址：湖南省长沙市宁乡县南田坪乡南田坪
邮编：410618
电话：0731-7071031

单位名称：莱芜市矿山机械厂
地址：山东省莱芜市莱城区凤城西大街 276 号
邮编：271100
电话：0634-6112837

单位名称：徐州东关机械制造有限公司
地址：江苏省徐州市云龙区
邮编：221003
电话：0516-83564781

单位名称：石家庄市矿山机械厂
地址：河北省石家庄市桥西区玉村
邮编：050091
电话：0311-83833634

单位名称：张家口市万恒矿山机械有限公司
地址：张家口市万全县孔家庄镇
邮编：076250
电话：0313-4871236

单位名称：上海华明矿山环保设备厂
地址：上海市县崇明县三星镇崇明县三星镇
邮编：202152
电话：021-93602206

单位名称：孝义市矿山机械厂
地址：山西吕梁市孝义市铁南
邮编：032300
电话：0358-7690785

单位名称：北京市天时矿山设备制造厂
地址：北京市石景山区南宫
邮编：100042
电话：010-88901976

单位名称：邵东县周官桥天麒矿山设备制造有限公司
地址：湖南省邵阳市邵东县周官桥乡
邮编：422818
电话：0739-2141877

单位名称：鞍山冶金矿山机械厂
地址：辽宁省鞍山市铁西区铁西区一道街 121 号
邮编：114000
电话：0412-6661025

单位名称：巩义市通亚机械制造公司
地址：河南省郑州市巩义市
邮编：451200
电话：0371-64373264

单位名称：上虞市道墟富龙矿山仪器厂
地址：浙江省绍兴市上虞市道墟镇
邮编：312368
电话：0575-2045495

单位名称：滕州市华祥矿机械有限公司
地址：山东省枣庄市滕州市西岗镇
邮编：277518
电话：0632-2103568

单位名称：浙江黄金机械厂
地址：浙江省绍兴市诸暨市枫桥镇枫山路 4 号
邮编：311811
电话：0575-7041347

单位名称：巩义市开元机械设备有限公司
地址：郑州市巩义市北山口镇巩义市北山口镇
邮编：451250
电话：0371-64128938

单位名称：溧阳市东方冶矿机械厂
地址：江苏省常州市溧阳市埭头镇
邮编：213312
电话：0519-7350078

单位名称：松阳县矿山机械厂
地址：浙江省丽水市松阳县象溪镇象溪镇
邮编：323401
电话：0578-8091138

单位名称：北京中矿大机械厂
地址：北京市海淀区丁 11 号
电话：010-62331562

单位名称：兴化市英达机械有限公司
地址：江苏省泰州市兴化市开富村官家
邮编：225776
电话：0523-3499920

单位名称：遵化市兴盛矿山机械厂
地址：河北省唐山市遵化市马兰峪镇马兰峪
邮编：064206
电话：0315-6944817

单位名称：建德市中坚矿山设备厂
地址：浙江省杭州市建德市钦堂乡
邮编：311601
电话：0571-64170034

单位名称：包头市金龙机械制造有限责任公司
地址：内蒙古自治区包头市东河区巴东大街
邮编：014040
电话：0472-5658752

单位名称：江西远顺矿山机械制造有限公司
地址：江西省宜春市丰城市下岗职工创业园
邮编：331100
电话：0795-6206618

单位名称：昆明大泽矿冶设备有限公司
地址：云南省昆明市官渡区小板桥镇七甲二组
邮编：650214
电话：0871-7324177

单位名称：山西省临汾市尧都区子强矿山机械
地址：山西省临汾市尧都区屯里镇
邮编：041000
电话：0357-3080007

单位名称：朝阳凌华机械厂
地址：辽宁省朝阳市双塔区朝阳大街北段 99 号
邮编：122000
电话：0421-2730073

单位名称：江西云辉矿机有限公司
地址：江西省南昌市青山湖区塘山镇北京东路
邮编：330029
电话：0791-8333712

单位名称：北票重型机械设备有限公司
地址：辽宁省朝阳市北票市台吉镇郑家窝铺
邮编：122122
电话：0421-5858650

单位名称：烟台市巨力黄金矿山设备有限公司
地址：山东省烟台市芝罘区只楚路北上坊 63 号
邮编：264002
电话：0535-6833152

单位名称：山西富阳矿山机械有限公司
地址：山西省吕梁市汾阳市汾阳市光明路 6 号
邮编：032200
电话：0358-7311109

单位名称：新泰市华联矿山机械厂
地址：山东省泰安市新泰市城西
邮编：271201
电话：0538-7212057

单位名称：邵东县周官桥矿山机械配件厂
地址：湖南省邵阳市邵东县周官桥乡
邮编：215519
电话：0739-52561159

单位名称：山西太矿冶金成套设备有限公司
地址：山西省太原市太原市杏花岭区解放北路 75 号
邮编：030009
电话：0351-3436247

单位名称：唐山市建华机械制造有限公司
地址：河北省唐山市路南区老一中
邮编：063000
电话：0315-2878881

单位名称：鞍山亨通重工机械有限公司
地址：辽宁省鞍山市立山区东建国路 56 号
邮编：114032
电话：0412-6634220

单位名称：大连三和重工有限公司
地址：辽宁省大连市旅顺口区小南
邮编：116050
电话：0411-86233618

单位名称：上海三新节能设备有限公司
地址：上海市浦东新区三林镇浦东三林镇
邮编：200124
电话：021-58410130

单位名称：建益机械厂
地址：上海市市辖区黄浦区半淞园路 480 号
邮编：200001
电话：021-63134136

单位名称：建湖县凯宫机械有限公司
地址：江苏省盐城市建湖县桥东
邮编：224700
电话：0515-6251058

单位名称：北京辉越景新矿山支护设备有限公司
地址：北京市门头沟区门头沟路 10 号
邮编：102300
电话：010-69830307

单位名称：烟台富林矿产机械设备有限公司
地址：山东省烟台市招远市
邮编：265400
电话：0535-8242555

单位名称：尉氏县银升矿山精密配件有限公司
地址：河南省开封市尉氏县
电话：0378-7380004

单位名称：洛阳冶建重型矿山设备有限公司
地址：河南省洛阳市涧西区工农乡谷水秦岭南路
邮编：471003
电话：0379-7844369

单位名称：徐州龙宇矿山设备有限公司
地址：江苏省徐州市九里区拾屯街道
邮编：221141
电话：0516-85870083

单位名称：青岛圳龙机械有限公司
地址：山东省青岛市平度市古营崖
邮编：266700
电话：0532-85391206

单位名称：平山县吉宇矿山机械厂
地址：河北省石家庄市平山县东回舍镇东回舍
邮编：050401
电话：0311-82801598

单位名称：海盐县通惠地质矿山机械有限公司
地址：浙江省嘉兴市海盐县西塘桥镇
邮编：6967312
电话：0573-6967312

单位名称：本溪市工矿配件设备有限公司
地址：辽宁省本溪市平山区桥头镇
邮编：314304
电话：0414-2636338

单位名称：蒙阴县永达矿山机械有限公司
地址：山东省临沂市蒙阴县常路镇
邮编：276219
电话：0539-4538224

单位名称：遵化市张欣矿山配件厂
地址：河北省唐山市遵化市马兰峪镇
邮编：064206
电话：0315-6944830

单位名称：本溪市文光矿山机器厂
地址：辽宁省本溪市溪湖区火连寨镇梨树沟上堡 4 组
邮编：451200
电话：0414-5535237

单位名称：洛阳国欣矿冶设备有限公司
地址：河南省洛阳市涧西区工农乡 310 国道南
邮编：471003
电话：0379-62110019

单位名称：江西省萍乡诚佰矿山机械设备有限公司
地址：萍乡市安源区木客路泰和园 1 栋 6 单元 1 楼
邮编：337000
电话：0799-6797861

单位名称：新泰市书峰机械有限公司
地址：山东省泰安市新泰市翟镇
邮编：271204
电话：0538-7529252

单位名称：长沙嘉格尔机械制造有限公司
地址：湖南省长沙市岳麓区桐梓坡
邮编：410013
电话：0731-8904182

单位名称：金实机械制造有限公司
地址：河北省秦皇岛市抚宁县抚宁镇
邮编：066300
电话：0335-6685473

单位名称：柳林县明珠矿山机械有限责任公司
地址：山西省吕梁市柳林县柳林镇薛家湾
邮编：033300
电话：0358-4018661

单位名称：营口市老边区矿机配件厂
地址：辽宁省营口市老边区通达
电话：0417-3864868

单位名称：朝阳宝峰重型机械制造有限公司
地址：辽宁省朝阳市龙城区
邮编：122005
电话：0421-3815820

单位名称：朝阳矿山机械设备制造厂
地址：辽宁省朝阳市龙城区柳城路五段 10 号
邮编：122000
电话：0421-3903114

单位名称：朝阳市黄金机械厂
地址：辽宁省朝阳市双塔区中山大街四段 6 号
邮编：122000
电话：0421-3904448

单位名称：诸暨市光大有色机械制造有限公司
地址：浙江省绍兴市诸暨市枫桥镇枫桥镇枫北路 4 号
邮编：311811
电话：0575-7047317

单位名称：新泰市英发矿山机械有限公司
地址：山东省泰安市新泰市张庄
邮编：271219
电话：0538-7338882

单位名称：新泰市煜祥矿山机械制造有限公司
地址：山东省泰安市新泰市公岭
邮编：271200
电话：0538-7067333

单位名称：禹州市中业矿山机械有限公司
地址：河南省许昌市禹州市夏都路
邮编：461670
电话：0374-8297190

单位名称：义马市鸿诚矿山设备制造有限公司
地址：河南省三门峡市义马市千秋镇香山街
邮编：472300
电话：0398-5887521

单位名称：川南矿山机械厂
地址：四川省内江市隆昌县云顶镇金墨湾
邮编：642158
电话：0832-3630295

单位名称：石城县矿山设备厂
地址：江西省赣州市石城县琴江镇西外
邮编：342700
电话：0797-5712468

单位名称：柳州市金螺机械有限责任公司
地址：广西壮族自治区柳州市鱼峰区九头山路 13 号
邮编：545006
电话：0772-3160499

单位名称：重庆银珠机械制造有限公司
地址：重庆市市辖区沙坪坝区
邮编：400030
电话：023-65418079

单位名称：锦州宏宇矿山机械有限公司
地址：辽宁省锦州市凌河区延安路六段 10 号
邮编：121000
电话：0416-2847688

单位名称：新泰市东海矿山支护器材有限公司
地址：山东省泰安市新泰市张庄
电话：0538-7333717

单位名称：临朐鑫恒机械制造有限公司
地址：山东省潍坊市临朐县杨善镇
邮编：262601
电话：0536-3470149

单位名称：烟台市昆仑黄金设备有限公司
地址：山东省烟台市芝罘区幸福中路 190 号
邮编：264002
电话：0535-6849128

单位名称：新泰市迅发矿山配件有限公司
地址：山东省泰安市新泰市城西
邮编：271201
电话：0538-7225079

单位名称：山东泰安盛泰矿业有限公司
地址：山东省泰安市泰山区省庄镇
邮编：271039
电话：0538-6513097

单位名称：杭州獐矿机械有限公司
地址：浙江省杭州市余杭区仁和镇河东路 10 号
邮编：311107
电话：0571-86390984

单位名称：滕州市大陆矿山机械制造有限责任公司
地址：山东省枣庄市滕州市洪绪镇
邮编：277512
电话：0632-5914908

单位名称：沈阳铁林矿山设备制造厂
地址：辽宁省沈阳市大东区观泉路铸玻巷 6 号
邮编：110044
电话：024-88320010

单位名称：沈阳大地矿山机械制造有限公司
地址：辽宁省沈阳市大东区小东路 241-625
邮编：110042
电话：024-24357559

单位名称：扬州市华威矿山机械设备有限责任公司
地址：江苏省扬州市维扬区施桥镇耿管营
邮编：225101
电话：0514-7852101

单位名称：沈阳永环矿山装备制造有限公司
地址：辽宁省沈阳市大东区二台子街 130 号
邮编：88216332
电话：024-88216332

单位名称：鞍山市大明矿山机械有限公司
地址：辽宁省鞍山市千山区宁远镇
邮编：114011
电话：0412-8233322

单位名称：鞍山市天成矿山设备制造有限公司
地址：辽宁省鞍山市铁西区团圆街 3 号
邮编：114012
电话：0412-8245568

单位名称：湘西州奇博矿山仪器厂
地址：湖南省湘西吉首市武陵东路 63 号
邮编：416000
电话：0743-8222113

单位名称：唐山市奥德机械设备有限公司
地址：河北省唐山市路北区大庆道 106 号
邮编：063020
电话：0315-3857847

单位名称：招远市鲁鑫黄金机械总厂
地址：山东省烟台市招远市
邮编：265411
电话：0535-6690888

单位名称：沈阳矿重成套设备制造公司
地址：辽宁省沈阳市大东区大东路 167 号
邮编：110042
电话：024-24326231

单位名称：江苏苏东化工机械有限公司
地址：江苏省泰兴市古溪东路 80 号
邮编：7791771
电话：0523-7791016
传真：0523-7791335

单位名称：淮北中德矿山机器有限公司
地址：安徽省淮北市凤凰山工业园凤城路 8 号
邮编：235029
电话：0561-3238888
传真：0561-3239666

单位名称：中钢集团衡阳重机有限公司
地址：湖南省衡阳市珠晖区东风路
邮编：421002
电话：0734-8352305
传真：0734-8332398　8352302

单位名称：江苏省宜兴非金属化工机械厂有限公司
地址：江苏省宜兴市丁蜀镇
邮编：214221
电话：0510-87189500　87185248
传真：0510-87185248
网址：www.yxhjc.com

单位名称：合肥三益江海泵业有限公司
地址：安徽合肥双凤工业开发区金沪路 2 号
邮编：231131
总机：0551-5205211　5205216
传真：0551-5454610
网址：www.hdeee.com

单位名称：苏州新锐工程工具有限公司
地址：江苏苏州工业园区唯西路 6 号
邮编：215121
电话：0512-6285168286　62851682
传真：0512-62851661

单位名称：陕西艾乐尔智控工程有限公司
地址：西安高新技术开发区高新路 25 号
邮政编码：710075
电话：029-88279988
传真：029-88278630

单位名称：北京咏归科技有限公司
地址：北京市海淀区上地三街 9 号金隅嘉华大厦 A 座 502
电话：010-82780599
传真：010-82782455

单位名称：合肥振宇工程机械有限公司
地址：合肥市高新技术开发区香樟大道
邮编：230088
电话：0551-5772555-8070
传真：0551-5772500-8068

单位名称：江西鑫通机械制造有限公司
地址：江西省萍乡市高新技术园北区
邮编：337000
电话：0799-3671121
传真：0799-3671128

单位名称：西安电炉研究所有限公司
地址：陕西省西安市朱雀大街南段 222 号
邮编：710061
电话：029-85271114
传真：029-85265538
网址：www.mccefi.com.cn

单位名称：亚大集团
地址：河北省涿州市松林店
邮编：072761
电话：0312-3952000
传真：0312-3676831
网址：www.chinaust.com

单位名称：河南省四海科技防腐保温有限公司
地址：长垣蒲东商贸城 38 号
电话：0373-8811733
传真：0373-8811759
网址：www.sihaiffbw.com

单位名称：沈阳鼓风机集团股份有限公司
地址：沈阳经济技术开发区开发大路 16 号甲
邮编：110869
电话：024-25801199　25801156
网址：www.shengu.com.cn
Email：sgwz@shengu.com.cn

单位名称：泰兴市电除尘设备厂
地址：江苏省泰兴市城区工业园振兴路 6 号
邮编：225400
电话：0523-87683876　87683865
传真：0523-87686865
网址：www.landiancn.com

单位名称：苏州制氧机有限责任公司
地址：中国江苏苏州市木渎镇
邮编：215101
电话：0512-66264687
传真：0512-66262675
网站：www.suyang.com.cn

单位名称：云南建工安装股份有限公司
电话：0871-4142431
传真：0871-4142431

单位名称：安徽金鼎锅炉股份有限公司
地址：芜湖市经济技术开发区凤鸣湖北路 1-9 号
电话：0553-5841431
传真：0553-576136
网址：www.j-ding.com

单位名称：山东义升环保设备有限公司
地址：淄博市张店区昌国东路良乡工业园中心路
邮编：255000
电话：0533-2890886　2885108
传真：0533-2882285　2885588
网址：www.sdyisheng.cn

单位名称：武汉恒威重机有限公司
地址：武汉东湖高新区国际企业中心聚星楼六楼
邮编：430074
电话：027-59541877
传真：027-59541889

单位名称：宜兴市化工成套设备有限公司
地址：江苏宜兴市环科园绿园路 105
邮编：214205
电话：0510-87561308
传真：0510-87561012
E-mail：sxl@yxhgct.com

单位名称：北京格森特石油化工成套设备有限公司
地址：北京市石景山区阜石路 166 号泽洋大厦 1013
邮编：100043
电话：010-88909325/26/27/28
传真：010-88909329
网址：www.bjguest.com

单位名称：上海高德机械有限公司
地址：上海市长宁路 1055 号汇都大楼 6F
邮编：200050
电话：021-52390088
传真：021-52390099

单位名称：新乡市威达机械有限公司
地址：河南省新乡市新乡县翟坡镇
电话：0373-5593380
传真：0373-5598446
网址：www.xxwdjx.com

单位名称：宜兴市灵谷塑料设备有限公司
地址：宜兴市丁蜀镇陶瓷产业园区通蠡路 1 号
邮编：214222
电话：0510-87409633　87403572
传真：0510-87426968
网址：www.pump-sino.com

单位名称：泰豪科技股份有限公司
地址：南昌高新开发区泰豪信息大厦
邮编：330096
电话：0791-8105588
传真：0791-8106688
网址：www.tellhow.com

单位名称：瓦锡兰中国有限公司
地址：上海市浦东新区唐镇金丰路 170 号
电话：021-58585500

单位名称：衡水市桃城区泰昌矿山电子设备厂
地址：衡水市衡德路 23 号（原榕花大街 112 号）
邮编：053000
电话：0318-7103030
传真：0318-2102992
网址：www.taichangdianzi.com

单位名称：大连泰克尼姆环保设备有限公司
地址：大连七贤岭高新园区学子街 2 号
邮编：116023
电话：0411-84753976
传真：0411-84732226

单位名称：深圳市格林美高新技术股份有限公司
地址：深圳市兴华路南侧荣超滨海大厦 A 座 20 层
邮编：518101
电话：0755-33386666
传真：0755-33895777

单位名称：西安陕鼓动力股份有限公司
地址：西安市高新区沣惠南路 8 号
邮编：710075
电话：029-81392800
传真：029-81871038
网址：www.shaangu.com

单位名称：河南百灵机器有限公司
地址：郑州市郑州市高新开发区沟赵堂里街 81 号
邮编：450001
电话：0371-67996082
传真：0371-67996062
网址：www.bailingjiqi.cn

单位名称：昆明穿山机械设备有限责任公司
地址：昆明市西山区
电话：0871-8170488
传真：0871-8235826
E-mail：kmcsgs@163.com

单位名称：中原圣起有限公司
地址：河南长垣起重工业园区圣起大道
邮编：453400
电话：0373-8711828　8711838
传真：0373-8711808
网址：www.zhongyuanshengqi.com

单位名称：多氟多化工股份有限公司
地址：焦作市中站区焦克路多氟多化工股份有限公司
邮编：454191
电话：0391-2800066
传真：0391-2800066
网址：www.dfdchem.com

单位名称：山河智能装备集团
地址：湖南长沙星沙山河智能产业园
邮编：410100
电话：0731-83572682
传真：0731-84020683　84020696
网址：www.sunward.com.cn

单位名称：中冶陕压重工设备有限公司
地址：西安高新区新型工业园发展大道北口
邮编：710119
电话：029-88887402
传真：029-88887401

单位名称：宣化昌通环保设备有限公司
地址：河北省张家口市宣化区河子西工业区
邮编：075100
电话：0313-3231663
传真：0313-3231669
网址：www.xhcthb.com
E-mail：lfy666@vip.163com

单位名称：三门三友冶化技术开发有限公司
地址：浙江三门县亭旁经济开发区
邮编：317103
电话：0576-83555936
传真：0576-83550776
网址：www.sanyouyehua.com
E-mail：sanyouyehua@163.com

单位名称：株洲市兴民科技有限公司
地址：湖南省株洲县渌口工业园
邮编：412100
电话：0731-27689076
传真：0731-27689176
网址：www.xmtech.cn

单位名称：南京东吴分析仪器有限公司
地址：江苏省南京市高淳开发区松园路002号
邮编：211300
电话：025-57889990　57889980
传真：025-57889980
网址：www.dwfxy.com

单位名称：衡阳中钢衡重铸锻有限公司
地址：湖南省衡阳市珠辉区东风南路236号
邮编：421002
电话：0734-8352440　8352241
传真：0734-3121346
网址：www.hyjinmao.com

单位名称：郑州山川重工有限公司
地址：郑州高新技术开发区合欢街与腊梅路交叉口
电话：0371-67848698　67855188
传真：0371-67848699

单位名称：欧美大地仪器设备中国有限公司
总部地址：香港葵涌梨木道79号亚洲贸易中心12楼
传真：00852-23955655
电话：00852-23928698
E-mail：info@epc.com.hk
北京办事处：北京市崇文区崇文门外大街3A号新世界中心A座1105室
邮编：100062
传真：010-67082160
电话：010-67082860
E-mail：epcbj@epc.com.hk

单位名称：洁华控股股份有限公司
地址：浙江省海宁市洁华工业区
邮编：314418
电话：0573-87856888　87855246
传真：0573-87855268
网址：www.jiehua.com

单位名称：中国有色（沈阳）冶金机械有限公司
地址：沈阳经济技术开发区沈辽路2号
邮编：110141
电话：024-25505555
传真：024-25810150
网址：www.smmc.cn

单位名称：西安泰尔富西玛电机销售维修有限公司
地址：西安市经济技术开发区凤城二路9号
邮编：710032
电话：029-82524698　82524699
传真：029-82524035
网址：www.simodj.com

单位名称：上海通用风机厂
地址：上海市奉浦开发区运河路98号
电话：021-67103808
传真：021-67103808
网址：www.sh-tongy.com

单位名称：重庆通用风机厂
地址：重庆市江北区玉带山
邮编：400021
电话：023-67930535　67930686
传真：023-67930532
网址：www.cqtyfj.com

单位名称：重庆通用风机有限公司
地址：重庆渝北区龙脊路 1 号龙溪建材大厦 5-8
邮编：401147
电话：023-67902402/3
传真：023-67902383
网址：www.cgfc.com.cn

单位名称：河北中冶冶金设备制造有限公司
地址：中国河北沙河市沙河市建设路 10 号
邮编：054100
电话：0319-8662709
传真：0319-8806601

单位名称：宜兴市德宇冶金设备有限公司
地址：江苏省宜兴市善卷洞西侧
电话：0510-87397166
传真：0510-87396369
网址：www.cnsany.com

单位名称：中钢集团洛阳耐火材料研究院有限公司
地址：洛阳市西苑路 43 号
邮编：471039
电话：0379-64205114
传真：0379-64205800
网址：www.lirrc.com

单位名称：河北海钺耐磨材料科技有限公司
地址：河北省迁安市夏官营镇
邮编：064409
电话：0315-7920566
传真：0315-7920124
网址：www.tshaiyue.com.cn
E-mail：haiyuezhuzao@163.com

单位名称：华锡集团金城江矿山机械厂
地址：广西河池市金城江区虎山路 1018 号
邮编：547000
电话：0778-2285953　2283764
传真：0778-2200666

单位名称：宁波东力传动设备股份有限公司
地址：宁波市江北工业园区 C 区荪湖路 1 号
邮编：315033
电话：400-168-6666
传真：0574-88398889
网址：www.donly.com.cn

单位名称：上海磊一机电有限公司
地址：上海市闵行区罗锦路 169 号
邮编：201100
电话：021-5438632364605651
传真：021-54153498
网址：www.shleiyi.com

单位名称：宝鸡中铁工程机械有限公司
地址：陕西省宝鸡市姜谭路西段（4 路公交车终点站）
电话：0917-2820908
传真：0917-2820911
网址：www.ztdl.net

单位名称：奥图泰（上海）冶金设备技术有限公司
地址：上海市黄浦区黄陂北路 227 号中区广场 17B
邮编：200003
电话：021-63758282
传真：021-62494009
网址：www.outotec.com

单位名称：上海孟泰机电设备有限公司
地址：上海松花江路 251 弄白玉兰环保广场 3 号 7 楼
电话：021-65342358　65339424
传真：021-65341329
网址：www.montai-tech.com

单位名称：湖南远通泵业有限公司
地址：湖南省湘潭市德国工业园内
邮编：411104
电话：0731-52866238
传真：0731-52866232
网址：www.hnytby.com

单位名称：海安县联源机械制造有限公司
地址：江苏省海安闸西工业园通扬路 1 9 号
邮编：226600
电话：0513-88918886　88890581
传真：0513-88923606
网址：www.jslyzd.com

单位名称：无锡港晖电子有限公司
地址：无锡市新区珠江路 19-1 号
邮编：214028
电话：0510-85226211　85227090
传真：0510-85222838
网址：www.wxganghui.com

单位名称：四川邦立重机有限责任公司
地址：四川省泸州市茜草北路 185 号
邮编：646006
电话：0830-3581967　3580778
传真：0830-3580617
网址：www.bonnyhm.com

单位名称：希望森兰科技股份有限公司
地址：四川省成都市机场路 181 号
邮编：610225
电话：028-85963211　85964751
传真：028-85962488
网址：www.chinavvvf.com
E-mail：markd@chinavvvf.com

单位名称：洛阳洛华粉体工程特种耐火材料有限公司
地址：洛阳市高新区火炬创新创业园
邮编：471003
电话：0379-64182996
传真：0379-64213525

单位名称：上海建冶重工机械有限公司
地址：上海浦东新区金桥路 1389 号
电话：4006709985　021-50326099
传真：021-50326169
网址：www.shjyzg.com

单位名称：郑州中实赛尔科技有限公司
地址：郑州高新区长椿路 11 号河大科技园研发独栋 Y-3
邮编：450001
电话：0371-67897097
传真：0371-67897098
Email：zscell@126.com

单位名称：合肥丽清环保设备有限公司
地址：安徽合肥经济技术开发区桃花镇柏堰科技园
电话：0551-3637517
传真：0551-2819607

单位名称：兰州兰石换热设备有限责任公司
地址：甘肃兰州七里河区西津西路 192#
电话：0931-2354209
传真：0931-2343587
网址：www.lsphe.com

单位名称：东方防腐设备有限公司
地址：浙江温州瓯海大道 1108 号
邮编：325041
电话：0577-86293377　86293336
传真：0577-86293366
网址：www.fuhao-a.com
Email：office@fuhao-a.com

单位名称：河南省东方（集团）防腐有限公司
地址：河南省长垣县人民路西段
邮编：453400
电话：0373-8889666
传真：0373-2158666

单位名称：河南东方建安防腐保温工程有限公司
地址：河南省长垣县人民路西段
邮编：453400
电话：0373-2158888
传真：0373-2158778

单位名称：郑州东方炉衬材料有限公司
地址：中国郑州新密市南环路
邮编：452371
电话：0371-69899908
传真：0371-69899909
网址：www.zgbaowen.com

单位名称：江苏通达环保工程有限公司
地址：江苏省泰州市海陵区苏陈镇
邮编：225320
电话：0523-89681292　89609077
传真：0523-89609099

单位名称：河南省防腐保温有限公司
地址：河南省新乡市长垣县文明路中段
邮编：453400
电话：0373-8887758　8887759
传真：0373-8887759

单位名称：佛山市禹硕机械设备有限公司
地址：佛山市禅城区季华五路鸿业豪庭三楼 317A
邮编：528000
电话：0757-83000258　83387600
传真：0757-83381768

单位名称：重庆泰丰矿山机器有限公司
地址：重庆市九龙坡区石坪桥横街 66 号
邮编：400051
电话：023-68855014　68822464
传真：023-68855014

单位名称：威海汇鑫化工机械有限公司
地址：威海工业新区（草庙子镇）
邮编：264200
电话：0631-5581767
传真：0631-5581768

单位名称：威海化工机械有限公司
地址：山东省威海市旅游度假区
邮编：264203
电话：0631-5788050　5782500
传真：0631-5788049
网址：www.chemdevice.com

单位名称：沈阳市英格机械有限公司
地址：沈阳和平区文化路南科大厦四楼 A 座
邮编：110004
电话：024-23902758 23902759 23902760
传真：024-23900115
网址：www.sullair-bf.com

单位名称：上海攀成德企业管理顾问有限公司
地址：上海中山西路 1800 号兆丰环球大厦 10 楼 A2 室
邮编：200235
电话：021-51693111
传真：021-64400592
网站：www.psdchina.com

单位名称：金蝶软件（中国）有限公司
地址：深圳市高新技术产业园南区科技南十二路 2 号
邮编：518057
电话：0755-26612299
传真：0755-26615016
网址：www.kingdee.com

单位名称：朝阳重型机器制造有限责任公司
地址：辽宁省朝阳市黄河路三段 22 号
电话：0421-2808772
传真：0421-2808775
网址：www.chaozhong.com.cn

单位名称：内蒙古北方重型汽车股份有限公司
地址：包头市稀土高新技术产业开发区
邮编：014030
电话：0472-2207888　3331144
传真：0472-2207538　3335330
网址：www.chinanhl.com

单位名称：阿特拉斯工程机械有限公司
地址：包头市稀土高新技术产业开发区校园路 3 号
邮编：014030
电话：0472-2207888　2805999
传真：0472-2805100
网址：www.cnatlas.com

单位名称：山东黄金集团烟台设计研究工程有限公司
电话：0535-6936050
传真：0535-6936068

单位名称：湖南有色郴州氟化学有限公司
地址：湖南郴州苏仙区桥口镇氟化工产业园
邮编：423042
电话：0735-2641910　2641915
传真：0735-2641910
网址：www.hngcf.com

单位名称：江苏大恒科技（环保）有限公司
地址：宜兴市徐舍镇工业集中区
电话：0510-87606988　87605555
传真：0510-87606988
网址：www.jsdhkj.com

单位名称：江苏大恒科技（电气）有限公司
地址：宜兴市徐舍镇工业集中区
电话：0510-68990004　68990006
传真：0510-68990510
网址：www.jsdhkj.com

单位名称：江苏大峘集团有限公司
地址：南京市江宁区天元东路 368 号
邮编：211112
电话：025-51198888
传真：025-51198616
网址：www.mountop.com.cn

单位名称：天津市实达电力设备有限公司
地址：天津武清区豆张庄新世纪开发区佰特道 6 号
邮编：301700
电话：022-22169508　22169555
传真：022-22169509
网址：www.tjshida.com.cn
E-mail：wangyahuizijun@163.com

单位名称：上海天重重型机器有限公司
地址：上海市西康路 1018 号 9F
电话：021-62987858　62986361
传真：021-32270452
Email：manager@shtzco.com

单位名称：太原重工股份有限公司
电话：0351-6362676　6361463
传真：0351-6360994
网址：www.tyhi.com.cn

单位名称：郑州中鼎重型机器制造有限公司
地址：郑州市西四环中段
电话：0371-67857565　67827158
传真：0371-67827168
网址：www.kssb.cn

单位名称：河南中科工程技术有限公司
地址：郑州市化工路西段
电话：0371-67856611
传真：0371-67898596
网址：www.kyqmj.com

单位名称：新乡市振动筛机厂有限公司
地址：新乡市和平大道南段 228 号
电话：0373-5091204　5091160
E-mail：shaiji@tom.com

单位名称：新乡市振动设备制造有限公司
地址：河南省新乡市环宇立交桥西 1 公里路北
邮编：453003
电话：0373-2694675
传真：0373-2694637
网址：www.zhendongjixie.com

单位名称：江阴市双烽板式换热器有限公司
地址：江苏省江阴市夏港镇长达路 18 号
邮编：214442
电话：0510-86161266　86160802
传真：0510-86167186　86160803
网址：www.jxsf.com
E-mail：sales@jxsf.com

单位名称：宣化华泰矿冶机械有限公司
地址：河北省宣化经济开发区长平北路 10 号
邮编：075100
电话：0313-3861813　3883898
传真：0313-3883842
网址：www.htkyjx.com

单位名称：新乡市天诚矿山设备有限公司
地址：新乡市南环路李村工业园
邮编：453000
电话：0373-5096121　5096291
传真：0373-5096131
网址：www.xxtcjx.com

单位名称：射阳县华圣管架有限公司
地址：射阳合德镇解放西路 39 号
邮编：224300
电话：0515-82327733
传真：0515-82349398
E-mail：287885209@qq.com

单位名称：北京粤华环保科技有限公司
地址：北京市昌平区科技园超前路6号4层
邮编：102200
电话：010-58466080
传真：010-89719860
网址：www.yuehuacn.cn

单位名称：山东省章丘鼓风机股份有限公司
地址：山东省章丘市明水经济开发区世纪大道东首
邮编：250200
电话：0531-83250002 83250025
传真：0531-83225838
网址：www.blower.cn
E-mail：xmb@blower.cn

单位名称：五洲阀门有限公司
地址：浙江温州市永强高新技术园区
邮编：325024
电话：0577-86916818 86922139
传真：0577-86933224
网址：www.wuzhou-valve.com
E-mail： wz@wuzhou-valve.com

单位名称：江西省光华环保工程有限公司
地址：江西省萍乡市建设东路336号
电话：0799-6781896
传真：0799-6793169
网址：www.jxguanghua.com

单位名称：镇江默勒电器有限公司
地址：江苏省扬中市新坝镇新中南路66号
邮编：212211
电话：0511-88412350
传真：0511-88412307
网址：www.zkm.com.cn
E-mail：moeller@daqo.com

单位名称：湖南科通电气设备制造有限公司
地址：湖南湘潭市河东大道63号
邮编：411104
电话：0731-58512128 58512129
传真：0731-58512127
网址：www.hn-ketong.com

单位名称：赣州金环浇铸设备有限公司
地址：江西省赣州市沙河工业园
邮编：341000
电话：0797-8186478
传真：0797-8188355
网址：www.jhcast.com

单位名称：丹阳市恒力炉业有限公司
地址：江苏省镇江市丹阳市里庄开发区
邮编：212300
电话：0511-86671586
传真：0511-86676487

单位名称：江苏智瑞科技有限公司
地址：江苏省淮安市金湖县工业园区工二路15号
邮编：211600
电话：0510-86918028

单位名称：苏州普度压缩机有限公司
地址：江苏省苏州市太仓市陆渡镇江南路68号
邮编：215412
电话：0512-53289888

单位名称：天津宇瑞通捷动力机械设备销售有限公司
地址：天津南开区天津市南开区华苑新技术产业园区
邮编：300384
电话：022-23707588

单位名称：四方华能电网控制系统有限公司
地址：北京市海淀区上地三街九号嘉华大厦A座五层
邮编：100085
电话：010-62961796/97/99
传真：010-62979034
网址：www.sifanghn.com

单位名称：昆明嘉和科技股份有限公司
邮编：650501
地址：昆明市经济开发区信息产业基地拓翔路208号
电话：0871-5638866 7413111
传真：0871-7425858 7413222
网址：www.jhpumps.com

单位名称：天华化工机械及自动化研究设计院
地址：甘肃省兰州市西固区合水北路3号
邮编：730060
电话：0931-7310305 7315943
传真：0931-7311554
网址：www.cthkj.com

单位名称：成都市金河除尘净化设备有限责任公司
地址：成都市新都区斑竹园镇四社
电话：028-83988908 83988828
传真：028-83989066
网址：www.xbhb.com
E-Mail：cwz@xbhb.com

单位名称：河北石泵科技股份有限公司
地址：石家庄市和平东路19号
邮编：050011
电话：0311-87967376 87967377
传真：0311-87967373
网址：www.cspst.com
E-mail：cn@cspst.com

单位名称：石家庄强大渣浆泵有限公司
地址：石家庄市高新技术开发区天山大街239号
邮编：050035
电话：0311-80908316 80908228
网址：www.cnkingda.com

单位名称：青岛市双力环保熔炼设备有限公司
地址：青岛胶州市胶州西路 137 号
邮编：266300
电话：0532-87257487　87252912
传真：0532-87257487
网址：www.shuangliqd.com
E-mail：info@shuangliqd.com

单位名称：新乡市瑞丰机械设备有限公司
地址：河南省新乡市高新开发区西区青龙路 519#
邮编：453731
电话：0373-5598777
传真：0373-5594619
网址：www.rfjx.com.cn
E-mail：hnxxjx@vip.sina.com

单位名称：上海上阀阀门制造有限公司
地址：上海市青浦区沪青平公路 2933-30 号
邮编：201703
电话：021-69755272　69755271
传真：021-69755273
网址：www.shsv.cn
Email：china@shsv.cn

单位名称：江苏神通阀门股份有限公司
地址：江苏省启东市南阳工业区
邮编：226232
电话：0513-83335938　83333938
传真：0513-83335998
网址：www.stfm.cn

单位名称：河北瞳鸣环保有限公司
地址：河北省泊头市西环西路 98 号
邮编：062150
电话：0317-8055888
传真：0317-8056777
Email：tmhbsb@163.com

单位名称：鞍山特种变压器有限公司
地址：辽宁省鞍山市千山区中环路 333 号
邮编：114011
电话：0412-8419679　8415841
传真：0412-8419679
网址：www.23atb.com
Email：23atb@163.com

单位名称：苏州新长光热能科技有限公司
地址：苏州高新区鹿山路 108 号
电话：0512-66658288　66658388
传真：0512-66658200
Email：szxchg@lnchg.com

单位名称：武汉长海电气科技开发有限公司
地址：武汉市南湖汽校大院 712 所开关电器事业部
邮编：430064
电话：027-68896623
传真：027-68896623
网址：www.changhaidianqi.cn

单位名称：淄博大力矿山机械有限公司
地址：山东省淄博市周村区恒通路 887 号
邮编：255300
电话：0533-6182505　6181501
传真：0533-6182505
网址：www.zibodali.com

单位名称：烟台金鹏矿业机械有限公司
地址：山东省烟台市开发区福州路 11 号
邮编：264006
电话：0535-3975289
传真：0535-3975287
网址：www.jinpengkj.com

单位名称：鹤壁市绿色环保生产有限公司
地址：鹤壁市淇滨科技工业区淇山路 083 号
邮编：458030
电话：0392-3361893　3355057
传真：0392-3328068
网址：www.hblshb.com

单位名称：锦州锦开电器集团有限责任公司
地址：锦州市太和区锦山街南山里 86 号
邮编：121013
电话：0416-3496200；5179191
传真：0416-5179397
网址：www.zljk.cn

单位名称：湖南江冶机电科技有限公司
地址：湘潭市国家高新区创新创业园
邮编：411104
电话：0731-58281852 58529852
传真：0731-58529852

单位名称：安徽长江电缆桥架有限公司
地址：无为县高沟镇新沟工业区
邮编：238339
电话：0565-6869098
网址：www.cjdlqj.com

单位名称：蚌埠联合压缩机制造有限公司
地址：安徽省蚌埠市秦仁路 99 号
邮编：233000
电话：0552-4190088　4190089
传真：0552-4099915
网址：www.lhysj.net

单位名称：山东泰开变压器有限公司
地址：泰安高新技术开发区龙潭南路
邮编：271000
电话：0538-8933788
传真：0538-8933860/8933878
网址：www.taikaibyq.com

单位名称：山东泰开高压开关有限公司
地址：山东泰安高新技术开发区高开路
邮编：271000
电话：0538-8518287　6313665
传真：0538-8518288
网址：www.sdtaiKai.cn

单位名称：益能集团
电话：0531-88020991　88013562
传真：0531-88020992
地址：山东济南嘉恒大厦A座22层
网址：www.cnyineng.com
E-mail：chinayineng@yahoo.cn

单位名称：江阴中南重工股份有限公司
地址：江苏省江阴市经济开发区金山路788号
电话：0510-86135788
传真：0510-86993300
网址：www.znhi.com.cn
E-mail：jngy@jngy.cn

单位名称：河南省恒远起重机械集团有限公司
地址：河南长垣起重工业园区巨人大道6号
电话：0373-8622280　8622281
传真：0373-8622099
网址：www.hengyuanqz.com

单位名称：河北恒远环球管道集团有限公司
地址：河北盐山马村开发区
邮编：061300
电话：0317-6193189
传真：0317-6193096
网址：www.hb-hygj.com
Email：hb-hygj@163.com

单位名称：天津市鼓风机总厂
地址：天津市河北区古北道1号
电话：022-26341837　26342365
传真：022-86562133

单位名称：新乡西玛鼓风机有限公司
地址：河南省新乡市凤泉区和平大道北段
电话：0373-5828622　5828629
传真：0373-2037330

单位名称：株洲光明重型机械制造有限公司
地址：湖南省株洲市人民北路432号
邮编：412001
电话：0731-22324969
传真：0731- 22322259
网址：www.zzgmzx.com
E-mail：zzgmzj@163.com

单位名称：北京时林机电设备有限公司
地址：北京市海淀区学院路40号研8楼
邮编：100083
电话：010-62304389-853
传真：010-62304389-823
网址：www.salien.com.cn

单位名称：北京特高换热设备有限公司
地址：北京市通州区土桥
邮编：101113
电话：010-69575810，69575820
传真：010-84036630

单位名称：上海巴安水务股份有限公司
地址：上海市常德路1211号宝华大厦15楼
邮编：200060
电话：021-62569366　62566234
传真：021-62564865
网址：www.safbon.com

单位名称：吴江市日升净化设备厂
地址：江苏省吴江市金家坝镇金华路
邮编：215215
电话：0512-63211738
传真：0512-63209189

单位名称：北京科净源科技股份有限公司
地址：北京市海淀区西四环北路158号慧科大厦
邮编：100142
电话：400-018-0098
传真：010-88591716-808
网址：www.kejingyuan.com

单位名称：荣信电力电子股份有限公司
地址：辽宁省鞍山高新区科技路108号
邮编：114051
电话：0412-7213888
传真：0412-7213777
网址：www.rxpe.com
Email：sales@rxpe.net

单位名称：浙江恒丰泰减速机制造有限公司
地址：温州市梅屿工业区2-5号（温瞿路）
邮编：325016
电话：0577-86119288　86119299
传真：0577-86119822　86119010
网址：www.cnhtr.com
E-mail：htco.ltd@mail.wz.zj.cn

单位名称：上海莱德减速度机有限公司
地址：上海真南路1051号
电话：021-66080628　66082249
传真：021-66082240
网址：www.shlaide.com
E-mail：ld@shlaide.com

单位名称：江苏中超环保有限公司
地址：江苏宜兴市环科园百合场路3号
邮编：214205
电话：0510-80309106
传真：0510-80309107

单位名称：江苏华耀机械制造有限公司
地址：江苏省建湖县上冈镇工业园区
电话：0515-86420088　86420098
传真：0515-86419668

单位名称：南京顺风气力输送系统有限公司
地址：雨花台区小行尤家凹 1 号
邮编：210012
电话：025-52405737　52415327
传真：025-52443926
网址：www.shunfeng.net
E-mail： sales@shunfeng.net

单位名称：合肥上五自控阀门有限公司
地址：合肥市马鞍山南路世纪阳光大厦 7 楼
邮编：230051
电话：0551-3448599 3448099 3442525
传真：0551-3448599 3448099
网址：www.ahswzk.cn

单位名称：上海一泰阀门有限公司
地址：上海市工业综合开发区远东路 777 弄 5 号
邮编：201400
电话：021-6710 5003
传真：021-6710 6009
网址：www.yt-valve.com
E-mail：yt-valve@163.com

单位名称：湖北精极阀门制造有限公司
地址：湖北省荆州市沙市工业新区东方大道
电话：0716-8377495　4315565
传真：0716-8377496
网址：www.hbjingji.com
Email：hbjingji@188.com

单位名称：安徽华电线缆集团
地址：安徽省无为县定兴工业区
邮编：238339
电话：0565-6862108
传真：0565-6862703
网址：www.ahhdxl.com.cn
Email：h6869701@126.com

单位名称：江苏新世纪江南环保有限公司
地址：南京江宁国家级高新技术开发区天元路 108 号
邮编：211100
电话：025-52763868　52763855
网址：www.js-jnhb.com

单位名称：扬州中电电气科技有限公司
地址：江苏扬州宝应安宜工业园宝胜路 88 号
邮编：225800
电话：0514-88276666
传真：0514-88279968
网址：www.yzzdkj.com

单位名称：安徽凯达机械制造有限公司
地址：安徽省桐城市白马工业园
邮编：231404
电话：0556-6562508　6562338
传真：0556-6562508
网址：www.ahkaida.com

单位名称：武汉特种工业泵厂有限公司
地址：武汉经济技术开发区沌口小区 10 号
邮编：430058
电话：027-84220611-8222
传真：027-84220611-8555
网址：www.whlyby.com

单位名称：上海西屋开关有限公司
地址：上海市奉贤区沪杭公路 655-659 号
邮编：201401
电话：021-57437086
传真：021-57437082
网址：www.westhouse.cn

单位名称：新乡市矿山（集团）起重机有限公司
地址：河南省新乡市长垣县长恼工业区
邮编：453423
电话：0373-8732666　8793028
传真：0373-8732014
网址：www.kuangshanlanri.com

单位名称：河南卫华重型机械股份有限公司
地址：河南省长垣县卫华大道西段
邮编：300000
电话：0373-8887695
传真：022-68589948
E-mail：weihua@whqzjtj.com

单位名称：河南省矿山起重机有限公司
地址：河南省长垣恼里工业园区 18 号
邮编：453400
电话：4006592105　4006592106
传真：0373-8735333　8735695
网址：www.hnks.com
E-mail：hnksky@126.com

单位名称：江苏国松特种涂料有限公司
地址：江苏省常州市武进区郑陆镇三皇庙村
邮编：213111
电话：0519-88736698　88739188
传真：0519-88736188
网址：www.guosonggroup.com
Email：czgstl@163.com

单位名称：淄博长征实业有限公司
地址：博山区经济开发区东域城
邮编：255200
电话：0533-4180700
传真：0533-4181355
网址：www.czcldj.com

单位名称：湖北省风机厂有限公司
地址：湖北省广水市十里工业园区 001 号
邮编：432700
电话：0722-6265000　6249666
传真：0722-6265000
网址：www.hbfan.com

单位名称：北京空港北光仪表有限公司
地址：北京顺义天竺空港工业区 A 区天柱西路甲 7 号
邮编：101300
电话：010-80493720　80487863
传真：010-80493721
网址：www.bab-i.com

单位名称：唐山美伦仪表有限公司
地址：唐山市高新区龙泽路－荣华道交叉口西 200 米
邮编：063020
电话：0315-3853101　3853103
传真：0315-3853107
网址：www.mlyb.cn

单位名称：江阴市神州测控设备有限公司
地址：江阴市月城镇月山路 91 号
邮编：214404
电话：0510-86986836　86986192
传真：0510-86986597
E-mail：web@jyshenzhou.cn

单位名称：德菲电气（北京）有限公司
地址：北京市延庆县康庄工业开发区工业大院一号院
邮编：102101
电话：010-51657439　69132250
传 真：010-69132217
E-mail： service@tina-inc.com

单位名称：浙江聚光科技有限公司
地址：温州经济开发区九龙山路 50 号
邮编：325011
电话：0577-88989999
传真：0577-88987778
E-mail：service@gemcore.com.cn

单位名称：德力西控股集团有限公司
地址：浙江省乐清市德力西工业园
邮编：325604
电话：0577-62723888
传真：0577-62725559
网址：www.delixi.com
E-mail：info@delixi.com

单位名称：营口大和制衡产业有限公司
地址：营口高新技术产业区示范园西兴街 15 号
邮编：115000
电话：0417-4835888　4892168
传真：0417-4892158
网址：www.ykyamato.com

单位名称：朝阳重型机器有限公司
地址：辽宁省朝阳市黄河路三段 22 号
邮编：122000
电话：0421-7297111　2811597
传真：0421-2813151
网址：www.czgs.com.cn

单位名称：安徽三联泵业股份有限公司
地址：安徽省和县经济开发区
邮编：238200
电话：0565-5328888　5308929
传真：0565-5300000
网址：www.sanlianpump.com
E-mail：xs@sanlianpump.com

单位名称：江苏新宏大集团
地址：江苏省兴化市戴南科技园区创业大道 1 号
邮编：225721
电话：0523-83781169　83787008
传真：0523-83781911
网址：www.chinanhd.com

单位名称：江苏金航冷却塔有限公司
地址：江苏省姜堰经济开发区东寿路 199 号
邮编：225500
电话：0523-88817888
传真：0523-88816378
网址：www.cnjinhang.com

单位名称：江苏康洁环境工程有限公司
地址：江苏省姜堰蒋垛镇人民南路
邮编：225503
电话：0523-88301032
传真：0523-88301033
网址：www.cnkjhb.com

单位名称：郑州欧亚空气炮有限公司
地址：河南省郑州市上街区新安西路
邮编：450041
电话：0371-68949457
传真：0371-68949354
网址：www.zzoykqp.com

单位名称：常熟市电动平车厂
地址：常熟市梅李镇聚沙路 5 号
电话：0512-52661892
传真：0512-52661886
网址：www.ddpcc.com
E-mail：info@ddpcc.com

单位名称：绍兴曙光机械有限公司
地址：浙江省绍兴县齐贤镇
电话：0575-85661676 85660008
传真：0575-85661660
网址：www.shuguangmach.com
E-mail： mail@shuguangmach.com

单位名称：北京凯圣奥进出口有限公司
地址：北京市朝阳区和平里小黄庄北街 2 号
电话：010-84280377
传真：010-84274990
Email：ksa@bjksa.com

单位名称：武汉立通弹簧有限公司
地址：湖北省武汉市江汉区姑嫂树路 2 号
邮编：430023
电话：027-65666180
传真：027-65655872
Email：whltth@163.com

单位名称：营口青花集团
地址：辽宁省大石桥市蟠龙街青花里
邮编：115100
电话：0417—5631985
传真：0417—5631886
网址：www.qinghuaref.com

单位名称：洛阳铜宝冶金设备有限公司
地址：洛阳市涧西区建设路 50 号
邮编：471039
电话：0379-64939771
传真：0379-64949220
网址：www.lytb.com.cn
Email：yxb@lytb.com.cn

单位名称：北京凯明洋能源工程公司
地址：北京市朝阳区小营路 10 号阳明广场 3 号楼 3C
邮编：100101
电话：01064827637　64827704
传真：010-64827796
网址：www.bjkmy.com
单位名称：合肥和缘锻压机械有限公司
地址：安徽省合肥市高新区合欢路 12 号
邮编：230088
电话：0551 5133209　5121945
传真：0551-5177491
网址：www.hypress3.com

单位名称：四川东林矿山运输机械有限公司
地址：内江市中区工业集中发展区乐贤大道 398 号
邮编：641005
电话：0832-2190088　2192777
传真：0832-2112500
网址：www.scdljx.com
E-mail：scdljx@163.com

单位名称：无锡市宏博净化设备有限公司
地址：无锡市滨湖区胡埭镇工业园南区胡埭路
邮编：214161
电话：0510-85582885
传真：0510-85582533
网址：www.wxhongbo.com
E-mail：sales@wxhongbo.com

单位名称：江苏保龙机电制造有限公司
地址：江苏省溧阳市昆仑北路 75 号
邮编：213300
电话：0519-87305803
传真：0519-87301886
网址：www.jsbaolong.com
E-mail：　baolongco@163.net

单位名称：张家港圣汇气体化工装备有限公司
地址：江苏省张家港市金港镇临江路 3 号
邮编：215632
电话：0512-58379002
传真：0512-58391169
网址：www.shenghui.com.cn

单位名称：无锡四方电炉有限公司
地址：江苏省宜兴市善卷洞
邮编：214233
电话：0510-87396290　87397666
E-mail：wxsfdl@126.com

单位名称：斯瑞德集团（天津）轴承有限公司
地址：天津市红桥区金兴科技大厦 1506 室
电话：022-27718800　27718801
传真：022-27718282
网址：www.fag-zc.com
E-mail：manager@fag-zc.com

单位名称：昆明理工精诚科技有限责任公司
地址：昆明市海源中路 1520 号云南大学科技园 408 号
邮编：650106
电话：0871-8318271　8319562
传真：087-8319526
网址：www.kgjc.com

单位名称：濮阳濮耐高温材料（集团）股份有限公司
地址：河南省濮阳县西环路中段
邮编：457100
电话：0393-8776666
传真：0393-3213972
网址：www.punai.com.cn
E-mail：mail@punai.com

单位名称：西安凯瑟鼓风机有限公司
地址：西安太白南路 181 号 A 座工业写字楼 C205
电话：029-88217599
传真：029-88238581
网址：www.casvent.com
E-mail：casvent_@163.com

单位名称：泊头市科盛环保设备有限公司
地址：河北省泊头市富镇工业开发区
电话：0317-8331087　8307111
传真：0317-8331133
网址：www.dxhbsb.com
E-mail：dxhbsb@163.com

单位名称：北京顺德申菱空调销售有限公司
地址：北京东城区东直门南大街 9 号华普花园 D 座
邮编：100007
电话：010-84094117-605
传真：010-84098120

单位名称：江苏飞达电力设备有限公司
地址：江苏省扬中市新坝镇南开发区
邮编：212200
电话：0511-88412778
传真：0511-88419055
网址：www.china-feida.net
E-Mail：master@china-feida.net

单位名称：南京晨光东螺波纹管有限公司
地址：南京市江宁开发区将军大道 199 号
邮编：211153
电话：025-52826590
传真：025-52826599
网址：www.aerosun-tola.com
E-Mail：wanglingli@aerosun-tola.com

单位名称：河南麦斯达实业有限公司
地址：河南省焦作市高新区南海路
电话：0391-3389588　3566607
传真：0391-3389588
网址：www.hnmsd.cn
E-Mail：hnnsdgs@126.com

单位名称：宜都市恒运机电设备有限责任公司
地址：湖北省宜都市陆城十里铺机电工业园
邮编：443300
电话：0717-4843188
传真：0717-4563666
网址：www.ydhyjd.com

单位名称：宣达实业集团有限公司
地址：浙江温州市瓯北镇东瓯工业区宣达工业园
邮编：325105
电话：0577-67987017　67987018
传真：0577-67987016
网址：www.xuanda.com

单位名称：北京清华捷源科技开发有限公司
地址：北京海淀区东王庄路甲一号 403 室
邮编：100083
电话：010-62319821　62319823
传真：010-62319783
网址：www.qgiant.com

单位名称：河南新起腾升起重设备有限公司
地址：新乡市榆东产业聚集区
邮编：453000
电话：0373-7722088 7722099
传真：0373-7722688 7722699
网址：www.xinqitengsheng.com
Email：xinqitengsheng@163.com

单位名称：湖北金屹和环保设备科技有限公司
地址：湖北省荆州市开发区荆沙大道 58 号
邮编：434004
电话：0716-8328391　8321591
传真：0716-8328390
网址：www.jinyifamen.com

单位名称：南通海鹰机电集团有限公司
地址：江苏省启东市经济技术开发区海洪路 898 号
邮编：226200
电话：0513-83322358　83343038
传真：0513-83318348
网址：www.haiyingjituan.com.cn

单位名称：河北省枣强县环宇玻璃钢制品厂
地址：河北省枣强县城东工业区
电话：0318-8051368
传真：0318-8051368
网址：www.hblgzp.cn

单位名称：北京华尔达科贸有限责任公司
地址：北京市东城区东中街 58 号美惠大厦 D-701
邮编：100027
电话：010-65543491/92/93/94
传真：010-65543326
网址：www.hedgroup.com.cn

单位名称：山东景津环保设备有限公司
地址：山东省德州市经济开发区晶华路
邮编：253034
电话：0534-2753099　2753066
传真：0534-2753695
网址：www.jjylj.com
Email：jjylj@263.net.cn

单位名称：无锡一净净化设备厂
地址：无锡市惠山区堰桥工业园渡水桥东路 2 号
电话：0510-83570990-812　83570093
传真：0510-83743372
网址：www.yjjhsb.com
E-mail：sales@yjjhsb.com

单位名称：安徽铜冠机械股份有限公司
地址：铜陵市经济技术开发区翠湖三路西段 998 号
邮编：244000
电话：0562-5861150　5861138
传真：0562-5861152
网址：www.ahttgs.com

单位名称：靖江市天力泵业有限公司
地址：江苏省泰州市靖江市经济工业园区新锋西路
邮编：214500
电话：0523-4593116
传真：0523-4598950
网址：www.tianliby.com

单位名称：淮北市中芬矿山机器有限责任公司
地址：淮北市杜集区孙谢庄工业园腾飞路 1 号
邮编：235100
电话：0561-3013777
传真：0561-3015555

单位名称：北京京润海自动化技术研究所
地址：大兴工业开发区金辅路甲 2 号凯驰大厦 B410 室
邮编：102600
电话：010-61273525
传真：010-60216853
网址：jingrunhai.sohu.net
E-mail：jingrunhai@vip.sina.com

单位名称：重庆川仪自动化股份有限公司
地址：重庆市北部新区黄山大道川仪工业园
邮编：401121
电话：023-67032088
传真：023-67032118
网址：www.sicc.com.cn
E-mail：sales@sicc.com.cn

单位名称：厦门柏事特信息科技有限公司
地址：厦门市软件园二期观日路 24 号
电话：0592-2230233
传真：0592-2273267
网址：www.xmbest.com

单位名称：江苏华鹏变压器有限公司
地址：江苏省溧阳市昆仑开发区 68 号
邮编：213300
电话：0519-87302414　87301713
传真：0519 87303685
网址：www.china-hp.com
E-mail：jshpbyqc@public.cz.js.cn

单位名称：无锡市新远大滑导电器有限公司
地址：无锡市胡埭工业园陆藕路 12 号
邮编：214161
电话：0510-85123997　85140189
传真：0510-85123997
网址：www.xyddq.com
E-mail：xyd@xyddq.com

单位名称：川开电气股份有限公司
地址：四川省成都市双流县华阳华府大道二段 1158 号
电话：028-85642848
传真：028-85642234
网址：www.cckdq.com
E-mail： yxgs@cckdq.com

单位名称：威海市海王旋流器有限公司
地址：山东省威海市科技路 975 号
电话：0631-5621536
传真：0631-5621557
网址：www.wh-hw.com

单位名称：奥图泰（上海）冶金设备有限公司
地址：上海市长宁区娄山关路 555 号
电话：021-61951122
传真：021-61951133
网址：www.outotec.com

单位名称：威海彤格聚氨酯有限公司
地址：威海市高技区火炬路 328 号
邮编：264209
电话：0631-5662123
传真：0631-5662158
网址：www.tonggepu.com

协（学）会、科研院所及大专院校单位

单位名称：中国有色金属工业协会
地址：北京市海淀区复兴路乙 12 号
邮编：100814
电话：010-63971859
网址：www.chinania.org.cn
E-mail：public@chinania.org.cn

单位名称：中国钨业协会
地址：福建省厦门市嘉禾路 261-265# 武汉大厦 2-27B
邮编：361009
电话：0592-5129696
网址：www.ctia.com.cn

单位名称：中国矿业联合会
地址：北京市海淀区西直门北大街 45 号
邮编：100044
电话：010-66557663

单位名称：中国有色金属学会
地址：北京市海淀区复兴路乙 12 号
邮编：100814
电话：010-88099621
E-mail：nfsoc@163.com

单位名称：广州有色金属研究院
地址：广州市天河区长兴路 363 号大院
邮编：510650
电话：020-37238100
E-mail：gzrinm@mail.gzrinm.com

单位名称：北京有色金属研究总院
地址：北京市新街口外大街 2 号
邮编：100088
电话：010-62014488
E-mail：webmaster@grinm.com

单位名称：湖南有色金属研究院
地址：中国湖南省长沙市芙蓉南路 281 号
邮编：410015
电话：0731-85239114
网址：www.hnmetals.com

单位名称：广东省有色金属行业协会
地址：广州市广州大道北 613 号振兴商业大厦四楼
邮编：510501
电话：020-87644376
E-mail：gdysxh@gdnmi.com

单位名称：广东省有色金属学会
地址：广州市广州大道北 613 号振兴商业大厦四楼
邮编：510501
电话：020-87644376
E-mail：gdysxh@gdnmi.com

单位名称：河南省有色金属行业协会
地址：河南省郑州市东三街北段四号附 3 号
邮编：450053
电话：0371-63829438
E-mail：hnys08@126.com

单位名称：上海有色金属工业协会
地址：上海市长寿路 998 号 3 号楼 1703
邮编：200042
电话：021-62310203
E-mail：dy998_3508@163.com

单位名称：陕西省有色金属工业协会
地址：西安市长安北路 11 号
邮编：710061
电话：029-85397019

单位名称：中国钛锆铪协会
地址：北京北太平庄路 27 号第二教学楼 5 层
邮编：100088
电话：010-51949361
E-mail：titan@titan-china.com

单位名称：中国有色金属加工工业协会
地址：北京市复兴路乙 12 号
邮编：100814
电话：010-63971535
传真：010-58236562

单位名称：中国有色金属建设协会
地址：北京市中关村南大街 48 号
邮编：100081
电话：010-62139167
传真：010-62131023

单位名称：中国工程爆破协会
地址：北京市西直门外文兴街 1 号
邮编：100044
电话：010-68344564
传真：010-68333366

单位名称：甘肃省冶金有色工业协会
地址：甘肃省兰州市城关区平凉路 286-316 号
邮编：730000
电话：0931-8885131
传真：0931-8885131

单位名称：天津市有色金属行业协会
地址：天津市河西区围堤道 103 号峰汇广场 B 座
邮编：300457
电话：022-88372277
传真：022-88372277
E-mail：steelox@163.com

单位名称：山西省有色金属行业协会
地址：山西省太原市南内环街 480 号盛伟大厦
邮编：030012
电话：0351-7559172
传真：0351-7559170

单位名称：上海有色金属行业协会
地址：上海市丰庄北路 621 号
邮编：200333
电话：021-69191333
传真：021-69191222

单位名称：浙江省冶金有色行业协会
地址：杭州天目山路 1 8 号
邮编：310007
电话：0571-88831647
传真：0574-87805779

单位名称：河南省有色金属行业协会
地址：河南郑州市东三街北段 4 号附 3 号
邮编：450053
电话：0371-63654009
传真：0371-63975395

单位名称：湖北省有色金属行业协会
地址：武汉徐东路 2 5 号
邮编：430077
电话：027-86784179
传真：027-87236122

单位名称：云南省冶金行业协会
地址：昆明市拓东路 23 号
邮编：650221
电话：0871-6243005
传真：0871-6146746

单位名称：四川省有色金属工业协会
地址：成都人民南路四段 2 2 号
邮编：610041
电话：028-85582420
传真：028-85582420

单位名称：有色金属技术经济研究院
地址：北京西区内大街西章胡同九号
邮编：100814
电话：010-62256630
传真：010-62256630

单位名称：昆明贵金属研究所
地址：昆明市高新技术开发区科技路
邮编：650106
电话：0871-8328801
传真：0871-8328801
邮件：xiangjiant@ipm.com.cn

单位名称：甘肃土木工程科学研究院
地址：甘肃省兰州市城关区段家滩 1188 号
邮编：730020
电话：0931-4681853
传真：0931-4681853

单位名称：新疆有色金属研究所
地址：乌鲁木齐市友好北路 4 号
邮编：830000
电话：0991-4841084
传真：0991-4837990

单位名称：北方工业大学
地址：北京石景山区金顶街北路 8 号
邮编：100041
电话：010-88803916

单位名称：北京科技大学
地址：北京市海淀区学院路 30 号
邮编：100083
电话：010-62325294
传真：010-62332893

单位名称：桂林理工学院
地址：桂林市穿山东路 10 号
邮编：435003
电话：0773-6350612
传真：0773-5896575

单位名称：东北大学
地址：辽宁省沈阳市和平区文化路 3 巷 11 号
邮编：110004
电话：024-83687392
传真：024-83687392

单位名称：江西理工大学
地址：江西省南昌市双港东大街 1180 号
邮编：330013
电话：0791-7120983
传真：0791-7120926

单位名称：昆明理工大学
地址：昆明市环城东路 50 号
邮编：650118
电话：0871-5112931
传真：0871-5194108

单位名称：中南大学冶金学院
地址：湖南省长沙市麓山南路 932 号中南大学
邮编：410083
电话：0731-8836791
传真：0731-8836791
E-mail：Lily271891@sina.com

单位名称：中南大学
地址：湖南省长沙市麓山南路 932 号
邮编：410083
电话：0731-88876114
E-mail：xzxx@mail.csu.edu.cn

单位名称：清华大学
地址：北京市海淀区清华大学
邮编：100084
电话：010-62785001
E-mail：info@tsinghua.edu.cn

单位名称：中国矿业大学
地址：江苏省徐州市三环南路
邮编：221116
电话：0516-83599363
E-mail：pres@cumt.edu.cn

单位名称：山东矿业职业技术学院
地址：山东省莱芜市凤城东大街 081 号
邮编：271100
电话：0634-6056804

单位名称：中国矿业大学银川学院
地址：宁夏银川市西夏区金波北街
邮编：750011
电话：0951-5181666
E-mail：ww_ij@126.com

单位名称：中国矿业大学徐海学院
地址：江苏省徐州市解放南路中国矿业大学文昌校区
邮编：221008
电话：0516-83885230
E-mail：kyzhu@cumt.edu.cn

单位名称：西安科技大学
地址：陕西省西安市雁塔路 58 号
邮编：710054
电话：85583114

单位名称：中国有色金属工业西安勘察设计研究院
地址：西安西影路 46 号
电话：029-85513459　85518221
传真：029-85518221
邮箱：xkemail@ysxk.cn
网址：http://www.ysxk.com.cn

统计资料

第一部分 2010年中国有色金属行业发展环境总结

一、2010 年中国生产总值

经济复苏能力偏弱、增长动力不足，是 2010 年世界经济运行的主要表现特征，而新兴经济体则保持强劲增长势头，并引领全球经济复苏。据国家统计局统计，2010 年中国国内生产总值 397983 亿元，比 2009 年增长 10.3%。其中，第一产业增加值 40497 亿元，增长 4.3%；第二产业增加值 186481 亿元，增长 12.2%；第三产业增加值 171005 亿元，增长 9.5%。第一产业增加值占中国生产总值的比重为 10.2%，第二产业增加值比重为 46.8%，第三产业增加值比重为 43.0%。

图 1　2006-2010 年中国生产总值（单位：亿元）

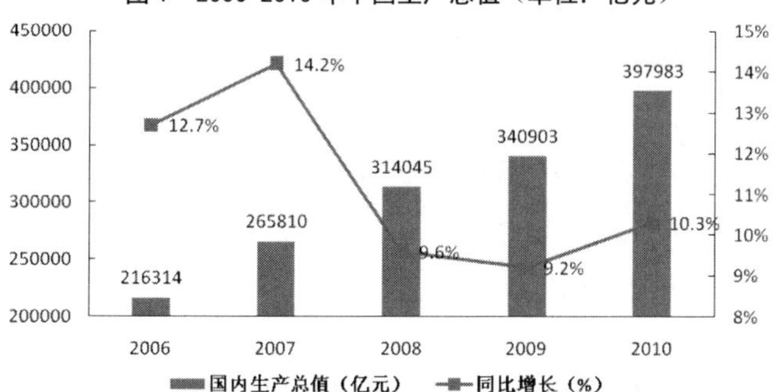

二、有色金属工业政策发展趋势

1. 加速淘汰落后产能

尽管近几年中国有色金属工业节能工作取得了相当的成绩，但总体来看，落后产能仍占有一定比重。如铜冶炼企业集中度相对最高，但落后产能仍占整个行业产能的 25% 左右。电解铝近几年先后淘汰了近 150 万吨的自焙阳极电解槽的落后产能，但仍然有相当一部分产能达不到标准中的限额指标。铅、锌冶炼，由于门槛低，落后产能更是占相当的比例。

中国有色金属工业目前尚有落后的小型预焙槽电解铝生产能力约 65 万吨、粗铜生产能力约 50 万吨、粗铅冶炼能力约 100 万吨、锌冶炼能力约 90 万吨的落后生产工艺装备，它们需要更新和淘汰。这些落后产能的淘汰，将会导致行业布局和生产结构得到优化。因此，随着“保增长”压力缓解，经济结构调整的重要性日益凸显，未来几年，中国有色金属行业的产业政策的重要任务是加快淘汰落后产能，进行产业结构调整。

2. 加快发展循环经济

由于再生金属回收利用，在节约能源、减少污染方面具有优势。如铜冶炼企业就可以提高在冶炼过程中使用废杂铜、黑铜等再生原料的数量；电解铝行业加大重熔用铝锭的生产和利用；铜加工企业，在生产过程中，在不影响产品质量的前提下，加快废杂铜的综合回收利用。

中国后续的产业政策可能会提高有色金属行业准入门槛，首先要培育产业，发展节能减排、支持对产业有益的企业；其次是扩大规模，支持规模大、水平高的龙头企业，促进产业发展；最后会大力支持行业技术装备水平的提高，加快再生有色金属行业快速发展。

3. 提高行业集中度

并购重组主要是中国跨地区跨行业并购以及国外资源并购，支持中铝、中色矿业、五矿集团、中冶集团、湖南有色、云冶集团、陕西有色和广西有色企业等进一步开展跨区域跨行业并购。中国金属资源并不丰厚，在国际矿业低迷的时期，鼓励和支持骨干企业充分利用海外资源，控制国外矿山，无疑是非常得当的政策措施。在中国有色行业产业规划中，提出重点围绕中国短缺的铜、铝、镍、铅、锌等几类重要资源，通过直接投资、购买股权等方式，按互惠互利实现双赢的原则，加强与国外资源的合作，增强资源保障。

并购将对骨干企业在完善产业链、提高资源获取能力等方面起到重要作用，进而为打造国际化大型矿业公司、进一步在全球化的矿业市场上争夺资源产品定价话语权扫平道路。目前有色金属行业仍处于调整阶段，但政策支持、信贷宽松的环境将会使有色金属行业的基本面逐渐好转，待市场需求回暖之后，有色金属行业将步入复苏之路。因此，在“十二五”期间，中国将加大对有色金属行业的兼并重组。

三、2005-2010 年中国有色金属工业总产值占 GDP 比重情况

中国在 21 世纪的前 20 年，仍将处在工业化的过程中，制造业的快速发展，将会带动国民经济保持一个较长的高速增长期。因此，作为工业基础的有色金属工业的发展状况对中国经济能否继续保持相对较高的增长率就显得更加重要。中国民经济的持续健康发展，是有色金属行业稳步发展的基础。今后一段时期，中国有色金属的需求将保持稳定增长。

表 1　2005-2010 年中国有色金属工业总产值及占 GDP 比重统计

（单位：亿元）

年份	有色金属行业工业总产值	中国生产总值（亿元）	所占比重（%）
2005 年	7157.61	182321	3.93%
2006 年	14608.21	216314	6.75%
2007 年	20320.63	265810	7.64%
2008 年	23676.58	314045	7.54%
2009 年	23381.88	340903	6.86%
2010 年	29819.76	397983	7.49%

图 2　2005-2010 年中国有色金属工业总产值占 GDP 比重

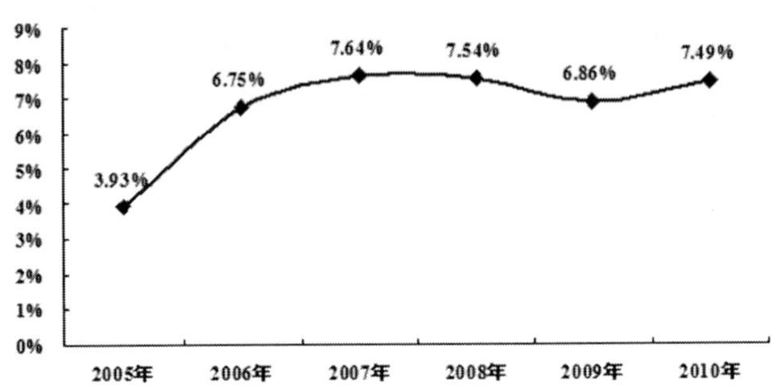

四、2010 年中国有色金属工业运行情况总结

2010 年随着国内外经济的强劲复苏，中国有色金属工业运行情况良好，规模以上企业经济效益显著改善。十种有色金属产量突破 3000 万吨；主营业务收入达到 3 万亿元；进出口贸易额超过 1200 亿美元；完成固定资产投资突破 3600 亿元，实现了新的跨越，产业发展登上新的台阶。

1. 生产稳定较快增长

2010 年中国有色金属工业完成增加值按可比价格计算比上年增长 12.7%。“十一五”期间年均增长 16.2%，占 GDP 比重由 1.19% 增加到 1.99%。

2010 年中国铜、铝、铅、锌、镍、锡、锑、汞、镁、海绵钛等十种有色金属产量为 3 135 万吨，比 2009 年增长 20.4%。其中，精炼铜产量为 457.3 万吨、原铝产量 1 619.4 万吨、铅产量为 419.9 万吨、锌产量为 516.4 万吨、镍产量为 17.13 万吨、锡产量为 14.94 万吨，分别比 2009 年增长 11.3%、26.1%、13.3%、18.5%、4.0% 和 11.1%。“十一五”期间，中国十种有色金属产量年均增长 13.8%，其中，精炼铜、原铝、铅、锌分别增长 12.0%、15.7%、11.9% 和 13.2%。

2010 年中国规模以上企业生产铜、铅、锌、镍、锡、锑等六种精矿金属含量 698.5 万吨，同比增长 23.3%。其中，铜精矿金属含量 115.6 万吨，同比增长 20.2%；铅精矿金属含量 185.1 万吨，同比增长 36.1%；锌精矿金属含量 367 万吨，同比增长 19.7%。

2010 年中国规模以上企业钨精矿折合量 11.5 万吨，同比增长 16.1%；规模以上企业钼精矿折合量 20.8 万吨，同比增长 0.1%。

2010 年中国氧化铝产量 2895.5 万吨，比 2009 年增长 21.7%。“十一五”期间，中国氧化铝产量年均增长 27.7%。

2010 年中国铜材产量为 1009.3 万吨，同比增长 13.6%；铝材产量为 2 026.0 万吨，同比增长 23.8%。“十一五”期间，中国铜材产量年均增长 15.0%，铝材产量年均增长 24.6%。

第二部分 2010年世界有色金属行业发展情况总结

一、2010 年世界有色金属行业发展现状

2009 年，受到全球金融危机的影响，世界有色金属行业受到了一定程度的影响，到了 2010 年，随着世界经济缓慢复苏，有色金属行业重新进入到行业发展的上升通道。据统计，2010 年，世界各主要有色金属产品产量有所增加，其中铜产量达到 1887 万吨，原铝产量 2430 万吨，锌产量 1125 万吨等，贵金属方面，白银产量为 7.4 亿盎司，黄金为 2516.7 吨。

表 1　2010 年全球有色金属产品产量（单位：万吨）

产品名称	单位	产量
铜	万吨	1887
原铝	万吨	2430
锌	万吨	1125
锡	万吨	31.3
镍	万吨	143.02
钼	万吨	21.4
白银	亿盎司	7.4
黄金	吨	2516.7

表 2　2010 年世界原铝产量地区分布（单位：千吨）

日期	非洲	北美洲	拉丁美洲	亚洲	西欧	中东	大洋洲	波斯湾	总计	日均
2010 年 1 月	144	399	196	206	311	347	192	190	1985	64
2010 年 2 月	136	362	177	195	283	313	172	178	1816	64.9
2010 年 3 月	144	403	195	220	316	357	191	219	2045	66

续表 2

日期	非洲	北美洲	拉丁美洲	亚洲	西欧	中东	大洋洲	波斯湾	总计	日均
2010年4月	142	389	189	209	308	352	186	208	1983	66.1
2010年5月	146	402	195	211	323	363	193	225	2058	66.4
2010年6月	142	388	189	200	309	352	187	231	1998	66.6
2010年7月	146	390	195	201	321	364	194	245	2056	66.3
2010年8月	151	389	197	211	323	363	195	232	2061	66.5
2010年9月	145	381	190	206	318	352	189	226	2007	66.9
2010年10月	149	399	198	216	329	365	196	248	2100	67.9
2010年11月	148	388	190	210	324	356	188	254	2058	68.6
2010年12月	151	399	194	219	336	369	194	266	2128	68.6
2010年合计	1744	4689	2305	2504	3801	4253	2277	2722	24295	798.8

二、2010年世界有色金属供需情况

从供需情况来看，全球各有色金属行业的主要产品均有一定程度的过剩，特别是受到国际金融危机的影响，2009年，全行业的过剩程度达到了三年来的最大值，但是2010年，行业的过剩程度大幅度减小，达到三年来的最低点。预计，随着世界有色金属行业产业升级步伐的加快，行业的规模扩张步伐会有所放缓，行业供给的增速会放缓，与此同时，随着世界经济的缓慢复苏，行业下游需求会逐步增加，从而使全球有色金属行业主要产品的供应过剩有望缩窄。

表3　2008-2010年全球主要金属供需平衡（单位：千吨）

单位：千吨	2008年	2009年	2010年
铜			
供给	18105	18120	18867
需求	17723	17068	18629
过剩	382	1052	238
铝			
供给	40131	37669	42208
需求	37419	34338	41009
过剩	2712	3331	1199
铅			
供给	8608	8336	8711
需求	8431	8200	8651
过剩	177	136	60
锌			
供给	11492	11124	11254
需求	11209	10240	10854
过剩	283	884	400

三、世界有色金属行业发展趋势

1. 行业整体处于繁荣期

当前，世界有色金属产业分布格局正在发生深刻变化，发展中国家工业化、城镇化、信息化进程明显加快，对有色金属的需求持续增长，成为拉动世界有色金属需求增长的主要推动力量。全球高技术产业的快速发展，对有色金属深加工和新材料产品的需求也不断增加。预计到2015年，世界电解铝市场需求将达到5240万吨，铜2108万吨，金属镁200万吨，精铅928万吨，矿产钼32万吨，海绵钛27.3万吨。

2. 保持周期性波动

在世界经济周期的作用下，国际市场有色金属价格呈周期性波动。进入新世纪以来，全球有色金属价格已经走过一个由低谷向上攀升，达到顶峰后又快速回落的过程，进入周期性底部。目前，主要有色金属价格开始逐步回升，国际市场有色金属价格已经进入一个新的上涨周期，短期内仍将维持震荡上升的格局。

3. 加快向资源地和需求地转移

有色金属产业是资源、能源、资金、技术密集型产业，资源保障是产业发展的基础。世界有色金属资源分布极不均衡，促使有色金属生产不断向低成本国家和地区转移，特别是向需求增长快的发展中国家转移，发达国家有色金属生产的重点逐渐转向再生资源利用。在这种背景下，未来较长时期内，中国承接有色金属产业国际转移的趋势不会改变。

4. 发展中国家市场竞争力逐步提高

由于资源与消费需求地理分布的不平衡，有色金属成为重要的国际贸易商品。目前国际跨国公司主导着有色金属大宗原料的国际贸易，并通过控制世界有色金属深加工产品和新材料生产，掌控了有色金属高端产品的国际贸易，占据了世界有色金属产品国际贸

易的制高点。中国、印度等发展中国家的有色金属企业正在通过积极参与全球有色金属产业的战略重组，增强在国际贸易中的影响力和控制力。

第三部分 中国有色金属矿产资源情况

一、中国有色金属矿产资源储量情况

中国是世界上最大的有色金属生产和消费国。中国有色金属资源总体上比较丰富，探明种类较为齐全，目前已探明储量的有13种。既有钨、锡、钼、锑等储量丰富、品位上佳、矿床规模较大的优势矿种，也有铅、锌等资源量较大、矿床规模较大、供需基本平衡的矿种，还有需求较大的相对不足的大宗矿产，如铜、铝等。其中作为国民经济发展至关重要的支柱性矿产，如铜、铝等，保有储量占世界比例较低，且贫矿多或难选矿多，供需矛盾突出，需要大量进口，对外依存度较高，铅、锌等矿产需求量逐渐加大，正由大量出口转为相对不足。

表1　中国有色金属矿产资源储量情况统计（单位：万吨）

矿产	计量单位	储量
铜矿	铜，万吨	2951
铅矿	铅，万吨	1340.1
锌矿	锌，万吨	3838.5
铝土矿	矿石，万吨	83923.9
镍矿	镍，万吨	281.8
钨矿	WO3，万吨	228.7
锡矿	锡，万吨	143.5
钼矿	钼，万吨	444.8
锑矿	锑，万吨	76.5
金矿	金，吨	1909.7
银矿	银，吨	38448.5
稀土矿	氧化物，万吨	1859.1

改革开放30年来，随着矿产勘查工作的不断开展，尽管生产消耗速度加快，但中国有色金属探明储量大多数都有很大幅度的增长。中国是一个有色金属矿产资源丰富的国家，其中钨、锡、钼、锑等探明储量居世界第一，铅、锌位居世界第二，铜矿探明储量位居世界第四，铝土矿探明储量位居世界第六，镍矿位居世界第九。

中国有色金属矿产资源特点与矿产资源的基本特点一致，一是有色矿产资源总量虽然很大，但由于人口众多，人均占有资源量却很低；二是贫矿较多，富矿少，开发利用难度大。如铜矿平均地质品位只有0.87%，远远低于智利、赞比亚等世界主要产铜国家。铝土矿虽有高铝、高硅、低铁的特点，但几乎全部属于难选冶的一水硬铝土矿；三是共生伴生矿床多，单一矿床少。中国80%的有色矿床中都有共伴生元素，其中尤以铜、铝、铅、锌矿产多。中国有色矿产资源中，虽然共伴生元素多，但若能搞好综合回收，可以提高矿山的综合经济效益，同时由于矿石组份复杂，势必造成选冶难度大，建设投资和生产经营成本高。

二、中国有色金属矿产资源分布情况

中国有色金属矿产资源分布范围广，区域不均衡。中国有色矿产资源分布范围很广，各省、市、自治区均有产出，但区域间不均衡。铜矿主要集中在长江中下游，赣东北和西部地区；铝土矿主要分布在山西、河南、广西、贵州地区；铅锌矿主要分布在华南的广西、湖南、广东、江西、云南、内蒙古、甘肃、陕西和青海等地区；钨锡锑主要分布在湖南、江西、云南、广西等地区；钼矿主要分布在海南、吉林和陕西等地。

中国重点地区有色金属等矿产资源分布

中国矿产资源总量丰富、品种齐全，但人均占有量不足世界平均水平，矿产资源质量较差，地理分布不均衡，大型、超大型矿和露采矿较少，开发利用率不足，选矿冶炼技术落后。中国铁矿、锰矿、铬铁矿、铜矿、铝土矿等重要矿产短缺或探明储量不足，大多数重要矿产依赖国外进口。

内蒙古自治区

内蒙古是中国的矿产大省，特别是煤炭处于中国北方露天矿群的集中地带，储量极其丰富，仅次于新疆维吾尔族自治区。依克昭盟、锡林郭勒盟、呼伦贝尔盟、赤峰市和哲里木盟等地区煤的储量最为集中，占全区总量的95%以上。鄂尔多斯煤田已探明的储量约占中国总储量的1/10，居内蒙古及中国之首。内蒙古大部分煤田地质构造简单，煤层稳定，厚度大，埋藏浅，便于开采。该区煤的品种也比较齐全，特别是依克昭盟东胜煤田的精煤和阿拉善盟的无烟煤著称于世。包头地区的白云鄂博以铁、铌、稀土等多种金属共生矿藏驰名，是内蒙古最大的铁矿。此外，内蒙古的铬铁、铜、铅、锌、锰、金、银等有色金属和贵重金属也都在中国占有重要地位。

新疆维吾尔自治区

新疆矿产种类多，配套程度高，有部分特色矿产，远景潜力很大，但矿产分布不平衡，地质勘查程度较低。全疆已探明储量煤矿区101个，居中国第五位；铁矿目前探明储量为8亿吨；金矿探明储不多，主要分布于西准噶尔和阿尔泰地区；在阿尔泰山和哈密找到了岩浆岩型硫化铜镍矿床，特别是阿尔泰山的黄铁矿型，远景好、富矿多，伴生有金、银、硫等元素。

宁夏回族自治区

宁夏矿产资源丰富，以煤和非金属为主，金属矿产较贫乏，目前已获探明储量的矿产种类达34种。煤炭探明储量300多亿吨，预测储量2020多亿吨，储量位居中国第六位，人均占有量是中国平均水平的10.6倍，且煤种齐全，煤质优良，分布广泛，含煤地层分布面积约占宁夏面积的1/3，形成贺兰山、宁东、香山和固原四个含煤区。金属矿产除镁（炼镁白云岩）储量规模达中型外，铁、铜、铅、锌、金和银等矿产均属小型矿床和矿点。

西藏自治区

西藏已探明的矿产达70多种，已探明储量的26种矿产中，有11种的储量分别名列中国的前5位。铜矿的远景储量仅次于江西省，藏东玉龙大型班岩铜矿储量高达600多万吨，世界罕见。

甘肃省

甘肃已发现矿种158种，已发现矿产地3500余处。铜矿已有大型矿床2处、中型矿床5处，保有储量居中国第四位。金矿现有大型金矿5处、中型金矿12处，主要分布于西秦岭、北山、祁连山地区，保有储量位居中国前列。金矿资源潜力仍然十分可观。

青海省

青海自然资源十分丰富，是一个矿产资源大省，发现的矿产地超过1500处，共有矿种125种，已探明储量的有88种，在已探明的矿产保有储量中，有50种居中国前10位，11种位居中国首位。目前，青海省已开发利用并有一定经济优势的矿产有铅锌、金矿、铜矿等。

四川省

四川矿产资源丰富，已探明的地下矿藏132种，仅攀西地区就蕴藏有中国13.3%的铁，位居中国第3位。虽然煤、水泥原料等矿种探明储量较少，但开发强度大，产量在中国仍占重要地位。已探明一定储量的有90种，其中铁、铅、锌、铜、煤、天然气硫铁矿等矿产开发均有一定工业规模，在西南或中国占有一定地位。矿产集中分布在川西南（攀西）、川南、川西北三个区：川南地区以煤碳等为主的非金属矿产种类多，蕴藏量大，是中国化工工业基地之一；川西北地区金、银等稀贵金和能源矿产特色明显，是潜在的尖端技术产品的原料供应地，铁、铜、锰、金等有富矿产地，多数贫矿经选矿后，能适合工业利用。

重庆市

重庆优势资源突出，境内拥有丰富的天然气、铝土矿等矿产资源。以天然气化工为主的综合化工生产基地，是重庆工业的优势之一。开发乌江流域丰富的水能资源和铝土矿资源，发展电铝联产项目，发展铝材深加工产品，将能形成新的“铝谷”。

贵州省

贵州是中国自然资源富绕的省份，煤、铝土矿、金、硫铁矿、水泥等优势明显，在中国占有重要地位。煤炭保有储量507亿吨，远景储量2419亿吨，居中国第五位，为江南各省区之冠（煤炭储量大于江南各省区储量之和）。除煤炭外，已探明储量的矿产资源有73种，其中居中国前五位的有27种。铝土矿保有储量3.96亿吨，居中国第二位，矿石质量优良；黄金、铅锌、硫铁矿等均有较好的开发前景。矿产资源大多集中在能源丰富、开发条件好的乌江流域，这种能源和矿产资源的理想配置，在中国是罕见的。

黑龙江省

黑龙江煤矿储量居中国第12位，但煤质好，主要是炼焦用煤。黄金储量居中国第三位，其中砂金储量居中国第一位。已开发利用的矿产包括石油、天然气、煤、铁、金、铜、铅、锌等。

吉林省

吉林省已发现矿产136种，占中国已发现矿种的84%，探明储量的矿产有88种，占中国探明储量矿种的50%，是中国有较多矿种的省区之一。在已发现的矿产中，既有能源矿产，又有金属和非金属矿产，5大类矿产基本齐全。全省伴生矿占1/3，大部分探明储量的铜、铅、钼、镍、金等有色金属和贵金属伴生多种有益元素。铁矿石品位在30%以下的贫矿占总储量的99%以上，铜矿富矿仅占总量的7.4%。非金属及钼、镍矿等储量丰富，煤、铜等能源和金属储量少。

辽宁省

辽宁境内共发现各类矿产资源110多种，铁矿保有储量在中国居首位。辽宁是中国铁矿集中产地之一，产地70处，保有储量109.48亿吨，主要集中分布于鞍山、辽阳及本溪地区、约占全省总储量90%以上，主要生产矿山有鞍山齐大山南采区、齐大山北采区、眼前山（眼前山区）、东鞍山、大孤山；本溪南芬、歪头山、北台；辽阳弓长岭一、二矿区等。铜矿产地18处，保有储量铜27.0万吨，其中工业储量12.8万吨，占总量的32%。金矿分布遍及全省，相对集中于丹东、抚顺、阜新及朝阳等地区，主要生产矿山有五龙、四道沟、白云、二道沟、新甸、柏杖子、红透山等。煤井田 144 处，保有储量 60.2 亿吨，其中工业储量 53.9 亿吨，占总量 85%。全省煤矿产地主要分布于沈阳、铁岭、抚顺、阜新、北票、锦州、朝阳等地区。省内煤种以气煤、长焰煤及长褐煤为主。

山西省

山西是中国的重要能源基地，矿产资源丰富，素有“煤铁之乡”之称。山西矿产资源种类繁多，分布广泛，已发现矿产 105 种，其中利用的矿产 67 种，储量居中国第一位的矿产有煤、铝、耐火粘土、镓矿、铁钒土、沸石及建筑石料用灰岩。煤炭是山西省最大的优势矿产资源，主要分布从北至南有大同、宁武、西山、沁水、霍西、河东六大煤田及浑源、五台等煤产地，含煤面积 6.2 万平方公里，占全省总面积的 39.6%；铝土矿总资源储量为 9.89 亿吨，其中可采、预可采储量为 0.99 亿吨，基础储量为 1.07 亿吨，资源量 8.82 亿吨；铁矿总资源储量为 38.97 亿吨，其中可采、预可采储量为 4.81 亿吨，占总资源储量的 12.35%。

山东省

山东省探明矿种比较齐全，已发现各类矿产 144 种，已探明储量的矿产 75 种，其中金矿等 8 种矿产居中国第一位；国民经济赖以发展的 15 种支柱性重要矿产在山东省都有探明储量，其中煤、石油、铁矿、铝土矿、金矿、钾盐、石灰岩、矿盐等矿产居全问前 10 位。

陕西省

陕西矿产资源较为丰富。已发现有用矿产 130 种，探明储量的 91 种。矿产地 535 处，其中大中型矿产地 264 处。煤碳探明储量居中国第 2 位，保有储量居中国第 3 位。神腐煤田探明储量 1400 亿吨，为世界七大煤田之一，全省煤炭预测储量达一万亿吨。黄金储量在中国居第 5 位，号称“金三角”的勉、略、宁三县及潼关、太白的黄金、有色金属是国家重点开发区。

河南省

河南矿产资源丰富，现已发现 107 种矿藏，全省已探明储量的矿藏有 76 种，铝土矿储量以及黄金、煤炭产量居中国第 2 位。煤炭产量居中国第二位，天然气居中国第三位，钼居中国第一，金、铝均居中国第一。

河北省

河北矿产资源丰富，已发现各类矿产 116 种，其中探明储量的矿产 74 种，储量居中国大陆省份前 10 位的有 45 种。炼焦煤和石油、铁矿石储产分居中国第一、三位。有著名的华北油田，开滦煤矿及迁安、邯郸铁矿，石家庄、邯郸等新兴工业基地。

天津市

天津矿产资源较多，蕴藏量较为丰富，已经探明的近 30 种。金属矿主要分布在天津北部蓟县山区；非金属矿主要分布在山区和滨海平原；能源矿和地热资源主要埋藏在滨海平原下部。金属矿有蓟县东西水厂锰硼矿，蓟县团山子铀矿，蓟县太平庄黄花山、凤凰山的钨矿，蓟县钼矿，许家台铜铅矿，蓟县黄花山金矿，蓟县黄花山磁铁矿，铁岭子赤铁矿。

北京市

北京发现各类矿产 124 种，产量较大，产值较高的矿种主要有煤、铁、金等。

江苏省

江苏矿产资源分布广泛，品种较多，已发现的有 120 种。能源矿产主要有煤炭、石油、和天然气，金属矿产有铜、铅、锌、银、金、锶、锰等。

安徽省

安徽成矿地质条件得天独厚，在漫长的地质岁月中生成了丰富的矿产资源。已探明工业储量的矿产有 67 种，矿区 711 处。其中以煤、铁、铜、硫铁矿、水泥用灰岩和明矾石的探明储量居多，除煤的保有储量居中国第 7 外，其余 5 种矿产的保有储量均居中国前 5 位，是安徽省的优势矿产。煤炭尤为丰富，保有储量 246 亿吨，居中国第 7 位，华东第 1 位。铁矿保有储量 30 亿吨，居中国第 5 位。铜的保有储量居中国第 5 位。金矿保有储量 150 吨（含伴生金），居中国第 10 位。

湖北省

湖北具有种类多、规模大，相对集中的特点。主要有铁、煤、铜、磷、石膏、岩盐等。全省已发现矿产 136 种，占中国的 81%，已探明储量的矿产有 87 种，占中国的 58%。其中，铁、铜、石膏、岩盐、金等 23 种矿产储量居中国前 7 位。

湖南省

湖南矿产资源比较丰富，矿业比较发达，已发现各类矿产 141 种，其中已探明储量的矿产 94 种。有色金属矿产分布广且相对集中是湖南矿产资源的重大特色。其中，钨、铋居中国榜首，锡、锑、汞、铅、锌位居中国前列，并且尚有很好的找矿前景。

江西省

江西矿产资源极为丰富，矿床分布广泛。在目前已知的150多种矿产中，江西就有140多种。其中，黄金等11种居中国首位，黑色金属有铁、锰、钛、钒等4种；有色和贵金属有铜、铅、锌、金、银等13种，稀有、稀土有铌、钽等29种，江西已建成亚洲最大的铜矿和中国最大的铜冶炼基地。江西有色金属、贵重金属、稀土金属3种矿产每平方公里可开发的潜在价值居中国第一位。

贵州省

贵州是中国自然资源富绕的省份，已发现的矿产有110种以上，其中煤、铝土矿、锰、锑、金、硫铁矿、水泥与砖瓦原料等优势明显，在中国占有重要地位。全省煤炭保有储量507亿吨，远景储量2419亿吨，居中国第五位，为江南各省区之冠（煤炭储量大于江南各省区储量之和），煤质良好，煤种齐全，分布集中，有利于建设大中型矿区；铝土矿保有储量3.96亿吨，居中国第二位，矿石质量优良；黄金、铅锌、硫铁矿等均有较好的开发前景。矿产资源大多集中在能源丰富、开发条件好的乌江流域，这种能源和矿产资源的理想配置，在中国是罕见的。

福建省

福建矿产资源丰富，已发现多元素矿藏116种，4800处矿床、矿点，大中型矿床100多处。其中能源矿产3种，金属矿产34种，非金属矿产45种，水气矿产2种。清流的钨矿是世界大型斑岩型钨矿之一。

云南省

云南地质构造复杂，金属矿和非金属矿均甚丰富。非金属矿以煤分布最广，其中古生代煤田以石炭二叠纪最为重要；中生代煤田主要产于三叠纪；新生代煤田产于第三纪地层中，以褐煤为主。金属矿以有色金属矿为主，种类多，储量大，尤以个旧锡矿、东川铜矿以及储量名列中国前茅的钛矿著名于世，有“有色金属王国”之称，其形在以燕山运动影响较大。铁矿有形成于早期变质岩中的，也要形成于泥盆系砂岩中的浅海相沉积铁矿。云南冶金工业以有色金属的开采和冶炼为主，是中国有色金属重要生产基地。其中，东川、易门、永胜为主要铜产地，兰坪、会译等地铅锌矿储量大而集中。

广西壮族自治区

广西是矿产资源富集区，素有“有色金属之乡”的称号，发现的矿种近百种。其中，铟储量雄居世界之冠，比世界其他国储量的总和还多，锰、锡矿储量均占中国总储量的1/3。

广东省

广东矿产资源丰富，种类繁多，矿产储量占中国前五位的有34种，其中富铁矿、钨矿、铀矿、砂钛矿和金矿在中国亦占重要位置，近年来金、银等矿产勘查工作成绩显著。

海南省

海南矿产资源丰富、种类较多，约有90种。其中，以质优、品位高闻名中国外的石碌铁矿，储量约占中国富铁矿储量的70%，最高品位达68%居中国第一，也是亚洲最大的富铁矿场。此外，黄金、水泥灰岩等亦具有重要开发价值。

表2　中国有色金属矿产资源分省市统计情况（单位：万吨）

指标	铜矿（铜，万吨）	铅矿（铅，万吨）	锌矿（锌，万吨）	铝土矿（矿石，万吨）
总计	2951	1340.1	3838.5	83923.9
北京	0		2.6	2.3
天津				
河北	15.3	16.2	145.8	393.8
山西	272.5	1.5	1.3	11472.4
内蒙古	290	385.8	1005.8	
辽宁	13.3	13.6	41.7	
吉林	22.2	10.6	12.8	
黑龙江	119.6	5.4	21.6	
上海	0		0	
江苏	6.5	15.8	27.3	
浙江	12.6	41.1	70.4	
安徽	203.5	5.6	25.6	
福建	83.7	24.6	49.9	65
江西	711.7	33.5	44.3	0
山东	29.4	6.9	2.3	403.6
河南	13.9	30.1	35.6	21811.8
湖北	158.3	1.1	3.3	244.2
湖南	39.1	114.6	187.2	176.1
广东	58.5	111.7	204.5	0
广西	13.9	18.3	153.6	22573.4
海南	2.5	1.2	0.6	0
重庆		3.9	14.8	3639.1
四川	83.7	78.1	220	14.4
贵州	0.3	6	14.7	20430.6
云南	289.4	179.5	820	1971.3
西藏	199.4	0	0	
陕西	16	13.5	64.2	725.9
甘肃	178.2	103	436.1	
青海	45.9	86.4	145.7	
宁夏	0			
新疆	71.6	32.1	86.8	

铜矿：已探明矿区910处，主要为：黑龙江省多宝山；内蒙古自治区乌奴格吐山、霍各气；辽宁省红透山；安徽省铜陵铜矿集中区；江西省德兴、城门山、武山、水平；湖北省大冶一阳新铜矿集中区；广东省石菉；山西省中条山地区；云南省东川、易门、大红山；西藏自治区玉龙、马拉松多、多霞松多；新疆维吾尔自治区阿舍勒等铜矿。

铝土矿：有 310 处产地，主要为：山西省的克俄、石公、相王、西河底、太湖石、郭偏梁一雷家苏、宽草坪；河南省的曹窑、马行沟、贾沟、石寺、竹林沟、夹沟、支建；山东省的淄博；广西壮族自治区的平果那豆；贵州省的遵义、林歹、小山坝等铝土矿区。

铅锌矿：有产地 700 多处，主要为：黑龙江省的西林；辽宁省的红透山、青城子；河北省的蔡家营子；内蒙古自治区的白音诺、东升庙、甲生盘、炭窑口；甘肃省的西成；陕西省铅硐山；青海省的锡铁山；湖南省的水口山、黄沙坪；广东省的凡口；浙江省的五部；江西省的冷水坑；江苏省的栖霞山；广西壮族自治区的大厂；云南省的兰坪、会泽、都龙；四川省的大梁子、呷村等铅锌矿。

表 3　国土资源大调查新增矿产地和资源量统计（单位：亿吨）

矿产	新发现矿产地（个）	新增资源量
铁	32	50 亿吨
锰	40	8 亿吨
铜	121	3851 万吨
铅锌	191	8355 万吨
铝土矿	13	4.5 亿吨
钨	17	06 万吨
锡	35	264 万吨
金	162	1830 吨
银	90	8 万吨
煤炭	13	1300 亿吨
钾盐	8	4.6 亿吨
其他	179	
合计	907	

镍矿：有产地近百处。主要是吉林省的红旗岭、赤柏松；甘肃省的金川；新疆维吾尔自治区的喀拉通克、黄山；四川省的冷水菁、杨坪；云南省的白马寨、墨江等镍矿。

钼矿：有产地 222 处，主要是吉林大黑山；辽宁省杨家杖子、兰家沟；陕西省金堆城；河南省栾川等钼矿。

钨矿：探明产地 252 处，主要是江西省西华山、漂塘、大吉山、盘古山、画眉坳、浒坑、下桐岭、岿美山；福建省行洛坑；湖南省柿竹园、新田岭、瑶岗仙；广东省锯板坑、莲花山；广西壮族自治区大明山、珊瑚；甘肃省塔儿沟等钨矿。

锡矿：探明产地 293 处，主要是广西壮族自治区大厂、珊瑚、水岩坝；云南省东川；湖南省香花岭、红旗岭、野鸡尾等锡矿。

三、2010 年中国新探明的有色金属矿产资源

2010 年中国启动的中国矿产资源潜力评价对中国的矿产资源进行了一次全面的国情调查。调查显示，中国待查明矿产资源量巨大，总体资源查明率平均为 36%。煤炭、铁、铜、铅锌、铝土矿、金、钾盐、钨、锑等预测资源量至少是查明资源储量的 2-3 倍；锰、镍、锡、钼、磷等预测资源量是查明资源储量的 1 倍以上，潜在矿产资源主要分布于老矿山深部及其外围和西部地区。“十二五”期间，将进一步加大矿产资源评价力度，切实加强矿产资源的勘查开发，不断提高中国资源保障能力。

第四部分　2010年中国有色金属行业发展状况

一、2010 年中国有色金属发展状况

1. 2010 年中国有色金属总体销售情况

进入 21 世纪以来，中国有色金属产业迅速发展，在技术进步、改善品种质量、淘汰落后产能、开发利用境外资源方面取得明显成效，生产和消费规模不断扩大，已成为全球最大的有色金属生产和消费国。

2010 年，中国有色金属工业企业实现现价工业总产值 29819.76 亿元，同比增加了 6437.88 亿元，增幅为 27.53%；当年价格的工业销售产值为 29097.39 亿元，比上年同期增加了 8490.30 亿元，增幅为 41.20%。

2. 2010 年中国有色金属固定资产投资情况

2010 年，中国有色金属工业累计完成固定资产投资 3627.95 亿元，同比增长 33.53%，有色金属工业完成固定资产投资占中国城镇固定资产投资总额的比例为 1.5%，增幅比中国城镇固定资产投资高 9.03 个百分点。其中，有色金属矿石完成固定资产投资 760.50 亿元，有色金属冶炼完成固定资产投资 1560.59 亿元，有色金属加工完成固定资产投资 1306.86 亿元。

表 1　2010 年总产值和销售产值前 10 位的有色金属细分行业

（单位：亿元）

	工业总产值（亿元）	工业销售产值（当年价格 / 亿元）
常用有色金属压延加工	12849.00	12288.79
铜冶炼	3570.47	3536.91
铝冶炼	3321.94	3202.82
铅锌冶炼	1965.12	1861.79
有色金属合金制造	1163.14	1143.04
铅锌矿采选	891.23	843.92
贵金属压延加工	855.23	844.15
镍钴冶炼	813.11	790.97
钨钼冶炼	635.97	625.38
稀有稀土金属压延加工	472.49	455.33

表 2　2010 年中国有色金属工业累计完成固定资产投资情况

	2009 年	2010 年	同比增长
矿山	566.86	760.50	34.16%
冶炼	1258.44	1560.59	24.01%
加工	891.51	1306.86	46.59%
合计	2716.81	3627.95	33.54%

2010 年，有色金属冶炼项目完成固定资产较多的金属品种依次为：铝冶炼投资 460.04 亿元，比 2009 年增长 24.68%；铜冶炼投资 228.22 亿元，比 2009 年增长 20.03%；铅锌冶炼投资 233.39 亿元，比 2009 年增长 34.86%。

表 3　2010 年中国有色金属冶炼项目完成固定资产投资情况

（单位：亿元）

	完成固定资产投资（亿元）	占有色金属冶炼项目比例	同比增长
铝冶炼	460.04	29.48%	24.86%
铜冶炼	228.22	14.62%	20.03%
铅锌冶炼	233.39	14.96%	34.86%

有色金属工业 2010 年新开工项目的投资总额为 3684.56 亿元，比 2009 年增长 28.87%。其中，有色金属矿山本年新开工项目投资 717.01 亿元，比 2009 年增长 38.19%，占有色金属工业投资的比例为 19.46%，所占比例比 2009 年上升了 1.31 个百分点；有色金属冶炼 2010 年新开工项目投资 1286.99 亿元，比 2009 年下降 10.4%，占有色金属工业投资的比例为 34.93%，所占比例比 2009 年减少了 15.31 个百分点；有色金属加工本年新开工项目投资 1680.56 亿元，比 2009 年增长 85.91%，占有色金属工业投资的比例为 45.61%，所占比例比 2009 年增加了 13.99 个百分点。

表 4　2010 年有色金属工业新开工项目投资情况

	2009 年	2009 年占比	2010 年	2010 年占比	占比增长	同比增长
矿山	518.86	18.15%	717.01	19.46%	1.31%	38.19%
冶炼	1436.37	50.24%	1286.99	34.93%	-15.31%	-10.40%
加工	903.96	31.62%	1680.56	45.61%	13.99%	85.91%
合计	2859.20	100.00%	3684.56	100.00%	0.00%	28.87%

从趋势上来看，有色金属冶炼新开工项目投资额下降，有色金属合金制造及压延加工新开工项目投资大幅增长，所占比例上升。有色金属工业固定资产投资的资金来源以自筹资金为主，外商直接投资明显下降；私人控股企业完成固定资产投资所占比例已达到 60.47%。

3. 2010 年中国有色金属实现利润情况

2010 年，规模以上有色金属工业企业实现利润 1145 亿元，比 2009 年增长 89.15%，实现销售收入利润率为 4.39%，同比增长 0.98 个百分点。其中国有控股企业实现利润 288.4 亿元，同比增长 2.66 倍；集体控股企业实现利润 97.1 亿元，同比增长 50.33%；私人控股企业实现利润 602.7 亿元，同比增长 68.14%。

表 5　2010 年按所有制划分中国有色金属行业实现利润情况

（单位：亿元）

	实现利润（亿元）	占比	同比增长
国有控股企业	288.4	25.2%	266.00%
集体控股企业	97.1	8.5%	50.33%
私人控股企业	602.7	52.6%	68.14%
其他	157.3	13.7%	51.59%
合计	1145.5	100.0%	89.15%

有色金属独立矿山企业实现利润 255.3 亿元，同比增长 94.9%；有色金属冶炼企业实现利润 416.1 亿元，同比增长 1.49 倍；有色金属加工企业实现利润 474.0 亿元，同比增长 54.29%。

表 6　2010 年中国有色金属细分行业实现利润情况（单位：亿元）

	实现利润（亿元）	同比增长
矿山	255.3	94.9%
冶炼	416.1	149.0%
加工	474.1	54.3%
合计	1145.5	89.2%

二、2010 年中国有色金属行业供需情况

1. 2010 年中国有色金属生产情况

2010 年，面对极为复杂的国内外经济环境和极为严峻的各类自然灾害和各种重大挑战，中国有色金属工业继续回升向好并保持稳定较快的增长速度，各主要金属的产量同比大幅度增加。

2010 年，中国十种有色金属产品产量合计 3134.98 万吨，同比增长 20.42%。十种有色金属产品中，除镍外，其他金属品种增长幅度均超过 10%。贵金属方面，2010 年，中国黄金产量为 616.91 吨，同比增长 5.69%，白银产量为 11632.20 吨，同比减少 -0.93%，下降幅度较小。

表 7 2010 年中国十种常用有色金属产量及增长情况（单位：万吨）

产品名称	产量（万吨）	同比增长
铜	457.35	11.29%
铝	1619.45	26.07%
铅	419.94	13.25%
锌	516.42	18.54%
镍	17.13	3.97%
锡	14.94	11.13%
锑	18.74	13.08%
镁	65.38	30.55%
海绵钛	5.47	19.53%
贡	0.16	11.29%

表 8　　2008-2010 年中国贵金属产量统计

年份	黄金产量（吨）	同比增长	白银产量（吨）	同比增长
2008	476.78		10271.72	
2009	583.68	22.42%	11740.87	14.30%
2010	616.91	5.69%	11632.20	-0.93%

2010 年，规模以上企业生产的六种精矿金属总量达到 698.49 万吨，比 2009 年同期增长 23.34%，其中，铜金属含量、铅金属含量、锌金属含量、锡金属含量、锑金属含量均增长，只有镍金属含量有所下降。

表 9　　2010 年中国六种精矿折金属含量产量及增长情况

（单位：万吨）

产品名称	产量（万吨）	同比增长
铜精矿	115.58	20.22%
铅精矿	185.15	36.10%
锌精矿	369.96	19.67%
镍精矿	7.96	-1.92%
锡精矿	8.36	15.41%
锑精矿	11.48	19.59%

2010 年，钨钼两种精矿折合量均有增长，其中钨精矿折合量 11.51 万吨，比 2009 年同期增长 16.12%；钼精矿折合量 20.80 万吨，比 2009 年同期增长 0.10%。氧化铝产量达到 2895.51 万吨，比 2009 年同期增长 21.70%。铜、铝材产量继续增长，其中铜材产量达到 1009.27 万吨，同比增长 13.60%；铝材产量为 2026.05 万吨，同比增长 22.76%。

2. 中国有色金属需求情况

从下游需求行业看来，中国有色金属产品主要消费行业在 2010 年生产状况良好，房地产、汽车、电力等主要消费行业产品产量都大幅增长，提振了有色金属产品的需求。从表观消费量上来看，除了精炼镍的表观消费量有所降低之外，其他有色金属产品的表观消费量均有不同程度的同比增长。

表 10　2010 年中国有色金属产品表观消费量统计（单位：万吨）

表观消费量（万吨）	2009 年	2010 年	同比增长
精炼铜	737.49	762.81	3.43%
铜材	1009.83	1126.95	11.60%
氧化铝	2891.95	3332.67	15.24%
电解铝	1444.28	1555.83	7.72%
精炼铅	390.39	422.57	8.24%
精炼锌	503.59	550.81	9.38%
精炼镍	43.56	33.49	-23.12%

三、2010 年中国有色金属行业区域发展情况

1. 中国有色金属行业区域总体情况

中国有色金属行业在地域上分布不均匀，有色金属行业较为发达的有两类地区，一类是资源丰富的地方，如河南省、云南省、江西省等，另一类是经济较为发达，下游需求旺盛的地区，这类地区有山东省、江苏省、浙江省、广东省等。从企业数量分布来看，有色金属冶炼发达的地区企业数量较多，比如江苏省超过 1000 家企业，而浙江省、广东省、湖南省、河南省的企业数也超过 500 家，上述前 5 个省份的企业集中度超过 50%。

2. 固定资产投资情况

2010 年，中国分地区有色金属工业完成固定资产投资排前 10 位的省区投资合计为 2468.08 亿元，占中国有色金属工业投资的比例为 68.03%。

表 11　2010 年中国排名前 10 位的省区投资完成情况（单位：亿元）

序号	地区名称	完成投资额（亿元）	同比 (%)	占中国比 (%)
1	河南	494.41	21.52	13.63
2	江西	368.14	35.84	10.15
3	内蒙	268.96	11.35	7.41
4	湖南	246.62	35.26	6.8
5	广西	237.01	68.6	6.53
6	云南	188.27	23.37	5.19
7	四川	187.6	97.65	5.17
8	辽宁	174.88	48.07	4.82
9	陕西	165.73	89.12	4.57
10	山东	136.46	33.89	3.76

2010 年，中国分地区有色金属工业新开工项目投资排前 5 位省区，本年度新开工项目投资合计为 1671.63 亿元，占中国有色金属工业新开工项目投资的比例为 45.37%。

表 12　　2010 年中国排名前 5 位的省区新开工项目投资情况

序号	地区名称	新开工项目投资额（亿元）	同比 (%)	占中国比 (%)
1	河南	549.00	4.24	14.9
2	内蒙	334.26	4.28	9.07
3	陕西	283.76	279.82	7.70
4	江西	253.44	-19.02	6.88
5	湖南	251.17	17.83	6.82

3. 产品产量情况

由于中国有色金属工业的区域分布特征，主要产品的产量也呈现区域分布的特点。以铜为例，2010 年，中国精炼铜产量前 10 位的省区合计产量达 410.93 万吨，占中国总产量的 89.85%。其中江苏、浙江、河北主要以再生精炼铜为主，其他省份以矿产铜为主。铜材产量前 10 位的省区，产量为 927.59 万吨，占中国总产量的 91.93%。

表 13　2010 年中国精炼铜产量前 10 位的省区产量统计

（单位：万吨）

序号	省区名称	产量（万吨）	同比 %
1	江西	93.61	14.7
2	山东	59.09	4.86
3	安徽	57.26	6.20
4	甘肃	47.79	14.08
5	云南	34.09	14.23
6	湖北	31.72	16.81
7	浙江	27.94	22.94
8	江苏	25.92	17.30
9	内蒙	20.94	-0.63
10	河北	12.57	64.83
小计		410.93	

表 14　2010 年中国铜材产量前 10 位的省区产量统计

（单位：万吨）

序号	省区名称	产量（万吨）	同比 %
1	浙江	197.52	9.98
2	江苏	171.57	-7.73
3	江西	168.8	28.32
4	广东	125.23	20.31
5	安徽	99.89	22.52
6	河南	45.56	11.31
7	上海	39.31	90.88
8	湖南	27.25	3.35
9	山东	26.48	6.77
10	内蒙	25.99	43.31
小计		927.59	

4. 2010 年中国有色金属行业价格情况

铜

2010 年，中国现货铜价格震荡走高，以长江铜现货价格为例，在 2010 年 4 月 8 日，达到全年的最低点 49925 元 / 吨之后，快速触底反弹，一路上扬，到 2010 年 12 月 31 日，达到 69300 元 / 吨，创全年新高，比最低点上涨 38.81%。与此同时，中国上海期货交易所的铜期货价格也基本维持与现货价格相一致的步伐，到 2010 年 12 月 31 日，已经率先突破 70000 元大关，达到 70440 元 / 吨。

图 1　2010 年中国长江铜现货价格走势（单位：元 / 吨）

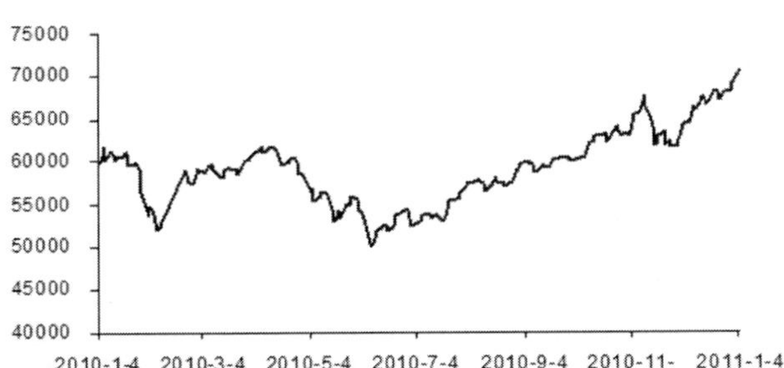

图 2　2010 年中国 SHF 铜期货价格走势（单位：元 / 吨）

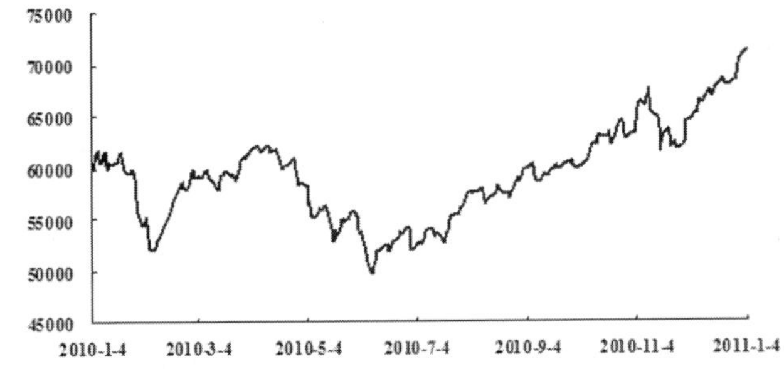

铝

2010 年，中国铝的价格维持宽幅震荡的格局。以长江铝现货价格为例，年初主要围绕 17000 元 / 吨波动，而后快速下滑，到 2010 年 6 月 8 日到达年内最低点 13780 元 / 吨，然后触底反弹，但是截止到年底，仍然没能够突破前期高点，维持在 16000 元 / 吨左右。同时，中国上海期货交易所的铝期货价格也与现货基本维持相同的价格变化格局。

图 3　2010 年中国长江铝现货价格走势（单位：元 / 吨）

图 4　2010 年中国 SHF 铝期货价格走势（单位：元 / 吨）

铅

2010 年，中国铅价格触底后快速反弹，并于年底维持高位震荡格局。以长江铅现货价格为例，2010 年 6 月 8 日，铅价格达到年内最低点 13850 元 / 吨，而后快速反弹，到 2010 年 11 月 10 日达到年内最高点 18200 元 / 吨，然后向下有所调整，但总体维持在 17000 元 / 吨以上震荡。由于 2010 年中国还没有推出铅期货合约，从伦敦金属交易所的铅期货价格可以看出，期货价格也维持震荡格局。

图 5　2010 年中国长江铅现货价格走势（单位：元 / 吨）

图 6　2010 年 LME 铅期货价格走势（单位：美元 / 吨）

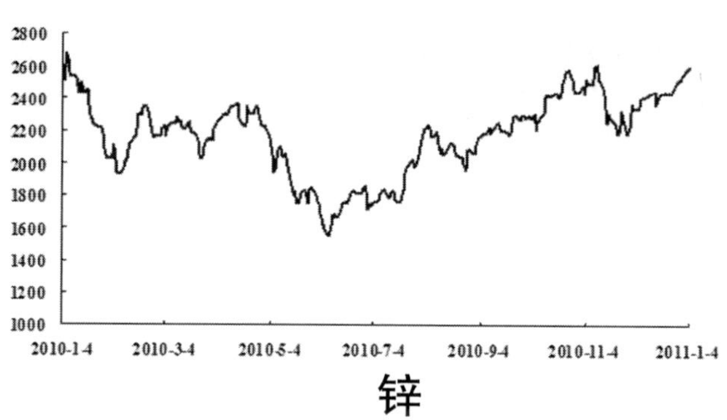

锌

2010 年，中国锌价格震荡走低，虽然年中有所反弹，但是力度不大。以长江锌 #0 现货价格为例，锌价格年初短期震荡后就一路直下，到 2010 年 6 月 18 日，达到年内最低点 14825 元 / 吨，之后缓慢反弹，反弹的力度相对较小。此外，上海期货交易所的锌期货价格也基本维持与现货价格一致的震荡格局，但是震幅没有现货价格大。

图 7　2010 年中国长江锌 #0 现货价格走势（单位：元 / 吨）

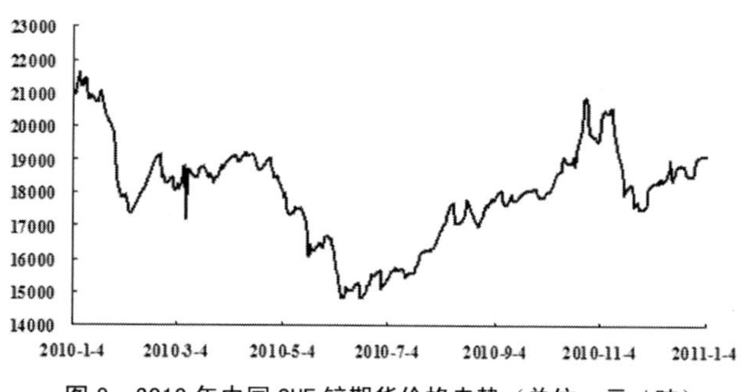

图 8　2010 年中国 SHF 锌期货价格走势（单位：元 / 吨）

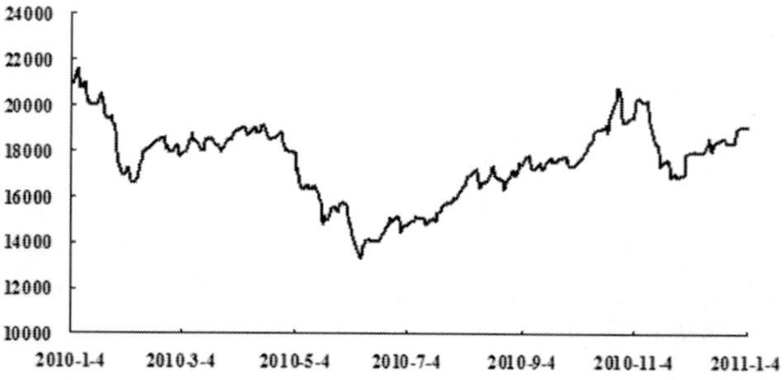

锡

2010 年，中国锡价格总体维持上升的态势。以长江锡价格为例，锡价格年初就快速上扬，小幅回调后继续快速上涨，2010 年 11 月 15 日达到年内最高点 164000 元 / 吨，接下来维持在 160000 元 / 吨上下波动。此外，伦敦金属交易所的锡期货价格也维持与中国现货价格总体一致的趋势，2010 年锡期货价格也震荡走高。

图 9　2010 年中国长江锡现货价格走势（单位：元 / 吨）

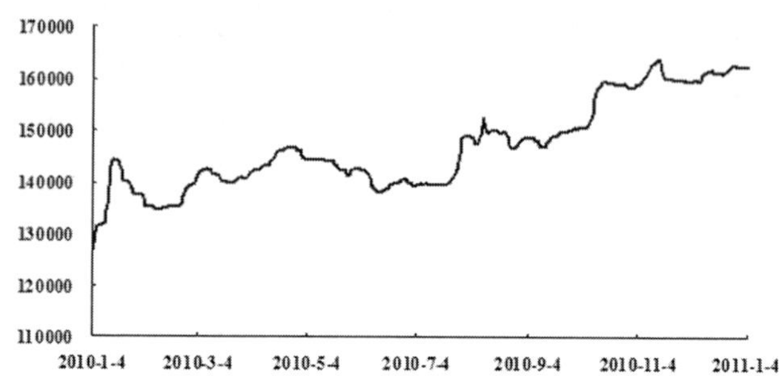

图 10　2010 年 LME 锡期货价格走势（单位：美元 / 吨）

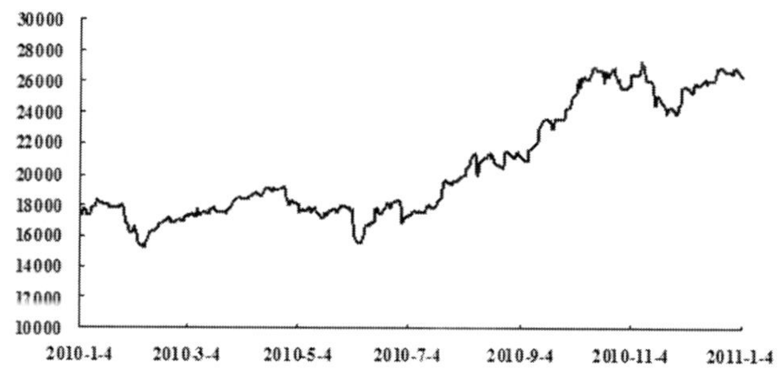

镍

2010 年，中国镍价格维持宽幅震荡的格局。以长江镍价格为例，从年初的 141000 元 / 吨快速拉升到 2010 年 4 月 16 日到 195000 元 / 吨，不到 5 个月的时间里，镍价格上涨了 38.30%。但是，而后镍价格快速回落至 6 月 8 日的 149750 元 / 吨，接近年初的低点，此后触底回升，到 2010 年底，已经到 184500 元 / 吨，也接近了年内高点。同时，根据伦敦金属交易所的镍期货价格走势图，也可以看出，2010 年，全球镍期货价格也维持宽幅震荡的局面。

图 11　2010 年中国长江镍现货价格走势（单位：元 / 吨）

图 12　2010 年 LME 镍期货价格走势（单位：美元 / 吨）

贵金属

受到美元贬值和外围经济的影响，2010 年，贵金属价格不断攀升，多次创造历史新高。其中，中国黄金价格从年初的 240 元 / 克左右，一路攀升到年底的 302 元 / 克，上涨了 25% 左右。白银价格在 9 月之前一直维持 4000 元 / 千克上下波动，但是 9 月中旬以后，白银价格快速上涨，到 2010 年 12 月 31 日，中国白银价格已经达到了 6605 元 / 千克，并且进一步上涨趋势明显。

图 13　2010 年中国黄金现货价格走势（单位：元 / 克）

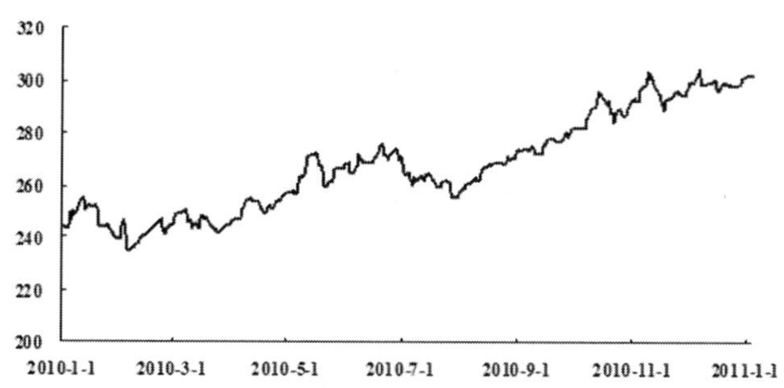

图 14　2010 年中国白银现货价格走势（单位：元 / 千克）

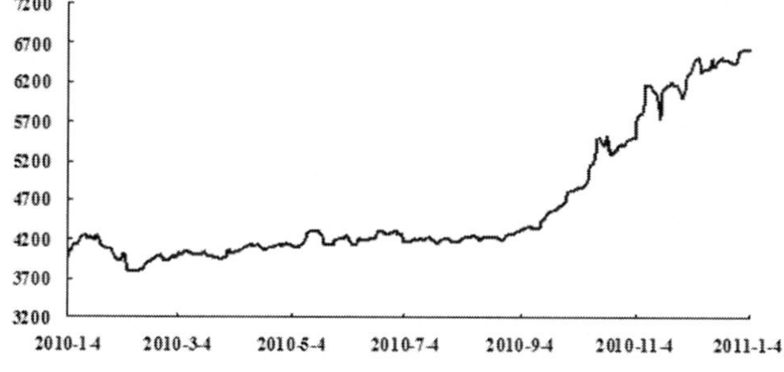

四、中国有色金属行业发展趋势

1. 中国有色金属行业发展环境逐步改善

当前国民经济正处于企稳回升的关键时期，经济回升的基础尚需继续巩固，外需不足依然严峻，扩大内需和结构调整的任务仍相当艰巨。下阶段要继续贯彻落实科学发展观，按照中央关于经济工作的决策部署，继续保持宏观经济政策的连续性和稳定性，坚持积极的财政政策和适度宽松的货币政策，全面落实和充实完善应对国际金融危机的一揽子计划和政策措施，同时提高宏观政策的针对性、灵活性、有效性和可持续性，努力实现国民经济平稳较快发展。

2. 中国有色金属行业扩张速度显著放缓

进入 21 世纪以来，中国有色金属产业迅速发展，在技术进步、改善品种质量、淘汰落后产能、开发利用境外资源方面取得明显成效，生产和消费规模不断扩大，已成为全球最大的有色金属生产和消费国。企业资产和负债虽然都在增长，但 2006 年后，国家针对有色金属行业投资过热的情况出台了多项政策，投资势头得到了一定程度的遏制，行业的规模扩张也有所放缓。

3. 中国有色金属行业下游需求继续支撑行业发展

中国家电行业出口回暖给铜需求带来支撑。在电力行业投资的带动下，中国铜的需求保持稳定增长，由于电力行业投资大多为政府主导，在此轮经济危机中起到缓冲的作用，而且可预见性较强。但实际上，中国铜需求的增长更有赖于消费品的增长，例如家电行业的复苏。由于家电行业的用铜大户空调行业 40% 面向发达国家出口，因此欧美等发达经济体消费者信心的回升以及经济整体好转都将带动家电行业出口回暖，进而给铜需求的增长带来支撑。另外，中国保障房建设步伐的加快将给中国铝需求提供最重要的支撑，铝消费的 35% 用于建筑行业，广泛应用于铝合金门窗、外墙、结构等领域，届时对铝需求的拉动将十分明显。

4. 中国有色金属行业投资风险逐步减小

有色金属产业的投资机遇与风险集中反映在价格的周期性变化方面。有色金属是虚拟经济与实体经济紧密结合的商品，其价格走势不仅取决于供需关系，与金融市场变化也具有密切关系。预计在今后较长时期内，有色金属价格的周期性特征仍十分突出，又此会不断带来投资机会和投资风险。因此对市场影响因素的分析和市场趋势把握越来越重要。中国在 21 世纪的前 20 年，仍将处在工业化的过程中，制造业的快速发展，将会带动国民经济保持一个较长的高速增长期。因此，作为工业基础的有色金属工业的发展状况对中国经济能否继续保持相对较高的增长率就显得更加重要。今后一段时期，中国有色金属的需求将保持稳定增长。

第五部分 中国有色金属重点企业运营情况

一、中国铝业公司

1. 企业经营规模

中国铝业公司是全球大型的氧化铝和原铝生产商之一，且实现从上游铝土矿开采、中级氧化铝、原铝生产以及下游铝加工的一体化产业链。2010 年，公司控制铝土矿资源量 8.66 亿吨，自给率 50% 左右；具有氧化铝生产能力 1288 万吨；原铝产能 405 万吨；铝加工产能 163 万吨。

表 1　2010 年中国铝业产能情况（单位：万吨）

控制铝土矿资源量	自给率	原铝产能	氧化铝生产能力	铝加工产能
86600	50%	405	1288	163

2. 企业财务指标

表 2　2010 年中国铝业财务指标（单位：百万元）

流动资产	41325	营业收入	120995
非流动资产	99997	营业利润	945
资产总计	14132	利润总额	1380
流动负债	55734	资产负债率	59.50%
非流动负债	28402	净负债比率	59.20%
负债合计	84135	总资产周转率	0.88

二、江西铜业股份有限公司

1. 企业经营规模

2010 年生产铜精矿金属量 17.2 万吨、阴极铜 90 万吨、铜材 49 万吨、黄金 22 吨、白银 470 吨、硫酸 240 万吨、硫精矿 156 万吨。公司计划 2011 年生产阴极铜 94 万吨，黄金 25 吨、白银 510 吨、硫酸 237 万吨、铜杆线及其他铜加工产品 48.9 万吨。尤其是公司着重提出 2011 年铜精矿金属量将达 20 万吨以上，目前德兴铜矿 13 万吨扩产、永平铜矿露转坑、城门山铜矿二期扩产项目都已顺利建成投产。公司精矿自给率将从约 19.1% 提升至 21.3%，将较大幅度增厚公司盈利。

表 1　2010 年江西铜业产量情况（单位：万吨）

铜精矿金属（万吨）	阴极铜（万吨）	铜材（万吨）	硫酸（万吨）	黄金（吨）	白银（吨）
17.2	90	49	240	22	470

2. 企业财务指标

江西铜业 2010 年业绩符合预期，年内实现营业收入 764.4 亿元，同比上升增加 47.81%；利润总额 59.8 亿元，同比增加 88.27%。由于全球制造业持续复苏，精炼铜需求日益扩大，铜精矿、废杂铜、精炼铜价格均显强势。中国节能减排运动的深入推进已使大量小型冶炼企业和污染大户面临减产或关闭，这也直接刺激了 2011 上半年度 TC/RC 费用的大幅提高（涨幅 54.8%）。分板块来看，其重点的阴极铜业务营业收入增长 47.10%，成本增长 47.57%，毛利率 7.37%，同比微降，主要原因是 2009 年度外购精矿占比提升，利润增长受到限制。第二大主营的铜杆线业务收入增长 45.06%，成本增长 43.31%，毛利率 10.84%，同比略增 1.08%，主要原因是成本相对稳定的自产原料占比例提高。

表 2　2010 江西铜业财务指标（单位：万元）

营业总收入	7644085.93	利润总额	597986.83
营业收入	7644,085.93	所得税	101502.74
营业总成本	7042,848.76	净利润	496484.09
营业成本	6,816,140.75	公允价值变动净收益	-19395.35
营业税金及附加	30198.96	投资净收益	9004.80
销售费用	34564.84	营业利润	590846.62
管理费用	121687.73	营业外收入	18302.73
财务费用	38824.82	营业外支出	11162.52
资产减值损失	1431.67		

三、深圳市中金岭南有色金属股份有限公司

1. 企业经营规模

2010 年公司主要产品产量稳步增长，公司主要矿产品产量：铅锌精矿金属量 31.48 万吨（其中，中国 19.99 万吨；国外 11.49 万吨），比 2009 年同期增长 4.3%（其中，锌精矿金属量 20.05 万吨，比 2009 年同期增长 4.93%；铅精矿金属量 11.43 万吨，比 2009 年同期增长 3.22%），铅锌精矿含银 160.8 吨。

表 1　2010 中金岭南产量情况（单位）

铅锌精矿金属量（万吨）	精矿含银（吨）	白银总产量（吨）	铅锌冶炼（吨）
31.48	160.8	246.86	35.84

2. 企业财务指标

公司 2010 年实现营业收入 96.52 亿元，同比增长 27.28%；实现归属母公司所有者净利润 7.07 亿元，同比增加 70.68%。

表 2　2010 年中金岭南财务指标（万元）

营业收入	962069	流动资产	606467
营业成本	762647	非流动资产	850621
利润总额	73468	资产总计	1457088
净利润	70701	流动负债	627470
投资净收益	10934	非流动负债	266891
营业利润	83418	负债合计	894361

四、金钼股份有限公司

1. 企业经营规模

金钼股份有限公司是亚洲最大的钼业公司，拥有钼采矿、选矿、焙烧、钼化工和钼金属加工上下游一体化的完整产业链，公司拥有目前探明中国第一、第三大优质钼矿山金堆成和东沟钼矿，权益钼储量124万吨，占中国钼资源储量的27.9%。钼矿石自给率为100%，金堆城矿石品位在行业内属上游水平，金堆城钼矿山的矿石采剥能力为3万吨／日，年处理矿石量1000万吨；汝阳钼矿山的采剥能力为2万吨／日，年处理矿石量660万吨。

表1　2010年金钼股份的产能情况（单位：吨）

钼酸铵	高纯氧化钼	钼粉	钼制品	控制的钼金属储量
11000	9800	4200	1350	1238600

2. 企业财务指标

2010年实现营业收入70.62亿元，同比增长54%；归属上市公司股东净利润8.35亿元，同比增长52.08%。公司同时将用自有资金建设2万吨／年钼铁生产线及6500吨／年钼酸铵生产线。

表2　2010年金钼股份有限财务指标（单位：百万元）

销售收入	7063	流动资产总计	9334
毛利润	1212	总资产	14375
经营利润	888	流动负债总计	587
税前利润	1002	经营活动产生的现金硫	813
净利润	836	投资活动产生的现金硫	876

五、紫金矿业股份有限公司

1. 企业经营规模

紫金矿业公司资源优势比较明显：集团公司保有资源储量：金750.17吨，同比增长5 %；银1827.9吨；铜1057.87万吨；钼39.25万吨；铅+锌523万吨；钨（W203）17.34万吨；铁矿石1.845亿吨；煤4.592亿吨；锡9.929万吨；镍60.71万吨；硫铁矿（标矿）6673 万吨。

表1　2010年紫金矿业保有资源储量（单位：吨）

金	750.17	铅、锌	5230000
银	1827.9	钨	173400
铜	10578700	铁矿石	184500000
钼	392500	煤	459200000
硫铁矿	66730000	锡	99290
		镍	607100

2. 企业财务指标

2010年，实现营业收入285.39亿元，同比增长36.19%，利润总额73.31亿元，同比增长46.08%，归属于公司股东的净利润48.28亿元，同比增长36.33%。

表2　2010年紫金矿业财务指标（百万元）

营业总收入	28540	流动资产	11061
营业利润	7967	非流动资产	27341
利润总额	7332	资产总计	38401
净利润	4828	流动负债	9636
资产负债率	32.20%	非流动负债	2736
净利率	16.90%	负债合计	12373

第六部分 中国有色金属行业投资分析

一、中国有色金属行业生命周期分析

行业的生命周期指行业从出现到完全退出社会经济活动所经历的时间。行业的生命发展周期主要包括四个发展阶段：幼稚期，成长期，成熟期，衰退期。

幼稚期：这一时期的市场增长率较高，需求增长较快，技术变动较大，行业中的用户主要致力于开辟新用户、占领市场，但此时技术上有很大的不确定性，在产品、市场、服务等策略上有很大的余地，对行业特点、行业竞争状况、用户特点等方面的信息掌握不多，企业进入壁垒较低。

成长期：这一时期的市场增长率很高，需求高速增长，技术渐趋定型，行业特点、行业竞争状况及用户特点已比较明朗，企业进入壁垒提高，产品品种及竞争者数量增多。

成熟期：这一时期的市场增长率不高，需求增长率不高，技术上已经成熟，行业特点、行业竞争状况及用户特点非常清楚和稳定，买方市场形成，行业盈利能力下降，新产品和产品的新用途开发更为困难，行业进入壁垒很高。

衰退期：这一时期的市场增长率下降，需求下降，产品品种及竞争者数目减少。

从市场特征来看，目前中国整体经济仍处于工业化阶段，根据发达国家的经验来看，处于这个阶段的经济体对有色金属的需求很大，虽然当前中国经济增长速度放缓，但这是偶然因素所导致的，长远来看中国的经济体健康状况较好，能够保持较长时间的快速增长，这必然拉动有色金属需求的增长。

从竞争特征来看，目前中国有色金属行业的集中度还远远达不到国家的要求，和发达国家甚至世界平均水平相比仍有一定的差距，行业内的中型和小型企业仍较多，特别是在压延加工环节，竞争的激烈程度较高。

从生产特征来看，世界范围内有色金属工业的发展已经经历了100多年的历史，各方面技术已经有了天翻地覆的发展和革新，已经较为成熟了；但就中国的情况来说，中国的有色金属生产技术和世界发达国家相比仍存在较大差距，还有很多可以改进的空间。

从兼并重组情况来看，做大做强是当前中国有色金属行业的主题之一，中国企业间的兼并重组频繁发生，跨国兼并也初现端倪；国家相关政策也支持企业间的兼并和重组。

综合以上情况来看，中国的有色金属行业与生命周期理论中的“成长期”最为吻合。

二、 中国有色金属行业投资风险分析

1. 产业政策风险

对中国有色金属投资影响比较大的政策领域在于资源政策、能源政策、交通运输价格政策、财税政策、土地政策、贸易和关税政策，这些政策的调整将对有色金属工业投资周期、投资成本以至于投资回报都有较大影响。有色金属工业鼓励类、限制类和禁止类目录是有色金属工业投资最主要的国家政策，从事有色金属工业投资必须在接受产业政策的前提下进行。因此投资项目的建设要有超前意识，必须遵守国家最新的产业政策和具体规定。

由于中国经济正处于快速发展中，市场体系建设很不完善，法制建设也不规范，基本投资环境变化较大。因此，一些地方政府的优惠招商政策带有阶段性，难以长期发挥效力，往往给投资者造成不应有的障碍。所以对一些地方政府的优惠招商政策应对照中央政府的政策、法律进行认真判断，避免带来不必要的麻烦。

2. 宏观经济波动风险

有色金属行业的发展与宏观经济增长息息相关，如果宏观经济衰退或增速减缓，影响到下游行业需求的增加，从而对整个行业的发展带来一定的影响。中国宏观经济的发展情况，以及广大居民生活水平的提高程度，均对中国有色金属行业的未来发展产生一定的影响。

就中国市场而言，由于近年宏观经济持续增长，有色金属行业下游需求稳步增加，再加上国家适时出台的经济刺激计划，金融危机未对行业的生产和消费产生不可逆转的影响。但是，如果有色金属行业的经营状况受到宏观经济下行的不利影响，将可能造成行业的订单减少、存货积压、货款收回困难等状况，因此，宏观经济的周期性波动也是中国有色金属行业未来发展的又一影响因素。

3. 技术风险

中国有色金属行业的创新能力还有待增强，力争在关键工艺技术、节能减排技术，以及高端产品研发、生产和应用技术等方面取得突破，推动产业技术进步，提高产品质量，优化品种结构。采用富氧底吹等先进技术的铅冶炼能力达70%，框架材料、无氧铜材、中厚板等高档铜、铝深加工产品基本能够满足中国需求。

实施技术改造和技术研发专项，重点支持符合国家产业政策并按规定核准或备案建设的骨干企业，以及国防军工、航空航天、电子信息关键材料生产企业。加强对铜铅锌冶炼短流程工艺、共伴生矿高效利用、尾矿和赤泥综合利用，高性能专用铜铝材生产工艺，再生金属保持性能，吨铝直流电耗低于12000千瓦时的电解铝关键工艺等前沿共性技术的研发。支持填补中国空白、满足国民经济重点领域需要的高精尖深加工项目。采用先进适用的冶炼技术改造和淘汰落后产能，提高工艺装备水平。

4. 市场风险

有色金属产业是周期性特征明显的行业，产业运行的周期性变化，带来良好的投资机遇，同时也使投资活动存在很大风险，机遇与风险并存的特点十分突出。例如，2009年遭遇金融危机冲击，使中国有色金属工业企业普遍面临前所未有的严峻挑战。

有色金属产业的投资机遇与风险集中反映在价格的周期性变化方面。有色金属是虚拟经济与实体经济紧密结合的商品，其价格走势不仅取决于供需关系，与金融市场变化也具有密切关系。预计在今后较长时期内，有色金属价格的周期性特征仍十分突出，又此会不断带来投资机会和投资风险。因此对市场影响因素的分析和市场趋势把握越来越重要，一旦趋势把握出现误差，损失往往比较大。

5. 原材料风险

近年来随着全球的经济快速发展，社会对资源的需求越来越大，加大了人们对资源的关注。矿产资源是越来越少，而且是不可再生的，从这个角度上来看，谁拥有资源，谁就拥有未来、拥有财富。因此，很多原本从事房地产、酒店、贸易等行业的成功企业家，纷纷进军有色金属矿产资源投资。资源一旦稀缺，就会有投机者。有色金属价格上涨，自然出现所谓的炒矿者。这些炒矿者，采取各种手段，对所谓的矿产资源经过包装，迷惑投资者，使众多矿山投资的人遭受了重大的损失。

从国家层面上，矿产资源政策的松动引起了投资涌入，但这种政策松动是存在一定风险的，一旦国家调整矿产政策，这就容易出现各种变动。另外，虽说有色矿山是高产出、高效益的项目，但也具有高投入、高风险的特点。少则几千万、多则数亿元的投资，如果遇到风险，容易导致投资者血本无归。所谓隔行如隔山，特别是那些从其他领域转向有色资源开发的投资者，对地质和矿产并不了解，将过去的投资经验用在有色矿产开发上，容易出现种种问题。

6. 环保风险

有色金属消耗大量的资源和能源，生产和运输过程中都有不同程度的污染，环保压力是全球有色金属工业面对的主要问题之一，环保成本将成为今后主要的成本增长领域，有色金属产业振兴规划中提到加大行业节能减排调控力度。

加快建设覆盖全社会的有色金属再生利用体系，支持具备条件的地区建设有色金属回收交易市场、拆解市场。支持有条件的企业采用高效、低耗、低污染的工艺装备，建设若干年产30万吨以上的再生铜、铝等生产线，促进资源化利用上规模、技术上水平、产品上档次，减少矿产资源消耗。

中国有色金属矿资源概况

第一部分 铜行业概况

第一节 世界铜资源概况

世界铜矿总资源量预计为10亿吨，其中总储量估计为6亿吨。储量最大的国家依次是智利、秘鲁、墨西哥等国家。中国储量占全球第七，但下游需求旺盛，且矿石品位较低，远不能满足需求。

图1 世界铜矿资源分布

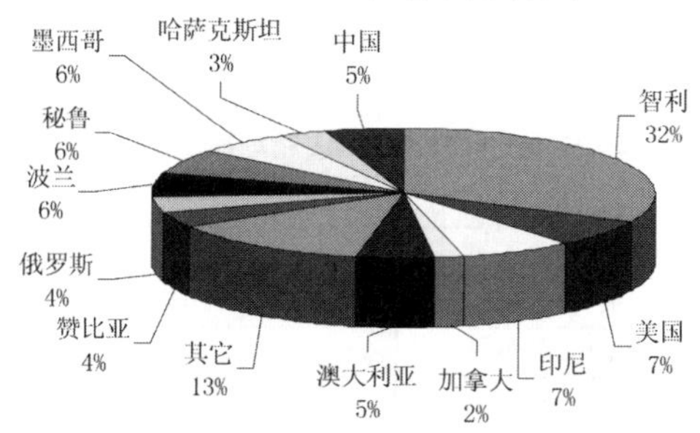

世界铜矿资源主要分布于北美、拉丁美洲和中非等地。其中智利是全球铜矿资源最丰富的国家，探明资源储量1.6亿吨，占世界总储量的29.1%；中国储量仅为3000万吨左右，占全球总储量的5%。

表1 1970-2010年全球铜矿产量增速（单位：万吨）

年份	全球铜矿产量（万吨）	增速（%）
1970	13000	7
1982	4300	-0.5
1994	6000	0
1997	11000	3.8
2000	8600	4
2003	7500	1.5
2006	6800	1
2010	10000	3.6

全球铜含量最丰富的地区主要包括南美洲的秘鲁和智利境内的安第斯山脉西麓、美国西部的洛杉矶和大坪谷地区、非洲刚果和赞比亚、哈萨克斯坦共和国以及加拿大东部和中部地区。

表2 2010年全球有色金属企业铜产量排名（单位：万吨）

序号	生产企业	产量(万吨)
1	智利Codelco铜业公司	168.2
2	美国自由港迈克墨伦铜金矿公司	165.1
3	英国/澳大利亚必和必拓公司	146.6
4	瑞士Xstrata矿务集团	117.5
5	瑞士嘉能可公司	71.1
6	英国/澳大利亚力拓集团	69.6
7	英美资源公司	66.6
8	秘鲁南方铜业	51.7

第二节 中国铜资源概况

中国铜矿资源储量并不丰富，基础储量在3000万吨左右，且分布不均，主要分布在西南三江、长江中下游、东南沿海、秦祁昆成矿带以及辽吉黑东部、西冈底斯成矿带。著名的大型铜矿是西藏玉龙铜矿、驱龙铜矿、江西德兴铜矿以及云南普朗铜矿。中国铜矿资源集中在江西、云南、西藏等省，三省查明资源储量占中国的51%。在中国各种铜矿床类型中，以斑岩型铜矿最为重要，保有资源储量占中国查明资源储量的2%，其次为海相（火山）沉积型铜矿、矽卡岩型铜矿。

图1 中国铜矿资源分布

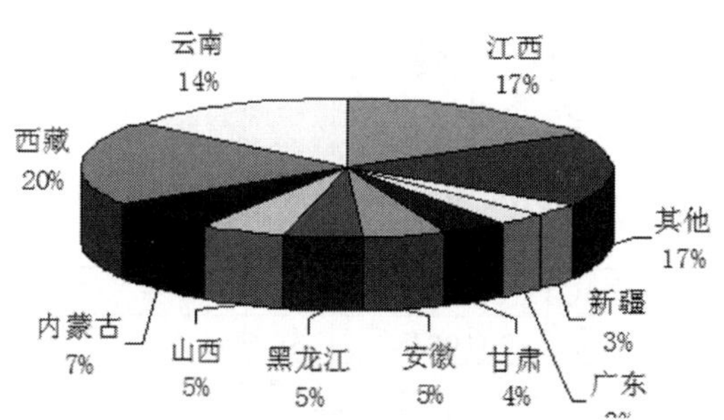

中国铜矿一般品位较低，均值在0.87%左右，其中斑岩铜矿平均品位仅在0.5%左右，其他类矿床较高，但也仅为1%左右。而智利四大斑岩铜矿平均品位达到1.68%，刚果海相沉积岩（变质）型铜矿床平均品位达到3.96%，赞比亚海相沉积（变质）岩型铜矿平均品位达3.06%。目前中国通过勘探发现的铜矿资源潜力区域主要位于西藏、新疆等地，如西藏冈底斯，资源潜力达4200万吨，超过了目前已确认的中国基础储量。

第三节 铜精矿概况

与铜矿资源储量情况相对应，铜精矿产地也主要集中于南美洲的智利、秘鲁等地，其中智利产量超过全球产量的33.7%，居于全球首位。美洲是铜精矿的主要产地，近年来产量稳定增长，尤其是智利、秘鲁等国家。除美洲外，亚洲的铜精矿产量也呈快速增长的态势，虽然近年来全球铜精矿产量增速加快，使其在市场供应上逐年改善，但目前铜冶炼产能的扩张步伐也非常快。

图 1　全球铜精矿储量分布

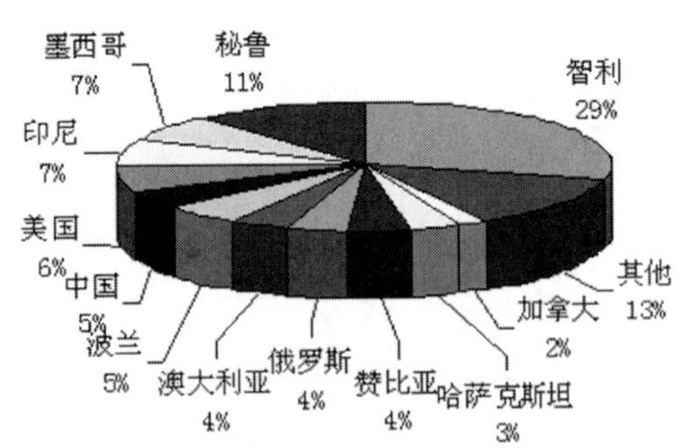

从整体上看，全球铜精矿市场的供应依然显得偏紧。而对于中国而言，基于下游冶炼企业较大的资源需求量，中国铜精矿产量及进口力度也不断增大，自给率接近 30%。

对于铜精矿的产能利用率来说，全球铜矿产能利用率呈明显下滑态势，尤其是 2008 年，受全球经济危机影响，产能利用率迅速下滑，2009-2010 年接近 80%。虽然中国前期走势与全球基本一致，但 2009 年由于 4 万亿投资以及 2010 年财政刺激政策等影响，铜精矿需求回升，产能利用率提升。

关于铜精矿出口方面，智利、秘鲁等国家是全球出口的主要渠道，主要出口至中国、日本、印度等国家，其中中国是铜精矿需求最大的国家，占全球进口量的 28%。

表 1　　2010 年全球重点铜矿山排名（单位：万吨）

排名	矿山	国家	产能（万吨）
1	Escondida	智利	1330
2	Codelco Norte	智利	900
3	Grasberg	印尼	750
4	Collahuasi	智利	498
5	El Teniente	智利	440
6	Taimyr Peninsula	俄罗斯	430
7	Antamina	秘鲁	420
8	Morenci	美国	400
9	Los Pelambres	智利	360
10	Bingham Canyon	美国	280

第四节 再生铜情况概况

精铜最初均来自于铜矿资源，但由于铜矿资源的有限性及不可再生性，以及下游冶炼产能的过度扩张，铜精矿的稀缺性日益明显。为了解决对资源的过度依赖，很多国家开始增加对再生铜的使用。

中国是铜矿资源短缺国家，为实现经济的可持续发展，合理和循环利用铜矿资源非常重要。中国是世界上最大的废杂铜进口国之一，主要来源地是工业发达和环保要求严格的国家和地区，其中从美国和日本进口量比例分别为 38%和 25%。此外，预计中国每年尚有 15 万吨的自产废杂铜。中国炼铜行业铜矿原料与废铜原料之比为 2.69：1，废杂铜在铜原料中比例已达 27%。

图 1　2010 年中国电解铜原料构成

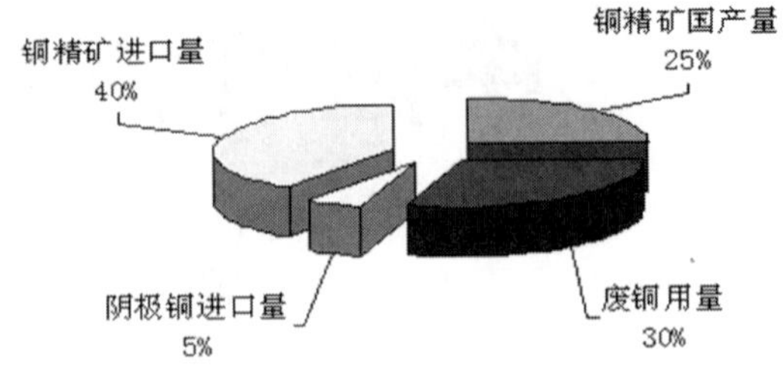

中国已经形成长江三角洲、环渤海、珠江三角洲 3 个重点废铜拆解、加工、消费地区，这些地区精铜产量不足铜矿总产量的 40%，但它们的再生铜产量却占中国再生铜产量的 76%。中国 79%的铜加工企业分布在该 3 地区，中国 83%的铜在这三地区消费（指被加工），特别是江、浙、沪 3 省市所占分额尤其突出。工业发达国家对再生铜利用相当重视，近 10 年来世界再生铜产量已占原生铜产量的 40-55%，其中美国约占 60%，日本约占 45%，德国约占 80%。

表 1　　1995-2010 年全球再生铜占精炼铜比值

年份	百分比（%）
1995	27
1998	34
2000	32
2004	31
2007	33
2009	25
2010	23

第五节 粗、精炼铜情况概况

从铜矿中开采出来的铜矿石，经过选矿成为含铜品位较高的铜精矿或者说是铜矿砂，铜精矿需要经过冶炼提成，才能成为精铜及铜制品。目前，世界上铜的冶炼方式主要有两种：即火法冶炼与湿法冶炼。

表 1　　火法冶炼与湿法冶炼对比

冶炼方法	适合矿种	产品名称	设备	缺点及局限性	成本
火法	高品位	电解铜	复杂	杂质含量低	70-80 美分／磅
湿法	低品位	电积铜	简单	杂质含量高	30-40 美分／磅

粗铜：亚洲是全球冶炼产能增长最快的地区，美洲的产量呈明显下滑趋势。目前亚洲冶炼产能达 874 万吨，占全球的 48%。然后依次为欧洲、南美洲、北美洲、大洋洲和非洲。

精铜：与粗铜产量增长相似，亚洲仍然是产量增长最快的地区，美洲精炼产能出现下滑。亚洲目前精炼产能为 914 万吨，占全球的 39.1%。就全球的精炼产能而言，由于湿法冶炼所具有的成本优势、环保优势以及便利性优势，使湿法冶炼产量占比不断增大，目前基本维持在 20% 左右。中国精铜产量居全球首位，目前产量占比占全球的 25.3%。不仅如此，中国大型冶炼企业还在不断扩大自身的精炼产能，如江铜 2010

年投产的 30 万吨精炼产能等。

表 2　2010 年全球前十大粗铜冶炼厂（单位：万吨）

Rank	冶炼企业	产能（万吨）	国家
1	贵溪	900	中国
2	Birla Copper	500	印度
3	Codelco Norte	460	智利
4	Hamburg	450	德国
5	Saganoseki/ Ooita	450	日本
6	Besshi/Ehimc (Toyo)	450	日本
7	Norilsk (Nikelevy, Medny)	400	俄罗斯
8	El Teniente (Caletones)	400	智利
9	金川	400	中国
10	Altonorte (La Negra)	390	智利

表 3　2010 年全球前十大精铜冶炼厂（单位：万吨）

Rank	冶炼企业	产能（万吨）	国家
1	贵溪	900	中国
2	Birla	500	印度
3	Chuquicamata Refinery	490	智利
4	Codelco Norte (SX-EW)	470	智利
5	Toyo/Niihama (Besshi)	450	日本
6	Amarillo	450	美国
7	El Paso (refinery)	415	美国
8	Las Ventanas	400	智利
9	金川	400	中国
10	Morenci (SX-EW)	400	美国

第六节 冶炼铜进出口及供需分析

虽然亚洲粗、精炼产能全球最高，但由于自身需求同样较高，其出口数量并不多。粗铜出口最多的国家是智利和保加利亚，而粗铜进口最多的比利时和中国。

精铜出口最多的国家是智利和赞比亚，而粗铜进口最多的中国、德国和美国，占比分别为 20%、11% 和 10%。

图 1　2010 年世界各国粗铜出口比例

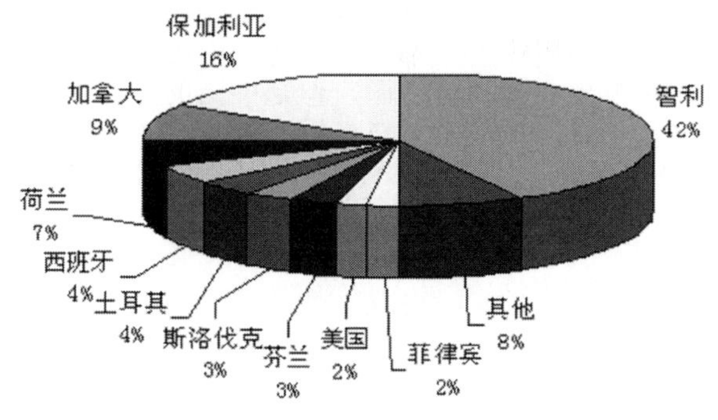

图 2　2010 年世界各国粗铜进口比例

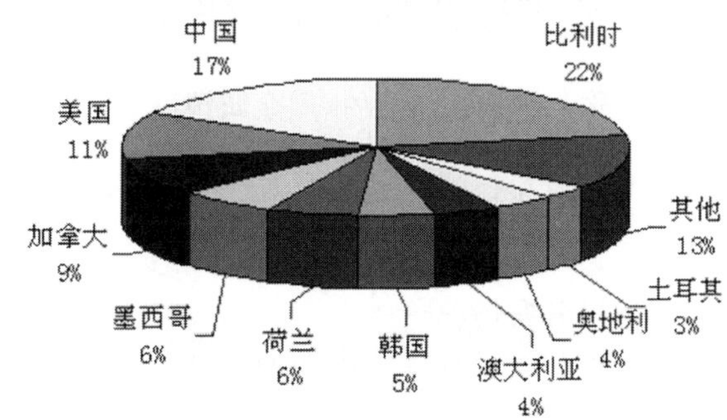

图 3　2010 年世界各国精铜进口比例

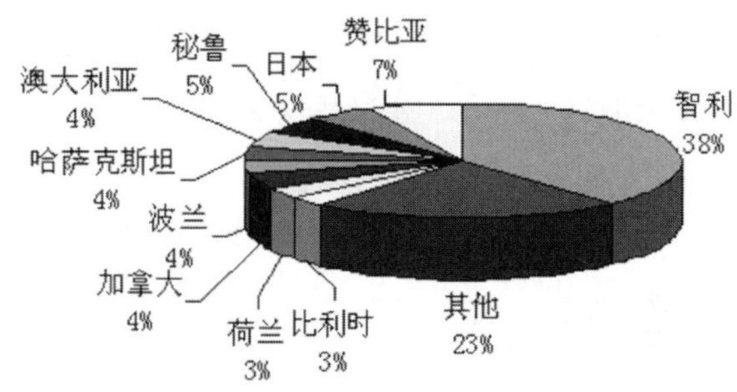

图 4　2010 年世界各国精铜出口比例

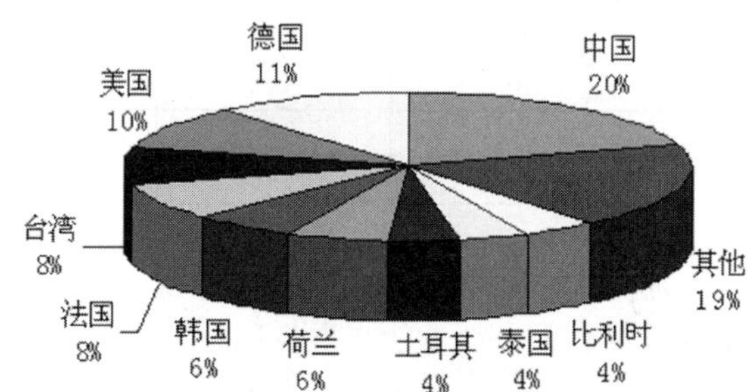

中国已经成为全球最大的铜消费国，在国际铜市场中已占有相当重要的地位。铜作为国民经济的基本工业原材料，其消费水平与工业活动和宏观经济运行密切相关。全球精铜供给仍有过剩，即使在全球经济复苏需求回升的态势下，精铜过剩的局面仍难以改观。再考虑到目前欧洲债务危机，中国铜矿需求增速放缓等影响，预计 2012 铜价大幅上升的可能性较小。

表 1　2003-2010 年全球铜矿勘察新增资源储量（单位：万吨）

年份	新增资源储量（万吨）
2003	60
2004	5
2005	180
2006	500
2007	250
2008	590
2009	600
2010	650

第七节 中国铜材情况概况

铜材也称为铜加工材，是指用金属塑性变形方法，将铜锭坯加工成板材、带材、箔材、管材、棒材、型材和线材等。其中，线材约占中国全部铜加工材产量的 48%，其次是管材和板带箔材，产量分别占为 21% 和 19%。

一、铜材分布情况

近几年来，全世界除中国铜加工以年 10%-12% 的速度增长外，其他所有国家铜加工材产量一直在 1000 万吨左右徘徊。截止 2010 年底，全世界铜加工材总产量约 1964 万吨左右，其中中国铜加工材总产量已达 888.42 万吨，约为世界总产量的 1/2，居世界第一位。世界上铜材主要生产国是中、美、日、德、法、意等。其中，德国为铜材主要出口国，中国为铜材主要进口国。

表 1　2010 年全球前十大铜材生产企业产能（单位：万吨）

排名	企业	产能（万吨）	国家
1	Viringen	360	德国
2	El Paso，TX	355	美国
3	Norwich，CT	355	美国
4	Celaya	318	墨西哥
5	Carollton，GA	310	美国
6	江苏金辉铜业	300	中国
7	南京华新电力电缆	300	中国
8	Chauny	300	法国
9	Chiari，Brescia	300	意大利
10	Ibaraki-Ken	280	日本

中国铜加工业生产企业数量众多，但是单个企业生产规模小，技术装备落后。中国 1000 多家铜加工企业中至今还没有一个企业能与世界同行业先进企业抗衡，在生产规模、管理水平和资金实力等方面均有较大的差距，尤其是规模和实力，国际上先进铜加工企业的年产量基本都在 20 万吨以上，KME（欧洲金属公司）的铜材年产量达到了 80 万吨，2005 年中国 700 多家规模以上铜加工企业中，规模达到 20 万吨 / 年的只有 2 家，达到 10 万吨 / 年的也只有 6 家，中国铜加工企业平均年产量还不到 5，000 吨。中国铜材常年保持净进口状态，其中，进口产品中以线材占比最高。2007-2008 年受经济危机影响，进口量呈下滑趋势。而出口品种中管材出口量迅速增长，并创造了历史最好水平，表明中国铜材在市场中竞争力有所加强。

二、中国铜材进出口及供需情况

2010 年中国对铜及铜材的需求保持强劲。受强劲的下游消费、价格上涨预期以及持续的投资需求支撑，中国铜材进口量继续保持在上年的高水平。出口品种中，管材出口量迅速增长，并创造了历史最好水平，再次表明中国铜材在市场中竞争力有所加强。但国际市场疲软状态并未好转，致使中国铜加工进出口严重下滑，随着进出口税制调整，这种情况应该会有所好转。虽然中国铜材常年呈净进口状态，但中国由于技术水平等影响，低端产能过剩，产能利用率仅维持在 70% -80%之间。

第八节 2010 年中国铜行业市场概况

一、2010 年中国铜行业产量

2010 年中国精炼铜产量继续增长，达到 38.78 万吨，同比增长 17.36%，环比增长 5.90%。产量增长的原因包括：铜冶炼原料、铜精矿和废铜的供应充足。消费旺季对铜的消费量大，刺激生产。基于以上原因，铜冶炼企业开工率都维持在高位。目前中国铜冶炼产能增长也较迅速。2010-2011 年有 130 万吨产能释放，而 2009 年底产能为 520 万吨。

图 1　2004-2010 年中国精炼铜产量

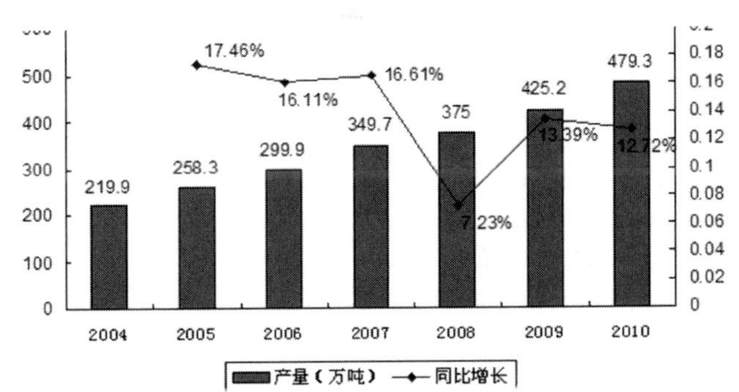

二、中国铜区域生产量分布

铜生产地集中在华东地区，该地区铜生产量占中国总产量的 51.8%，其中安徽、江西两省产量约占 35%。储量主要分布在江西、云南、湖北、西藏、甘肃、安徽、山西、黑龙江 8 省。中国铜矿资源储备世界排名第七，但铜资源特点是中小型矿床多，大型、特大型矿床少，使得中国铜矿山建设规模普遍较小，且中国铜矿资源中斑岩型铜矿少，夕卡岩型多，使得溶剂萃取技术推广受到限制；而且，夕卡岩型铜矿多数适宜地下开采，开采成本高。中国新近发现的一批铜矿产地和探矿资源只要分布在西部，并初步形成了东天山、三江（澜沧江－怒江－金沙江）和雅鲁藏布江 3 条大型铜矿带，有望形成 2 － 3 处国家级铜矿勘查开发基地。

与世界相比，中国铜矿资源无论在矿床规模、矿石品味还是利用难度上都处于劣势。中国目前是全球第一大精铜生产国和消费国，但是中国的原生铜自给水平严重不足，目前中国自产铜资源自占中国精铜产量的 24.3%，自产铜资源更是占中国消费量 18.6%，中国铜矿资源严重依赖国际进口。

第二部分 铝行业概况

第一节 世界范围内铝土矿资源状况

一、世界铝土资源分布

铝土矿是指工业上能利用的、以三水铝石、一水软铝石或一水硬铝石为主要矿物所组成的矿石的统称。铝土矿的应用领域有金属和非金属两个方面，在金属方面，铝土矿是生产金属铝的最佳原料，也是最主要的应用领域，其用量占世界铝土矿总产量的90%以上。铝土矿在非金属方面的用量所占比重虽小，但用途却十分广泛，主要是作耐火材料、研磨材料、化学制品及高铝水泥的原料。

世界各国找矿与勘查工作证明，世界铝土矿资源分布广泛，遍及五大洲50多个国家，资源丰富，储量巨大。2002年底世界铝土矿储量228.9亿吨，资源储量共约612亿吨，通过扩大找矿范围，铝土矿资源储量可以增加到750亿吨。世界铝土矿资源储量最丰富的国家是几内亚、澳大利亚、越南、巴西、牙买加，5国总储量为161.5亿吨，约占全球总储量的70%，5国资源储量443亿吨，约占全球总资源储量的72%。

另据美国地质调查局估计，2003年世界铝土矿总资源量约为550-750亿吨。世界铝土矿资源量主要分布在加勒比海地区、南美洲、欧洲、亚洲和大洋洲，其中：非洲160-200亿吨、大洋洲70-100亿吨、南美洲190-250亿吨、亚洲80-130亿吨、加勒比海地区20-30亿吨、欧洲30-40亿吨；所占比例大致为：南美洲（33%）、非洲（27%）、亚洲（17%）、大洋洲（13%）、其他地区（10%）。

二、世界铝土矿储量资源特点

1. 储量丰富，安全保障程度高。储量的静态开采服务年限约为146年，基础储量的静态保证年限约为209年，即使用量在未来20年内增长1倍，在可预见的21世纪中世界铝土矿储量资源也能够保证需求。

2. 分布极不均衡。世界拥有铝土矿资源的国家达50多个，但排在世界前5位的国家就占了储量和资源储量总量的70%以上，前10位国家占了世界资源量的85%以上。

3. 分布格局不断变化。继上世纪60年代澳大利亚成为铝土矿的资源储量大国和70年代的铝土矿与氧化铝生产大国以来，上世纪80年代在印度尼西亚的西加里曼丹、委内瑞拉的洛斯皮希瓜、沙特阿拉伯的宰比拉等地又相继发现了一些重要矿床，越南南部也发现了一个巨型的铝土矿成矿区，老挝也有相当的资源潜力，委内瑞拉也已成为世界上重要的铝土矿资源国之一。

4. 铝土矿新的替代资源。除铝土矿以外，世界非铝土矿中蕴藏的铝资源也相当巨大，包括自然界大量产出的富铝矿物，如霞石、拉长石、红柱石、白榴石、钠明矾石、钠铝石、钙长石、高岭土，它们也构成了铝的重要来源。世界主要的铝消费国尤其重视对这类资源的利用。

三、世界铝土矿工业发展趋势

目前，全球在生产的氧化铝厂共有65个，分布在30个国家和地区。截至2001年底，世界氧化铝生产能力为6100万吨，世界氧化铝生产能力为6100万吨/年，氧化铝产量为5420万吨，主要生产国为澳大利亚、美国、中国、巴西、牙买加，以上5国产量占世界总产量的60%，其中澳大利亚产量占世界产量三分之一。目前世界上有些铝业公司正在着手规划设计生产规模为4000千吨/a-5000千吨/a的大型氧化铝厂。

铝土矿的国际贸易形式以长期合同为主，通过跨国公司之间协商进行，在定价方面，几内亚的Boke矿的售价起到主导作用。铝土矿的主要出口国为几内亚、巴西、牙买加和委内瑞拉等，以上4国的出口量约占世界铝土矿出口量的80%左右。进口铝土矿的主要国家是北美的美国、加拿大和西欧的工业化国家，这两地区每年进口的铝土矿数量占世界进口量的70%左右，氧化铝产量占世界氧化铝产量的30%以上。美国作为最大的铝消费国，除在资源国设立生产设施外，也大量进口铝土矿在本土生产氧化铝。在世界铝土矿贸易中，美国是最大的进口国，2001年进口铝土矿950万吨。

第二节 中国铝土矿资源状况

一、中国铝土矿资源概况

中国是世界上铝矿资源较为丰富的国家，铝土矿资源总量可达50亿吨。截止到2000年底中国探明铝土矿储量为7.2亿吨，为世界第6位。中国铝土矿资源还是比较丰富的，华北地台、扬子地台、华南褶皱系及东南沿海四个成矿区都具有较好的铝土矿成矿条件，尤以晋中－晋北、豫西－晋南、黔北－黔中三个成矿带成矿条件较好，资源远景也大；桂西－滇东及川南－黔北等成矿带也有一定的远景。

二、中国铝土矿储量的分布

中国铝土矿分布高度集中，山西、贵州、河南和广西四个省（区）的储量合计占中国总储量的90.9%（山西41.6%、贵州17.1%、河南16.7%、广西15.5%），其余拥有铝土矿的15个省、自治区、直辖市的储量合计仅占中国总储量的9.1%。

三、中国铝土矿资源特点

中国铝土矿除了分布集中外，以大、中型矿床居多。储量大于2000万吨的大型矿床共有31个，其拥有的储量占中国总储量的49%；储量在2000-500万吨之间的中型矿床共有83个，其拥有的储量占中国总储量的37%，大、中型矿床合计占到了86%。

中国铝土矿的质量比较差，加工困难、耗能大的一水硬铝石型矿石占中国总储量的98%以上。在保有储量中，一级矿石（Al120360%～70%，Al/Si≥12）只占1.5%，二级矿石（Al120351%～71%，Al/Si≥9）

占 17%，三级矿石（A120362% ～ 69%，Al/Si ≥ 7）占 11.3%，四级矿石（A1203 ＞ 62%，Al/Si ≥ 5）占 27.9%，五级矿石（A1203 ＞ 58%，Al/Si ≥ 4）占 18%，六级矿石（A1203 ＞ 54%，Al/Si ≥ 3）占 8.3%，七级矿石（A1203 ＞ 48%，Al/Si ≥ 6）占 1.5%，其余为品级不明的矿石。

中国铝土矿的另一个不利因素是适合露天开采的铝土矿矿床不多，据统计只占中国总储量的 34%。

第三节 2010 年世界铝市场供求情况

一、2010 年世界铝市场供给情况

2010 年，全球原铝市场仍处于供过于求的局面，但在中国等新兴国家消费旺盛的带动下，年度过剩量较之上年出现了明显好转。2010 年世界原铝产量为 4067 万吨，比 2009 年增长 11.0%。其中中国产量达到 1612 万吨，比 2009 年增长 25.5%，占当年全球产量的 39.6%，继续成为推动世界原铝产量增长的主要力量。世界其他主要原铝生产国的产量则与 2009 年相比，普遍变化不大。

表 1　2006-2010 年世界主要国家原铝产量（单位：万吨）

国家	2006	2007	2008	2009	2010
中国	940	1258.8	1360	1284.6	1611.91
俄罗斯	373.1	395	418.8	348.41	386.9
加拿大	305.3	307.6	312.3	303.03	296.32
美国	228	256.7	265.9	172.72	172.72
澳大利亚	193.7	196.2	198.1	194.05	191.1
巴西	159.8	165.1	165.8	153.62	153.62
挪威	138.1	135.9	133.2	109.39	105.6
印度	111.5	122.2	129.3	147.25	160.99
巴林	85.5	85.3	85.4	85.8	85.8
冰岛	28.2	46.5	77.5	66.34	79.95
委内瑞拉	61.8	61.8	60.7	56.11	35.4
德国	51.9	52.4	60.2	29.16	40.25
莫桑比克	56.2	56.2	53.6	24.7	55.74
世界合计	3399.5	3815.1	4006.8	3664.38	4067.19

二、2010 年世界主要国家原铝消费情况

2010 年，世界原铝消费量为 3972 万吨，比 2009 年增长 11.3%，超过供应量增长的幅度。其中中国的消费量达到 1580 万吨，比 2009 年增长 9.4%，占当年全球原铝消费量的 39.8%。2010 年，美国、德国、日本、印度等世界主要原铝消费国的消费量均比 2009 年出现明显增长。其中美国增长 12.7%；德国增长 49.4%；日本增长 33.0%，均超过中国原铝消费的增长幅度，为全球铝市场供需恢复平衡趋势作出了贡献。

表 2　2006-2010 年世界主要国家原铝消费情况（单位：万吨）

国家或地区	2006	2007	2008	2009	2010
中国	864.81	1234.7	1241.25	1444.58	1580.49
美国	615	554.51	490.57	387.62	436.87
德国	182.33	200.83	194.96	127.44	190.42
日本	232.28	219.7	224.97	152.29	202.5
韩国	115.32	108.06	96.38	103.76	125.46
俄罗斯	104.7	102	102	102	68.5
意大利	102.06	108.72	95.11	67	82.34
印度	107.95	120.71	128.42	143.89	150.35
巴西	77.34	85.39	93.16	79.89	98.5
加拿大	84.58	72.15	71.44	65.67	57.72
世界总计	3399.46	3756.41	3700.98	3570.02	3971.7

三、世界原铝供求预测

自 2008 年国际金融危机爆发以来，虽然生产进行了大幅度调整，但全球原铝供应过剩的局面一直没有得到明显改变。从 2010 年世界原铝产需平衡分析，全球铝供应过剩量仍达到 94 万吨，供应过剩的局面尚未得到根本扭转。

世界经济的复苏拉动了消费的增长，特别是交通运输作为全球最主要的铝消费领域表现良好，带动了铝消费的增长。2010 年以来全球汽车生产、销售稳定上升，其他主要经济体的生产、销售情况虽然比不上日本、韩国，但也处于增长状态。从当前形势分析，预计 2011 年全球原铝需求量将达到 4250 万吨，比 2010 年增长 8.1%，继续超过产量增长幅度，从而为铝价上涨提供了较强支撑。不过全球铝市场供过于求的形势不会发生根本形变化。

表 3　2008-2011 年世界原铝供求平衡情况（单位：万吨）

	2008	2009	2010	2011E
全球供应	4006.8	3664.4	4067.2	4320
全球消费	3701	3570	3971.7	4250
全球平衡	305.8	94.4	95.5	70

图 1　2008-2010 年 LME 当月铝价格走势

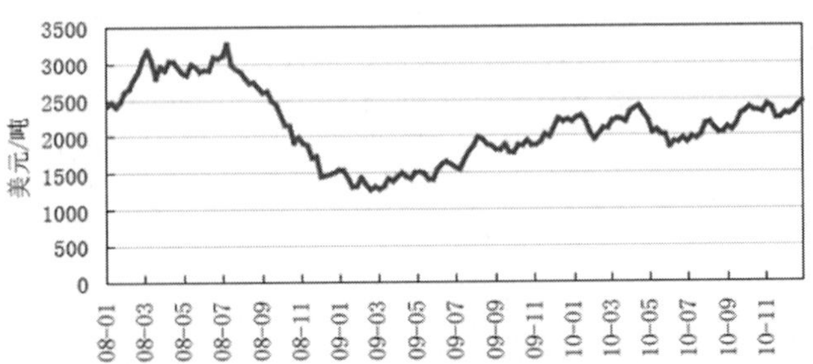

第四节 2010年中国铝产品生产状况

一、中国铝产品的生产情况

1. 氧化铝生产

2010年，中国氧化铝生产状况良好，总体处于盈利状态。下半年以来市场供应偏紧，氧化铝企业库存持续处于低位。据中国有色金属工业协会统计，2010年中国氧化铝产量累计为2896万吨，同比增长21.7%，创历史新高。其中，山西和山东氧化铝产量分别增长39.5%和36.9%；广西和河南氧化铝产量分别增长16.2%和12.4%；贵州氧化铝产量略有下降；重庆地区由于鼎泰拓源的停产，产量较2009年下降了21.9%。

表1 2006-2010年中国主要地区氧化铝产量（单位：万吨）

	2006	2007	2008	2009	2010
河南	519.76	749.45	856.18	850.07	955.32
山东	367.36	636.24	655.81	655.68	897.35
广西	94.29	96.5	251.26	455.39	528.84
山西	254.8	305.5	340.9	259.8	362.44
贵州	110.52	128.27	144.28	136.77	134.65
重庆	—	—	29.98	21.63	16.9
中国	1369.98	1947.32	2278.41	2379.24	2895.51

2. 电解铝生产

2010年，中国电解铝生产几经起伏，除铝价波动给生产企业的运营带来影响之外，电力价格变化、为完成节能减排任务等因素也是引发产量变化的重要因素。据中国有色金属工业协会统计，2010年中国电解铝产量累计为1619万吨，比2009年增加26.1%。

表2 2006-2010年中国主要地区电解铝产量（单位：万吨）

	2006	2007	2008	2009	2010
河南	210.68	305.3	329.08	314.97	366.27
山东	98.8	154.86	148.24	152.07	172.13
山西	77.36	107.79	98.12	75.84	90.86
内蒙古	68.21	102.2	120.56	129.69	159.75
青海	81.07	94.51	99.65	89.11	160.7
甘肃	63.74	76.12	95.82	94.88	104.59
宁夏	55.66	59.89	60.36	65.55	86.04
广西	24.44	31.77	49.82	53.48	68.74
云南	47.64	60.11	56.99	63.67	82.84
四川	41.72	51.48	45.87	40.17	65.58
贵州	58.94	75.53	58.12	80.27	88.79
中国	935.84	1258.83	1317.82	1284.6	1619.45

二、铝的消费情况

2010年，中国铝消费达到前所未有的新高度，全年电解铝消费量达到1615万吨，基本实现了与当年生产的平衡，特别是在国家储备连续两次出库储备铝锭的情况下，市场并未出现供大于求的负面影响，表明需求比较旺盛。从消费结构看，建筑业、交通业和电力是铝消费的主要领域，2010年这三大领域消费占铝消费总量的64.5%。

表3 2008-2010年中国铝消费结构情况（单位：%）

	2008	2009	2010
建筑业	33.7	32.66	33.3
交通运输	17.96	18.73	19.1
电力	12.32	12.2	12.1
包装	8.48	8.85	8.5
机械制造	8.31	8.35	8.4
日用消费品	8.01	8.05	8.1
电子通讯	3.92	4.33	4.4
其他	7.3	6.83	6.1

三、铝价格走势

2010年以来，中国市场氧化铝现货价格呈先抑后扬走势。一季度氧化铝现货价格波动较大，年初中铝公司氧化铝现货价格从2800元/吨上调至3000元/吨，其他氧化铝企业也同步将氧化铝价格提升至3000元/吨。但随着原铝价格的冲高回落，以及春节前氧化铝需求的减少，其他企业的氧化铝价格下跌至2730元/吨左右。二季度中国市场原铝价格节节下挫，中铝公司两次下调氧化铝价格，从3000元/吨降至2850元/吨，后又下调至2650元/吨，地方企业氧化铝现货价格在二季度也是一路下跌，至7月初已跌至2450-2550元/吨，较一季度的价格水平下跌10%。自8月份以来，由于广西和河南地区个别氧化铝企业减产，市场供应紧张，现货氧化铝价格涨幅明显。中铝公司将氧化铝现货价格从2650元/吨上调至2750元/吨，地方企业的氧化铝现货价格也开始快速上涨，在一个星期内由2450元/吨上涨至2700-2800元/吨。四季度初，中国氧化铝价格上涨2900元/吨，重新回到年初的水平。中铝公司也在11月将现货氧化铝价格上调至2900元/吨。但受各地为完成节能减排任务，限制电解铝厂生产影响，氧化铝市场对短期内需求反弹的预期落空，年末价格又回落至2800元/吨。

与国际电解铝市场相比，中国电解铝价格在2010年表现出反弹高度有限、整体成交活跃度偏低的特点。一季度中国市场铝价在供过于的制约下显出疲态态势，4月国家出台的房地产行业调控细则更成为引发市场铝价阶段性下行的导火索，铝价总体呈现下跌走势。三季度是中国市场铝价走势的重要转折点，国际市场铝价强劲上扬，中国部分地区为完成节能减排任务对电解铝生产采取限制措施都对铝价上行带来了利好支撑。2010年底，上海期货交易所现货月铝价收于16430元/吨，较2009年底下降了1.6%，全年铝现货月平均价为15791元/吨，同比上涨16%。

图1 2009-2010年上海期货交易所当月铝价格走势

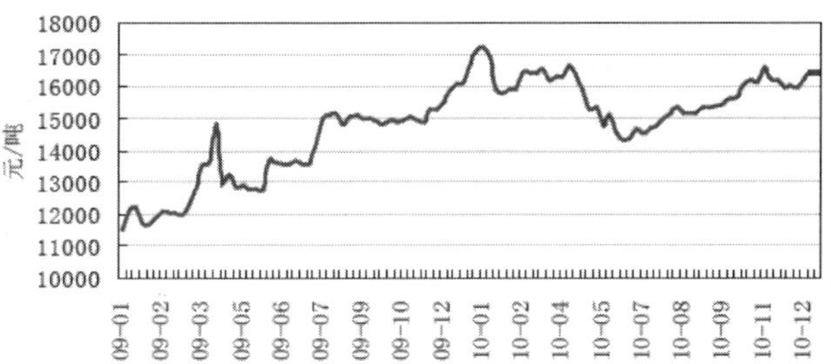

四、铝供需预测

由于中国电解铝消费增长的幅度低于产量的增幅，且 2009 年截转了大量库存，因此，原铝供应过剩的局面短时期内难以扭转。2010 年中国铝的库存量超过 100 万吨。此外，2011 年，新产能投产的压力相对集中，初步判断，新产能的建成投产将至少使 2011 年中国原铝产量在 2010 年的基础上增长 11% 以上。2010 年全年原铝产量达到 1850 万吨。

需求方面，目前中国经济处于稳定上升阶段，通、建筑建材领域节能材料应用的扩大化使得中国原铝消费仍有增长潜力，对铝的需求还将进一步增加，预计 2011 年中国电解铝消费量将达到 1750 万吨，比 2010 年增长 8.4%。

表 4　2008-2015 年中国电解铝市场平衡情况（单位：万吨）

	2008	2009	2010	2011E	2015E
产量	1318	1285	1619	1850	2400
净进口量	-55	145	-39	-20	-
供应量	1263	1430	1580	1830	-
消费量	1250	1280	1615	1750	2400
市场平衡	13	150	-35	80	-

第五节 中国铝行业竞争状况总结

一、2010 年中国铝行业市场竞争格局

2010 年，中国铝业、中国电力投资集团、山东信发铝电集团等三大铝业企业在竞争中进一步发展，合计电解铝产量达到 658.7 万吨，占当年中国产量的 40.7%。其中中国铝业的电解铝产量为 431.7 万吨，占中国产量的 26.7%，规模优势已经形成。

表 1 2009-2010 年中国主要电解铝企业生产情况（单位：万吨，%）

	2009 年	2010 年	企业产量占总产量比重
中国铝业	344	431.73	26.7
中国电力投资集团	110	146.92	9.1
山东信发铝电集团	68.9	80	4.9
合　计 (CR3)	522.9	658.65	40.7

二、2010 年中国铝行业行业运营绩效

2010 年，中国铝行业运营情况良好，实现了全行业的整体盈利。整个铝行业 403 家规模以上铝冶炼企实现利润 104.4 亿元，比 2009 年同期增长 2914.6%。

表 2　2010 年铝行业实现利润情况（单位：个，亿元，%）

	企业个数	利润		
		2010 年	上年同期	同比增长
铝冶炼	403	104.41	0.35	2914.6
铜矿采选	336	67.61	29.95	125.8
有色金属合金制造	788	45.81	23.48	95.1

表 3　2010 年铝行业资产利润率、销售收入利润率情况

（单位：%，百分点）

	资产利润率	同比增减	销售收入利润率	同比增减
铝矿采选	20.1	6.62	10.03	0.96
铝冶炼	2.45	2.44	3.59	3.42

表 4　2010 年铝行业资产负债率情况（单位：%）

	资产负债率	同比增减
铝矿采选	57.51	-5.14
铝冶炼	67.1	0.8

第六节 中国铝行业主要企业情况

一、中国铝业公司

1. 企业概况与企业核心竞争力

中国铝业公司主要从事矿产资源开发、有色金属冶炼加工、相关贸易及工程技术服务等，是目前中国有色金属工业中总体实力最强的企业，占据产业排头兵位置，并在世界有色金属工业中具有重要影响。中国铝业公司成立以来，通过战略重组和整合，不断拓展生产经营领域，形成了以铝为主的轻金属，以及铜、稀有金属等三大主业板块。

作为资源开发型企业，目前中国铝业公司在中国实际控制了约 2 亿吨铝土矿储量，785 万吨铜储量。在境外，中国铝业公司已经与澳大利亚等国家达成协议，参与其铝土矿资源的开发；并在秘鲁控制了大约 1200 万吨铜储量。

2. 企业经营状况

铝业板块是中国铝业公司的传统主营业务，到 2010 年中铝不仅是中国最大的综合性铝业公司，在世界铝产业中也占有重要地位。2010 年经营铝板块业务的中国铝业股份公司实现氧化铝产量 1013 万吨；化学品氧化铝产量 120 万吨；原铝产品产量 384 万吨；铝加工产品产量 60.5 万吨。公司主营业务收入 1209.95 亿元，比上年增长 72.2%；实现净利润 7.78 亿元，而上年亏损 46.5 亿元。

目前中国铝业公司控制了中国主要铜业企业主要有：云南铜业集团公司、洛阳铜加工公司等。2010 年云南铜业股份公司实现主营业务收入 317.13 亿元，比 2009 年增长 66.3%；实现净利润 4.31 亿元，比 2009 年增长。

表 1　2006-2010 年中国铝业股份有限公司主要财务指标

（单位：亿元）

	单位	2010 年	2009 年	2008 年	2007 年	2006 年
总资产	亿元	1413.22	1339.75	1355.28	943.38	761.95
每股净资产	元	3.82	3.73	4.07	4.2829	3.65
主营业务收入	亿元	1209.95	702.68	767.26	761.8	610.15
净利润	亿元	7.78	-46.46	0.09	102.25	113.29

续表 1

	单位	2010 年	2009 年	2008 年	2007 年	2006 年
每股收益	元	0.06	-0.34	0.0007	0.82	0.99
总资产	亿元	322.26	264.8	217.05	290	149.05
每股净资产	元	3.32	3.11	2.84	5.25	6.66
主营业务收入	亿元	317.13	161.84	257.55	344.56	-
净利润	亿元	4.31	3.73	-27.92	9.22	12.05
每股收益	元	0.34	0.3	-2.2	0.73	1.36

3．企业竞争战略及经营策略

2010 年中国铝业公司经过结构调整，一举扭转了生产经营的被动局面，重新焕发活力，企业竞争力有所增强。特别是在优化生产要素配置方面，取得积极进展。在剥离劣势资产的同时，企业的优势资产更加突出，中国铝业公司已经进入一个新的发展阶段。

2011 年，公司将着力推进结构调整、科技创新，深入推进运营转型，进一步强化基础管理，持续优化生产绩效，降低产品成本，巩固控亏增盈；稳步实施战略转型，提高盈利经营模式，发挥现有资产潜力，持续改善运水平和抗风险能力。氧化铝产量预计比 2010 年增长约 18.1%，电解铝产量预计比 2010 年增长约 4.86%。具体来看，公司将采取的策略包括：

深化结构调整。铝土矿方面，按照资源优先的原则，加大中国资源获取和开发力度，增加铝土矿资源储量，提高资源保障程度和自采矿比例；同时，继续寻求国外资源开发机会，积极参与和推进在国际上有潜力的勘探和开发项目。氧化铝方面，继续开展工艺技术升级和流程优化，进一步优化生产布局，在有条件的地方布局氧化铝厂，替代落后产能。电解铝方面，继续改造、淘汰落后产能，创造条件将产能向煤炭资源富集区域、水电丰富区域发展，实现煤电铝一体化；推广应用新型电解槽、无效应低电压等先进装备技术，不断降低综合能耗。铝加工方面，以高精尖铝材等为发展重点，继续加大新材料研发。

调整资本结构，优化债务结构，降低财务费用。进一步完善预算管理体系，以资产回报为核心的考核模式，开展月度运营分析，跟踪降本增效成果，不断优化运营指标；进一步加强现金流预算管理，做好低储备下的资金平衡，保证现金供应安全；拓展低成本融资管道，进一步优化债务结构，合理利用各种债务融资工具，降低资金成本；加强对子公司债务风险的监测和管控，提升债务风险监测及预警方案，合理确定重点监测范围和管控措施，防范债务风险。

加快推进海外开发。在继续推进澳洲奥鲁昆项目、马来西亚沙捞越专案、沙特阿拉伯铝电项目和几内亚铁矿石项目的同时，积极参与全球资源配置，在铝土矿、能源资源丰富地区，继续寻求发展机会。

二、南山集团公司

1．企业概况与企业核心竞争力

南山集团公司以民营股份制经济为主体，多元化并举发展，拥有能源、铝业、纺织服装、房地产、建材、旅游、教育、高尔夫、葡萄酒、金融等十大主要产业。南山铝业拥有全球同一地区最完整铝产业链，涵盖了煤炭、电力、铝矾土、氧化铝；电解铝、铝型材；铝板、带、箔等整个铝产业上下游环节；拥有世界一流的生产设备，南山铝型材被广泛应用于交通、工业、民用、军工等若干领域。南山集团采用先进技术建设的从氧化铝到铝加工的产业链已经形成，成为中国实力最强的铝企业之一。

2．企业经营状况

2010 年南山集团控股的南山铝业股份公司氧化铝实际产量约 80 万吨，居中国氧化铝生产企业 8 位；原铝实际产量 37.3 万吨，居中国电解铝生产企业第 10 位；铝加工材实际产量约 30 万吨，也进入中国铝加工材产量前 10 名行列。公司 2010 年实现主营业务收入 91.74 亿元，比 2009 年同期增长 26.03%；实现归属于母公司所有者的净利润 7.81 亿元，比 2009 年同期增加 6.84%。

表 2　2006-2010 年南山铝业股份有限公司主要财务指标

（单位：亿元）

	单位	2010 年	2009 年	2008 年	2007 年	2006 年
总资产	亿元	189.52	152.97	138.75	106.29	40.85
每股净资产	元	7.59	7.02	6.38	5.85	4.52
主营业务收入	亿元	91.74	72.79	72.32	65.72	22.44
净利润	亿元	7.81	7.15	6.29	11.49	1.73
每股收益	元	0.42	0.5	0.48	0.87	0.36

3．企业竞争战略及经营策略

随着公司下游铝深加工产品（包括轨道交通、工业型材）的逐步投产及产品（热轧板、冷轧板）产能不断得到释放，公司铝深加工产品的收入在公司整个铝产业链中的占比越来越大，公司正在逐步从传统的电解铝冶炼企业转变成为以铝深加工占绝对优势的铝加工企业，未来随着轨道交通、工业型材等产能的进一步释放，这种优势将会越来越明显，未来公司的经营重点是：针对铝产业链的上游一是将严抓生产成本的管理，做好新技术的引用，在现有基础上“降成本、降单耗、提效益”，二是做好氧化铝扩产后的生产及销售工作；针对铝产业链下游深加工产品之压延部分，公司计划提高热轧卷及冷轧卷的产量，调整冷轧的产品结构，增加高毛利易拉罐料的生产，逐步提高产品售价，增加产品销售收入；针对铝产业链下游深加工产品之挤压部分，通过加强产品宣传、强化品牌意识，不断开拓新市场、新业务保证建筑型材生产和销售的稳定，加大工业型材技术创新的力量，作好高端工业型材（包括轨道交通、机械制造、汽车、航天等多领域）的研发、生产。

三、河南豫联能源集团公司

1. 企业概况与企业核心竞争力

河南豫联能源集团公司为科、工、贸、商为一体的多产业综合企业集团，主要经营电解铝及铝材、火力发电、炭素、供热、供气等，公司已形成年产 42 万吨电解铝、10 万吨铝深加工、配套 110 万千瓦装机容量、15 万吨炭素的生产规模。目前，豫联集团已经拥有了国际、中国两个市场和两个融资平台。

自 2006 年至今，豫联集团先后收购了河南省银湖铝业公司、林州市林丰铝电公司，公司 320KA 级电解槽已成为中国主力槽型，综合交流电耗等主要技术指标达到了中国同行业领先水平。

2. 企业经营状况

2010 年集团控股的中孚实业股份公司电解铝实际产量 61.2 万吨，实现主营业务收入 108.26 亿元，比 2009 年增长 69.0%；实现净利润 2.21 亿元，比 2009 年下降 28.7%；资产总额达到 137.33 亿元，比 2009 年增长 28.4%。

3. 企业竞争战略及经营策略

豫联集团利用中部崛起的战略机遇，落实科学的发展观，以发展循环经济、实现资源综合优化配置为切入点，继续立足于“铝电合一”的发展模式，做优做强铝电优势产业；整合当地的煤炭产业，通过铝产品的结构调整向铝深加工领域延伸，提高产品附加值，构建“煤－电－铝－铝深加工”的产业链条；建立稳定的氧化铝供应基地和电解铝国际销售体系；同时完善企业文化，打造企业品牌，近期发展目标是力争用三至五年时间使公司成为中国最强的电解铝企业之一。

表 3　2006-2010 年中孚实业股份有限公司主要财务指标

（单位：亿元）

	单位	2010 年	2009 年	2008 年	2007 年	2006 年
总资产	亿元	137.33	106.92	81.43	54.39	35.13
每股净资产	元	2.4	4.04	3.57	3.38	4.48
主营业务收入	亿元	108.26	64.05	64.71	51.14	28.55
净利润	亿元	2.21	3.1	1.95	5.48	1.78
每股收益	元	0.19	0.47	0.3	0.88	0.7764

第三部分 铅行业概况

第一节 世界金属铅资源概况

一、世界金属铅资源现状

世界铅储量比较丰富，资源潜力较大，加上高再生率，能够满足未来全球经济发展的需要。数据表明，世界铅资源有广阔的勘察前景。据美国地质调查局（USGS）公布的资料显示，1999-2009 年间，世界铅的储量和储量基础分别增加了 23.4% 和 18.9%。世界铅储量和储量基础在 2007 年分别增加到 7900 万吨和 1.7 亿吨，至今维持在该水平。按照 2009 年世界铅精矿产量 380 万吨计算，现有世界铅储量和储量基础的静态保证年限分别为 20.8 年和 44.7 年。

图 1　2009 年全球金属铅储量分布比例

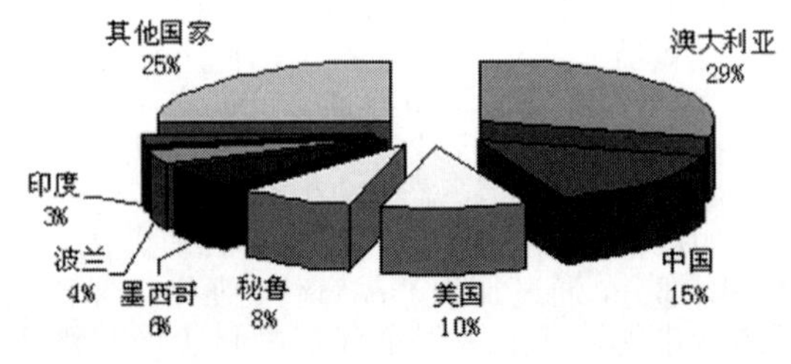

图 2　2010 世界铅矿产量分布（单位：万吨）

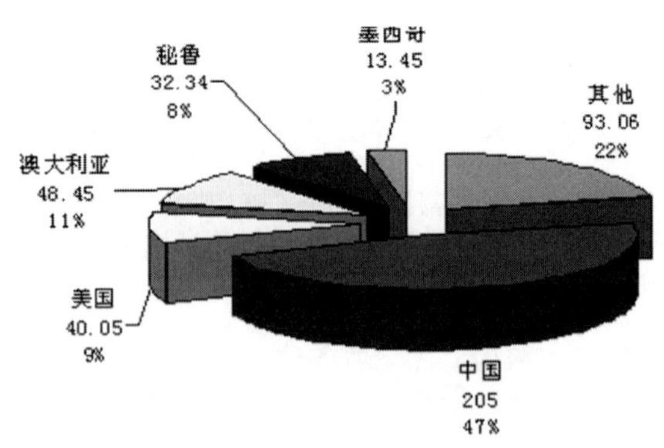

图 3　2010 全球再生铅产量

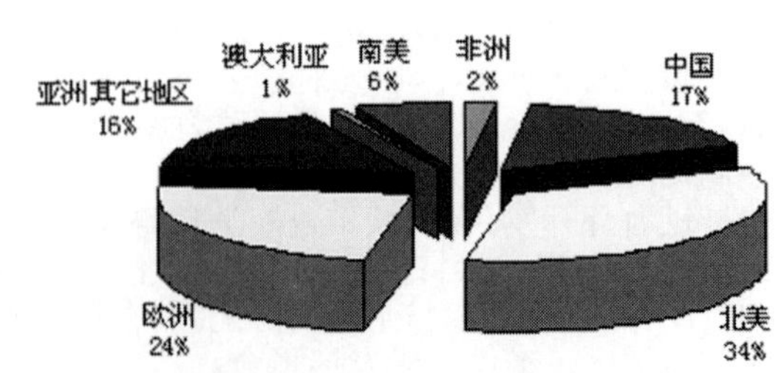

表 1　　　　2009 年全球铅储量分布（单位：%）

国家	澳大利亚	中国	美国	秘鲁	墨西哥	波兰	印度	其他国家
比例	29	15	10	8	6	4	3	25

表 2　2005-2010 全球铅矿主要生产国产量（单位：万吨）

	中国	美国	澳大利亚	秘鲁	墨西哥	其他	全球
2005	100	42.6	77.6	31.9	13	99.9	352
2006	120	42.9	68.6	31.3	12	102.2	365
2007	150	44.4	64.1	32.9	12	85.6	377
2008	150	41	64.5	34.5	10.1	94	384
2009	190	40	51.6	30.5	15.5	98.9	390
2010	205	40.05	48.45	32.34	13.45	93.06	402.1

图 4　2005-2010 全球铅矿主要生产国产量分布（单位：万吨）

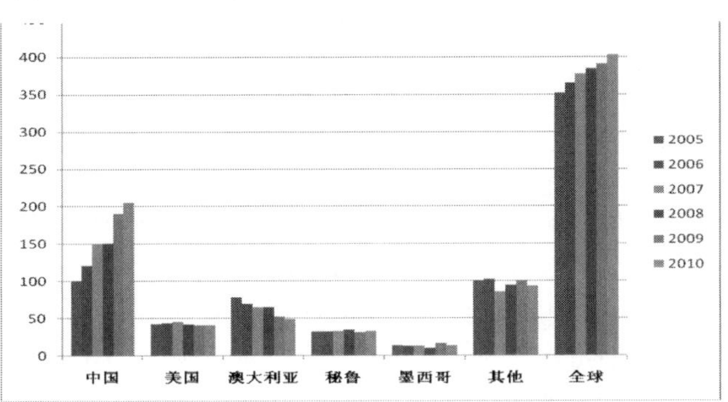

从上表来看，中国铅矿产量近年来迅速增长，2005 年累计突破 100 万吨，2007 年达 150 万吨，2010 年更是突破 200 万吨大关。另外可以看出，世界其他国家和地区铅矿产量增长的非常慢，目前中国市场决定国际铅矿供给趋势。

1970-2010 年，世界铅精矿长期增长率为 0.3%，2000-2010 年年均递增 2.2%，2010 年为 394.8 万吨。西方国家铅精矿产量长期处于下降趋势，中国是世界铅精矿增长的主要力量。

表 3　　2005-2010 年世界铅精矿的主要生产国生产情况

（单位：万吨）

	2005 年	2006 年	2007 年	2008 年	2009 年	2010 年
世界合计	342.2	352.5	361.6	382.5	379.3	394.88
中国	114.2	133.1	140.2	147.2	152.4	164.57
澳大利亚	71.5	62.1	58.9	59.4	52.5	48.67
美国	43.6	42.9	43.4	42.2	41.5	41.25
秘鲁	31.9	31.3	32.9	34.5	30.2	32.1
墨西哥	13.5	13.5	13.7	14.6	15.5	15.69

二、2010 世界精铅生产情况

世界精铅生产主要集中在亚洲、欧洲和美洲三大地区，2010 年，这三大地区的精铅产量达到 847.8 万吨，占全球总产量的 96.1%；其中亚洲占比达到 55.5%。

二十世纪八十年代以前，世界精铅产量在西方产量的增长推动下上扬。1960-1980 年间，世界精铅产量的年度增幅为 2.7%，其中西方国家精铅产量增幅达到 2.6%。九十年代以后，中国铅冶炼产能的迅速扩张，引导中国精铅产量迅猛增长，成为世界精铅产量增长的主力军；同期，西方国家精铅产量维持在 500 万吨下方。1990-2010 年间，世界精铅产量年度增幅为 2.5%，其中西方国家的产量增幅仅为 0.2%，而中国达到了 13.5%。

图 5　2005-2010 年世界铅精矿的主要生产国产量

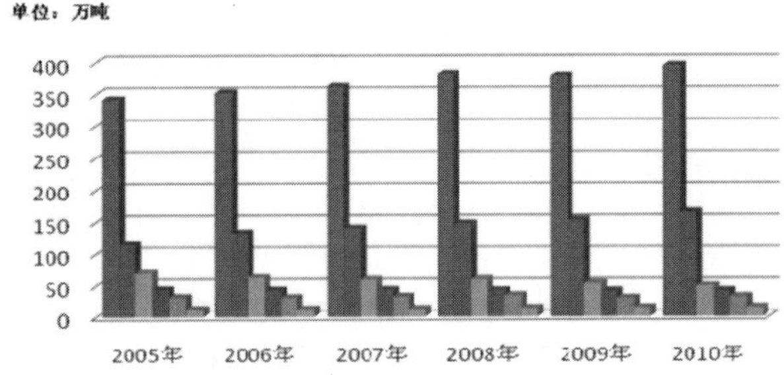

图 6 2000-2010 全球精铅产量变化（单位：万吨）

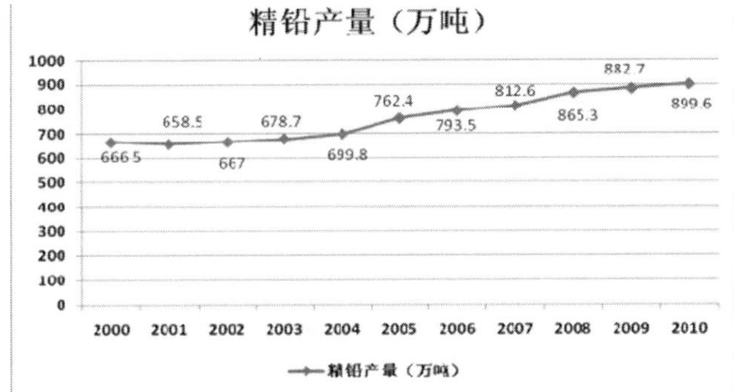

亚洲在精铅生产方面与美洲、欧洲明显不同，前者以原生铅为主，而后两者以再生铅为主。2010 年，亚洲再生铅产量占其总产量的比例为 41.2%，低于世界平均水平的 56.4%，欧洲、美洲再生铅产量在总产量中所占比重分别高达 76.4% 和 81.2%。

国际铅锌研究小组统计显示，2010 年全球精炼铅产量为 940.1 万吨，较 2009 年增长 6%。中国国家统计局公布的数据显示，2010 年中国精炼铅产量为 431.6 万吨，较 2009 年增长 9.8%。全球精炼铅产量增长较为平稳，中国精炼铅产量增速略高于全球平均水平。受益于高企的铅价以及下游旺盛的需求，中国精练铅冶炼产能迅速扩张，已经由 2005 年的 300 万吨 / 年增加至 2010 年的 498 万吨 / 年。产能的大规模扩张一方面使得铅市供应得到保障，另一方面也对铅价形成一定制约。

图 7　全球精铅生产分布

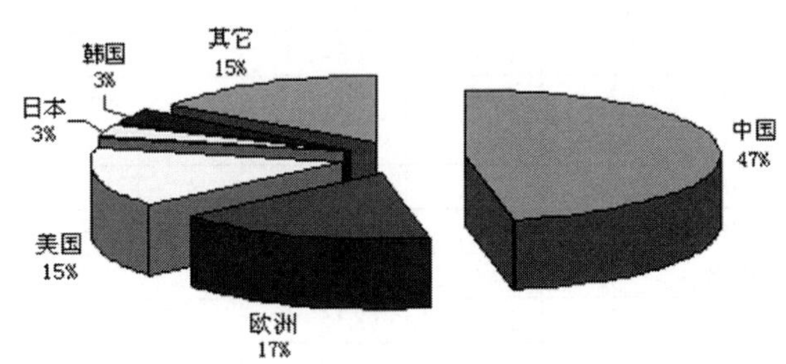

从世界金属统计局（WBMS）公开的数据来看，2010年1-10月，全球铅市场供给过剩800吨，而2009年同期市场则为供给短缺42000吨，WBMS称，全球铅矿山产量为397.8万吨，较2009年1-9月增长19%。精炼铅产量较去年前十个月增长4.3%，至759.9万吨。WBMS称，2010年前十个月总需求量增长3.7%至759.8万吨。中国表观需求量占全球需求总量的47%。

三、全球铅消费分析

2010年随着全球经济的稳步复苏，特别是全球汽车工业的再度回暖，世界铅消费增速平稳较快。国际铅锌小组统计数据显示，2010年全球铅消费909.5万吨，同比增长6.2%。在全球铅需求较快增长的势头中，中国需求贡献功不可没。2010年中国精炼铅表观消费量431.45万吨，同比增长7.72%，高于全球平均水平。

图8　2000-2010全球精铅消费量变化

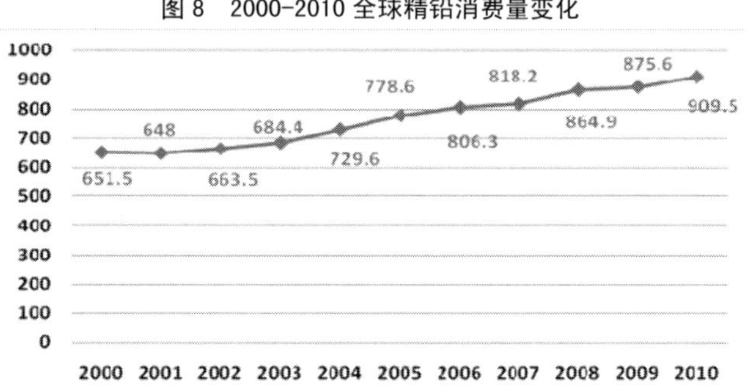

受欧债危机、中国经济增速放缓等一系列利空因素打击，上半年，国内外铅价整体震荡下跌。6月跌至2010年以来最低位。上海现货铅与LME现货铅均价分别降至14479元/吨和1703.39美元/吨，较1月均价分别下跌11.3%和28.1%。同比涨幅分别缩小至9.9%和1.8%，价格水平均创2010年8、9月份以来最低。7月中旬开始，国内外铅价出现快速反弹。至8月内外铅均价分别为16177元/吨和2074.77美元/吨，环比涨幅分别为7.5%和13.0%；同比分别上涨16.0%和9.2%；与6月均价相比，反弹幅度分别为11.7%和21.8%。然而，与1月均价相比，仍有小幅下跌，跌幅分别为0.9%和12.4%。

表4　2000-2010全球铅生产、消费及价格（单位：万吨）

	铅精矿产量	精铅产量	精铅消费量	铅价
2000	316.9	666.5	651.5	454
2001	300	658.5	648	454
2002	282.9	667	663.5	476
2003	311.1	678.7	684.4	514
2004	312.8	699.8	729.6	886
2005	342.3	762.4	778.6	976
2006	352.5	793.5	806.3	1289
2007	362.6	812.6	818.2	2578
2008	374.9	865.3	864.9	2092
2009	385.1	882.7	875.6	1721
2010	390.5	899.6	909.5	2337

2010年国内外市场铅比价总体不高，全年比价平均约为7.5，低于2009年的8.5，影响中国精铅进口积极性。另外，随着发达国家经济形势的好转，铅消费明显增加，市场已经由供应过剩转为供应短缺。这两个因素的叠加导致2010年中国精铅进口大幅减少，而出口有所增加。据海关统计显示，2010年中国累计进口精铅2.1万吨，同比减少86.3%；累计出口2.3万吨，同比增加0.2%，净出口0.2万吨。铅合金及铅材出口增加也较为明显，2010年中国累计出口铅材5.3万吨，同比增加29.1%，进口0.3万吨，同比减少51.6%；出口铅合金0.24万吨，同比增加34.9%，进口4.1万吨，同比减少12.8%。

图9　2000-2010全球铅价格走势变化

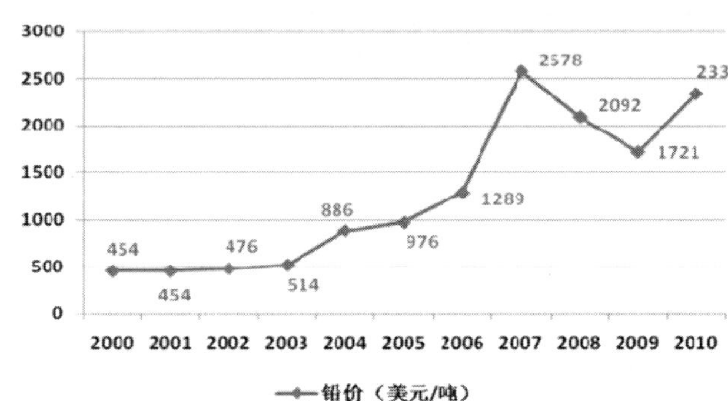

世界铅消费趋势分为两个阶段，1970-1994年间，世界铅消费水平基本维持在500-550万吨，年均增幅仅为0.8%；同期西方铅消费呈现增长态势，年均增幅达到1.1%。1995-2009年，中国铅消费异军突起，17.9%的年均消费增幅引领世界铅消费出现2.7%的年均增幅，同期，西方铅消费则以0.4%的速度下降。中国在2004年超过美国，成为全球最大的铅消费国。

全球铅消费呈现两级化，中国和美国的消费量都在百万吨以上，2010年上述两国的铅消费量在全球消费中所占比重分别达到43.1%和16%，中国的消费比例在提高，美国的比例低于2009年的18.4%。

图10　2010年全球精铅消费分布

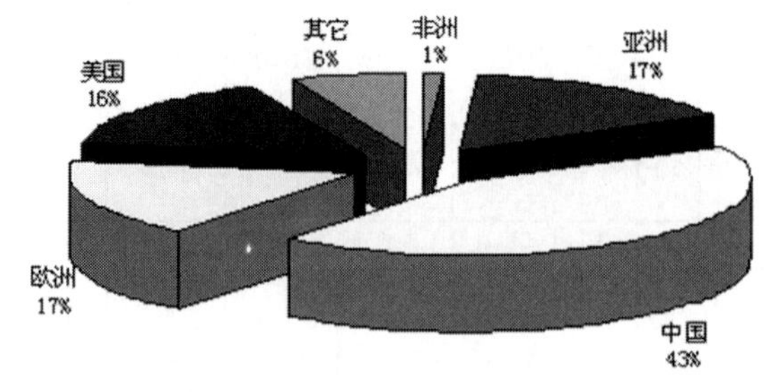

第二节 中国铅铅资源概况

一、中国铅矿储量

中国铅储量占世界储量的30%左右，但由于中国需求逐年增加，加之西方发达国家逐步减少铅生产，使得中国铅矿需求增幅巨大，中国开采量已经不能满足铅冶炼业的需求，中国冶炼厂每年都要大量进口铅精矿。目前，中国铅矿进口和中国铅矿产量基本上保持对等份额。中国铅矿进口主要来自秘鲁、美国、澳大利亚、俄罗斯、墨西哥和印度6个国家。

中国铅资源广泛分布于中国28个省市和自治区，主要集中分布在云南、内蒙古、广东、青海、甘肃、湖南和四川等七个省区，上述地区铅的储量合计在中国总储量中占到84%的绝对份额。

表1　　中国铅矿储量地区分布（单位：万吨）

	矿区数量（个）	储量	基础储量	资源量	查明资源储量
中国	1389	747.29	1345.88	2861.28	4207.16
云南	110	165.66	295.75	412.78	708.53
内蒙古	118	104.35	251.02	290.34	541.36
广东	68	90.64	122.41	263.69	386.1
青海	31	85.23	96.26	93.73	189.99
甘肃	56	78.33	106.17	204.77	310.94
湖南	100	73.11	116.73	158.09	274.82
四川	92	32.84	71.94	186.76	258.7
广西	102	18.64	30.85	159.02	189.87
江西	70	17.17	35.47	92.76	128.23
福建	106	14.1	21.13	165.51	186.64
江苏	14	13.53	19.41	50.85	70.26
河南	40	11.52	26.82	80.51	107.33
陕西	39	8.52	15.14	194.38	209.52
吉林	25	8.33	9.96	15.95	25.91
辽宁	89	8.28	15.54	18.82	34.36
河北	26	6.39	17.56	30.58	48.14
重庆	8	2.58	3.94	3.86	7.8
浙江	46	2.38	41.43	76.18	117.61
新疆	47	1.44	4.37	84.43	88.8
山东	29	1.25	7.07	11.89	18.96
山西	4	1.02	1.46	3.49	4.95
贵州	58	0.92	5.98	40.65	46.63
安徽	31	0.55	4.34	37.93	42.27
海南	4	0.39	0.55	1.41	1.96
湖北	23	0.12	0.67	32.12	32.79
北京	5			3.07	3.07
黑龙江	25		5.45	44.62	50.07
西藏	23		18.47	103.1	121.57

图1　　中国探明铅资源储量分布

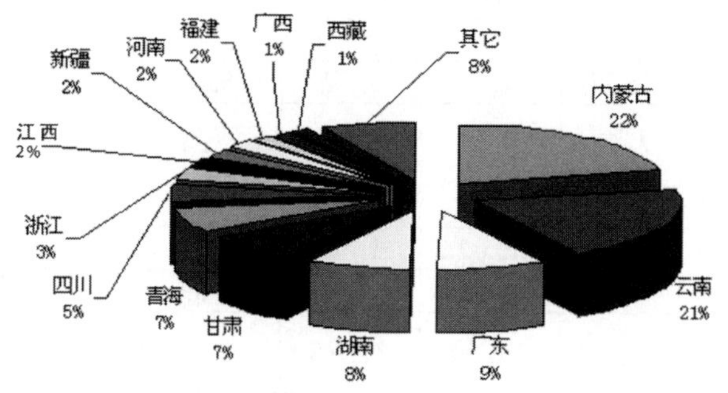

中国铅储量主要集中在大中矿床中，为规模化生产提供了有力的条件。现有大中型铅矿床99处，探明的资源总量和储量分别占中国的66.9%和84.9%；其中大型铅矿区14处，探明的资源总量和储量分别占中国的31.1%和50.3%。云南兰坪铅锌矿（铅锌保有储量1440万吨，下同）、广东凡口铅锌矿（510万吨）、甘肃厂坝铅锌矿（含李家沟，404万吨）和内蒙古东升庙铅锌矿（454万吨）是中国4座特大型矿，合计保有储量在中国总量中占到22%。

中国铅锌矿贫矿多、富矿少，结构构造和矿物组成复杂的多、简单的少。根据中国地质调查局发展研究中心对116个中型以上铅锌矿床的统计，中国铅锌矿床的平均品位铅为1.99%，锌为4.49%。其中铅+锌平均品位小于9.5%的矿床占71.6%，铅+锌平均品位在7.5-15%之间的矿床占24.1%，铅+锌平均品位大于15%的矿床仅占4.3%。根据多年经验，铅锌品位小于7.5%的矿床，开采的经济效益不甚理想，生产成本高，只有微利甚至亏损，由此造成中国不少中小型铅锌矿开采过程中吃富弃贫，采大弃小，采易弃难现象普遍存在，资源浪费严重。

二、2010年中国精铅生产状况

2010年中国铅总产量为472.94万吨，其中再生铅产量达156.29万吨，占铅总产量的32.46%。整体而言，2010年的外部环境对于铅冶炼而言尚算平稳，年中虽出现灾害性天气对部分冶炼企业的开工构成了影响，如上半年的云南干旱天气和江西6月的水灾及甘肃8月遭遇泥石流，但规模型企业受影响有限，并在短期内恢复了正常生产。虽然10月开始的节能减排对企业造成的影响较广泛，但铅冶炼新建产能在3季度之后的相继投产推动了全年产量的稳定增长。2010年再生铅产量同比增长10.55%，一方面因为近年中国铅酸蓄电池产量连续稳步增长，对于再生铅生产而言，原料供应有所保障。另一方面，在中国环保力度加强的压力下，不少再生铅企业也进行了技术改革，为再生铅的稳定生产奠定了基础。

第四部分 锡行业概况

第一节 中国锡矿资源发展概况

一、中国锡矿储量现状

中国锡矿资源丰富，截至 2007 年底，中国锡矿查明资源储量 483.66 万吨，其中基础储量 152.25 万吨，占 31.5%，查明资源量 331.41 万吨。中国锡矿主要集中在云南（124.99 万吨）、广西（97.55 万吨）、湖南（91.78 万吨）、内蒙古（78.15 万吨）、广东（56.01 万吨）和江西（24.99 万吨），这六省区锡矿资源储量占中国查明资源储量的 97.89%。

砂锡矿主要分布在华南锡矿成矿区，原生矿则集中分布于北回归线附近，如云南的个旧、广西的大厂和粤桂交界的南岭山系。

图 1 中国锡矿的地质分布情况

图 2 中国锡矿储量分布情况

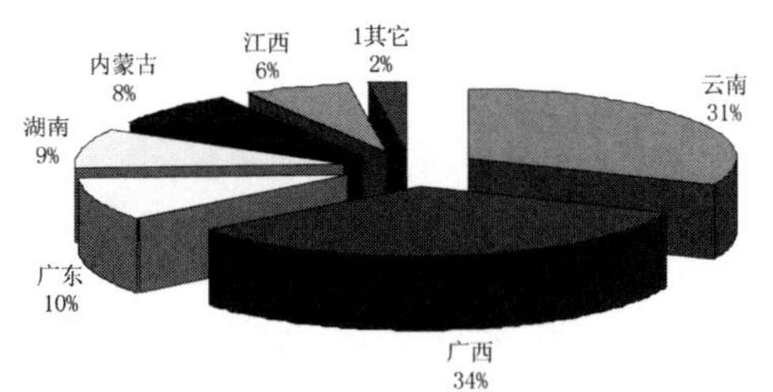

中国锡矿主要分布在云南和广西，两省占中国保有储量的 60%以上，中国的锡矿资源具有 5 个方面的特点：

1. 储量高度集中：中国锡矿主要集中在云南、广西、广东、湖南、内蒙古、江西 6 个省、区。而云南又主要集中在个旧，广西集中在大厂，个旧和大厂二个地区的储量就占了中国总储量的 40% 左右。

2. 以原生锡矿为主：中国锡矿的另一个特点是以原生锡矿为主，砂锡矿居次要地位。在中国总储量中，原生锡矿占 80%，砂锡矿仅占 16%。

3. 共伴生组分多：中国锡矿作为单一矿产形式出现的只占 12%，作为主矿产的锡矿占中国总储量的 66%，作为共伴生组分的锡矿占中国总储量的 22%。共生及伴生的矿产有铜、铅、锌、钨、锑、钼、铋、银、铌、钽、铍、铟、镓、锗、镉，以及铁、硫、砷、萤石，等等。

4. 大、中型矿床多：中国锡矿大、中型矿床多，尤以云南个旧和广西大厂最为著名，是世界级的多金属超大型锡矿区。

5. 勘探程度高：中国锡矿勘探程度是比较高的，截至 1996 年底，中国锡矿达勘探工作程度的保有储量占总储量的 51.6%，达详查工作程度的占 44.8%，二者合计占到中国总储量的 95.6%。

二、截至 2010 年中国锡矿开发利用概况

截至 2010 年末，中国锡矿已利用矿区 245 处，占用查明资源储量 360.02 万吨，占中国查明资源储量的 74.44%。其中基础储量 129.69 万吨，占中国基础储量的 85.2%。云南的个旧、广西的大厂是中国两大锡矿生产基地。可规划利用的矿区不多，有 57 个；查明资源储量不大，为 81.35 万吨，其中基础储量 19.33 万吨，分别占中国总量的 16.8% 和 14.9%。

中国锡矿生产集中度有所提高。目前有锡矿山 153 个，其中大型矿山 2 个，占矿山总数的 1.3%；中型矿山 11 个，占 7.2%；小型矿山 56 个，占 36.6%；规模以下矿山 84 个，占 54.9%。

第二节 世界及中国锡市场供求概况

一、世界锡市场 2010 年供求概况

2010 年，全球锡精矿产量为 31.2 万吨，比 2009 年增长 0.8%；精锡产量为 35.7 万吨，同比增加 7.2%。在锡精矿产量增长很少的情况下，精锡产量增加，主要依靠再生锡产量的增加，以及部分冶炼厂对原料库存的消耗。全年世界精锡消费量为 37.5 万吨，同比增长 16.7%。当前世界锡市场出现供应短缺，引发价格上涨。预计这种局面还将持续下去。

表 1 2006-2010 年世界主要国家锡产量（单位：万吨）

国家	2006 年	2007 年	2008 年	2009 年	2010 年
中国	13.81	15.13	12.91	13.45	14.94
印尼	8.37	7.8	6.71	6.5	6.27
马来西亚	2.29	2.55	3.16	3.64	3.87
泰国	2.78	1.98	2.17	2.02	2.29
巴西	0.88	1.02	1.08	1.1	1.1
秘鲁	4.1	3.59	3.8	3.39	3.64
世界总计	36.17	35.24	32.88	33.41	35.66

表 2　2006-2010 年世界主要国家锡消费量（单位：万吨）

国家	2006 年	2007 年	2008 年	2009 年	2010 年
中国	12.13	13.2	12.33	14.3	15.28
日本	3.91	3.42	3.22	2.3	3.57
其他亚洲国家	6.75	6.36	6.27	5.81	6.69
美国	4.32	3.41	3.12	2.69	3.45
其他美洲国家	1.75	1.87	1.89	1.57	2.21
欧洲	7.09	7.03	6.65	5.21	6
其他国家	0.54	0.33	0.34	0.24	0.29
世界总消费量	36.79	35.62	33.82	32.12	37.49

二、中国 2010 年锡生产概况

据中国有色金属工业协会的统计数据，2010 年中国锡精矿产量为 83636 吨（金属量），同比增长 15.4%；精锡产量为 14.9 万吨，同比增长 11.1%。当年中国与世界其他主要精锡生产国相比，生产状况比较良好。

2010 年第四季度，由于设备大修，云南锡业、云南乘风金属公司等都停产 1 个月左右，另有部分企业受地方节能减排限电政策影响，被迫采取减产措施，精锡产量下降比较明显。这一期间，虽然国内外市场锡价高涨，刺激中小企业产量有所增加，但增加的产量仍不足以弥补主要企业的减产部分，中国市场锡供应开始逐渐显现紧张。

表 3　2005-2010 年中国主要地区锡产量（单位：万吨）

地区	2005 年	2006 年	2007 年	2008 年	2009 年	2010 年
云南	6.43	7.39	7.97	7.83	7.47	7.53
广西	3.74	3.43	3.6	2.08	2.48	2.88
湖南	1.61	1.92	2.6	1.94	2.25	3.22
江西	0.35	0.44	0.7	1.02	1.14	1.25
中国	12.18	13.21	14.8	12.91	13.45	14.94

三、中国锡 2010 年消费概况

2010 年中国锡消费量约为 14.7 万吨，同比增长 11.1%。中国电子电器行业对各种锡焊料产品的需求大幅增加。据工业和信息化部统计，1～11 月，中国电子信息产品出口 5348 亿美元，同比增长 31.5%，已经占当期中国外贸出口额的 37.6%，电子信息产品出口逐步进入平稳发展阶段，从而保证了中国锡消费的稳定增长。

2010 年中国镀锡板生产表现稳健，生产、销售较为平稳；镀锡板出口增加较大，当年中国累计出口镀锡板 67.3 万吨，同比增加 64%。

2010 年锡化工行业的用锡量也出现一定增长，尤其是用作 PVC 热稳定剂的有机锡系列产品消费增加明显。

四、中国锡价格 2010 年走势

中国现货市场上锡价走势大体跟随国际市场波动，但下半年国际市场锡价大涨后，中国市场锡价受限于大量的社会库存而逐渐滞后，远低于国际水平。2010 年末，长江现货市场锡价格为 162250 元 / 吨，较 2009 年末上涨 28%，全年中国市场锡平均价为 14.56 万元 / 吨，同比上涨 34.3%。

五、2010 年中国锡供需情况概况

2010 年是锡消费强劲增长的一年，中国在政策支持下，就业形势和收入形势将更为好转，带动居民消费稳步增加；国际方面印度、巴西、俄罗斯、韩国都有望保持较高的经济增长，美国经济增长态势良好。整体经济大环境的改善势必会带动锡的下游消费行业的改善。预计 2011 年全球锡供应短缺的局面将延续。预计今后几年，锡的需求仍将继续增长，但随着生产规模已经基本形成，增长速度会明显下降，据预测，中国锡需求将在未来五年内保持 6% 左右的增长，高于全球平均增长率，2013 年中国锡需求量达到 15.1 万吨左右；2013 年后需求增长率保持在 4% 左右，需求量达到 20.3 万吨。

第三节 中国锡矿采选行业概况

一、锡矿采选行业市场运行规模情况概况

1. 中国锡矿采选行业竞争企业数量

图 1　2006-2010 年中国锡矿采选行业竞争企业数量（单位：家）

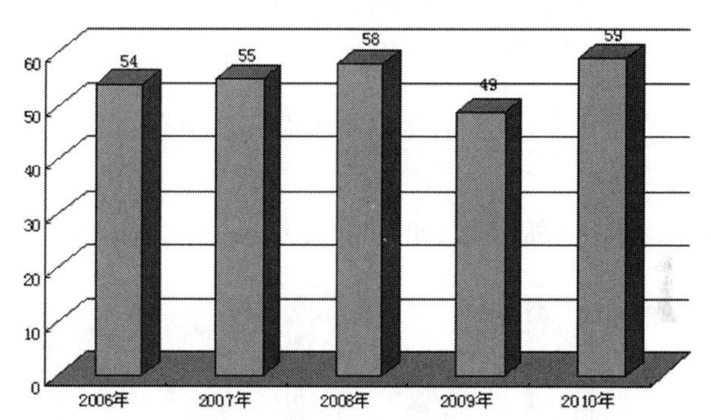

2006 年中国锡矿采选行业企业数量为 54 家，2007 年为 56 家，2008 达到 58 家，分别比上年增加 1.85%、5.45%，2010 年企业数量为 59 家，从 2006-2010 年锡矿采选行业企业数量变化趋势来看，锡矿采选行业企业数量的变化不是很大，整体看比较平稳，这主要是由于锡矿采选行业的特殊性质决定的。

2. 中国锡矿采选行业从业人数调查概况

图 2　2006-2010 年中国锡矿采选行业从业人数调查（单位：人）

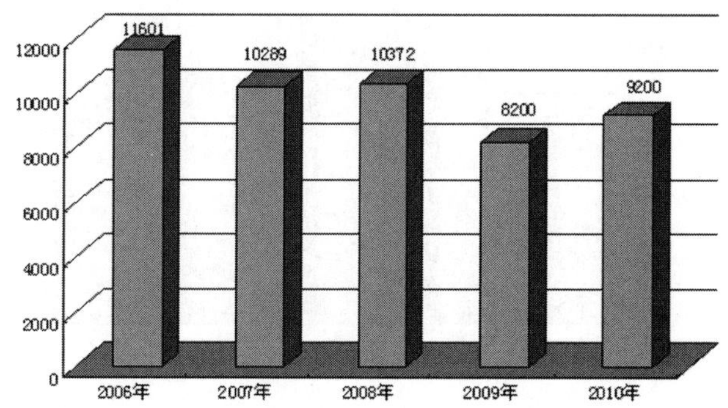

从中国锡矿采选行业从业人数来分析，2006 年底该行业累计从业人数为 11601 人，到 2007 年底，该行业累计从业人数变为 10289 人，截止到 2010 年底，中国锡矿采选行业累计从业人数已经变为 9200 人，2006-2010 年该行业从业人员出现负增长。

3. 中国锡矿采选行业工业总产值概况

图 3 2006-2008 年中国锡矿采选行业工业总产值分析（单位：千元）

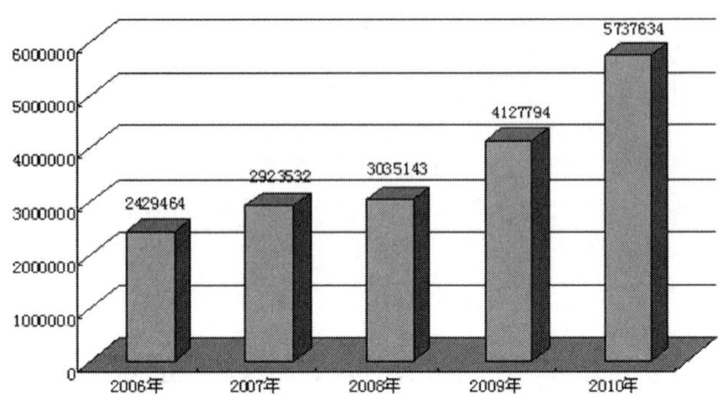

2006-2010 年中国锡矿采选行业形势基本可以概括为“稳中有升”，2006 年锡矿采选行业实现工业总产值 2429464 千元，2008 年增速有所放缓，但总产值数量上仍保持上升趋势，2008 年工业总产值达到 3035143 千元，截止 2010 年年底，锡矿采选行业工业总产值达到 5737634 千元。

二、中国锡矿采选行业偿债能力情况

1. 锡矿采选行业资产负债率情况

图 4　2006-2010 年中国锡矿采选行业资产负债率分析

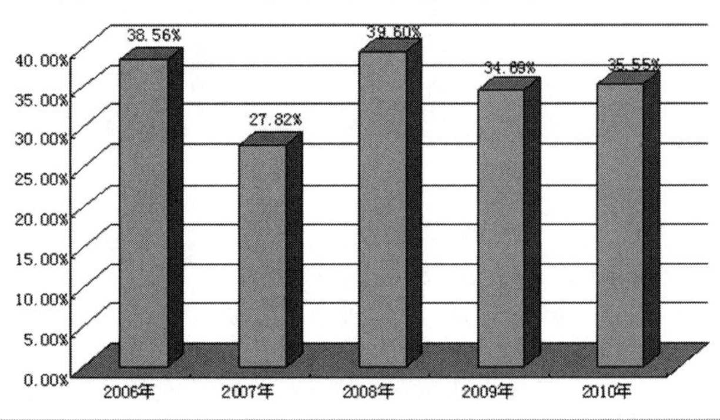

图 5 2006-2010 年中国锡矿采选行业利息保障倍数分析

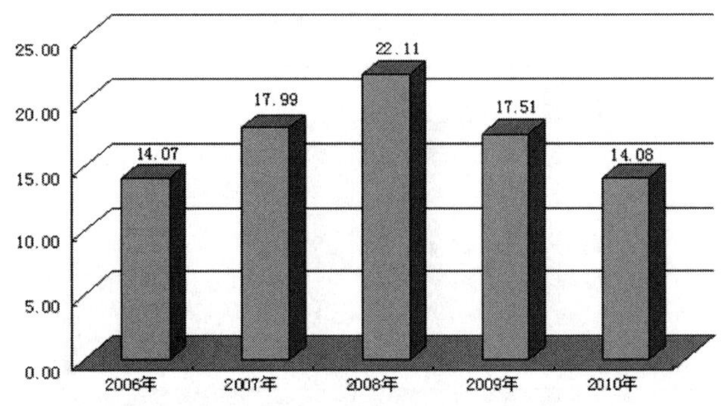

除 2007 年以外，中国锡矿采选行业的资产负债率呈现逐年下降的趋势，2006 年，行业资产负债率为 38.56%，下降到 2007 年的 27.82%，下降明显，2008 年中国锡矿采选行业受金融危机影响，资产负债率上升到 39.60%，2008 年以后，资产负债率逐年下降，2010 年时资产负债率下降到 35.55%。

2. 中国锡矿采选行业利息保障倍数情况

利息保障倍数，又称已获利息倍数，是指企业生产经营所获得的息税前利润与利息费用的比率。它是衡量企业支付负债利息能力的指标。企业生产经营所获得的息税前利润与利息费用相比，倍数越大，说明企业支付利息费用的能力越强。因此，债权人要分析利息保障倍数指标，以此来衡量债权的安全程度。

2008-2010 年中国锡矿采选行业的利息保障倍数呈现先升后降的态势，2006 年，行业利息保障倍数为 14.07，2007 年 17.99，　2008 年中国锡矿采选行业利息保障倍数上升到 22.11，2008 年以后，利息保障倍数逐年下降，2010 年时利息保障倍数下降到 14.08，反映了企业获利能力较强，偿债能力有保障。

利息保障倍数不仅反映了企业获利能力的大小，而且反映了获利能力对偿还到期债务的保证程度，它既是企业举债经营的前提依据，也是衡量企业长期偿债能力大小的重要标志。要维持正常偿债能力，利息保障倍数至少应大于 1，且比值越高，企业长期偿债能力越强。如果利息保障倍数过低，企业将面临亏损、偿债的安全性与稳定性下降的风险。

三、中国锡矿采选行业经营能力情况

1. 中国锡矿采选行业总资产周转率情况

图 6 2006-2010 年中国锡矿采选行业总资产周转率分析

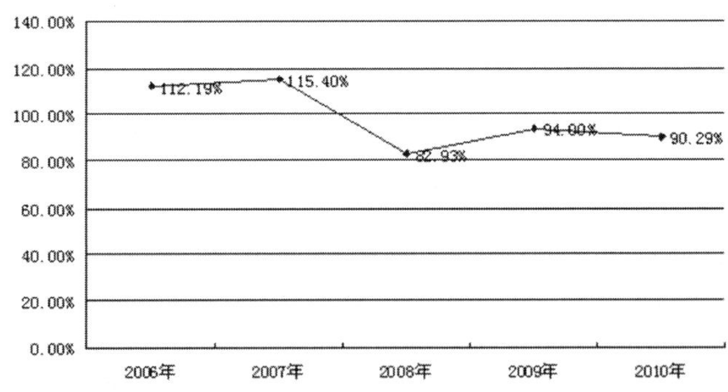

总资产周转率是指企业在一定时期业务收入净额同平均资产总额的比率。总资产周转率综合反映了企业整体资产的营运能力，一般来说，资产的周转次数越多或周转天数越少，表明其周转速度越快，营运能力也就越强。在此基础上，应进一步从各个构成要素进行分析，以便查明总资产周转率升降的原因。企业可以通过薄利多销的办法，加速资产的周转，带来利润绝对额的增加。

2006 年锡矿采选行业总资产周转率为 112.19%，2007 年锡矿采选行业总资产周转率为 115.40%，2008 开始行业总资产周转率有明显下降，从 2007 年的 115.40% 下降到了 2008 年的 82.93%，2010 年总资产周转率回升至 90.29%，总体行业总资产周转率比较高，资金运营效率处于优势地位。

2. 中国锡矿采选行业流动资产周转率情况

图 7　2006-2010 年锡矿采选行业流动资产周转率情况

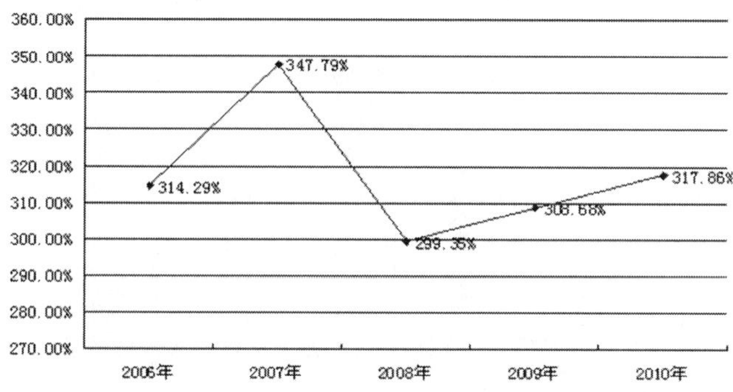

流动资产周转率反映流动资产的周转速度。流动越快，会相对节约流动资产，相当于扩大资产的投入，增强公司或行业的盈利能力。

2006 年中国锡矿采选行业流动资产周转率为 314.29%，2007 年为 347.79%，2008 年出现流动资产周转率出现下降，2010 年中国锡矿采选行业流动资产周转率为 317.86%，较 2009 年有所回升。

四、2010 锡矿采选行业盈利情况

1. 中国锡矿采选行业总资产收益率情况

图 8　2006-2010 年锡矿采选行业总资产收益率

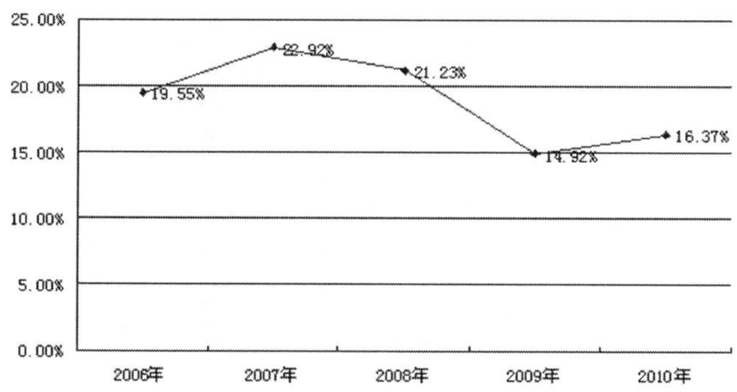

总资产收益率是分析公司或行业盈利能力时又一个非常有用的比率。是另一个衡量企业收益能力的指标。在考核企业利润目标的实现情况时，投资者往往关注与投入资产相关的报酬实现效果，并经常结合每股收益（EPS）及净资产收益率（ROE）等指标来进行判断。实际上，总资产收益率（ROA）是一个更为有效的指标。 总资产收益率的高低直接反映了公司或行业的竞争实力和发展能力，也是决定公司是否应举债经营的重要依据。

2006 年锡矿采选行业总资产收益率为 19.55%，2007 年为 22.92%，2008 年有所下降，2009 年下降到 14.92%，2010 年为 16.37%，较 2009 年有所回升。

2. 中国锡矿采选行业净利润率情况

净利润率又称销售净利率是反映行业及企业盈利能力的一项重要指标，是扣除所有成本、费用和企业所得税后的利润率，2006-2008 年，中国锡矿采选行业净利润率呈现逐年递增的趋势，由 2006 年的 17.42%，增长到 2008 年的 25.60%，2009 年净利润率下降明显，2010 年回升到 18.13%。

图 9　2006-2010 年锡矿采选行业净利润率情况

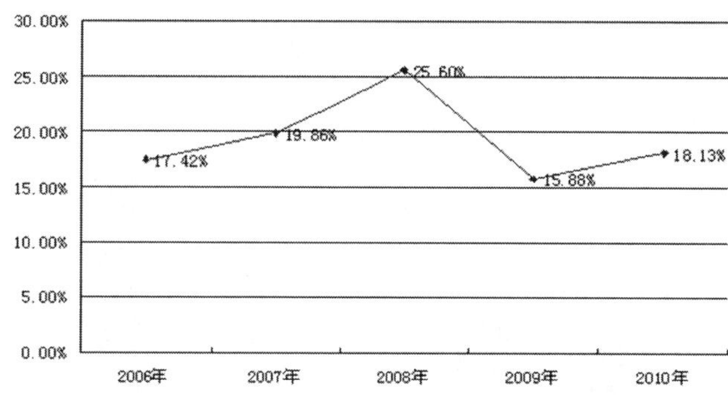

3. 中国锡矿采选行业毛利率情况

图 10　2006-2010 年锡矿采选行业毛利率情况

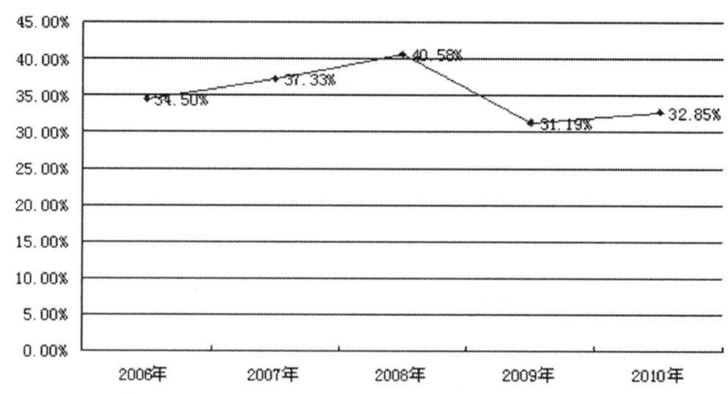

不同于净利润等指标容易大起大落，毛利率对行业及企业而言可谓是个稳定的指标，毛利率是一个相对稳定的财务指标，业绩会变脸，但是毛利一般总能维持在一个稳定的区间，变化幅度并不大。2006-2008 年锡矿采选行业毛利率成逐年递增趋势，2009 年出现明显下降，2010 年毛利率有所回升，但仍未达到金融危机以前的水平。

五、中国锡矿采选行业成长能力情况

1. 中国锡矿采选行业主营业务收入情况

图 11　2006-2010 年锡矿采选行业主营业务收入（单位：千元）

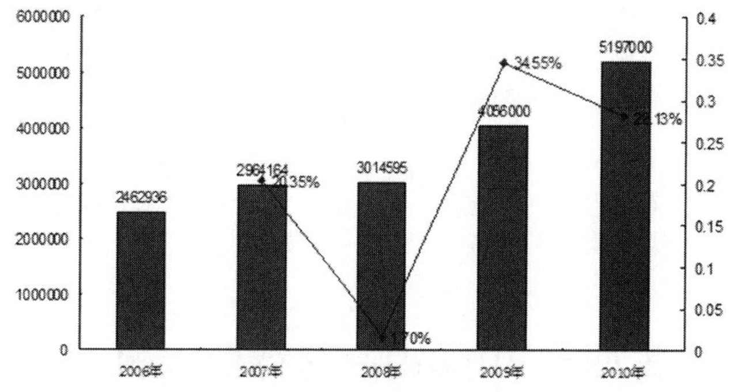

2006-2010 年，中国锡矿采选行业主营业务收入累计完成 17694695 千元，主营业务收入总额成逐年增长趋势，2008 年增速有所下降，但总额仍大于 2007 年，2010 年中国锡矿采选行业主营业务收入达到 5197000 千元，比 2009 年同期增长 28.13%。

2. 中国锡矿采选行业截止 2010 年总资产情况

图 12 2006-2010 年锡矿采选行业总资产情况（单位：千元）

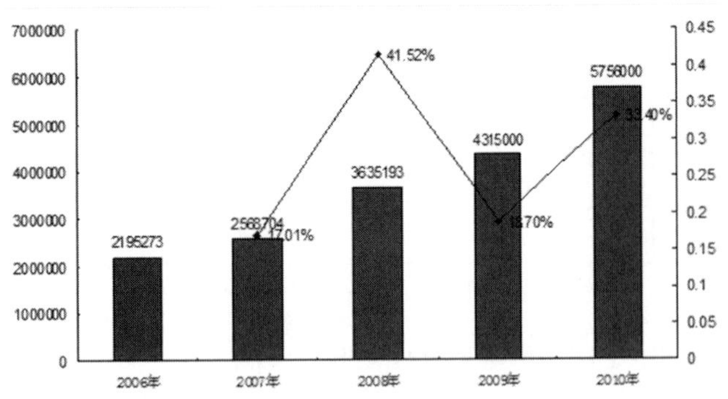

数据显示，2006-2010 年中国锡矿采选行业资产总额一直呈现正增长的趋势，2007 年中国锡矿采选行业资产总额为 2568704 千元，较 2006 年增长 17.01%，2009 年行业资产总额增长到 4315000 千元，但增速出现下降，2010 年总资产总量及增长速度有所回升，总资产达到 5756000 万元。

3. 中国锡矿采选行业截止 2010 年净资产情况

图 13 2006-2010 年锡矿采选行业净资产情况（单位：千元）

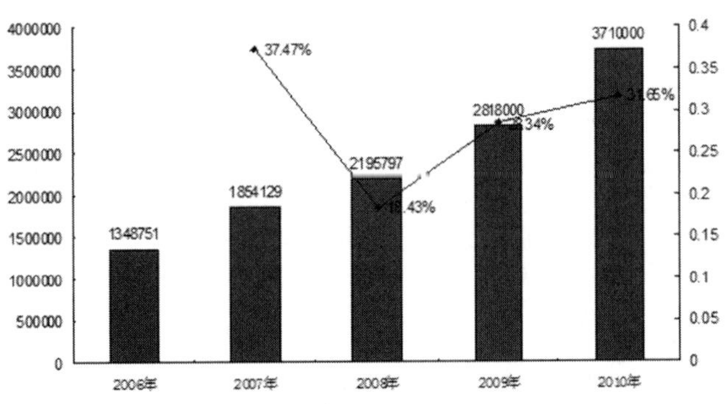

净资产是属企业所有，并可以自由支配的资产，即所有者权益。它由两大部分组成，一部分是企业开办当初投入的资本，包括溢价部分，另一部分是企业在经营之中创造的，也包括接受捐赠的资产。

企业的净资产，是指企业的资产总额减去负债以后的净额，在数量上等于企业全部资产减去全部负债后的余额。属于所有者权益。

2006-2010 年中国锡矿采选行业净资产保持增长趋势，2008 年增速有所下降，但总量仍保持增长，2010 年中国锡矿采选行业净资产总额达到 3710000 千元，年平均增长率保持在 20% 以上。

第四节 中国锡冶炼行业情况

一、中国锡冶炼行业市场运行规模分析

1. 中国锡冶炼行业竞争企业数量

图 1 2006-2010 年中国锡冶炼行业竞争企业数量（单位：家）

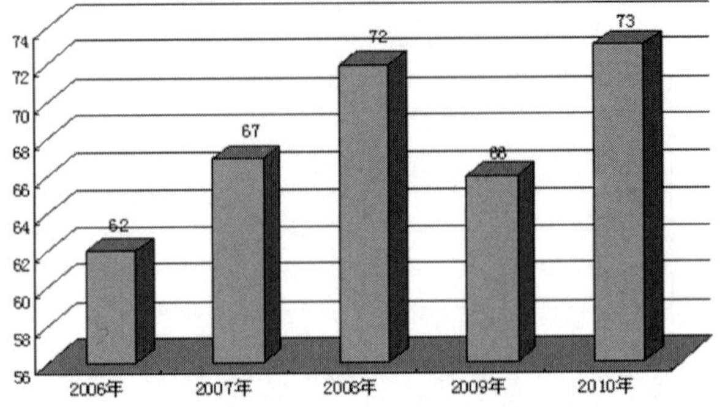

2006 年锡冶炼行业企业数量为 62 家，2007 年为 67 家，2008 达到 72 家，分别比上年增加 8.06%、7.46%，2010 年企业数量为 73 家，从 2006-2010 年中国锡冶炼行业企业数量变化趋势来看，锡冶炼行业企业数量的变化不是很大，整体看比较平稳。

2. 中国锡冶炼行业 2006 年 -2010 年从业人数调查情况

图 2 2006-2010 年锡冶炼行业从业人数调查（单位：人）

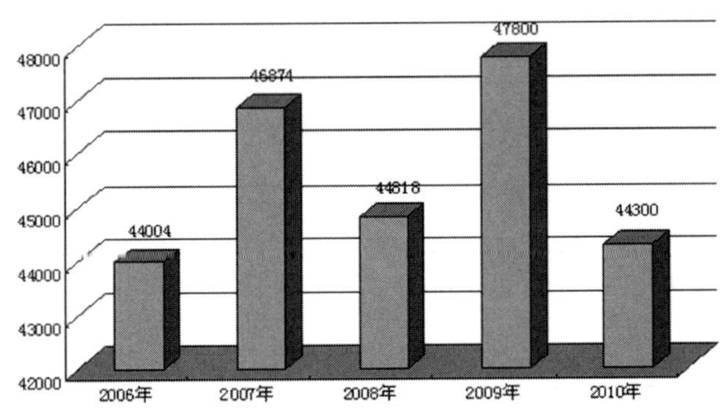

从锡冶炼行业从业人数来分析，2006 年底该行业累计从业人数为 44004 人，到 2007 年底，该行业累计从业人数变为 46874 人，截止到 2010 年底，中国锡冶炼行业累计从业人数已经变为 44300 人，2006-2010 年该行业从业人员增减互现，2008 年行业从业人数下降比较明显。

3. 中国锡冶炼行业 2006 年 -2010 工业总产值

图 3 2006-2008 年锡冶炼行业工业总产值（单位：千元）

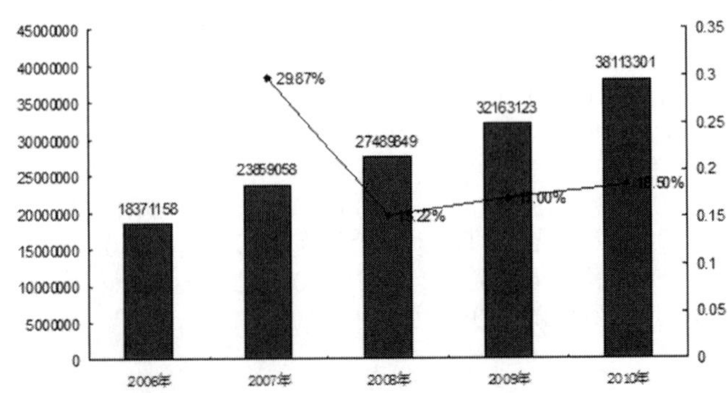

2006-2010 年锡冶炼行业形势良好，2006 年锡冶炼行业实现工业总产值 18371158 千元，2008 年增速有所放缓，但总产值数量上仍保持上升趋势，2008 年工业总产值达到 27489849 千元，截止 2010 年年底，锡冶炼行业工业总产值达到 38113303 千元。

二、中国锡冶炼行业偿债能力情况

1. 中国锡冶炼行业资产负债率情况

图 4　2006-2010 年锡冶炼行业资产负债率分析

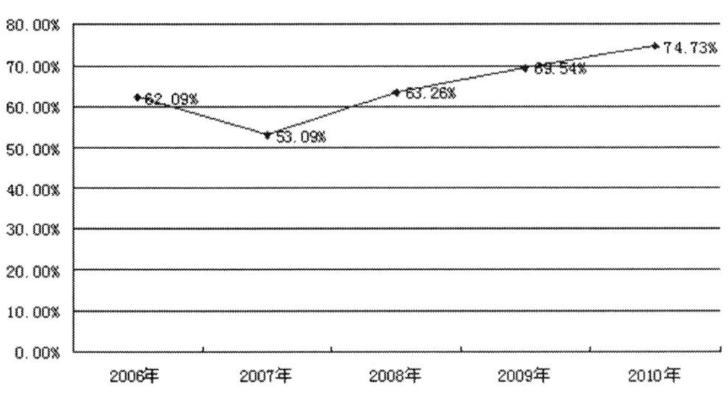

除 2007 年以外，中国锡冶炼行业的资产负债率呈现逐年上升的趋势，2006 年行业资产负债率为 62.09%，2007 年行业负债率首次出现下降趋势，由 2006 年的 62.09% 下降到 2007 年的 53.09%，下降明显，2008 年中国锡冶炼行业受金融危机影响，资产负债率上升到 63.26%，　2010 年时资产负债率上升到 74.43%。

2. 锡冶炼行业利息保障倍数情况

图 5　2006-2010 年锡冶炼行业利息保障倍数

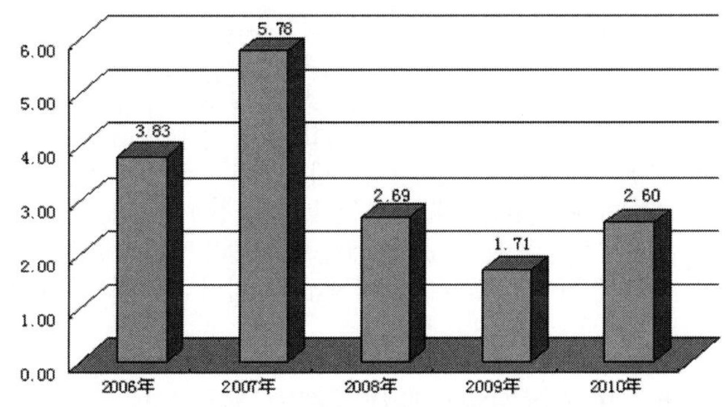

利息保障倍数，又称已获利息倍数，是指企业生产经营所获得的息税前利润与利息费用的比率。它是衡量企业支付负债利息能力的指标。企业生产经营所获得的息税前利润与利息费用相比，倍数越大，说明企业支付利息费用的能力越强。因此，债权人要分析利息保障倍数指标，以此来衡量债权的安全程度。

2008-2010 年中国锡冶炼行业的利息保障倍数呈现先升后降的态势，2006 年，行业利息保障倍数为 3.83，2007 年 5.78，2008 年中国锡冶炼行业利息保障倍数下降到 2.69，2010 年时利息保障倍数回升到 2.60。

利息保障倍数不仅反映了企业获利能力的大小，而且反映了获利能力对偿还到期债务的保证程度，它既是企业举债经营的前提依据，也是衡量企业长期偿债能力大小的重要标志。要维持正常偿债能力，利息保障倍数至少应大于 1，且比值越高，企业长期偿债能力越强。如果利息保障倍数过低，企业将面临亏损、偿债的安全性与稳定性下降的风险。

三、　中国锡冶炼行业经营情况

1. 中国锡冶炼行业总资产周转率介绍

图 6　2006-2010 年锡冶炼行业总资产周转率分析

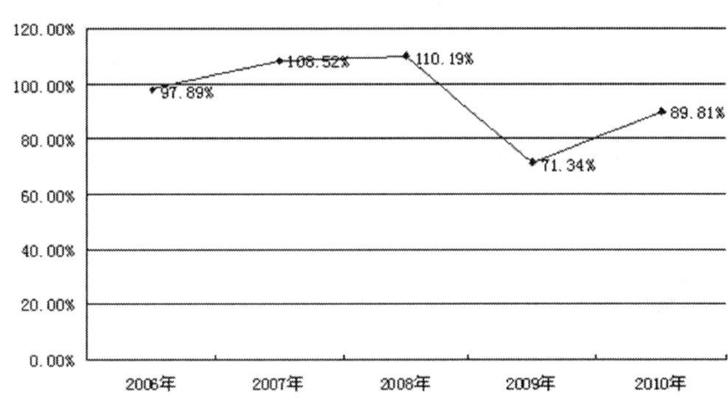

总资产周转率是指企业在一定时期业务收入净额同平均资产总额的比率。总资产周转率综合反映了企业整体资产的营运能力，一般来说，资产的周转次数越多或周转天数越少，表明其周转速度越快，营运能力也就越强。在此基础上，应进一步从各个构成要素进行分析，以便查明总资产周转率升降的原因。企业可以通过薄利多销的办法，加速资产的周转，带来利润绝对额的增加。

2006 年锡冶炼行业总资产周转率为 97.89%，2007 年锡冶炼行业总资产周转率为 108.52%，2009 开始行业总资产周转率有明显下降，从 2008 年的 110.19% 下降到了 2009 年的 71.34%，2010 年总资产周转率回升至 89.81%，总体行业总资产周转率比较高，资金运营效率处于优势地位。

2. 锡冶炼行业流动资产周转率情况

图 7　2006-2010 年锡冶炼行业流动资产周转率分析

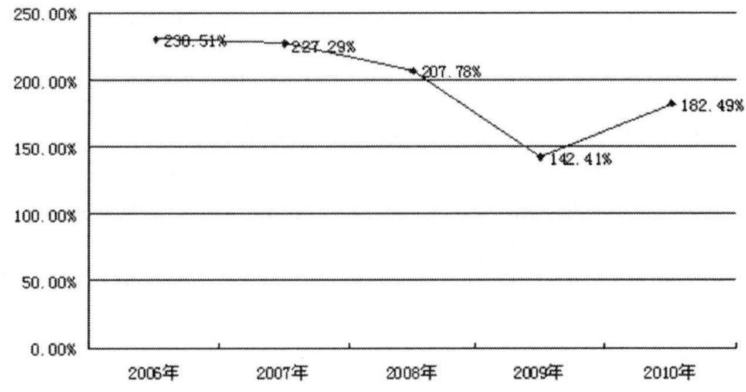

流动资产周转率指企业一定时期内主营业务收入净额同平均流动资产总额的比率，流动资产周转率是评价企业资产利用率的另一重要指标。

流动资产周转率反映了企业流动资产的周转速度，是从企业全部资产中流动性最强的流动资产角度对企业资产的利用效率进行分析，以进一步揭示影响企业资产质量的主要因素。要实现该指标的良性变动，应以主营业务收入增幅高于流动资产增幅做保证。通过该指标的对比分析，可以促进企业加强内部管理，充分有效地利用流动资产，如降低成本、调动暂时闲置的货币资金用于短期投资创造收益等，还可以促进企业采取措施扩大销售，提高流动资产的综合使用效率。一般情况下，该指标越高，表明企业流动资产周转速度越快，利用越好。在较快的周转速度下，流动资产会相对节约，相当于流动资产投入的增加，在一定程度上增强了企业的盈利能力；而周转速度慢，则需要补充流动资金参加周转，会形成资金浪费，降低企业盈利能力。

流动资产周转率反映流动资产的周转速度。流动越快，会相对节约流动资产，相当于扩大资产的投入，增强公司或行业的盈利能力。

2006 年中国锡冶炼行业流动资产周转率为 230.51%，2007 年为 227.29%，2010 年中国锡冶炼行业流动资产周转率为 182.49%，较 2009 年的 142.41% 增长 28.14%。

四、中国锡冶炼行业盈利情况

1. 2006-2010 年中国锡冶炼行业总资产收益情况

图 8 2006-2010 年锡冶炼行业总资产收益率

总资产收益率是分析公司或行业盈利能力时又一个非常有用的比率。是另一个衡量企业收益能力的指标。在考核企业利润目标的实现情况时，投资者往往关注与投入资产相关的报酬实现效果，并经常结合每股收益（EPS）及净资产收益率（ROE）等指标来进行判断。实际上，总资产收益率（ROA）是一个更为有效的指标。总资产收益率的高低直接反映了公司竞争实力和发展能力，也是决定公司是否应举债经营的重要依据。

2006 年锡冶炼行业总资产收益率为 3.89%，2007 年为 6.42%，2008 年有所下降，2009 年下降到 1.01%，2010 年为 2.58%，较 2009 年有所回升。

2. 2006-2010 年中国锡冶炼行业净利润率情况

图 9 2006-2010 年锡冶炼行业净利润率（单位：千元）

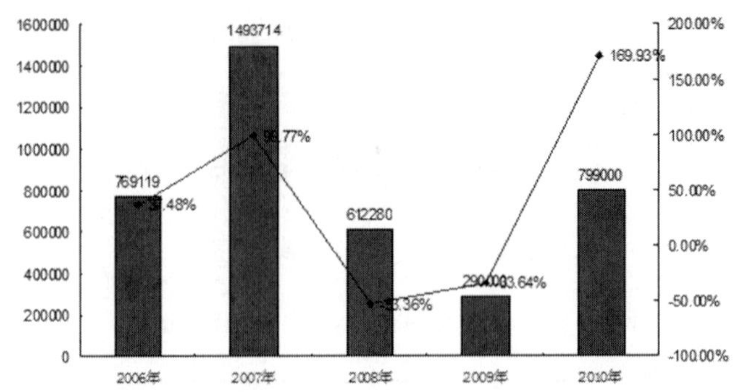

净利润率又称销售净利率是反映行业及企业盈利能力的一项重要指标，是扣除所有成本、费用和企业所得税后的利润率，2006-2007 年，中国锡冶炼行业净利润率呈现逐年递增的趋势，由 2006 年的 769119 千元，增长到 2007 年的 1493714 千元，同比增长 99.77%，2008-2009 年增速下降明显，2010 年回升到 799000 千元，同比 2009 年增长 169.93%。

3. 2006-2010 年中国锡冶炼行业毛利率情况

图 10 2006-2010 年锡冶炼行业毛利率

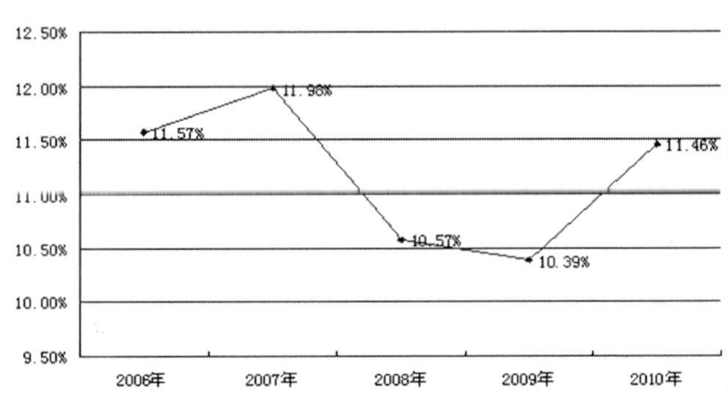

不同于净利润等指标容易大起大落，毛利率对行业及企业而言可谓是个稳定的指标，毛利率是一个相对稳定的财务指标，业绩会变脸，但是毛利一般总能维持在一个稳定的区间，变化幅度并不大。2006-2007 年锡冶炼行业毛利率成逐年递增趋势，2008-2009 年出现明显下降，2010 年毛利率有所回升，基本回升到危机前水平。

五、中国锡冶炼行业成长能力情况

1. 2006-2010 年中国锡冶炼行业主营业务收入情况

2006-2010 年，中国锡冶炼行业主营业务收入累计完成 118117489 千元，除 2009 年增速有所下降外，主营业务收入总额成逐年增长趋势，2010 年中国锡冶炼行业主营业务收入达到 27859000 千元，比 2009 年同期增长 35.84%。

2. 2006-2010 年中国锡冶炼行业总资产情况

图 11　2006-2010 年锡冶炼行业主营业务收入情况（单位：千元）

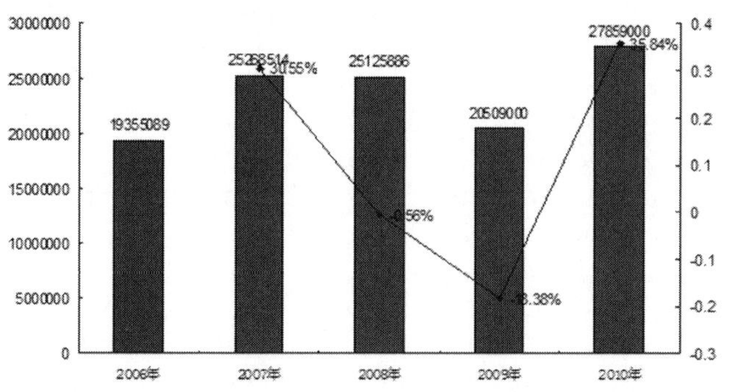

图 12 2006-2010 年锡冶炼行业总资产情况（单位：千元）

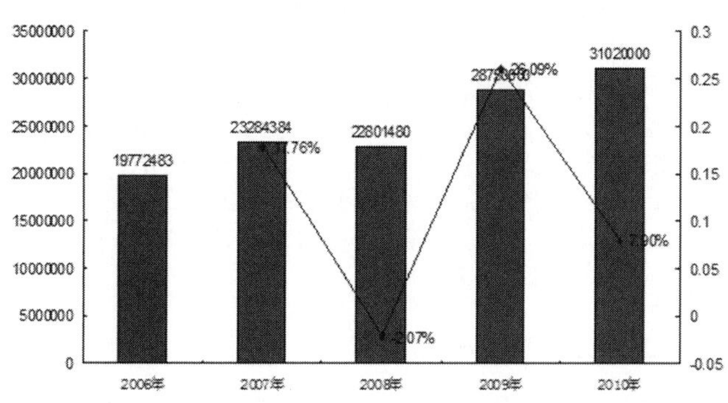

数据显示，2006-2010 年中国锡冶炼行业资产总额除 2008 年与 2010 年外，一直保持正增长的趋势，2007 年中国锡冶炼行业资产总额为 23284384 千元，较 2006 年增长 17.76%，2009 年行业资产总额增长到 28750000 千元，2010 年总资产总量及增长速度有所下降，但总资产达到 31020000 万元。

图 13　2006-2010 年锡冶炼行业净资产情况（单位：千元）

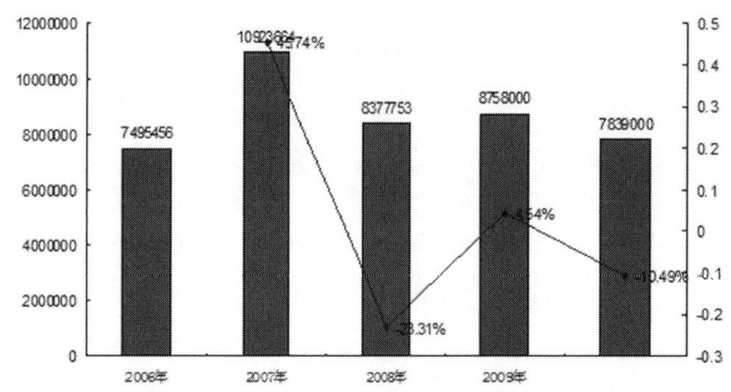

3. 中国锡冶炼行业净资产情况

净资产是属企业所有，并可以自由支配的资产，即所有者权益。它由两大部分组成，一部分是企业开办当初投入的资本，包括溢价部分，另一部分是企业在经营之中创造的，也包括接受捐赠的资产。

企业的净资产，是指企业的资产总额减去负债以后的净额，在数量上等于企业全部资产减去全部负债后的余额。属于所有者权益。

2006-2010 年中国锡冶炼行业净资产出现增减互现的状态，经历了 2006 年、2007 年两年正增长，2008 年增速有所下降，行业净资产总量也出现下降，2010 年中国锡冶炼行业净资产总额为 7839000 千元。

第五部分 钼行业概况

第一节 2010 年中国外钼行业市场运行情况

一、国际市场

1. 2010 年国际钼市场价格走势概况

2010 年国际钼市场在供需相对平衡的状态下，价格呈窄幅震荡运行态势。2010 年国际市场氧化钼平均价格为 15.81 美元 / 磅，与 2009 年的 11.13 美元 / 磅相比，上涨 4.68 美元 / 磅，涨幅达 42%。其中，氧化钼最低价出现在年初的 13.10 美元 / 磅，最高价出现在 3 月初 18.9 美元 / 磅。

纵观 2010 年国际钼市场价格的活跃阶段主要集中在中国春节前后、西方夏休前后以及圣诞节前后，一季度在下游用户重建库存、LME 引进钼期货等因素的支撑下，尤其是 3 月初受智利大地震的影响，为市场炒作钼价制造了机会，氧化钼价格一度推高至全年最高点 18.9 美元 / 磅。3 月中旬钼价虚高，用户难以接受，导致价格下行。进入 4 月，钼价较稳定，但到 5、6 月份，由于市场被高估，行业人士心理预期变弱，需求缺乏，导致价格出现大幅下滑。三季度钼价出现小幅回升，主要是西方夏休之前备货以及中国主要钼产区遭遇洪水，一时间刺激钼价上扬。2010 年 9 月份，本应是传统的旺季，但因钢厂没有按预期进厂采购，导致市场预期扑空，钼价没有如期反弹。四季度受中国主要钼产区遭遇限电令，部分厂商实施限量供应等因素影响，钼价迎来一轮小高潮，一直持续到 11 月份；进入 12 月，市场总体较为平稳。

图 1 2010 年《MW》氧化钼国际月均价格走势（单位：美元 / 磅钼）

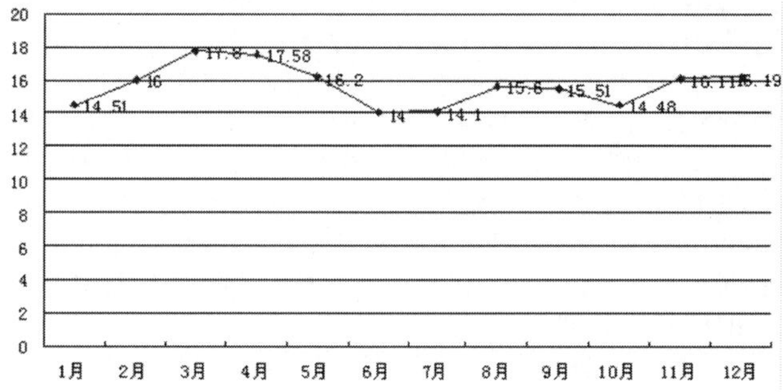

与此同时，国际市场钼铁价格也随氧化钼价格的变化而波动。据统计，2010 年欧洲钼铁年均价为 39.34 美元 / 千克，较 2009 年同期的 26.98 美元 / 千克上涨 12.36 美元 / 千克，涨幅为 46%；美国钼铁年均价为 18.58 美元 / 磅，较 2009 年同期的 12.67 美元 / 磅上涨 6.33 美元 / 磅，涨幅为 50%；中国香港钼铁中幅价为 37.97 美元 / 千克，较 2009 年同期 27.79 美元 / 千克上涨 11.64 美元 / 千克钼，涨幅为 42%。

2. 全球市场供需状况

全球钼产量同比增长 10.4%

2010 年全球钼供应量为 23.22 万吨钼，同比增长 10.4%；供大于求 1.08 万吨钼。其中，2010 年西方主要生产商产量有所增长，产量为 11.56 万吨钼，同比增长 5.6%。2008-2010 年西方主要钼生产商产量情况详见表下。

表 1　2008-2010 年西方主要钼生产商产量（单位：吨钼）

生产商	2008 年	2009 年	2010 年	同比
Freeport-Mcmoran	31780	24494	31978	30.55%
Codelco	27900	22680	20866	-8.00%
墨西哥集团	16208	16390	20730	26.48%
ThompsonCreek	7400	11794	14106	19.60%
Kennecott	14900	10600	13046	23.08%
Antofagasta	10200	7038	8891	26.33%
Collahausta	3859	2894	4356	50.52%
Antamina	6387	6078	2835	-53.36%
总计	118634	110587	115608	4.54%

2010 年 Freeport 公司的钼产量为 3.2 万吨钼，与 2009 年的 2.5 万吨钼相比，有大幅提升，增幅达 30.6%，增长主要是由于冶金工业方面的需求增长。其中，自产钼销量达到 3 万吨钼，均价 16.47 美元 / 磅，均高于去年。2010 年该公司每磅现金成本 5.9 美元 / 磅，较 2009 年的 6.52 美元 / 磅的成本有所降低。第四季度该公司钼现金成本 6.36 美元 / 磅，2009 年同期则为 6.84 美元 / 磅。Freeport 公司计划 2011 年自产钼销量为 3.2 万吨钼。

2010 年智利国有铜矿生产商 Codelco 公司产量为 2 万吨钼，较 2009 年产量下将 8%，导致公司利润也出现下滑。产量下滑主要是因为 2010 年年初 Codelco 公司遭遇工人罢工以及恶劣天气等因素的影响，铜钼产品产量下降；前 3 季度公司共生产 104.7 万吨铜，同比下降 8%；同期共生产 1.5 万吨钼，同比下降 29%。

2010 年 ThompsonCreek 公司的产量为 1.4 万吨钼，销售量为 1.3 万吨钼。2011 年公司计划生产 1.36-1.50 万吨钼，并计划销售 1.36-1.54 万吨钼。

2010 年美国 Kennecott 公司的钼精矿产量为 1.3 万吨钼，较 2009 年增长 23.1%，但远不及 2006 年的高产量水平。2010 年第四季度 Kennecott 公司钼精矿产量 4200 吨钼，环比增长 54%，同比增长 22%。第四季度产量增长主要是由于该季度 BinghamCanyon 矿开采的原矿钼含量较高；此外，铜产量的增长也引发副产钼产量的增加。

2010 年墨西哥集团公司的钼产量为 2 万吨钼，同比增长 26.5%。2010 年公司积极投资扩产，其中在墨西哥投资 3000 万美元，扩产 Cananea 矿山，该矿山新增钼产量为 2000 吨钼；在秘鲁投资 10 亿美元扩建 Toquepala 矿山和 Cuajone 矿山，两矿山新增钼产量分别为 3100 吨钼和 500 吨钼，扩建完成后两矿山的钼产能分别提高至 7300 吨钼和 5800 吨钼。

2010 年智利 Antofagasta 公司旗下位于智利的 LosPelambres 矿的钼精矿产量为 8800 多吨钼，较 2009 年增长 26.3%。尽管原矿中钼含量仅为 0.019%，低于 2009 年的开采品位，但 2010 年该公司的原矿处理量有所增加，钼产量因此增长。Antofagasta 公司同时称，计划在 2011 年生产钼精矿 9300 吨钼，较 2010 年产量增长 5.6%。

2010 年 Antamina 矿山生产 2835 吨钼，同比下降 53.4%。智利 Collahuasi 铜矿钼产量为 4356 吨钼，同比下降 17.9%。

全球钼消费同比增长 11.3%

在钢铁产量增长的带动下，据英国商品研究所统计，2010 年全球钼的消费量为 22.14 万吨钼，同比增长 11.3%。其中西欧消费量同比减少 21.2%，美国消费量同比增长 47.6%，日本消费量同比增长 22.5%，中国消费量同比增长 2.3%。

二、2010 钼中国市场情况

1. 世界经济复苏全球钼价回升

2010 年世界经济缓慢复苏，全球钼价回升。全年欧洲市场桶装氧化钼平均价格为 15.7 美元 / 磅钼，同比上涨 41.1%；中国市场钼铁（60%Mo）平均价格为 14.1 万元 / 吨，同比上涨 10.9%。

2010 年，中国外市场钼价呈现出前高后低局面。在国际市场，欧洲桶装氧化钼价格上半年高位运行，并在 3 月初达到全年最高价 18 美元 / 磅钼；下半年走低，并在 7 月上旬降至全年最低价 13.8 美元 / 磅钼。在中国市场，钼铁价格上半年以上行为主，于 3 月初达到全年最高价 15.8 万元 / 吨；下半年有所下降，7 月中旬降至全年最低价 12.5 万元 / 吨。2010 年中国外市场钼价涨跌主要受制于钢厂和贸易商的采购行为，这也是市场供需变化的直接反应。

2. 2010 年钼产量恢复性增长

2010 年中国钼产量出现恢复增长，全年钼精矿产量同比增长 9.6% 至 8 万吨钼，基本接近 2008 年 8.1 万吨钼的水平。其中，河南省占比 41.3%，陕西省占比 21.5%、内蒙古占比 13.1%，以上地区产量占中国总产量的 75.9%。从分月度产量看，只有由于 7 月份河南、陕西遭遇洪水灾害；10 月份部分地区采取限电措施，出现环比下降。

2010 年美国、加拿大、秘鲁、智利等主要钼生产国的产量分别同比增长 13%、2.3%、38.2% 和 5.7% 至 5.2 万吨钼、9000 吨钼、1.7 万吨钼和 3.7 万吨钼。2010 年全球钼总产量为 21.4 万吨钼，同比增长 12.8%。中国钼产量位列全球第一，2010 年占全球产量的 37.4%，略低于 2008 年的 37.7% 和 2009 年的 38.5%。

3. 2010年消费显著回暖

2010年，全球钼市场需求在经济复苏的支撑下显著回暖，其中西欧消费量同比增长18.8%至4.8万吨钼，美国消费量同比增长39%至3.9万吨钼，日本消费量同比增长21.4%至2.6万吨钼，中国消费量同比增长5.6%至5.7万吨钼。2009年全球钼消费量为20.8万吨钼，同比增长19.1%，中国钼消费量占全球的27.4%。欧美钢铁行业开工率大幅提高，已经从2009年的年均60%开工率提高至80%，成为支撑全球钼需求增长的重要原因。

4. 中国钼产品再度实现净出口

2010年中国钼产品贸易呈现两大主要特点：一是钼产品出口显著增加，进口大幅下降。全年中国钼出口量达到1.9万吨钼，同比增长1.4倍。其中氧化钼出口量为11824吨钼，同比增长1.7倍；钼条、杆、型材及异型材出口量为2975吨钼，同比增长1.5倍，以上两种产品出口量占总出口量的75.8%。钼进口量为1.7万吨钼，同比下降51.3%。其中氧化钼进口量同比下降49.5%至1.4万吨钼，钼精矿进口量同比下降59.6%至2992吨钼，以上两种产品进口量占总进口量的97%。

二是钼产品以保税区进出口贸易为主，转口贸易居多。全年以保税区仓储转口货物方式出口占比61.8%，以保税仓库进出境货物方式出口占比7.9%，以一般贸易形式出口货物仅占30.2%。同时，以保税区仓储转口货物方式进口占比66.2%，以保税仓库进出境货物方式进口占比16.9%，以一般贸易形式进口货物仅占16.9%，即进口的钼产品基本没有进入中国消费。

2010年中国钼产品贸易再度实现净出口，当年净出口量为2500吨钼，而2009年中国钼净进口量为2.7万吨钼。

5. 全球钼市场供应过剩缓解

2010年全球钼供应过剩量为6000吨钼，接近2008年的过剩水平，较2009年1.5万吨钼过剩量下降60%。

同时，中国钼市场过剩量为2万吨钼，较2009年的4.6万吨钼库存下降56.5%，库存主要集中在各类矿山和部分贸易商手中。

第二节 中国钼矿2010年区域市场综述

一、中国钼矿生产区域分布

图1 中国钼矿生产区域分布

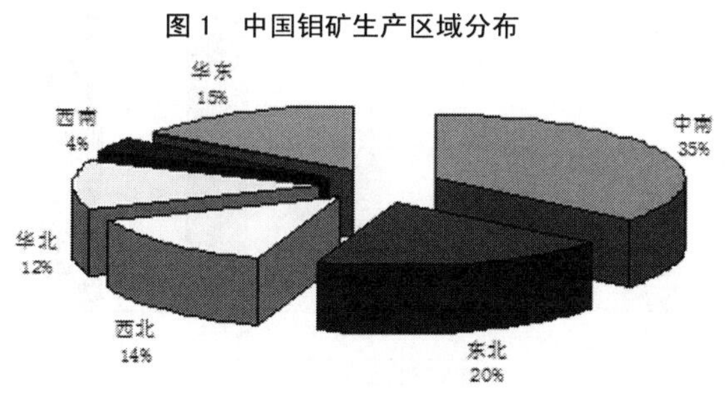

中国钼矿分布就大区来看，中南占中国钼储量的35.7%，居首位。其次是东北19.5%、西北13.9%、华北12%，而西南仅占4%。就各省（区）来看，河南储量最多，占中国钼矿总储量的29.9%，其次陕西占13.6%，吉林占13%。另外储量较多的省（区）还有：山东占6.7%、河北占4%、辽宁占3.7%、内蒙古占3.6%。以上8个省（区）合计储量占中国钼矿总保有储量的81.1%，其中前三位的河南、陕西、吉林三省就占56.5%。

二、中国钼矿产业总体产能规模概况

中国钼矿资源丰富，总保有储量钼840万吨，居世界第2位。探明储量的矿区有222处，分布于28个省（区、市）。以河南省钼矿资源为最丰富，钼储量占中国总储量的30.1%，陕西、吉林次之，以上3省钼储量占中国56.5%以上。钼矿大型矿床多，是一个重要特点，如陕西金堆城、河南栾川、辽宁杨家仗子、吉林大黑山钼矿均属世界级规模的大矿。矿床类型以斑岩型钼矿和斑岩－夕卡岩型钼矿为最重要，前者如陕西金堆城、江西德兴，后者如河南南泥湖钼矿；夕卡岩型、碳酸盐脉、石英脉型次之；沉积型钼－铀－钒－镍矿床有较大的潜在价值，伟晶岩脉型钼矿无独立工业意义。从钼矿形成时代来看，除少数钼矿形成于晚古生代和新生代之外，绝大多数钼矿床均形成于中生代，为燕山期构造岩浆活动的产物。

三、中国钼矿区域市场规模概况

1. 2006-2010年中国东北地区市场规模概况

2006年中国东北地区的钼矿市场规模达到了4515.0万元，到2007年该地区的钼矿市场规模达到了8495.9万元，较2006年同期增长了88.2%，到2008年底，该地区的市场规模达到了11011.3万元，2009年，该地区的市场规模为17990.2万元，截止到2010年，该地区的市场规模为19950.9万元。

表1 2006-2010年中国东北地区市场规模概况（单位：万元）

时间	总体规模（万元）	增长率
2006年	4515	
2007年	8495.9	88.17%
2008年	11011.3	29.61%
2009年	17990.2	63.38%
2010年	19950.9	10.90%

图2 2006-2010年中国东北地区市场规模概况（单位：万元）

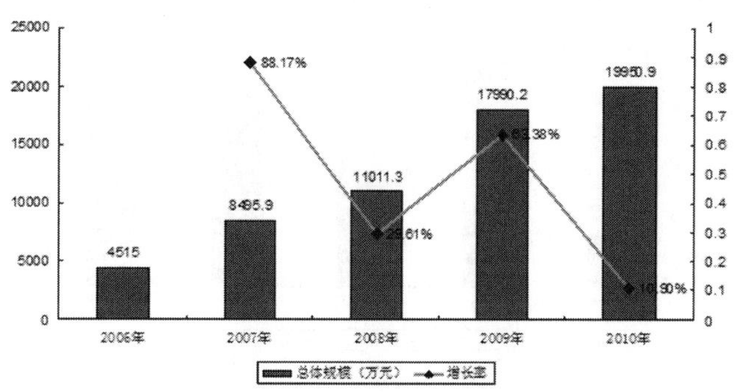

2. 2006-2010 年中国华北地区市场规模概况

2006 年中国华北地区的钼矿市场规模达到了 3487.8 万元，到 2007 年该地区的钼矿市场规模达到了 6186.7 万元，较 2006 年同期增长了 77.4%，到 2008 年底，该地区的市场规模达到了 7251.3 万元。截止到 2010 年，该地区的市场规模为 13277.5 万元。

表 2　2006-2010 年中国华北地区市场规模概况（单位：万元）

时间	总体规模（万元）	增长率
2006 年	3487.8	
2007 年	6186.7	77.38%
2008 年	7251.3	17.21%
2009 年	11712.4	61.52%
2010 年	13277.5	13.36%

图 3　2006-2010 年中国华北地区市场规模概况（单位：万元）

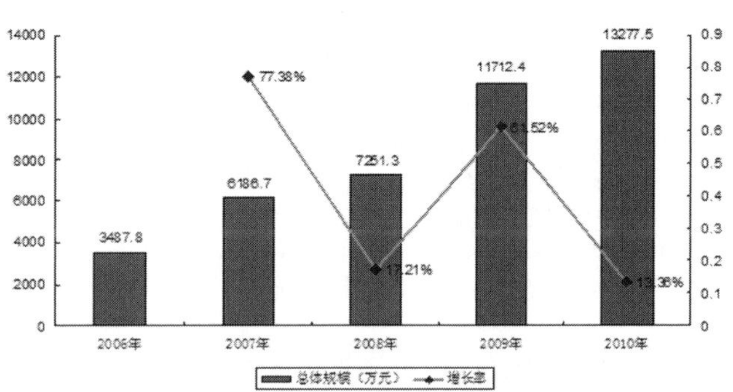

3. 2006-2010 年中国华东地区市场规模概况

2006 年中国华东地区的钼矿市场规模达到了 3201.1 万元，到 2007 年该地区的钼矿市场规模达到了 5489.6 万元，较 2006 年同期增长了 71.5%，到 2008 年底，该地区的市场规模达到了 6875.3 万元。截止到 2010 年，该地区的市场规模为 15244.6 万元。

表 3　2006-2010 年中国华东地区市场规模概况（单位：万元）

时间	总体规模（万元）	增长率
2006 年	3201.1	
2007 年	5489.6	71.49%
2008 年	6875.3	25.24%
2009 年	13024.2	89.43%
2010 年	15244.6	17.05%

图 4　2006-2010 年中国华东地区市场规模概况（单位：万元）

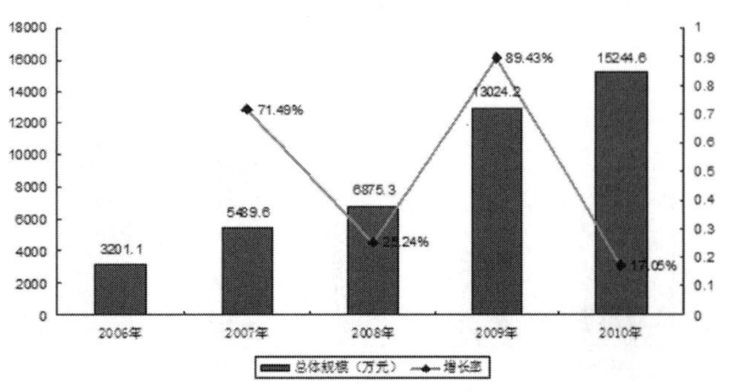

4. 2006-2010 年中国中南地区市场规模概况

2006 年中国中南地区的钼矿市场规模达到了 8002.8 万元，到 2007 年该地区的钼矿市场规模达到了 14769.8 万元，较 2006 年同期增长了 84.6%，到 2008 年底，该地区的市场规模达到了 18584.9 万元。截止到 2010 年，该地区的市场规模为 36525.6 万元。

表 4　2006-2010 年中国中南地区市场规模概况（单位：万元）

时间	总体规模(万元)	增长率
2006 年	8002.8	
2007 年	14769.8	84.56%
2008 年	18584.9	25.83%
2009 年	31670.3	70.41%
2010 年	36525.6	15.33%

图 5 2006-2010 年中国中南地区市场规模概况（单位：万元）

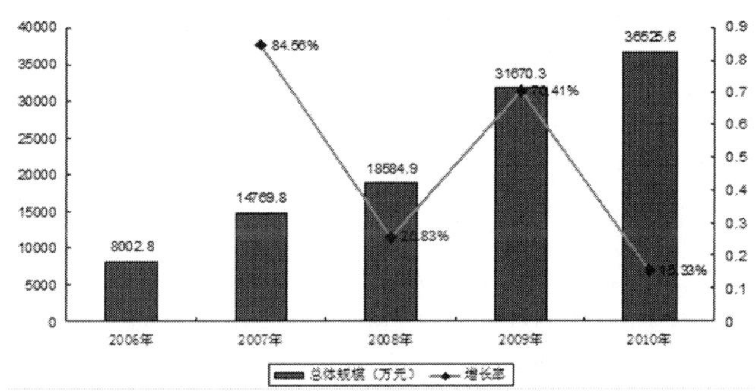

5. 2006-2010 年中国西南地区市场规模概况

2006 年中国西南地区的钼矿市场规模达到了 1051.1 万元，到 2007 年该地区的钼矿市场规模达到了 1960.6 万元，较 2006 年同期增长了 86.5%，到 2008 年底，该地区的市场规模达到了 2524.5 万元。截止到 2010 年，该地区的市场规模为 4192.5 万元。

表 5 2006-2010 年中国西南地区市场规模概况（单位：万元）

时间	总体规模（万元）	增长率
2006 年	1051.1	
2007 年	1960.6	86.53%
2008 年	2524.5	28.76%
2009 年	3841.7	52.18%
2010 年	4192.5	9.13%

图 6 2006-2010 年中国西南地区市场规模概况（单位：万元）

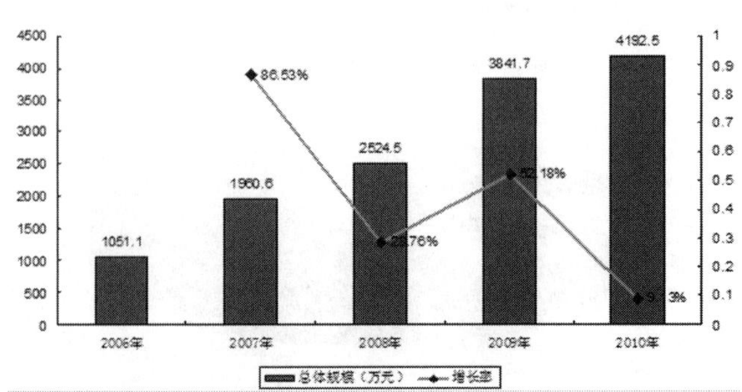

6. 2006-2010 年中国西北地区市场规模概况

2006 年中国西北地区的钼矿市场规模达到了 3631.1 万元，到 2007 年该地区的钼矿市场规模达到了 6666.0 万元，较 2006 年同期增长了 83.6%，到 2008 年底，该地区的市场规模达到了 7466.2 万元。截止到 2010 年，该地区的市场规模为 14221.6 万元。

表 6　2006-2010 年中国西北地区市场规模概况（单位：万元）

时间	总体规模（万元）	增长率
2006 年	3631.1	
2007 年	6666.2	83.59%
2008 年	7466.2	12.00%
2009 年	15460.4	107.07%
2010 年	14221.6	-8.01%

图 7　2006-2010 年中国西北地区市场规模概况（单位：万元）

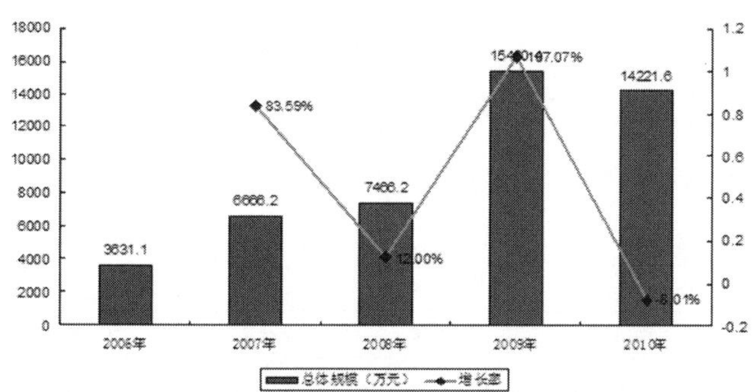

第三节 中国钼矿行业财务状况概况

一、2006-2010 年钼矿行业规模概况

1. 2006-2010 年钼矿行业总资产对比概况

2006 年，中国钼矿总资产达到 1.44 亿元，2007 年中国钼矿总资产达到 1.63 亿元，2008 年中国钼矿总资产为 1.87 亿元，较 2007 年上涨 14.72%；2010 年中国钼矿总资产达到 3.12 亿元，较 2009 年上涨 41.18%。

表 8　2006-2010 年中国钼矿总资产情况（单位：万元）

时间	总资产（亿元）	同比增长
2006 年	1.44	
2007 年	1.63	13.19%
2008 年	1.87	14.72%
2009 年	2.21	18.18%
2010 年	3.12	41.18%

2. 2006-2010 年年钼矿行业企业单位数对比概况

中国现已查明钼矿区数 268 个，分布在中国 28 个省、市、自治区。根据国土资源部统计，截至 2008 年底，中国钼金属储量为 146.7 万吨，基础储量 435.53 万吨，资源量 796.7 万吨，即查明资源储量为 1,232.23 万吨。

从品位上看，低于 0.1% 钼品位的资源占中国钼资源总量约 65%，而品位在 0.1% 至 0.2% 的钼资源仅占总量的 30%。从区域分布上看，中国钼资源主要集中在河南、吉林和陕西三省，查明资源量约占中国总储量的 50%。

图 1　2006-2010 年中国钼矿总资产情况（单位：亿元）

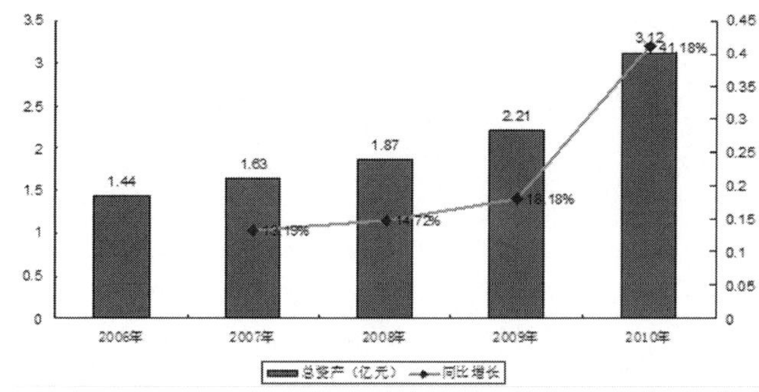

3. 2006-2010 年年钼矿行业从业人员平均人数对比概况

2006 年，中国钼矿从业人数达到 40338 人，2007 年中国钼矿从业人数达到 42288 人，较 2006 年上升 4.8%；2008 年中国钼矿从业人数为 47181 人，较 2007 年上涨 11.6%；截止到 2010 年中国钼矿从业人数达到 56468 人，较 2009 年上涨 11.58%。

表 2　2006-2010 年中国钼矿从业人数情况（单位：人）

时间	从业人数（人）	同比增长
2006 年	40338	
2007 年	42288	4.83%
2008 年	47181	11.57%
2009 年	50608	7.26%
2010 年	56468	11.58%

图 2　2006-2010 年中国钼矿从业人数情况（单位：人）

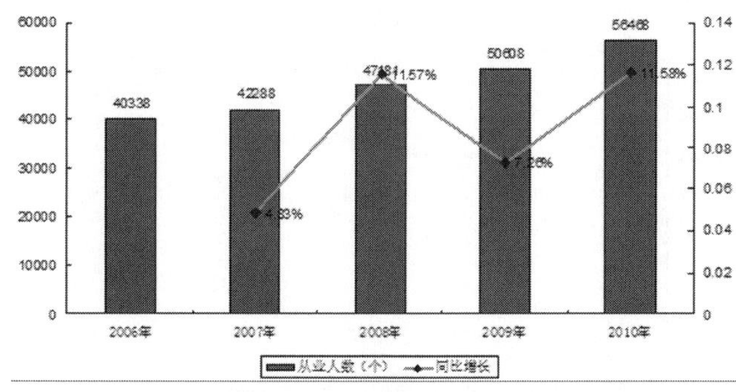

二、2006-2010 年年钼矿行业经济效益概况

1. 2006-2010 年钼矿行业产值利税率对比概况

2006 年，中国钼矿产值利税率达到了 26.7%，2008 年底，中国钼矿产值利税率达到了 29.5%，2009 年，钼矿产值利税率为 25.8%，2010 年，钼矿产值利税率为 26.8%。

2. 2006-2010 年年钼矿行业资金利润率对比概况

2006 年，中国钼矿销售利润率达到了 7.77%，2008 年底，中国钼矿销售利润率达到了 12.1%，2009 年，钼矿销售利润率为 8.99%，2010 年，钼矿销售利润率为 12.30%。

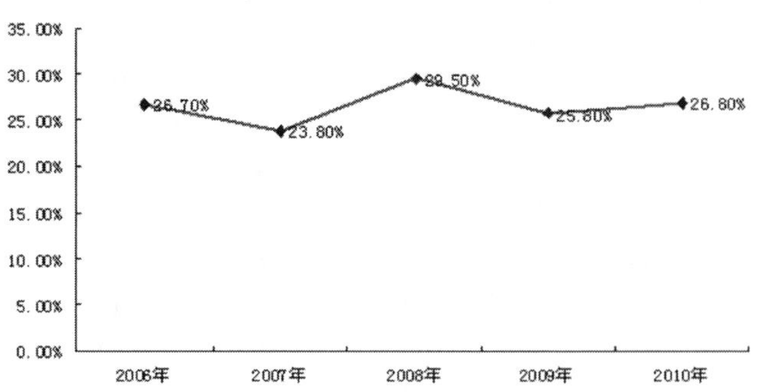

图 3 2010 年钼矿行业产值利税率对比概况

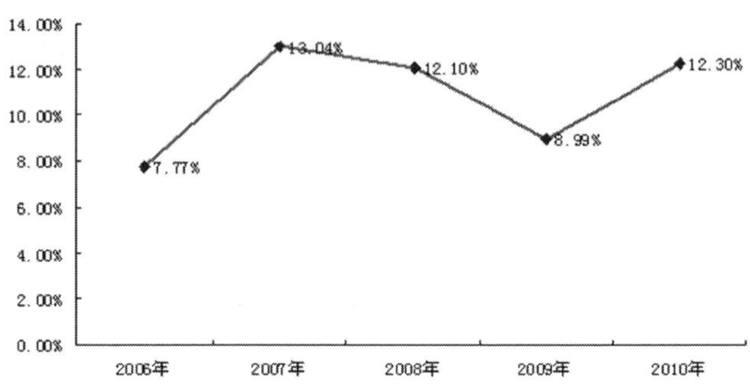

图 4 2010 年钼矿行业资金利润率对比概况

3.2006-2010 年年钼矿行业成本费用利润率对比概况

2006 年，中国钼矿成本费用利润率达到了 91.58%，2008 年底，中国钼矿成本费用利润率达到了 86.89%，2009 年，钼矿成本费用利润率为 90.25%，2010 年，钼矿成本费用利润率为 83.26%。

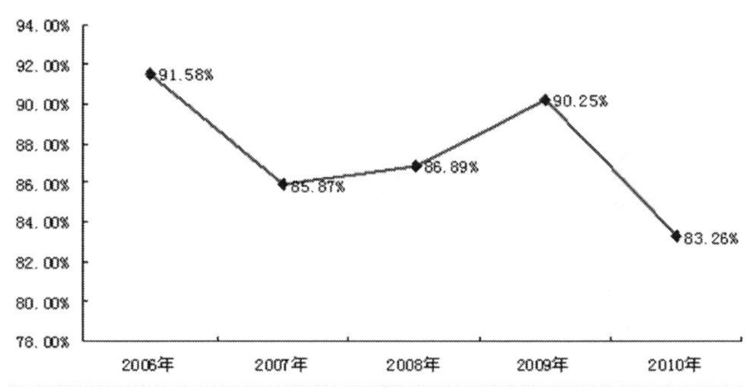

图 5 2010 年钼矿行业成本费用利润率对比概况

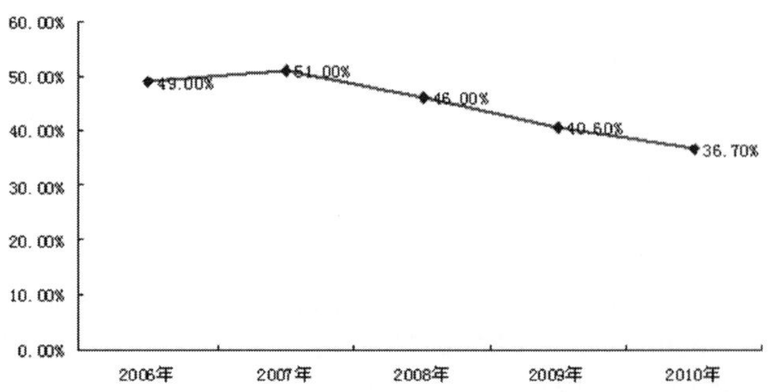

图 6 2006-2010 年钼矿行业资产负债率对比概况

三、2006-2010 年钼矿行业效率概况

1. 2006-2010 年钼矿行业资产负债率对比概况

2006 年，中国钼矿资产负债率达到了 49%，截止到 2008 年底，中国钼矿资产负债率达到了 46%；2009 年，钼矿资产负债率为 40.6%，2010 年，钼矿资产负债率为 36.7%。

2.2006-2010 年钼矿行业流动资产周转次数对比

2007 年，钼矿行业总资产周转率为 2.47%；2008 年，钼矿行业总资产周转率小幅下降，为 1.98%；2009 年，钼矿行业总资产周转率快速上扬，为 2.86%，超过 2007 年水平，2010 年，钼矿行业总资产周转率为 2.97%。

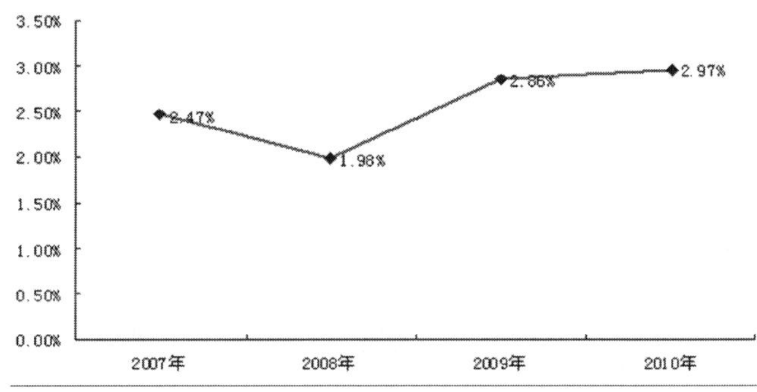

图 7 2010 年钼矿行业流动资产周转次数对比

四、2006-2010 年钼矿行业结构概况

1.2006-2010 年钼矿行业地区结构概况

中国钼矿出口地区主要集中在河南、陕西和吉林，这几个地区的钼矿产量最大，也是出口最多的地区。中国钼矿出口地区主要集中在河南、辽宁、吉林等地区。

图 8 2010 年钼矿行业所有制结构概况

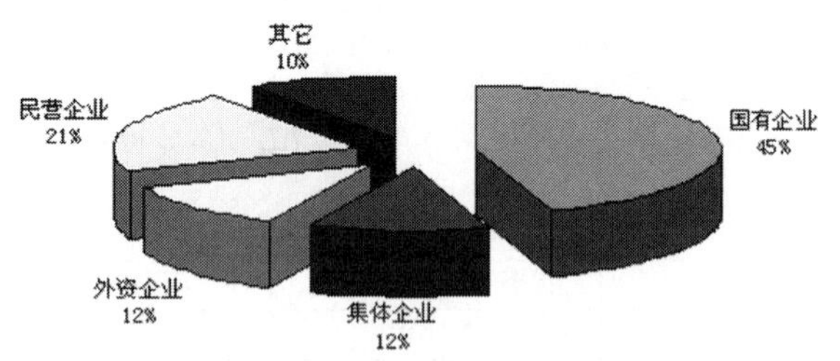

图 9 2010 年不同规模企业工业总产值分布

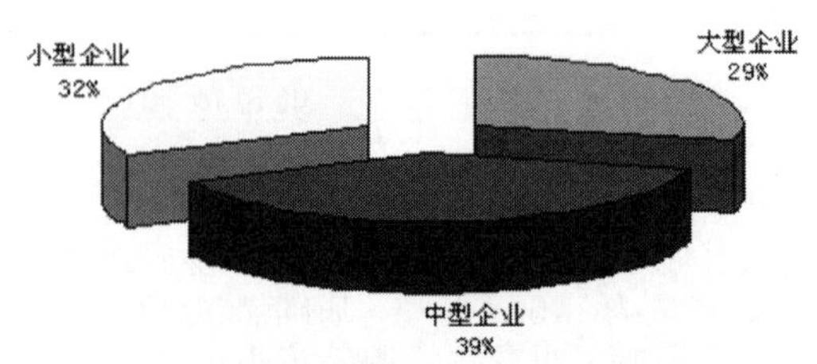

2. 2006-2010 年钼矿行业所有制结构概况

2006-2010 年行业市场工业总产值国有企业占 45%；民营企业占 21%，外资企业、集体企业同时占 12%。

3. 2010 年钼矿行业不同规模企业结构概况

五、2006-2010 年钼矿行业不同规模企业财务状况概况

1. 2006-2010 年钼矿行业不同规模企业人均指标概况

2010 年，中国钼矿财务费用率达到了 1.5%，大型企业达到了财务费用率 1.42%，中型企业达到了财务费用率 1.46%，小型企业达到了财务费用率 1.56%。

表 3　2006-2010 年年不同规模中国钼矿行业财务费用率概况

时间	大	中	小
2006 年	1.45%	1.50%	1.61%
2007 年	1.49%	1.53%	1.64%
2008 年	1.47%	1.51%	1.62%
2009 年	1.44%	1.48%	1.59%
2010 年	1.42%	1.46%	1.56%

2. 2006-2010 年钼矿行业不同规模企业盈利能力概况

到 2010 年底，中国钼矿行业大型企业销售利润率达到 8.2%，中型企业销售利润率达到 7.6%，小型企业销售利润率达到 7.3%。

表 4　2006-2010 年钼矿行业不同规模企业盈利能力概况

时间	大	中	小
2006 年	7.50%	7.20%	6.90%
2007 年	12.60%	11.80%	11.30%
2008 年	11.70%	10.30%	10.10%
2009 年	8.70%	7.90%	7.60%
2010 年	8.20%	7.60%	7.30%

3. 2006-2010 年钼矿行业不同规模企业营运能力概况

到 2010 年底，中国钼矿行业大型企业成本费用利润率达到 88.6%，中型企业成本费用利润率达到 89.5%，小型企业成本费用利润率达到 96.5%。

表 5　2006-2010 年不同规模钼矿行业成本费用利润率概况

时间	大	中	小
2006 年	88.80%	89.70%	97.10%
2007 年	83.30%	84.20%	91.00%
2008 年	84.30%	85.20%	92.10%
2009 年	87.50%	88.40%	95.70%
2010 年	88.60%	89.50%	96.50%

4. 2006-2010 年钼矿行业不同规模企业偿债能力概况

2010 年，中国钼矿大型企业资产负债率达到了 36.5%，截止到 2010 年底，中国中型钼矿资产负债率达到了 40.3%，2010 年，小型钼矿行业资产负债率为 39.7%。

表 6　2006-2010 年不同规模中国钼矿行业资产负债率概况

时间	大	中	小
2006 年	47.50%	51.00%	50.00%
2007 年	49.50%	53.00%	52.00%
2008 年	44.60%	47.80%	46.90%
2009 年	39.40%	42.20%	41.40%
2010 年	36.50%	40.30%	39.70%

第四节 中国钼矿行业发展预测

一、2011-2015 年中国钼矿行业产量预测

预计 2010-2015 年，中国钼矿产量将继续上升，到 2015 年，中国钼矿产量将达到 45 万吨。

表 1　2011-2015 年钼矿产量预测（单位：万吨）

时间	产量（万吨）	同比增长
2011 年	26.50	
2012 年	30.00	13.21%
2013 年	34.50	15.00%
2014 年	39.50	14.49%
2015 年	45.00	13.92%

图 1　2011-2015 年钼矿产量预测（单位：万吨）

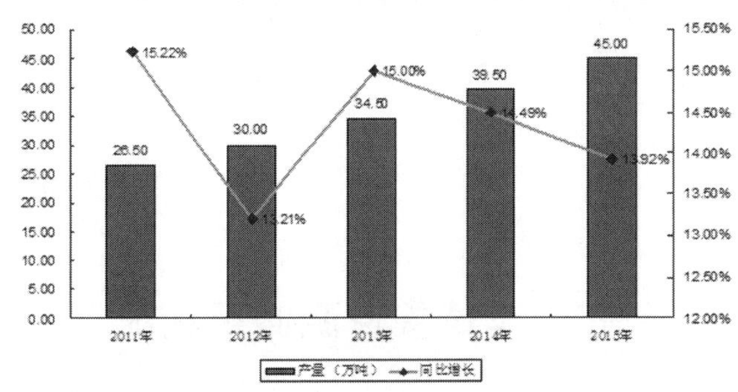

表 2　2011-2015 年中国钼矿行业消费量预测（单位：万吨）

时间	产量（万吨）	同比增长
2011 年	25.82	
2012 年	29.00	12.32%
2013 年	33.10	14.14%
2014 年	37.90	14.50%
2015 年	44.60	17.68%

二、2011-2015 年中国钼矿行业消费量预测

预计 2011-2015 年，中国钼矿消费量将继续上升，到 2015 年，中国钼矿消费量将达到 44.6 万吨。

三、2011-2015 年中国钼矿行业产值预测

预计 2011-2015 年，中国钼矿产值将继续上升，到 2015 年，中国钼矿产值将达到 17.5 亿元。

图 2　2011-2015 年中国钼矿行业消费量预测（单位：万吨）

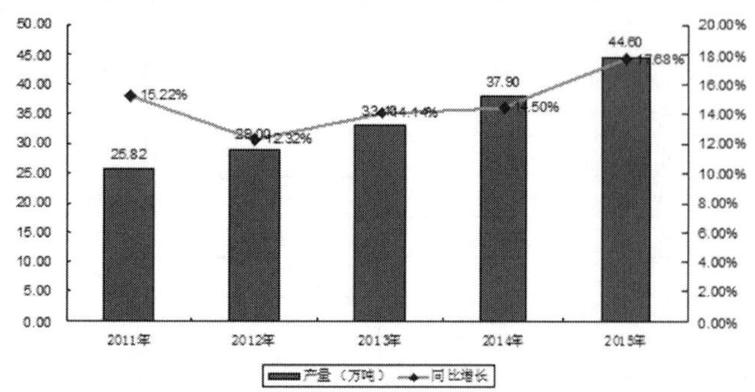

表 3　2011-2015 年中国钼矿行业产值预测（单位：亿元）

时间	产值（亿元）	同比增长
2011 年	11.30	9.71%
2012 年	12.50	10.62%
2013 年	14.00	12.00%
2014 年	16.00	14.29%
2015 年	17.50	9.38%

图 3　2011-2015 年中国钼矿行业产值预测（单位：亿元）

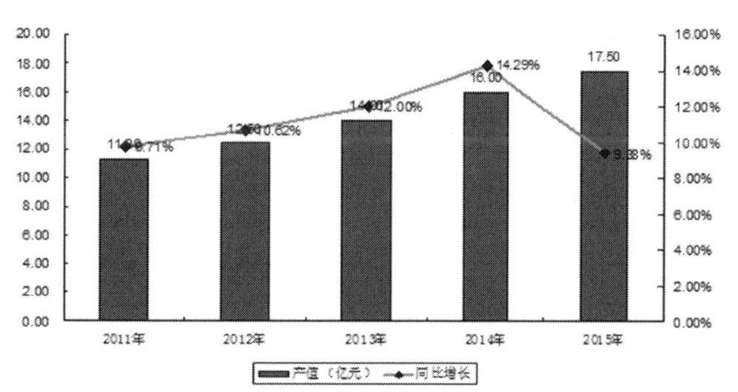

四、2010-2015 年中国钼矿行业销售收入预测

预计 2011-2015 年，中国钼矿销售收入将继续上升，到 2015 年，中国钼矿销售收入将达到 14.98 亿元。

表 4　2010-2015 年中国钼矿行业销售收入预测（单位：亿元）

时间	销售收入（亿元）	同比增长
2011 年	9.67	11.92%
2012 年	10.11	4.55%
2013 年	11.98	18.50%
2014 年	13.54	13.02%
2015 年	14.98	10.64%

图 4　2010-2015 年中国钼矿行业销售收入预测（单位：亿元）

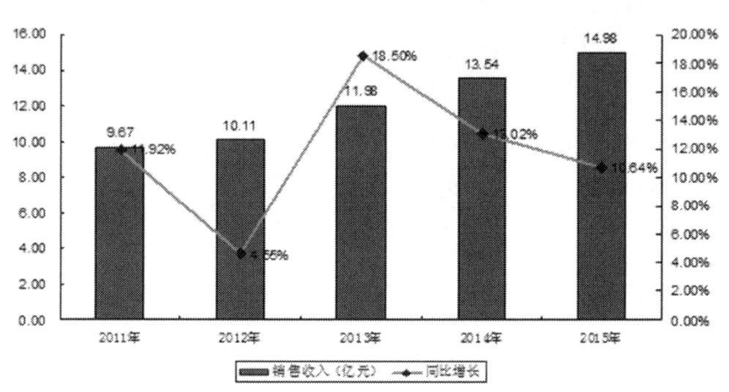

第六部分 镍行业概况

第一节 全球镍资源储量状况

世界镍的总储量约为 9076 万吨，已开发量为 2903 万吨，可采量为 6803 万吨。著名的镍矿床（区）有古巴的东北部镍矿区、加拿大萨得伯里镍矿区、前苏联诺里尔斯克镍矿区、澳大利亚西北部卡尔古利附近的镍矿区、新喀里多尼亚镍矿区、菲律宾的苏里高镍矿区、中国的金川镍矿区等。

图 1　全球镍资源开采情况

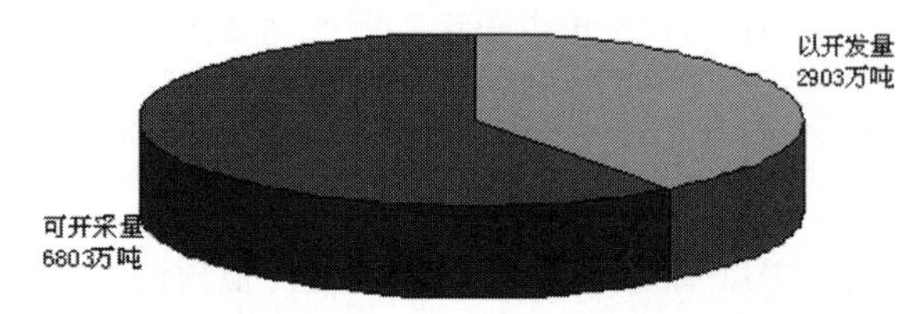

中国周边国家有镍矿储量 1125 万吨，只分布在少数国家，包括俄罗斯（660 万吨）、印度尼西亚（320 万吨）、菲律宾（41 万吨）、缅甸（92 万吨）和越南（12 万吨），但占世界总储量比例较大，约占 23%。

图 2　中国周边地区国家镍资源储量（单位：万吨）

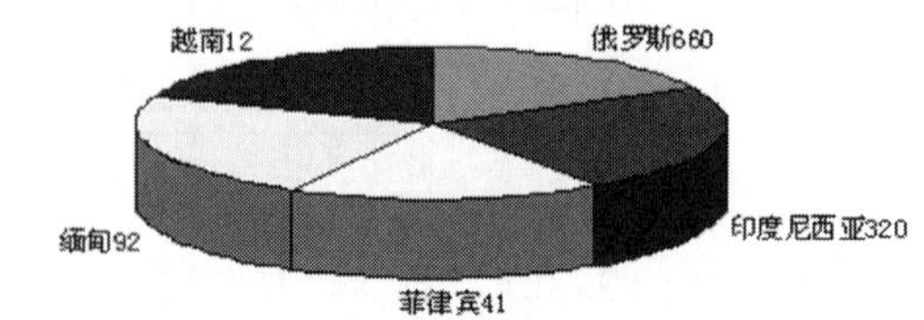

第二节 中国镍资源储量情况

中国镍矿资源主要都是硫化镍矿，氧化镍矿极少。中国镍矿分布就大区来看，主要分布在西北、西

南和东北，其保有储量占中国总储量的比例分别为76.8%、12.1%、4.9%。就各省（区）来看，甘肃储量最多，占中国镍矿总储量的70%，其次是新疆、云南、吉林、湖北和四川。

图1　中国镍资源地区分布情况

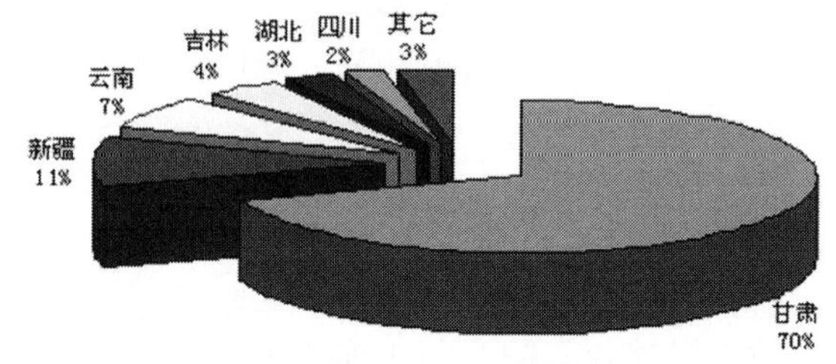

第三节 2010年中外镍市场情况介绍

一、镍价动态

在世界宏观经济环境好转的背景下，2010年伦敦金属交易所（LME）镍价走出一轮牛市行情，全年三个月期货镍平均价为21900美元／吨，较2009年的14690美元／吨上涨49%。伦敦金属交易所镍库存则是从年初的15.6万吨下降到年底的13.6万吨。

2010年中国镍价总体低于国际市场，全年平均价约为16.7万元／吨，在2010年人民币兑美元汇率升值超过3%，中国镍库存居高不下等因素的共同作用下，中国镍价总体低于国际水平2-3万元／吨。由于镍价长时间“外高内低”，进而刺激了出口。据海关统计，2010年中国共出口电解镍5.3万吨，同比增加95%。

图1　2006-2010年中国镍均价走势情况

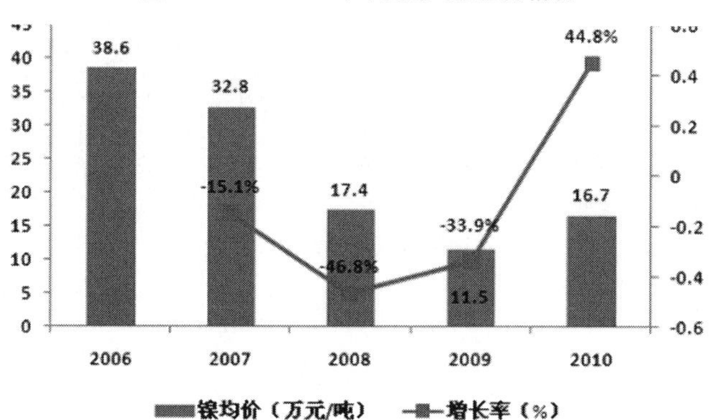

二、全球镍市场供应状况

2010年以来，随着镍价的企稳回升，大部分在金融危机期间被迫减产或者停产的企业陆续恢复生产，加之淡水河谷位于加拿大的镍项目罢工结束，全球镍产量增加明显。据INSG统计数据显示，2010年全球镍产量约为142万吨，比2009年增加近8万吨。随着许多在建新项目2011年陆续投产，预计2011年全球镍产量将达到160万吨，比2010年增加18万吨，全球镍供应增加在未来两年已成定局。

全球镍供应持续增加的另一个来源是中国镍铁产量的快速增加。2010年中国镍铁产量为16万吨（镍金属量），已接近中国原生镍产量的1/2，镍铁在中国乃至全球镍行业的地位愈发重要。

三、2010年全球镍消费情况

经历了连续两年消费量下滑的考验后，2010年全球镍消费量增加12%，达到146.2万吨，其增速远超过产量增速。其中中国的镍消费量为50.5万吨，占当年全球镍消费量的34.5%。镍消费强劲复苏的原因主要是经济环境的明显改善，世界不锈钢产量大幅度增加，2010年上半年全球不锈钢粗钢产量已经恢复到金融危机前的水平，全年不锈钢粗钢产量有望增加20.7%，达到3030万吨，其中用镍较多的奥氏体不锈钢占72.2%。此外，汽车，能源及航空等非不锈钢领域对镍的需求也有明显好转，2010年这些领域对镍的消费同比增长10-13%左右。

四、2010年中国镍消费量情况

在中国产量增加的同时，2010年中国镍产品进口量较2009年回落，全年共进口电解镍18万吨，同比减少26.8%，镍铁进口也下降明显，全年中国镍铁进口量为13.4万吨，同比下降42.7%。中国性价比更高的含镍生铁生产发展，将在很大程度上替代进口镍铁。

图2　2006-2010年中国镍材进出口量

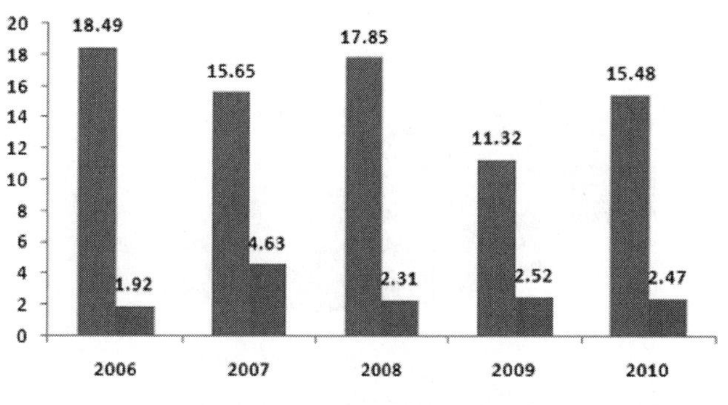

随着发达国家不锈钢生产的复苏，大量积存在中国港口保税区仓库的电解镍被用于再出口。进口的减少，出口的增加，导致了2010年中国镍表观消费量（表观消费量＝进口量－出口量＋产量）下降。

图3　2006-2010年中国精镍进出口量

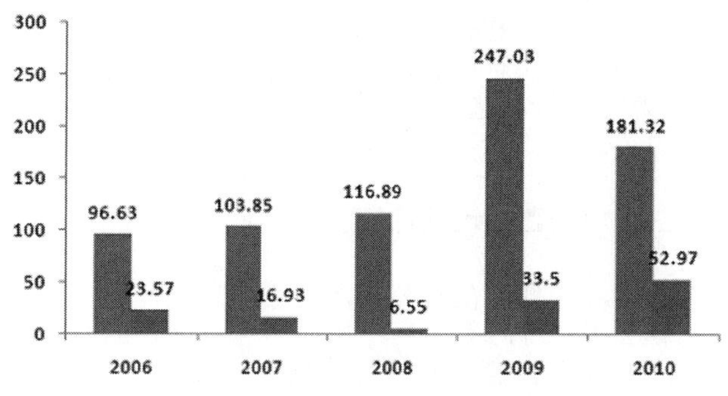

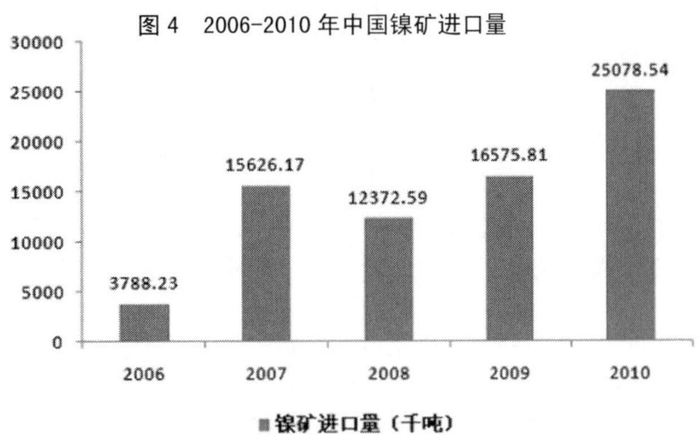

图 4 2006-2010 年中国镍矿进口量

综合中国镍生产和进出口情况分析，2010 年中国镍表观消费量为 52.6 万吨，同比减少 9.2%。扣除生产和流通环节的正常库存，2010 年中国新增镍库存为负，消化了部分 2009 年的库存。

第四节 中国镍行业市场概况

一、中国镍金属区域市场概况

中国镍矿分布就地区来看，主要分布在西北、西南和东北，其保有储量占中国总储量的比例分别为 76.8%，12.1%，4.9%。

图 1 中国镍矿资源分布概况

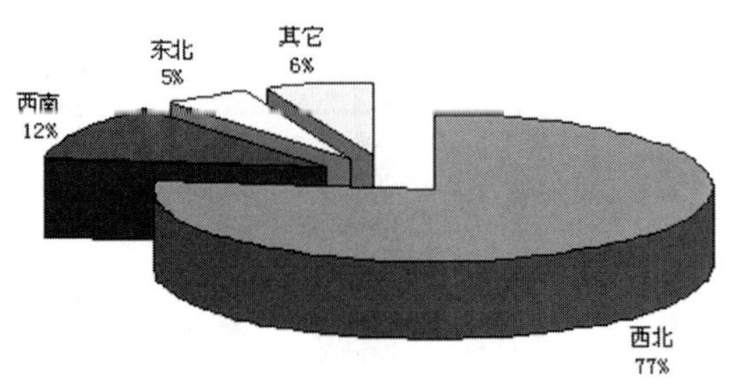

二、中国西北地区镍行业概况

中国西北地区的镍矿资源主要集中在甘肃和新疆两省，其中甘肃省的镍矿资源储量占中国总储量的 70% 以上，总部设在甘肃金昌的金川集团是中国最大的镍铬和贵重金属生产商，该公司的镍产量约占中国镍产量的 90%。

新疆省的主要镍矿企业为喀什通克铜镍矿。新疆有色金属工业集团喀拉通克铜镍矿是新疆第一家集采、选、冶为一体的有色金属联合企业。目前采矿生产能力 23 万吨 / 年，选矿生产能力 1000 吨 / 天，冶炼生产能力 7500 吨 / 年高冰镍。

三、中国西南地区镍行业概况

中国西南地区的镍矿资源储量也比较丰富，占中国总储量的 12%，主要集中在四川和云南两省。其中四川省的镍矿企业主要是四川铜镍有限公司，云南省的镍矿资源主要集中在元江县。

云南省元江镍矿是近年才开发起来的，其金属镍储量达 53 万吨，是居甘肃金川镍矿之后中国第二大矿床。2001 年 9 月，元江县委、县政府引进云南坤能公司到元江开发镍矿，现已建成年产 1000 吨的金属生产线，并生产出 99.96% 的金属镍。2004 年，元江县委、县政府实施“以商招商”发展策略，又引进上海宝钢集团联合开发元江镍矿，达到年生产 1 万吨金属镍的生产规模。按 1 万吨金属镍计算，可以实现工业产值 10 亿元。

中国东北地区镍行业概况

中国东北地区的镍行业发展主要集中在吉林省，其中又数吉恩镍业有限公司规模最大，集中了东北地区的大部分镍矿资源。

吉恩镍业有限公司是集镍金属选矿、冶炼、生产加工和销售于一体的有色金属联合企业，主要经营镍、铜、钴、硫冶炼及副产品加工，现有业务主要服务于冶金、化工、电子等重点行业，是中国第二大镍金属生产基地。目前生产能力为高冰镍 6000 吨 / 年，硫酸镍 2 万吨 / 年，电解镍 1500 吨 / 年。

四、中国镍行业重点企业分析

金川集团有限公司

金川集团有限公司（简称金川公司）是采、选、冶、化配套的大型有色冶金、化工联合企业，生产镍、铜、钴、稀有贵金属和硫酸、烧碱、液氯、盐酸、亚硫酸钠等化工产品以及有色金属深加工产品，镍和铂族金属产量占中国的 90% 以上，是中国最大的镍钴生产基地，被誉为中国的“镍都”。公司已形成年产 13 万吨镍、20 万吨铜、6000 吨钴、3500 千克铂族金属和 120 万吨化工产品、3 万吨镍盐的综合生产能力。

金川镍钴矿是世界著名的多金属共生的大型硫化铜镍矿之一。在同类矿床中，镍储量仅次于加拿大德伯里矿，占中国已探明储量的 70%；铜、钴储贵在中国仅次于江西德兴和四川攀枝花；铂族贵金属储量则居中国之冠。

表 1 金川镍矿资源量（单位：万吨）

	矿石量（亿吨）	镍（万吨）	铜（万吨）	钴（万吨）	PGM(g/t)
资源总量	5.2	550	343	15.94	0.197
保有储量	4.4	450	290	–	–
增加储量	–	150	800	–	–
在中国排名	–	第一	第二	第一	第一

经过 40 年的建设和发展，金川公司已成为拥有资产 65.45 亿元、净资产 25.66 亿元的特大型有色、冶金、化工联合企业。下属 20 个全民厂矿和镍都实业公司及其集体企业，共有在职全民和集体职工 44301 人。其中各类专业技术人员 7248 人。目前，公司主要产品的标准覆盖率达 100%。有 21 种产品获得省、部级以上优质产品称号，镍，铜优质产品产值率分别达到了 91.5% 和 97%，其中 I 号电解镍和海绵铂获得国优金奖。

产品销往中国29个省、市、自治区及香港特别行政区，电解镍、硫酸铜、铂铑制品及不锈钢制品等10多种产品。出口美国、日本、英国、法国、新加坡、伊朗、阿联酋、沙特阿拉伯等国家。主产品商标“金驼”牌1#电解镍被国家工商行政管理局认定为中国驰名商标，在伦敦有色金属交易市场注册后，又获准在美国办理注册手续。

金川公司以市场为导向，以调整产品结构为重点，以降低成本和提高经济效益为中心，继续加大科技投人，加快技术改造步伐，加大对原有产品的更新换代。同时，推进金川资源综合利用，向深层次发展。把开发1000万支镍氮电池作为新产品开发的重点，尽快实现镍氮电池产业化；并搞好与镍氮电他相配套的硫酸镍、球状活性氢氧化亚镍、超细镍粉、泡沫镍、钴粉的开发与生产。为适应中国汽车工业发展的需要，积极开发汽车尾气净化新产品。通过开发为国民经济支柱产业、新型产业服务的高增值新材料、新产品，培育金川公司新的经济增长点。

2011年，通过收购香港的一家上市公司（澳门投资控股有限公司），最大镍生产商金川集团成功登陆香港资本市场，并搭建了公司境外矿产资源并购开发及资本运作平台。另据了解，金川集团旗下其他业务，也在酝酿上市。

金川集团入主后，澳门投资被定位为金川集团境外矿产资源业务的整合平台。而在此前，澳门投资的主营业务为制造及买卖化妆品及相关产品，以及提供美容技术及培训服务业务。

据了解，多年前就曾酝酿上市的金川集团，其他业务也在推进上市准备工作。金川集团董事长杨志强在曾透露，公司的科技板块希望2010年在A股上市，科技板块主要是指金川集团的新材料公司。此外，从去年以来，业务越做越大的金川集团对内部业务架构做了调整。目前，金川集团已经将公司业务划分为金川股份、金川科技、金川实业、金川海外四大块，分别为集团控股公司、兰州科技园、产业链深加工项目和公司境外项目。

新疆新鑫矿业股份有限公司

新疆新鑫矿业股份有限公司是由新疆有色金属工业（集团）有限责任公司联合上海怡联矿能实业有限公司、中金投资（集团）有限公司、厦门紫金科技有限公司、陕西鸿浩实业有限公司、新疆信盈新型材料有限公司于2005年9月1日发起设立的股份有限公司，注册资本为3亿元人民币。

公司包括一个铜镍矿和一个冶炼厂，有色金属冶炼厂1992年12月23日生产出新疆历史上第一块镍板，2008年11月，新疆新鑫矿业股份有限公司收购新疆亚克斯资源开发股份有限公司全部股权，涉资4.6725亿元，形成年产能12000吨镍的规模。多年来，坚持“依靠科技进步谋出路、通过技术改造求发展”，加强技术研究。“新疆喀拉通克铜镍矿湿法精炼新工艺”被授予国家科技进步一等奖；“镍矿冶炼尾渣提炼铜及贵重金属综合回收的工艺开发及生产应用”于2002年评为自治区科技进步一等奖；曾被授予自治区“企业技术进步先进单位”称号。现主要产品有镍铜钴贵金属等。2007年在香港成功上市，募集资金46.3亿港元，荣膺当年香港“双料新股王”。

吉林吉恩镍业股份有限公司

吉林吉恩镍业股份有限公司总部地处长白山下、松花江畔，由吉林镍业集团有限责任公司集中优势资产发起设立的（吉林镍业集团现改组变更为吉林昊融有色金属集团有限公司）。吉恩镍业承继历史，追求卓越，通过不断的优质资产重组，调整产业产品结构，高起点建设，高科技投入，并强化国际合作，行业整合，现已发展成集采矿、选矿、冶炼、化工于一体的大型有色企业。现有资产总额32亿元，有员工近万人，总部占地面积450万平方米。

2003年9月，吉恩镍业在沪市A股市场上市，实现了吉恩镍业由普通股份公司到上市公司的跨越，开辟了全新的“镍”概念，被誉为中国上市公司镍业“第一股”，“吉恩”品牌被称为镍股“第一品牌”。

表2　吉林吉恩镍业股份有限公司2010年盈利情况（单位：%）

盈利能力	2010
主营业务利润率（%）	29.34
息税前利润率（%）	12.15

企业主要从事硫酸镍、高冰镍、电解镍、氢氧化镍、氯化镍、硫酸铜、铜精矿、硫酸等产品的生产、销售。形成了“吉恩”牌优质镍系列产品，其中高冰镍为“部优产品”，硫酸镍被国家经贸委评为“2000年度国家级新产品”，同时获“吉林省名牌”称号。产品营销覆盖中国，并远销海外。企业通过了ISO9001质量体系、ISO14001环境体系和CMA认证。主要控股企业有：通化吉恩镍业有限公司、重庆吉恩冶炼有限公司、新乡吉恩镍业有限公司、吉林卓创有色金属有限公司、磐石长城精细化工有限公司、磐石恒远物资回收有限公司。

表3　吉林吉恩镍业股份有限公司2010年偿债能力分析

（单位：%）

偿债能力	2010
流动比率（%）	0.88
速动比率（%）	0.64
利息保障数	1.5
资产负债率（%）	61.06

企业入选全球竞争力组织权威评选“2005中国上市公司竞争力100强”，综合十项软硬指标排名第86位。入选2006年中证成长性百强，并成为上证180指数成份股和沪深300指数样本股。近几年先后获得中国五一劳动奖状、中国企业文化实践创新先进单位、吉林省精神文明建设先进单位、吉林省模范集体等国家、行业、省、市各类荣誉称号60多项。

该公司多种产品处于市场重要地位，是中国唯一能以高冰镍为原料采用内循环自平衡选择性控压精纯浸出新工艺生产硫酸镍的企业，产品质量和相关技术不仅中国领先，并有与国外知名品牌相抗衡的实力。该公司主导产品硫酸镍，中国市场占有率第一。

表4 吉林吉恩镍业股份有限公司2010年成长能力分析（单位：%）

成长能力	2010
主营业务增长率(%)	99.81
主营利润增长率(%)	60.1
营业利润增长率(%)	-22.9
净利润增长率(%)	-9.92
每股收益增长率(%)	-15.2

吉林吉恩镍业是中国最大的镍盐供应商，主要产品硫酸镍产能2万吨、氯化镍2000吨、氢氧化镍1000吨、电解镍1500吨，富家矿及大岭矿两镍矿已探明金属储量近5万吨，可服务年限12年。在吉林省内，计划收购吉林通化赤柏松铜镍矿及吉林延边部分资源，每年可供约3000吨金属量的镍精矿。另外，公司拥有钼矿石储量达6.5亿吨的大黑山钼矿，为亚洲第二大钼资源储量基地；公司还与加拿大Inco公司合资进行地质探矿。目前公司资源自给率达到60%。

表5 吉林吉恩镍业股份有限公司2010年营运能力分析（单位：%）

营运能力	2010
应收账款周转率	18.32
应收账款周转天数（天）	19.65
存货周转率	1.99
存货周转天数（天）	180.62
固定资产周转率	1.12
总资产周转率	0.27
净资产周转率	0.69

红河恒昊矿业股份有限公司

红河恒昊矿业股份有限公司（以下简称恒昊公司）的前身为金平恒昊有色金属有限责任公司，是中国领先的民营镍业企业。公司2003年改制以来，立足资源，发挥主业优势，在规模和管理上不断跃上了新台阶。公司经济实力雄厚，以稳健发展而著称。发展至今，连续多年被评为“中国民营企业500强”、“云南百强企业”、“云南外经企业10强”、“先进纳税企业”、“云南省和谐劳动关系企业”、是云南最优秀的民营企业之一，公司总资产截止2009年年底已逾12亿元。目前，公司除原有的镍矿、铜钼矿以外，还在云南、湖南、新疆等地获得了丰富的锰矿、钒矿、镍矿等金属资源。恒昊还积极响应国家“走出去”的号召，在菲律宾、印尼等国开发多处几十万吨镍金属储量的红土镍矿山，并计划每年开采红土镍矿100万吨以上。公司还开发了镍铁冶炼技术，并计划建设1万吨镍铁冶炼厂，实现产业链的延伸。

为掌握支持企业发展的关键技术，恒昊投入巨资与中南大学、中国地质大学、昆明理工大学等高等科研院校联合开发具有世界先进水平的资源利用技术，并成立技术中心，对重点项目的工艺技术进行科研公关，为公司长远发展提供持续的科研技术支持。恒昊高度重视企业管理建设，通过开展ISO9000认证、5S管理和财务、物流、行政系统信息化建设等多方面工作，正逐步在管理上实现科学化、流程化，并初步形成了具有自身特色的企业文化。

浙江嘉利珂钴镍材料有限公司

浙江嘉利珂钴镍材料有限公司位于浙江杭州湾精细化工园区，东邻宁波62公里，西至杭州78公里，北靠杭州湾与上海遥望；交通便捷，经济环境优越。公司总投资3580万美元，占地182.8亩（120000平方米），是目前中国华东地区最大的钴、镍化工新材料产品专业生产企业。

公司主要由上海宁锡工业资源有限公司投资，致力于钴、镍无机盐类化合物及其延伸产品的研发和生产；产品主要应用于电池材料、硬质合金、光亮电镀、陶瓷釉料、工业催化剂、粉末冶金等行业，目前已具备年产5000吨金属量钴、镍、铜盐化合物的生产能力，产品主要包括：氧化钴、硫酸钴、氯化钴、草酸钴、高纯碳酸钴、高纯氢氧化钴、癸酸钴、硼酰化钴、钴粉、氧化镍、硫酸镍、硫酸铜、氧化铜及相关目前正在研发的延伸高技术产品，2011年，浙江嘉利珂钴镍材料有限公司与韩国ECOPRO株式会社合作，共同投资1.5亿美元，将在上虞建设中国产能最大的新型锂电池正极材料生产项目。

五、中国镍行业发展影响因素分析

近年中国镍金属工业得到快速发展，但全行业存在的问题也非常突出。中国镍企业存在着粗放型生产方式且其发展与中国的宏观经济政策和经济运行状况有着密切联系，镍行业自身存在问题以及发展限制因素如下：

1. 中国镍矿产资源有限，直接限制了中国镍工业原料来源以及自身的进一步发展。

2. 从中国宏观经济发展控制相关趋势来看，未来中国政府将在经济领域继续实行结构调控，加快转变经济增长的方式，大力推进资源节约和环境保护的国策。对近年一些增长过快的行业例如钢铁、电解铝、水泥、房地产等行业的发展速度进行控制，这将使固定资产的投资增长速度趋缓。

3. 由于人民币的升值，制造业的产品出口增幅将趋缓，也将影响到对镍的需求。

4. 中国镍矿石资源的缺乏，同时国民经济发展对镍金属的需求不断增加，促使中国镍行业企业加大海外矿石资源的开采利用。但是，目前中国镍矿产资源“走出去”仍存在许多问题，未来道路不平坦。

首先先机已被国外占据。80年代末90年代初，很多发展中国家改善矿业投资环境吸引外资，出台了一系列优惠政策，加上世界当时矿业形势较好，一些有实力的资深矿业公司借机在全球扩张。几乎在世界上每一个有资源潜力的角落都有跨国矿业公司活动的踪迹。

其次中国矿业企业的国际竞争力低。在几年以前，世界矿业界进行一次合理化调整，不同国家相同或类似业务的大型矿业跨国大公司联合、兼并和重组，使企业整体实力增强，成本降低，国际市场竞争力大大提高。目前矿业全球化新的分配格局正在逐步形成，中国企业“走出去”面临的竞争对手正是以美国、加拿大、澳大利亚、南非等传统矿业国家为基础的跨国公司，这些跨国公司大都已有百余年的跨国经营的历史，具有丰富的矿业的商业运作知识和国际资本经营的经验，并且他们的矿业资本、技术服务、信息咨询等配套市场发育完善。然而与国际矿业企业相比，中国“走出去”企业是长期在计划经营体制下经营的，规模小、资本积累严重不足，又相对分散，形成不了规模优势，加上“走出去”时间短，经验明显不足，对国际矿业经营惯例还不是很清楚和熟悉，国际竞争力低。

其三就是中国到海外投资的法律法规还不完善。中国矿业企业“走出去”手续过于复杂，这不仅增加了大量不必要的成本，更主要的是贻误了投资的良机。

第五节 镍行业投资分析

一、镍精矿供应风险

在镍精矿供应方面，中国现有矿厂产量都有萎缩的风险，不过随着各矿区新矿的开发，产量增长空间还是很大的。可以说中国的供应风险大多只是暂时性的，随着投资开发加大，在未来几年还不会有很大的供给问题。此外国外的进口镍精矿也逐渐扩大对于稳定中国市场的供应也有保障。

二、产能扩大和价格风险

在中国镍矿产存量并不丰富，开采难度也较大，在甘肃、云南、四川等地虽然发展较快但规模化生产受资源限制很难实现。也就是说产能过剩的问题是基本不存在的，中国的下游需求旺盛，不锈钢、电池材料耗费等都需要镍，这使得中国供给不足，进口持续提升。

在价格方面，目前整体价格仍处于低位，这与进口矿石逐渐增多，开发企业竞争加剧有关。价格处于低位使得企业的收益空间有所压缩，不过在镍行业整体的利润水平还很高，价格还远没有成为行业的风险。

图 1　2011-2015 年中国镍价格走势预测图

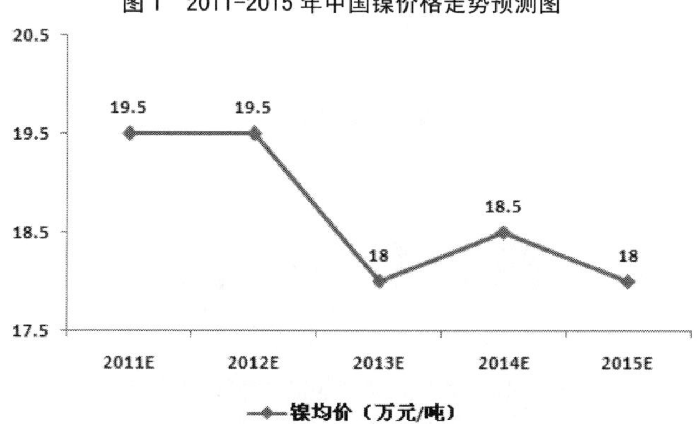

三、投资增长方式与资源和环境的可持续性发展关系

近几年随着中国镍产业的发展，投资方式已经逐渐从外延式的资源开采加工规模扩张向产品深加工的内涵式增长方式转变。此外国家关注资源可持续性和环保节能问题，这是的原来粗放式的投资方式逐渐受到国家限制。依托先进技术的深加工和矿产开采精炼的循环经济受到各地区的鼓励。

镍行业的投资增长与下游不锈钢、电池等行业的发展息息相关，而下游行业的资源耗费和环境问题对于镍产业也有影响。为了保证行业长期成长，保护资源，提高利用率和产品附加值十分必要，此外关注环境和可持续性等问题也有助于镍产业的发展。

四、镍市场发展概况分析

镍具有很强的金融属性，在供求基本面没有出现显著恶化情况下，国际宏观环境对镍价有极为重要的影响。2010 年末的数据显示，美国经济强劲复苏并可持续，但是经济前景暂时不足以使政府调整国债购买计划，因此美联储的量化宽松政策还将继续实施。欧元区 CPI 上升到金融危机爆发以来的最高水平，超过欧央行 2% 的目标水平，但受债务问题影响宽松货币政策还将持续。随着通胀压力的增加，提高利率的手段可能在下半年被采用或者在 2012 年，因此商品价格上涨还有资金基础。

从中国的情况分析，作为经济的先行指标，PMI 回落预示着未来一段时间经济增速或许会有所下滑，其中各项分指标都呈现下降态势，输入物价指数仍然较高，通胀压力很大。虽然我们不能仅从一次数据回落就断言经济的减速，但从目前严峻的通胀压力政府已经采取或者将要采取的紧缩货币和汇率政策以及政府的“十二五”规划的一些内容，不惟 GDP 是论，结构调整与产业升级等，经济慢下来在政府的考虑之内，而且是必然的，这与政府是否采取紧缩政策无关。中国特色的行政干预对市场造成的影响也是不可忽略的因素，发改委元旦后第一天在其网站上公布了有关反价格垄断及执行的两项规定，从 2011 年 2 月 1 日起实施，以加强反价格垄断执法，培育市场竞争文化，促使相关企业和市场主体自觉规范经营行为，维护市场经济秩序。此举一方面有助于稳定通胀预期，进而缓解紧缩措施进一步出台的压力，另一方面扭曲市场作用也不可小觑。

因此 2011 年宏观面存在不确定性，一边是通胀，一边是经济增长乏力，失业问题严峻，还有一些不可抗力会影响到投资者的预期，镍在此背景下将波动前行。

五、镍的供求基本面

随着世界经济的温和复苏，通胀问题将会逐渐成为全球性话题，流动性不可避免将进一步收紧，镍等有色金属所享有的流动性溢价将逐步下降，基本面将会受到更多关注。

镍的供求状态在 2011 年会发生逆转。国际研究机构数据显示，2011 年镍供应将增加到 161 万吨，需求只有 153 万吨。主要是 2010 年镍价上涨幅度较大，仅次于锡和铜，刺激了一大批镍铁、电解镍生产厂家复产或者扩产，其中有些已经开始生产，有些将于 2011 年投产。这些新增的产能将对镍价上涨构成压力。

以下是几个主要的项目：

世界最大的镍生产商俄罗斯 Norilsk2010 年镍产量 28.4 万吨。2011 年将增加 54% 的资本支出用于开拓更多的矿藏，预计 2011 年产出 23.5 万公吨镍，比 2010 年下滑 17%。他将于 2011 年下半年重启位于澳大利亚 Lake Johnston 矿山，产能接近 100 万吨，这等同于 9500 吨金属。

全球第二大镍生产商巴西淡水河谷公司（Vale SA）计划在 2011 年将其年产量从 381000 吨提升至 295000 吨，此前其新喀里多尼亚的 Goro 工厂以及巴西的 Onca Puma 铁镍合金工厂开始运营，两工厂的年产量均在 60000 吨左右。

世界最大镍铁厂的经营者法国埃赫曼集团提高旗下 Doniambo 冶炼厂 7.5% 的镍产量至 5.6 万吨，计划 2014 年上升到 6.5 万吨，并且增产计划不会受到镍价短期波动的影响，同时位于印尼维达湾的镍项目也在研究中。

中国镍资源在连云港的镍项目陆续在 2011 年一季度陆续投产，台商在福建建设镍铁厂，广西钦州恒星镍铁项目强势推进。

瑞士矿商斯特拉塔公司（Xstrata PLC）同样计划在 2016 年之前投资 230 亿美元进行扩张，旨在将其镍产量翻倍。

澳大利亚镍生产商明科资源公司 2010 年产量 13500-14500 吨，2009 年为 1.2 万吨，计划 2012 年 6 月底将镍的产量提高到 1.5-1.6 万吨。

加拿大的萨德伯里和安大略省开始恢复镍供应，第一量子公司重启 Ravensthorpe 镍矿，年产能达 39000 吨镍，2011 年预计产量达 1 万吨。Liberty 矿业开始 McWatters 露天镍矿的部分开采，2010 年达到镍金属量 2974 吨。

截止 2010 年 12 月 31 日，LME 的镍库存为 135672 吨，等同于大约 32 天的消耗量，但是，随着产量开始提高，镍库存预计在未来数月进一步增长。从 2010 年注销仓单和库存变化差距悬殊可以猜测，镍供应紧张有炒作嫌疑，一旦资金做空，镍价将大幅回落。中国由于镍价一直弱于国际市场，很多进口镍贮存在保税仓库中，一旦有合适的利润，这些货源投放市场将对镍价构成冲击。

从需上说，中国因素不可忽视。中国镍消费量约占全球消费总量的四分之一，且是全球最大的不锈钢生产国，2011 年不锈钢产量预计增加 9%，至 1200 万吨，因供应过剩，增长速度将放缓。不锈钢厂占中国镍需求的 65-70%，2011 年可能使用 51-52 万吨镍，2010 年使用量为 50 万吨。不锈钢出口方面会受到一些限制，俄罗斯对太钢产不锈钢征收为期三年的 29.9% 的反倾销税，其他钢厂 39.1%。在当前经济走势不稳的情况下，贸易保护主义还将会继续发生。当然，中国的城市化将会消耗大量的不锈钢，有报道称太原的城建要全部使用不锈钢。2011 年作为“十二五”规划第一年，要转变经济发展方式就要继续扩大内需，提高人民生活水平，不锈钢的需求还会增加，增长的速度会慢于前些年。

从世界不锈钢产业的发展来看，由于镍价长期高企，已经促使不锈钢企业采取诸如进入镍生产领域、采用技术创新寻找替代材料等办法来避免镍价波动给企业经营带来的风险。一方面是镍的产能又增加了，一方面是镍在不锈钢的需求已经下降了：400 系铁素体不锈钢和 200 系的份额在上升，300 系不锈钢的市场在萎缩。短期内市场不会出现很大的变化，长期将趋于一个双方平衡的价格水平。

第七部分 锑行业概况

第一节 世界锑资源概况

2010 年，世界锑总储量约 390 万吨，保有储量 180 万吨（中国、俄罗斯、玻利维亚占前三位，分别占比 52%、19%、17%）。2010 年中国锑储量为 95 万吨，占世界总储量的 52%。从产量看，2010 年世界锑产量约 13.5 万吨，其中中国产量为 12 万吨，占比是 88%。

图 1　2010 年世界锑储量排名

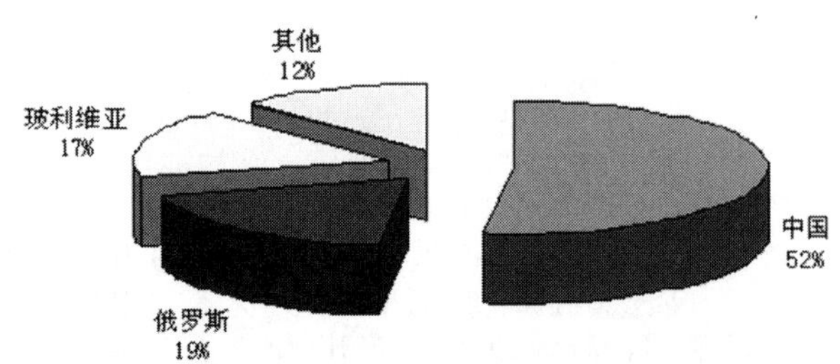

图 2　2010 年世界锑产量分布

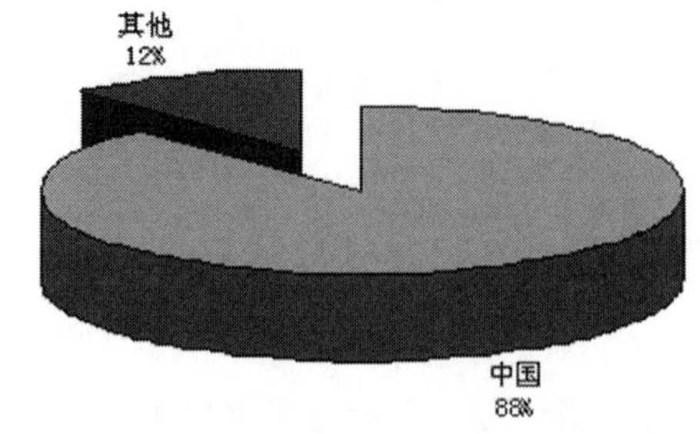

第二节 中国锑产业概况

一、中国锑精矿概况

锑的矿物虽有 120 种以上，但有工业利用价值的仅有辉锑矿、方锑矿、锑赭石、黄锑华、硫氧锑矿（红锑矿）、天然锑、硫汞锑矿、脆硫锑铅矿、黝铜矿、锑华等 10 多种，其中辉锑矿是最主要的锑矿石，占 85% 以上。

中国的锑矿资源主要分布于华南、秦岭和昆仑地区，其中最主要的矿床分布在湖南、广西、贵州、甘肃及云南等省（区）。中国的锑矿床主要分为两类：第一类是单一原生辉锑矿，如湖南锡矿山、渣滓溪、板溪，贵州的睛隆、半坡和云南的木利等矿石；第二类是锑及其他金属共生的锑矿，如湖南湘西金矿钨、锑、金共生矿，广西大厂的锡、铅、锌、锑、砷共生矿等。

锑精矿主要用于生产锑制品。锑和锑的化合物常使用于耐磨合金、印刷铅字合金及军火工业，现在广泛地被用于生产各种阻燃剂、搪瓷、玻璃、火柴、橡胶、涂料、颜料、烟花、塑料、医药及化工制品等部门。中国锑精矿主要输往美国、欧洲、日本、韩国及东南亚等国家和地区。

锑矿石经过选矿得到锑精矿。选矿方法大致可分为三种：手选、重选和浮选。其中，硫化锑矿用浮选很有效，单一硫化锑矿浮选的药剂品种已由过去丁黄药、硝酸铅、松醇油等常规药剂发展到高效能多品种混合药剂，既能提高精矿质量、选矿回收率，又利于药剂成本的降低。

二、中国锑资源概况

中国锑储量分布集中，大中型矿多。目前，中国探明锑矿 171 处，分布于 19 个省（区），主要分布于湖南、广西、西藏、贵州、云南等省（区），这 5 省（区）合计查明资源储量占中国锑查明资源储量的 80.8%，中国锑矿以大型矿床多、矿石质量好而著称。

图 1　2010 年中国各省锑矿保有储量占比情况

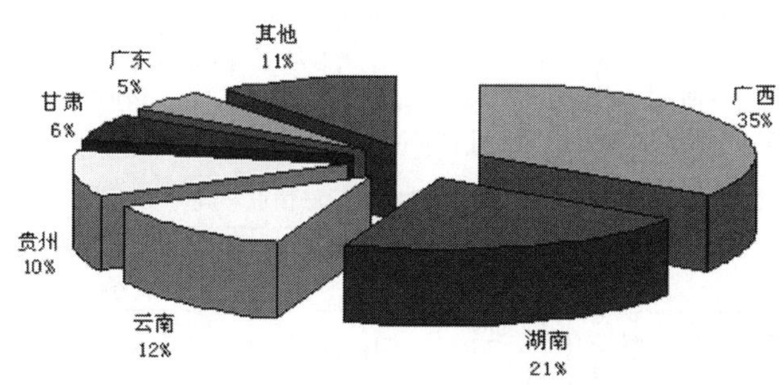

图 2　2010 年中国大中小型锑矿比例

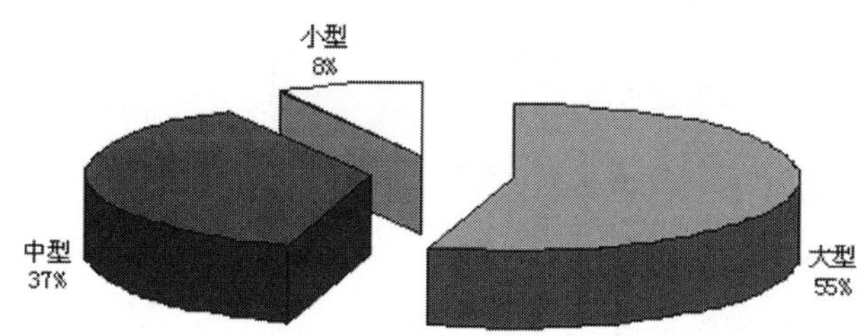

图 3　2010 年中国锑矿产地分布

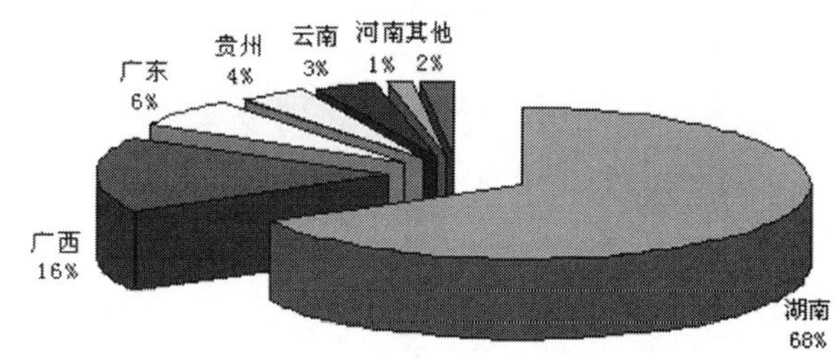

中国锑资源勘查开发程度较高，锑矿详查阶段和勘探阶段的查明资源储量分别为 112.87 万吨和 74.21 万吨，分别占总查明资源储量的 44.9% 和 29.5%；普查阶段查明资源储量 64.44 万吨，占总查明资源储量的 25.6%。

图 4 2010 年中国锑资源勘查开发程度比例

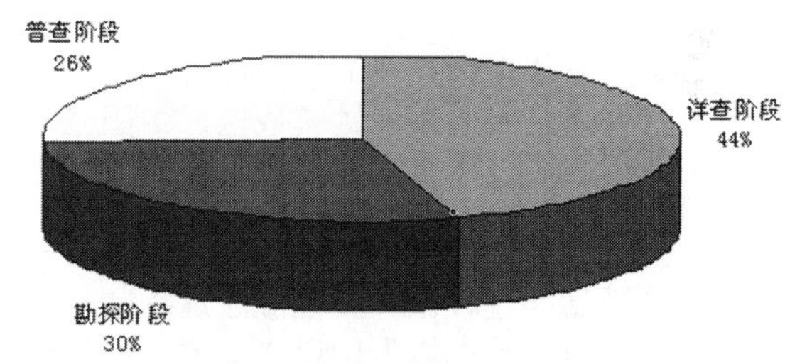

中国锑矿已利用程度较高，可设计规划利用储量逐年减少，后备基地不足。目前，中国已利用的锑矿区 71 处，合计查明资源储量 123.06 万吨，占中国锑查明资源储量的 47.8%。基础储量 58.04 万吨，占中国锑基础储量的 78.1%；可规划利用的锑矿区 36 处，合计查明资源储量 43.58 万吨，占总查明资源储量的 17.3%。基础储量 2.77 万吨，占总基础储量的 3.7%；近期难以利用的锑矿区 59 处，合计查明资源储量 84.87 万吨，占总查明资源储量的 33.7%。基础储量为 13.5 万吨，占总查明储量的 18.2%。

图 5　2010 年中国锑矿基础储量利用情况

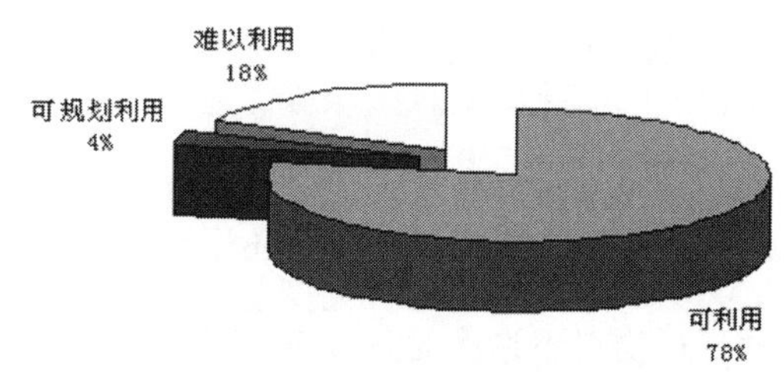

中国锑矿利用程度较高，主要原因是开发条件较好，又多为单锑型矿石，易选、冶。而难以利用的原因是交通困难、经济效益差、地质条件复杂、矿体小而分散、埋藏深、矿石品位低以及矿石综合利用问题未解决等。锑矿可利用的查明资源储量逐年减少，后备基地不足。中国锑矿查明资源储量从 1978 年的

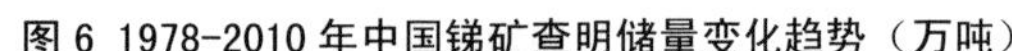
图 6 1978-2010 年中国锑矿查明储量变化趋势（万吨）

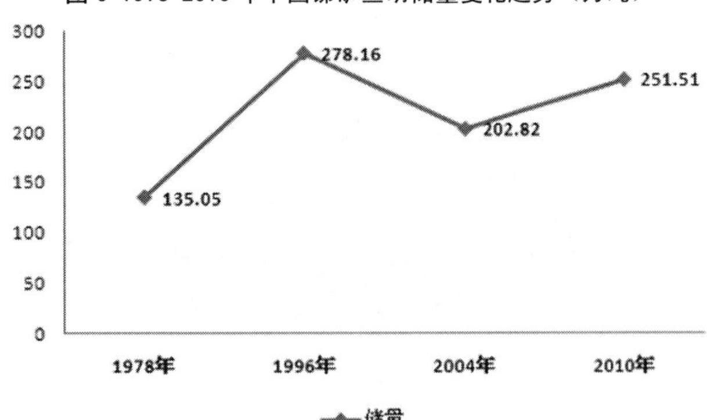

135.05 万吨上升 1996 年的历史最高峰 278.16 万吨，之后迅速下降 2004 年 202.82 万吨，从 2005 年开始回升，到 2010 年达到 251.51 万吨，与 1996 年的最高值仍有 10% 的差距。

三、中国锑冶炼技术

锑的冶炼方法有火法和湿法两种，技术含量不高。精锑既是生产氧化锑的原料，也可以直接用来用于生产锑合金。目前，冶炼技术比较成熟，中国已禁止土法炼锑工艺，冶炼技术水平主要体现在锑精矿到精锑冶炼总回收率和冶炼能耗上。

湿法炼锑，就是用碱或酸溶出锑精矿中的锑和分离杂质提取锑品的过程。有碱性湿法炼锑和酸性湿法炼锑之分。锑冶金长期以来仍以火法为主。碱性湿法炼锑是以 Na2S、NaOH 浸出剂浸出锑精矿中的锑。在工业上多采用电解沉积法从碱性浸出液中生产阴极锑。此法可以产出优质阴极锑，金属回收率高于火法，并可综合利用原料中的硫，但碱耗和电耗较大，成本高，副产物 Na2S 量大。浸出液在催化剂存在下使锑氧化为锑酸钠的工艺，成本低，是一种从碱浸出液中回收锑的有发展前途的方法。酸性湿法炼锑是在酸性介质中用氯化剂浸出锑精矿中的锑，然后采用水解、中和法（见沉淀）回收氯化浸出液中的锑。锑精矿氯化浸出的浸出率高，从浸出液制取锑白过程简单，但浸出液的腐蚀性较严重，设备需防腐蚀，不宜处理含氧化锑高的精矿。浸出的 SbC13 溶液用氯气氧化为 SbCI5，水解沉淀与 NaOH 溶液反应制取锑酸钠，是从氯化浸出液中回收锑的更好方法。

火法炼锑，就是在高温下从锑矿石或锑精矿中提取粗锑的冶金过程。用于处理硫化锑矿、硫氧混合锑矿，也用于处理含金的硫化锑矿。火法炼锑适应锑化合物的易挥发、易氧化和易还原的特性，是主要的炼锑方法。主要有挥发焙烧（或挥发熔炼）还原熔炼和沉淀熔炼两类工艺。挥发焙烧（或挥发熔炼）还原熔炼主要包括两大环节：第一环节是使锑氧化挥发。这里有两种方法：一种是在物料不造渣的条件下，挥发焙烧低品位硫化锑块矿石、硫氧混合锑块矿石及高品位硫化锑粉精矿制取三氧化锑。按所用设备分为锑矿石直井炉挥发焙烧和锑精矿回转窑挥发焙烧；另一种是在物料造渣熔化的条件下，挥发熔炼硫化锑精矿、硫氧混合锑精矿及含金的硫化锑精矿，制取三氧化锑和含金粗锑。含金粗锑又称贵锑。按所用设备分为锑精矿鼓风炉挥发熔炼和锑精矿旋涡炉挥发熔炼。过程主要包括炉料准备、炉料挥发熔炼、高温烟气冷却和三氧化锑的收集。第二环节为氧化锑还原熔炼，即在高温下，用碳质还原剂将三氧化锑还原成粗锑。沉淀熔炼是用铁置换高品位硫化锑块矿或生锑中的锑，沉淀析出粗锑，称为硫化锑精矿沉淀熔炼。此法也可在还原沉淀条件下，用铁置换硫氧混合锑块精矿中的锑，沉淀析出粗锑。按所用设备分为反射炉沉淀熔炼和短筒炉沉淀熔炼。

四、中国锑资源政治环境分析

1. 2005 年，国务院第 28 号文件《全面整顿和规范矿产资源开发秩序通知》正式发布。文件规定到 2007 年底全面完成各项任务，使无证勘查和开采、乱采滥挖、浪费破坏矿产资源、严重污染环境等违法行为得到面遏制；越界开采、非法转让探矿权和采矿权等违法行为得到全面清理，违法案件得到及时查处；矿山安全事故及破坏生态环境现象明显减少；矿山布局不合理的状况得到明显改善，矿产资源开发利用规模化、集约化程度明显提高；基层监管到位，投资环境改善，矿产资源管理加强，基本建立规范的矿产资源开发秩序。

2. 2010 年 3 月 15 日，国土资源部下发通知，决定继续对钨矿、锑矿和稀土矿实行开采总量控制管理。同时通知表明，到 2011 年 6 月 30 日前原则上暂停受理新的钨矿、锑矿和稀土矿勘察、开采。

表 1　2009-2010 年中国锑矿开采总量指标（吨）

年份	主采	综合利用	合计
2009	65180	25000	90180
2010	69520	30480	100000

3. 中国逐年减少锑出口配额，不断下调出口退税。从 2002 年起，实施出口配额制，每年的出口配额都限制在 7 万吨以下。2005 年，锑及其制品出口退税为 13%。到了 2006 年，全部取消锑出口退税。2007 年，国家对锑锭出口开始征收 5% 的关税。

表 2　2010 年中国锑品出口配额情况（吨）

公司	氧化锑出口配额	锑及锑制品出口配额
湖南锡矿山闪星锑业进出口有限公司	14834	1418
湖南省中南锑钨工业贸易有限公司	12105	2907
云南联合锑业股份有限公司	3187	432
广西华锡集团股份有限公司	948	5171
广西日星金属化工有限公司	3959	0
贵州省五金矿产进出口有限公司	1263	445
广东省五金矿产进出口集团公司	1565	233
四川鑫炬矿业资源开发股份有限公司	0	31

第三节 2010年中国锑行业市场分析

一、中国锑市场供需情况

中国是世界矿山锑的最大生产国。2010年，中国矿山锑产量为12万吨，占世界总产量的89%。其他5个锑矿生产大国依次是俄罗斯、南非、塔吉克斯坦、玻利维亚和吉尔吉斯斯坦。

图1 2010年世界矿山锑产量比例

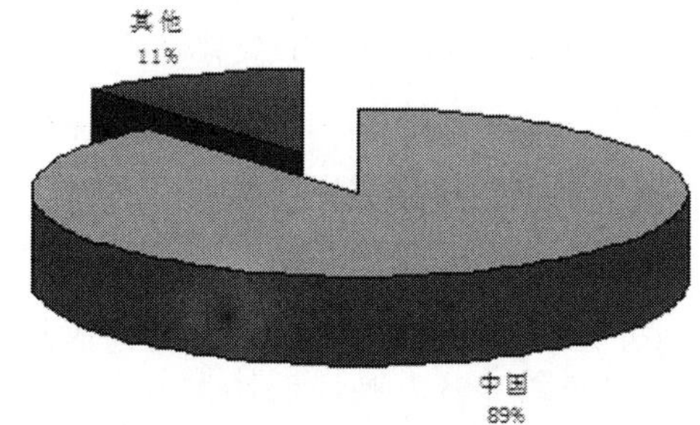

表1 2010年世界矿山锑产量国家排名

排名	国家
1	中国
2	俄罗斯
3	南非
4	塔吉克斯坦
5	玻利维亚
6	吉尔吉斯斯坦

由于中国对锑矿开采总量控制指标执行力度加强，以及锑矿开采难度不断加大，资源日益匮乏，2010年中国锑矿供应凸显资源性短缺状态，对全行业锑品生产造成很大影响，冶炼企业原料自给率继续下降。特别是冷水江市民营锑冶炼企业自有矿山出矿量已很少。2010年中国锑产量为18.7万吨，同比增长13.1%；；锑精矿产量为11.5万吨金属含量，同比增长19.6%；锑品产量为11.8万吨，未来中国锑品产量增长空间十分有限。

表2 2010年中国锑产量情况（万吨）

	产量	同比增长
锑	18.7	13.10%
锑精矿	11.5	19.60%
锑品	11.8	15.39%

图2 2006-2010年中国锑品产量增产情况

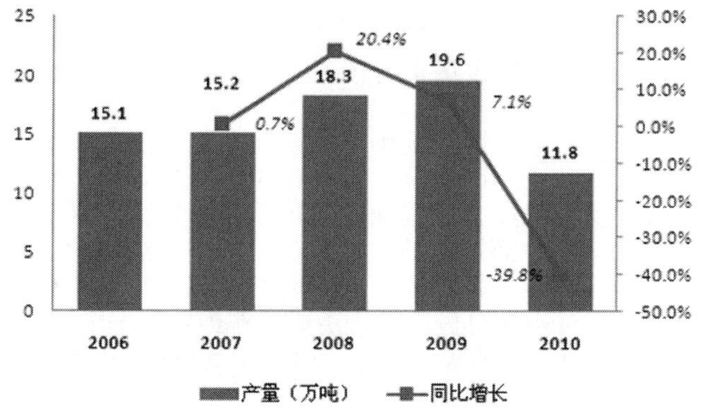

锑消费的主要领域是在阻燃剂、铅酸蓄电池、催化剂及玻璃澄清剂等方面，其中阻燃剂应用在50%以上。从中国主要锑生产企业的销售情况分析，锑消费保持良好的势头，中国应用比例继续扩大。2010年，中国锑消费量约为7.1万吨，同比增长12%，除工程塑料和化工行业对氧化锑的需求份额保持稳定增长外，随着光伏市场急剧升温，使中国玻璃企业积极扩大超白光伏玻璃的生产规模，成为拉动锑消费增长的重要因素。预计未来随着国家加快发展战略性新兴产业，中国锑的消费将进一步增长。

二、2010年中国锑市场价格情况

2010年，中国锑市场最显着的特征就是价格大涨，并不断创出历史新高。锑价格上涨速度之快，幅度之高出乎所有经营者预料。2010年中国2#锑年均价为60838元/吨，同比上涨72.7%。《MB》MMAT标准II级锑年均价为8999美元/吨，同比上涨74.4%。

2010年12月份，中国2#锑锭出厂报价最高达83500-85500元/吨，为历史新高点，较年初的价格42000-42500元/吨上涨幅度达100%；相比2008年金融危机前的价格最高点，上涨幅度达93%。相比2008年金融危机后的价格最低点，上涨幅度达231%。

国际锑市场价格总体随中国市场变化。2010年5月末受中国锑价深度回调的影响，《MB》锑报价下跌至7900-8500美元/吨，但其跌幅明显小于中国。2010年12月《MB》MMAT标准Ⅱ级锑价格最高价达12200-12600美元/吨，再创历史新高。较年初价格6000-6250元/吨上涨达102%，相比2008年金融危机前最高点上涨达87%。由于锑价不断攀升，国际锑市场成交清淡。

图3 2010年1月-2010年12月国际锑（1#）价格走势（美元/吨）

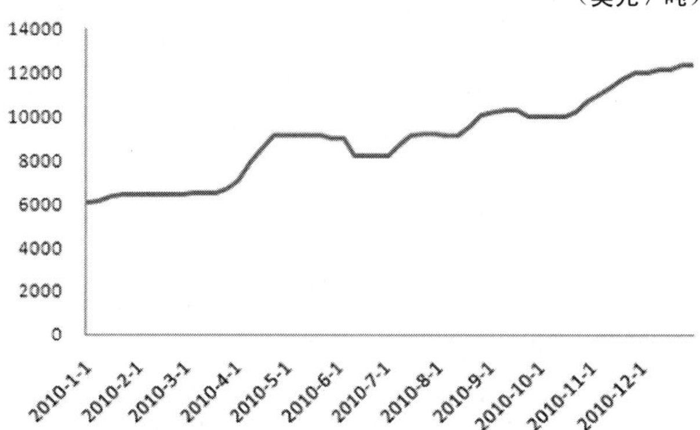

图4 2010年1月-2010年12月中国锑锭（1#）价格走势（元/吨）

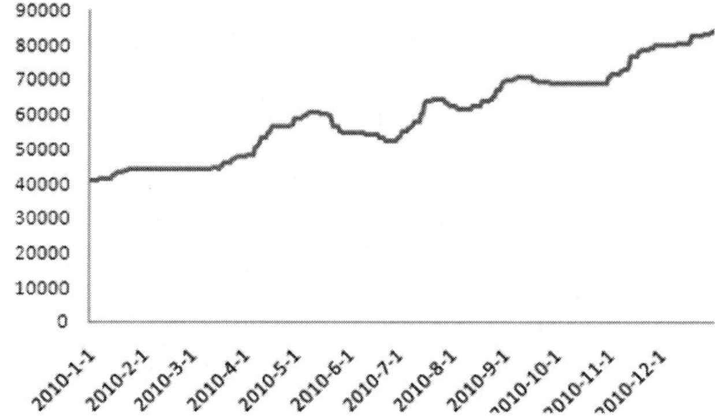

2009-2010年中国锑产量分别下降了22.2%和14.3%，世界产量下降21.3%和12.9%。锑价从2009年初的26750元/吨上涨到2010年的102500元/吨，上涨了280%。以2010年产量来看，世界锑矿保有储量仅能供开发13.3年。因此，限量开采对锑的中长期价格起到支撑作用。持续攀升的锑价令企业喜忧参半，价格上涨幅度太大，下游客户接受起来越发困难，不断提价必会导致客户关系恶化，尽管有更多利润空间，但从长远看对企业的发展十分不利，也引发了业内资深人士就其对整个锑行业发展之影响的一些思考：

图5　2010年1月-2010年12月中国氧化锑价格走势（元/吨）

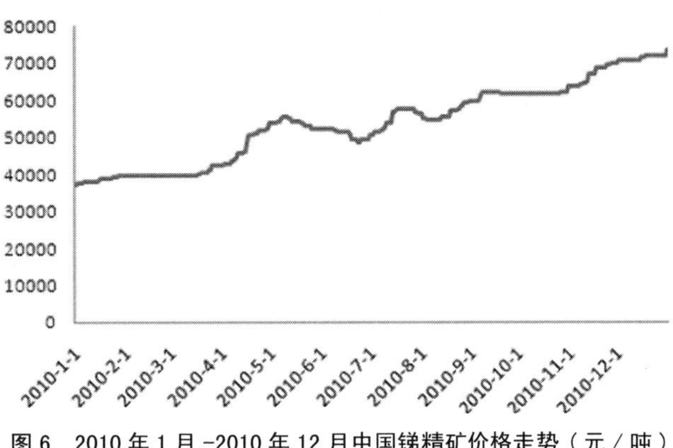

图6　2010年1月-2010年12月中国锑精矿价格走势（元/吨）

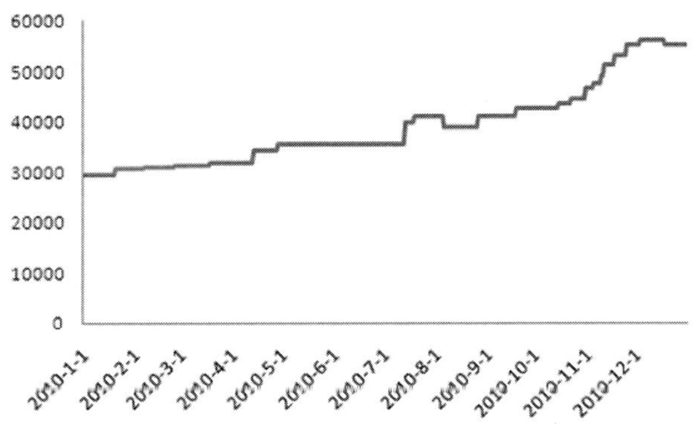

1. 替代品加快进入角色的步伐

自2001年以来，有关锑相关应用领域替代品的潜在威胁便一直存在，尤其是溴系阻燃剂方面，已有某些应用可由硼酸锌等部分代替三氧化二锑，使后者用量减少。尽管这种替代过程并不是那么简单，许多年来进程比较缓慢，但我们不得不需要清醒认识到低卤、无卤阻燃剂是未来发展的趋势，在当今高锑价的阶段，其替代品的发展速度将会变得更快，作为溴系阻燃剂协效剂之三氧化二锑的命运不得不受到广泛重视。

2. 中国锑矿开采及产量的控制指令的执行程度

近几年来，中国加大对矿产资源开发的管理力度，逐步规范锑品开采、冶炼、加工及国内外贸易等生产经营秩序。相继采取了整顿矿山开采秩序、提高冶炼行业准入门槛、出口配额和供货许可证制度、降低或取消退税等措施，直到2010年三月两部委先后下达锑开采与生产的控制指令，将在优化资源配置、促进产业结构调整、缓解贸易失衡等方面起到了积极的作用。但如果相关指令监管执行不到位的话，高价之下的利益刺激将可能导致锑矿开采秩序的再度混乱，以致催生新一轮的产能扩张、乱采乱挖及恶性竞争，同时走私亦会更加猖獗。

3. 国外锑资源开发程度的变化

国外锑资源的开发程度同样会受到高价刺激的影响，原先开采条件比较差、各方面条件受限的锑矿，如俄罗斯、哈萨克斯坦等国，在一定利益保障前提下其锑资源将可能得到规模开采。因此，中国需要重新看待国外资源的开发利用程度的变化，不排除有新的资源格局出现。

三、2010年中国锑品进出口情况

2010年中国锑品的进口总量约4.9万吨，同比增长78.4%，折合金属量3万吨。其中锑精矿进口4.6万吨，折金属量约2.8万吨，同比增长约87.1%。来自缅甸的锑精矿进口量居首位，已达8423吨，其次分别为俄罗斯的8404吨、塔吉克斯坦8050吨和加拿大7976吨，上述来源占当年中国锑精矿进口量的71.1%。

2010年中国锑品的出口总量为5.9万吨，同比增长37.7%，折合金属量5.1万吨。其中氧化锑全年出口总量约5.2万吨，同比增长40.4%。从出口国别看，2010年出口至美国的氧化锑达2万吨，同比增长134.5%；出口日本7656吨，中国台湾6414吨、中国香港4696吨。出口上述地区的氧化锑占出口总量的74.4%。2010年中国未锻轧锑出口量为5173吨，同比增长13%，主要出口至美国、韩国和日本。2010年中国锑品出口形势良好，氧化锑出口量已恢复至金融危机前的水平。

图7　2010年1-12月中国锑品出口情况（单位：万吨）

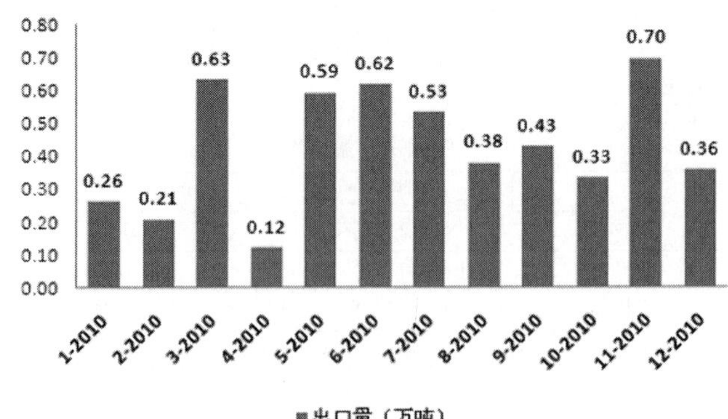

四、中国锑市场走势预测

目前，中国锑市场仍延续着前期的涨势，锑价一路上扬，其影响因素是中国锑矿供应严重不足。持续已久的锑矿供应紧张局面越发严重，引发很多锑冶炼厂因原料不足而被迫减产或停产。但是，当前锑市场对价格充满乐观情绪，生产企业、流通领域以及相关证券研究机构等对后期价格走势普遍抱乐观态度。

未来几年，锑矿供应依然紧张，对进口锑精矿依赖度继续上升，锑品供应量增加将十分有限。而从需求情况看，未来几年中国锑消费会继续保持稳定增长。在世界经济稳定向好的环境中，中国锑品出口量亦将稳中有增，但增幅不大。预计今后全球市场锑价的主基调是振荡攀升，虽然不能排除阶段性回调，但下跌幅度非常有限。

五、中国锑行业竞争分析

日前中国锑矿未开发利用的锑矿已屈指可数，锑矿区中保有储量稍大的矿区依次为：湖南的冷水江锡矿山、广西南丹县大厂铜坑锡铅锌锑矿区、南丹县大厂巴里—龙头山 105 号矿体、河池市五圩箭猪坡、云南广南木利、甘肃西和崖湾、巴里－龙头山 100 号矿体、贵州独山半坡、安化渣宰溪、隆林马雄、南丹县茶山；魏山笔架山、广东乐昌乐家湾，这些矿区保有储量占中国 50% 以上，其中主要分布在湖南冷水江市、广西南丹县。

中国锑企业中，拥有资源量的前三位公司分别是位于湖南冷水江锡矿山南北矿的闪星锑业与南丹巴里－龙头山 100 号和 105 号矿体的广西华锡集团，以及拥有渣宰溪锑矿、沅陵沃溪锑矿的上市公司辰州矿业。

表 7　　中国锑行业的主要竞争者情况

企业	拥有的主要矿山
闪星锑业	锡矿山南矿、锡矿山北矿
华锡集团	巴里－龙头山 100 号矿体、巴里－龙头山 105 号矿体
辰州矿业	沃溪矿区、渣宰溪锑矿、龙山矿区

矿产资源是不可再生的资源，经济发展与锑储量不足是当前制约锑行业发展的重要因素，要强化锑再生资源的回收与利用。中国是一个人均资源相对不足的国家，人均矿产资源仅为世界平均水平的 58%，因此要把锑资源的再生利用作为锑行业的一项战略，通过对锑资源的合理配置与利用，走循环经济的道路，从而实现锑行业持续稳定的发展。

进入二十一世纪，中国经济保持了较高的发展速度，这给中国锑行业提供了良好的发展环境。在世界对锑品需求较为平稳的情况下，要严格控制生产总量，加大对锑品的深加工，改变中国只出口锑初级产品的局面，从而使中国锑行业实现可持续发展。

第八部分 钨行业概况

第一节　钨资源分布情况

中国是世界上钨矿储量最大的国家，钨矿储量极其丰富。中国钨资源储量 520 万吨，国外 30 个产钨国家总储量 130 万吨，产量及出口量均居世界第一。

图 1　世界钨矿资源储量分布

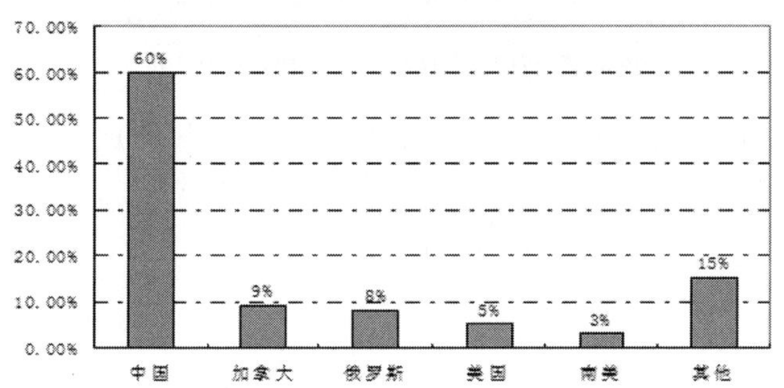

第二节 中国钨资源分布状况

一、中国钨资源分布概况

中国钨资源储量世界第一，湖南、江西、河南三省的钨资源储量居中国的前三位，其中湖南、江西两省的钨资源储量占中国的 55.48%。湖南以白钨为主，江西以黑钨为主，其黑钨资源占中国黑钨资源总量的 42.40%。此外，江西的大余、湖南的汝城、安化、临武、资兴、茶陵等地；以及广西和云南、四川、福建等省也有钨矿资源。

二、中国钨资源特点

1. 储量十分丰富，分布高度集中

中国已累计探明钨储量达 600 多万吨，而且还有很大的找矿潜力，资源前景甚为可观。近 20 年来，在南岭成矿区、东秦岭成矿带、西秦岭－祁连山成矿带的钨和钨多金属成矿集中区里不断发现大型、超大型矿床。尤其是在南岭成矿区的湘南、赣南、粤北等生产矿山的深部及其外围又勘查了一些大型、特大型矿床、矿段和矿体。储量和矿区分布高度集中，是中国钨矿资源一大特点。钨矿储量主要集中分布于湖南、江西、河南、福建、广西、广东等 6 省区，合计占中国钨储量的 83.4%（其中湖南、江西、河南三省占 66.7%）。六省区的钨矿区占中国已探明有储量矿区的 71.4%（其中湖南、江西、河南三省占 47.2%，而且大型、超大型矿床主要分布在这三个省内）。

2. 矿床类型较全，成矿作用多样

目前，除现代热泉沉积矿床和含钨卤水－蒸发岩矿床外，几乎世界上所有已知钨矿床成因类型在中国均有发现。按成矿温度，有汽化高温至低温的热液矿床；按成矿物质来源，有层源的层控钨矿床与来自岩源的岩控钨矿床以及多源复合矿床；按矿床产状形态类型，有各种形式的脉型，整合于沉积建造的层型，沿花岗岩体与碳酸盐质围岩接触带产出的不规则带型（夕卡岩），沿成矿花岗岩产状形态产出的细脉 - 浸染岩体型等矿床；按矿物元素组合，有 W-（Sn、Bi、Mo），W-Be，W-（Cu、Pb、Zn、Ag）、W-Nb-Ta，W-Au-Sb，W-Li，W-Cu-Fe，W-REE 等矿床。由于中国钨矿成矿作用多样又普遍交替出现，因而不仅形成复杂多样的矿床类型，而且常在同一矿田或矿床中，呈现多型矿床（矿体）共生的特点。此外，还有现代表生钨矿床（氧化淋滤型、冲积砂矿型）。

3. 矿床伴生组分多，综合利用价值大

中国许多钨矿床半生有益组分多达 30 种。主要由锡、钼、铋、铜、铅、锌、金、银；其次为硫、铍、锂、铌、钽、稀土、镉、镓、钪等。在采选冶过程中综合回收这些有益组分，不仅是合理开发利用好矿产资源，也是提高矿山开采经济效益的重要途径。

4. 伴生在其他矿床中的钨储量可观

中国半生钨储量约占总储量的 25%，大部分随主矿产开发而综合回收。如云南个旧锡矿，湖北大冶有色金属该公司所属铜矿山（如大冶龙角山、铜录山、封山洞等）江西铜业该公司所属的铜矿山（如永平铜矿、东乡铜矿、德兴铜矿等）以及一些钼矿山等，在选矿过程中均已综合回收钨精矿，成为矿山各种精矿产品之一。

5. 富矿少，贫矿多，品位低

在保有储量中，钨品位（WO3）大于 0.5% 的仅占 20%（主要是石英脉型黑钨矿）；而在白钨矿的工业储量中，品位大于 0.5% 的仅占 2% 左右。与国外相比，中国白钨矿处于劣势，而黑钨矿品位富、矿床大、易采易选处于优势。

6. 开发利用以黑钨矿为主，白钨矿次之等

黑钨矿是中国长期以来的开采对象，但储量组成却是白钨矿居多，黑钨矿较少。据统计，截至 1996 年底钨保有储量 529.08 万吨，其中白钨矿占 71.1%，黑钨矿占 26.4%，混合钨矿占 2.5%。白钨矿虽然储量较多，但富矿较少，品位低，难选矿石多，仅占钨矿产量的 10% 左右；而黑钨矿虽然储量比白钨矿少，但富矿多，易选矿原，品位为 0.26%~0.31%。目前，许多钨矿山由于采选矿石品位低，采选成本高，因此致使矿山经济效益差，是矿山目前亏损大的一个主要原因。

第三节钨行业产业介绍

一、钨产业链及产品概况

钨产业的产业链每一个环节都能独立形成有效需求，市场格局相对复杂。

二、世界钨市场供求情况

1.2006 年 -2010 年精钨矿原料产量供给情况

从下面的图形可以看出 2006 年至 2010 年精钨矿原料产量的供给不断增加，呈现递增趋势，同时 2006 年 -2010 年精钨矿原料产量同比增长率在 2006 年至 2009 年不断增加，2009 年同比增长率达到最大，然而 2010 年出现下降趋势，同比增长率为 6.55%。

图 1　钨行业产业链结构

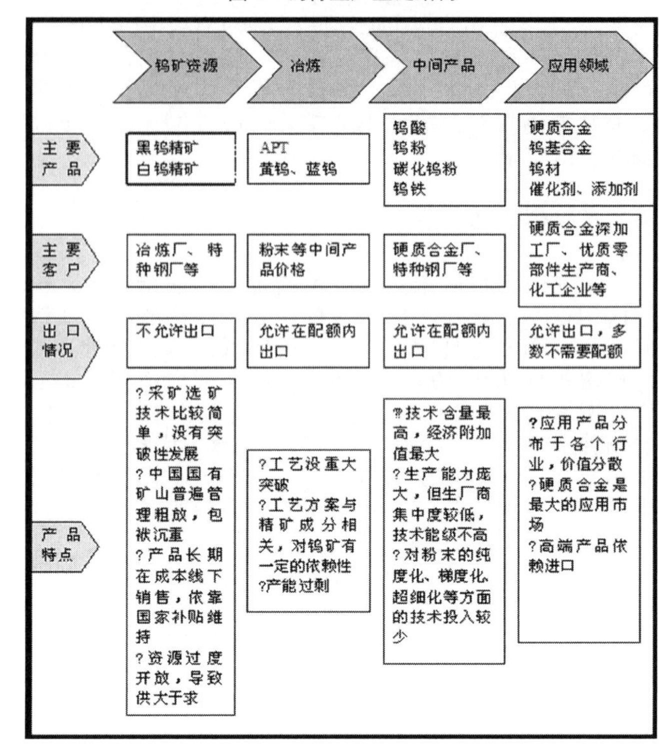

图 2　2006 年 -2010 年精钨矿原料产量及同比供给增长率

（单位：千吨）

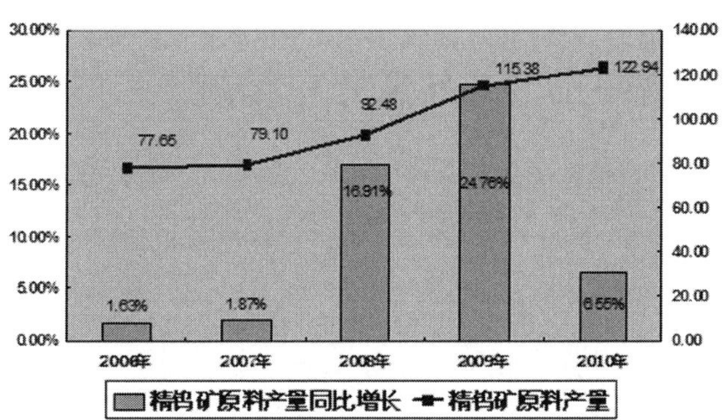

2. 钨精矿价格走势情况

（1）国际钨精矿价格走势

图 3　国际钨精矿（65%）价格走势（单位：美元 / 吨）

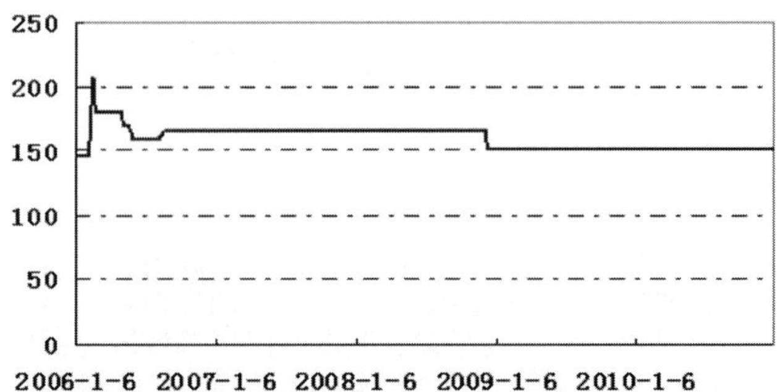

从国际钨精矿（65%）的价格走势图可以看出，2006年内钨精矿价格变化的幅度较大，全年呈现波动趋势，价格不稳定性突出；然而，自从2007年以来，钨精矿的价格基本保持在平稳的水平范围内，2007年至2008年的精钨矿价格保持在165美元/吨度的水平上，2009年至2010年钨精矿的价格保持在160美元/吨度的水平上；综上所述，国际钨精矿的价格总体上变化幅度不大，基本保持稳定态势。

（2）中国精钨矿价格走势

图4　中国钨精矿价格走势（单位：元/吨）

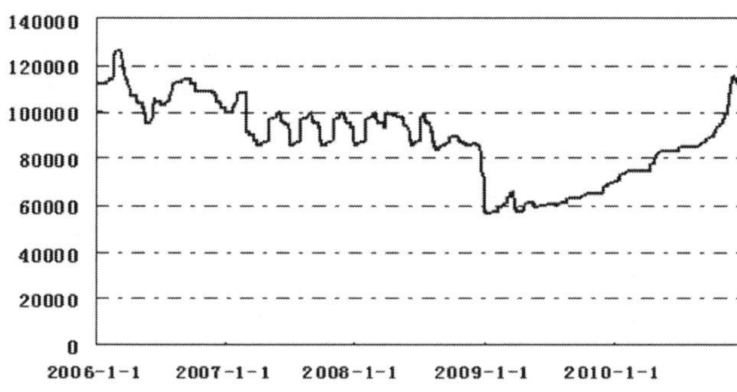

从上面的中国钨精矿价格走势图可以看出，2006年至2009年中国钨精矿市场价格总体上呈现下降趋势，大趋势内包含小范围的波动；2009年至2010年钨精矿的价格总体上呈现上升趋势，并且是逐年上升。

三、2006-2010年中国钨价格情况

1. 2006-2010年中国钨粉价格

图5　中国钨粉价格折线（单位：元/公斤）

从上面的折线图可以看出，在2006至2008年间中国钨粉价格总体呈现下降趋势，2009至2010年钨粉价格回升，呈现上升态势。

2. 2006-2010年中国钨铁价格

图6　中国钨铁价格折线（单位：元/吨）

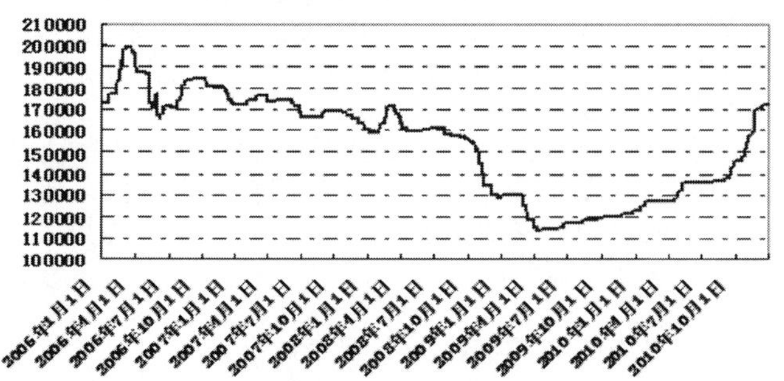

从上面的钨铁价格折线图可以看出每吨钨铁价格变动较大，2006年至2008年总体呈现下降趋势，2009年至2010年总体呈现上升趋势。

3. 2006-2010年中国APT价格

图7　中国APT价格折线（单位：万元/吨）

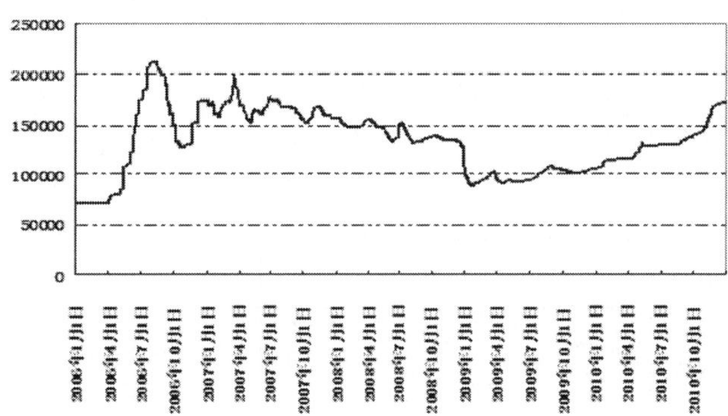

从上面的APT价格折线图可以看出，2006年中国APT市场价格波动较大，价格由71500万元/吨上升到202000万元/吨，2006年8月底达到最大值，达到峰值后APT价格又开始一路下跌，此状态一直持续2006年底。从2007年到2010年，中国APT市场价格在，在150000的价格水平上小范围内波动，价格走势基本稳定，没有剧烈的市场波动，市场环境良好。

第四节 中国钨产品国际贸易情况

一、2010年钨产品进出口总量情况

2010年，中国出口钨品26009.3t（金属量，不含硬质合金，下同），同比增长66.39%，其中出口配额钨品17029.32t，占全年出口配额（含外资企业配额）的100.18%，同比增长80.07%；出口额8.43亿美元，同比增长107.13%。进口钨品4159.63t（金属量，含钨精矿，下同），同比下降22.24%，其中进口钨精矿3164.74t，同比下降32.65%：进口额1.22亿美元，同比增长6.39%。不含硬质合金，中国钨品净出口额7.21亿美元，同比增长146.92%：钨品净出口量21849.67t，同比增长112.51%。1.3季度累计出口硬质合金4042.10t（折合金属量），同比增长54.90%，出口额15239.25万美元，同比增长47.37%。2010年硬质合金出口量5000t以上，同比增长50%以上，出口额突破2亿美元。包括硬质合金在内，全年钨品出口总量突破3万吨，出口总额将突破10亿美元，基本恢复到全球金融危机前的水平。

二、进出口钨品结构介绍

从出口钨品结构看，出口钨中间产品占出口总量的7.30%，同比增加了3.22个百分点；出口钨材、钨丝和硬质合金占总量的22.7%。从总体看，以出口钨中间产品为主的格局依然没有根本性改变。从进口钨品看，仍然主要以进口钨精矿为主，其次是进口钨废碎料。全年进口钨精矿占进口总量的76.09%，同比降低了11.75个百分点；进口钨废碎料占进口总量的

表 1 2006-2010 年中国出口钨品情况

项目	2006	2007	2008	2009	2010
出口总量（吨）	34335.5	33064.8	30378.1	18408.7	30509.3
其中:配额钨品	19240.7	17155.5	17341.7	9422.3	17029.3
钨铁	4433	5037.5	3674.6	881.6	970.6
钨材	1389.5	961.92	299.7	2051.6	2057.4
未烧结金属碳化物	3018.6	3212. 2	2939.4	2833.9	3578.2
硬质合金	2625	3150	3257.6	2777.6	4500
不含硬质合金出口量（吨）	31710.5	29914.8	27120.5	15631.1	26009.3
出口额(不含硬质合金）（亿美元）	10.91	10.39	9.30	4.07	8.43

表 2 2006-2010 年中国进口钨品情况

项目	2006	2007	2008	2009	2010
进口量（吨）	7890.9	5934.3	6629.8	5 349.2	4 159.6
其中:钨粉及钨材	311.0	250.6	262.1	183.5	217.9
占进口比例%	3.9	4.2	4.0	3.4	5.2
进口额（万美元）	20174.5	16538.1	17726.0	11483.1	12 216.9
项目	2006	2007	2008	2009	2010
平均价（美元/吨）	25 566.8	27 868.7	26 736.6	21 467.1	29 370.1

6.34%，同比增加了 1.24 个百分点。

三、进出口钨品市场介绍

从出口钨品看，主要出口到西欧和亚洲，占总量的 74. 96%，同比提高了 6. 16 个百分点；出口到美国占总量的 19.96%，同比降低了 7.06 个百分点：出口到其他地区占总量的 5.08%，同比提高了 0.9 个百分点。

表 3 2006-2010 年中国出口钨产品到各国所占比例（单位：%）

国家或地区	2006	2007	2008	2009	2010
日本	24.0	22.7	27.4	18.9	26.8
韩国	8.3	12.4	11.0	8.6	13.3
亚洲其他地区	8.0	8.3	7.7	15.1	9.6
亚洲合计	40.3	43.3	46.1	42.6	49.7
西欧	39.6	38.6	31.6	26.2	25.3
美国	17.9	15.5	18.5	27.0	20.0
其他国家	2.2	2.6	3.8	4.2	5.1

第五节 中国钨行业重点企业情况介绍

一、辰州矿业

辰州的本部沃溪矿区属中国早期主要的黄金生产基地之一，该公司目前是中国十大黄金矿山开发企业之一，也是全球第二大开发锑矿和中国主要的开发钨矿的公司。该公司集地质勘探、采、选、冶、运输、机械修造及金属深加工为一体，拥有国际领先的金锑选矿和冶炼精细分离技术。该公司拥有 30 吨 / 年黄金提纯生产线、2 万吨 / 年精锑冶炼生产线、2 万吨 / 年多品种氧化锑生产线、5000 吨 / 年仲钨酸铵生产线等产品深加工能力，是上海黄金交易所首批综合类会员及标准金锭提供商，是中国唯一一家同时拥有锑及锑制品、钨品出口贸易资格和出口供货资格的企业。该公司持续通过了 IS09001：2008 质量管理体系认证、IS014001：2004 环境管理体系认证，顺利通过了安全标准化三级达标验收。所产“辰州”牌金锭、锑锭、仲钨酸铵和氧化锑品质优良，享誉中国、东南亚及欧美市场。辰州矿业一直追求矿山生产与生态的和谐，实现矿山开发的无害化，追求“关注生命、关注健康、关注情感”的安全生产理念和人文环境，注重矿产资源的综合利用和矿山的可持续发展，2006 年 12 月被国土资源部授予“中国矿山资源综合利用先进企业”荣誉称号，多年被评为国家级绿色矿山。

辰州矿业作为中国历史最悠久和专业技术能力最强的矿山开发企业之一，具备和拥有了在中国范围内长远发展矿业的基础和优势，最核心的竞争优势主要体现在以下几方面：

1. 拥有完整的矿山开发配套体系

辰州矿业从1950年正式建矿，常年专注于矿山开发，是中国有色金属和黄金开采人才的培养基地，形成了强而有力的矿山开发配套体系和适度延伸的产业链，包括地质勘探（拥有专业的勘探队伍和工程技术人员）、采矿、选矿、冶炼、精炼、深加工、矿山开发设计（拥有专业的设计该公司），各个生产环节除了拥有规模化的生产线之外，还建立了各自用于技术开发和人才培训的实验室，为矿山开发配套体系各个环节的技术提升和人才储备提供了有力支撑。

2. 全球领先的金矿、金锑伴生矿开采和精细分离技术

辰州矿业一直是中国的十大矿产黄金生产企业之一，该公司本部矿区一沃溪矿区是全球罕见的大型金矿及金锑钨伴生矿，该公司长期专注于黄金、锑和钨三种金属的矿山开采和深加工，对这三种金属矿的长期开发逐渐形成了自有的核心技术，尤其是对黄金和锑两种金属的精细分离技术处于国际领先的地位。

3. 超过地下1000米的深部找矿及深井开采的经验和能力

辰州矿业通过多种技术创新和艰苦努力，使得该公司本部的深部探矿不断取得突破，目前在离地表1000米以下仍然发现了较好的资源储量，并且随着探矿深度的进一步延伸，保有储量还在不断增加，“危机矿山”重新焕发了勃勃生机。

4. 资源综合利用，实现多金属回收，低品位资源的整体回收

该公司在资源综合利用方面的突出优势主要体现在对低品位矿产资源的开发和同时实现多金属回收。辰州矿业经过了多年的经验积累，大大降低了黄金和锑的入选品位，使得矿山的开发价值大幅度提高；该公司一直专注于矿石中的多种有价值元属的同时回收、目前可同时回收金、银、铜、铅、锌、钨、锑、汞、砷、硫等多种元素，大大提升了单位矿石的经济价值，提高了矿山的整体开发价值。

中国经济继续保持快速增长，有色金属需求持续增加，价格振荡上行，整个行业发展态势良好。该公司主要产品黄金价格高位运行，锑品及钨品价格稳步上涨。在良好的市场环境下，该公司坚持以经济效益为中心，科学组织，超前谋划，加强产品销售的协调联动，拓展资源获取渠道，取得了很好的效果。2010年，该公司高标准地完成了各项生产经营任务，保持了持续稳定健康发展的良好态势。

该公司实现合并销售收入287949.97万元，同比增长70.14%，利润总额28，764.87万元，同比增长91.97%，实现归属于母公司净利润21797.74万元，同比增长111.01%。该公司共生产黄金5060千克，同比增长15.63%，其中自产2456千克（包括成品金2176千克，含量金280千克），同比减少2.55%；共生产锑品23077吨，同比增长20.78%，其中精锑19589吨（包括生产氧化锑内部转化10957吨），氧化锑13496吨，含量锑949吨，锑品自产量16551吨；共生产钨品2042标吨，全部为自产，其中仲钨酸铵1940吨，同比增长13.78%，钨精矿102标吨。

表1　2006-2010年辰州矿业股份有限公司主要财务指标

（单位：亿元）

项目	2006年	2007年	2008年	2009年	2010年
主营业务收入	12.72	14.21	13.56	16.92	28.79
营业利润	2.17	1.80	0.77	1.53	3.29
投资收益	0.014	0.014	-0.004	-0.224	-0.019
利润总额	2.08	1.83	0.80	1.50	2.88
净利润	0.97	1.41	0.70	1.01	2.18
总资产	10.70	24.47	25.96	27.42	31.39

二、厦门钨业

该公司主要从事钨精矿、钨钼中间制品、粉末产品、丝材板材、硬质合金、切削刀具、各种稀土氧化物、稀土金属、稀土发光材料、磁性材料和稀土贮氢、系列锂电池材料等其他能源新材料的生产、销售与研发。该公司拥有包括钨矿山、钨冶炼、硬质合金、钨钼丝材、稀土矿山开发、稀土冶炼加工、国际贸易和房地产开发等共14个分公司、控股子公司，打造了从钨钼矿山→冶炼→深加工→钨钼二次资源回收的完整的产业链，形成了含稀土矿山开发、冶炼加工、稀土新材料、科研应用等较为完整的稀土产业体系。其中钨冶炼产品的生产能力达22000吨，居世界第一，是中国最大的仲钨酸铵、氧化钨、钨粉、碳化钨粉生产商和出口商，硬质合金占中国出口量的31%，厦钨的钨钼丝材的产销量占中国的60%以上，该公司正加速深加工发展，争取在“十二五”期间，精密刀具将成为中国最重要的制造商。

1. 总体经营情况

2010年，随着全球经济转暖和中国对钨、稀土资源保护政策的实施，钨行业和稀土行业市场出现转机，该公司主要产品需求强劲，企业订单猛增，该公司紧紧抓住这一机遇，克服原辅材料价格剧烈波动、汇率变化和市场无序竞争给企业经营带来的压力，提高管理素质，突破关键技术，优化产品结构，深挖生产潜力，努力平衡产销，经营业绩创出历史新高。2010年全年实现合并营业收入55.38亿元，完成预算的122.36%，比2009年同期减少12.62%；实现归属上市公司股东的合并净利润3.50亿元，完成预算的170.66%，比2009年同期增长64.39%。

2. 营业务及其经营情况

该公司钨钼等有色金属制品营业收入比2009年增加95.10%，能源新材料营业收入比2009年同期增加114.52%；两类产品盈利能力同比增加，主要是随着全球经济的逐步复苏，各主要产品需求回升，产销量恢复到正常水平；房地产开发及物业管理营业收入比2009年同期减少88.88%，主要是2009年下属房地产

公司交房确认收入，本年房地产项目仅是销售尾盘。

表 2　2006-2010 年厦门钨业股份有限公司主要财务指标

（单位：亿元）

项目	2006 年	2007 年	2008 年	2009 年	2010 年
主营业务收入	43.79	46.25	49.47	63.38	55.38
营业利润	4.11	3.39	3.90	6.85	6.28
利润总额	4.28	3.79	4.05	7.24	6.52
净利润	2.40	2.00	2.03	2.13	3.50
总资产	56.89	85.61	88.32	107.06	119.72
投资收益	0.073	0.006	0.004	-0.018	0.066

三、章源钨业

崇义章源钨业股份有限公司位于江西省赣州市崇义县县城，始创于 2000 年，是集钨的采选、冶炼、制粉、硬质合金与钨材生产和深加工、贸易为一体的上市民营企业。自 2000 年以来，该公司持续坚持“利用资源、依靠科技、以人为本、诚信至上”的经营理念，以“安全、和谐、高效、创新”为企业目标，坚持走自主创新和“产学研”相结合的技术创新之路，采用世界先进的工艺技术和装备，连续实施了 APT、钨粉、碳化钨粉、硬质合金及其工具、高比重合金、钨异型材等多项钨深加工技术改造，建立了从钨上游采矿、选矿，中游冶炼至下游精深加工的完整一体化生产体系及与之配套的研发和销售平台，走出了一条快速稳健的纵向一体化发展之路，实现了由资源型企业向高技术深加工型企业的快速跨越。

2010 年该公司实现营业收入 137910.95 万元，较 2009 年同期增长 28.67%；营业成本 108733.30 万元，较 2009 年同期增长 25.07%；实现营业利润 17605.03 万元，较 2009 年同期增长 45.34%；归属于上市该公司股东的净利润 15144.04 万元，较 2009 年同期增长 28.29%。

表 3　2006-2010 年章源钨业股份有限公司主要财务指标

（单位：亿元）

项目	2007	2008	2009	2010
主营业务收入	9.00	8.79	10.72	13.79
营业利润	1.52	1.07	1.21	1.76
投资收益	0.02	0.02	0.04	0.04
利润总额	1.52	1.08	1.35	1.76
净利润	1.31	0.89	1.18	1.51
总资产	12.17	13.25	14.25	21.96

第九部分 锌行业概况

第一节 全球锌资源情况介绍

一、全球锌资源分布

世界已查明的锌资源量 19 亿多吨，锌储量 18000 万吨，储量基础 48000 万吨。世界锌资源主要分布在澳大利亚、中国、秘鲁、美国和哈萨克斯坦五国，其储量占世界储量的 67.2%，储量基础占世界储量基础 70.9%，

世界锌资源较为丰富。自然条件下并不存在单一的锌金属矿床，通常情况锌与铅、铜、金等金属以共生矿的形式存在。已知的锌矿物大约有 55 种，其中约 13 种锌矿物有经济价值。闪锌矿（ZnS）是最富含锌的矿物，占锌总产量 90% 左右。重要的锌矿物还包括纤锌矿、异极矿、菱锌矿、水锌矿、红锌矿、硅锌矿等。

图 1　世界锌资源储量分布

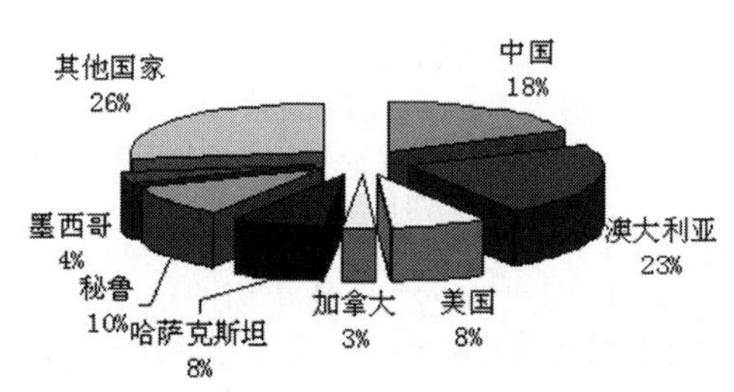

图 2　世界锌储量（单位：万吨）

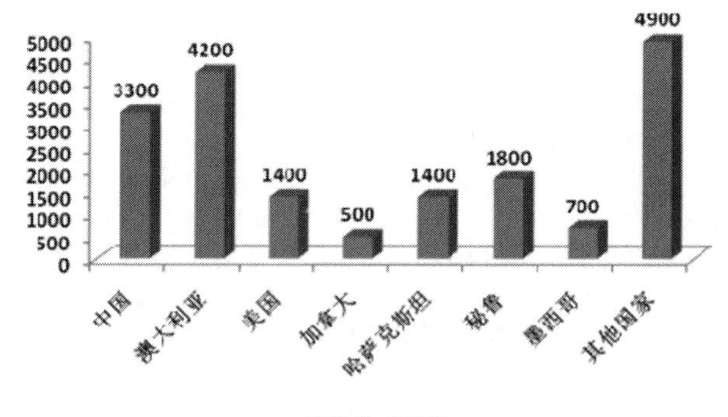

图 3　世界锌储量基础分布

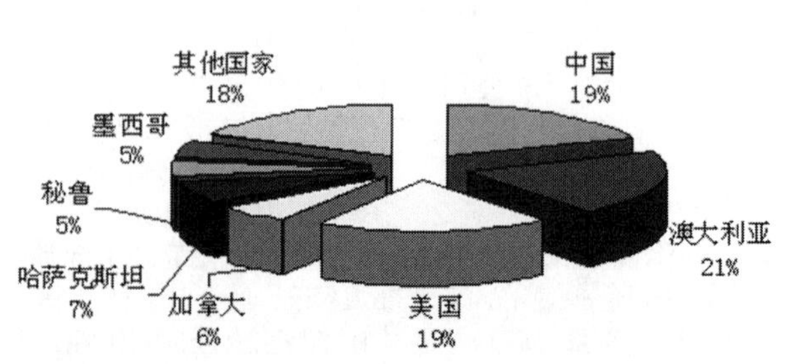

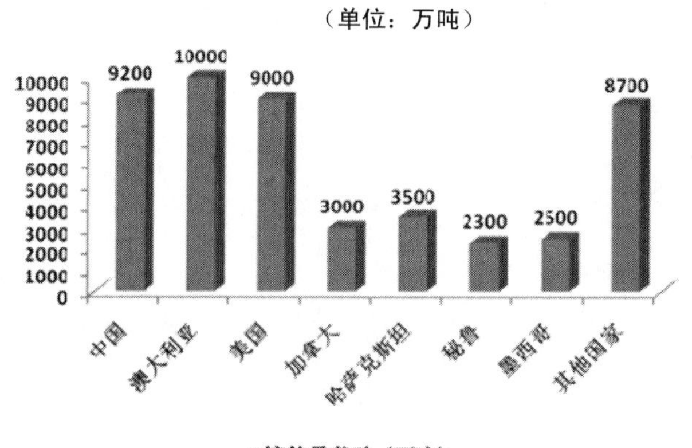

二、国际锌消费情况介绍

最近 30 年世界锌产量年均递增 2.1%，最近 10 年年均增长 3.9%，最近 5 年年均递增 4.5%。世界上主要的消费国家和地区有中国、美国、日本、德国、韩国意大利和印度等。目前西方发达国家的消费量表现稳定，而新兴市场由于其工业化进程加快成为锌消费的主要增长力量，中国已经成为全球最大的锌消费国。

世界锌的消费量与世界经济发展状况密切相关。因为经济发展总能表现为建筑业、汽车业和家电设备的发展，而这将直接导致锌消费量的增长。锌消费量的近 50% 用作防腐蚀镀层，近 20% 用于生产黄铜（包括直接应用的再生原料锌)，约 15% 用于生产铸造合金，其余的则用于轧制锌板、锌的化工及颜料生产等。

图 5　世界主要地区锌消费量分布

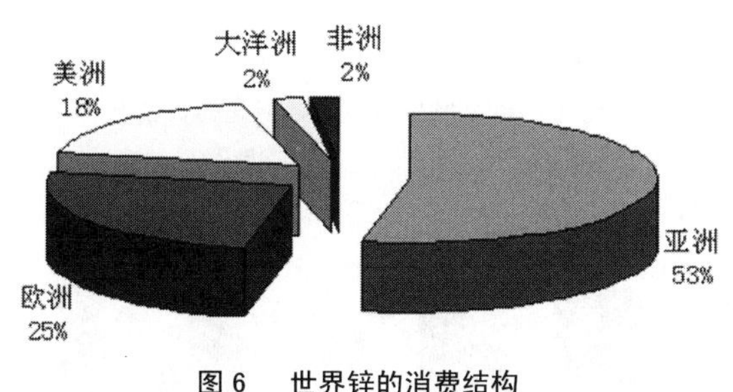

图 6　世界锌的消费结构

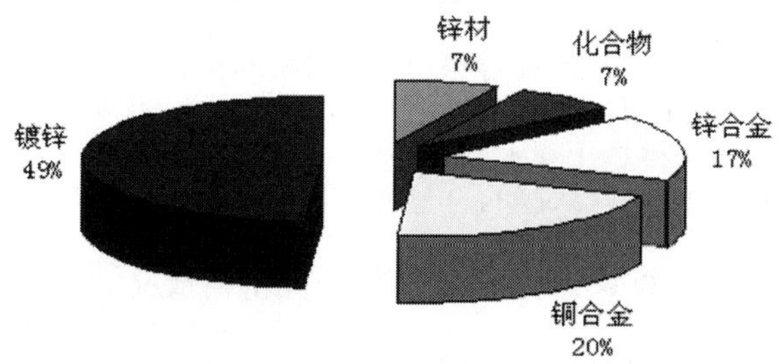

在锌的消费中，少数发达和发展中国家的消费量所占比重较大，其中亚洲国家增长速度最快，近两年，中国和印度的消费增长是全球锌消费增长的主要驱动力量。世界锌的消费地区结构变化也表明，在未来，世界锌的消费将凭借亚洲国家经济的快速增长而继续保持稳定的增长。

从锌的最终应用看，建筑业和交通运输是最大的两个领域，发达国家这两个用途分别占 45% 和 25%。从初级用途看，主要是镀锌、黄铜、氧化锌和锌材等。镀锌领域的需求增长很快，目前在锌的用量中保持绝对优势。

图 7　发达国家锌消费结构

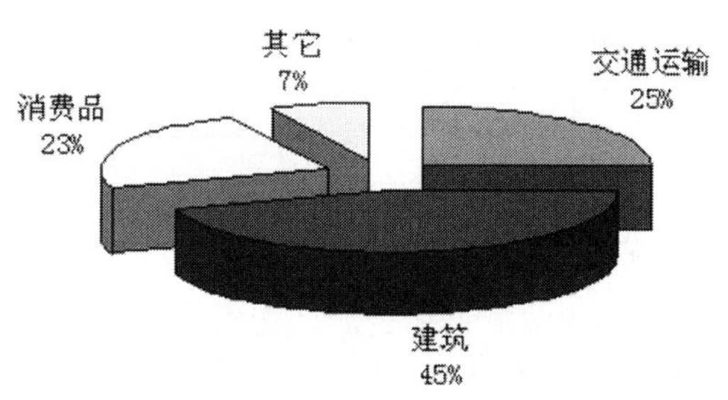

第二节 中国锌资源情况介绍

一、中国锌矿资源分布

中国铅锌矿产资源丰富，经过 40 多年来的建设和发展，现已形成东北、湖南、两广、滇川、西北等五大铅锌生产基地。中国铅锌矿产资源有以下主要特点：

1. 矿产地分布广泛，但储量主要相对集中几个省区。目前，已有 27 个省区发现并勘查了铅锌资源，但从富集程度和保有储量来看，主要集中在云南、内蒙古、甘肃、广东、湖南和广西，这 6 个省区的铅锌合计储量占中国铅锌合计储量的 64%。从三大经济地区分布来看，主要集中于中西部地区，铅储量占 73.8%，锌储量占 74.8%。

2. 成矿区域和成矿期也较相对集中。从目前已勘探的超大型、大中型矿床分布来看，主要集中在滇西、川滇、西秦岭 - 祁连山、内蒙古狼山和大兴安岭、南岭等五大成矿集中区。成矿期主要集中在燕山期和多期复合成矿期。

3. 大中型矿床占有储量多，矿石类型复杂。在中国 700 多处矿产地中，大中型矿床的铅、锌储量分别占 81.1% 和 88.4%。矿石类型多样，主要矿石类型有硫化铅矿、硫化锌矿、氧化铅矿、氧化锌矿、硫化铅锌矿、氧化铅锌矿以及混合铅锌矿等。以锌为主的铅锌矿床和铜锌矿床较多，而铅为主的铅锌矿床不多，单铅矿床更少。

4. 铅锌矿床物质成分复杂，共伴生组分多，综合利用价值大。大多数矿床普遍共伴生 Cu、Fe、S、Ag、Au、Sn、Sb、Mo、W、Hg、Co、Cd、In、Ga、Ge、Se、Tl、Sc 等元素。有些矿床开采的矿石，伴生元素达 50 多种。特别是近 20 年来，通过综合勘查和矿石物质成分研究，证实许多铅锌矿床中含银较高，成为铅锌银矿床或银铅锌矿床，其银储量占中国银矿总储量的 60% 以上，在选冶过程中综合回收银的产量，占中国银产量的 70%～80%，金的储量和产量也相当可观。

表 1　中国主要锌矿企业储量及产量情况（单位：万吨）

公司名称	储量	产量
宏达股份	1553	3
中金岭南	500	4
驰宏锌锗	244.34	16
西部矿业	436	-
罗平锌电	33	-
锌业股份	-	33.3
株冶火炬	-	40
中色股份	20	-
敖包锌矿	120	-
白音诺尔铅锌	110	-

二、2006-2010 年中国锌行业产量储量情况

锌是中国优势矿产矿资源，根据储量套改情况，锌矿查明资源储量 9172.35 万吨，储量及基础储量仅次于澳大利亚、美国，居世界第三位。锌矿中小型矿床众多，大型、超大型矿床稀少，在全部 806 处锌矿床中，大型矿床仅占 4.5%。矿矿石类型复杂，共伴生组分多，矿床品位普遍偏低。中国以锌为主的铅锌矿床和铜锌矿床较多。大多数锌矿床普遍共伴生铜、铁、硫、银、金等近 20 种元素。锌矿床品位略高，但仍有约 35% 以上的探明储量的锌矿的品位小于 4%。

图 1　2006-2010 年中国锌矿产量情况

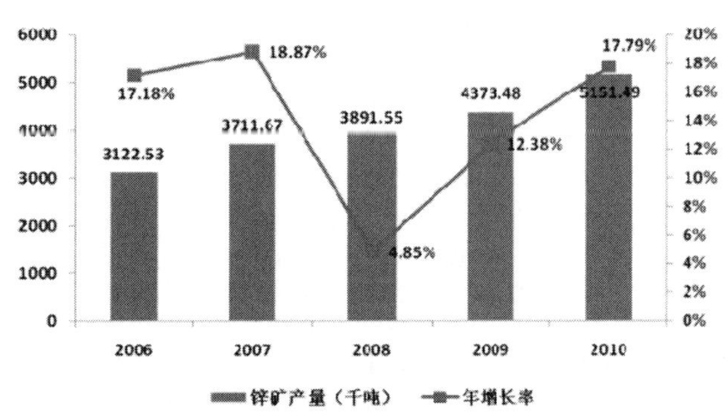

中国探明的锌资源储量为 3300 万吨。中国有铅锌矿产地 700 多处，主要为：黑龙江省的西林；辽宁省的红透山、青城子；河北省的蔡家营子；内蒙古自治区的白音诺、东升庙、甲生盘、炭窑口；甘肃省的西成（厂坝）；陕西省铅硐山；青海省的锡铁山；湖南省的水口山、黄沙坪；广东省的凡口；浙江省的五部；江西省的冷水坑；江苏省的栖霞山；广西壮族自治区的大厂；云南省的兰坪、会泽、都龙；四川省的大梁子、呷村等铅锌矿。

中国是锌精矿和精炼锌的生产大国，自 1990 年至今，锌精矿和精炼锌产量一直在稳定增长。2010 年锌精矿和精炼锌产量居世界首位。其中，锌精矿产量为 361.13 万吨，主要锌矿生产省（区）有：内蒙古、云南、湖南、四川、陕西、广东、广西、甘肃等，其产量合计占中国总产量的 84.22%；精炼锌产量为 442 万吨，年产 10 万吨以上的省（区）有：湖南、云南、陕西、广西、辽宁、河南、广东、四川、内蒙古、甘肃、青海等 11 个，产量合计占中国精炼锌产量的 96.79%。

图 2　2010 年中国锌主要生产省份及产量

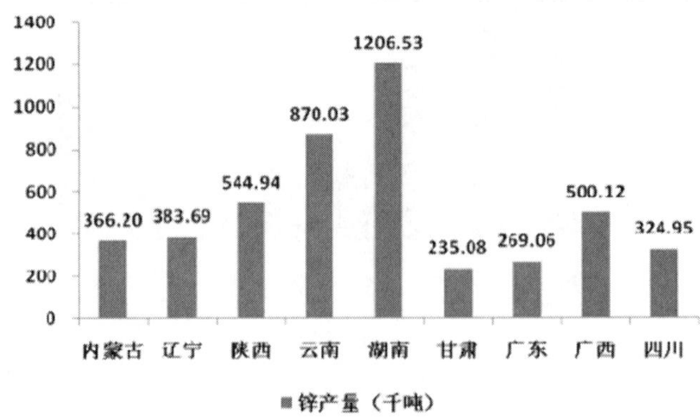

图 3　2006-2010 年中国锌精矿产量情况

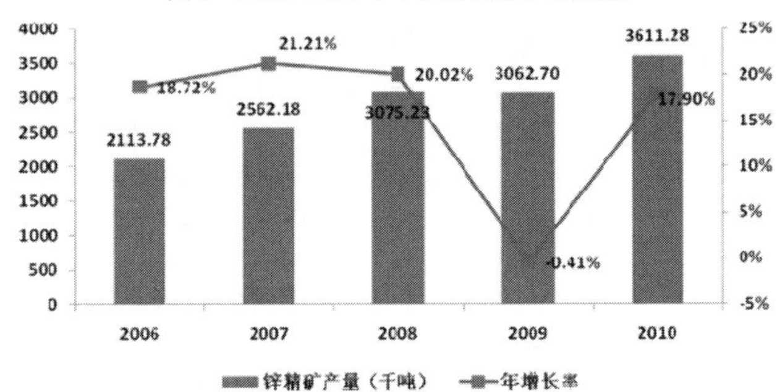

三、2006-2010 年中国锌行业进出口情况

中国既是世界上最大的锌生产国，又是最大的锌消费国。中国的锌矿山和冶炼厂的数目比世界上其他国家锌矿山和冶炼厂的总数还要多。但是，由于中国的锌精矿消耗量超过了中国的供应能力，仍须大量增加锌精矿的进口量。

图 4　2006-2010 年中国精锌进出口情况

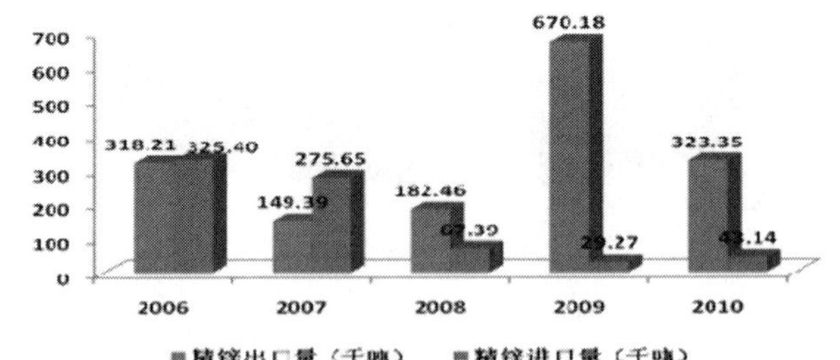

目前中国 0# 锌锭继续保持 5% 的出口退税，主要企业在 LME 有一些套期保值，加工费提高有利于原料进口，来料加工量有可能增加，因此，中国精锌出口有条件增加。但就锌的总量而言，仍然处于净进口状态。

四、2006-2010 年中国锌行业价格情况

中国锌产量居世界第一，特别是在 2006 年锌价大幅上涨以来，中国锌生产能力迅速扩大，中国精锌产量能够满足需求量。中国成为锌的净出口国的可能性大于成为净进口国的可能。国际市场套期保值的举动，说明内外价格的比值，国际市场的售价加上出口退税更具吸引力。

目前在金属市场上有较多因素影响到金属锌的价

图 5　2006-2010 中国锌材进出口情况

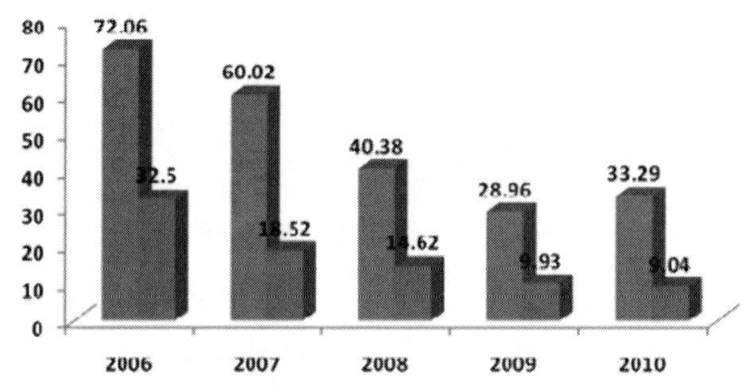

图 6　2006-2010 年中国锌精矿进口情况

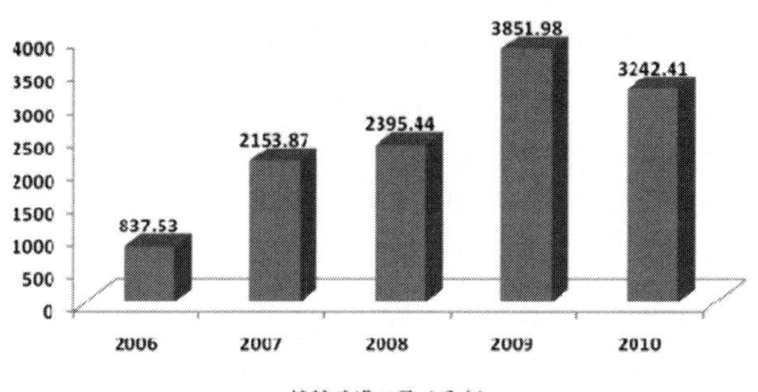

格走势，如美元的汇率情况、中国外库存、主要国家经济状况、供需状况等。在金属市场中，如果锌的需求大于供给，意味着锌市场处于供求的紧张状态，对于锌价将是利多；如果锌的需求小于供给，意味着锌市场处于疲软状态，这将利空于锌价。一般在此阶段若供需发生重大偏差，政府可能会通过宏观手段调节运行，使锌回归到总供求完全均衡的基础上运行。在这个过程中，锌的行情走势与供求状况之间，始终存在紧密的联系。

图 7　2006-2010 年中国锌价走势

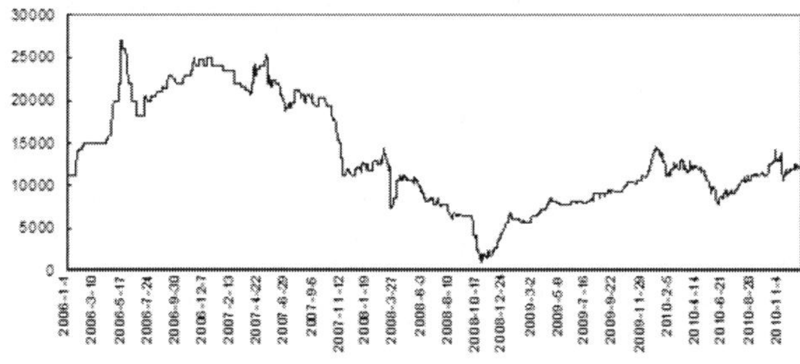

图 8　2008-2010 年中国制造业采购经理人指数变化（PMI）

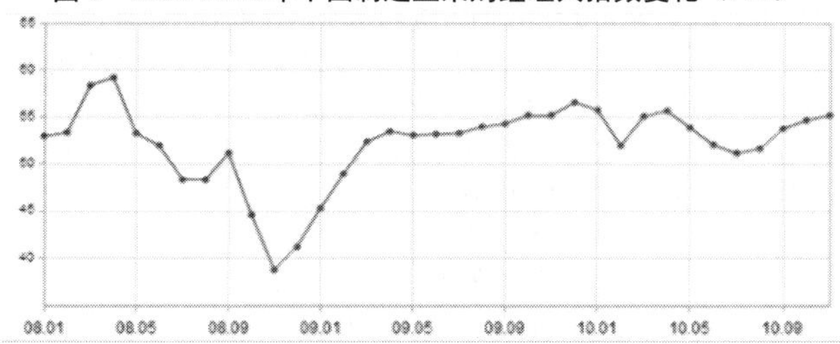

由于全球主要制造业生产国的制造业指数持续处于扩张状态，美元指数处于区间震荡走势，且预计 2011 年锌的供求关系将达到相对平衡的状态，热钱的流动将使有色金属的表现出更多的金融属性，因此 2011 年的中国锌价将围绕 20000 元的整数位置作宽幅震荡为主。

第三节 中国锌行业政策介绍

一、　中国锌行业相关政策

1. 行业准入制度

根据国家发展改革委公告 2007 年第 13 号《铅锌行业准入条件》规定，对铅锌行业的准入标准做如下规定：

（1）新建或者改、扩建的铅锌矿山、冶炼、再生利用项目必须符合国家产业政策和规划要求，符合土地利用总体规划、土地供应政策和土地使用标准的规定。必须依法严格执行环境影响评价和“三同时”验收制度。新建铅、锌冶炼项目，单系列锌冶炼规模必须达到 10 万吨 / 年及以上。新建铅锌矿山最低生产建设规模不得低于单体矿 3 万吨 / 年（100 吨 / 日），服务年限必须在 15 年以上，中型矿山单体矿生产建设规模应大于 30 万吨 / 年（1000 吨 / 日）。

（2）新建锌冶炼项目，硫化锌精矿焙烧必须采用硫利用率高、尾气达标的沸腾焙烧工艺；单台沸腾焙烧炉炉床面积必须达到 109 平方米及以上，必须配备双转双吸等制酸系统。

（3）新建锌冶炼电锌工艺综合能耗低于 1700 千克标准煤 / 吨，电锌生产析出锌电解直流电耗低于 2900 千瓦时 / 吨，锌电解电流效率大于 88%；蒸馏锌标准煤耗低于 1600 千克 / 吨。现有锌冶炼企业：精馏锌工艺综合能耗低于 2200 千克标准煤 / 吨，电锌工艺综合能耗低于 1850 千克标准煤 / 吨，蒸馏锌工艺标准煤耗低于 1650 千克 / 吨，电锌直流电耗降低到 3100 千瓦时 / 吨以下，电解电流效率大于 87%。

（4）新建锌冶炼项目：冶炼总回收率达到 95%；蒸馏锌冶炼回收率达到 98%，电锌回收率（湿法）达到 95%；总硫利用率大于 96%，硫捕集率大于 99%；水的循环利用率达到 95% 以上。所有铅锌冶炼投资项目必须设计有价金属综合利用建设内容。回收有价伴生金属的覆盖率达到 95%。

（5）铅锌冶炼及矿山采选污染物排放要符合国家《工业炉窑大气污染物排放标准》（GB9078-1996）、《大气污染物综合排放标准》（GB16297-1996）、《污水综合排放标准》（GB8978-1996）、固体废物污染防治法律法规、危险废物处理处置的有关要求和有关地方标准的规定。

2. 中国有色金属税收政策

中国财政部 2010 年 12 月份宣布，2011 年中国有色金属出口关税将维持在 2010 年的水平不变。2011 年金属精矿、金属铁合物和金属残渣的出口关税将维持在 10%-15% 的区间不变。上述金属包括铜、锌、铅、镍、锡、钨、钛、钼、铀、锆、铌和钽。

根据财政部、国家税务总局关于调整铅锌矿石等税目资源税适用税额标准的通知》（财税 [2007]100 号）

规定，铅锌矿石单位税额标准为：一等矿山调整为每吨 20 元；二等矿山调整为每吨 18 元；三等矿山调整为每吨 16 元；四等矿山调整为每吨 13 元；五等矿山调整为每吨 10 元。

二、中国锌行业相关标准介绍

锌精矿经焙烧还原蒸馏或浸出后电积获得锌。锌锭按化学成分分为 5 个牌号：Zn99.995、Zn99.99、Zn99.95、Zn99.5、Zn98.7。Zn99.995 用于间接法制造氧化锌时，铜含量不大于 0.0001%；除 Zn98.7 以外，用于生产铜锌合金时，铜含量不作规定；Zn99.5 用于生产焊锡合金时，锡含量应不大于 0.05%；Zn99.995、Zn99.99、Zn99.95 中的铝含量应不大于 0.003%。

表 1　　中国锌锭国家质量标准

牌号	化学成分（%）				
	Zn 不小于	杂质含量，不大于			
		Pb	Cd	Fe	Cu
Zn99.995	99.995	0.003	0.002	0.001	0.001
Zn99.99	99.99	0.005	0.003	0.003	0.002
Zn99.95	99.95	0.02	0.02	0.01	0.002
Zn99.5	99.5	0.3	0.07	0.04	0.002
Zn98.7	98.7	1	0.2	0.05	0.005
注：Zn99.99% 的锌锭用于生产压铸合金，最高铅含量应为 0.003%					

牌　号	化学成分（%）					
	Zn 不小于	杂质含量，不大于				
		Sn	Al	As	Sb	总和
Zn99.995	99.995	0.001	——	——	——	0.005
Zn99.99	99.99	0.001	——	——	——	0.01
Zn99.95	99.95	0.001	——	——	——	0.05
Zn99.5	99.5	0.002	0.01	0.005	0.01	0.5
Zn98.7	98.7	0.002	0.01	0.01	0.02	1.3

表 2　　锌精矿质量标准

级	Zn 质量分子数不小于 %	杂质质量分子数不大于 %				
		Cu	Pb	Fe	As	SiO_2
一级品	55	0.8	1.0	6	0.2	4.0
二级品	50	1.0	1.5	8	0.4	5.0
三极品	45	1.0	2.0	12	0.5	5.5
四级品	40	1.5	2.5	14	0.5	6.0
注：1、铅精矿中银、硫为有价元素，应报分析数据；2、锌精矿中镉、氟质量分数应分别不大于 0.3%，锑质量分数应不大于 0.03%，锡质量分数应不大于 0.1%，镍和锗质量分数要求，由供需双方商定；3、四级品铁闪锌矿含铁允许量不大于 18%						

锌精矿的选矿工艺一般是由铅锌矿或含锌矿石经破碎、球磨、泡沫浮选等工艺，生产出达到国家标准的锌精矿，锌精矿的主要成份根据产品等级规定，锌含量为 40--55%。

第四节 中国锌行业发展情况介绍

一、锌冶炼工艺及其发展状况

中国锌冶炼工艺技术，以湿法冶炼为主，火法冶炼其次。中国锌冶炼工艺目前湿法占 70%，火法占 30%，其中 ISP 工艺 9%、竖罐炼锌 18%，电炉、平罐、马槽炉炼锌工艺为 3%。

湿法冶炼工艺的标准流程是锌精矿焙烧→浸出→净液→电积→电锌产品。其中因浸出作业的条件不同又分工协作为低温常规浸出和高温高酸浸出两种。中国常规浸出工艺以株冶较为典型，浸出渣多用回转窑挥发其残锌。高温高酸浸出渣则直接送渣场堆存，或视铅、银含量送铅厂处理，其浸出液除铁在中国又有四种不同工艺，如白银西北铅锌冶炼厂等采用的黄钾铁矾法、赤峰库博红烨锌厂等采用的氨矾铁渣法，由于铁渣中锌含量低，又称为低污染黄钾铁矾法、云南祥云飞龙实业有限公司等采用针铁矿法、温州和池州冶炼厂等采用喷淋去除铁、称为仲针铁矿法。基于这些区别，使湿法炼锌工艺流程呈现出多样性。

二、中国锌冶炼技术发展趋势

中国现存在火法冶炼锌工艺有三种，即竖罐炼锌、ISP 鼓风炉炼锌、电炉炼锌。几年前在边远地区采用原始的马槽炉、马鞍炉、四方炉平罐炉炼锌，由于其能耗高、回收率低、浪费资源、污染环境，已被国家明令禁止生产，现已基本关停或改造。

随着锌行业准入条件的不断提高，以及国家对锌行业发展的相关要求逐步严格，锌冶炼技术工艺的研发越来越受到各个企业以及相关科研机构的重视，近几年，中国锌冶炼技术工艺的研发有了较大进展。

云南冶金集团和昆明理工大学，联合开发了高铁锌精矿铁自动催化加压浸出新工艺，处理含 Zn42.17%、Fe14.38%、S29.25% 的精矿，工业性连续试验指标达到：锌浸出率 98.05%，铁浸出率仅 29.22%，元素硫转化率 92.2%。该技术已建成投产了 10000t/a 电锌的生产线，和 20000t/a 的试生产线，进入了产业化阶段。

高硅氧化锌矿的处理，有了突破性进展，云南祥云飞龙实业有限公司，将高硅氧化锌矿与硫化矿焙砂中温和酸浸出渣，按适当配比混合，再经高温高酸浸出，用针铁矿法沉铁、脱硅、净液、电解生产电锌，已取得国家专利。该厂采用上述工艺已生产多年，锌的总回收率达 94%±。2005 年该厂电锌产量已突破 5 万吨/a，证明该工艺成熟可靠。该厂同时用硫酸浸出处理 Zn7 ～ 8% 的低品位氧化矿，浸出率达 70% ～ 80% 并用酸洗萃取、电积工艺回收过去堆答的锌浸出渣，产能已达 10000t/a 电锌，这些技术为中国难处理的高硅氧化锌矿经济有效地利用开创了新途径。

由于铟价持续攀高，锌矿中伴生金属铟的有效回收引起锌冶炼同行的高度重视，株冶采用环隙式离心萃取器代替混合澄清槽，直接从氧化锌酸浸上清液中萃取回收铟、锗、剔除了铟、锗富集和两次富集渣酸浸等工序，铟的总回收率提高了 20.25%，锗的总回收率提高了 31.9%。另有两项研究成果引入了产业化设计。一是锌焙砂采用弱酸浸出、浸出渣富集铟，再经回转窑挥发回收渣中的残余锌、铟，以氧化锌烟尘产出。氧化锌富集了绝大部分铟，作为提铟的原料，提铟后液回系统回收锌，改进后的浸出工艺，铟的总回收率达 70% 以上，因内用此工艺建设 50t/a 铟、5 万吨 /a 锌的铟锌冶炼厂，已投产运行。

另一研究成果属火法炼锌工艺，即铟锌精矿脱硫焙烧后，焙砂送电炉还原挥发，挥发物经锌雨冷凝获得粗锌，粗锌精馏得到精锌，铟则残留在精馏残渣硬锌中，硬锌经真空冶炼回收铟。该工艺铟在电炉中的挥发率 >90%，铟的总回收率达 80%，正在中国建设年产锌 3 万吨 /a、铟 20t/a 的示范工厂。硬锌真空蒸馏，在一个设备中同时完成提锌、富集铟、锗、银、铅等有价金属。且有流程短、直收率高、无污染等优点。在竖罐炼锌和 ISP 炼锌工厂的硬锌处理中均已采用。曲靖、株冶等厂家的焙烧、浸出、净液、电解、制酸均实现了在线检测，智能优化模型控制。提高了产品质量，降低了能耗。熔锌工频感应电炉，采用新型绝缘干式填料和柔性耐火浇铸材料，解决了感应器熔锌沟锌液流动时剧烈膨胀、热应力变化给感应器造成的龟裂漏锌及一、二次线圈间的漏锌问题，实现了感应电炉可不停炉检修、不需再配备用炉。云南驰宏锌锗股份有限公司，将锌浸出渣加入烟化炉强化挥发熔炼，回收其中残留的 Zn、Pb、Ge、Ag 等有价金属，炉型有重大改进，达到了锌浸渣综合利用的目的。

三、2010 中国锌行业市场运行状况

1. 价格宽幅震荡

2010 年伦敦金属交易所三个月期货锌收盘价为 2454 美元 / 吨，与 2009 年年底相比下跌 6%；年内最高价为 2730 美元 / 吨，最低价为 1580 美元 / 吨，年平均价为 2185 美元 / 吨，与 2009 年相比上涨 30%。上海期货交易所期货锌主流合约年内最高价为 21785 元 / 吨，最低价为 13480 元 / 吨，收盘价 19695 元 / 吨，年平均价 16690/ 吨。

2. 产量继续大幅度增长

2009 年中国新增的 66 万吨 / 年锌冶炼产能在 2010 年得到释放，使中国锌产量一举突破 500 万吨，月均产量超过 40 万吨。据中国有色金属工业协会统计，2010 年中国锌产量为 516.4 万吨，同比增长 20%，是近 5 年来产量增幅最大的一年。其中 12 月份产量为 47 万吨，为历史最高月产量。内蒙、湖南、云南、广西、陕西等主要生产地区的产量都保持了两位数以上的增幅。2010 年全球市场锌价震荡上行，刺激中国矿山锌产量出现较大增长。据中国有色金属工业协会统计，中国锌精矿产量同比增长 19.7%，达到 370 万吨，同比增长 11.4%。

3. 消费明显回升

2010 年，在国家扩大内需政策的作用下，中国锌需求持续旺销，消费稳步加速。特别是基础设施建设、房地产、汽车、家电等锌主要消费领域保持良好发展势头，成为支撑锌消费超预期增长的主要动力。据国家统计局统计，2010 年中国镀层钢板产量达到 2846.6 万吨，同比增长 37.6%；各类家电产量增幅大多超过了 20%；汽车产量同比增长 30%，从而使 2010 年中国锌表观消费量达到 533 万吨，同比增长 8%；实际消费量约 475 万吨，同比增长 10%。

4. 锌进口明显下滑，锌精矿进口萎缩

2010 年中国进口精锌 32.3 万吨，比 2009 年下滑 52%%；出口精锌 4.3 万吨，比 2009 年增长 47.4%。在进口锌锭中，0# 锌锭约为 23.5 万吨；1# 锌锭为 5.5 万吨。全球市场锌价差明显低于 2009 年，是锌进口量与 2009 年相比明显萎缩的主要原因。2010 年中国锌进口大部分是以融资为目的，铜材、电池、镀锌行业和金属制品等主要消费领域需求增长的带动作用有限。在当前汇率和关税条件下，中国锌产品出口的难度仍然很大。

2010 年中国进口锌精矿 324 万吨实物量，比 2009 年下滑 15.9%；折合金属量约为 160 万吨，与 2009 年下降 16.2%。锌精矿进口减少主要的主要原因是锌精矿进口加工费自二季度开始持续处于低位，且市场锌价变动频繁，进口经营难度加大。同时，中国锌精矿供应量明显增加，使进口锌精矿在价格方面面临挑战。

据中国海关统计，2010 年中国进口氧化锌 1.7 万吨，同比下跌 6%；出口氧化锌 2.2 万吨，同比增长 38%。进口锌合金 15.4 万吨，同比增长 15.8%；出口锌合金 252 吨。进口锌材 3.3 万吨，同比增长 14%，出口锌材 1.6 万吨，基本与去年持平。

第五节 中国锌行业竞争策略分析

一、中国锌行业企业竞争趋势

近年来，随着中国期货市场的发展，一些大宗商品的期货价格正在逐渐成为国际性价格。以当前有色金属产品为例，上海的铜和铝期货价格都有一定的独立行情，也对 LME 产生相当的影响。但是，中国对大宗商品定价的话语权还很少。虽然上海金属市场对伦敦市场的影响力正逐渐增大，但影响力还很有限；尽管上海期货市场给中国锌企业提供了一个套期保值的平台，但更多的是国际市场价格的大幅波动通过上海和伦敦价格之间的联动给相关企业带来较大经营风险，这与中国是最大的锌消费市场不相称。这主要是因为中国期货市场的发展还没有达到一定规模。争取更多定价的话语权的根本方式是大力发展中国商品期货市场，引导和鼓励产业企业参与期货交易，让更多中国企业通过期货市场来发现价格、规避风险，以提高中国在大宗商品领域的国际议价能力。另外，中国锌行业集中度低、企业谈判能力弱也是造成议价能力低的一个重要原因。中国贸易主体过多，平均规模较小，行业集中度较低，很难形成合力，而谈判的外方产业集中度高。

因此，中国的企业必须加速进行产业整合，提高产业集中度，转换经济增长方式，才能逐步在大宗商品国际贸易定价中取得优势。产业结构的调整和优化给锌行业的发展带来了新的机遇和挑战，也预示着未来中国锌行业发展的竞争趋势。

中国锌冶炼的加工费非常可观，使得中国各家锌冶炼厂不断扩大产能，与此同时，相关冶炼厂也在积极介入锌冶炼行业，如江西铜业集团公司 40 万吨铅锌冶炼项目一期于 2010 开始土建工作，2011 年建成投产；铜陵有色通过并购池州有色金属有限公司及安徽科威

金属材料股份有限公司的方式扩张产能等。2010年紫金矿业发布公告以2.19亿元增持内蒙古锌铅采矿及冶炼业务。驰宏锌锗投资塞尔温铅锌矿项目使公司挤身世界级大矿开发行列。丰厚的加工利润使得各类企业通过各种途径竞相进入锌冶炼行业，这势必造成锌冶炼行业未来竞争更加激烈。

中国锌产业结构的调整一方面需要政府政策的引导，另一方面需要企业间的竞争来淘汰掉落后的生产企业。虽然政府正在通过出台相关政策鼓励大型企业发展壮大，但行业结构的升级还是需要通过市场的竞争来完成。随着产能的逐步扩大，企业不得不面临更大的原材料、产品价格波动等风险和环境责任。而为了争夺市尝原材料资源等，冶炼企业间的竞争必将越来越激烈，现有企业在价格、规模、行业影响力、对环境的影响等方面的较量才真正开始。特别是越来越多的有色企业参与期货市场,运用期货工具对原材料、产品价格、库存等进行综合管理，随着这些企业运用期货工具的越来越成熟，其在成本、收入及企业经营的稳定性方面的优势将会逐步得到体现。

矿山原料不足是决定中国锌冶炼企业持续发展的关键性因素。在中国锌冶炼能力急剧扩张的情况下，2000年开始中国已从锌矿原料净出口国变为净进口国。据海关统计，2007—2010年中国锌精矿进口逐年增加，从215万吨增加到385万吨。这说明中国锌矿对外依赖度越来越高。中国锌精矿的大量进口，造成国际锌矿市场供应紧张，而国际锌精矿资源大都集中在国际巨头手中，锌冶炼企业大规模的无序扩张，势必将步中国电解铝行业原料受制于国外的后尘。

锌的单一矿较少，大都是伴生矿，多数伴有铅、铟、镉、铜、铁、黄金等金属。如何来综合利用伴生矿中的各种金属，是对锌生产冶炼企业技术实力的考验。尤其是铟、镉金属价格都比较高，铟在LED、液晶显示器、核反应堆控制棒和太阳能电池等领域被广泛应用；镉广用于电镀上，并用于充电电池、电视映像管、黄色颜料等，镉化合物可用于杀虫剂、杀菌剂、颜料、油漆等制造业。伴生金属的提炼将提高企业锌矿的综合利用水平，并能获得超额利润。

二、中国锌行业企业未来竞争策略分析

1. 产能扩张策略

扩大规模是企业未来发展的必然趋势。2010年中国锌产量为515万吨，如果2011年中国锌年产量达550万吨，那么中国前十名锌生产企业产量330万吨，才能达到有色行业振兴规划的要求。针对有色行业振兴规划的目标，目前中国只有株冶、葫芦岛和中金岭南达到规模上的要求，其他冶炼企业为了未来的一席之地将不得不进行扩产。另外，国际锌工业呈现出生产大型化、经营集约化的发展趋势。综合来看，目前中国锌行业产能扩张是一种必然趋势。

产能规模的扩张必将使经营风险放大。如何规避风险，获得稳定收益，是企业需要考虑的问题，期货工具是非常有效的手段。通过套期保值，企业可以有效规避现货价格波动的风险，有效控制采购成本和达到预期销售收入。同时，具有的现货背景可以使企业在套期保值过程中方便地抓住各类无风险套利机会，如期现套利、跨期套利等来扩大收入来源。

2. 企业并购策略

实行企业并购一方面可以扩大企业产能，更重要的是通过上下游整合和自身规模的扩大，可以发挥规模效益的作用，进而达到节约成本、增加收入的目的。特别是对上游锌矿的并购将是未来锌冶炼企业并购的首选内容。供应链一体化战略包括纵向一体化、横向一体化，通过企业并购可以实现原材料、生产和销售的一体化，即整个供应链的一体化。

并购策略中尤其要关注锌矿资源的勘探开发利用。企业一方面要加强中国资源勘探，合理开发利用中小矿山资源，通过各类投资方式抢占资源市场，杜绝对资源无序开采和乱采滥挖；另一方面，要积极实施“走出去”战略，大力推进海外矿产资源开发，建立资源储备；同时，还必须重视再生资源开发利用，全面提高再生工艺技术水平，大力发展锌循环再生产业。

3. 精细化管理策略

在未来几年内，锌行业优胜劣汰将是必然趋势，竞争将会更加激烈，因此企业应该进行精细化管理，包括库存管理、资金管理、人员合理分配、信息化管理等。在精细化管理的过程中，像期货、信息化平台、财务公司等各类工具可供大型企业选择，特别是期货在库存管理、风险控制方面优势明显。由于期货独有的杠杆特性，企业往往使用少量资金就可以达到预期的套保目的。信息化管理平台的建设同样重要，随着企业规模的扩大，信息交流的效率愈发重要。信息化平台利用现代信息技术，有效开发和利用信息资源，有助于改善企业管理,提高企业的竞争力和经济效益。

4. 价格与技术竞争策略

在大宗商品领域，企业的优胜劣汰主要还是以价格竞争形式进行。因此，谁具有价格掌控能力，谁就具有价格优势，谁就能在未来的竞争中占据主动。一直以来，中国锌现货市场参考价格是上海有色金属网的现货报价，锌的上中下游企业都参考该网报价进行现货交易。不过，近几年随着上海锌期货市场的发展，期货价格越来越受到市场的关注，目前中国锌期现价格联动非常明显，当期现价出现明显背离时就会吸引具有现货背景的企业积极进入进行套利活动。企业的价格竞争不仅仅体现在价格竞争上，未来将更多地体现在企业运用期货工具后所具有的成本优势和销售优势上。此外，供应链一体化、精细化管理、产能扩张等策略的实施，也必将最终体现在价格竞争上。

由于新项目前期投入较大，使得中国大型锌冶炼企业生产成本较高，规模和先进工艺竞争优势并不明显，在行业结构调整中的竞争能力反而不如拥有落后产能的小型企业。因此，对于锌冶炼行业而言，淘汰落后产能除应用技术改造方式自然淘汰外，更应注重对冶炼企业的环保要求，通过提高冶炼企业的环保成本，突出落后冶炼工艺的成本劣势，迫使部分产能永久性退出市常这不仅能能激励企业有效改进工艺，而

且还能控制产能，与有色行业振兴规划的精神是相一致的。

5. 对外“联合”策略

由于中国自身锌矿资源困乏，未来 10 年内将会逐渐增大进口锌矿资源。铁矿石、铝土矿的教训历历在目，切忌锌矿进口莫走上以前的老路。为此，中国大型锌冶炼企业应有序联合，规范进出口秩序。目前，中国锌冶炼企业进口锌精矿缺乏自律机制，存在过度竞争现象，因此企业建立统一联合采购集团非常必要。另外，国家有关部门也可以通过完善进出口管理政策，尽快解决中国锌产品进出口贸易多头对外、无序竞争的问题。通过这些措施，实现以中国锌骨干企业为主的原料进口统一运作机制，规范中国锌产品进出口贸易秩序。从长期看，这同样需要中国锌生产企业通过扩大市场份额，逐渐淘汰落后生产企业，从而减少无序竞争主体来达到目的。

第十部分 稀土行业概况

第一节 全球稀土资源情况介绍

一、全球稀土资源分布情况

稀土元素在地壳中丰度并不稀少，只是分散而已。因此，虽然稀土的绝对量很大，但就目前为止能真正成为可开采的稀土矿并不多，而且在世界上分布极不均匀，主要集中在中国、美国、印度、前苏联、南非、澳大利亚、加拿大、埃及等几个国家，其中中国的占有率最高。

图 1　世界稀土资源分布

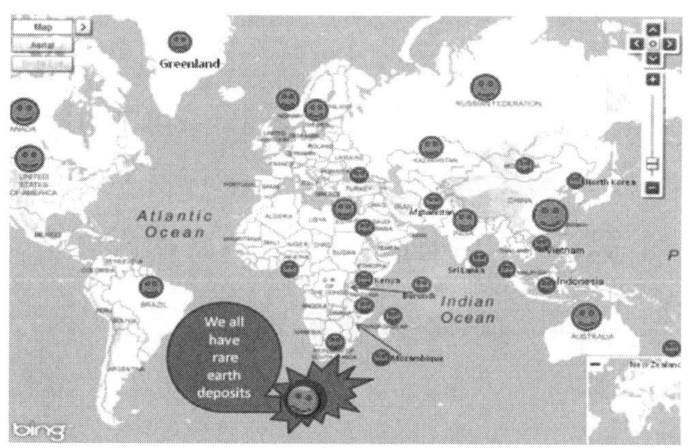

图 2　世界稀土资源储量比例

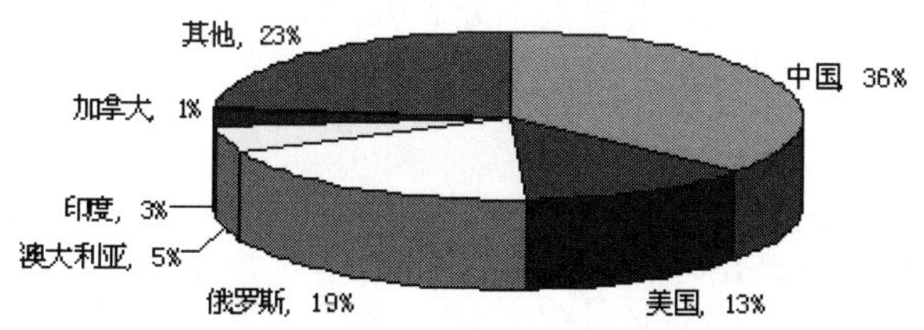

1. 中国

中国是名副其实的世界第一大稀土资源国。

2. 美国

美国稀土资源主要有氟碳铈矿、独居石及在选别其它矿物时，作为副产品可回收黑稀金矿、硅铍钇矿和磷钇矿。

3. 印度

印度主要矿床是砂矿。印度独居石钍含量高达 8%ThO2。在马纳范拉库里奇采的重砂独居石占 5-6%。钛铁矿占 65%，金红石 3%，锆英石 5-6%，石榴石 7-8%。

4. 独联体

独联体的稀土储量很大，主要是伴生矿床位于科拉半岛，存在于碱性岩中的含稀土的磷灰石。前苏联的主要稀土来源就是从磷灰石矿石中回收稀土，此外，在磷灰石矿石中，还可回收的稀土矿物有铈铌钙钛矿，含稀土为 29-34%。另外，在赫列比特和森内尔还有氟碳铈矿。

5. 澳大利亚

澳大利亚是独居石的生产大国，独居石是作为生产锆英石和金红石及钛铁矿的副产品加以回收。澳大利亚的砂矿主要集中在西部地区。澳大利亚也产磷钇矿。澳大利亚可开发利用的稀土资源，还有位于昆士兰州中部艾萨山的采铀的尾矿，南澳大利亚州罗克斯伯唐斯铜、铀金矿床。

6. 加拿大

加拿大主要从铀矿中副产稀土。位于安大略省布来恩德里弗-埃利特湖地区的铀矿，主要由沥青铀矿、钛铀矿和独居石、磷钇矿组成，在湿法提铀时，可把稀土也提出来。此外，在魁北克省的奥卡地区拥有的烧绿石矿，也是稀土的一个很大潜在资源。还有纽芬兰岛和拉布拉多省境内的斯特伦奇湖矿，也含有钇和重稀土正准备开发。

7. 南非

南非是非洲地区最重要的独居石生产国。位于开普省的斯廷坎普斯克拉尔的磷灰石矿，伴生有独居石，是世界上唯一单一脉状型独居石稀土矿。此外，在东南海岸的查兹贝的海滨砂中也有稀土，在布法罗萤石矿中也伴生独居石和氟碳铈矿，正计划和研究回收。

8. 马来西亚

主要从锡矿的尾矿中回收独居石、磷钇矿和铌钇矿等稀土矿物，曾一度是世界重稀土和钇的主要来源。

9. 埃及

埃及从钛铁矿中回收独居石。矿床位于尼罗河三角洲地区，属于河滨沙矿，矿源由上游风化的冲积砂沉积而成，独居石储量约 20 万吨。

10. 巴西

巴西以独居石为主，主要集中于东部沿海，从里约热内卢到北部福塔莱萨，长达约 643km 地区，矿床规模大。

表 1　　世界主要国家的稀土储量情况（单位：万吨）

国家或地区	工业储量	远景储量
中国	3600	>21000
前苏联	1900	2100
美国	1300	1400
澳大利亚	520	580
印度	110	130
巴西	4.8	8.4
其他	2200	2300
总计	11235	>27518

二、世界主要地区稀土矿开采情况

1. 中国

中国是名副其实的世界第一大稀土资源国，具有储量丰富、矿种和稀土元素齐全、稀土品位及矿点分布合理等优势。

2. 俄罗斯

俄罗斯稀土资源储量居世界第二位，但到目前为止，只有罗沃兹斯基卡亚一家采矿公司，开采罗沃兹斯基卡亚矿床。

3. 美国

美国氟碳铈矿和独居石较多。

此外，澳大利亚、印度、巴西、印度、加拿大、南非、巴西也是重要开采国。

稀土是稀缺资源，虽不稀少，但非常分散，很难开采或开采成本极高，具有工业开采价值的很少；而且，稀土资源在世界范围内分布比较集中，主要资源国稀土矿产品差异也很大。

三、世界稀土矿工业发展趋势

近年来，随着人们对各类资源的重视，稀土等具有战略用途的资源更是被很多国家作为战略储备大量进口，美国、澳大利亚、加拿大等国相继封存了本国的稀土矿停止了生产，转而从外国进口。

表 2　　2010 年世界主要国家稀土储量及产量情况对比例

（单位：万吨；%）

国家	储量	占全球比重	产量
中国	3600	36	12
美国	1300	13	0
俄罗斯	1900	19	0
澳大利亚	540	5	0
印度	310	3	0.27

2006 年美国和澳大利亚等国家的稀土矿便停止开采，但中国一直在供应全球每年 90% 的稀土供应，所以至 2010 年，中国的稀土储备量在全世界的占比由 1993 年的 52% 减少至 36%。这不由得使中国也要考虑一下未来稀土供应了，所以中国政府越来越重视稀土开采以及环保等各项指标，逐年减少稀土生产指令计划指标，逐渐减少稀土出口配额。

同时，随着 2010 年中国稀土出口配额大幅减少以及产品价格持续飙升等因素影响，世界各国都加紧稀土矿山恢复开始步伐，并不断有新的稀土矿藏发现的报道。

表 3　　2013 年稀土世界格局的展望分析（单位：吨）

项目名称	主要参与公司	产能	预计投产年
芒登帕斯矿	美国钼业公司	10000-20000	2011-2013
威尔德矿	澳大利亚莱纳斯公司	10000-20000	2011-2013
Nolans	澳大利亚 Afrafura 资源公司	10000	2011-2013
Nechalacho	加拿大阿瓦隆资源公司	5000	2013-2014
越南 Dong Pao	丰田 Tsushogo 公司 Sojitz 公司／越南政府	5000	不明
Hoidas Lake	加拿大大西部矿业公司	3000-5000	不明
Bear Lodge	美国稀有元素资源公司	不明	不明
Kvanefjeld	格林兰矿业和能源公司	不明	不明
哈萨克斯坦铀尾矿	日本住友和哈萨克斯坦 Kazatompro	3000	2010-2011
巴西 Pitinga Neo	新材料金属和三菱	不明	不明

第二节 中国铝土矿资源状况

一、中国稀土矿资源概况

中国稀土资源不但储量丰富，而且还具有矿种和稀土元素齐全、稀土品位及矿点分布合理等优势，为中国稀土工业的发展奠定了坚实的基础。中国稀土资源成矿条件十分有利、矿床类型齐全、分布面广而有相对集中，目前，地质科学工作中已在中国三分之二以上的省（区）发现上千处矿床、矿点和矿化地。

二、中国稀土矿储量的分布情况

中国的稀土资源大致可分为南方矿和北方矿两类。北方矿以产出轻稀土为主，南方矿以产出重稀土为主。包头白云鄂博（储量约 2100 万吨）、四川冕宁（储量约 500 万吨）、山东微山的氟碳铈矿均以产出轻稀土为主，被统称为北方矿，包头白云鄂博矿其稀土储量占中国储量的 83% 左右，是有名的稀土之都。江西、广东、福建、广西、云南等南方地区多为重稀土矿（储量约 100 万吨），以稀土离子形态存在，是中国独有的珍稀矿种。

图 1　中国稀土储量分布

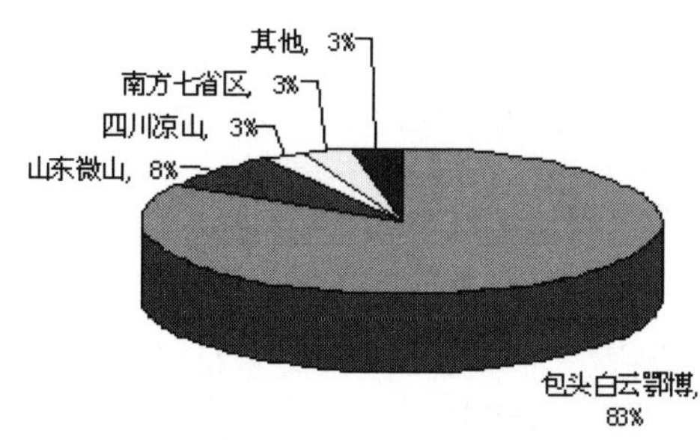

表 1　　中国主要稀土原生矿床和淋积型矿床

编号	矿产地名称	类别		储量规模			稀土类型	利用情况	备注
		原生矿	淋积型	RE203	ΣCe203	ΣY203			
1	内蒙古白云博主、东、西矿	是		超大			轻稀土	已用	共伴生矿
2	内古白云博主东矿底盘	是		超大			轻稀土	未用	共生矿
3	内蒙古白云博都拉哈拉	是		超大			轻稀土	未用	共生矿
4	内蒙古扎鲁特旗八0一	是			大	大	重、轻稀土	未用	共生矿
5	吉林大栗子铁矿红旗区	是					重稀土	未用	伴生矿
6	山东微山	是			中		轻稀土	已用	
7	江西七0一			是		大	重稀土	已用	
8	江西七一			是	大		轻稀土	已用	
9	江西八0七			是	大		轻稀土	已用	

续表 1

编号	矿产地名称	类别		储量规模			稀土类型	利用情况	备注
		原生矿	淋积型	RE203	ΣCe203	ΣY203			
11	湖北应山广水	是				中	重稀土	未用	
12	湖南江华			是	中		轻稀土	已用	
13	广东新丰			是	中		重、轻稀土	已用	
14	广东粤东北地区若干矿点			是			重、轻土	已用	
15	福建闽西南若干矿点			是			重、轻土	已用	
16	四川冕宁牦牛坪	是			大		轻稀土	已用	
17	贵州织金新华	是			大		重、轻稀土	未用	伴生矿

三、中国稀土矿资源特点介绍

1．储量分布高度集中（主要是轻稀土）

中国稀土矿产虽然在华北、东北、华东、中南、西南、西北等六大区均有分布，但主要集中在华北区的内蒙古白云鄂博铁－铌、稀土矿区，是中国轻稀土主要生产基地。

2．轻、重稀土储量在地理分布上呈现“北轻南重”

轻稀土主要分布在北方地区，重稀土则主要分布在南方地区，尤其是在南岭地区分布可观的离子吸附型中稀土、重稀土矿，易采、易提取，已成为中国重要的中、重稀土生产基地。

此外，在南方地区还有风化壳型和海滨沉积型砂矿，有的富含磷钇矿（重稀土矿物原料）；在赣南一些脉钨矿床（如西华山、荡坪等）伴生磷钇矿、硅铍钇矿、钇萤石、氟碳钙钇矿、褐钇铌矿等重稀土矿物，在钨矿选冶过程中可综合回收，综合利用。

3．共伴生稀土矿床多，综合利用价值大

在已发现的数百处矿产地中，2/3 以上为共伴生矿产，颇有综合利用价值。但多数矿床物质成分复杂，矿石嵌布粒度细，多为难选矿石，如白云鄂博矿床中有 70 余种元素，170 多种矿物，其中稀土、铌钽储量巨大，为世界罕见的大型稀土、稀有金属矿床。在铁矿石中共生的独居石、氟碳铈矿、氟碳钡铈矿、黄河矿等稀土矿物，虽然矿石结构构造复杂，嵌布粒度细微。但经过不断选冶试验研究，精矿品位和冶炼提取及回收率已有很大提高，成为中国轻稀土主要原料基地。

4. 中国稀土矿产资源储量多、品种全

现已探明的稀土储量达 1 亿吨以上，而且还有较大的资源潜力。品种全，17 种稀土元素除钷尚未发现天然矿物，其余 16 种稀土元素均已发现矿物、矿石。在所勘查和开发的矿床中，通过选冶工艺从矿石矿物中提取出 16 种稀土金属，现已生产出几百个品种和上千个规格的稀土产品，不仅满足了中国需求，而且已大量出口，成为中国出口创汇的主要矿产品及加工产品之一。

第三节 中国稀土生产及出口情况

一、中国稀土生产情况

随着中国稀土资源逐渐减少，中国开始降低生产指令性计划来保护中国稀土资源。

表 1　2010 年稀土生产指令性计划（单位：吨）

编号	地区	稀土产品	
		矿产品	冶炼分离
1	内蒙古	50000	35000
2	江苏		8000
3	福建	1500	1400
4	江西	8500	12500
5	山东	1500	2500
6	湖南	1500	600
7	广东	2000	7000
8	广西	2000	
9	四川	22000	11000
10	贵州	200	
11	陕西		1500
12	甘肃		6500
合计		89200	86000

图 1　2007-2010 年稀土矿产品和冶炼分离产品生产指令计划（单位：万吨）

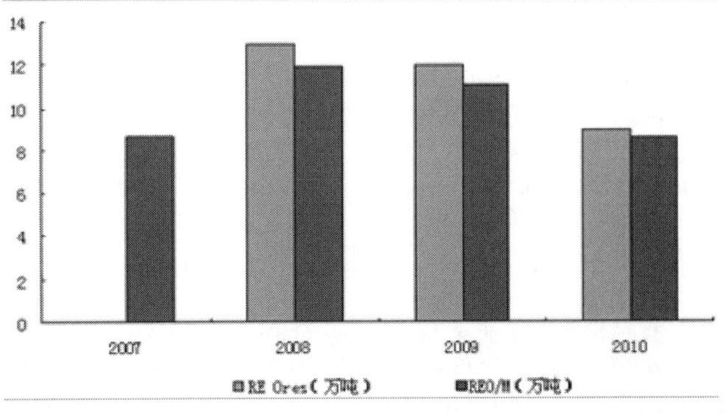

以上图表显示，每年稀土矿产品和稀土冶炼分离产品生产指令性计划量也呈逐年下降的走势，预计 2011 年稀土矿产品和冶炼分离产品生产指令性计划量将在 8.5 万吨和 8.3 万吨左右。国家将进一步加强稀土矿山开采整顿工作，提高各项生产和环保指标。

二、中国稀土出口配额变化情况

大部分企业出口配额数量都下降，只有江苏卓群纳米稀土股份有限公司、江西金世纪新材料股份有限公司、徐州金石彭源稀土材料厂有所增加。下达的外资企业 2011 年第一批出口配额同去年第一批相比下降 38.4%，下达的内资企业 2011 年第一批出口配额同 2010 年第一批相比下降 34%。

表 2　外资企业第一批出口配额比较（单位：吨；%）

省市	企业	第一批出口配额下达数量		增长
		2010 年	2011 年	
江苏	江阴加华新材料资源有限公司	792	481	-39.3
	溧阳罗地亚稀土新材料有限公司	474	324	-31.6
	宜兴新威利成稀土有限公司	685	440	-35.8
广东	平远三协稀土冶炼有限公司	130	——	——
内蒙	包头天骄清美稀土抛光粉有限公司	307	251	-18.2
	包头罗地亚稀土有限公司	1316	867	-34.1
	呼和浩特融信稀土新金属有限公司	404	296	-26.7
	包头华信冶炼有限公司	186	93	-50
	包头三德电池材料有限公司	236	127	-46.2
山东	淄博加华新材料资源有限公司	1448	805	-44.4
合计		5978	3684	-38.4

表 3　内资企业第一批出口配额比较（单位：吨；%）

序号	公司名称	第一批出口配额下达数量		增长
		2010 年	2011 年	
1	中国中钢集团公司	784	584	-25.5
2	中国五矿集团公司　五矿有色金属股份有限公司	1182	747	-36.8

续表 3-1

序号	公司名称	第一批出口配额下达数量		增长
		2010 年	2011 年	
4	广东广晟有色金属进出口有限公司	518	431	-16.8
5	常熟盛昌稀土冶炼厂	337	196	-41.8
6	江苏卓群纳米稀土股份有限公司	248	251	1.2
7	江西金世纪新材料股份有限公司	374	432	15.5
8	内蒙古包钢和发稀土有限公司	1504	750	-50.1
9	江西南方稀土高技术股份有限公司	629	401	-36.2
10	赣州晨光稀土新材料有限公司	601	374	-37.8
11	赣州虔东稀土集团股份有限公司	536	329	-36.8
12	有研稀土新材料股份有限公司	469	333	-29
13	益阳鸿源稀土高科有限公司	837	594	-29
14	包头华美稀土高科有限公司	1659	954	-42.5
15	内蒙古包钢稀土(集团)高科股份公司	1350	740	-45.2
16	甘肃稀土新材料股份有限公司	1069	689	-35.5
17	乐山盛和稀土科技有限公司	1102	750	-31.9
18	阜宁稀土科技有限公司	477	327	-31.4
19	山东鹏宇实业股份有限公司	986	709	-28.1
20	赣县红金稀土有限公司	239	102	-57.3

续表 3-2

序号	公司名称	第一批出口配额下达数量		增长
		2010 年	2011 年	
22	广东珠江稀土有限公司	304	166	-45.4
	合计	16304	10762	-34

表 4　　2009-2010 年稀土出口配额比对（单位：吨）

序号	公司名称	2009 年稀土配额数量			2010 年稀土配额数量		
		上半年	下半年	总计	上半年	下半年	总计
1	中国中钢集团公司	1024	1161	2185	784	392	1176
2	中国五矿集团公司	1373	1508	2881	1182	399	1581
3	中国有色金属进出口江苏公司	934	947	1881	726	152	878
4	广东广晟有色金属进出口有限公司	951	1170	2121	518	238	756
5	常熟市盛昌稀土冶炼厂	218	223	441	337	143	480
6	江苏卓群纳米稀土股份有限公司	270	282	552	248	39	287
7	江西金世纪新材料股份有限公司	591	599	1190	374	82	456
8	内蒙古包钢和发稀土有限公司	742	834	1576	1504	551	2055
9	江西南方稀土高技术股份有限公司	794	841	1635	629	155	784
10	赣州晨光稀土新材料有限公司	642	737	1379	601	254	855
11	赣州虔东稀土集团股份有限公司	500	521	1021	536	95	631

续表 4-1

序号	公司名称	2009 年稀土配额数量			2010 年稀土配额数量		
		上半年	下半年	总计	上半年	下半年	总计
13	益阳鸿源稀土有限责任公司	619	605	1224	837	291	1128
14	包头华美稀土高科有限公司	1193	1341	2534	1659	658	2317
15	内蒙古包钢稀土(集团)高科技股份公司	1048	1110	2158	1350	634	1984
16	甘肃稀土新材料股份有限公司	1133	1241	2374	1069	225	1294
17	乐山盛和稀土科技有限公司	987	1092	2079	1102	181	1283
18	阜宁稀土实业有限公司	566	585	1151	477	212	689
19	山东鹏宇实业股份有限公司	0	981	981	986	738	1724
20	赣县红金稀土有限公司	0	482	482	239	223	462
21	徐州金石彭源稀土材料厂	0	527	527	374	380	754
22	广东珠江稀土有限公司	0	0	0	304	68	372
23	江阴加华新材料资源有限公司	760	1150	1910	792	209	1001
24	溧阳罗地亚稀土新材料有限公司	400	610	1010	474	122	596
25	宜兴新威利成稀土有限公司	770	1170	1940	685	167	852
26	平远三协稀土冶炼有限公司	85	130	215	130	20	150

续表 4-2

序号	公司名称	2009 年稀土配额数量			2010 年稀土配额数量		
		上半年	下半年	总计	上半年	下半年	总计
28	包头罗地亚稀土有限公司	1430	2180	3610	1316	501	1817
29	呼和浩特融信新技术冶炼有限公司	590	900	1490	404	185	589
30	包头华信冶炼有限公司	160	240	400	186	34	220
31	包头三德电池材料有限公司	200	300	500	236	69	305
32	淄博加华新材料资源有限公司	1740	2640	4380	1448	284	1732
33	西安西骏新材料有限公司	502	485	987	0	0	0
34	德庆兴邦稀土新材料公司	7	1	638	0	0	0
35	普乐(合肥)光技术有限公司	0.1	0	0.1	0	0	0
36	总计	21728.1	28417	50145.1	22283	7976	30259

自 2005 年起中国稀土出口配额便呈逐年递减趋势，其中 2010 年下降幅度最大，达到 40% 左右，从而引发了 2010 年下半年稀土产品出口价格大幅攀升。

图 2　2005-2010 年中国稀土出口配额比对（单位：%）

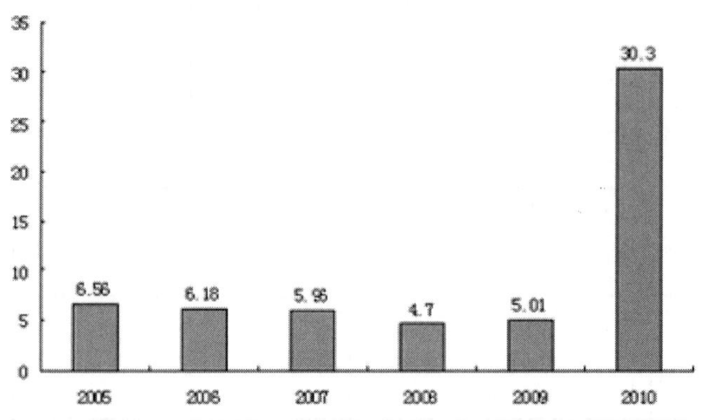

表 5　　2011 年稀土产品暂定出口税率（单位：%）

序号	EX ①	税则号列	商品名称（简称）	出口税率	2011 年暂定税率	2011 年特别出口税
1		28053011	钕		25	
2		28053012	镝		25	
3		28053013	铽		25	
4		28053014	镧		25	
5		28053015	铈		25	
6		28053019	其他未相互混合或融合的稀土金属、钪及钇		25	
7		28053021	已相互混合或融合的稀土金属、钪及钇		25	
8		28053029	其他已相互混合或融合的稀土金属、钪及钇		25	
9		28461010	氧化铈		15	
10		28461020	氢氧化铈		15	
11		28461030	碳酸铈		15	
12		28461090	铈的其他化合物		15	
13		28469011	氧化钇		25	
14		28469012	氧化镧		15	
15		28469013	氧化钕		15	
16		28469014	氧化铕		25	
17		28469015	氧化镝		25	
18		28469016	氧化铽		25	
19	ex	28469019	其他氧化稀土（灯用红粉除外）		15	
20		28469021	氯化铽		25	
21		28469022	氯化镝		25	
22		28469023	氯化镧		25	
23		28469028	混合氯化稀土		15	
24		28469029	未混合氯化稀土		15	
25		28469031	氟化铽		15	
26		28469032	氟化镝		15	
27		28469033	氟化镧		15	
28		28469039	其他氟化稀土		15	
29		28469041	碳酸镧		15	
30		28469042	碳酸铽		25	
31		28469043	碳酸镝		25	
32		28469048	混合碳酸稀土		15	
33		28469049	未混合碳酸稀土		15	
34		28469090	稀土金属、钇、钪的其他化合物		25	
35		72029919	其他钕铁硼合金		20	
36		72029991	按重量计含稀土元素 10% 以上的铁合金		25	

由上表所示，2011 年金属钕（税则号列：28053011）出口暂定税率由 2010 年的 15% 上调至 25%；按重量计含稀土元素 10% 以上的铁合金主要指镝铁、钕铁和镨钕铁出口关税从 2010 年的 20% 上调至 25%；其余保持不变。

三、2007-2010 年中国稀土出口量情况

根据中国海关数据显示，2007-2010 年中国金属钕出口量分别为 3300 吨、25662 吨、1594 吨和 1662 吨。随着配额的减少金属钕出口量也呈逐年下降的走势。

图 3　2007-2010 年金属钕的出口量（单位：千克）

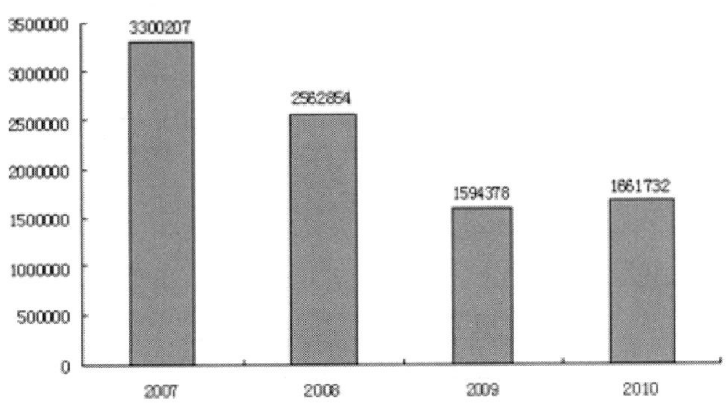

根据中国海关数据显示，2007-2010 年中国氧化钕出口量分别在 1082 吨、868 吨、439 吨和 843 吨左右。

图 4　2007-2010 年氧化钕出口量（单位：千克）

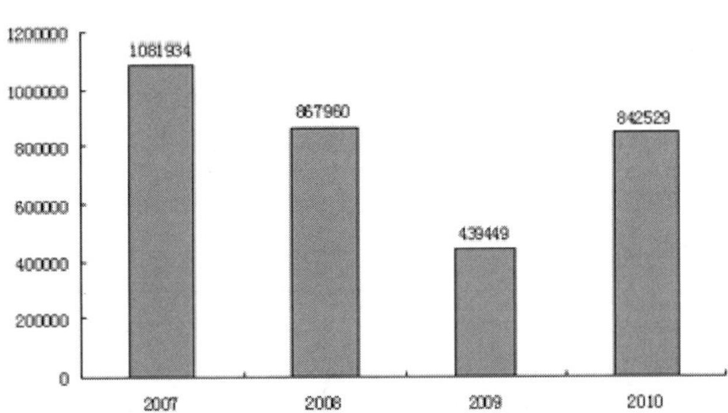

图 5　2007-2010 年氧化铈出口量（单位：千克）

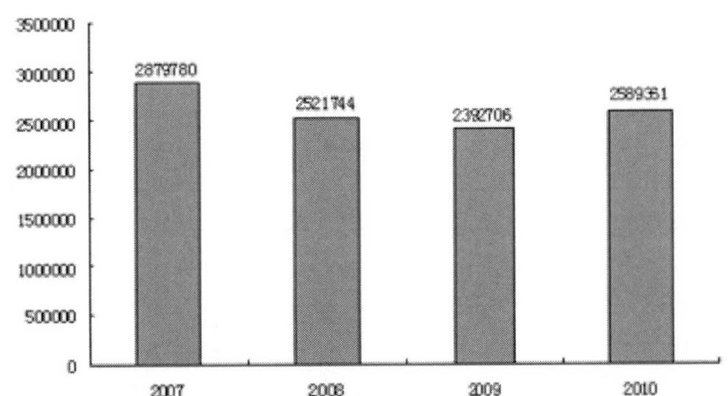

根据中国海关数据显示，2007-2010 年中国氧化铈 99%min 出口量分别为 2898 吨、2522 吨、2393 吨和 2589 吨。国外氧化铈 99%min 的需求量一直较稳定。不过，碳酸铈的出口量 2010 年大幅减少。根据中国海关数据显示，2007-2010 年中国碳酸铈出口量分别在 10855 吨、12480 吨、9346 吨和 6364 吨。2010 年碳酸铈出口量与 2009 年、2008 年和 2007 年的出口量相比分别下降了约 38%、56% 和 46%。

图 6　2007-2010 年碳酸铈出口量（单位：千克）

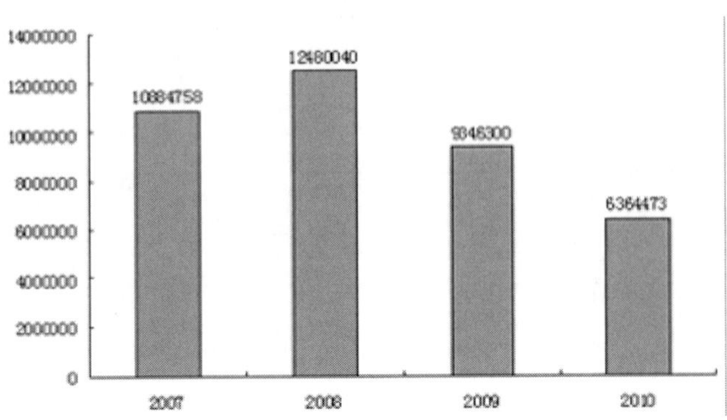

根据中国海关数据显示，2007-2010 年中国氧化镧 99%min 出口量分别在 7893 吨、11239 吨、12003 吨和 7709 吨左右。2007-2009 年中国氧化镧 99%min 出口量逐年增加，但 2010 年出现拐点。受 2010 年出口配额大幅减少影响，中国出口商都不愿出口氧化镧 99%min 这个相对价值较低的产品来占用宝贵的配额，所以 2010 年氧化镧 99%min 出口量与 2009 年相比跌幅大 40% 左右。

图 7　2007-2010 年氧化镧出口量（单位：千克）

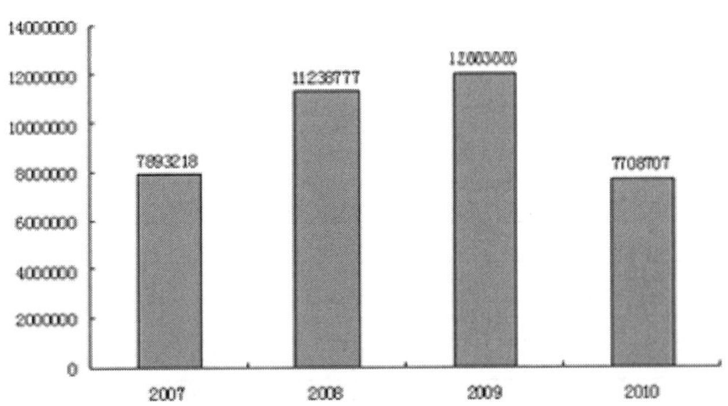

根据中国海关数据显示，2007-2010 年中国氧化钇 99.999% 出口量分别在 2658 吨、1607 吨、1116 吨和 2229 吨。2010 年氧化钇 99.999% 出口量比 2009 年出口量增加近一倍。

表 8　2007-2010 年氧化钇出口量（单位：千克）

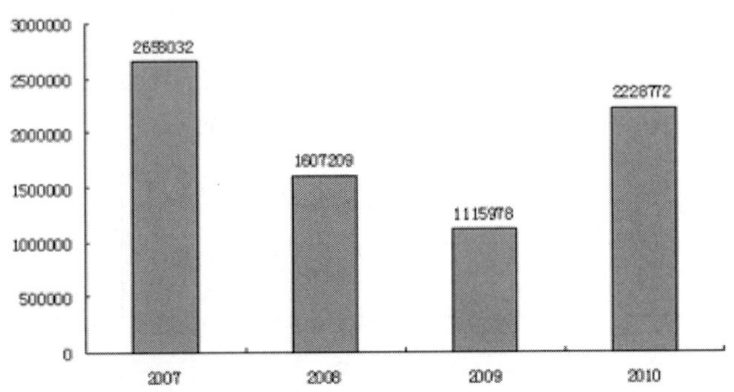

四、2010 年稀土出口地区分布情况

2010 年日本和荷兰是氧化铈进口量占比较大的国家，其占比分别在 28%、15%.

图 9　2010 年氧化铈分国别出口量（单位：%）

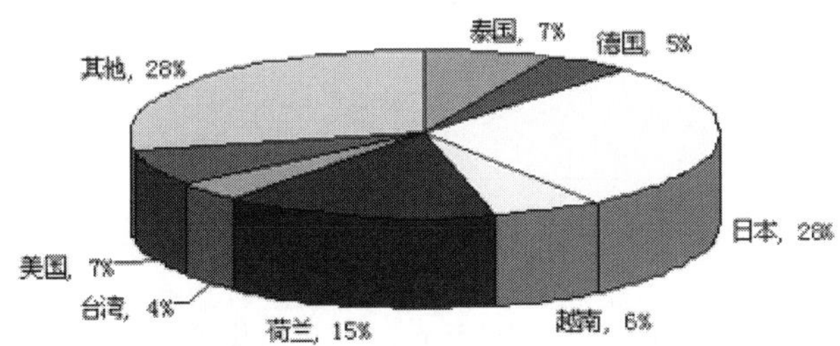

2010 年碳酸铈前三名进口国家分别为日本、法国和美国，所占比例分别为 36% 和 18%。

图 10　2010 年碳酸铈分国别出口量（单位：%）

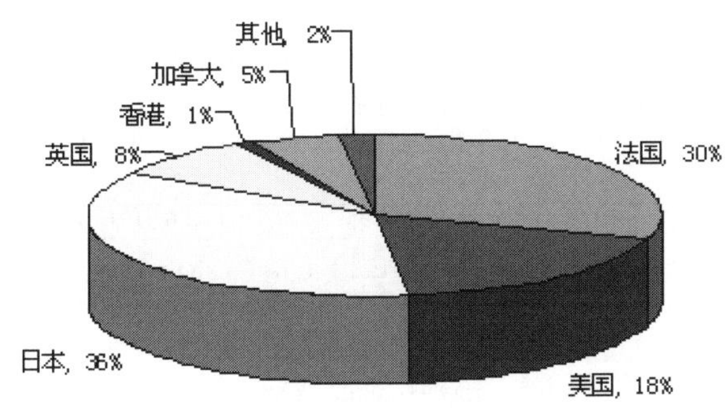

2010 年氧化钕前三名进口国家分别为日本、荷兰和法国，所占比例分别为 55%、13% 和 10%。

图 11　2010 年氧化钕分国别出口量（单位：%）

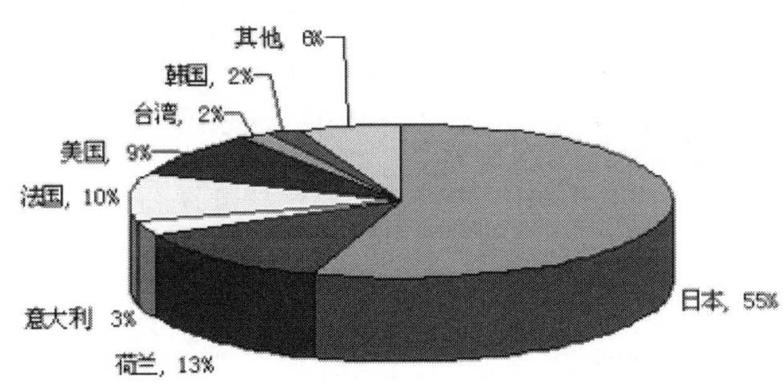

2010 年金属钕前三名进口国家分别为日本、德国和泰国，所占比例分别为 80%、8% 和 6%。

图 12　2010 年金属钕分国别出口量图（单位：%）

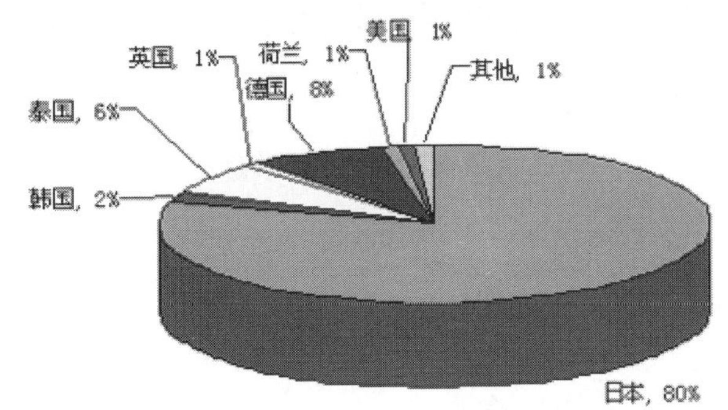

2010 年氧化镧前三名进口国家分别为美国、日本和香港，所占比例分别为 37%、34% 和 11%。

图 13　2010 年氧化镧分过别出口量图（单位：%）

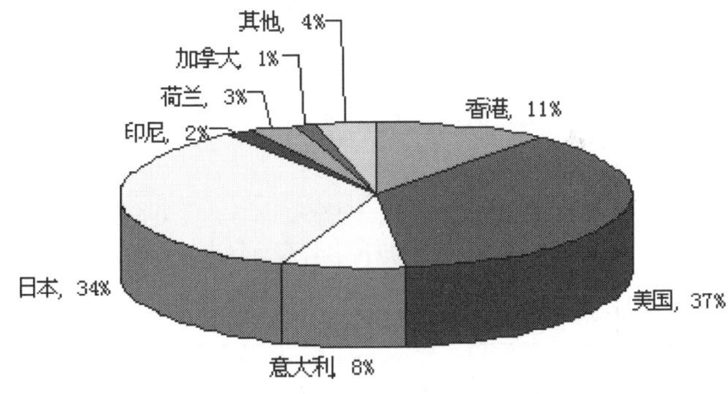

2010 年氧化铕前两名进口国家分别为日本和德国，所占比例分别为 78% 和 6%。

图 14　2010 年氧化铕分过别出口量图（单位：%）

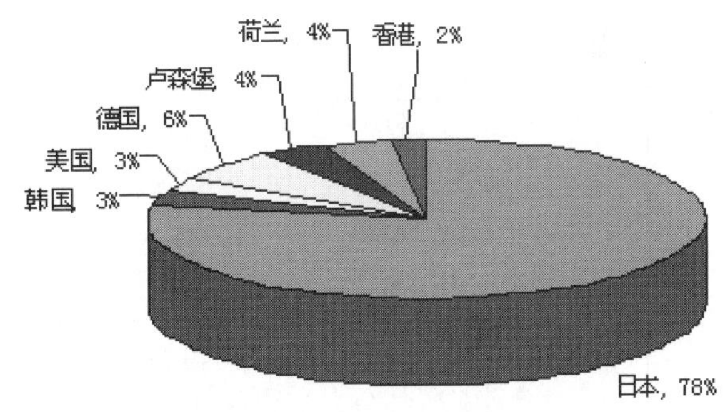

2010 年氧化钇前三名进口国家分别为日本、香港和美国，所占比例分别为 47%、15% 和 12%。

图 15　2010 年氧化钇分国别出口量图（单位：%）

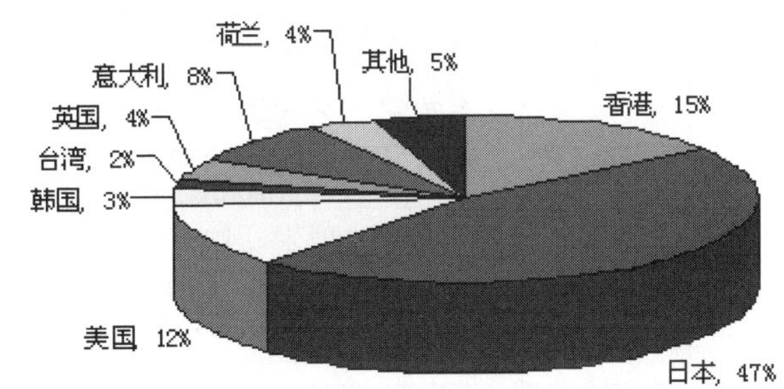

第四节 2010 年全球稀土行业大事件盘点

一、2010 年中国稀土行业大事盘点

近年来，中国一直供应全球 90% 以上的稀土需求，出口价格低廉。随着中国稀土资源的不断减少，中国开始出台政策和采取措施保护中国稀土资源。

表 1　　2010 年中国稀土行业大事件总结

序号	事件	内容
1	包钢稀土公司获批实施战略准备	2010 年 2 月 9 日，内蒙古政府批准由包头稀土下属的内蒙古包钢稀土国际贸易有限公司实施包头稀土原料产品战略储备方案。储备金主要由企业自行承担，自治区、包头市、包钢集团公司共同给予贴息支持，其中自治区、包头市各贴息 1000 万元，其余由集团公司贴息。收储产品主要为稀土精矿和氧化物。
2	广东省河源市龙川县关闭 114 个非法矿点	经过 2010 年 3 月份半个多月的集中整治，河源市龙川县的非法矿点整治工作取得了阶段性成效，共关闭非法开采稀土矿点 114 个。
3	国土部专项整治稀土矿乱采滥伐	国土资源部 5 月 20 日在京召开中国稀土等矿产开发秩序专项整治行动电视电话会议，国土资源部副部长汪民表示，为解决当前稀土等矿产勘查开采中存在的突出问题，国土资源部决定在 2010 年 6 月至 11 月开展稀土等矿产开发秩序专项整治行动，集中打击违法违规和乱采滥挖行为。
4	工信部：稀土行业准入条件	为进一步加强稀土行业管理，规范稀土企业生产经营秩序，促进稀土行业产业结构调整和升级，依据国家有关法律法规和产业政策要求，2010 年 5 月 12 日工信部公布了《稀土行业准入条件》。其中生产规模条件为：轻稀土矿山企业生产建设规模年处理矿石量应不低于 30 万吨（1000 吨 / 日）；离子型稀土矿山企业生产能力应不低于 3000 吨（REO，以氧化物计）/ 年。禁止开采独居石等具有放射性、污染严重的稀土矿。使用混合型稀土矿的冶炼分离项目规模应不低于 8000 吨（REO）/ 年；使用氟碳铈矿的冶炼分离项目规模应不低于 5000 吨（REO）/ 年；使用南方离子型稀土矿冶炼分离项目规模应不低于 3000 吨（REO）/ 年。稀土金属冶炼项目规模应不低于 1500 吨 / 年。以上各类规定固定资产投资项目最低资本比例为 40%。
5	多部委专家研讨国家矿产地储备战略	2010 年 5 月 12 日，国土资源部中央地质勘查基金管理中心在京组织召开国家矿产地战略储备专家研讨会。来自国务院发展研究中心、国家行政学院、中国地质大学以及工业与信息化部、财政部、国土资源部、商务部、国家物资储备局、国家石油储备中心等有关部门和单位的 20 多位专家，围绕开展矿产地储备涉及的矿种、规模、布局、管理体制以及运行机制等问题进行了研讨。据了解，中国矿产地战略储备研究实施工作正在加速推进，预计首批矿产地储备试点将围绕煤炭和稀土资源展开。据了解，《国土资源“十一五”规划纲要》中明确提出，将建立政府和企业共同出资的矿产品储备机制，初步形成国家能源与重要矿产资源、矿产品与大中型探明矿产地战略储备体系。2008 年，在新一轮《中国矿产资源规划》中提出矿产地战略储备的目标和任务，到 2020 年要完成重要矿产地储备 40~50 处，建立 10~20 处特殊煤种和稀缺煤种井田储备，建立 10~30 处钨、锑、稀土等保护性开采特定矿种的矿产地储备。
6	五矿 55 亿重金砸向郴州	在完成控股湖南有色集团 5 个月后，中国五矿集团终于赋予了湖南有色新的角色。5 月 18 日，五矿集团与湖南省郴州市达成战略合作框架协议，决定未来 5 年内在郴州境内新增投资 45 亿至 55 亿元，开发钨、稀土、锡、铋等有色金属资源，开展稀土、铋等的精深加工，实施主体正是旗下的湖南有色。
7	中铝拟与清远开采稀有稀土矿产	2010 年 7 月 8 日，中国铝业公司副总经理、党组成员、中国稀有稀土有限公司总裁任旭东率领中铝公司调研组到清远市调研。清远市委副书记何炳华，市委常委、副市长温镜潮等在市政府会见了调研组一行。任旭东表示，中铝希望与清远在稀有稀土方面开展相关合作。清远市国土资源局负责人向调研组介绍了清远市矿产资源及稀土的概况。在非金属开发上，硅灰石、大理岩、白云岩资源最大，开发前景非常看好。在稀土资源方面，广泛分布有花岗岩类风化淋积型中重离子型稀土资源，是中国 4 个主要稀土分布区之一。根据最新的福建省第二轮矿产资源规划，清远市将设立 1 个稀土采矿权，2015 年产稀土氧化物 1000 吨。

续表 1

序号	事件	内容
8	包钢稀土拟出资2.32亿元收购江西三家企业	2010年8月3日，包钢稀土公告称，包钢稀土拟出资近2.32亿元，收购对江西省赣州市信丰新利稀土有限公司、全南晶环科技有限公司、赣州晨光稀土新材料股份有限公司等3家企业的股权。根据公告，包钢稀土拟现金出资7387.29万元对信丰新利进行股权投资；出资8920.78万元与全南晶环共同出资组建稀土企业；出资6934万元对赣州晨光进行股权投资。投资完成后，包钢稀土将分别持有信丰新利的48%、与全南晶环组建的新公司的49%、赣州晨光的9.25%股权。包钢稀土称，对南方稀土业进行投资，是为了进一步推进中国稀土行业联合重组，促进南北稀土加快合资合作步伐。
9	赣州稀土资源仅向16家企业配给	原本可以从掌握赣州重稀土资源的赣州稀土矿业有限公司直接拿到配矿的稀土深加工企业，未来将只能获得稀土氧化物的配给。这意味着，赣州一地只有16家分离企业能够获得赣州稀土矿产品。分析人士指出，赣州从控制矿产品到控制稀土氧化物，标志着中国南方重型稀土的进一步收紧，赣州稀土产业的整合正在从上游资源向下游深加工延伸。
10	包头拟建稀土交易平台	针对中国稀土长期低价贱卖和应用技术开发滞后这两个老大难问题，包头稀土高新技术产业开发区管委会主任任福2010年8月8日在“中国·包头稀土产业论坛”上表示，包头正在积极筹建稀土交易中心和稀土技术产权交易中心。这也是在筹划战略储备后，中国稀土界通过金融和技术平台构建稀土国际话语权所进行的新尝试。
11	包钢欲2011统一四川轻稀土价格	包钢稀土有望2011统一四川省的轻稀土价格，从而加强其在轻稀土领域的定价权，扩大对国际市场的影响力。在国家重启整合之门后，“统一价格、一致对外”被视为中国稀土做强做大的重要目标。
12	外资大规模介入中国稀土深加工	由于中国将收紧稀土原料的出口，越来越多的外资企业开始通过其他途径从中国购买稀土。有22家企业与包头稀土高新区进行签约，计划在包头高新区投资稀土深加工项目。其中就有几家是外资企业。一些外资企业正是通过这些深加工的产品，最终出口到国外，进而加工成自己需要的产品。
13	包钢稀土建成6座储备库，促稀土矿重回真实价格	包钢稀土公司2010年9月份已经建设完成了6个稀土储备库，其中最小储备量也有5000-6000吨，主要用于储备稀土原料和稀土产品。

二、2010年国外稀土行业大事盘点

由于中国稀土产品出口配额不断下降，各国开始　　寻求其他途径来满足其中国对于稀土产品的需求。

表 2　　2010年国际稀土行业大事件总结

序号	事件	内容
1	美国钼矿计划募股3.5亿美元重启加州稀土矿开采	2010年4月份位于科罗拉多州的美国钼矿有限责任公司宣布他们将首次公开募集3.5亿美元用于重启在加利福尼亚州的芒延帕斯山口得稀土矿开采。
2	日企将开发越南稀土资源	2010年6月份，日本丰田集团旗下的贸易公司丰田通商公司近日在越南河内与当地企业合作，成立合资公司共同开发位于越南北部的稀土矿山。日本经济产业省政务官高桥千秋表示已就支援矿山开发一事与越南政府取得共识，希望通过合作确保稀土的稳定供应。越南北部矿山出产的稀土中，据称含有大量混合动力车以及电动汽车引擎所需的镝元素。因考虑到中国可能会限制出口稀土等资源，日本政府通援助越南在矿山周边地区修建道路等基础设施，同时支援当地培养人才，为日本企业在当地开发资源创造条件。
3	欧洲公司计划募资开发南非稀土资源	总部设在卢森堡的弗兰提尔稀土公司（Frontier Rare Earths Ltd）2010年10月初宣布，计划在加拿大进行首次公开募股（IPO）以筹集资金对位于南非北开普省的稀土资源带进行大规模开发。尽管该公司并未透露其具体的募资数额目标，但表示其长远的发展规划是成为在中国之外，世界上最主要的稀土生产和供应商之一。随着科技水平的不断提高，稀土在工业生产领域中应用日益广泛，而且具有非常光明的发展前景。正因为如此，越来越多的投资者已经开始把稀土资源开发作为新的投资重点。

续表 2

4	韩国加紧争夺稀土将与哈萨克斯坦共同开发	2010 年 10 月 12 日正在访问哈萨克斯坦的韩国知识经济部部长崔炅焕与哈萨克斯坦的副总理伊萨克瑟夫（音）就两国共同开发包括稀土类在内的稀有金属资源签订了政府间的谅解备忘录（MOU）。两国决定在共同采掘资源上进行持续的协商。为此，哈萨克斯坦地质委员会委员长乌兹科诺普计划于 10 月 24 日访问韩国，就稀有金属的共同勘探和开发方案与韩国矿物公社进行协商。
5	美国拟开采德克萨斯州圆顶山 16 亿吨级稀土	据报道，美国德克萨斯稀土资源公司 10 月宣布，该公司已与德克萨斯州土地办公室达成一项 20 年期租赁合约，内容涉及德克萨斯州哈得斯佩斯县圆顶山（以下简称“圆顶”）上 860 英亩的矿床。德克萨斯州经济地质局的地质学家已经对圆顶流纹岩层进行了评估，认为其储量至少在 16 亿吨以上。重型到轻型稀土元素的占比为 67%。
6	阿拉弗拉完成融资将“全速”与诺兰斯项目前行	澳大利亚稀土矿公司阿拉弗拉资源公司上周宣布该公司已经达成融资 9000 万加元的目标。该资金将用于发展位于本国北部的诺兰斯稀土矿开采项目。阿拉弗拉通过每股 1.20 加元提供了 7500 万股完成融资。该公司最大的个人股东仍然是中国有色金属华东地质勘探局，持股比例达 22.17%。阿拉弗拉预计在 2013 年从诺兰斯矿提炼出稀土精矿，如果不延误的话，预计年产能将达到 10000 吨。总计被确认的稀土氧化物矿藏达 830000 吨，可开采 20 年。
7	日本东芝公司与蒙古公司将合作开发稀土等矿产资源	日本东芝公司最近与蒙古 MNFCC 公司签署了一项谅解备忘录协议，根据这份协议，东芝将与 MNFCC 公司共同在蒙古国境内开展包括铀，稀土金属以及稀有金属在内的矿产资源。2010 年 11 月 19 日日本首相菅直人曾与蒙古总统额勒贝格道尔吉会晤，双方达成协议将在开采蒙古中国矿产资源方面达成战略合作伙伴关系。根据这份协议，日本东芝公司将努力确保与蒙古 MNFCC 公司之间的互惠互利合作关系，东芝公司将就矿产资源，能源和社会基础设施等方面为 MNFCC 公司提供政略性建议及政策。
8	住友商事或将收购美稀土矿商钼业公司部分股权	日本第三大贸易商住友商事 12 月 7 日表示该公司正与包括美国钼业公司在内的几家生产商洽谈关于稀土供应问题。据报道，住友商事或将收购美国钼业部分股权，受此影响，钼业公司股票出现大幅上涨。本周将达成协议，预计将于 2012 年春天开始供货。住友商事将对钼业公司的矿产扩张计划投资 1.2 亿美元，这需要得到日本石油天然气金属公司的支持。报道称，住友商事计划 2011 进口 2000 吨稀土。
9	丰田通商与印度签订稀土协议	据报道，日本贸易公司丰田通商已经与印度签署战略协议，以确保稀土供应。分析称，此举将有助于日本降低对中国的依赖。报道称，由丰田汽车部分持股的丰田通商 12 月 8 日表示，已经与印度国有稀土公司达成协议，在印度东部的奥里萨邦设立一家工厂，到 2012 年将为日本每年供应大约 3000 至 4000 吨稀土。
10	美国矿业公司恢复向通用供应稀土	美国蒙大拿州 Stillwater 矿业公司近日与通用汽车签订协议，它将恢复向通用供应稀土。

第五节 稀土价格走势分析

一、2010 年中国稀土价格走势

全年稀土精矿价格都一直呈上涨走势。其中下半年涨幅明显高于上半年，因自 6 月初起，中国进行稀土矿山整治，一些私矿纷纷暂停生产，导致供应愈加紧张，价格不断攀升。

2010 年第一季度，氧化镧 99-99.9% 市场成交一直不活跃，需求低迷，尽管主要分离厂坚持报价在 30000 元 / 吨，但实际成交价格在 28000 元 / 吨左右，第二季度，受碳酸稀土价格不断上涨，氧化镧 99-99.9% 略有反弹至 30000-31000 元 / 吨。第三季度，由于下半年稀土出口配额积极紧张，出口企业不愿出口氧化镧 99-99.9% 这种低价值的产品占用配额，所以氧化镧 99-99.9% 中国外需求逐渐衰弱，中国库存逐渐增多，成交不活跃。但因主要分离厂控制氧化镧 99-99.9% 供应和市场，所以第三季度，价格没有下滑，暂稳。第四季度，由于氧化镧 99-99.9% 出口市场仍无改善，中国市场本身需求较少，而且库存越来越多，导致价格出现小幅下滑至 27000-28000 元 / 吨左右。

图 1　2007-2011 年氧化镧价格走势图（单位：元：吨）

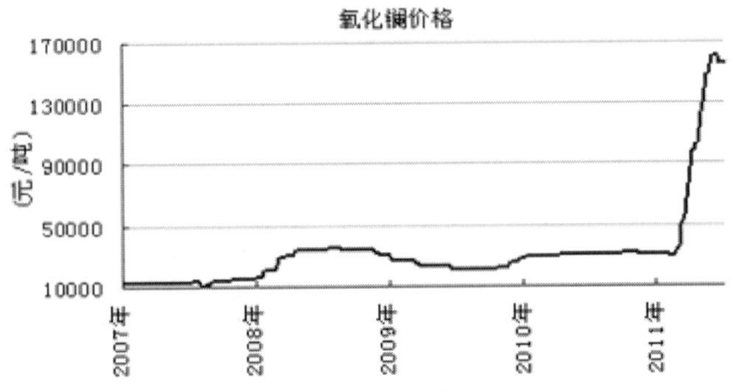

2010 年氧化铈 99-99.9% 价格从年初的 20000 元 / 吨大幅攀升至年底的 32000 元 / 吨，涨幅在 60% 左右。

图 2　2007-2010 年氧化铈价格走势图（单位：元：吨）

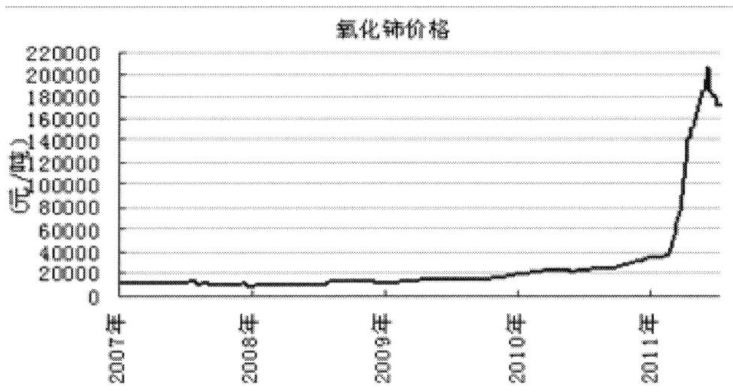

对于氧化镨，过去几年氧化镨价格比氧化钕价格低 5000 元 / 左右，但由于氧化镨主要应用在陶瓷釉料行业，同时 2010 年陶瓷釉料行业需求不是很旺，所以氧化镨价格上涨速度跟不上氧化钕价格上涨，价差拉大到 40000 元 / 吨左右。

2010 年氧化镨价格从年初的 125000 元 / 吨上涨至年末的 235000 元 / 吨，涨幅达到 85% 左右。

正是由于单一氧化钕和氧化镨价格要远高于氧化镨价格，从而导致到 2010 年底，部分南方分离厂纷纷调整生产工艺，转而生产单一氧化钕和氧化镨。

图 3　2007-2010 年氧化镨价格走势图（单位：元：吨）

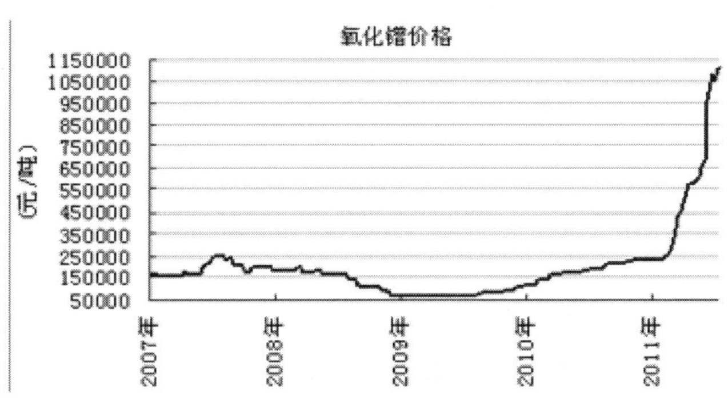

图 4　2007-2010 年氧化钕价格走势图（单位：元：吨）

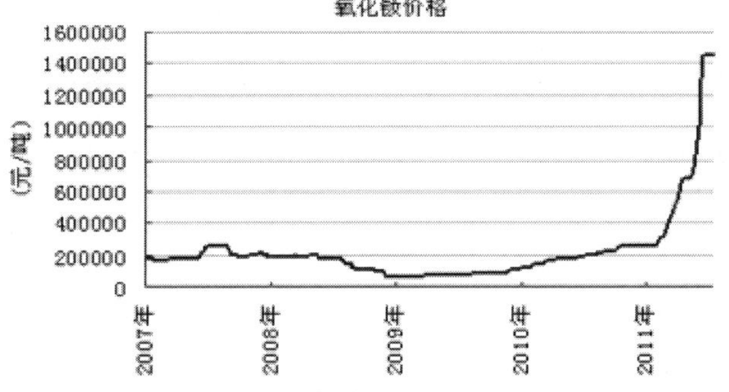

由于中国稀土配额的降低，2010 年稀土金属镧、金属铈、金属镨和金属钕的价格均有不同幅度的上涨。估计 2011 年将出现大幅上扬。

二、2010 年国际稀土价格走势

受全球钕铁硼磁性材料市场需求不断增多以及中国稀土出口配额愈加吃紧影响，2010 年金属钕中国离岸价格从年初的 30 美元 / 千克上涨至 110 美元 / 千克左右，上涨了约 267%。

图 5　2007-2010 年金属镧价格走势图（单位：元：吨）

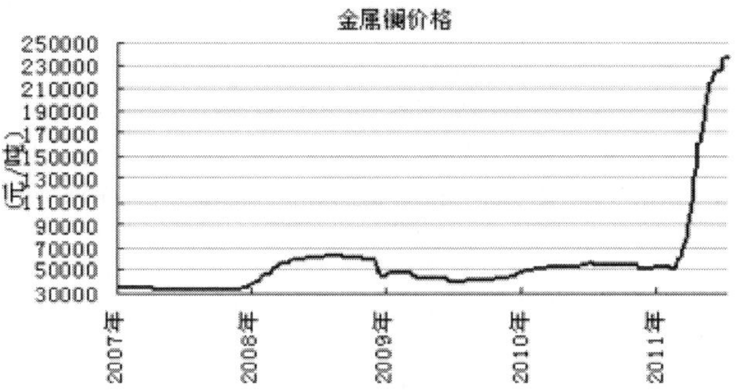

图 6　2007-2010 年金属铈价格走势图（单位：元：吨）

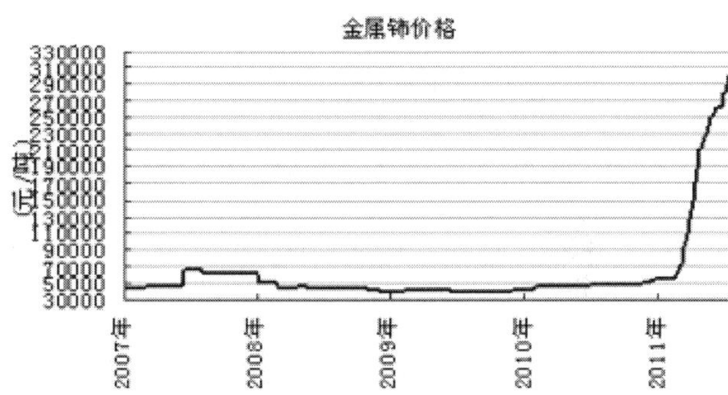

图 7　2007-2010 年金属镨价格走势图（单位：元：吨）

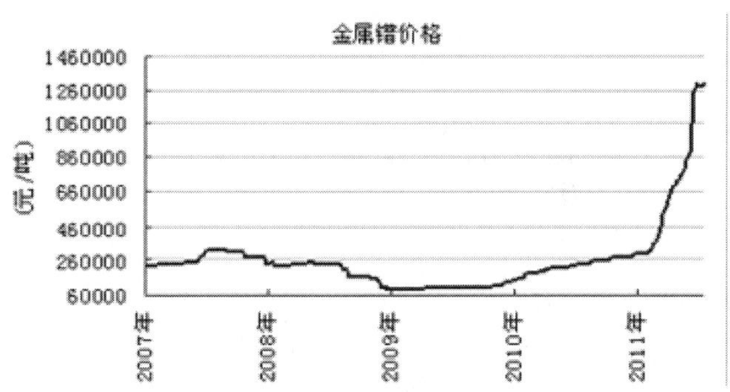

图 8　2007-2010 年金属钕价格走势图（单位：元：吨）

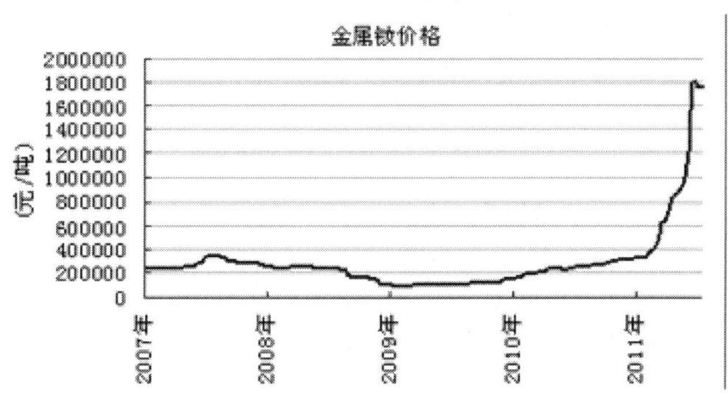

2010 年上半年氧化铈 99%min 中国离岸价格呈平稳上涨走势，从年初的 4 美元 / 千克上涨至 7 美元 / 千克左右，涨幅在 75%。受 2010 年下半年稀土出口配额减少的影响，氧化铈 99%min 中国离岸价格从 7 美元 / 千克升至年底的 60 美元 / 千克左右，上涨了 7-8 倍。

2010 年氧化镧 99%min 出口市场情况跟氧化铈 99%min 市场基本相似。2010 年上半年呈平稳上涨走势，下半年大幅反弹。2010 年底氧化镧 99%min 中国离岸价格在 60 美元 / 千克左右，与年初的 5 美元 / 千克相比上涨了约近 11 倍。

2010 年镝铁 80%min 中国离岸价格从三月初的 125 美元 / 千克上涨至 12 月初的 295 美元 / 千克左右，涨幅达到 136%。甚至 2010 年 12 月份，日本用户出现了抢购现象，导致其价格大幅反弹，厂家订单全部爆满，甚至在 2011 年 2 月底前很难接新单。

2010 年年初氧化钇 99.999%min 的中国离岸价格在 40 美元 / 千克左右，而 12 月底的价格在 70 美元 / 千克左右，涨幅在 75% 左右。

三、稀土价格走势预测分析

2011 年预计为中国稀土给力年，将呈现最后的疯狂。

2011 年关于稀土开采、生产的指令性计划指标可能会继续缩减，同时一些关于整顿稀土市场、重组稀土行业、提高稀土行业生产环保指标、上调稀土行业准入门槛、继续加大力度控制稀土原矿开采、建立稀土产品储备体系、完善稀土出口制度等一系列政策法规将陆续出台，这些利好消息都将推动稀土价格继续上扬。

2011 年整体稀土市场将呈现前高后低的局面。2011 年上半年，中国稀土市场将全面呈现上涨走势。

2011 年稀土精矿供应将继续保持紧张状态，北方碳酸稀土和南方中钇富铕矿价格可能会分别飙升至 25000 元 / 吨和 180000 元 / 吨左右。

通常每年 3、4 月份为钕铁硼磁性材料行业的需求旺季，加之南方雨季，中钇富铕矿供应有所减少，北方主要稀土企业继续供应原矿供应，预计 2011 上半年氧化镨钕和合金将突破历史高位分别攀升至 280000 元 / 吨和 360000 元 / 吨左右甚至更高。下半年将呈平稳走势。氧化钕和氧化镨价格将相应上扬至 350000 元 / 吨和 290000 元 / 吨左右。

因中钇富铕矿供应继续减少，全球钕铁硼行业继续保持上涨势头，势必增加对镝铁 80%min 的需求，所以 2011 年氧化镝价格可能会继续创造新的历史记录。保守估计，氧化镝和镝铁 80%min 价格可能会分别上扬至 2300 元 / 公斤和 2350 元 / 公斤左右。

2011 年荧光粉行业将面临重新洗牌的局面。一些中小型企业因原料价格不断上涨，产品销售低迷可能会面临被兼并的局面。但在稀土大环境下，即稀土精矿产量减少、价格大幅攀升的影响下，氧化铕 99.99%、氧化铽 99.99% 和氧化钇 99.999% 产量可能会相应减少，从而价格继续上涨至 3500 元 / 公斤、3600 元 / 公斤和 70000 元 / 公斤左右。

对于氧化镧 99%min，预计 2011 年出口量受配额紧张影响将会继续减少，给中国价格带来下滑的压力。但因包钢稀土等主要厂家进行收储和控制其供应，氧化镧 99%min 价格下降幅度不会很大，预计将停留在 25000 元 / 吨左右。同时，国外一些做催化剂的企业可能会逐渐将其生产转移至中国，或者在中国采购氧化镧 99%min 做成中间产品然后再出口。2011 年下半年氧化镧 99%min 市场不是很乐观，如果澳矿产品开始投放市场的话，中国氧化镧 99%min 价格将迎来继续下滑压力。

对于氧化铈 99%min，预计 2011 年上半年其价格将坚挺在 36000 元 / 吨以上，甚至可能会继续攀升至 40000 元 / 吨，因包钢稀土等主要稀土企业控制其供应，国外仍无新的供货商。不过，氧化铈 99%min 出口价格恐怕上涨幅度不会很大，因主要进口国家——日本用户开始寻求替代品、研发回收技术、提高重复使用率，目的是减少对氧化铈 99%min 的需求。

表 1　2010 年稀土、钨、锡、锑、钼生产指令性计划　（单位：吨）

编号	地区	钨精矿（折 WO365%）	锡精矿（折合金属）	锑精矿（折合金属）	钼精矿（含钼 45%）	稀土产品（REO）	
						矿产品	冶炼分离
	合计	80000	65000	100000	185000	89200	86000
1	河北				12000		
2	内蒙古	2100	900	100	12000	50000	35000
3	辽宁				10000		
4	吉林			100	4500		
5	黑龙江	900					
6	江苏						8000
7	浙江	350		100	2000		
8	安徽	1600		400			
9	福建	2650			8000	1500	1400
10	江西	35200	3600	600	6000	8500	12500
11	山东					1500	2500
12	河南	5000		1500	90500		
13	湖北	250		200			
14	湖南	19800	22000	60000	2500	1500	600
15	广东	3120		6000		2000	7000
16	广西	3000	11000	19500		2000	
17	海南	190					
18	四川			200	1000	22000	11000
19	贵州			3000			
20	云南	3700	27500	4960		200	
21	西藏			100			
22	陕西	150		1000	36000		1500
23	甘肃	1650		2100	500		6500
24	青海	140		140			
25	新疆	200					

表 2　2011 年稀土、钨、锡、锑、钼指令性生产计划（单位：吨）

编号	地区	钨精矿（折 WO365%）	锡精矿（折合属）	锑精矿（折合属）	钼精矿（含钼 45%）	稀土产品（REO）	
						矿产品	冶炼分离
	合计	87000	73000	105000	200000	93800	90400
1	河北				12000		
2	内蒙古	2100	900		16000	50000	35000
3	辽宁				12000		
4	吉林			100	6000		
5	黑龙江	1000			2000		
6	江苏						8400
7	浙江	350		100	2000		
8	安徽	1600		400	100		
9	福建	2800	600		6000	2000	2500
10	江西	38420	4000	660	5000	9000	13000
11	山东					1500	2600
12	河南	5000		1500	94700		
13	湖北	250		200			
14	湖南	22000	22000	64900	2000	2000	800
15	广东	3150	300	3000	200	2200	8500
16	广西	3000	11000	19000		2500	0
17	海南	190			1000		
18	四川			200		24400	11000
19	贵州			3600			
20	云南	5000	34200	7000	600	200	
21	西藏			300	800		
22	陕西	150		1200	38000		1600
23	甘肃	1650		2700	1600		7000
24	青海	140		140			
25	新疆	200					

科技成果展示

采矿项目

喀斯特石漠化地区矿山生态重建技术与应用研究
（一等奖）
项目年份 2009 年

矿山开采导致矿区生态退化和环境污染。该项目针对喀斯特石漠化地区铝土矿开采复垦和生态重建，突破了矿山工程复垦、生物复垦、水土保持、赤泥基质改良等重大关键技术，获国家发明专利3项，填补了国内外喀斯特石漠化地区矿山生态重新领域的空白，属国际领先水平。

该项目建立了针对喀斯特地貌的“剥离－采矿－复垦－生态重建”一体化工艺系统和作业模式；创立了一套喀斯特石漠化地区矿山工程复垦、生物复垦、水土保持与生态重建技术标准和管理规范，初步形成了中国喀斯特石漠化地区矿山生态重建理论体系与技术标准；首次开发了“絮凝浓缩—高压分离—滤饼复垦—滤液回用”的尾矿干法处理复合型新工艺，研制了大型尾矿（泥）压滤设备，解决了复垦土源少的问题，避免了铝土矿洗矿排泥环境污染，节约了大量水资源；发明了拜尔法赤泥堆场边坡基质改良技术，解决了植物生长基质问题，获得赤泥堆场边坡植被护坡的良好效果，实现赤泥堆场边坡的快速绿化，植被覆盖度90%以上；制定了完整的喀斯特石漠化地区矿山生态重建技术标准和企业管理规范；研发成功了三维可视化景观生态复垦设计技术与方法。

该项目累计完成高效复垦地6000余亩，采空区复垦率96.6%；建立不同类型的复垦示范区6个；筛选出优良先锋植被品种17种，内生AV真菌4种；建立喀斯特石漠化生态复垦植物和农作物品种库1个，各项技术指标超过了国家土地复垦技术标准，达到或超过了国外发达国家复垦技术的主要技术指标。仅中铝广西分公司生产应用，将复垦土地10万亩，直接经济效益47亿元，间接经济效益56亿元。

湖区厚大矿体高效开采技术
（一等奖）
项目年份 2009 年

三鑫金铜股份有限公司是中国黄金总公司重点主力矿山，经过三期建设，生产能力大幅提高，但作为主要开采对象的桃花咀厚大矿体，由于其赋存条件的特殊性，矿山开采存在较大困难，主要表现为：该矿床赋存于大冶湖围垦区之下，对地面沉降和岩移控制较严；桃花咀大部分矿体上下盘围岩有强塑性变形特征，开采过程矿岩稳定性问题严重；矿石价值高，要求尽最大可能实现低贫化率、低损失率回采。

针对上述问题，该项目成功开发出“区域整体框架结构两步骤联合回采方法”。该方法从全局出发，留“#”字型矿柱加“1”形整体框架，在最大限度提高回采率的前提下，从本质上保证区域稳定；回采区域内的采场垂直矿体走向布置，采用阶段空场与盘区机械化上向分层联合采矿法分两步骤回采，一步骤阶段空场采场预留护顶矿壁，该矿壁作为二步骤盘区机械化上向分层采场的盘区通道，将两步骤采场有机结合，即保证了合理的回采强度又充分回收了上下盘矿石，减少了强塑性围岩造成的损失与贫化；首次在回采区域内将中段底柱超前回采，形成高灰沙比尾砂胶结充填底柱，预制形成大三角形单侧平底堑沟底部结构的成套技术，从根本上避免了开采后期底柱回采安全条件差、生产效率低、贫化损失率大的弊端。

2004年6月至2008年10月，现场工业试验获得圆满成功，第一步骤回采损失率为2.5%，贫化率为2.1%，第二步骤损失率低于5%，贫化率低于5%，特别是采取其独特工艺技术的人工底部结构并配合人工垫层工艺，可以保证底部结构稳定和底柱回采回收率达100%。试验期间共采出317177吨金铜矿石，创造工业总产值37047.15万元，利税25385万元，净利润14193万元。

该项成果已在桃花咀矿区370m、320m中段推广应用，取得显著的经济和社会效益。

铜绿山铜铁矿深部开采通风与防尘综合技术研究
（一等奖）
项目年份 2009 年

目前中国有色金属矿山已经进入了500～1000m的开采深度，矿井通风与防尘问题非常突出。铜绿山铜铁矿井下年产矿石80多万吨，矿井达到500多米的开采深度，做好矿井通风与防尘是安全生产的保证。该项目经过3年艰苦工作取得的创新性成果，使矿井有效风量率、主扇效率、风速合格率、风质合格率等矿井通风主要指标和辅助指标达到金属矿开采安全规程的要求。

该项目首创了关键风路调控分风、一般风路自然分风和主扇－辅扇－通风构筑物联合调节的深部矿井通风系统优化方法，建立了基于能量最小化的矿井通风模型；实施了中央副井进风和主扇设置于井下两翼回风石门的地下对角抽出式通风系统；创建了两翼平行双巷双上、下行式的阶段通风网络；开发的适合抑制含铜磁铁矿、含铜大理岩、含铜矽卡岩及铁矿石等粉尘的高效湿润剂新配方，湿润效率比水增大 3 倍以上，抑尘效率明显提高。研制的湿润剂溶液自动喷雾防尘系统解决了井下卸矿站防尘的难题。

该项目在矿井通风优化理论、网络分析软件、通风网络分风及其调节技术、风机节能、化学抑尘剂配方、防尘系统设计等方面，经济合理，技术先进，通风模式在 700m 左右的开采深度可提高矿井有效风量，强化井下排烟、排尘、排热效果，解决了多中段同时作业污风串联的技术难题。已在国内外发表论文 4 篇，其中 2 篇被 SCI 和 EI 收录。该项研究成果从 2007 年 3 月开始投入使用至今，每年节电 153 万元，每年提高井下生产效率 1277 万元，累计经济效益 3630 万元。

该项目提高了矿井有效风量率、节省了通风费用、改善了井下环境、减少了矿工矽肺病的发病率和炮烟中毒等事故，具有显著的经济和社会环境效益，具有广泛的推广应用价值。

特大型坑采矿山大面积连续开采工艺综合技术研究及实践
（一等奖）
项目年份 2009 年

该项目属有色金属矿山地下开采工艺技术领域。针对实现安全、高效开采、降低成本、改善坑内作业环境的目标，从回采工艺、通风系统、充填工艺等方面进行了优化与研究，解决了矿山大面积连续回采中的关键难题。主要技术内容包括：

1. 进行了盘区回采工艺的优化研究，提出了上下分层的回采进路交错布置方式，设计并应用了双穿脉分层道和脉内溜井，对采场排水系统进行技术改造研究

2. 针对井下矿岩承受高地应力作用并且自身稳定性极差的现状，从回采工艺要素等方面提出了地压控制及稳定性维护技术，并对采准工程的支护技术进行了研究；

3. 通过通风仿真、空气幕在巷道中形成隔断风流等技术的研究与实施，解决了多级机站并联通风系统中风量、风压合理分配的难题，研究并建立了井下主扇风机站集中控制系统；

4. 集成优化了人工预留充填回风道、充填体吊筋加固、圆弧型充填板墙、充填砂浆滤水等技术，形成了大规模采场的先进充填工艺。

该项目的研究成果应用于生产实际，通过大面积连续开采综合技术的研究及实践，采矿损失率由 5% 降为 4.2%，贫化率由 7% 降为 5.5%，盘区回采效率提高，井下工人劳动生产率显著提高，2008 年达到 2463 吨 / 人年，矿山年出矿能力突破 400 万吨，实现了安全、高效开采、降低成本、改善坑内作业环境的目标，金川集团二矿区目前成为中国采用胶结充填采矿法开采生产能力最大的矿山。

该项目提出的大面积连续开采工艺技术，对于地质赋存条件复杂、矿岩破碎、地应力大、埋藏深的厚大同类矿体的开采，具有极好的借鉴和推广意义。

低品位难选黑白钨复杂共生矿床大规模低成本综合开发
（二等奖）
项目年份 2009 年

该项目针对低品位难选黑白钨复杂共生矿床进行大规格低成本综合开发。行洛坑钨矿床，已探明钨金属储量达 30 多万吨，为世界级的超大规模钨矿床。自发现探明 40 多年来，因其矿床品位极低（平均地质品位 0.233% WO3）、极难选、地形条件复杂等原因，都未能进行规模化开采，成为中国最大的“呆钨矿床”。

该项目开展的主要工作有：

1. 科学地提出了“低品位难选黑白钨复杂共生矿床大规模低成本综合开发”的方法。

2. 研究实施了合理、经济、高效、安全、环保的综合开发方案。

3. 运用地质统计学原理，借助于 Minesight 软件，突破了传统地质方法的限制，率先建立了黑白钨复杂共生矿床数学地质模型，优化了露采境界。

4. 研究制定的以重选为主、重 - 浮 - 磁联合流程，实现了钨矿物和伴生矿物的综合高效回收，并使此前被视为废石的 423.53 万吨风化矿得以合理回收，创直接经济效益约 8 亿元。

5. 研发了废石高台阶顺排工艺和高台阶排土形成底部泄流及排土场泥石流综合治理技术。

6. 选矿工业场地滑坡治理与选厂厂房建设紧密结合，抗滑桩“一桩三用”，即抗滑桩、厂房基础、挡墙中间柱，获得滑坡治理技术的重大突破。

行洛坑钨矿（5000t/d）工程决算总额 39986.6 万元，折算单位吨矿投资仅为 242.4 元。第一年投产期，实际处理 115.79 万吨风化矿，创产值 2.108 亿元，实现利税 6476.8 万元。三年后开采原生矿，可年创产值约 4.0 亿元、利税约 9000.0 万元。

矿山服务期内，可创造直接经济效益近 200.0 亿元。原生矿钨综合回收率达 76%，风化矿达 55.55%，成为该类矿石选矿综合回收率国际领先水平；综合能耗 25.89kwh/t 矿，达到《有色金属工业节能设计技术规定》中二级标准。

该成果已在宜春钽铌矿、香炉山钨矿、信宜银岩锡矿设计建设中推广应用。

矿山破碎站成品矿仓放矿技术
（二等奖）
项目年份：2009 年

该项目针对中铝矿业分公司所属铝土矿石在破碎站成品矿仓矿石的贮存、装车过程中，矿石容易粘结仓壁、在仓内结拱，造成成品矿仓容积有效利用率大幅降低（为 35% 左右），同时矿仓内矿石易发生粘结、结拱堵矿，外运装车时间长、效率低，影响外运站场的发送能力和破碎站的正常生产，若采用人工处理，处理时间长，劳动强度大，安全隐患极大。为此，中铝矿业分公司与中南大学组成了科研课题组，开展了

“料仓垂悬式振动破拱系统及钢—塑复合防粘材料”的研究，主要进行了以下的研究：

1. 通过现场调查与室内试验，掌握了贾沟破碎站铝土矿来源与仓内铝土矿粘壁成拱特征和规律及基本物理力学性质；

2. 运用相似理论，通过室内多方案和多参数的料仓放料物理模拟试验，对铝土矿的流动性进行了研究，获悉含水量、漏斗壁面摩擦系数是影响铝土矿的流动性决定性因素；并确定了仓内拱的拱脚的位置。并运用离散元数值模拟软件对料仓出料进行了多模型、多方案和多参数的数值模拟，通过研究不同漏斗壁面摩擦系数和有无振动情况下颗粒的流动状态、接触压力以及侧压力，得出了与物理模拟试验和相关理论一致的结论，并确定了振源的最佳位置，即拱脚处。确定了料仓垂悬式振动破拱系统以及技术参数；

3. 研究了超高分子量聚乙烯的力学与耐磨性能，利用超高分子量聚乙烯的防粘性和钢的耐冲击性，提出了以钢—塑相间组成的复合材料做为漏斗壁面衬壁。该复合材料既克服了超高分子量聚乙烯冲击强度与耐磨性低，又克服了钢的差防粘性。

4. 根据上述研究成果，研究和设计了通过安装钢—塑复合防粘材料内衬和安装垂悬式振动破拱系统的破拱助流方案，对方案进行了大量比较和改进完善。

5. 在洛阳铝矿贾沟破碎站，选定了工业试验矿仓，根据研究和设计的方案，安装了试验设备。通过多次工业试验，确定了方案的各项最优参数，使矿仓有效利用率达到了98%以上。该套设备已投入正常生产使用，防堵、防粘效果好。

灾害性大型复杂群空区岩层控制与安全开采综合技术
（二等奖）
项目年份2009年

该项目针对绍兴铜都矿业有限公司长期采用空场法开采，-385m以上中段存100多个复杂采空区，采空区总体积约52万m3，已造成地表塌陷、采场垮塌等严重的地压现象。

该项目以现场调查、室内试验、理论分析、数值模拟和工程验证等技术手段，对岩体的结构进行了质量和稳定性评价，研究了塌陷区充填废料的各项性质，提出了充填废料局部加固方案以及塌陷区安全开采技术方案及措施；以开采前主动卸压、开采中强化岩层支护和嗣后采空区处理为指导思想，开发了具灾害性的大型复杂采空区群条件下应用分段空场法分区安全开采工艺技术和采场围岩控制技术，其核心技术为：

1. 主动卸压技术。通过采用设置“Π”型区域性支撑矿柱、优化回采顺序的措施实现应力调整和应力转移，达到卸压开采的目的。

2. 岩层加固优化—矿石回采复合新技术。直接利用崩矿炮孔兼做锚固孔，实现岩层支护与矿石回采同步进行。

3. 充填作用机理研究与充填高度优化。优化采场废石充填高度，创造性地提出了充填1/3空区高度的围岩控制新技术，并成功运用于矿山生产之中。

该项研究成果的应用有效控制了大面积地压灾害，实现了矿山安全生产，促进了矿山企业、矿山环境与当地居民的合谐发展，取得了良好的社会经济效益。截止2008年底，在工业试验和推广应用中，安全回采了七个采场，采出矿量 58 万吨，实现产值 24596 万元，利税6102 万元，取得了较好的经济效益。

回采损失率：4.18%-6.81%；采矿贫化率：7.76-11.85%；

采切比：11.1-13.5m/kt；采场生产能力：250-300t/d。

该项目是现有矿山岩层控制技术的一种集成创新，具有广阔的推广应用前景，对推动中国非煤矿山安全开采技术的发展具有重大意义。其整体技术达到了国际先进水平。

复杂空区条件下岩石力学与地压监控技术研究
（二等奖）
项目年份2009年

该项目是从生产实际中提出来的，目的在于解决矿山在复杂空区条件下（空区多层、高大且连通）的安全、高效采矿难题。

采取现场测试、室内试验和理论分析三者相结合的综合技术路线，开创了一种计算采场暴露面积的新方法，首次实现了对采场暴露面积的定量计算，解决了长期以来无法有效计算采场暴露面积的技术难题；研究开发了一种计算房柱法采场结构参数的新方法——曲线插值法，解决了长久以来在计算房柱法采场结构参数时遇到的基础理论不牢、过程粗糙或计算工作量大、过程复杂的技术瓶颈；首次将改进的顶板离层仪用于金属矿山的顶板冒落安全预报，开发了复杂空区条件下的地压监测技术，解决了复杂空区条件下地压监测效果不理想的技术难点；发展了岩体质量评价和岩石力学参数工程处理技术，填补了中国用专用软件进行岩石力学参数工程处理的空白；开发了复杂空区条件下的地压控制技术，解决了复杂空区条件下采场地压难以控制的技术难题。

研究取得的主要技术经济指标有：1）多次对地压灾害进行准确的预测预报，避免了矿井灾难性地压事故的发生；2）建立了矿区大面积地压长期监测网，提出了地压活动预测预报指标；3）从失稳采场中安全采出大量矿石，节省了支护工程费用，创直接经济效益7230万元。

研究工作与矿山生产实践紧密结合，研究成果立即应用于生产，就地转化为生产力，并得到广泛推广应用，成效显著。该项目为近年来香炉山钨矿每年创造出亿元以上的利润作出了重要贡献。通过对地压活动进行及时、准确的预测预报，保障了井下人员和财产的安全；充分回收矿产资源，调节了出矿品位，延长了矿山寿命；指导矿山安全生产，增强了井下职工的安全感。社会效益十分明显。成果达到国际先进水平，对于促进矿山岩体力学的发展具有积极意义。

该成果可在条件类似的金属矿山和岩土工程中推广应用。

高硫金属矿井矿尘爆炸防治关键技术及工程应用
（二等奖）
项目年份 2009 年

该项目对防治矿尘爆炸进行了大量的现场取样、实验验证、现场测试和理论研究，提出了如下技术创新，并进行了工程应用。

1. 通过研究矿石氧化自燃的化学热力学机理、发火初期识别方法（着火点温度和发火期升温率）、矿石氧化性鉴别指标，并通过矿石自热着火温升实验和现场爆堆自热着火温升验证，提出了矿石氧化自燃是硫化矿尘爆炸的主要点火源；

2. 通过研究硫化矿尘物化特性、矿尘沉降扩散规律、矿尘爆炸下限浓度，并通过装矿巷道矿尘浓度测定统计和矿尘浓度变化规律分析，揭示了高硫矿尘爆炸的多发点，首次提出分段法回采时硫化矿尘爆炸主要发生在楣线（出矿口）；

3. 通过研究矿尘爆炸条件和爆炸机理，提出了防止矿石氧化自燃点火源和控制矿尘浓度小于最低下限浓度是防治硫化矿尘爆炸的关键技术；

4. 工程中实施了简便实用的熟石灰中和或黄泥浆覆盖矿石、通风降温降尘、喷雾洒水降尘等防治矿尘爆炸的有效技术措施。

该成果揭示了矿石氧化自燃是硫化矿尘爆炸的主要点火源、分段法回采时矿尘爆炸主要发生在楣线（出矿口），提出了防止矿石氧化自燃点火源和控制矿尘最低下限浓度是防治硫化矿尘爆炸的关键技术。

该成果在高硫金属矿井矿尘爆炸防治技术方面取得了重大成果，为矿山的安全生产提供了可靠技术保证。研究成果在中国地下金属矿山具有开创性，在金属矿山矿尘爆炸防治技术方面处于国际领先水平。

该成果已在江西东乡铜矿、武山铜矿推广应用，取得直接效益 46362.08 万元，预期推广效益 304368.4 万元；同时，避免高硫矿石氧化自燃和硫化矿尘爆炸恶性事故，确保矿山生产安全和职工生命安全。也可在其它高硫金属矿山推广应用。

复杂、难采铝土矿地下开采综合技术研究
（二等奖）
项目年份 2009 年

该项目主要就银厂坡矿的“采矿方法优化”、“通风系统优化”、“采场与地表地压监测”、“矿石手选工艺”等方面进行了研究。

研究的目标是：

1. 矿石贫化率≤ 8%；采矿损失率≤ 25%。

2. 采矿安全暴露面积，矿柱最小尺寸等采场结构参数。

3. 建立地压监测系统，长期监测采区地压情况，预报大地压。

该项目在收集、分析国内外同类矿床开采技术现状及发展趋势的基础上，结合银厂坡矿现状条件，开展了采矿方法选择，矿岩物理力学参数测试，采场结构参数及稳定性分析，矿山通风系统优化，爆破参数试验，地表及井下地压监测研究。

取得如下成果：

1. 通风系统优化，将东西两翼风井抽风、中央进风的通风方式改为北风井（新增通风井）集中抽风、东西风井及主斜坡道三路进风的通风方式，改善了铲运机及汽车等设备造成井下空气污浊的恶劣条件，风速达标。

2. 试验采场生产能力达到了 213.35t/d，矿石损失率 24.5%，矿石贫化率 6.52%，2007 年原矿产量接近 20 万吨产能，达到了试验研究预期目标。

3. 提出了废石充填采空区的方案，减少了废石外排对环境的影响。

4. 获得了采场结构优化参数，矿房跨度的极限值为 7.5m，最小矿柱尺寸为 2.5m。

5. 建立了岩移及井下地压监测系统，对大的地压和岩移做到了科学监控。

6. 采出的矿石实施手选方法，选出矿石中的废石，手选分出高、低品位矿石，充分利用了矿石资源。

该项目实施，促进了银厂坡矿在安全生产、环境保护、生产能力等方面的达产达标工作。2007 ～ 2008 年采出并经过手选后精矿石 27.85 万 t，产品提供给贵州分公司氧化铝厂，按 2t 矿石生产 1t 氧化铝（氧化铝成本 1800 元 /t）估算，可生产约 13.93 万 t 氧化铝，按销售价格 3500 元 /t 估算，可新增利税 23681 万元。

实施该项目对提高资源利用水平、延长矿山服务年限具有重要意义。为国内外类似矿体的开采，提供了一种安全、经济、高效的采矿方法及边坡地质灾害预测与防治技术。符合国内外缓倾斜薄矿体地下开采的发展趋势，可在国内外类似的铝土矿山推广应用。

不良胶结充填体条件下矿柱安全开采技术
（三等奖）
项目年份 2009 年

湖北三鑫金铜股份有限公司是中国黄金公司的主力矿山，鸡冠咀矿区作为早期的主要生产工区，矿房已基本回采完毕，留下了大量矿柱，仅 -320m、-270m 中段的矿柱矿量就达 60 多万吨。但由于鸡冠咀矿柱存在以下赋存特点：矿床赋存于大冶湖围垦区之下，对地面沉降和岩移控制较严；矿石价值高，要求尽最大可能回收资源；第一步骤采场回采后，充填未接顶；分级尾砂高水胶结充填体质量较差，基本没有固结，呈散沙状；底柱上一般未作假底，底柱直接承载上部松散充填体的载荷，导致开采难度很大。

该项目在矿柱分布特点和分布规律调查分析的基础上，提出了间柱采用超前上向进路扩帮回采分区充填，顶底柱采用分层充填与两步骤进路充填间隔回采方案，在 42-5 采场进行了底柱回采工业试验。该底柱试验采场位于鸡冠咀 -270m ～ -256m 水平 22 ～ 23 线之间，矿块上盘为 42-1 采场的充填体，-256m 水平以

上为 42-5 采场充填体，-270m 以下为 5 号采场充填体，充填体质量较差。在 4 号采场进行了间柱回采工业试验。该采场位于 -308m ～ -256m 之间，其东边为 3 号采场充填体，西边为 5 号采场充填体，充填体质量均较差。

通过现场工业试验，取得了良好的技术效果和经济效益。间柱回采损失率 19%、贫化率 5%、综合生产能力 50. It/d。底柱回采损失率 16.3%、贫化率 <1%、综合生产能力 36.6t/d。

试验研究成功的矿柱（间柱）和顶底柱回采技术开创了鸡冠咀矿区和桃花咀矿区矿柱与顶底柱回采的先河。间柱试验采场和底柱试验采场在试验期间共采出 25554t 矿石，工业产值 2796 万元，实现利税 2029 万元。该技术已在鸡冠咀和桃花咀矿柱开采中推广应用，仅鸡冠咀矿区 -160m 中段以下至 -320m 中段以上矿柱地质储量 89 万吨，以目前金属价格计算产值达 131961 万元。

贵州林歹铝土矿地下开采防治水研究
（三等奖）
项目年份： 2009 年

该项目自 2007 年 4 月由中国铝业贵州分公司与长沙有色冶金设计研究院合作研究。经过一年半的时间，完成了项目的所有研究内容，提交了《贵州林歹铝土矿地下开采防治水研究报告》，提出了防治地下水的措施。该矿区与中国铝业公司其他一些水文地质条件中等偏复杂的矿山具有相似性，该研究成果有助于解决中国铝业公司其他矿山防治水问题，探索出一套切实可行的防治水方案，对中国类似矿山亦可推广或借鉴。

该项目主要是针对第二铝矿林歹矿区魏家寨矿段 1190m 以下还有储量 167.67 万吨高铝矿资源由于涌水问题不能继续开采的现状，开展了一系列研究工作，主要有区域水文地质条件综合研究；矿区水文地质条件综合研究；矿井水文地质条件研究；国内外水文地质条件类似矿山防治水现状调研；地表水体对矿床开采影响的研究；第四系地层及其塌陷分布规律研究；矿井地下水防治方案及技术措施研究；矿山深部开采开拓方案研究。

通过对区域、矿区地质构造、水文地质条件、岩溶发育规律、矿山充水条件进行了充分分析、研究，对迎燕水库渗漏进行了分析，并对矿区塌陷的危害进行了评估，对矿区水文地质提出了新认识，对延深开采开拓方案提出了建议，提出了可行的防治水方案，为以后合理、经济地利用 1190m 以下铝土矿资源创造了条件。目前矿方已利用该研究成果及相关矿山资料委托设计单位进行矿山深部开采设计工作。

该项目研究过程中取得的一整套工作方法和防治水经验、技术，可在其他水文地质条件相当的矿山推广应用，简化类似矿山的水文地质工作，提高资源的利用率，减少资源浪费，延长矿山服务年限，带来了较好的经济和社会效益。

选矿项目

复杂铜铅锌选矿高效分离技术及工业应用
（一等奖）
项目年份 2009 年

复杂铜铅锌多金属硫化矿矿石性质复杂，铜、铅、锌矿物共生关系密切，矿物粒度细小，矿石种类多，有较多次生铜矿，矿石较明显氧化，铜铅锌分离难度大，为选矿界重要研究领域和公认难题。

该项目依据原矿性质特点，采用铜铅混合浮选、铜铅分离，在铜铅混合浮选尾矿中浮选锌的原则工艺流程，实现高效清洁生产。新工艺采用主要措施有中矿再磨、铜铅分离集中返回；研发出高效组合捕收剂和抑制剂，在原矿球磨机中添加硫化钠和碳酸钠消除由氧化铜和次生铜矿产生的难免离子对锌矿物的活化；采用高效环保组合抑制剂浮铜抑铅，实现高效铜铅分离；选矿废水采用混凝沉淀、C102 氧化、曝气、调 pH 值、沉淀处理工艺，实现循环回用。

该技术已成功地应用于西藏中凯、宝山铜矿、西藏宝翔和江西七宝山铅锌矿多家矿山的工业生产，取得了良好的工业生产指标。铜精矿 Cu28.23%、Pb4.12%、Zn4.52%，铜的回收率 84.87%；铅精矿 Cu0.86%、Pb68.12%、Zn4.13%，铅的回收率 92.20%；锌精矿 Cu0.39%、Pb2.92.zn45.10%，锌的回收率 81.45%。分别比 2006 年铜、铅、锌回收率提高了 19.248%、12.706%、17.196%。项目经济效益显著，近三年累计为企业新增经济效益 3 亿元以上，其中 2007 年和 2008 年为西藏中凯矿业有限公司新增利税 2.15 亿元。新工艺的实施使得江西省七宝山铅锌矿和西藏中凯墨竹工卡铜铅锌矿原矿品位下降一半，矿山资源量扩大了一倍以上。选矿废水采用低成本的废水处理工艺，净化水经过循环回用，达到零排放，拉萨上游的生态环境得到很好的保护。

该项目在复杂铜铅锌硫化矿选矿技术领域有重大突破和创新。新工艺体现高效率、低成本，具有良好的经济社会效益和广阔的推广应用前景。

白钨矿成套工程化选矿新技术和新药剂
（一等奖）
项目年份 2009 年

中国白钨矿石种类繁多、性质复杂、原矿品位偏低、嵌布粒度偏细，且往往与多量的方解石、萤石及石榴石等含钙脉石矿物致密共生，部分矿石风化严重，含泥量高，回收十分困难。随着黑钨矿急剧减少，白钨矿有效开发利用已直接关系到中国钨资源国家战略的实施。该项目围绕提高精矿品位和回收率，以绿色环保为目标，针对常用的 731 类选择性和捕收性较差以及低温矿浆下溶解性和活性差的特点，特别注重了GY系列新药剂的研发和推广应用。通过深入研究，形成了白钨矿成套工程化选矿新技术及新药剂系列产品，实现了清洁生产和可持续发展。

该项目在白钨粗选中，对不同性质矿石，采用自主研发的GY系列捕收剂和相适应的组合调整剂，实现白钨矿与萤石、方解石和透辉石等含钙脉石矿石高效选择性浮选分离。GY系列新药剂是由混合脂肪酸、羟肟酸（皂）螯合剂和乳化剂为主要原料复配而成，由试验确定配比，形成系列药剂。药剂制备工艺较简单，过程安全、环保、无污染，原料来源广泛，产品安全无毒。添加一种或几种适量强碱和适量捕收剂对传统的“彼德洛夫”精选分离法进行改进，无需脱泥脱药而直接浮选，不仅减少了钨的损失，简化了流程，还使指标得到稳定提高，实现了在独立回路中常温下直接精选。采用改进的“彼德洛夫”法和精选尾矿重选法（摇床）联合工艺流程，使白钨精选段作业回收率提高，使常规白钨精选尾矿中钨损失降低一半。对选矿污水进行处理，或全部回用实现零排放；或部分回用其余达标排放，实现清洁生产，实现可持续发展。

该技术已在中国十多家大中型白钨矿山应用，并为待建白钨矿山设计所采用。实际应用表明，回收率普遍提高3-10%，精矿品位也显著提高，新增利税达1亿多元，经济和社会效益显著。

矽卡岩锡矿床伴生低品位难选多金属分离技术与应用

（一等奖）

项目年份：2009年

个旧超大型锡矿床为多金属矿，除锡外还蕴藏丰富的铜（1065026吨）、钨（67771吨）、钼（680吨）、铋（26324吨）等金属。由于成矿条件复杂，一些难选矿石因缺乏有效的选冶技术而呆滞，如卡房铜、钼、铋、钨低品位复杂难选多金属矿就为典型代表。为使这一宝贵资源得到开发利用，必须解决铜钼铋硫多金属分离、自然铋高效富集，以及含萤石、方解石和大量辉石的低品位白钨矿分离三大技术难题。

该项目采用硫化矿混合浮选－粗精矿铜钼与铋硫分离－铜与钼分离－铋与硫分离－浮硫尾矿白钨粗选－粗精矿加温精选工艺流程，有价金属得到有效富集。研究开发了高选择性捕收剂PZO，实现铜、钼、铋、硫的高效无氰分离；研究开发了新型清洁活化剂GYBi和自然铋的强力捕收剂GYH，实现了自然铋全浮工艺技术，回收率比重选法提高20%以上；采用新型白钨矿捕收剂GY-10与组合抑制剂，解决了含萤石、方解石和大量辉石的低品位白钨矿富集分离技术难题。

经过工业应用，在原矿含铜0.067%、钼0.048%、铋0.051%、钨（WO3）0.20%时，扩大连续试验获精矿品位铜18.7%，钼46.08%，铋18.52%，钨72.52%，回收率铜85.32%，钼82.23%，铋50.50%，钨76.53%的技术指标，处于国际领先水平。2008年卡房矿新建3000吨/日选厂，2008年10月投产，2009年1-8月共处理矿石694810吨，生产精矿金属量铜1407吨、钼277.3吨、铋357.1吨、钨1090吨、硫精矿29777吨，实现产值18000万元，利税6300万元，利润3900万元。多金属选厂将实现年利税9400万元，年利润5800万元。

中国共生矿多，综合回收水平低，新技术可在与卡房矿石性质类似的矿山推广应用，还可以为多金属共伴生矿山、钨锡矿山尾矿库中有价金属资源综合利用提供重要的技术参考。

复杂高硫铅锌矿石中有价元素的高效整体综合利用新技术

（一等奖）

项目年份2009年

复杂铅锌矿石中有价元素回收是选矿技术的国际难题。中国铅锌硫化矿中大多伴生有金、银、铜、锰等多种有价元素，但因其品位低、嵌布关系复杂等因素而难以回收，硫铁矿中铁因焙烧制酸后烧渣中的铁品位低、含硫高等原因也难以回收。

该项目在充分研究各有价元素赋存特性后，研发出在提高主元素铅、锌回收率基础上，全面综合回收有价元素银、铜、铁、锰、金、硫清洁生产新技术。开发低碱度－电化学在线检测－多项离子调控－选择性强化捕收高效浮选新技术，提高含铜铅精矿中铜银铅回收率；开发铅尾浓缩自循环回水选铅、高浓度选锌工艺，进一步提高铅锌回收率，降低硫精矿中杂质铅锌含量；开发含铜铅精矿浓缩－缓冲脱药调浆－强化抑制－选择性捕收高效浮选技术进行铜铅分离，实现低品位伴生铜资源的高效综合回收；开发新型药剂和锌尾浓缩工艺在高碱度条件下实现硫铁矿的高效回收和提纯；开发混合自循环焙烧新工艺实现高品质硫精矿在焙烧制酸的过程中产出合格铁精矿；通过焙砂氰化法综合回收金银；开发预先脱渣－脉动高梯度磁选锰－永磁除铁的碳酸锰回收新工艺，实现了浮选尾矿中锰的综合回收。

该项目创造性地将铜铅锌分选技术、高品质硫精矿生产和焙烧技术、金银浸出技术、浮选尾矿碳酸锰回收技术有机结合、相互匹配，在实现清洁生产的同时，全面综合回收了矿石中的有价元素，铜、锰、铁分别从零回收达到50%、60%和88%的回收率，硫、铅、锌、金、银的回收率分别提高了9%、1%、1.5%、53%和14%，同时实现了尾渣、尾水零排放。年新增利税合计1.63亿元。对提高矿山资源综合利用和环保水平，发展矿山循环经济，具有很好的借鉴和推广价值。

含铜炉渣晶相调控清洁浮选新技术及应用

（一等奖）

项目年份2009年

铜渣作为重要的二次金属资源，除铜外，还含有一定的贵金属（金、银），炉渣中的铜品位较高，有必要进行综合回收。但铜渣性质复杂，仅铜就以硫化铜矿物、金属铜及少量的氧化铜的形式存在，其性质由入炉铜精矿品质、冶炼条件和炉渣冷却制度决定，且渣中大部分贵金属与铜共生，回收铜的同时也能回收大部分贵金属。

大冶有色金属公司目前铜冶炼采用“诺兰达法”熔炼，诺兰达渣含铜 3% ～ 5%，还含有少量金、银。为回收有价金属，该项目针对大冶诺兰达铜渣的特点，通过实验室试验、扩大试验和工业试验，从炉渣工艺矿物学性质、炉渣缓冷制度、磨矿、选矿工艺流程、浮选药剂制度、浮选设备等方面进行了细致、系统的试验研究，先后取得多项专利和成果，已先后在新冶铜矿、铜绿山铜铁矿两座矿山完成了渣浮选改造工程，并正式投产。后来新建黄石大江自强矿石加工厂（40 万 t/a），通过多年的生产实践，基本能达到设计指标，即在原矿品位 5% 前提下，精矿品位 >30%（设计 35%，实际 30.5%），尾矿品位 <0.35%，回收率 >93.5%。与加拿大公司诺兰达炉渣选矿指标相比，选矿回收率、尾矿品位达到了该领域的国际先进水平，并实现了无尾选矿即废水零排放，废渣综合回收利用，实现了清洁浮选和清洁矿山。

该项目属自主创新，一是通过含铜炉渣晶相调控新技术，针对炉渣清洁浮选要求，优化入选炉渣有用金属的晶化程度和粒度嵌布及其它晶体性质，为高效回收炉渣中铜资源提供可靠工艺矿物学基础；二是针对炉渣特殊性质，采用选择性碎解，结合多段磨矿、多段选别、中矿再磨再选等技术措施，用于铜冶炼渣中铜和贵金属的有效富集和回收，其技术指标先进，经济效益显著。

该项目的应用为含铜炉渣再资源产业化和无尾选矿建立了示范平台，对实现清洁浮选和清洁矿山具有重要现实意义和推广价值。

多流道浮选矿浆浓度粒度测量分析系统
（二等奖）
项目年份 2009 年

多流道浮选矿浆浓度粒度测量分析系统是 863 计划资源环境技术领域选冶过程测控关键技术与设备专题中的一个课题，课题编号是 2006AA060204。该课题的总体目标是：自主开发多流道浮选矿浆浓度粒度测量分析系统，完成工业试验，形成定型产品，服务于选矿、冶金企业。

粒度测量精度（1σ 典型值）：1 ～ 2%，测量范围：25 ～ 600μm；

浓度测量精度：1.0%，测量范围：5 ～ 70%。

多流道浮选矿浆浓度粒度测量分析系统用于测量磨矿产品矿浆的粒度和浓度。一套多流道浮选矿浆浓度粒度测量分析系统可以测量多达 4 个通道的矿浆样品，并为每个通道检测出两个粒度数据和一个浓度数据。本系统采用接触式直接测量的方法测量矿浆中矿石颗粒的大小，原理简单，可靠性高，并且可以通过自动校正技术排除矿浆磨损所带来的偏差。本系统采用螺旋管称重的方式测量矿浆的浓度，测量精度高，对人体和环境无污染。分析仪可以通过多种方式与工厂级自动控制系统通讯，从而实现对磨矿系统的监视和控制，以达到优化磨矿系统，提高磨矿效率和有用金属回收率，减少尾矿排放量的目的。

多流道浮选矿浆浓度粒度测量分析系统的总体技术性能达到同类仪器国际先进水平，填补了中国空白，可以替代进口产品。

多流道浮选矿浆浓度粒度测量分析系统自开发成功以来，已经售出十余套，其中出口 3 套。累计创销售收入 625 万余元。

主要技术创新点：

1. 整体结构合理，首次实现了 4 通道矿浆浓度、粒度一体化实时测量，可显示趋势曲线。

2. 开发了具有自主知识产权的“BCR 标定回归分析软件”，为用户提供了灵活简便的专用数学建模工具。

3. 可自动补偿矿浆磨损给测量带来的误差，精度高。

4. 矿浆黏度、温度不会对粒度测量带来影响；矿浆中的气泡不会影响粒度的测量精度。

浮选泡沫图像处理系统
（二等奖）
项目年份 2009 年

“浮选泡沫图像处理系统”作为国家“十一五”863 重点项目“选冶过程测控关键技术与设备”的子课题，于 2006 年 10 月至 2008 年 10 月经过近两年的研究与开发，完成各项任务。该系统具有以下主要特点：

1. 以非接触式实时获取浮选泡沫图像数字信息；

2. 采用彩色工业 CCD 相机获取高分辨率、高帧速的数字视频流；

3. 可以同时最多连接 4 台摄相机，采用实时轮换模式访问；

4. 通过千兆局域网完成视频流数据高速传输；

5. 采用 DELL Precision 390 级别以上图像处理工作站；

6. 采用具备面光源、高频率、长寿命、高显色指数等特征的照明系统；

7. 基于微软 VS.NET 平台开发的 VisioFroth 软件处理平台，采用 Microsoft SQL Server 数据库；

8. 软件包括数字图像采集功能、视频流传输功能、浮选泡沫图像特征参数提取功能、浮选品位指标预测功能、浮选泡沫图像取样功能、浮选泡沫实时检测功能等；

9. 可定制通过 OPC 等协议传送特征参数以及测量品位。

其创新点为：

1. 采用彩色工业 CCD 相机获取高分辨率、高帧速的数字视频流，以非接触式实时获取浮选泡沫图像数字信息；

2. 连接 4 台摄相机，采用实时轮换模式访问。

针对所研制的 BFIPS- Ⅰ型浮选泡沫图像处理系统，申请发明专利两项（已于 2009 年 8 月 25 号受理，发明专利受理号：200810118794.6.200810118795.0）。

该系统研制完成后，已向德兴铜矿销售两套，目前正处于产业化深入推广阶段。对 BFIPS- Ⅰ型浮选泡沫图像处理系统的研究和工业试验证明，在硫化铜矿的粗选以及扫选作业中，所预测的精矿品位值与实验室化验的精矿品位值的平均相对误差小于10%，对浮选工艺的实际生产有着积极的指导作用。系统整体技术及性能指标达到国际先进水平，具有广泛的市场应用前景和推广价值。

氧化锑矿浮选回收锑新工艺、新药剂（二等奖）项目年份 2009 年

该项目针对云南省木利锑矿矿石中锑氧化率从30%上升为70%，导致选厂锑回收率从77.16%降到64.14%，选厂尾矿中平均锑含量约为1.60%，三分之一的锑金属损失在尾矿中，此为国内外类似矿山的共性问题。多年来，氧化锑选矿一直是个难题。因此如何有效解决重选尾矿中锑的综合回收这一共性问题显得尤为重要。该项目针对木利锑选厂氧化率约为70%的重选尾矿，开展云南省院省校合作项目“氧化锑矿浮选回收锑新工艺、新药剂应用研究”，先后进行了矿石的工艺矿物学研究、探索试验、小型优化试验、扩大试验研究及工业试验。

工艺矿物学研究查明了木利锑矿的矿石性质：锑矿物为难选的黄锑矿、锑赭石、锑华，嵌布粒度粗细极不均匀，且黄锑矿中含数量不等的Si、Ca、Al等轻质元素，导致氧化锑矿物密度和可浮性变化大；脉石矿物为易浮的含炭玉髓、含炭绢云母，且分散在这些脉石中的微细粒氧化锑高达15%无法回收。在此基础上，攻关组研制出的“控制磨矿分级—混浮—重选”联合新工艺流程成功应用于木利锑选厂后，通过采用控制磨矿分级以及在浮选作业中添加P-1.RHT90、Y-3新药剂等关键技术，在锑的过粉碎、细粒氧化锑难选等关键问题上有较大突破。从重选尾矿中回收锑，各试验阶段锑精矿品位均达到30%以上，相对可收锑的回收率达到80%以上。工业试验锑总回收率和立项前比提高了10.73%，新增生产成本比指标节约了10.17元／吨矿石。2006年10月，该成果在木利锑选厂正式转化为生产后，2006年选厂锑回收率从立项前64.14%提高到74.87%，2007年1月至2009年4月，选矿厂锑平均回收率达80%左右。2006年10～2009年4月累计新增利税3544.822万元。

两年多的生产实践证明新工艺流程稳定可靠，产业化效益显著。该项目提出的控制磨矿分级—混浮—重选联合选矿新工艺流程，具有技术新、综合技术经济指标高、流程合理、管理方便等特点，综合工艺指标及其技术水平均达到同类矿石加工的中国领先水平。

谦比希铜矿选矿工艺优化及其应用（二等奖）项目年份 2009 年

该项目是中非合作的标志性项目，也是中国政府批准在境外开发建成的第一座也是迄今为止最大的一座有色金属矿山，受到党和国家领导人的高度关注。谦比希选矿厂复产后采用中碎前强化预先筛分的新三段一闭路碎矿－大型球磨机组合的碎磨流程，开路粗扫选－中矿单独选别的浮选流程，粗扫选采用充气式浮选机、精选采用浮选柱；同时在各生产工段采用了自动检测及自动控制技术，减少生产环节、优化生产工艺，经济技术指标达到国际先进水平。选矿厂电耗60%是耗费在磨矿上，为进一步节能降耗、降低成本，谦比希选矿厂自主开发了系列关键技术，优化了磨矿工艺。

项目通过工艺矿物学系统研究，揭示了主矿体含铜矿物单体解离的特征，在尾矿中损失的铜矿物主要为连生体，其次为单体形式，其粒级分布为-45μm或+75μm，当磨矿细度为70%以上-0.074mm时，黄铜矿和斑铜矿的单体解离度均可达到95%以上；由此提出了一段闭路磨矿的粒度控制技术，采用高能圆锥破碎机及ASR自动控制系统，保证最终碎矿产品粒度≤9.5mm，实现多碎少磨；开发了长径比大的球磨机与旋流器组相结合形成闭路磨矿回路，使磨矿细度大大提高，磨矿后70%～78%矿粒的粒度控制在-74μm～+45μm；基于磨矿循环负荷的理论分析，提出并应用成套磨矿循环负荷平衡和稳定控制技术。

研究成果在谦比希选矿厂实施和应用，各项技术指标均超复产设计指标，与复产前对比，铜回收率提高了1.34个百分点；铜精矿品位提高了3.81个百分点；吨矿进一步节电3.23度，各项综合技术指标都达到了国际先进水平。截止到2008年底，该项目共产生新增经济效益约950万美元，为企业应对当前的金融危机发挥了重要的作用。

SK9011浮选药剂研制及在金、铜等硫化矿选矿中的应用（二等奖）项目年份 2009 年

该项目选用丁铵黑药（Ⅰ），二烷基硫代氨基甲酸酯（Ⅱ），混合脂肪醇（Ⅲ），溶剂（Ⅳ），羧甲基纤维素钠（Ⅴ）为原料，通过控制原料用量、温度及时间关键技术制备了新型浮选药剂，代号为SK9011。SK9011研制项目在完成小型合成条件试验、合成扩大试验、工业试验及浮选应用效果试验基础上，同年在朝阳县金矿和枪马金矿进行选矿工业试验，1998年进行通用性能的选矿试验研究工作，同年进行工业化生产。SK9011浮选药剂为我院专利产品，专利号为：ZL 99 1 13384.6，国际专利主分类号：B03D I/001。

通过中国多个矿山的实验室小型试验、工业试验及应用表明，新型浮选药剂SK9011较之常规药剂对金、铜等矿物选择性好，浮选泡沫稳定，易于操作；在浮选过程中，矿物浮游速度快，有利于目的矿物与其它矿物分选，这对提高矿石精矿品位非常有益。在选别指标相似的情况下，SK9011用量可节省1/3～1/2，大大地降低了药剂费用和药剂品种。SK9011通用性好，不仅对金矿石适用，而且对有色金属铜、铅等硫化矿石都有广阔应用前景。

经过十几年的技术研究，目前合成SK9011的工艺成熟、产品质量稳定，具备年产500吨SK9011选矿药剂的生产能力，至今已生产和销售456吨，实现销售

收入1100多万元，利润420万多元。该药剂在7个金、铜等硫化矿企业应用，金回收率提高4.5%-9.6%，金品位提高3.45g/t-5.46g/t；铜回收率广、多提高1.15%，铜品位提高6.45%，为用户每年增加经济效益2900多万元。目前该产品填补了中国空白，整体技术达到国际先进水平。

提高永平铜矿选矿指标的浮选新工艺和优质硫精矿技术（二等奖）项目年份2009年

该项目针对夕卡岩型铜硫矿石浮选的共性难题进行系统研究，经过一系列的选矿试验，成功研究出了“低碱铜快速开路优先”的浮选流程、铜高效捕收剂EP和生产高品质的硫精矿技术，并于2006年全面成功应用，2007年建成以该硫精矿为原料的年产40万吨的硫酸厂。

该工艺具有以下技术特点和创新点：

1.“低碱度的铜快速开路优先流程”对原流程进行了技术创新，具有“低碱”、“铜快速浮”和“铜优先开路粗选”的技术特点。采用一次铜快速浮选、一次铜粗选、二次开路扫选流程，使浮游速率高的铜矿物早收；铜精选循环和铜粗选相互独立，避免精选尾矿返回粗选的不利影响。采用低碱度浮选，石灰用量控制在0.3kg/t到0.6kg/t，降低了石灰对铜硫连生体浮选的影响，减低了对硫的抑制作用，为后续浮选高品质硫精矿创造有利条件；

2.采用的高效捕收剂EP对夕卡岩型铜矿石的次生铜矿物具有优良的选择性，对黄铁矿等其它硫化矿物的捕收力弱，是实现该工艺技术的支撑；对于铜矿物，捕收剂的药剂结构中N和O元素含量高，则其选择性强，而S或P元素含量高，则该药剂的捕收力强，该药剂组成结构考虑了上述因素，提高了药剂组成结构构成中的S含量，达到了具有强选择性的同时又有强的捕收力。

3.硫浮选采用开路粗选和精扫尾自循环的流程。硫开路粗选延长了硫粗选时间、硫精扫尾返回到硫粗选的自循环这两项技术措施保证了硫回收率，因此，在硫浮选中不仅提高了硫回收率，同时获得了高品质的硫精矿。

该新工艺技术与原流程相比，铜精矿铜品位、铜回收率分别提高了1.11.1.58个百分点，硫精矿的硫回收率提高了5.43个百分点，且硫精矿品位从40%提高并达到45%以上。该技术从2006年1月在永平铜矿使用后，获得经济效益总计达到23731.5万元，创建了硫酸厂，实现了无尾排放，节约了投资，是绿色经济、矿产资源高效综合利用的表率，取得了显著的经济效益和社会效益。

选择性磨矿新技术在金川高镁铜镍矿中降镁增效的应用研究（二等奖）项目年份2009年

该项目由金川集团有限公司和昆明理工大学合作完成，以解决在目前原矿镍品位逐年下降及氧化镁逐年升高的情况下如何有效地降镁增效的技术难题。项目以降镁增效为目标，创造性地开发出一整套以介质尺寸精确化、形状适宜化、材质合理化和操作条件优化为特点的选择性磨矿新技术，采用球径半理论公式精确化确定磨矿介质尺寸，有效提高了矿物单体解离度，采用以短线接触为特点的新型中细磨介质，代替以点接触为特点的传统球磨介质，改善了磨矿产品粒度组成，显著减轻了过粉碎，进而显著提高了铜镍回收率和降低了精矿中氧化镁含量，开创了通过磨矿途径降镁增效的新方法，解决了长期困扰金川集团有限公司选冶科技进步的重大技术难题。对行业的科技进步和中国磨矿技术水平的提高均有重要的推动作用。

项目自1992年12月开始，经过三次逐步深入的实验室试验研究，并于2005年8月至12月在金川集团有限公司选矿厂二选4#系列开展了工业试验。2006年6月起逐步在金川集团公司选矿厂各系统推广应用，投入应用的已达5个生产系列。

工业试验和推广应用表明：由于磨矿产品质量的提高，促进了选别指标的提高，使精矿中氧化镁含量降低1个百分点以上，镍回收率提高2～3个百分点，节省电耗10%，降低磨矿介质成本30～40%，可量化经济效益达15062.20万元；选择性磨矿新技术，不但适用于富矿系统生产也适用于贫矿系统生产。

该项目的技术成果，对具有与金川铜镍矿石类似磨矿特性的锡、钨、铅锌及铜矿等各种金属矿选矿均具有普遍意义，在中国选矿中推广应用前景广阔。

利用铝土矿选尾矿研制复合仿瓷木材和仿石地板砖（两项合并）（三等奖）项目年份2009年

针对铝土矿选尾矿固体废弃物的循环利用，改善生态环境，该项目成功地开发了铝土矿选尾矿的动态热力活化技术。通过对动态热力活化、静态热力活化、物理活化、化学活化等活化方式的对比研究，确定了铝土矿选尾矿的活化方式；通过对活化温度、时间等因素的控制，达到激发选尾矿活性的目的，提高了选尾矿的活性；通过添加FMH、KZ、CT等辅助剂，改善单独尾矿使用时产生的糊球严重、需水量大、粘度大、流动性差、早期强度低等问题；加入AK、SBL、FDN、PS等激发剂进一步激发胶凝材料的活性，减少需水量、改善胶凝材料的固结时间。胶凝材料分别与废塑料和大颗粒骨料按粒级混配，采用入模浇注或压力成型方式制得砖胚，最后在高压蒸汽、常压蒸汽或常温保湿的条件下养护，研制开发出仿瓷木材和仿石地板砖。

采用该工艺进行了试验室试验和扩大化工业试验，以中州分公司产生的固体废弃物为主要原料，生产运行稳定，经济效益明显。该工艺制备的复合仿瓷木材抗压强度达28.5Mpa，抗折为9.8Mpa以上，具有良好的仿木感，可进行切削加工，耐热防火、耐腐蚀、耐湿热等性能超过天然木材制品。制备的仿石地面砖抗压强度为85MPa，抗折为8.5MPa，具有良好的仿石感，性能接近天然石材，成本接近混凝土砖；生产的仿石地面砖产品，密度 130Kg/m3；吸水率 2.7%；抗压强度 >70Mpa；抗折强度 >8.0Mpa；软化系数 0.94；25 个冻融循环，质量损失 <5%、强度损失 <18%。

该项目的研制成功大大提高了废弃物利用，减少了废弃物的排放，减轻了对环境的污染。该工艺简单，产品性能优良，成本低廉，具有广泛的推广应用前景。

选矿过程矿浆取样器
（三等奖）
项目年份 2009 年

选矿中的取样与检查是选矿生产管理和技术管理的重要环节，对选矿厂完成各项技术经济指标起很重要的作用。通过取样可以分析选矿计量、选矿质量、原材料消耗等指标，取得各种生产数据，分析选矿工艺过程是否正常，评定选矿质量。只有通过取样与检查，才能查明妨碍工艺过程的不利因素，采取有效措施来改善工艺过程。

针对选矿过程复杂工况，该项目成功研制了矿浆取样器，申请发明专利1项。采用内外取样管巧妙结合，使取样器适应不同取样量的设定；代表性强、实时性好、在线获工业流程矿浆管道中的取样；取样器还有接受粒度仪、荧光分析仪等大型仪器的实时开 / 关操作命令的功能，实现和谐操作。

研制的取样器可实现在矿浆管道上在线实时取样；取样量大小可以在不停矿的情况下，由用户根据实际情况进行调节；可以调节取样的时间和间隔，使用安全，便于操作；占用空间少，便于安装，对矿浆管道无任何落差损失；取样管道可以进行自动定时冲洗，保证取样管道畅通；采用独特的取样结构，使得取样管截取的矿样具有较好的代表性；有自动和手动两种取样方式；高可靠性，采用特殊材料使得取样器能够耐磨损，耐腐蚀，寿命长。

该产品已广泛应用于实际生产，可替代进口。实际使用表明，所研制的矿浆取样器的取样优于人工取样，对选矿过程的各项指标的取样与检查提供了保障，有助于改进浮选指标，提高产品的质量。产品推出后，销售收入已过 200 余万元。

研制的取样器具有自主知识产权，可广泛适用于选矿过程各种复杂工况下的取样，具有很好的推广应用价值。

低品位锗铟渣的综合回收工艺研究与应用
（三等奖）
项目年份 2009 年

1997 年韶冶将硬锌的处理方法改进为真空炉蒸锌工艺，得到一种含锗 1.0 ～ 1.5%、铟 0.7 ～ 1.0% 的低品位锗铟残渣。该项目针对低品位锗铟残渣，经过多年的研究和实践，提出了球磨—中性浸锌—氧化焙烧—氯化蒸馏—复蒸—精馏—水解的工艺流程，以锗的回收为主线，兼顾铟、锌的综合回收新工艺。锌在低品位锗铟渣预处理过程中优先中性浸出分离，进入硫酸锌生产系统回收其中的锌；铟在低品位锗铟渣氯化蒸馏回收锗后，铟进入残液。通过从低品位锗铟渣中提取高纯二氧化锗和精铟的工艺研究，实现了从低品位锗铟渣中的锗铟锌的综合回收利用。改进氯化蒸馏的工艺条件，提高了锗的回收率，由原来的 73% 提高到 88.45%；采用氯化蒸馏法实现锗铟的分离，成功开发了残液萃取工艺，解决了氯盐体系中铟的回收问题。

该项目于 2005 年完成了残液回收粗铟的工艺研究，成功采取 TBP 与 P204 两段联合萃取法可直接从残液中回收铟，再经过电解产出精铟产品。2006 年至 2008 年对低品位锗铟渣综合回收锗铟锌的流程不断进行完善和改造，终于形成年产高纯二氧化锗 15 吨，精铟 7 吨，七水硫酸锌 1000 多吨的综合回收生产规模，年新增效益约 7000 多万元。并且提高了资源的利用率，减少了三废排放，有较好的社会效益。

该工艺处理含低品位的锗铟锌金属混合物料稳妥可靠，极具可操作性。在主体金属提炼过程中，伴生的锗、铟依据工艺条件的不同，在烟尘、冶炼废渣、烟灰、含锗、铟废料等产物中得到不同程度的富集而作为提取锗、铟的原料，而在铅锌冶炼企业中，原矿中的锗、铟较大一部分富集在硬锌中，硬锌经过蒸发提锌后，得到富含锗、铟、锌的渣，因此该工艺具有较高的推广应用价值。

工艺矿物自动检测新技术的创新应用
（三等奖）
项目年份 2009 年

中国的工艺矿物学一直以光学显微镜为主要测试工具开展研究工作，工艺矿物检测速度和精度都难以适应当前矿业发展的需求，已成为阻碍矿业技术进步的瓶颈。近十年来，国外矿物自动检测技术发展较快，澳大利亚 JK 技术中心（JKTech）的 MLA 技术在国际上处于领先地位。该项目目的是引进吸收国际先进检测技术（澳大利亚 MLA 技术），达到 MLA 技术与中国原有的工艺矿物研究体系有机结合和创新发展。

该项目实施以来，中澳合作建立了工艺矿物自动检测系统，实现对矿物自动鉴定和数量的统计、矿物解离度自动测定，使工艺矿物参数的获取由原来显微镜测定需用 1-2 个月的工作量，在数小时或十几小时内完成，大幅度缩减了测定时间，提高了检测的准确性和重现性。针对中国矿产以“贫、杂、细”的特点，将 MLA 技术由澳大利亚的常规矿种延伸到中国的特色矿产，尤其在钨锡钽铌铍等稀有稀散金属的工艺矿物研究方面，成效显著。对中国云南钨铍矿进行工艺矿物学研究，结合铍矿物的物理化学特征，采用铍矿物组合元素定义铍矿物，成功解决了超轻元素铍矿石的定量检测难题，实现铍矿石工艺矿物学参数自动检测。对湖南锡田锡多金属矿的检测，首次建立了该锡矿石的矿物数据库，查明该矿石中锡以微细粒锡石矿物形式存在，采取细磨工艺达到锡的有效回收。

该项目将国际上最先进的工艺矿物自动检测技术

引入中国工艺矿物学研究领域，并将 MLA 技术与我方长期实践形成的工艺矿物体系相结合，在中国的特色矿产成功应用并获得了创新发展，提升了中国矿业研究水平。该技术还可推广应用到其它无机物料和环境保护方面（如空气中粉尘来源和物质组成）的定量检测，对中国的绿色经济和可持续发展将发挥重要作用，其社会和经济效益不可估量。

综合回收江西尖峰坡难选锡石硫化矿的选矿工艺
（三等奖）
项目年份 2009 年

江西尖峰坡锡矿，由于锡石嵌布粒度细、分散率高、硫化矿物数量大、种类多等原因，矿石十分难选。主要存在的问题是：锌精矿品位低，达不到质量要求；资源综合利用程度低，只能产出合格锡精矿，且锡的回收率低，锌、铟、铁、硫均未综合回收。

该项目首先对矿石进行详细的工艺矿物学研究，为锌、铟、铁、硫等的综合回收提供依据。其次，在硫化矿浮选流程和药剂上进行详细研究，根据各硫化矿自然可浮性差异，确定优先浮选出部分自然可浮性特别好的磁黄铁矿，再活化浮选铁闪锌矿和自然可浮性差的磁黄铁矿，最后再进行铁闪锌矿与磁黄铁矿分离的浮选工艺流程。通过“优先脱硫—混浮锌硫—锌硫分离—磁选选铁—重选选锡”的工艺流程，对含 Sn0.70%、含 Zn0.82% 的原矿，取得了锌精矿含锌 45.1%，锌回收率 68.5%；高品位锡精矿含锡 51.62%，回收率 52.51%，低品位锡精矿含锡 8.64%，回收率 0.98%，锡总回收率 53.49% 的技术指标。锌精矿含铟 0.10%。同时还副产部分硫精矿、磁性铁精矿。

应用该选矿工艺，按照先进、高效、节能、环保的原则进行了选矿厂设计，于 2006 年 12 月进行试生产。选厂投产两年半以来，不断完善了选矿流程和工艺参数，技术经济指标大幅度提高。在原矿含 Sn0.55%、含 Zn0.65% 的情况下，2009 年 6 月，锡、锌合格精矿回收率分别达到 49.6% 和 60.1%。

2008 年企业利税达到 1912 万元。2009 年上半年，销售收入为 3427 万元，利税为 1757 万元，2009 年全年可实现销售收入为 7560 万元，利税 3920 万元。同时，该项目已直接或间接解决了当地 460 人的就业问题，带动了德安县当地工农业的发展，具有较好的经济效益和社会效益。

复杂难选锂辉石矿清洁高效选矿关键新技术研究
（三等奖）
项目年份 2009 年

该项目是针对四川马尔康锂辉石特点开发的成套选矿新技术。由于矿石中锂辉石与脉石矿物石英、长石等的可浮性相近，分离较难，需选择合适合理的选矿工艺流程；寻找矿浆中最佳的 CO2-、OH-、Ca2+ 之间的浓度比例关系，找出影响指标的各种因素；寻找新型两性锂辉石捕收剂 YS-1 的捕收性能，以提高对锂辉石的回收；为使锂辉石精矿中铁含量符合市场要求，需采用有效的脉动高梯度磁选脱铁。该项目对四川马尔康锂辉石矿进行了系统的工艺矿物学研究，查明了锂辉石与脉石及伴生金属的嵌布粒度和赋存状态；研发的“复杂难选锂辉石矿清洁高效选矿关键新技术研究”实现了锂辉石矿的有效选别分离，Li2O 精矿品位和回收率都有明显提高；采用的高效预选脱泥技术，减少微细粒级的矿泥对 Li2O 浮选的影响，并且使选矿药剂用量大幅下降，降低了选矿成本；采用新型两性锂辉石捕收剂 YS － 1，使锂辉石的回收有较大幅度的提高，取得了显著的经济效益；锂精矿采用脉动高梯度磁选脱铁，成功得解决了因铁含量超标造成的 Li2O 品位不高、精矿品质差的问题。

该技术已在马尔康锂业技术发展有限责任公司生产应用，原矿品位 Li2O 1.16%，获得含 Li206.15%、回收率 85.02%、产率为 16.04% 的 Li2O 精矿，达到有色金属行业标准（YS/T261-1994）三级品的要求。实现销售收入 18871.06 万元，新增销售收入 3591.04 万元，新增利税总额 3692.73 万元。

新技术实现了锂辉石矿的高效浮选分离，提高了矿产资源的综合利用水平与企业的经济效益，增强了矿山企业抵御市场风险的能力，促进了矿山的可持续发展，具有显著的社会效益。

提高炭质脉石铜矿生产指标技术攻关
（三等奖）
项目年份 2009 年

为探寻矿山后续资源，针对会东淌塘投资新建的一座 1500 吨日处理能力的中型采选矿山，根据四〇三地质队提交的勘查报告，该矿山铜资源已探明的储量为 37675 吨，矿石主要特性为含铜炭质脉石型矿体，矿石性质复杂少见。以玄武岩为主的常见铜矿石有：单一铜矿、铜硫铁矿、铜硫矿、铜钼矿、铜镍矿、铜钴矿，其典型的组合为硫化铜 + 沥青 + 石英及不含沥青等有机质的硫化铜 + 石英 + 绿帘石。而炭质脉石铜矿石的典型矿物组合为自然铜 + 炭质物 + 沸石 + 石英（+ 硫化铜），现阶段炭质脉石铜矿的选矿在中国还未成熟，还是选矿界一个难题。中国含炭质的铜矿储量较为丰富，充分利用资源，经济有效地开发和利用好该类铜矿，对于缓解中国铜的供需矛盾具有重要意义。

2005 年矿山采选工程按照国家《有色金属矿山行业标准》进行设计，设计工艺为两段一闭路碎矿、两段闭路磨矿和一粗三扫三精浮选作业流程。但 2006 年 8 月矿山建成投产后生产指标极不稳定，铜的回收率仅 60% 左右，铜精矿品位一直徘徊在 10%-12% 之间，无法达到合格产品的等级要求。生产初期资源浪费较大、企业效益低下，根本无法达到设计要求。

该项目通过从提高磨矿细度有效解决铜炭分离入手，对浮选工艺流程、设备进行技改，对药剂配方、比例进行调整，增加了调整剂抑制炭泡沫发粘，使其达到选别含炭铜矿的最佳效果，成功生产出了合格的铜精矿产品。铜精矿品位由 10% 提高到了 22% 以上，铜回收率由 60% 提高到 82% 以上，处理原矿量由 16 吨 / 小时提高到了 22 吨 / 小时，每天比原设计能力提高 256 吨。各项技术生产指标均达到并超过了最初设计要求，达到新的《铜精矿质量标准》的三级优质品。每年新增经济效益 8068 万元。该项目已在凉山矿业同类型矿山的选矿中推广运用，为同类矿石的开发利用提供了可行的技术依据。

冶炼项目

GB/T5121.1-5121.27-2008 铜及铜合金化学分析方法
（一等奖）
项目年份 2009 年

该标准制是以中国现行铜及铜合金冶炼和加工产品化学成分标准 GB/T468-1997《电工用铜线锭》、GB/T3952-1998《电工用铜线坯》、GB/T467-1997《高纯阴极铜》和《标准阴极铜》、GB/T5231-2001《加工铜及铜合金化学成分和产品形状》为依据，对原国家标准 GB/5121-1996《铜及铜合金化学分析方法》和 GB/T13293-1991《高纯阴极铜化学分析方法》进行系统修订。采用先进分析技术替代有毒有害分析方法，用氢化物发生—无色散原子荧光光谱法替代催化示波极谱法测定砷、锑、硒、碲等；新制订和重新起草了 7 个分析方法，增加电感耦合等离子体原子体发射光谱分析方法，汞的分析方法等。

修订后共包括 27 个分标准，61 个分析方法，可满足铜及铜合金冶炼和加工产品中铜、磷、银、铋、锑、砷、铁、镍、铅、锡、碳、硫、氧、锌、锰、镉、硒、碲、铝、硅、钴、钛、镁、铍、锆、铬、硼、汞等 28 个元素的测定，涵盖所有铜及铜合金冶炼及加工产品标准，元素测定范围为 0.00005%～99.98%。针对同一元素不同含量段，采用了不同的分析方法。对于有 ISO 标准的方法的（使用有毒有害试剂的除外）均不同程度的进行了采标。与原国家标准和 ISO 标准、ASTM 标准、EN 标准、JIS 等国外先进标准相比，方法更先进、全面，覆盖面更广，分析范围更宽。

该标准出版发行后，得到生产检验和科研试验单位的积极应用，并被众多单位列为实验室能力认可项目和处理质量异议的首选。广泛用于经贸往来之间的质量异议和技术交流，保证了量值的正常传递，为国内外贸易提供了强有力的技术支持。

电石渣处理及其在酸性废水治理中的应用技术
（一等奖）
项目年份 2009 年

电石渣是电石法生产 PVC 过程的固体废弃物，目前年排放量已逾千万吨。为提高资源综合利用，该项目针对传统处理电石渣存在粒度不均匀、活性低、杂质含量高、含水率高等难题，研发了电石渣多级过滤、除杂及脱水新工艺，突破了电石渣制备晶石灰的技术关键，发明了电石渣多级除杂脱水生产晶石灰的方法及装置。生产的晶石灰干基中 $Ca(OH)_2$ 含量占 90% 以上，杂质含量低于 5%，含水率 34% 以下，细小、均匀、呈粉末状，品质远优于市场上各种石灰产品。

该项目研发了晶石灰诱导氟化钙晶核形成及粗粒化关键技术、含汞污酸“生物制剂配合—电石渣中和水解”脱汞新工艺及溢流多级反应成套设备，以及含锰废水电石渣脱锰关键技术，实现了高氟废水的深度净化、含汞污酸中多形态汞的高效脱除及含锰废水中的深度净化。含氟废水处理后出水中氟离子浓度为 7.6mg/L，达到了国家《污水综合排放标准》。冶炼烟气洗涤废水处理后出水中汞、锌、镉、砷、铅、铜及氟化物、氯化物等达到《生活饮用水水源水质量标准》；处理后分离出的配合渣含汞高达 35%，可作为汞冶炼的原料。含锰 1g/L 的废水处理后净化水中锰浓度低于《污水综合排放标准》的一级标准 2mg/L，接近或达到了《生活饮用水卫生标准》的限值 0.1mg/L。且渣量小，渣中锰含量达到 14.16%，返回生产系统。

电石渣生产晶石灰技术已成功应用，建立了两条处理电石渣 20 万吨 / 年生产晶石灰的生产线，年生产晶石灰 36 万吨。电石渣在酸性废水治理中的应用技术实现产业化推广，近三年创效 11304 万元，减排电石渣固体废物 50 多万吨 / 年，生产晶石灰 36 万吨 / 年，电石渣上清液冷却回用系统减排碱性废水 150 万吨 / 年，推动了冶金化工工业区循环经济产业链相关技术的进步，促进了行业的可持续发展。

铜冶炼生产全流程自动化关键技术及应用
（一等奖）
项目年份 2009 年

中国目前大型铜冶炼企业的主体设备和工艺技术已达到国际先进水平，但主体流程，如闪速熔炼过程自动控制仍沿用 80 年代引进的数学模型，无法满足冶炼过程高品位、大容量、矿源复杂的生产现状。

该项目研制了具有自主知识产权的全流程综合自动化系统，申请国家发明专利 9 项，软件著作权 5 项。铜精矿气流干燥过程水分预测与优化控制技术，建立基于智能集成策略的铜精矿气流干燥过程水分预测模型，预测相对误差小于 7%，解决了无法在线测量干矿水份的难题。铜闪速熔炼配料优化与炉况综合优化控制技术，提出了铜精矿配料的满意多目标优化方法和基于操作模式的操作优化方法，建立了基于智能集成建模的工艺指标预测模型，实现了闪速熔炼炉况的综合优化。PS 转炉优化控制技术，提出了基于剩余热预测的冶料添加优化方法，优化冷料添加量和添加时序；建立了基于智能集成策略的铜吹炼终点预测模型，实现了吹炼终点区间的准确预报。铜电解过程优化控制技术，建立电解液条件与生产率、阴极铜每吨电耗的关系模型，优化给液主管流量、过滤液流量等参数，实现了阳极泥输送过滤过程的自动控制。铜冶炼渣选矿过程优化控制技术，开发了矿浆浓度计、粒度仪、浮选机液位检测系统，解决了工艺参数的在线检测问题。烟气制酸过程优化控制技术，建立了一级动力波入口压力控制系统的数学模型和转化器最佳温度计算模型，实现了一级动力波入口压力的优化控制和转化器各层入口温度优化设定，有效减少了二氧硫气体的排放。

该项目解决了一直困扰铜冶炼全流程自动控制的若干关键难题，实现了铜冶炼全过程的控制与优化，并作为示范工程成功应用于江西铜业公司铜闪速熔炼全流程。自实施以来一直稳定运行，企业新增产值 9.3 亿元，利润 1.06 亿元，节约成本 4281 万元。

大型钛制换热器先进制造技术
（一等奖）
项目年份 2009 年

该项目针对中国大型钛制换热器的技术难点，成功研发了设计、制造、检测一整套先进技术，申请了 3 项发明专利。建立了换热面积大于 1000m2 钛材换热器的设计方法，采用响应面法对大型换热器的结构参数进行优化；通过计算优化，得到了 DN2200-2500mm 大型活套法兰的结构尺寸；建立了大型钛制换热器质量评价体系，大幅度提高了设备可靠性和安全性；设计建造了 PTA 装置用换热面积为 1641m2 大型钛材换热器，经运行考核达到设计指标。

利用 CFD 数值模拟的方法，研究折流板间距及结构参数对双弓型折流板换热器和环型折流板换热器传热性能的影响。与传统的设计方法相比，能够实现实际操作条件和理想工况的模拟。获得了双弓型折流板换热器及环型折流板换热器关键位置上的速度场、速度矢量场、压力场及温度场分布，并对其分布情形进行了详细研究。

采用响应面法 (RSM)，研究换热器结构参数对换热器性能的影响，表明对双弓型折流板换热器性能指标按影响程度由大到小分别为弓型折流板圆缺形板高度、折流板间距和弓型板高度。获得了一定范围内最优化结构参数，包括折流板间距、弓型板高度、圆缺形板高度等。

针对目前大型钛制换热器在纯钛制管箱设计时法兰多采用活套结构但没有相应标准规范的状况，通过铁木辛柯法及华脱斯法的分析计算，优化出 DN2200-2500mm 几种常见规格法兰的结构尺寸。

该项目成果已经在烧碱、真空制盐、湿法冶金、电力等行业得到了成功应用。用于大连逸盛大化石化有限公司年产 120 万吨 PTA 生产装置关键核心设备氧化反应器第五冷凝器、溶剂脱水塔再沸器等多台大型钛换热器，实现了一次开车成功，设备的运行指标达到设计要求，仅单个合同的产值达到了 3228 万元，在项目研制期内，累计实现产值 7412 万元。目前正在核电领域进行推广，前景广阔。

钨钼清洁高效冶金关键技术
（一等奖）
项目年份 2009 年

钨钼为重要的战略资源，也是中国的优势资源。但其冶金过程存在有害废水排放量大、环境污染严重、钨钼高效分离和资源综合利用难，以及有害杂质深度去除尚未解决等难题，导致钨钼高端产品缺乏。

该项目针对上述问题，研究发明了一套高浓度钨酸钠溶液直接离子交换的新技术，打破传统的思维定势，突破了浓度限制，使交前液浓度提高了 10-15 倍，交换容量提高了 3 倍以上，极大减少了废水排放量，符合国家排放标准；发明了钼 / 钨钒高效沉淀分离新技术，建立根据复杂氧化物中阳离子力参数对目标钨钼含氧酸盐晶型调控准则，突破溶液中深度分离钼钨的技术难题；发明了钼冶金中高效分离伴生钨、钒新技术，解决了高钨、高杂钼原料的冶炼问题；发明了钨钼冶金过程中深度除去杂质锡的高选择性吸附技术，将海洋环境离子交换研究方法移植于冶金中杂质离子的选择性吸附剂定向寻找，使传统离子交换工艺难以处理的高锡矿得到有效利用；发明了钨酸钠溶液浓缩结晶过程中添加抑制剂脱除磷、砷、硅等杂质的新技术。运用“赝三元相图法”理论分析，发明了添加抑制剂脱除磷、砷、硅等杂质的新技术，使浓缩结晶过程既回收利用了 NaOH，又实现了杂质与钨的分离，大幅度减少有害物质排放。申请国家发明专利 6 项（授权 4 项）。

该技术已成功应用于工业生产，解决了多金属共生、高杂、低品质钨钼矿的高效利用问题，近三年直接经济效益 1.3 亿元。新技术应用于钨钼冶炼，使废水排放减少 85% 以上，碱耗降低 50% 左右，原辅材料降低 30% 左右，钨回收率提高 1-2 个百分点，并且对原料的适应性强，解决了高钨钼矿和伴生钼原料的高效利用与杂质分离问题。

该项目为中国高端材料领域所需要的高纯钨钼产品提供了技术支持，在中国钨钼工业具有重要推广应用前景。

12 吨还原蒸馏联合炉关键技术开发
（一等奖）
项目年份 2009 年

该项目针对提升中国海绵钛生产的装备水平，实现了单产能达到 12 吨的大型联合炉生产工艺，解决了炉型大型化后的一系列关键技术，大幅提高了还原蒸馏炉的生产能力和劳动生产效率，显著降低了海绵钛规模化生产的建设成本和人工成本。

通过研发，该项目实现了大型联合炉的喷嘴加料和多点加料技术，有效解决了采用单管加料时中心区域温度过高导致烧结产品的问题；采用了中心通道散热技术，解决了大型联合炉中心区域的反应热释放难的世界性难题，攻克了大型联合炉生产工艺中残留的镁和氯化镁难以彻底排除的问题，为联合炉的进一步大型化奠定了基础；对反应器的制造材质进行了全新研究，新材质反应器的使用寿命已达到原反应器的 3 倍，有效解决了中国反应器寿命短和国外反应器污染产品的矛盾，在降低海绵钛制造成本方面成效显著。

2006 年以来，该项目已经在生产实践中得到推广应用，12 吨还原蒸馏联合炉也逐步推广应用于海绵钛生产线的建设，已建成 4000 吨的生产规模，新的万吨海绵钛生产线建设完成后，将形成14000吨的生产规模。到2009年6月，已累计生产海绵钛8226吨，实创工业产值近6亿元，新增净利润9896万元，税收6910万元。

12吨还原蒸馏联合炉关键技术的开发，标志着中国在还原蒸馏联合炉大型化的研究上处于世界前列，实现了全球最大还原蒸馏联合炉的工业化生产，提高了中国海绵钛生产的装备水平，为新建海绵钛厂提供技术支撑。

铝电解槽不停电开停槽开关装置（一等奖）项目年份2009年

在电解铝生产中，铝电解槽内衬寿命有限，需要周期性停槽（停电）更换，然后再重新开槽（通电）启动。由于电解系列由多台电解槽串联成供电回路，采用直流大电流供电，当串联电路中的某台电解槽需要停槽或开槽时，只能将全系列停电，造成整个系列所有电解槽停产，导致无功损耗增加，PFC全氟化碳气体排放加剧，还对电网频繁冲击，引起槽况波动，成为铝电解生产中的世界性难题。

该项目结合电解槽母线设计特点，创新提出了二次换流思路，利用电解槽短路口作为开关系统的主触头进行一次换流，采用直流大电流换流装置为短时载流通路进行二次换流，形成了一体化电解槽全电流开/停槽系统，获专利授权29件。采用单断口、触头自调整、自励双稳态永磁操动技术，研发了低本体压降、快速开合、快速同步的直流大电流换流装置，研发了多自由度、超短行程电液机构的小型短路口开闭装置，研发了全电流情况下开/停槽工艺方案和控制策略。采用机械自动化装置代替人工开闭短路口，提高了操作安全性；采用低本体压、快速开合、快速同步的直流大电流换流装置，有效降低短路口开闭时的燃弧能量，确保设备安全。该装置体积小、重量轻，适应不同类型的电解槽，且易操作和安装。

该装置已在中铝公司160KA～400KA各铝电解系列全面推广使用，实现了全电流情况下安全、可靠的开/停电解槽，避免了无功损耗，降低了吨铝电耗，增加了系列产量，消除了停电导致的阳极效应发生，减少了PFC全氟化碳温室气体的排放，并且消除了电解负荷频繁通断对电网的冲击。2007-2009年为中铝公司带来经济效益1.6亿元，节省支出7500万元，税收4600万元，经济和社会效益显著。

中铝兰州分公司350KA槽铝电解车间厂房自然通风技术（一等奖）项目年份2009年

铝电解厂房通常采用自然通风方式。受电解槽结构的制约，相邻电解槽间的风量少，槽散热差，影响了电解槽的热平衡，进而影响了电解槽的槽帮结壳、规整槽膛内形的形成，导致最终影响产品质量与电解槽寿命。目前尚没有针对铝电解厂房二层结构形式通风的计算方法，使用的设计方法是套用单层结构形式的方法，存在较大误差。而其它国家的CFD计算模型也与实际工程有一定的差别。

该项目从2003年开始对铝电解车间厂房自然通风技术进行研究，以国际上最先进的自然通风理念为指导，综合考虑影响电解车间自然通风的所有因素，采用CFD技术设计出新的电解厂房结构形式。其技术原理是：室外空气通过外墙下部的进风口进入，大部分通过电解槽周围的固定格栅篦子进入厂房，带着槽体散发的余热和污染物通过天窗排到室外；另一部分空气通过楼板开口上升，通过内隔墙进入工作区，为操作工提供新鲜空气。

该技术已应用于中国铝业兰州分公司等大槽型电解车间，取得了良好的通风效果。经国家空调设备质量监督检验中心对兰州分公司电解厂房通风效果的实际测定，当室外计算干球温度为32.3℃时，车间大端操作区平均温度31.4℃，小端42.2℃，车间槽间操作区平均温度45.5℃；厂房两侧进风量不均衡率约1.2%，而旧式厂房约71%；厂房槽间格栅篦进风量占总进风量62.2%，而旧式厂房仅为36.6%；厂房总的进风量比旧式厂房大约增加22.1%，通风效果优于旧式厂房。

带有内隔墙式的电解车间建筑形式作为新建电解铝厂提供大型槽技术必不可少的一部分，已经提供给抚顺350kA系列、包头400kA系列和农六师400kA系列，满足了电解铝企业对大型槽的车间自然通风的需求。

硫化钼镍矿直接氧压碱浸技术研发及产业化（一等奖）项目年份2009年

中国钼镍矿资源丰富，但矿中含有硅、铁、硫、钙、镁、磷等，属于较难处理的低品位复杂矿。由于镍、钼硫化物以超细粒度与黄铁矿共生，无法用常规选矿、冶金方法分离和富集。目前从该矿石中提取钼仅仅局限于传统焙烧－浸出、电炉熔炼等工艺。传统焙烧－浸出工艺处理钼镍矿存在钼回收率和产量低，消耗大量化工原料，并且不能全部回收，特别是焙烧时产生大量含硫烟气严重污染环境。电炉熔炼为钼镍原矿先氧化焙烧，后电炉熔炼，得到含钼8%～14%、含镍5%左右的Mo-Ni合金初级产品，回收率低，造成资源浪费。

该项目为难选钼镍矿提供了一种高效、清洁的处理技术，其主要技术特点是：以加压氧化碱浸替代传统焙烧－浸出工艺处理难选钼镍硫化矿，即钼镍硫化矿首先经过磨细（90%过0.044mm筛），然后进入加压反应釜，在一定的温度（～110℃）、氧气压力（～0.6MPa）和氢氧化钠浓度（～170g/L）条件下实现选择性浸出，钼镍矿中的硫化钼转化成钼酸钠并溶解进入溶液，而钼镍矿中的硫化镍氧化成氧化镍全部保留在浸出渣中，从而实现钼与镍的分离。加压碱浸溶液经净化－离子交换－解吸－转化－蒸发与结晶等工序制备氧化钼。该工艺浸出渣中的镍以氧化镍形态存在，因而有利于下一步镍的提取。

2006 年 10 月该项技术成果首次应用于仁寿县昊天科技有限公司处理钼镍矿 40t/d 工业规模生产，应用结果表明，处理 Mo 含量 4.5% 左右、Ni 含量～ 2.0% 钼镍硫化矿，钼的加压碱浸浸出率达到 96% 以上，钼的综合回收率达到92%，比原传统工艺提高了 10% 以上。至 2008 年底，新增产值 5 亿元，新增利润 1 亿元，税收 2500 万元。投产两年多来，工艺运行稳定、安全性高，两年减少排放 S02 约 11250 吨。该工艺不仅可用于钼镍共生硫化原生矿冶炼，还可应用于其它复杂硫化钼矿的冶炼。

金川富氧顶吹浸没喷枪镍精矿熔池熔炼 JAE 技术开发与应用 (一等奖) 项目年份 2009 年

为了扩大有色金属镍的生产规模，增强工艺对原料的适应性，淘汰落后熔炼工艺，综合开发贫矿资源，提高资源的利用率，金川集团有限公司联合澳大利亚澳斯麦特和中国恩菲工程技术有限公司，首次合作开发富氧顶吹浸没喷枪镍精矿熔池熔炼 JAE 技术。为降低技术风险进行了半工业化开发研究试验，最终确定“精矿预干燥－制粒－浸没喷枪顶吹熔炼－电炉澄清分离－ PS 转炉吹炼－吹炼渣电炉贫化”流程处理高氧化镁（10%）镍精矿生产高镍锍，总投资 24 亿元。

该项目针对高氧化镁镍精矿熔炼过程温度高等技术难点，开发了轧制钻孔齿形铜水套冷却技术，有效提高了反应区的冷却强度，适应高氧化镁镍精矿顶吹熔池熔炼高温熔炼要求；通过对顶吹熔炼炉炉体高度、直径和出烟口角度等结构参数的开发研究，很好地解决了熔炼过程喷溅造成出口烟道粘结的难题；通过对顶吹浸没喷枪结构和材质的开发研究，强化了喷枪的冷却效果，延长了喷枪寿命；通过对喷枪浸入熔池深度自动控制开发研究，实现了熔炼过程喷枪插入熔池深度的稳定控制，对稳定工艺过程控制产生了良好效果。项目是顶吹浸没喷枪熔池熔炼在世界镍冶炼领域的首次开发应用，其整体技术在高镁镍冶炼中达到国际领先水平。

该技术成功应用于金川集团公司，于 2006 年 9 月 30 日开工建设，2008 年 8 月建成一次顺利投产，2008 年 12 月达产。年处理镍精矿达到 100 万吨，年产高镍锍含镍 6 万吨。

该技术具有对原料适应性强、熔炼强度高、环保节能等优点，经济效益和社会效益显著，在镍冶炼领域有很好的推广应用价值。

重金属冶炼废水污染控制技术研究与应用 (二等奖) 项目年份 2009 年

该项目将清洁生产和面源污染理念成功的应用到重金属冶炼废水的污染控制领域，创立了一套完整的“源头控制—全过程控制—末端治理”的重金属冶炼废水污染控制体系；通过清洁生产节水途径的研究，建立了一套适于中国重金属冶炼企业分质供水、串级利用的清洁生产节水减排技术方法；通过厂区面源水污染控制技术的研究，建立了一套适用于重金属冶炼企业的面源水污染控制技术；研发了“超滤 + 纳滤”双膜法深度处理铅锌冶炼工业废水处理回用专利技术。并将研究成果转化应用于工程建设，建立示范工程。

该项目技术使该韶关冶炼厂水循环利用率达到 96.3%，单位产品综合耗水量 30.67 吨水 / 吨金属，单位产品废水排放量 6.6 吨水 / 吨金属，膜系统废水回用率在 >70%，系统脱盐率在 92% ～ 95%，填补了中国空白。

项目研究成果应用解决了长期困扰韶关冶炼厂生存悠关的火法冶炼环保问题，提前达到行业准入条件环保标准要求，使韶关冶炼厂同国内外现有的 8 个 ISP 工艺火法铅锌冶炼企业中比较，主要水污染控制技术指标达到同行业国际先进水平。项目成果已在中国多家重金属冶炼企业推广应用。

成果应用于韶关冶炼厂后，每年节约新水 1278 万 m3，每年减少外排污水 1850 万 m3，每年节约新水制水费及排污费达 1170 万元。随外排废水排向自然水体的铅、锌、镉等重金属污染物总量每年减排 24.84 t，COD 的排放量每年减排 555.03t，有效的保护了北江水质安全，取得了良好的环境效益和社会效益，成果的推广应用将为有色金属行业的节能减排事业作出贡献。

柔性连接铍铝合金件的研制 (二等奖) 项目年份 2009 年

该项目针对铍铝合金（含铍 60-70%）具有质量轻、比强度高、比刚度高、热稳定性好、高韧性、高模量、抗腐蚀等特点，结合了铍的低密度与铝的易加工性和高韧性等许多优良特性，已经成为一种愈来愈重要的新型结构材料。它可以通过精密铸造和机械加工等方法制造出具有多种途径的柔性连接件，可广泛应用于 IC 行业、航空航天工业、计算机制造业、高精度高速度电焊机器制造业以及飞机、船舶、汽车、火车等的交通运输的运动测量和惯性导航领域。

美国 Kulicke & Soffa 公司始建于 1951 年，是国际上最大的集成电路焊机制造商之一，占有焊机国际市场约 30% 份额，在行业内有很高的权威性。柔性连接件是焊机的关键部件，目前世界上只有美国布拉什・威尔曼公司可以生产这种产品，因金属铍有毒，中国生产铍合金的企业为数不多，且多为生产铍含量小于 4% 的低铍合金，至于对高铍铍铝合金的开发至今仍是空白。

该项目具有独创性，采用真空熔炼技术，在非氩气保护的环境下，添加其他微量元素，生产铍 60% ～ 65% 的铝基合金，解决了铍铝原料配比及均一性控制问题、消除铸造缺陷的技术问题以及热处理工艺中的技术问题。

该项目材料的化学成分、力学、物理性能满足客户要求，产品整体性能达到国际同类产品的水平，性能优良，填补了中国空白。该项目实施过程中，西材院已向国家递交了国家标准《铍铝合金》报批稿，同时正在积极筹备申报专利。项目发表了论文 4 篇，其中 1 篇被 SCI 和 EI 收录。

西材院通过该项目的研发，掌握了铍铝合金铸造的工艺，可以试制其他形状的合金。产品远销美国、以色列等国家，同时积极与中国的航空航天领域的科研院所联系，开拓中国市场。迄今为止共销售近 850 套铍铝合金产品，实现销售收入近 200 万元。

一步法渗铜烧结钢用高性能渗铜剂（二等奖）项目年份 2009 年

该成果属于新材料技术领域。常规方法制备的烧结钢零部件内部含有大量残留孔隙，降低其力学性能，致使其在汽车、家电、机械等行业中的某些较差工况下使用时失效。渗铜是一种提高烧结钢材料致密度、力学性能且成本较低的常用方法，一步法渗铜烧结钢具有静 / 动力学性能高、导热好、孔隙率低（<5%）、成本低等优点，中国粉末冶金公司对显著提高烧结钢强度和冲击韧性的高性能、低成本渗铜剂提出了强烈的需求。但中国没有渗铜剂的批量生产，主要依靠从美国、欧洲和日本进口，成本较高。该项目依托有研粉末新材料（北京）有限公司的制粉优势，制备出满足中国市场的熔渗效率高、无侵蚀、无 / 低残留、显著提高烧结钢零部件力学性能的高性能渗铜剂，达到国外同类产品水平，降低生产成本，为企业带来明显的经济效益和社会效益。

该项目成功解决了高性能渗铜剂成分设计、成分偏析以及由于雾化铜粉、超细铁粉、CuZn20 等原料粉末粒度差异带来的混料均匀性等技术难题。该项目形成了自主知识产权，在产品和工艺生产上已申请发明专利。制备的 Cu-2Zn-2Fe 型渗铜剂在熔渗应用实验上达到了预期目标，完成了整套工艺和设备的研究、建设，实现了可持续生产。

产品技术指标如下：

1. 渗铜剂：松装密度 3.0 ～ 4.0 g/cm3；流动性 18 ～ 35 s/50g；

粒度 100 mesh；压缩性 >7.0 g/cm3 (30tsi)

2. 低残留，熔渗效率≥ 96%。

3. 烧结钢冲击韧性超过 12 J/cm2，较未渗铜提高 1 ～ 3 倍。

4. 无侵蚀现象。

已建成年产能力 500 吨的渗铜剂中试生产线，生产工艺稳定，产品性能优良，质量稳定。现已累计生产 337.5 吨，实现销售收入 2025 万元， 利税总额 354.45 万元。该项目最终目标是在中试生产线的基础上建立年产 1000 吨的高性能渗铜剂粉末生产线，实现年销售收入 7000 万元，为企业创利 1000 万元。该项目高性能渗铜剂粉末将部分取代国外进口产品的市场份额，推广前景良好。

25KA 氟化体系稀土熔盐电解槽研制（二等奖）项目年份 2009 年

该项目针对目前中国氟化物体系熔盐电解生产稀土金属电解绝大部分采用3000A以下电解槽进行生产，普遍存在以下问题：

1. 单台设备产能低；

2. 产品的一致性差；

3. 电解槽寿命偏短；

4. 生产过程自动化程度低。为提高中国稀土金属冶炼行业的装备水平，进一步降低生产成本，研制 25KA 氟化体系稀土熔盐大电解槽具有十分重大的意义。

该项目的关键技术及创新点：

通过对电场、磁场和热场的研究，设计并制造成功了 25KA 大型氟盐体系稀土熔盐电解槽，其技术创新点如下：

1. 对槽型和阴阳极电流密度进行了优化设计，使电耗小于 9000Kwh/T-REM；

2. 研制成功了稀土金属真空虹吸出炉装置，虹吸管采用钛和钨钼组合管，实现了出炉的机械化，减轻了劳动强度，提高了产品质量；

3. 研究成功了钨钼板与铌槽拼接承接器，提高了使用寿命；

4. 研究确定了预埋熔盐的最佳配比，开发了开炉新技术，解决了底部结壳、起炉时间长、电耗高、石墨槽损伤大等问题。

其要技术和经济指标：

1. 解电流 21KA ～ 23KA，槽电压：8.0 ～ 8.5V；

2. 1.229 吨氧化镨钕 / 吨镨钕金属，稀土直收率 95.69%；

3. 耗 8.95 度 /KgRE-M；

4. 日产金属镨钕 640.5Kg；电流效率为 73%；

5. 一次合格率 95.8%；

6. 品成本较 10KA 电解槽降低 2781 元。

开发的 25KA 稀土熔盐电解槽成功使电解槽电解电流达到了 21KA ～ 23KA。投入生产运行以来，运行过程稳定，其优点突显在电耗低、合格率和劳动效率高。每生产一吨金属，较 10KA 电解槽可节电 1000 度，减少稀土氧化物消耗 11Kg，并有良好的环保效益。其整体技术达到国际先进水平。

本成果已应用于 2008 ～ 2009 年我公司产业化扩产节能技改工程即建设10台25KA稀土熔盐电解炉车间。

钼精矿焙烧及其尾气处理新工艺（二等奖）项目年份 2009 年

该项目针对中国钼冶炼行业中所采用的焙烧技术大多是落后的单膛反射炉、外加热型和简单的内加热型回转管窑技术，存在着能耗高、效率低、氧化钼收率低和污染严重等问题，已成为钼冶炼行业发展的瓶颈。针对上述情况，洛钼集团设计并实验成功了钼精矿焙烧新技术和低浓度二氧化硫制硫酸新工艺，建立了中国第一条绿色化的氧化钼生产线。

项目关键技术及创新点：

1. 首次将旋转闪蒸干燥装置引入钼精矿焙烧系统。结合新型密封技术、尾气除尘与干燥技术，可使氧化钼的收率由原来的97%提高到99%以上，尾气中二氧化硫的浓度由以前的0.9～1.5%提高到1～3%之间，满足了低浓度二氧化硫制硫酸工艺的要求。产能也由原来的0.8万吨提高到现在的2.2万吨。

2. 首次采用固体燃料高温热风炉作为钼精矿焙烧系统的热源。采用该技术可以大幅度降低能耗，可使吨产品煤耗从0.7吨降低到0.35吨；新工艺去除布袋收尘器前的风机，可使吨产品电耗从120kwh降低到54kwh，节能效果明显。

3. 对低浓度二氧化硫制酸工艺进行了改造，设计出了一种新型的转化器，开发出了一套适应于钼焙烧低浓度二氧化硫制硫酸的新工艺，采用该新型工艺每年可将产生的1.6万吨二氧化硫的99%转化为硫酸和亚硫酸钠，使得排放的二氧化硫浓度小于200mg/m3，远低于国家850mg/m3的标准。

该项目累计多收回氧化钼0.12万吨，新创效益2.9亿元；累计节约成本1498万元，累计少向大气中排放4.2万吨二氧化硫，转化为副产物硫酸等，创效益3280万元。若将该项技术推广到全国钼冶炼行业，每年可减排二氧化硫8万多吨，新创效益8亿多元。

该项技术成果属中国首创，整体工艺技术居国际先进水平。

选择性分离贵锑中贵贱金属的技术及产业化
（二等奖）
项目年份2009年

该项目以中国独有的处理锑金精矿时采用的鼓风炉挥发熔炼产出的贵锑为原料，在氯化物介质中以过氧化氢为氧化剂，在控制溶液电位的条件下，选择性地将贵锑中的贱金属铜、镍、锑等溶解浸出进入溶液，金以金属金、银以氯化银的形式进入浸出渣，铅氧化后形成氯化铅，采用热酸和热水洗涤浸出渣时，氯化铅溶解与贵金属（金和银）分离。部分以银氯配合离子的形态进入溶液中的银，通过加入少量贵锑粉还原回收，还原银后的浸出液采用中和水解沉淀的方法得到氯氧锑，沉淀锑后的浸出液再用分步中和沉淀的方式回收其中的铜和镍。该项目开发的工艺是一种全新的贵锑分离工艺，取代已沿用四十余年的传统锑电解-电解阳极泥硝酸浸煮-坩埚炉熔炼-马弗炉吹炼工艺。该项目已申请发明专利两件，其中一件已授权。

选择性氯化浸出分离贵锑中的贵贱金属，浸出过程铜、镍和锑的浸出率＞99%，经过热酸和热水洗涤后产出的粗金粉含金大于70.0%，金的直收率≥99.9%，金的回收率≥99.9%。浸出贱金属的溶液还原时银的还原率≥89.47%，水解沉过程锑的水解率≥99.56%，水解锑后液中铜、镍的中和沉淀回收率≥99%。

金锑精矿是一种十分独特的资源，除中国建有冶炼厂外，国外仅有俄罗斯建有电炉熔炼车间处理此类资源，但生产规模小。贵锑选择性氯化分离贵贱金属的产业化大大地提高中国金锑精矿冶炼的技术水平，巩固了中国在金锑精矿冶炼领域国际领先的地位。新的贵锑处理车间在2006～2008年三年内， 共计生产黄金9.1吨，新增利税11175.72万元，新技术的应用不仅实现了高效提取金的目的，而且在后续工序中实现了多种金属的综合回收。新工艺对环境友好，生产过程劳动强度低。

高电流密度预焙阳极的研究及开发
（二等奖）
项目年份2009年

该项目为满足世界铝电解技术发展的需要，满足国际市场对高电流密度下阳极质量的要求，索通发展有限公司对此进行了研究及开发，制定了方案和进行了大量生产试验，成功地探索出制备超高电流密度阳极的控制技术，并进行了一系列技术创新：

1. 研究确定了高电流密度预焙阳极的技术标准；

2. 确定生产高电流预焙阳极原料配方和微量元素控制范围；

3. 研制科学生产配方，对配方稳定及沥青含量控制做严格要求；

4. 确定了各关键工序工艺技术条件；

5. 提出了新的生产控制理念及方法，例如稳定原料配方，控制微量元素含量，控制粉子布朗值，控制粉子纯度等；

6. 对开发高电流密度预焙阳极的理论基础进行了研讨。

通过上述一系列技术措施，公司生产的阳极经过花巨资引进的瑞士R&D公司整套检测设备的检验，体积密度平均由1.58g/cm3增加到1.60g/cm3，空气渗透性由3.42nPm下降到1.61nPm，电阻率由55.8μΩ.m下降到53.43μΩ.m，二氧化碳反应性残留由88%提高到91.4%，空气反应性残留由92.1%提高到95.1%，各项性能不但达到国际先进水平，而且也达到高电流密度阳极技术标准，并且完全满足出口阳极合同要求，随着出口量不断的增加创造出显著经济效益。

高电流密度预焙阳极的研究及开发研制的成功，满足了国外市场对大电流密度阳极的需求，该项技术不但可以在同行业推广，所产生的直接经济效益、间接经济效益及社会效益是显著的，具有数十亿元的市场和良好的推广和应用前景，而且可以提高中国炭素技术水平，推动中国铝用炭阳极技术的发展，具有广阔的市场和良好的应用前景。

铝用新型阳极焙烧炉火道墙研制
（二等奖）
项目年份2009年

该项目针对中国阳极焙烧炉的技术差距，从2006年起又开始了第二代阳极焙烧炉新技术开发研究，围绕提高阳极焙烧炉火道墙使用寿命和降低吨阳极热耗进行的，其要点如下：

1. 采用锁扣式透气砌块砌筑火道墙

新技术改变了传统阳极焙烧炉料箱中的挥发份通过火道墙空砖缝进入火道的方法，而是将挥发份通道留设在锁扣式透气砌块内。

由于锁扣式透气砌块以金属尾矿为主要添加原料（郑州祥通耐火陶瓷有限公司专利技术），其导热系数高达 1.9w/m.k。

由于挥发份通道在锁扣式透气砌块上均匀分布，保证了整面火道墙上的挥发份通道的均匀分布，这对于提高料箱温度的均匀性、提高阳极焙烧质量是非常有益的。

2. 火道墙砌筑方法

火道墙砌筑新技术改变了传统火道墙的立缝不打泥浆的砌筑结构，着重于提高锁扣式透气砌块间的结合强度，进而提高火道墙整体强度。

3. 节能型炉面隔热砌筑块

新技术在火道墙顶部采用了具有复合结构的节能型炉面隔热砌筑块，这种结构可使火道墙顶部的最高温度由原来的 210℃降低到 91℃，6 个运转炉室火道墙上表面的平均温度降低到 67℃，6 个运转炉室火道墙上表面的平均热流降低到 729kJ/m2•h，具有明显的节能效果。

在节能型炉面隔热砌筑块上设置的 4 个看火操作孔，采用了轻质耐火材料结构。

4. 节能效果

热耗将比现有的阳极焙烧炉下降 0.64GJ/t•阳极。如果以目前阳极焙烧炉热耗 2.8GJ/t•阳极计算，新型阳极焙烧炉的热耗将降至 2.2GJ/t•阳极以下，进入该领域的国际先进行列。

5. 阳极焙烧炉使用寿命

经过试验测试，采用新技术、新材料和新方法砌筑的阳极焙烧炉火道墙，使用寿命将延长至 6 ～ 8 年，火道墙可安全使用 90 ～ 100 个周期；整台阳极焙烧炉则可安全使用 180 ～ 200 个周期。整体技术达到国际先进水平。

三工位转台式成型机生产沟槽阳极技术开发与应用（二等奖）项目年份 2009 年

该项目通过自主创新，国际首创在三工位转台式成型机上对生阳极进行纵向开槽，并形成沟槽阳极焙烧、沟槽阳极清理等一整套三工位转台式成型机生产沟槽阳极技术。

主要研究内容：

1. 通过对现有三工位成型机模具、推出、接收及其它辅助装置进行研究，开发了三位转台式成型机上阳极开沟槽技术。

2. 通过优化焙烧制度解决沟槽生阳极焙烧过程中导致槽变形、槽顶部裂纹导致合格率低的难题。

3. 通过开发一种清理装置，在阳极输送线上自动清理沟槽，解决清理问题，保证沟槽阳极的质量。

4. 通过将沟槽阳极在广西分公司 160KA 系统电解槽上进行工业试验研究，对沟槽阳极在电解中的行为进行综合评价。

该项目研究开发的“在转台式振动成型机上进行的阳极开槽机组”已申请发明专利，目前已通过实质审查。“焙烧炉火道口隔热座”、“分离式托盘托架固定装置”正在申请实用新型专利。沟槽阳极外观合格率和理化性能好，其中沟槽生阳极外观合格率达 99.38%，沟槽焙烧阳极外观合格率达 99.51%，沟槽阳极的应用降低了电解槽压降 12mv，降低槽电解质温度约 10℃，沟槽阳极的使用节电效果好。

该项目成果已在中铝广西分公司阳极生产线上应用，生产的沟槽阳极已全面在电解槽中使用达 8 个月以上，新增利润 92.02 万元，新增税收 15.64 万元。该项目开发出的“在转台式振动成型机上进行的阳极开槽机组”技术还可推广应用于用三工位转台式成型机进行沟槽阳极生产的其它阳极厂；“焙烧炉火道口隔热座”技术可推广应用于同行业敞开式焙烧炉火道口隔热，以降低焙烧炉能耗。

该项目经济和社会效益明显，综合技术达到国际领先水平。

电解槽节能保护性二次启动技术（三项合并）（二等奖）项目年份 2009 年

该项目属于电解铝领域。一般情况下，应用常规技术对电解槽进行二次启动，焙烧启动过程中发生渗漏的风险很大，二次启动成功率较低，启动后运行时间较短，电解槽二次启动和启动后运行成本很高。为了克服二次启动槽的这些弊病，尽可能降低企业的损失，华圣公司有关技术人员针对二次启动槽的特点，通过对电解槽停槽过程阴极内衬的变化情况、停槽后电解槽的清理和修补质量、二次启动过程及启动后电解槽的变化情况等方面进行深入研究，成功开发出了电解槽节能保护性二次启动技术，顺利解决了二次启动过程容易发生阴极渗漏、启动后经济技术指标较差和运行时间较短的技术难题，为提高二次启动成功率和延长电解槽寿命打下了坚实的基础。

该项目实施前，电解槽停槽后阴极开裂率大于 10%，侧部炭块开裂率均大于 50%，二次启动成功率 95% 左右，启动用电 21.6 万千瓦时，启动后运行时间 1000 天左右；应用该技术，电解槽停槽后阴极开裂率小于 2%，侧部炭块开裂率小于 5%，二次启动成功率达 100%。

首次开发成功了一整套电解槽保护性停槽技术。项目的主要特点和创新点：

1. 在电解槽停槽过程中，针对槽体散热特点，采取全方位、立体式的保护措施，减缓了降温速度，避免了阴极内衬的二次破损，有效地延长了槽寿命；

2. 停槽 48 小时内及时释放阳极导杆约束力，有效保护了电解槽上部结构；

3. 对停槽残极采取两两对接的措施提高了残极的利用率，避免了浪费。

该项技术为中国电解铝行业大型预焙槽中小修及

在限电、缺料等紧急情况下进行技术性停槽和二次启动提供了技术支持，解决了电解槽二次启动成功率低和启动后运行时间短的技术难题，避免了因漏炉和电解槽大修所造成的巨大经济损失、资源浪费和环境污染，提高了资源利用率，填补了中国这一领域的技术空白。该项整体技术达到了国际先进水平，具有广阔的推广应用前景，适用于160kA以上需要进行二次启动电解槽的停槽。该技术于2008年被中国铝业确定为重点推广项目。

200kA铝电解槽节能降耗综合技术研究
（二等奖）
项目年份2009年

该项目针对连城分公司200kA系列电解槽投入生产初期，电解槽炉底沉淀较多，运行温度较高，电流效率较低，综合电耗高，技术经济指标在中国同级别槽型中的指标属中下水平的问题而开展节能降耗的研究。 该项目针对200kA电解槽炉膛不规整、运行不稳定等问题，进行了工艺技术优化，提高了铝电解生产技术指标，其主要技术特点和创新点如下：

1. 该项目集成运用了低槽电压、低效应系数和阳极开槽等技术，形成了200kA铝电解槽节能降耗综合技术；

2. 自主研发了氧化铝浓度低窄控制技术，有利于提高电流效率、降低阳极效应；

3. 开发了散热片在线焊接技术，加快了电解槽侧部散热。

该项目技术已在连城分公司200kA电解槽系列成功应用，能耗降低，PFCs排放量减少，取得了显著的经济效益和社会效益，具有推广价值。

2008年与实施前的2006年相比，槽日产量从1.517吨，提高到1.612吨，提高6.26%；铝锭综合能耗从14663kWh/tAl降低到13977kWh/tAl，吨铝节电686kWh/tAl；阳极单耗从517.68kg/tAl降低到480.8kg/tAl；PFCs排放量减少65%。取得了年降低成本五千多万元和大幅降低PFCs排放量的显著效果。

新型加氢催化剂载体原料的研制与应用
（二等奖）
项目年份2009年

该项目的实施，有效的解决了采用NaAl02－CO2法生产，但产品孔容等指标提升较慢，产品孔容0.8ml/g±，不能满足市场需求的矛盾。

2007年中铝公司将“超大孔拟薄水铝石的研制”定为重点科技计划项目“SA2007CAQB08　石油炼制催化剂原料的技术开发和工业试验”的子项目。通过项目研究，在生产流程中增加自行设计的微型气体分布器，引入新的技术参数：气液混合物膨胀系数、反应过程温升；确定扩孔剂及加入方式、加入量；在生产线上进行了工业试验，试生产出了孔容平均1.029ml/g，比表面大于350m2/g的大孔拟薄水铝石产品，为超大孔拟薄水铝石生产技术推广提供了理论与实践依据。

2008年中铝山东分公司研究院要求该项目进行产业化生产，要求产品达到如下技术指标：孔容≥1.0ml/g，比表面≥350m2/g，Na20含量≤0.1%，三水铝石含量≤2%。该项目研究成功了超大孔拟薄水铝石新产品（孔容≥1.0ml/g），确定了最佳生产工艺技术条件，在车间进行工业生产，开发出合格新产品30吨。产品批样物化指标结果如下：孔容0.9782～1.1190ml/g，比表面363.3～385.6m2/g，Al(OH)3含量≤2%，Na20含量≤0.1%。目前该产品生产工艺已非常成熟，并成功推向市场，现车间批样产品孔容平均值1.043ml/g；比表面平均值368.1 m 2/g。

该项目经济效益显著、投资回报率高、投资回收期短（试验总经资为：16.5万元；投资回收期为：16.5/50.04＝0.33年；投资回报率为：50.04/16.5＝303 %）。该项目采用碳酸化法生产超大孔拟薄水铝石，提供的技术与目前国内外现有的方法相比生产成本低、过程无污染，整体技术达到国际领先水平，具有较强的市场竞争力。

混合半干法自凝堆存拜耳法赤泥
（二等奖）
项目年份2009年

该项目的实施，解决了拜耳法赤泥的干法堆存费用高、运输粉尘大等难题。

该项目在研究了山东分公司拜耳法赤泥、烧结法赤泥的矿物特性，进行了两种赤泥不同比例的混合试验，着重考察了混合赤泥的强度等指标，并对两种赤泥混合机理进行研究，开发出两种赤泥混合半干法堆存的新方法。在实验室试验取得突破的基础上，山东分公司在第一赤泥堆场进行了烧结法、拜耳法赤泥混合筑坝和堆存现场工业试验，共完成赤泥堆存约5.5万m3，试验坝体垂直高度达到6m。在工业试验过程中，由西安勘察设计研究院对长达300米的试验坝体和库区进行岩土工程勘察，并进行了模拟计算，证明两种赤泥混合半干法堆存在技术上完全可行。

该项目在工业试验取得成功后，山东分公司着手进行成果产业化应用，从2008年6月10日开始，第二、三赤泥堆场全部实施两种赤泥混合堆存，烧结法、拜尔法赤泥按7∶3混合后筑坝、按3∶7混合后在坝内堆存。烧结法赤泥过滤后与拜耳法末次底流按不同比例掺配，混合赤泥泵送到二、三堆场筑坝和堆存。实行两种赤泥混合半干法堆存后，堆场运行状态良好，拜耳法赤泥堆存费用大幅度降低，年创经济效益1286.4万元，还解决了汽车倒运拜耳法赤泥滤饼引起粉尘大的环保难题。

该项目“赤泥坝负压助渗装置”、“赤泥堆场鱼刺式排渗装置”两项实用新型专利获得授权，并申请“烧结法赤泥、拜耳法赤泥混合筑坝方法”发明专利一项（08年4月公开）。

赤泥制备新型燃煤脱硫剂技术
（二等奖）
项目年份2009年

该项目采用氧化铝生产过程强碱性固体赤泥废渣为原料，经过加工处理，利用赤泥中有效成分，应用于燃煤火力发电厂锅炉，形成了一个助燃、催化、脱硫的新体系，实现烟气脱硫及燃煤固硫，无论是其崭新的理念，还是独特的工艺路线，在国内外尚无先例，经过专家鉴定该项技术达到国际领先水平，该技术已经申请发明专利“一种赤泥固硫剂以及利用赤泥进行燃煤固硫的方法”，公开号：CN 101480568A。

赤泥燃煤固硫剂是依据工业锅炉煤炭的燃烧机理和赤泥独特的物化性能。其原理是赤泥中的金属离子作为催化剂在高温条件下与二氧化硫发生化学反应生成硫酸盐；通过运用稳定剂阻止硫酸盐分解的原理，把催化剂、抑制剂、稳定剂等有机调配为高效燃煤固硫催化剂。该项目在实验室试验的基础上，成功地进行了工业扩大试验及工业应用试验。其赤泥脱硫剂的脱硫率达到了75%以上，排放的烟气中二氧化硫的浓度均小于500mg/Nm3，集中区间在240～380mg/Nm3，达到了国家环保要求的排放标准。目前，利用氧化铝厂闲置的设备改建成了一条新型赤泥脱硫剂生产线。赤泥新型燃煤脱硫剂在公司热电厂成功实施后每年可消耗赤泥13万吨，减少赤泥堆存费用所产生的经济效益为536.9万元，赤泥粉脱硫剂应用于公司内部电厂代替碳酸钙脱硫剂所带来的的效益192万元/年。

赤泥粉脱硫剂有着很好的推广应用前景。由于项目显著的环境和社会效益，当地政府非常支持项目的实施和推行。以淄博市方圆100公里内的火力发电厂为计算基数，每年消耗钙基脱硫剂达400多万吨，以赤泥产品替代30%市场份额计算，年可消耗赤泥150多万吨，减少赤泥堆存所产生的经济效益为 6195万元，赤泥粉脱硫剂新产品带来的的效益2395.5万元/年，赤泥脱硫剂这一新产品将成为企业发展中新的经济增长点。

高效固液分离设备及工艺技术开发
（二等奖）
项目年份2009年

该项目针对氧化铝生产过程中赤泥的分离、洗涤存在的问题，开发了种新型设备。目前国内外氧化铝厂大都是采用大型沉降槽进行赤泥分离和洗涤，由于拜耳法赤泥粒度非常细，当固含偏高时很易造成跑浑，分离洗涤过程时间长，水解损失严重，需要大量昂贵的絮凝剂，且底流附液量大，外排赤泥附液量大、附损高，赤泥储坝负荷较重等。针对现行工艺所存在的问题，山西分公司在多年研究的基础上开发了具有自主知识产权的立式高效精滤机。该设备采用新型金属过滤元件，耐高温、高碱，是一种新型加压过滤装置，在进行拜耳法溶出赤泥和洗涤赤泥的分离时，滤液浮游物可直接达到精滤水平，底流固含较高，且在一定范围内可调。

项目首次将多层金属烧结网过滤元件用于氧化铝生产的固液分离。自主研发、设计、制造出一种新型高效固液分离设备——立式高效精滤机，可代替沉降槽和叶滤机，直接得到拜耳法精液，实现稀释矿浆的快速分离；开发了适宜的阀门系统，确保设备长期稳定运行；开发了赤泥浆化耙机系统，有效控制底流固含；开发出适宜于赤泥分离、洗涤高效固液分离工艺设备的自动控制技术，操作方便，确保设备自动稳定运行；开发出金属过滤介质的酸洗和碱洗再生技术，再生效果理想。该项目已成功应用于拜耳法赤泥的液固分离，开发出拜耳法赤泥分离洗涤新工艺，简化了流程，提高了底流固含和洗涤效率，降低了外排赤泥附水、附损。

该设备分离稀释矿浆时进料固含最高95g/1，平均63.2g/1，远高于其它同类过滤设备；浮游物指标在0.020～0.050g/1的范围内波动，最低0.010 g/1；底流固含达到700g/1以上。分离末次洗涤赤泥时，进料固含最高336g/1，平均177 g/1，赤泥处理量达56.84t-赤泥/h·台，底流水分平均45.67%。

该设备及工艺技术的开发将大力推动中国氧化铝生产过程装备水平和工艺技术的创新，有效解决传统沉降分离和叶滤对提高铝酸钠溶液浓度的制约，为实现拜耳法高效循环提供技术支撑。社会经济效益显著。可用于新建、扩建、改建的氧化铝厂的赤泥分离，也可用作其它行业的类似固液相分离设备，具有十分广阔的推广应用前景。

氧化铝供风系统节能优化新技术开发与应用
（二等奖）
项目年份2009年

该项目对氧化铝供风系统进行优化。山西分公司空压站车间担负着风能的集中生产供应任务，主要为料浆槽、种分槽等主要岗位提供搅拌提料用风及全厂其它动力用风，素有氧化铝生产“心脏”之称。其供风设备包括六台功率为2500kw的高压离心压缩机，及三台功率为1800kw的低压离心压缩机，是山西分公司的能源消耗大户。由于供风管网原设计为主管与专管并行的单一压力供风模式，在长期使用过程中，发现这一模式在运行中主要表现为系统所需风压高，调节浪费大，供风成本偏高；同时供风管网经过20多年的使用，磨损严重，存在严重生产安全隐患。因此，为降低供风系统能源消耗，确保生产安全，山西分公司决定将该项目作为降本增效项目之一进行立项实施。

其主要技术特点和创新点如下：

1. 首次在氧化铝厂建立了分级供风模式，形成了在不同供需下的节能风量调节体系，降低了供风成本，提高了系统运行的安全性，便于管理和操作；

2. 制定了分级供风模式下供风系统运行调节新标准，优化了工艺条件和技术参数；

3. 采用了冷却效果好的新型冷却器，提高了压缩机的运行效率。

其主要技术经济指标：

1. 高压风一级管网压力≥0.45MPa；

2. 高压风二级管网压力≥0.40MPa；

3. 高压风三级管网压力≥ 0.35Mpa;

4. 高压机排气温度≤ 140℃。

在国内外氧化铝生产供风系统中使用分级供风技术对风能进行合理调节的尚属首次，该项目整体技术达到国际先进水平。该项目在我分公司氧化铝供风系统应用后，整个供风系统调节方便，实现了风能的合理利用，又增强了供风管网的安全性，且经济效益显著。

项目实施后，一年之内有 6 个月时间可以少开一台压缩机，按高、低压机各占一半的时间计算，每年可节约的费用为 431.25 万元。项目完成后，增强了高压风管网使用的安全性及管理的科学性，可使整个高压风系统调节方便，实现节能运行，显著节约了能源，大幅降低了企业的生产成本，提高了企业的综合竞争力。

微米级片状 α– 氧化铝研制与开发（二等奖）项目年份 2009 年

该成果进行了通过 A1203 在 SC-PC 熔盐环境中向 a- A1203 相变特性研究、a- A1203 单晶颗粒形貌在 SC-PC 环境中发育过程研究，探讨了熔盐法低温合成微米级片状氧化铝机理。通过引发剂对片状 a- A1203 颗粒形貌、晶型尺寸影响，粉料粒度和处理方式对片状 a- A1203 颗粒形貌、晶型尺寸影响，煅烧工艺制度对片状 a- A1203 颗粒形貌、晶型尺寸影响，粉料予处理温度对片状 a- A1203 颗粒形貌、晶型尺寸影响，添加剂对片状 a- A1203 粉体颗粒形貌、晶型、粒径影响，确定了熔盐法低温合成微米级片状氧化铝较优工艺技术条件。通过扩大试验，充分验证了试验室结论，得出了工业试验及产业化实施过程中需要的设备选择条件及运行初步条件。

应用该工艺生产的片状 a- 氧化铝产品，α - A1203 含量高，径厚比不小于 3，粒度 d(50)3-5μm，且分布范围集中，产品市场前景广阔，具有较好经济效益和社会效益。

该成果的主要特点和创新点是：

1. 自主研究开发成功熔盐法生产片状 a-A1203 粉体新工艺；

2. 通过配方和工艺条件控制，降低了片状 a- A1203 相形成温度，控制了不同晶面生长速率，阻止了粉体团聚、孪晶发生，获得了单晶片状 a- 氧化铝粉体。

与目前采用超高温烧结法生产片状氧化铝相比较，该项目开发的熔盐法生产片状 a- 氧化铝粉体新工艺，煅烧温度低，产品纯度高、晶型好、分布范围集中，没有团聚，是中国片状氧化铝研发新技术。该工艺已达国际先进水平。

微米级片状 a- A1203 属于技术含量高、附加值大、市场前景广阔、竞争力强的新产品。中国铝业中州分公司采用熔盐法生产微米级片状 a-A1203 的研制成功，将极大地提升中国片状 a- A1203 产品在中国、国外的竞争能力，扩大公司的产品品种，优化产业结构，增加公司的经济效益，同时为相关行业的新材料、新产品的研发提供了物质基础。经济效益和社会效益十分显著。

废旧铅酸蓄电池自动分离 – 底吹熔炼再生铅新工艺研究（二等奖）项目年份 2009 年

该项成果应用在铅冶炼及再生铅行业。中国是铅生产大国，再生铅工业虽然经多年发展，已经初具规模。但仍存在着规模小、技术工艺落后、自动化程度不高、环境污染严重等缺点，现状已严重不适应经济社会发展要求。公司作为中国最大的铅冶炼企业，以中国铅物质流分析结果为根据，以生态设计、3R 原则、清洁生产及环境友好材料等原则作为指导，以重力分选理论与熔炼基本理论为理论依据，确定了废旧铅酸蓄电池自动分离 - 底吹熔炼再生铅新工艺得路线，并以此设计建设了 10 万吨 / 年废旧铅酸蓄电池自动分离—底吹熔炼再生铅工程项目。经过试生产和近两年来的稳定运行，取得良好的成效。

该工艺具体流程如下：收购来的废旧铅酸蓄电池经破碎后，利用各组分物理性质的不同，采用水力分离产出铅膏、板栅、塑料、橡胶等产物。其中板栅铅采用低温熔炼生产铅基合金；铅膏与原生铅矿按照一定的比例采用底吹熔炼生产再生粗铅；铅膏中的硫在高温下分解生成高温二氧化硫烟气，烟气经过降温、除尘采用两转两吸工艺制成硫酸；再生粗铅经电解精炼产出 1# 电解铅。

新工艺投入运行后的技术经济指标：

1. 分离技术自动化水平高，处理能力大，达到处理量 15 万吨 / 年，是目前中国最大处理量的系统。

2. 集约化效果突出，并且分离效果好，铅回收率达到 99% 以上。目前中国分离系统铅回收率一般在 95% 左右。

3. 铅膏采用富氧熔池熔炼技术，实现自动化大工业处理水平高，处理能力大，生产效率高，指标优，铅回收率可达到 97%，并且富氧熔炼回收硫制作硫酸产品，硫利用率达到 98%。国内外的各种技术铅膏中硫利用率均不到 90%。

4. 板栅直接熔炼生产合金产品，充分利用了有关有价金属，锑、锡、砷的回收率分别达到了 98%、99%、96%，提高了资源利用效率；

5. 该技术工艺规模化生产，环保治理严格，环保效果好，制酸尾气含二氧化硫小于 400mg/m3，中国一般在 600-800mg/m3。扬尘点含尘只有 10mg/m3，而中国大多数在 100 mg/m3 左右。

该工艺技术先进，实用性强，节能效果明显，总体技术达到了国际先进水平。

富氧侧吹熔池熔炼工艺（二等奖）项目年份 2009 年

该项目是用“富氧侧吹熔池熔炼工艺”对鹏晖公司原有两台密闭鼓风炉进行改造。

富氧侧吹熔池熔炼炉是一座有耐火材料衬里，关键部位嵌有铜水套的固定式长方形炉子，通过侧吹炉两侧的风口向炉内鼓入富氧压缩空气，熔体在侧吹炉内形成剧烈搅拌，由炉顶加入混矿，在熔体内形成气—液—固三相间的传质、传热过程，完成造渣、造锍反应，形成的渣锍共熔体通过溜槽进入电热沉降炉，高温烟气经余热锅炉降温后送制酸。

该成果的创造性为：

1. 形成富氧侧吹熔池熔炼炉熔炼铜精矿—电热沉降分离渣／锍（贫化）—侧吹吹炼炉吹炼铜锍新工艺。

2. 熔炼炉和吹炼炉都是固定式侧吹炉，技术优势相通又各据特色。

3. 富氧侧吹炉、电炉和连续吹炼炉之间由流槽连接。

4. 吹炼炉基本达到连续吹炼。

5. 熔炼炉不需要单独燃烧煤或油补热。

该成果的先进性为：

1. 逸散烟气少，环保效果非常好；

2. 炉子结构简单配置紧凑，投资少；

3. 原料适应性强，操作易于控制；

4. 渣含铜低，铜回收率高；

5. 烟气 S02 浓度高，硫的捕集率高；

6. 料率低，综合能耗低。

富氧侧吹熔池熔炼工艺整个工艺烟气泄露点少，有利烟气回收，硫的捕集率较高，操作环境得到彻底改善，尾气达标排放，环保效果非常好；硫酸污水全部回用，实现零排放。其整体技术达到中国先进水平，为淘汰落后工艺技术起到了示范作用。

多通道喷枪铜熔炼工艺
（二等奖）
项目年份 2009 年

该项目是在引进澳斯麦特技术基础上通过自主技术创新，成功开发铜顶吹熔炼更深层次的工业化生产新技术。

采用的技术方案与创新点为：

1. 摒弃传统粗铜冶炼流程，采用浸没式喷枪顶吹技术处理铜精矿生产粗铜；

2. 研究浸没式喷枪铜顶吹技术中喷枪中流体控制原理，将部分的氧气送入喷枪风管中，由压缩空气改为富氧空气，开发喷枪流体控制与供给新技术；

3. 研究喷枪结构，缩短喷枪头部尺寸、改变喷嘴角度，提高熔池深度，提高喷枪使用寿命；

4. 研究熔炼过程中烟气成分产生机理，套筒风由压缩空气改为富氧空气，控制烟气中单体硫的含量；

5. 研究浸没式喷枪顶吹工艺的耐火材料的适应性，开发内置铜水套炉体结构条件下的耐火材料适应性应用技术；

6. 设定研究澳斯麦特炉与配套贫化电炉的渣型，优化工艺控制，降低渣含铜与提高贫化电炉炉寿命；

7. 对炉体结构改进，优化生产技术指标；

8. 配套余热锅炉、电收尘器的改扩建，满足产能提升后的工艺要求；

9. 对进口设备进行技术研究，以国产设备代替进口设备。

该工艺具有以下技术特征：

1. 采用浸没式喷枪顶吹技术处理铜精矿，为国内外首家通过技术创新实现达产、超产；

2. 该系统生产粗铜，流程简单；

3. 开发喷枪流体供应新技术，成功地提高喷枪氧气的流量，实现产能的进一步提升，精矿处理能力提升至 120t/h（湿）；

4. 重新设定了澳斯麦特炉的渣型，通过控制渣型中的氧势，结合炉体尺寸的调整，实现技术经济指标的优化；

5. 研究炉内不同部位耐火材料侵蚀机理，制定各部位耐火材料的材质选择与砌筑方式，实现内置铜水套式顶吹熔炼炉炉寿命的提高；

6. 研究熔炼过程中烟气成分产生机理，控制烟气中单体硫的含量，配套余热锅炉、电收尘器的改扩建，成功提高硫酸的产量；

7. 改进喷枪结构，结合熔池深度的改变，提高喷枪使用寿命；

8. 实现烟气余热的利用，年发电达到 13654.7kkWh；

9. 环保指标达到中国同行业先进水平，粗铜综合能耗达到 233.72kg/t，粗铜冶炼回收率达到 97.42%，全硫捕集率提升至 97.08%。

次氧化锌粉综合回收工艺技术产业化
（二等奖）
项目年份 2009 年

该项目通过次氧化锌粉综合处理工艺的研究，提出一套综合回收处理次氧化锌粉新工艺，并将其成功应用于生产实践。该流程为：次氧化锌粉一次中性浸出，中浸渣采用二次酸性浸出，酸浸滤渣送铅厂提铅，酸浸液进行一次中和，中和滤液通压缩空气，一次水解沉铟，产出富铟渣送铟厂提铟，“针铁矿法”水解沉铁，水解后液返主系统，产出铁渣返挥发窑进行挥发处理。与传统工艺相比，该流程具有流程短、金属回收率和直收率高、能源消耗低、环保、经济效益显著等特点。

项目锌的浸出率≥ 97.5%，锌回收率≥ 96%，有价金属铟、铅等得到综合回收，建成了年产 2.5 万吨次氧化锌粉产业化生产线，自项目实施以来，三年累计处理次氧化锌物料 6.2 万吨，累计实现产值 5.71 亿元，新增产值 2.5 亿元，新增利润 9066 万元，新增税收 4438 万元，经济效益显著，推动企业资源综合利用和循环经济的发展，提高了企业的经济效益。项目的主要内容为：

1. 首次提出了次氧化锌粉 “中性浸出—酸性浸出—中和——次水解—二次水解”的新工艺。该工艺解决了锌、铅回收和铟的富集，沉铁除杂；

2. 首次进行了“束氟剂”的研制、产业化运用，解决了传统湿法炼锌工艺中 F 离子积累难以去除的技术难题；

3. 创造性的提出了含锌物料“还原性”概念，以评价含锌物料演出性能的优劣，开发出一套还原性测定方法，进行了降低次氧化锌还原性的措施研究，并将成果用于指导整个产业化流程工艺参数的调整；

4. 运用还原性参数判断炼锌系统有机物含量，为后序工段处理有机物提供依据；运用还原性判定 Cu^{2+}

加入量，净化除氯；

5. 首次提出通过控制酸度，改变铟在不同酸度下的存在形式，对铟进行富集的新工艺，不产生有毒有害气体且流程适应性强。

通过项目实施，成功解决了湿法炼锌企业多年来浸出渣堆积的环保难题，为企业创造效益的同时，取得了良好的环保效益。

贵冶火法系统新工艺的研究和应用（二等奖）项目年份 2009 年

贵冶火法系统新工艺在阳极泥熔炼及精炼过程中均采用氧气底吹熔池熔炼技术，并在阳极泥熔炼过程中以阳极泥中的铅氧化为氧化铅替代了传统工艺中的纯碱和萤石的造渣技术，把传统的精炼分成两个阶段，在前面阶段利用氧气底吹熔池熔炼技术，在后阶段用氧气替代了传统的压缩空气。贵冶火法系统新工艺的研究和应用实现了阳极泥的连续化生产，替代了传统工艺的升温、降温、再升温的反复过程，一方面增加了阳极泥处理量，另一方面降低了生产成本，同时延长了炉龄、节约了能源；氧气底吹贵铅炉熔炼过程利用阳极泥自身的铅氧化成氧化铅替代纯碱和萤石进行造渣，实现了贵贱金属的分离；高锑铅渣型替代了传统工艺的高碱渣型，降低了对耐火材料的侵蚀，延长了氧气底吹贵铅炉的炉龄；氧气底吹贵铅炉熔炼工艺的运用，稳定了炉况，强化了贵贱金属的分离，提高了有价金属的直收率，同时提高了贵铅品位；氧气底吹分银炉和氧气顶吹精炼炉的运用，缩短了精炼周期，降低了生产成本，延长了炉龄；渣贵铅炉的应用提高了金银直收率；氧气底吹贵铅炉和氧气底吹分银炉，正常生产时炉子不动，避免了烟尘的逸散，保护了环境。

贵冶火法系统新工艺投入运行后达到的技术经济指标：

1. 单炉阳极泥处理量在尺寸不变的情况下较老工艺增大 2 倍，阳极泥月处理量超过 500t；

2. 从阳极泥到合金板生产周期由原来的 6 天缩短至 3 天；

3. 吨阳极泥能源消耗较老工艺降低 992 元，生产成本降低 1100 元左右；

4. 金银回收率分别为 99%、98.5%，金银直收率分别为 95%、95%。

该成果的成功运用，促进了中国贵金属冶炼产业的发展，提升了中国贵金属冶炼行业水平，实现了节能减排、保护环境，发展循环经济的发展理念，符合国家长远发展战略，具有显著的经济效益和社会效益，有良好的推广和应用价值。

该工艺技术先进，实用性强，节能效果明显，总体技术达到了中国领先水平。该技术在设计及生产中，申报发明专利四项，实用新型一项。

锡精矿顶吹沉没熔炼炉富氧熔炼工艺技术的开发与应用（二等奖）项目年份 2009 年

该项目针对长期以来，锡精矿均采用反射炉、电炉等落后技术还原熔炼，存在生产效率低下、劳动强度大、环保差、资源浪费严重等问题，引进开发了顶吹沉没熔炼技术用于锡精矿的还原熔炼，并自主开发了“锡精矿顶吹沉没熔炼炉富氧熔炼工艺技术”，攻克了锡精矿富氧还原熔炼过程中，在富氧条件下还原气氛控制的关键技术，应用于工业生产，以进一步提高顶吹沉没熔炼炉的效率，实现强化熔炼。同时，对引进技术存在的渣型配料方法不合理、锡直接回收率低、物料适应性差、喷枪口密封不严、耐火材料使用寿命短、运行成本较高等缺点和不足，开发并在生产实践中应用了：“顶吹沉没熔炼炉炼锡工艺中的高铁渣型配料方法”、“顶吹沉没熔炼炉炼锡工艺中的二次燃烧方法与装置”、“顶吹沉没熔炼炉喷枪口密封方法与装置”、“顶吹沉没熔炼炉喷枪校正装置”等一系列创新技术，集成形成了具有自主知识产权、代表世界先进水平的“锡精矿顶吹沉没熔炼炉富氧熔炼工艺技术”。这些技术在云南锡业股份有限公司冶炼分公司应用以来，取得了良好的节能效果、环保效果和资源综合利用效果，创造了良好的经济效益和社会效益。

项目中的“顶吹沉没熔炼炉炼锡工艺中的高铁渣型配料方法”、“顶吹沉没熔炼炉炼锡工艺中的二次燃烧方法与装置”、“顶吹沉没熔炼炉喷枪口密封方法与装置”等多项技术属国际首创。目前项目共申请专利 5 项。

项目的成功实施，把锡冶炼技术整体水平提到了一个新高度，实现了强化熔炼，并攻克了氧化矿富氧还原熔炼气氛控制的技术关键。项目整体技术属国际先进水平，为锡冶炼工业技术进步做出了重大贡献。

铜火法精炼清洁生产用高效还原剂生产新技术新设备（二等奖）项目年份 2009 年

该项目为解决粗铜火法精炼采用青木或木炭粉作还原剂造成的生态破坏问题、采用石油制品或烷类产品还原逸冒黑烟造成环境污染问题，开发了一种煤基清洁高效还原剂，替代前述还原剂产品。

项目以褐煤为原料，采用自主创新设计的外热式连续快速炭化炉，使高水分褐煤的半焦化速率提高。半焦经复配制备出反应活性强、化学成分和物理规格均合格的煤基还原剂；同时开发出适应不同粗铜精炼炉型（反射炉及回转炉）和装备水平的煤基还原剂喷吹设备，保证固体还原剂的气动稀相输送能够准确控制。

创新性体现在：

1. 还原剂产品；

2. 还原剂制备工艺；

3. 还原剂输送设备。关键技术：还原剂制备方法及还原剂应用时与冶炼工艺的匹配。

产品应用技术指标：

1. 还原剂单耗：在 150t 固定式反射炉上：平均 12kg/t.Cu；在 350t 回转式阳极炉上：平均 10kg/t.Cu。

2. 还原时间：在 150t 固定式反射炉上：30 ～ 70min；在 350t 回转式阳极炉上：45 ～ 80min。

3. 烟气黑度：烟气黑度小于林格曼级 1 度。

产品先进性体现在：

1. 降低还原成本：与木炭粉还原相比，还原成本降低率＞ 40%；与重油、柴油、液化石油气还原相比，还原成本降低率＞ 50%；

2. 提高还原效率：与木炭粉还原相比；还原时间缩短 15% 以上。与重油、柴油、液化石油气还原相比，还原时间缩短 20% 以上。带来精炼效率高、炉时缩短、节能的优点。

3. 替代稀缺资源，保护环境。

4. 提升铜火法精炼技术、装备水平。

项目成果在云南铜业股份有限公司、江西铜业集团贵溪冶炼厂、金川集团有限公司、广州珠江铜厂有限公司、越南矿产总公司等十余家大中型炼铜企业得到成功的推广应用。累计实现产品销售收入 5900 万元，纳税 528 万元。

项目获得授权国家发明专利 3 项，实用新型专利授权 1 项，并获中国国际专利与名牌博览会金奖，中国发明协会第十五届展览会银奖。

利用铅银冶炼过程中的中间渣、尘生产高锑铅的工艺技术开发研究

（二等奖）

项目年份 2009 年

该项目主要针对铅冶炼行业利用铅银冶炼过程中的中间渣、尘生产高锑铅的工艺技术开发研究，属于有色金属冶炼资源综合回收利用技术领域。其主要研究内容是将高锑烟尘按一定比例配入铜浮渣、氧化渣、还原煤和纯碱，经混合后投入转炉进行高温还原熔炼，通过控制熔炼温度、炉内还原气氛和作业时间来生产高锑铅。产出的高锑铅返回铅电解系统阳极“调锑”，满足工艺对锑含量的要求，实现资源的循环利用，同时还回收了铅渣、高锑烟尘中的其它有价金属，解决了这些渣料对环境造成的污染问题。

用转炉处理高锑烟尘和铜浮渣来生产高锑铅，在工艺和设备方面突破了传统的工艺技术，是一种创新，并取得了较好的技术指标：转炉生产能力到达 16.54 t/d，铅的回收率达 98.06%，锑的回收率达 94.12%，烟尘率为 2.94%。与其它类似工艺相比具有流程短，环保效果好，热效率高，技术含量高，伴生元素的综合利用高等优点，符合国家倡导的科学发展观和循环经济的发展要求。

该技术通过自主设计，成功开发，取得了发明专利 1 项，实用新型专利 3 项，2007 年 4 月在云南驰宏锌锗股份有限公司电铅分厂实现了产业化生产，经济效益显著。两年多来共生产高锑铅 7000 多吨，新增总产值 10144 万元，新增利润 3120 万元。

该项目自产业化以来，工艺运行稳定，技术指标良好。不仅从源头上解决了这些冶金渣和烟尘对环境造成的污染问题，还提升了企业资源综合回收利用的技术水平，具有显著的经济社会效益和环保效益，在行业内为类似资源的开发和利用起到了产业化工程示范作用，具有广阔的应用前景和推广价值。

以城市污水处理厂出水为水源生产锅炉补充水

（三等奖）

项目年份 2009 年

中高压锅炉补充水对水质要求较严，主要采用以下两种方案：一种是以自来水为水源，采用传统的一级复床＋混床工艺；另一种是以污水或自来水为水源，采用双膜＋混床工艺。葫芦岛市七万吨污水处理厂的水源水质较好，水量充足，经过双膜工艺处理，可作为中冶葫芦岛有色金属集团有限公司炼铜技术改造项目锅炉补充水水源，处理后出水水质可达到炼铜技术改造项目锅炉用水标准。

该项目以城市污水处理厂的二级出水为原水，生产中高压锅炉补充水。筛选出美国陶氏 BW30-400FR 抗污染反渗透膜介质，并采用微滤作为主要预处理单元。产水率可达到 75%，出水水质符合中高压锅炉用水标准。

“以城市污水处理厂出水为水源生产锅炉补充水”于 2007 年 9 月在中冶葫芦岛有色金属集团有限公司投入生产使用，取得了显著的经济效益，年节约费用 157 万元。中水回用为锅炉补充水极大地缓解了城市供水资源紧张的局面，在为中冶葫芦岛有色金属集团有限公司提高经济效益创造良好条件的同时，体现了合理有效可持续利用中水，实现走“减量化、再利用、再循环”的循环经济之路，而且从根本上消解了环境与发展之间的矛盾，促进公司节能减排工作的开展，符合国家节能减排、建设节约型社会、发展循环经济的政策，在水资源日益缺乏的今天具有重要的社会效益。

“以城市污水处理厂出水为水源生产锅炉补充水”技术从 2007 年 9 月在中冶葫芦岛有色金属集团有限公司的硫酸厂、东方铜业公司、铅锌冶炼厂投入生产使用，应用效果良好，该技术在有色冶金行业具有广泛的推广应用前景。

电解原铝直接铸造高端 CTP 版坯料技术开发

（三等奖）

项目年份 2009 年

该项目采用电解原铝为主要原料，通过合金成分优化设计、熔体高效净化处理、晶粒超细化工艺研究及铸造工艺的优化，攻克原铝高杂质含量、高氢气含量等技术难点，研发成功了电解原铝直接铸造高端 CTP 版坯料的工艺技术，实现了高端 CTP 版铝合金锭坯产品的性能优化与开发。

该项目主要技术特点如下：

1. 形成优化的 CTP 版铝合金的化学成分精准控制范围；

2. 形成 CTP 版铝合金扁锭工艺技术及工艺制度；

3. 形成晶粒超细化工艺技术。

解决的关键技术问题有：

1. 晶粒超细化的研究开发；

2. CTP 版铝合金扁锭铸造工艺开发；

3. CTP 版铝合金化学成分的优化设计；

4. CTP 版铝合金熔体净化。

该项目实施完成后，依据开发研究成功的熔体处理及低液位铸造成熟工艺，还可根据市场需求完成其它高性能铝合金扁锭的技术开发，可为企业储备技术、优化产品结构，为企业经济效益的提高提供新的增长点。

SiC 颗粒增强大规格多功能性铝基复合材料的研制与应用
（三等奖）
项目年份 2009 年

在国外发达国家，颗粒增强铝基复合材料已在交通运输工具等多个领域内获得工业化应用。而中国目前对铝基复合材料的研究工作虽取得一定成绩，但多数局限在实验室水平，且尚无企业进行规模化工业生产。

该项目创新设计了 150kg 真空铝合金立式反应炉，为目前中国同类技术最大复合容量，接近工业化生产，满足规模生产需求。低真空复合工艺有效解决了加入过程中增强颗粒易团聚的问题，避免了搅拌过程中产生的氧化夹渣，以及气体的卷入。针对碳化硅增强颗粒粒径小，比表面能高与基体之间的润湿性差的问题进行了碳化硅增强颗粒预处理工艺的研究，提出了独特的双级高温氧化法对颗粒表面进行预处理。通过对低真空复合工艺的实验，完成 6061 和 ZL108 为基体的铝基复合材料的试制，大大超过了预期的性能指标。目前已有 3 家科研院校使用该铝基复合材料，并与数家工业应用单位进行交流，并针对应用前景及需求方向进行了高强、耐磨、低膨胀三方面的技术攻关。

铝基复合材料为高技术附加值产品，其吨生产成本约为在普通基体合金生产成本之上增加 2 万元 / 吨，目前售价 20 万元 / 吨。以铝基体合金成本 1.5 万元 / 吨测算，每吨复合材料的经济效益约为 13.6 万元，若实现 80 吨的产能，则年经济效益 680 万元。

铝基复合材料具有较高的比强度、比刚度、优良的高温性能、良好的热稳定性、良好的耐磨性与减摩性，以及优良的加工和成形性能、明显的性价比优势及性能可设计等诸多优点，将在汽车工业乃至国民经济的各个领域具有很大发展潜力。

纳米晶 AB3 型稀土镁基贮氢合金制备技术
（三等奖）
项目年份 2009 年

新型 AB3 型稀土镁基贮氢合金由于具有吸氢量较大、放电容量高、活化快的优点，近几年受到广泛关注。该项目在常规真空负压熔炼设备（25kg 双辊快淬炉）基础上，采用具有自主知识产权的双辊快淬技术制备纳米晶 AB3 型稀土镁基贮氢合金。通过添加覆盖剂和控制合适的熔炼工艺制度，解决了稀土镁基贮氢合金在熔炼过程中镁大量挥发造成的成分不稳定问题，稳定获得了成分均匀的贮氢合金片。将合金片在 850-1050℃条件下进行保温热处理，热处理后的合金片经机械或气流粉碎、制粉、过筛制得贮氢合金粉。该项目历经小试、中试研究，完善和优化了工艺参数，从而提高了合金产品质量的稳定性，并且建成 1 条年产 20 吨高性能 AB3 型稀土镁基贮氢合金的中试生产示范线。申请国家发明专利 3 项，其中授权 2 项。

该项目制备的贮氢合金粉性能指标优良，处于中国领先水平。贮氢合金片为纳米晶结构，平均晶粒尺寸为 49.4nm；产品的电化学性能在 0.2C 放电比容量最大为 380.8mAh/g，最小为 377.3mAh/g，循环寿命最大为 556 次，最小为 523 次（以 2C 充放电）；贮氢合金的吸氢量为 1.6wt%，钴含量为 2.75wt%。

生产的 AB3 型稀土镁基贮氢合金粉提供给广州市鹏辉电池有限公司和东莞能一郎电池科技有限公司等电池厂家使用，使用结果表明：该贮氢合金粉活化快、容量高、循环性能好，产品质量稳定，能满足高容量镍氢电池的使用要求。至 2008 年底，生产高性能贮氢合金粉 229 吨，共创产值 5422 万元，利税 127 万元。

高强度锻造用低铅黄铜棒
（三等奖）
项目年份 2009 年

近年来，汽车产业正在不断壮大，而轮胎气门嘴配件产品档次较低，从而引发的气门嘴断裂、泄漏等质量事故频发。该项目在 HB-20 易切削无铅环保型黄铜棒、HB-30 高强度易切削无铅耐蚀环保硅砷黄铜棒的制备技术基础上，通过元素添加及工艺控制成功开发了 HB-63 高强度锻造用低铅黄铜棒。

针对合金微观组织不均匀性而导致黄铜热加工性能和切削下降的原因进行机理分析，通过添加微量稀土铜中间合金和元素成分的优化设计，严格控制棒材制备工艺，得到了高强度锻造用低铅黄铜棒。

1. 对铜合金材料微观机组织结构及其影响机理进行研究，加入稀土铜 (Re-Cu) 高温熔炼，达到优化除气除渣和净化熔体的目的，减少材料杂质含量，细化晶粒度，控制晶粒度范围为 0.01-0.03mm；

2. 合金化设计申请国家发明专利。通过添加锡、铝元素及控制其含量，在材料微观组织中形成 Cu-Zn-Sn 和 Cu-Zn-Al 合金以提高材料的强度和韧性，其抗拉强度提高至 350MPa 以上；

3. 采用大挤压比热挤压，增加了棒材的抗拉强度、延伸率和紧密度，满足气门嘴最大密封压力 1030kPa。

产品具有低铅环保特性，符合国际环境友好趋势，在切削性能、热锻性能、抗脱锌和耐腐蚀性能方面更加优越，使气门嘴在高强度抗折弯和高致密性低泄露方面取得了重大突破。其中《高强度锻造用低铅黄铜棒》Q/HLGF015-2008 企业标准与美国 ASTMB134-88《黄铜丝规格》标准水平相比，高于国际先进标准水平。

从 2007 年 2009 年 8 月，该产品累计新增销售收入 14559 万元，新增利润 1815 万元，新增税收 345 万元，经济效益显著，市场潜力大。同时，新增就业人数 200 余人，具有显著的经济和社会效益。

新型测温系统在煅烧炉测温中的应用
（三等奖）
项目年份 2009 年

罐式煅烧炉是铝用预焙阳极生产工艺过程中的关键热工设备之一。通过煅烧提高了石油焦的密度、机械强度、导电性能和抗氧化等性能。石油焦原料煅烧质量的好坏决定了在随后的阳极生产过程中能否制备出优质合格的产品。煅烧焦质量与煅烧炉的煅烧温度操作和控制密切相关。

中国罐式煅烧炉普遍采用传统普通热电偶对各层火道进行温度监控，存在着测量精度低、投资大、维护费用高等缺点，亦难以将煅烧炉所有火道温度和负压数据集中自动存储和方便分析比较，并及时指导生产。为改变传统罐式煅烧炉火道测温方式的不足，有必要开发出一种新型测温系统。该项目攻克了煅烧炉控温的一系列技术难点，研制出了一种新型测温系统并在煅烧炉测温中进行了应用。研制工作主要有以下方面的内容：

1. 对煅烧测温原理及系统的原理和方法进行了详细的探讨；

2. 研发了光电传感器替代普通热电偶在煅烧炉中应用技术；

3. 提出了罐式煅烧炉的测温理念和一系列具体技术参数；

4. 开发了煅烧炉测温、数据传输、管理、分析等具体技术和方法，使其形成了一套煅烧炉测温管理系统。

新型测温系统总投资 67.709 万，可节约成本 58.005 万元，每年节约维护成本 33 万元。通过近两年对新型测温系统在煅烧炉测温中的应用运行情况分析，新型测温系统运行正常，测温工艺技术先进，煅烧炉煅烧出的产品质量完全满足了正常阳极生产的要求，其质量达到国际先进水平。该项技术填补了中国技术的空白，在中国煅烧炉火道温度控制技术方面具有广泛的推广价值。在日益激烈的国际市场竞争中，增强了企业抵御市场风险的能力，对推动企业进一步参与国际竞争大有裨益，取得了良好的社会效益。

低消耗阳极生产综合技术开发研究
（三等奖）
项目年份 2009 年

为提高阳极质量，降低阳极消耗，满足电解槽强化电流的需要，该项目开发了以“三高一控”为技术特征的低消耗阳极生产综合技术。三高为：高温煅烧、高密度成型、高温焙烧这三项关键技术措施。“一控”是以关键技术参数匹配稳定为中心、过程参数适时权变为手段的阳极质量调控技术。

采用以石油焦挥发份调配为主、微量元素调配为辅、兼顾化学活性，取得了原料品质阶段性稳定的原料耦合综合技术。采用基于不同窑炉的高温煅烧、窄温度波动范围的煅烧技术，煅后焦真密度不小于 2.05g/cm3。在不改变原有三粒级配料设备流程的条件下，创新提出和实施了模拟四粒级的配料方法，在原三粒级配方基础上，增加 0.8-0.15mm 粒级。研究并使用低粉料量、低沥青量的双低配方技术。综合使用了洁净配料技术，改善了制品的化学活性。提高混捏温度、增加混捏功率，有效改善了混捏效果。采用成型后温度对糊料冷却温度的修正技术，有效地控制成型温度，提高体积密度，防止裂纹产生。在调整焙烧终温达到 1200℃的同时，延长高温保持时间达到 54h，这两者的相互配合，保证了炭块的焙烧最终温度。

该项目在连城分公司已稳定应用，有效降低了炭阳极消耗。2008 年 1-9 月 90KA 电解槽阳极吨铝毛耗、净耗分别为 484.5kg 和 402.13kg，200KA 电解槽阳极吨铝毛耗、净耗分别 480.75kg 和 394.25kg。同时，经济效益显著提高，每年可以节省炭阳极费用约 7629 万元。每年减少炭阳极使用量 23840 吨，每年减少二氧化碳气体排放量约为 7.8 万吨。沥青单耗由 2006 年的 190 千克下降到 2008 年的 174 千克，每吨下降了 16 千克，年减少沥青使用约为 2240 吨。该项目能明显减少废气排放，社会经济效益显著，在同类铝用炭素生产系统可推广应用。

高稳定、低电耗铝电解技术开发及在 320KA 的应用
（三等奖）
项目年份 2009 年

该项目来源于国家重大产业技术装备研制和重大产业技术开发专项。

研发的主要技术有：

1. 铝电解系列恒流供电技术、谐波在线检测技术、整流效率在线检测技术及其装置，使铝电解槽供电平稳性由项目前的 2%-3% 降低到 0.2% 以下，成效显著；

2. 大型铝电解槽不停电（全电流）停、开槽技术及装置实现了铝电解系列不停电（全电流）停、开电解槽；

3. 开发了铝电解槽侧部可压缩新型结构、铝电解槽新型阴极导电体结构，试制了铝电解槽新型筑炉材料——高效抗渗砖，完成了梯度功能复合硼化钛制备及应用技术研究；

4. 开发了铝电解槽母线压接面电阻压降控制技术、阳极钢爪浇注材料配方优化技术、低效应系数生产技术。在电流效率不变的前提下，电耗降低 539KWh/t-Al；

5. 对特大型铝电解槽“多场”稳定技术进行了研究，并在此基础上优化了母线设计，获得了良好的电磁稳定性，槽电压降低到了 4V 以下。

该项目技术先进，经济和社会效益显著，有电解铝工业有广阔和推广应用前景。

低钠拟薄水铝石生产技术与应用
（三等奖）
项目年份 2009 年

随着催化行业的发展，作为催化剂重要组分的拟薄水铝石原料指标要求也越来越高。中国铝业山东分公司生产拟薄水铝石已有 40 多年，产量规模从 5000 吨 / 年发展到现在的 4.5 万吨 / 年，产品从单一品种发展成系列产品。而目前碳化法生产的普通拟薄水铝石氧化钠含量为 0.3%，成为限制该产品成为催化领域高端原料的重要因素。

该项目通过对国内外拟薄水铝石生产现状全面分析，采用碳化法生产，在现有普通产品生产工艺流程中，创造性地采用添加助剂 B 进行洗涤，并优化分解制度，强化洗涤的生产控制技术，成功地研发出 Na20 ≤ 0.1% 的低钠拟薄水铝石。整个工艺流程无废液、废气外排，清洁环保，成本低。产品的主要性能指标：三水氧化铝≤ 5%，孔容≥ 0.3ml/g，比表面≥ 250m2/g，Si02 ≤ 0.3%，Fe203 ≤ 0.03%，胶溶指数≥ 95%。

该技术实际应用后，产品性能优良，应用领域不断扩大，除了催化裂化催化剂用粘结剂以外，还可用作甲醇催化剂的分散剂、加氢裂化催化剂的添加剂以及直接作为骨料制备催化剂载体等，附加值大大提高。现已形成年产 4500 吨的生产能力。2007 年至 2009 年 8 月期间，该产品共新增利润 687 万元。

最近市场调研表明，氧化钠对 FCC 催化剂的影响越来越明显，生产厂家希望用该产品来替代普通拟薄水铝石。目前，中国 FCC 催化剂对拟薄水铝石的需求量大约为 6 万吨 / 年。如果其中的 50% 用低钠拟薄水铝石代替，每年可新增利润 1000 万元以上。

该新工艺已在 4.5 万吨 / 年普通拟薄水铝石的生产线上生产成功，将随着产品的市场需求量不断增长，逐渐形成规模化生产，大大降低生产成本，创造更为可观的经济效益，并推动中国催化行业的发展，增强产品在国际市场上的竞争力。

螺旋板式换热器化学清洗技术
（三等奖）
项目年份 2009 年

该项技术主要应用于氧化铝生产中，含有铝酸钠的循环水所形成的复杂结垢的化学清洗。研制开发出了一种以盐酸为主溶剂，添加专用表面活动性剂和缓蚀剂为辅剂的专用复合清洗剂。清洗配方中关键是添加一种促溶剂，使难溶垢表面得到活化，可大大加快和加深水垢、铝酸钠溶液共同形成的难溶垢的溶解，大幅度提高清洗速度和效果。成功研发出一套适用于螺旋板式换热器在线清洗的操作方法和一套可实现在线清洗的工艺。

采用该技术可有效清洗氧化铝生产中含有铝酸钠溶液的循环水形成的难溶垢，可延长螺旋板式换热器使用寿命约 4 倍，清洗后螺旋板式换热器料相进出口温差与同台槽子新螺旋板式换热器温差的差值≤ 1.5℃，螺旋板式换热器使用寿命≥ 2 年，清洗过程对设备无明显腐蚀，并可实现在线清洗。

该技术的应用对氧化铝企业经济效益明显。每台螺旋板式换热器购置费用 4.11 万元 / 台（2008 年 SAP 出库平均单价），检修费 0.85 万元 / 台（2008 年平均结算费用），原每年需更换 12 台，则年消耗设备、检修费用为 59.52 万元。螺旋板式换热器每台清洗费用约为 1.5 万元（2008 年结算费用），每年清洗 12 台次，所需费用 18 万元，则应用该技术每年可节约费用约 42 万元。

该技术对氧化铝生产中含有铝酸钠溶液的循环水形成的难溶垢的去除效果明显，可在同行业中广泛推广应用，如现铝酸钠溶液分解系统采用的精液降温板式换热器、宽通道板式换热器、种分槽间壁换热器等，具有较大的推广应用价值。

赤泥压滤脱水工艺技术的研究及应用
（三等奖）
项目年份 2009 年

中铝贵州分公司 120 万吨氧化铝扩建完成后，赤泥排放量将达到约每年 140 万吨，其中拜耳法和烧结法约各占一半。目前采用湿法（液固比 3 左右）管道输送至库区，附液澄清后返回氧化铝厂使用。烧结法赤泥排放后，经天然沉积筑坝，拜耳法赤泥直接弃入库区。现使用的赤泥库区经过增容之后湿法堆存也仅能使用 4 年左右，已影响到正常生产。采用干法堆存，既可延长现有堆场的使用寿命，又可增大新堆场的选择余地。但采用干法堆存存在赤泥脱水技术难题。

为实现干法堆存，该项目针对赤泥脱水的工艺开展了一系列研究工作。研发了赤泥压滤工艺流程与设备，解决了赤泥脱水的工艺与设备技术问题，首次将中国产快开式压滤机运用于氧化铝赤泥脱水作业；研发了高压鼓膜、低压吹扫工艺，有效解决了高压风吹扫带来的滤布损坏，提高了滤布的使用寿命，实现了滤饼的快速脱落。研发了两次反吹扫工艺，有效解决了一次吹扫工艺带来的压滤机腔内残留料浆、滤板夹带滤液较多的问题，降低了滤饼含水率。研发了压滤机滤布再生工艺，采用双侧抱洗，解决了单侧抱洗带来的滤板受力不均造成偏摆问题，实现了滤布再生的自动化控制；通过压滤机控制技术的研究，从控制系统全局考虑使外围设备与压滤机结合为一个完整控制体系，提高了压滤机的工作效率，提高了系统流程的自动平衡能力，使进料压力均衡稳定，进料充分，人工劳动强度大大降低，实现了压滤机的连续运转，由 3 个周期 / 小时提高到了 4 周期 / 小时。

该工艺技术先进，生产效率高，主要经济技术指标优良，效益显著。项目实施后，增大了赤泥回水量，降低了氧化铝生产工业新水消耗，增加了库容，延长了赤泥堆场的使用寿命，并有效解决了赤泥处置面临的环境污染和安全管理风险。

单套管预热高压釜溶出系统压力释放技术的研究及应用

（三等奖）
项目年份 2009 年

贵州分公司氧化铝厂目前两套单套管预热——高压釜强化溶出工艺，采用十级闪蒸将高温高压溶出后矿浆逐级闪蒸（自蒸发）降温减压，至末级闪蒸器出料时温度仍有 130℃、压力 0.14MPa，进入常压稀释槽后由于料浆温度与压力仍高于常压状态，因而产生大量乏汽（二次蒸汽）。然而在每次停汽检修放料时，高温料浆（260℃左右）都直接进入稀释槽，因料温远远高于常压下的料浆温度，引起料浆急剧沸腾，产生大量蒸汽。此时，原设计的排气装置已不能满足排汽量的要求，导致大量乏汽不能及时排出，稀释槽压力升高，存在当压力超过稀释槽所能承受压力时的隐患事故。

该项目通过对单套管预热高压釜溶出系统压力释放技术研究，采用稀释槽多点排汽，有效解决了紧急状态下稀释槽内大量二次蒸汽的及时排出。两台稀释槽高位连通串联使用，增大了物料的缓冲量，在稀释槽底部安装放料装置，保证了稀释槽在紧急状态下的平稳运行，避免了稀释槽冒槽或翻顶事故发生。在与单套管预热器相对应的冷凝水罐疏水阀前增设一泄压装置，当溶出机组停车时，可将闪蒸器内乏汽连续排出，避免乏汽在单套管预热器内积累，降低了末三级闪蒸器压力。闪蒸器孔板固定方式的改进，有效解决了闪蒸器孔板频繁脱落问题，保证了溶出系统的平稳运行。

该项目实施以来，从根本上解决了末三级闪蒸在停车时压力升高、稀释槽振动大、停车放料时水冷器排空管带料飘碱等问题，有效降低了稀释槽的压力，杜绝了安全隐患，提高了溶出系统的运转率。末三级闪蒸器压力分别由实施前的 0.67MPa、0.58MPa、0.47MP，降到实施后的 0.58MPa、0.43MPa、0.29MPa，系统运转率提高了 2%，年增产氧化铝 8565 吨。

铜火法精炼燃煤回转式阳极炉工艺技术
（三等奖）
项目年份 2009 年

粗铜火法精炼是铜火法精炼过程中冰铜吹炼和电解精炼之间的一道重要工序。火法精炼炉炉型有固定式反射炉、倾动式阳极炉和回转式阳极炉。回转式阳极炉具有机械化、自动化程度高、操作可控制性好、劳动生产率高、出铜操作安全等特点，国内外大型炼铜企业一般都选用回转式阳极炉。回转式阳极炉燃料大多采用重油或天燃气，并且采用气体（天燃气等）或液体（重油等）作为还原剂。回转式阳极炉采用煤做为燃料，符合国家能源结构，具有低成本的竞争优势。

该项目研发了具有自身特点的铜火法精炼燃煤回转式阳极炉工艺技术，主要包括实现回转式阳极炉使用粉煤作为燃料的工程技术及设备、氮气底吹透气砖技术和固体还原剂使用技术三个系统技术。

该技术于 2005 年 8 月成功应用于云南铜业股份有限公司精炼火法二期技术改造工程新建的 2 台 350t 回转式阳极炉上。截至 2008 年 12 月底，2 台阳极炉合计生产阳极铜 382765.84t，燃料消耗、还原剂单耗等技术经济指标达到或优于设计值，取得良好的技术经济指标：燃料单耗（标煤）28.40kg/t-Cu，还原剂单耗 9.13kg/t-Cu。经安全环保部门检测外排烟气含尘小于 100mg/Nm3，满足国家标准要求。所产阳极铜主品位≥ 99.19%，优于企业半成品标准要求，并且累计节省燃料消耗费用 2440.93 万元。

铜火法精炼燃煤回转式阳极炉工艺技术填补了铜火法精炼回转式阳极炉使用煤作为燃料的空白，该技术与铜行业普遍使用的燃油回转式阳极炉工艺技术相比，最大的优势就是燃料消耗费用低。与中国先进消耗指标相比，每吨阳极铜的燃料消耗费用低 63.77 元，比国际先进指标还低 8.8 元 / 吨铜。

该项目符合国家能源政策，与同行业对比具有低成本的竞争优势，为企业长期可持续发展奠定了坚实的基础。

亚硫酸钠还原沉淀法制备氧化铜粉的技术开发及产业化
（三等奖）
项目年份 2009 年

该项目属于冶金制造领域，是中国首创的工业化采用亚硫酸钠还原沉淀法制备氧化铜粉的新工艺。该工艺采用的主要原料为金川集团公司电解铜生产过程中产生的中间物料——杂质含量较高的粗硫酸铜。采用亚硫酸钠还原方法，通过控制 pH 值将铜离子转化成氧化亚铜析出，再采用动态氧化煅烧，生产出合格的氧化铜粉产品。该工艺的主要特点是：

1. 采用还原沉淀法工艺生产氧化铜粉工艺，能够实现镍、铁杂质与铜的有效分离回收，最大限度地减少金属流失；

2. 采用自主研发的“连续法管道合成”新工艺，系统采用全流程统一的自动控制平台，对生产过程各环节要素及参数进行了有效控制，保证各批次产品粒度分布均匀，化学成份稳定；

3. 全程采用无开放间隙的微负压密闭设计，根据粉末生产的特点，通过有效的收尘技术手段，最大限度地减少物料输送过程中的金属流失。其中粉体物料的输送装置获 2 项国家专利；

4. 在废气综合治理上充分遵循节能环保的理念，对生产过程产生的废气 S02 采用氢氧化钠溶液喷淋吸收，作为生产工艺过程的原料回用于工艺生产中。

该项目运行一年共生产氧化铜粉产品 2000 吨，实现新增利润 1063 万元，经济和社会效益显著。为中国铜生产企业处理铜中间物料开辟了一条新途径，具有中国行业借鉴价值。

地质项目

黔北务正道地区铝土矿成矿规律与成矿预测研究
（一等奖）
项目年份 2009

黔北务正道铝土矿成矿区属黔北－渝南铝土矿成矿带的重要组成部分。该项目通过近 10 年的工作，发现该地区具有寻找大型铝土矿床的找矿前景，相继在务川瓦厂坪、正安新木－晏溪、道真新民－岩坪发现和勘查了 3 大型矿床及多个中小型矿床，改写了该地区无大型铝土矿床的历史，新增 332+333 资源量 9693 万吨，预测远景资源量 2 ～ 3 亿吨。

该项目应用地质、遥感技术和地球物理方法综合找矿，发现并快速评价了 3 个大型矿床，新增 332+333 资源量 9693 万吨，效果显著；开展了锆石 U—Pb 法同位素定年，确定了含矿层年龄时代为中二叠世梁山期；通过定量模拟计算，揭示了主元素和伴生元素在成矿过程中的迁移富集、贫化规律；提出铝土矿成矿物质来源近源为中下志留统韩家店组，远源与古老的基底有关；总结了典型矿床的地质特征及地层、岩性、向斜构造、岩相古地理、古气候、古地貌与铝土矿形成的时空关系，研究了风化成矿机理，建立了成矿模式与找矿模式。

与国内外研究相比，该项目技术上有创新，找矿方法效果显著。实施新增 (332+333) 资源量 9693 万吨，预测远景资源量 2—3 亿吨，经济价值巨大。

务川、道真、正安均是中国国家级贫困县，矿业开发对促进地方及渝南一黔北经济，乃至贵州省经济发展将会起到举足轻重的作用。新增铝土矿资源量能满足大中型铝工业基地的建设需要，可消化大量农村富余劳动力，增加农民收入。同时矿山建设与矿业开发，可带相关服务行业发展，社会效益重大。

青海大柴旦行委锡铁山铅锌矿矿产预测
（一等奖）
项目年份 2009 年

青海锡铁山铅锌矿床位于柴达木盆地北缘早古生代海相火山－沉积岩中。容矿滩间山群 a-b 层呈 NW-SE 向分布稳定，层序倒转，矿床中发育完整的海底喷流沉积系统。研究发现，容矿大理岩为喷流沉积岩，是近喷口相沉积物，呈楔形状向外侧变薄；网脉状石英钠长岩代表管道相，反映同生断层位置；分布于厚层大理岩中的非层状矿体为未喷出海底地表的热液矿体；发育于非层状矿体 SW 侧的脉状铅锌矿属供给系统；大规模层状矿体分布于大理岩边部或片岩中。

网脉状石英钠长岩有多世代特征，早期为钠长岩脉，分布于北岸峰地区；中期为石英钠长岩，分布于锡铁山主矿区；晚期为含钠长石的次生石英岩，分布于中间沟－断层沟一带。喷流活动的中心由 NW 向 SE 方向迁移。不同地质体硫化物的 δ34S 值与产出位置有关，以黄铁矿为例，从低至高，依次为：网脉状石英钠长岩→断层沟的脉状铅锌矿→供给脉带系统→层状矿体→非层状矿体→炭质片岩。成矿的硫少部分来自深源流体，大部分来自海水硫酸盐的还原。铅同位素研究揭示出成矿金属物质的两种来源特点，金属物质主要来自滩间山群及相关岩石，由喷流卤水循环淋滤提供，少量物质来自海水或陆源沉积层。网脉状石英钠长岩均一温度一般在 300℃～ 400℃，次生石英岩一般在 250℃以下，非层状铅锌矿体 250 ～ 320℃。

成矿分带与矿化自然边界的研究揭示出矿床本区主体属于整个喷流沉积系统的近喷口相位置，找矿潜力巨大。位于东南部的中间沟、断层沟是主要的找矿方向，目前发现的条带状铅锌矿体代表喷流系统的中部位置，远端沉积形成的条纹状矿体应位于更远处的深部。据此开展的断层沟地区探矿获得了重大的进展，探获铅锌金属资源量（332+333）39 万吨，伴生金 7 吨，银 886 吨。

云南会泽铅锌矿区深部及外围隐伏矿定位预测及增储研究
（一等奖）
项目年份 2009 年

针对云南会泽铅锌矿资源严重危机，该项目应用成矿新思维和找矿新方法，通过矿床成矿规律和隐伏矿定位预测技术研究及应用，提出重点找矿靶区（靶位），实现定位预测和增储的目标。

项目论证了该类矿床具有独特的矿床地质特征，发现自然锑与锗的独立矿物，厘定了新的矿床类型—“会泽式”铅锌矿床；揭示了玄武岩岩浆活动提供矿质、成矿流体及热动力等，矿质主要源于基底，成矿流体主要源于玄武岩岩浆活动和变质热液，提出了“均一化成矿流体贯入成矿”的成因模式；获得了闪锌矿 Rb-Sr 等时线、方解石 Sm-Nd 等时线年龄及声发射法厘定成矿时代的新数据，为峨眉地幔柱成矿作用提供了重要证据；明确提出构造是矿床的主控因素，突破了主要受地层控制的禁锢，提出构造控矿模式和成矿期构造应力和能量的梯度带赋存矿体的新认识，是找矿技术研发和找矿突破的关键；系统建立了构造地球化学找矿技术；构建了找矿技术组合（矿田构造—构造地球化学—构造应力场—神经网络－模糊数学综合预测法）及找矿模式，研发了 FCA 等模型及找矿平台；提出 9 个重点靶区和靶位。

经过实施，该项目找矿效果显著，新增(111b+122b+333)铅锌资源储量 221.3 万吨，334 铅锌资源量约 190 万吨；伴生银 790.49 吨、锗 391.9 吨、镉 4115.75 吨、硫 217.06 万吨，成为世界级超大型矿床。按 70 万吨 / 年采矿能力计算，延长矿山服务年限 12 年，铅锌储量的经济价值 384 亿元。2006-2008 年，共实现销售收入 59.73 亿元，新增利润 16.67 亿元，税收 18.56

亿元。

成果对川－滇－黔成矿域及同类矿床深部找矿有重要的指导示范作用，对区域社会经济和谐和矿业可持续发展具有现实意义。

凡口铅锌矿深、边部及外围成矿预测与找矿研究
（一等奖）
项目年份 2009 年

凡口铅锌矿是中国最大的铅锌生产基地，已生产铅锌金属量 400 多万吨。该矿作为一个经多轮找矿的老矿山，存在一定的资源危机。该项目以凡口铅锌矿深、边部及外围成矿预测与找矿为主要目的。

通过地物化遥综合解析，新发现了多条具有区域性规模的断裂构造，重建了凡口矿区及其外围的地质构造格局，提出矿区成矿构造是海西晚期－印支期受边界条件控制的递进变形产物，认为北西向断裂控制矿带的延伸范围，北东向断层控制矿带的就位，近东西向背斜构造及部分北西向断层控制矿化集中段的分布。以递进成矿论的思想和充分的地质、地球化学、成因矿相学、成因矿物学事实为依据，首次确认了以"辉绿岩脉"侵位事件为时间界定标志，凡口矿区铅锌硫化物矿床至少经历了两期热液成矿作用。论证了在沉积期和成岩期主要出现黄铁矿矿化，铅锌矿化富集发生在海西晚期"辉绿岩脉"侵位前后的两次热液成矿期，硫主要来自沉积盆地内部的容矿地层，铅锌主要来自深部地热流体流经的岩石，为多因复成矿床。经与国内外 MVT 矿床比较，认为凡口铅锌矿床是具有成矿特色的 MVT 矿床，突出特色在于成矿流体来自盆地及基底含水系统，地热活动引起的地壳脆韧性转换带向浅部迁移是盆地及基底流体混合成矿的驱动力，提出了"凡口式" MVT 矿床新概念，丰富了 MVT 矿床的成矿理论与成矿模式。并首次论证了凡口矿区及其近外围的铅锌硫化物矿化边界问题。

在研究区共圈定了 6 个找矿靶区，经部分钻探工程验证，新增铅锌金属储量 62.48 万吨，有效硫 102.66 万吨，潜在经济价值约 81.22 亿元以上，还为今后凡口矿区深、边部及外围找矿指明了方向。同时，还可以曲仁构造盆地同类矿床的成矿预测与找矿。

内蒙古大井锡铜矿床找矿预测研究
（二等奖）
项目年份 2009 年

该项目通过系统总结历年来大井矿床的科研和生产资料，结合矿床地表、坑道、钻孔等野外地质调查，并在室内开展分析测试的基础上，厘定岩浆作用、断裂构造、成矿阶段、矿化分带之间的关系，确定矿床的物质来源和矿床类型，总结矿床主要控矿因素和找矿标志，建立成矿模型，提出找矿预测区。

通过近两年来的工作，该项目主要取得以下方面成果和创新：

1. 首次建立了大井式多金属脉状矿床"浆－裂－期－带"四位一体的成矿模式，如此完善的成矿模式在国内外同类矿床中尚不多见，从而丰富和发展了热液脉状矿床的成矿理论；

2. 在大井矿区西北部识别出存在斑岩型矿化，初步确定该区的铜多金属矿化可能属于斑岩型矿化的外部带，在多年来大井矿床研究方面，取得了突破性进展；

3. 系统研究了岩浆作用和成矿物质来源的关系，首次提出矿区存在 I 型和偏"S"型两套不同的岩浆体系，大井多元素矿床的形成正是这 2 套含矿岩浆体系在矿区叠加的结果；

4. 首次系统地论述了矿脉系统与断裂构造体系的耦合关系，总结出大井矿床矿脉的形成主要受"左旋拉分体制"的控制，为合理进行找矿预测提供了科学依据；

5. 首次系统解释了大井矿床矿脉分布的时空结构特征，指出各矿化阶段的矿体、矿石类型、矿物组合和成矿元素组合在空间上表现出相应的分带，这种统一的时空结构特征正是矿区断裂－裂隙构造逐次扩容造成的；

6. 首次详细阐述了岩浆活动－矿化中心－导矿构造的关系，科学预测了找矿远景靶区。

该项目成果应用情况好，通过对矿区内其中 3 个预测靶区施工验证，均已见矿，找矿效果显著，总计探获（122b+333）金属量 Sn 8484.67 吨，Cu 66185.72 吨，Pb+Zn 112360.59 吨，Ag 385.55 吨。据初步估计，至少可延续矿山 20 年以上的服务年限，可维护矿山企业 1000 多职工的工作稳定，为地方经济发展作出了贡献。

高分辨率 SAR 土地调查监测应用试验
（二等奖）
项目年份 2009 年

该项目以北京、成都为试验地区，充分利用 3S 技术和实地调查相结合的方法，研究高分辨率 SAR 数据在土地利用现状调查和土地利用动态遥感监测中的应用前景。研究主要数据源是目前新型的 SAR 传感器，意大利的 Cosmo-SkyMed、德国的 TerraSAR-X，加拿大的 Radarsat-2 SAR。对以上三种数据源的 1m 分辨率和 3m 分辨率数据开展土地调查与监测应用潜力与质量分析。

1. 开展高分辨率 SAR 在土地利用现状调查中的应用示范，分析 1m 和 3m 分辨率 SAR 数据和极化 SAR 数据在土地调查中的应用潜力，提出基于高分辨率 SAR 的土地调查技术方法与流程。为土地利用现状调查数据源选取提供依据，为高分辨率 SAR 数据在新一轮国土资源调查和中国第二次土地利用调查中的规模化应用奠定基础。

2. 开展高分辨率 SAR 在土地利用动态遥感监测中的应用示范，分析 1m 和 3m 分辨率 SAR 数据和极化 SAR 数据在土地利用动态遥感监测中的应用潜力，提出基于高分辨率 SAR 的土地利用动态遥感监测技术方法与流程。为土地利用动态遥感监测数据源选取提供依据，为 SAR 数据在土地利用动态遥感监测中规模化

应用奠定基础。

通过局部试验区的方法研究和探索，以已有土地利用动态监测和土地利用调查技术流程为基础，参考其技术指标，进行高分辨率SAR数据在土地调查监测中应用试验。以已有成熟技术为基础进行SAR数据处理方法优选及参数优选。在试验研究的基础上，确定高分辨率SAR数据土地利用规模化应用优选方案。影像判读与实地调查相结合，建立典型地类在SAR影像上样本影像库，评价典型地类在SAR原始影像及融合影像上属性识别精度和面积精度，对多源SAR数据进行地类解译和变化检测方面的对比分析，对SAR数据和光学数据进行地类解译和变化检测方面的对比分析。通过示范区的规模化应用示范结果，完善高分辨率SAR土地利用规模化应用的技术流程。为国土资源主管部门和领导掌握土地资源的真实情况提供基础数据，为宏观经济形式分析提供服务。

广东省韶关市瑶岭钨矿矿产预测（二等奖）项目年份：2009年

该项目是全国危机矿山接替资源找矿专题中2006年度的一个预测项目。瑶岭钨矿位于岭南南部粤北地区，是中国建国后重点发展的一个国有矿山企业。矿山由于后续勘探不连接等因素，资源枯竭，对矿山和当地数千居民产生巨大影响。因此对其进行矿产预测，扩大矿山钨资源量，对矿山可持续发展具有重要的经济和政治意义。通过地质、地球物理、土壤地球化学、岩石地球化学研究，采用钻探和槽探等验证手段，对矿山进行预测研究，在以下6个方面作出了积极的贡献并取得了良好成果。

1. 针对瑶岭钨矿不同矿区的基本特征，采用不同的指导思想对瑶岭钨矿北区和白基寨区分开进行研究。瑶岭北区重点探查黑钨矿，白基寨区探查白钨矿。后经工作证明分区指导思想正确，并取得良好成果。

2. 在白基寨矿区发现白钨矿新矿类型，通过地质填图和钻探工作对中泥盆统东岗岭组划分出上下两段，指出下段为含矽卡岩型白钨矿有利地段。同时，采用地质、磁法、土壤地球化学测量，岩石地球化学分析和钻探、槽探等工程技术手段详细研究了该区内最大花岗岩体（白基寨花岗岩体）在矿区的空间格架、隐伏定位和对成矿的指导意义。为寻找矽卡岩型白钨矿提供了理论依据。

3. 在瑶岭北区，通过填图对瑶岭地表石英脉进行群、组划分，分析了断层对矿脉的影响规律。综合地质、磁法测量，土壤地球化学测量和岩石地球化学分析成果，建立了瑶岭钨矿北区寒武纪地层矿化指示体系（表），对矿区和同类型矿床其都一定的指导意义。

4. 建立了适合两矿区不同的矿床模式，其中瑶岭北区为石英脉型黑钨矿为“五层楼”成矿模式；白基寨区为矽卡岩型白钨矿，成矿在侵入外接触带的成矿模式。

5. 通过地质工作，获得333资源量2.1万吨，其中白基寨区金属量1.01吨，北区1.09吨。

6. 指出白基寨区北部和东部隐伏岩体边部为找矽卡岩型白钨矿的有利远景区，瑶岭北区深部和东南部是找矿的有利远景区。

项目野外验收为优秀(91)，终审报告验收为优秀。项目整体技术达到中国领先水平。

念青唐古拉－冈底斯成矿带西段遥感地质解译与综合研究（二等奖）项目年份2009年

该项目是中国地质调查局2007年工作项目“青藏铁路沿线矿产资源遥感调查”下属第四课题(项目编码：1212010781043)，经过近一年半的工作，取得的主要成果如下：

1. 在野外调研、岩矿光谱特征分析以及室内图像数据处理的基础上，首次系统地完成了104幅1/5万标准图幅的遥感地质解译及蚀变信息提取，为该区域开展矿产勘查以及靶区优选工作提供了科学依据。

2. 在分析沉积建造、岩浆建造、构造型相及其对应的遥感影像特征的基础上，结合野外查证，确定了各构造单元的分界深大断裂，首次将区内班公湖—怒江结合带划分为5个次级构造单元，重新厘定了该区域地层系统体系及地层单元划分序列，解译发现了一批具有良好找矿意义的断裂构造、环形构造、侵入岩体和小斑岩体，并且对各种构造单元的遥感地质及成矿环境进行了较系统的总结分析，为该区找矿勘查提供了新的基础数据和找矿信息。

3. 在无或未获得前人相关资料的情况下，通过1/5万遥感地质解译和重点异常查证，分别在玉多窝玛、东噶露—觉木错、马前乡、热知等地发现四类新的矿化类型和5处矿化集中地段，与所筛选的遥感异常信息吻合性良好，充分反映了现代遥感技术在矿产资源勘查评价中的实用性和有效性。

4. 制定了符合地质客观实际的遥感异常筛选原则，筛选了507个遥感异常包。同时按成矿有利性对其进行分级，圈定1级异常125个，2级异常78个，3级异常304个。

5. 以遥感信息提取原理和地质成矿理论为指导，以成矿地质背景和遥感成矿地质条件分析为主线，结合前期地物化探资料分析和遥感异常查证结果，制定了合理的遥感成矿远景区和找矿靶区划分原则，圈定遥感成矿远景区14处，找矿靶区155处。其中有望取得中型规模以上突破的远景区3处，A类找矿靶区33处，B类靶区23处，C类靶区99处，为此成矿带部署矿产资源勘查工作指明了方向。

6. 提出了一套适用于藏北高原地区，基于1/5万矿产资源遥感调查的靶区优选和找矿预测的工作方法组合，对该区域利用遥感技术优势，快速进行金属矿产综合找矿预测具有良好的示范作用和推动作用。

该项成果总体上达到中国领先水平。

老挝占巴塞省帕克松地区波罗芬高原铝土矿详查（二等奖）

项目年份 2009 年

该项目是国际合作项目，由泰国、老挝等三家公司组成的“中国－老挝铝业有限责任公司（SLACO）”合作开发的项目。工作性质为资源评价。勘查工作目的任务是 对探矿权区147.86km2中约70km2进行详查。业主要求探获资源量满足 20 年的开采量，即 6000 万吨净矿量。项目采用浅井和钻孔相结合的勘查手段，圆满地完成了勘查任务。

本次详查完成的主要工作量：1/ 万地形测量 70km2；1/5 千地形测量 70km2；1/10 万地质图修测 400km2；1/ 万地质测量 70km2；钻探 7386.1m；浅井 7404.51m；基本分析 19272 个。矿体赋存于第四系风化残坡积物中，属红土型铝土矿，由玄武岩风化淋滤而成。属三水型铝土矿。获得主要成果：探明的内蕴经济资源量（331）：833.88 万吨；控制的内蕴经济资源量（332）：4443.19 万吨；推断的内蕴经济资源量（333）：1464.71 万吨。获总资源量6741.78万吨。本次勘查达到了预期成果，满足了预可行性研究和矿山设计要求。

该类型铝土矿中国少见，而且规模小。相反国外大型矿床很多。与国外比中国在该类型铝土矿研究方面还比较落后，没有红土型铝土矿规范遵循。主要表现在勘探手段的选择、勘探网度的确定以及各种试验等。通过这次勘查工作，学到了外国勘探方法，也摸索出一套自己行之有效的勘探方法，可以说通过本次工作，借鉴了外国的经验，也有自己的创新。对红土型铝土矿勘查手段、方法有了显著的提高，为今后同类型矿床勘探积累了宝贵经验。为走出国门到国外找矿积累了经验。

该项目的建成不仅可以出口，也将极大缓解老挝中国对氧化铝、电解铝的供求矛盾，并带动铝型材加工企业的发展。该项目需劳动定员 633 人，可为当地提供近 500 人的就业机会，可提高社会安定，改善当地人民的收入水平。也带动了相关产业和地方经济的发展。

广西丹池成矿带北香穹隆多金属矿成矿规律研究及预测

（二等奖）

项目年份 2009 年

该项目首次以北香穹隆作为研究对象，对矿区深边部及外围进行成矿地质研究，以海底喷流沉积—岩浆热液叠加改造理论为基础，建立了北香穹隆的找矿模式；提出北西向同沉积断裂是该区的主要控矿构造。运用地质、化探、物探及遥感等技术方法，对北香穹隆矿区进行了综合找矿评价及方法试验研究，特别是在大厂锡矿田典型矿床的找矿方法有效性研究的基础，建立了铅锌锡多金属矿产资源勘查评价准则及有效的找矿探查技术组合。

通过研究工作，完成以下主要技术指标：

1. 建立北香穹隆多金属矿找矿模式，指出在同沉积断裂的上盘脉状矿体的深部寻找层状矿体的思路，尤其是中泥盆统下部、下泥盆统中寻找类似于大福楼矿床 21#、22# 矿体似的层状矿体。经工程验证，发现层状铅锌矿化。

2. 通过探查技术方法的应用与试验研究，优化和完善了各种找矿技术方法，初步建立了一套适用于北香穹隆矿区和丹池成带多金属资源勘查的综合探查技术组合。

3. 探获资源储量（332+333）：锡 0.27 万吨，铅 + 锌 4.8 万吨，银 10 吨，通过广西区储量评审，完成储量备案，现已形成生产矿山一座。

4. 通过四个异常区评价，提交预测科研远景资源储量 65 万吨。

研究成果在矿化异常区普查工程见矿效果良好，提交可供开发利用的资源量（332+333）5.08 万吨，矿床的开发利用对地方经济起到较大促进作用。北香穹隆找矿工作发现了一个可供开发利用的小型矿床，打开了丹池成矿带的找矿局面；成矿规律研究成果可推广应用至丹池成矿带其它类似成矿地质条件地区进行找矿研究，并可将地物化遥优化探查技术方法组合应用于同类矿山的找矿勘查评价工作中。

陕西南部黑色岩系金属矿床成矿规律与找矿预测研究

（二等奖）

项目年份 2009 年

该项目为西北有色地质勘查局 2006 年和 2007 年下达的地质科研项目，由西北有色地质勘查局七一三总队和西北大学承担，西北有色地质勘查局七一二总队参加，工作时间为 2006 年 4 月 -2008 年 4 月。

项目目的和任务是：调研陕西南部秦岭区黑色岩系时空分布、产出地质背景，查明其岩石组合、岩性特征及含矿性，研究成矿元素组合及其岩石地球化学，分析研究其沉积环境及成因。解剖性研究其中的成矿物质来源和典型金属矿床成因与类型，综合分析矿床成矿作用、成矿演化及成矿模式，总结矿床形成条件、控矿因素及成矿规律。综合深入认识秦岭黑色岩系金属矿床成矿潜力、找矿前景。针对性开展研究区找矿靶区定位与成矿预测。

其主要技术特点和创新点：深入系统地研究了陕西南部黑色岩系中金属矿床地质与地球化学特征，结合典型矿床研究，总结了成矿规律，建立了成矿模式；在找矿标志及成矿规律研究基础上，开展了成矿预测，指出武当、平利、牛山古隆起周缘是找钒矿床的有利远景区、夏家店一甘沟东西一线为找金矿床的有利远景区、黑龙口一大荆一三要一栾川一带是找镍一钼矿床的有利远景区；首次确定清岩沟矿床为镍一钼共生矿床，发现该矿床中镍是以独立矿物存在。

该项成果对于评价研究区黑色岩系矿产资源潜力具有重要的指导意义，丰富了黑色岩系成矿理论研究内容，达到了中国领先水平。

通过该项目的实施，即应用于西北有色地质勘查局黑色岩系找矿中，先后在陕西南部黑色岩系成矿带上发现矿床（点）3 处，圈定矿产地 1 处。该项目研究成果同步应用于 2006-2008 年“夏家店金钒矿床详查”、

“商州黑龙口清岩沟镍—钼矿床普查”、“宁陕县冷水沟钒矿普详查”工作的设计、工作部署和综合研究中，累计获得钒矿 24 万吨，金矿 8 吨，并扩大了夏家店金钒矿床和清岩沟镍—钼矿床规模，获得了很好的社会经济效益。极大地推动了秦岭黑色岩系的找矿与成矿研究预测工作。

全球铜矿资源的分布及找矿方向研究报告
（二等奖）
项目年份 2009 年

资源短缺已经成为制约中国国民经济发展的重要“瓶颈”，铜为中国重要的紧缺矿种之一。因此，当务之急，快速开展全球铜矿矿产资源勘查和开发现状调研工作迫在眉睫。西北有色地质勘查局和中国地质科学院矿产资源研究所共同实施全球铜矿资源状况调研，取得了以下主要结论：

1. 系统收集了全球 1886 个铜矿床地质资料，总结了全球铜矿的主要类型及其特征，指出了国内外铜矿资源潜力区和找矿方向。

2. 全球铜矿主要有五种成因类型：斑岩型、砂页岩型、黄铁矿型、铜镍硫化物型和铁氧化物铜金（铀稀土）型，全球铜矿储量大于 500 万吨的铜矿床中，斑岩型占 77.6%、砂页岩型占 12.3%、黄铁矿型占 3.2%、铜镍硫化物型占 2.3%、铁氧化物铜金型占 3.9%，42 个矿床形成于新生代，占总数的 44.8%，26 个矿床形成于元古宙和太古宙，占总数的 27.7%。

3. 通过研究总结分析，指出全球存在 14 条重要铜矿成矿（区）带，分别为：安第斯成矿带、科迪勒拉成矿带、巴西东部成矿区、苏必利尔成矿区、澳大利亚成矿区、西南太平洋岛弧带、东亚陆缘成矿带、西伯利亚成矿区、中亚蒙古成矿带、乌拉尔－哈萨克斯坦－阿尔泰成矿带、喀尔巴阡－巴尔干－喜马拉雅成矿带、地中海成矿带、中北欧成矿带和非洲成矿带；综合已有的矿产资料，分析研究这些成矿（区）带的主攻找矿类型和成矿潜力。提出全球铜矿找矿勘查优先靶区为冈底斯铜成矿带西段、安第斯成矿带的智利和非洲成矿带南非段，主要找矿类型为斑岩－矽卡岩型铜矿床和铁氧化物铜金（铀稀土）型铜矿床，有望取得找矿大突破。

4. 系统研究和分析了中国铜矿床的地质特征、成矿背景和成矿条件，归纳了中国 15 个主要成矿（区）带和 4 种主要成矿类型。研究认为与中酸性浅成侵入岩有关的斑岩－矽卡岩型铜矿是中国铜矿找矿主攻类型。

该项目在情报汇研、理论研究及预测等方面的成果达到中国领先水平。

天津市静海县综合地质调查研究
（二等奖）
项目年份 2009 年

该项目属于天津市矿产资源补偿费项目。以应用和服务于静海县经济社会发展需要为宗旨，开展综合地质调查评价，提高地质工作程度，为国土资源的优化配置与合理开发、地质灾害防治、环境保护、农业产业结构调整、促进地区经济建设提供基础地质资料，为政府规划管理工作提供科学依据。

其关键技术及创新点：

1. 在基底构造研究方面取得了突破性进展，特别是重新厘定了区内主要断层构造的性质与特征，对前人有不同认识的大邱庄断裂进行了证实和命名；

2. 在第四纪地质方面，利用具有标志特征的泥炭层，确定了全新世天津组上、中、下三段和更新世间及第四系底板的分界深度，并依据 14C 和热发光（OSL）测试数据，进一步确定了全新世天津组的分段年龄值；采用微量元素作指标，划出了全新世地层中的五个冷段、六个还原带和六个海水影响段；

3. 通过三次异常值剔除，计算了静海县表层土壤 27 个元素背景值等参数。查明了该县表层土壤平面与剖面地球化学特征，并进行了土壤重金属污染现状、土壤盐渍化程度与分布以及土壤环境质量分区。

该成果为《天津市新四区、宝坻新城、团泊新城浅层地温能调查与评价》项目提供了科学性依据。此外，天津地质矿产研究所、铁道第三勘察设计院、天津市地质环境总站、天津市地质基础工程公司等多家单位在地质研究、铁路、高速公路和城镇建设、地质灾害评估、环境监测等工作中均参考了该项目报告的相关内容，均取得了可观的经济效益。为静海县农业和工业的发展规划提供科学依据，对进一步全面推进“工业强县、生态立县、文化兴县”战略，加强生态环境保护、构建乡镇企业产业新布局，搞好城镇规划建设等起到一定的推动作用。

青海省杂多县纳日贡玛矿区东段铜钼矿详查
（二等奖）
项目年份 2009 年

该项目是实施西部大开发，加快优势资源的勘查与开发力度，青海省对纳日贡玛铜钼矿勘查与开发项目进行了招商引资。纳日贡玛矿床是青海南部新发现的一个最重要的大型斑岩型铜钼矿床，找矿取得了重大突破，已评为青海地质矿产勘查开发局建局 50 年十大重大发现，并获青海五十年十大找矿特别贡献奖。

针对该项目位于平均海拔高达 5200 米的青藏高原唐古拉山脉、自然条件极为恶劣的特点，在深入研究矿床成矿规律的基础上，选择钻探工程、大比例尺地形地质测量、物探、化探、水工环地质测量等主要勘查手段，应用 GIS 技术、数字化测图、物化探综合找矿、国外钻探技术等新方法、新技术，采用双频激电、激电中梯、高精度磁测、瞬变电磁及重力测量等多种物探综合方法定位矿床深部隐伏含矿斑岩体的空间位置，研究并形成了一套适合于高海拔地区的先进勘查方法和施工技术，快速有效地解决了高海拔地区地质勘查工作的难点，并总结了高原地区勘查工程实施和组织管理方面的经验，对青藏高原地区矿产勘查工作及三江北段的找矿工作具有重要的指导意义和应用价值。通过对矿区喜山期赋矿花岗斑岩体的地质特征、矿化富集规律、控矿因素及成因机制等的深入研究，丰富了斑岩型铜钼矿成矿理论。

矿区东矿段详查工作已完成，探获资源量钼金属量 15.50 万吨，铜金属量 29.94 万吨，达大型规模，潜在价值 592.54 亿元。矿体边界尚未完全控制，西矿段及深部勘查工作仍在进行，推断及远景资源量钼金属量 60 万吨以上，铜 100 万吨以上，可提交一处特大型铜钼矿床，并带动三江北段新一轮斑岩型铜钼矿的找矿。

矿床开发综合利用经济价值大，目前正在筹建矿山。建成后，该项目可在勘查技术、开发工艺、生态安全等应用研究方面为中国西部高原地区矿产勘查与开发提供经验借鉴。将资源优势转化为经济优势，对中国藏区经济发展和社会稳定都具有重要意义。、

海南省保亭县罗葵洞矿区钼矿详查
（二等奖）
项目年份 2009 年

该项目是金洲城钼业有限公司为了进一步确定该矿床规模及工业利用价值，委托辽宁省有色地质局勘查总院进一步进行资源普查及详查。罗葵洞钼矿区位于海南省南端，是一处通过水系沉积物测量发现的钼异常。认为是一处有找矿前景的钼矿区。

普查工作从 2007 年 1 月开始至 2007 年 11 月结束，继而转入详查工作。一年多来累计投入了 1:10000 地质测量 29.33 km2；1:5000 地质简测 9km2；1:2000 地质修测 6km2；1:10000 土壤地球化学测量 5.4km2；1:10000 激电中梯测量 11km2;1:10000 高精度磁法测量 11km2;1:2000 水文地质及 1:10000 水、工、环地质简测等工作，并进行了实验室开路流程选矿试验及采选工程初步可行性研究。通过详查，对工作区岩性、岩相进行了重新划分，认为测区大面积出露的岩石属一套与火山机构有关侵位不同的中酸性火山岩、火山碎屑岩及浅至中深成侵入岩。罗葵洞钼矿赋存在隐伏似斑状花岗岩顶部及其外带火山岩中，是一处受中浅成侵入岩及火山机构联合控制的特大型斑岩钼矿床，属剥蚀程度浅的隐伏矿，地表近等轴状的面状硅化细脉带范围就是钼矿化范围。详查工作对该矿化范围进行了系统钻探工程控制，至 2008 年 6 月竣工探矿岩芯钻孔 48 个，总进尺 31444.42m。水文抽水试验及观测孔 4 个，进尺 462.7 m。各种测试样品 16371 件，总投入费用 2716.6 万元。就现有工程估算 122b+332+333+2S22 钼金属资源 / 储量 25.4 万吨 ，通过勘查可看出该区是一处特大型有开发前景的矿产地。也是海南省目前最大的钼矿床。

45 米回转窑燃烧控制技术研究与应用
（三等奖）
项目年份 2009 年

该项目开发了石油焦煅烧监控系统，实现了煅烧系统各工况参量的检测与动态显示，远程控制，故障报警，以及历史数据管理保存、历史曲线显示等功能；采用回转窑胴体红外温度扫描联合窑内物料温度扫描测检方案，运用图像处理技术，提出了燃烧带图像边界特征提取算法，实现了煅烧带的划分，完成了煅烧带位置、长度、偏移方向及偏移速度的实时监测；提出并实现了基于串级 PID 控制 + 前馈控制 + 模糊控制的冷却窑排料温度自动控制。提出以控制蒸汽温度间接控制排料温度的控制策略，解决了冷却窑大滞后、非线性被控对象的自动控制难题。

该项目已在洛阳龙泉天松碳素有限公司、江苏大屯铝业有限公司和河北金牛能源股份有限公司水泥厂实际应用，成效显著，实现了冷却窑排料温度的自动控制。工作时，排料温度自动控制在 605℃；实现了回转窑胴体表面温度的测量，测量范围为 70℃～550℃，测温精度 ±2℃；实现了回转窑煅烧带长度和位置的实时检测与显示。煅烧带起始位置检测结果在 15±2m，煅烧带终止位置检测结果在 30±2m，煅烧带长度检测结果为 15±3m，检测结果合理准确。根据煅烧带位置、长度及烟气氧含量检测结果，可以优化燃烧工况，避免炭素过度燃烧，煅后焦实收率提高 4% 以上。系统含氧量测量范围达到 0.01%～0.9%，测量精度达到 ±2%。实现了回转窑胴体温度的实时监测，达到红窑、窑内衬、窑皮脱落等故障的报警功能。

该项目的实施，大大提高了 45 米大跨度回转窑系统运行的智能化、自动化水平和安全可靠性，为实现长周期安全生产提供了技术保障。每年可新增直接效益 860 万元，具有较好的经济社会效益，对同行业具有极大的移植性和适应性，具有很好的推广应用前景。

云南省个旧锡多金属矿共伴生组分查定及可利用性研究
（三等奖）
项目年份 2009 年

该项目创新了工业主组分与共伴生组分勘查技术方法，为矿山工程地球化学勘查→矿石物质组分查定 -ICP-MS 矿石微量元素分析→岩矿石常量元素分析→岩矿石光薄片鉴定→电子探针分析→人工重砂矿物定量分析→ X 射线粉晶衍射矿物定量分析→选矿试验→扩大工业试验→工业化试验生产→工业生产采选工艺流程跟踪研究。创新了金属矿山（床）主工业组分、共伴生组分和有害组分综合找矿评价新方法技术组合，提高了现场识辨复杂地质现象的勘查技术能力。建立了 7 种主要火山 - 沉积岩相带（填图单元）和 6 种后期热流体叠加岩相（含矿脉岩相，成矿岩相填图单元），新发现了金 - 铋 - 钴 - 钨 - 毒砂组合与岩浆期后热液成矿作用密切相关，提出寻找海底火山喷气有关的块状硫化物型锡铜锌多金属矿床具有很大潜力新认识。建立了砂矿和硫化矿采选流程跟踪研究与共伴生组分评价技术，对卡房多金属矿联合选矿工艺流程进行了跟踪研究，阐明了选矿技术改进方向与共伴生组分流向，提出了提高共伴生组分利用建议。查定了个旧典型尾矿物质成分与可利用性评价，认为卡房尾矿中白钨矿、硫、赤铁矿等有利用价值，提出了尾矿库生态环境保护措施与建议。

该项目部分研究成果作为工业化利用依据已经开

展产业化试验，将共伴生矿查定阶段推进到共伴生矿评价工作阶段和工业利用工艺评价阶段。卡房大白岩矿段已经探明了主工业组分铜金属量12万吨，共伴生组分金254kg，银101吨，钨(W03)1846吨，硫406282吨，锡1772吨。卡房大白岩矿段扩大工业试验已经进入产业化生产中，卡房尾矿库尾矿再选已经进入工业化生产期，取得了初步经济效益，大力促进了科研工作、勘探工作、矿山生产三者密切结合。

湖南省郴州市山门口矿区锡矿普查
（三等奖）
项目年份：2009年

该项目是中国地质调查局“新一轮国土资源大调查”矿产资源调查评价类“南岭地区锡多金属矿评价”子项目“湖南千里山－骑田岭锡铅锌矿评价”的主要普查矿区之一。

山门口矿区位于湖南省郴州市骑田岭岩体南东部、芙蓉锡矿田东部。在区内植被发育、第四系覆盖较严重的情况下，通过地质调查、物化探异常查证、遥感地质信息提取及“四探工程”的揭露控制，在该矿区新发现了黑山里－麻子坪、山门口－狗头岭两个走向长6.5-10k m、宽1-1.5k m的北东向锡矿带。并在矿区山门口、淘锡窝、狗头岭、麻子坪等四个矿段中控制了构造蚀变带型、矽卡岩型、脉状云英岩型等不同类型的锡矿（化）脉29条，圈定了27个锡矿体，锡矿体呈脉状、透镜状产出，多为北东走向，走向长220-1800 m，厚0.83-13.26 m，Sn平均品位0.233-1.668%，其中长大于1000m的主要矿体有8个，经估算，共获得333+3341 Sn资源量10.19万吨，其中333 Sn资源量为3.06万吨。提交了一处可进行详查工作的大型锡矿产地。

就矿床类型而言，与同区柿竹园钨锡钼铋矿、香花岭锡矿相比较，柿竹园钨锡钼铋矿主要是接触带附近的矽卡岩型、云英岩型矿床，香花岭锡矿是矽卡岩型及构造破碎带锡矿床，而该矿床则是位于大岩体中的高中温热液裂隙充填交代型矿床，其中构造蚀变带型及脉状云英岩型锡矿是新类型锡矿床。就矿床规模而言，山门口锡矿是香花岭（锡为52819吨）锡矿的近2倍。

该项目实现了找矿思路、找矿方法及矿床规模上的突破，并在南岭的大义山、姑婆山、锡田及大东山等大岩体的锡多金属矿找矿中得到了实际应用，并取得了很好的找矿效果，获锡资源量其潜在经济价值达38亿元人民币。

西藏玉龙铜矿水源地地下水资源评价
（三等奖）
项目年份2009年

西藏玉龙铜矿位于海拔4200m以上的青藏高原东南局山峡谷区，铜金属储量650万吨，平均品位2.5%，是世界级特大型铜钼矿。由于喜马拉雅山运动，该区地壳上升，剥蚀强烈，含水层厚度小，在青藏高原寻找地下水集中供水水源地难度很大。该项目开展的水源地地下水资源评价任务，找到了满足矿山需水8000m3/d的水源地，保障了矿山的立项和投产，对青藏高原水文地质区岩溶地下水系统特征的研究填补了中国空白。

该项目将系统理论应用于水文地质勘探实践，分析局部泉域的相对独立性与整个地下水系统的统一性，以及地下水分散消耗与集中排泄的关系，寻找供水有利地段，研究地下水可控性和“三水”转化关系，评价地下水天然资源量和可采资源量。以资源与环境可持续发展理念进行水文地质勘探。矿区位于长江上游自然保护区，生态环境脆弱，露天采场、尾矿库均位于区域地下水补给区，为矿山长期永续、安全供水和保护区域水环境，以玉龙沟首采地段，强抽地下水，形成地下水降落槽，拦截上游污水体；以觉高曲泉群附近为集中供水水源地，保障工业用水，防止污染下游水环境；以麦弄沟口为生活用水水源地，保障矿山生活供水安全。

该项目解决了玉龙铜矿供水问题，使玉龙铜矿顺利立项、投产。玉龙铜矿的开发将缩小的中国铜产量与市场需求的缺口，对中国铜资源的短缺意义重大。青藏高原高山峡谷区水文地质研究程度很低，找水难度大，该项目对青藏高原高寒气候下岩溶地下水系统特征的认识、对于青藏高原供水方向选择具有重要的借鉴意义。

该研究成果可推广到国内外水文地质勘探领域，具有广阔的推广应用前景。

遥感、物探技术在平果铝土矿成矿预测中的应用
（三等奖）
项目年份：2009年

针对广西平果的铝土矿范围广、分布零散、埋藏浅、多出露于地表、自然矿体规模小等特点，以及以往找矿手段落后、周期长、需要投入大量人力和物力、调查不彻底等技术难点，该项目运用新技术、新理论，结合实地考察，通过综合分析研究，寻找平果矿田内外尚未发现的新资源，预测成矿靶区。

该项目利用遥感信息提取的方法对堆积型铝土矿成矿预测进行研究，成功提取了堆积型铝土矿的矿化信息，取得了良好的找矿效果；利用遥感矿化信息直接圈定堆积型铝土矿成矿区，为进一步地质勘查提供了科学依据；选择了 EH4大地连续电导率成像系统的先进技术手段及探测仪器，探测圈定了平果残积型铝土矿体。

项目实施后，在隆安县古强一带新发现了一个较大的铝土矿成矿远景区，在平果五大矿区内新圈定了堆积矿的预测靶区多处，其中，矿体较集中的堆积矿靶区有太平矿区的龙麦、布兰、新民和果化矿区的巴独，以及那豆矿区北部的兰芳等，初步分析和计算堆积矿预测靶区的资源量达到2000万吨。应用EH4大地连续电导率成像系统等先进技术手段及探测仪器，对平果残积型铝土矿进行探测，建立平果铝土矿残积矿模型，通过EH4系统对那豆残积矿进行地球物理探测，获得

了残积矿含矿面积 1m2，探获得残积矿资源量 35 万吨，那豆矿区估计的残积矿远景资源量为 440 万吨。

该成果的取得，可极大地缩短平果铝土矿残积矿和堆积矿的勘探工作周期，一定程度上降低初期找矿预测确定靶区的费用，达到快速、高效探明铝土矿资源的目的。同时，该方法还将为矿区外围寻找新的铝土矿资源提供了有效的预测分布区，新的资源分布的发现，对平果铝下一步更充分、合理地利用矿产资源创造了条件。新的铝土矿分布区的预测，将为矿区扩大资源储量创造了可能，为确保中铝广西分公司可持续发展提供了基础条件。这对铝土矿资源的获取以及企业的可持续发展具有重大意义。

中国北方铝土矿找矿快速评价及远景区预测（三等奖）项目年份 2009 年

该项目是针对提高中国铝土矿资源量，由企业自主研发，目标是建立一套适合中国北方铝土矿找矿的有效、实用的物探工作方法体系，以保障中国铝工业的可持续发展。

采用多种物探勘查方法在中国北方铝土矿进行系统试验研究及靶区勘查示范，优化组合出一套适合中国北方铝土矿找矿的经济、高效、实用的物探遥感工作方法技术体系。将国际先进的仪器设备应用于中国北方铝土矿探测，首次应用 GDP-32 Ⅱ多功能电法工作站 NanoTEM 密集采样功能进行铝土矿找矿研究，运用小波去噪处理瞬变电磁非平稳信号，开展瞬变电磁快速解释研究，取得了理想的勘查效果；开发应用 Geometrics64 道地震仪可控震源 (minisosie) 功能，总结了不同震源的勘查效果及适用条件；运用高精度重力勘探确定灰岩起伏、探测灰岩凹斗，在圈定隐伏铝土矿方面取得了好的效果和宝贵的勘查经验。提出了中国北方铝土矿找矿的地球物理标志，建立了中国北方铝土矿的地球物理异常模式，对今后中国北方铝土矿找矿工作有重要的指导意义。在中国北方铝土矿遥感勘查中首次采用 ASTER 遥感数据分析解译，直接依据铝土矿矿石组分的光谱特征及其在 ASTER 数据短波红外波段吸收与反射特征提取与矿有关的光谱信息，是该项目的一个创新之处。

运用该项研究成果在陕西省蒲城县蔡邓和澄城县曹村铝土矿区进行了勘查示范，圈定了隐伏铝土矿赋存范围。经地质工程验证，曹村矿区累计获 332+333+3341 铝土矿资源量 1083 万吨；在陕西省合阳县同家庄一百良镇地区发现并圈定铝土矿的有利成矿靶区 3 处，共估算 334 资源量 2900 多万吨。

该项目提出的中国北方铝土矿快速评价和成矿预测的系列方案在实际工作中切实可行，对今后中国北方铝土矿找矿工作有重要的指导意义。

其它金属加工类项目

火焰法与氢化法联用原子荧光光谱仪（二等奖）项目年份 2009 年

目前，在中国被广泛应用各个领域商品化的原子荧光光谱仪中主要采用氢化物发生法和火焰法。氢化物发生法可测试的元素是砷、铋、汞等 11 个常温下可生成的稳定气态氢化物的元素；火焰法是本公司拥有的自主知识产权的技术，目前可测试的元素是铜、银、金、铅、锌、镉等。

火焰法和氢化物发生法各有自己的优缺点，主要的不足之一就是方法检测的元素种类少，一台仪器很难满足生产科研的需求，如地质找矿中需要检测的金、银、铜、铅、锌、钴、镍、砷、锑、铋、汞、等元素，需要两台不同类型的原子荧光仪器共同分析完成。为了弥补原子荧光仪器的这一弱点。

2006 年有色金属矿产地质调查中心下达了综合科研项目（编号：[2006] 科研 003），《火焰法与氢化法联用原子荧光光谱仪》的研制任务，北京金索坤技术开发有限公司和中色地科矿产勘查股份有限责任公司作为项目合作单位， 目的是将北京金索坤技术开发有限公司所生产的氢化物发生原子荧光光谱仪，和具有自主知识产权的火焰法原子荧光光谱仪结合在同一台仪器上，实现火焰法与氢化法联用原子荧光光谱仪。既能测试氢化法所能测试的元素，又能测试火焰法原子荧光光谱仪所能测试的元素，实现两种方法的优势叠加，扩大检测元素范围，满足地质找矿的需求。并且仪器的检出限和稳定性，不能低于单独火焰法原子荧光光谱仪，和氢化法原子荧光光谱仪的检测指标。经过三年多的反复实验，终于完成了这一艰巨但富有意义的科研任务。项目指标完全达到或超过任务书的要求，并取得了多项自主知识产权专利证书，且科研成果经过了多方面的认可。

该项目所研制的仪器已在中国地质找矿勘查实践中得到广泛应用，也在其他领域得到应用，并且出口国外。经济社会效益显著。研制的火焰法和氢化法组合原子荧光光谱仪达到国际先进水平。

中华人民共和国国家标准《银化学分析方法》（二等奖）项目年份 2009 年

该项目属有色冶金分析领域。原《银化学分析方法》标准已使用了近十七年，但随着生产技术的发展，企业对产品质量提出了更高的要求。为了与新的银技术条件标准相适应，对原标准进行如下的修订：

为了使银结果测定准确度更高，新标准将对银量测定的方法中银标样中银的含量作如下的规定：银的含量不小于 99.990%；新增加硒、碲两个元素的分析方法，试样经硝酸溶解，用盐酸沉淀分离基体银，在盐酸介质中，用电感耦合等子体发射光谱仪进行分析。测定范围为：硒 0.0002% ～ 0.010%；碲 0.0002%～0.010%；原标准中(GB/T11067.3－1989)铁、铅、铋量的测定是用硝酸溶解试样，在氨性溶液中，以氢氧化镧共沉淀富集与银分离，原子吸收法测定，由于铁的结果明显偏低，故新版标准将铁改用硫酸溶样，再用镧盐共沉淀富集原子吸收法测定；锑的测定原标准采用 2-（5- 溴 -2- 吡啶偶氮）-5- 二乙氨基苯酚分光光度法，新版标准以等离子体发射光谱法测定锑；根据银产品技术标准要求和新仪器的特将对铜、铁、铅、锑测定范围进行适当的调整；本标准以重现性和再现性代替原标准的允许差。

本标准已由中华人民共和国国家质量监督检验检疫总局和中国国家标准化管理委员会联合发布，并在有关银生产厂家和商检部门使用。分析实践证明：该标准具有方法科学、技术先进、分析精度高、适用范围宽、操作简便等特点，促进了银的分析技术进步，为国内外银的贸易提供了更先进的分析方法和仲裁依据。《银化学分析方法》达到了国际先进水平。

铍化学分析方法
（二等奖）
项目年份 2009 年

该标准时对《GJB 2513-95 铍化学分析方法》的修订，增加了铍中 BeO、C 的分析方法。随着铍材料研制项目的完成，产品生产工艺也已定型，产品质量趋于稳定，并建立了相应的产品标准。新型铍材产品对铍材的纯度提出了更高的要求，其中 BeO 和 C 也作为考核指标提出。这两个元素分析方法标准的建立，将使铍的分析方法标准更具适用性、准确性。

铍中杂质元素的分析方法，国外标准中仅美国材料试验协会标准 ASTM E 439-98Z 中建立了 Cr、Fe、Mn、Ni 的分析标准，其他元素的分析方法标准均未建立。铍中 BeO 的分析，前苏联、日本均采用溴甲醇溶液分光光度法测定，中国工程物理研究院目前采用的方法就是在该方法的基础上，结合该院三十多年的分析检测实践经验建立；铍中 C 的分析，该院自八十年代引进高频红外碳硫仪后进行了详尽的试验工作，经过多年的分析检测实践，提供的数据稳定可靠，方法精度完全能满足铍中 C 的分析要求。该院建立的铍中 BeO、C 的企业内控标准已运行多年，基本能满足分析要求。验证试验数据表明，该院提出的方法，实验条件及方法精密度基本能满足现行产品的分析要求。

主要技术内容的说明：

标准修订的主要内容如下：在企业内控标准及起草试验、验证试验的基础上，补充铍中 BeO、C 的分析方法标准。依据新的分析方法标准编写要求，对 GJB 2513-95 进行编辑性修订。

标准分析方法允许偏差的确定依据：满足用户对铍产品的技术要求。

铍中 BeO、C 的分析允许差，依据起草试验、验证试验结果，结合现行方法实际误差情况，同时参考 3S 原则，由起草方玉验证方协商确定；其他元素的分析允许执行原标准规定，不做修订。

稀土分离废水洁净高效处理成套技术及产业化
（二等奖）
项目年份 2009 年

项目属高效节能和环境保护科学技术领域。项目突破废水治理的旧思维，将稀土分离废水分类，进行稀土分离工序和稀土矿山废水综合利用工艺研究。研发出稀土分离废水综合利用及火山熔岩离子型稀土矿原地浸矿关键技术，实现了稀土分离与矿山开采的有机结合。成功解决了稀土分离废水量大，治理成本高以及原地浸矿工艺开采火山熔岩离子型稀土矿难，母液回收率低，成本高的难题。在中国首次形成了集环保、废物综合利用于一体的、完整的稀土分离工艺体系，节能减排。首次对地质条件极为复杂的火山熔岩离子型稀土矿进行原地浸矿工业开采，完善了原地浸矿工艺且扩展了应用范围。项目在寻乌南方稀土有限责任公司承担的原国家计委批复的（计产业 [2002]240 号）中央国债投资稀土工业重点示范工程“离子吸附型稀土原地浸矿及直接分离”中实施。

主要技术成果：废水在稀土分离工序间转换、再利用，在确保各工序产品合格的前提下，将工序的废液综合利用；洗水利用率≥ 99%，上清液的余酸利用率≥ 90%。含氨废水代替硫酸铵进行离子型稀土矿原地浸矿，废水中铵离子利用率＞ 85%。草酸稀土转型制备稀土氟化物新技术、新设备，稀土草酸盐氟化率≥ 99%。火山熔岩离子型稀土矿原地浸矿注液技术，对地表和地表 1 米以下的的矿体，由浅井改为沟槽注液和加压注液井注液；注液装置由人工改为半自动化控制；收液采用工程钻机沿山体钻水平导流孔的收液方式替代传统的掘进收液巷道方式；母液及稀土回收率都超过 75%。

实施新工艺，单位产品排水从 95 m 3/ t 降到 45 m 3/ t，低于国标 70 m 3/t 产品的基准排放量；废水处理费用从 10 元 /m3 降为 8 元 /m3；降低原地浸矿稀土生产成本 20.95%。三年累计新增利润 3456.2 万元，新增税收 918.15 万元，节支总额 3324.2 万元。推广效益将新增利润 17.9 亿元，新增税收 4.48 亿元，节支总额 14.9 亿元。该项目运行稳定，工艺可靠；社会、经济和环境效益显著，项目成果达到国际先进水平。

金属矿山环境与灾害信息提取技术及预警系统
（二等奖）
项目年份 2009 年

该项目采用层次分析法并结合模糊数学理论、灰色数学理论关联度理论建立了针对金属矿山岩土工程环境综合评估的 MTC 综合评价体系，并对各个矿山的分析评判，将矿山岩土工程环境划分为适宜、基本适宜、适宜性差、不适宜四个层次面进行了综合评价，评判结果不仅表明各 MTC 评价体系具有系统统一性，适用于对金属矿山岩土工程环境的适宜性评价，而且为金属矿山岩土工程环境的实施治理提供了科学依据数据和技术可行性。利用多理论结合建立金属矿山岩土工程环境MTC综合评价体系，并对典型金属矿山岩土工程环境进行应用，取得与实际情况较为吻合的效果。由评价可知MTC评价体系在系统评估方面有着非常广泛的应用价值。同时岩土工程环境影响因素突发频率多，建立岩土工程环境预警系统可以预防突发事件的发生，本文根据岩土工程环境影响因素的特性并借助MATLAB计算软件建立金属矿山岩土工程环境预警系统模型，并对典型金属矿山进行应用，取得了较好的预警效果。

另外项目通过对金属矿山地质灾害形成的机理分析，对实际矿山产生的地质灾害进行研究，总结了灾害发展、发生、演变的过程，并通过研究给出了优化治理措施。同时在对中国29个典型的金属矿区做了调查统计分析，分别应用模糊数学理论、灰色数学理论、关联度等建立模糊数学模型、GLP模型、M-Y模型分别对金属矿山主要地质灾害做了评估，验证了几种理论建立模型评估金属矿山的适应情况和优缺点。在此基础上对金属矿区地质灾害所带来的经济损失、人员伤亡和生态环境破坏做了损失评估，这为以后金属矿山的可持续发展和生态环境的保护奠定了基础，最后将多种理论相结合法建立了金属矿山地质灾害的综合评估预测模型，并用此模型对中国29个金属矿区进行了检验，取得了良好的预测效果。

通过制定详细的地质灾害监测方案和布置的监测网络，可以有效地为矿山安全生产和尾矿库的安全运营提供安全保障，起到提前预警预报、提前采取措施、提早控制地质灾害，避免其进一步扩大和造成人员伤亡的作用。

稀土金属生产与应用中固体废弃物综合利用
（二等奖）
项目年份 2009 年

该项目是自主研发的稀土金属冶炼过程三废治理及综合利用和废旧钕铁硼回收工艺的基础上，建立一条稀土固体废弃物再生利用生产线所立的一个创新基金项目。项目内容包括：

1. 对各种稀土废料建立了一套分门别类收集、储存、搬运和再生处理、返回利用的措施，防止废料之间、稀土元素、非稀土元素之间的交叉污染，

2. 对熔盐电解法生产稀土金属所产生的烟气中的有价成分进行回收利用；

3. 将电解法生产金属钕、金属镨、镨钕金属和镝铁合金等产品时产生的废熔盐分别进行回收和综合利用；

4. 将钙热还原生产金属铽、金属镝等单一重稀土金属时产生的钙热还原炉渣中的稀土分别进行再生利用；

5. 将镧热还原法生产金属钐时产生的镧钐渣分别进行回收得到镧和钐的产品；

6. 将生产稀土永磁材料过程中产生的的废旧钕铁硼中的镨、钕、镝、铽分别进行回收和循环利用。

通过这一整套的综合利用工艺，使电解法生产稀土金属的稀土利用率从92%提高到98%；使钙热还原法生产镝、铽等金属的稀土利用率从93%提高到98.5%；镧热还原法生产金属钐时钐镧的循环利用率达到94%；生产稀土永磁材料过程中损失在废渣、废料中的稀土（约占投入稀土原料的30%）的90%得到回收和循环利用。

项目的实施促进了企业的发展，推动了稀土固体废弃物综合利用的技术进步，近年来累计实现销售收入九亿多元，利税一亿八千万元，为国家节约了二千万吨离子型稀土矿石的消耗，节省开矿与分离用化工材料达三百万吨。获得了显著的经济效益和社会效益。该项目于2007年4月10日通过由科技部创新基金管理中心委托，江西省科技厅组织的创新基金项目专家验收评审，2007年7月10日由科技部创新基金管理中心颁发验收证书。

干旱地区镍铜尾矿库生态修复技术研发及应用
（二等奖）
项目年份 2009 年

该研究以干旱区典型矿业城市一金川公司的尾矿库为研究对象，立足于当地水资源短缺的现状，通过多学科交叉，采用国内外先进的测试手段和实验方法，从耐性植物筛选、土壤改良、雨养型人工植被建立等多个角度首次提出了干旱区尾矿库治理的优化技术模式，其成果主要包括：

1. 从植物原位稳定修复技术的角度提出干旱区尾矿库生态修复应该以重金属耐性 植物为主的新思路，并通过确定耐性植物的定量评价指标体系，首次从干旱矿业地区分布的植物中筛选出一批用于生态修复的植物。

2. 针对金昌地区水资源短缺的现状，提出采用雨养型人工植被进行尾矿库生态修复的思路和具体的技术模式，并在尾矿库区生态修复中进行示范实施2000亩，效益显著；该技术模式在降水小于200mm的矿业废弃地分布区具有很好的推广前景。

3. 针对金川公司老尾矿库生态修复要兼顾园林景观效果的具体需要，通过对不同尾砂土壤水文参数的研究，提出园林绿化中最经济的灌溉定额。该灌溉量可以减少传统灌溉对水资源的浪费，提高植物水分利用效率。

4. 通过对尾矿库生态修复不同栽植模式的对比研究，从水分有效性分析的角度提出“穴状换土+覆土10cm”栽植模式是最经济的植物栽植模式。该栽植模式在尾矿库生态修复中大面积应用，降低了工程和管护成本，经济效益显著。

就金川公司尾矿库生态修复研发出的技术模式，针对性强、代表面广，所解决的是金川公司乃至西北干旱、半干旱地区矿业废弃地治理所急需解决的关键科学问题和技术模式。技术成果具有很好的实用性和可推广性，目前得到广泛应用，生态和社会效益显著。

锂化学分析方法 GB/T20931-2007
（二等奖）

项目年份 2009 年

该套国家标准分析方法在中国首次发布，其十一个分析方法分别为：GB/T 20931.1-2007 钾量的测定火焰原子吸收光谱法；GB/T 20931.2-2007 钠量的测定 火焰原子吸收光谱法；GB/T 20931.3-2007 钙量的测定火焰原子吸收光谱法；GB/T 20931.4-2007 铁量的测定 邻二氮杂菲分光光度法；GB/T 20931.5-2007 硅量的测定 硅钼蓝分光光度法；GB/T 20931.6-2007 铝量的测定 铬天青S-溴化十六烷基吡啶分光光度法；GB/T 20931.7-2007 镍量的测定 α-联呋喃甲酰二肟萃取光度法；GB/T 20931.8-2007 氯量的测定 硫氰酸盐分光光度法；GB/T 20931.9-2007 氮量的测定 碘化汞钾分光光度法；GB/T 20931.10-2007 铜量的测定火焰原子吸收光谱法；GB/T 20931.11-2007 镁量的测定火焰原子吸收光谱法。

上述各方法的测定范围为：

元素	测定范围 w/%	元素	测定范围 w/%
K	0.0005 ~ 0.04	Ni	0.0001 ~ 0.003
Na	0.0005 ~ 2.0	Cl	0.0010 ~ 0.005
Ca	0.0010 ~ 0.1	N	0.0010 ~ 0.2
Fe	0.0005 ~ 0.05	Cu	0.0010 ~ 0.1
Si	0.0001 ~ 0.05	Mg	0.0010 ~ 0.01
Al	0.0005 ~ 0.04		

该套标准与现行金属锂产品标准相配套，能够满足金属锂产品分析的要求。

铜及铜合金管材单位产品能源消耗限额

（二等奖）

项目年份 2009 年

该标准在编制过程中充分考虑了当前中国铜加工企业存在的规模差异，能耗水平不统一，生产工艺方法不统一，产品制造过程完整程度不统一等特点，进行以下技术创新：

1. 科学归纳法：去繁求简，在不影响最终结果的原则上，将部分工序归纳合并，便于使用对象的计算及考核，实现了工序划分上的创新。

2. 合理分摊法：针对产品品种及生产工艺不同进行科学的分类，设计了不同工序合理的分配系数，可更加准确地反映不同种类铜管的真实能耗水平，实现了方法上的创新。

3. 差别比较法：针对企业类型不同，引入了“可比能源消耗”概念，按工序不同和铜加工企业的实际能耗水平，设计了各工序合理的折算系数，可真实地反映不同类型铜管加工企业的能耗水平，实现了概念上的创新。

4. 标准化技术法：进一步将能耗分为直接能耗、辅助能耗、间接能耗，明确计算范围、换算系数和计算方法，在应用范围上有创新。

5. 倡导节能和环保：根据中国铜加工企业能源来源的多样性和能源区域、时段成本差异较大的实际，鼓励倡导节能与降低成本有机结合，提供了各种能源和能耗工质的换算系数，鼓励铜管加工企业集约发展、可持续发展，并提出了企业在降低能耗上的主要方向和措施。

经综合对比评定，该标准的能耗限额先进值高于国际先进水平，该标准的总体水平为国际先进水平。

通过该标准的实施，使各铜管材加工企业的能源消耗有了相关的执行标准，使国家相关管理部门对能源消耗的考核有据可依，为中国铜加工行业节能降耗及国家“十一五”资源节约型国家目标的实现做出了重大贡献。

钛及钛合金加工材系列标准（板、管、棒、丝、植入物用材等 5 项）

（二等奖）

项目年份 2009 年

该项目由5项钛及钛合金加工产品国家标准组成，产品类别包括板材、管材、棒材、丝材等，标准包括GB/T3621-2007《钛及钛合金板材》、GB/T3623-2007《钛及钛合金丝》、GB/T3625—2007《换热器及冷凝器用钛及钛合金管》、GB/T 2965-2007《钛及钛合金棒材》、GB/T 1 381 0—2007《外科植入物用钛及钛合金加工材》，GB/T3621-2007.GB/T362 3—2007 和 GB/T3625-2007 三项标准于 2007. 04. 30 发布，2007. 11. 01 实施，GB/T 2965-2007 和 GB/T 13810—2007 两项标准于 2007. 11. 2 3 发布，2008. 06. 01 实施。

GB / T3621-2007 是对 GB/T 3621-1994 的修订；GB/T362 3-2007 是对 GB/T3623-1998 的修订；GB/T3625-2007 是对 GB/T3625-1995 的修订；GB/T 2965-2007 是对 GB/T2965-1996 的修订；GB/T 1 3810-2007 是对 GB/T 13810-1997 的修订。

标准中纳入了大量的新研制钛合金，为新合金的推广应用起到了良好的推动作用。如 GB/T 2965 中增加了 TA1 3.TA1 5.TA19.TC4 ELI 等合金；GB/T 3621 中增加了 TA8.TA8-1.TA9-1.TAt1、TA1 5.TA1 7.TA18.TB5.TB6.TB8.TC4ELI 等 11 个新的合金牌号，GB / T362 3 中增加了 TAI-I、TC2.TC4ELI 等牌号；GB/T3625 中增加了 TA3 和 TA9-1 等；GB/T 13810 中增加了 TA1ELI、TC4ELI 和 TC20 等牌号的产品。

该 5 项钛加工材标准经本次修订后，标准水平有了明显的提升，并特别注重了与国际接轨，各项主要技术指标均高于或等同于国际标准和国外先进标准。5 项标准经专家评定均达到了国际先进水平。

变形铝合金 2D70 光谱与化学标准样品

（二等奖）

项目年份 2009 年

2D70 主要用于生产预拉伸厚板，此产品最大特点是应力变化小和耐腐蚀性，在航空航天业应用很广泛，发展前景非常远大。目前中国市场上只有 2 系铝合金标准样品，Fe、Ni 含量低，不适合 2D70 合金的使用，而且成分相对较少，不含 Pb、Sn、Zr 等技术指标。近年来各企业都从国外购置了光电直读光谱仪和 ICP—AES 等仪器，使中国铝合金光谱与化学标准样品需求量逐年增加，特别是加入国际市场，更需要多元素铝合金标准样品，为了与国际接轨，适应现代仪器的进步，成套的光谱与化学标准样品有所需求，所以要求申报研制此套光谱与化学标准样品。

该套标样是通过一年多的认真研究和不懈努力完成的。从成分设计到熔炼铸造都进行了新的尝试，且此标样是及光谱与化学样品于一身的标准样品。更适合现代仪器的发展，便于科研与生产的分析。

该套标准样品主要有两方面创新首先是成分设计合理，完成了高含量铁、镍的研制，不仅适用于 2 系铝合金，还适用于 2D70、2A70、2A80、2A90 等铝合金材料的化学分析。并同时研制出化学与光谱各一套标准样品，同时定值，节约了大量的研制费用。为现代仪器的使用和仪器之间的校正提供了依据，为标准样品的研制方向又做出了一次革命性的改革。其次是加入了新的元素，近年来由于铝合金的应用更加广泛，尤其应用与食品有关的方面很多，所以对铅、锡、锆等元素都有要求，为适应社会的发展此套标准样品加入了 Pb、Sn、Zr 三种元素。此套标准样品填补了中国空白，达到了国际同类标样水平。

变形铝及铝合金化学成分
（二等奖）
项目年份： 2009 年

该项研究属于铝加工领域的国家标准。该标准适用于以压力加工方法生产的铝及铝合金加工产品（板、带、箔、管、棒、型、线和锻件）及其所用的铸锭和坯料。

该标准规定了变形铝及铝合金的化学成分，在技术要求方面对化学成分、取样、成分分析等方面都有明确的规定。该标准引用标准中增加 GB/T 7999 铝及铝合金的光电光谱分析方法，此次修订共收录合金 273 个，在 1996 版标准包含的 143 个合金基础上新增 130 个合金，新编入牌号来自四个方面：一方面是中国自己研制成功，并且经过鉴定，已经定型投入生产的合金牌号；另一方面是根据市场的需要而仿制的国外合金牌号；再一方面则是中国铝箔行业、建筑型材业及一些新兴行业根据市场的需要直接引入国际牌号注册组织命名的牌号；最后是根据近些年的市场情况及考虑未来发展收编的一些合金牌号。化学成分表根据本次修订的原则和依据将原来一个表分为二个表，表 1 中收录国际四位数字牌号体系的合金；表 2 中收录的是原标准中的四位字符体系的合金。

从标准水平看，该标准修改采用 ISO 209:2007《铝及铝合金化学成分》，已经翻译英文版，积极与国际接轨，采用的国际四位数字牌号目前在全世界铝加工行业内广泛应用，包含的 273 种合金，涵盖了中国各行业所应用的全部变形铝及铝合金。对于合金的分类方式新颖、实用，引入新合金论据充分。在 2008 年 4 月 1 日的标准审定会的专家评定中一致认为该标准达到国际先进水平，并写入审定会纪要。

该标准的实施，无论是航空航天及普通民用产品对化学成分控制起到积极作用，同时，在标准中将中国自己研制的合金列为表 2 中，代表中国大量的具有自主知识产权的合金与国外四位数字牌号合金（表 1 中）同样重要，使用效果反映良好，为铝加工技术的提高、产品质量的保证，起到了积极的作用。

国家标准《钨精矿化学分析方法》修订（GB /T6150-2008）
（二等奖）
项目年份 2009 年

该项目涉及的技术领域是国家标准分析方法的修订，是根据《钨精矿》技术条件和当前化学分析技术进步水平，对原国家标准《钨精矿化学分析方法》GB/T 6150-85 进行修订，共 13 个分标准（见下表），该标准被全国有色标准化技术委员会评定为具有“中国特色”分析方法，方法达国际先进水平。并于 2009 年 9 月 1 日开始实施。

1	WO3	钨精矿化学分析方法 三氧化钨量的测定 钨酸铵灼烧重量法 (GB/T 6150.1-2008)
2	Sn	钨精矿化学分析方法 锡量的测定 碘酸钾容量法和氢化物原子吸收光谱法 (GB/T 6150.2-2008)
3	S	钨精矿化学分析方法 硫量的测定 高频红外吸收法 (GB/T 6150.4-2008)
4	Ca	钨精矿化学分析方法 钙量的测定 EDTA 容量法和火焰原子吸收光谱法 (GB/T 6150.5-2008)
5	H2O	钨精矿化学分析方法 湿存水量的测定 重量法 (GB/T 6150.6-2008)
6	Ta、Nb	钨精矿化学分析方法 钽铌量的测定 等离子体发射光谱法和分光光度法 (GB/T 6150.7-2008)
7	Pb	钨精矿化学分析方法 铅量的测定 火焰原子吸收光谱法 (GB/T 6150.10-2008)
8	Zn	钨精矿化学分析方法 锌量的测定 火焰原子吸收光谱法 (GB/T 6150.11-2008)
9	SiO2	钨精矿化学分析方法 二氧化硅量的测定 硅钼蓝分光光度法和重量法 (GB/T 6150.12-2008)
10	As	钨精矿化学分析方法 砷量的测定 氢化物原子吸收光谱法和 DDTC - Ag 分光光度法 (GB/T 6150.13-2008)
11	Mn	钨精矿化学分析方法 锰量的测定 硫酸亚铁铵容量法和火焰原子吸收光谱法 (GB/T 6150.14-2008)
12	Bi	钨精矿化学分析方法 铋量的测定 火焰原子吸收光谱法 (GB/T 6150.15-2008)
13	Sb	钨精矿化学分析方法 锑量的测定 氢化物原子吸收光谱法 (GB/T 6150.17-2008)

该项目已在江西省有色金属产品质量监督检验站和赣州有色冶金研究所分析检测中心用于检测客户送检的钨精矿的质量，取得了良好的经济效益；对钨精矿的生产和贸易起到了积极的促进作用，具有显著的社会效益。

系列纯铜和系列铅黄铜标准样品的研制

（二等奖）

项目年份 2009 年

该项目以《2008 年有色金属标准制（修）订和标准样品研（复）制项目》S2008264 和《2008 年有色金属标准制（修）订和标准样品研（复）制项目》S2008265 任务下达。

主要内容为：以满足近年来中国开发的纯铜、低合金化的高铜合金材料、铅黄铜材料的分析为目的而进行的研发。该项目涵盖两个子项，分别是：：GSB 04-2415-2008 系列纯铜标准样品（共 10 个号）；GSB 04-2416-2008 系列铅黄铜标准样品（共 6 个号）。其技术工作包括：调研、成份设计、原料选择、熔炼、均匀度初检、挤制、均匀度检查、分析定值、统计分析、方法试验、申报鉴定等。该项目涉及金属学、冶金学、压力加工、化学分析、数理统计等各专业领域。

特点：

1. 成份设计合理、新颖，覆盖面广。除国标中要求的元素外，系列纯铜标准样品加入了 Se、Te 等元素，可覆盖纯铜类 T1.T2.C10200、TP2.TU1.TU2.TFe0.1.C19210 等多个牌号的 12 个元素；系列铅黄铜标准样品加入了 S、Bi、Sb、P 等元素，扩展了分析范围，可广泛用于易切屑铅黄铜系列主、杂元素的定量分析。

2. 均匀性、稳定性好，定值准确。

3. 规格全，适用范围广。本系列标准样品为圆柱状和碎屑状，规格分别为 Φ40×50mm（光电直读光谱仪分析用）、Φ40×20mm（X 荧光光谱仪分析用）和碎屑（化学分析及 ICP 光谱分析用），既可单独使用也可联合使用，具有广泛的适用性。

应用推广情况：

该两套标准样品具有覆盖面广、分析元素多、形状新颖等特点，广泛应用于光电直读光谱仪、X 荧光光谱仪、ICP 直读光谱仪分析和常规化学分析，可进行产品质量控制、进货检测、仪器校准等项工作，满足了高新技术产业新材料发展和分析仪器发展的需要。其社会效益和经济效益显著，具有广泛的推广应用价值。

该标准样品经极差法检验表明，均匀性良好；经国内外八家实验室采用不同原理、准确可靠的分析方法定值，定值结果准确、可靠；经同类铜合金标准样品稳定性考察，说明该标准样品具有良好的稳定性。经专家鉴定达到国际同类标准样品的先进水平

锰酸锂

（二等奖）

项目年份 2009 年

有色金属行业标准 锰酸锂（YS 677-2008）是由中信国安盟固利电源技术有限公司负责起草完成的，2008 年 3 月 12 日由国家发展和改革委员会发布，2008 年 9 月 1 日开始实施。该标准所基于的锰酸锂产品采用了先进的研究成果—中信国安盟固利公司具有自主知识产权的锰酸锂合成技术。该标准规定了锰酸锂产品的化学成份，包括主元素含量、杂质元素含量以及水分含量及晶体结构等所应达到的指标 ；规定了产品的振实密度、粒度分布、比表面积、pH 值等物理性能所应达到的指标；规定了包括首次充放电比容量、首次充放电效率、平台容量比率、循环寿命在内的电化学性能所应达到的指标；另外还规定了各自相应的测试方法以及锰酸锂产品的检验规则、包装、标志、运输、贮存标准和订货合同的内容。

由中信国安盟固利动力科技有限公司生产的锰酸锂动力锂离子电池所用的正极材料锰酸锂，就是以该标准为执行标准进行生产的。这些电池已被成功应用到奥运纯电动公交车上，在整个奥运会期间，电动公交车运行良好，没出现一例安全事故，实现了国家副主席习近平提出的“零抛锚、零故障”的要求，成为北京“科技奥运”、“绿色奥运”的具体标志。

锰酸锂行业标准具有很强的唯一性和先进性，2009 年 3 月由北京市质量技术监督信息研究所负责锰酸锂标准相关的查新，查新结果显示在国内外标准中均未检索到与«锰酸锂»相同或相关的其它标准。

中国有色网络电视及人才信息系统

（两项合并）

（二等奖）

项目年份 2009 年

“中国有色网络电视及人才信息系统”是由“中国有色网络是视系统平台”和“有色人才网站系统”合并而成。

2008 年 2 月，中国有色金属工业协会下达给中国有色金属报社，设计开发的互联网信息产品《中国有色网络电视系统平台》项目的任务。目的是将中国有色金属企业的电视节目汇集一堂，以网络电视的形式在具有行业影响力的中国有色网平台上播放，让国内外关心有色金属行业的社会各界以全新的视频方式及时了解有关行业动态，便于更多的企业交流与共享。该项目实质上是一个视频节目分享网站，不同的是为了突出电视节目的收看效果，设计了相对大一些的、类似于实物电视效果的网上播放屏幕使浏览更舒适。另外，不断学习与实践互联网视频传播方面的新技术和新应用，使网络电视的播放效果和观看基本不受下载速度影响。该项目针对有色金属行业企事业单位实际情况，运用最新互联网视频技术，研究开发成功了基于互联网传播的中国有色金属行业首个网络电视平台。平台浏览视频清晰、流畅，技术先进，曾荣获中国报业 2008/2009 年度技术进步一等奖。

中国有色网络电视系统平台，于 2008 年 9 月 30 日由国家广播电影电视总局正式批准《信息网络传播视听节目许可证》，是中国有色金属行业唯一的网络视听节目平台。

“有色人才网”网站系统是有色金属工业人才中心为贯彻落实国家人事部“人办发 [1999]105 号”文件精神而建设的。“有色人才网”网站系统是一个以互联网为平台，技术结构开放、扩展能力强、操作方便、管理安全的行业人才门户网站。网站系统通过静态网站程序设计技术，使用 HTML 程序设计语言和 CSS

2.0样式设计语言进行页面架构的设计，并在“.NET framework 2.0程序集”框架下使用了ASP.NET 2.0程序设计语言进行网站系统人机交互界面的开发、设计，充分运用面向对象程序设计技术使网站系统实现规模化、功能化。“有色人才网”网站系统设立了有色行业信息、有色行业人事人才信息等新闻栏目，开发了求职招聘系统，并单独设计了技能鉴定、职称评审等二级子网站。网站具有新闻动态发布、求职招聘、证书查询、信息检索、后台维护等功能模块，并具有良好的可扩展性。网站维护方便，不仅具有良好的安全性，还可进行功能扩充。

大型铝电解槽“全息”操作及控制技术研制开发与应用
（二等奖）
项目年份2009年

该项目应用国际上最先进的电解槽控制理念，综合考虑影响电解槽技术指标的所有因素，研发了电解槽“全息”操作及控制技术。主要包括：铝电解槽标准化操作手册；铝电解槽智能自动控制技术；铝电解槽标准化监督、管理技术。

其主要技术特点和创新点如下：

1. 开发了基于统计过程控制的ROBG四级铝电解槽监督管理系统，实现了各项报表数据的电子化、图表化、直观化，便于四级管理者实时查看电解槽运行状态，及时发现生产操作、自动控制、生产管理中存在的问题，极大提高了电解槽集中控制水平与铝厂整体管理水平。

2. 升级了原有的铝电解槽自动控制程序，包括氧化铝浓度控制、热平衡控制、特殊操作控制、三级波动控制等模块，提高了铝电解槽的自动控制水平，从而提高了电解槽技术指标。

3. 制定了铝电解槽车间工艺操作的标准化手册，操作性强，有利于消除人为操作因素差异而造成的电解槽个体之间的性能差异，提高了工人工作质量和效率，方便了厂、车间、班组管理，为提高电解槽的自动控制水平提供了保障。

通过应用“全息电解槽技术指标稳步上升，在使用国产氧化铝的条件下，电流强度计算应用表计电流，经加铜回归法实测，试验区电解槽的电流效率达到94.5%，吨铝直流电耗小于13100kW.h，阳极效应系数达到0.03。

该项目节能效果明显，经济效益、环境效益和社会效益显著，整体技术达到国际先进水平。

BPHM-I型矿浆pH计
（二等奖）
项目年份2009年

“BPHM-I型矿浆pH计”的测量是采用高纯度的锑作为测量电极，固态甘汞电极作为参比电极进行pH值得测量。测量电极设计成开放式结构，在驱动电机的带动下，玛瑙刮刀对锑电极表面连续刮洗，适应选冶过程中结钙、磨蚀等工业环境中应用。锑电极和参比电极产生的pH值信号就近直接转换成数字量信号，然后通过数字通讯的方式发送给二次仪表。“BPHM-I型矿浆pH计”二次仪表除传统的一点标定和两点标定外，增加了多点标定的等特殊功能，在保证测量精度的前提下，扩大了锑电极pH计的测量范围。

“BPHM-Ⅰ型矿浆pH计”由测量电极、放大器、二次仪表三部分组成。主要特点：

1. 测量准确，测量精度可以满足工业应用需要；

2. 电极本身根据实际工况选材加工，耐腐蚀、耐磨损，适用范围广；

3. 电极结构和锑电极本身机械强度高，可适用于恶劣工况环境中；电极自清洗效果好，应用过程中维护量小；

4. 电极与仪表之间采用数字量信号传输，通讯抗干扰能力强，通讯距离远；

主要技术创新点：

1. 突破了传统结构理念，采用开放式测量电极结构，填补了中国pH测量的空白；

2. 测量头的独特机械结构。尤其适合在搅拌槽、反应槽或浮选机等冲刷、结钙严重的工业环境应用；

3. 电极mV 信号处理与二次仪表分离，其间采用数字量通讯，适应恶劣和有较强的电磁干扰、复杂电磁场的环境中，抗干扰能力强；

4. μC/OS-Ⅱ嵌入式实时多任务操作系统的应用，使系统软件更高效、功能更复杂、更人性化。

工业试验数据和实际应用情况都充分说明了“BPHM-Ⅰ型矿浆pH计”测量精度优于0.2pH，仪器的总体指标，可提高生产效率、减少药剂消耗、改进浮选指标、提高产品质量，达到了中国同类仪器的领先水平。

晶闸管整流机组谐波治理技术
（二等奖）
项目年份2009年

该项目以中国铝业广西分公司160kA电解整流系统为研究对象，借鉴高压谐波治理技术在铁路电力机车等领域的应用经验，对该整流系统提出一整套谐波治理和无功补偿方案，提高该系列的整流效率和功率因数，降低电能损耗，达到安全、稳定、可靠、经济供电的目的，为中国铝业广西分公司“十一五”节能指标的完成作出努力，同时也为分公司电解二期整流供电系统方案的选择以及晶闸管整流技术在电解铝工业的推广应用提供可借鉴的经验。

通过研究160KA整流机组不同工况下的谐波含量情况，进行谐波抑制理论分析，建立数学模型，然后利用谐波分析仿真软件对数学模型进行必要的仿真，通过计算和分析，得出滤波器组最佳配置（在原有5 次滤波支路和7 次滤波支路的基础上增加 3 次和 11/13 次高通滤波支路），达到进一步改善160KA整流系统谐波滤波及无功补偿的目的，从而减少谐波对电网的污染，防止系统在任何工况下发生谐振，保证供电电网谐波含量符合国标要求及安全稳定运行；同时使功率因数和整流效率得到提高，节电降耗，提高供电运行的经济性。实施后，160kA 整流效率从 97.37% 提高到 97.68%，提高了 0.31% ，整流系统功率因数从 0.95 提高到 0.99 以上，创同行新高；谐波含量要求达到 GB/T14549-93 标准：220kV 系统电压总谐波畸变率 THDu 由改造前 2.2% 下降到改造后的 1.54%（国标 THDu ≦ 2%），3.7.11.17.19 次谐波电压含有率也明显下降，分别由改造前的 0.68.0.61.0.58.1.31.0.90 下降到改造后的 0.31.0.27.0.55.0.55.0.75。220kV 系统电流总谐波畸变率 THDi 由改造前 1.72% 下降到改造后的 1.44%。

项目实施后，对同类电解整流供电系统方案的选择具有重要的指导意义，有利于大功率可控硅整流与谐波滤波技术在生产中的进一步应用。

大型 ERP 软件在铝加工行业的创新性实践

（二等奖）

项目年份 2009 年

该项目是国家经贸委、国家发改委列入第八批国债专项资金项目。经过前期准备，西南铝国债专项资金项目一期工程— ERP 系统于 2005 年 5 月开工建设，2007 年 1 月 1 日成功上线运行。

关键技术及创新点为：

1. 创新性地建立了一套规范、统一、适用于铝加工行业的物料编码体系，运用 SAP 软件基于配置属性技术，实现了产品生产周期管理。为中国铝加工行业实施 ERP 奠定了基础。

2. 西南铝实施 ERP 系统，最大的亮点是在没有实施 MES 的情况下，在 ERP 四级系统开发了部分 MES 三级系统的功能，实现了完全面向订单生产的产销体系和成本核算。

3. 开发了铝锭基价自动划价方案，用 ERP 系统实现了原料市场监控、销售定价和财务结算三者的紧密集成。

4. 实施客供料解决方案，既保证了严格的“料到投产”，又做到了现场物流的顺畅，为企业堵塞了管理漏洞。

西南铝实施 ERP 系统后，提升了管理水平，优化了业务流程，减少了不必要的中间环节，在资金占用、管理费用等方面均控制较好。在产量逐年递增的形势下，管理费用和销售费用较比上系统前节约 6%，生产资金占用率下降 7.86%，库存占用流动资金下降 27.43%。

西南铝是中国铝加工行业首家实施大型 ERP 系统的企业，摸索出了一套适用于铝加工行业的解决方案，尤其是在没有实施 MES 的情况下，实现了完全面向订单生产的生产物流与成本核算的全过程管理，为铝加工企业成功实施 ERP 系统探索出了一条路子。

锡铁山铅锌矿数字化技术研究

（三项合并）

（二等奖）

项目年份 2009 年

该项目是由“锡铁山铅锌矿数字化技术研究”、“基于 IPV6 的矿山资源移动管理系统”、“基于 WLAN 的矿下安全通信系统的研究”三个项目合并而成。

项目的主要内容：

1. 围绕安全管理系统、数据管理系统、数据采集系统、智能决策支持系统以及 OA 办公自动化和电子商务系统开展了广泛深入的研究。

2. 研究了基于 IPv6 的矿山资源移动管理系统的认证技术和密钥管理技术。

3. 研究了一种基于 WLAN 的适用于矿下的安全通信系统方案。

主要创新点：

1. 将矿山数据管理分系统应用于锡铁山铅锌矿，实现了矿山日常工作中各种信息的有效管理；数据采集分系统以传感器网络为主，多种采集技术并存，借助有线和无线网络平台，完成了矿山各种信息采集，并发布到数字化矿山系统中的其它组成系统并为之使用。将矿山智能决策支持分系统应用于锡铁山铅锌矿。

2. 构建了基于 IPV6 的矿山资源移动管理系统；实现了基于 IPV6 的矿山移动环境下通信实体间的身份认证和密钥管理技术；实现了基于 IPV6 的矿山移动环境下的 AAA 的接入认证和授权服务技术。

3. 首次实现了基于 RSN 体系结构的矿山井下安全通信系统，包含身份认证、密钥管理、数据加密、安全漫游；设计出基于 WLAN 的矿山井下安全通信系统的双向认证协议，引入了源认证以及完整性保护；提出了一种基于密钥服务器的密钥更新方案。该方案对 802.11i 的密钥层次结构进行修改，增加了密钥更新层，并且可以进行动态密钥更新、漫游密钥更新。

以霍尼韦尔 PHD 为内核的多重异构系统数据集成与发布技术开发

（二等奖）

项目年份 2009 年

中国铝业贵州分公司热电厂第二热电站新建 4 台 130t/h 循环流化床锅炉 CFB、2 台 12MW 汽机及相关公用系统，同时搬迁 1 台 12MW 汽机和 2 台 6MW 汽机。配套建设的控制系统采用美国 HONEYWELL 公司生产的 Experion PKS 集散控制系统（DCS）。控制系统为双网双冗余结构。锅炉和汽机分别为独立的控制系统（DCS），上层网络采用冗余的容错以太网 FTE。同时，Experion PKS 系统还配置了 PHD、Workcenter、Terminal Server、EPKS RDI、数据隔离器等软、硬件设备。组合这些设备，就构成了中铝贵州分公司热电厂第二热电站生产信息集成与发布的 HMIWeb 平台。

该项目以 HONEYWELL PHD 为内核，通过对多重异构系统通讯、数据交换技术的研究，实现了第二热电站锅炉、汽机 DCS 系统，烟气脱硫制酸系统以及出口计量站等多个系统数据集成和发布，为热电厂的生产调度指挥以及相关管理工作提供了一个强大的信息平台。该项目主要技术特点和创新点：

1. 通过 Honeywell RDI 专用接口，实现了 PHD 实时数据库对锅炉、汽机 2 套 EPKS 控制系统的数据集成；

2. 通过 WONDERWARE INSQL 实现了加拿大 Cansolv（康士富）公司多个控制系统脱硫循环水、制酸、酸库工序多套 PLC 系统的数据集成；

3. 利用 Terminal Server 实现了新出口计量站 6 套智能流量积算仪的数据集成；

4. 实现了 HONEYWELL 系统与 WONDERWARE 系统之间的数据交换；

5. 在内、外网间配置了专用数据隔离网闸，开发了 UDP 协议专用的数据传输软件实现了数据从内网到外网之间单向传输，从根本上解决了实时数据传输带来的系统安全问题。

PHD+Workcenter 共同构成第二热电站生产信息发布门户网站。可向网络用户发布第二热电站生产过程实时的、准确的信息，用于调度管理部门指挥和协调连续性极强的工艺流水式生产作业。

铝用阳极环式焙烧炉节能技术开发与应用
（二等奖）
项目年份 2009 年

该项目是国家重大产业技术装备研制和重大产业技术开发专项“300kA 级铝电解槽生产综合节能技术开发”的第六分项。于 2005 年 7 月启动，2008 年 2 月全面完成，同年 7 月通过中国有色金属工业协会、河南省发展和改革委、河南省科技厅的验收和鉴定，整体技术达到世界先进水平。其主要内容为：

1. 优化焙烧升温梯度，控制在 6 ～ 14℃ /h，能够使沥青挥发分充分燃烧，提高热能利用率。熟块平均体积密度达到 1.56g/cm。，耐压强度达到 34Mpa，外观检查合格率达到 98% 以上。

2. 优化阳极焙烧最终温度，，控制在 1050℃～ 1200℃之间，可降低孔隙度和电阻率，降低 C02 反应性和空气反应性等。

3. 提高实收率工艺。严格控制低温区升温速度，控制在每小时 2℃～ 3℃，使挥发分稳步排出。稳定的负压操作，优选颗粒较小的填充料，增加生坯周围的挥发分气体的浓度，提高沥青的析焦量。

4. 节能降耗。挥发份充分燃烧利用、固体蓄热充分回收、减少炉体漏风和散热。

该项目开发的控制系统为分散式控制，开发的设备有机电一体化燃烧架、机电一体化圆筒式排烟架、鼓风架、冷却架等。

系统性能指标：

产品能耗：≤ 2.3 GJ/t 焙烧品

火道内上下最大温差：≤ 50℃（在 1150 ～ 1250℃炉温时）

火道内水平最大温差：≤ 30℃

料箱内阳极最大温差：≤ 60℃（在 1050 ～ 1150℃炉温时）

火道内（第一炉室）实际温度与理论曲线的温度差：±5℃

沥青烟燃烧率：≥ 99%

控制系统：主要子系统有：用于各烟道风量调节控制的负压控制系统；用于燃烧架内部制（供气温度、压力）和火道温度控制的燃烧系统；控制中心集中监控系统。

Φ5×100m 氧化铝熟料窑的研制开发
（二等奖）
项目年份 2009 年

目前国内外烧结法生产氧化铝正在使用的回转窑均为上世纪五、六十年代的产品，生产、操作工艺均比较落后，存在控制系统不合理，传动系统、支承结构、润滑系统等方面太原始落后等因素，急需更新改进。随着市场的需求和经济的不断增长，以及铝土资源的日益枯竭，氧化铝生产方式的结构调整举措正在逐步实施。且当今企业的生产规模不断向着大型化、操作向着自动化生产方向发展，回转窑先进的设计理念正在不断更新，设计、生产操作简单、性能更高、结构更简便可靠的大型回转窑是目前市场的需要。

该项目就是以此为目标，对中铝山东分公司生产使用中的中小型回转窑进行研究分析，解决以上存在的种种问题，结合先进的设计理念设计出结构更合理、指标更先进的大型回转窑。加之山西鲁能晋北铝业有限责任公司新扩建的氧化铝工程需要大型回转窑，中铝山东分公司建立计算机模拟仿真平台，利用现代最新的三维 CAD 实体造型技术、有限元分析技术，确定了最合理的结构，优化设计方案，研制出性能更好的大型回转设备。

通过山西鲁能晋北铝业有限责任公司三台 Φ5×100m 氧化铝熟料窑的使用证明，中国铝业山东分公司研制的 Φ5×100m 氧化铝回转窑整体技术已经达到了国内外同类设备的先进水平，填补了中国生产大型氧化铝回转窑的空白。该产品还可广泛推广到冶金、建材、化工、煤炭等其他使用焙烧设备的行业，市场前景广阔，具有较好的经济效益，有良好的推广应用价值。

中国产首台高速宽幅铝箔轧机
（二等奖）
项目年份 2009 年

该项目针对中国铝箔生产企业小而分散且设备相对落后的特点，开展高速宽幅铝箔轧机的研制。目前中国大部分企业采用落后的国产设备；难以生产高精度产品。但当今铝箔产品市场已经向高精度、宽幅、超薄方向发展；一直以来，生产高精度铝箔产品所需的大规格宽幅铝箔轧机基本上依赖进口，进口费用非常昂贵。

华北铝业是中国铝箔轧机技术的领先企业，早期技术基础来自日本神户制钢所，九十年代以后，开始借鉴以德国阿申巴赫为代表的世界先进铝箔轧机技术，进行自主研发。完善工艺控制技术和生产现场的实验，将创新设计、工艺控制、生产实践完美结合，自主开发、设计、加工制造出各种规格的铝箔轧机。

该项目2006年立项，2007结合江苏中基公司的合同开始了设计研制。在研制中，集中了大批的研发人员进行公关，经过几个月的反复研究和在华铝现场的实验，主要解决了宽幅铝箔轧制力的控制以及铝箔板型质量控制等问题。设备制造出来后，又在组装现场进行了组装修正，通过设计、加工、组装齐心协力，终于保证了设备研制的完成。

具主要的创新点有：轧制速度高，轧制速度比中国国内生产的其他轧机提高25%以上，达到了1500m/min，稳定生产在1400m/min；辊面宽度大，工作辊辊面宽度为2000mm、成品宽度1720mm，卷重15吨，达到了中国最高水平；轧机机架强度高、刚性大；使用了轧辊位置校正系统；轧辊辊系首次采用操作侧与驱动侧轴承箱同时锁紧；工作辊轴承润滑采用油池润滑、支承辊轴承采用稀油循环润滑、导辊轴承润滑采用轧制油润滑；工作辊轴承检测首次采用非接触式红外线测温；首次采用高低压灭火结合使用的方式；首次采用全油回收装置，突出了环保意识等。

高速宽幅铝箔轧机最终在浙江中基现场一次性试车成功并推广应用7台。各项数据指标均达到了国际先进水平。

PA120150重型低矮外动颚破碎机的研制
（二等奖）
项目年份2009年

该课题的技术核心是研制大型低矮、大破碎比高效节能的初碎设备，低矮型特别适于井下、隧道等空间受限制场所及尖硬物料的地下强化开采连续出矿、建立移动破碎工厂。大破碎比型是简化工艺流程的理想初、中碎设备。通过本课题的研究，完成目前最大型号“PA120150外动颚低矮大破碎比破碎机”的研制，使中国有自主知识产权的粗碎颚式破碎机技术性能达到国外同期领先水平。在该领域的理论研究、实验研究和现代设计达到国外同期先进水平，为这项自主创新设备的系列化、大型设备开发和深入研究提供理论基础。

主要技术经济指标为：

PA120150外动颚低矮大破碎比破碎机破碎物料的最大粒度：1020mm；生产能力：150～340m3/h。

与同型号传统复摆颚式破碎机相比：

1. 整机高度低矮：整机高度降低20%以上，适合井下应用，硐室开挖量减少30%以上；

2. 处理量大：单机产量比同型号的传统颚破提高10%以上。

3. 破碎比提高：排矿口调节范围从传统的150～300mm降至120～250mm；

4. 颚板磨损小：使用寿命长，寿命延长两倍以上。

5. 能耗低：单机比传统设备节能10%以上，系统节能一倍以上。

该设备于2007年4月至2007年7月，在北京人民华都矿山机械有限公司完成设备加工制造，同期丰宁鑫源矿业有限责任公司完成破碎车间基础施工，建成粗碎生产车间，2007年10月完成设备安装调试，随后转入工业生产。截至2008年11月底，共处理铁矿石原矿265万吨。生产期间，受供电和矿山中碎系统影响，每月产量高低不匀，最高月产26.2万吨(26天，18小时/每天)。在几个月的生产过程中，设备运转正常，性能优良，取得了显著的经济效益。

短流程破碎工艺及新型大破碎比宽系列破碎机的研究
（二等奖）
项目年份2009年

该项目为“2006年北京市科技型中小企业技术创新资金”项目，项目名称：“外动颚匀摆颚式破碎机”，项目代码：06C26211100615。

该项目的主要技术特点和创新点如下：

1. 该项目通过运动学仿真，创建了线接触高副四杆变长杆破碎机简化模型，准确地揭示了复摆颚式破碎机变长连杆的特点；建立了实用的宽、大型系列破碎机的虚拟样机，并开发了相应设计软件；进行了破碎机运动学、动力学、结构强度优化和最优动力平衡等方面的研究。

2. 关键设备的研制成功实现短流程破磨工艺，在短流程中第一段破碎采用外动颚大破碎比宽系列破碎机，促进破碎工艺的简化和变革，可改变破碎系统的传统设计。

3. 生产实践已证实该新型外动颚大破碎比宽系列破碎机与传统颚式破碎机相比有处理能力大、传动效率高、功耗低、高度低、衬板磨损小、寿命长、破碎比大的优点，是一更新换代的高效节能产品。

该项目的关键设备已分别在河南省三门峡卢氏县地灵矿业开发有限公司和江西铜业贵溪冶炼厂成功应用，新增产值4155.6万元，取得较好经济效益。由于该产品还可简化破碎工艺流程，使三段或四段破碎变为二段破碎；二段破碎变为一段破碎，从而使传统的破碎工艺得到一次革命性的变革，可为企业简化破碎厂工艺流程及设备配置，直接减少单台设备投资、中途转运设备投资及厂房等基建投资，带来显著的经济效益。该项目具有自主知识产权，技术性能达到国外同期领先水平。

积放式滚轮链输送机及移载设备系统研究与开发
（二等奖）
项目年份2009年

该项目是天津华北地质勘查局2006年下达的重点科研项目，是承德华通公司系列产品中的辊子输送机和差速链输送机的替换产品。

项目主要产品为积放式滚轮链、移载设备及总控制系统，各部分之间采用模块式结构，根据用户的不同生产工艺要求，由一条或多条主输送线（积放式滚轮链输送机）、多台辅助移载设备拚装组合，并用一套 PLC 控制系统集中控制，形成完整的自动化流水生产线。其主要内容为：

1. 滚轮链输送机（核心部件为专利产品——顶置滚轮链条）

滚轮链输送机是一种自由节拍式流水线。可由多条双层或单层滚轮链输送机组合而成。其特点是：①结构紧凑，布线灵活多样；②自由节拍式输送，可积存工件；③输送速度较高，可达到 15m/min 左右。

2. 周边移载设备（核心部件为专利产品——双排顶罩板式链条）周边移载设备主要有停止器、升降机、升降移行机、旋转移载台、工位交换旋转台等种类。根据不同的工艺要求，可灵活配置不同的移载设备。

3. PLC 电控系统——积放式滚轮链输送机和周边移载设备的电控系统采用单独 PLC 系统，并预留通讯接口，实现与其它设备或生产管理系统的联网交互。

该项目的成功研发和市场应用，打破了同类产品几乎全部依赖进口的局面。该项目目前已推广应用于汽车变速器装配试验生产线中。先后完成唐山爱信齿轮有限公司、长城汽车股份有限公司、奇瑞汽车股份有限公司、北京太工天成试验设备有限公司共计 54 套生产线，累计合同额 2950.8 万元，利润率均在 20% 以上，基本上占有了中国汽车变速器生产厂家同类产品约 40% 的市场份额。

倾动式节能环保型铝熔炼炉
（二等奖）
项目年份 2009 年

该项目针对铝熔炉带能环保开展研制工作。2006 年苏州新长光热能科技有限公司结合上海萨帕公司 26 吨倾动式熔炼兼保温的项目要求，重点对设备运行过程中如何降低单位能耗，节约能源以及减少燃烧废气中有害物质的排放提出了研发要求，并成立课题攻关小组，经过大量理论计算和试验，成功的研制开发出一套节能环保型倾动式熔炼炉，相关技术指标达到或超过国际先进水平。

实际指标如下：

1. 熔炼期吨铝能耗≤ 45Kg 油（0# 轻柴油）；

2. 尾气排放指标：O2：2-3%，CO：0;NO：＜ 60ppm;

3. 导流和铸造过程中铝液液面控制精度：±1mm

代表国际先进水平的 THERMCON 公司的指标

1. 熔炼期吨铝能耗≤ 45Kg 油（0# 轻柴油）；

2. 尾气排放指标：O2：2-3%，CO：0;NO：＜ 65ppm;

3. 导流和铸造过程中铝液液面控制精度：±2mm

在此过程中主要从以下 5 个方面进行了攻关和创新：

1. 采用环保型低氮氧化物排放量的燃烧器将熔炼吨铝的能耗降到 45Kg 油；

2. 排放尾气经过除尘系统处理，排烟温度和粉尘及排放气体浓度均降低至国家环保标准允许范围内方可排放到大气；

3. 采用双交叉限幅的控制手段减少熔炼过程中的氧化损失，降低生产成本；

4. 研制倾动式新型结构回转接头减少导流和铸造过程中铝液的二次污染；

5. 倾动式炉的高温燃烧技术以及炉压闭环控制。

该项目的研制成功不仅为苏州新长光热能科技有限公司带来了可观的经济效益，同时为其客户节约了生产成本，也减少了污染物的排放量，响应了国家提出的节能减排的政策。

压煮器装备技术优化研究与应用
（二等奖）
项目年份 2009 年

溶出压煮器是拜尔法生产氧化铝的关键设备，其作用是通过蒸汽间接加热使料浆达到所需要的溶出温度值，并进行化学反应以溶出铝土矿中的氧化铝。由于压煮器在高温高压高苛性碱工况条件下工作，中铝贵州分公司 1# 溶出于 2002 年 1 月投产，2 月出现了首级闪蒸孔板堵塞；4 月出现压煮器大轴断裂；12 月出现压煮器加热管束破损。压煮器大轴断裂使料浆停止搅拌降低了换热效率；加热管束破损使料浆进入加热管束内，造成加热管束堵塞影响传热效果，必须停车抢修；压煮器内结疤脱落堵塞首级闪蒸孔板造成系统过料不畅，严重时造成系统停车抢修。针对上述问题，研究开发了本项技术成果。

该成果主要技术特征为：

1. 研究开发了外压容器方法设计压煮器搅拌轴技术，成功解决了压煮器搅拌轴结构不合理、强度和疲劳寿命低、容易造成焊缝断裂的技术难题。

2. 通过压煮器加热管束的优化设计，提高了结构强度，降低了应力水平，解决了压煮器加热管束寿命低破损频繁的技术难题。

3. 通过压煮器加热管束排数和管子数量的优化配置，成功解决了压煮器结疤清理困难的难题。

4. 开发了压煮器隔渣技术，解决了首级闪蒸器孔板堵塞的技术难题。

5. 优化了压煮器进料工艺，解决了加热管束易被冲刷磨薄与破损的技术难题。

通过溶出压煮器装备技术研究开发应用的实施，提高了压煮器搅拌轴的结构强度，降低了应力水平，解决了压煮器加热管束寿命低破损频繁的技术难题。该成果经生产应用证明，主要技术性能指标优良，效益显著。整体技术达到中国领先水平。

微弱光激发的超细稀土蓄光发光材料
（二等奖）
项目年份 2009 年

该项目研制的微弱光激发超细稀土蓄光发光材料的主要应用领域为发光塑料、纤维、防伪油墨及飞机、轮船安全通道指示等。

针对市场上稀土蓄光发光材料普遍存在的发光亮度低、余辉短以及在发光纤维、发光塑料应用时存在的发黑、力学性能降低等关键技术等问题，该项目采用锶铕镝半湿法 - 高温固相反应联合工艺，解决单纯高温固相法中 Eu2+、Dy3+ 浓度分布不均匀，同时也避免完全湿法工艺中组分偏析及粉体超细化过程中亮度降低等难题。其次，通过 Bi、Mg，Cu，Y，Bi 掺杂基质，使 CaAl2O4.Sr4Al14O25 陷阱能级分别从 0.753ev、

0.69ev 降低到 0.694ev、0.667ev，改变 Eu^{2+} 的 5d 轨道能级和能级陷阱，提高稀土蓄光发光材料发光亮度。

此外，采用新型低能耗、无污染、精确控温、快淬冷凝构造的高温合成窑炉工艺及气流粉碎、分级工艺及二次表面煅烧技术等后处理技术，控制稀土蓄光材料的晶体生长速度及晶粒大小，通过气流粉碎工艺，制备了 10=2.6um，D50=3.12um，D97=3.92um 超细类球形的稀土蓄光发光材料 GL-8C。在 2001x 照度激发 1 小时，1 分钟亮度 2230mcd/m2，5 小时亮度 10 mcd/m2。在此基础上，开展稀土蓄光发光材料表面改性及稀土蓄光发光材料在塑料中的分散、耐热性能、耐候性能、尺寸稳定性、流动性、增容、增韧等关键技术研究，解决稀土蓄光发光材料在塑料产品应用过程中发黑、力学性能降低等关键技术等难题。

该项目研制的超细稀土蓄光材料被成功制备为纺织纤维、发光油墨，产品发光亮度、余辉达到了国外同类产品水平，已成功出口到欧美等发达国家。

在项目执行期间，累计生产了 100 多吨稀土蓄光发光材料，实现新增产值 1425.57 多万元，利税 227.9 万元，出口创汇 5 万美元，获得申请发明专利 2 项，其中授权 1 项，发表论文 5 篇。

高性能粉末冶金不锈钢零件制造技术（二等奖）项目年份 2009 年

该项目于 2003 年 8 月由广东省科技厅立项。完成时间 2005 年 8 月。推广应用至今。

主要技术经济指标：

1. 力学性能：符合 MPIF35-2000 标准要求。
2. 尺寸精度：达到 IT8-IT10 标准（烧结态）。
3. 耐腐蚀性能：粉末 316L 盐雾腐蚀试验比较等级为 9 级（ISO4540）。
4. 模具寿命：＞ 15 万件 / 套。

关键技术和创新点：

多组元润滑剂由硬脂酸盐、固体微蜡和 PVP 粘结剂（聚乙烯吡咯烷酮）等材料组成，经过粘结化预处理，确保润滑剂、碳粉等与不锈钢粉末颗粒形成较强的粘附力，改善粉体均匀性、流动性和润滑特性。经粘结化预处理的粉末，石墨损失量降低近 10 倍，松装密度提高 0.07g/cm3，流动性提高 2 秒，压坯密度 6.98 g/cm3（600MPa），比原来提高 0.04g/cm3，压坯强度提高约 4MPa，脱模力降低 1.5MPa，径向回弹值不变。

烧结 316L 材料在真空烧结后进行氮强化，可以通过控制氮强化温度和氮气压力来实现精确的氮含量控制。保证材料的氮含量能控制在 0.38 ～ 0.43%。采用密度为 6.70g/cm3 的压坯试样，烧结温度 1260 ～ 1280℃，保温 1 ～ 2 小时，在停炉降温过程中进行渗氮强化处理，渗氮温度 950 ～ 1100℃，氮气压力 0.03MPa ～ 0.13MPa，试样的最终密度在 6.94—6.97/cm3 之间。材料的氮含量 <0.43%，盐雾腐蚀的保护等级可达到 9 级。

该研究选择采用真空高压气冷淬火方法，冷却介质为 99.999% 高纯 N2，进气压力为 0-0.55MPa。当材料完全奥氏体化后，通过高压高纯 N2 循环气体进行快速冷却，形成淬火态马氏体组织。在 970℃加热淬火的硬度值为 HRC41.5。该项目推广期，已被多家企业广泛应用替代原来的进口产品，极大的提升了产品的市场竞争力。尤其是在锁具行业，更显出其强大的市场潜力。固力保安制品有限公司采用该项技术生产的产品后，每年为其新增销售收入数千万元人民币。通过该项目的实施，有利于提高中国粉末不锈钢零件的制造技术水平，形成效益增长点，满足市场需求。该项目技术已申请发明专利一项。专利名称：一种高硬度、高密度不锈钢材料零件的制备方法，专利号：200910040725.2。

电感耦合等离子体原子发射光谱法测定铝及铝合金中元素含量（三等奖）项目年份 2009 年

中国是世界铝工业大国，随着加入 WTO，对铝及铝合金产品的质量要求更为严格，对铝及铝合金的分析技术也要求更高。以电感耦合等离子体光谱法（ICP-AES）为主的分析方法以其灵敏度高、准确度好、分析速度快、无污染、多元素同时分析等优势正引领世界铝合金分析领域的潮流。中国目前在铝及铝合金分析方面仍以化学分析为主，个别元素应用了原子吸收光谱分析技术，但无法实现多元素同时测定，虽有采用光电直读光谱法分析铝及铝合金，但此方法存在对标准样品的依赖。该项目填补了中国用 ICP-AES 法测定铝及铝合金化学成分国家分析标准的空白，适用于铝及铝合金中铁、铜、镁、锰、镓、钛、钒等 22 个元素的分析。

该标准的制订，充分考虑和结合了中国铝及铝合金产品的特点、生产工艺状况、质量控制的要求，同时采用国外先进技术，标准修改采用 EN14242：2004《铝及铝合金—化学分析—电感耦合等离子体发射光谱法》，采用了目前国内外最新的方法和设备，具有很好的实用性和系统性，以及技术的先进性。

GB/T 20975.25-2008《铝及铝合金化学分析方法 第 25 部分：电感耦合等离子体原子发射光谱法》由国家质量监督检验检疫总局和国家标准化管理委员会于 2008 年 6 月发布。现已广泛在铝及铝合金相关行业推广应用，反映良好。为中国铝及铝合金产品的生产、需求、研发单位的工作提供了分析技术的保障，同时也为掌握中国各企业、国际同行业的产品质量的整体水平，找出差距，促进中国铝工业的质量进步，为中国铝工业的良性发展提供了技术保障。

XRF 法分析冰晶石、氟化铝中元素含量标准起草（YS/T273.14-2008,YS/T581.16-2008）（三等奖）项目年份 2009 年

冰晶石和氟化铝的 ISO 分析标准是 1979 年发布

实施的，中国相应的国家和行业标准分析方法于 1987 年颁布实施。由于新转换的行业标准 YS/T273—2006《冰晶石化学分析方法和物理性能测定方法》和 YS/T581—2006《氟化铝化学分析方法和物理性能测定方法—X 射线荧光法测定元素含量》中没有 X- 射线荧光光谱测定元素含量的标准方法，并且 ISO/TC226 已注意到氟化盐标准多年未修订，成立专门的第四工作组（WG4），主要是推进 X- 射线荧光光谱法在氟化盐检测中的应用。因此，有必要新起草 X 射线荧光光谱测定元素含量的标准。

该项目起草制定了 X 射线荧光光谱法测定冰晶石、氟化铝中 F、AI、Na、SiO2. Fe2O3. SO3. P2O5. CaO 等元素含量分析方法标准。制订过程中，根据样品特点，测量样片制备方法的选择主要考虑了重现性、先进性和实用性，由于熔融玻璃片制样是 X- 射线荧光光谱法分析样品制备的最佳技术，且易实现自动化，完全消除矿物效应和颗粒效应，提高分析结果的精密度，因此制定了熔融法制备测量样片。通过对冰晶石、氟化铝样品 11 次分析试验，各组分相对标准偏差（RSD）均小于 5.0%，表明该方法制样的重现性良好。用拟定的方法进行实际样品分析，其测量结果与标准值或化学值相符。

新制定的标准，进一步完善冰晶石和氟化铝化学分析方法行业标准的系统性和实用性，推动氟化盐分析技术的进步，为中国铝工业的良性发展提供技术支撑，对提升中国铝工业分析检测水平，建立配套的标准样品体系，都具有重要的现实意义。

该两项标准于 2009 年 3 月 12 日发布，从 2008 年 9 月 1 日起开始实施，已在电解铝和氟化盐企业广泛应用，反映良好。

电感耦合等离子体原子发射光谱法测定工业硅中元素含量（三等奖）项目年份 2009 年

近年来中国工业硅产业发展较快，在铝加工行业被广泛应用于生产牌号众多的铝合金产品。随着经济的发展，对工业硅产品的质量和控制其中的杂质元素也提出了新的要求。国家标准 GB/T 14849—1993《工业硅化学分析方法》颁布实施已有十几年，有必要进行制（修）订。随着分析检测技术的不断发展，电感耦合等离子体原子发射光谱法日益应用于各种原材物料及产品的分析检测中，其快速准确的分析质量满足了新的要求。该项目主要是为了完善工业硅产品的分析标准体系，在目前国内外尚没有采用电感耦合等离子体原子发射光谱法测定工业硅中杂质元素含量分析标准的情况下，填补了空白。

制订该标准时，充分考虑和结合了中国工业硅产品的特点、生产工艺状况、质量控制的要求等，采用了目前国内外最新的方法和设备，具有很好的实用性和系统性，技术上具有先进性，适用于工业硅中铁、铝、钙、锰、镍、钛等元素的分析。

GB/T 14849. 4-2008《工业硅化学分析方法第 4 部分: 电感耦合等离子体原子发射光谱法测定元素含量》由国家质量监督检验检疫总局和国家标准化管理委员会于 2008 年 6 月 9 日发布，2008 年 12 月 1 日实施。已在相关行业推广应用，反映良好。为中国各工业硅产品的生产、需求、研发单位的工作提供了分析技术的保障，同时也为掌握中国各企业、国际同行业的产品质量的整体水平，找出差距，促进中国工业硅产品的质量提高，为中国的工业硅的良性发展提供了技术保障。

铜中氧气体标准样品（三等奖）项目年份 2009 年

氧含量是铜材最重要的质量指标之一，直接影响材料的导电、导热、通讯信号的保真度等性能，也影响材料的利用率等经济指标。随着氧、氮分析仪的普及，铜中氧分析标准样品需求量很大，而中国此类标准样品较少，该项目研制了 7 种铜中氧气体标准样品。

研制的 7 种标准样品选用了纯紫铜线材为原材料。编号为 GSB 04-2403-2-2008 ～ GSB 04-2403-7-2008 的 6 种系中国首次制成的圆柱形粒状铜中氧标准样品，表面镀镍，使用时只需表面清洗，方便使用。采用的制备工艺先进、独特，保证样品的均匀性良好和质量偏差小于 1%。随机抽取 20 瓶样品，在 Leco TC 600 上进行均匀性检验。数据采用单因素方差分析法进行统计，统计量均小于临界值，标准偏差满足要求，表明 7 种标准样品均匀性良好。根据 ISO 导则 35 的要求，统计出瓶间不均匀性标准偏差，并将其合成到标准值的不确定度中。先后邀请了 12 家协作单位对 7 种标准样品进行定值，确定了氧元素的标准值。根据 ISO 导则 35 的要求，评估了标准值的不确定度。

研制的 7 种铜中氧气体标准样品含量呈梯度分布，分别为 0.00028%；0.0010%；0.0018%；0.0135%；0.0261%；0.0479%；0.0208%。经过稳定性监测，该批标准样品稳定性良好。将研制的 7 种标准样品与国内外的同类样品进行水平比较，并将其在 Leco TC 600 上进行一致性考察，结果良好，线性相关系数在 0.99 以上。

标准样品经由中国科学院金属研究所、中铝洛阳铜业有限公司检测中心、江苏仓环铜业股份有限公司、国家有色金属工业华南产品质量监督检验中心进行试用，结果准确可靠。

一种钩挂式取样器的研制和应用（三等奖）项目年份 2009 年

检验外购的粉状和颗粒状原料、燃料（成份、水份、粒度等），取样质量直接关系到贸易双方利益和生产流程中质量控制。针对冬天物料和矿易结冰、结块，一般取样器很难取到样，或取到样时很难保证所取样品代表整车比例，经常造成供需双方在样品质量上的争议。

研制的取样器采用不易污染或改变被取样物料性质的无缝钢管制成，包括取样管和手柄。取样管是由击头和沿轴向开有槽口的取样探针管组成，击头上设有用于装配手柄的横向通孔和用于装配取样探针管的轴向盲孔，取样管的下端呈圆锥形，能对结冰、结板物料进行取样，穿过不同颜色、不同品位、不同粒度和结冰、结板原料取带出来，便于及时发现异常情况，使取出的样品具有真实性。取样器总长1130mm，外径30mm，取样槽长1084mm，槽宽18mm，取样板是相互交错并与水平形成夹角的及斜向设置在取样探针管的槽口内两侧。取样器上有击头，在大锤敲击时将力量适当分散，使该取样器比过去的老式取样器更加经久耐用，有效地提高了取样器的使用寿命约20%左右。取样器获国家实用新型专利授权。

研制的取样器适用于各种结冰、结块金属浮选精矿或非金属粉状、颗粒状物料或渣料的取样，不适用于块状矿石或物料。采样精密度达98%，单次采样量：锌矿、锌焙砂、金精矿≥240克，铅精矿≥320克，符合并超过相关国家标准的要求。适用物料的粒度≤10mm，适用物料水份0-20%。

该技术成熟，已作为成熟工艺列入湖南株洲冶炼集团股份有限公司企业标准Q/TMCJ09.01.03.01—04—2007《袋装有色精矿检验方法》，为指定专用工具。使用三年来，共为企业避免损失约800余万元。同时，也维护了客户的合法权益，提高了原料供应商的信任度。

硝酸稀土植物生长调节剂国家标准修订
（三等奖）
项目年份2009年

农用硝酸稀土是中国优势资源稀土的主要应用材料之一，在农业中的应用已有二十余年历史，一直发挥着增产、改善农产品品质等功效。由北京有色金属研究总院起草的国家标准《农用硝酸稀土》于1988年7月公布实施。1996年7月对标准进行了修订，1997年7月实施，至今已时隔10年之久。随着稀土行业生产工艺的的改进和成熟，随着农业生产的发展和稀土新的生物功能（如稀土拮抗重金属污染和稀土降解农药残留等）的发现，农用硝酸稀土在农业和环境保护领域的应用将会越来越广，而《农用硝酸稀土》标准中所规定的部分项目和指标已不适应要求，因此，有必要对该标准进行修订。

根据《关于下达2006-2008年稀土国家标准修订计划的通知》，对国家标准《农用硝酸稀土》进行了修订，内容分别涉及标准题目、主题内容与适用范围、要求、检验规则、标志包装运输贮存及附录等。

稀土农用是中国首创并居于国际领先水平的一项重要成果，而国家标准《农用硝酸稀土》的制定与修订为中国这一产品的国际竞争力创造了有利条件。采用数字牌号表示方法登记两种产品，并对其指标进行相应限定，利于提高产品市场竞争力。

稀土不属于植物必需元素，而硝酸稀土在农业中应用主要用于调节作物生长、增强作物的抗逆性以及提高农产品品质，属于植物生长调节剂。随着2008年9月国家标准《硝酸稀土植物生长调节剂》的公布实施，有了统一的新标准，中国硝酸稀土植物生长调节剂的产量和质量均有很大提高，特别是技术含量和附加值明显提高，取得了可观的经济和社会效益。

柠檬酸稀土络合物饲料添加剂行业标准修订
（三等奖）
项目年份2009年

柠檬酸稀土络合物饲料添加剂主要用于畜牧业、水产及其他养殖业，主要功能为促进动物生长、增强其抗逆性、确保仔畜成活率和出栏率。目前采用的行业标准《稀土有机络合物饲料添加剂》（XB504-1993）为1993年制订，到今已有14年。随着市场对产品需求的变化，《稀土有机络合物饲料添加剂》中某些指标已不适应市场需求，因此，有必要对原标准中的指标进行修订。

根据《关于下达2006-2008年稀土国家标准修订计划的通知》，对行业标准《稀土有机络合物饲料添加剂》进行了修订，内容分别涉及标准题目、范围、要求、试验方法、检验规则、标志包装运输贮存及附录等等。

稀土农用是中国首创并居于国际领先水平的一项重要成果，而行业标准《稀土有机络合物饲料添加剂》的制定与修订规范了该产品的市场行为，有利于行业协调可持续发展，有利于提高同类产品的市场竞争力。新标准采用数字牌号表示方法登记产品，并删除名存实亡产品（维C态稀土有机络合物），利于提高产品市场竞争力。

长期的应用实践表明，稀土用于畜牧业、水产及其他养殖业可促进动物生长、增强其抗逆性、确保仔畜成活率和出栏率，稀土的有机络合物可用作饲料添加剂。随着2008年7月行业标准《柠檬酸稀土络合物饲料添加剂》的公布实施，有了统一的新标准，中国柠檬酸稀土络合物饲料添加剂的产量和质量均有很大提高，特别是技术含量和附加值明显提高，取得了可观的经济效益和社会效益。

铝钪中间合金
（三等奖）
项目年份2009年

《铝钪中间合金》标准由全国稀土标准化技术委员会提出，适用于熔融还原法制得的铝钪中间合金，产品主要作为高性能特种铝合金、钛合金添加剂等使用。

该标准是根据国内外铝钪中间合金产品市场的需要进行制订的，参考了俄罗斯有关资料，结合了中国的生产技术水平和铝合金工业对铝钪中间合金的技术要求，按GB/T1.1-2000标准的结构和编写规则进行制订。标准主要内容：

1. 制订了三种牌号产品，分别为合金中含Sc 10%±0.5%、5%±0.5.2%±0.2%；

2. 对Fe、Si、Ca、Na、Cu、C等杂质含量提出了

考核要求；

3. 规范了制备合金中所用铝锭及钪化合物最低品质要求；

4. 对产品的取样和分析方法作出了统一的规范；

5. 对产品的检验、包装、运输及对质量说明书的要求作出了统一规范。

该标准是中国第一部较完整的《铝钪中间合金》行业标准，将作为生产、使用、贸易三方提供最基本的技术依据。在标准的基础之上促使生产方正确采用原材料，合理调整生产工艺，完善检测手段，为用户生产出更满意的产品，让使用方合理、高效率、低消耗地使用产品。将会带来技术进步、品种增多、性能提高的有利局面。

煅后石油焦二氧化碳反应性、空气反应性、粉末电阻率标准样品研制（三等奖）项目年份 2009 年

炭阳极作为铝电解槽的心脏，主要生产原料为煅后石油焦。炭阳极质量的好坏又直接取决于煅后石油焦的质量。因此，准确测量、评价煅后石油焦的性能指标尤为重要。二氧化碳反应性、空气反应性和粉末电阻率是煅后石油焦的重要技术指标，研制煅后石油焦相关的标准样品具有重要意义。

通过市场调研和比较多家煅后石油焦生产企业的产品，每套标准样品均选定两个点作为原料。将高温煅烧后的石油焦根据实际生产工艺要求进行破碎，再将中碎产品分成不同的粒级。在研制过程中，分级后选用粒度在 1mm ～ 2mm 的煅后石油焦作为下一步研制的原料。将原料充分混匀，以保证其有充分的均匀性，利用旋振筛，将原料筛分为 1mm ～ 1.4mm 的粒度范围，然后利用酒精对筛分后的 1mm ～ 1.4mm 粒度范围的产品进行洗涤，除去破碎、筛分过程中粘附在产品表面的细粉，也可以部分起到脱脂作用。按照 GB/T15000《标准样品工作导则》和 YS/T409《有色金属产品分析用标准样品技术规范》的规定和要求，对筛分晾干后的样品进行均匀性初步检验（t 检验法），对分装好的个体样本抽查进行均匀性复检（F 检验法），全部合格。

经过中国铝业贵州分公司、山东晨阳碳素有限公司等 8 家单位进行协作定值，按照有关国家标准的规定进行了定值数据的统计处理，采用狄克逊准则进行了异常值检验、夏皮罗－威尔克准则进行了正态性检验、科克伦准则进行了等精度检验。确定标准值后又进行了生产考核使用并与瑞士 R&D 炭素公司购进的标准样品进行了比对。该标样设计合理，制备工艺先进，均匀性、稳定性好，定值准确可靠，满足了中国铝用炭素工业的需求，填补了中国空白，完全可以替代进口。2008 年 11 月批准发布，全部为国家标准样品。

关于 2010 年度全国有色金属行业部级优秀工程咨询成果奖和优秀工程设计奖获奖项目公示通知

各有关单位：

根据《有色金属行业部极优秀工程咨询成果奖评奖办法》和《有色金属行业部级优秀工程设计奖评选办法》，对申报全国有色金属行业 2010 年度部级优秀工程咨询成果奖项目和申报 2010 年度部级优秀工程设计奖项目，组织专家委员会评审，经协会审批， 48 项工程咨询获 2010 年度全国有色金属行业部级优秀工程咨询成果奖；44 项工程设计获 2010 年度全国有色金属行业部极优秀工程设计奖，现予以公示（见附件）。

附件 1. 2010 年度全国有色金属行业部级优秀工程咨询成果奖获奖项目

2. 2010 年度全国有色金属行业部级优秀工程设计奖获奖项目

中国有色金属建设协会
2010 年 7 月 15 日

附件 1：2010 年度全国有色金属行业部级优秀工程咨询成果奖获奖项目

一等奖（16 项）

序号	申报单位	项目名称	获奖等级
1	中钢集团工程设计研究院有限公司	唐山长城荣信钢铁有限公司 350 万吨钢铁联合企业可行性研究报告	1
2	沈阳铝镁设计研究院	包头铝业股份有限公司 135KA 电解槽环境治理及置换产能技术改造工程可行性研究报告	1
3	长沙有色冶金设计研究院	中国铝业广西分公司赤泥回收铁项目可行性研究报告	1
4	长沙有色冶金设计研究院	贵州省铜仁市金丰锰业有限责任公司年产 3 万吨电解金属锰技改扩产工程可行性研究报告	1
5	长沙有色冶金设计研究院	四川会理锌矿有限责任公司 100kt/a 电锌冶炼工程环境影响报告书	1
6	中国恩菲工程技术有限公司	山东恒邦冶炼股份有限公司复杂精金矿综合回收技术改造工程可行性研究报告	1
7	中国恩菲工程技术有限公司	萨热克铜矿北矿带开采工程可行性研究报告	1
8	中国恩菲工程技术有限公司	株洲冶炼集团有限责任公司循环经济建设工程常压富氧直接浸出搭配锌浸出渣炼锌可行性研究报告	1

9	中国恩菲工程技术有限公司	铜山口铜矿深部开采工程可行性研究报告	1
10	中国恩菲工程技术有限公司	云南驰宏锌锗股份有限公司会泽 6 万 t/a 粗铅、10 万 t/a 电锌及渣综合利用工程可行性研究报告	1
11	云南华昆工程技术股份公司	云南建水锰矿有限责任公司 300kt/a 锰系合金节能新技术新装备示范项目	1
12	贵阳铝镁设计研究院	广西桂西华银铝业有限公司氧化铝一期工程初步可行性研究报告	1
13	中国瑞林工程技术有限公司	梧州年产 30 万吨再生铜冶炼工程可行性研究	1
14	中国瑞林工程技术有限公司	刚果民主共和国希图鲁铜矿可行性研究报告	1
15	北京矿冶研究总院	包头市沃尔特矿业有限责任公司选矿厂初步设计（代可研）	1
16	北京矿冶研究总院	山西同德铝业有限公司张家沟—扒楼沟矿区铝土矿开采可行性研究	1

二等奖（24 项）

序号	申报单位	项目名称	获奖等级
1	广东省冶金建筑设计研究院	东莞市塘厦客运站项目申请报告	2
2	中钢集团工程设计研究院有限公司	福建德盛镍业有限公司镍 25 工程可行性研究报告	2
3	中钢集团工程设计研究院有限公司	无锡三洲冷轧硅钢有限公司新增高性能取向硅钢改造工程可行性研究报告	2
4	中钢集团工程设计研究院有限公司	上海万鼎投资（集团）有限公司 80 万吨热轧卷工程可行性研究报告	2
5	大冶有色设计研究院有限公司	大冶有色金属有限公司渣缓冷场改造项目可行性研究报告	2
6	中色科技股份有限公司	东北轻合金有限责任公司超大规格特种铝合金板带材项目可行性研究报告（调整版）	2
7	中色科技股份有限公司	中国铝业股份有限公司河南分公司新建第五赤泥堆场项目环境影响报告书	2
8	长沙有色冶金设计研究院	慈利县污水处理厂工程环境影响报告书	2
9	长沙有色冶金设计研究院	山西金德成信矿业有限公司后峪铜钼矿 10000t/d 采选技改工程	2
10	长沙有色冶金设计研究院	内蒙古中西矿业有限公司大苏计钼矿 10kt/d 采选工程可行性研究报告	2
11	中国恩菲工程技术有限公司	云南省昭通市铅锌矿办公及生活小区设计方案	2
12	铜陵有色设计研究院	铜官山铜矿响水冲尾矿库及井下采空区综合治理可行性研究报告	2
13	西安有色冶金设计研究院	金堆城钼业股份有限公司新建杨家湾尾矿库项目可行性研究报告	2
14	兰州有色冶金设计研究院有限公司	新疆哈密土屋铜矿Ⅱ号矿体采选工程（一期）初步设计（代可行性研究）	2
15	云南华昆工程技术股份公司	昆明市轨道交通首期工程水土保持项目	2
16	云南华昆工程技术股份公司	云南铝业股份有限公司节能降耗系列技改项目	2
17	贵阳铝镁设计研究院	重庆铝业有限公司环保搬迁大板锭项目可行性研究报告	2
18	贵阳铝镁设计研究院	云南源鑫炭素有限公司 600kt/a 炭素项目可行性研究报告	2
19	中国瑞林工程技术有限公司	宜春市城市环境卫生专业规划	2
20	中国瑞林工程技术有限公司	白银公司铜冶炼废渣资源综合利用工程可行性研究报告	2
21	中国瑞林工程技术有限公司	昆明危险废物处理处置中心可行性研究报告	2
22	北京矿冶研究总院	太钢袁家村铁矿采选工程环境影响报告书	2
23	北京矿冶研究总院	云浮硫铁矿矿山山前废水治理工程方案设计（代可研）	2
24	北京矿冶研究总院	江西稀有稀土金属钨业集团有限公司 4×104t/a 镍精炼项目可行性研究报告	2

三等奖（8 项）

序号	申报单位	项目名称	获奖等级
1	中钢集团工程设计研究院有限公司	中钢上海钢材加工有限公司冷轧卷板加工配送中心工程可行性研究报告	3
2	中钢集团工程设计研究院有限公司	中钢滨海实业有限公司废旧汽车拆解项目建议书	3
3	大冶有色设计研究院有限公司	10 万吨杂铜再生利用项目可行性研究报告	3
4	铜陵有色设计研究院	铜陵有色股份铜山矿业有限公司深部矿产资源开采可行性研究	3
5	中国瑞林工程技术有限公司	江西省乐平润泉供水工程可行性研究报告	3
6	中国瑞林工程技术有限公司	抚州金巢污水处理工程可行性研究报告	3
7	北京矿冶研究总院	北衙分公司生态环境恢复及铁金矿选厂改造工程初步设计（代可研）	3

8	北京矿冶研究总院	西藏自治区纳如松多铅锌矿（改扩建）矿产资源开发利用方案	3

附件2　2010年度全国有色金属行业部级优秀工程设计奖获奖项目

一等奖（21项）

序号	申报单位	项目名称	获奖等级
1	沈阳铝镁设计研究院	万基铝业合金铝技术改造工程	1
2	苏州新长光热能科技有限公司	可控气氛步进式铜扁锭加热炉	1
3	中色科技股份有限公司	Φ950×1300mm二辊可逆铜板带热轧机组	1
4	中色科技股份有限公司	中铝华中铜业有限公司（原中铝大冶铜板带有限公司）高精度铜板带项目	1
5	长沙有色冶金设计研究院	Φ2200×7500mm圆筒洗矿机	1
6	长沙有色冶金设计研究院	广西汇元锰业30kt/a高纯低硒电解金属锰、20kt/a无汞碱锰型电解二氧化锰项目	1
7	中国恩菲工程技术有限公司	山东三山岛金矿新立矿区海下采矿工程	1
8	中国恩菲工程技术有限公司	株洲冶炼集团股份有限公司循环经济建设工程常压富氧直接浸出搭配锌浸出渣炼锌项目	1
9	中国恩菲工程技术有限公司	年产2000吨多晶硅国家高技术产业化项目	1
10	中国恩菲工程技术有限公司	越南生权采、选、冶铜金联合企业	1
11	中国恩菲工程技术有限公司	江铜集团德兴铜矿富家坞矿区露天开采技术改造	1
12	长沙有色冶金设计研究院	蒙古国鑫都矿业有限公司图本尔廷－敖包锌矿300kt/a采选工程	1
13	广东省冶金建筑设计研究院	广州市南沙万环西路工程	1
14	长春黄金设计院	内蒙古区新巴尔虎右旗乌奴格吐山铜钼矿一期采选工程	1
15	云南华昆工程技术股份公司	大红山铁矿地下4000kt/a采矿工程	1
16	中国瑞林工程技术有限公司	铜陵有色金属（集团）公司年产80万吨硫酸工程	1
17	中国瑞林工程技术有限公司	深圳市工业废物处理站预处理基地	1
18	中国瑞林工程技术有限公司	江西铜业股份有限公司铜冶炼废渣综合利用工程	1
19	北京矿冶研究总院	200t/d难选冶金精矿冶炼提金工程	1
20	贵阳铝镁设计研究院	中铝贵州分公司一蒸发厂房改造	1
21	贵阳铝镁设计研究院	广西华银铝业有限公司氧化铝一期工程	1

二等奖（13项）

序号	申报单位	项目名称	获奖等级
1	兰州有色冶金设计研究院有限公司	兰州雁滩商贸广场（现兰州华孚泰购物广场）	2
2	兰州有色冶金设计研究院有限公司	兰州市财政局办公综合楼	2
3	中色科技股份有限公司	邓州市第一高级中学	2
4	长沙有色冶金设计研究院	洛阳栾川钼业集团股份有限公司选矿三公司5000t/d选厂改造工程	2
5	大冶有色设计研究院有限公司	铜山口铜矿选矿厂扩能改造工程	2
6	金川镍钴研究设计院	砂石车间扩能改造工程	2
7	铜陵有色设计研究院	铜陵有色金属集团股份有限公司铜阳极泥资源综合利用技术改造工程	2
8	广东省冶金建筑设计研究院	东莞市莞深高速公路附城至石碣共线段工程	2
9	广东省冶金建筑设计研究院	京珠高速韶关西联新区互通立交工程	2
10	中钢集团工程设计研究院有限公司	天津钢管集团股份有限公司中试基地炼钢项目	2
11	中国瑞林工程技术有限公司	中国铝业中州分公司台马沟赤泥库	2
12	中国瑞林工程技术有限公司	九江市老鹤塘污水处理厂工程	2
13	北京矿冶研究总院	国电铜陵发电有限公司2×600MW机组烟气脱硫工程	2

三等奖（10项）

序号	申报单位	项目名称	获奖等级
1	山东齐韵有色冶金工程设计院有限公司	中铝股份公司山东分公司降低拜耳入烧结赤泥含铁量技术应用	3
2	西安有色冶金设计研究院	江西银海下鲍银铅锌矿采选项目	3
3	西安有色冶金设计研究院	大唐陕西发电综合调度中心	3
4	长沙有色冶金设计研究院	韶关冶炼厂一系统烧结车间地基注浆加固设计	3
5	广东省冶金建筑设计研究院	广东南方特种铜材有限公司工程	3
6	中国瑞林工程技术有限公司	云南驰宏锌锗股份有限公司污酸处理工程	3
7	中国瑞林工程技术有限公司	吉安市螺子山污水处理厂工程	3
8	中国瑞林工程技术有限公司	深圳河湾污水截排一期工程	3
9	北京矿冶研究总院	四川宏达股份有限公司一期100kt/a锌合金工程	3
10	广东省冶金建筑设计研究院	广东省佛山市南海区谢边立交至街边公路扩建工程	3

陕西金禹科技发展有限公司

SHANXI GINYU TECHNOLOGY DEVELOPMENT CO.,LTD

陕西金禹科技发展有限公司是一家专业从事液体过滤技术开发和液体过滤设备生产的科技公司，总部设在西安高新技术开发区碑林产业园内。

自2004年开始生产第一台自动反洗表面过滤器以来，目前该系列产品应用于生产一线的已经有80多台（套），服务于众多厂家的工业水处理工艺中，涵盖了冶金、冶炼、化工、化肥等行业，　2007年被西安市科学技术局认定为“高新技术企业”,中高级以上职称占职工总数的52%。

产品应用领域

工业废水处理	工艺液体净化
黄金冶炼、铜冶炼、铅锌冶炼废水	电解液过滤
冶炼烟气脱离废水	金贵液过滤
高砷、氟硫铁矿制酸烟气净化废水	钒母液净化
	硫铁矿制酸冶炼烟气制酸中的稀酸净化

产品的技术优势

自动反洗表面过滤器是一种新型低压反洗液体过滤设备，它将表面过滤技术、工业自动控制技术及新颖的阀门技术结合在一起，实现了表面过滤技术的自动化。

采用具有表面过滤性能的滤膜进行过滤，可使液体中的固体颗粒和悬浮物全部截留在滤膜的表面，是目前最有效的固液分离装置之一。

与浓密机、斜板沉降器相比，处理精度高

处理精度高、处理流程短、占地面积小。

自动反洗表面过滤器与填料式过滤器相比，具有如下优势

相对于滤料式过滤器，自动反洗表面过滤器的优势体现在：

① 1. 过滤范围广（20PPm(0.002%)~ 100000PPm(10%)）;过滤精度高（20ppm以下）；

② 2. 处理能力大（无需添加絮凝剂）；过滤压力低。

与同类过滤器相比，滤膜抗结垢性能强，使用寿命长

经过长期的探索与反复实践，我公司自主研发成功的自动反洗表面过滤器运用“表面过滤技术”，在液体过滤行业中该过滤器能够过滤同类（膜）过滤器产品所不能适应的复杂液体。表面过滤的基础滤材，采用高分子涂层处理，表面光滑疏水，抗结垢抗结晶，在易结垢易结晶水质条件下可以长期稳定运行。

特殊滤材在过滤阶段将“表面过滤技术”和“清液回流装置”结合使用，不仅能够保证过滤后清液中悬浮物含量低于20mg/L，而且由于滤材对结晶物的低附着力，形成超强的抗结垢和抗结晶性能，保证了滤膜的长寿命和高可靠。

特殊滤材在脱饼阶段，充分利用了“表面过滤”的特性，仅依靠自身过滤后清液的液位压差，即可完成反冲脱饼，使滤饼迅速脱离滤膜表面。

康明克斯(北京)机电设备有限公司

康明克斯（北京）机电设备有限公司位于北京市密云县经济开发区，是西班牙在中国成立的一家专业从事压滤机产品开发、生产、销售和技术服务的外商独资企业。康明克斯生产的APN系列压滤机传承欧洲的领先技术，不断进行科技创新。我们的宗旨是以先进的设计生产水平，为客户提供量身制造的专业化设备。

康明克斯（北京）机电设备有限公司是通过ISO9001：2000质量认证体系和ISO14001：2004环境认证体系双认证的压滤机专业生产厂家。康明克斯生产的APN系列压滤机在引进国外先进技术的同时结合国内各行业的实际情况，研究开发出适合国内企业使用的压滤机设备。目前所产的压滤机系列产品已获得国家专利，其技术，质量，销量等在同行业中占有领先地位，产品自销售至今，其技术、质量、可靠性等各方面都得到了广大用户的一致好评和青睐。

目前，我公司生产的压滤机广泛用于以下行业；一、选煤厂煤泥脱水，主要用户有大同、晋城、阳泉、皖北、淮南、兖州、新汶、阜新矿务局。二、金属选矿厂精、尾矿脱水，主要用户有山东铝业、非洲赞比亚谦比西铜矿、江西铜业、越南生权铜业、云南铜业、大冶铁矿。三、沙石厂泥水分离，台湾已有4个沙石厂成功运用。四、隧道泥水分离，主要用户有中铁集团、中隧集团。我公司拥有强大的研发和售后服务团队，拥有雄厚的技术资本和备件库，能够及时的提供选型方案，并随时满足客户的售后需求，提供客户满意的售后服务。

康明克斯（北京）机电设备有限公司秉承“诚信为本，品质优先”的经营作风，以用户需求为己任，以先进的生产工艺和技术装备、可靠的质量保证体系，完善的售后服务为基石，赢得了广大用户的支持和信赖。公司将一如既往地坚持“守约、优质、薄利”的经营方针，满怀真诚的期待与各界朋友携手开创美好未来!

我们的主要客户：

同煤集团	皖北煤电
阳煤集团	新矿集团
淮南矿业	兖州煤矿局
大冶铁矿	台湾隧道局
山东铝矿	越南生权铜矿
阜新矿务局	新疆喀什锌矿
晋城无烟煤集团	赞比亚谦比西铜矿
江西铜业股份有限公司	云南铜业股份有限公司
中铁隧道股份有限公司	中国有色矿业集团有限公司

ISO140012004环境认证证书
ISO90012000质量认证证书

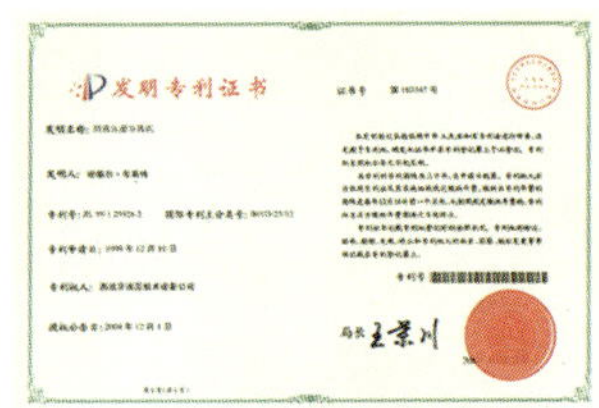

发明专利证书

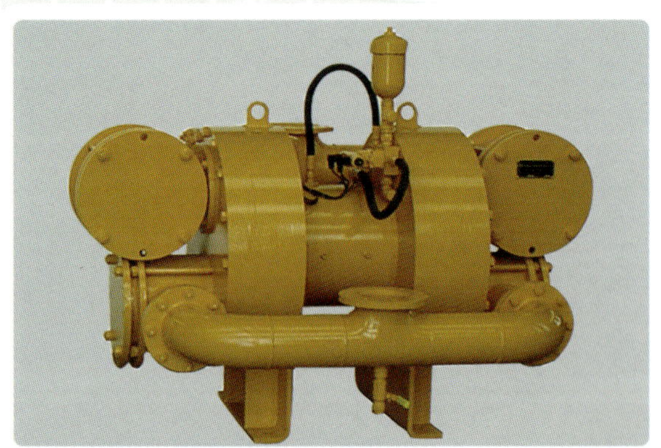

康明克斯研制的GMB系列隔膜泵是专门为APN系列压滤机设计的，用于料浆的给入和加压。GMB系列隔膜泵属于往复式容积泵，扬程高，该泵采用液压传动，与压滤机的液压系统使用同一液压源。

压滤机半工业实验系统可以对压滤机所处理的物料进行半工业实验，为客户提供合适的压滤机选型依据。用户可以将物料运至北京康明克斯实验室进行半工业实验，也可以将实验系统运至现场进行现场半工业实验，这样我们就可以为客户提供量身定做的压滤机脱水系统。户提供量身定做的压滤机脱水系统。

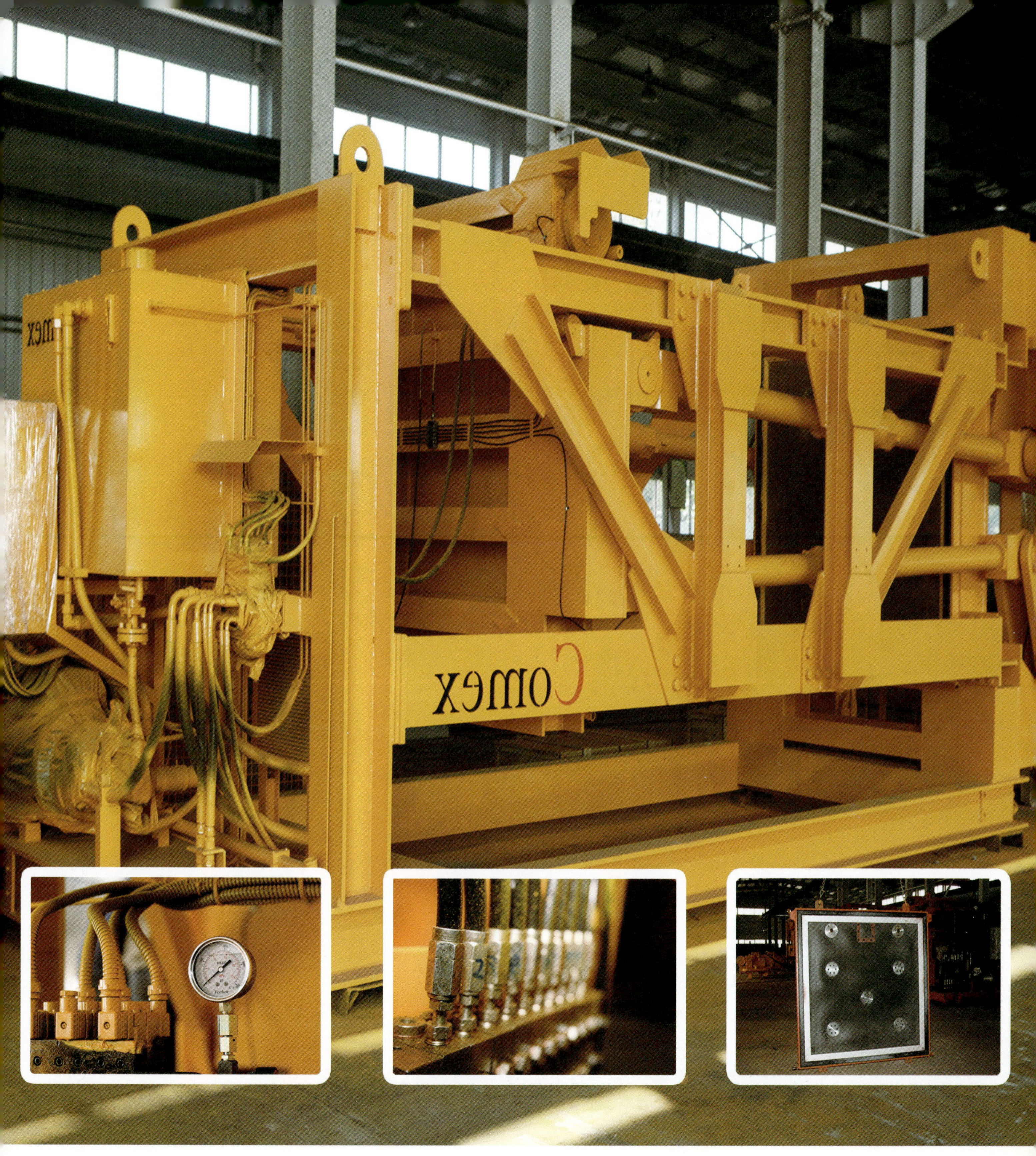
Comex

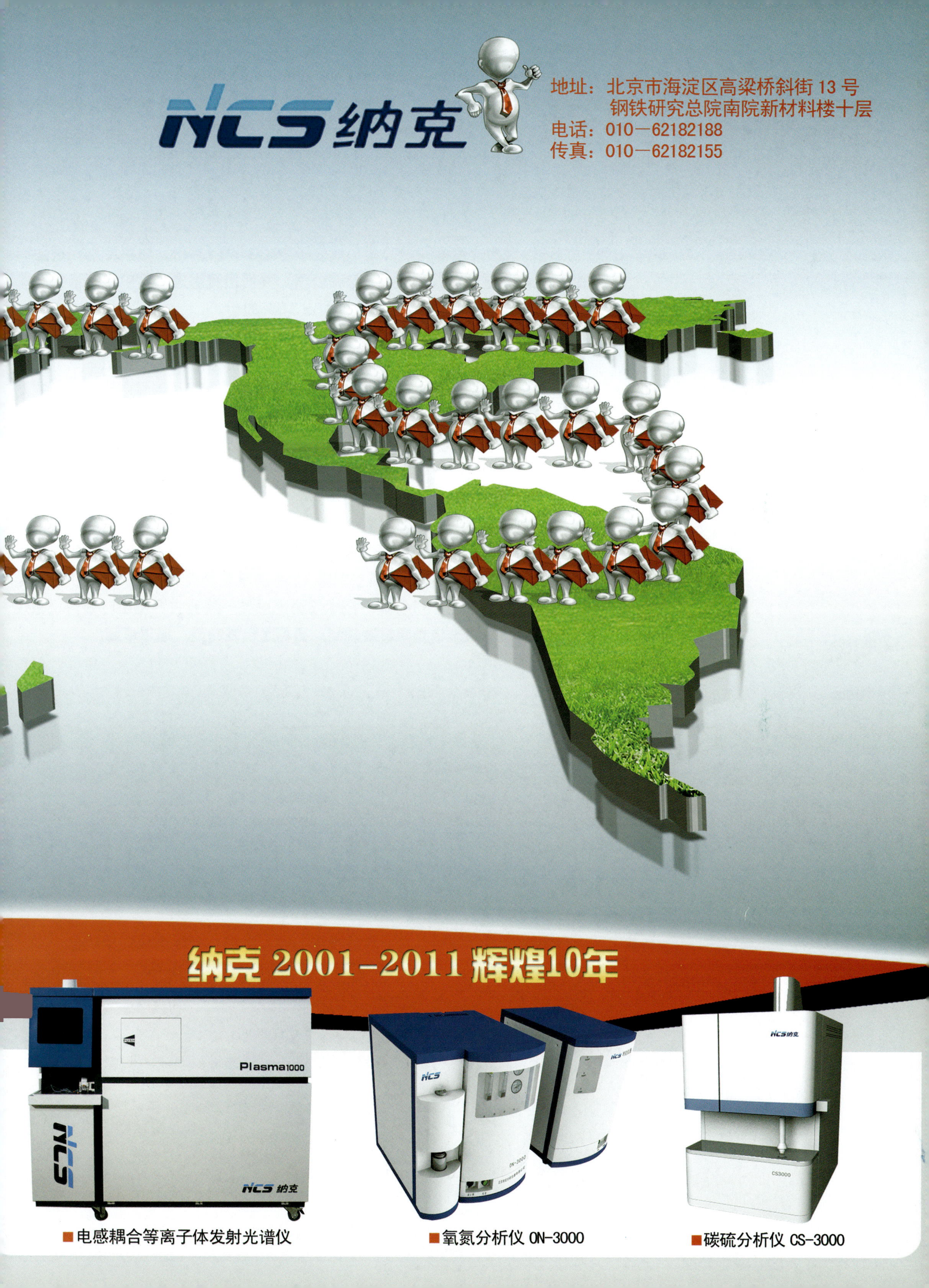

NCS纳克

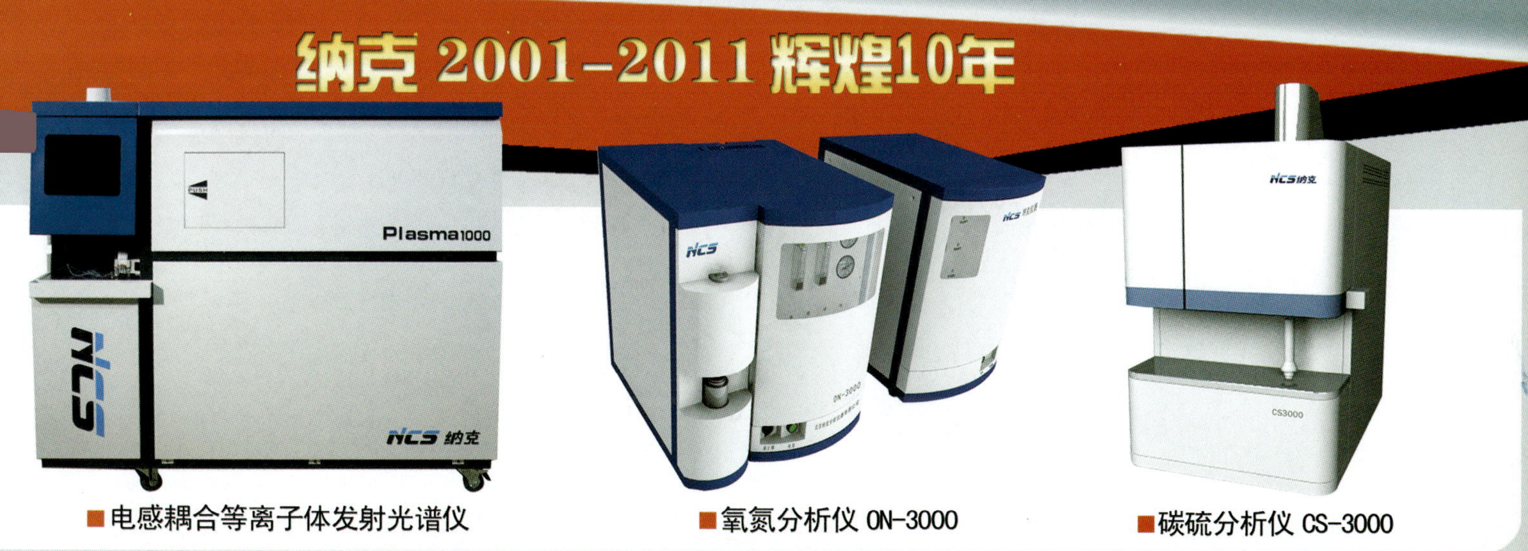
纳克 2001-2011 辉煌10年
Plasma1000
NCS 纳克
■电感耦合等离子体发射光谱仪
■氧氮分析仪 ON-3000
■碳硫分析仪 CS-3000

济源金利铜水套

云铜艾萨炉铅排放口铜水套

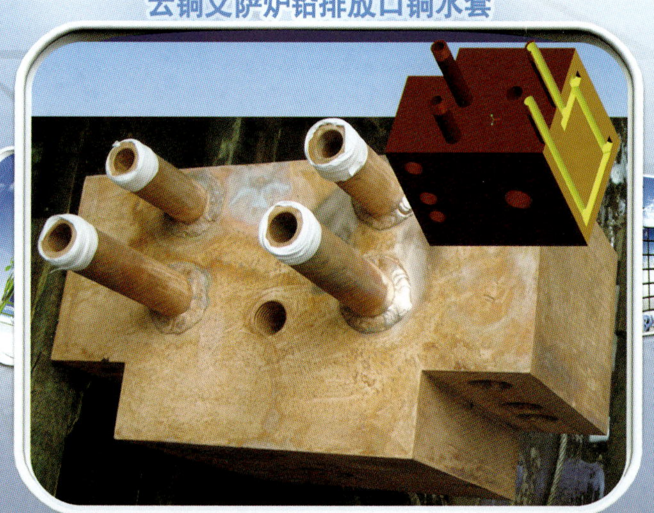

南京银茂铅锌矿业有限公司

王方汉
董事长、总经理

南京银茂铅锌矿业有限公司始建于1957年，地处长江南岸，毗邻4A级风景秀丽的金陵名胜—栖霞山下，矿山交通地理位置十分优越，是华东地区最大的铅、锌有色金属矿山，已探明和经批准开采的铅锌地质储量近1600万吨。

公司现有职工一千多人，其中各类工程技术人员150多人。矿山经过三次的扩建改造，目前已形成年35万吨采选生产能力，其生产规模、采选工艺水平均位于全国铅锌矿山前列。主要产品为铅、锌、硫、锰精矿，产品销往国内各大冶炼厂。

多年来，公司坚持技术创新，走资源综合利用和循环经济发展道路，在资源综合利用、 环境保护、清洁生产等方面都取得了较大成绩。目前已做到铅、现了“零排放”。先后多次荣获中国有色金属工业科学技术奖、江苏省科技进步奖与南京市科技进步奖多项，还取得了十多项国家发明技术专利。同时公司被国家金属矿山固体废物处理与处置工程技术研究中心授予“示范基地”，被国家金属采矿工程技术研究中心列为“工程化基地”。

2009年，公司被江苏省授为“高新技术企业”。企业拥有江苏省有色金属采选工程技术研究中心，是国家“金属矿产资源综合与循环利用产业技术创新战略联盟”和“金属矿采矿工程及装备技术创新战略联盟”成员，目前参加承担了国家十一五课题两项。2010年，我公司申报的“江苏省有色金属采选工程技术研究中心”，经过主管部门推荐、专家审核、审定与公示等程序，最终由省科技厅批准挂牌建设，建设期为三年。

严格的科学管理是循环经济走入正轨的必要保障。为了巩固和不断深入推进各项管理工作，近几年，公司积极组织了国际标准体系认证工作，先后通过了ISO9001质量管理体系认证、ISO14001环境管理体系认证和OHSAS18001职业健康安全管理体系认证。08年公司又完成了质量、环境、职业健康安全三个体系的整合工作，更有助于对三个体系的管理与监控。

公司已经确定了十二·五发展规划，将借助于自身的技术优势与管理优势，参与多方位[illegible]开发，创建国内一流绿色矿山，使企业获得更大的发展。

地址：南京市栖霞街89号
邮编：210033
电话：025—86958203
传真：025—86958896
网址：www.pb-zn.com
E—mail：minejs@pb-zn.com

江苏省认定
企业技术中心
江苏省经济和信息化委员会

先进矿山企业

高新技术企业

RXPE 荣信股份002123

荣信电力电子股份有限公司

开创智能/绿色/高效的电力世界

从发电/输配电到用电端的整体电力节能解决方案

简介

荣信电力电子股份有限公司是国家重点高新技术企业，主要从事大功率电力电子设备研发、设计与制造业务，全线产品可满足从发电、输配电到终端负载的系列应用需求，在提升电能质量、优化控制与节能降耗等方面为客户提供解决方案。

荣信股份拥有强大的研发技术团队和先进的电力电子试验基地，拥有66KV/16000KVA高压变电站、各容量等级电力电子产品系列全载试验中心等设施，能够满足从系统仿真（RTDS）到全载试验的全过程检验检测需要。公司具备强大的自主创新能力，拥有各类专利40余项、软件版权10余项；承担了中国国家级重大科研项目23项，是两项国家标准的制定单位。

在有色金属行业，我们为您提供：

- 静止型动态无功补偿装置（SVC）
- 有源电力滤波器（APF）
- 高压大功率变频调速装置 （RHVC）
- 高、中、低压固态切换开关（SSTS）
- 高压大功率整流器
- 高压大功率静止无功发生器（SVG）
- 高压电力滤波装置（FC）
- 高压有级变频启动装置（VFS）
- 微机保护装置
- 电抗器等

公司风貌

电　话：010-82586000　　传　真：010-82931061
手　机：18910696533　　E-mail：hmwang@rxpe.net
地　址：北京市海淀区农大南路1号硅谷亮城8号楼
总　部：辽宁省鞍山市高新区科技路108号

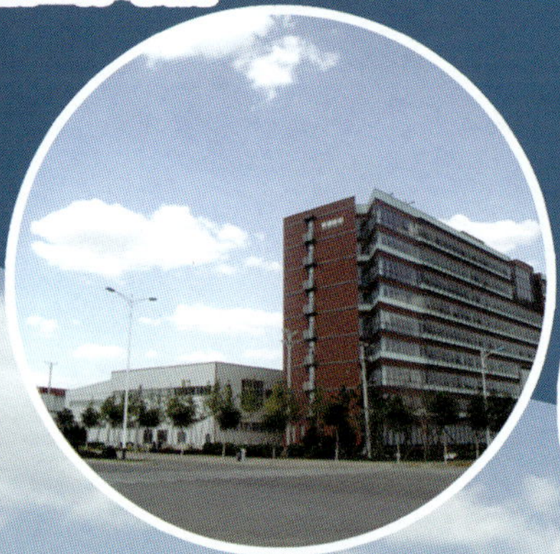

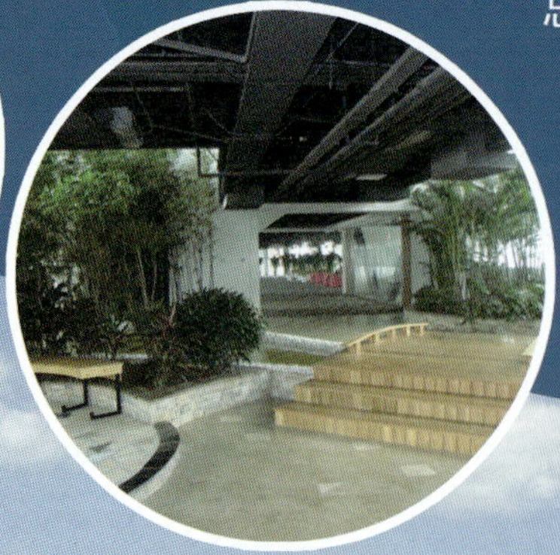

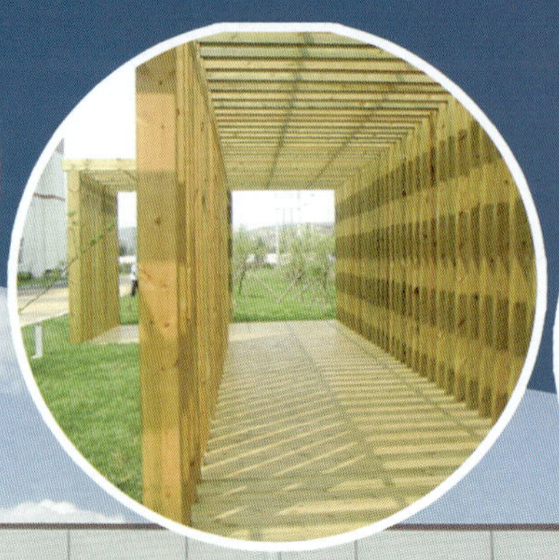

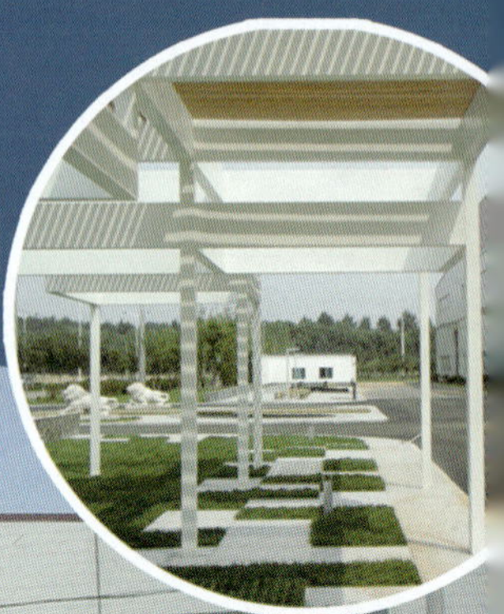

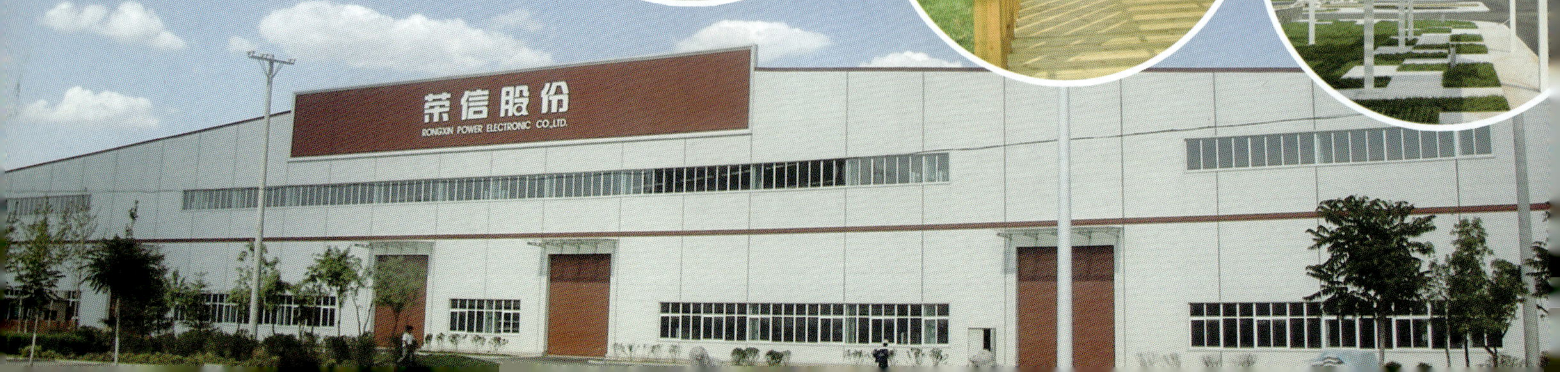

高压大功率静止无功发生器（RSVG）

工作原理

荣信RSVG系列高压静止无功发生器是以IGBT为核心组成的逆变器，通过采样电网电流和电网电压信号，采用恒电压/恒无功控制方式发生无功电流来补偿系统所需无功。滤波功能是发生一个与母线上谐波频率一样大小相等方向相反的波形来抵消。

主要功能

可以提高线路输电稳定性
维持受电端电压，加强系统电压稳定性
补偿系统无功功率，提高功率因数
谐波动态补偿，改善电能质量
抑制电压波动和闪变
抑制三相不平衡

技术优势

响应速度更快
电压闪变抑制能力更强
运行范围更宽
补偿功能多样化
谐波含量极低
占地面积小

工程实例

荣信RSVG已有400余套产品应用到国内外冶金、有色金属、电力、煤炭、电气化铁路、风力发电、石化、船舶等项目中。

呼伦贝尔驰宏矿业 整流变
SVG＋FC 10KV ±6Mvar＋12Mvar

国家级项目南方电网 全球
最大容量SVG 35KV ±200Mvar

唐山驿南府 智能化
电站用 SVG 10KV ±8Mvar

荣信RHVC系列高压变频器

荣信股份是国家唯一认可并指定的特大功率高压变频器研制单位，公司承担的国家能源局重大装备国产化项目“25MVA级高压变频装置”在通过国家电力电子产品监督检验中心型式试验基础上又顺利通过了国家能源局组织的新产品鉴定，该变频装置形成10项创新技术和2项专利。

荣信RHVC系列高压变频器不仅适用于风机、水泵等通用运行负载，还适用于提升机、造纸机、机车车辆牵引等四象限运行负载。

技术特点

完美的开机自诊断技术，使系统尽在掌握之中
独创双路电压供电技术，彻底解决了UPS供电不可靠的问题，在失去控制电的情况下，高压变频装置仍能长期稳定运行
矢量控制技术和电流闭环控制技术实现电机完美启动与调速
自由并网和退网技术，确保无忧切换
大型同步电机转子磁场的自动定位技术及任意攻角下的自动侦别技术，确保电机的同步启动
开放式标准化的通讯接口，支持Modbus-RTU和Profibus-DP等协议
准确的故障定位技术

应用案例

哈电RHVC 10KV 10000KVA

25MVA级高压变频装置

常州变RHVC 6KV 7500KVA

GWE
长城电工
600192

地址：甘肃省天水市秦州区长开路 6 号
电话：0938-8382297
传真：0938-8382194
Http://www.chinatcs.com
E-mail:sale@chinatcs.com

武汉恒威重机有限公司

简 介

● 恒威具有二十年的稳健发展历史，已经形成了两家独立法人公司和一个研发中心的良好格局：武汉恒威重机有限公司、武汉华盛恒威数字化装备有限公司、武汉恒威重机有限公司 & 华中科技大学 —— 重型装备研发中心。

● 公司总资产两亿元。

● 公司核心业务为：

1）重型机械设备、备件和熔炼炉、水套的研发、设计、生产、销售。

2）熔炼包、渣包的研发、设计、生产、销售与维护。

3）美国KRESS公司渣包车销售与维护。

4）RFID标签生产装备的研发与产业化。

主要客户和产品

● 为江西铜业等大型冶金矿业集团供应电铲、大车等整机零部件，主要有：

a）PH电铲备件：包括驱动系统、行走系统和回转系统等的部件；

b）选矿设备及备件：成台(套)球磨机、圆锥破碎机备件、高铬铸铁衬板等；

c）大车底盘中的大部分总成及部件。

● 为国内外有色冶炼行业提供熔炼包、渣包系列产品，包括渣包的设计、分析、制造、维修和回收等系统内容，以及为行业提供冷却壁。具体客户集团包括江铜、紫金、金川、铜陵、云铜、中色矿业、山东祥光、山东方圆、白银等国内铜冶炼企业。

● 为昆鹏铜业、云南锡业等公司供应成套的阳极炉、沉降电炉等冶金熔炼炉，包括冷却壁等系列产品。

● 为多家铜业现场供应美国KRESS公司渣包车系列产品，包括中色矿业、紫金、云铜、云南锡业、铜陵、白银、山东祥光、山东方圆等。

● 为水资源高效利用与工程安全国家工程中心相关水资源处理项目供应成套装备产品，承担完成各种装备的设计、生产和销售。

业务特点

● 重视持续研发：恒威公司历来重视研发，一直保持着高比例的投入。近年来更是与华中科技大学紧密合作，成立了重型装备研发中心，持续改进和提高制造工艺及设计手段，使产品质量不断得到提高。依托数字制造装备与技术国家重点实验室的技术力量，采用数字化建模和分析手段，恒威公司对渣罐产品、重型装备配件产品等进行了不断的优化设计，形成了标准化、系列化产品供应，延长了产品的有效使用寿命，在国内同行中，整体水平一直处于领先地位，得到了客户的一致好评。

● 成套解决方案：包括渣包现场服务和渣包车的配合应用。恒威公司为客户供应的渣包产品与美国KRESS公司供应的优质渣包车配套为客户服务。美国KRESS公司渣包车具有体型小、承载高、转弯半径小、安全性能高、维修简单、故障率低、寿命长等优点。从国内多家铜业集团渣选矿项目的开展来看，采用恒威公司供应的渣包和美国KRESS公司渣包车的互应组合具有明显的技术、成本和确保安全生产的优势，可以为铜冶炼渣选项目的量产和扩产提供有效的保障，并已在实践中得到了验证。目前，此组合已经在多家冶炼集团现场获得了出色的表现。

● 资源优势整合：充分利用优势资源，高质量生产。恒威拥有自主知识产权的产品，并通过灵活的机制，充分运用国有大中型制造业的设备、技术等资源，并根据各企业的特点，在工序、工艺等方面选择最优的企业进行加工和生产。恒威同时与武钢重工、武船、471、中信重工、太重等大中型机械制造企业建立了长期的合作关系。在产品的生产过程中，恒威做到“三不让”，不合格的材料、毛坯件不让进厂；不合格的零件不让进入下道工序；不合格的产品不让出厂。公司所有原材料及毛坯均来源于大冶特钢、武钢重工铸锻、中信重工等国有大型机械制造企业。从而为产品的质量提供了更有力的保障。

● 优质售后服务：在渣包现场维护方面，恒威公司有能力为客户提供专业的现场常驻队伍，24小时不间断跟踪渣包的应用工况，专业的点检、维护队伍，为客户保产、安全生产提供了保障。在渣包车的维护方面，恒威公司与KRESS公司、卡特彼勒公司共同组成渣包车服务队伍，承诺24小时内反馈客户提出的问题，48小时内抵达现场跟踪服务。此外，恒威公司已与KRESS公司建立渣包车中国备件库，以最快速度为客户提供渣包车配件、耗件，保障国内各现场渣包车的正常有序工作。

1）深入现场：贵溪冶炼厂的渣选渣罐事件解决过程，证明恒威公司提出的渣罐设计方案具有良好的使用性能，大大延长了渣罐的使用寿命。

2）售后服务：快速响应，用心服务，一直是恒威的服务宗旨。特别的，对于渣包使用和故障处理等方面，恒威具有较丰富经验。在处理突发事故时，恒威为客户提供生产保证方面的有效建议和措施。

企业研发组成介绍

● 汇集了一批来自国有大型机械制造企业的老专家，技术经验丰富。

● 与数字制造装备与技术国家重点实验室紧密合作，成立了恒威重机&华中科技大学——重型装备研发中心，中心由中科院熊有伦院士和华中科技大学机械学院博导、“国家杰出青年”尹周平教授主持，汇集了由博士后10余人、博士40余人、硕士30余人组成的专职技术开发团队。

● 承担了十一五国家高技术研究发展计划（863计划）项目、基础研究发展计划（937计划）项目等国家重大、重点科研项目，在专业理论方面取得了一系列研究成果和专利。

● 装备制造的生产经验和科研成果的重融是学、研、产、用相结合的全新企业发展模式。

昆鹏铜业10万t/a阳极铜工程-回转式阳极炉（φ3.6×10m）

昆鹏铜业回转式阳极炉（φ3.6×10m）

昆鹏铜业沉降电炉（6400KVA）

● 为有色冶炼行业供应成套的电炉、转炉、阳极炉等熔炼炉设备

1、阳极炉出厂前整体预组装、调试

2、阳极炉现场安装

3、沉降电炉现场安装

冶炼设备炉子业绩表

序号	项目名称	数量	业主	制作、安装及使用状况
1	6400KVA沉降电炉	1台	昆鹏铜业	良好
2	Φ3.6×10m 回转式阳极炉	2台	昆鹏铜业	良好
3	Φ4.2×13m 阳极炉	2台	云南锡业	良好

渣包产业介绍

渣包是冶炼行业中用来容纳钢渣、铜渣等的必需产品。渣包产品本身工作在高温、高负荷的恶劣工况下，对渣包产品的设计、铸造、使用等各项工艺条件具有严格的要求。

我公司设计、研制的系列渣包产品已经广泛应用于国内外的冶炼行业，现已成为国内最大铜渣包供应商。渣包的主要客户包括江西铜业、云南铜业、中国有色矿业集团、铜陵有色、紫金铜业、祥光铜业、东营方圆铜业、中冶山达克、云南锡业等国内企业集团，此外我司还为韩国浦项钢铁公司、日本新日铁公司、澳大利亚钢铁公司供应渣包。经过多年对渣包的生产研究，我司已经实现了渣包产品从研发、制造、使用、回收整个过程的数字化、一体化工艺体系。通过实践检验，我司的渣包产品具有结构设计合理、工艺先进等特点，处于同行业的领先地位，与国外同类产品相比，我们的产品具有更长的使用寿命和更高的性价比。

此外，在对渣包产品的售后服务过程中，我们总结出一套完整的修复、抢修程序。在对渣包的使用和故障处理等方面，我们拥有经验丰富、国内一流的维修团队，不但可以有效处理突发事件，而且可以为客户提供生产保障方面的合理建议，得到客户的公认好评。

已完成的渣包项目图片（为铜业集团供应超过2500只）

服务承诺

公司为客户提供弹簧产品的设计及咨询；

承诺24小以内反馈客户提出的问题；

48小时抵达现场跟踪服务；

提供截锥涡卷弹簧产品的检测曲线图及使用说明。

- 公司简介

武汉市立通弹簧有限公司前身是武汉弹簧厂，成立于1965年，是中国机械通用零部件工业协会会员，公司2010年通过了ISO9001：2008标准论证。

- 公司主要产品

圆柱螺旋弹簧及耐高温圆柱螺旋弹簧系列、碟型弹簧及耐高温碟型弹簧组、截锥涡卷弹簧、环形弹簧等。

产品广泛用于冶金、石化、电力、机械等行业。其中耐高温圆柱螺旋弹簧和耐高温碟型弹簧组为公司特色产品，已被全国大型冶金企业普遍采用，质量受到用户好评。

- 企业研发介绍

公司注重持续研发工作，坚持以科技创新为本，产品结构不断更新，特别是截锥涡卷弹簧，在中国恩菲工程技术有限公司技术专家的指导下，研发了重型变截面截锥涡卷弹簧，其中承载35T和45T的弹簧替代了进口产品。该产品服务于有色冶炼行业。公司依靠企业有经验的工程技术人员和高级技师，不断的改进制造工艺，使产品质量得到了进一步的提高。公司作为主要起草单位，于2011年完成〔截锥涡卷弹簧技术条件〕弹簧行业标准的编制工作。

- 截锥涡卷弹簧产品性能特点

截锥涡卷螺旋弹簧具有体积小.结构紧凑.承载能力和吸收能量大，特性曲线为非线性的特点，且板间存在的摩擦可用来衰减震动，该弹簧具有的这一特性适合在有色金属大型冶炼炉骨架上安装使用，可缓冲平衡炉体热膨胀的变化，通过测量弹簧的位移可了解炉内压力的大小。

地址：武汉市江汉区姑嫂树路2号 邮编：430023
电话：027-65656180 传真：027-65655872
邮箱：whltth@163.com

- 公司生产能力介绍

进口重型热卷簧机	CNC80/500/150	真空热处理炉	ZC2-65
热处理箱式淬火炉	RJX-75	热卷加热炉	RJX-80
半自动磁粉探伤机	CJL-2000	四柱液压机	YB32-100A
弹簧双端面磨床	H096	热松驰试验炉	RS-1000
万能材料试验机	WE-100	万能材料试验机	WE-30

- 公司业绩代表

多年来，我公司服务于全国冶炼行业的国家重点工程，其中最具有代表性的企业和重点工程有：

企业及项目	供货时间	数量	载荷	
中国恩菲工程技术有限公司缅甸达贡山镍矿项目（**72MVA** 电炉）	**2010**	**664**	**35T**	**45T**
金川集团机制公司新疆喀拉通克铜镍矿项目（**8600KVA** 电炉）	**2010**	**186**	**35T**	**45T**
大冶有色股份有限公司沉降电炉	**2010**	**220**	**35T**	**45T**
福建鼎信实业有限公司福安湾钨镍铁项目（**1.2** 号炉）	**2009**	**370**	**35T**	**45T**
吉林吉恩镍业股份有限公司 **1.5** 万吨/年镍系列产品改扩建项目	**2008**	**130**	**35T**	**45T**

设备制造有限公司

满意的、高效的服务！

序号	用户单位名称	项目内容范围	备注说明
12	四维尔丸井(广州)汽车零部件有限公司	Q=40t/h 二级反渗透加混床高纯水系统、污水回用系统、玻璃钢水箱等	生产工艺用水
13	美国爱默生（EMERSON）：其信(江门）五金有限公司	电镀污水处理系统， Q=30t/h 反渗透纯水制取装置	污水处理 生产工艺用水
14	广西来宾东糖纸业有限公司	Q=240t/h 反渗透加混床除盐系统、大型水箱等	发电锅炉补给水
15	长沙有色冶金设计研究院：珠冶工程总承包项目	Q=100t/h 二级反渗透除盐水系统	发电锅炉补给水
16	依利安达（广州）电子有限公司	Q=7000T/D 高含盐量离子交换污水回用系统，Q=80t/h 二级反渗透加混床高纯水系统	电子行业 生产工艺用水
17	建滔化工集团（始兴）有限公司	Q=200t/h 净化消毒系统、 Q=50t/h 反渗透纯水系统	生活饮用水处理 生产工艺用水
18	东莞市厚街垃圾发电厂	Q=2×15t/h 锅炉补给水反渗透除盐系统、 沉淀过滤净化系统、加药装置及水箱等	垃圾焚烧发电 锅炉补给水
19	湖北白云边酒业有限公司	酿造勾兑 Q=20t/h 反渗透纯水系统	啤酒行业酿造水
20	中国石油化工股份有限公司广东省各分公司	加油站服务区（高速路）地埋式污水处理及回用系统	石油行业污水处理
21	中工国际工程股份有限公司印尼莫林顿酒精厂总包项目	Q=150t/h 地下水除铁除锰无阀过滤器两套	生活给水处理
22	巴基斯坦 NISHAT	印染污水处理系统、组合式集水箱等	印染污水排放
23	广东溢达印染纺织有限公司	Q=15000m³/d 全自动软化水系统、污水处理系统	印染用水 锅炉补给水
24	广州造纸集团有限公司	Q=230t/h 离子交换化学水处理系统	锅炉补给水
25	上海宝钢：佛山宝钢制罐有限公司	工控全自动污水集中处理系统、水箱等	污水排放处理
26	佛山伊利乳业有限责任公司	燃油锅炉除尘脱硫系统	废气处理
27	广东金纺集团有限公司	Q=12000m³/d 软化水处理系统	印染工艺用水 及锅炉补给水
28	山东东大化学工业集团橡胶公司	Q=40t/h 一级反渗透+离子交换系统	锅炉补给水
29	广州昊天化学集团有限公司	Q＝30t/h 一级反渗透化水系统	生产工艺用水
30	美国 BIGBEARD(大胡子)：花都联华包装材料有限公司	锅炉废气处理系统、软化水处理系统 Q=30t/h 二级反渗透纯水系统	生产工艺用水

公司资质

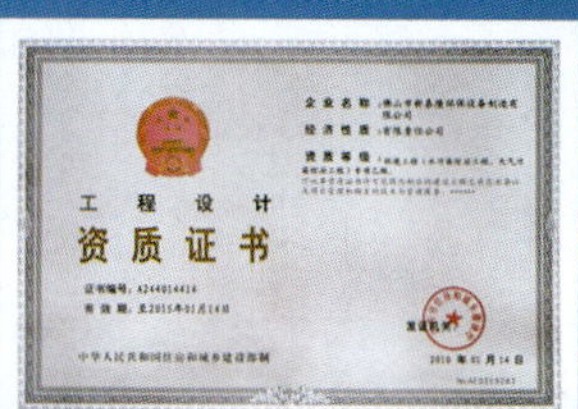

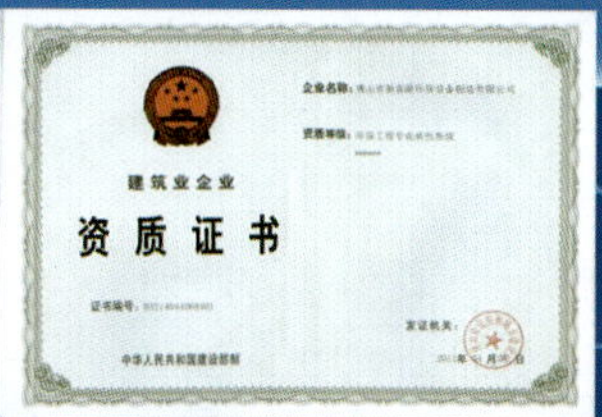

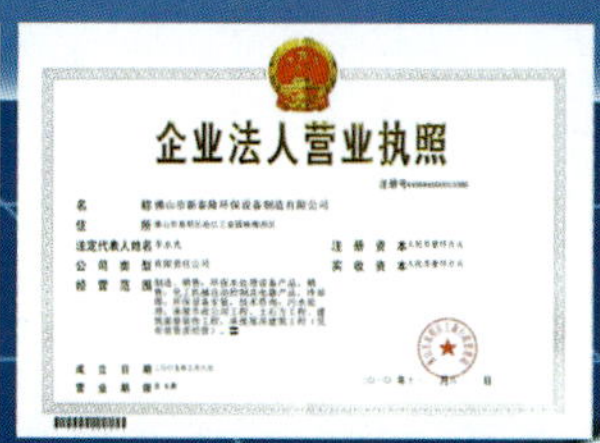

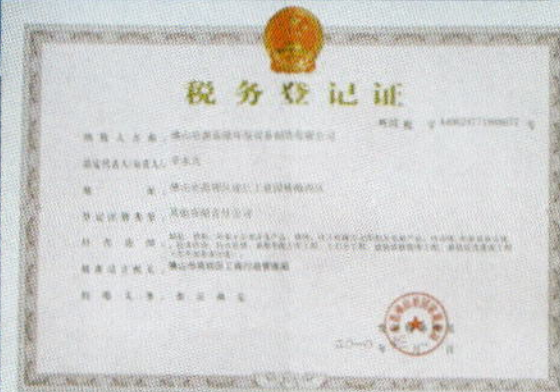

地址：广东省佛山市顺德区大良镇环市北路117号（与甲子路交界处）
电话：+86-757-22685190 传真：+86-757-22680203
生产基地：广东省佛山市高明区沧江工业园杨梅西区
电话：+86-757-88858998
E-mail:xygnr@xintailong.com www.xintailong.com
公司移动通用实名：水处理网/新泰隆

设备制造有限公司

给水预处理和精处理设备及工程（净化水系列）

说明：给水工程方案设计，以及设计和制造各类反应、沉淀、过滤等给水处理设备。应用于江河水净化、地下水净化、水库水净化、工业用水、饮用水。

反渗透设备、EDI、超滤（纯水系列工程）

说明：工程方案设计，以及设计和制造各类反渗透、纳滤、超滤、EDI等纯水处理设备及工程，广泛应用于发电、电子、电镀、医药、食品等行业。

污水处理、中水回用及废气设备处理工程（环保系列）

说明：公司持有国家颁发的专项环保设计资质证书，治理工业废水以及生活污水已达到国家级先进水平，具有成本低、处理效果好、工艺先进等特点。实行从设计、制造、施工、调试、培训等一条龙服务。

离子交换软化、除盐

说明：软化水、除盐水工程设计及制造，广泛应用于锅炉补给水及工艺用水。

云南锡业集团(控

中共中央政治局常委李长春到云锡公司视察

中共中央政治局常委、国务院副总理李克强到云锡公司考察

云南锡业集团（控股）有限责任公司（以下简称云锡公司），是世界锡行业排名第一的锡生产、加工企业，是世界锡生产企业中产业链最长、最完整的企业。是国家520户重点企业之一，中国企业500强之一，云南省重点培养的十大企业集团之一，代表着中国锡工业的领先水平，具有较强的国际竞争力。现已发展成为集地质勘探、采矿、选矿、冶炼、锡化工、锡材深加工、贵金属材料、房地产及建筑开发、国际物流、科研设计和产业化开发等为一体的国有特大型有色金属联合企业，世界最大的锡化工中心、锡材加工中心，以及世界级的稀贵金属研发中心。

云锡公司以“云锡顶吹法”为代表的锡冶炼技术居全世界领先水平；首创了全球领先的“云锡顶吹一步炼铅法”工艺技术；目前，正在投资建设10万吨/年铜项目，抓紧10万吨/年锌项目前期工作。产品以精锡、焊锡及锡材、锡化工系列为主，主导产品“云锡牌”精锡是国家质量免检产品，在伦敦金属交易所注册了“YT”交易席位，是国际知名品牌；“云锡YT”和“贵研SPM及图”被国家工商总局认定为“中国驰名商标”；锡铅焊料在国内同类产品中唯一获国家质量金奖。

2010年，云锡公司深入贯彻落实科学发展观，按照第九次党代会确立的“1188656”发展纲要要求，全面推进跨越式可持续发展，不断深化体制机制改革，着力转变发展方式，调整优化结构，深化挖潜创效，夯实发展基础，积极应对挑战，生产经营继续保持回升向好势头，实现了平稳较快增长，全面完成了“十一五”规划的目标和任务。全年共完成有色金属总产量16.9万吨，同比增长55.6%。完成产品锡5.92万吨，同比增长5.9%。完成锡材实物量1.7万吨，同比增长17.2%。完成锡化工实物量1.54万吨，同比增长45.3%。完成贵金属产品实物量107.94吨，同比增长32.1%。实现营业收入超过150亿元，实现利润总额5.6亿元。

2010年，云锡公司资源战略实施取得新进展。成功召开控股公司首届资源战略工作会暨第九届矿山工作会，制定新的资源战略实施的对策及措施，为云锡未来十年资源拓展工作指明了方向、明确了目标。个旧矿区地质找矿和资源

云锡公司与世界主要锡生产商之一的印尼PT•蒂玛公司进行商务洽谈

云锡公司成功完成澳大利亚雷尼森锡矿项目收购

股)有限责任公司

云锡公司党委书记、董事长雷毅
当选“第六届有色金属行业有影响力人物”，并代表讲话

云锡公司首届资源战略工作会
暨第九届矿山工作会在云南锡博物馆召开

整合工作进一步加强。加快推进红河州区域的铜铅锌资源项目的整合开发工作。滇西资源平台作用进一步发挥。完成了文山华联锌铟公司股权收购工作，成功构建了文山资源基地。对省外资源项目进行了考察，大力推进海外资源拓展，加快全球锡产业战略布局。成功完成了澳大利亚雷尼森锡矿项目的收购；澳大利亚资源勘查项目、YTC赫拉金矿项目进展顺利。

个旧东部区域性矿山生产系统优化基本完成。以“三平五竖”为骨干框架的区域矿山经过六年的建设，1800平台基本建成，1600平台搭成框架，1360平台取得重大突破；中央通风井竣工，中央竖井、大马芦辅助竖井即将建成；区域矿山的运输、排水、通风已初具功能，总体布局调整后集约化程度得到提高，生产经营效果明显。矿山生产基地建设有序推进，部分项目已投入生产。

加快新技术、新工艺、新装备以及科技成果的转化应用，加快生产技术攻关工作，科技创新带动能力和支撑能力明显增强。6项科技成果获省部级科技进步奖，申请专利28项，获发明专利授权11项，“矽卡岩型极低品位难选多金属共伴生矿高效综合回收新技术项目”荣获国务院授予的“国家科学技术进步二等奖”，被国家科技部授予“国家创新型企业”称号。云锡荣获“国家创新型企业”“中国企业培训示范基地”“全国质量管理小组活动优秀企业”称号，被中华环保联合会授予“低碳发展突出贡献企业”称号，云南省第一个企业国家重点实验室“稀贵金属综合利用新技术国家重点实验室”通过国家科技部批准建设。

“十二五”期间，云锡公司将深入贯彻落实科学发展观，全面推进 “1188656”发展纲要实施，夯实发展基础，筑牢发展平台，创新发展方式，调整优化结构，全力打造有色金属产业、贵金属产业、新能源新材料产业、房地产及建筑产业、传统优势特色产业和新兴产业等六大产业板块，早日形成“主业超强、相关多元、多业支撑、科学发展”的新格局，实现打造国际一流矿业公司的目标。

竣工投产的卡房分矿3000吨/日多金属采选工程

建成投产的10万吨/年铅冶炼技改工程

中材高新材料股份有限公司

简介

中材高新材料股份有限公司是中国中材集团出资控股，以山东工业陶瓷研究设计院优良资产为基础，发起设立的高科技股份企业，是中国先进陶瓷和人工晶体行业最大的'集研发设计、产品制造、成套技术与装备和相关工程集成于一体的国家高新技术企业、国家创新型试点企业、国家新材料产业化基地骨干企业和技术支持单位，引领着中国先进陶瓷材料技术与产业的发展方向。

公司产品主要包括：陶瓷膜过滤材料及陶瓷膜过滤器、高温陶瓷过滤材料及高温陶瓷飞灰过滤器、水处理用陶瓷膜过滤元件及过滤器等，主要应用于石油化工、煤化工、冶炼、水处理等领域.

公司已通过ISO9001：2008质量管理体系认证、ISO14001：2004环境管理体系认证、OHSAS18001：2007职业健康安全管理体系认证。

一、高温气体飞灰过滤---陶瓷膜及陶瓷膜飞灰过滤器

1、高温陶瓷滤芯是一种已经被成熟应用于高温热气体过滤的表面过滤元件。本公司研制的专利产品微孔陶瓷膜滤芯采用双层复合结构，由内部支撑体层和复合膜层组成。支撑体采用具有较大孔径和空隙率的碳化硅多孔陶瓷管，膜层为微孔莫来石陶瓷纤维。采用这种双层复合结构，可以保证在高的过滤精度的情况下，还具有很低的过滤阻力、良好的反吹再生能力、极好的热稳定性，并且在高温下具有较高的机械强度。

主要技术指标：

材质	碳化硅、 莫来石-陶瓷纤维
膜层孔径	5、10、15、20、 30μm
气孔率	>38%
热膨胀系数	5.6×10^{-6}/℃
抗弯强度	21-23MPa
最高使用温度	950℃
热震性	1000℃-RT，10 次不裂
产品规格	Φ60×40×1000-2000

（1）、煤化工代表性案例

处理介质	煤气及粉煤灰
处理风量	120000Nm^3/h
压力	1.0Mpa
温度	350℃
粉尘含量	25-35g/Nm^3
粉尘粒度	>0.3μm
过滤精度	0.3μm
设备直径	Φ5000×18000
材质	Q345R+304L
过滤面积	280m^2
出口粉尘浓度	<5mg/Nm^3

（2）、有机硅行业代表性案例A

处理介质	一氯甲烷气体及硅粉
处理风量	10000Nm^3/h
压力	0.6Mpa
温度	350℃
粉尘含量	50-100g/Nm^3
粉尘粒度	>0.5μm
过滤精度	0.5μm
设备直径	Φ3000×6500
材质	304 不锈钢
过滤面积	60m^2
出口粉尘浓度	<1mg/Nm^3

有机硅行业代表性案例B

处理介质	HCl，CO_2，硅粉
处理风量	15000Nm^3/h
压力	常压
温度	350℃
粉尘含量	5-15g/Nm^3
粉尘粒度	1-100μm
过滤精度	1μm
设备尺寸	1500×2400， 6 台
材质	Q345R
过滤面积	225m^2
出口粉尘浓度	<1mg/Nm^3

案例

（3）、有色冶炼行业代表性案例：

处理介质	熔锌烟尘
处理风量	19600 Nm^3/h
压力	常压
温度	230℃
粉尘含量	10-20 g/Nm^3
过滤精度	1μm
设备尺寸	2500×5100 ， 3 台
材质	Q345R
过滤面积	140 m^2
出口粉尘浓度	<1mg/Nm^3

（4）、油页岩气化行业代表性案例：

处理介质	油页岩气化合成气，石英粉
处理风量	1000Nm^3/h
压力	常压
温度	600℃
粉尘含量	200g/Nm^3
粉尘粒度	1-100μm
过滤精度	1μm
设备尺寸	2400×2600
材质	321 不锈钢
过滤面积	20m^2
出口粉尘浓度	<1mg/Nm^3

二、化工及水处理过滤---陶瓷膜过滤器

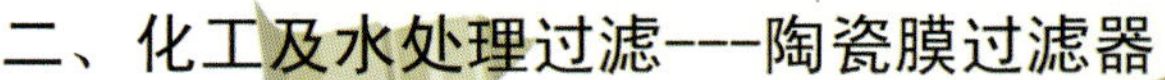

1、钢厂焦化废水---剩余氨水过滤

处理介质	剩余氨水
设备尺寸	Φ2800×6360
设备材质	碳钢
过滤方式	底进顶出
运行温度	75℃
过滤面积	50.8 m^2
处理能力	30m^3/h
运行压力	0.4Mpa
过滤器阻力	≤0.06 Mpa
出水悬浮物含量	≤5mg/L
出水焦油含量	≤60mg/L

联系方式

环保工程部

通讯地址：山东省淄博市张店区柳泉路西三巷5号
生产基地：山东省淄博市高新技术产业开发区裕民路258号
邮政编码：255000
联系电话：0086-533-3182160、3172320、3597021、3597018
联系传真：0086-533-3182160

公司总部

通讯地址：北京市朝阳区望京北路16号中材国际大厦四层
邮政编码：100102
联系电话：0086-10-64390145/46/47/48
联系传真：0086-10-64399496

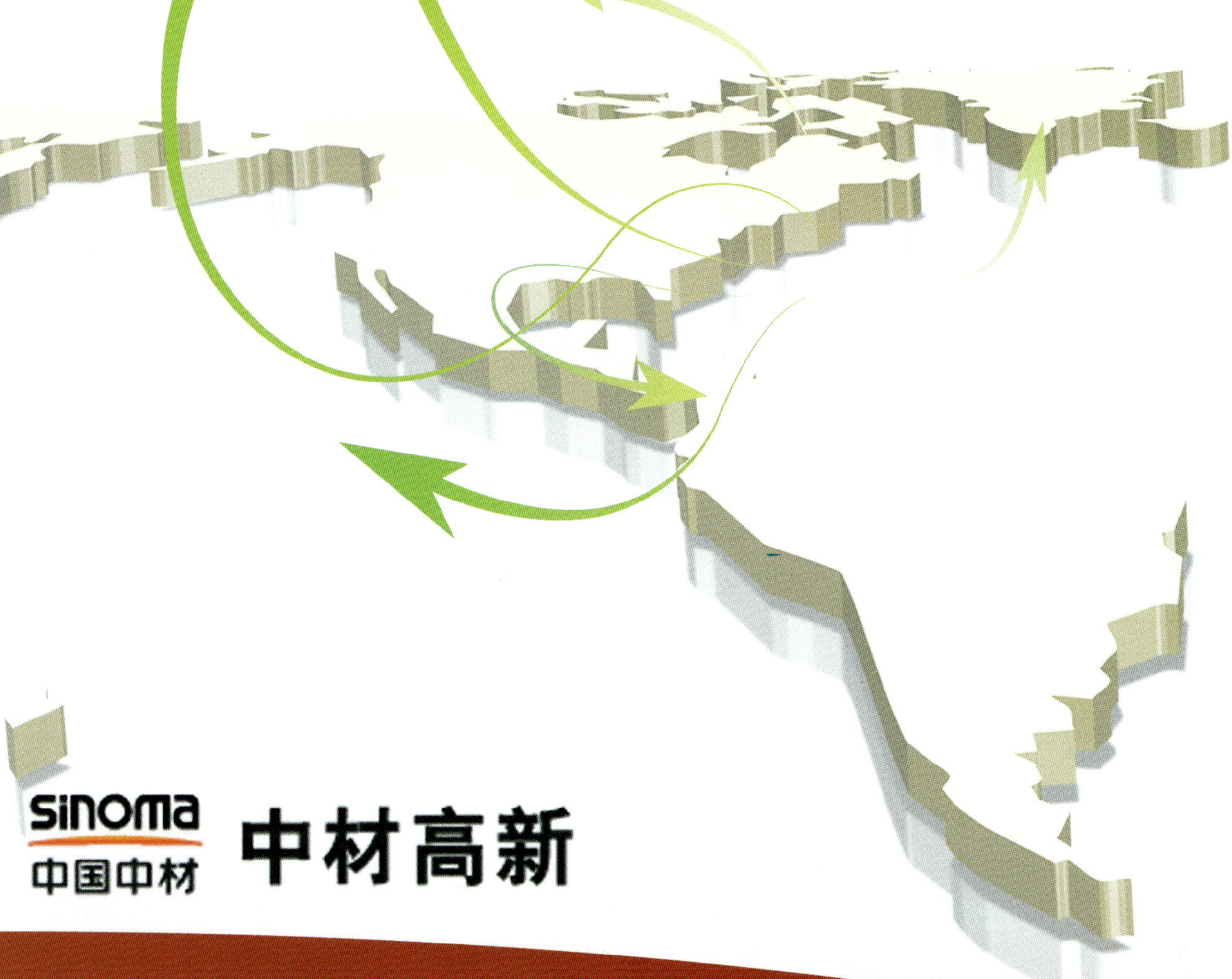

SINOMA 中国中材 中材高新

简介

中矿资源勘探股份有限公司（原北京中矿建设工程有限公司）是由原国家有色金属工业局地质勘查总局发起、多家省级地质勘查局参股并按现代企业制度共同设立的大型地质勘查技术服务型矿业公司。公司创建于1999年，现注册资金6500万元，正式员工近400人，其中高、中级工程管理及骨干技术人员200余人。公司总部设在北京市海淀区长春桥路11号院万柳亿城中心A座5层。

公司秉承有色金属地质系统脉络优势，面向国际市场积极开拓创新，成为我国第一家成规模走出国门的资源勘查技术服务公司。公司主要为国有大型矿业公司境外找矿和生产性探矿提供地质勘查工程技术服务，业务遍布赞比亚、津巴布韦、几内亚、马来西亚、巴布亚新几内亚、老挝、蒙古、阿富汗、巴基斯坦等十几国家。经过十余年的不懈努力，公司已确立了海外商业性地质勘查服务领域的领先地位，成为我国商业性地质勘查行业开拓进取的“领军人”和中国企业开拓海外地勘市场的一面“旗帜”。

公司自2006年以来，确立了以海外固体矿产勘查市场为主的发展战略，承接了中国固体矿产勘查领域大部分“走出去”的、具有国际影响力的项目，如中国有色金属行业“走出去”的第一个成功典范项目——赞比亚谦比希铜矿项目；象征着中巴友谊的项目——巴基斯坦杜达铅锌矿项目和山达克铜矿项目；截止目前中国固体矿产投资最大的项目——巴布亚新几内亚瑞木镍钴矿项目；世界级探明未开发的超大型铜矿项目——阿富汗艾娜克铜矿项目；超大红土型铝土矿项目——老挝占巴色省巴松红土型铝土矿项目等。

公司为国家级及中关村高新技术企业、北京市守信用重合同企业。公司拥有地质勘查甲级资质证书、地基与基础工程专业承包资质证书（壹级）、地质灾害治理工程施工资质证书（甲级）和设计资质证书（甲级）等多项高级别资质证书。公司技术力量雄厚，队伍素质高，设备先进，管理规范，具有同时承接多个大型海外技术服务工程项目的能力，自营年产值接近3亿元。

凭借着对国外矿业市场十余年的了解和探索，自2006年起，公司就在赞比亚等国家开展了矿权投资业务，并取得了较好的找矿效果；公司还为多个国际项目进行了资源量评估业务，为业主的投资决策和降低投资风险提供了专业的参考依据。

公司十分重视技术创新和先进设备的配套建设，先后从美国、日本、加拿大等国引进了具有国际先进水平的物、化探设备、机械岩芯钻探设备共300多台套及相关技术工艺，实现了综合勘查装备的全配套，从而为同时开展多项综合勘查工程奠定了坚实的基础。

公司了解国际惯例，熟悉国际工程施工运行规则。先后在赞比亚、巴基斯坦、巴布内亚新几内亚、津巴布韦、菲律宾、马来西亚、俄罗斯、印度尼西亚、刚果（金）、阿富汗、加拿大、老挝、蒙古、几内亚等多国同时开展地质勘查、工程勘察及矿业开发业务。凭借先进的技术水平，谦虚的服务态度和吃苦的奉献精神，在业界树立了良好的企业形象。

公司一贯坚持质量第一、诚信为本、用户至上、科学管理、创新发展的经营守则，建立和完善了工程项目目标管理、质量控制、责任追究等各项管理制度，实现了作业流程的规范化、标准化。公司愿意和各届同仁在国际地质勘探、矿权合作及矿业开发方面共同合作，共同发展。

地址：北京市海淀区长春桥路11号院万柳亿城中心A座5层　邮编：100089
电话：010-58815531　010-58815529　传真：010-58815521
邮箱：chinazkjs@163.com　网址：www.nfmec.com